Geschichte der Naturwissenschaften

SONJA BRENTJES

HARALD BROST

MARTIN FRANKE

HANS-JOACHIM ILGAUDS

WOLFGANG SCHREIER

IRENE STRUBE

HANS WUSSING

GOTTFRIED ZIRNSTEIN

Geschichte der Naturwissenschaften

herausgegeben von Hans Wußing

AULIS VERLAG
DEUBNER & CO KG

Dr. rer. nat. Sonja Brentjes, Mathematikerin, Mathematikhistorikerin:
S. 69–121; 125–150.

Dr. sc. phil. Harald Brost, Historiker:
zu S. 11, 12; 17–21; 31–37; 151–164; 178–187; 215–228;
295–301; 361–369; 429–436.

Dr. rer. nat. Martin Franke, Physiker, Physikhistoriker:
S. 492–503.

Hans-Joachim Ilgauds, Mathematiker, Mathematikhistoriker:
S. 489–492; Literaturverzeichnis und Register.

Dr. rer. nat. Wolfgang Schreier, Physiker, Physikhistoriker:
S. 249–269; 316–327; 356–360; 378–395; 441–455.

Dr. sc. nat. Irene Strube, Chemikerin, Chemiehistorikerin:
S. 58–60; 269–279; 327–338; 395–410; 456–469; 503–510.

Prof. Dr. sc. nat. Hans Wußing, Mathematiker, Mathematikhistoriker:
S. 7–58; 60–68; 122–124; 151–249; 295–316; 351–356; 361–378;
429–440; 483–489.

Dr. rer. nat. Gottfried Zirnstein, Biologe, Biologiehistoriker:
S. 281–294; 338–351; 411–428; 469–482; 510–520;
Bildredaktion.

CIP-Kurztitelaufnahme der Deutschen Bibliothek

Geschichte der Naturwissenschaften / hrsg. von
Hans Wussing. Sonja Brentjes ... – 1. Aufl. –
Köln: Aulis-Verlag Deubner, 1983.
ISBN 3-7614-0678-9

NE: Wussing, Hans [Hrsg.]; Brentjes, Sonja [Mitverf.]

1. für den Aulis Verlag
Deubner & Co. KG
veranstaltete Auflage
Lektor: Christina Müller
Gestalter: Egon Hunger
Gesamtherstellung: Druckerei Fortschritt Erfurt
© 1983 by Edition Leipzig
Printed in the German Democratic Republic
Bestell-Nr. 6053
ISBN 3-7614-0678-9

INHALTSVERZEICHNIS

Einleitung 7

Die Naturwissenschaften am Ursprung 11
Naturerfahrungen und Naturkenntnisse in der Urgesellschaft 12
Naturerkenntnisse in Mesopotamien und Ägypten 17
Mathematische Kenntnisse 21
Astronomie und Weltbild 23
Physikalische Kenntnisse · Maße und Gewichte 24
Metallurgie · Anfänge chemischer Gewerbe 26
Biologische und medizinische Kenntnisse 29

Die griechisch-römische Antike 31
Ionische Periode 37
Ionische Naturphilosophie 37
Vorstellungen über Kosmos und Erde 40
Die Geburt der Mathematik als Wissenschaft 42

Athenische Periode 44
Platonische Philosophie und Mathematik 44
Die Astronomie formiert sich 46
Physik und Chemie im System der aristotelischen Naturphilosophie 46
Zoologie und Botanik · Medizin 48

Hellenistische Periode 50
Euklid, Archimedes und die Mathematik 50
Ausformung der geozentrischen Astronomie 53
Frühe Physik und griechische Ingenieurtechnik 55
Chemische Theorien und Gewerbe · Alchimie 58
Systematisierung der geographischen Kenntnisse 60

Beiträge der Römer und die Erben der antiken Wissenschaft 61

Vorkolumbianisches Amerika 69

Indien 77
Mathematik 82
Astronomie 84
Physikalische Vorstellungen 87
Chemie und Alchimie 92
Zoologie und Botanik 93

China und Japan 97
Mathematik 102
Astronomie 106
Physikalische Kenntnisse 110
Chemie und Alchimie 113
Meteorologie und Geographie 115
Geologie 119
Japan 122

Islamische Reiche 125
Mathematik 126
Astronomie und Astrologie 132
Physikalische Probleme in Schriften islamischer Gelehrter 136
Chemie und Alchimie 139
Pflanzen- und Tierkunde 141
Gesteinskunde 143
Geographie 146

Europäisch-lateinisches Mittelalter 151
Übernahme der indisch-arabischen Ziffern Mathematik 164
Mittelalterliches Weltbild · Astronomie 166
Physikalische Kenntnisse 168
Chemisches Wissen 171
Vorstellungen über Tiere und Pflanzen 173
Erweiterung des geographischen Horizontes der Europäer 175

Renaissance 179
Rechenmeister und Cossisten 187
Kopernikus und die Revolution der Astronomie 192
Auf dem Wege zur wissenschaftlichen Mechanik 198
Iatrochemie · Bergwesen 202
Botanik und Zoologie 204
Die großen geographischen Entdeckungen 208

Das Manufakturzeitalter 215
Die wissenschaftliche Revolution in der Mathematik 228
Analytische Geometrie 228
Infinitesimalmathematik · Funktionales Denken 230
Mechanische Rechenhilfsmittel 237

Der Sieg der wissenschaftlichen Astronomie 238
Physik des Himmels 238
Neue astronomische Instrumente 245
Theoretische Astronomie 248

Die wissenschaftliche Revolution in der Mechanik · Fortschritte in der Physik 249
Überwindung der alten Bewegungslehre 250
Geburt der Dynamik 250
Gravitationstheorie 253
Der Siegeszug der Newtonschen Physik 255
Ergebnisse der Optik 256
Aerostatik 261
Wärmelehre 265
Elektrizität und Magnetismus 266

Von der Alchimie zur Chemie 269
Iatrochemie und Alchimie 270
Chemische Gewerbe 272
Theoretische Chemie · Atomistik 274
Gaschemie 278

Das Studium des Belebten 281
Physiologie 281
Die Mikroskopiker 285
Präformationstheorie 286
Anatomie 286
Experimentelle Physiologie 288
Systematisierung der Tier- und Pflanzenwelt 288

Geologie und Geographie 290
Fossilienkunde und Physikotheologie 290
Geographische Entdeckungen 293

Das Zeitalter der Industriellen Revolution 295

Mathematik 303
Darstellende Geometrie 303
Die Revolution in der Geometrie 303
Grundlagen der Analysis 306

Astronomie 308
Vollendung der Himmelsmechanik 309
Beobachtungen am Himmel · Neue Planeten · Planetoide 311

Physik 314
Das metrische Maßsystem 315
Theoretische und praktische Mechanik 316
Wellentheorie des Lichtes · Optik 317
Wärmetheorie 319
Elektrizitätslehre · Elektrodynamik 322

Die wissenschaftliche Revolution in der Chemie 327
Chemie und Industrielle Revolution 328
Das wissenschaftliche System der Chemie 330
Organische Chemie 336
Agrikulturchemie 337

Biologische Wissenschaften 338
Morphologie 339
Embryologie 340
Zellenlehre 342
Physiologie 342

Geowissenschaften 345
Geologie 345
Zweites Zeitalter der geographischen Entdeckungen 347

Entwicklungsgedanke · Energieprinzip 351
Kosmogonie 351
Erdgeschichte 353
Naturphilosophie · Einheit der Naturkräfte 356
Prinzip von der Erhaltung der Energie 358

Die Zeit der großen Industrie 361

Die Mathematik formiert sich neu 369
Strukturdenken in der Mathematik 371
Mathematische Logik · Mengenlehre 373

Astrophysik 376

Umsturz im Weltbild der Physik 378
Elektromagnetische Feldtheorie · Hochfrequenzphysik 379
Thermodynamik 383
Entdeckung des Elektrons · Röntgenstrahlen 384
Quantentheorie 390
Relativitätstheorie 392

Physikalische Chemie 395

Chemie und chemische Industrie 398
Grundlagenprobleme 398
Synthesen organisch-chemischer Verbindungen 401
Periodensystem der Elemente 404
Chemische Großindustrie 407

Biologie und Entwicklungsgedanke 411
Abstammungslehre 411
Parasitenforschung · Mikrobiologie 417
Physiologie · Vererbung 419
Biochemie 421

Geowissenschaften 422
Erschließung der Erdoberfläche 422
Neue Disziplinen der Geowissenschaften 428

Zwischen den beiden Weltkriegen 429

Mathematik 436
Funktionsanalysis 437
Strukturalgebra 437
Mathematische Logik 438
Entwicklung der Wahrscheinlichkeitsrechnung 438

Physik 441
Quantenphysik des Atoms 441
Quantenfeldtheorie 445
Philosophische Probleme der Quantenphysik 446
Kernphysik 449
Kernenergie und Atombombe 454

Theoretische Chemie und chemische Großproduktion 456
Theorie der chemischen Bindung 456
Quantenchemie 457
Chemische Thermodynamik 458
Photochemie 460
Kolloidchemie 460
Ergebnisse der anorganischen Chemie 461
Arbeitsgebiete der organischen Chemie 462
Großsynthesen für anorganische Chemikalien 462
Farbstoffindustrie 465
Zellulosefasern 465
Synthesefasern 466
Plaste 467
Synthetischer Kautschuk 468
Grundlagen der Synthesechemie 468

Biologische Wissenschaften 469
Biochemie 469
Erforschung der Naturstoffe 470
Chemotherapeutika · Antibiotika 472
Stoffwechselprozesse 473
Das Wesen der Vererbung · Chromosomentheorie 474
Genphysiologie 474
Synthetische Theorie der Evolution 476
Ursprung des Lebens 476
Gehirn und Verhalten 476

Geowissenschaften 478
Altersbestimmung der Erde 478
Geochemie 480
Geophysik 481
Erforschung der Erdräume 482

Mathematik und Naturwissenschaften heute: Tendenzen, Probleme, Ergebnisse 483

Mathematik 486
Kybernetik · Rechentechnik 489
Astronomie und Weltraumfahrt 492
Physik 496
Chemie 503
Biologie 510
Geowissenschaften 518

Literaturnachweis 521
Schlagwortregister 528
Personenregister 545
Abbildungsnachweis 563

EINLEITUNG

Es läßt sich wohl behaupten, daß die Geschichte der Wissenschaften die Wissenschaft selbst sei. Man kann dasjenige, was man besitzt, nicht rein erkennen, bis man das, was andere vor uns besessen, zu erkennen weiß.
JOHANN WOLFGANG GOETHE

Die systematische umfassende Wissenschaft von der Natur mit ihren spezifischen Methoden, Zielstellungen, Begriffen und Gesetzen ist im strengen Sinne des Wortes »Wissenschaft« erst das Ergebnis der Neuzeit. Jedoch reichen Erfahrungen über Natur und Naturvorgänge sowie Ansätze gedanklicher theoretischer Verarbeitung der gesammelten Kenntnisse und damit die Vorstufen wissenschaftlicher Naturerkenntnis bis in die Frühgeschichte der Menschheit zurück. Die Geschichte der Naturwissenschaften beginnt in diesem Sinne mit der Geschichte des Menschen.

Es war ein langer und komplizierter historischer Prozeß von den ersten Naturerfahrungen und Naturkenntnissen über die Herausbildung wissenschaftlicher Erkenntnisse zu Teilbereichen der Natur bis hin zur heutigen Naturwissenschaft, die zu einer Grundvoraussetzung für die Existenz der Menschheit geworden ist.

Der Kampf des Menschen um Nahrung, Kleidung und Unterkunft hob ihn dank seiner Fähigkeit zum Denken und zur gemeinsamen Arbeit aus der Natur heraus und ließ ihn auch über Natur und Naturerscheinungen reflektieren. Er vermochte es, sich Naturvorgänge dienstbar zu machen, Naturgesetze zu erkennen und auszunutzen.

Heute ist Naturwissenschaft ein ungeheuer großes und dabei sich rasch ausdehnendes System gesicherter Erkenntnisse über die Natur. Zugleich stellt sie in allen entwickelten Ländern der Erde eine spezifische Form organisierter gesellschaftlicher Tätigkeit in Forschung, Lehre, Weitervermittlung und Ausbildung mit zielgerichteter Suche nach Anwendung dar, an der viele Millionen Menschen beteiligt sind.

Aber mehr noch: Die Naturwissenschaft ist heute ein immanenter Bestandteil des Lebens aller Völker der Erde. Ohne Naturwissenschaft und ihre Anwendung wären Industrie und Produktion von Lebensmitteln, wären einigermaßen brauchbare Formen des Austausches von Informationen und Gütern nicht möglich.

Historisch betrachtet hat die existenzsichernde Rolle der Naturwissenschaften für die Menschheit — von einigen regionalen und zeitlichen Schwankungen abgesehen — ständig zugenommen und darüber hinaus ihre Höherentwicklung in vielerlei Hinsicht überhaupt erst ermöglicht. Anders ausgedrückt hat die Entwicklung der Naturwissenschaften weitreichende Wirkungen auf den Gang der Geschichte ausgeübt; demnach bildet die Historiographie der Wissenschaften einen unverzichtbaren Teil der Universalgeschichte, eine theoretische Einsicht freilich, die erst in jüngerer Zeit dazu führte, ihr auch tatsächlich den ihr gebührenden Raum einzuräumen. Andererseits ist unverkennbar, daß die Wissenschaftsgeschichte in den letzten zwei Jahrzehnten weltweit einen überaus raschen Aufschwung genommen hat, insbesondere in den hochentwickelten Industriestaaten der

Erde. Dies hängt – als Folge der Verwandlung der Wissenschaft in eine unmittelbare Produktivkraft – ganz offensichtlich auch damit zusammen, daß das Niveau der Naturwissenschaften und die Bereitschaft zur Anwendung ihrer Forschungsergebnisse ganz wesentlich über die ökonomische und militärische Stärke der Staaten entscheidet. Die Förderung der Naturwissenschaften ist daher zum Gegenstand von Regierungsentscheidungen geworden.

Auch in weiten Kreisen der Bevölkerung hat die Einsicht in die ungeheuren Potenzen der Naturwissenschaften – im Guten wie im Bösen – in jüngster Zeit deutlich zugenommen und damit das Interesse für die Naturwissenschaften als Ergebnis eines historischen Prozesses über den Kreis der Spezialisten hinaus gesteigert.

Die Risiken für Herausgeber und Autoren einer populärwissenschaftlichen Gesamtdarstellung der Geschichte der Wissenschaften, von den Anfängen bis zur jüngeren Vergangenheit, liegen auf verschiedenen Ebenen und in inhaltlichen Schwierigkeiten.

Jede Autorengruppe, die sich dieser Aufgabe unterzieht, sieht sich mit einer raschen Zunahme wissenschaftshistorischer Erkenntnisse konfrontiert, die, da sie in den unterschiedlichsten Regionen der Erde gewonnen werden, nicht immer leicht zugänglich sind. Andererseits bleiben viele Fragen offen; neue Probleme grundsätzlicher Art werden aufgeworfen.

Eine auf wissenschaftlicher Konzeption beruhende Historiographie von Mathematik und Naturwissenschaften sollte die Wechselbeziehungen zur Entwicklung der Produktivkräfte, der Produktionsverhältnisse und zu philosophisch-weltanschaulichen Problemen ebenso berücksichtigen wie die allgemeine politische Geschichte mit ihren historischen Zäsuren. Diese aber – und das macht die Einbettung der Wissenschaftsgeschichte in die Allgemeingeschichte schwierig – weichen in dieser oder jener historischen Periode nicht unerheblich von der inneren Periodisierung der Wissenschaft ab. Mathematik und Naturwissenschaften haben, wiewohl auch heute noch eine Einheit darstellend, im Laufe eines langen Differenzierungsprozesses, eine Vielzahl selbständig betriebener Wissenschaftsgebiete hervorgebracht; aber selbst die Hauptgebiete Mathematik, Astronomie, Physik, Chemie, Biologie und Geowissenschaften sind in ihrem historischen Prozeß kaum jemals synchron vorangeschritten. Zudem hat die Umfangsbeschränkung zur exemplarischen Darstellung und zum Verzicht auf eine Fülle wünschenswerter Informationen – biographischer Anteil, Erläuterung mathematisch-naturwissenschaftlicher Sachverhalte und die o. g. Problemstellungen – gezwungen. Hier muß der Leser auf einschlägige Nachschlagewerke verwiesen werden. Auch bei den Angaben zur benutzten und weiterführenden Literatur war nur eine Auswahl möglich, wie überhaupt dem Charakter des Buches entsprechend weitgehend auf den raumzehrenden wissenschaftlichen Apparat von Belegen, Fußnoten, Annotationen usw. verzichtet werden mußte. Drucktechnische Schwierigkeiten erlaubten es nicht, die wissenschaftlichen Umschriften für das kyrillische Alphabet und für die arabischen, persischen, chinesischen und indischen Eigennamen anzuwenden. So gut es ging, wurde eine Lautumschrift versucht.

Die Gruppe der Autoren hat auch auf Grund der individuellen Auffassungen und Absichten um Einigung bei der Bewältigung der verschiedensten Fragen gerungen und notwendigerweise Kompromisse eingehen müssen, so bei der Festlegung der Relationen der verschiedenen Abschnitte, bei Periodisierungsfragen, bei der Einpassung der durch persönlichen Stil gefärbten Teilstücke ins Ganze mit dem Zwang zu einer gewissen Homogenisierung, bei der Einordnung solcher Abschnitte wie Altamerika und Japan, bei der notwendigen Abgrenzung beispielsweise zur Geschichte der Technik und zur Kulturgeschichte, bei der Verwendung derartiger terminologischer Schlüsselworte wie wissenschaftliche Disziplin und Revolution in einem Wissenschaftsgebiet — Fragen über Fragen. Herausgeber und Autoren werden sich dem Urteil der Leser zu stellen haben. Über Hinweise auf Fehler und Irrtümer hinaus sind wir insbesondere für Diskussionen zum Konzeptionellen dankbar.

Es war unsere Absicht, ein Sachbuch vorzulegen, das in doppelter Weise gelesen werden kann, sozusagen horizontal und vertikal: Einerseits sollte jeweils in einer Zeitperiode oder einem geographischen Raum der Blick auf das Ensemble der gleichzeitig sich entwickelnden verschiedenen naturwissenschaftlich-mathematischen Grunddisziplinen möglich sein. Andererseits sollte es für den an der Entwicklung einer speziellen wissenschaftlichen Disziplin Interessierten möglich sein, die Geschichte dieser einen Fachdisziplin für sich genommen durch den Lauf der Geschichte verfolgen zu können (Mathematik, Astronomie, Physik, Chemie, Biologie, Geowissenschaften). Freilich mußte die Durchführung dieser Konzeption mit nicht unerheblichen Nachteilen erkauft werden, die aus gelegentlich sogar recht harten Einschnitten in einen gemäß historischer Wahrheit zusammenhängenden Entwicklungsprozeß des einheitlichen Organismus Wissenschaft resultieren. Vorausgeschickte Einführungsabschnitte mit integrativ-allgemeinen Aussagen sollten diesen Nachteil ein wenig mildern helfen.

Am Ende eines langen, komplizierten Weges bis zur Fertigstellung des Buches sei allen Fachkollegen und Gutachtern, die uns helfend und beratend zur Seite gestanden haben, ein herzlicher Dank ausgesprochen.

Autoren und Herausgeber

Die Naturwissenschaften am Ursprung

Vorhergehende Seite:
1. Höhlenmalerei, in der Grotte von Altamira (Spanien), sog. Saal der Bisons, späte Altsteinzeit. Tiere und Pflanzen waren für die Menschen der Urgesellschaft nicht nur Nahrungsquelle, sondern auch die wichtigsten Rohstofflieferanten. Die Erbeutung der Tiere erforderte Erfahrungen über deren Verhalten. Empirische Kenntnisse über die Naturobjekte gingen der Gewinnung verallgemeinerter Erkenntnisse weit voraus.

Die Geschichte der Menschwerdung ist uns heute erst in Umrissen bekannt. Paläontologische Funde aus vielen Teilen der Erde geben bisher nur einige Mosaiksteinchen eines natürlichen Entwicklungsprozesses wieder, der von einer subhumanen Stufe (30 bis 10 Millionen Jahre) über die Stufe eines Tier–Mensch-Übergangsfeldes (10 bis 3 Millionen Jahre) bis zur humanen Stufe (3 Millionen Jahre bis 150 000 Jahre) führte. Am Ende dieser letzten Phase traten die ersten Formen des »Jetztmenschen«, des Homo sapiens (wörtlich: der verständige, der mit Vernunft begabte Mensch) auf. Es hatte sich der aufrechte Gang herausgebildet, die Gliedmaßen waren vollkommener und funktionstüchtiger geworden, das Gehirn hatte sich ausgeformt. Der Gebrauch des Feuers und die Verwendung und Herstellung von zweckbestimmten Werkzeugen, Geräten und Waffen wurden begleitet von der Herausbildung des Denkens, der Sprache und religiöser Vorstellungen, die sich in festen Formen der Totenbestattung ausdrückten. Der Mensch war aus dem Tierreich herausgewachsen. Als die entscheidende Voraussetzung, die ihn allen natürlichen Unbilden zum Trotz überleben ließ, erwies sich die ständig aktiver und zielbewußter geführte Auseinandersetzung mit der natürlichen Umwelt, die gemeinsame Arbeit. Es entstanden neue, organisierte soziale Beziehungen von der Urhorde über die Horde zu Sippe und Gens. Die Menschheit trat in die Epoche der Urgesellschaft ein. Von da an war der weitere Fortschritt der Menschheit im entscheidenden Maße nicht von der Vervollkommnung des biologischen Wesens Mensch, sondern von der Entwicklung seiner gesellschaftlichen Lebensweise bestimmt.

Naturerfahrungen und Naturkenntnisse in der Urgesellschaft

Die menschlichen Lebensformen der Ur- und Frühgesellschaft schlossen den Gebrauch von Naturkräften und Naturkenntnissen ein.

Die Leistungen der frühen Menschen sind erstaunlich. Mit großer Geschicklichkeit schlugen sie nach verschiedenartigen Verfahren und Methoden aus hartem Stein Schaber, Pfeilspitzen, Messer, Klingen u. a. m. Die Vervollkommnung und Höherentwicklung von Gerätschaften und Waffen beruhte auf empirisch erworbenen Kenntnissen der Materialeigenschaften von Stein, Knochen und Holz.

Der Gebrauch des Feuers wurde zum Allgemeingut der Menschen. Feuer bedeutete Schutz vor Kälte und Raubtieren, es gab Licht und ermöglichte die Bereitung schmackhafter Speisen. Die Verwendung des Feuers erlaubte zugleich die Besiedlung klimatisch ungünstiger geographischer Räume. Auf der Suche nach Nahrung legten Gruppen von sammelnden und jagenden Menschen große Entfernungen zurück.

Höhlenmalereien aus jener Zeit vermitteln uns einen lebendigen Eindruck von den damaligen Jagdtieren (Rentier, Mammut, Bison) und den Jagdtechniken (Fallen, Waffen, Anwendung des Jagdzaubers usw.). Mit Pfeil und Bogen wurde eine gespeicherte nichtbiologische Energieform benutzt.

Allmählich verfeinerten sich Werkzeug- und Geräteherstellung. Geschliffener und polierter Stein, Beil und Hacke mit Stiel aus Geweih oder Holz, Gefäße aus Stein, Holz, Leder und Flechtwerk, Einbaum und Kanu, Schlitten, Schleife und Angel repräsentieren eine weitreichende Fülle von

Erfahrungen über die Eigenschaften von Naturstoffen und die natürliche Umwelt. Noch während der Jungsteinzeit wurde mit dem Brennen von Ton und Lehm eine Erfindung von weittragender Bedeutung gemacht, die es gestattete, haltbare Gefäße für unterschiedlichste Zwecke herzustellen, darunter zum Kochen und Sieden.

Im 8. Jahrtausend v. u. Z. vollzog sich – ausgelöst möglicherweise auch durch ökologische Veränderungen wie Versteppung tropischer und subtropischer Zonen – in einigen Regionen der Erde eine erste gesellschaftliche Arbeitsteilung in Ackerbauern und Viehzüchter, die die natürliche Arbeitsteilung zwischen Mann und Frau, jung und alt überlagerte. Seßhaftigkeit, wenigstens für einige Zeit, bis zur Erschöpfung des Bodens, schuf die Voraussetzungen für die Fortentwicklung handwerklicher Fertigkeiten beim Spinnen, Weben, bei der Töpferei, der Werkzeug- und Waffenherstellung. Menschliche Siedlungen konzentrierten sich in Flußtälern und Bergrandzonen. Dem Sammeln von Wildgetreide, Wurzeln und Früchten folgte nun der Anbau von Pflanzen, aus denen durch Selektion Kulturpflanzen wie Gerste, Emmer, Weizen, Hirse, Reis, Mais und Bohnen gewonnen werden konnten. Zugleich wurde der Zusammenhang zwischen Aussaat, Keimen, Wachsen und Ernte erkannt, wenn auch noch vielfältig mystifiziert und in Fruchtbarkeitsriten empfunden und ausgedrückt.

2. Faustkeil. Mit solchem einfachen Gerät nahm die Entwicklung der menschlichen Technik ihren Anfang. Museum für Ur- und Frühgeschichte Thüringens, Weimar

Viehzucht beruht ebenfalls auf der Ausnutzung biologischer Gesetze, u. a. auf dem Einblick in das, was wir Selektion und Vererbung nennen. Die Domestikation von Wildtieren gelang wohl am frühesten bei Wildziege, Wildschaf und Wildschwein, später bei dem relativ schwer zähmbaren Wildrind und beim Lama. Noch später konnten Büffel und Elefanten als Arbeitstiere in den Dienst des Menschen gestellt werden. Der Hund wurde zu seinem treuen Begleiter.

Es ist kaum möglich, die Bedeutung der mit Ackerbau und Viehzucht verbundenen und sich daraus ergebenden Auswirkungen auf die Entwicklung der menschlichen Gesellschaft zu überschätzen. Historiker bezeichnen diesen Komplex von Umgestaltungen daher häufig geradezu als »agrarische Revolution«.

Höhere kontinuierliche Erträge sicherten erstmals einen bescheidenen Überschuß. Die Differenzierung der produktiven Tätigkeit schuf das Grundinteresse an Formen des Austausches von produzierten Gütern. Die durch Handel geförderte neue Stufe sozialer Beziehungen hatte wesentlichen Anteil an der Vervollkommnung der Sprache und ihrer Ausdrucksfähigkeit, begünstigte die Fähigkeit zum Zählen und Rechnen und die Entstehung erster Schriftformen. Diese finden sich schon in der Steinzeit mit der Wiedergabe von Gegenständen oder Ereignissen, die zugleich Wünsche oder Vorstellungen ausdrücken sollten. Die sog. Jagdzauberszenen beispielsweise sind von großer künstlerischer Gestaltungskraft: Ein Zauberer beschwört jagdfähige Tiere, und die bildliche Darstellung soll bewirken, daß die ersehnte tierische Beute eingebracht werden kann.

Die Entwicklung der menschlichen Existenzweise in der Spätphase der Urgesellschaft, in der die Gens die Gesellschaftsstruktur bestimmte, wurde begleitet und sogar teilweise ermöglicht von Entdeckungen, Erfindungen und Kenntnissen, die wir heute den Naturwissenschaften und ihrer Anwendung zurechnen.

3. Monatskalender der Batak, Sumatra. Wechsel der Jahreszeiten, erkennbar am wechselnden Stand der Gestirne, wurde schon in frühen Kulturen festgehalten. Hornplatte mit 30 Löchern. Deutsches Museum, München

4. Tongefäß mit Eindrücken von Getreidekörnern (Bildmitte). Dem Sammeln von Getreide folgten der Anbau und die Züchtung von Kulturpflanzen. Späte Jungsteinzeit, 2200–1800 v. u. Z. Fundort Halle-Ammendorf. Landesmuseum für Vorgeschichte, Halle (Saale)

Die menschliche Arbeit enthielt schon frühzeitig mathematische Elemente. Handwerkliche Erzeugnisse, z. B. Räder mit und ohne Speichen, die Gebäude, die Anlage von Feldern, Ornamente auf Waffen, Töpferei- und Webereierzeugnissen – alles das verrät, daß schon in der Steinzeit geometrische Grundtatsachen bekannt waren.

Für die Ausbildung und Durchbildung der Zahlenreihe haben die Trennung in Ackerbau und Viehzucht sowie das Aufkommen von Privateigentum eine wesentliche Rolle gespielt. Aus der Notwendigkeit, Viehherden zu zählen und Tauschgeschäfte zu betreiben, entwickelten sich die Fähigkeiten zum Zählen weiter. Dabei hing ursprünglich – wie noch heute bei wenig entwickelten Völkern – das zu verwendende Zahlwort von der Art der gezählten Gegenstände ab, ob also z. B. drei Kokosnüsse oder drei Männer zu zählen waren. Erst durch weitere Abstraktionen entstand das Zahlwort »drei«, das ganz unabhängig ist von den Eigenschaften der gezählten Gegenstände.

Die Zahlensysteme wurden bei vielen Völkern auf dezimaler Grundlage, d. h. zur Basis 10 (10 Finger!) gebildet. Relativ häufig trat noch die Grundzahl 20 auf, z. B. bei den Kelten; Zehen und Finger repräsentierten diese Basis. Aber auch die Grundzahl 12 (Zahl der Hauptknöchel an beiden Händen) läßt sich nachweisen.

Das wechselvolle Geschehen am Himmel – der Lauf der Planeten und der Sonne, die Phasen des Mondes, der Sternenhimmel – das alles hat schon früh die Aufmerksamkeit der Menschen auf sich gezogen, zumal diese Vorgänge in einen Zusammenhang mit dem irdischen Geschehen zu bringen waren: mit den Jahreszeiten, mit regelmäßig wiederkehrenden Überschwemmungen, mit der Menstruation der Frau, mit günstigen Terminen für Aussaat, Ernte und der Züchtung der Haustiere. Kein Wunder auch, daß in jener Frühphase der Menschheit, als die Menschen den Naturgewalten nahezu hilflos gegenüberstanden, die Himmelskörper als Götter oder beseelte Mächte verstanden und gefürchtet wurden. Hier liegen die Ursachen für die weit in die Geschichte zurückreichende Grundvorstellung der Astrologie vom Einfluß der Gestirne auf das Geschick der Menschen auf Erden.

Das in Südengland gelegene Stonehenge ist eines der bedeutendsten und beeindruckendsten steinzeitlichen Bauwerke. Die ringförmig angeordnete, aus Wällen und großen Steinblöcken bestehende Anlage ist zweifelsfrei nach astronomischen Beobachtungen orientiert und dürfte zur Hälfte des 2. Jahrtausends v. u. Z. fertiggestellt worden sein.

Die Lebensweise der Menschen war von alters her von Tätigkeiten begleitet, bei denen Vorgänge ausgenutzt wurden, die wir heute ihrem Charakter nach der Physik zurechnen. Der Gebrauch von Pfeil und Bogen oder die Verwendung von Tierfallen bedeuten so gesehen die Speicherung und die plötzliche Freisetzung mechanischer Energie. Die seit der ausgehenden Altsteinzeit allgemein verbreitete Fähigkeit, Feuer zu machen, beruhte auf verschiedenen Methoden der Verwandlung mechanischer Arbeit in Wärme, insbesondere der Ausnutzung der Reibungswärme. Mit Hebeln, Schleifen und Schlitten wurden erstaunlich große Lasten wie z. B. Gedenksteine, Götterdenkmale oder Steinblöcke über große Entfernungen bewegt.

Die Verwendung des Pfluges bei der Bearbeitung des Bodens, verbunden mit der Ausnutzung der tierischen Zugkraft, bewirkte neben der künstlichen Bewässerung des Bodens eine zunehmende Erhöhung des Ertrages.

5. Stonehenge, 13 km nördlich von Salisbury (England). Diese steinzeitliche Anlage besitzt einen Durchmesser von 114 m innerhalb des umschließenden Rundgrabens. Der Außenring besteht aus 30 je 4,1 m hohen Steinpfeilern, verbunden durch Decksteine. Der Innenring setzte sich ursprünglich aus etwa 49 Blöcken zusammen. Im Zentrum liegen zwei hufeisenförmige Steingebilde, die einen sog. Altarstein umschließen. Die Anlage diente vermutlich u. a. der Sonnenverehrung. Die Steine mußten z. T. über eine Strecke bis zu 300 km herantransportiert werden.

6. Altsteinzeitliche Feuerstelle mit Mahlzeitresten, Fundort Weimar-Ehringsdorf. Der Gebrauch des Feuers bedeutete einen entscheidenden Schritt in der Entwicklungsgeschichte der Menschheit. Museum für Ur- und Frühgeschichte Thüringens, Weimar

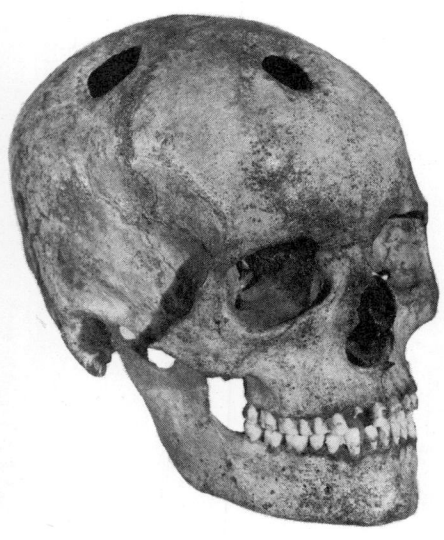

7. Schädel mit zwei verheilten Trepanationsöffnungen. Schädeloperationen wurden vermutlich zur Heilung bei Kopfschmerzen und bei psychischen Störungen durchgeführt. Bewunderungswürdig ist die sorgfältige Operationstechnik der steinzeitlichen „Mediziner" mit ihren Werkzeugen aus Stein sowie die Tatsache, daß die Patienten die Operation häufig überlebten und die Wunden gut verheilt sind. Fundort Pritschöna bei Merseburg (DDR), vermutlich späte Jungsteinzeit, 2200–1800 v. u. Z. Landesmuseum für Vorgeschichte, Halle (Saale)

Hoch war auch die Leistungsfähigkeit der Schiffe oder Boote der Steinzeit. Auf dem Meer nomadisierende Seevölker überbrückten die mehrere tausend Kilometer großen Entfernungen zwischen den Inseln des Pazifischen Ozeans.

Besondere Bedeutung für die Entwicklung erlangte die Nutzung der Energie bei rotierenden Bewegungen. Nachdem die Menschen gelernt hatten, Löcher in Steine zu bohren, konnten sie Steinteile mit Holz wirksamer verbinden. So entstanden ganz neue Werkzeuge. Schließlich wurde das mühsame Handbohren um 2500 v. u. Z. durch das weitaus effektivere Bohren mit dem Bogen (oder Drillbohrer) ersetzt; als »Bohrkrone« fand ein Steineinsatz des »Feuerbohrers« Verwendung. Diese Grundidee ermöglichte es auch, bequemer als bisher Feuer zu machen.

Eine der bedeutendsten Erfindungen in der Menschheitsgeschichte war das Rad. Es schuf die Voraussetzungen für erweiterte Transportmöglichkeiten und ausgedehnten Fernhandel. Schließlich wurde das Rad auch zum Kernstück der Töpferscheibe. Zur Keramikproduktion gehörte bereits eine Reihe hochkomplizierter physikalischer und chemischer Prozesse, um durch Brennen, Dekorieren und Bemalen eine erhöhte Gebrauchsfähigkeit und künstlerische Gestaltung zu erreichen. So erforderte die Keramikherstellung in zunehmendem Maße Spezialisten, die von anderer Arbeit befreit werden mußten.

Die Anfänge der Chemie reichen bis in die Urgeschichte der Menschheitsentwicklung zurück. Bereits mit dem Gebrauch des Feuers war der Mensch in der Lage, gezielt Stoffumwandlungen durchzuführen. Er konnte in heißer Asche oder auf dem Herd kochen, braten und backen und damit Kohlehydrate und Eiweiße für seine Ernährung besser aufbereiten.

Uralt ist der Wunsch der Menschheit, Krankheiten und Verletzungen zu heilen. Freilich waren die Möglichkeiten bescheiden; Heilmittel pflanzlichen und tierischen Ursprungs wurden verwendet. Die Behandlungsweisen der Medizinmänner waren auf Magie und Beschwörung aufgebaut. Heilung erschien als Austreibung böser Geister aus dem menschlichen Körper. Die Kunst der Trepanation des Schädels hatte bereits während der Steinzeit einen hohen Stand erreicht; Schädelfunde beweisen eindeutig, daß Patienten die Operation überlebt haben.

Naturerkenntnisse in Mesopotamien und Ägypten

Die fortschreitende Differenzierung des gesellschaftlichen Lebens, höhere wirtschaftliche und militärische Ansprüche erforderten eine straffere Leitung und Organisation der Gesellschaft und schufen damit angesehene und bevorrechtete Stellungen. Die ersten Ansätze einer Oberschicht deuteten die Trennung geistiger von körperlicher Arbeit an. Ein gewisser »Reichtum«, der sich als Privateigentum mehr und mehr vererbte, verhalf der Oberschicht zu militärischer und priesterlicher Macht. Gefangene konnten ernährt und zur Arbeit verwendet werden. Diese patriarchalische Haussklaverei beschleunigte den Zerfallsprozeß der Urgesellschaft. Besonders in klimatisch begünstigten Regionen der Erde bildeten sich auf Klassentrennung beruhende Gesellschaftsstrukturen heraus: in Mesopotamien (im Zweistromland zwischen Euphrat und Tigris) am Ausgang des 4. Jahr-

8. Stufenpyramide von Sakkara. Diese älteste Pyramide Ägyptens, erbaut für König Djoser, 3. Dynastie, um 2950 v. u. Z., steht im Zusammenhang mit dem Namen des legendären Imhotep, der als großer Arzt und Baumeister Ägyptens göttliche Verehrung genoß.

9. Ägyptische Papyrushandschrift. Der Leipziger Professor Ebers erwarb diesen größten erhaltengebliebenen altägyptischen Papyrus mit medizinischem Inhalt käuflich. Der Papyrus stammt aus dem 16. Jh. v. u. Z. und wurde in einem Grab bei Theben gefunden. Universitätsbibliothek, Leipzig

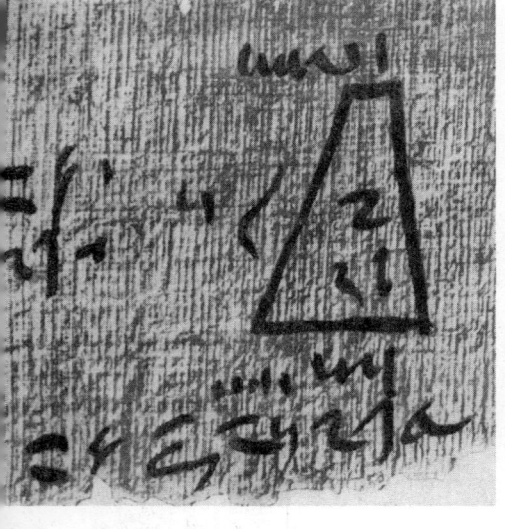

10. Pyramidenstumpfberechnung aus dem Moskauer Papyrus (18. Jh. v. u. Z.). Die exakte Volumenberechnung eines (schiefen oder geraden) Pyramidenstumpfes mit quadratischer Grund- und Deckfläche ist das Glanzstück der altägyptischen Geometrie. Staatliches Museum der schönen Künste, Moskau

tausends v. u. Z. und ungefähr um 3000 v. u. Z. im Niltal. (Ihnen vergleichbar sind die um 2500 v. u. Z. im Industal, um 1500 in China und um 800 v. u. Z. in Mittelamerika entstandenen Hochkulturen.)

Diese neue Gesellschaftsordnung stellte trotz der Polarisierung in arm und reich, in Herrscher und Beherrschte durch ihre höhere Leistungsfähigkeit einen historischen Fortschritt gegenüber der Gentilordnung dar. Ein im wesentlichen aus Kriegern und Beamten gebildeter Staat sicherte den Zusammenhalt nach innen und außen, schuf zusammenhängende Wirtschaftsgebiete und gewährleistete eine höhere Produktivität der gesellschaftlichen Arbeit. Die Konzentration der ökonomischen und politisch-militärischen Macht festigte das neue gesellschaftliche Gefüge und begünstigte neue ideologisch-religiöse Strukturen.

Fruchtbares Schwemmland in den großen Flußtälern und künstliche Wasserregulierung bei vom Staat organisierter Tätigkeit verhalfen zu beträchtlichem landwirtschaftlichem Überschuß: Das ermöglichte die Konzentration von Menschen in großen Städten und setzte Kräfte für eine erweiterte handwerkliche Produktion frei, die auf teilweise gänzlich neuen Kenntnissen über Naturprozesse und ihre Beherrschung beruhten. Die Gewinnung von Metallen wie Bronze und Eisen markierte deutliche Einschnitte in einem zweitausendjährigen Entwicklungsprozeß, der mit dem Ausbau von Handwerk, Handel und Verkehr neue, erweiterte Anstöße zur Beschäftigung mit »astronomischen«, »mathematischen«, »nautischen«, »chemischen«, »physikalischen«, »geographischen«, »biologischen« und »medizinischen« Problemen schuf, wenn wir die damaligen problemgebundenen Fragen in moderner Terminologie bezeichnen. Von der Leistungsfähigkeit jener Gesellschaften zeugen Bewässerungs- und Befestigungsanlagen, Tempel- und Palastbauten. Noch heute erregen jahrtausendealte Zeugen der Vergangenheit hinsichtlich Konstruktion und Schönheit unsere Bewunderung. Neue Möglichkeiten der Metallgewinnung und Verarbeitung, neue Konstruktionsprinzipien für Schiffe u. a. m. begünstigten weitreichende Umwälzungen im Handwerk und in der gesellschaftlichen Austauschsphäre und zogen eine weitere gesellschaftliche Arbeitsteilung nach sich: Der Handel wurde selbständiges Tätigkeitsfeld und Geld zum anerkannten Tauschäquivalent. Der sich ausbreitende und verzweigende Handel erzeugte seinerseits eine sich verdichtende und über zusammenhängende Regionen der Erde ausbreitende Kommunikation, die die Einführung von Maßen und Gewichten, die Verbreitung und Vertiefung wissenschaftlicher Erfahrungen, Kenntnisse, Anwendungen und Erkenntnisse und die Entfaltung von Sprache und Schrift bewirkte.

In den verschiedensten Kulturkreisen entstanden Bilderschriften. Nach und nach wurde das Piktogramm stilisiert und einem bestimmten Wort, einem festen Laut oder einer Lautgruppe zugeordnet. Von dieser Art waren z. B. die altägyptischen Hieroglyphen und die mesopotamischen Keilschriftzeichen. Ebenso leiten sich die heutigen chinesischen Schriftzeichen aus einer Bilderschrift ab. Den entscheidenden Schritt – die Auflösung der Sprache in Einzellaute und die Zuordnung fester Zeichen zu den Lauten – vollzogen wohl zuerst die Bewohner der ehemaligen Stadt Ugarit (heute in Syrien) und dann das im Mittelmeerraum lebende Händler- und Seefahrervolk der Phöniker um 1200 v. u. Z. Aus dem Piktogramm für den Stierkopf z. B. entstand (durch Viertelkreisdrehung) das phönikische Zeichen ⊴, dem man den Laut a (Anfangsbuchstabe von hebräisch alef, Rind) zuordnete; α (alpha) wurde zum ersten Buchstaben des griechischen Alphabets.

11. Keilschrifttexte auf Tontafeln. Rechts: sumerischer literarischer Text, um 2900/2680 v. u. Z. Links: Verwaltungsurkunde, altbabylonisch, Anfang 2. Jahrtausend v. u. Z. Mit der Entwicklung der Schrift schufen sich die Menschen bedeutend erweiterte Möglichkeiten zur Vermittlung und Verbreitung wissenschaftlicher Kenntnisse. Iraq Museum, Bagdad

12. Der guterhaltene mathematische Keilschrifttext BM 85194 enthält vielerlei mit dem Bauwesen zusammenhängende mathematische Probleme: Berechnung von Dämmen, Tempelfundamenten, Wassergräben, Brunnenziegeln. Links unten wird die Breite der Grabensohle eines ringförmigen Walles mit trapezförmigem Querschnitt berechnet. Staatliche Museen Berlin, Vorderasiatisches Museum

Das phönikische Buchstabenensemble stellte die Grundlage für viele weitere Buchstabenschriften dar, darunter für das griechische Alphabet, dieses wiederum für das lateinische und schließlich auch für die kyrillischen Schriftzeichen.

Die Erfindung der Schrift hatte weitreichende Folgen: Die Menschheit trat aus dem Dunkel der Geschichtslosigkeit heraus und berichtet seither über ihre eigene Entwicklung. Namen von Völkern und Herrschern, juristische Gesetze, moralische Verhaltensnormen, religiöse Vorstellungen, rituelle Regeln u. a. m. werden niedergeschrieben. Kenntnisse, Erfahrungen und Erlebnisse – auch in der Produktion und bei der Begegnung mit den Naturgewalten – können leichter fixiert und an andere Menschen an weit entfernten Orten und an kommende Generationen weitergegeben werden. Schriftliche Tradierung der Kenntnisse ist möglich geworden; eine historische Grundvoraussetzung systematisch betriebener Naturforschung ist erfüllt.

Schon aus frühester Zeit gibt es Dokumente, die die Einsicht in die Trennung von körperlicher und geistiger Arbeit bezeugen.

Auf einem ägyptischen Papyrus, etwa 1100 v. u. Z., ermahnt ein Vater seinen Sohn, sich der Tätigkeit eines Schreibers zuzuwenden. Die Schreiber, im Besitz der Kenntnisse der »heiligen Zeichen« (Hieroglyphen), waren eine Art Verwaltungsbeamte und gehörten mehr oder weniger zu den Privilegierten.

Archäologische Zeugnisse und schriftliche Überlieferungen aus den frühen Hochkulturen der Menschheit weisen auf eine schon intensive aktive Auseinandersetzung der Menschen mit verschiedenen Bereichen der Natur hin, als deren Ergebnis teilweise erstaunliche Kenntnisse und Erkenntnisse über Naturvorgänge erzielt werden konnten. Freilich waren diese vielfach noch eingebettet in Mythos und Religion, d. h. verbunden mit der Vergöttlichung der Naturerscheinungen. Die Anwendung der Kenntnisse erfolgte fast stets nach Art von Rezepten, ohne Einsicht in die kausalen Zusammenhänge der Naturprozesse. Man könnte daher von verborgener, impliziter, noch versteckter Naturwissenschaft sprechen. Allerdings wissen wir auch noch sehr wenig aus dieser frühen Zeit über Ansätze, Naturvorgänge theoretisch zu erklären.

Mathematische Kenntnisse Aus der altägyptischen Mathematik sind, neben unbedeutenderen Textresten, der sog. Moskauer Papyrus – genannt nach dem jetzigen Aufbewahrungsort – und der Papyrus Rhind – genannt nach einem britischen Altertumswissenschaftler – aus dem 17. Jh. v. u. Z. erhalten geblieben.

Das altägyptische Zahlensystem war dezimal aufgebaut, aber kein Positionssystem. Für jede Zehnerpotenz bis 10^6 gab es ein Individualzeichen, eine spezielle Hieroglyphe. Die ägyptische Rechentechnik beruhte auf fortgesetztem Verdoppeln oder Halbieren. Man beherrschte ebene Geometrie, Flächenberechnung, einfache Volumenberechnung, lineare Gleichungen; für π wurde der Näherungswert 3, gelegentlich sogar

$$\frac{\pi}{4} \approx \left(\frac{8}{9}\right)^2$$

13. Statue (Abguß) eines altägyptischen Feldmessers mit Meßleine. Mittels der Meßleine konnten Längen gemessen, rechte Winkel ausgelegt und Felderflächen vermessen werden. Deutsches Museum, München

14. Handhabung einer Meßleine. Die vom Nil jährlich überschwemmten und mit Schlamm bedeckten Felder mußten nach der Überflutung erneut vermessen werden. Das förderte die Herausbildung der Geometrie. Altägyptische Darstellung.

verwendet. Vom Gegenstand her ging es um Steuern, Lebensmittelmengen für die Arbeitsheere, Volumina von Vorratsbehältern, um Projektierung von Bauwerken, Bestimmung von Feldgrößen – alles Probleme, die die Schreiber zu lösen und zu verantworten hatten.

Im Vergleich zu Ägypten stand die Mathematik Mesopotamiens auf einem noch höheren Niveau. Das ausgezeichnete Zahlensystem – ein Positionssystem zur Basis 60 mit einem inneren Lückenzeichen, einer Art Null – schuf die mathematischen Voraussetzungen für eine hochentwickelte Rechentechnik, die geradezu algebraischen Charakter besaß. Gleichungen bis zum Grade 4 und Gleichungssysteme wurden näherungsweise gelöst, Variable transformiert und substituiert, Wurzeln gezogen. Dazu existierten Zahlentafeln, die dem Schreiber bequeme Rechenhilfsmittel boten. Der später nach Pythagoras benannte Satz war dem Sachverhalt nach bekannt; arithmetische und geometrische Reihen wurden behandelt.

Auch das Niveau der Geometrie war beachtlich. Sie umfaßte elementare Flächen- und Volumenberechnungen, Ausnutzung von Proportionalitäten an ähnlichen Dreiecken, Rauminhalt von Prismen und Zylindern, den Näherungswert 3 für π, einen als trigonometrisches Verhältnis (Kotangens) zu interpretierenden »Böschungswert«, den Satz des Thales u. a. m.

Die Reichweite der mathematischen Methoden erstreckte sich auf eine Vielfalt konkreter, praktischer Probleme des gesellschaftlichen Lebens: Berechnungen für Neigung und Krone von Dämmen, Arbeitsleistung bei Dammbauten, Befestigungen, Wasseruhren, Brunnenziegel, Ernteerträge, Feldergröße, Zins und Zinseszins, Erbrecht, Maße und Gewichte, Währung, Entlohnung in Naturalien.

15. Astronomische Ritzzeichnung aus Mesopotamien, Seleukidenzeit (letzte drei Jahrhunderte v. u. Z.). Dargestellt sind der Planet Jupiter und die Sternbilder Löwe und Hydra. Staatliche Museen Berlin, Vorderasiatisches Museum

Astronomie und Weltbild Schon im 3. Jahrtausend v. u. Z. sind, zumal in subtropischen Zonen der Erde mit weitgehend wolkenlosem Himmel, systematische Himmelsbeobachtungen vorgenommen worden. Priesterastronomen setzten nach dem Stand der Sternbilder landwirtschaftliche Termine fest. Zugleich dienten astronomische Kenntnisse der Ausübung von Kulthandlungen und wurden so zu einem Machtmittel. Die Astronomie ist somit eine der ältesten Wissenschaften überhaupt, zumindest im Hinblick auf das Bestreben, empirische Daten systematisch zu sammeln.

Zu den ersten Haupterkenntnissen gehörte die Entdeckung, daß viele Himmelserscheinungen periodisch verlaufen; hierauf beruht die Einrichtung von Kalendern. In Mesopotamien war beispielsweise um 2000 v. u. Z. bekannt, daß die Venus fünfmal in acht Jahren an denselben Punkt des Himmels zurückkehrt. Der Kalender der Sumerer bezog sich auf die Mondphasen; später gelang es, den Mondkalender mit dem Sonnenjahr in Übereinstimmung zu bringen: In 19 Sonnenjahren von je zwölf Monaten waren sieben Schaltmonate einzufügen. Übrigens wurde dieser neunzehnjährige Kalenderzyklus später von den Griechen übernommen und von dem Astronomen Meton von Athen im 5. Jh. v. u. Z. verbessert. Um 700 v. u. Z. konnten die assyrischen Priesterastronomen, geleitet von starken astrologischen Impulsen und gestützt auf jahrhundertelange Beobachtungen, recht gute Näherungswerte für die wichtigsten periodischen Vorgänge am Himmel geben, insbesondere für die Umlaufzeiten der Planeten.

Noch heute treten uns im täglichen Leben Errungenschaften der mesopotamischen Astronomie entgegen. Gemäß der Verwendung eines sexagesimalen Zahlensystems wurde das Jahr in zwölf Monate eingeteilt, der Tag in zweimal zwölf Stunden, die Stunde in 60 Minuten. Auch die damals getroffene Unterteilung des von der Sonne durchlaufenen Himmelskreises in zwölf Tierkreiszeichen und sogar Namen von Sternbildern sind schließlich über viele historische Stationen hinweg in die europäische Kultur eingeflossen.

Ähnlich wie in Mesopotamien gab es auch in Ägypten ursprünglich einen Mondkalender. Da aber die jährlichen Nilüberschwemmungen überaus regelmäßig eintraten, konnte die Länge des Sonnenjahres schon ziemlich früh mit (ungefähr) 365 Tagen ermittelt werden. Es wurde möglich, einen auf den Sonnenlauf gegründeten Kalender einzuführen; jedoch ist nicht bekannt, wann er in Gebrauch genommen wurde.

Bei alledem aber besaß die relativ weitentwickelte Astronomie in Ägypten und sogar in Mesopotamien einen wesentlichen Mangel: Es ist – nach unseren heutigen Kenntnissen – nicht zu einer Vorstellung von der Bewegung der Himmelskörper im Raum gekommen. Man blieb bei der Angabe der Länge von beobachtbaren Zyklen am Himmel oder periodischen Erscheinungen stehen. Erst als die Griechen den Schauplatz der Geschichte betraten, entstand eine kinematische Theorie des Himmels.

Im übrigen gingen die astronomischen Kenntnisse mit weltanschaulichen Grundvorstellungen einher. Bei Nomadenvölkern galt der Himmel als großes Zelt; noch wir sprechen in der Poesie vom »Himmelszelt«. Nach Auffassungen in Mesopotamien waren Himmel und Erde Scheiben, die durch Wasser getragen wurden. Später galt die Erde als Scheibe, die, rings von Wasser umgeben, ein gekrümmter Himmel überwölbte. Nach einer alt-

16. Votivstein mit Blitzbündel, Symbol des Wettergottes, aus Tell Halaaf. Naturkörper, wie die Sterne, wurden oft Göttern gleichgesetzt; Naturvorgänge, wie das Gewitter, als göttliche Handlungen gedeutet. Staatliche Museen Berlin, Vorderasiatisches Museum

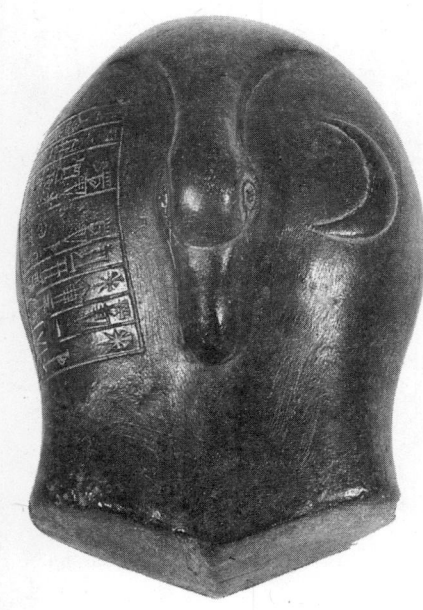

17. Steingewicht aus Babylon in Form einer Ente. Der Handel erforderte Maße und Gewichte. Iraq Museum, Bagdad

ägyptischen Vorstellung überspannte die auf Hände und Füße gestützte Himmelsgöttin Nut mit ihrem Leib die Erde; an ihrem Körper waren die Sterne befestigt. Und jeden Tag fuhr der Sonnengott in einem Schiff auf dem Weltfluß möglichst nahe am Rande der Erdscheibe vorbei, näher im Sommer, wenn – in Analogie zur Wasserführung des Nil – viel Wasser im Fluß war, weiter weg im Winter. Damit schienen die Jahreszeiten mit ihrer unterschiedlichen Sonneneinstrahlung erklärt zu sein.

Physikalische Kenntnisse · Maße und Gewichte Noch heute hat man keine klare Vorstellung von der Technologie, mit der die ägyptischen Pyramiden errichtet worden sind. Die größte, die Cheops-Pyramide (um 2700 v. u. Z.), besaß zur Zeit ihrer Vollendung immerhin eine Höhe von 146,6 m und wurde aus tonnenschweren Steinen gefügt. Man schätzt, daß ungefähr 30 000 Menschen gleichzeitig über Jahrzehnte hinweg am Bau beschäftigt waren, doch welche Werkzeuge und Hilfsmittel sie benutzten, kann nur vermutet werden. Ähnlich beeindruckend ist die Tatsache, daß die riesigen, mehr als 1000 t schweren ägyptischen Obelisken über Hunderte von Kilometern vom Steinbruch zu ihrem Bestimmungsort transportiert und dort aufgerichtet worden sind. Es ist anzunehmen, daß, wie auf einem mesopotamischen (verlorengegangenen) Relief aus dem 7. Jh. v. u. Z. dargestellt wird, Hebebäume, Lastschlitten und untergelegte Rollen zur Verminderung der Reibung verwendet worden sind, wobei die Zugkraft durch viele an Seilen ziehende und schleppende Menschen aufgebracht wurde.

Schon sehr früh wurden Maße und Gewichte als direkte Folge des Handels, der Landvermessung, der Bautätigkeit, der Entwicklung der Tempelwirtschaften definiert. Ganz natürlich sind die ersten Längenmaße von Körperteilen des Menschen abgeleitet worden. Sie hießen »Spanne«, »Elle«, »Fuß« und differierten begreiflicherweise. Aber schon mit dem Entstehen des ägyptischen Großreiches wurde ein einheitliches Längenmaß, die »königliche Elle« (nach heutigem Maß 52,4 cm) festgesetzt und als verbindlich erklärt. Ebenso gab es eine einheitliche Elle bei den Sumerern; der Perserkönig Darius setzte die persische Elle fest. Folgerichtig wurden, ganz im Sinne moderner Metrologie, die Flächenmaße bzw. Raummaße

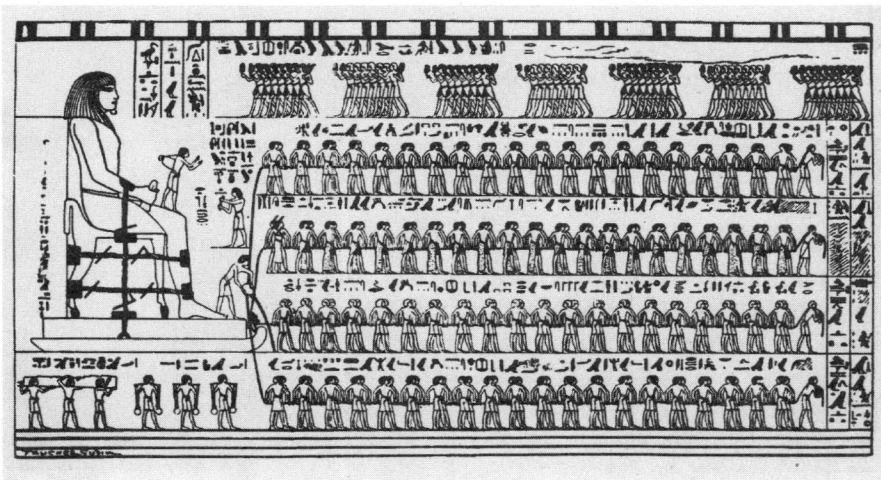

18. Transport einer Statue auf einer Holzschleife, altägyptisch, aus einem thebanischen Grabe. Die ägyptischen Großbauten erforderten die Lösung einer Vielzahl technischer Probleme, darunter die des Transportes großer Lasten. Nach: Maspero, G., Histoire ancienne. Bd. I. Paris 1895, S. 335

vom Längenmaß abgeleitet, z. B. die »Kubikelle« definiert. Daneben aber hielten sich alter Tradition entspringende spezifische Hohlmaße für Wasser und Getreide, so etwa, wie im Europa der Neuzeit noch lange neben den metrischen Maßen Getreidemengen in Scheffeln angegeben wurden. Gewichtsmaße verwendeten wohl zuerst die Juweliere, insbesondere zum Abwägen von Goldstaub. In die Handelstätigkeit wurde die Waage erst später einbezogen. Aus der Zeit um 2500 v. u. Z. stammt die erste bildliche Darstellung einer Waage im alten Ägypten. Die Gewichte bestanden anfangs aus polierten Steinen. Später wurden sie aus Bronze gegossen und besaßen für die verschiedenen Kulturkreise typische Formen, in Mesopotamien z. B. die Gestalt schlafender Enten.

Die Messung der Zeit war noch schwierig. Der Schattenstab – eine Art Sonnenuhr – konnte in den sonnenreichen Gegenden der Erde praktisch überall die Tageszeit anzeigen. In Mesopotamien wurde die Wasseruhr verwendet, die Menge des aus einem Gefäß rinnenden oder tropfenden Wassers war ein Maß für verstrichene Zeit.

19. Nilometer auf der Insel Elephantine bei Assuan, mit dessen Hilfe der Wasserstand des Nils abgelesen wurde.

20./21. Rennofen mit Luppe, von Riestedt bei Sangerhausen (DDR). Die Fähigkeit zur Gewinnung von Metallen gehört zu den ganz großen Errungenschaften der frühen Menschheit. Die Reduktion der Erze erforderte relativ hohe Temperaturen. Möglicherweise wurde der Vorgang bei keramischen Brennprozessen entdeckt. Eisen erhielt man im Rennofenverfahren nicht flüssig, sondern in Gestalt einer festen »Luppe«. Durch Aushämmern wurde Eisen mit stahlähnlichen Eigenschaften gewonnen. Landesmuseum für Vorgeschichte, Halle (Saale)

22. Reliefziegel mit Schmelzfarben, von der Prozessionsstraße aus Babylon, neubabylonisches Reich. Die Herstellung von farbigen Glasuren beruhte auf dem Gebrauch empirisch gewonnener Kenntnisse über das Verhalten von Mineralien. Staatliche Museen Berlin, Vorderasiatisches Museum

Metallurgie · Anfänge chemischer Gewerbe Schon während der Steinzeit waren gelegentlich Metalle verwendet worden, freilich nur gediegen vorkommende wie Gold, Silber, Kupfer und Meteoreisen. Sie dienten im allgemeinen dem Schmuck und der Dekoration der Herrscher und Priester, nur in seltenen Fällen zu produktiven Zwecken, etwa zur Anfertigung von Nadeln und Angelhaken.

Mit Hilfe des Feuers wurde es drei bis zwei Jahrtausende v. u. Z. möglich, mittels Holzkohle Kupfer-, Zinn- und Eisenerze zu den entsprechenden Metallen zu reduzieren bzw. aus gemischten Kupfer- und Zinnerzen die Legierung Bronze herzustellen. Um 1000 v. u. Z. konnten bei vielen alten Völkern auch die Metalle Zinn, Zink und Blei deutlich unterschieden werden.

Erfindung und Vervollkommnung der Metallgewinnung und Metallverarbeitung stellten ein komplexes historisches Gewebe verschiedenartigster einzelner Erfindungen und Entdeckungen dar. Dazu gehören Auffinden und Abbau der Erze, Transport von Erz und Heizmaterial, Bau von Schmelzöfen, Blasebalg, Gußformen, Abschrecken, Gefäße zum Transport flüssiger Metalle, Herausbildung der Standardformen von Werkzeugen.

Besondere Schwierigkeiten galt es bei der Eisen- und Stahlgewinnung zu überwinden. In den kleinen Brennöfen konnten nicht so hohe Temperaturen erreicht werden, daß das gebildete Eisen flüssig wurde. Es entstand nur eine zusammengesinterte, stark verunreinigte Eisenmasse, die Luppe, die noch durch mehrmaliges Aushämmern gereinigt und — weil sie relativ kohlenstoffarm war — anschließend noch zu Stahl gehärtet werden mußte. Aber auch dafür konstruierten die Menschen des Vorderen Orients im 2. Jahrtausend v. u. Z. südlich des Kaukasus um 1500 v. u. Z. oder in Mitteleuropa im 1. Jahrtausend v. u. Z. besondere Tiegel und Öfen und fanden Verfahren, um das weiche Eisen nachträglich zu »kohlen«, d. h. in Stahl zu verwandeln.

Die Verwendung von Metallen, besonders Bronze, Eisen und Stahl, zur Herstellung von Werkzeugen, Schmuck, Gefäßen und Waffen, steigerte die Arbeitsproduktivität gegenüber den steinernen Werkzeugen um ein Vielfaches. Von der Kunstfertigkeit des Schmiedes hing die Güte des Materials der Geräte und der Waffen ganz wesentlich ab. Kein Wunder, daß dieser Beruf bei vielen Völkern in hohem Ansehen stand.

Die von der Metallurgie ausgehende Umwälzung des gesamten gesellschaftlichen Lebens — im Handel, bei der Herstellung von Waffen und Werkzeugen, in der Kriegstechnik, im Städte- und Schiffsbau u. a. m — war so durchgreifend, daß die Historiker von Bronzezeit und Eisenzeit sprechen. In diesem Sinne gab es die Bronzezeit in China schon im 4. Jahrtausend v. u. Z., in Indien um 3200, bei den Sumerern um 4000, in Ägypten um 2000, in Persien und Mitteleuropa um 1300 v. u. Z.

Neben diesen chemisch-metallurgischen Fertigkeiten nutzten die Menschen jener Zeit auch anderes Wissen um die Stoffe und ihre Eigenschaften für gewerbliche Tätigkeiten aus. Sie kannten färbende Mineralien wie Eisen-, Kupfer-, Mangan-, Quecksilber- und Antimonverbindungen, die sie zu kosmetischen Zwecken, zum Färben von Glas- und Tonwaren sowie von Email, aber auch von Fasern verwendeten. Sie vermochten es, natürlichen Purpur aus der Purpurschnecke zu gewinnen und mit pflanzlichen Farbstoffen ihre Gewänder in den verschiedensten Farben zu tönen.

In Ägypten entstand während des Mittleren Reiches das sog. Priestergewerbe, das in Tempelwerkstätten u. a. auch chemische Handwerker wie

Färber, Schmelzer, Gold-, Silber- und Kupferschmiede vereinte. Seit dem 3. Jahrtausend v. u. Z. wurde ferner aus Sand und Mineralien Glas erschmolzen. Die Glasflüsse, die mit mineralischen Farben verschiedenartig gefärbt wurden, dienten u. a. zur Herstellung buntglasierter Ziegel, vielfarbiger Kacheln und prächtiger Glasuren auf Tonwaren. Schöne bunte Glasperlen trug z. B. die Gemahlin des ägyptischen Königs Thutmosis III. um 1475 v. u. Z. als Schmuck. Amenemhet III. (um 1830 v. u. Z.) erhielt einen mit seinem Namen versehenen Glaswürfel zum Geschenk, der aus verschiedenfarbigen Glasstäben zusammengeschmolzen worden war.

Biologische und medizinische Kenntnisse Landwirtschaft und Viehzucht hatten in Ägypten und Mesopotamien ein hohes Niveau erreicht. In Mesopotamien kannte und praktizierte man die künstliche Befruchtung der Dattelpalme; doch führte diese Kenntnis bei dieser einen Pflanze noch nicht zu der Erkenntnis von der geschlechtlichen Vermehrung der Pflanzen überhaupt.

Einigen inneren Organen wurde früh besondere Aufmerksamkeit gewidmet. Wegen ihrer Blutfülle galt die Leber bei manchen Völkern als Sitz des Lebens; Weissagungen aus der Leber nahmen bei den Etruskern und Babyloniern eine zentrale Stellung im kultischen Leben ein. Im altbabylo-

23. Künstliche Bestäubung von Dattelpalmen durch assyrische Priester. Die Kenntnis von der Notwendigkeit der Blütenstaub-Übertragung bei Dattelpalmen führte nicht zu einer umfassenden Theorie von der Sexualität der Pflanzen. Staatliche Museen Berlin, Vorderasiatisches Museum

24. Ritzzeichnung mit Leber-Darstellungen, Babylon, 13./12. Jh. v. u. Z. Aus Form und Gestalt der Organe geopferter Tiere suchten die Priester Aussagen über die Zukunft zu gewinnen. Staatliche Museen Berlin, Vorderasiatisches Museum

25. Ägyptisches Relief mit Darstellungen aus der Landwirtschaft. Kein Volk des Altertums hat so viele Darstellungen des Arbeitsalltages hinterlassen wie das ägyptische. Altägyptische Grabreliefs vermitteln eine Vorstellung von Tieren, Pflanzen, Arbeitsmitteln und Geschehnissen in der Landwirtschaft. Staatliche Museen Berlin, Ägyptisches Museum

nischen Reich gab es zur Zeit des Königs Hammurapi (um 1700 v. u. Z.) den Chirurgen als Spezialarzt. Die Ägypter haben einen relativ hohen Entwicklungsstand in der Medizin erreicht. Die auf religiösen Vorstellungen beruhende Sitte der Mumifizierung, bei der die Leichen geöffnet und die Weichteile entfernt wurden, machte sie mit dem Inneren des menschlichen Körpers bekannt; dennoch sind die anatomischen Kenntnisse verhältnismäßig bescheiden geblieben.

Die griechisch-römische Antike

Vorhergehende Seite:
26. Die Akropolis in Athen mit ihrer Fülle von Tempeln, Heiligtümern und Kunstwerken, erbaut in der zweiten Hälfte des 5. Jh. v. u. Z., wurde zum Sinnbild griechischer Kultur. Mittelpunkt ist der mächtige Parthenon, der Tempel Athenas, die die Griechen auch als Göttin der Weisheit verehrten.

Noch heute fasziniert uns die Welt der griechisch-römischen Antike mit all ihren Zeichen einer glanzvollen Entfaltung von Kultur, Wissenschaft, Philosophie und politischer Macht, aber auch mit ihren Zügen von Despotie, Grausamkeit, Krieg und Menschenverachtung.

Die Entwicklung der antiken Sklavereigesellschaft begann im 10. Jh. v. u. Z. auf dem Territorium Griechenlands, der ägäischen Inseln sowie an der kleinasiatischen Küste und fand mit dem Zerfall des römischen Imperiums am Ausgang des 3. Jh. u. Z. ihr Ende. Sie überzog zum Zeitpunkt ihrer größten Ausdehnung den gesamten Mittelmeerraum.

Sklavenarbeit war in begrenztem Umfange bereits seit längerem üblich gewesen, Sklaven – als »beseeltes Werkzeug« (Aristoteles) oder »sprechendes Werkzeug« bezeichnet – wurden jedoch erst in Griechenland und im römischen Imperium zu einem bestimmenden Faktor. Den von Sklaven und Kleinproduzenten erarbeiteten Reichtum eignete sich größtenteils die Aristokratie an; doch war der Überschuß ausreichend, auch alle anderen Freien in einem gewissen Umfang daran teilhaben zu lassen und damit Kunst, Kultur, Wissenschaft und Staatswesen auf eine höhere Stufe zu heben.

Für die wirtschaftliche Entwicklung in der antiken Gesellschaft erwies sich die Kenntnis der Eisenverarbeitung als ein besonders dynamisches Element. Werkzeuge wie Hammer, Schere, Säge, Zange u. a. m. erreichten bereits damals ihre noch heute gültige Standardform. Im Schiffbau, Bergbau, in der Töpferei, Weberei, Metallverarbeitung und anderen Bereichen wurden wesentliche Fortschritte erzielt. Auf Grund der beträchtlich gestiegenen Produktivität konnte über den Bedarf der unmittelbaren Umgebung hinaus produziert werden; Waren wurden in größerem Maße zum Handelsobjekt. Die Intensivierung und Erweiterung des Handels machte Geld in dieser Region zum weithin anerkannten Tauschäquivalent. Die reichgegliederte Küste mit ihren natürlichen Häfen begünstigte Schiffahrt und Handel.

Die neue Gesellschaft war der altorientalischen Despotie gegenüber durch den hohen Grad an Arbeitsteilung weit überlegen. Das gestiegene wirtschaftliche Leistungsvermögen schuf einer – wenn auch zahlenmäßig kleinen – Gruppe von Menschen die Möglichkeit, sich aus dem unmittelbaren Produktionsprozeß herauszulösen und sich lebenslang mit Kunst, Kultur, Philosophie und Wissenschaft zu beschäftigen. Hier liegen soziologisch bedingte Voraussetzungen für die Entfaltung von Mathematik und Naturwissenschaften während der griechisch-römischen Antike.

Für die antike Naturwissenschaft und Mathematik kann man nach Methode, Inhalt und Umfang vier ziemlich deutlich getrennte Perioden unterscheiden.

Die Früh- bzw. Vorbereitungsperiode wird wegen ihres engen Zusammenhanges mit der ionischen Naturphilosophie als ionische Periode bezeichnet und ist auf die Zeit vom Ende des 7. Jh. bis zur Mitte des 5. Jh. v. u. Z. zu datieren. Während des 7. und 6. Jh. v. u. Z. entwickelten sich die griechischen Stadtstaaten an der ionischen Küste Kleinasiens und auf den vorgelagerten Inseln zu bedeutenden wirtschaftlichen, politischen und kulturellen Zentren. Enge Handelsbeziehungen bestanden zu Mesopotamien, Ägypten, zum eigentlichen Griechenland und zu den griechischen

Pflanzstädten im Mittelmeerraum und an den Küsten des Schwarzen Meeres und führten auch zur Bekanntschaft mit wissenschaftlich-technischen Errungenschaften jener Regionen.

Die führende Handelsstadt Milet wurde zur Wiege der ionischen Naturphilosophie. In einer Atmosphäre der Besinnung auf das Wesen der Dinge, auf die Art des Zusammenhanges zwischen den Erscheinungen in der Natur und dem menschlichen Zusammenleben, im Übergang vom Sammeln und Beschreiben von Fakten zum Verstehenwollen hat sich, gerade in Milet, ein historischer Umschlag vollzogen: der Fortschritt von der mythisch-religiösen zur rational-kausalen Form des Denkens, freilich noch in vielfältig naiver Form, aber doch schon im Sinne der modernen, um wissenschaftliche Erklärung bemühten Philosophie.

Freilich geben die historisch sicheren Quellen ein teilweise nur sehr undeutliches Bild über die Einzelheiten dieses für die Entwicklung der Wissenschaften welthistorisch bedeutenden Umschlages und über die konkre-

27. Antikes Schreibgerät mit Holztafel, Doppelwachstafel, Notizbuch aus Wachstäfelchen, Papyrusrolle, Tintenfaß, Metallgriffel, Rohrfeder u. a. m. Staatliche Museen Berlin, Antiken-Sammlung

ten Leistungen der daran beteiligten Personen, über den aus Böotien stammenden Hesiod, über Thales von Milet, über Anaximandros aus Milet, über Anaximenes aus Milet, über Anaxagoras aus Klazomenai, über Heraklit von Ephesos, über Empedokles aus Akragas, über Leukipp aus Milet (oder Abdera), über Demokrit von Abdera und andere Personen. Viele der undeutlichen Nachrichten über diese Zeit des 7. bis 5. Jh. v. u. Z. sind später zu legendenumrankten Überlieferungen geworden, die bis in unsere Zeit nachwirken.

Die Blütezeit der griechischen Antike fiel in das 5. Jh. v. u. Z. und ist aufs engste mit dem damals ökonomisch, politisch und kulturell einflußreichsten griechischen Stadtstaat, Athen, verbunden. Hier befanden sich wesentliche Zentren der wissenschaftlichen Aktivitäten, so daß die zweite Periode, die auf die Zeit von etwa 450 bis etwa 300 v. u. Z. anzusetzen ist, als athenische Periode bezeichnet wird.

Die Vormachtstellung Athens im ägäischen Raum erwuchs aus seinen militärischen Erfolgen über die Perser bei Marathon 490 v. u. Z. und zehn Jahre später in der Seeschlacht bei Salamis. Nach den Perserkriegen erlebte Athen bis zum Ausbruch des Peloponnesischen Krieges (431 bis 404 v. u. Z.) zwischen Athen und Sparta eine fünfzigjährige Atempause, die zum Höhepunkt der griechischen Kultur, zum »Goldenen Zeitalter« wurde. Es war die Zeit des Staatsmannes Perikles, die glanzvolle Namen auf allen Gebieten kennt: Aischylos, Sophokles, Euripides und Aristophanes führten eine Blüte des antiken Theaterlebens herbei. Pheidias schuf Meisterwerke

der Plastik und Architektur. Die neugestaltete Akropolis wurde zum Symbol griechisch-antiker Kulturleistungen.

Der dominierenden Stellung Athens folgte nach der militärischen Niederlage im Kampf gegen Sparta ein Niedergang für die Polisdemokratie, da seine Ursachen in der Enge der Polisstruktur und der stark anwachsenden Sklaverei lagen. Die makedonischen Könige, Philipp und sein Sohn Alexander, konnten das geschwächte und in sich zerstrittene Griechenland erobern und in einem Weltreich vereinen.

In der dritten, der hellenistischen Periode, die ungefähr viereinhalb Jahrhunderte, bis zur Mitte des 2. Jh. u. Z. dauerte, erreichten antike Mathematik und Naturwissenschaften — besonders in der Zeit bis etwa 150 v. u. Z. — ihre höchste Entfaltung. Gelegentlich spricht man auch von der alexandrinischen Periode, da in dieser Zeit Alexandria den unbestrittenen Mittelpunkt des mathematischen und naturwissenschaftlichen Lebens in der antiken Welt darstellte.

Alexander der Große hatte in weniger als 13 Jahren — von 336 bis 323 v. u. Z. — ein Weltreich erobert, dessen Grenzen im Westen auf der griechischen Halbinsel begannen und im Osten bis zu den Flußniederungen des Indus reichten. Er wurde einer der legendärsten Eroberer, den die Geschichte kennt. Im Zenit seiner Erfolge starb er, erst dreiunddreißigjährig, in Babylon und hinterließ ein ausgedehntes Staatsgebilde, das jedoch schneller zerfiel, als es erkämpft worden war. Unter den Nachfolgestaaten ragen das Reich der Ptolemäer-Könige (Ägypten), das pergamenische Reich (in

28./29. Antike Unterrichtsszene, dargestellt auf einer attischen, rotfigurigen Schale des Duris, um 480 v. u. Z. Staatliche Museen Preußischer Kulturbesitz, Berlin (West), Antikenmuseum

30. Königssohn Triptolemos. Nach griechischer Mythologie lehrte ihn Demeter, die Göttin der Erde, die Kunst des Getreideanbaues. Sie sandte ihn auf einem geflügelten Wagen über die ganze Erde, damit er alle Menschen im Ackerbau unterweise. Attische Lekythos, gemalt vom »Maler von Berlin«, 490–480 v. u. Z. aus Gela. Museo Archeologico Nazionale, Syrakus

Kleinasien mit der Hauptstadt Pergamon) und das Reich der Seleukiden (Syrien) hervor.

Im Troß der Heere Alexanders befanden sich Gelehrte, die die Errungenschaften der griechischen Wissenschaft verbreiteten und zielbewußt Geographie, Flora und Fauna der eroberten Länder registrierten. Auf einem riesigen Territorium verschmolzen Kultur und Wissenschaft der Hellenen mit denen der eroberten Vasallenstaaten; es entstand eine reichhaltige und in sich differenzierte, häufig als hellenistisch bezeichnete Kultur. Daneben lebten aber auch die ursprünglichen kulturellen, religiösen und wissenschaftlichen Traditionen weiter.

Es war eine Zeit gesellschaftlicher Krisen, die in den verschiedensten philosophischen Strömungen wie dem Skeptizismus oder in den Philosophenschulen der Kyniker oder der Stoa reflektiert wurden. Flucht in die Religion, in das Reich der Utopie oder die Hoffnung auf »Erlösung« ersetzten bei großen Teilen des Volkes immer stärker die realistischen Wünsche und Ideen.

Ein für die Wissenschaftsgeschichte entscheidender Vorgang vollzog sich während der hellenistischen Periode: Einzeldisziplinen wie Mathematik, Astronomie, Mechanik, Optik, Botanik, Zoologie, Geographie lösten sich aus der Philosophie heraus und wurden selbständige wissenschaftliche Untersuchungsgebiete, von denen einige – z. B. Mathematik, Astronomie, Statik – bereits die Struktur einer Wissenschaft erreichten.

Im römischen Weltreich wurde die in Griechenland und den hellenistischen Nachfolgestaaten eingeleitete Entwicklung der antiken Gesellschaft in einem mächtigen Staat weitergeführt, dessen Gebiet zur Zeit der größten Ausdehnung ein Territorium von Britannien bis zum Euphrat und von den Karpaten bis zu den Katarakten des Nils umfaßte und damit auch die Zentren der hochentwickelten hellenistischen Wissenschaft einschloß. Rom selbst wurde durch die Ansammlung von Handelskapital und Beutegeldern zum bedeutendsten Gewerbe- und Handelszentrum der Welt.

Das innere Gefüge des auf die Armee gestützten römischen Staates bildete aber keinen günstigen Nährboden für die Bewahrung und Weiterentwicklung der griechischen Wissenschaft. Zu einer Verachtung für die unterworfenen Völker, die oft Träger der höheren Kultur waren, gesellte sich teilweise eine Abneigung gegen »unnütze« Wissenschaft. Und wenn es auch in der Kaiserzeit zur Mode wurde, gebildete griechische Hausklaven zu halten und Äußerlichkeiten griechischer Kultur anzunehmen, so verblieben doch weitgehend Vorbehalte gegen deren Kultur und Wissenschaft. Erst in der Zeit Ciceros trat bei aufgeklärten Römern eine freundlichere Haltung gegenüber Teilen der hellenistischen Kultur zutage. Der Stoizismus wurde sogar zur Modephilosophie.

Insgesamt gesehen eigneten sich die Römer insbesondere solche Teile der vorhandenen Wissenschaft an, die, wie die Mechanik, von praktischem Nutzen sein konnten. Dennoch gab es von seiten römischer Wissenschaftler kaum Weiterentwicklungen der theoretischen Mechanik und der Physik. Mathematik und theoretische Astronomie blieben uninteressant. Zoologie und Botanik, die von Aristoteles und Theophrastos auf ein so hohes Niveau gebracht worden waren, verfielen wieder, sofern sie nicht medizinischen Interessen dienten.

Die antike Sklavereigesellschaft hatte bereits am Ende des 3. Jh. v. u. Z. ihren Höhepunkt überschritten. Der heroische Sklavenaufstand unter Spartacus (74 bis 71 v. u. Z.) brachte den römischen Staat in schwere Bedrängnis. Zu Anfang des 2. Jh. u. Z. begann der Zerfall des römischen Imperiums. Die inneren Schwierigkeiten nahmen überhand, die Verteidigung des Reiches gegen die anbrandenden äußeren Feinde wurde immer schwieriger.

Der Widerstand der unterdrückten Völker und Provinzen, die innenpolitischen Machtkämpfe, vor allem aber ökonomische Schwierigkeiten, die durch den latenten Mangel an Sklaven entstanden waren, führten schließlich zum Verfall und Untergang der antiken Gesellschaft.

Im Jahre 395 u. Z. wurde das römische Imperium endgültig in das Weströmische und das Oströmische Reich geteilt, in einen lateinisch und einen griechisch geprägten Teil. Während das Weströmische Reich in den Stürmen der Völkerwanderung 476 endete, konnte sich das Oströmische (Byzantinische) Reich noch bis 1453 gegen den Ansturm der Türken behaupten.

Ionische Periode

In einem gewissen Sinne ist die »Theogonia« (Götterabstammung) des Hesiod der Ausgangspunkt der ionischen Naturphilosophie. Dort legte Hesiod seine kosmologischen Vorstellungen dar; ihm kommt somit ein erheblicher Anteil an der Systematisierung der griechischen Götterwelt zu. Zugleich deutete sich als entscheidende Änderung der Übergang vom Glauben an personifizierte Götter zum Glauben an die Göttlichkeit der Naturdinge an. Zunächst entstand nach Hesiod das Chaos, eine Art universeller Weltstoff, und daraus Dunkel, Nacht und die Erde. Aus der Erde entwickelten sich Himmel, Berge und Meer. Der Okeanos umfloß die Erde, die als runde Scheibe gedacht und vom halbkugelförmigen Himmel überwölbt wurde. Weitere Kinder von Erde und Himmel waren Blitz, Donner, Sonne und Sterne. Der Abstand zwischen Himmel und Erde betrug neun Tage und Nächte; es war die Zeit, in der ein Meteor vom Himmel auf die Erde fällt.

Ionische Naturphilosophie Thales, ein Kaufmann aus Milet, gilt seit Aristoteles als der erste in der Reihe griechischer Philosophen; doch sind in die Überlieferung viele falsche Details eingeflossen. Ungenau ist insbesondere die Behauptung, Thales habe Wasser als den Urstoff aller Dinge angesehen. Eher entspricht es seiner Auffassung, daß die Erde aus dem Feuchten oder dem Wasser aufgetaucht sei und auf dem Wasser schwimme.

Nach alter Überlieferung trug Thales als Mathematiker, Astronom und Politiker den Ruhm seiner Vaterstadt in alle Welt. In Ägypten soll er eine Erklärung für die jährlichen Nilüberschwemmungen gegeben und »auf erstaunliche Weise«, nämlich mit Hilfe des Schattenstabes sowie ähnlicher Dreiecke, die Höhe der Pyramiden gemessen haben. Auch die Voraussage der Sonnenfinsternis vom 28. Mai 585 v. u. Z. wird Thales zugeschrieben; dies deutet auf enge Beziehungen zur hochentwickelten mesopotamischen Astronomie hin.

31.–34. Wissenschaftler auf Münzen. In der Antike war es üblich, auch berühmte Gelehrte auf Münzen abzubilden. Oft genug kam es aber nur zu Phantasiedarstellungen, da die Münzen nach großem zeitlichem Abstand geprägt wurden. 31. Bronzemünze mit Heraklit, Ephesus, unter Kaiser Antonius Pius, 138–161 u. Z. 32. Bronzemünze mit Büste des Hippokrates, davor Schlangenstab, Kos, 1./2. Jh. u. Z. 33. Bronzemünze mit Pythagoras, Samos, unter Kaiser Gallienus, 253–268 u. Z. 34. Bronzemünze mit Hipparchos, Nikaia, unter Kaiser Commodus, 177–180 u. Z. Staatliche Museen Berlin, Münzkabinett

35. Kopf eines Philosophen, vermutlich Thales von Milet. Thales wurde zur Symbolfigur der ionischen Naturphilosophie und der wissenschaftlichen Widerspiegelung der Welt und ihrer Naturerscheinungen. Marmor, römische Kopie aus dem 2. Jh. u. Z. Ny Carlsberg Glyptotek, Kopenhagen

Während die Person von Thales mehr oder weniger legendenumwoben ist, wissen wir über seinen Freund und Schüler Anaximandros schon Genaueres. Ausgezeichnet als Geograph und interessiert an mathematischen Fragestellungen, nahm er als Urstoff ein »apeiron« (griech.: das Unbegrenzte) an, dem die Gegensätze »warm« und »kalt«, »trocken« und »feucht« eigen waren und die ihrerseits die Umwandlung des apeiron in die beobachtbaren Dinge der Welt bewirkten. Ähnliche dialektisch-materialistische Grundelemente des philosophischen Denkens sind von einem seiner Schüler, Anaximenes, bekannt, der die Luft als Urstoff oder Urprinzip dachte, aus dem durch Verdichtung oder Verdünnung alle Dinge der Welt entstanden sein sollten.

Gegen Ende des 5. Jh. v. u. Z. wirkte in Ephesos der Philosoph Heraklit, ein bemerkenswerter Denker, der das Feuer als Ursprung aller Dinge ansah und den »Kampf der Gegensätze« als Triebkraft der Entwicklung erkannte. Sprüche wie »Alles fließt!«, »Wir steigen nicht zweimal in denselben Fluß!« oder »Der Vater aller Dinge ist der Krieg!«, d. h. der Kampf der Gegensätze, werden ihm zugeschrieben und drücken sein dialektisches Denken aus. Vieles an seiner Philosophie bleibt unklar und ist schwer einzuordnen in die Entwicklungsgeschichte der Philosophie. Ideen über die Gegensätze könnten aus der iranischen Religion herrühren. Schon im Altertum erhielt Heraklit den Beinamen »Der Dunkle«.

Die Spekulationen verschiedener Naturphilosophen über **den** Grundursprung, über **das** Grundprinzip aller Dinge mündeten bei dem außerordentlich vielseitigen Empedokles in eine systematische Lehre; der Begriff »Element« trat in die Geschichte der Chemie ein. Nach Meinung des Empedokles liegen vier Elemente – Feuer, Wasser, Luft und Erde – allen Stoffen der Welt als »Anfängliches« zugrunde. Sie sind unzerstörbar, ewig, unveränderlich und können nicht ineinander übergehen. Die Verbindung und Trennung der Teilchen dieser vier Elemente macht das Wesen des Naturgeschehens aus; Liebe und Haß, Anziehung und Abstoßung sind die Triebkräfte der Veränderung und Entwicklung.

Empedokles nahm an, daß sich winzig kleine Splitterchen der Elemente miteinander zu verschiedenartigen »Mischungen« vereinigen. Damit erklärte er Stoffumwandlungen und Qualitätsveränderungen – Untersuchungsgegenstände der späteren Chemie als Wissenschaft – als Vereinigung und Trennung qualitativ verschiedener Stoffe. Auch bei der Interpretation anderen Naturgeschehens hat Empedokles keinen Raum für das Wirken von Göttern gelassen, weder bei den Phänomenen der Sonnen- und Mondfinsternisse noch bei der Erklärung des Sonnenlichtes, des Wechsels von Tag und Nacht und dem Zustandekommen der Jahreszeiten.

Innerhalb der ionischen Naturphilosophie fand während des 5. Jh. v. u. Z. ein Differenzierungsprozeß statt. Während sich philosophisch-idealistische Tendenzen verstärkten, z. B. bei Parmenides, dem Begründer der eleatischen Schule und Wegbereiter der Logik sowie bei seinem Schüler Zenon, dem Urheber von logischen Paradoxien, prägten sich philosophisch-materialistische Weltanschauungen am deutlichsten in den Ansichten von Leukipp und seinem ihn an Bedeutung noch überragenden Schüler Demokrit aus. Sie führten mit der Begründung ihrer Atomtheorie die letzte große Systematisierung des Denkens innerhalb der ionischen Naturphilosophie durch. Letzte, kleinste, unteilbare Teilchen (Atome; von griech. atomos, unteilbar) einer qualitativ einheitlichen Materie sollten die Bausteine aller Körper darstellen. In unablässiger Folge begegnen sie sich, ziehen sich an und stoßen sich ab, treten zu strukturell verschiedenen Körpern zusammen, oder die Körper zerfallen wieder in Atome. So erklären sich die Naturvorgänge, die nach Gesetzen ablaufen. Aristoteles beschrieb später Demokrits Meinung folgendermaßen: »Demokrit, der die (Zweck) Ursache verwarf, führte alles, dessen sich die Natur bediente, auf die Notwendigkeit zurück.«

Ersichtlich berührte die Atomvorstellung die Grundlagen der Mathematik und der Naturwissenschaften. Zweifellos war Demokrit einer der bedeutendsten Denker, und noch sein schärfster Gegner während der Antike, der idealistische Philosoph Platon, konnte nicht an dessen Leistung vorbeigehen. Über die antiken römischen Philosophen Epikur und Lukrez reichte die fruchtbare Traditionslinie der demokritischen Atomistik in die islamische Atomistik hinein und bis hin zu Gassendi und zu den Begründern der modernen Naturwissenschaft, zu Galilei, Newton und Dalton.

In seinem fast hundertjährigen Leben hat sich Demokrit mit vielen Wissenschaften beschäftigt und weite Reisen unternommen. Die Legende schreibt ihm folgende Äußerung zu, ausgesprochen gegen Lebensende: »Ich bin von meinen Zeitgenossen am weitesten auf der Erde herumgekommen, habe die umfangreichsten Forschungen angestellt, die meisten Himmelsstriche und Länder gesehen und gelehrte Leute gehört; in der auf Beweis gegründeten Konstruktion von Linien hat mich niemand übertroffen, auch nicht die sogenannten Seilknüpfer (Landvermesser) der Ägypter...«

Die Herausbildung wissenschaftlich-philosophischen Denkens während der ionischen Periode war natürlich zeitlich begleitet von der Verehrung der hellenischen Götter, des Zeus, der Athena usw. Darüber hinaus drangen aus den orientalischen Ländern verschiedenartigste Götter- und Mysterienkulte in die griechische Welt ein. Eine solche religiöse Vereinigung oder Sekte hat in der Geschichte von Mathematik und Naturwissenschaften während der Antike eine große Rolle gespielt, der Bund der Pythagoreer.

Die biographischen Angaben über den Begründer des Bundes, über Pythagoras von Samos, den Sohn eines Gemmenschneiders, sind dürftig und höchst unsicher. Nach längeren Aufenthalten in Ägypten und Mesopotamien soll er sich um 525 v. u. Z. in Unteritalien niedergelassen und einen Geheimorden begründet haben, der eine Zeitlang beträchtliche politische Macht ausübte. Den Bund der Pythagoreer kennzeichneten typische Merkmale einer religiösen Sekte wie Konspiration und strenge Vorschriften über Kost, Kleidung und Bestattungszeremonien, eine Seelenwanderungslehre, Arrangement von »Wundern«, eine Probezeit für die Neulinge u. a. m. Was ihn aber aus anderen ähnlichen Mysterienkulten heraushob und für die Geschichte der Wissenschaft relevant macht, ist die Tatsache, daß bei den Pythagoreern die Vereinigung mit dem Göttlichen über die Mathematik, durch Versenkung in die wunderbaren Gesetze der Zahlenwelt, erreichbar sein sollte. Das Wesen der Welt bestand für sie in der Harmonie der Zahlen. Von hierher rührt ihre Hinwendung zu Mathematik, Astronomie und Musiklehre – freilich sozusagen nur als rationales Nebenprodukt des eigentlichen, des religiösen Hauptinteresses. Mit dem Aufkommen der Demo-

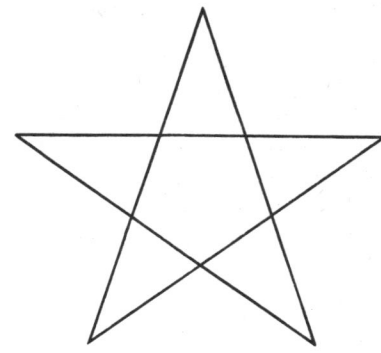

36. Das Pentagramm, regelmäßiges Fünfeck, war das Ordenszeichen des pythagoreischen Bundes. Als »Drudenfuß« besaß es im europäischen Mittelalter magische Bedeutung. Noch Goethe läßt im »Faust« die Spitzen eines auf der Türschwelle angebrachten Drudenfußes von Ratten benagen; so wird der Bann gebrochen und der Raum betretbar.

37. Münze mit Bild des Anaxagoras. Der mit dem bedeutenden Staatsmann Perikles befreundete Anaxagoras führte Gedanken der ionischen Naturphilosophie in Athen ein, u. a. atomistisches Denken. Er hielt die Sonne für eine glühende Gesteinsmasse, wurde der Gottlosigkeit beschuldigt und mußte emigrieren. British Museum, London

38. Anaxagoras als Erfinder der Sonnenuhr. Fragment aus einem Mosaik. Rheinisches Landesmuseum, Trier

kratie (um 450) wurden die Pythagoreer in zunehmendem Maße blutig verfolgt, konnten jedoch nicht vernichtet werden. Der Bund löste sich erst um die Mitte des 4. Jh. v. u. Z. auf.

Vorstellungen über Kosmos und Erde Der materialistische Ansatz der ionischen Naturphilosophie verbannte den Götterglauben auch aus anderen Naturerscheinungen. Anaxagoras beispielsweise meinte, Sonne, Mond, Sterne und Meteoriten seien bloße glühende Steinhaufen; auch Sonnenfinsternisse, Überschwemmungen, Blitz, Donner und Vulkantätigkeit besäßen ausschließlich natürliche Ursachen.

Anaxagoras, der aus Kleinasien stammte, hatte diese Philosophie und Astronomie in Athen, seinem neuen Wohnsitz, verbreitet. Er lebte als ständiger Gast im Hause des Perikles, des athenischen Politikers und Repräsentanten des gesellschaftlichen Fortschrittes, der den konservativen Kräften ein Dorn im Auge war. Um ihn und Anaxagoras, den Atheisten, zu treffen, brachten sie ein Gesetz ein, nach dem »alle anzuklagen seien, die nicht an das Göttliche glauben oder Hypothesen über Himmelserscheinungen verbreiten«. Angeklagt wurde neben Anaxagoras übrigens auch die berühmte geistvolle und emanzipierte Aspasia, die Freundin des Perikles. Der mächtige Perikles ermöglichte Anaxagoras die Flucht nach Lampsakos, wo progressives Philosophieren hatte heimisch werden können.

Zu dem reichhaltigen astronomischen Material aus Mesopotamien, wo insbesondere die Dauer der astronomischen Perioden mit großer Genauigkeit empirisch ermittelt worden war, traten während der ionischen Periode strukturell-kinematische Vorstellungen hinzu, die eine Art Modell der Himmelsbewegungen im Raum lieferten. Die Pythagoreer — und später Platon — leiteten aus der inneren Vollkommenheit der Kreisfigur ab, daß die Bewegungen der als Götter verstandenen Himmelskörper, die einer höheren Welt als der irdischen angehörten, mit gleicher Geschwindigkeit auf Kreisbahnen verlaufen. Demnach erschien es als Hauptaufgabe der antiken Astronomie, die komplizierten Bewegungen der Planeten aus Kreisbahnen zusammenzusetzen.

Hesiod und Thales hatten sich die Erde als eine vom Ozean umschlossene Scheibe vorgestellt. Anaximandros hielt sie ebenfalls für eine Scheibe von der Form einer kurzen Säule, die von einem kugelförmigen Himmel umgeben war. Die Kugelgestalt der Erde dürfte Ende des 5. Jh. v. u. Z. erkannt worden sein, und die Erde galt als im Mittelpunkt der Welt stehend.

Nach und nach wurde auch die Oberflächenstruktur der Erde rings um das Zentrum Griechenlands bekannt, die Umrisse der bekannten Erdteile, die Lage der Gebirge, der Lauf der Flüsse, die Wohngebiete der großen Volksstämme. Es ist interessant zu sehen, wie diese Kenntnisse vom 7. zum 5. Jh. von Hesiod über Hekataios bis Herodot Schritt um Schritt konkreter geworden sind. Während die Gesänge Homers über die Irrfahrten des Odysseus die Fülle der bei der Erweiterung des geographischen Horizontes gemachten Erlebnisse in dichterisch freier Phantasie widerspiegelten, verdichteten sich die Kenntnisse und Erfahrungen der griechischen und phönikischen Seefahrer, Händler und Kaufleute zu Erdkarten und zu sach-

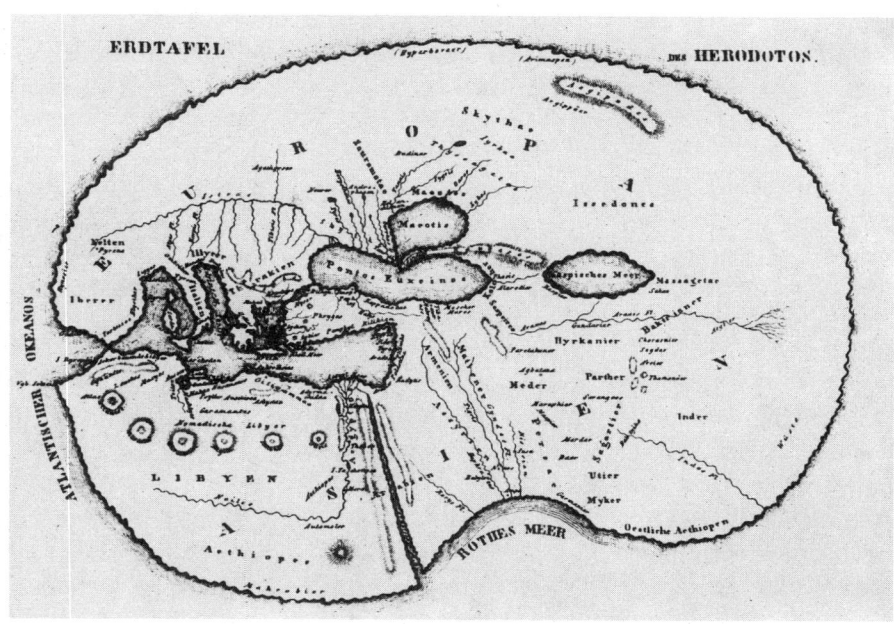

39. Das Weltbild des Herodot. Der griechische Historiker besuchte große Teile der seinerzeit für ihn erreichbaren Länder. Die — im 19. Jh. auf Grund von Beschreibungen nachgezeichnete — Karte zeigt jene Teile der Erde, von denen die Griechen im 5. Jh. v. u. Z. Kenntnis besaßen.

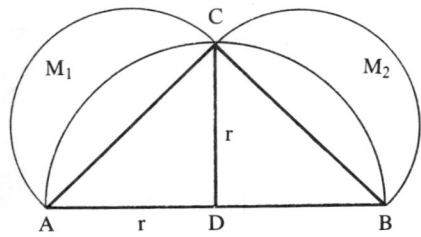

40. Eine Form der »Möndchen des Hippokrates«. Die entscheidende Tatsache steckt im Beweis des Satzes, daß die krummlinig begrenzten Möndchen M_1 und M_2 zusammen flächengleich dem Dreieck ABC sind. Damit sind die Möndchen »quadrierbar«, d. h., deren Fläche kann durch eine mit Zirkel und Lineal konstruierte Fläche angegeben werden. Dagegen ist keineswegs jede krummlinig begrenzte Fläche quadrierbar, z. B. ist schon die Quadratur des Kreises unmöglich.

lichen Berichten. Die Südspitze Afrikas war von den Phönikern umsegelt worden. Es gab bereits im 5. Jh. v. u. Z. sichere Nachrichten aus Zentralasien, aus Indien, von den Säulen des Herkules (Gibraltar), vom Inneren Afrikas und von den Zinninseln (England). Im 3. Jh. v. u. Z. fand eine Art wissenschaftliche Expedition zur Nordsee mit ihren Nebelbänken und dem »geronnenen Meer« (Eis) statt. Die Eroberungszüge Alexanders leiteten später eine erneute beträchtliche Erweiterung des Weltbildes ein.

Die Geburt der Mathematik als Wissenschaft Im engen Zusammenhang mit der ionischen Naturphilosophie vollzog die Mathematik im 6. und 5. Jh. eine revolutionäre Umgestaltung: Wohl hatten die Griechen – wie Überlieferung und Sekundärquellen behaupten und beweisen – im engen Kontakt mit den Ländern des Ostens eine Fülle von mathematischen Methoden und Einzelkenntnissen übernommen, sie aber gaben diesem Material eine logische Struktur. Aus einem nach Art von Rezepten betriebenen, dabei erstaunlich weitreichenden mathematischen Erfahrungsschatz wurde eine auf Definitionen und Beweisen aufbauende, selbständige, logisch-deduktiv dargelegte Wissenschaft Mathematik.

Nach antiker – offensichtlich von Legenden begleiteter – Überlieferung soll diese Wendung bereits von Thales eingeleitet worden sein. Er habe als erster Theoreme formuliert, die vor ihm schon längst bekannt und benutzt worden seien, nun aber durch ihn auf Grund von Definitionen und Voraussetzungen logisch zwingend hergeleitet wurden. Er soll als erster bewiesen haben, daß in jedem gleichschenkligen Dreieck die Basiswinkel und bei zwei sich schneidenden Geraden die Scheitelwinkel gleich sind, daß die Kreisfläche vom Durchmesser halbiert wird, daß der Peripheriewinkel im Halbkreis ein rechter Winkel (der heute noch immer nach Thales benannte Satz!) ist. Auch stamme der eine Kongruenzsatz (Kongruenz von Dreiecken bei Übereinstimmung in einer Seite und den beiden anliegenden Winkeln) von ihm, wie aus der Art der von Thales vorgenommenen Bestimmung der Entfernung eines sich dem Hafen nähernden Schiffes zu schließen sei.

Die Legende wird bezüglich der Person des Thales übertrieben haben. Sei es aber, wie es sei: Der Umwälzungsprozeß in der Mathematik wird jedenfalls seit Thales deutlich. Die wissenschaftliche Mathematik ist mit Sicherheit bei Anaxagoras und Hippokrates von Chios geboren. Anaxagoras stellte als materialistisch orientierter Denker fest, daß es im Kleinen kein Kleinstes, sondern nur ein Kleineres gibt; Entsprechendes gelte für das Große. Hippokrates hat wohl als einer der ersten Denker eine systematische Darlegung der Mathematik versucht; er verfaßte eine Art Lehrbuch unter dem Titel »Elemente« und könnte möglicherweise ein Vorläufer des nun klassisch werdenden Darstellungsschemas – Voraussetzung, Satz, Beweis – gewesen sein. Besonderen, noch bis in unsere Zeit anhaltenden Ruhm erntete Hippokrates mit seinen »Möndchen«, mit der Bestimmung des Inhaltes von Flächen, die krummlinig begrenzt sind. Dieses Textfragment über die Quadratur der Möndchen ist das älteste überlieferte größere Stück der griechischen Mathematik. Mathematik war einige Zeit im klassischen Griechenland so populär, daß – z. B. bei Aristophanes in der Komödie »Die Vögel« – mathematische Probleme bei den theaterbegeisterten Griechen auf die Bühne gelangten.

Drei Probleme waren es insbesondere, die, zwar für den Laien ohne weiteres verständlich, ihre Tücken allerdings bei der Behandlung offenbarten und die antiken Mathematiker und Philosophen beschäftigten: die Quadratur des Kreises, die Dreiteilung des Winkels und das sog. Delische Problem (die Würfelverdopplung).

Die Konstruktion eines zu einem Kreis flächengleichen Quadrates mit Zirkel und Lineal scheint elementar und ist doch unmöglich. Vergeblich waren alle Versuche während der Antike, und sie müssen, eben wegen der Unmöglichkeit, dies zu tun, vergeblich bleiben. Genauso ist es unmöglich, jeden beliebigen Winkel mit Zirkel und Lineal in drei gleiche Teile zu teilen.

Nach antiker Überlieferung wandten sich die Einwohner der Insel Delos an das Orakel von Delphi mit der Frage, was zu tun sei, um einer Seuche Herr zu werden. Sie hätten dazu nur, so sagte das Orakel, den würfelförmigen Altar des Apollon unter Beibehaltung der Würfelform dem Rauminhalt nach zu verdoppeln. In moderner Formulierung wäre also die Gleichung $x^3 = 2a^3$ durch geometrische Konstruktion zu lösen. Hätte das Orakel von Delphi die Wahrheit gesprochen, so müßte auf Delos noch immer die Seuche herrschen; die geforderte Konstruktion ist mit Zirkel und Lineal unmöglich.

Die Atomtheorie des Demokrit blieb nicht philosophische Spekulation. Es gelang ihm mit der gedanklichen Zerlegung eines Kegels in allerdünnste Scheiben, also durch atomistisches Denken, erstmals das Volumen eines Kreiskegels anzugeben. Übrigens ist dieser Gedanke Demokrits, Flächen bzw. Körper aus »unendlich dünnen« Linien bzw. Scheiben zusammenzusetzen, die Grundidee der Integralrechnung. Und so reicht die innerwissenschaftliche Tradition von Demokrit über Archimedes – der die Verdienste von Demokrit ausdrücklich gewürdigt hat – bis hin zu Kepler, Leibniz und Newton, bis in die Neuzeit. Ferner schreibt man Demokrit die weittragende Erfindung des Gewölbebaues zu, Untersuchungen über die in der Bühnenmalerei zu berücksichtigenden Gesetze der Perspektive, weiterhin Gesetze über ganzzahlige Verhältnisse der Saitenlänge am Monochord.

In diesem Punkt berührte sich Demokrit mit den Pythagoreern. Auch sie studierten Zahlenverhältnisse der Längen von schwingenden Saiten. Die Halbierung der Saitenlänge lieferte den Oktavton usw. Sie ließen sich von der Vorstellung leiten, daß das Wesen aller Dinge die Zahl sei. Dahinter verbarg sich die idealistisch-philosophische Vorstellung, daß Zahlen objektive Existenz und solche Eigenschaften wie Haß und Liebe besitzen, weiblich und männlich oder befreundet sind.

Die Pythagoreer gelangten mit ihrer Zahlenmystik jedoch zu beachtlichen mathematischen Ergebnissen, wobei sie mesopotamische Traditionen weiterführten. Sie entwickelten eine Teilbarkeitslehre, erkannten, daß es unendlich viele Primzahlen gibt, untersuchten, insbesondere im Zusammenhang mit einer Musiktheorie, geometrische, arithmetische, harmonische Mittel u. a. m. Auch ihre Leistungen in der Geometrie waren beachtlich. Sie fanden einen Beweis für den an sich längst bekannten und verwendeten Sachverhalt (den später nach Pythagoras benannten Satz), daß beim rechtwinkligen Dreieck die Summe der Kathetenquadrate flächengleich dem Hypotenusenquadrat ist.

41. Antike Bronzebüste, die (vermutlich) Demokrit darstellt. Bronzekopie nach einem hellenistischen Original, 3. Jh. v. u. Z., aus der »Villa dei Empiri« in Herkulaneum. Museo Nazinale di Capodimonte, Neapel

42. Schule des Platon. Mosaik aus der Nähe von Pompeji (1. Jh. v. u. Z.). Es soll den einflußreichen griechischen Philosophen im Kreise seiner Schüler zeigen. Heute wird die Darstellung auch als die »Sieben Weisen der Antike« interpretiert. Museo Nazionale di Capodimonte, Neapel

Athenische Periode

In einem nach dem Heros Akademos benannten Hain gründete Platon um 386 v. u. Z. in seiner Vaterstadt Athen eine Philosophenschule, die sehr einflußreich wurde, ideologisch die Interessen der Aristokratie weitgehend repräsentierte und Staatstheorie, Rechtstheorie, Ethik und Naturphilosophie entwickelte. Kernstück des objektiven Idealismus Platons war die von der eleatischen Philosophie beeinflußte Ideenlehre, wonach die materiellen Dinge der Welt nur verderbte, unvollkommene Abbilder der vollkommenen Ideen sind. Die Idee Dreieck oder die Idee Tisch ist auf der Welt nur unvollkommen verwirklicht.

In der Tat ist jedes gezeichnete Dreieck nicht »genau« – schon durch das verwendete Zeichengerät und den Bleistift kommen Abweichungen hinein. Der Begriff Dreieck entstand jedoch durch Abstraktion der wirklichen Dreiecke; der philosophische Idealismus stellt das Wesen des menschlichen Denkens von den Füßen auf den Kopf.

Platonische Philosophie und Mathematik Es war nicht zufällig, daß Platon die Mathematik als Muster für Wissenschaft heranzog. Er hatte während seiner Jugendzeit in Süditalien die pythagoreische Mathematik kennengelernt, die (scheinbar) durch bloßes Denken, ohne handgreifliche Rückkopplung mit der Praxis, richtige Ergebnisse erzielte. Platons Philosophie enthält daher starke mathematische Elemente. So galt über Jahrhunderte eine gründliche Beschäftigung mit Mathematik als fester Bestandteil der philosophischen Studien in der Platonischen Akademie. Auch die materielle Welt als Ganzes erhielt eine mathematische Interpretation, da Platon in seinem für die Naturphilosophie bedeutendsten Dialog »Timaios« den fünf regelmäßigen Polyedern die Grundbestandteile der Welt zuordnete, den Würfel der Erde, das Oktaeder der Luft, die Pyramide (Tetraeder) dem Feuer, das Ikosaeder dem Wasser. Die Welt als Ganzes habe der Demiurg (der Schöpfer) in Form eines Pentagondodekaeders angelegt.

Platons Philosophie erreichte eine dominierende Stellung. So ist es nicht erstaunlich, daß auch die Mathematik nachhaltig von eleatisch-platonischen Ideen beeinflußt wurde, insbesondere von der der Mathematik auferlegten Beschränkung auf den alleinigen Gebrauch der Konstruktionshilfsmittel Zirkel und Lineal und von der Ablehung aller der Mathematik möglichen Anwendungen. Dies letztere hängt mit der Verachtung eines Teiles der griechischen Gesellschaft für körperliche Arbeit zusammen. Sogar Praxiteles, einer der bedeutendsten Bildhauer Athens und Schöpfer unvergleichlicher, schon damals hochgeschätzter Kunstwerke, war gesellschaftlich diffamiert. Dem Aristokraten Platon und seinen Anhängern mußte die Anwendung der Mathematik geradezu als eine Entweihung dieser dem Göttlichen nahestehenden Denkwissenschaft erscheinen.

Auch im Prinzipiellen, ihrer inneren Struktur nach, vollzog die Mathematik während der athenischen Periode eine Wendung.

Noch innerhalb der pythagoreischen Schule war die Entdeckung gemacht worden, daß sich gegenseitig nicht messende (inkommensurable) Strecken existieren, Strecken also, deren Längen sich nicht durch das Verhältnis ganzer Zahlen ausdrücken lassen. (In moderner Terminologie sprechen wir heute davon, daß es irrationale Zahlen gibt.) Beispielsweise ist das Verhältnis von Diagonale zu Seitenlänge eines Quadrates gleich $\sqrt{2}$.

Diese Entdeckung war mit der pythagoreischen Grundauffassung von der Ganzzahligkeit der Welt unvereinbar; es kam zu einer Art Grundlagenkrise der Mathematik. Der Ausweg aus der schwierigen Lage hätte die Herausbildung des Begriffes der irrationalen Zahl sein können. Doch wurde dieser Weg in der Antike nicht beschritten, da Grenzübergänge in allgemeiner Form damals begrifflich noch nicht gemeistert werden konnten. So bewältigte die Antike das Problem durch die Herausbildung der »Methode der geometrischen Algebra«; dieser treffende Ausdruck wurde 1886 von dem dänischen Mathematikhistoriker Zeuthen geprägt.

Es gibt, wie die Diagonale im Quadrat beispielsweise zeigt, Strecken, die sich gegenseitig nicht messen. Und man kann solche Strecken konstruieren. Andererseits gibt es keine natürliche Zahl und kein Verhältnis von ganzen Zahlen, das ein arithmetisches Äquivalent des geometrischen Objektes sein könnte. Also wandte sich die Mathematik — unter dem Druck dieses Zwiespaltes — der konstruktiven, geometrischen Behandlungsweise von Problemen zu, die eigentlich algebraischer Art sind. Dies ist der methodologische Inhalt der geometrischen Algebra, die — in den Händen solch berühmter und tüchtiger Mathematiker wie Theodoros von Kyrene, Theaitetos von Athen

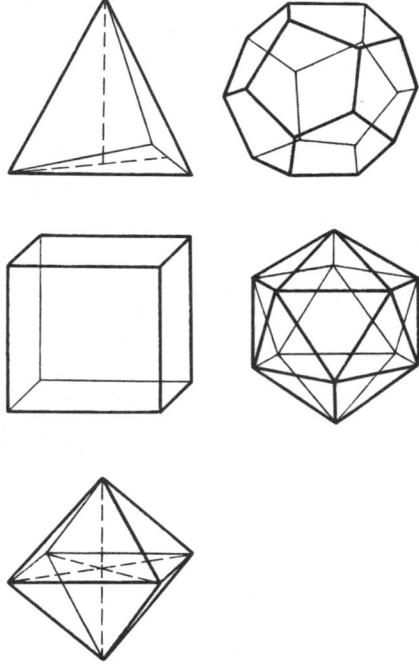

43. Die fünf platonischen Weltkörper: Tetraeder, Würfel, Oktaeder, Pentagondodekaeder und Ikosaeder. Die 13 Bücher der »Elemente« von Euklid gipfeln in dem Beweis, daß es genau diese fünf regulären Polyeder gibt.

44. Inschriftterme des Platon. Römische Marmorkopie nach einer griechischen Bronzestatue des 4. Jh. v. u. Z. Staatliche Museen Berlin, Antiken-Sammlung

und Eudoxos von Knidos – der griechisch-hellenistischen Mathematik auch für die nachfolgende Entwicklung eine feste Basis schuf. Noch während der athenischen Periode entstand eine auch das Inkommensurable umfassende Größenlehre, eine Klassifikation quadratischer Irrationalitäten, fand man mit der Methode der Flächenanlegung konstruktive Lösungen für quadratische Gleichungen u. a. m., alles das ist während der hellenistischen Periode in das berühmte Buch »Elemente« des alexandrinischen Mathematikers Euklid eingeflossen.

Die Astronomie formiert sich Die Philosophie Platons bildete die Basis für die damalige Grundaufgabe der Astronomie, die Bewegung der Planeten durch die Annahme kreisförmiger Bahnen zu beschreiben. Eudoxos erzielte einen bedeutenden Fortschritt auf diesem – scheinbar richtigen – Weg, indem er ein System von Kugelsphären beschrieb, in deren gemeinsamem Mittelpunkt die Erde stand. Die Planeten dachte er sich »angeheftet« an diese Kugeln, die Fixsterne angeheftet an eine alles umschließende große Kugel.

Durch geeignete, allerdings sehr komplizierte Annahmen über die Durchmesser der Sphären, die Umdrehungsgeschwindigkeiten und die Lage der Rotationsachsen konnten die tägliche Drehung des Himmelsgewölbes um die Erde, der Ablauf der Monate, die Jahreszeiten und die Bewegung der Planeten und des Mondes einigermaßen erklärt werden.

Freilich wurde es immer schwieriger, diese Theorie der homozentrischen Sphären mit den neuen Beobachtungsergebnissen in Einklang zu bringen; nur das Hinzufügen weiterer hypothetischer Sphären schien Abhilfe schaffen zu können. Eudoxos selbst hatte 27 Sphären annehmen müssen, bei Aristoteles waren es schon 56, und vollständige Übereinstimmung der Theorie mit den Beobachtungen war immer noch nicht erzielt. Erst Herakleides Pontikos und Apollonios von Perge wiesen einen Ausweg, indem sie noch die Idee von exzentrischen und epizyklischen Bewegungen dem System von Eudoxos hinzufügten. So bahnten sie den Weg für den bedeutendsten Astronomen der Antike, für Ptolemaios von Alexandria.

Physik und Chemie im System der aristotelischen Naturphilosophie
Neben der Akademie Platons existierte noch eine weitere bedeutsame Philosophenschule in Athen, die des Aristoteles aus Stageira in Makedonien. Nachdem Aristoteles einige Zeit bei Platon gearbeitet hatte, löste er sich teilweise von dessen idealistischer Philosophie, wurde Erzieher und Lehrer des späteren makedonischen Welteroberers, Alexanders des Großen, und gründete bei der Rückkehr nach Athen in Lykeion (Lyzeum) eine eigene Philosophenschule. Da es üblich war, philosophischen Gedankenaustausch beim Auf- und Abgehen im Peripatos, der Wandelhalle des Lykeion, zu pflegen, wurden die Aristoteliker auch als Peripatetiker bezeichnet.

Aristoteles gehört zu den bedeutendsten Denkern der Antike. Er begründete die Logik als Wissenschaft, schrieb Grundlegendes zur Erkenntnistheorie, Staatstheorie, Ethik, Gesellschaftstheorie und leitete mit tiefen Gedanken und hervorragenden Beiträgen zur Zoologie, Botanik, Physik und Mathematik den Differenzierungsprozeß der Einzelwissenschaften ein.

Seine philosophische Grundhaltung war reich an dialektischem Denken und näherte sich in vielen Punkten dem philosophischen Materialismus. Daher wird Platon der ärgerliche Ausspruch über seinen abtrünnigen Schüler, der in einiger Hinsicht sein Gegenspieler werden sollte, zugeschrieben: »Aristoteles hat gegen mich ausgeschlagen, wie es junge Füllen gegen die eigene Mutter tun.«

Nach Auffassung von Aristoteles gibt es eine in der Zeit unendliche, jedoch räumlich endliche Welt, die von der Fixsternsphäre begrenzt wird. Die Planeten – hier führt er Ideen von Eudoxos fort – bewegen sich auf sich drehenden Sphären. Im Mittelpunkt der Welt ruht die Erde. Aus fünf Grundstoffen – Feuer, Wasser, Luft, Erde und dem Äther – setzt sich die Welt zusammen; die ersten vier sind irdischer Art; der Äther (oder die Quintessenz, die der fünfte Stoff ist) erfüllt den Himmelsraum. Damit wurde freilich in der Naturphilosophie die grundsätzliche Unterscheidung zwischen irdisch und himmlisch verschärft und zum Dogma erhoben, das schließlich erst in der Renaissance überwunden werden konnte.

Die Welt ist nach Aristoteles in einer Stufenfolge organisiert; die höhere vereinigt in sich die Eigenschaften der früheren. So zeichnen sich die Pflanzen gegenüber der unbelebten Natur lediglich durch Bildungskraft aus. Tiere besitzen überdies die Fähigkeit der Empfindung, des Begehrens und der Fortpflanzung. Der Mensch verfügt darüber hinaus über die Vernunft, die ihn zu Erkenntnissen und praktischem Handeln befähigt.

Die Ansichten von Aristoteles zur Physik – niedergelegt in zwei Schriften mit den Titeln »Physik« und »Über den Himmel« – haben die Entwicklung der Physik, ja der gesamten Naturwissenschaft, für nahezu 2000 Jahre bestimmt.

Ähnlich wie Platon unterschied Aristoteles grundsätzlich zwischen natürlichen und erzwungenen Bewegungen: Körper bleiben nur so lange in Bewegung, solange sie in unmittelbarer Berührung mit einem Beweger stehen. (Diese Vorstellung wurde im Mittelalter zur sog. Impetustheorie durchgebildet.) Bei der natürlichen Bewegung streben die Körper nach ihrem natürlichen Ort im Weltall – Erde und Wasser abwärts, Luft und Feuer aufwärts. Bei den erzwungenen Bewegungen, sei es beim Wurf oder beim Stoß, ist ein äußerer Beweger, eine Kraft, nötig. Jede irdische Bewegung hat Anfang und Ende und ist geradlinig oder aus geraden und kreisbogenförmigen Stücken zusammengesetzt. Die himmlische Bewegung, dem Prinzipe nach anders als die irdische Bewegung, ist kreisförmig; sie ist ohne Anfang und Ende, sie ist vollkommene Bewegung. Aus der Theorie des Aristoteles leitete sich die von der täglichen Erfahrung scheinbar gestützte Ansicht her, daß ein Körper um so schneller fällt, je schwerer er ist, eine falsche Vorstellung, die erst Galilei widerlegen konnte.

So haben verschiedene mechanisch-kinetische Ansichten des Aristoteles späterer Wahrheitssuche nicht standgehalten. Damals aber schienen sie eine ausreichende Erklärung der beobachteten Naturerscheinungen zu geben. Die relativ geringen Geschwindigkeiten der Pfeil- und Wurfgeschosse führten zu ballistischen Kurven, die dem gedanklichen Ansatz aristotelischer Kinetik ebenso entsprachen wie der Fall verschieden schwerer und damit auch verschieden ausgedehnter Körper, bei dem der Luftwiderstand noch nicht bedacht wurde. Die Kreisbahnmodelle der Astronomie lieferten

45. Aristoteles, Gründer und Leiter der Peripatetischen Schule in Athen, war der bedeutendste und philosophisch tiefgründigste Universalgelehrte der Antike. Im Mittelalter wurde er zur großen Autorität der Wissenschaft. Römische Kopie nach einem Werk des späten 4. Jh. v. u. Z. Kunsthistorisches Museum, Wien

recht gute Näherungen für die Himmelserscheinungen; Heber und Pipette, die im Altertum bekannt waren, stellten scheinbare Kronzeugen für das Wirken eines horror vacui dar. Schließlich vermochte Aristoteles aus der Kreisbewegung das Hebelgesetz und das Kräfteparallelogramm abzuleiten, er lieferte damit die Grundlage für eine Vielzahl von Maschinen, Geräten und Werkzeugen der antiken Produktion.

Zoologie und Botanik · Medizin Die bedeutende Leistung von Aristoteles besteht nicht nur darin, daß er ein großartiges, in sich geschlossenes philosophisches System der Welt ausgearbeitet hat, das weit in die Zukunft wirken sollte. Er steht zugleich am Beginn einer Hinwendung zur empirischen Naturforschung, insbesondere auf dem Gebiet der Zoologie, seinem Forschungsgebiet im engeren Sinne. Hier verbanden sich systematisierendes Denken und Streben nach genauer Beschreibung miteinander. Wie aus seinen biologischen Schriften hervorgeht, hat Aristoteles etwa 550 Tierarten klassifiziert und bei etwa 50 Arten Sektionen vorgenommen. Seinen philosophischen Grundgedanken von Zweckmäßigkeit und Planmäßigkeit der Entwicklung führte er auch in der Biologie durch, indem er die Zweckmäßigkeit der Organe betonte und die Entwicklung der Lebewesen hervorhob.

Aristoteles untersuchte Geschlecht und Fortpflanzung, Ernährung, Vererbung, Aussehen, Vorkommen, Wachstum und Anpassung der Tiere. Er

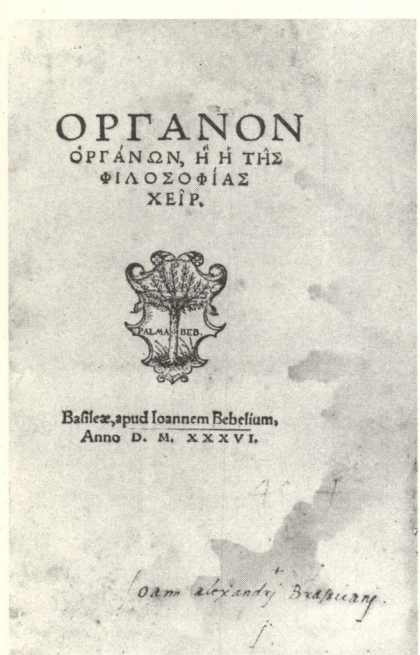

46. »Organon« des Aristoteles, Titelblatt der griechischsprachigen Druckausgabe, Basel 1536. »Organon« bedeutet soviel wie »Werkzeug«, »Fähigkeit«, auch »Hilfsmittel des Denkens«. Das Werk behandelt u. a. die Logik als Wissenschaft. Die Bezeichnung wurde von Autoren der Neuzeit, z. B. Bacon und Lambert, übernommen. Österreichische Nationalbibliothek, Wien

47. Antike Darstellung von Fischen. Apulischer Fischteller, um 330 v. u. Z. Schimmel Collection, New York

unterschied die blutlosen Tiere von den Bluttieren; diese wieder wurden eingeteilt in Fische, Amphibien, Vögel und Säugetiere. Dabei erkannte er Zusammenhänge zwischen den Bauplänen: »Kein Tier hat gleichzeitig Hörner und Stoßzähne... Vierfüßige Tiere, die ihre Jungen lebendig gebären, haben Haare, vierfüßige Tiere, die Eier legen, haben Schuppen.«

Aristoteles wurde sogar zum Begründer der Embryologie. Eingehend beschrieb er die Entwicklungsstadien des tierischen Embryos bei den verschiedensten Tierarten.

Im Jahre 322 v. u. Z. übernahm Theophrastos, Schüler des Aristoteles, die Leitung des Lyzeums. Er zeichnete sich besonders als Botaniker aus und lieferte sozusagen das Gegenstück zur Zoologie seines Lehrers. Theophrastos beschrieb und klassifizierte viele Hunderte von Pflanzen, führte noch heute verwendete Fachausdrücke ein und erkannte die geschlechtliche Vermehrung höherer Pflanzen. Freilich ging diese Einsicht in der Spätantike wieder verloren.

Als dritter Leiter wirkte Straton aus Lampsakos von 288 bis 269 v. u. Z.

48. Hippokrates und Galen bei wissenschaftlicher Diskussion. Der altgriechische Arzt Hippokrates von Kos und der vom Gladiatorenarzt zum Leibarzt Marc Aurel aufgestiegene Galen waren für viele Jahrhunderte Autoritäten in der Medizin. Fresko, 13. Jh., aus der Krypta des Domes von Anagni

am Lyzeum. Es scheint, daß er als einer der ersten und einer der ganz wenigen Wissenschaftler der Antike zu experimentierender Forschungsweise übergegangen ist. Er wog Holz vor und nach der Verbrennung, stellte den Gewichtsverlust fest und schloß daraus, daß Materie aus winzigen Poren entwichen sein müsse. Straton hat die materialistische Komponente im Werk des Aristoteles herausgearbeitet und wurde so zum Begründer einer progressiven Traditionslinie, die über die arabische Philosophie des ibn Sina (Avicenna) bis in die Neuzeit führen sollte.

Die ionischen Naturphilosophen hatten sich im allgemeinen auch mit Medizin befaßt und dort gelegentlich Bedeutendes geleistet, z. B. Anaxagoras, Empedokles, Demokrit. Nun, während der athenischen Periode, löste sich auch die Medizin aus der Philosophie. Hippokrates von Kos wurde zum Begründer der wissenschaftlichen Medizin: Krankheit ist nicht göttliche Strafe, sondern besitzt natürliche Ursachen. Gesundheit besteht in dem richtigen Mischungsverhältnis der vier Körpersäfte, Blut, Schleim, gelbe und schwarze Galle; Heilung bedeutet Wiederherstellung des richtigen Verhältnisses durch geeignete Maßnahmen, insbesondere durch diätetische und naturheilkundliche Verordnungen. Auch der Berufsstand der Ärzte hob sich klarer als zuvor heraus. Ethische Verpflichtung zum Wohle des Patienten verbanden sich mit einer Verpflichtung zur Wahrung des Berufsgeheimnisses nach Art späterer Zunftbestimmungen. Sie wurden niedergelegt im sog. Hippokratischen Eid.

Hellenistische Periode

Auf wissenschaftlichem, künstlerischem und technischem Gebiet verlagerten sich die Zentren von den griechischen Stadtstaaten an die Höfe der hellenistischen Herrscher. In Alexandria riefen die Ptolemäer-Könige noch vor 300 v. u. Z. ein staatlich unterhaltenes Forschungszentrum unter dem Namen Museion (soviel wie Musensitz) ins Leben, an dem philologische, aber auch mathematische, astronomische, botanische, zoologische und anatomische Studien systematisch betrieben wurden. Es waren Hörsäle, Arbeitszimmer, Speiseräume, eine Art Sternwarte, zoologische und botanische Gärten vorhanden. Außer dem Museion gab es eine glänzend eingerichtete Bibliothek, das sog. Serapeion, die systematisch alle wissenschaftlichen, philosophischen und schöngeistigen Schriften der Völker des Mittelmeerraumes und des Vorderen Orients sammelte und kopierte. Unglücklicherweise wurde diese einmalige Bibliothek bei den späteren Kämpfen mit Römern und Arabern zerstört.

Euklid, Archimedes und die Mathematik Für einige Jahrhunderte haben alle bedeutenden Mathematiker am Museion studiert, dort gewirkt oder sind zumindest in brieflicher Verbindung geblieben. Euklid und Eratosthenes von Kyrene, Heron, Diophantos und Ptolemaios wirkten in Alexandria; Archimedes von Syrakus und Apollonios von Perge erwarben dort das mathematische Wissen ihrer Zeit.

Um 325 v. u. Z entstand in Alexandria das erfolgreichste mathematisch-naturwissenschaftliche Buch der Weltgeschichte: Die aus 13 Teilen be-

49. Miniatur (6. Jh. u. Z.) aus einem Manuskript römischer Landvermesser (Agrimensoren), die vermutlich Euklid darstellt. Die geometrischen Schriften von Euklid boten für die praktische Geometrie, insbesondere die Landvermessung, das theoretische Rüstzeug. Herzog August Bibliothek, Wolfenbüttel, Ms. 2403

stehenden »Elemente«, verfaßt von Euklid, haben mehr als zwei Jahrtausende als Grundlage aller mathematischen Studien gedient. Es wurden u. a. geometrische Probleme, z. B. geometrische Konstruktionen von Pyramide, Kegel, Kugel, reguläre Polyeder, ferner Proportionen, Teilbarkeitslehre, Primzahlen, Irrationalitäten u. a. m. behandelt. Das Buch ist eine Zusammenfassung und meisterhafte gedankliche Systematisierung fast aller bis dahin bekannten Mathematik auf strenger axiomatischer Grundlage. Da auch Euklid unter dem Einfluß der Platonischen Philosophie stand, fehlt den »Elementen« allerdings jeder Bezug auf die Mathematik der Praxis.

Archimedes war der bedeutendste Naturwissenschaftler der Antike. Er hat in Astronomie, Geometrie, Arithmetik, Mechanik und Technik so Bedeutendes geleistet, daß sein Werk noch im 16. und 17. Jh. anregend auf die Entwicklung von Mathematik und Naturwissenschaften gewirkt hat.

Bereits in der Antike wurde Archimedes zur legendären Figur; es zirkulierten Anekdoten, die, wenn vielleicht auch nicht wahr, so doch charakteristisch für ihn sind: Im Bade sitzend, soll er das Prinzip des Auftriebes entdeckt und sogleich seine Nutzanwendung, das Prüfen eines goldenen Kranzes auf seinen Edelmetallgehalt, begriffen haben. »Heureka, heureka!« (Ich hab's, ich hab's [gefunden]!)-rufend, sei er splitternackt durch die Straßen nach Hause gelaufen. Besonderen Ruhm erntete Archimedes durch die Konstruktion von Verteidigungsmaschinen, als seine Vaterstadt Syracus zwei Jahre lang (213/212) von den Römern belagert wurde. Die Stadt fiel erst durch eine Kriegslist; bei den sich üblicherweise anschließenden Grausamkeiten kam Archimedes ums Leben. Aus der Fülle seiner mathematischen Leistungen können nur einige hervorgehoben werden:

Das Problem der Quadratur von Flächen, also der Konstruktion eines zu der vorgegebenen Fläche flächengleichen Quadrates ausschließlich mit Zirkel und Lineal, war bereits in der ionischen Periode als zentrale Aufgabe der Mathematik herausgehoben worden. Archimedes gelang die Quadratur eines Parabelsegmentes mit Methoden, die wir der heutigen Infinitesimalmathematik zurechnen, insbesondere der Integralrechnung. In diesem Zusammenhang vermochte er, zum ersten Mal in der Geschichte der Mathematik, die Summe einer unendlichen (geometrischen) Reihe exakt zu berechnen. Mit Hilfe solcher und ähnlicher Überlegungen fand Archimedes die Inhalte komplizierter Flächen und Körper, gab sehr gute Näherungswerte für π an, vermochte allen Zahlen bis $(10^8 \cdot 10^8)^k$ mit $k = 10^8$ ein Zahlwort zuzuordnen und erkannte die unbeschränkte Fortsetzbarkeit der Zahlenreihe.

Wir wissen sogar, wie er zu seinen großartigen Ergebnissen gekommen ist. Zu Anfang des 20. Jh. fand man seine »Methodenlehre«. Dort setzte Archimedes auseinander, daß er durch Überlegungen aus der Mechanik, z. B. mit Hilfe des Waagemodells, das Ergebnis gefunden und dann erst auf strenge mathematische Weise bewiesen habe. »Denn einiges von dem, was mir auf ›mechanische‹ Weise klar wurde, wurde später auf geometrische Art bewiesen, weil die Betrachtungsweise dieser [mechanischen] Art der [strengen] Beweiskraft entbehrt. Denn es ist leichter, den Beweis zustande zu bringen, wenn man schon vorgreifend durch die ›mechanische‹ Weise einen Begriff von der Sache gewonnen hat, als ohne eine derartige Vorkenntnis.«

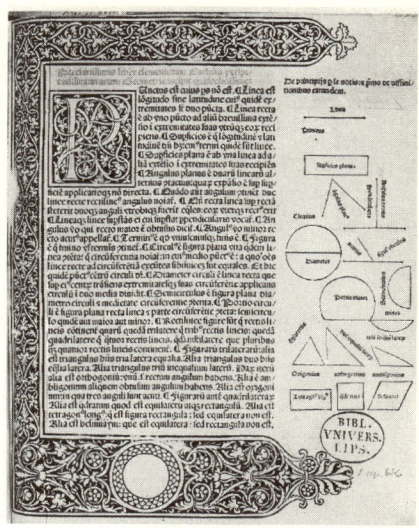

50. »Elemente« des Euklid. Die Seite aus dem 1. Buch der frühesten Druckausgabe, Venedig 1482, zeigt die verbalen Definitionen und die zeichnerische Veranschaulichung der geometrischen Grundbegriffe wie Punkt, Linie, Fläche, Kreis, Winkel, Durchmesser usw. Universitätsbibliothek, Leipzig, Lit. sep. 636

Die enge Verbindung von Mathematik und physikalisch-mechanischem Denken, die erst durch Galilei und Newton wieder erreicht und übertroffen werden konnte, ließ Archimedes auch zum Begründer der mathematischen Physik werden, wenigstens für Statik und Hydrostatik: Auch die Physik wird auf Axiomen und Prinzipien aufgebaut und von dorther rechnerisch der Spezialfall angegriffen.

Im einzelnen bewies Archimedes das Hebelgesetz, fand das Gesetz des hydrostatischen Auftriebes, konnte damit experimentell Dichtebestimmungen vornehmen, berechnete das Schwimmverhalten komplizierter Körper, beschrieb den Flaschenzug und die Archimedische Transportschraube, die in der Antike z. B. bei der künstlichen Bewässerung eingesetzt wurde.

Auch bei der Entwicklung der Kegelschnittlehre und bei der Neubelebung der Algebra sind während der hellenistischen Periode Ergebnisse erzielt worden, die in Europa erst in der Spätrenaissance wieder erreicht und

51. Archimedes, der wohl bedeutendste Mathematiker und Physiker der Antike, ging in seinen Forschungen Wege, die weit in die Zukunft wiesen. Im Mittelalter war sein Werk in Europa kaum bekannt. Erst in der Renaissance erfuhr es die ihm gebührende Achtung und Anerkennung. Seine wissenschaftlichen Ideen und Methoden haben noch in der Neuzeit anregend gewirkt, u. a. auf Galilei und Kepler. Gemälde des Domenico Fetti, vermutlich Archimedes darstellend. Staatliche Kunstsammlungen Dresden, Gemäldegalerie »Alte Meister«

52. Tod des Archimedes. Mosaik, dessen Datierung ungewiß ist. Der römische Soldat wird von dem mit Geometrie beschäftigten Archimedes angeherrscht »Noli turbare circulos meos!« (Störe meine Kreise nicht), worauf er den Gelehrten erschlägt. Städtische Galerie, Liebieghaus, Frankfurt (Main)

übertroffen werden konnten. In der Kegelschnittlehre nahm Apollonios von Perge die herausragende Stellung ein: In seinem achtteiligen Buch »Konika« behandelte er die Kegelschnitte Hyperbel, Ellipse und Parabel, deren Brennpunkte, Asymptoten, projektive Erzeugung, Tangenten, Subtangenten, Normalen u. a. m.

Diophantos ist in gewisser Weise atypisch für die antike Mathematik, da bei ihm – möglicherweise im Rückgriff auf die hochentwickelte Mathematik Mesopotamiens – echte und nicht nur geometrische Algebra auftrat. Diophantos verwendete feste Zeichen für die Unbekannte (Variable) und ihre ersten Potenzen, für Addition, Subtraktion und Gleichheit, behandelte lineare und quadratische Gleichungen.

Ausformung der geozentrischen Astronomie Es ist bemerkenswert, daß sich in der Antike, im Widerspruch zu den vorherrschenden Philosophien, ein heliozentrischer Ansatz für die Astronomie ausgebildet hatte. Aristarchos von Samos vertrat die Ansicht, die Sonne stehe im Mittelpunkt der Welt, die Erde sei einer unter anderen Planeten. Archimedes, der Zeitgenosse, berichtet: »Aristarchos von Samos gab die Erörterungen gewisser Hypothesen heraus... Es wird nämlich angenommen, daß die Fixsterne und die Sonne unbeweglich seien, die Erde sich um die Sonne, die in der Mitte der Erdbahn liege, in einem Kreis bewege...« Die kühne Idee von Aristarchos war keineswegs haltlose Spekulation, sondern abgeleitet aus astronomischer Meßkunst. Er maß in dem bei Vollmond rechtwinkligen Dreieck Mond–Erde–Sonne die Winkel und kam so schließlich zu dem Ergebnis, daß die Sonne enorm viel größer als die Erde ist. Daher sei es fast wider-

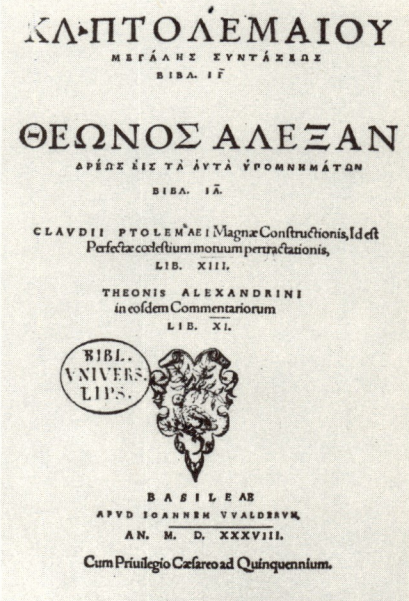

53. »Almagest« von Ptolemaios, griechischsprachige Druckausgabe seines astronomischen Hauptwerkes, Basel 1538. Das geozentrische Weltbild des Ptolemaios war bis weit in die Neuzeit unumstritten. Universitätsbibliothek, Leipzig

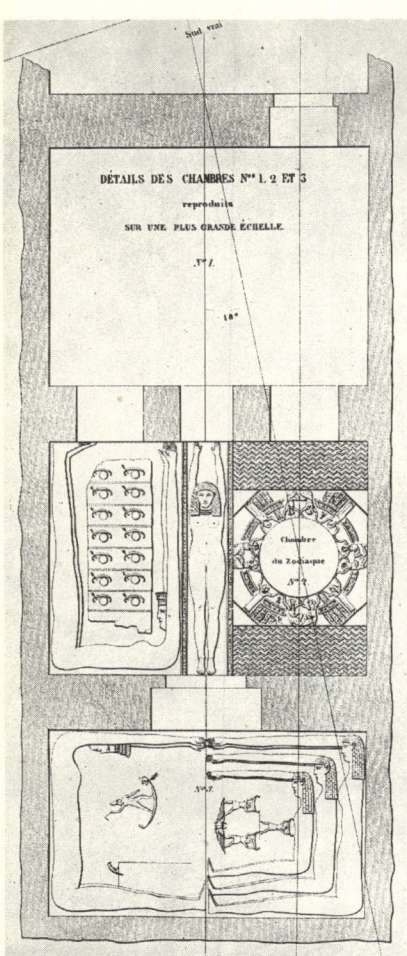

54. Die wissenschaftshistorische Erschließung der Astronomie in Ägypten begann im 19. Jh. nach der Entzifferung der Hieroglyphen-Schrift. Die Abb. zeigt den Grundriß des Tempels von Dendera aus der Ptolemäer-Zeit mit einem Raum, der Tierkreisdarstellungen enthielt. Aus: Biot, M., Mémoire sur le Zodiaque circulaire de Dendera. Mémoires de l'Institut Royal de France. Tome Seizième. Paris 1846. Universitätsbibliothek, Leipzig

sinnig anzunehmen, daß der kleinere Körper den weitaus größeren beherrscht.

Die heliozentrische Auffassung stieß auf fast einhellige Ablehnung. Der Augenschein sprach für die Bewegung der Sonne, und die aristotelische Physik legte die Zentralstellung der Erde nahe. Schließlich verletzte die heliozentrische Vorstellung tief das Selbstbewußtsein der freien und erfolgreichen Oberschicht. Für sie war es undenkbar, die Erde, den Wohnsitz der Menschen, aus dem Mittelpunkt der Welt verbannt zu sehen.

Die Schriften des »Kopernikus der Antike« sind verlorengegangen. Nur der chaldäische Astronom Seleukos von Seleukia hat die Lehre des Aristarchos übernommen. Dann brach in der Antike die heliozentrische Denkweise ab; nur die islamische Wissenschaft führte sie weiter.

Für die Entwicklung der Astronomie während der Antike aber wurde es höchst folgenreich, daß sich der angesehene Astronom Hipparchos von Nikaia, der »Vater der Astronomie«, für das geozentrische Weltbild entschied. Seine Autorität beruhte auf glanzvollen Ergebnissen: Er entdeckte die Präzession der Äquinoktien, legte etwa 850 Fixsterne nach Koordinaten und Helligkeit fest, berechnete eine Sehnentafel u. a. m.

Das von Hipparchos angelegte wissenschaftliche Forschungsprogramm ist von Ptolemaios rund 300 Jahre später weitergeführt, systematisch durchgebildet und schließlich in schriftlicher, zusammenhängender Form in der »Großen Zusammenfassung« (der Astronomie) niedergelegt worden. Aus dem griechischen Titel wurde später durch Latinisierung des ins Arabische übersetzten Titels die Bezeichnung »Almagest«; unter diesem Namen ist das bedeutendste astronomische Werk der Antike in die Wissenschaftsgeschichte, ja sogar in die Weltgeschichte eingegangen. Es war falsche, weil geozentrische Astronomie, aber es war dennoch großartige Astronomie, eine Meisterleistung wissenschaftlicher Analyse!

Im »Almagest« gelang es Ptolemaios, unter Verarbeitung eines riesigen empirischen Materials, sämtliche Einzelkomponenten der Bewegungen der Wandelsterne (nach seiner Auffassung Planeten ohne Erde, der Sonne und des Mondes) so zu bestimmen, daß alle Bewegungen rückwärts in die Vergangenheit und vorwärts in die Zukunft in recht guter Übereinstimmung mit den Beobachtungen rechnerisch ermittelt werden konnten. Daher brach Ptolemaios in die triumphierenden Worte aus: »Wenn wir uns die Aufgabe gestellt haben, auch für die fünf Wandelsterne, wie für die Sonne und für den Mond, den Nachweis zu führen, daß ihre scheinbaren Anomalien alle vermöge gleichförmiger Bewegungen auf Kreisen zum Ausdruck gelangen, weil nur diese Bewegungen der Natur der göttlichen Wesen entsprechen, während Regellosigkeit und Ungleichförmigkeit ihnen fremd sind, so darf man wohl das glückliche Vollbringen eines solchen Vorhabens als eine Großtat bezeichnen, ja in Wahrheit als das Endziel der auf philosophischer Grundlage beruhenden mathematischen Wissenschaft.«

Zugleich mit der Durchbildung der Astronomie wurden auch die zugehörigen mathematischen Hilfsmittel, also die der Trigonometrie, bereitgestellt. Dies war ein im Grunde kontinuierlicher Prozeß, der von Aristarchos und Hipparchos über Menelaos von Alexandria bis Ptolemaios reichte. So enthielt schließlich der »Almagest« trigonometrische Formeln zur Berechnung von Dreiecken in der Ebene und auf Kugeln, also wesentliche Be-

55. Heliotropion oder Skaphe (Sonnenuhr) aus Marmor, frührömische Kaiserzeit. Ein (hier fehlender, verlorengegangener) Stab warf seinen Schatten auf eine Schalenfläche mit Zeiteinteilung. Astronomisch-physikalisches Kabinett der Staatlichen Kunstsammlungen, Kassel

standteile der ebenen und sphärischen Trigonometrie, wie sie für astronomische Zwecke erforderlich waren. Beigegeben ist auch eine recht gute Sehnentafel.

Allerdings handelt es sich bei der hellenistischen Trigonometrie um Sehnentrigonometrie; erst in der islamischen Mathematik konnte im Anschluß an Ergebnisse der indischen Mathematik eine auf den trigonometrischen Funktionen aufgebaute Sinustrigonometrie durchgebildet werden.

Frühe Physik und griechische Ingenieurtechnik Sehen und Gesehenwerden war seit der ionischen Periode als naturwissenschaftliche Frage formuliert. Nach Meinung der Pythagoreer sendet das Auge Sehstrahlen aus, die die Gegenstände sozusagen abtasten. Umgekehrt nahm Demokrit an, daß sich von den Gegenständen winzig kleine Bildchen ablösen, die ins Auge gelangen und so ein Bild von der Umwelt vermitteln. Aristoteles hatte den Sehvorgang durch Vermittlung eines durchsichtigen, überall vorhandenen Mediums (des Äthers) erklärt. Farben entstehen durch Mischung der Grundfarben hell und dunkel.

Auf Euklid geht die klassisch gewordene Einteilung der optischen Erscheinungen zurück: Katoptrik (geometrische Optik, Lehre von den Spiegeln und der Reflexion bei vorausgesetzter geradliniger Ausbreitung des Lichtes), Dioptrik (Vermessungslehre mit Hilfe optischer Instrumente),

56. Archimedische Schraube. Die angeblich von Archimedes erfundene Transportschnecke wird hier von einem Negersklaven mit den Füßen in Bewegung gehalten. Mit ihrer Hilfe konnte z. B. Wasser zur Be- und Entwässerung transportiert werden. Nach 30 v. u. Z. British Museum, London

57. König Arkesilaos II. von Kyrene (vermutlich) überwacht das Abwiegen und Verladen von Handelsgütern. Lange bevor das Hebelgesetz von Archimedes formuliert wurde, fanden Waagen im Handel Verwendung. Schale des Arkesilas-Malers aus Vulci, um 565 v. u. Z., Cabinet des Médailles, Paris

Skenographie (Lehre von der Perspektive, von Bedeutung z. B. für den antiken Theaterbau). Durch Euklid selbst wurde die Theorie der Reflexion des Lichtes an sphärischen und parabolischen Spiegeln, im Anschluß an den praktischen Gebrauch von Metallspiegeln, entwickelt. Es war bekannt, daß mit Hilfe von Sammelspiegeln brennbare Stoffe durch Sonnenlicht entzündet werden können; der Legende nach soll Archimedes mit großen Hohlspiegeln feindliche Schiffe in Brand gesetzt haben.

Man kannte das Reflexionsgesetz und in hellenistischer Zeit sogar die Totalreflexion. Beim Versuch, die Brechung des Lichtes während des Übergangs von Luft in Wasser sowie von Luft in Glas zu beschreiben, bestimmte Ptolemaios experimentell den zugehörigen Brechungswinkel zum variierenden Einfallswinkel. Zur Formulierung des Brechungsgesetzes mit Hilfe der trigonometrischen Funktionen aber konnte er natürlich noch nicht gelangen, dazu fehlten ihm die mathematischen Voraussetzungen.

Es gehört zu den Besonderheiten des wissenschaftlich-kulturellen Lebens in Alexandria, daß sich dort in enger Beziehung zum höfischen Leben ein Berufsstand herausbilden konnte, der als eine Art Ingenieur zu bezeichnen ist. Ktesibios und Heron von Alexandria gehörten zu dieser Gruppe, die nicht nur auf neuartige Erfindungen verweisen konnte, sondern auch dazu überging, entsprechende schriftliche Aufzeichnungen zu machen. Hierin drückte sich eine neue, eine positive Haltung gegenüber der Praxis aus, die im deutlichen Gegensatz zur Philosophie Platons und seiner Verachtung für die Praxis stand. Die Zeugnisse früher griechischer »Ingenieurtätigkeit« beweisen einen beachtlichen Stand bei der Beherrschung gewerblicher Produktionsprozesse. Es gab Anker, Blasebalg, Wein- und Ölpressen, Töpferscheibe, Wasserwaage, Drehbank, Schloß und Schlüssel, Bronzeguß;

man konnte Glas und Emaille herstellen, beherrschte das Vergolden und Löten.

Ktesibios wird eine Reihe von technischen Erfindungen zugeschrieben, so eine verbesserte Wasseruhr, die Erfindung der (Wasser-)Orgel und konstruktive Verbesserungen an Belagerungsgeschützen, die die elastische Kraft von gedrehten Seilen oder Lederriemen ausnutzten.

So wie die »Elemente« Euklids den Höhepunkt der platonischen, der »reinen« Mathematik darstellen, so sind Herons Abhandlungen über die Mathematik der Praxis das Beste auf diesem Gebiet, was die Antike hervorgebracht hat. Er behandelt, durchaus auf wissenschaftlicher Grundlage mit Sätzen und Beweisen, die Berechnung von Flächen und Rauminhalten und Feldmeßaufgaben; es treten Gleichungen auf, es werden Wurzeln gezogen usw. Die Anwendungen beziehen sich auf Vielecke, Ackerflächen, Kugeln, Steueranteile, Kegelstümpfe, Obelisken, Säulen, Muscheln, Zahl der Sitzplätze in einem Theater, Bassins, Scheunen, Brunnen, Eimer, Trommeln, Türme, Flöße, Schwimmbecken, Öfen, Fässer, Schiffe, Gewölbe u. a. m.

Auch als Ingenieur war Heron die Zentralfigur der hellenistischen Antike. Sein Ideenreichtum ist faszinierend: Er verbesserte Geschütze und beschrieb sie, konnte (mit dem sog. Heronsball) die Dampfkraft zur Bewegung ausnutzen, beschäftigte sich mit Gewölben, Wasseruhren, Seilwinden,

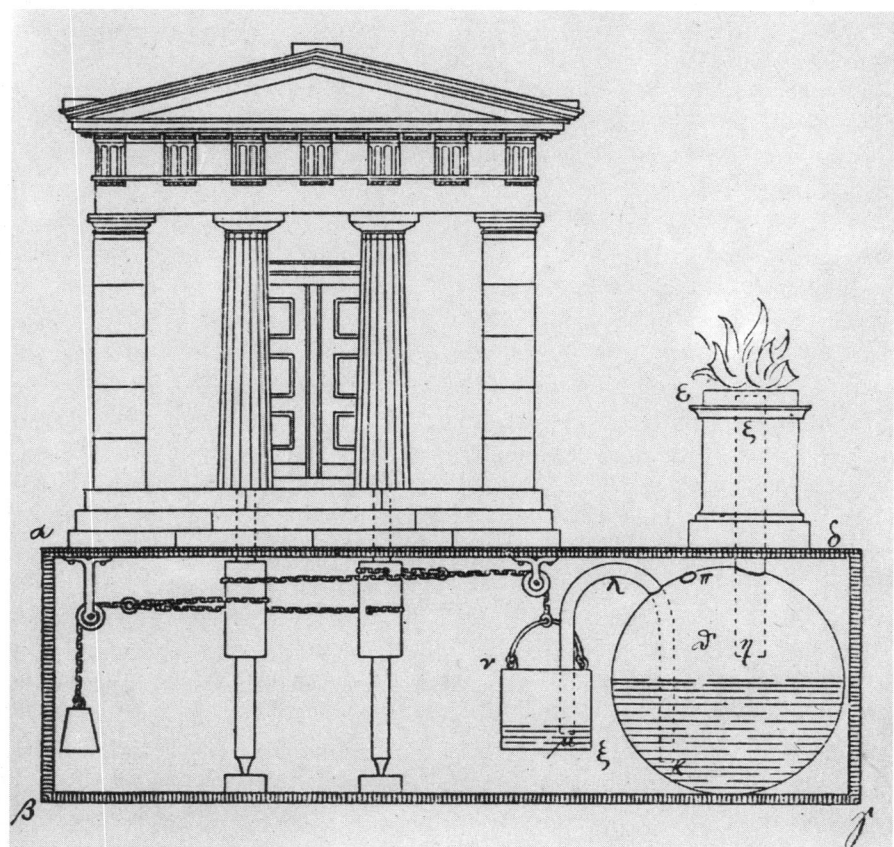

58. Herons Konstruktion zum selbsttätigen Öffnen einer Tempeltür. Durch das Feuer auf dem Altar (rechts) wird Luft erwärmt und ausgedehnt. Sie drückt Wasser aus dem rechten Gefäß ins linke, das mit zunehmendem Gewicht über Seilrollen die Türangeln bewegt. Aus: Schmidt, W., Herons von Alexandria Druckwerke und Automatentheater. Leipzig 1899, Abb. S. 176. Universitätsbibliothek, Leipzig

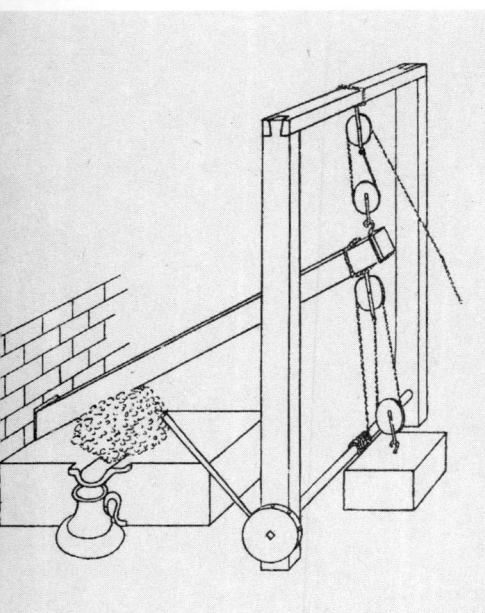

59. Heronische Hebelpresse, in späterer Umzeichnung nach Beschreibungen. Originalzeichnungen Herons wurden nicht überliefert. Aus: Nix, L. und W. Schmidt, Herons von Alexandria Mechanik und Katoptrik. Leipzig 1900, S. 227, Fig. 56. Universitätsbibliothek, Leipzig

Vermessungsinstrumenten, konstruierte eine Reihe von Apparaten und Vorrichtungen, durch die sich automatisch Tempeltüren öffneten, künstliche Vögel zwitscherten, Trompeten schmetterten und manches andere.

Zugleich zeigt sich hier auch die durch die Sklavereigesellschaft gezogene Grenze bei der Entwicklung der technischen Möglichkeiten: Herons Automaten, die auf bedeutenden neuen physikalischen Kenntnissen, u. a. vom Luftdruck und vom Dampfdruck, beruhten, blieben im Spielerischen stecken. Ein Mann wie Heron hätte sich sicherlich produktive Anwendungen nicht entgehen lassen, wenn ein gesellschaftliches Bedürfnis zur Erschließung neuer – nichtmenschlicher – Energiequellen vorhanden gewesen wäre.

Chemische Theorien und Gewerbe · Alchimie Die griechisch-hellenistische Antike kannte auch eine Fülle chemischer Techniken. Die Glasherstellung aus Sand, Soda und Muschelschalen war hochentwickelt, so daß Schalen, Gläser, Flaschen, Perlen, Spiegel u. a. m. in verschiedensten Farbnuancen und oftmals mit herrlichem Schliff hergestellt werden konnten. Die Glasspiegel wurden mit Blei belegt. Als Färbemittel für Textilien verwendete man natürliche Farbstoffe, vor allem Krapp, Indigo und den Purpur der Purpurschnecke. An Gebrauchsmetallen wurden Blei, Zinn, Zink, Kupfer, Bronze, Eisen und Stahl hergestellt. Die Bezeichnung »Chemie« soll sich nach Meinung einiger Historiker sogar vom griechischen Wort »chýma« (Metallguß) ableiten. Aus Marmor und Kalkstein gewann man durch Glühen die Grundlage für den Mörtel; auch Zement wurde im Bauwesen verwendet.

Die Frage nach dem »Wie« der in der Natur und in manchen chemischen Gewerben zu beobachtenden qualitativen Verwandlungen hatte schon in der ionischen Naturphilosophie zur Annahme der Existenz sog. Elemente als etwas Uranfänglichem geführt. Durch Verdichtung oder Verdünnung (wenn nur ein Element angenommen wurde) oder durch Mischung von vier Elementen sollte qualitativ Neuartiges entstehen. Auch die atomistische Lehre von Leukipp und Demokrit stellte den Versuch dar, die Fülle der Stoffumwandlungen zu deuten. Die Zusammenlagerung von Atomen einer qualitativ einheitlichen Materie sollte zu den verschiedenartig strukturierten Körperchen und damit zu den verschiedenen Qualitäten führen. Diese Denkansätze der ionischen Naturphilosophen wurden von Aristoteles jedoch zu Recht kritisiert, da diese das Entstehen von qualitativ Neuartigem lediglich durch »mechanische Mischung« von Elementen, Elementteilchen oder Atomen zu deuten versuchten, Aristoteles ließ sich von einem materialistisch orientierten philosophischen Grundanliegen leiten, gemäß seiner eigenen Maxime: »Zweck der Naturforscher ist, das richtig durch die Sinne Beobachtete zu erklären, übereinstimmend mit der Erfahrung und ohne Rücksicht auf irgendwelche Voraussetzungen und vorgefaßte Meinungen... Ohne Erfahrung und Anschauung ist ein ausreichender Einblick und Überblick unmöglich; man gelangt ohne sie nur zu nichtssagenden und Schein-Erklärungen... Die Wissenschaft geht also aus der Erfahrung hervor, und ihr Umfang ist bestimmt durch jenen der vorliegenden Beobachtungen und deren Genauigkeit; geraten ihre Schlüsse mit der Erfahrung und den Tatsachen in Widerspruch, so beweist dieses, daß die Beobachtungen ungenügend waren.«

Aristoteles entwickelte eine neue »chemische« Lehre über die qualitativen Veränderungen der Stoffe, die Lehre von den aktupotentiellen Zuständen der Materie. Seiner Meinung nach besteht die Welt aus Materie, die bis ins Unendliche teilbar ist. (Es gibt also keine Atome und keinen leeren Raum.) Dieser Materie sind aber innere Gegensätze eigen: warm – kalt und trocken – feucht. Die Paarung dieser Gegensätze führt zu den Elementen Feuer (warm und trocken), Wasser (kalt und feucht), Luft (warm und feucht) und Erde (kalt und trocken), eine Vorstellung, die später oft durch ein Kreisdiagramm symbolisiert wurde. Die Paarung der Eigenschaften erfolgt nach Aristoteles aber nur unter bestimmten Bedingungen und in unterschiedlichem Maße, so daß die Gegensätze sich nie genau das Gleichgewicht halten, der eine oder andere immer überwiegt. Dadurch entstehen die verschiedenartigen Stoffe der Welt, die z. B. brennbar sind, weil sie einen Überschuß an »Feuer« enthalten, die schmelzbar sind, weil »Wasser« sich beim Erhitzen aus ihnen bilden kann usw. Qualitative Veränderung ist also bei Aristoteles Änderung der Gleichgewichtslage der inneren Gegensätze der Materie.

Diese im Spekulativen hervorragende, aber praktisch zur Erklärung von Stoffumwandlungen nicht handhabbare Lehre des Aristoteles hat die Gelehrten bis über das Mittelalter hinaus immer wieder beschäftigt. Aber schon in der Antike vermengten sich die Ansichten des Aristoteles mit denen des Empedokles und der Atomisten, so daß schließlich eine eklektische Mischungslehre entstand.

Die neue chemische Lehre wurde, besonders in hellenistischer Zeit, als sich am Museion in Alexandria das Gedankengut der Griechen mit orientalischem, oftmals astrologischem und mystischem Wissen vermischt hatte, zur Grundlage der Alchimie. Es kamen die Ideen auf, daß es enge Beziehungen zwischen Erdenleben und Gestirnenwelt gäbe und die Metalle in der

60. Grubenarbeit. Die Gewinnung der Rohstoffe für die chemischen Techniken war in der Antike Arbeit der Sklaven, die mit Hilfe einfacher Werkzeuge und Gefäße die Naturprodukte förderten. Votivtäfelchen (Pinax) aus Ton vom Berge Penteskouphia, spätkorinthisch, um 575–550 v. u. Z. Staatliche Museen Berlin, Antiken-Sammlung

Erde unter dem Einfluß der Strahlen verschiedener Gestirne wachsen. Das Gold wurde dabei der Sonne zugeordnet, das Silber dem Mond, das Kupfer der Venus usw. Auf diese Weise bildeten die astrologischen Zeichen für die Planeten zugleich die Symbole für die entsprechenden Metalle.

In der Zeit des ökonomischen Niederganges im Hellenismus entstand auch die Idee, daß es möglich sein müsse, Stoffe ineinander umzuwandeln, besonders unedle Metalle in Gold und Silber. Derjenige Stoff, der diese Umwandlung bewirken sollte, wurde als »Stein der Weisen« bezeichnet und das große Werk der Verwandlung als »Transmutation«. Es galt als wichtigste Aufgabe, den geeignetsten Ausgangsstoff zunächst in die dunkle schwarze »Urmaterie« zurückzuverwandeln und dann – beim richtigen Stand der Gestirne – durch Umsetzung mit geeigneten Stoffen die Umwandlung zu versuchen.

Im Zusammenhang mit alchimistischen Studien wurde eine Reihe chemischer Gerätschaften entwickelt, so gläserne Kölbchen, Destillier- und Rektifizieraufsätze, Wasser-, Sand- und Mistbad.

Die Ideen der frühen Alchimisten sind in mehreren Schriften fixiert worden. In Bruchstücken überliefert ist das Werk des Zosimos von Panopolis, der wahrscheinlich im 4. Jh. u. Z. in Oberägypten wirkte. Er verfaßte seine Schriften zur Alchimie in allegorischer Sprachführung, die Bezeichnung von Substanzen und Geräten verbarg er durch Decknamen. So heißt es bei ihm: »Es gibt der Kupfermensch und es nimmt der Wasserstein; es gibt das Erz und es nimmt die Pflanze; es geben die Sterne und es nehmen die Blüten; es gibt der Himmel und es nimmt die Erde. Alle Dinge verwickeln sich und entwickeln sich; alle mischen sich, und alle entmischen sich; alle blühen auf und alle verblühen in dem Phiolenaltar.«

Systematisierung der geographischen Kenntnisse Zweifellos hat die Existenz großer zusammenhängender Gebiete gemeinsamer Kultur und Wirtschaft während des Hellenismus und später im römischen Weltreich das Interesse an geographischen Kenntnissen nachhaltig gefördert. Der geographische Horizont der Antike erweiterte sich bis Irland und Skandinavien, bis weit nach Südrußland, Zentralasien, Indien, Zentralafrika und zu den atlantischen Küsten Afrikas und der Iberischen Halbinsel. Man unterschied die noch heute üblichen Klimazonen. Es gab Nachrichten aus China und Südafrika, Reisebeschreibungen und Länderkunde als Literaturgattungen. Heftig wurde die Frage diskutiert, welche Art Menschen die Antipoden (Gegenfüßler) auf der anderen Erdhalbkugel seien.

Der alexandrinische Mathematiker Eratosthenes vermochte eine recht genaue Berechnung des Erdumfanges durchzuführen und schuf den wissenschaftlichen Begriff Geographie. Er bezeichnete es als deren Hauptaufgabe, Karten anzufertigen, die die Lage der Gebirge, Küstenlinien, Flüsse und Städte festhielten. Der Astronom Hipparchos forderte die Angabe aller geographischen Orte mittels astronomischer Festlegungen; wir sprechen heute von geographischer Breite und Länge. In diesem Sinne wirkten die von Ptolemaios eingeführten Koordinaten – durch Alexandria lief der »Nullmeridian« – ebenso modern wie die mittels konischer Projektion (Kegelprojektion) ausgearbeiteten Erdkarten. Für den Gebrauch der Reisenden, der Händler und der Armeen waren allerdings die Karten bloße

61. »De geographia...« des Ptolemaios, Seite aus einer griechischsprachigen Druckausgabe, Basel 1633. Sie enthält zahlreiche geographische Längen- und Breitenangaben; die zugehörigen Karten aber sind verlorengegangen. Als das Werk zu Anfang des 15. Jh. in Europa bekannt wurde, zeichnete man nach diesen Angaben zahlreiche Karten. Universitätsbibliothek, Leipzig

sog. Itinerarien; in den Karten waren lediglich die Himmelsrichtungen und Entfernungen zwischen den Reisezielen eingetragen.

Während Ptolemaios als Hauptvertreter der mathematischen Geographie anzusehen ist, lieferte Strabon in 17 Büchern Länderbeschreibungen der ganzen ihm bekannten Welt, beruhend teils auf eigener Anschauung, teils auf Berichten seiner Vorgänger.

Einige auffällige geologische Erscheinungen wie Vulkanismus und Erdbeben oder mineralische Funde wie Bergkristall und Edelsteine haben in Mythologie und wissenschaftlichem Denken während der ganzen Antike eine Rolle gespielt. Man wußte um die gewaltigen, Land und Meer verändernden Kräfte: Mit dem Aufsteigen großer Ländermassen war auf rationale Weise das Auftreten versteinerter Muscheln und anderer Meerestiere zu erklären.

Beiträge der Römer und die Erben der antiken Wissenschaft

Sklavenarbeit bildete in vielen Bereichen die Grundlage der Wirtschaft im Römischen Reich. Neben Arbeits- und Hausklaven wurden auch Gelehrte und Wissenschaftler aus eroberten Ländern den Römern zwangsweise dienstbar gemacht oder durch finanzielle Vergünstigungen nach Rom gezogen, insbesondere Ärzte, Sprachgelehrte, Geographen und Astronomen. Nicht zuletzt deswegen haben die Römer nur verhältnismäßig wenig eigene Beiträge zur Naturwissenschaft und zur Mathematik geliefert.

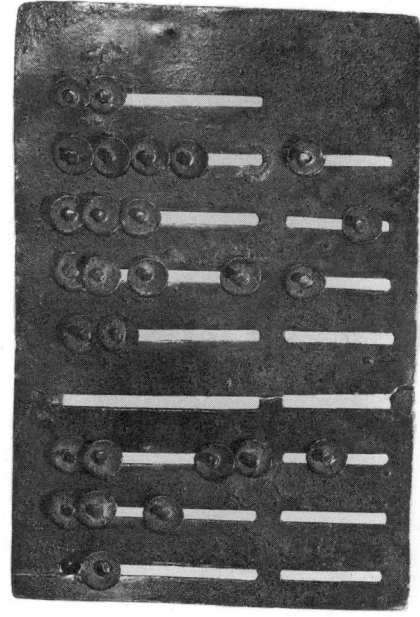

62. Römischer Abacus. In den Rillen dieses Rechengerätes werden »Rechensteine« geschoben; die Rillen repräsentieren Geld- oder Wareneinheiten. Bibliothèque Nationale, Paris

Beispielsweise wurde die von Caesar nach einem ägyptischen Feldzug angeordnete Kalenderreform, die mit dem Jahr 46 v. u. Z. in Kraft trat, von dem alexandrinischen Astronomen Sosigenes wissenschaftlich vorbereitet. Damals hatte die auf den Mondphasen aufgebaute römische Kalenderrechnung um rund 85 Tage vom wahren Sonnenstand differiert, d. h., der Frühling fiel noch mitten in den Kalenderwinter. Im Anschluß an die jahrtausendealte hervorragende ägyptische astronomische Tradition übersprang man die fehlenden Tage. Sosigenes rechnete das Jahr zu 365 Tagen, und in jedem vierten Jahr, dem Schaltjahr, wurde ein zusätzlicher Tag eingeschaltet. Übrigens blieb die nach Caesar als Julianischer Kalender benannte Zeitrechnung in den christlich-katholischen Ländern bis zu der von Papst Gregor XII. im Jahre 1582 veranlaßten Kalenderreform gültig.

Caesar hatte auch eine Vermessung des römischen Weltreiches in die Wege geleitet; sie machte sich wegen der Ausdehnung des Handels zu Lande und zu Wasser, wegen der zahllosen Kriegszüge und der Schwierigkeiten bei der Verwaltung der entfernt liegenden Provinzen notwendig. Auch hier leisteten griechische und ägyptische Fachleute die koordinierende Arbeit.

Die Römer haben eine umfangreiche Literatur hervorgebracht. Ihre Leistungen im Militärwesen, in Verwaltung, Organisation und Rechtswesen blieben bis in die Neuzeit bewunderte Vorbilder.

Die Leistungen der römischen Naturwissenschaft aber sind ausgesprochen bescheiden. Soweit sie als eigenständig bezeichnet werden können, also schon auf die Zeit vor der Berührung mit dem Hellenismus zurückgehen, beschränken sie sich auf elementares Rechnen, auf praktikable

63. Römische Schulszene. Relief aus dem 2./3. Jh. u. Z., gefunden in Neumagen (BRD). Rheinisches Landesmuseum, Trier

Feldmeßmethoden, auf metallurgische Erkenntnisse und auf umfangreiche Erfahrungen des Acker- und Gartenbaues sowie der Viehzucht.

Noch heute werden – allerdings nur zum Zählen, kaum noch zum Rechnen – die römischen Zahlzeichen I, II, III, V, X, L, D, C, M verwendet. Doch selbst dieses Zahlensystem, eine Kombination eines Fünfer- mit einem Dezimalsystem, dürfte nicht von den Römern erfunden worden sein, sondern stammt vermutlich aus altitalischer Zeit.

Zur Zeit der Ausbildung des römischen Weltreiches hatte die griechisch-hellenistische Wissenschaft ihren Höhepunkt bereits überschritten. Neue Ergebnisse der theoretischen Forschung wurden seltener; doch kamen einige neue Impulse hinzu. Als Folge etwa der weitgreifenden römischen Eroberungen wurden die bis dahin noch weitgehend zerstreuten oder phantastisch überhöhten geographischen und klimatologischen Kenntnisse sowie die Nachrichten über Flora und Fauna präzisiert.

Der Stil wissenschaftlicher Schriften zielte vielfach auf eine enzyklopädische, zusammenfassende Darstellung ganzer Wissensgebiete ab. So verfaßte Plinius der Ältere eine siebenunddreißigbändige »Historia naturalis« (Naturgeschichte), das Ergebnis seines ungeheuren Fleißes bei der Lektüre von rund 2000 Büchern und Schriften, denen er die Angaben entnahm. Plinius berichtet über die Tiere und Pflanzen, die Erde, die Sterne, das Meer, Himmelserscheinungen, über chemische und mineralogische Kenntnisse und z. B. über die Herstellung von Glas. Er erzählt aber auch unkritisch Übernommenes, Legenden von Fabelwesen wie dem Einhorn, dem Einfluß der Sternbilder auf das Sauerwerden des Weines u. a. m. Das ganze Werk ist getragen von der Auffassung, daß die Natur lediglich für den Menschen geschaffen sei. Daher ist bei Plinius die wissenschaftliche Systematik von Aristoteles und Theophrastos für Zoologie bzw. Botanik verlorengegangen, und der Stoff ist danach geordnet, inwiefern sich die Dinge dem Menschen als nützlich oder schädlich erweisen, z. B. als Arzneipflanzen, Lebensmittel, Gewürze usw.

Einen weiteren Höhepunkt römischer Naturwissenschaft stellt das Lehrgedicht des Lucretius Carus »De rerum natura« (Über die Natur der Dinge) dar. Im bewußten Anschluß an die materialistische Atomtheorie des Epikur wird ein Panorama der Natur entworfen: Nichts entsteht aus dem Nichts, und wenn selbst die Götter es wollten. Die Dinge bestehen aus unsichtbaren, durch Zwischenräume getrennten Teilchen. Ihr Zusammenspiel bringt die Vorgänge in der Natur hervor, Schall, Licht, Flamme usw. Die menschlichen Empfindungen sind Reaktionen auf die Begegnungen mit Teilchenzusammenfassungen.

Auch bei dem Schriftsteller und Philosophen Seneca zeigt sich eine für römische Verhältnisse bemerkenswerte Höhe der Naturbetrachtung. Sein mehrbändiges Werk »De quaestionibus naturalibus« (Über Naturfragen) enthält sehr viele modern anmutende Vorstellungen, z. B. die vom Schall als Lufterschütterung nach Art der Wasserwellen. Besonderen Scharfsinn entwickelte Seneca bei der Deutung geologischer Erscheinungen, z. B. bei der richtigen Auffassung der Vulkane als Verbindung zwischen der Oberfläche der Erde und ihrem glutflüssigen Inneren.

Die Römer haben im Bauwesen – Brücken, Straßen, repräsentative Gebäude – sowie in der Kriegstechnik erstaunliche Leistungen vollbracht. An der Berührungsfläche zwischen Technik, Erfindungskunst und Naturwissenschaft entstand das vorzügliche zehnbändige Werk des Vitruvius Pollio »De architectura« (Über das Bauwesen), das zur Zeit des Kaisers Augustus fertiggestellt wurde. Darin sind natürlicherweise nur solche naturwissenschaftlichen Kenntnisse aufgenommen worden, die in direkter Beziehung zum Bauwesen stehen. Beispielsweise wird das Brennen und Löschen von

64. Ausschnitt aus der römischen Straßenkarte, der sog. Tabula Peutingeriana. Die Karte verzeichnet, wenn auch verzerrt, die Stadt Rom als Mittelpunkt, Orte, Befestigungen, Flüsse, Gebirge und Entfernungen. Sie ist eine Kopie aus dem 12. Jh. des inzwischen verlorengegangenen Originals aus dem Codex Vindobonensis, 4. Jh. u. Z. Die Kopie bestand ursprünglich aus zwölf aneinandergeklebten Pergamentblättern und bildete eine 6,82 m lange und 0,34 m hohe Rolle. Ein Blatt ging verloren. Der Augsburger Humanist Konrad Peutinger erwarb diese Karte von dem Humanisten Conrad Celtis, der sie auf einer Reise erhalten hatte. Im Jahre 1738 gelangte die Karte in die Österreichische Nationalbibliothek Wien.

Kalk behandelt, die Wahl der Farben, einige physikalische Grundlagen für Wasserleitungen, Pumpwerke, Feuerspritzen, Waagen u. a. m.

Während der Römerzeit erfuhr die Medizin eine deutliche Weiterentwicklung. Herophilos von Chalkedon begründete die wissenschaftliche Anatomie, unterschied Venen und Arterien, beschrieb Teile des Gehirns, den Sehnerv u. a. m. und verwendete die Wasseruhr (Klepsydra) bei der Pulsmessung. Der aus Pergamon in Kleinasien stammende und als Leibarzt mehrerer römischer Kaiser wirkende Claudius Galen machte eine Fülle von Einzelentdeckungen. Vor allem aber verfaßte er ein beeindruckendes Lehrwerk, das in mehr als 500 Schriften das gesamte anatomische und medizinische Wissen des Altertums systematisch-logisch und zugleich sprachlich-elegant zusammenfaßte. Noch bis zum 17. Jh., also mehr als anderthalb Jahrtausende, dienten seine Schriften der Ausbildung im islamischen Bereich und in Europa.

Mit dem Zusammenbruch des Römischen Reiches gerieten auch die Wissenschaften immer deutlicher in Verfall. Religiöse Kulte fanden viele Anhänger, das Christentum gewann an Einfluß. In der Philosophie nahmen idealistische und mystische Strömungen überhand. Die schriftlichen Dokumente der griechisch-hellenistischen Wissenschaft wurden vielfach nicht mehr verstanden. Bücherrollen benutzte man vielerorts als Heizmaterial für die Bäder.

Das Museion von Alexandria fiel 361 u. Z. als Bastion des »Heidentums« den Auseinandersetzungen zwischen Christen und Nichtchristen zum

65. Reste einer römischen Straße in Szombathély, Westungarn. Das Römische Reich wurde von gepflasterten Straßen durchzogen. Auf ihnen konnten Heeresabteilungen rasch verlegt werden. Das Bauwesen war der technisch am weitesten entwickelte Zweig der römischen Wirtschaft.

66. Pont du Gard bei Nîmes (Südfrankreich). Von der hochentwickelten römischen Bautechnik zeugen vor allem auch die Aquädukte, auf steinernen, oft mehrstöckigen Bogenkonstruktionen geführte Wasserzuleitungen. Damit wurden römische Städte mit frischem Trinkwasser versorgt.

67. Allegorische Figur überreicht dem Dioskurides die Heilwurzel Mandragora. Der Arzt Dioskurides lebte im 1. Jh. u. Z. und verfaßte ein Werk über Arzneimittel, insbesondere über Heilpflanzen, das für Jahrhunderte als maßgebendes pharmakologisches Werk galt. Er war als Arzt mit römischen Kriegsheeren gereist und hatte seine Kenntnisse in vielen Ländern der Erde erworben. Miniatur aus einer Handschrift um 520 u. Z. Österreichische Nationalbibliothek, Wien, Codex med. Graec. 1, fol. 4

68. Römische Glasgefäße. Glasherstellung, zumal die des farbigen Glases, erforderte reiche empirische Kenntnisse über Mineralien. Von rechts nach links: Trinkhorn, 5. Jh. u. Z., wahrscheinlich belgische Werkstatt; Kanne, 4. Jh. u. Z. wahrscheinlich Rheingebiet; Aryballos, 1. Jh. u. Z., Milet. Staatliche Museen Berlin, Antiken-Sammlung

Opfer. Sichere Grundelemente der Wissenschaft gerieten wieder in Vergessenheit, z. B. die Erkenntnis von der Kugelgestalt der Erde.

Die seinerzeit eng mit der handwerklichen Praxis verbundenen chemischen Kenntnisse des Hellenismus kamen immer stärker in den Bann mystischer Denkvorstellungen. Zosimos und die legendenumwobene Maria die Jüdin wurden zu Begründern der Alchimie, einer Mischung echter chemischer Kenntnisse mit Mystizismus, Aberglauben, Astrologie und Abstrusitäten.

Entsprechend war auch der Verfall der Mathematik. Hier sei nur der letzte weströmische Philosoph von einiger Bedeutung erwähnt, Boëthius, der nach dem Sieg der Ostgoten über das Weströmische Reich am Hofe Theoderichs in Ravenna lebte, aber später aus politischen Gründen hingerichtet wurde. Die mathematischen Schriften von Boëthius stellen Auszüge griechischer Schriften dar. Sie gingen teilweise in das Quadrivium der mittelalterlichen Universitäten ein und bewahrten somit Bruchstücke des früheren Wissens. Dabei war das von Boëthius vermittelte Niveau geradezu kümmerlich: In seiner »Geometrie« beispielsweise findet sich vom Satz des Pythagoras keine Spur. Übernommene Begriffe wie Außenwinkel und Innenwinkel stellten den Autor vor die unlösbare Frage, was darunter zu verstehen sei.

Die wissenschaftliche Tradition war im Oströmischen Reich, das die Hauptzentren der griechisch-hellenistischen Wissenschaft enthielt, weitaus beständiger und konnte daher die der Wissenschaft ungünstigen Zeitumstände länger überdauern. Die alexandrinische mathematische Schule brachte noch bis zum Anfang des 5. Jh. wissenschaftliche Leistungen hervor. Sie erlosch, nachdem ihr letzter bedeutender Wissenschaftler, die Mathematikerin Hypatia, im Jahre 415 von christlichen Fanatikern überfallen und grausam getötet worden war.

69. »Arithmetik« des Boëthius. Diese ältesten erhalten gebliebenen Abschriften stammen aus dem 10. und 11. Jh. Staatsbibliothek Bamberg, Ms. Class 5, fol. 71^R

Die berühmte Akademie Platons konnte als eine private Vereinigung sogar noch länger bestehen. Doch mit dem Edikt von Mailand von 313, das die Glaubensfreiheit des Christentums verkündet hatte, geriet auch die Akademie in zunehmenden Widerspruch zum Totalitätsanspruch der Kirche. Im Jahre 529 wurde die Akademie auf Befehl des christlichen Kaisers Justinian »als Stätte heidnischer und verderbter Lehren« geschlossen.

Eine gegenüber dem Weströmischen Reich vergleichsweise beträchtliche Menge naturwissenschaftlicher Kenntnisse konnte im Byzantinischen Reiche allein schon deswegen bewahrt werden, weil dort die griechischsprechende Oberschicht imstande war, die vorwiegend in griechischer Sprache geschriebenen naturwissenschaftlichen Werke zu lesen. So erlosch das naturwissenschaftliche Interesse hier nicht vollständig. Die Traditionspflege nahm eine führende Stellung ein, aber auch eigenständige Leistungen wurden vollbracht. Beispielsweise entstand in Fortsetzung der »Elemente« des Euklid durch Damaskios (um 520) noch ein weiteres Buch, das als Buch Nummer XV geführt wird.

Als bedeutende, mathematisch konzipierte, architektonische Leistung muß man den Bau der Kirche Hagia Sophia (Heilige Weisheit) durch Isidoros von Milet und Anthemios im 6. Jh. ansehen.

Um 1050 wurde in Konstantinopel unter Michael Psellos sogar eine neue Akademie eingerichtet, aus der hervorragende Kommentare zu Platon, Aristoteles und antiken Mathematikern hervorgingen. Als die Lage der Gelehrten im zusammenbrechenden Byzantinischen Reich immer unsicherer wurde, flüchteten einige während des 14. und 15. Jh. nach Italien. Die von ihnen bewahrte wissenschaftliche Tradition und die mitgeführten antiken Handschriften und Kopien fanden starke Beachtung und rasche Würdigung, da dort die frühkapitalistische Entwicklung das Interesse an mathematisch-naturwissenschaftlichen Kenntnissen stark belebt hatte.

Die eigentlichen Erben aber der griechisch-hellenistischen Naturwissenschaft und Mathematik wurden die Völker des Islam. Relative Duldsamkeit in religiösen Dingen gestattete es den Gelehrten des Islam, sich die antike Wissenschaft in großem Stile anzueignen, kritisch zu verarbeiten und auf dieser Grundlage im 9. und 10. Jh. eine neue Blüte der Wissenschaft herbeizuführen.

Vorkolumbianisches Amerika

Vorhergehende Seite:
70. El Castillo, die große Pyramide von Chichén Itza, Maya-Kultur. Yucatán (Mexiko)

Der Übergang vom Jagen und Sammeln zum Ackerbau scheint sich in Mittel- und Südamerika zwischen 6700 v. u. Z. und 5000 v. u. Z. vollzogen zu haben. Belege für Seßhaftigkeit sind z. B. Töpfereierzeugnisse vom Anfang des 3. Jahrtausends v. u. Z. Als erste Kulturpflanzen wurden Melonen, Avocados, Bohnen, Chillipfeffer und Mais angebaut. Im Unterschied zur Entwicklung in anderen Teilen der Welt blieb die Haustierzucht in Altamerika im wesentlichen bedeutungslos. Ebenso kannte man keine Werkzeuge und Waffen aus Metall. Der Übergang zu einer Klassengesellschaft erfolgte im 1. Jahrtausend u. Z.

Als erste für die Wissenschaftsgeschichte bedeutungsvolle Kultur entstand um 800 v. u. Z. im Küstentiefland von Veracruz die nach einem Heiligtum benannte La-Venta-Kultur. Von dieser Kultur gingen entscheidende Impulse für die Entwicklung aller anderen Kulturen in Mittelamerika aus.

Die älteste, uns erhaltene Stele (im Unterschied zur Antike keine Grabsäule, sondern »Informationssäule«) mit einer Datumsangabe stammt aus dem Jahre 31 v. u. Z., wenn man nach der von den Archäologen als Long-Count-Methode bezeichneten Rechnung die Zeitangabe in unserem Kalender ausdrückt. Da diese Zeit oft als Phase des Niedergangs der La-Venta-Kultur angesehen wird, ist anzunehmen, daß die Glyphen, das Zahlensystem und die Berechnungsmethode ebenso wie einige Kalender, z. B. der Ritualkalender, vorher entstanden sind. Das Zahlensystem ist ein Positionssystem zur Basis 20 mit überlagertem Fünfersystem, einem besonderen Zeichen für die Null und zwei Zahlzeichen für die anderen Zahlen, ein Punkt symbolisiert eine Einheit, ein Strich fünf Einheiten.

Am Ende des 1. Jahrtausends v. u. Z. kam ein zweites, etwa gleichrangiges Kulturzentrum hinzu – die Teotihuacán-Kultur im Hochtal von Mexiko. Sie erreichte ihre Blüte um 500 u. Z. Die Stadt, nach der die Kultur ihren Namen erhielt, soll in dieser Zeit ungefähr 50 000 Einwohner gehabt haben,

71. Kautschuk-Flasche, von Indianern hergestellt. Südamerika. Deutsches Museum, München

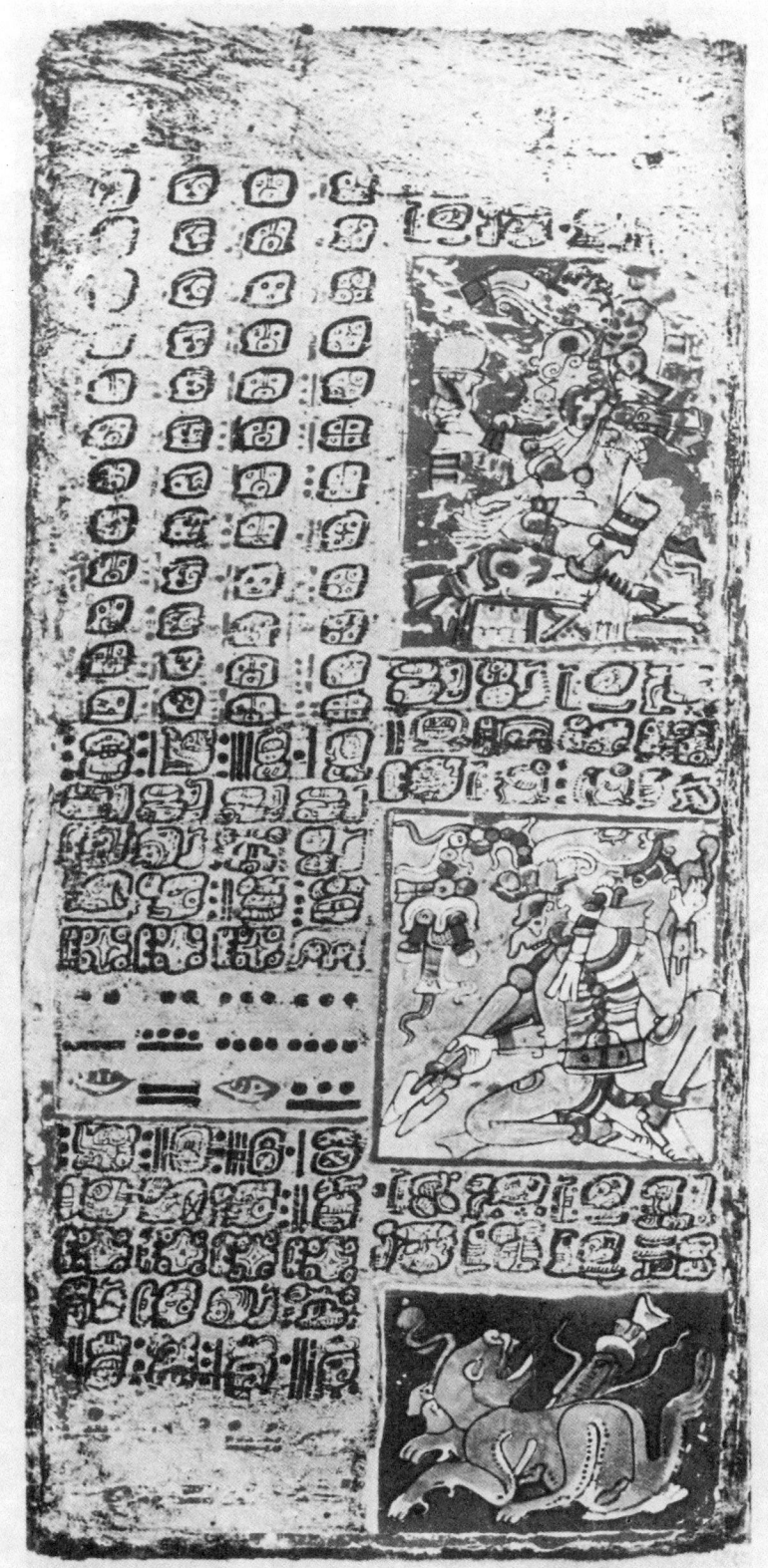

72. Seite aus dem Dresdener Maya-Codex. Dieser Codex, der der schönste der drei erhaltenen Maya-Handschriften ist, wurde im Stil der klassischen Maya-Kultur vermutlich im 12. Jh. angefertigt. Er ist ein Faltbuch von 3,56 m Länge mit 78 Seiten. Jede Seite ist 20,5 cm hoch. 39 Blätter sind farbig bemalt und zeigen Götterfiguren kombiniert mit Hieroglyphen und Zahlzeichen. Über die Verfasser und die Entstehungszeit des Originals ist nichts Sicheres bekannt, ebensowenig über seinen Weg nach Europa. Der Stil der Malerei weist nach Tikál, Uaxactún, Yaxchilán oder Piedras Negras. Während die anderen Codices aus der Rinde des Ficus cotonifolia, den die Maya copo nannten, gefertigt sind, wurden die Seiten des Codex Dresdensis aus einer mit einer feinen Kalkschicht weiß getünchten Mischung aus Fasern der Agave americana und Naturgummi hergestellt. Der Text enthält u. a. Venustafeln, in denen die Stellung der Venus als Morgen- bzw. Abendstern über 312 Jahre verzeichnet ist, sowie Tabellen zur Berechnung von Sonnen- und Mondfinsternissen. Diese dienten kultischen Zwecken, denn Finsternisse galten als Zeiten allgemeiner Not und Gefährdung. Herkunft vermutlich Estebán Campeche, Mexiko. Sächsische Landesbibliothek, Dresden

73. Kalenderstein der Azteken, Basalt, Mexiko, 1479(?). Durchmesser 360 cm, Gewicht etwa 24 t. In der Mitte des Steines ist der Sonnengott abgebildet. Um ihn herum gruppieren sich die Symbole der vier untergegangenen Welten. Daran schließt sich ein Kreisbogen an, der die 20 Tage des Ritualkalenders zeigt. Die fünf dicken Punkte im Innenkreis verkörpern die letzten fünf Tage des Jahres, die Unglückstage. Museo Nacional de Antropologia, Mexico-City

eine Zahl, die europäische Städte noch Jahrhunderte später nicht erreichten. Der Wahrsagekalender und das Vigesimalsystem waren inzwischen in Mittelamerika verbreitet. Außerdem gab es in der Teotihuacán-Kultur auch Glyphen, die nicht zur Schreibung von Daten oder Kalenderzeichen benutzt wurden.

Ein wesentliches Charakteristikum beim Aufbau der Stadt scheint eine Generalplanung gewesen zu sein, die, nach den erhaltenen Resten zu urteilen, eine symmetrische, quadratisch gegliederte Anlage zum Ziel hatte.

Um 600 begann eine der bekanntesten mesoamerikanischen Kulturen zu blühen, die der Tiefland-Maya, d. h. der im Tiefland von Guatemala (Petén) siedelnden Mayas, die von den Mayas auf der Halbinsel Yucatán zu unterscheiden sind.

Vieles aus ihrer Geschichte ist noch unbekannt, doch weiß man, daß sie das höchste Niveau astronomischer Kenntnisse in Altamerika erreichten, ein Niveau, das teilweise das europäische weit übertraf. Über die Hieroglyphenschrift verfügten die Mayas bereits im 1. Jahrtausend u. Z.; dies belegt eine in Tikal gefundene Stele mit eingraviertem Datum, die vermutlich im Jahre 292 u. Z. errichtet wurde. Die Mayas benutzten verschiedene Kalender gleichzeitig, u. a. einen 365tägigen Sonnenkalender und einen 260tägigen Ritualkalender. Das 365tägige Kalenderjahr setzte sich aus 18 Monaten zu 20 Tagen und einem Monat zu fünf Tagen zusammen. Letztere galten als Unglückstage. Jeder Monat war durch ein Zeichen charakterisiert, und die Tage wurden durch die Zahlen 0 bis 19 gezählt.

Obwohl die Tiefland-Mayas den 365tägigen Kalender benutzten, wußten sie, daß das astronomische Jahr etwas länger war. Sie präzisierten deshalb die Jahreslänge auf 365,2420 Tage; dies ist genauer als der heute benutzte Gregorianische Kalender mit 365,2425 Tagen. Beeindruckend groß ist auch die Genauigkeit, mit der die Tiefland-Mayas die Umlaufzeiten des Mondes um die Erde und der Venus um die Sonne berechneten. Daneben ermittelten sie auch die Umlaufzeit des Mars und möglicherweise des Merkur und berechneten Mond- und Sonnenfinsternisse im voraus.

Im 10. Jh. ging die Maya-Kultur im Petén unter. Die Städte verödeten und versanken im Urwald.

Auf dem Jahrhunderte früher von den Mayas kolonisierten Yucatán lebte die Maya-Kultur in veränderter Form weiter. Man benutzte z. B. die Long-Count-Methode nicht mehr, so daß die absolute Datierung erschwert wird. Es entstanden keine Glyphen-Stelen mehr, dafür wurden Manuskripte auf Hirschleder oder einer papierähnlichen Masse aus Agavenfasern oder Baumbast geschrieben. Nur drei dieser Handschriften sind noch heute vorhanden; die übergroße Mehrzahl wurde von den im »Namen Christi« eingefallenen Spaniern als Teufelszeug vernichtet.

Nahua-Stämme aus dem Norden fielen nicht nur in das Maya-Gebiet ein, sondern eroberten auch das Hochland von Mexiko. Die erste Gruppe zerstörte um 650 Teotihuacán, die erste historisch faßbare Gruppe – die Tolteken – gründete das erste Nahua-Reich auf mittelamerikanischem Boden.

Die Traditionen von Teotihuacán verschmolzen nicht nur mit toltekischen Elementen, sie wurden auch in der im heutigen Mexiko gelegenen Stadt Xochicalco fortgesetzt. Bemerkenswert ist die dort im 9. Jh. errichtete Pyramide, auf der Figuren und Kalenderzeichen dargestellt wurden. Etwas

74. Astronomisches Observatorium der Maya aus dem 10. Jh. auf der Halbinsel Yucatán (Mexiko)

75. Sonnenpyramide von Teotihuacán. Sie gehört zu einem großen Zeremonialkomplex, der u. a. noch zwei weitere Großbauten, die Mondpyramide und den Quetzalcóatl-Tempel, umfaßt. Dieser Ort war der Begräbnisplatz der Könige der Kultur von Teotihuacán (der Ort, wo sie zu Göttern wurden) und die Stätte der Götterverehrung. Erbaut wurde die Anlage in der frühen klassischen Periode zwischen 100 und 400 u. Z. Ihre Erbauer waren die sog. Teotihuacáner, eine Gruppe, die zwischen den Olmeken und Tolteken in diesem Gebiet siedelte und über deren Herkunft fast nichts bekannt ist.

76. Mann mit partieller Gesichtslähmung. Rotpoliertes Tongefäß. Grabbeigabe. Mochia-Kultur, 500–800 u. Z. Staatliche Museen Preußischer Kulturbesitz, Berlin (West), Museum für Völkerkunde

Ähnliches entstand in dieser Zeit auch in der Maya-Stadt Copán. Archäologen glauben, daß es sich hier um die Wiedergabe eines »Kongresses« zur Kalenderreform handelt.

Die letzten in das Hochtal von Mexiko einströmenden Stämme waren die Azteken, die Mexiko am Vorabend der spanischen Invasion in einem Reich weitgehend einigten. Die Azteken gehörten zu den Nahua-Stämmen und sind das erste Mal 1256 nachweisbar. Ihre Hauptstadt Tenochtitlán, auf deren Trümmern später Mexiko-Stadt errichtet wurde, beherbergte im 15. Jh. 235 000 Menschen. Unter den Azteken wurden Fortschritte zur Herausbildung einer Geldwirtschaft gemacht — es gab standardisierte Maße und gewisse »Geld«einheiten, z. B. Kakaobohnen.

Wie die anderen mittelamerikanischen Völker kannten die Azteken den 260tägigen Ritualkalender. Ebenso benutzten sie den 365tägigen Kalender. Der aztekische Kalender diente allerdings nicht in erster Linie zur Berechnung von Daten oder astronomischen Ereignissen, sondern wurde vorrangig von Priestern zur Vorhersage von Geschehnissen im Leben der Menschen oder des Reiches benutzt. Auch die Schrift der Azteken — eine Bilderschrift — erreichte nicht den Entwicklungsstand der Hieroglyphenschrift der Mayas. Dafür ist der Inhalt der aztekischen Handschriften — 17 sind uns erhalten geblieben, auch hier fiel der überwiegende Teil den spanischen Scheiterhaufen zum Opfer — reichhaltiger. Sie stellen Tributlisten dar, beschreiben religiöse Anschauungen und historische Begebenheiten; es soll

77. Steinerne Sonnenuhr von Machu Picchu, wo sich die nördlichste Befestigungsanlage der Inka-Zeit befindet.

»Lyrikbände«, medizinische Texte und Landkarten gegeben haben. Die medizinischen Leistungen der Azteken wurden von den Indianern sehr bewundert; auch die spanischen Eroberer waren von ihnen beeindruckt. Cortés, der Zerstörer des Aztekenreiches, schrieb an Kaiser Karl V., daß die spanischen Ärzte besser zu Hause bleiben sollten, da sie sich nicht mit den »eingeborenen« Ärzten messen könnten.

Die Azteken kannten fünf Spezialisierungsrichtungen in der Medizin — den Chirurgen, den Zahnarzt, den Augenarzt, den Darmspezialisten und den Aderlasser. Daneben gab es noch einige Heilberufe wie Hebammen und ansatzweise Apotheker. Vorzügliche Kenntnisse besaßen die Azteken über die menschliche Anatomie, sicher eine Folge des häufig vollzogenen Menschenopfers. Umfangreich war auch ihr Arzneimittelschatz. Sie benutzten in erster Linie pflanzliche, aber auch tierische und mineralische Drogen. Die Naturgeschichte des Spaniers Francisco Hernández (geschrieben 1570 bis 1577) nennt 4043 Heilpflanzen. Nach seiner Aussage kannten die Azteken siebenmal mehr Drogen als der antike Arzt Dioskurides, dessen »Materia medica« die Grundlage für die Pharmakologie in den islamischen und europäisch-christlichen Ländern für über 1500 Jahre bildete. Eine wissenschaftliche Botanik war bei den Azteken nicht ausgebildet, aber sie hatten sich Ansätze einer brauchbaren Nomenklatur geschaffen, und ihre botanischen Gärten waren berühmt.

Ebenso wie Mexiko beim Überfall der Spanier nahezu geeinigt war, bestand auch im Andenraum ein Großreich; das der Dynastie eines Ketschua-Stammes, der Inkas, die aus Südperu stammten. Sie sind das erste Mal im 12. Jh. faßbar. Im Vergleich zu den wissenschaftlichen Leistungen der mittelamerikanischen Völker gibt es im Bereich der Anden einen deutlichen Abfall. Dafür benutzten die Inkas als einzige im präkolumbianischen Amerika metallene (bronzene) Waffen. Sie verfügten über ein ausgebautes Netz von »Fernstraßen« sowie über ein straff zentralisiertes Staatswesen. Die Kinder des Adels wurden im Yachahnasi, dem Wissenshaus, an dem u. a. Medizin gelehrt wurde, unterrichtet. Die besondere Wissenschaft der Inka-Gelehrten war die Kipu-Kunde, die Lehre zur Beherrschung der Knotenschrift. Über eine dem mittelamerikanischen Bereich vergleichbare Schrift verfügten die Inkas nicht.

Die Kipu-Schnüre dienten statistischen Zwecken, z. B. zur Angabe von Viehbeständen, Armee-Einheiten, Abgaben, Speicherinhalten, aber möglicherweise auch von historischen und kalendarischen Angaben. Der Kalender der Inkas verknüpfte das Sonnenjahr mit den Mondperioden.

Die mit der Kipu dargestellten Zahlen bildeten ein dezimales Positionssystem mit Einschluß der Null. Verschiedene Farben kennzeichneten die verschiedenartigen zu berechnenden Gegenstände. Anhand des 1613 von einem Indianer geschriebenen peruanischen Codex konnte gezeigt werden, daß die Kipu-Beamten die anstehenden Rechnungen zunächst auf dem Abacus durchführten und dann in der Knotenschrift festhielten. Im 16. Jh. geriet das Inka-Reich unter die Herrschaft der spanischen Krone; viele Kulturschätze, darunter zahlreiche Kipu-Archive, wurden vernichtet.

Indien

Vorhergehende Seite:
78. »Nichtrostende« Eisensäule. 93 cm der 7,20 m hohen Säule sind mit einem Bleimantel bedeckt, um eine Beschädigung dieses in der Erde steckenden Teiles durch Grundwasser zu vermeiden. Während dieser Abschnitt im Laufe der Jahrhunderte dennoch rostete, blieb der obere Teil bis in die heutige Zeit unzerstört. Hierfür sind sowohl die klimatischen Bedingungen in Nordindien als auch die Qualität des gestählten Eisens (das sog. Seres-Eisen der Antike) die Ursachen. Erst jetzt richtet die Luftverschmutzung Schäden an. Die Säule entstand vermutlich Ende des 4. Jh. in Gudscharat (Westindien) als ein Denkmal des Königs Tschandra Gupta II. der Gupta-Dynastie und befindet sich seit dem 11. Jh. im Hof der Qutb ad-Din-Moschee in Delhi.

79. Specksteinsiegel der Induskultur mit Schriftzeichen aus Mohendscho Daro zur Zeit der Harappa-Kultur. Die Schrift konnte bisher nicht entziffert werden. Sammlung Mode, Halle (Saale)

Im 4. Jahrtausend v. u. Z. vollzog sich im Nordwesten des indischen Subkontinents, in einem ungefähr 1600 km langen Gebiet um den Indus, der Übergang zu einer Klassengesellschaft auf indischem Boden. Vieles ist noch ungeklärt oder nur teilweise bekannt, so z. B., ob diese Gesellschaft, ähnlich wie in Sumer, in Stadtstaaten oder eher wie in Ägypten in Großreichen organisiert war, wer ihre ethnischen Träger waren und welche Sprache sie sprachen, welche religiösen Vorstellungen sie hatten, über welche wissenschaftlichen Kenntnisse sie verfügten oder warum Zentren dieser Gesellschaft im 2. Jahrtausend v. u. Z. untergingen. Man weiß heute, daß diese sog. Induskulturen wenigstens vier verschiedene Phasen erlebt haben, wovon die wohl bedeutendste die Zeit der Harappa-Kultur (etwa Mitte 3. Jahrtausend v. u. Z. bis etwa Mitte 2. Jahrtausend v. u. Z.) war. Mohendscho Daro, ein städtisches Zentrum dieser Periode, war, wie archäologische Ausgrabungen erwiesen, ein großartiges Werk gezielter Städteplanung, und in Lothal, einem zweiten derartigen Knotenpunkt, entstand der erste künstlich angelegte Hafen der Welt. Handel und Handwerk blühten in den Städten um den Indus, die Beziehungen zu anderen Gebieten des indischen Subkontinents, Mesopotamien, Bahrain, Afghanistan, Zentralasien und Arabien unterhielten. Siegel mit ungefähr 270 verschiedenen Zeichen belegen die Existenz einer Schrift, Reste eines Abacus aus Mohendscho Daro und geometrische Ornamente bieten Anhaltspunkte für die Einschätzung vorhandener mathematischer Kenntnisse. Weitere archäologische Funde zeigen, welche Nutzpflanzen und Haustiere in den Induskulturen bekannt gewesen sind und welchen Entwicklungsstand Metallurgie, Töpferei und andere Gebiete »praktischer Chemie« erreicht hatten.

Möglicherweise in der zweiten Hälfte des 2. Jahrtausends v. u. Z. drangen arische Nomadenstämme in Indien ein, unterdrückten die ansässige Bevölkerung, übernahmen deren ökonomische Positionen, verschmolzen Elemente der vorarischen Kulturen mit Bestandteilen der arischen Religion und Kultur und überlagerten die indischen Sprachen durch eine indogermanische Sprache, aus der sich das Sanskrit herausbildete. Die so entstandene neue Kultur wurde aus den vedischen Texten und ihren Kommentaren rekonstruiert, weshalb sowohl die Kultur, die Religion als auch diese historische Periode selbst häufig als »vedisch« bezeichnet wird. In der ersten Hälfte des 1. Jahrtausends v. u. Z. etwa verlagerte sich das Geschehen immer weiter nach Osten. Das Zweistromland zwischen Yamuna und Ganges trat in den Mittelpunkt der gesellschaftlichen Entwicklung. Hier bildete sich zum zweiten Mal auf indischem Boden eine Klassengesellschaft heraus. Im Verlaufe des 2. Jahrtausends v. u. Z. vollzog sich eine zunehmende Differenzierung der sozialen Gruppen, die im 1. Jahrtausend v. u. Z. in der Unterteilung der Gesellschaft in vier Hauptkasten – die Priester, den Adel, die Bauern und Händler sowie Hörige und Sklaven – zum Ausdruck gebracht wurde. Im 6. Jh. v. u. Z. entstand das erste arische Großreich – Magadha in Ostindien. Hier lebte Buddha, der, als ideologische Widerspiegelung bestehender sozialer Kämpfe gegen die Vorherrschaft der Priester, mit dem Buddhismus eine der großen Weltreligionen und philosophischen Systeme begründete. Etwa gleichzeitig entstand mit dem Dschinismus eine zweite religiös-philosophische Richtung, die diese sozialen Auseinandersetzungen zum Ausdruck brachte. Kurz nach Alexanders

80. Mahavira mit zwei Schülern. Er war der Begründer des Dschinismus. Fragment eines Tempelfrieses aus dem 13. Jh. Mount Abu. Museum für Völkerkunde, Leipzig

Indienfeldzug (327 v. u. Z.) kam es in Magadha zur Machtergreifung der Maurya-Dynastie — eine politische Umwälzung, die für den Subkontinent weitreichende Folgen hatte, denn Nordindien und große Teile Südindiens wurden der Macht dieser Dynastie unterworfen. Unter den Mauryas erlebten Binnen- und Außenhandel, Handwerk, Kultur und Wissenschaften einen beachtlichen Aufschwung. Bei der Beurteilung der Entwicklung wissenschaftlicher Ideen und Systeme in Indien ist, wie übrigens auch in anderen Gebieten Asiens, zu berücksichtigen, daß jegliches Wissen, sei es nun religiöser oder weltlicher Art, jahrhundertelang, ja sogar über Jahrtausende primär mündlich überliefert wurde. Damit ist die Datierung einzelner Ergebnisse sowie der zeitliche Vergleich z. B. mit den griechischen Wissenschaften sehr schwierig.

Die mathematischen und naturwissenschaftlichen Erkenntnisse, die in der vedischen Zeit gewonnen wurden, lassen sich den religiös-philosophischen Hymnen, dem »Veda«, die als geoffenbart galten, den Kommentaren zu diesen Hymnen, der dschinistischen religiösen Literatur, einigen philosophischen Texten sowie Epen, Gedichten, Erörterungen über Politik, Ökonomie, Administration usw. der Staaten und Spezialtexten entnehmen.

Die buddhistische Literatur enthält vergleichsweise wenig Informationen über die Entwicklung der indischen Naturwissenschaften, ein Ergebnis der Ausrichtung des buddhistischen Denkens auf das Nirvana. Jedoch trugen buddhistische Mönche sehr viel zur Verbreitung des in den vedischen und dschinistischen Texten enthaltenen Wissens nach China und Zentralasien bei.

Zu den vedischen Texten gehören u. a. die »Schulbasutras« (Schnurregeln, etwa: Leitfaden zur [Opferplatz-]Meßkunst), die ältesten Schriften zur Geometrie, das »Latyayana Schrautasutra« und das »Nidanasutra«, die

81. »Bijaganita« von Bhaskara. Dieser algebraische Teil des »Kranzes der Weisen« ist eine Kopie vom Ende des 18. Jh. Solche Skizzen zum Beweis des Pythagoras-Satzes befinden sich in ähnlicher Form in chinesischen Texten aus dem 3./4. Jh. u. Z. Bekannt ist der Satz in Indien etwa seit der ersten Hälfte des 1. Jahrtausends v. u. Z. Universitätsbibliothek, Leipzig, Ms. 963 f 2^r

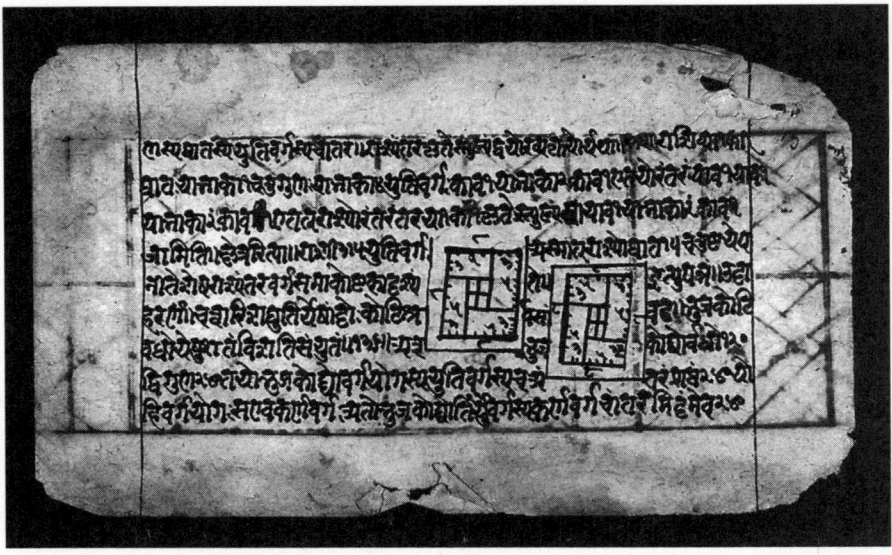

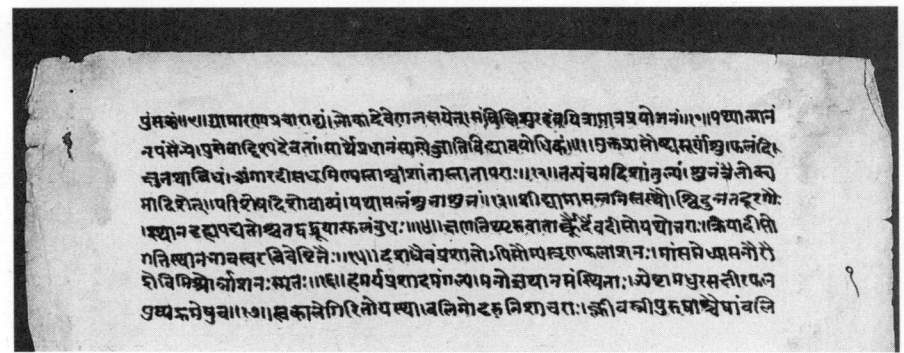

82. Seite aus dem Werk »Brihatsamhita« von Varahamihira. In dieser umfangreichen Enzyklopädie werden zahlreiche Gebiete indischer Naturerkenntnis abgehandelt. Sie entstand im 6. Jh. u. Z. (Kopie um 1810). Ihr Autor wird ihretwegen auch der indische Plinius genannt. Universitätsbibliothek, Leipzig, Ms. 988 f 1^r

ausführlich die vedischen Kalender und damit zusammenhängende astronomische Probleme behandeln, und das »Mahava Dharmaschastra«, das wichtige Informationen über Botanik, Zoologie und Landschaft liefert.

Unter den philosophischen Schulen müssen in erster Linie die Nyaya- und Vaischeshika-Schule hervorgehoben werden. Sie waren für zahlreiche physikalische Konzepte von Bedeutung, z. B. für indische Atomismustheorien, eine der Impetustheorie vergleichbare Auffassung von Bewegungsvorgängen und Ansichten über Natur und Verbreitung von Tönen. Darüber hinaus trugen die Vertreter dieser Schulen Konzeptionen zur Klassifizierung von Pflanzen und Tieren bei und beschäftigten sich mit methodologischen Möglichkeiten zur Erlangung des wahren Wissens.

Das herausragendste der Bücher zu Politik, Wirtschaft, Verwaltung, über verschiedene Künste, Handwerkszweige, Technologien u. a. m. ist das »Arthaschastra« des Kautilya. Sein zweiter Teil behandelt Möglichkeiten zur Begutachtung von Edelsteinen, beschreibt Bergwerke, Salzgewinnung, Münzprägung und Metallurgie, diskutiert chemische Praktiken zur Herstellung von Goldlegierungen mit Kupfer und Silber, Imitationen von Gold und Silber sowie Schmuckstücken und vermittelt Angaben über Maße und Gewichte.

Einen einzigartigen Platz in der indischen Literatur behauptet die

»Brihatsamhita« des Varahamihira. Sein Werk gibt wertvolle Informationen über Astronomie, Geographie, Chemie, Botanik, Zoologie, Landwirtschaft, Psychologie, Physiologie u. a. m.

Die Dschainas hegten, ebenso wie die Vertreter der brahmanischen Religion, großes Interesse für die Wissenschaften und lieferten wertvolle Beiträge. In den dschinistischen religiösen Texten finden sich Überlegungen zur Astronomie, speziell über Sonne und Mond und ihre Bewegungen, über Arithmetik, Geographie, Kosmographie, Physiologie, Embryologie sowie naturphilosophische Erörterungen.

Für die Entwicklung der Wissenschaften hatte das 320 u. Z. gegründete Gupta-Reich, das sich über weite Teile Nord- und Mittelindiens erstreckte, große Bedeutung. In seiner Hauptstadt Udschdschayini bestand eine große Universität. Berühmt war auch die Universität bei Pataliputra, der ehemaligen Hauptstadt des Maurya-Staates. An diesen Universitäten wurden Philosophie, Theologie, Medizin, Naturwissenschaften, Mathematik u. a. m. gelehrt. Studenten kamen aus ganz Indien, China, Tibet, Mittelasien, Korea, Japan und der Mongolei. Die Wissenschaften verdankten ihren Aufschwung wesentlich der explosiven Entwicklung der indischen Handelstätigkeit. Indische Kaufleute kamen bis in weit entfernte Gegenden Südostasiens. Der Propagierung indischer Wissenschaften und Kultur diente auch die verstärkte Missionstätigkeit buddhistischer Mönche. Positiv wirkten sich auf den weiteren Fortschritt der indischen Wissenschaften auch die entstehenden Verbindungen zu den islamischen Ländern aus. In das 8. Jh. u. Z. fielen die ersten islamischen Feldzüge gegen Indien. Teile Nordindiens wurden in das Kalifat integriert. Indische Gelehrte reisten an den Hof der Abbasidenkalifen. Indische astronomische Schriften wurden im 8. Jh. ins Arabische übersetzt und bildeten die Grundlage für die sog. Sind-Tradition in der islamischen Astronomie. Auch Elemente indischer geographischer Vorstellungen wurden den Wissenschaftlern im Kalifat bekannt. Zwischen dem 12. und 18. Jh. befand sich Nordindien im wesentlichen unter der Herrschaft islamischer Dynastien. Neben den im Gefolge des Alexanderfeldzuges nach Indien geflossenen griechischen astronomischen Kenntnissen gelangten, vermittelt durch islamische Autoren und Übersetzer, verstärkt Ergebnisse der griechischen Mathematik nach Indien, so z. B. die »Elemente« des Euklid. Als unter den Moghul-Fürsten das Persische in Nordindien Literatursprache wurde, erschienen auch wissenschaftliche Werke in persischer Sprache. Zu den bisher bekanntesten Texten dieser Zeit gehörte das »Ain-e Akbari« des Abu'l-Fazl, das über indische und islamische Astronomie sowie über Botanik, Zoologie, Metallurgie, Münzprägung u. a. m. wertvolle Informationen enthält. Im Verlauf des 1. Jahrtausends u. Z. verstärkten sich auch Indiens Kontakte zu China. So drangen z. B. chinesische alchimistische Ideen nach Indien vor. Allerdings sind die Wissenschaftsbeziehungen zwischen beiden Regionen bisher noch zu wenig untersucht, so daß vieles noch im Bereich der Spekulationen liegt. Neben der Aufnahme fremden Kulturgutes lebten in den indischen Wissenschaften auch die alten vedischen und dschinistischen Traditionen fort und wurden, bedingt z. B. durch die steigenden Bedürfnisse der Astronomie, auf ein höheres Niveau gehoben. Deshalb bezeichnet man häufig die Zeit zwischen dem 4. und 12. Jh. u. Z. als die klassische Periode der indischen Wissen-

83. Fünfter Lohan. Die Lohans, mythische Jünger Buddhas, sollen in den Gebirgen der 16 Weltgegenden ewig leben und über magische Kräfte verfügen. Die Meditationsschule, in Europa vor allem in der japanischen Variante des Zen-Buddhismus bekannt, bot für die chinesischen Maler die Grundlage zu einer vitalen künstlerischen Charakterisierung dieser buddhistischen Mönche. Der hier abgebildete fünfte Lohan ist eine Steinabreibung. Die Steinschnitte wurden nach den Gemälden der 16 Lohans durch Guan Hsin angefertigt. Museum für Völkerkunde, Leipzig

schaften. In Südindien, das sich gegen die vordringenden islamischen Truppen seine staatliche Selbständigkeit bewahrte, erzielten Mathematiker und Astronomen noch im 15. und 16. Jh. bemerkenswerte Resultate. Negativ für den Fortschritt der indischen Wissenschaften erwies sich die um 1600 beginnende Kolonisierung Indiens durch europäische Mächte, die ihre Vollendung mit der Einsetzung von Warren Hastings 1774 als englischer Generalgouverneur von Indien erfuhr.

Mathematik

Aus archäologischen Funden läßt sich über das mathematische Wissen zur Zeit der Induskulturen ableiten, daß es ein dezimales Zahlensystem gab, daß zur Ausführung arithmetischer Operationen möglicherweise ein Rechenbrett benutzt wurde und daß verschiedene geometrische Kenntnisse vorhanden waren. Man kannte z. B. Dreiecke, Quadrate, Rechtecke, Kreise, Kegel, Zylinder und Würfel und hatte auch gewisse Vorstellungen über Projektionen und Ähnlichkeiten. Die »Schulbasutras« enthalten die Vorschriften zur Konstruktion von Altarplätzen. In ihnen treten uns die ersten Sätze der indischen Mathematik — Flächenumwandlungen, lineare, quadratische und unbestimmte Gleichungen, Näherungswerte für Wurzeln u. a. m. — entgegen. Interessantes zur Arithmetik der vedischen Periode vermitteln dschinistische Sutras, in denen z. B. die Zahlen neben ihrer Einteilung in gerade und ungerade Zahlen noch als zählbare, unzählbare und unendliche Zahlen klassifiziert wurden. Bei der Beschreibung dieser Zahlen in der dschinistischen Literatur ist man versucht, an die Mächtigkeit abzählbarer unendlicher Mengen und des Kontinuums zu denken.

Bedeutende Werke indischer Mathematik entstanden in der ersten Hälfte des 1. Jahrtausends u. Z. und im 16. Jh. Die wichtigsten Anstöße zur Entwicklung der Mathematik in dieser Zeit entsprangen der Astronomie und der Entfaltung der Handelstätigkeit indischer Kaufleute. Die hervorragendsten Mathematiker dieser Zeit waren Varahamihira, Aryabhata, Brah-

84. Sarasvati. Sie ist die Gemahlin des Gottes Brahma und gilt als die Göttin der Weisheit, als Beschützerin der Künste und der Wissenschaften. Deshalb wird sie häufig, wie auch bei dieser Darstellung, mit der Vina, einem lautenähnlichen Instrument wiedergegeben. Bronze, Palghat (Malabar). Museum für Völkerkunde, Leipzig

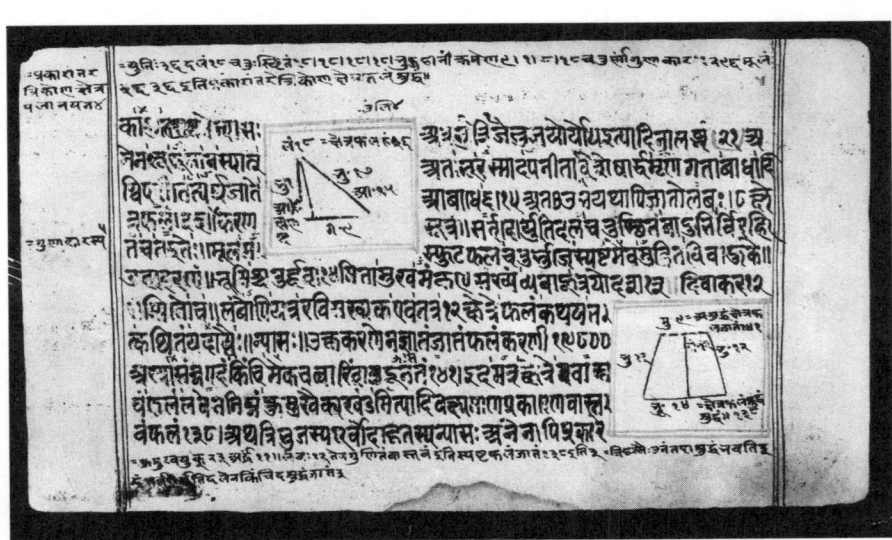

85. Geometrische Probleme aus dem »Lilavati« von Bhaskara. Bhaskara widmete den vornehmlich arithmetische Probleme behandelnden ersten Teil seines grundlegenden Werkes »Siddhanta-schiromani« einer schönen Frau zur Erbauung und Belehrung (Kopie etwa 1710). Universitätsbibliothek, Leipzig, Ms. 959 f 21^v

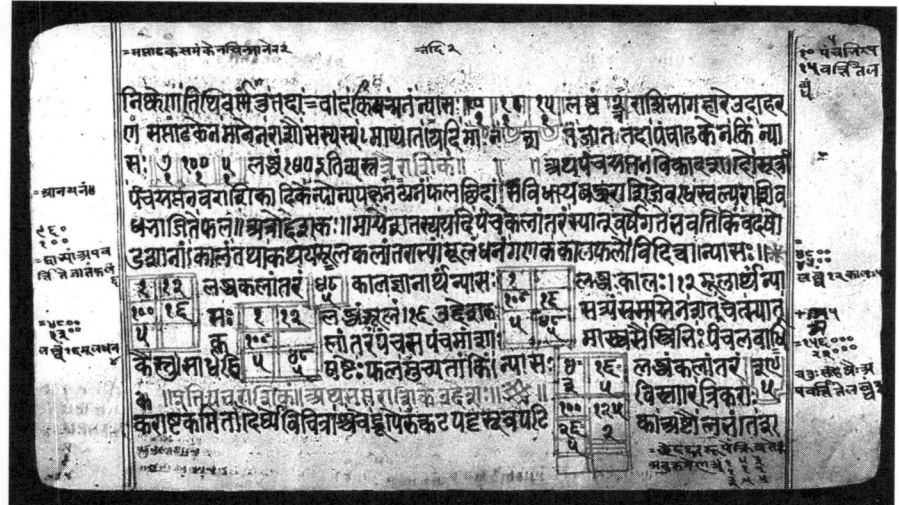

86. Magisches Quadrat aus einem Tantra-Werk, das 1843 entstand. Magische Quadrate spielen in mystischen und religiösen Lehren verschiedener Völker eine beachtliche Rolle, so z. B. bei den Karthagern, den Arabern, den Indern und Chinesen. Dieses hier benutzt Devanagari-Zahlzeichen, die zu den Ahnen unserer heutigen Ziffern gehören. Universitätsbibliothek, Leipzig. Ms. 1331 f 11ʳ

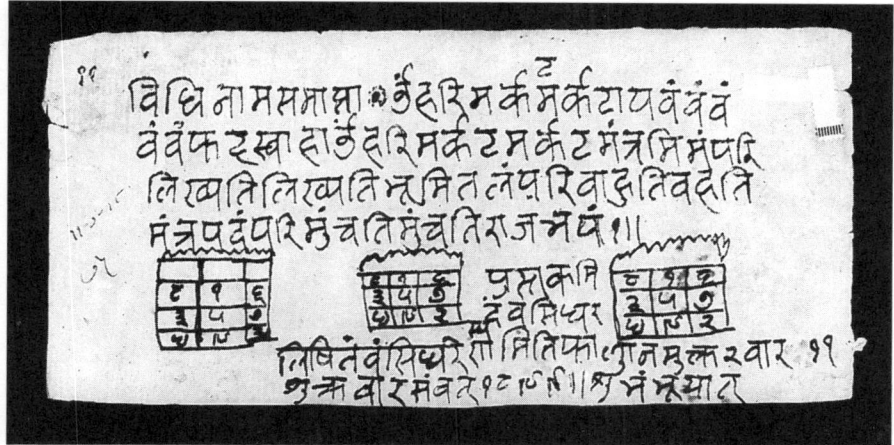

87. Formen der Devanagari-Zahlzeichen in einer Kopie des arithmetischen Abschnittes »Lilavati« des »Kranzes der Weisen« von Bhaskara aus den ersten Jahren des 18. Jh. Universitätsbibliothek, Leipzig, Ms. 959 f 11ᵛ

magupta, Bhaskara und Nilakantha Somasutvan. Sie waren fast alle auch bemerkenswerte Astronomen. Im Zusammenhang mit der Astronomie bildeten sich grundlegende Begriffe der Trigonometrie (z. B. Sinus und Kosinus) und numerische Verfahren (z. B. quadratische Interpolation) heraus, entwickelten sich Arithmetik und Algebra als unabhängige mathematische Disziplinen. Seit dem 6./7. Jh. u. Z. scheint das dezimale Positionssystem verbreitet gewesen zu sein. Ob diese Herausbildung unabhängig von äußeren Einflüssen verlief oder von mesopotamischen, griechischen und chinesischen Quellen stimuliert wurde, ist eine umstrittene Frage. Einen beachtlichen Beitrag zur Arithmetik bildete auch die Entwicklung eines allgemeinen Begriffs der gewöhnlichen Brüche. Zu Dezimalbrüchen sind die Inder jedoch nicht vorgestoßen.

Eine dritte große Leistung indischer Arithmetik bestand in der systematischen Darlegung der Rechenregeln für negative Zahlen. Inwieweit hier chinesische Einflüsse wesentlich waren, ist noch unzureichend geklärt. Nahezu sämtliche indische Verfahren und Regeln zur Durchführung der arithmetischen Operationen flossen in die islamische Mathematik und über sie in die moderne Mathematik ein. Ein wichtiges Hilfsmittel war das sog.

Staubbrett, eine mit Sand bestreute Tafel, auf die man schrieb und deren Sand nach Ausführung der Rechnung wieder zerstreut wurde.

Die Algebra begann sich in Indien als eigenständige Disziplin zur Zeit Brahmaguptas zu entwickeln. Es entstand eine hochentwickelte algebraische Symbolik, deren Niveau noch im 16. Jh. nicht von den Mathematikern im christlichen Europa erreicht wurde. Die Inder faßten unter dem Begriff »kuttaka-ganita« oder »avyakta-ganita« (das Rechnen mit Unbekannten) algebraisches Rechnen, das Lösen von Gleichungssystemen und zahlentheoretische Probleme zusammen. Sie lösten lineare, quadratische, kubische und biquadratische Gleichungen mit einer oder mehreren Variablen sowie Produkten von Variablen und bewältigten zahlreiche Fälle unbestimmter Gleichungen. Dabei erreichten sie ein Niveau, das erst von Fermat, Euler und Lagrange wieder erreicht wurde, wobei die Inder die Richtigkeit ihrer Verfahren jedoch fast nie bewiesen.

Der wichtigste Beitrag der indischen Mathematiker zur Trigonometrie ist die Begründung der Sinus-Trigonometrie. Die Inder führten den Sinus, Kosinus und Sinus versus, d. h. r-Cos, ein und klärten verschiedene Beziehungen zwischen ihnen. Implizit enthalten die indischen Werke auch bereits Tangens und Kotangens.

Die beachtlichsten Leistungen der indischen Mathematik der mittelalterlichen Periode bestanden in der Aufnahme verschiedener islamischer und über islamische Quellen vermittelter griechischer Einflüsse, ihre Einpassung in die indische Mathematik sowie die Entwicklung von Keimen zur Differential- und Integralrechnung und zur Reihenlehre. Ansätze zur Differentialrechnung entstanden im Zusammenhang mit den Bedürfnissen der Astronomie. Bhaskara erzielte dabei wohl die bedeutendsten Resultate, da er über einen dem Leibnizschen Differential ähnlichen Begriff verfügte, eine Aussage, die heute Mittelwertsatz der Differentialrechnung genannt wird, formulierte u. a. m. Auch die Fortschritte in der Reihenlehre waren auf das engste mit der Astronomie verknüpft. Hier ging es vor allem um die Entwicklung unendlicher Reihen zur Berechnung von π, wodurch die Inder verschiedene Formen der Arctan-Reihe entdeckten, darunter die heute nach Leibniz benannte Reihe

$$\frac{\pi}{4} = 1 - \frac{1}{3} + \frac{1}{5} - \frac{1}{7} + - \ldots$$

Hervorzuheben sind hierbei vor allem die Werke der keralesischen Mathematiker Madhava, Nilakantha Somasutvan, Iyeshthadeva und seiner Schüler.

Astronomie

Über die astronomischen Kenntnisse der Induskulturen wissen wir bisher so gut wie nichts. Umfangreicher sind dagegen die Informationen über diese Wissenschaft in der vedischen Zeit.

Für die Belange der vedischen und dschinistischen Religion wurden sog. Astronomenpriester ausgebildet, deren Aufgabe in der Bestimmung der richtigen Zeitpunkte für die Durchführung religiöser Zeremonien bestand. So entwickelte sich sehr früh eine Lehre der Kalenderbestimmung, wobei relativ viele verschiedene Zeiteinteilungen entstanden.

Es gab z. B. den natürlichen Tag, der entweder von Sonnenaufgang zu Sonnenaufgang oder von Mitternacht zu Mitternacht gerechnet wurde. Diese Konzeptionen finden sich auch noch in der klassischen Periode, in der z. B. Aryabhata sowohl das Mitternachts- als auch das Sonnenaufgangssystem verwendete.

Der nach unserem Verständnis eigentliche Tag — im Unterschied zur Nacht — setzte sich aus fünf Abschnitten (Sonnenaufgang, Zusammentreiben der Kühe, Mittag, Nachmittag, Sonnenuntergang) zusammen. Daneben gab es noch viele andere Zeitabschnitte, in die der Tag zerlegt wurde. Man wußte, daß die Tageslänge mit der Jahreszeit variiert und schuf mit dem Sonnentag

$$(\text{z. B. in dem Vedanga Dschyotisha} = \frac{1}{360} \text{ Jahr})$$

eine von diesen Veränderungen unabhängige Einheit. Daneben benutzten die Inder auch den siderischen Tag und den »tithi«, den sog. Mondtag. Ähnlich verhielt es sich mit der Monats- und Jahresfestlegung. Bevorzugte Studienobjekte unter den Himmelskörpern waren Sonne und Mond, während die Planeten erst in der spätvedischen Zeit beobachtet wurden. Geringes Interesse brachten sie dagegen für die Fixsterne auf.

88. Astronomische Instrumente des Observatoriums von Dschaipur. Die von Dschai Singh errichteten Anlagen enthalten Beobachtungsgeräte, deren Vorbilder sowohl aus dem graeko-islamischen, als auch dem chinesischen Kulturbereich kamen. Einer chinesischen Äquinoktialuhr entspricht der narivalaya yantra in der rechten hinteren Ecke. Die beiden tschhakra yantras vorn links weisen eindeutige Beziehungen zu dem von Kuo Shou-Ching um 1275 gebauten Äquatorialtorquetum auf. Die dschai prakaschas rechts im Vordergrund sollen auf die »umgekippte Halbkugel« des Berossos um 270 v. u. Z. zurückgehen. Beschreibungen solcher Geräte sind auch bei Vitruvius zu finden. Abwandlungen davon sind die beiden kapalas, links und rechts von den tschhakra yantras. Während ein dschai prakasch den Stand der Sonne anzeigt, gibt ein kapala den Aufgang eines Tierkreiszeichens an.

In der klassischen Periode entwickelte sich die indische Astronomie zu einer Wissenschaft, die in großem Umfange mathematische Methoden benutzte und schuf. Die Ursachen hierfür sind vielfältiger Natur. So scheint man noch in spätvedischer Zeit die Unzulänglichkeiten der bisherigen Kalenderberechnungen und Beschreibungen des Laufes von Sonne und Mond erkannt zu haben. Andererseits drangen im Gefolge des Indienfeldzuges von Alexander dem Großen auch mesopotamische und griechische astronomische Ansichten nach Indien vor; die indische Astronomie der klassischen Periode weist zahlreiche Elemente der hellenistischen Wissenschaft auf. So entstand um 400 v. u. Z. eine neue Klasse astronomischer Texte in Indien, die »Siddhantas« (etwa Lehrtexte). Sie enthalten z. B. das mesopotamische System der zwölf Tierkreiszeichen, die korrekte Länge eines Sonnenjahres, die Vorstellung der Parallaxe und Methoden zur Berechnung letzterer sowie von Sonnen- und Mondfinsternissen; sie studieren die Planetenbewegung in bezug auf eine Himmelssphäre und beschreiben sie mit Hilfe von exzentrischen Kreisen und Epizyklen. Die zunehmenden Bemühungen, die astronomischen Phänomene zu berechnen, hatten große Bedeutung für die indische Mathematik. Die astronomischen Darlegungen enthielten von nun an in der Regel auch Kapitel zur Mathematik.

Nach indischer Überlieferung gab es 18 »Siddhantas«, wovon uns jedoch keine im Original erhalten ist. Allerdings ist der wesentliche Inhalt von fünf »Siddhantas« in einem Werk des Varahamihira überliefert. Die größte Rolle, nicht nur für die indische, sondern auch für die islamische Astronomie, spielte dabei der »Surya-Siddhanta« (Lehre von der Sonne). Zu diesem Text gibt es sehr viele Kommentare, der letzte entstand nach unseren heutigen Kenntnissen im 18. Jh.

Herausragende Astronomen des 1. Jahrtausends u. Z. waren Brahmagupta und Aryabhata I. Nach dem 8. Jh. kam es zu einem weiteren Aufschwung der indischen Astronomie, möglicherweise unterstützt durch die einsetzenden, zunächst gebenden, dann auch empfangenden Verbindungen zur islamischen Wissenschaft. Der bedeutendste Astronom dieser Zeit war wohl Bhaskara, aber auch andere vor ihm, wie Mandschulatscharya, Aryabhata II. und Schripati, leisteten wichtige Beiträge. Teile der Arbeiten des Aryabhata I. und des Brahmagupta sind im 8. Jh. ins Arabische übersetzt worden. Weitere Kenntnisse über die indische Astronomie und Ma-

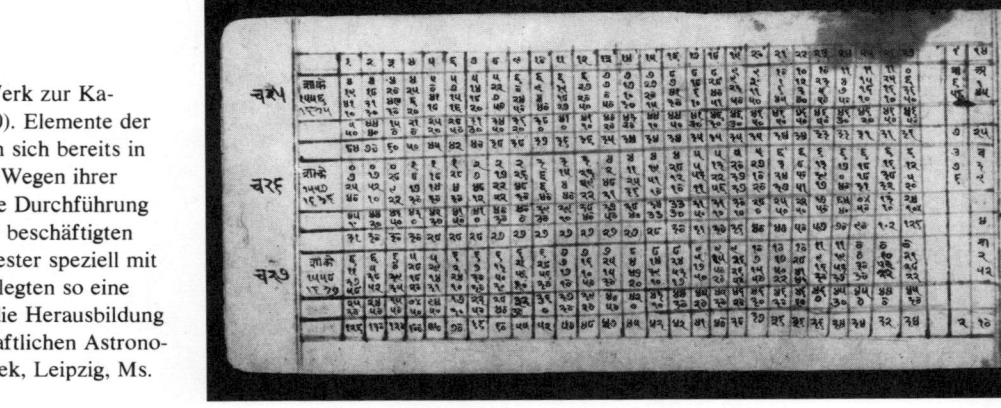

89. Auszug aus einem Werk zur Kalenderrechnung (um 1650). Elemente der Kalenderrechnung finden sich bereits in den vedischen Hymnen. Wegen ihrer großen Bedeutung für die Durchführung der verschiedenen Opfer beschäftigten sich sog. Astronomenpriester speziell mit der Zeitberechnung und legten so eine wichtige Grundlage für die Herausbildung der indischen wissenschaftlichen Astronomie. Universitätsbibliothek, Leipzig, Ms. 984f 5^v

thematik übermitteln die nicht immer von Fehlern und Mißverständnissen freien Übersetzungen, die al-Biruni im 11. Jh. anfertigen ließ. Aus ihnen flossen zahlreiche Informationen in seine hervorragende Darstellung der Geschichte Indiens ein, die unsere Kenntnisse über die Entwicklung der indischen Wissenschaften bereichern.

Physikalische Vorstellungen

Eine Physik im modernen Sinne können wir in indischen Schriften bis ins Mittelalter hinein nicht feststellen, wohl aber eine Vielzahl mit religiösen und philosophischen Spekulationen verknüpfte Überlegungen über die Welt. Dazu gehören auch Gedanken über die unbelebte Natur, von denen wir einige als Vorstufen wissenschaftlichen physikalischen Denkens bezeichnen können. Am weitesten entwickelt waren die Bemühungen um kausale Erklärungen der Ereignisse der Welt in den Schulen von Nyaya und Vaischeshika, die bereits für das 7. und 6. Jh. v. u. Z. belegbar sind und die im Laufe der Jahrhunderte zu einer Schule zusammenwuchsen. Die beiden grundlegenden Konzeptionen, die unterschiedlich ausgeprägt in verschie-

90. Das Observatorium von Delhi. Dschai Singh, Fürst von Dschaipur, war ein Förderer der Wissenschaften, speziell der Astronomie. Er ließ u. a. in Delhi, Dschaipur, Udschdschaiyini und Benares große Beobachtungsanlagen mit mehr als vierzig astronomischen Geräten errichten. Das Bild zeigt einige Instrumente aus Delhi, im Vordergrund einen Teil des großen Mauerquadranten und im Hintergrund zwei große Sonnenuhren. In der Bildmitte befinden sich zwei dschai prakaschas, die, von Koordinatenlinien überzogen, zur Bestimmung der Sonnenposition mit Hilfe des Schattens oder zur Ermittlung von Sternstellungen dienten.

denem Maß zahlreiche indische Denksysteme durchdrangen, sind die Lehre von den fünf (bzw. vier bei einigen materialistischen Denkern) Elementen und die Lehre von den Atomen. Dabei treten erste Vorstellungen über die Elemente im »Rigveda« auf.

Während in der Mehrheit der philosophischen und religiösen Strömungen die ersten vier Elemente als materiell und das fünfte als immateriell galten, führte die Leugnung der Realität des Materiellen bei den Buddhisten dazu, daß alle Elemente als immateriell angesehen wurden. Schon deshalb ist die Übersetzung der Sanskrit-Termini für die »Elemente« prithvi, ap, tedschas, vayu, akascha in Erde, Wasser, Feuer, Wind und Äther (Luftraum o. ä.) nicht ganz einfach. Hinzu kommt die wesentlich umfassendere Bedeutung dieser Termini in den indischen Denksystemen als die unserer wörtlichen Übertragungen. Um annähernd einen Eindruck von diesen Begriffen zu vermitteln, sollen hier die Beschreibungen einiger »Elemente« in den Nyaya- und Vaischeshika-Systemen vorgestellt werden.

Prithvi: »Das Element ist zweifacher Natur: ewig und unbeständig. Ewig ist es in der Form von Atomen und unbeständig ist es in Form von Produkten. Letztere umfassen viele Substanzen, die im allgemeinen wahrgenommen werden. Die spezielle Qualität der Erde ist der Geruch. Die erdigen Produkte sind dreifacher Art: (1) in Körperform; (2) das Sinnesorgan ... und (3) Objekte der sinnlichen Wahrnehmung. Die Objekte schließen einerseits Felsen, Mineralien, verschiedene Gesteinsarten, geschnittene Edelsteine, Diamanten usw. und andererseits Gemüsearten, Gräser, Kräuter, Bäume mit ihren Blüten und Früchten und andere Typen von Pflanzen ein. Die Erde besitzt 14 Qualitäten: Farbe, Geschmack, Geruch, Tastbarkeit, Zahl, Dimension, Verschiedenheit, Zusammenstoß, Ablösung (Trennung), Abstand, Nähe, Schwere, Flüssigkeit und Kraft.«

Tedschas: »Das Feuer, das als weiß und scheinend angesehen wird, ist von zweierlei Wesen: ewig (Atome) und unbeständig (Produkte). Die Produkte sind ebenfalls dreifach: (1) Körper (der zur Region der Sonne gehört); (2) Sinnesorgan (visuell) und (3) Objekte, die vier Typen umfassen: erdig, himmlisch, magenstärkend und mineralisch. Das erdige Feuer ist das, was gewöhnlicherweise zu beobachten ist, wie z. B. das Holzfeuer. Das himmlische Feuer ist das, was als Sonne, Blitz usw. beobachtbar ist. Das magenstärkende Feuer führt zur Verdauung der Speisen. Das mineralische Feuer besteht in Form von Gold und anderen Metallen. Feuer hat die Farbe als spezielle Qualität. Es hat elf Qualitäten: Farbe, Tastbarkeit, Zahl, Dimension, Verschiedenheit, Zusammentreffen, Ablösen, Nähe, Abstand, Flüssigkeit und Kraft.«

Akascha: »... akaśa wird als nichtmateriell, einzig und alles durchdringend angesehen. Seine spezielle Qualität ist das Tönen. Das Gehörorgan besteht aus akaśa. Die grundlegenden Qualitäten von akaśa sind Ton, Zahl, Dimension, Verschiedenheit, Zusammenstoß und Ablösen.«

Den fünf Elementen entsprechen also die fünf Sinne, die Sinnesorgane und deren Haupteigenschaften. Weitere Qualitäten, die allen Elementen zugeschrieben werden, sind die des Zusammenstoßens und Ablösens. Sie sind eng mit dem Konzept der Bewegung verbunden, das ebenfalls in den indischen Vorstellungen über die Natur eine wesentliche Rolle spielt. Allerdings ist dieses Konzept weit von dem modernen Begriff der Bewegung

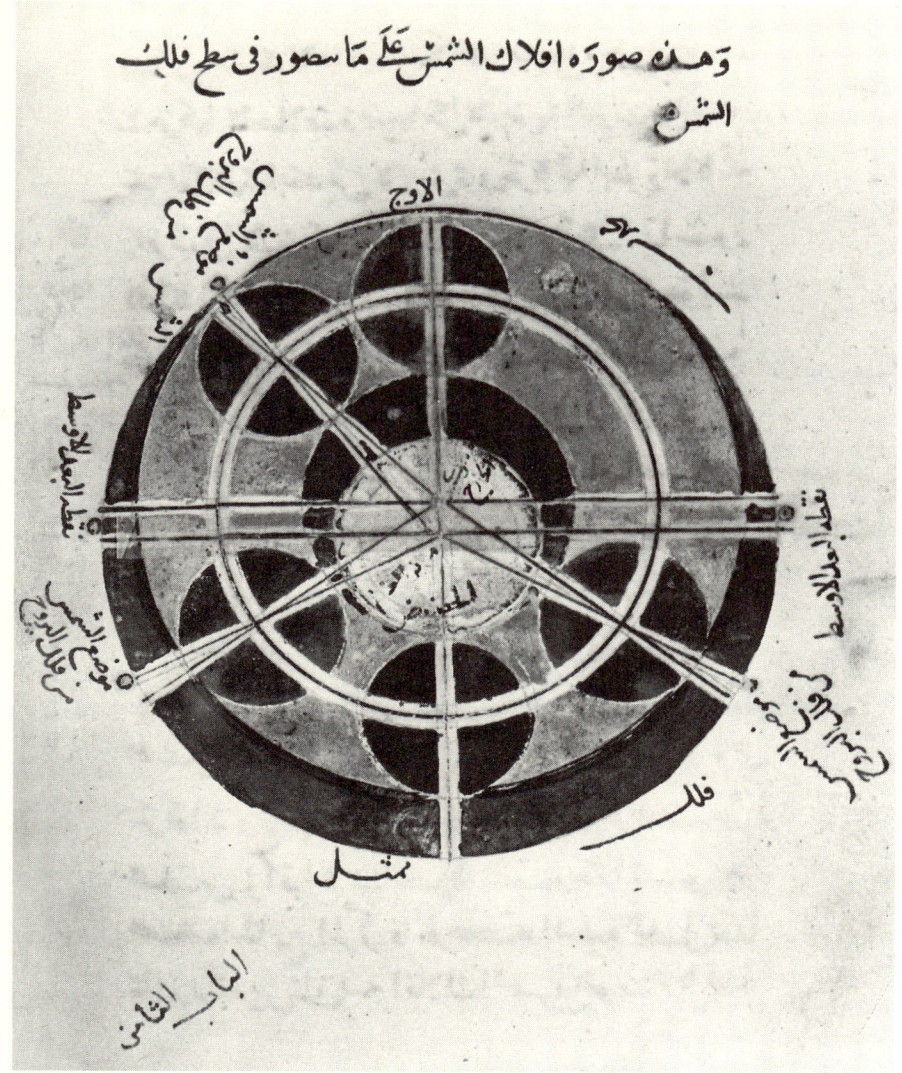

91. Umlauf der Sonne um die Erde. In zahlreichen Werken zur mathematischen Geographie sind auch Probleme und Fragestellungen der Astronomie und Mathematik abgehandelt worden, wie z. B. bei al-Biruni. Mit dem Eindringen des Islams in Indien gelangten auch derartige Schriften in diesen Raum. Das Werk al-Birunis ist eine für damalige Verhältnisse trotz ihrer Fehler meisterhafte Darstellung sowohl indischer als auch graeko-islamischer Vorstellungen. Forschungsbibliothek Gotha, Schloß Friedenstein, Ms. orient. A 1384 f 21ʳ

entfernt. Bewegung wird im Indischen rein qualitativ verstanden. Sie ist notwendig für das Entstehen und Vergehen in der Natur, aber sie ist nicht ewig, sondern unbeständig, d. h. nur in einem Zeitmoment, einer ersten Bewegungseinheit vorhanden. Die Bewegung hat keine besonderen Qualitäten, sondern wird als verursachendes Prinzip und als Ergebnis einer Aktion verstanden. Das Phänomen länger andauernder Bewegungen wird erklärt durch die Auffassung, daß in diesen Fällen die verursachende Bewegung stärker ist als die zerstörende Bewegung. Diese Ursachen werden als die oben erwähnten Grundqualitäten verstanden, z. B. fällt ein Stein infolge der ihm innewohnenden Qualität Schwere.

Interessant ist, daß auch im indischen Denken eine Art Impetustheorie entstand, die gemeinsam mit zwei anderen Konzepten die länger dauernde Bewegung erklären soll.

So glaubten z. B. die Anhänger der Vaischeshika-Richtung, daß ein Körper, dessen erste Bewegungseinheit durch einen Stoß, Wurf oder ähnliches hervorgerufen wird, einen »Impetus« besitzt, der nun diese erste Bewegungseinheit verlängert und dazu führt, daß der Körper sich in derselben Richtung weiterbewegt.

An der Elementenlehre des Nyaya-Vaischeshika-Systems wird auch der enge Zusammenhang mit dem Atomismus im indischen Denken deutlich. Daneben finden sich auch im Dschinismus und in zwei Schulen des Hinayana-Buddhismus Atomismusvorstellungen.

Atome sind ewig und unteilbar und führen zur Bildung der Gegenstände der Natur. Wie das jedoch geschieht, wird von den einzelnen Systemen in unterschiedlicher Weise beantwortet.

Im Nyaya-Vaischeshika-System, das hier als ein Beispiel vorgestellt werden soll, werden die Atome qualitativ differenziert, und zwar entsprechend den ersten vier Elementen. Diese den Elementen zugeordneten Atome besitzen dann auch die Grundqualität der Elemente, die eigentlich als Ursache für ihre Verschiedenheit angesehen werden. Die Möglichkeit zur Entstehung von Gegenständen ist durch die ewige Bewegung der Atome gegeben. Verbindungen entstehen aber grundsätzlich nur durch gleichartige Atome. Verschiedenartige Atome allein können keine Verbindung miteinander eingehen. Sie können die Bildung von Gegenständen durch gleichartige Atome nur unterstützen. Die Minimalzahl von Atomen, die zur Entstehung eines sichtbaren Gegenstandes führt, ist sechs, jedoch nicht in Form von sechs Einzelatomen, sondern in Form von drei zweiatomigen Verbindungen, Ansichten, die im philosophischen System Nyaya-Vaischeshika logisch begründet werden. Ein hervorstechendes Kennzeichen dieser Atomismuslehre ist die strenge Ursache-Wirkung-Auffassung. Zwei einzelne Atome sind die materielle Ursache für die Entstehung einer zweiatomigen Verbindung (Dyade), die die Wirkung ist. Drei Dyaden sind die materielle Ursache für eine Triade, den kleinsten sichtbaren Gegenstand usw. Hinzu kommt eine nichtmaterielle Kraft, das sog. Unsichtbare (adrishta), die die Zusammenschließung von Atomen auslöst. Die unterschiedlichen Eigenschaften der sichtbaren Körper ihrerseits werden wieder als Wirkung der Zusammenführung von Dyaden, Triaden usw. verstanden, die aus Atomen mit unterschiedlichen Eigenschaften bestehen, z. B. aus zwei Wasseratomen und zwei Feueratomen usw.

Vom Standpunkt der Entwicklung der Physik sind in den indischen Lehren die folgenden drei Problemstellungen wichtig, die mit Hilfe der Elemente- und Atomismustheorien behandelt wurden: Was geschieht bei der Erwärmung eines Gegenstandes? Wie kommt es, daß der Mensch sieht? Wieso hört man Töne?

Der erste Problemkreis wurde am Beispiel von Tonkrügen erläutert. Wärme entsteht durch das Vorhandensein von Feuer-Atomen. Die bei der Brennung des Tons erfolgende Veränderung seiner Eigenschaften wird auf das Wirken dieser Feuer-Atome zurückgeführt und als ein Prozeß interpretiert, der in jedem einzelnen Atom des Tontopfes abläuft. Nach Ansicht einiger Gelehrter zerfällt der ungebrannte Tontopf beim Brennen in diese Atome, die die neuen Eigenschaften annehmen und dann sich wieder zusammenfügen, um den gebrannten Topf zu bilden, nach Ansicht anderer zerfällt der Topf dagegen nicht.

In bezug auf das Sehen vertraten die Inder die auch bei den Griechen

92. Tschakras des Kundalini-Yoga, tantrisches Diagramm. Der Kundalini-Yoga ist eine der Methoden zur Vervollkommnung des menschlichen Körpers und der Aktivierung der psychologisch-neurologischen Körperzentren, durch die ein Anhänger des Tantrismus zu dem erstrebenswerten Ziel der Verschmelzung des menschlichen Individuums mit Schiva-Schakti, dem Weltbewußtsein, gelangen will. Die hier verkörperte Schakti wird vom weiblichen Prinzip Prakriti repräsentiert, das im Hindu-Tantrismus die kinetische Energie bedeutet. Zur Erreichung des Zieles wird im Tantrismus auf eine Vielzahl wissenschaftlicher Kenntnisse und Konzepte, u. a. auch auf Atomismustheorien, zurückgegriffen. Sammlung Reiter, Berlin

vorhandene Auffassung, daß ein Sehstrahl aus dem Auge austritt, auf den Gegenstand trifft und von diesem reflektiert wird, zum Auge zurückkehrt und so das Sehen ermöglicht. Die Motivierung dieser Theorie geschah im indischen Denken unter Verweis auf das Leuchten von Tieraugen in der Nacht, z. B. von Katzen, und dem Argument, daß die Augen von Tieren und Menschen gleichartig sind.

In den Erörterungen über Töne verbanden die indischen Gelehrten Atomismus- und Wellenvorstellungen. Sie beschrieben den Schall als eine Welle, bestehend aus »akascha«, die von der Bewegung gewisser Atome in festen Körpern, in denen die Eigenschaften des Tönens dominant sind, hervorgerufen wird.

Insgesamt kann festgestellt werden, daß in verschiedenen indischen Systemen zur Erklärung der Welt hochentwickelte naturphilosophische Auffassungen enthalten sind, die in keiner Weise dem Niveau der im allgemeinen viel bekannteren griechischen Lehren nachstehen. Inwieweit die eine von der anderen abhängig war, ist eine umstrittene Frage, die bis zum letzten nicht klärbar ist. Indessen fehlen in Indien die weitreichenden Methoden und Ergebnisse der antiken mathematischen Physik.

Chemie und Alchimie

Töpferwaren, Schmuck, Waffen, Arbeitsgeräte u. a. m., von Archäologen in Indien ausgegraben, liefern uns zahlreiche Informationen über den Stand chemischer Verfahren und Kenntnisse, Geräte und Apparaturen in der vorvedischen Zeit. Vielfältig sind die Töpfereierzeugnisse, sowohl in Form, Dekor, Farbigkeit als auch in der Herstellung. Man kannte zur Zeit der Induskulturen die Töpferscheibe und drei verschiedene Ofentypen zum Brennen des Tons. Holz und Holzkohle fanden als Brennmaterialien Verwendung. Zerkleinerter Quarz, Sand, Soda, Kupfer-, Eisen- und Manganoxide benutzten die Inder zur Glasierung der Tonwaren.

Metalle wurden vor 2300 v. u. Z. wenig bearbeitet, jedoch änderte sich das in der Harappa-Kultur. Man verarbeitete Kupfer, Silber, Blei und Gold, stellte Bronze und eine Gold-Silber-Legierung her. Mitunter wurde auch an

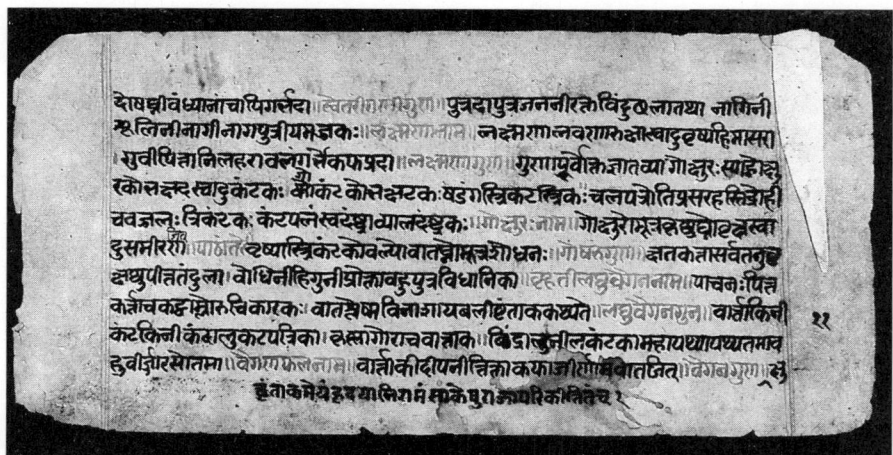

93. Dhavantarinighantu — ein lexikalisches Werk aus dem 17. Jh. Dieses Glossar führt Synonyma aus der Botanik, Landwirtschaft, Metallurgie u. ä. auf. Vergleichbare Werke, die auch interessante Quellen zur Entwicklung wissenschaftlicher Terminologie sind, stammen aus dem islamischen Kulturbereich. Universitätsbibliothek, Leipzig, Ms. 1220f 11[b]

Stelle von Bronze eine Legierung aus Kupfer und Arsen benutzt. Die Erze schmolz man u. a. nahe der Lagerstätten in offenem Herdfeuer oder in Öfen.

Andere chemische Stoffe, die durch archäologische Funde für die Induskulturen belegt wurden, sind z. B. Gips, Kalk, Lapislazuli, Türkis, Alabaster, Hämatit, Amethyst, Jaspis.

In der vedischen Zeit waren Töpferei, Metallurgie sowie die Verwendung von Edel-, Halbedelsteinen und anderem Material weit verbreitet. Ihren Höhepunkt erreichte die Entwicklung chemischer Praktiken in der klassischen Periode. Das betrifft in erster Linie die Glasherstellung, Töpferei, Gärungsmethoden und Färbeverfahren. Zahlreiche Kenntnisse, z. B. der Eisen- und Glasherstellung, wurden dabei in vedischer und klassischer Zeit aus anderen Kulturkreisen übernommen.

Alchimistische Vorstellungen gab es auch in Indien, obwohl ihnen theoretische Grundlagen, wie z. B. eine Vier-Elemente-Theorie wie in China oder in der Spätantike, fehlten. Sie waren eng mit einem Symbolismus »männlich-weiblich« verbunden, wobei Quecksilber das männliche Prinzip und Schwefel das weibliche Prinzip verkörperten. Alchimistische Ideen über Metallverwandlungen und das Lebenselixier sind frühestens im 5./6. Jh. u. Z. in Indien nachweisbar, fanden aber in den folgenden sieben bis acht Jahrhunderten weite Verbreitung.

Zoologie und Botanik

Die ersten Tierdarstellungen in Indien finden sich auf Gräbern und Felsen aus dem Neolithikum. Auch aus der Zeit der Induskulturen sind sie auf Töpfereiwaren, Siegeln sowie in figürlichen Tierverkörperungen zu finden. Die vedische Literatur enthält Namen von mehr als 260 verschiedenen Tieren; am häufigsten vertreten sind Säugetiere und Vögel. Die Säugetiere wurden in drei Gruppen unterteilt: Haustiere, Wildtiere und semidomestizierte Tiere, wobei alle vertretenen Spezies bereits zur Zeit der Harappa-Kultur bekannt waren. Der erste Versuch zu einer rationalen Klassifizierung von Tieren findet sich in dem »Chandogya Upanishad«. Die »Upanishaden« sind Geheimlehren, die auf den Hymnensammlungen und den Opferschriften innerhalb der verschiedenen vedischen Schulen aufbauen. Der »Chandogya Upanishad« ist dabei dem »Samaveda« zugeordnet.

Die Tiere werden hier in Abhängigkeit von ihrer Zeugung und ihrer Entwicklung in drei Gruppen eingeteilt. Die aus dem Ei Geborenen, die Lebendgeborenen, die aus Spößlingen Geborenen. Die späteren Texte variierten diese Gruppen und fügten weitere hinzu.

Ein anderes Klassifizierungsschema wurde von dem Dschaina Umasvati geschaffen. Er unterschied nach der Anzahl der Sinne, über die die Tiere verfügten, wobei die niedrigste Gruppe zwei Sinne (Geruchs- und Tastsinn), die zweite Gruppe drei Sinne (zuzüglich Geschmackssinn), die dritte Gruppe vier Sinne (es kommt die Fähigkeit des Sehens hinzu) und die letzte Gruppe fünf voll ausgebildete Sinne aufweist.

Klassifikationen der Tiere in bezug auf ihre Nützlichkeit für die Medizin finden sich in den Werken der beiden berühmtesten indischen Ärzte Tscharaka und Suschruta. Das anatomische Wissen der Inder entsprang in

94. Nashorn auf einem Siegel aus Mohendscho Daro, Harappa-Kultur. Sammlung Mode, Halle (Saale)

95. Pantschatantra. Miniatur aus der arabischen Ausgabe des Fabelbuches von Bidpai, geschrieben in Ägypten um 1335. Unter dem Titel »kalila wa dimna« – das sind die Namen zweier Schakale, die als Minister den König durch Intrigen für ihre politischen Ziele gewinnen – machte Abdallah ibn al-Muqaffa im 8. Jh. das islamische Publikum mit den politischen Theorien und Lehren dieses indischen Fürstenspiegels bekannt, der in den ersten Jahrhunderten unserer Zeit entstanden war. Dargestellt sind zwei Affen und ein Bär. Freer Gallery of Art, Washington, 54.2

erster Linie den Untersuchungen geopferter Tiere, sowie den Behandlungen kranker Menschen. Das trifft auch auf die embryologischen Kenntnisse zu, wobei die Entwicklungsstadien des menschlichen Fötus bereits in vedischer Zeit verhältnismäßig gut bekannt waren. Das Problem der Vererbung ist bereits in den »Brahmanas« enthalten. Man glaubte, daß im befruchteten Ei oder Samen bereits alle Organe potentiell vorhanden seien und daß sie sich im Laufe der Zeit entfalten würden. Die Vererbung verursache der männliche Samen, weil dieser von den Organen bestimmte Elemente enthielte, lehrte z. B. Tscharaka. Eine gesonderte Stellung nahm die Frage ein, wieso körperliche Gebrechen eines Elternteiles, z. B. beim Menschen, nicht vererbt würden, wenn doch im befruchteten Ei bereits alle Organe im Kleinen vorhanden seien. Diese Widersprüchlichkeit erklärte man damit, daß die Organe zwar en miniature existierten, aber ihre Ausbildung unabhängig von der elterlichen Vorlage ablaufen würde. Nur wenn der »bidscha«, der Samen, der für die Entwicklung eines Organs zuständig sei, Abnormitäten aufweise, würde das auch für das voll ausgebildete Organ zutreffen.

Die Frage nach dem Geschlecht des ungeborenen Nachkommen bewegte die Gemüter der indischen Gelehrten nachdrücklich, da die Geburt eines Sohnes wesentlich höher geschätzt wurde als die einer Tochter. Sie erachteten die Ernährung als wichtigen Faktor und auch das Verhältnis des »männlichen und weiblichen Elementes« im Moment der Empfängnis. Auch glaubten die Inder, daß die Position des Mondes bei der Empfängnis Einfluß auf das Geschlecht des Kindes nehme.

96. Tibetischer Mandala, 19. Jh. Als eine symbolhafte Verkörperung der Einheit von Makro- und Mikrokosmos ist er eine der Möglichkeiten, visuell das Hauptziel des Tantrismus zu erleben. Im Unterschied zum Hindu-Tantrismus stellt im buddhistischen Tantrismus, der z. B. in Tibet verbreitet war, das männliche Prinzip Purusha, das dem »Weltbewußtsein« Schiva beigeordnet ist, die aktive Kraft dar. Museum für Völkerkunde, Leipzig

In der Zeit der Induskulturen domestizierte man Wildgetreide wie Weizen, Gerste und Reis und benutzte verschiedene Arten von Holz in der Wirtschaft. Auch in den späteren Perioden der indischen Geschichte waren es Bedürfnisse der Landwirtschaft, die neben denen der Medizin die Beschäftigung mit der Pflanzen- und Tierwelt besonders stimulierten.

In der vedischen Literatur ist viel an pflanzen- und tierkundlichem Wissen enthalten, ohne daß sich Botanik und Zoologie als eigenständige Wissenschaften herausgebildet hatten. Man unterschied einzelne Teile der Pflanze, wie Wurzel, Stamm, Zweig, Blatt, Blüte und Frucht, beschrieb ihre Färbung und die Art der Ausbildung ihrer Teile. Es war in vedischer Zeit bereits bekannt, daß Pflanzen im Innern aus verschiedenen Schichten bestehen. Von diesen Kenntnissen ausgehend, entstanden Versuche zur Klassifizierung der Pflanzen, deren Anfänge bereits im »Rigveda« aufspürbar sind. Es überwog die Ordnung nach morphologischen Gesichtspunkten in der vedischen Literatur, aber es gab auch Ansätze, lokale Gebiete nach ihrem Pflanzenbestand zu erfassen.

Das Interesse für das Studium der Pflanzenwelt nahm in der klassischen Periode zu. Das Spektrum der Texte, die Botanisches darstellten, ist groß und reicht von medizinischen, philosophischen und naturhistorischen Ausführungen bis hin zu epischen und politischen Schriften. Darüber hinaus sind Texte erhalten, die nur botanische Fragen betreffen, z. B. der »Vrikshayyurveda« (Lehre von den Pflanzen bzw. Lehre vom Leben der Bäume) von Paraschara, der die Herausbildung der Pflanzenkunde zu einem eigenen Wissenszweig dokumentiert. Er entstand vermutlich zwischen dem 1. Jahrtausend v. u. Z. und dem 1. Jahrtausend u. Z. und beinhaltet u. a. Pflanzenmorphologie, Untersuchungen der Natur und Eigenschaften von Böden, Beschreibungen von Wäldern und Ansätze zur Embryologie. Die von Paraschara entwickelte Nomenklatur war dreifach. Zum einen gab es einen Namen, der die botanische Bedeutung beschreiben sollte, zum anderen einen für die therapeutische Verwendbarkeit und einen dritten, der spezielle Kennzeichen ausdrücken sollte. Diese Nomenklatur wurde häufig von indischen Medizinern benutzt.

Neben den Bemühungen um eine Pflanzennomenklatur und -klassifikation, die im wesentlichen auf drei Prinzipien beruhten – botanische Bedeutung, medizinische Verwendbarkeit und Einsatz für Ernährung – sowie den ausführlichen Studien zur Pflanzenmorphologie interessierte man sich, wie auch in der Tierkunde, sehr für die Fragen der Vererbung, Befruchtung und Geschlechtlichkeit der Pflanzen. Aber auch histologische, physiologische, pathologische und ökologische Betrachtungen wurden angestellt. So wußten die Inder z. B., daß es in einer Pflanze verschiedene Transportsysteme mit nach oben und nach unten leitenden Kanälen gibt, kannten Pflanzen, die zu gewissen Tageszeiten schliefen, unterschieden drei Wachstumsperioden, machten Klima (Temperatur, Windverhältnisse, Sonnenstrahlung) und die Beschaffenheit des Bodens für Pflanzenkrankheiten verantwortlich u. a. m.

In der mittelalterlichen Phase flossen in diesen bereits vorhandenen umfangreichen Erkenntnisbestand noch Informationen aus dem islamischen Bereich ein, die jedoch den Charakter der indischen Botanik nicht wesentlich änderten.

China und Japan

Vorhergehende Seite:
97. Große Mauer. Durch Verbindung lokaler Befestigungswerke aus der Chou-Zeit entstand um 220 v. u. Z. die größte Verteidigungsanlage Chinas – die Große Mauer. Erstmalig während der Thang-Zeit restauriert, erhielt sie unter der Ming-Dynastie ihre heutige Gestalt.

Das erste, historisch erfaßbare staatliche Gebilde China entstand um 1520 v. u. Z. unter der Shang-Dynastie. Mit ihm ist der Beginn der chinesischen Bronzezeit verbunden, wie eine große Zahl archäologischer Funde belegt. Bemerkenswertes Charakteristikum dieser Bronzezeit ist die vorrangige Benutzung von Bronze für rituelle, militärische und luxuriöse Gegenstände und ihre vergleichsweise seltene Verwendung für Arbeitsgeräte. Die gesellschaftliche Struktur war geprägt durch Großgrundbesitz und Naturalwirtschaft, hörige Bauern, Sklaven und eine politisch mächtige Schicht schamanistischer Priester. Diese benutzten bei ihren religiösen Tätigkeiten u. a. Tierknochen zur Vorhersage von künftigen Ereignissen. Für diese Prophezeiungen waren aufmerksame Beobachtungen meteorologischer und astronomischer Erscheinungen von großer Bedeutung. Die Beobachtungsergebnisse wurden in Orakelknochen eingeritzt, wodurch wertvolle Informationen über die Kenntnisse von Naturerscheinungen aus dieser Zeit erhalten geblieben sind.

Um 1027 v. u. Z. eroberten die aus Westchina kommenden nomadischen Chou den Shang-Staat. Sie assimilierten sich sehr schnell und bildeten die auf Großgrundbesitz, Priestertum und unfreier Arbeit beruhende Gesellschaft ihrer Vorgänger weiter aus.

Nach dem 8. Jh. v. u. Z. wurde die Vorherrschaft der Chou durch die Entstehung zahlreicher Dynastien erheblich geschwächt. Es kam zu erbitterten Machtkämpfen, daher bezeichnet man die Periode zwischen dem 5. und 3. Jh. v. u. Z. auch als die Zeit der Streitenden Reiche. Die sich zuspitzenden politischen und sozialen Auseinandersetzungen fanden ihre Widerspiegelung in verschiedenen philosophischen Systemen, von denen die bekanntesten der Konfuzianismus, Taoismus, Mohismus und der Legismus sind. Wegen der Vielfalt der philosophischen Lehrmeinungen erhielten jene Jahrhunderte von chinesischen Chronisten den Namen »Zeit der hundert Schulen«. Die aristokratischen Herrscher der einzelnen Staaten ernannten Philosophen zu Ministern und stifteten Akademien. Die bedeutendste entstand in dem Staat der Chhi. Sie wurde im Jahre 318 v. u. Z. von Prinz Hsüan gegründet und trug den Namen Chi-Hsia. Seit dem 5. Jh. v. u. Z. gewann der Staat der Chhi infolge des Salzmonopols und der führenden Position in der Eisengewinnung allmählich eine Vormachtstellung. Der Einsatz von Eisen begünstigte den Aufschwung der Landwirtschaft. Handwerk, Binnenhandel und Bewässerungswesen blühten auf, wissenschaftliches Denken konnte sich entfalten. Die Naturalabgaben wurden zunehmend von Geld als Zahlungsmittel, z. B. bei der Steuereinziehung, abgelöst. Die Macht des Adels und der Priester ging zugunsten der neuen Beamtenschicht zurück, auf die sich das von der Chhin-Dynastie beherrschte erste chinesische Großreich stützte. Maße und Gewichte wurden standardisiert, das Reich in Provinzen gegliedert und mit einem ausgedehnten Straßen- und Kanalsystem durchzogen. Ende des 3. Jh. v. u. Z. ging jedoch die Chhin-Dynastie infolge innerer Thronkämpfe und sozialer Konflikte, die vom entmachteten Adel geschürt wurden, zugrunde. Der Befehlshaber der Chhin-Armee riß in diesen Wirren die Macht an sich und begründete 206 v. u. Z. die Dynastie der Han, die in den kommenden 400 Jahren China beherrschen sollte. Es wurde ein Prüfungssystem zur Auswahl der Staatsbeamten eingeführt, das mit seinem abverlangten Wissen die

Position des Konfuzianismus unterstützte. Chinas außenpolitische Kontakte erweiterten sich sehr bald. Sie reichten bis nach Zentralasien, Syrien und Rom. Ihre Auswirkungen auf den chinesischen Außenhandel waren beachtlich. So entstand z. B. unter der Han-Dynastie die berühmte Seidenstraße. Hatten bereits die Chhin-Herrscher Vorliebe für magische, alchimistische und geomantische Praktiken bekundet, so verstärkte sich diese Orientierung in der Han-Zeit noch mehr. In ihrem Gefolge entwickelten sich Kenntnisse und Vorstellungen über die heilende Wirkung von Pflanzen, die magnetischen Eigenschaften bestimmter Stoffe und die Natur chemischer Verbindungen. Die 400 Jahre Han-Dynastie werden infolge eines kurzen Intermezzos von Wang Mang als Hsin-Kaiser in Frühe und Späte Han-Zeit unterschieden. Wang Mang versuchte, die aufgetretenen ökonomischen und sozialen Spannungen in der chinesischen Gesellschaft durch zahlreiche Reformen, z. B. Landreform zugunsten des Staates und der Bauern, Geldreform zur Sanierung der Staatskasse, Dekret zur Befreiung der männlichen Sklaven usw., zu beheben, scheiterte jedoch am Widerstand des Beamtentums und wurde ermordet. Er hatte sich für die Förderung der Wissenschaften eingesetzt und soll den ersten wissenschaftlichen Kongreß in der Geschichte Chinas einberufen haben, von dem jedoch keine Einzelheiten überliefert worden sind. Die Epoche der Späten Han-Dynastie gehört zu den Blütezeiten chinesischer Wissenschaften. Han-Prinzen reihten sich unter die Adepten der Wissenschaft ein, Astronomie, Geowissenschaften, Botanik, Zoologie, Alchimie, Geschichte, Medizin, Mathematik u. a. m. entwickelten sich stürmisch. Die Erfindung des Papiers, das für die Verbreitung und Tradierung wissenschaftlicher Kenntnisse so große Bedeutung erlangen sollte, gehörte neben der Produktion von Glas, Vorläufern des Porzellans und der Einführung neuer Methoden in der Textilherstellung zu den hervorragendsten technologischen Leistungen jener Zeit. Bauernunruhen und Palastrevolten führten zum Untergang der Han-Dynastie und zum Zerfall des Reiches in mehrere Staaten Anfang des 3. Jh. u. Z. Rationalismus und Skeptizismus, die vorherrschenden Denkrichtungen in den Wissenschaften, wurden zurückgedrängt, und religiöse Vorstellungen setzten sich durch. Die taoistische Philosophie verwandelte sich, durchsetzt mit magischen Konzepten nordasiatischer Herkunft, in eine mächtige Religion, deren Einfluß nur noch dem des Buddhismus vergleichbar war. Trotz der staatlichen Destabilisierung, die in der Hinwendung zur Religion ihren ideologischen Ausdruck fand, blühte eine Wissenschaft — die Geographie — durch staatliche Förderung auf. Die Taoisten dagegen förderten naturphilosophische und alchimistische Studien, und auch die Mathematik machte weitere Fortschritte. Ein einheitlicher chinesischer Staat entstand erst wieder im Jahre 617 mit der Etablierung der Thang-Dynastie, die etwa 300 Jahre herrschte. Sie dehnte die Grenzen des Reiches beträchtlich nach Norden, Westen und Osten aus, bis ihre Expansion in Zentralasien durch vordringende islamische Truppen gestoppt wurde. Unter den Thang-Herrschern verstärkten sich die Kontakte zu anderen Staaten beträchtlich, neue Religionen aus Persien und Syrien, z. B. das nestorianische Christentum, wurden in China bekannt, Händler und Gelehrte kamen aus der islamischen Welt und ließen sich hier nieder. Die Aufgaben der Administration wuchsen und führten einerseits, in Verbindung mit Forderungen

98. Beschrifteter Orakelknochen. Shang-Zeit. Die ältesten überlieferten Dokumente zur chinesischen Wissenschaft sind Orakelknochen aus der zweiten Hälfte des 2. Jahrtausends v. u. Z. Museum für Völkerkunde, Leipzig

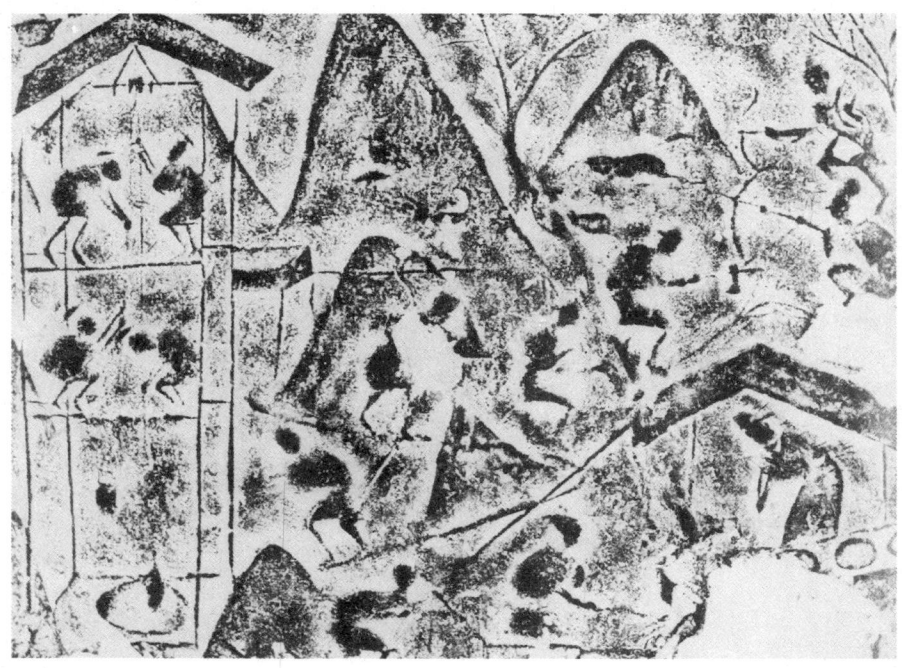

99. Dieses Salzbergwerk aus der Han-Zeit stammt von einem Ziegelrelief aus Chhiung-lai in Szechuan. Links ist ein Förderturm zu sehen.

buddhistischer Mönche nach Verbreitung ihrer Ideen, zur Erfindung des Blockbuchdrucks und andererseits zu einer Erneuerung des Prüfungssystems für Beamte, in das nun auch die Mathematik Aufnahme fand. 754 wurde die kaiserliche Han-lin-Akademie gegründet, an der neben Gesellschaftswissenschaften und Literatur nur wenige Naturwissenschaften beheimatet waren. Die Taoisten förderten traditionellerweise vor allem die Alchimie, während sich konfuzianische Gelehrte nun der Kartographie und Buddhisten der Astronomie und Mathematik zuwandten. Ökonomisch änderte die Thang-Dynastie fast nichts. Der Staat bedrückte die Bauern mit hohen Steuern und belastete die Kaufleute mit zahlreichen Restriktionen. Die Beamtenschaft dagegen vermehrte ihren Wohlstand, indem sie Geld zu Wucherbedingungen verlieh und so Tausende von Bauern, Händlern und Handwerkern zugrunde richtete. Im 10. Jh. zerfiel das Thang-Reich. Unter der sich 960 etablierenden Sung-Dynastie stabilisierten sich die wirtschaftlichen Verhältnisse wieder, der Landwirtschaft und dem Bewässerungswesen wurde mehr Aufmerksamkeit geschenkt, philosophische Strömungen gewannen erneut an Einfluß, Kunst und Wissenschaften blühten auf. Zahlreiche technologische Erfindungen fielen in diese Zeit. So z. B. Verfahren zur Erdöldestillation, der Typendruck, Veredlungsverfahren für Textilien und Neuerungen im Militärwesen, wie Gewehre, Kanonen oder Raketen. Es war das goldene Zeitalter chinesischer Wissenschaften und Technik. Hervorragendes wurde vor allem in der Mathematik, Astronomie, Physik, Chemie und Medizin vollbracht. Im 13. Jh. fielen mongolische Nomaden in China ein und zerstörten den Sung-Staat. Nach der Verwüstung weiter Teile des Landes und der Ermordung Hunderttausender Chinesen assimilierten sich die neuen Herren unter dem Einfluß chinesischer Minister und führten das Land als Yuan-Dynastie zu einer neuen Blüte. Davon profitierte in erster Linie der Handel, denn unter den Mongolen, die auch Bagdad erobert

100./101. Holzdruckplatte mit Illustrationen zu dem taoistischen Buch »Taishang gan ying pian« (Reaktion des höchsten Gottes). Als Vorläufer des chinesischen Buchdruckes gelten Siegel, die seit der Chou-Zeit bekannt waren, und Steindrucke auf Papier, die im 3. Jh. u. Z. Verbreitung fanden. Der Blockbuchdruck mit Holzplatten kam im 8. Jh. auf und führte zu einer sprunghaften Erhöhung der Buchproduktion. 1041 erfand ein chinesischer Schmied bewegliche Lettern aus Keramik. Möglicherweise aus Korea kamen die Einzelbuchstaben aus Metall, die seit der Ming-Zeit auch in China verwendet wurden. Staatliche Museen Berlin, Ostasiatisches Museum

hatten, wurde erstmalig ein sicheres System von Handelsstraßen in ganz Asien errichtet, das bis zum Mittelmeer reichte. Im Bereich der Wissenschaften hatte vor allem die Astronomie Vorteile von der Politik der Mongolen. In Peking entstand, ebenso wie im mittelasiatischen islamischen Maraga, ein großes Observatorium, an dem chinesische und islamische Wissenschaftler vereint wirkten. Wegen der sozialen und politischen Diskriminierung der einheimischen Bevölkerung kam es immer wieder zu nationalen Bewegungen zur Befreiung Chinas von den Mongolen, deren Bemühungen 1356 von Erfolg gekrönt waren. Die letzte selbständige chinesische Dynastie – die Ming-Dynastie – entstand. Wenngleich diese Periode im großen und ganzen zu keiner nennenswerten Entwicklung der Wissenschaften führte, kam es in zwei Disziplinen – der Geographie und der Botanik – noch einmal zu beachtlichen Fortschritten. Unter den Ming-Kaisern trafen die ersten Jesuiten in Peking ein und brachten neue wissenschaftliche Erkenntnisse aus Europa mit. Ihr bedeutendster Vertreter war der Geograph, Mathematiker, Astronom und Linguist Matteo Ricci. Ende des 17. Jh. übernahmen Manchu-Fürsten die Macht in China und behielten sie bis zu ihrem Sturz durch die bürgerliche Revolution von 1911.

Mathematik

Charakteristisch für die Entwicklung der chinesischen Mathematik war ihre enge Bindung an praktische Probleme, z. B. der Astronomie, der Landwirtschaft, des Bauwesens, des Handels und des Militärwesens. Es wäre jedoch falsch, aus dieser Verflechtung auf einen rein empirischen Zustand dieser Wissenschaft in China zu schließen. Besonders deutlich wird das theoretische Niveau in der chinesischen Algebra, die im 13. Jh. ihre Blütezeit erlebte. Fruchtbare Perioden für die Mathematik waren die Jahrhunderte der Han-Dynastien, der Thang-Dynastie und der Sung- und Yuan-Dynastien.

Das wohl älteste erhaltene chinesische Mathematikbuch ist das »Chou Pei Suan Ching« (etwa: Das arithmetische klassische Buch von dem Gnomon und den kreisförmigen Bahnen des Himmels), das wahrscheinlich zwischen dem 4. und 2. Jh. v. u. Z. entstand. Es beschreibt Eigenschaften von rechtwinkligen Dreiecken, Höhen- und Abstandsmessungen, die Benutzung des Gnomon, Kreise und Quadrate, Regeln zur Multiplikation und Division von Brüchen und zum Auffinden des Hauptnenners von Brüchen und benutzt Verfahren zum Ausziehen von Quadratwurzeln, allerdings ohne sie anzugeben.

Etwa zur Zeit der Han-Dynastie entstand das zweite berühmte Buch der mathematischen Klassik, das »Chiu Chang Suan Shu« (etwa: Neun Bücher der Kunst der Mathematik), das wohl das einflußreichste chinesische mathematische Werk ist. Es wurde wiederholt kommentiert, so z. B. von dem berühmten Mathematiker des 3. Jh. Liu Hui, und bildete die Grundlage für die Ausbildung von Beamten, für die Mathematikprüfungen in der Thang-Zeit nachgewiesen sind.

In 246 Problemen werden im »Chiu Chang Suan Shu« Regeln zur Berechnung von Rechtecken, Trapezoiden, Dreiecken, Kreisen und Kreissegmenten, Lösung von bestimmten und unbestimmten Gleichungen und Gleichungssystemen, Ermittlung von Proportionen und zur Berechnung geometrischer und arithmetischer Reihen und der Volumina von Prismen, Zylindern, Pyramiden, Kreiskegeln, Tetraedern und Kegelstümpfen erläutert. Bereits in diesem frühen Buch treten negative Zahlen bei der Lösung linearer Gleichungssysteme, die Anwendung der Regula falsi bei der Lösung linearer Gleichungen, Ansätze der Horner-Methode und die Anfänge

102. Matteo Ricci. Er war ein italienischer Jesuit, der 1601 in den Dienst der Ming-Kaiser trat und bis zu seinem Tode (1610) an der Pekinger Sternwarte arbeitete. Neben eigenen Arbeiten zur Geographie, Astronomie, Botanik, Linguistik u. a. m. übersetzte er gemeinsam mit chinesischen Konvertiten z. B. die Werke des Euklid, des Ptolemaios, des Clavius sowie Abhandlungen über Hydraulik ins Chinesische. University, Cambridge

der matrizenartigen Schreibweise bei linearen Gleichungssystemen auf. Die behandelten Probleme sind angewandten Bereichen, wie dem Bauwesen (Mauern, Kanäle, Dämme usw.) und der Steuereinziehung, entnommen. Unter der Thang-Dynastie wurden neben der Zusammenstellung der bedeutendsten mathematischen Bücher für die Beamtenausbildung die im »Chiu Chang Suan Shu« enthaltenen Ansätze der Horner-Methode ausgebaut, kubische Gleichungen eingeführt und Ergebnisse der indischen Mathematik übernommen. Die Mehrzahl der mathematischen Schriften jener Zeit ging jedoch verloren. Im 11. Jh. lebte der vielseitig begabte Shen Kua. In seiner Abhandlung »Mêng Chhi Pi Than« (Essays über Träume) legte er mit der Bestimmung der Länge von Kreisbögen die Grundlage für die im 13. Jh. durch Kuo Shou-Ching begründete sphärische Trigonometrie, summierte als erster chinesischer Mathematiker unendliche Reihen in einer Form, die der Cavalieris ähnelt.

Das 13. und 14. Jh. führte zu einem erneuten Aufschwung der Mathematik, vor allem in der Algebra. Eine große Zahl mathematischer Werke entstand. Die wohl bekanntesten Mathematiker jener Zeit waren Chhin Chiu-Shao (»Shu Shu Chiu Chang Cha Chi«, Bemerkungen über die Mathematische Abhandlung in neun Kapiteln), Li Yeh (»Tshê Yuan Hai Ching«, Seespiegel der Kreismessungen, »I Ku Yen Tuan«, Neue Schritte in der Rechenkunst), Chu Shi-Chieh (»Suan Hsueh Chhi Mêng«, Einführung in mathematische Studien, »Ssu Yuan Yü Chien«, Kostbarer Spiegel der vier Elemente) und Yang Hui (»Hsiang Chieh Chiu Chang Suan Fa Tsuan Lei«, Detaillierte Untersuchung der mathematischen Regeln in den »Neun Büchern« und ihre Reklassifizierung). Im Vergleich zur Thang-Zeit, in der viele Mathematiker hohe Staatsfunktionen bekleideten, verschlechterte sich ihre soziale Stellung in der Sung-Zeit beträchtlich. In der Regel waren sie wandernde Lehrer oder kleine Beamte. In der angewandten Mathematik kam das in der Abkehr von astronomischen Problemen und in der verstärkten Zuwendung zu Aufgaben des täglichen Lebens zum Ausdruck. Positiv wirkte sich diese Veränderung der sozialen Stellung der Mathematiker wegen der Beendigung ihrer Gebundenheit an die Lehre der klassischen mathematischen Bücher aus.

Es gab in China mehrere Varianten, Zahlen zu schreiben. Allen verschiedenen Formen ist gemein, daß sie ein Dezimalsystem bilden und schon in den frühesten erhaltenen Belegen Ansätze zum Stellenwertsystem aufweisen. Die Null tritt mit einem besonderen Zeichen ab dem 8. Jh. auf, zunächst war es ein Punkt, später ein leerer Kreis. Wenig bekannt ist, daß der Kreis als Zeichen für die Null sowie ein positionelles Dezimalsystem in Gebieten Südostasiens (z. B. Kampuchea, Indonesien) schon für das 7. und 8. Jh. belegt sind. Die Grundrechenarten, die von den chinesischen Mathematikern benutzt wurden, waren Addition, Subtraktion, Multiplikation und Division.

Bereits in der Frühen Han-Zeit wurden diese vier Grundrechenarten auch auf Brüche angewendet. Die heute übliche Regel zur Division einer Zahl durch einen Bruch verdanken wir z. B. chinesischen Mathematikern. Im Zusammenhang mit der Entwicklung eines dezimalen Maßsystems, für das man bereits aus dem 2. Jh. v. u. Z. Belege kennt, wurde die Dezimalschreibweise auch bei Brüchen gebräuchlich. Derartige Dezimalbrüche fanden

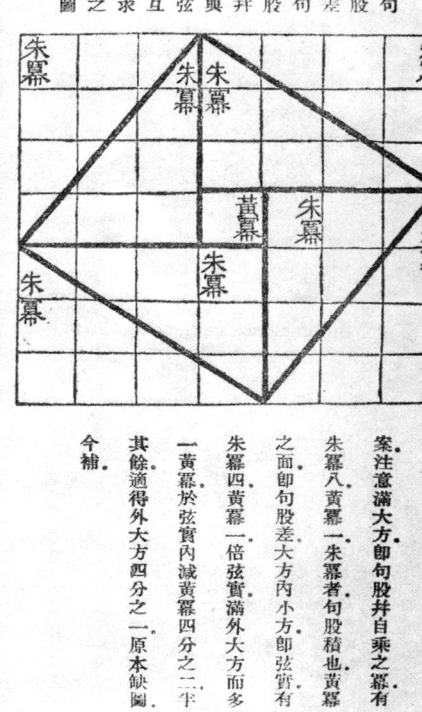

103. Seite aus dem »Chiu Chang Suan Shu«, dem berühmtesten klassischen mathematischen Buch. Der Zerlegungsbeweis zum Satz des Pythagoras soll bereits zur Zeit der Frühen Han-Dynastie bekannt gewesen sein. Dieser hier ist in einem Nachdruck von 1936 enthalten. Deutsche Staatsbibliothek, Berlin, N. S. 2045ª Nr. 1263

104. Negative Zahlen, dargestellt im »Ssu Yuan Yü Chien«, Heft 5. In der matrizenartigen Darstellung von Gleichungen wurden negative Zahlen dadurch markiert, daß das Zahlzeichen der entsprechenden positiven Zahlen von links oben nach rechts unten durchgestrichen wurde, wie das hier am Beispiel in der linken Spalte zu sehen ist, Deutsche Staatsbibliothek, Berlin, N. S. 1744 Bd. IV, H. 5

105. Binomisches Dreieck aus dem »Ssu Yuan Yü Chien«, Heft 4. Deutsche Staatsbibliothek, Berlin, N. S. 1744 Bd. IV, H. 4

106. Chinesischer Gelehrter. Wandteppich, 19. Jh. Sammlung Lewin, Leipzig

zuerst bei Flächen- und Volumenberechnungen Anwendung. In der Algebra des 13. Jh. traten Dezimalbrüche beim Wurzelziehen auf.

Eine bedeutende Leistung war die Einführung negativer Zahlen. Man benutzte z. B. rote Bambusstäbchen-Zahlen, um positive Koeffizienten einer Gleichung darzustellen und schwarze, um negative Koeffizienten zu repräsentieren. Als Lösungen von Gleichungen wurden sie jedoch bis zur Sung-Zeit nicht anerkannt. Mit Wurzeln negativer Größen, d. h. komplexen Zahlen, scheinen sich die Chinesen nicht beschäftigt zu haben.

Die chinesische Geometrie war mit der Praxis, z. B. dem Messen tatsächlicher Dinge, eng verhaftet. Gewisse Ausnahmen bildeten die Schriften der Mohisten, einer philosophischen Schule, die im 4. und 3. Jh. v. u. Z. blühte, dann aber unterging. Hier finden sich Definitionen abstrakter geometrischer Größen, Definitionen, die denen in den »Elementen« des Euklid sehr ähnlich sind. Einen Höhepunkt der chinesischen Geometrie bildete der Beweis des Satzes von Pythagoras, der bereits im »Chou Pei Suan Ching« enthalten ist. Der Beweis unterscheidet sich jedoch deutlich von dem Euklids. Im Laufe der Jahrhunderte benutzten die chinesischen Mathematiker mehr und mehr die algebraische Version des Satzes und faßten verschiedene Aufgaben zur Berechnung von Seiten, Winkeln, Differenzen und von zwei Seiten usw. am rechtwinkligen Dreieck in 25 Gleichungstypen zusammen.

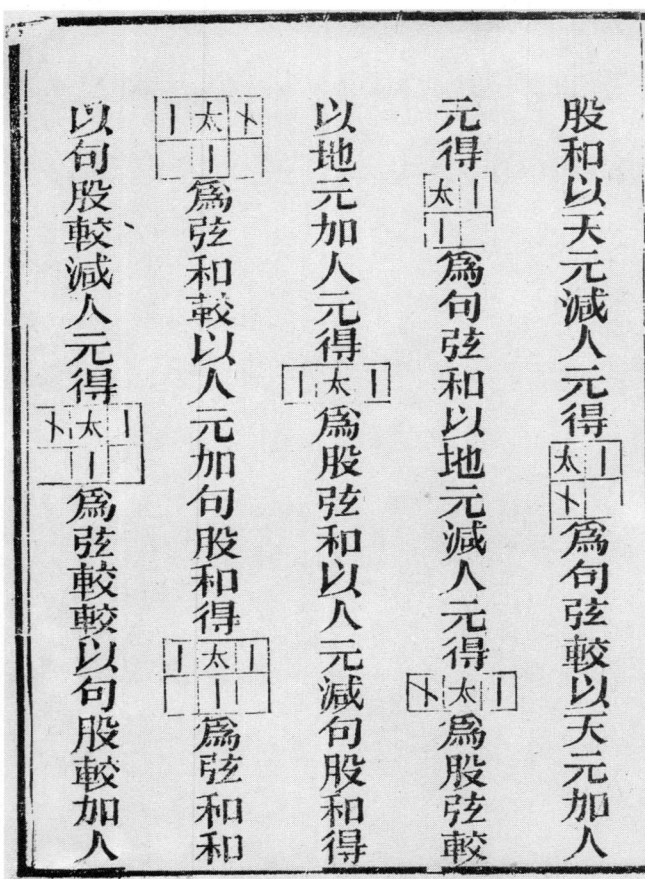
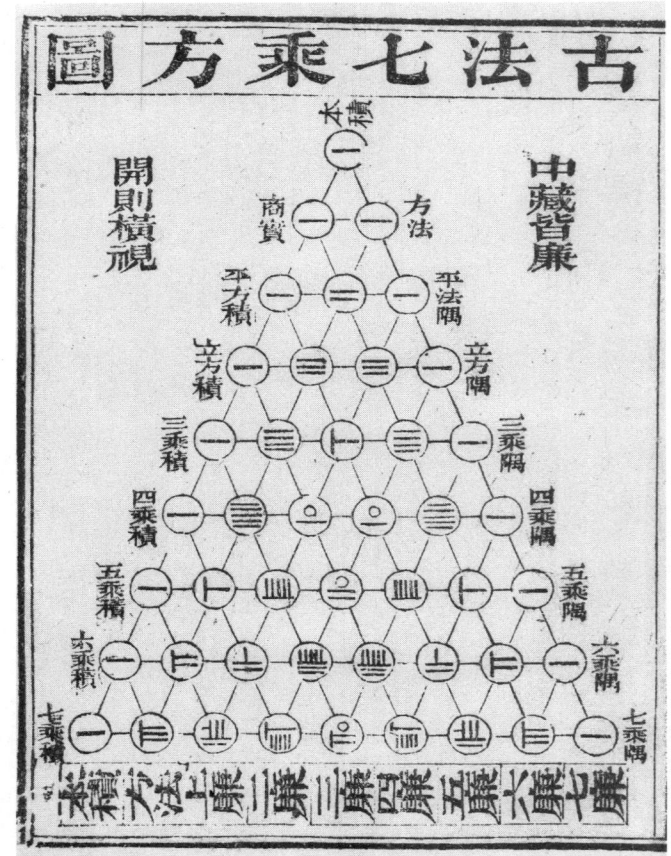

Gegen Ende des 1. Jh. v. u. Z. hatten die Chinesen zahlreiche Formeln zur exakten und genäherten Berechnung von Flächeninhalten und Volumina gefunden, von deren Richtigkeit sie sich zunächst wahrscheinlich experimentell überzeugten und sie dann auch für einige bewiesen, so z. B. für Quadrate, Rechtecke, Trapeze, Kreise, Kreissegmente, Rhomboide, Würfel, Prismen, Pyramiden und Pyramidenstümpfe. Mit der Berechnung von Kreisinhalten waren auch Ermittlungen für π verbunden, wofür Liu Hui im 3. Jh. den Wert von 3,14159 ermittelte. Übertroffen wurde dieses Ergebnis noch im 5. Jh., als Tsu Chhung-Chi Schranken für π angab: $3{,}1415926 < \pi < 3{,}1415927$. Diese Genauigkeit, die im 15. Jh. von dem islamischen Mathematiker al-Kaschi übertroffen wurde, erreichten europäische Wissenschaftler erst im 16. Jh.

Ansätze analytischer Geometrie sind in der chinesischen Mathematik schon relativ früh (Frühe Han-Dynastie) nachweisbar. Eine Art Koordinatensystem wurde z. B. in historischen Darstellungen benutzt, man findet derartiges aber auch in astronomischen Abhandlungen. Darüber hinaus war die »Übersetzung« geometrischer Sachverhalte in algebraische Ausdrücke ein typisches Merkmal chinesischer Mathematik.

Mindestens seit der Frühen Han-Dynastie lösten chinesische Mathematiker bestimmte und unbestimmte lineare Gleichungen, lineare Gleichungssysteme und quadratische Gleichungen. Spätestens im 4. Jh. u. Z. kamen dann unbestimmte quadratische Gleichungen hinzu, und seit dem 7. Jh. wandte man sich kubischen und höheren Gleichungen zu. In Schriften des 14. Jh. nahmen nichtlineare Gleichungssysteme einen bedeutenden Platz ein. Zwei Dinge sind neben anderen bemerkenswert – die vornehmlich numerische Lösung von Gleichungen und die seit der Frühen Han-Dynastie übliche Tabellendarstellung von Gleichungssystemen. Ersteres führte zur Entdeckung numerischer Verfahren, z. B. der Methode der endlichen Differenzen (5. bis 7. Jh. u. Z.) und des sog. Horner-Schemas (1. Jh. v. u. Z. bis 13. Jh.). Letzteres mündete in der Entwicklung von Rechenverfahren, die in Europa im 18. und 19. Jh. im Rahmen der Matrizen- und Determinantentheorie erneut entstanden. Weitere Errungenschaften der Algebraiker waren die Entdeckung des binomischen Lehrsatzes und des sog. Pascalschen Dreiecks.

Andere Probleme, mit denen sich chinesische Mathematiker in ersten Ansätzen z. T. schon seit der Zeit der Frühen Han-Dynastie beschäftigten, waren die Berechnung endlicher Reihen, die Entwicklung eines der griechischen Exhaustionsmethode vergleichbaren Verfahrens sowie die Lösung kombinatorischer Aufgaben.

Astronomie

Die astronomischen Kenntnisse der Chinesen sind uns vorwiegend in den offiziellen Dynastiengeschichten überliefert. Einiges ist auch in mathematischen und philosophischen Texten enthalten. Die eigentlichen astronomischen Schriften, die existiert haben, sind dagegen verlorengegangen oder nur fragmentarisch vorhanden. Ihre Blüte erlebte die Astronomie in der Zeit der Sung-Dynastie.

Die Astronomie war in der Geschichte chinesischer Reiche von der Shang-Dynastie bis zum Eintreffen der Jesuiten in China stets eng mit den Interessen des Herrscherhauses verbunden. Die Astronomen lebten als Staatsangestellte innerhalb der Mauern des kaiserlichen Palastes; ihnen stand ein Observatorium zur Verfügung. Das Amt des kaiserlichen Astronomen war ebenso wie das des kaiserlichen Astrologen erblich und verlieh seinem Inhaber Einfluß.

Die vorrangige Aufgabe des astronomischen Büros – es bestand mindestens seit der Chou-Dynastie – war die nächtliche Beobachtung des Himmels; die Astrologen hatten die Berichte über die Veränderungen am Himmel zu sammeln und daraus Schlußfolgerungen für die Entwicklung auf Erden zu ziehen. Neben diesen beiden Einrichtungen gab es noch eine Dienststelle, die für die Beobachtung meteorologischer Phänomene, aber auch von Sonnen- und Mondfinsternissen verantwortlich war und eine, die für die Regulierung der Wasseruhren und ihre Instandhaltung, d. h. für die Zeitmessung, Sorge zu tragen hatte.

Die Mitarbeiter dieser staatlichen Institutionen waren auch für die Ausarbeitung des Kalenders verantwortlich, dessen offizielle Verkündung dem Kaiserhaus vorbehalten blieb. Lehnten die Großgrundbesitzer oder die Bauern einen Kalender ab, so war das nicht selten ein deutlicher Ausdruck für die geringe Autorität der herrschenden Dynastie. Als staatliche Wissenschaft war die Astronomie meistens dem Konfuzianismus verbunden. Gelegentlich aber zeigten auch andere Philosophien und Religionen Interesse an ihr.

Ein zweiter, wesentlicher Zug der chinesischen Astronomie – eng verbunden mit dem ersten – war ihr empirischer Charakter. Man konzentrierte sich vorrangig auf eine möglichst genaue Beobachtung aller Himmelsereignisse und deren schriftliche Fixierung, um die Auswirkungen auf die verschiedensten Bereiche des Lebens, z. B. auf die Landwirtschaft, Bewässerung, religiöse Vorschriften u. a. m., festzustellen bzw. zu postulieren. Die Ergebnisse, die dabei erzielt wurden, sind von bemerkenswerter Genauig-

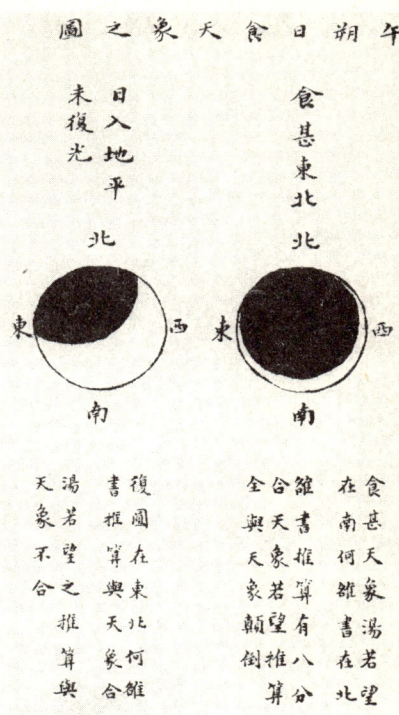

107. Sonnenfinsternis. Die Darstellung stammt aus dem Pu-te-i Moh, einem jesuitischen Werk um 1667. Die hier gezeigten Abbildungen sind dem Nachdruck von 1933 in Nanking entnommen. Deutsche Staatsbibliothek, Berlin, N. S. 1783, H. 2

108. Äquatorialtorquetum. Dieses astronomische Instrument wurde um 1275 von Kuo Shou-Ching entwickelt und im 15. Jh. von Huangfu Chung-Ho nachgebaut. Eine dieser Nachbildungen befindet sich heute in den Gärten des Pekinger Observatoriums.

keit; noch heute werden zahlreiche der erhaltengebliebenen chinesischen astronomischen Berichte benutzt, z. B. die Tafeln über das Auftreten von Novae und Supernovae, von Kometen, Meteoriten und Sonneneruptionen.

Dennoch heißt die Charakterisierung der chinesischen Astronomie als empirische Wissenschaft nicht, daß es keine Versuche zur theoretischen Erklärung der Himmelsphänomene gegeben hat. So blühten z. B. in der Zeit der Han-Dynastie drei bedeutende kosmologische Schulen, die Kai-Thien-Theorie, die Hun-Thien-Theorie und die Hsüan-Yeh-Theorie.

Die Hun-Thien-Theorie vermittelte naturphilosophische Vorstellungen (Welt als Ei, Erde als Eigelb im Zentrum der Himmel, Erde schwimmt auf dem Wasser der unteren Himmelsschichten, gleichmäßige kreisförmige Bewegung der Himmelskörper u. a. m.) über das Weltall, die griechischen Vorstellungen ähnelten, ohne von ihnen abhängig gewesen zu sein. Von höherem Niveau waren die Auffassungen der Hsüan-Yeh-Schule. Nach Hsüan Yeh sind die Himmel substanzlos und leer, ohne Grenze, die Himmelskörper (Sonne, Mond, Sterne) bewegen sich frei im leeren Raum, sie

109. Die Kaiserliche Bibliothek der Sung-Dynastie wurde im Jahre 1007 in Khaifêng, der Hauptstadt des Sung-Reiches, erbaut und barg mehr als 100 000 Bände. University, Cambridge

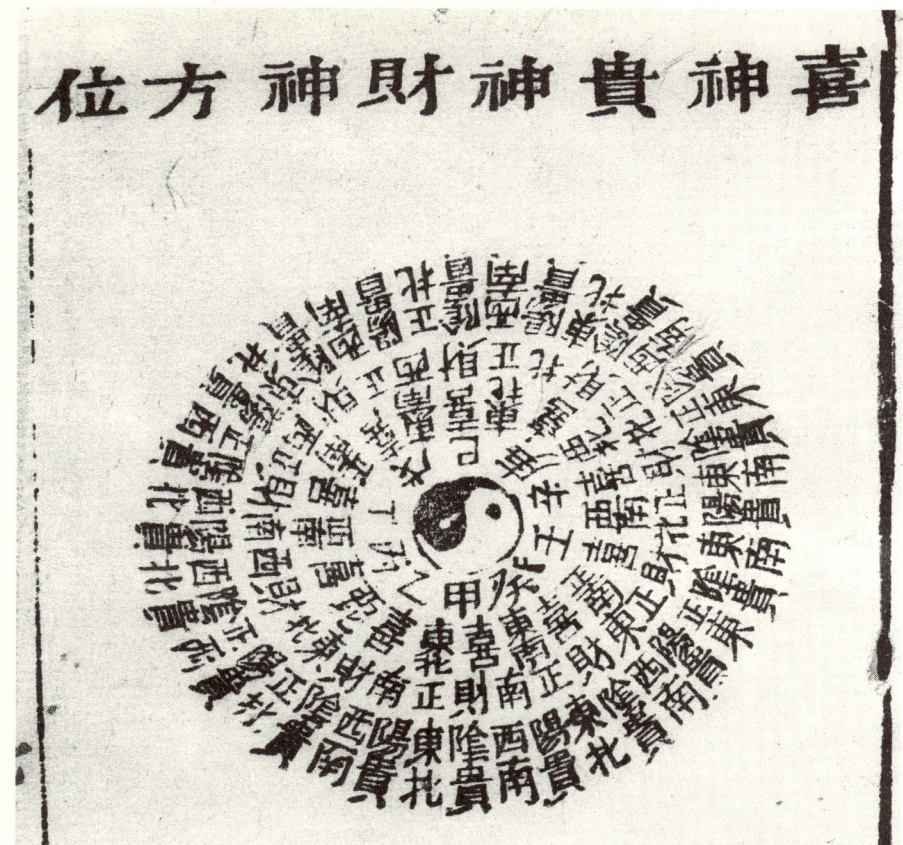

110. Yang-Yin-Symbol in der Mitte der Abbildung. Die Seite stammt aus einem Werke vom Ende des 13. Jh. Deutsche Staatsbibliothek, Berlin, Libri sin. 625 Pao Ching Tu..., S. 9a

bestehen aus kondensiertem Dampf, was die Ursache z. B. für die irregulären Bewegungen der Planeten sei. Im 13. Jh. spekulierten Vertreter der Hsüan-Yeh-Schule sogar schon über die Existenz anderer belebter Himmelskörper.

Die chinesische Astronomie unterscheidet sich wesentlich von der durch die griechische Antike geprägten Astronomie Europas. Während die westliche Astronomie ihre Beobachtungen auf die Ekliptik bezog, konzentrierte sich die chinesische Astronomie auf den Polarstern und die ihm unmittelbar benachbarten Sterne. Deshalb benutzte die chinesische Astronomie den Meridian und bestimmte die Stellung der polnahen Sterne in bezug auf ihn. Sie entwickelte ein vollständiges System der Unterteilung des Himmelsäquators, das sog. Hsiu-System (System der Mondstationen). Auf dieser Grundlage waren die chinesischen Astronomen in der Lage, sowohl die Positionen einzelner Sterne, unabhängig davon, ob sie zum Beobachtungszeitpunkt sichtbar waren oder nicht, als auch die Positionen der Sonne festzustellen und die Sternen- und Sonnenkoordinaten in Beziehung zu setzen. Dabei galt ihnen die Sonne als ein Körper von feuriger Yang-Natur ebenso wie die Fixsterne, während der Mond, die Erde und die Planeten von wäßriger Yin-Natur waren. Die chinesischen Astronomen nahmen zusätzlich zu den vier auch in astronomischen Texten anderer Völker bekannten Planeten Merkur, Mars, Venus, Jupiter noch die Existenz eines fünften an, der dem Jupiter als Gegenspieler zugeordnet war.

Seit frühen Zeiten fertigten die chinesischen Astronomen Sternkataloge und Sternkarten an. Die ersten Kataloge stammen von den Astronomen Shih Shen, Kan Te und Wu Hsien aus dem 4. Jh. u. Z., deren Bedeutung in etwa mit der des Hipparchos für die griechische Astronomie verglichen werden kann. Zusammen ergeben die Karten dieser drei Astronomen 1464 Sterne, die in 284 Konstellationen gruppiert sind. Im 2. Jh. u. Z. gab Chang Hêng sogar 14 020 Sterne in der umfangreichsten Liste an, die von einem Astronomen vor dem 16. Jh. aufgestellt wurde. Im Vergleich dazu enthielt der »Almagest« des Ptolemaios nur 1028 Sterne. Der königliche Astronom Chang Hêng verfaßte nicht nur einen beeindruckenden Sternkatalog, sondern schuf als erster Chinese eine mit Wasserkraft arbeitende Maschine, die einen Himmelsglobus und eine Armillarsphäre rotieren ließ. Im 11. Jh. erlebte der Instrumentenbau in China einen weiteren Höhepunkt. Nicht nur, daß Su Sung in Fortsetzung der Tradition einen bemerkenswerten astronomischen Uhrenturm in Khaifêng, der Hauptstadt des Reiches der Nördlichen Sung-Dynastie, errichtete, in dieser Zeit entstand auch die erste mechanische Uhr der Welt, ein Ereignis, dem noch viel zu selten die ihm gebührende Beachtung geschenkt wird. Zwei Jahrhunderte später wurden diese Instrumente von Huangfu Chung-Ho nachgebaut. Mit ihnen arbeiteten die Astronomen noch erfolgreich im 17. Jh. Sie standen auch für die Observatorien Dschai Singhs in Indien (Delhi, Dschaipur u. a.) Pate.

Physikalische Kenntnisse

Physikalische Überlegungen nahmen in den chinesischen naturphilosophischen Spekulationen keinen vorderen Platz ein. Zwei grundlegende Konzeptionen prägten den Charakter der chinesischen physikalischen Vorstellungen: das Konzept des Yin und Yang und der Begriff der Welle. Man glaubte, daß das Yin und Yang in wellenartigen Beziehungen zueinander standen. Derartige Ideen sind bereits in Texten vorhanden, die sich bis ins 4. Jh. v. u. Z. zurückverfolgen lassen. Atomistische Interpretationen dagegen waren selten. Die bedeutendsten Beiträge zur Entwicklung physikalischen Denkens leisteten chinesische Gelehrte auf den Gebieten der Optik, der Akustik und des Magnetismus.

Die wichtigsten optischen Experimente und Überlegungen in der Geschichte chinesischer Wissenschaften stammen von den Mohisten. Sie beschäftigten sich mit Problemen wie der Schattenbildung, der Abhängigkeit der Schattengröße von der Stellung des bestrahlten Gegenstandes und der Lichtquelle, der Bestimmung des Brennpunktes von Brennspiegeln sowie der Entstehung von Umkehrbildern. Sie kannten solche Eigenschaften des Lichtes wie Brechung und Reflexion und versuchten, eine Brechungszahl für Wasser zu bestimmen. Die Mohisten studierten ebene, konkave und konvexe Spiegel und kannten bereits die Camera obscura. In den folgenden Jahrhunderten bis in die Zeit der Sung-Dynastie beschäftigten sich chinesische Gelehrte immer wieder mit der Konstruktion von Brennspiegeln und der Untersuchung ihrer Eigenschaften.

Zwischen dem 3. Jh. v. u. Z. und dem 1. Jh. u. Z. erlernten die Chinesen die Kunst, bikonvexe Glaslinsen herzustellen. Später kamen noch bikonkave

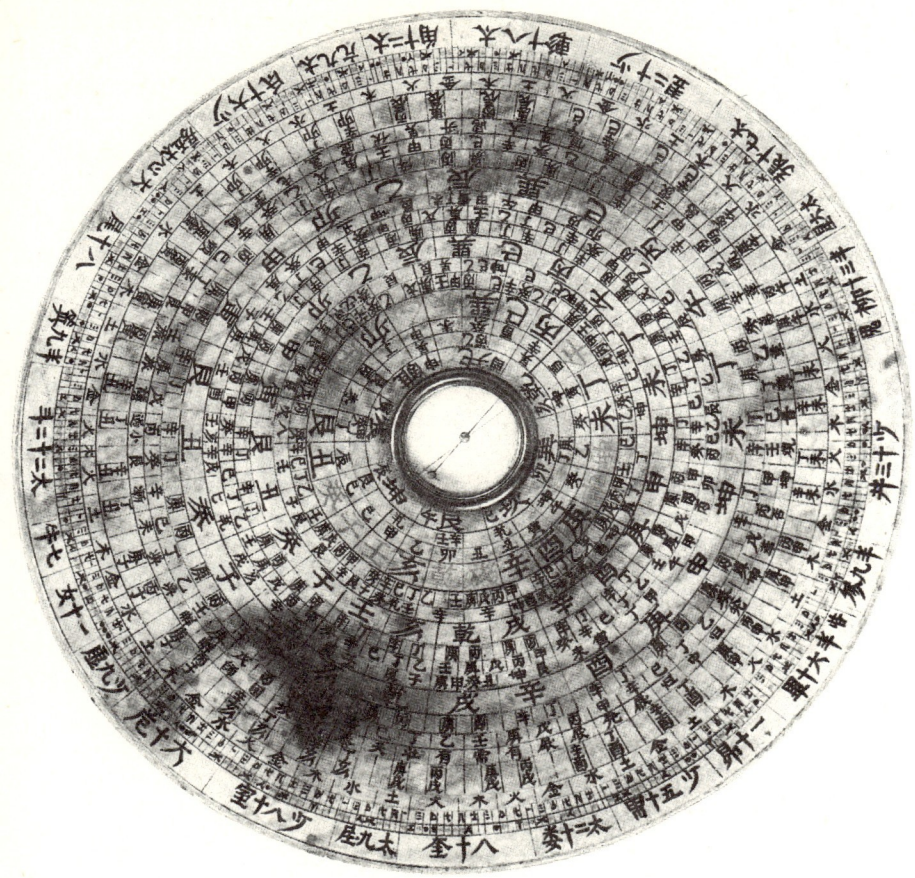

111. Kompaß eines Geomanten. Der Kompaß als Vorhersageinstrument wurde von chinesischen Geomanten bereits am Ende der Chou-Zeit benutzt. Nachbildung aus Holz. Museum für Völkerkunde, Leipzig

Linsen sowie Linsen mit einer ebenen und einer konkaven Seite hinzu. Sie wurden in der Alchimie und in der Medizin benutzt. Zwischen dem 13. und 15. Jh. erkannten die Chinesen auch die Möglichkeiten, Glaslinsen als Sehhilfen zu benutzen; die Brille war erfunden.

Die Herausbildung akustischer Vorstellungen war eng mit der Entwicklung der chinesischen Musik verbunden. Der Ton wurde als eine Form der Naturerscheinung betrachtet, die darüber hinaus durch Geschmack und Farbe charakterisiert ist. Töne, Farben und Geschmacksqualitäten betrachtete man als Erscheinungsformen der fünf Elemente. Sie standen in engem Zusammenhang zum Yin-Yang.

Von physikalischem Interesse war der Vergleich der Natur eines Tones mit Wellen in flüssigen Medien, der bereits in Texten des 3. Jh. v. u. Z. belegt ist. Im 10. Jh. verband man die Entstehung von Tönen mit der Erschütterung des chhi, des Äthers. Man wußte, daß der Ton unabhängig von der Fähigkeit des Menschen, ihn zu hören, existiert.

Der bedeutendste Beitrag chinesischer Gelehrter auf dem Gebiet physikalischen Denkens besteht in den von ihnen entwickelten Vorstellungen über magnetische Erscheinungen. Mindestens seit dem 3. Jh. v. u. Z. kannte man den Magnetstein und beobachtete dessen Eigenschaften, z. B. die beiden Pole von Magneten und die Magnetisierung von Eisenmessern.

Im 4./3. Jh. v. u. Z. wurde im Zusammenhang mit Vorhersagepraktiken ein

Instrument benutzt, in dem ein Magnetstein enthalten war, ein Kompaß. Die erste Beschreibung eines Kompasses mit Stahlnadel stammt aus dem 11. Jh. von Shen Kua; derartige Geräte scheinen jedoch bereits im 4. Jh. benutzt worden zu sein.

Über den Weg des Kompasses nach Europa teilen sich die Ansichten. Einige Gelehrte vertreten die Auffassung, daß er aus China über Indien oder die islamischen Gebiete in den Westen gelangt sei. Andere glauben, auf Grund des bisher bekannten Quellenmaterials annehmen zu dürfen, daß der Kompaß von muslimischen Seefahrern unabhängig erfunden worden sei und erste Ansätze zu einem derartigen Navigationshilfsmittel etwa im 11. Jh. auch in den christlichen Mittelmeerländern existierten, die Übernahme des islamischen Gerätes durch christliche Schiffe als der perfekten Variante also nahezu unbemerkt erfolgte und in nautischen Handschriften jener Jahre kaum besonders hervorgehoben worden ist.

In der Arbeit Shen Kuas findet sich auch die erste schriftliche Feststellung der magnetischen Deklination in der Geschichte der Physik. Hervorzuheben ist die bereits erwähnte Arbeit »Mêng Chhi Pi Than« von Shen Kua aus dem Jahre 1088, auch wegen der dort belegten experimentellen Untersuchung magnetischer Phänomene.

Beeindruckend sind die Leistungen chinesischer Technologen (z. B. für die Textilproduktion, den Schiffsbau, den Bergbau oder bei der Herstellung astronomischer Beobachtungsgeräte und Uhren). Jedoch weiß man von der Mehrheit dieser technischen Entwicklungen bisher nicht, ob sie von theoretischen Überlegungen begleitet worden sind oder auf rein empirischer Grundlage entstanden.

112. Holzrekonstruktion eines chinesischen Kompasses. Die ausgestreckte Hand der Figur zeigt stets nach Süden. Staatliche Museen Berlin, Ostasiatisches Museum

Chemie und Alchimie

Informationen über die chemischen Kenntnisse, Konzepte, Verfahren, Termini und Geräte kann man aus Texten verschiedener Genres (z. B. philosophischen, religiösen, botanischen, historischen und anderen Abhandlungen) sowie aus archäologischen Fundstücken (z. B. Metallgefäße, Porzellan, Glaswaren u. a. m.) gewinnen. Die benutzten chemischen Verbindungen und Technologien waren zahlreich, zu zahlreich, um hier im Detail dargestellt werden zu können. Vieles von dem vorliegenden Material ist auch noch nicht genügend erforscht, um ein in allen Punkten gesichertes Bild des chemischen Wissens und seiner Entwicklung in China zu geben.

Charakteristisch für die chinesische Alchimie ist ihre enge Verbindung mit taoistischen Vorstellungen. Das betrifft vor allem das Konzept der Unsterblichkeit, die als Verlängerung des physischen Lebens der Menschen auf der Erde oder in himmlischen Bereichen verstanden wurde. Zur Erzielung dieser Unsterblichkeit wurden Drogen hergestellt, darunter auch mineralisch-metallische. Wesentlich waren auch die Vorstellungen der Naturalisten für die Entwicklung der chinesischen Alchimie. Ihre Vertreter, insbesondere Tsou Yen, waren die geistigen Väter der Fünf-Elemente-Theorie. Das taoistische Hauptwerk »I Ching« (Buch der Veränderungen) ist die wichtigste klassische Quelle für die Konzeption des Yin und Yang. Diese beiden Theorien waren nicht nur für die Alchimie, sondern für das gesamte chinesische naturwissenschaftliche Denken grundlegend. Tsou Yen gehörte zu den ersten Mitgliedern der Chi-Hsia-Akademie, die vor der Hauptstadt der Chhi-Dynastie lag. Neben den Naturalisten lehrten an dieser Akademie auch Taoisten, Mohisten, Sophisten und für einige Zeit auch Menzius, neben Konfuzius der bedeutendste Vertreter des klassischen Konfuzianismus. Zur Zeit der Frühen Han-Dynastie war der Naturalismus als philosophische Schule untergegangen. Seine theoretischen Vorstellungen wurden jedoch von den weiterbestehenden Strömungen anerkannt und gepflegt, die praktischen Künste von den Taoisten übernommen.

Der chinesische Ausdruck »hsing« ist mit dem Begriff »Element« nur recht ungenau wiedergegeben, da die Konzeption der fünf hsing weniger eine Klassifizierung von Sorten der materia primae, sondern eher von Sorten fundamentaler Prozesse darstellt. Die fünf hsing sind Holz, Metall, Feuer, Wasser und Erde. In dieser Folge wurden sie von Tsou Yen angegeben. Es ist die sog. Eroberungsordnung. Die am häufigsten in chinesischen Texten auftretende Ordnung der Elemente ist die sog. Produktionsordnung (Holz, Feuer, Erde, Metall, Wasser).

Die Benutzung des Konzepts von Yin und Yang in der chinesischen Philosophie läßt sich bis ins 4. Jh. v. u. Z. zurückverfolgen und bringt, vereinfacht gesagt, die Polarität vieler Erscheinungen in Natur und Gesellschaft sowie die Vorstellung, daß nur bei der Erzielung eines Gleichgewichtes zwischen solchen gegensätzlichen Paaren vernünftige Zustände, wie z. B. Gesundheit, Glück, stabile Gesellschaft usw., hervorgebracht werden können, zum Ausdruck. Im Laufe der Zeit erfuhr dieses Konzept das gleiche Schicksal wie die Fünf-Elemente-Theorie, es wurde von mystischen und pseudowissenschaftlichen Vorstellungen überwuchert und zur Beschreibung der Natur vieler Dinge der materiellen Welt, z. B. Planeten,

113. Schwarzer Topf auf drei Füßen. Diese Long-shan-Keramik aus dem späten Neolithikum (2200–1700 v. u. Z.) fand sich als Grabbeigabe. Staatliche Museen Berlin, Ostasiatisches Museum

114. Porzellanschale, China, Kanghsi-Periode (1662–1722). Sie wurde mit den acht Trigrammen und Meereswellen in Blaumalerei verziert. In Abhängigkeit von den Gruppierungen der Symbole für Yang (———) und Yin (— —) kommen den Trigrammen bestimmte Bedeutungen zu. Staatliche Museen Berlin, Ostasiatisches Museum

115. Chinesisches Porzellan. Das Porzellan wurde in China erfunden, in seinen ältesten Formen bereits Jahrhunderte vor der Zeitrechnung. Weißporzellan ist aus der Sui- und Tang-Zeit bekannt, ein erster künstlerischer Höhepunkt wird in die Sung-Zeit datiert. Staatliche Kunstsammlungen Dresden, Porzellansammlung

Metalle, Mineralien, Pflanzen, Töne, Farben, Geschmacksqualitäten usw., aber auch der Gesellschaft benutzt.

Die Rolle der beiden grundlegenden Konzepte chinesischen Denkens in der Alchimie soll das folgende Zitat aus einer Schrift des Chhen Shao-Wei verdeutlichen: »Das Yang-Wesen ist Feuer, während das Yin-Wesen Wasser ist. Yin und Yang bändigen und kontrollieren einander. Wasser und Feuer stehen zueinander in Opposition... Quecksilbersulfid ist von Yang-Wesen und so wird es von Yin kontrolliert. Diese Kontrolle kommt vom Wasser. Das besagt, daß schichtförmiges Malachit, hohles knotiges Malachit, Bergsalz, gereinigtes Natriumsulphat und Salpeter (in Verbindung mit Quecksilbersulfid) benutzt werden sollen.«

Zu den bedeutendsten chinesischen Alchimisten gehörten Wei Po-Yang, Ko Hung, Thao Hung-Ching und Sun Ssu-Mo. Die Zeit zwischen dem 3. und 7. Jh. stellte eine der wichtigsten Entwicklungsetappen der chinesischen Alchimie dar. Theoretische Spekulationen wurden zugunsten von Beschreibungen beobachteter Prozesse und Eigenschaften der hergestellten Verbindungen, vor allem der Unsterblichkeitselixiere, zurückgedrängt. In diese Zeit fallen u. a. die Herstellung von Quecksilberchloriden, erstmalig wahrscheinlich Anfang des 4. Jh., d. h. lange vor ihrer Erzeugung in anderen Kulturbereichen, und die Herstellung erster Explosivstoffe (um 650), was zur Entwicklung des Schießpulvers durch chinesische Alchimisten führen sollte. Nach dieser Zeit sind viele alchimistische Texte durch die Verwendung einer Unzahl verschleiernder Bezeichnungen für die Stoffe und Verfahren und eine Verringerung der Anzahl der produzierten Elixiere gekennzeichnet. Die am häufigsten benutzten Stoffe der chinesischen Alchimie waren Quecksilber- und Arsenverbindungen. Daneben verwendete man noch eine Vielzahl weiterer, wie metallisches Blei, Blei-(II)-oxid, Kalziumkarbonat, Hämatit, Kalziumhydrogensulfat, Eisenoxidhydrate, Salpeter, Magnesiumhydrogensilikat, Pottasche, siliziumhaltige Erden, Azurit, Talkum, Eisenerze u. a. m. Diese Materialien wurden vor allem zur Herstellung der Unsterblichkeitselixiere benutzt.

Eng verbunden mit den Versuchen, Unsterblichkeit durch unterschiedlichste Mittel zu erlangen, waren Bemühungen um die künstliche Erzeugung von Gold und Silber. Wahrscheinlich im 4./3. Jh. v. u. Z. hatte man entdeckt, daß bei der Zugabe von Zinkkarbonat zu geschmolzenem Kupfer ein goldfarbenes Metall entstand. Seit dieser Zeit schufen chinesische Alchimisten, Metallurgen, Handwerker und Künstler zahlreiche Verbindungen, die Gold und Silber ähnelten. Vereinfacht gesagt, gab es dazu zwei Wege: Zum einen stellte man Legierungen verschiedener Metalle und Halbmetalle und ihrer Verbindungen her und zum anderen veredelte man die Oberfläche von Metallverbindungen.

Meteorologie und Geographie

Die Beobachtung meteorologischer Erscheinungen war nicht nur eine Aufgabe der bereits erwähnten Dienststelle am kaiserlichen Hof, sondern berührte auch die Pflichten des astrologischen Büros, da meteorologische Unregelmäßigkeiten wie Dürre- und Kälteperioden als göttliche Strafen für Verfehlungen von Seiten des Herrschers oder seiner Verwaltung angesehen wurden.

Meteorologische Erscheinungen wie Donner und Blitz wurden entweder als Himmelsstrafen oder als Ergebnis des Zusammenstoßens von Yin und Yang erklärt. Unabhängig von diesen Versuchen einer theoretischen Erklärung dieser Phänomene waren die Beschreibungen ihres konkreten Auftretens häufig sehr präzis und anschaulich. Beobachtet wurden auch die Gezeiten der Meere und Springfluten. Spätestens im 9. Jh. war es üblich, regelmäßig Tabellen über die Gezeiten anzufertigen. Sorgfältige Beobachtungen der Himmelserscheinungen führten zu gewissen Erkenntnissen über den Einfluß von Sonne und Mond auf das Entstehen von Flutwellen, über die Gezeiten u. a. m., ohne daß es den chinesischen Gelehrten gelungen wäre, die Ursachen theoretisch richtig zu erfassen.

Eine zentrale Vorstellung chinesischen Denkens, die sowohl für die Astronomie, Astrologie als auch für die Geographie Bedeutung erlangte, war die Interpretation des Himmels als Kreis und der Erde als Quadrat. Widergespiegelt wurde diese Auffassung auch in der chinesischen Architektur. Sie bildete die Grundlage für die chinesische Kartographie.

Das älteste Dokument chinesischer Geographie ist das Yu-Kung-Kapitel des »Shu Ching«, eines der klassischen Bücher chinesischer Geschichtsschreibung. Es wird heute allgemein ins 5. Jh. v. u. Z. datiert. Die Geogra-

116. Titelblatt des »Yen Thieh Lun« (etwa: Ausführungen über Salz und Eisen) von Huan Khuan Tzu Kung. Es wurde um 81 v. u. Z. verfaßt und 1891 nachgedruckt. Darin befindet sich u. a. ein Aphorismus, der auf chemische Prozesse Bezug nimmt: »Wenn das geschmolzene Gold im Ofen ist, wünscht sogar Räuber Chih nicht, es zu stehlen« (Kap. 10). Deutsche Staatsbibliothek, Berlin, N. S. 1187

phie erscheint hier als physische und ökonomische Geographie und ist in naturalistischem Stil beschrieben, frei von Magie und Legende. Sein Einfluß auf die chinesische Geographie bis ins 16. Jh. war sehr groß, denn immer wieder ließen sich spätere Geographen von seinem Aufbau und seinem Inhalt anregen. Je mehr sich das chinesische Reich z. B. nach Süden ausdehnte und Gebiete ehemals tributpflichtiger Stämme aufsog, wuchs das Interesse an ausführlichen und detaillierten Beschreibungen dieser Regionen. Mit der Ausdehnung der wirtschaftlichen und kulturellen Kontakte zu entfernteren Ländern nahm auch die Zahl chinesischer Reisender (Pilger, Botschafter, Gesandter) zu, die diese Gebiete besuchten und beschrieben. Ihren Höhepunkt erreichte diese Art geographischer Literatur zur Zeit der Ming-Dynastie im 15. Jh.

Wegen der großen Bedeutung der Wasserwege für das soziale und wirtschaftliche Leben Chinas entstand eine umfangreiche Literatur zu diesem Thema. Eine große Anzahl von Flüssen und Seen wurde erkundet, beschrieben und kartographiert. Während das älteste erhaltene Werk zu diesem Thema bereits aus dem 1. Jh. v. u. Z. stammt, sind Beschreibungen der chinesischen Küste erst Produkte der Ming-Zeit. Geographische Enzyklopädien entstanden erstmalig im 3./4. Jh. und berichteten über Handelswege, verschiedene Völker und ihre Sitten, Topographien u. a. m.

Bedeutende Leistungen hat auch die chinesische Kartographie auf-

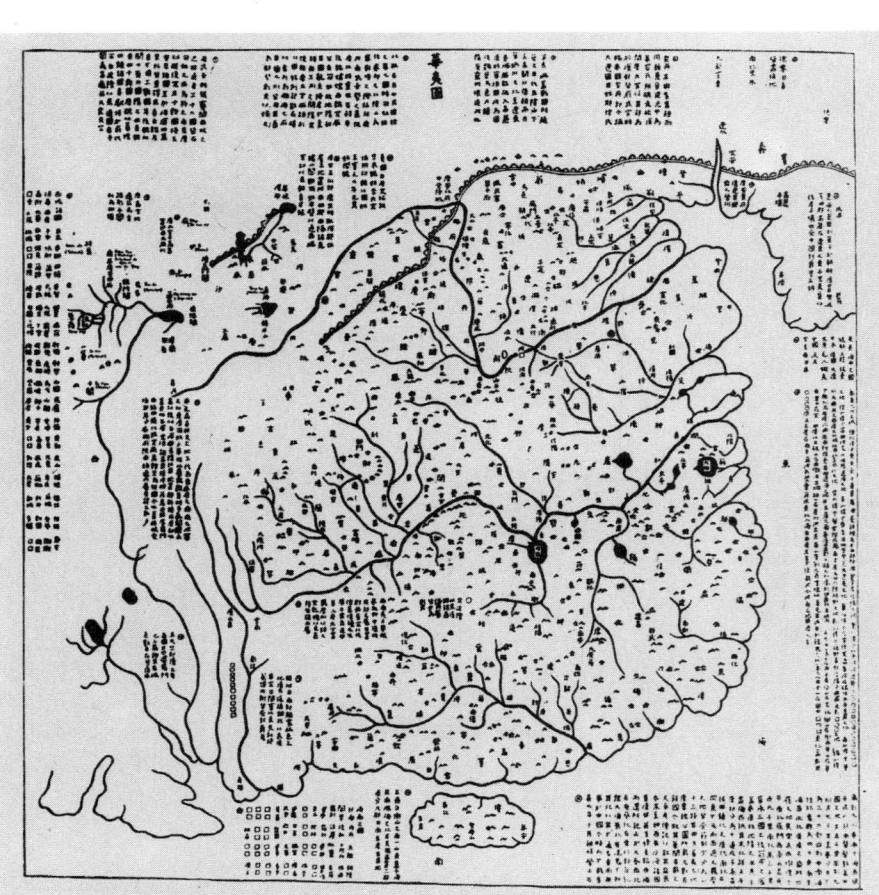

117. »Hua I Thu« (etwa: Karte Chinas und der Barbarenländer). Sie wurde wahrscheinlich um 1040 gezeichnet und 1137 in Stein geschnitten. Von diesem Steinschnitt stammt die vorliegende Fassung. Pei Lin Museum, Sian

zuweisen. Bereits unter der Frühen Han-Dynastie — möglicherweise auch schon zur Zeit der Chou — gab es verschiedene Regierungsstellen, die für die Anfertigung von Karten zuständig waren, z. B. das »Ta Ssu Thu« (Bevölkerungsbüro), das »Ching Fang Shih« (Amt für die Regionen), der kaiserliche Geograph, der kaiserliche Antiquar, die Verantwortlichen für die Reichsgrenzen, die Verantwortlichen für den Bergbau, für die Armee usw. Einen wesentlichen Fortschritt für die chinesische Kartographie des Himmels und der Erde brachte die Einführung des rechteckigen Gitternetzes in die Zeichnung. Diese Leistung wird dem bedeutenden Astronomen Chang Hêng zugeschrieben. Ihre endgültige Prägung erhielt die chinesische Kartographie durch Phei Hsiu, der der Vater der chinesischen wissenschaftlichen Kartographie genannt wird.

Im 35. Kapitel des »Chin Shu« ist ein von ihm verfaßter Text über die Herstellung von Karten enthalten.

»Bei der Anfertigung einer Karte sind sechs Prinzipien zu beachten: 1. Die abgestuften Einteilungen, die das Mittel zur Bestimmung der Skala sind, in der die Karte gezeichnet wird; 2. das rechteckige Gitternetz, das der Weg zur Abbildung der korrekten Verhältnisse zwischen den verschiedenen Teilen der Karte ist; 3. das Abschreiten der Seiten von rechtwinkligen Dreiecken, was der Weg ist, um die Länge von abgeleiteten Entfernungen zu bestimmen; 4. die Messung des Hohen und Tiefen; 5. die Messung der

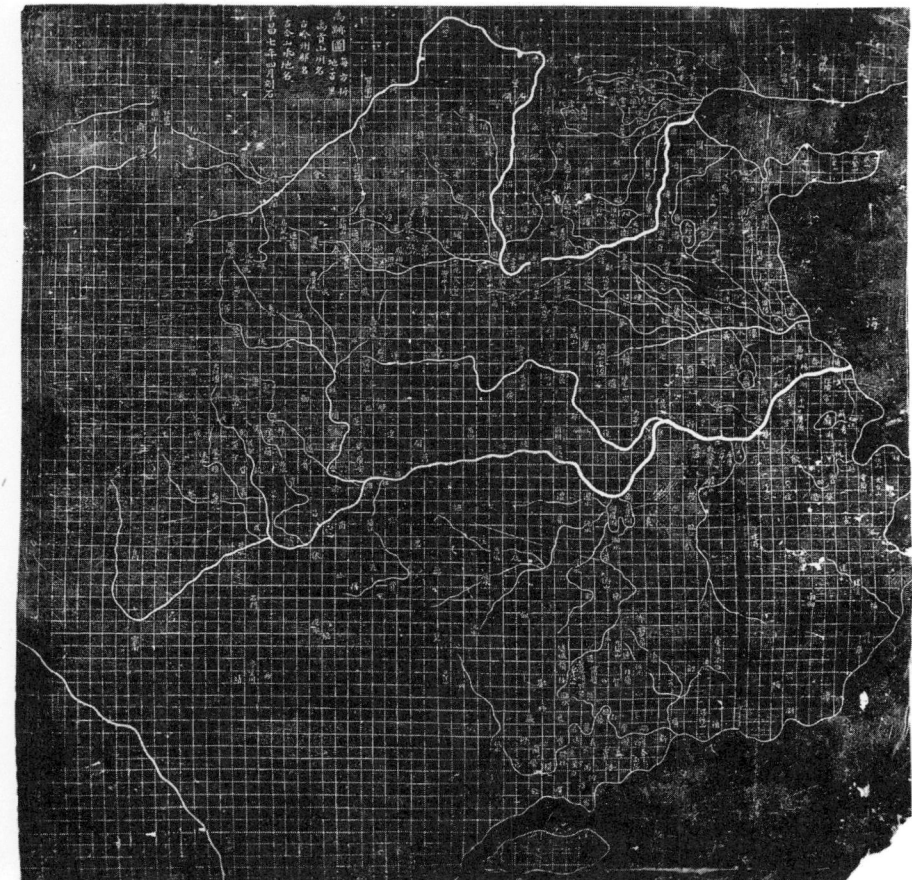

118. »Yü Chi Thu« (etwa: Karte der Wege von Yü dem Großen). Sie gehört zu den bedeutendsten Karten des Mittelalters, entstand wahrscheinlich im 11. Jh. und wurde 1137 in Stein geschnitten. Die Küstenlinie und das Flußsystem sind mit bemerkenswerter Genauigkeit gezeichnet. Original im Pei Lin Museum, Sian. Kopie Museum für Völkerkunde, Leipzig

119. Kartensammlung über Provinzen Chinas. Die Karte zeigt die Provinz Zhejing (Chekiang) in Südchina. Wie auch die anderen Karten des Atlanten entstand sie mit Hilfe des im 2. Jh. eingeführten rechteckigen Gitternetzes. Deutsche Staatsbibliothek, Berlin, N. S. 737, Karte Nr. 15

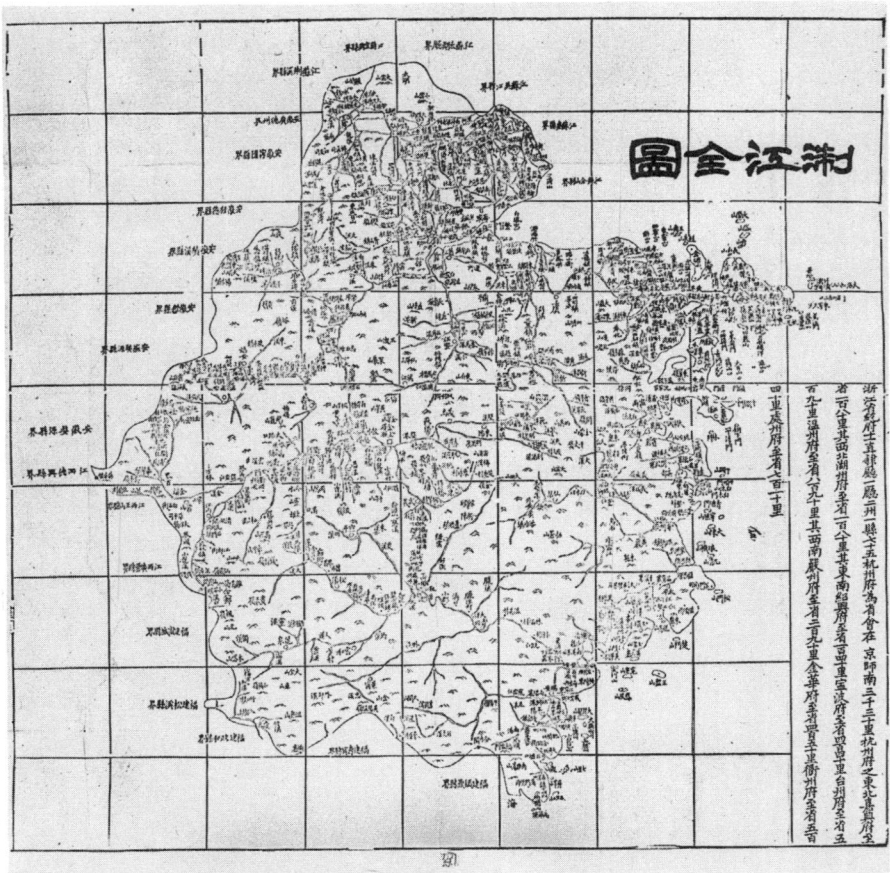

rechten und spitzen Winkel; 6. die Messung der Kurven und geraden Linien.

Diese sechs Prinzipien werden entsprechend der Natur des Gebäudes benutzt und sind die Mittel, durch die man tatsächliche Ebenen und Hügel zu Entfernungen auf einer ebenen Fläche reduziert.«

Die chinesischen Karten wurden auf Seide gemalt, und auch die Begriffe für die Koordinaten kommen aus der Terminologie der Textilbranche. Weitere Anregungen zur Entwicklung des Koordinatensystems können der Landvermessung entsprungen sein. Ähnliche Techniken wurden bei der Anfertigung von Wahrsagetafeln, Schachbrettern, Kompassen und kosmologischen Spiegeln benutzt.

Bis zur Zeit der Ming-Dynastie blühte die chinesische Kartographie. Immer neue Gebiete Asiens wurden kartographisch beschrieben und durch die Kontakte mit der islamischen Welt sowie durch die Erkenntnisse der chinesischen Seefahrer das geographische Wissen über den Westen (Europa und Afrika) bedeutend erweitert. Bemerkenswert ist hierbei die Tatsache, daß bereits der chinesische Kartograph Chu Ssu-Pên um 1315 prinzipiell richtige Vorstellungen von der Gestalt Afrikas hatte. Er zeichnete es, nach Angaben eines chinesischen Atlasses von 1555, als Dreieck, dessen Spitze nach Süden gerichtet war. In der europäischen und islamischen Kartographie zeigte die Spitze Afrikas dagegen bis in die Mitte des 15. Jh. nach Osten.

Andere Errungenschaften der mittelalterlichen chinesischen Kartographie waren die Anfertigung von Reliefkarten im 11./12. Jh. und die Kartographierung des Indischen Ozeans und der Südsee im 15. Jh. Großen Anklang fanden die Leistungen der chinesischen Kartographie in Indien und Südostasien, wie z. B. erhaltene thailändische Karten belegen.

Geologie

Eine Wissenschaft von der Erdstruktur und ihrer historischen Entwicklung gab es in China bis ins Mittelalter ebensowenig wie in der griechischen Antike, in den islamischen Ländern oder im mittelalterlichen christlichen Europa. Es waren aber wie in jenen Kulturbereichen Werke vorhanden, die verschiedene Gesteinsarten, ihre Fundorte und ihre Verwendungsmöglichkeiten beschrieben. Es entstand eine umfangreiche Literatur, in der auch zahlreiche Beschreibungen geologischer Formationen, Anschauungen über die Entstehung von Bergen, Tälern, Erdbeben, unterirdischen Wasserquellen, Höhlen u. a. m. zu finden sind. Auch die chinesische Naturmalerei enthält Informationen über geologisches Wissen. Buddhistische Einflüsse sind in der chinesischen geologischen Literatur feststellbar, z. B. in der Vorstellung, daß bergige Gebiete in der Vergangenheit von Wasser bedeckt waren und es auch in Zukunft wieder sein werden. Möglicherweise stammt aus dieser Richtung z. T. das Interesse an vulkanischen Prozessen bei der Bergbildung.

120. Holzrekonstruktion eines chinesischen Meilenzählers.
Er war ein spezielles Instrument, das sowohl von chinesischen Geographen als auch im Straßen- und Kanalbau benutzt worden ist. Staatliche Museen Berlin, Ostasiatisches Museum

Die Seismologie als spezieller Teil der Geologie erfuhr durch chinesische Gelehrte eine besonders ausführliche Entwicklung. Bis 1644 wurden 908 Erdbeben verzeichnet und beschrieben. Das älteste notierte fand im Jahre 780 v. u. Z. statt. Mit ihm sind bereits Versuche verbunden, Erdbeben theoretisch zu erklären. Eine wesentliche Rolle spielte auch hier das Konzept von Yin und Yang. Eine Vertiefung erfuhren diese theoretischen Ansätze nicht. Dafür wurden infolge der starken praktischen Orientierung dieser wissenschaftlichen Disziplin Geräte zur Vorhersage und Messung von Erdbeben entwickelt. Den ersten Seismographen baute Chang Hêng Ende des 1. Jh. u. Z. Weitere Seismographen sind uns aus dem 6./7. Jh. bekannt.

Weit verbreitet waren Versuche, verschiedene Gesteinsarten zu klassifizieren (schmelzbare und unschmelzbare Substanzen, Ordnung nach Farben, Beschreibungen von Kristallformen). Bereits in der Frühen Han-Zeit unterschied man zwischen den beiden Arsensulfiden, zwischen Ammoniumchlorid und Salpeter. Man benutzte Eisensulfate in der Färberei; Quecksilbersulfide für Tinten, in der Malerei und für alchimistische Verfahren, pulverisierten Steatit bei der Papierherstellung, Salpeter, gemischt mit Schwefel und Kohle, zur Munitionsproduktion, Kobaltoxide und Kupfer bei der Porzellanproduktion, Arsenolit bei der Aufzucht von Seidenraupen u. a. m. Auch die medizinische Anwendbarkeit vieler mineralischer Substanzen wurde untersucht. Aus den Einsatzgebieten der genannten Verbindungen kann man ersehen, daß das hohe Niveau, das Bergbau, Gerberei,

121. Holzrekonstruktion eines chinesischen Seismographen von 132 v. u. Z., Staatliche Museen Berlin, Ostasiatisches Museum

122. »Löffel-Wasser«-Hammer. Er stellt eine chinesische Methode zur Metallverarbeitung dar. Die Zeichnung stammt aus dem »Nung Shu« von 1313.

Färberei, Malerei, Metallurgie u. a. m. in China im Laufe der Jahrhunderte erreichten, die Entwicklung chemischer und mineralogischer Kenntnisse nachhaltig beeinfluß hat.

Japan

Es ist heute mit großer Sicherheit anzunehmen, daß die japanischen Inseln vom asiatischen Festland aus besiedelt worden sind. Sehr viele archäologische Funde aus dem 2. und 1. Jahrtausend v. u. Z. beweisen die Existenz von Agrikultur, die Kenntnis der Töpferei und den Gebrauch der Töpferscheibe. Sehr alt sind auch die Verwendung von Bronze und die Gewinnung von Eisen, insbesondere hat die Stahlerzeugung sehr zeitig auf einem hohen Niveau gestanden. Stahlgewinnung zum Zwecke der Waffenherstellung wurde insbesondere in der Feudalzeit für die Samurai-Schwerter betrieben und ist bis heute nach jenen uralten technologischen Verfahren lebendig. Bedeutende Einflüsse kultureller Art sind von China nach Japan gelangt; dazu gehören Schrift, Kalenderrechnung, im Jahre 538 u. Z. die gewaltsame Einführung des Buddhismus als einem ideologischen Mittel zur Reichseinigung sowie die Übernahme technologischer Kenntnisse, z. B. des Bronzegusses. Beispielsweise wurde in der damaligen Hauptstadt Japans, in Nara, in den Jahren 745 bis 749 ein riesenhafter Buddha, die größte Bronzestatue der Welt, aus 437 t Bronze, 130 kg Gold und 75 kg Quecksilber gegossen.

In der japanischen Feudalzeit, die man von 1192 bis 1867 datiert, war Japan ein Land hoher landwirtschaftlicher Produktivität unter einer Mili-

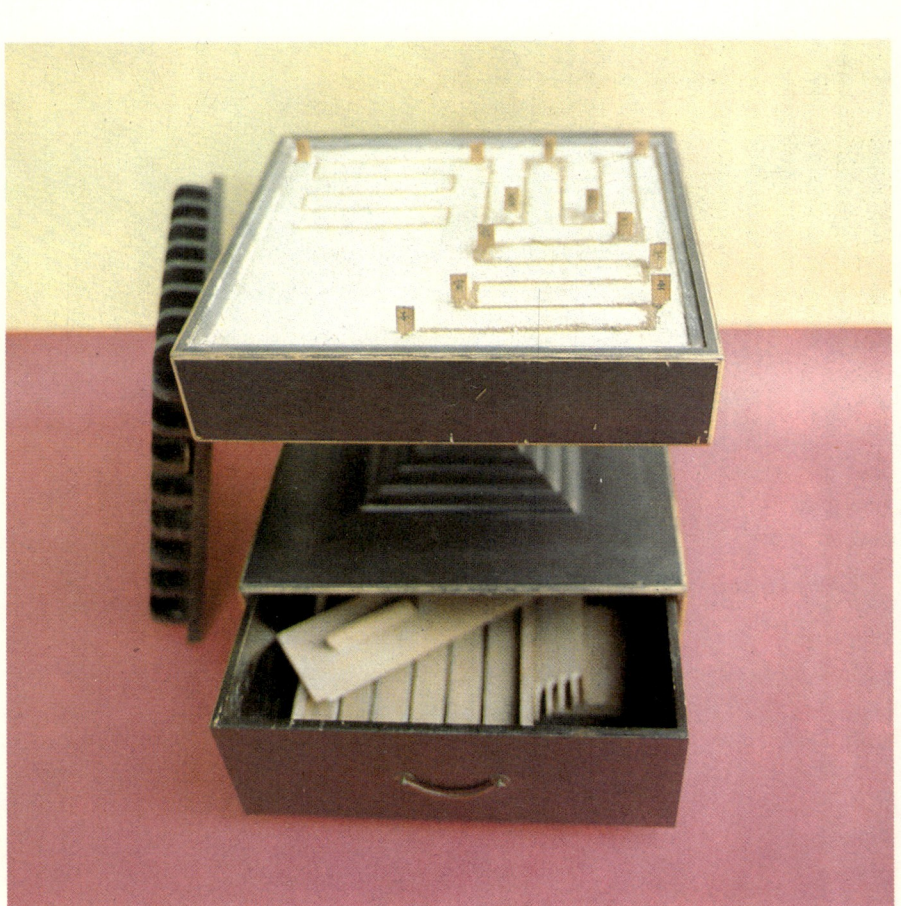

123. Pulveruhr (Rekonstruktion). In die Zick-Zack-Rinne wird Pulver vom Weihrauchstock eingestreut. Das abgebrannte Pulver, d. h. die Asche, ist ein Maß für die verstrichene Zeit. Yedo-Zeit. National Science Museum, Tokyo

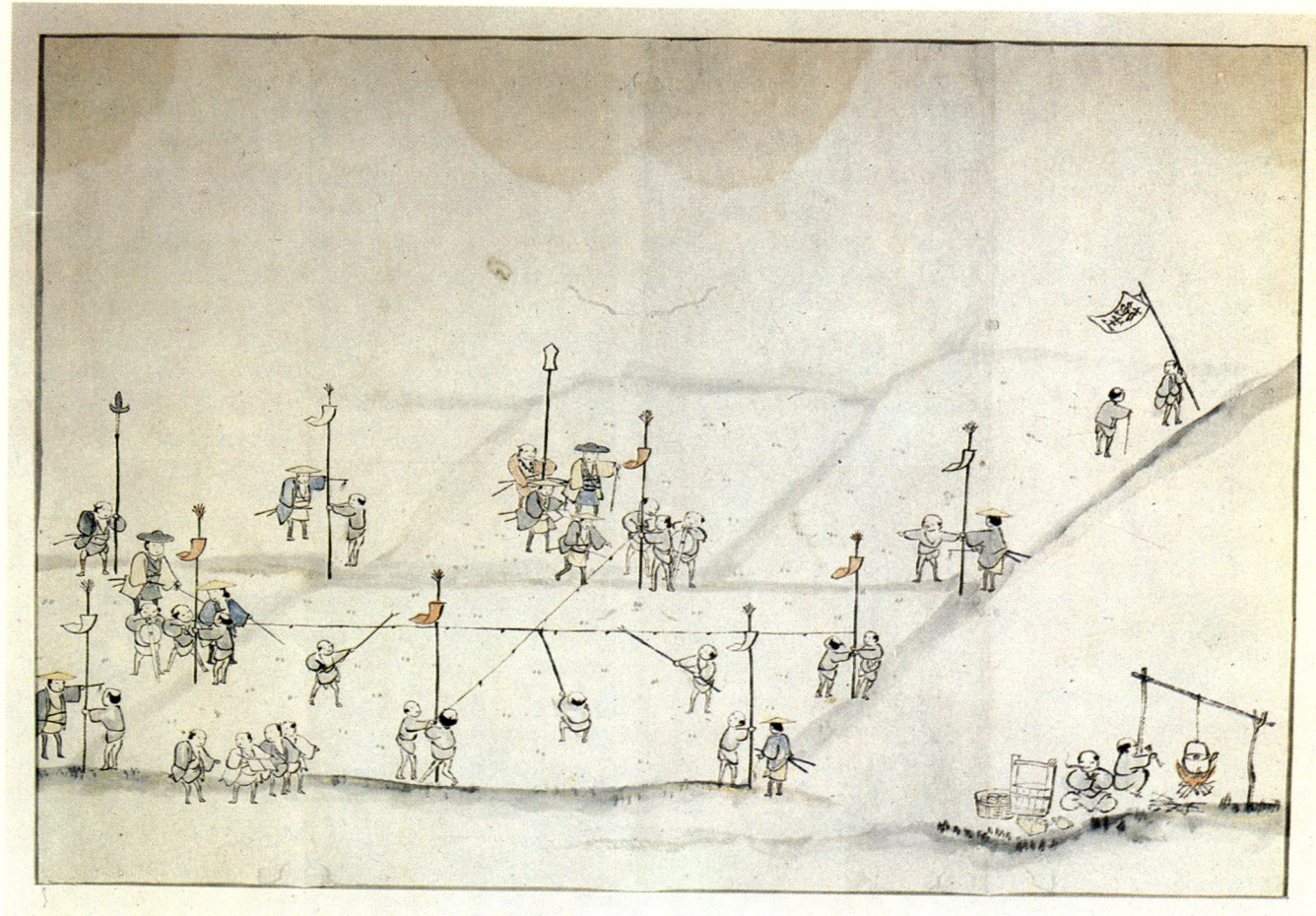

tärherrschaft mit unterschiedlich starker Zentralgewalt, hoher Kultur und selbständiger Entfaltung einiger wissenschaftlicher Teildisziplinen. Zur selben Zeit, als in Europa Newton und Leibniz die Infinitesimalmathematik schufen, entwickelte Takakazu Seki Methoden der Integralrechnung, gebrauchte unendliche Reihen und verwendete determinantenähnliche Ausdrücke bei der Auflösung von Gleichungssystemen. Die buddhistischen Tempel stellten ihren Gläubigen traditionsgemäß mathematische Aufgaben und machten diese durch Aushang bekannt. Auch eine gut durchdachte Handrechenmaschine, Soroban, gehört zu den Errungenschaften der Mathematik dieser Zeit. Die Botanik erreichte im Zusammenhang mit der Medizin eine erstaunliche Höhe, ebenso wie Astronomie und Kalenderwesen. Neue Pflanzen, wie z. B. die Süßkartoffel, wurden in die Agrikultur eingeführt; das Tragen von Asbestkleidung kam in der Metallurgie in Gebrauch. Die geographische Vermessung der japanischen Inselwelt unter Tadataka Ido am Ende des 18. Jh. war so genau, daß englische Geographen im 19. Jh. nichts mehr verbessern konnten. 1542/43, gerade, als Kopernikus starb, waren die Japaner zum ersten Mal mit Europäern in Berührung gekommen; drei portugiesische Seefahrer hatte es an die japanische Küste verschlagen. Bald kam der Gebrauch von Feuerwaffen in Japan auf. Durch

124. Japanische Trigonometrie. Yedo-Zeitalter, um 1830. Es gab hochentwickelte trigonometrische Methoden in Japan, bevor europäischer Einfluß wirksam wurde. Bei dieser Darstellung handelt es sich um ein relativ grobes Verfahren, Flächen auszumessen, um den jährlichen Tribut an landwirtschaftlichen Erzeugnissen festzusetzen. National Science Museum, Tokyo

eine kluge und entschlossene Politik konnte sich das Land der Kolonialisierung entziehen. Lediglich eine holländische Handelsniederlassung duldete man in Japan. Seit der Mitte des 18. Jh. wurden vorsichtig einige Ergebnisse der europäischen, insbesondere der holländischen Naturwissenschaft und Medizin übernommen, sofern sie nicht mit dem Christentum gekoppelt waren. Diese durch die Militärregierung befohlene Bewegung hieß »Rangaku«.

Die Vermengung eigenständiger Leistungen mit übernommenen bewirkte einen langsamen, jedoch stetigen Aufschwung der Naturwissenschaften in Japan. Beispielsweise wurde 1747 ein Lexikon der Botanik erarbeitet, 1774 tauchte erstmals die kopernikanische Astronomie auf, 1784 wurde die Gravitationstheorie Newtons diskutiert, von 1799 an bauten japanische Wissenschaftler elektrostatische Maschinen, Thermometer und Fernrohre, 1805 führten sie erstmals in der Welt bei Brustkrebsoperationen Totalanästhesie durch, 1837 wurde die moderne Chemie Lavoisiers und Daltons übernommen.

Indessen geriet Japan zur Mitte des 19. Jh. außenpolitisch unter den Druck der Kolonialmächte. Die USA erzwangen in den sechziger Jahren schließlich die Öffnung der Häfen und ein Handelsabkommen; dabei spielte neben der Demonstration militärischer Stärke auch die Vorführung der auf Naturwissenschaft beruhenden Technik – Dampfschiffe, Lokomotiven, Telegraphen – eine wesentliche Rolle. Diese Situation und schwere wirtschaftlich-innenpolitische Krisen führten 1867/68 zum Sturz der Militärherrschaft und zur Wiedererrichtung der Macht des Kaisers (Meiji-Restauration, so genannt, weil der 122. Kaiser den Titel Meiji, d. h. Erleuchtete Herrschaft, annahm) und schließlich zur beschleunigten Errichtung einer kapitalistischen Wirtschaftsordnung.

Die Aneignung und Übernahme wissenschaftlicher Ergebnisse aus dem Ausland gehörte zu dem Programm der kaiserlichen Regierung. Im sog. Verfassungsschwur heißt es: »Wissen soll auf der ganzen Erde gesucht werden, auf daß die Grundlagen des Kaiserreiches sicher errichtet werden.« Hervorragend bezahlte europäische und US-amerikanische Naturforscher und Mathematiker lehrten in Japan, japanische Studenten gingen nach Europa und den USA. Da Gelehrsamkeit schon seit altersher in Japan in hohem Ansehen stand, konnte in überaus kurzer Zeit der Anschluß an die Weltwissenschaft hergestellt werden. Der überraschende Sieg über Rußland im Kriege von 1904/05 zeigte dramatisch das erreichte technologische Niveau Japans. Seit den zwanziger Jahren liefern japanische Wissenschaftler hervorragende Beiträge zum Fortschritt von Mathematik und Naturwissenschaften.

Islamische Reiche

Vorhergehende Seite:
125. Öffentliche Bibliothek von Hulwan bei Bagdad. Bibliotheken besitzen in der islamischen Kultur eine jahrhundertealte Tradition. Die geistige Grundlage für die Anerkennung des Buches wurde bereits im Koran gelegt. Alchimistische Schriften gehörten bis ins 19. Jh. zu den begehrtesten nichtreligiösen Handschriften. Miniatur von al-Wasiti aus: al-Hariri, Maqamat. Bagdad 1237. Bibliothèque Nationale, Paris, Ms. arabe 5847 f 5

Zwischen 570 und 630 lebte Muhammad ibn Abdallah, der Begründer des Islam. Zu dieser neuen Religion wurden nach 622 die meisten Araber bekehrt. Sie vereinte christliche, jüdische, iranische Vorstellungen und Anschauungen der arabischen Beduinen mit den Erfahrungen und Gedanken Muhammads. Ähnlich dieser Vereinigung vielfältiger Ansichten zu einem neuen Weltbild entstand in späteren Zeiten die islamische Wissenschaft durch das Zusammenschmelzen vor allem antiker, sasanidischer, indischer und mesopotamischer Theorien und Ergebnisse.

Hatte bereits Muhammad die Grundlagen für das islamische Weltreich gelegt, so eroberten seine Nachfolger (Stellvertreter = Kalifen) ein Territorium, das sich von Nordwestindien über Mittelasien, Iran, die arabische Halbinsel, Irak, Syrien, Palästina, Nordafrika, Spanien bis an die Grenze des Frankenreiches erstreckte. Die Araber knüpften an viele Errungenschaften der Technik und Wissenschaft in den eroberten Gebieten an. Für die Entwicklung der Wissenschaften war die Übernahme des Verfahrens zur Papierherstellung durch die Muslime von den Chinesen nach 751 von vorrangiger Bedeutung. Das Papier verdrängte sehr schnell den Papyrus und das Pergament als Schreibmaterial. Für die Wissenschaften bedeutsam war auch die Herstellung astronomischer und mathematischer Instrumente in Harran in Nordmesopotamien.

Das islamische Großreich bestand als einheitlicher Staat nur knapp zwei Jahrhunderte. Es bildeten sich seit dem Ende des 8. Jh. im Westen und im Osten Dynastien heraus, die politisch unabhängig von den Kalifen waren. Der endgültige Untergang des islamischen Großreiches wurde mit dem Einmarsch der Mongolen in Bagdad besiegelt. Dennoch hörte die wissenschaftliche und kulturelle Entwicklung mit diesem Niedergang der Zentralgewalt nicht auf. Im Gegenteil, ihre Blüte erlebten die islamischen Wissenschaften im 10. und 11. Jh. Noch bis zum 16. Jh. wurden sie in verschiedenen Gegenden der islamischen Welt von Indien bis Spanien gepflegt und gefördert, auch wenn es in einzelnen Wissenschaftszweigen zu Stagnationserscheinungen kam.

Mathematik

Die islamische Mathematik vereinigt in sich griechische, indische, persische und mesopotamische Traditionen. Zu geringerem Teil flossen auch chinesische Kenntnisse ein, in erster Linie über die Astronomie sowie über die Vermittlung durch indische Quellen. Die islamischen Mathematiker behandelten Probleme des Bauwesens, der Geodäsie, des Handels, des Staatshaushaltes, der Aufteilung von Erbschaften, der Architektur, der Astronomie und der geometrischen Optik. Diese Ausrichtung auf die praktische Anwendung ist ein Charakteristikum der islamischen Mathematik. Das andere Kennzeichen ist das Bemühen um die Schaffung strenger algebraischer Beweismethoden neben den aus der griechischen Mathematik übernommenen geometrisch geführten Beweisen. Darüber hinaus zeigt sich griechischer Einfluß in der islamischen Mathematik in der Systematisierung des Stoffes und in dem Bemühen um Vollständigkeit und Allgemeinheit der dargelegten Methoden.

126. Al-Azhar-Moschee, Kairo. Sie wurde 971 unter den Fatimiden vollendet. In der islamischen Hochschulausbildung waren stets auch Elemente der Astronomie und Mathematik enthalten, z. B. zur richtigen Bestimmung der Gebetszeiten, zur Bewältigung von Erbteilproblemen u. a. m. Die Moschee gehört heute zu den Zentren islamischen Unterrichts im Nahen Osten.

Seit dem 9. Jh. kann man von einer eigenständigen, profilierten islamischen Mathematik sprechen. Zu ihren Hauptleistungen gehören: die Übernahme des dezimalen Positionssystems und zahlreicher arithmetischer Verfahren aus der indischen Mathematik; die Verknüpfung der indischen mit griechischen und nahöstlichen Rechenmethoden und deren Weiterentwicklung zu einem einheitlichen System arithmetischer Operationen, das wir im wesentlichen heute noch benutzen; die Einführung des Dezimalbruches und die Erweiterung des Zahlenbereiches von den natürlichen Zahlen auf die positiven reellen Zahlen infolge der Arithmetisierung der Algebra, Ansätze von algebraischer sowie nichteuklidischer Geometrie, die Übernahme und Weiterentwicklung der indischen Sinustrigonometrie und die Begründung der Trigonometrie als selbständige mathematische Spezialdisziplin; die Entwicklung numerischer Verfahren zur Lösung von Gleichungen, in denen implizit Elemente der Differentialrechnung enthalten sind;

127. Indisch-arabische Ziffern. Die aus Indien übernommenen Zahlzeichen veränderten in den islamischen Handschriften sehr schnell ihre ursprüngliche Gestalt. Die westarabischen Varianten, von denen hier einige in einer Arbeit von al-Qalasadi zu sehen sind, waren die Vorlagen, aus denen die Westeuropäer seit dem 9. Jh. in mehreren Etappen unsere heutigen Ziffern entwickelten. Forschungsbibliothek Gotha, Schloß Friedenstein, Ms. orient. A 1477 f 8^v

128. Regula falsi. Über die islamischen Mathematiker gelangte der doppelt falsche Ansatz zur Lösung linearer Gleichungen aus China ins christlich-lateinische Europa. Hier wird ein Ausschnitt aus dem »scharh at-talchis fi amal al-hisab« (etwa: Kommentar zum Abriß über die Praxis des Rechnens) des al-Qalasadi, eines bedeutenden Mathematikers aus dem Maghreb, gezeigt. Forschungsbibliothek Gotha, Schloß Friedenstein. Ms. orient. A 1477 f 83^r

die Schaffung einer geometrischen Theorie zur Lösung von Gleichungen dritten Grades auf Grund der griechischen Kegelschnittslehre und die Lösung kubischer Gleichungen mit Hilfe von Extremwertbestimmungen; die Begründung der Algebra als selbständige mathematische Disziplin.

Zu den hervorragendsten islamischen Mathematikern werden al-Chwarizmi, al-Uqlidisi, Abu'l-Wafa, Abu Kamil, al-Karadschi, al-Biruni, ibn al-Haitham, al-Chayyami, as-Samaw'al, Nasir ad-Din at-Tusi, al-Qalasadi und al-Kaschi gezählt.

Eine mathematische Abhandlung, das »kitab al-dschabr wa'l-muqabala« (etwa: Buch der Ergänzung und Gegenüberstellung), lieferte in dem Wort al-dschabr die Grundlage für die heute noch übliche Bezeichnung einer mathematischen Disziplin »Algebra«. Die islamischen algebraischen Schriften behandeln das Lösen linearer und quadratischer Gleichungen, die Umformung algebraischer Ausdrücke, das Rechnen mit Polynomen, bemühen sich um die Lösung von Gleichungen dritten Grades u. a. m. Es gelang den islamischen Mathematikern nicht, die Lösungen kubischer Gleichungen in Radikalen anzugeben. Auf dem Wege dorthin kamen sie jedoch bis zu der Erkenntnis, daß die Diskriminante

$$\frac{b^3}{27} - \frac{a^2}{4}$$

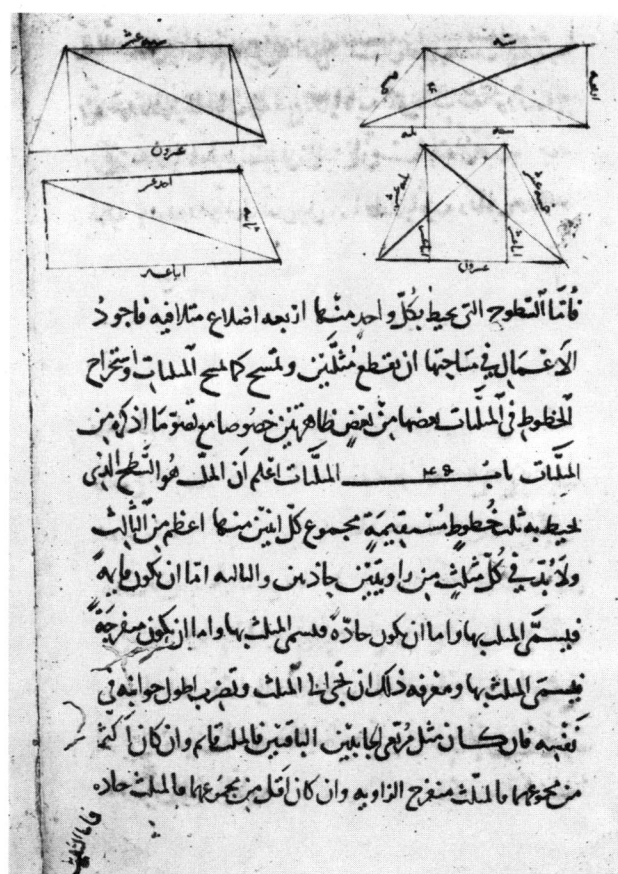

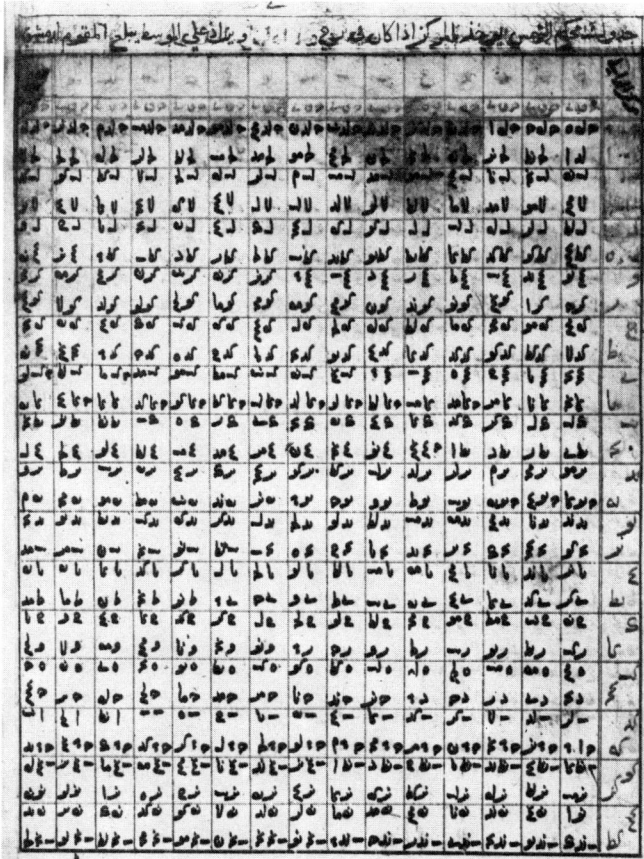

wesentlich für die algebraische Bestimmung der Wurzeln ist. Darüber hinaus erzielten sie bei der Entwicklung numerischer Lösungsverfahren sowie in der Benutzung der antiken Kegelschnittslehre zur geometrischen Bewältigung des Problems herausragende Resultate.

Typisch für frühe algebraische Schriften war die Tatsache, daß Behauptungen nach antikem Vorbild geometrisch bewiesen wurden, was zu einer Erhöhung des theoretischen Niveaus der Algebra führte, und daß man die bewiesenen Aussagen infolge des Weiterwirkens alter orientalischer Traditionen an Zahlenbeispielen erläuterte.

Unter dem Einfluß der Übersetzung der Arithmetik von Diophant und dem sich verstärkenden Bestreben, algebraische Aussagen nicht mehr mit den Mitteln der Geometrie, die man als zu anschaulich empfand, zu beweisen, wandten sich islamische Mathematiker seit dem ausgehenden 10. Jh. verstärkt der Arithmetik zu. Sie benutzten arithmetische Methoden, um die Algebra als eine selbständige mathematische Disziplin aufzubauen. Al-Karadschi und as-Samaw'al vor allem erzielten bei diesen Bemühungen bemerkenswerte Resultate. Dazu gehören das sog. Pascalsche Dreieck, das somit noch vor seinem Auftreten in der bisher bekannten chinesischen Literatur belegt werden kann, die Summation neuer Potenzreihen, z. B. der Kubikzahlen, die Erweiterung des Potenzbegriffes durch Einschließung der Irrationalitäten u. a. m. Diese zunehmende Arithmetisierung der Alge-

129. Vierecksberechnungen in dem grundlegenden mathematischen Werk »al-kafi fi ilm al-hisab« (etwa: Das Genügende über die Wissenschaft vom Rechnen) des Abu Bakr Muhammad ibn al-Husain al-Karadschi. Forschungsbibliothek Gotha, Schloß Friedenstein, Ms. orient. A 1474 39ʳ

130. Tabelle der Sonnenstandorte für Damaskus. Diese befindet sich im »Buch der schöngeordneten Perlen zur Erleichterung der Zeitbestimmung« des Zain ad-Din Abd ar-Rahman as Salihi ad-Dimaschqi, in dem Sterntafeln des Ulug Beg Verwendung fanden. Forschungsbibliothek Gotha, Schloß Friedenstein, Ms. orient. A 1377f 61ʳ

131. Bronzezirkel, 12.–13. Jh., aus dem Iran. Gegenständliche Zeugen mathematischer Arbeiten sind aus der islamischen Welt im Verhältnis zu den überlieferten Handschriften relativ selten. Staatliche Museen Berlin, Islamisches Museum

bra wurde auch durch die wachsenden numerischen Ansprüche der Trigonometrie unterstützt.

Dagegen fehlt mit Ausnahme von Werken einiger westislamischer Mathematiker in allen uns erhaltenen islamischen algebraischen Abhandlungen die Verwendung und Entwicklung einer algebraischen Symbolik.

Die Trigonometrie, deren Entwicklung durch das lebhafte astronomische und geographische Interesse der islamischen Welt sehr gefördert wurde, nahm in den Untersuchungen der islamischen Mathematiker einen hervorragenden Platz ein. Es wurden die trigonometrischen Verhältnisse Tangens und Kotangens eingeführt, ihre Eigenschaften studiert und auch die aus der indischen Mathematik übernommenen Verhältnisse Sinus und Kosinus behandelt.

Alle Typen ebener und sphärischer Dreiecke konnten nach und nach von den islamischen Mathematikern erforscht und so Schritt für Schritt die Trigonometrie zu einem selbständigen mathematischen Wissenschaftszweig ausgebaut werden. Den ersten vollständigen und systematischen Aufbau dieses neuen Zweiges schuf at-Tusi. Er beschrieb alle grundlegenden trigonometrischen Begriffe, Beziehungen und Lösungsverfahren seiner Zeit. Er erzielte wichtige neue Ergebnisse, u. a. die Berechnung schiefwinkliger sphärischer Dreiecke nach den drei Seiten sowie nach den drei Winkeln. Seine Arbeit beeinflußte nicht nur seine Nachfolger in Maraga und Damaskus nachhaltig, sondern auch die trigonometrischen Forschungen von Regiomontanus.

Neben ihrer Ausstrahlung auf die Algebra förderten die trigonometrischen Studien der islamischen Gelehrten auch die Entwicklung in der Arithmetik, vor allem die Beschäftigung mit den Irrationalitäten und den Brüchen.

Die Grundlage der Behandlung irrationaler Größen durch islamische Wissenschaftler war die antike Theorie der quadratischen Irrationalitäten, die sie arithmetisierten. Sie vergrößerten den Bereich der natürlichen Zahlen auf den Bereich der positiven reellen Zahlen. Die den indischen und chinesischen Mathematikern bekannten negativen Zahlen fanden in der islamischen Mathematik seit dem 12. Jh. in der Algebra (vor allem bei as-Samaw'al) Anerkennung. Aus den erhaltenen arithmetischen Texten der islamischen Welt kann man im wesentlichen vier Hauptgruppen bilden: arithmetische Texte, die die indisch-arabischen Zahlzeichen, das indische dezimale Positionssystem und indische Rechenverfahren bzw. Rechenverfahren ursprünglich indischer Herkunft verwenden; arithmetische Texte, die diese Kennzeichen nicht haben, sondern Zahlen durch Worte ausdrücken, Brüche entweder sexagesimal oder in anderen lokalen, von der Metrologie abgeleiteten Formen darstellen und die Rechenoperationen als Kopf- und Fingerrechnen behandeln; arithmetische Texte, die ein sexagesimales System benutzten, die Zahlen durch arabische Buchstaben in der sog. arabischen Dschummal-Ordnung darstellen und über Rechenhilfsmittel z. B. in Form von Multiplikationstafeln verfügen. Die Hauptleistung der islamischen Arithmetiker bestand darin, die Vorzüge jedes Systems zu erkennen, herauszulösen und in ein neues geschlossenes System umzuformen. Dieser Prozeß vollzog sich über sechs Jahrhunderte und fand seinen Höhepunkt in den Schriften al-Kaschis und Baha ad-Dins.

132. Eine iranische Schale aus dem 17. Jh. mit Tierkreiszeichen. Staatliche Museen Berlin, Islamisches Museum

133. Das Astrolabium (griech. Sternfasser) war seit der Antike, im Mittelalter und bis zur Erfindung des Fernrohres das gebräuchlichste astronomische Meßinstrument. Bibliothek der Deutschen Morgenländischen Gesellschaft, Halle (Saale)

134. Abu Zaid predigt vor Männern und verschleierten Frauen in Raiy. In derartigen Vortragsrunden fanden nicht nur religiöser Unterricht, sondern auch wissenschaftliche Unterweisungen z. B. in Logik oder Elementarmathematik statt. Miniatur von al-Wasiti aus: al-Hariri, Maqamat. Bagdad 1237. Bibliothèque Nationale, Paris, Ms. arabe 5847

Astronomie und Astrologie

Astronomie und Astrologie wurden von einigen islamischen Wissenschaftlern als einheitliche Disziplin und von anderen als voneinander verschiedene Wissenschaften betrachtet. Eine dritte Gruppe lehnte die Astrologie als Wissenschaft prinzipiell ab

Die Astrologie war aber nicht nur mit der Astronomie, sondern auch mit der Medizin, Pflanzenkunde, Gesteinskunde, Alchimie, Magie und Geographie verquickt.

Die islamischen Fürsten fällten ihre politischen Entscheidungen häufig erst nach Konsultierung der Hofastrologen. Die Astrologie hatte die Aufgabe, die Zukunft eines Menschen, eines Staates usw. vorherzusagen. Darüber hinaus bemühten sich die Astrologen um eine einheitliche Erklärung des Weltalls auf Grund der Wirkungen der Himmelskörper.

Seit dem 9. Jh. waren griechische Astronomie und Astrologie und über sie mesopotamische Errungenschaften zum Bestandteil der islamischen Wissenschaft geworden. Wesentliche Bedeutung hatten auch die Übersetzungen astronomischer und astrologischer Texte aus dem Sanskrit und dem Persischen, mit denen im 8. Jh. begonnen wurde. Anknüpfend an Ptolemaios, sahen die muslimischen Autoren das System der acht Sphären im allgemeinen als ein mathematisches Modell an, das keine physikalische Entsprechung hätte. Eine Ausnahme bildete ibn al-Haitham. Für ihn und seine Nachfolger entstand die Frage, wie diese physikalische Interpretation des Ptolemaios-Modells mit der aristotelischen Physik in Übereinstimmung gebracht werden könnte.

Ibn al-Haitham ging dabei bedeutende Schritte auf dem Wege von der Überwindung der aristotelischen Physik hin zu einer wissenschaftlichen Physik. Seine astronomischen Schriften haben nicht nur die islamische astronomische und kosmographische Literatur stark beeinflußt, sondern waren auch von erheblicher Bedeutung für die Entwicklung im mittelalterlichen Europa. So stellten z. B. die »Theoricae novae planetarum« von Georg Peurbach im Prinzip nur die Theorie ibn al-Haithams in lateinischer Fassung dar. Peurbachs Schrift ihrerseits aber war von großer Bedeutung für die Arbeiten von Regiomontanus, Kopernikus u. a. m.

Während westislamische Philosophen in ihrem Bemühen, das oben genannte Problem zu lösen, keine wesentlichen astronomischen Ergebnisse erzielen konnten, waren Astronomen von Maraga, Täbris und Damaskus am Ende des 13. Jh. und Anfang des 14. Jh. erfolgreicher. Sie versuchten, einen Teil der mit der aristotelischen Physik unvereinbaren Elemente des ptolemaiischen Systems aus der Astronomie zu entfernen. Die Schule von Maraga wurde von Nasir ad-Din at-Tusi, einem der bedeutendsten islamischen Astronomen und Mathematiker, begründet. An ihr wirkten auch chinesische Astronomen, so daß Bestandteile der von der griechischen Astronomie doch sehr abweichenden chinesischen Astronomie in die islamische Wissenschaft einflossen. Die Arbeiten Muhammad ibn Muyid al-Urdis, at-Tusis und Qutb ad-Din asch-Schirazis aus dieser Schule bildeten die Grundlage für den Damaszener Astronomen ibn asch-Schatir. Letzterem gelang es als einzigem, eine befriedigende neue Darstellung der komplizierten Bewegungen von Mond und Merkur anzugeben.

Bis zur Mitte des 14. Jh. waren so in der islamischen Astronomie Modelle entstanden, die Bewegungen der Planeten, der Sonne und der Fixsterne als Kombinationen von gleichmäßigen kreisförmigen Bewegungen beschrieben. Seit dem 15. Jh. scheinen sie aber keinen Einfluß mehr auf die islamische Astronomie ausgeübt zu haben.

Das von ibn asch-Schatir geschaffene Modell stimmt weitestgehend mit dem 200 Jahre später entstandenen kopernikanischen Modell überein. Ob Kopernikus die Schriften von ibn asch-Schatir kannte, ist bisher nicht geklärt.

Neben der Schaffung dieser Modelle wurde in Maraga auch eine astronomische Tafel angefertigt, eine Aufgabe, der sich die islamischen Astronomen bereits Anfang des 9. Jh. stellten. Die islamischen Tafeln basierten außer auf griechischen Quellen auf persischem und indischem Material. Die Übersetzungen astronomischer und astrologischer Texte aus dem Griechischen, Syrischen, Persischen und dem Sanskrit setzten bereits am Ende der Umaiyaden-Dynastie ein. Zu den ersten Übersetzungen gehörten Tabellen indischer Herkunft, z. B. die »Zidsch al-Arkand«, die um 735 übertragen wurden.

Der indische Urtext ist wahrscheinlich das Werk »Khandakhadyaka« des Brahmagupta, wobei auch Ergebnisse der persischen »Zik-e schah« in der für Yazdegerd III. angefertigten Version im arabischen Werk spürbar sind.

Das bedeutendste von den aus dem Sanskrit übertragenen Werken war der »Mahasiddhanta«, der auf einer Schrift des frühen 5. Jh. und dem »Brahmasphutasiddhanta« des Brahmagupta beruhte. Der Übersetzer soll al-Fazari gewesen sein, der gemeinsam mit Ya'qub ibn Tariq die sog. Sindhind-Tradition in der islamischen Astronomie begründete. Das wichtigste Ergebnis des indischen Einflusses auf die islamische Astronomie war die Übermittlung der indischen Trigonometrie, die im Unterschied zur griechischen keine Sehnentrigonometrie war, sondern mit den Winkelfunktionen Sinus, Kosinus und Sinus versus arbeitete. Nasir ad-Din at-Tusi krönte diese Entwicklung durch die Begründung der Trigonometrie als selbständige mathematische Disziplin.

Die einflußreichste astronomische Tafel, die auf der Sindhind-Tradition beruhte, wurde Anfang des 9. Jh. von al-Chwarizmi geschaffen. Das Original ist nur in Fragmenten erhalten. Aber Adelard of Bath übersetzte 1126 die Bearbeitung aus der Feder des westislamischen Astronomen al-Madschriti vom Anfang des 11. Jh. Eine weitere, sowohl für die islamische als auch für die mittelalterliche europäische Astronomie wichtige Tafel war der Komplex der sog. Toledanischen Tafeln, die ptolemaiische Darstellungen des al-Battani und die Ergebnisse von al-Chwarizmi vereinte. Auf ihr bauten die Alfonsinischen Tafeln des christlichen Spanien und ihre Nachfolger bis zum Ende des 15. Jh. auf.

Neben der Diskussion und Verbesserung des ptolemaiischen Modells und der Anfertigung immer genauerer astronomischer Tafeln waren Konstruktion, Benutzung und Beschreibung verschiedener astronomischer Instrumente, vor allem von Astrolabien, ein Haupttätigkeitsfeld islamischer Astronomen. Die frühesten Schriften über Astrolabien aus dem islamischen Kulturkreis wurden von Mascha'allah, Ali ibn Isa und al-Chwarizmi verfaßt. Die ältesten erhaltenen Astrolabien stammen aus dem 10. Jh.

135. Himmelsglobus des Muhammad ibn Muyid al-Urdi. Himmelsgloben, die eine Projektion des Himmelsgewölbes mit seinen Sternen auf einer Kugel darstellen, wurden früher als Erdgloben hergestellt. Dieser aus der mittelasiatischen Sternwarte von Maraga stammende Globus wurde 1279 gefertigt und 1562 vom Kurfürsten August I. von Sachsen erworben. Mathematisch-Physikalischer Salon, Dresden

Insbesondere vom Werk des Mascha'allah hingen die im 10. Jh. einsetzenden Schriften über das Astrolabium im christlichen Europa ab.

Den Abschluß islamischer Astronomie bildeten die Tafeln des Ulug Beg aus dem 15. Jh. und die Arbeiten der Astronomen in Istanbul unter Leitung von Taqi ad-Din aus dem 16. Jh. Die führenden islamischen Observatorien des 14., 15. und 16. Jh., Maraga, Samarkand und Istanbul, dienten als Vorbild für die Sternwarte Tycho Brahes Ende des 16. Jh.

Physikalische Probleme in Schriften islamischer Gelehrter

Eine wissenschaftliche Physik in unserem heutigen Sinne kannten die islamischen Gelehrten nicht. Die dritte Stufe im System der theoretischen Wissenschaften, die Physik genannt wurde, ist eine Naturphilosophie auf aristotelischer Grundlage, durchsetzt mit neoplatonischen Ansichten. Abhandlungen zu diesem Thema finden sich deshalb auch vorzugsweise bei den islamischen Philosophen, z. B. bei ibn Sina.

Weitere physikalische Elemente enthalten die philosophischen Diskussionen um die verschiedenen Arten der antiken Atomismustheorie. Dabei sind insbesondere die Arbeiten ar-Razis und al-Birunis hervorzuheben. Im Mittelpunkt der philosophischen Erörterungen standen die antiken Auffassungen von Raum, Zeit, Bewegung und dem Unendlichen. Wesentlich für die Herausbildung von Ansätzen zu einer wissenschaftlichen Physik war das bereits beschriebene Bemühen ibn al-Haithams und seiner Nachfolger, das mathematische Modell der Himmelserscheinungen des Ptolemaios physikalisch zu interpretieren und mit der aristotelischen Physik in Einklang zu bringen. In dieselbe Richtung liefen auch die Arbeiten ibn al-Haithams zu optischen Problemen, die im islamischen Wissenschaftssystem zur Mathematik gerechnet wurden. Während ibn al-Haitham in seinen astronomischen Arbeiten die Richtigkeit seiner physikalischen Hypothesen innerhalb seiner begrifflichen Grundlagen nur theoretisch untersuchen konnte, ermöglichten ihm die Verhältnisse bei Problemen der Optik im Prinzip den Übergang zum Experiment. Daß er diesen Übergang zum Experiment auch tatsächlich vollzog, technische Geräte zielgerichtet zur Überprüfung physikalischer Vorstellungen und der von ihnen abgeleiteten mathematischen Modelle konstruierte und einsetzte, ist eine überragende Leistung ibn al-Haithams, der der bedeutendste islamische Physiker war. So verifizierte er mit Hilfe von Experimenten z. B. die bereits Euklid bekannten Gesetze über die geradlinige Ausbreitung des Lichtes und über die Lage eines auf einen Hohlspiegel treffenden Lichtstrahls und des von ihm reflektierten Strahls. Auch zur Theorie der Lichtbrechung führte er Experimente durch. Ibn al-Haitham legte seine Ergebnisse zur Optik in verschiedenen Schriften dar, unter denen das »kitab fi'l-manazir« (Große Optik) die bedeutendste ist. Dieses Werk wirkte über die Schriften Roger Bacons, Vitelos und John Peckams bis in die Arbeiten Leonardo da Vincis, Luca Paciolis und Johannes Keplers.

Ibn al-Haitham faßte das Licht als einen Teilchenstrom auf. Er untersuchte an konvexen ebenen, konkaven ebenen, zylindrischen, konischen, konvexen sphärischen und konkaven sphärischen Spiegeln die Reflexion

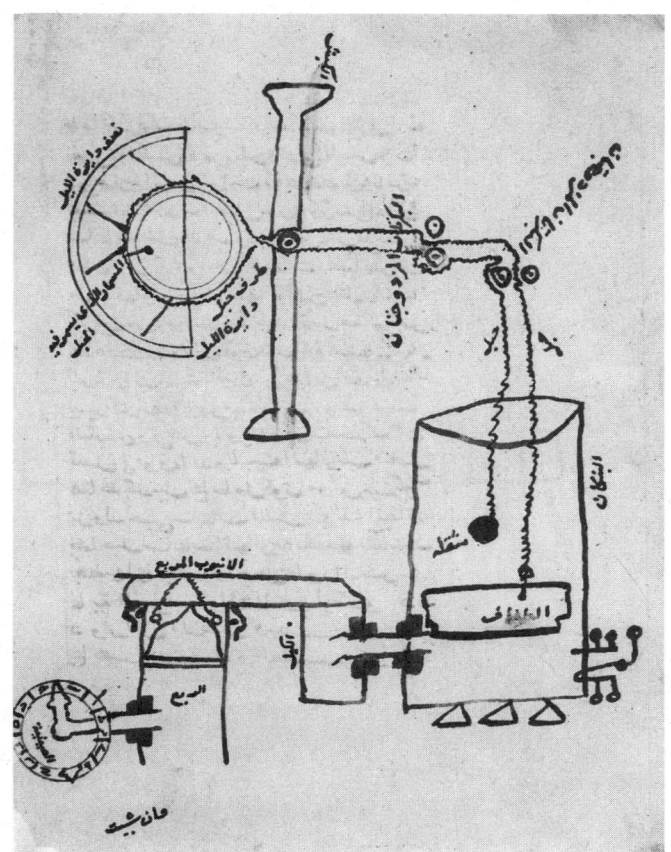
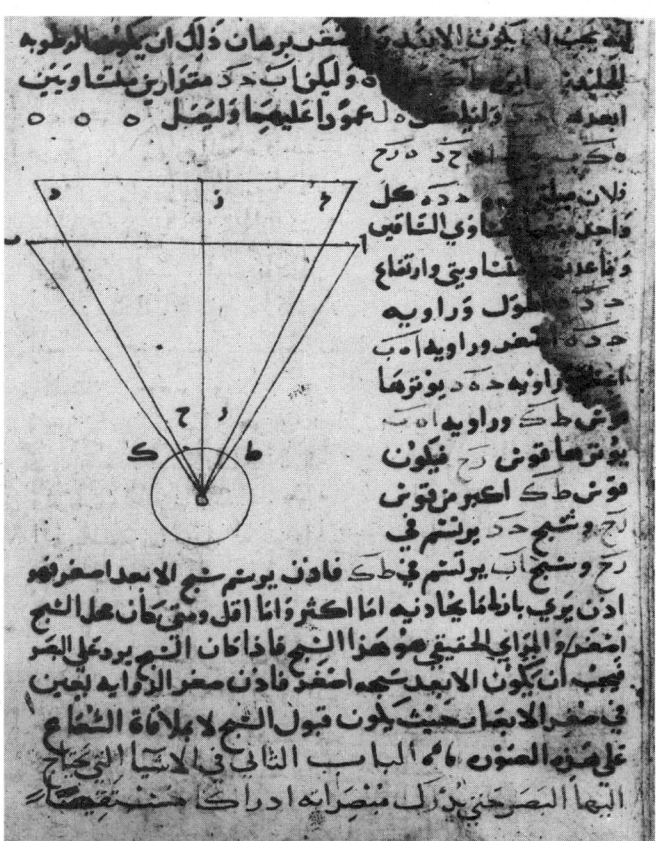

des Lichtes. Er zerlegte die Bewegung des Lichtes in zwei Komponenten – eine parallel zur Oberfläche und eine senkrecht zur Oberfläche der Spiegel. Er bewies mit seinen Experimenten das Gesetz über die Reflexion des Lichtes, wobei er als erster für konkave Spiegel die longitudinale sphärische Aberration untersuchte und mit geometrischen Methoden exakt darlegte. Diese Leistung wird häufig fälschlich erst Roger Bacon zugeschrieben.

Die wichtigsten Leistungen islamischer Gelehrter auf dem Gebiet der Mechanik, deren Entwicklung mit dem 11. Jh. einsetzte, nachdem die wichtigsten antiken Schriften ins Arabische übersetzt worden waren, verbanden sich mit praktischen Problemen des Wägens und Messens. Die bedeutendste überlieferte Arbeit ist das 1121 geschriebene »kitab mizan al hikma« (Buch über das Gewicht der Weisheit) von al-Chazini. Er erweiterte in ihm das hydrostatische Gesetz des Archimedes auf Gegenstände, die in der Luft schweben. Verbunden mit diesen Fragen war die Erarbeitung von Tabellen über die spezifischen Gewichte verschiedenster Substanzen, z. B. von Metallen und Edelsteinen. In diesem Zusammenhang entwickelte al-Biruni experimentell zur Messung dieser Gewichte eine Methode, die noch heute Verwendung findet.

Erstmals von muslimischen Wissenschaftlern wurde im 12. Jh. die Frage nach den Unterschieden zwischen der dynamischen und kinematischen Beschreibung der Bewegung erörtert. Sie entstand im Rahmen einer Kommentierung der Werke des Aristoteles durch die westislamischen

136. Erste (?) dokumentierte Schwimmerregelung, aus der »risala fi amal as-sa‘at wa 'sti‘maliha« (Abhandlung über die Herstellung von Uhren und über ihren Gebrauch) von Fachr ad-Din al-Churasani as-Sa‘ati. Forschungsbibliothek Gotha, Schloß Friedenstein, Ms. orient. A 1348 f 78^r

137. Sehvorgang nach Euklid, aus dem Buch »nur al-‘uyun wa dschami‘ al-funun« (etwa: Das Licht der Augen und die Gesamtheit der Künste) des Augenarztes Salah ad-Din ibn Yusuf al-Kahhal al Hamawi. Forschungsbibliothek Gotha, Schloß Friedenstein, Ms. orient. A 1994 f 21^r

138. Wasseruhr der Pfauenvögel. Das Buch des ibn ar-Razzaz al Dschazari »kitab fi ma'rifat al-hiyal al-handasiya« über die Automata gehört zu den schönsten islamischen Werken über technische Geräte. Egypto-Arabic MSS XIV. 1315, Mamlukische Schule. Metropolitan Museum of Art, New York

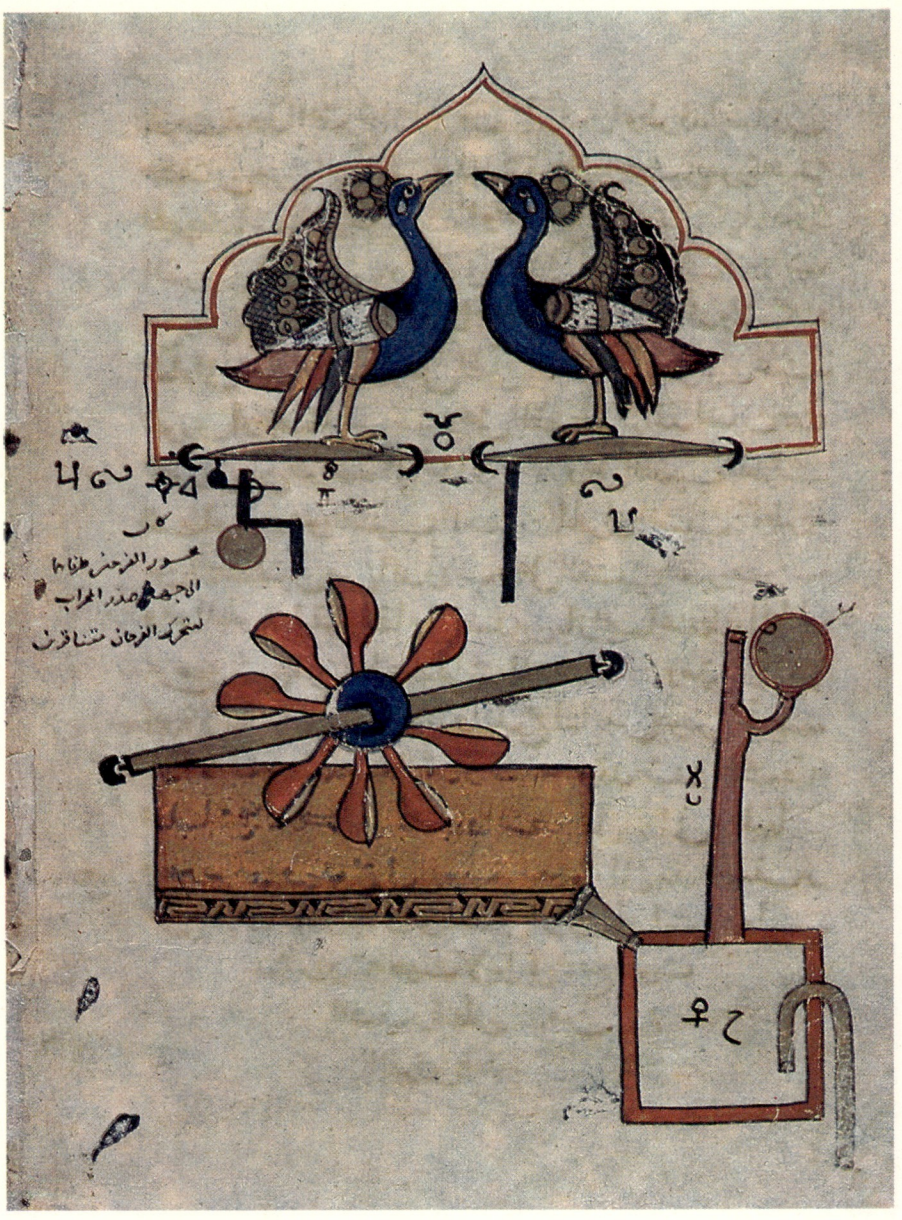

Philosophen ibn Ruschd und ibn Badschdscha und wurde im 13. Jh. von christlichen Philosophen in England weiterbearbeitet.

Eine ebenfalls wichtige Frage für die islamischen Philosophen und Naturwissenschaftler auf dem Gebiet der Mechanik war im Anschluß an die Überlegungen von Aristoteles und Johannes Philoponus die Beschreibung der Bewegung eines geworfenen Körpers. Die wesentlichsten Resultate erzielte dabei ibn Sina im 11. Jh. Er entwickelte Ideen, die in die Reihe der Vorläufer des Trägheitsgesetzes eingereiht werden müssen. Sie sind in der philosophischen Enzyklopädie ibn Sinas »kitab asch-schifa« (Buch der Genesung) enthalten, die im 12. Jh. ins Lateinische übersetzt wurde. Dabei sind in der lateinischen Version diese Betrachtungen zur Bewegung eines geworfenen Körpers jedoch nicht enthalten. Allerdings flossen ibn Sinas Redanken u. a. über die Arbeiten ibn Badschdschas in die Überlegungen führender westeuropäischer Vertreter der Impetustheorie ein und wirkten sich somit nachhaltig aus. Zu den islamischen Beiträgen über Physik sind auch in gewissem Sinne die Konstruktion verschiedenster Uhren, Automaten und anderer technischer Unterhaltungsgegenstände sowie ihre Beschreibung durch islamische Gelehrte, z. B. die drei Banu Musa ibn Schakir und ibn ar-Razzaz al-Dschazari, zu rechnen. Sowohl die Konstruktionen als auch ihre Beschreibungen knüpfen an Leistungen der antiken Gelehrten Ktesibios, Philon und Heron an. Der Beitrag der islamischen Welt bestand vorrangig in der verbesserten technischen Ausführung und in der Erfindung neuer Anwendungen dieser technischen Prinzipien. Sie fand auch auf diesem Gebiet in den christlichen Westeuropäern ihre Erben und Fortsetzer.

Chemie und Alchimie

Die chemischen Kenntnisse der Muslims sind uns in Texten über unterschiedliche Wissenschaftszweige sowie über verschiedene Handwerkszweige erhalten. Die wichtigste Gruppe ist die mit Texten zur Alchimie.

Die islamische Alchimie knüpfte an die langen alchimistischen Traditionen der Spätantike an. Jedoch finden sich auch chinesische Einflüsse. Sie begann mit der Übersetzung griechischer Schriften, wobei im Unterschied zu den Darstellungen über die Tradierung in anderen Wissenschaften (Medizin, Mathematik, Philosophie usw.) die Wege der Überlieferung uns völlig unbekannt sind.

Die islamische Alchimie ist durch die Thesen der Hermetik, der jüdisch-christlichen Gnosis und der griechischen Philosophie, vor allem des Neoplatonismus, deutlich geprägt. Das dokumentiert sich u. a. in den mystischen und religiösen Gestalten aus Ägypten, Mesopotamien und Griechenland, z. B. Hermes, Maria oder gar Pythagoras, die die Alchimisten der islamischen Welt als ihre Vorgänger ansahen. Unter den religiösen Strömungen des Islams waren besonders die 7-Schia (Ismailiya) und der Sufismus mit der Alchimie verbunden.

So entstammen möglicherweise einige der bedeutendsten alchimistischen Werke – das »Corpus Gabirianum« – der Feder von Autoren, die Ismailiten waren oder der Ismailiya nahestanden. Eine weitere Richtung in der islamischen Alchimie verkörperten Gelehrte, die sich vorzugsweise mit der Systematisierung der alchimistischen Kenntnisse und ihrer praktischen Anwendung, z. B. in der Medizin und Mineralogie, beschäftigten.

Bedeutende islamische Alchimisten waren Abu Ya'qub as-Sidschistani, Abu Bakr Ali ibn Muhammad al-Churasani, Abu Bakr Muhammad ibn Zakariya ar-Razi, Muhammad ibn Umail, Maslama ibn Ahmad al-Madschriti, Izz ad-Din Aidamir ibn Ali al-Dschildaki sowie ein uns unbekannter, sich hinter dem Pseudonym ibn Wahschiya verbergender Autor. Daneben haben sich auch sehr viele Philosophen mit dem Problem der Alchimie beschäftigt, da ihre Grundproblematik – die Frage nach der Möglichkeit der Metallumwandlung – die islamische wissenschaftliche Welt seit ihrer Bekanntschaft mit der Alchimie bewegte.

139. Mörser, Syrien, 13. Jh. (?). Staatliche Museen Berlin, Islamisches Museum, Pl. 11061

140. Chemischer Ofen mit Destillationsapparat. Diese Illustration ist einer »Risala fi hadschar al-hukama« (Abhandlung über den Stein der Weisen) von einem gewissen Balamfusch (Balamgusch?) al-Madschriti entnommen, die sich in einer Sammelhandschrift zur Alchimie, Magie und anderen Geheimwissenschaften befindet. Forschungsbibliothek Gotha, Schloß Friedenstein, Ms. orient. A 12 f 60ʳ

Über die Natur der Metalle gab es zwei Theorien, wobei man sich vor allem mit Gold, Silber, Blei, Quecksilber, Zinn, Kupfer, Eisen und Zink beschäftigte. Eine besagt, daß die Metalle sich durch wesentliche Akzidenzien unterscheiden und zu verschiedenen Arten, aber zu einer Gattung gehören. Nach der anderen differieren die Metalle dagegen nur durch zufällige Akzidenzien und gehören zu einer Art. Die Vertreter der ersten Richtung behaupten, daß die Transmutation der Metalle unmöglich sei und daß man die Metalle höchstens so färben könne, daß sie Gold oder Silber zu sein scheinen. Die Vertreter der zweiten Theorie bejahen die Möglichkeit der Metallumwandlung durch die Benutzung eines Elixiers. Die islamischen Alchimisten kannten mineralische, pflanzliche und tierische Elixiere sowie deren Kombination. Die Wirkung eines Elixiers beruht nach Ansicht der islamischen Alchimisten auf der Freisetzung der vier Elemente und der vier Grundqualitäten, die dann auf die unedlen Metalle wirken. Möglicherweise chinesischen Ursprungs sind die Vorstellungen, daß die Metalle sich aus Quecksilber und Schwefel zusammensetzen. Eine dritte Methode, Gold und Silber zu synthetisieren, wurde auf der Lehre von den

Mengenverhältnissen begründet. Man versuchte, die Verhältnisse der Mengen zueinander nach Volumen und Gewicht zu bestimmen. Das führte zur Anfertigung langer Tabellen über die spezifischen Gewichte der Metalle, von Edelsteinen und anderen Mineralien.

Es ist oft problematisch, hinter den arabischen Namen die tatsächlich gemeinten Stoffe eindeutig zu bestimmen. Das trifft ebenfalls auf die Identifizierung der benutzten Verfahren zu. Die Bedeutung der einzelnen Begriffe variiert von Autor zu Autor beträchtlich. Die am häufigsten erwähnten Verfahren sind: Verdampfung, Austrocknung, Erstarrung, Verfestigung, Verbrennung, Lösung, Schmelzung, Zusammensetzung, Pulverisierung, Verflüssigung, Zeration, Röstung, Rostung (Behandlung der Metalle mit Wasser und Salz, mit Salmiaklösungen und Essig), Sublimation, Destillation, Reinigung, Filtrierung, Mischung, Waschung, Kalzination, Amalgamierung und Verfahren zur Gold- und Silberherstellung – Gelbfärbung, Rotfärbung (Goldherstellung) und Weißfärbung (Silberherstellung).

Die wichtigsten Geräte, die in der islamischen Alchimie ebenso wie in der »praktischen Chemie« Anwendung fanden, waren Apparate zum Destillieren und Sublimieren fester Stoffe, Kolben mit bzw. ohne Helmaufsatz zum Destillieren, Mörser, Reiber, Becher sowie Öfen zum Schmelzen für chemische Umwandlungen bei sehr hohen Temperaturen u. a. m. Vieles davon wurde von der christlich-lateinischen Alchimie übernommen.

141. Wägestück aus Glas, 9. Jh. Gewichte dieser Art wurden in großem Umfang im Handel benutzt, aber auch bei den Messungen in der Alchimie und Mineralogie fanden sie Verwendung. Staatliche Museen Berlin, Islamisches Museum, Pl. 10100

Pflanzen- und Tierkunde

Diese beiden Wissenschaften zeichnen sich durch viele Gemeinsamkeiten und zwei wesentliche Unterschiede aus. Gemeinsam sind ihnen die Grundvorstellungen über die Entstehung von Pflanzen und Tieren, die Abhängigkeit von griechisch-hellenistischen Ideen, die Versuche zur Klassifizierung dieser beiden Bereiche der Natur, die Schwierigkeiten in der begrifflichen Fassung von Art und Gattung sowie die weite Verstreuung tier- und pflanzenkundlicher Angaben in der islamischen Literatur. Die Unterschiede bestehen im Einfluß der Magie auf die beiden Wissenschaftszweige und in den Ergebnissen zur Schaffung einer wissenschaftlichen Nomenklatur. Während die Tierkunde äußerst nachhaltig von der spätantiken magischen und Wunderliteratur sowie von Erzählungen islamischer Indienfahrer über Fabeltiere geprägt wird, ist der Einfluß magischer Ideen in der Pflanzenkunde relativ gering und im wesentlichen auf landwirtschaftliche Schriften beschränkt. Wegen der verwirrenden Vielfalt griechischer, aramäischer, persischer, indischer und einiger chinesischer Pflanzennamen in der islamischen pflanzenkundlichen Literatur wurden intensive Bemühungen zur Schaffung einer Nomenklatur der Pflanzen unternommen. Weniger erfolgreich waren die diesbezüglichen Versuche islamischer Gelehrter in der Tierkunde.

Informationen über Pflanzen und Tiere der Wüste sind in vielfältiger Form in den Gedichten, Sprichwörtern und Redewendungen der vorislamischen arabischen Beduinen enthalten. Sie bildeten die Grundlage für einen Teil der philologischen Literatur. In diesen Werken wurden die von

142. Regenbogen aus der Kosmographie des Zakariya ibn Muhammad al-Qazwini in einer Kopie vom Anfang des 14. Jh. In Anlehnung an die meteorologischen Schriften des Aristoteles finden sich auch im »kitab asch-schifa« des berühmten islamischen Philosophen ibn Sina dazu Überlegungen. Forschungsbibliothek Gotha, Schloß Friedenstein, Ms. orient. A 1507 f 71ᵛ

den Beduinen benutzten Bezeichnungen gesammelt und geordnet. Von den Schriften des Aristoteles und Theophrastos ausgehend, verfaßten viele der islamischen Philosophen Abhandlungen über Tiere und Pflanzen. Nachhaltig war auch der Einfluß spätantiker Schriften auf die islamische Tier- und Pflanzenkunde. Vielfältige Ausführungen über die Bedeutung von Tieren und Pflanzen in der Medizin finden sich in den islamischen Giftbüchern, den Büchern über Diätetik und über Heilmittel. Neben der »Materia medica« des Dioskurides, die eine entscheidende Grundlage für die islamischen Ärzte bildete, lassen sich hier persische, indische und chinesische Einflüsse nachweisen. Auch geographische, kosmographische, historische und enzyklopädische Werke, landwirtschaftliche Schriften, Bücher über Tierheilkunde, Falknerei und Pferdezucht sowie die sog. Adab-Literatur enthalten eine Fülle tier- und pflanzenkundlicher Erörterungen.

Die verschiedenen Versuche islamischer Gelehrter, die Tierwelt zu systematisieren, reichen von alphabetischen Ordnungen über Unterscheidungen nach den verschiedensten Merkmalen der Tiere, z. B. nach ihren Fortbewegungsarten, ihren Schutzmethoden, der Art und Weise ihrer Ernährung, ihrer Fortpflanzung u. a. m. bis zum Mischen dieser Systeme.

Eine der am weitesten aufgeschlüsselten Einteilungen stammt von al-Dschahiz.

Weitere Klassifizierungen sind uns von den Lauteren Brüdern, Zakariya ibn Muhammad al-Qazwini, an-Nuwairi, den Falknern u. a. m. überliefert. Interessant ist ein System der Lauteren Brüder, das die Art der Fortpflanzung zugrunde legt, da sie eine Grundauffassung der islamischen wissenschaftlichen Welt über die Entstehung und Fortpflanzung von Tieren zum Ausdruck bringt: 1. voll ausgebildete Tiere, die durch Sprung begattet, trächtig werden, gebären und säugen; 2. Tiere, die durch Tritt begattet, Eier legen und brüten; 3. die unvollkommen ausgebildeten Tiere, die aus Fäulnis entstehen.

Vorzugsweise Insekten, aber auch Frösche und Skorpione, sollen durch eine Urzeugung aus Fäulnis und Morast entstehen. Diese Idee der Urzeugung übernahmen die islamischen Gelehrten von Aristoteles, auf den sich insbesondere die Vertreter der philosophischen Tierkunde stets beriefen.

Viele glaubten, daß gewisse Tiere durch den Wind befruchtet werden, z. B. Rebhuhn, Tiger, bei einigen Autoren sogar Frauen. Weitverbreitet waren auch Ausführungen über Bastardbildungen, die von tatsächlich vorkommenden Bastarden bis hin zu Fabelwesen reichten. Abd al-Latif al-Bagdadi hielt eine Mischung verschiedener Arten, sowohl Tiere als auch Pflanzen, für möglich, ohne ein Beispiel für eine konkrete Mischung anzugeben. Die Lauteren Brüder und al-Biruni z. B. vertraten die Ansicht, daß bei der Vermehrung von Tieren und Pflanzen stets die Formen der Gattung und Art konstant bleiben.

In all diesen Vorstellungen zeigt sich, daß die islamischen Wissenschaftler keinen klaren Artbegriff entwickelt haben. Das spiegelt sich auch in der terminologischen Verwirrung wider. Die Grundlage der Versuche islamischer Wissenschaftler, eine Pflanzennomenklatur zu schaffen, bildeten die Übersetzungen griechisch-hellenistischer Schriften. Die Muslime knüpften an die griechische binäre Nomenklatur an, ohne sie weiterzuentwickeln.

Ebenfalls an griechische Werke (Theophrastos, Nikolaos von Damaskus)

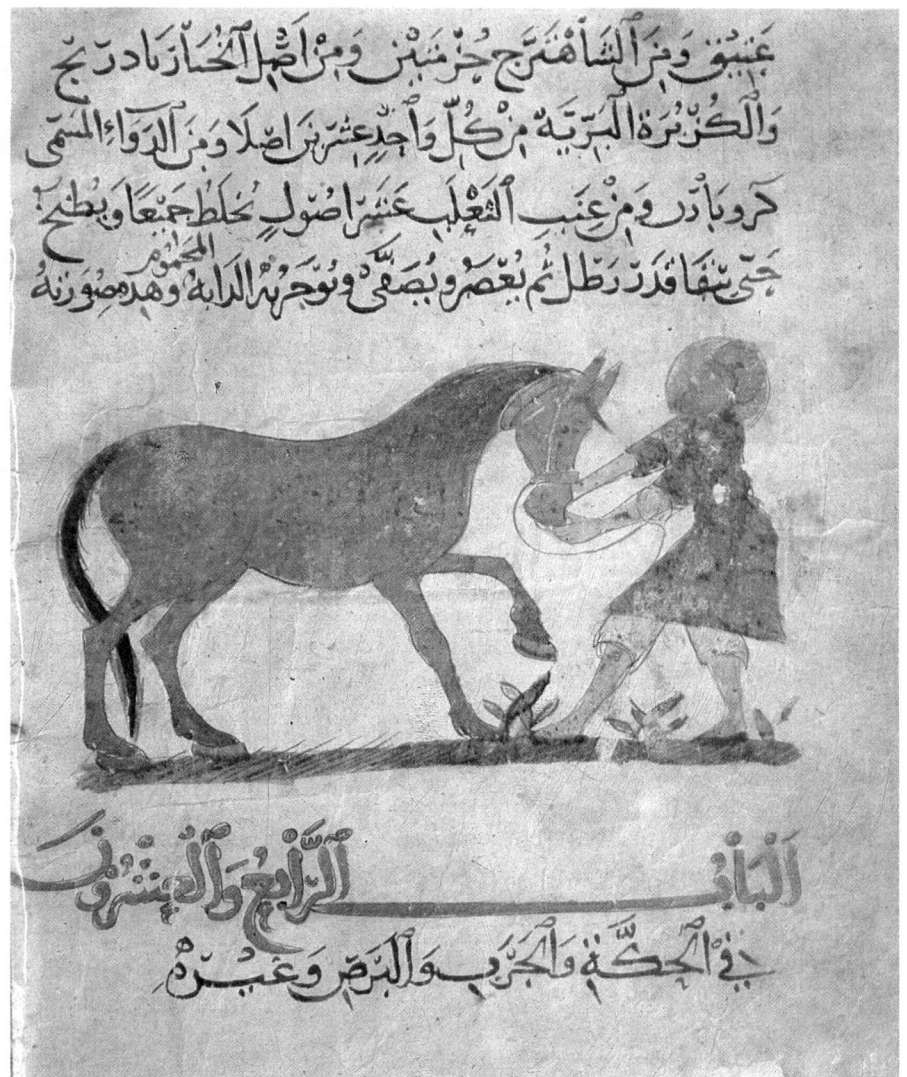

143. Pferdebehandlung. Das älteste Buch zur Pferdeheilkunde der Muslime »kitab al-baitara« (etwa: Buch der Amputation) stammt aus der Feder des Abu Yusuf Ya'qub ibn abi Hizam und wurde um 1209 in Bagdad geschrieben. Er war Stallmeister des Kalifen al-Mu'tadid. Egyptian National Library, Kairo, Nr. 8 tibb f, chatil aga

144. Aristoteles und ibn Bahtischu'. Um die Tradierung des antiken Wissens kreisten unter den Gelehrten der islamischen Welt zahlreiche Legenden und Anekdoten. Hier wird in einem Tierbuch eine Diskussion zwischen Aristoteles (links) und dem Leiter der Akademie von Gundeschapur, dem Perser ibn Bahtischu', dargestellt. Na't al-hayawan, Bagdad, vor 1258. British Library, London, Ms. orient. 2784

schlossen Untersuchungen über Pflanzenphysiologie an, die vorwiegend von islamischen Philosophen angestellt wurden. Von einer Schrift des Dioskurides angeregt, beschrieben islamische Gelehrte in ihren verschiedenen Werken das ökologische Verhalten und die geographische Verteilung von Pflanzen, ohne jedoch diese Dinge systematisch zu behandeln.

Gesteinskunde

Die islamische Gesteinskunde wird durch zwei Aspekte besonders geprägt. In ihr finden sich verhältnismäßig viele magische Elemente. Zum anderen ist sie durch die Verwendung vieler Steine im Handel bestimmt.

Die theoretischen Reflexionen über die Entstehung der Steine, ihre Natur und ihre Eigenschaften entstammen hauptsächlich der Alchimie. Insgesamt umfaßt die islamische Gesteinskunde Beiträge zu den Gebieten, die wir heute als Mineralogie, Kristallographie, Petrographie, Metallurgie, Lithologie und Stratigraphie bezeichnen, ohne daß die Muslime diese Gebiete voneinander getrennt hätten. Zu den von der Gesteinskunde untersuchten Stoffen gehören alle Substanzen, die nicht der Tier- und Pflanzenkunde zugeordnet werden: Metalle, Steine, Perlen, Glasflüsse, Vitriole, Schwefel, auch gewisse organische Substanzen und viele Fabelsteine.

Der Übergang vom Reich der Mineralien zum Reich der Pflanzen ist fließend, wie der von den Pflanzen zu den Tieren. So werden z. B. von verschiedenen Autoren die Morcheln in die Gesteinskunde einbezogen, da sie weder Früchte noch Blätter haben und sich aus Staub bilden würden. Sie stünden darüber hinaus den Pflanzen nahe, weil sie an feuchten Plätzen im Frühling, wenn es regnet und donnert, aufsprießen. Andererseits gäbe es Pflanzen, die den Steinen ähneln, so z. B. das Ruinengrün, das auf Felsen und Steinen zusammengeklebter Staub sei und unter Einfluß von Feuchtigkeit grünen würde. Die Erdschwämme wurden als Pflanzenmineral und das Ruinengrün als Mineralpflanze bezeichnet.

Die Minerale entstehen aus den vier Elementen, wobei Wasser, Erde und Luft die stoffliche Zusammensetzung der Gesteine ausmachen und das Feuer ihren Reifegrad bestimmt, d. h. nicht unmittelbar in die Substanz einfließt.

Die Gesamtheit der Minerale wurde nach Eigenschaften wie Festigkeit, Weichheit, Farbe, Schmelzbarkeit u. a. m. unterteilt, wobei man mehrere verschiedene Klassifikationen, ähnlich der Situation in der Tier- und Pflanzenkunde, schuf.

Die bekanntesten Schemata stammen aus einer Schrift des Dschabir Corpus, von den Lauteren Brüdern, von at-Tauhidi (diese beiden Systeme stimmen fast überein), von dem bedeutenden Mediziner ar-Razi, dessen »Namensvetter« Fachr ad-Din ar-Razi (dessen System dann später in kosmographischen Schriften wieder auftaucht, z. B. bei al-Qazwini), von al-Dschildaki und von ibn Sina.

145. Ein Arzt kontrolliert die Ernte von Arzneipflanzen. Der hier dargestellte Arzt soll Andromachos sein. Kitab ad-diryaq, 1199, vermutlich Mosul. Bibliothèque Nationale, Paris, Ms. arabe 2964, f 22

Die bedeutendste Rolle bei der weiteren Entwicklung der Mineralogie, vor allem im mittelalterlichen Europa, haben die mineralogischen Ausführungen ibn Sinas gespielt, die Bestandteile seiner philosophischen Enzyklopädie »kitab asch-schifa« waren. Sie wurden in verschiedenen Versionen, herausgelöst aus der Enzyklopädie, ins Lateinische übersetzt und z. T. als Steinbuch des Aristoteles ausgegeben. Ibn Sina kannte vier Klassen von Mineralien: 1. Steine, 2. schweflige Stoffe, 3. wasserlösliche Salze, 4. schmelzbare Körper.

Neuartig bei ibn Sina ist, daß er Quecksilber den schmelzbaren Körpern zuordnete und Salmiak und die Vitriole den Salzen. Seine Einteilung läßt sich noch in der europäischen Literatur des 19. Jh. finden.

Bemerkenswert sind auch seine Gedanken über die Entstehung der Berge, Täler und Schluchten. Sie wurden noch 1866 von dem bedeutenden englischen Naturwissenschaftler Lyell in dessen »Grundlagen der Geologie« gewürdigt. Ibn Sina unterschied innere und äußere Faktoren der Bildung des Oberflächenreliefs der Erde, zu den inneren rechnete er Erdbeben, zu den äußeren die Erosion durch Wasser und Wind. Als weiterer Faktor der Reliefbildung erscheint bei ihm der lithologische Zustand der Erdoberfläche. Elemente der Stratigraphie finden sich in seiner Erörterung über die Entstehung von Schichten. Als Beispiele verwendete er Berge, die er selbst gesehen hatte.

146. Webervogelpärchen bei der Brutpflege. Die Kosmographie des Zakariya ibn Muhammad al-Qazwini »Adscha'ib al-machluqat wa gara'ib al-maudschudat« (etwa: Die Seltsamkeiten unter den Geschöpfen und die Wunder der Schöpfung) enthält u. a. ausführliche Berichte über verschiedenartige Tiere und bildliche Darstellungen von ihnen. Damit kam man dem Bedürfnis nach Unterhaltung und Information der gebildeten Schichten ebenso nach wie mit den zahlreichen Wundergeschichten, die sich ebenfalls in dieser Kosmographie befinden. Forschungsbibliothek Gotha, Schloß Friedenstein, Ms. orient. A 1507 f 204ʳ

Ähnliche Ansichten über die Schichtenbildung und das Entstehen von Festland aus dem Meer wie ibn Sina vertraten auch die Lauteren Brüder, die sagten, daß Gestein zu Sand zerfällt, der aus dem Gebirge durch die Flüsse ins Meer gespült wird und dort aufgeschichtet allmählich aus dem Meer emporwächst.

Geographie

Die geographischen Kenntnisse der islamischen Welt findet man in astronomischen, historischen, kosmographischen Abhandlungen, in Reisebeschreibungen unterschiedlichster Art, Schriften über das Wege- und Straßennetz im Kalifat, einzelne Provinzen und Staaten, in Kartenwerken u. a. m.

Eine einheitliche geographische Wissenschaft haben die Gelehrten nicht geschaffen. Die islamische Geographie unterteilt sich in drei große Bereiche: die mathematische Geographie, deren Hauptziel es war, die geographische Lage von Städten und Dörfern zu bestimmen; die Kartographie und die Fülle von Länder- und Städtebeschreibungen, die in ihrer Gesamtheit nicht unter einem inhaltlichen Konzept zusammenfaßbar sind. Die überaus lebhafte Reisetätigkeit der Muslime ergab sich aus der Vielzahl der politischen und kommerziellen Kontakte islamischer Fürsten und Kaufleute sowie aus dem Koran, der jedem Gläubigen die Pflicht auferlegte, mindestens einmal in seinem Leben zu den heiligen Stätten zu pilgern, und der auch dem Handel aufgeschlossen gegenüberstand.

147. Merkur als Gelehrter unter dem Sternenhimmel. In den populären Kosmographien haben die Planeten und Sternbilder gelegentlich eine Gestalt, die von den bildlichen Verkörperungen in astronomischen Schriften abweicht. Auch in astrologischen Werken lassen sich diese Darstellungen nachweisen. Forschungsbibliothek Gotha, Schloß Friedenstein, Ms. orient. A 1507 f. 23ᵛ unten

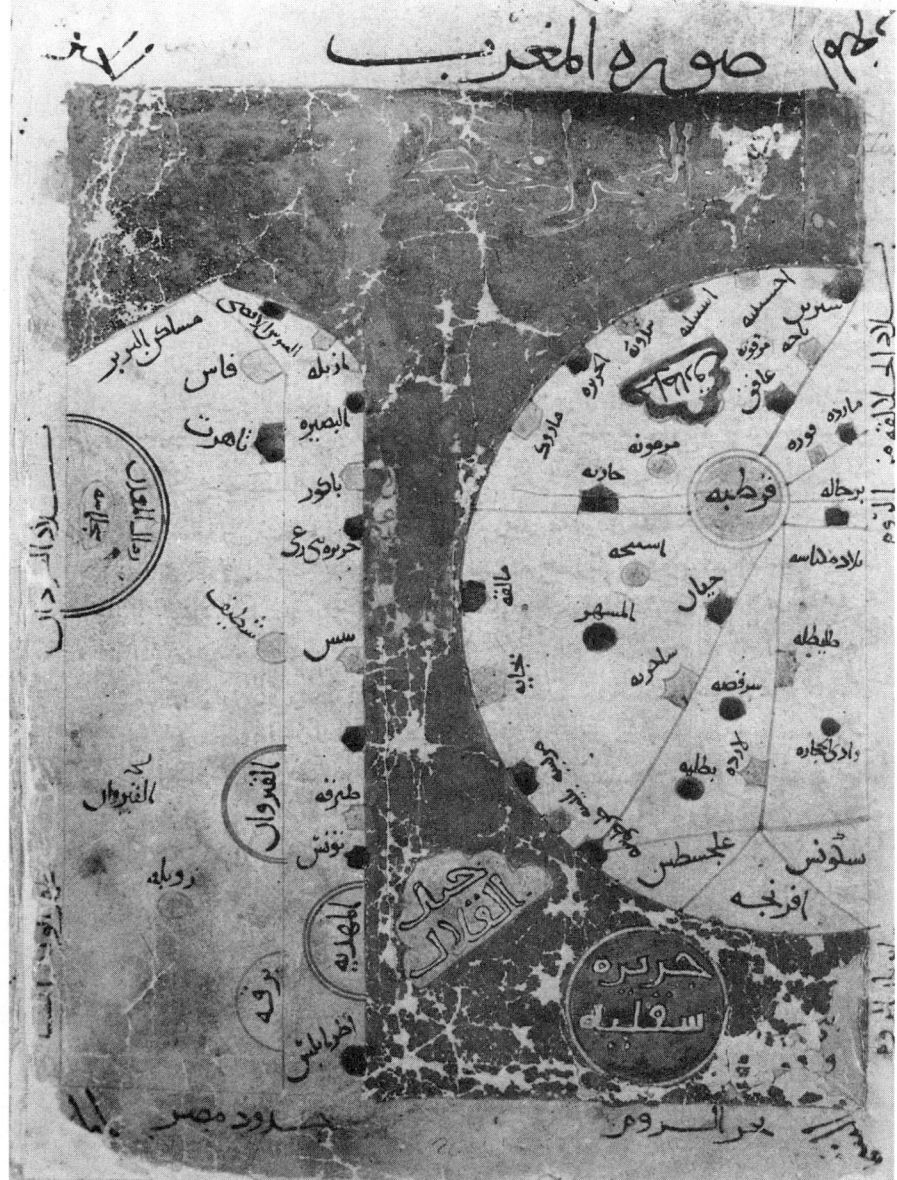

148. Karte Nordafrikas und des Mittelmeergebietes, aus dem »kitab al-masalik wa'l-mamalik« (Buch der Reisewege und der Königreiche) des Abu Ishaq Ibrahim ibn Muhammad al-Farisi al-Istachri. Die Kopie entstand 1173. Forschungsbibliothek Gotha, Schloß Friedenstein, Ms. orient. A 1521 f 13ᵛ

Die geographischen Kenntnisse der Inder wurden der islamischen Welt durch die Übersetzungen der indischen astronomischen und astrologischen Texte übermittelt, wobei die astronomischen und astrologischen Vorstellungen das islamische Denken tiefer beeinflußten als die mit ihnen überlieferten geographischen Kenntnisse. In der islamischen Geographie spielten vor allem iranische Theorien eine große Rolle, wobei der Transmissionsweg noch wenig bekannt ist. Das bedeutendste Element ist die Theorie der sieben Klimata als bestimmte administrative Einheiten.

Persischer Einfluß findet sich auch weitgehend in der islamischen maritimen und nautischen Literatur. Man kann ihn ebenfalls in der islamischen Kartographie nachweisen.

Die Überlieferung antiken geographischen Wissens war eng mit der Übersetzung der ptolemaiischen Geographie, der Schriften von Platon, Aristoteles und Marinos von Tyros verbunden.

Während iranisches Gedankengut stark in der regionalen und beschreibenden Geographie vertreten war, dominierten griechische Theorien in der mathematischen, physischen und anthropologischen Geographie. Der griechische, insbesondere ptolemaiische Einfluß auf die islamische Geographie konnte sich in Teilen bis ins 13. Jh. halten, obwohl muslimische Wissenschaftler, Kaufleute und Seefahrer bereits im 9. Jh. auf Unzulänglichkeiten in den griechischen Kenntnissen stießen und diese auszumerzen trachteten. Bedeutende Schritte zur Erweiterung und Entwicklung geographischen Wissens wurden unter der Regierung des Kalifen al-Ma'mun getan. Die islamischen Gelehrten hatten aus den Übersetzungen griechischer astronomischer Schriften gelernt, daß die Erde rund sei und im Mittelpunkt des Weltalls stünde. Unter al-Ma'mun wurde ein Meridianbogen mit bemerkenswerter Genauigkeit gemessen, astronomische Tafeln entstanden, und es wurde eine Weltkarte angefertigt. Neben Philosophen und Astronomen verfaßten vor allem Leiter von Poststationen und Regierungsstellen geographische Abhandlungen. Ein Postdirektor – ibn Churradadbih – war der Vater der allgemeinen Geographie in der islamischen Welt, sein Werk »al-masalik wa'l-mamalik« (Die Reisewege und die Königreiche) diente den folgenden Generationen als Vorbild. Insgesamt läßt sich die geographische Literatur in der Blütezeit islamischer Wissenschaften in zwei großen Gruppen zusammenfassen: Arbeiten mit ibn Churradadbih, al-Ya'qubi und al-Mas'udi als ihre bedeutendsten Vertreter. In den Arbeiten dieser Schule überwiegen iranische Ansichten, aber es finden sich auch griechische Konzepte, Schriften der sog. Balchi-Schule, die ihren Namen nach dem Perser Abu Zaid ibn Sahl al-Balchi erhielt. Weitere bedeutende Geographen dieser Richtung waren al-Istachri, ibn Hawqal und al-Muqaddasi. Sie vertraten in erster Linie Konzepte, die sie im Koran oder in der hadith-Tradition vorfanden. Erstmalig findet sich in den Arbeiten al-Istachris, ibn Hawqals und al-Muqaddasis die Definition eines Landes in geographischen Begriffen. Ihren Höhepunkt erreichte die islamische Geographie im 11. Jh. Die bedeutenden Geographen al-Biruni und ibn Yunus waren gleichzeitig u. a. anerkannte Astronomen und Mathematiker. Al-Biruni gab einen kritischen Überblick über den zu seiner Zeit erreichten Entwicklungsstand der islamischen Geographie und fertigte eine vergleichende Untersuchung der geographischen Kenntnisse der Griechen, Iraner und Inder an. Er war der Auffassung, daß die Griechen das höhere Niveau erreicht hatten, und empfahl die Benutzung der griechischen Methoden und Verfahren.

Reichhaltig an regionalen und deskriptiven geographischen Elementen war die Reise- und Seefahrtsliteratur der islamischen Welt. Die Ursachen für die Entstehung und Verbreitung dieser Art geographischer Literatur bestanden in der Errichtung des islamischen Großreiches, den politischen Beziehungen des Kalifats und der späteren islamischen Staaten sowie in dem gewaltigen Umfang der Handelstätigkeit islamischer Kaufleute. Die Kaufleute reisten bis an die Ostküste Chinas, die Ostküste Afrikas und nach Nordeuropa. Die Seefahrer betrieben nicht nur Küstenschiffahrt, sondern

auch Hochseeschiffahrt, z. B. von der arabischen Halbinsel nach Indien, von Aden nach Ostafrika u. a. m. Zu diesen Fahrten fertigten sie sich nach iranischen Vorbildern verbesserte Seekarten an, von denen jedoch keine erhalten geblieben ist. Die aus der Schiffahrt und den Reisen der Kaufleute, Pilger, Missionare und politischen Beauftragten gewonnenen, praktischen geographischen Kenntnisse, die häufig im Widerspruch zu dem von den Griechen, Indern und Persern übernommenen theoretischen Wissen standen, waren eine wichtige Quelle für den Aufschwung der islamischen Geographie vom 9. bis zum 11. Jh. Mit dem 12. Jh. begann ein allmählicher

149. Weltkarte des ibn al-Wardi. Sie stammt aus einer Kopie seines kosmographischen Werkes »Undurchbohrte Perle der Wunder und kostbare Perle der Merkwürdigkeiten« aus dem 17. Jh. Forschungsbibliothek Gotha, Schloß Friedenstein, Ms. orient. A 1514 f. 1ʳ/2ᵛ

Niedergang, der von guten Einzelleistungen unterbrochen wurde, so z. B. von den Werken al-Idrisis in Sizilien und von Abu'l-Fida in Syrien. Die kritische Überprüfung der Kenntnisse früherer Generationen trat zugunsten von Zusammenfassungen dieser Kenntnisse immer mehr zurück. Die Zeit zwischen dem 12. und 16. Jh. war darüber hinaus von der Entstehung sog. nationaler geographischer Literatur, z. B. persischer, ägyptischer und syrischer, geprägt. Hervorzuheben ist dabei die im 14. Jh. beginnende schriftstellerische Tätigkeit der osmanischen Geographen, weil diese neben der teilweisen Aufarbeitung der ältesten islamischen geographischen Schriften auch die neuen geographischen Kenntnisse der christlichen Europäer aufnahmen. Von den islamischen Schriften wurden vor allem die Kosmographie al-Qazwinis sowie Werke von ibn Churradadbih, ibn al-Wardi und Abu'l-Fida übersetzt. An christlichen europäischen Quellen lernten die Osmanen den Atlas Minor des Gerhard Mercator und den Atlas Maior sive Cosmographia Blaviana kennen, beides Werke des 17. Jh. Eigenständiges schufen die Geographen in der Seefahrts- und Navigationsliteratur, in der Reiseliteratur und in der Kartographie. Berühmt sind z. B. die Karten des Piri Muhyi'd-Din Re'is aus dem 16. Jh., die auch die Entdeckungen der Portugiesen und Spanier verzeichneten.

Europäisch-lateinisches Mittelalter

Vorhergehende Seite:
150. Diskussion zwischen mittelalterlichen Gelehrten. Hrabanus Maurus, Abt von Fulda und seit 842 Erzbischof von Mainz, verfaßte außer einer Vielzahl theologischer Schriften auch das naturwissenschaftlich orientierte Werk »De universo«; er setzte die Tradition der spätantiken Enzyklopädien fort. Tolerant gegenüber der antiken Wissenschaft und Philosophie erhielt er in Anerkennung seiner Verdienste um die Wissensvermittlung den Ehrennamen »Praeceptor Germaniae« (Lehrmeister Deutschlands). Ausschnitt aus dem Codice del 1028 – Enciclopedia mediaevale di Maurus Hrabanus: De Philosophis. Libro XV, Cap. I, pag. 372. Abtei von Monte Cassino

Die Völker, die dem römischen Imperium den Todesstoß versetzten, befanden sich selbst auf der Stufe der zerfallenden Urgesellschaft. Die Erfahrungen und Ergebnisse der hohen antiken Kultur und Wissenschaft konnten somit nicht ohne Bruch an die sich allmählich herausbildende neue Gesellschaft weitergegeben werden. Es bedurfte eines mehrhundertjährigen Prozesses, bis die neue feudale Gesellschaft jene Höhe erreicht hatte, die sie sowohl wirtschaftlich als auch geistig-kulturell als die überlegenere auswies. Für einen radikalen Sprung über das in der Antike Erreichte hinaus fehlten vorerst die gesellschaftlichen Bedingungen. Der christlichen Kirche kann somit nicht allein die Schuld angelastet werden, daß die antiken Wissenschaftstraditionen eine deutliche Unterbrechung erfuhren.

Die christliche Religion hatte nach der Aufhebung des Verbots (313) und ihrer späteren Anerkennung als Staatsreligion noch oder gerade erst jetzt im eigenen Machtbereich Kämpfe um das führende Zentrum und die richtige Auslegung der Lehren auszufechten. Weitsichtige Ideologen erkannten die für die Kirche heraufziehenden Gefahren und entwickelten eigenständige Macht- und Gesellschaftstheorien. Die Kirche sollte nun nicht mehr den faulenden weltlichen Körper des einst »heidnischen« römischen Imperiums stützen, sondern seinen Untergang als eine unausweichliche Strafe Gottes betrachten. Vorherrschaft der Kirche gegenüber dem Staat und Primat des Glaubens vor dem Wissen, dies waren die neuen Akzente, die die Kirchenväter (Patres) setzten. Sie führten die Auseinandersetzung nicht nur mit anderen oder abweichenden religiösen Auffassungen, sondern bestanden auf einer weitgehenden Verketzerung der antiken Philosophie und Naturwissenschaft während der Frühzeit des Urchristentums.

Die wissenschaftsfeindliche Haltung hat bei einigen dieser Kirchenväter, den Begründern der christlichen Dogmatik, programmatischen Ausdruck gefunden. Tertullian z. B. sah in der Philosophie, d. h. der hellenistischen Wissenschaft, die eigentliche Quelle der Ketzerei. »Wißbegier ist uns nicht nötig, seit Jesus Christus; auch nicht Forschung, seit dem Evangelium.« Lactantius vertrat mit Nachdruck die Auffassung, das Gute könne nicht im Wissen bestehen, verspottete die Idee von den Antipoden (Gegenfüßlern), von Menschen also, welche den dem Mittelmeerraum gegenüberliegenden Teil der Erdoberfläche bewohnen, und wandte sich gegen die Vorstellung von der Kugelgestalt der Erde. Dabei hatte diese Einsicht einmal zum unbestrittenen Grundbestand der hellenistischen Wissenschaft gehört. Andere christliche Autoren erklärten die Untersuchung der Planetenbewegung für gegenstandslos, da doch jedem Planeten ein Engel beigegeben sei, der dessen Bewegung dirigiere.

Von den Autoren der Patristik hat Augustinus, Bischof von Hippo Regius in Numidien (Nordafrika), am deutlichsten die Haltung der Kirche zur Naturwissenschaft für die kommenden Jahrhunderte geprägt. Auch er betonte die Überflüssigkeit und die möglichen Gefahren des Studiums der heidnischen Wissenschaft. Eine andere Sache aber sei die Aneignung nützlicher Kenntnisse und Fertigkeiten, da man keine Angaben über den Zeitpunkt der Errichtung des Gottesreiches machen könne und sich daher auf die Eroberung der bestehenden Welt für das Wort Gottes einrichten müsse. Der Erwerb wissenschaftlicher Güter durch die Heiden beweise höchstens die Unrechtmäßigkeit ihres Besitzes. Erst die Christen können – nach

Augustinus – davon den richtigen Gebrauch machen, den nämlich, die Offenbarung Gottes in der Natur zu erweisen. Es bleibe die Hauptbedingung, daß jede Wissenschaft der Heiligen Schrift unterworfen sei, da diese mit den dort geoffenbarten Wahrheiten alle Fähigkeiten des menschlichen Geistes übertreffe. Seitdem war im christlichen Herrschaftsbereich – anders als z. B. im Islam, wo es keine Trennung von Wissen und Glauben gab – der Primat des Glaubens vor dem Wissen fixiert. Er konnte erst nach mühevollen und opferreichen Kämpfen zurückgedrängt und schließlich überwunden werden.

Dennoch waren es gerade die Geistlichen, die noch Zugang zu den antiken Wissenschaften hatten und in den Klöstern durch Aufbewahren und Abschreiben antiken Gedankengutes einen Beitrag zur Wissenschaftsentwicklung leisteten.

151. Anicius Manilius Torquatus Boëthius. Der in Ravenna am Hofe des Ostgotenkönigs Theoderich wirkende und 524 u. Z. aus politischen Gründen hingerichtete Staatsmann und Philosoph hat sich durch die lateinische Bearbeitung, Übersetzung und Kommentierung griechischer wissenschaftlicher Texte, so u. a. der Schriften von Aristoteles, Nikomachos, Euklid und Archimedes, um die Überlieferung antiken Wissens verdient gemacht. Palazzo Ducale, Urbino

Während weit im Osten Europas das griechisch-orthodoxe Gegenstück zum katholischen Frankenreich, der Großstaat der Kiewer Rus, zerfiel und schließlich von den Tataren überrannt wurde, vermochte sich das Frankenreich in Mittel- und Westeuropa als der erste zentralisierte feudale Staat nach langwierigen Machtkämpfen im Inneren und gegen äußere Feinde durchzusetzen. Die Krönung des Frankenkönigs Karl durch den Papst im Jahre 800 zum Kaiser symbolisierte den Willen zur Weiterführung der Traditionen des Römischen Reiches, nun unter christlichem Vorzeichen. Papst und Kirche sicherten als Hauptstützen den Staatsaufbau weltanschaulich ab und profitierten für diesen Dienst in Form von Sonderrechten und großzügigen Landschenkungen.

Die Verwaltung des Reiches, das sich über Teile des heutigen Spanien, Italien, ganz Frankreich und weit nach Osten bis zur Elbe und Donau erstreckte, erforderte eine Anhebung der allgemeinen Bildung des Klerus. So heißt es in einem Kapitular, einer Reichsverordnung Karls, an die Geistlichkeit: »Deshalb ermahnen wir Euch, die Wissenschaft nicht zu vernachlässigen, sondern... fleißig zu lernen, damit ihr leichter und richtiger in die Mysterien der Heiligen Schrift eindringen könnt.« Karl, selbst des Lesens und Schreibens unkundig, rief aus Irland und England, wo die Stürme der Völkerwanderung nicht hingelangt waren und sich daher noch relativ starke wissenschaftliche Traditionen aus der Antike hatten behaupten können, gelehrte Mönche an seinen Hof. Auch an den Bischofssitzen wurden Schreibschulen gegründet und am Hofe selbst eine Palastschule eingerichtet. Nach antikem Vorbild unterhielt Karl eine als »Akademie« bezeichnete Vereinigung von Freunden des Wissens.

Durch mühsames, organisiertes Kopieren konnte die Zahl der Bücher im Frankenreich beträchtlich vergrößert werden, doch dürften selbst die berühmtesten Bibliotheken kaum mehr als 100 Bände besessen haben. In diesem Zusammenhang wurden auch die Schriftzeichen vereinfacht und stilisiert; die Karolingische Minuskel, eine Schreibweise der Kleinbuchstaben, fand zunehmend Verwendung und wurde im 15./16. Jh., nach der Erfindung des Buchdruckes mit beweglichen Lettern, zur Vorlage für die meisten europäischen Drucktypen.

Führend beim Aufschwung des fränkischen Bildungswesens wirkte der Engländer Alcuin von York. An der Abtei St. Martin in Tours richtete er eine Musterschule ein, schuf eine zusammenfassende Darstellung des Triviums, d. h. der Lehrfächer Grammatik, Rhetorik und Dialektik, schrieb eine Anleitung zur Berechnung des Osterdatums und vermutlich eine mathematische Aufgabensammlung »zur Erziehung der Jünglinge«. Nach dem Beispiel von Tours entwickelten sich im Frankenreiche bzw. seinen Nachfolgestaaten weitere Bildungszentren, so Perrières und Corbie in Frankreich, Reichenau und St. Gallen in der Schweiz und in Deutschland das Kloster Fulda, an dem der auch naturwissenschaftlich interessierte Abt Hrabanus Maurus wirkte.

Bis zum Ende des 8. Jh. verharrten die Wissenschaften im christlichen Europa trotzdem auf einem außerordentlich niedrigen Niveau. Ein Aufschwung konnte erst einsetzen, als auch die wirtschaftliche und technische Entwicklung einen bestimmten Stand erreicht hatte. Seit dem 8./9. Jh. wurden Neuerungen eingeführt, die es gestatteten, langsam, aber durchgreifend

152. Mittelalterliche Schreibstube. Bis zur Erfindung des Buchdruckes war jedes Buch bzw. jede Handschrift ein Unikat, das in mühsamer Handarbeit durch Kopieren (Abschreiben) hergestellt werden mußte. Viele Handschriften wurden illustriert sowie graphisch und farbig gestaltet. Die mittelalterliche Buchmalerei, eine außerordentlich hochstehende Kunsttradition, stellt zugleich eine kultur- und wissenschaftsgeschichtliche Quelle ersten Ranges dar, da sie Aufschlüsse über die damals bekannten Naturobjekte und das damalige Weltbild liefert. Miniatur aus Cod. 2572 f 1^r, um 1480/90. Österreichische Nationalbibliothek, Wien

die Produktivität der Arbeit zu steigern. Dazu gehörten der Übergang zur Dreifelderwirtschaft und ein verbesserter Pflug. Die Verwendung des Hufeisens und die Kummetanschirrung ermöglichten eine weitaus günstigere Ausnutzung der Zugkraft der Pferde. Später nutzte man erfolgreich Wasser- und Windkraft in Mühlen. Allmählich bildeten sich trotz vorherrschender Naturalwirtschaft Wirtschaftsräume heraus, die einen meßbaren Überschuß ermöglichten und schrittweise den Austausch von Produkten begünstigten. Das Handwerk löste sich aus der Dorf- oder Fronhofstruktur. Mit dem Nahhandel wuchs schließlich auch der Fernhandel. Die steigenden Ansprüche, besonders an den Höfen des Adels, begünstigten diesen Prozeß. Sichtbares Zeichen dafür waren die Stadtbildungen an den Wohnsitzen

153. Kolleg des Henricus Allemagna. Im scholastischen Lehrbetrieb spielte das Verlesen und Kommentieren antiker Schriften eine Hauptrolle, zumal sich die selbständige naturwissenschaftliche Forschung eben erst zu entwickeln begann. Miniatur aus Liber ethicorum des Laurencius de Voltolina, zweite Hälfte 14. Jh. Staatliche Museen Preußischer Kulturbesitz, Berlin (West), Kupferstichkabinett

geistlicher und weltlicher Fürsten. Mit der Entwicklung von Handwerk und Handel wuchs sprunghaft auch die Rolle des Geldes als Tauschobjekt; man mußte zählen, rechnen, schreiben können. In den Städten entstanden erste weltliche Schulen. Die Entwicklung verlief zwar noch zaghaft und blieb von Rückschlägen nicht verschont, doch war sie stark genug, um sich auf längere Sicht durchzusetzen.

Mit der zunehmenden ökonomischen, politischen und militärischen Macht des europäischen Feudalismus verstärkten sich die Beziehungen zur Welt des Islam. Der Handel weitete sich aus. Auch die blutigen Kreuzzüge zur Eroberung der heiligen christlichen Stätten des Nahen Ostens beeinflußten die Entwicklung der Wissenschaften in Europa. Die christliche Welt sah sich mit einer hochentwickelten Wissenschaft in den islamischen Ländern konfrontiert. Über Spanien, Sizilien und den Nahen Osten gelangten die Schätze der islamischen Wissenschaft nach und nach in die Länder des christlichen Feudalismus.

Im spanischen Toledo wurde im Jahre 1085 eine Übersetzerschule gegründet, die systematisch wissenschaftliche Werke aus dem Arabischen – oftmals über das Hebräische und Kastilische als Mittlersprachen – ins Lateinische übertrug und somit auch Kostbarkeiten der in arabischer Sprache bewahrten griechisch-hellenistischen Wissenschaft den christlichen Gelehrten zugänglich machte. An der Schule von Toledo wirkten zwei herausragende Übersetzer, der jüdische Gelehrte Johannes von Toledo und Gerhard von Cremona. Um die Mitte des 12. Jh. waren u.a. Werke von Avicenna, al-Farabi, al-Chwarizmi, der »Almagest« von Ptolemaios und Teile der Schriften von Aristoteles, Archimedes, Euklid und Apollonios sowie medizinische Texte übersetzt worden. In Sizilien wurde am Hofe des Hohenstaufenkaisers Friedrich II. die von den Normannen begonnene Übersetzungstätigkeit weitergeführt. Beispielsweise übertrug Michael Scotus die zoologischen Schriften von Aristoteles ins Lateinische. Der weitgereiste englische Scholastiker Adelard von Bath schuf auf Grund eigener arabischer und griechischer Sprachkenntnisse Übersetzungen, die bereits hohen wissenschaftlichen Ansprüchen genügten, u.a. der »Elemente« von Euklid, des »Almagest« und des sog. Rechenbuches von al-Chwarizmi.

Die Begegnung mit der antiken Wissenschaft hinterließ bei den christlichen Gelehrten einen überwältigenden Eindruck. Das Interesse richtete sich zunehmend auf die griechischen Originale, die systematisch gesucht und unter Umgehung der Mittlertexte direkt ins Lateinische übersetzt wurden. Den Höhepunkt und zugleich den vorläufigen Abschluß der mittelalterlichen Übersetzungstätigkeit repräsentierte der flämische Dominikaner Wilhelm von Moerbeke, der sich um die Mitte des 13. Jh. auf Bitten seines Freundes Thomas von Aquino insbesondere den Schriften von Aristoteles zuwandte und weiterhin Hippokrates und Galen, Archimedes und Heron aus dem griechischen Urtext ins Lateinische übertrug.

Gegen Ende des 11. Jh. hatte die Kirche erkannt, daß im Interesse ihrer eigenen politischen und ökonomischen Machtentfaltung die Geistlichkeit Lesen, Schreiben und Rechnen lernen und daß sie zur Formulierung ihrer ideologischen und materiellen Ansprüche wissenschaftliche Bildung erwerben müsse. Ebenso drängte die Entwicklung in den sich entfaltenden Städten auf Aneignung von Kenntnissen und Bildung. Unter diesen Umständen bildete sich in der im Aufschwung befindlichen europäischen Gesellschaft eine deutliche Aufnahmebereitschaft für die Wissenschaft heraus. Drei geistige Ströme – das griechisch-hellenistische Erbe, bedeutende Teile der islamischen Wissenschaft und christliches Denken – trafen in Europa zusammen, berührten und verbanden sich im Laufe des 12. Jh. In dieser Zeit ging die europäische Gesellschaft ihrem Höhepunkt entgegen, wobei der Aufschwung der materiellen Produktion neben der Landwirtschaft und der Fortentwicklung des Handwerks in den Klöstern vor allem an die sich rasch entwickelnden Städte gebunden war. Das Handwerk spezialisierte sich, und es entstanden Zünfte. Mühlenwesen, Wasserbau, Bergbau, Eisenverarbeitung, Braukunst, Salinenwesen, Tuchmacherei, Gerberei u.a.m. machten bedeutende quantitative und qualitative Fortschritte.

Die europäische Naturwissenschaft des Hochmittelalters fand ihre Heimstatt an den Universitäten. Dort bildete sich eine Methode des Wissen-

154. Erste bildliche Darstellung eines Gelehrten mit (Niet-) Brille. Die Brille kann als erstes optisches Instrument bezeichnet werden. Ihre Erfindung geht vermutlich bis ins 13. Jh. zurück; im 15./16. Jh. war das Tragen der Brille bereits weit verbreitet. Sie verbesserte wesentlich das Arbeitsvermögen der Menschen, insbesondere bei Kurzsichtigen und Alterssichtigen. Nun konnte der Gelehrte bis ins hohe Alter wissenschaftlich arbeiten. Wandmalerei des Tommaso da Modena im bischöflichen Seminar von Treviso, Mitte 14. Jh.

157

Universitätsgründungen im europäischen Mittelalter
Auswahl nach: Atlas zur Geschichte. Bd. 1.
Gotha/Leipzig 1973, S. 44, Karte III

Paris	1160
Bologna	1160
Oxford	vor 1167
Montpellier	1181
Cambridge	1209
Padua	1222
Neapel	1224
Toulouse	1229
Salerno	vor 1231
Salamanca	vor 1243
Lissabon	1290
Rom	1303
Coimbra	1308
Pisa	1343
Prag	1348
Florenz	1349
Pavia	1361
Kraków	1364
Wien	1365
Heidelberg	1386
Köln	1388
Leipzig	1409
St. Andrews	1411
Uppsala	1477

schaftsbetriebes heraus, die wir heute als scholastische bezeichnen: Scholastik bedeutet im ursprünglichen Sinne des Wortes »Schullehre«, d. h. die systematische Vermittlung von Wissensstoff durch Vorlesungen und Disputationen.

Anfangs war das gestiegene Bildungsbedürfnis des Klerus von Domschulen befriedigt worden; einige von ihnen, etwa die von Chartres und Reims, erreichten früh ein bemerkenswertes Niveau. An anderen Orten formierten sich zunftartige Verbindungen von Studierenden und Lehrenden mit dem Ziel, sich die Gesamtheit (lat. universitas) aller Wissenschaften anzueignen. Als erste und berühmteste dieser »Universitäten« wurde die von Paris im Jahre 1160 von der Kirche offiziell als Lehranstalt anerkannt, also nicht gegründet. Erst später rief die Kirche Universitäten als organisierte Zentren christlicher Gelehrsamkeit ins Leben, so z. B. Oxford und Cambridge in England nach Pariser Muster. Andere Universitäten wieder wurden durch weltliche Herrscher gegründet; hier mögen auch Vorbilder aus der Welt des Islam mitgewirkt haben, wo die Wissenschaft staatliche Förderung erhalten hatte. Beispielsweise entstanden die Universität Neapel auf Befehl des Hohenstaufenkaisers Friedrich II. und die Universität Salamanca im Auftrag König Ferdinands III. von Kastilien. Ein dritter Universitätstyp – aber auch dieser bedurfte der Anerkennung durch den Papst – bildete sich in relativ enger Bindung an die sich entwickelnden Städte heraus. An den berühmten norditalienischen Universitäten Bologna und Padua z. B. herrschte eine »bürgerliche« Verfassung; ein von den Studenten gewählter Rektor – möglicherweise selbst Student – übte eine nahezu exterritoriale Gerichtsbarkeit aus (vgl. Tabelle).

Im allgemeinen wurde der Student im Alter von 14 oder 15 Jahren, nach dem Besuch einer Lateinschule, an einer Universität immatrikuliert, d. h. in die Matrikel (Aufnahmeverzeichnis) eingetragen. Das Studium begann mit einem Lehrgang der Fächer des Triviums (des »Dreiwegs«), der drei grundlegenden sprachlichen Fächer Grammatik, Rhetorik und Dialektik. (Hieraus leitet sich übrigens das Wort »trivial« im Sinne von einfach, grundlegend, elementar ab.) In einer zweiten Stufe des Universitätsstudiums wurde – nach spätantikem Vorbild – das Quadrivium (der »Vierweg«), eine Gesamtheit von vier Fächern, gelehrt: Arithmetik, Geometrie, Astronomie und Musik. In diesem Rahmen erfolgte die naturwissenschaftliche Grundausbildung der Studenten.

Das Niveau war fast überall bescheiden. Gelehrt wurden die vier Grundrechenarten mit ganzen positiven Zahlen; aber schon die Division bot oft genug unüberwindbare Schwierigkeiten. Ähnlich elementar waren die vermittelten Kenntnisse aus der ebenen Geometrie. Die Astronomie lehrte auf geozentrischer Grundlage einiges über die Bewegung von Sonne, Mond und den Planeten und war in großen Teilen astrologisch orientiert. Arithmetische und astronomische Kenntnisse zusammen reichten aus, um den Kalender zu führen und die beweglichen kirchlichen Feiertage – Ostern insbesondere – zu berechnen. Dafür hatte man die Bezeichnung »Computus«. Die Lehre von der Musik schließlich knüpfte an pythagoreische Vorstellungen an. Stehen die Längen der Saiten von Musikinstrumenten in ganzzahligen Verhältnissen, so entstehen Tonintervalle wie Oktave, Quarte, Quinte usw. Dem Studium dieser Verhältnisse war die Musiklehre gewid-

met; mathematisch lief sie auf die Verwendung von Proportionen hinaus. Trivium und Quadrivium wurden zusammengefaßt unter der Bezeichnung »artes liberales«, diese sieben »freien Künste« hat man zu verstehen als die Künste der Freien unter den Bedingungen jener feudalen Gesellschaftsordnung.

Jene Fakultät, an der die Artes liberales gelehrt wurden, hieß Artistenfakultät. An ihr, der rangniedrigsten, waren im europäischen Mittelalter Mathematik und Naturwissenschaften beheimatet, auch ein Ausdruck für deren geringe gesellschaftliche Anerkennung in jener Zeit. Das Studium an

155. Collegium Maius, ältester erhaltener Teil der Jagiellonen-Universität Kraków. Die bereits 1364 gegründete und 1400 durch den polnischen König Jagiello erneuerte Universität gehörte im Mittelalter und während der Renaissance zu den bedeutendsten europäischen Universitäten. Hier hat u. a. Kopernikus studiert. Ein im Collegium Maius untergebrachtes Museum enthält hervorragende Sachzeugnisse aus der Geschichte der Wissenschaften.

156. Hierarchie der mittelalterlichen Wissenschaften. Der mittelalterliche Student durchlief die Artistenfakultät (mit dem aus Grammatik, Rhetorik, Didaktik bestehenden Trivium und dem aus Musik, Arithmetik, Geometrie und Astronomie bestehenden Quadrivium), die er mit dem Grad eines Baccalaureus abschloß. Danach konnte er nacheinander die juristische Fakultät, medizinische Fakultät und die an der Spitze der Wertung stehende theologische Fakultät absolvieren. Sinnbildliche Darstellung aus der »Margarita Philosophica« des Gregor Reich, Freiburg 1503

der Artistenfakultät wurde mit dem Erwerb des Grades eines Baccalaureus abgeschlossen. Wer weiterstudieren wollte oder konnte, durchlief der Reihe nach die medizinische, die juristische und schließlich die ranghöchste, die theologische Fakultät. In der Ausbildung der Geistlichkeit lag auch der eigentliche Zweck der Hohen Schulen im europäisch-lateinischen Mittelalter.

Die Universitätsvorlesungen bestanden aus dem Verlesen von Schriften der Kirchenväter, antiker und islamischer Autoren sowie von theologischer Literatur. Danach wurden die Texte ausgelegt, kommentiert und interpretiert. Bevorzugt war die von Petrus Abälard zu Anfang des 12. Jh. aufgebrachte Methode des »Sic et non« (wörtlich etwa: so oder anders), der Gegenüberstellung von Aussprüchen berühmter Autoren, die zu einer aufgeworfenen Frage unterschiedliche Meinungen vertreten hatten. Zweifellos wurde solcherart ein bedeutendes Maß an Gelehrsamkeit und Scharfsinn entwickelt; doch mußte der eigentliche Fortschritt der Naturwissenschaften gering bleiben, solange nicht durch Rückvergleich mit der Natur über die Richtigkeit der einen oder der anderen Aussage entschieden wurde. Gerade das aber lag beim mittelalterlichen Primat der göttlichen Offenbarung vor der menschlichen Wißbegier fast durchweg außerhalb des scholastischen Lehrbetriebes. Nur eine Art erkenntnistheoretischer Kunstgriff – vorgetragen durch einige Vertreter der mittelalterlichen Philosophie wie ibn Ruschd, Duns Scotus und William Ockham – schuf der Naturforschung einen geringfügigen Spielraum innerhalb der Scholastik. Es ist dies der sog. Satz von der doppelten Wahrheit, wonach Religion und Wissenschaft voneinander unabhängig sind. Im theologischen System könne daher etwas als wahr gelten, das in der Wissenschaft als falsch bewiesen sei, und umgekehrt.

In der Verfallsperiode der Scholastik im ausgehenden Mittelalter trieb logische Fabulistik überdies seltsame Blüten. In vielen Disputationen wurde die Frage erörtert, wieviel Engel auf einer Nadelspitze Platz finden können oder ob das Loch zu klein bzw. die Kugel zu groß sei, wenn sie nicht durch das Loch hindurchgeht. Und es lag ein logisches Paradoxon von großer theologischer Tragweite in der Frage, ob der allmächtige Gott auch einen Stein schaffen könne, den er selbst nicht zu bewegen vermag: In jedem Fall wäre Gott nicht allmächtig.

Es waren solche Spitzfindigkeiten, die das Wort Scholastik zum Symbol für unfruchtbare, eine den Fortschritt der Wissenschaft hemmende geistige Haltung werden ließen und den Wissenschaftlern der Renaissance später Argumente im Kampf gegen das »dunkle« Mittelalter und für die Erneuerung der Wissenschaft liefern sollten. Dabei wurden aus dem historischen Bewußtsein allerdings jene progressiven und materialistischen Denkanstöße verdrängt, die auch das Mittelalter hervorgebracht hat. Im sog. Universalienstreit mit den »Nominalisten«, der im 12. und 13. Jh. mit Erbitterung ausgefochten wurde, ging es um das Problem, ob die allgemeinen Begriffe (universalia) reale, objektive Existenz besitzen oder nur durch Abstraktion gebildete Namen (nomina) darstellen, ob es also etwa »das Pferd« gibt oder nur Pferde. Der offizielle Katholizismus stellte sich im allgemeinen auf die philosophisch-idealistische Seite; engagierte Anhänger des Nominalismus fielen Ketzerverfolgungen zum Opfer.

Bedeutende Schwierigkeiten ergaben sich für den Katholizismus bei der Eingliederung des Lehrwerkes von Aristoteles und seiner materialistischen Denkansätze in die christliche Ideenwelt, je deutlicher seine durch Übersetzungen und Kommentare erschlossene und verbreitete Leistung und seine Bedeutung hervortraten. So wirkte die durch Averroes (ibn Ruschd) im islamischen Spanien gegebene Interpretation von Aristoteles als Unterstützung materialistischer Ansichten, und der Averroismus wurde vom offiziellen Katholizismus heftig bekämpft.

Insbesondere Albertus Magnus und Thomas von Aquino paßten Aristoteles im 13. Jh. in die katholische Theologie ein. Albertus Magnus (eigentlich Graf von Bollstädt), der »Doctor universalis«, der aus Süddeutschland stammte und u. a. an den Hochschulen von Paris und Köln lehrte, versuchte das von Aristoteles und Avicenna überlieferte philosophische und naturwissenschaftliche Wissen zu systematisieren und zugleich die aufkommende Naturbeobachtung – bei der er sich selbst ausgezeichnet hatte – mit der katholischen Theologie in Übereinstimmung zu bringen. Mit der Grundthese, daß theologisches Wissen auf göttlicher Offenbarung, philosophisches Denken aber auf von Gott gesetzter Vernunft beruhe, schuf Albertus Magnus immerhin die Möglichkeit einer von der Theologie relativ unabhängigen Philosophie. In scharfer Abrechnung zugleich mit materialistischem Denken – z. B. mit dem 1282 hingerichteten Siger von Brabant, einem Hauptvertreter des Averroismus – begründete Albertus Magnus den katholisch-orthodoxen Dogmatismus, den sein Schüler, Thomas von Aquino, vertiefte und den Bedürfnissen der herrschenden Schichten in der feudalen Gesellschaft anpaßte.

Vom 11. bis zum 14. Jh. hat das europäisch-lateinische Mittelalter bedeutende Gelehrte hervorgebracht, darunter auch umfassend gebildete Männer mit selbständigen naturwissenschaftlichen Leistungen. Doch wäre es ein historisches Fehlurteil, wollte man den Beginn der modernen Naturwissenschaft in diese Zeit vorverlegen. Selbst die hervorragendsten Denker – Robert Grosseteste und Roger Bacon, Petrus Peregrinus, Albertus Magnus und Nicolaus von Cues – waren in erster Linie ihrem theologischen Anliegen verpflichtet, wonach das Ziel aller Wissenschaft darin bestehe, die Offenbarung Gottes hervorzuheben und am Beispiel der Natur sein Wirken zu belegen. Grosseteste beispielsweise, im echten Sinne des Wortes mit Licht experimentierend und u. a. die Wirkungsweise von Linsen untersuchend, wurde dabei von einer Analogie des Lichtes mit der göttlichen Erleuchtung geleitet.

Überdies waren beim Bildungsmonopol des Klerus fast nur Geistliche imstande, den Zugang zur Wissenschaft zu finden. Natürlicherweise mußte ihnen Naturwissenschaft und Mathematik eine Nebenbeschäftigung bleiben. Gerbert von Aurillac, verdienstvoll um die Mathematik, wurde im Jahre 999 Papst unter dem Namen Sylvester II., Grosseteste war Bischof und Rektor der streng orthodoxen Universität Oxford. Nicolaus von Oresme, der herausragende Mathematiker des europäischen Mittelalters, starb als Bischof von Lisieux in Frankreich, der vielleicht kühnste mittelalterliche Denker, Nicolaus von Cues, als Bischof von Brixen. Albertus Magnus war Ordensgeneral der Dominikaner für Deutschland, ebenso wie Dietrich von Freiberg, ein hervorragender Experimentator auf dem Gebiet der Optik.

Ausgesprochenermaßen galt die Wissenschaft als »Magd der Theologie«. Es wäre ahistorisch gedacht, wollte man für das europäische Mittelalter bei der nahezu totalen Herrschaft der christlichen Religion eine andere als diese Einstellung zum Sinn der Wissenschaft erwarten. Dennoch gab es Ausnahmen. Roger Bacon beispielsweise berief sich auf die Erfahrung der Sinne, wandte sich gegen den Vorherrschaftsanspruch der Theologie über die Naturforschung – und wurde in den Kerker geworfen.

Der vermutlich im Jahre 1214 in Somerset in England geborene Roger Bacon wuchs in den Traditionen des Franziskanerordens auf, studierte bei Grosseteste in Oxford, später in Paris, möglicherweise auch in Italien; 1251 nahm er seine Lehrtätigkeit in Oxford auf. Im Jahre 1278 wurde Roger

157. Albertus Magnus (Albert der Große), »Doctor universalis«. Der in hohen kirchlichen Ämtern tätige Dominikaner Albert Graf von Bollstädt war einer der bedeutendsten und einflußreichsten Gelehrten des Mittelalters. Wandmalerei des Tommaso da Modena im bischöflichen Seminar von Treviso, 1352

Bacon eingekerkert; er starb vermutlich 1294 in Gefangenschaft. Bacon war im Besitz des Wissens seiner Zeit. Er kannte Schriften arabischer Gelehrter und wurde so mit den Werken des Aristoteles bekannt. Bacon erlernte als einer der ersten christlichen Gelehrten Hebräisch, um das Alte Testament im Originaltext lesen zu können. In einem dreibändigen »Compendium studii philosophiae« (Anleitung zum Philosophiestudium) bemühte er sich um eine zusammenfassende Darstellung der weltlichen Wissenschaften und griff dort mit Schärfe den Sittenverfall innerhalb der Kirche, die religiösen Orden und den christlichen Dogmatismus an. In einem anderen Werk, dem »Opus maius« (Großes Werk), treten Bacons naturwissenschaftliche Ansichten am klarsten zutage. Er verwarf die scholastische Methode des

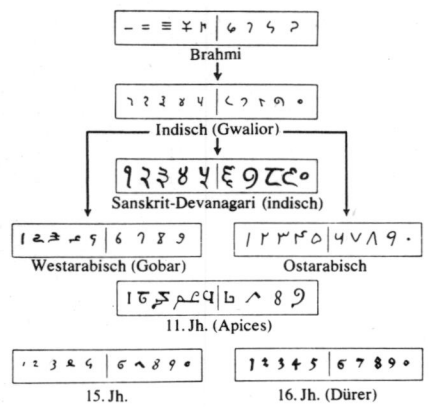

158. Stammbaum unserer Zahlzeichen. Die aus Indien kommenden Ziffern gelangten durch Vermittlung der Araber nach Europa. Im 16. Jh. erst erhielten sie annähernd die heutige Gestalt. Jetzt haben sie sich, obwohl regional noch andere Zahlzeichen verwendet werden, auf der ganzen Erde durchgesetzt. Aus: Menninger, K., Zahlwort und Ziffer. Eine Kulturgeschichte der Zahl. Bd. 2. Göttingen 1958, S. 233

159. Nicolaus von Oresme. Der französische Geistliche leistete bedeutende Beiträge zur Mathematik, zur Lehre von der Bewegung und stellte im Anschluß an Aristoteles eine Theorie des Geldumlaufes auf. Bibliothèque Nationale, Paris

Beweisens durch Berufung auf Autoritäten wie z. B. auf Aristoteles; die Autorität der Bibel tastete er jedoch ausdrücklich nicht an. Dagegen wurde das »Experimentum«, worunter er damals in erster Linie die »Erfahrung« verstand, zur Hauptmethode der Naturergründung erklärt; ihre Ergebnisse sollten in mathematischer Form ausgedrückt werden. Dies alles waren höchst bemerkenswerte Vorstellungen, die auf die spätere Entwicklung der Naturwissenschaften während der Renaissance hinweisen. Bei Bacon war es in vieler Hinsicht noch prophetische Vorahnung, noch nicht praktikabel. Mit Seherblick entwickelte er Vorstellungen von der Nützlichkeit der Wissenschaften. Eines Tages werde es geben: »Instrumente von wunderbar ausgezeichneter Nützlichkeit, wie Maschinen zum Fliegen, oder zum Herumfahren in Fahrzeugen ohne Zugtiere und doch mit unvergleichlicher Geschwindigkeit, oder zur Seefahrt, ohne Rudermänner, schneller als durch Menschenhand für möglich gehalten wird.«

Übernahme der indisch-arabischen Ziffern · Mathematik

Das Durchschnittsniveau der mathematischen Kenntnisse war bis zum 12. Jh. im allgemeinen recht niedrig. Das auf Naturalwirtschaft beruhende ökonomische Leben erforderte nur ein wenig Feldmeßkunst und kaum mehr als die Beherrschung der elementaren Operationen des Zählens und Rechnens.

Eine gewisse Ausnahme bildete ein sich gegen Ende des 10. Jh. um Gerbert von Aurillac bildender Kreis von hohen Geistlichen, der sich auch mit antiken mathematisch-astronomischen Texten beschäftigte und Übersetzungen, z. B. von Euklid-Teilen, anfertigte. Von Gerbert stammte wohl auch die älteste überlieferte Darstellung des Rechnens auf dem Abacus, die noch lange als Vorbild zu ähnlichen Anleitungen gedient hat. Während eines Aufenthaltes in Spanien, also im Einflußbereich der islamischen Kultur und Wissenschaft, dürfte Gerbert auch die indisch-arabischen Ziffern kennengelernt haben; jedenfalls verwendete er sie – mit Ausnahme der Null – zur Beschriftung der Rechensteine (Apices) des Abacus, also eigentlich in sinnentstellender Weise. Die Ausweitung des Handels, die Verdrängung der Naturalwirtschaft durch Geldwirtschaft und der Aufschwung der ökonomischen Macht der Städte schufen erst später die wirklichen Voraussetzungen für die breite Übernahme der indisch-arabischen Ziffern. Leonardo Fibonacci, ein Kaufmann aus Pisa, dessen Vater in Nordafrika Handel getrieben hatte, schrieb u. a. 1202 ein Rechenbuch »Liber abbaci«, das – anders als der Titel ankündigt – gerade nicht über das Rechnen mit dem Abacus, sondern über die schriftlichen Rechenmethoden mit den indisch-arabischen Ziffern berichtet. Darüber hinaus hat Fibonacci, der als erster Fachmathematiker des europäischen Feudalismus bezeichnet wird, im Anschluß an antike und islamische Quellen Selbständiges zur Zahlentheorie beigetragen.

Anfangs stieß die durchgängige Verwendung der indisch-arabischen Ziffern auf Widerstand. Noch im 14./15. Jh. wurden sie von Kaufleuten abgelehnt und beispielsweise in der Handelsstadt Florenz verboten, weil sie leichter als die römischen Zahlen gefälscht werden könnten. Die kirchliche

a figure et la disposicion du monde le nombre & ordre des elemens & les mouemens des corps du ciel apartient a sauoir a tout home qui est de franche condicion et de noble engin. Et est bele chose et delectable profetable et honeste et aueques ce est necessaire pour sauoir phie et p̄ especial pour astrologie. Et pour ce afin que on humain peust plus legierement teles choses comprendre les sages ancens composerent ent̄ les autres ung instrument qui est appelle espere maciel ou artificiel le q̄l on peut regarder tout en tour mouuoir et tourner et y consider en ptie la descripcion & le mouuement du monde & du ciel ausi

160. Eine Lehrstunde in Astronomie, aus dem 13. Jh. Benutzt wird ein einfaches Astrolab. Miniatur aus dem Gebetbuch Ludwigs des Heiligen. Bibliothèque Nationale, Paris

Seite begegnete den indisch-arabischen Ziffern mit einigem Mißtrauen, weil sie das Werk von Nichtchristen darstellten. So hielt die Auseinandersetzung zwischen den »Abacisten« (den Anhängern des Abacus-Rechnens) und den »Algorithmikern« (den Vertretern des schriftlichen Rechnens unter Verwendung der zehn indisch-arabischen Ziffern) noch bis ins 16. Jh. an. Erst mit dem endgültigen Übergang zur Geldwirtschaft, mit der Berechnung von Zins und Zinseszins, mit der Durchbildung der Methoden des Rechnens und der Buchhaltung, mit dem Aufschwung des Bankwesens und des bargeldlosen Geschäftsverkehrs neigte sich schließlich während der Renaissance im 16. Jh. in West-, Mittel- und Südeuropa der Sieg den Algorithmikern zu.

Mit dem aus der Normandie stammenden Nicolaus von Oresme erreichte die Mathematik des europäischen Mittelalters ihre größte gedankliche Tiefe. Als Anhänger des Nominalismus entwickelte Oresme geometrisch-graphische Formen der Darstellung von Veränderungen, z. B. bei Bewegungsabläufen, bei Temperaturänderungen usw. Das Rechteck repräsentierte den gleichbleibenden Zustand, ein Trapez die gleichförmig zunehmende (oder abnehmende) Änderung eines Zustandes. Über diese geometrische Interpretation quantitativer Änderungen hat Oresme mehrfach geschrieben; eine Abhandlung trug den Titel »De latitudinis formarum« (Über die Größe der Formen). Doch fand Oresme mit dieser sog. Theorie der Formlatituden und mit seiner Potenzrechnung mit gebrochenen Exponenten keine Nachfolger und konnte daher, trotz inhaltlicher Verwandtschaft, keinen direkten Beitrag zur späteren Herausbildung der analytischen Geometrie und des Funktionsbegriffes leisten.

Mittelalterliches Weltbild · Astronomie

Viele Elemente der antiken und islamischen Vorstellungen über Kosmos, Erde, Planeten und Sterne sind, freilich modifiziert und ungenau tradiert, in das mittelalterlich-christliche Denken eingeflossen.

Mit der »Göttlichen Komödie« des Dante Alighieri fand das mittelalterliche Weltbild zu Anfang des 14. Jh. seinen reifsten künstlerischen Ausdruck. Danach ist die Erde eine im Mittelpunkt des Weltalls ruhende Kugel. In ihrem Inneren befindet sich die Hölle in Form eines Kegels. Die Erdkugel ist von zehn konzentrischen, festen, kristallinen Kugelschalen oder Sphären umgeben, auf denen die Himmelskörper in der Reihenfolge Mond, Merkur, Venus, Sonne, Mars, Jupiter und Saturn von »himmlischen Intelligenzen«, d. h. von Erzengeln und Engeln, bewegt werden. Die achte Sphäre ist die der Fixsterne. Die neunte Sphäre ist das primum mobile, durch dessen sehr rasche Bewegung die inneren Sphären auf eine nicht näher bezeichnete Weise in Rotation versetzt werden. Die zehnte Sphäre schließlich ruht; sie ist der Wohnsitz Gottes und seiner himmlischen Heerscharen.

Das mittelalterliche Bild von der Welt und vom Kosmos ging weit an der Wirklichkeit vorbei, aber es war von bemerkenswerter innerer Geschlossenheit und Folgerichtigkeit. Der Hierarchie der gesellschaftlichen Mächte – Papst, Kaiser, Könige, höhere Geistlichkeit, Fürsten, Edelleute, Klerus, Bürger, Bauer – entsprach einer Stufenfolge im Kosmos: Gott, Erzengel, Engel, Fixsterne, Planeten, Sonne, Mond, Erde, Mensch, Tier, Pflanze,

Erdreich, Hölle. Zweifellos trug diese Äquivalenz zur Zählebigkeit des mittelalterlichen Weltbildes bei: Der Zugang zum wissenschaftlichen Weltbild konnte nur erkämpft werden im unmittelbaren Zusammenhang mit dem Angriff auf die Feudalordnung. Umgekehrt mußte ein Angriff auf das geozentrische Weltbild der Antike, das mit den kosmologischen Ansichten der Bibel scheinbar unauflöslich verschmolzen schien, als Angriff auf die gesellschaftliche Stellung der katholischen Kirche aufgefaßt werden. Die Lebensschicksale und die wissenschaftlichen Leistungen von Kopernikus, Bruno, Galilei, Descartes und vielen anderen werden dies in der folgenden Periode der Entwicklung der Wissenschaften deutlich machen.

Und noch ein anderer Grundbestandteil des mittelalterlichen Weltbildes mußte in einem langen und opferreichen Kampf überwunden werden: die prinzipielle Überlegenheit des Himmlischen gegenüber dem Irdischen, dies sowohl im Sinne der Astronomie und der Physik wie im übertragenen Sinne des Primates der Bedürfnisse der Seele vor denen des Körpers. Erst die Entfaltung humanistischen Denkens in der Frührenaissance sollte sinnenhaftes Glück auf Erden wieder zu einem Ziel des persönlichen Handelns erklären dürfen. Das »Decamerone« des Giovanni Boccaccio entstand zwischen 1348 und 1353.

Der nach seinem Geburtsort Cues an der Mosel genannte Nicolaus von Cues oder Cusanus, ein Fischerssohn namens Nicolaus Chrypffs (Krebs), steht zeitlich und seiner Leistung nach schon an der Grenze vom Mittelalter zur Neuzeit. An den Universitäten Heidelberg, Padua und Köln studierend und lehrend, erwarb er sich ein umfassendes Wissen. Weite Reisen, in diplomatischer Mission des Papstes sogar an den Hof des byzantinischen Herrschers, erweiterten seinen Gesichtskreis und brachten ihn in Berührung mit den dort – im Vergleich zu Mitteleuropa – noch lebendigen Traditionen der Antike und mit den islamischen Quellen.

Pantheistische und dialektische Ideen durchziehen das philosophische Denken von Cusanus. Das von ihm entwickelte kosmologische Bild enthält die Vorstellung, daß – im Gegensatz zur traditionellen Lehrmeinung – die Erde bewegt sein müsse und nicht im Zentrum der Welt stehe. Damit gehört auch Cusanus zu den Wegbereitern des heliozentrischen Weltbildes. Er wandte sich gegen die scholastischen Lehren. Das Experiment, so sagte er, gibt die letzte Entscheidung über die Natur. Er selbst suchte für die naturwissenschaftliche Forschungsmethode, die sogar die Anwendung quantitativer Verfahren betonte, in einer kleinen Schrift »Idiota de staticis experimentis« (Der Laie über Versuche mit der Waage) ein Beispiel zu geben.

Deutlich zeigen sich auch hier erste Anklänge an das heraufziehende neue Zeitalter des Humanismus und der Renaissance, das die Herausbildung der modernen naturwissenschaftlichen Methode auf die Tagesordnung setzte.

161. Püsterich von Sondershausen. In einem solchen figürlichen Gefäß erhitzte man Wasser; der »Püsterich« blies dann den Wasserdampf aus. Obwohl die Wirkung des Dampfes bekannt war, wurde dennoch keine technologische Anwendung versucht. Staatliches Heimat- und Schloßmuseum, Sondershausen

Physikalische Kenntnisse

Das Mittelalter litt fast ständig an Arbeitskräftemangel. Nicht zuletzt deswegen breiteten sich Wassermühlen, später auch die aus dem Orient übernommenen Windmühlen verhältnismäßig rasch aus. Dazu trat eine Anzahl technischer Neuerungen, etwa die Pleuelstange, mit der es möglich wurde,

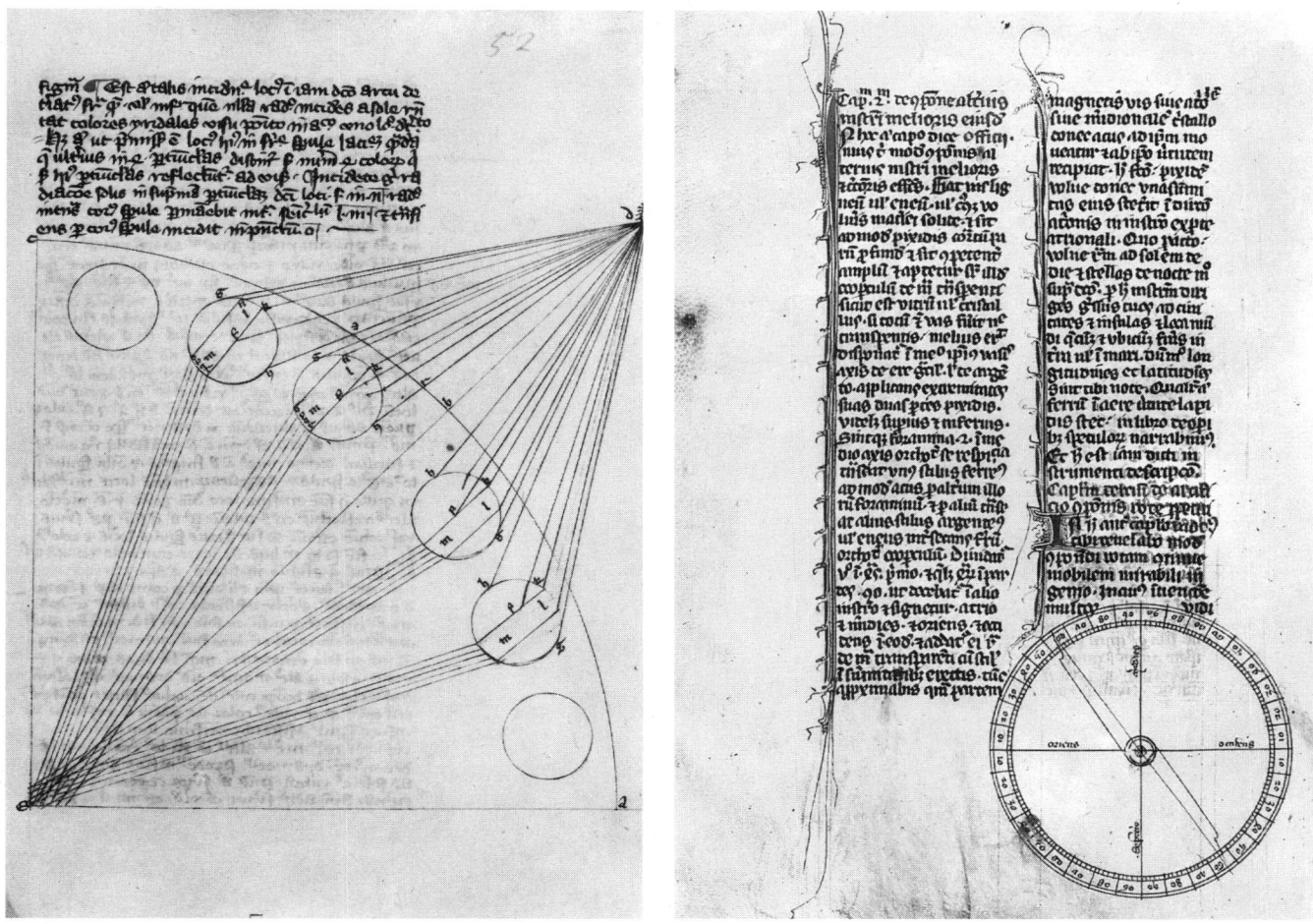

Rotationsbewegungen in Hin- und Herbewegungen umzuwandeln und somit Wind- und Wasserkraft beispielsweise zum Walken von Stoffen, zum Zersägen von Holz, zum Zerkleinern von Gestein und Erzen, zum Betreiben von Blasebälgen und zum Schmieden auszunutzen.

Der Übergang vom romanischen zum gotischen Baustil bedeutete nicht nur das Aufkommen einer neuen Stilrichtung in der Architektur, die sich durch die Konstruktion von Strebepfeilern und wunderbar geschwungenem Gewölbe auszeichnete. Die neue Baukunst bewies auch, daß die in den Bauhütten erworbenen Erfahrungen einmündeten in Kenntnisse zur Statik.

Sehr aufschlußreich für die Beurteilung des physikalisch-technischen Verständnisses des europäischen Mittelalter ist eine aus dem 13. Jh. stammende und aus 33 Pergamentblättern bestehende Sammlung von technischen Skizzen, ein Bauhüttenalbum, das von dem aus der Picardie stammenden Architekten Villard de Honnecourt herrührt. Geometrische Konstruktionen und architektonische Entwürfe vermengen sich mit Entwürfen für Hebezeuge, für Wurfschleudern und für Kriegsgerät, daneben werden die kardanische Aufhängung eines Wärmebeckens, ein Sägewerk mit automatischem Vortrieb u. a. m. dargestellt. Auch die Idee eines Perpetuum mobile ist skizziert.

162. Erklärung für das Zustandekommen des Regenbogens in einem Manuskript des Dietrich von Freiberg. Er war von 1293 bis 1296 Provinzial des Dominikanerordens in Deutschland und seit 1297 Magister der Theologie in Paris. In seiner Schrift »De iride« konnte er in Anlehnung an Aristoteles und ibn Ruschd die optischen Vorgänge beim Auftreten eines Regenbogens weitgehend richtig erklären. Die Zeichnung gibt den Strahlengang in den Tröpfchen der Wolke wieder. Universitätsbibliothek, Basel

163. »Epistola de magnete« (Brief über den Magneten) von Petrus Peregrinus (Pierre de Maricourt), 1269. In dieser Aufsehen erregenden Schrift schreibt er, daß ein natürlicher Magneteisenstein seine magnetische Kraft an Eisennadeln weitergibt, wenn er diese berührt. Auf Holz gelegte Magnetsteine richten sich nach Norden. Bodleian Library, Oxford

164. Magnetisierung eines glühenden Eisenstabes durch Hämmern. Die eigenartigen Verhaltensweisen der natürlichen Magnete und der Magnetnadel sowie die Möglichkeit, glühendes Eisen durch Hämmern zu magnetisieren, gaben Anlaß zu frühen, wenn auch noch bescheidenen Experimentaluntersuchungen. Aus: Gilbert, W., De magnete. London 1600. Universitätsbibliothek, Leipzig

Im Bereich der Dynamik standen zwei spezielle Bewegungsprobleme im Mittelpunkt der theoretischen Diskussion, wir würden sie heute als Energieproblem und als Trägheitsproblem bezeichnen: Die Konstruktion eines Perpetuum mobile, einer sich ohne Kraftaufwand ständig bewegenden und darüber hinaus sogar Kraft, Arbeit spendenden Vorrichtung, beschäftigte erfinderische Geister und stellte eine Art physikalisches Gegenstück zum Stein der Weisen in der Alchimie dar. Und: Wie soll man es erklären, daß ein einmal abgeschossener Pfeil ohne ständig erneuerte Kraftübertragung weiterfliegt?

Die europäischen Gelehrten lernten auf dem Wege über die islamische Wissenschaft die – im Anschluß an Aristoteles – von dem christlich-alexandrinischen Autor Johannes Philoponos aus dem 6. Jh. geäußerte Ansicht kennen, wonach Gott den Himmelskörpern gleich anfangs bei der Weltschöpfung einen »impetus« (etwa: Schwung, Drang) verliehen habe, welcher die Dauerbewegung bewirkt. Im 13./14. Jh. diskutierte man in Oxford allgemein das Beharrungsvermögen bewegter Körper; William Ockham und Richard Swineshead zeichneten sich dabei besonders aus. Im 14. Jh. verlagerte sich diese Diskussion insbesondere an die Pariser Universität. Durch Johannes Buridan, Albert von Sachsen und Nicolaus von Oresme kam es zu einer bemerkenswerten Durchbildung der Idee vom Impetus, die zu ersten Ansätzen solcher Begriffe wie gleichförmige und ungleichförmige Bewegung, zur Vorstellung von der Proportionalität zwischen der Masse und dem Impetus eines bewegten Körpers sowie schließlich zum Zweifel an der Richtigkeit der aristotelischen Bewegungslehre überhaupt führte, insbesondere zu der Schlußfolgerung, daß es auch ein Vakuum geben müsse. Die Impetustheorie stellte somit eine bedeutsame Entwicklungsetappe auf dem Wege zum klassischen Impulsbegriff dar.

Die Impetustheoretiker repräsentierten eine progressive wissenschaftliche Gruppe. Allerdings blieben sie an den mittelalterlichen Universitäten in der Rolle einer bekämpften Minderheit und vermochten sich nicht durchzusetzen, da ihre Anschauungen im offenen Widerspruch zum christlich-aristotelischen System standen, wie es insbesondere durch Thomas von Aquino kanonisiert worden war: Die niedere, unvollkommene, ruhende Erde im Mittelpunkt des endlichen Universums wird von konzentrischen Sphären umgeben, die, von innen nach außen vollkommener werdend, durch ständige Tätigkeit der Engel bzw. himmlischer Intelligenzen in Bewegung gehalten werden.

Auf dem Gebiet der Optik hat Roger Bacon, wie sein Lehrer Grosseteste, selbständige wissenschaftliche Beiträge geliefert. Um diese Zeit war die Optik ein bevorzugtes Untersuchungsgebiet, da damals Brillen aufkamen, die fehlsichtigen oder älteren Menschen ihre Arbeitsfähigkeit zurückgaben und daher vom einfachen Mann sehr bewundert wurden. Viele Untersuchungen und Spekulationen galten auch dem uralten Problem der Entstehung des Regenbogens, dem Zeichen der Versöhnung Gottes mit den Menschen. Bei Bacon heißt es: »Wir können durchsichtigen Körpern eine solche Gestalt geben und sie in solcher Weise in bezug auf unser Gesicht und die gesehenen Objekte anordnen, daß die Strahlen in jeder Richtung, die wir wünschen, gebrochen und gebeugt werden; und unter jeden Winkel, den wir wünschen, werden wir das Objekt nahe oder entfernt sehen. So könnten wir aus unglaublicher Entfernung die kleinsten Lettern lesen und die Körner des Staubes oder Sandes zählen... Also könnten wir auch die Sonne, den Mond und Sterne in der Erscheinung zu uns herabsteigen lassen... und viele ähnliche Dinge, so daß der Geist dessen, der die Wahrheit nicht kennt, sie nicht ertragen könnte.«

Der Kompaß dürfte bereits im 12. Jh. in Europa verwendet worden sein. Italienischer Herkunft, aus dem 13. Jh. stammend, sind möglicherweise die drehbar auf einer Spitze gelagerte Magnetnadel sowie die Windrose; der Schiffahrt waren neue Möglichkeiten eröffnet. Schon im 13. Jh. erschien mit der »Epistola de magnete« (Brief über den Magneten) eine beachtliche Beschreibung der magnetischen Erscheinungen. Sie stammt von Petrus Peregrinus, einem Zeitgenossen von Roger Bacon, der ihn als überaus geschickten Wissenschaftler bewunderte.

Chemisches Wissen

In Verbindung mit der materiellen Produktion, besonders mit dem sich entwickelnden städtischen Handwerk und der Entfaltung des Hüttenwesens wuchs der Schatz praktischer chemischer Erfahrungen im ausgehenden Mittelalter nicht unbeträchtlich an. Außerdem gelangten im 13. Jh. Kenntnisse der islamischen Alchimie nach Europa, vor allem durch eine Zusammenstellung in lateinischer Sprache »Summa perfectionis magisterii« (Zusammenfassung der Vollendung des Magisteriums), die unter dem Verfassernamen Geber bekannt wurde.

Es gelang in Italien, vermutlich schon im 11. Jh., durch Destillation von

165. Alchimistenlaboratorium mit Waage. Auf diesem öfters übernommenen und dabei leicht veränderten Bild aus dem 17. Jh., das auf ältere Vorlagen zurückgeht, findet sich neben den vielfältigsten Ausrüstungsgegenständen eines Alchimistenlaboratoriums auch eine Feinwaage, wohl die erste Darstellung dieses Gerätes. Aus: Ashmole, E., Theatrum Chemicum Britannicum. London 1670. Universitätsbibliothek, Leipzig

166. Destilliergeräte. Die Alchimisten beherrschten eine Reihe chemischer Techniken. Besonders die Destillation wurde häufig durchgeführt, und die Geräte erhielten im Laufe der Zeit ihre verschiedensten typischen Formen. Museum Göltzsch, Rodewisch (DDR)

Wein reinen Alkohol herzustellen. Zunächst blieb diese geheimnisvolle Flüssigkeit fast ausschließlich in der Verfügung der Ärzte und der Mönche, die die Herstellung von Spirituosen zur weiteren Quelle des Reichtums der Klöster zu machen verstanden. Noch heute ist z. B. der Benediktiner ein begehrter Likör. Die Pestepidemien verstärkten sprunghaft die Nachfrage nach Alkohol, weil man glaubte, daß regelmäßiger Alkoholgenuß vor dem schwarzen Tode schützen könne; von dorther rührt die Bezeichnung »aqua vitae« (Lebenswasser) für Alkohol. Für das theoretische Selbstverständnis der Chemie warf die Entdeckung des Alkohols schwierige Probleme auf, da diese Flüssigkeit nicht dem aus der Antike übernommenen Begriffspaar feucht–kalt entsprach, sondern sich sogar als brennbar erwies.

Möglicherweise aus der Kenntnis des Werkes von Geber, gewiß aber in Verbindung mit der Metallgewinnung, lernte man im 13. Jh. die starken Mineralsäuren Schwefel- und Salpetersäure herzustellen, wodurch wiederum der chemischen Technologie im Hüttenwesen erweiterte Möglichkeiten erwuchsen, so bei der Trennung von Silber und Gold. Das Saigerverfahren zur Extraktion von Silber aus silberhaltigen Kupfererzen mittels Blei wurde insbesondere von den Venezianern durchgebildet. Neue handwerkliche Verfahren für Metallguß, Glasherstellung und anderes kamen auf, für die Chemikalien wie Alaun für die Gerberei, Soda und Pottasche für die Glasherstellung in steigendem Maße benötigt wurden.

Auf historisch noch nicht genau bekannten Wegen gelangte die Kenntnis vom Schießpulver vom Osten nach dem Westen. Möglicherweise wurde es auf Grund entsprechender Nachrichten in Europa nachentdeckt und führte in Verbindung mit der Fortentwicklung der Feuerwaffen zu einer Umwälzung der Militärtechnik. Der zur Pulverherstellung notwendige Salpeter konnte als »Mauer«- oder »Dung«-Salpeter gewonnen und in den Salpetersiedereien in dem technologisch neuen Verfahren des Umkristallisierens von Beimengungen getrennt werden. Folgerichtig richtete sich das Interesse stärker als bisher auf Minerale und deren Kristallformen.

Doch wurden diese und andere Arten der geistigen und praktischen Bewältigung von chemischen Vorgängen im Mittelalter von mystischen und astrologischen Vorstellungen überwuchert. Durchtränkt mit christlicher Mythologie und Wunderglauben, verdarben sie die aus dem islamischen Bereich übernommenen alchimistischen Schriften und verliehen der Suche nach dem »Stein der Weisen« und dem Streben nach der Transmutation einen Charakter, der die Alchimie geradezu zum Prototyp einer mittelalterlichen Pseudowissenschaft herabwürdigte. Dessenungeachtet machte die fieberhafte, angestrengte und erfindungsreiche Arbeit der Alchimisten die überkommenen und übernommenen Geräte und Fertigkeiten nun auch in Europa heimisch und führte zur verbreiteten Kenntnis einer Reihe chemischer Verfahren, wie Destillieren, Sublimieren, Schmelzen, Kalzinieren, Legieren, Filtrieren usw., ebenso wie solcher Substanzen wie Borax, Alaun, Eisen- und Kupfervitriol und einer Reihe anderer Salze.

Vorstellungen über Tiere und Pflanzen

Geschichten und Nachrichten über Tiere und Pflanzen fremder Länder, ausgeschmückt und ergänzt durch Phantasie und Aberglauben, hatte schon die Antike geliebt. Das frühe Mittelalter fügte dem noch moralische Wertungen aus christlicher Sicht hinzu.

Von den schriftlichen Dokumenten erreichte eine bereits im 2. oder 3. Jh. in Alexandria verfaßte Darstellung unter dem Titel »Physiologus« später eine große Wirkung. Vielfältig übersetzt und weit verbreitet gingen daraus schließlich u. a. die mittelalterlichen Tierbücher oder »Bestiarien« hervor. Für uns heute ist die Mischung aus guter Beobachtung, Legende, christlicher Moral und Aberglauben teils erschreckend, teils belustigend. So berichtet »Physiologus« beispielsweise: Es wird »von der Ameise und dem Löwen ein Tier geboren, welches der Ameisenlöwe genannt wird; und dieses Tier... verendet sogleich wieder, weil es sich nicht mit Nahrung versorgen kann, vielmehr unfähig dazu ist und des Hungers stirbt. Und daß dies wahr ist, bezeugt die Heilige Schrift, welche sagt: ›Der Ameisenlöwe verendet aus Mangel an Nahrung‹. Denn da er aus zwei Naturen besteht — wann immer er Fleisch essen will, verweigert die Natur der Ameise, welche auf Samen Appetit hat, das Fleisch; will er sich aber von Samen ernähren, widersteht die Natur des Löwen. Da er weder Fleisch noch Samen zu verzehren imstande ist, so geht er ein. So sind jene, welche zwei Herren dienen wollten, Gott und dem Satan, indem Gott sie lehrt, rein zu sein und der Teufel sie überredet, ausschweifend zu sein...«

Bei der vorwiegend landwirtschaftlichen Produktion während des Mittelalters darf man bei der Bevölkerung ein weitverbreitetes Interesse und einige Vertrautheit mit der heimischen Tier- und Pflanzenwelt annehmen. Die wissenschaftliche Verarbeitung der Kenntnisse über Tiere und Pflanzen kam dagegen nur langsam voran. So hielt sich Friedrich II., der Hohenstaufenkaiser, an seinem sizilianischen Hof einen zoologischen Garten zum Studium exotischer Tiere und verfaßte ein bis ins 18. Jh. unübertroffenes Buch über Ornithologie.

Doch begann die wissenschaftliche Beschreibung von Tieren und Pflan-

167. Seite aus dem sog. Falkenbuch Friedrichs II. Der Hohenstaufenkaiser war ein großer Bewunderer und Förderer antiker und islamischer Kunst und Wissenschaft. Er verfaßte das bebilderte Manuskript »De arte venandi cum arivibus« (Von der Kunst des Jagens mit Vögeln), das die von den Herrschenden so beliebte Falkenjagd sowie das Leben der Vögel beschreibt. Das Manuskript ging verloren, aber es existieren im Vatikan und in Paris zwei, allerdings unterschiedliche Kopien. Bibliothèque Nationale, Paris

zen, die auch die aus christlicher Denkweise abgeleitete Legendenbildung über Verhalten und Charakter von Tieren zurückzudrängen hatte, wohl erst im 13. Jh. mit Albertus Magnus. Der Regel seines christlichen Ordens folgend, bereiste er ausschließlich zu Fuß große Teile Mitteleuropas und nutzte jede sich bietende Gelegenheit, Tiere, Pflanzen, Mineralien, Bergwerke, Fossilien und geologische Besonderheiten in Augenschein zu nehmen und Dichtung und Wahrheit zu trennen. In zwei Hauptwerken – »De animalibus« (Über Tiere) und »De vegetabilibus« (Über Pflanzen) – gab er für seine Zeit vorzügliche Übersichten über Fauna und Flora Mitteleuropas und bemerkte dazu mit Stolz: »Was ich hier bringe, habe ich teils selbst erfahren, teils verdanke ich es Leuten, von denen ich überzeugt bin, daß sie nur das vorbringen, was sie selbst erfuhren.«

168. Pestkarren. Verheerende Seuchenzüge veranlaßten Mediziner und Naturforscher schon frühzeitig zum Nachdenken über die ansteckenden Krankheiten. Die »Parasiten-Theorie« zur Erklärung der Infektionskrankheiten wurde schon von Girolamo Fracastoro und Carl von Linné erörtert. Noch im 19. Jh. stand man Seuchen, wie der Cholera, relativ hilflos gegenüber. Kreis-Heimatmuseum, Wurzen

Den medizinischen Wirkungen – den wirklichen und den angeblichen – von pflanzlichen, tierischen und mineralischen Produkten waren schon die Gelehrten der Antike und der islamischen Welt ausführlich nachgegangen. Hieran konnte man im Europa des Mittelalters anknüpfen.

Es gab jenseits von Scharlatanerie und offener Ohnmacht der Ärzte gegenüber den verheerenden Seuchenzügen der Pest echte Ansätze zur Bestandsaufnahme der Naturheilkräfte. So verfaßte die Äbtissin Hildegard von Bingen im 12. Jh. eine Schrift, in der an die tausend Tiere und Pflanzen erfaßt und deren Verwendung zu Heilzwecken beschrieben wurden. Rund 100 Jahre später stellte Thomas von Chantimpré das Wissen seiner Zeit über die lebendige und tote Natur zusammen. In enger Anlehnung an dessen »Liber de naturis rerum« (Buch über die Eigentümlichkeiten der Dinge) schuf Konrad von Megenburg eine umfassende Darstellung unter dem Titel »Das Buch der Natur«. Dies war übrigens das erste wissenschaftliche Buch in deutscher Sprache, also in einer Nationalsprache, während doch Latein die eigentliche Gelehrtensprache darstellte. Neben Angaben über den menschlichen Körperbau, über den Himmel, die sieben Planeten, über Kometen, den Wind und manches andere werden dort ausführlich die physiologischen Wirkungen der Kräuter und Früchte, der Rinden- und der Pflanzenextrakte ebenso geschildert wie die medizinischen Wirkungen einiger Mineralien. Daß dabei Edelsteinen eine besondere Heilwirkung zugeschrieben und die Wirkung überhaupt an Gebet und seelische Läuterung gebunden wurde, entsprach der allgemeinen geistigen Haltung des christlichen Mittelalters.

Erweiterung des geographischen Horizontes der Europäer

Ökonomisches Interesse trieb seefahrende italienische Kaufleute aus den durch Handel prosperierenden oberitalienischen Städten bis in den Atlantischen Ozean und ließ sie bis zu den Kanarischen Inseln gelangen, doch wurde Afrika noch nicht umsegelt.

Das Hauptinteresse galt jedoch dem Osten, den Schätzen des Orients und fernen Ländern wie Indien und China. Im Auftrag päpstlicher Diplomatie reisten im 13. Jh. einige Dominikaner an den Hof des Mongolenkhans und brachten erste authentische Kenntnisse über die Weiten Asiens nach Mitteleuropa. Die bedeutendste und folgenreichste Asienreise des Mittelalters

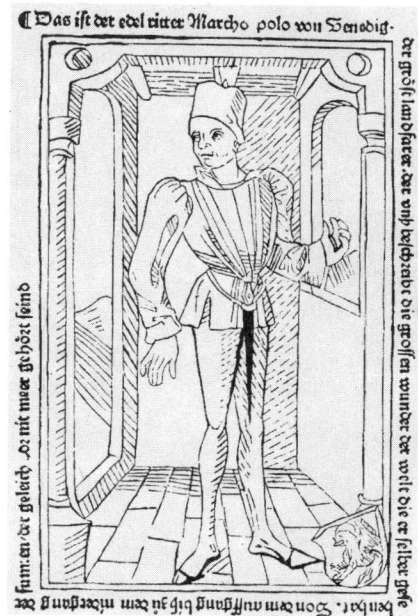

169. Der »Ritter Marco Polo«. Der venezianische Kaufmann Marco Polo bereiste von 1275 bis 1292 China, das damals die Mongolen beherrschten. Sein Bericht machte Europa mit der Welt des Fernen Ostens bekannt, obwohl seine Zeitgenossen die Beschreibungen häufig als unwahr und übertrieben abgetan haben. Aus: Schramm, A., Der Bilderschmuck der Frühdrucke, Bd. 4. Leipzig 1921, Tafel 104, Abb. 754

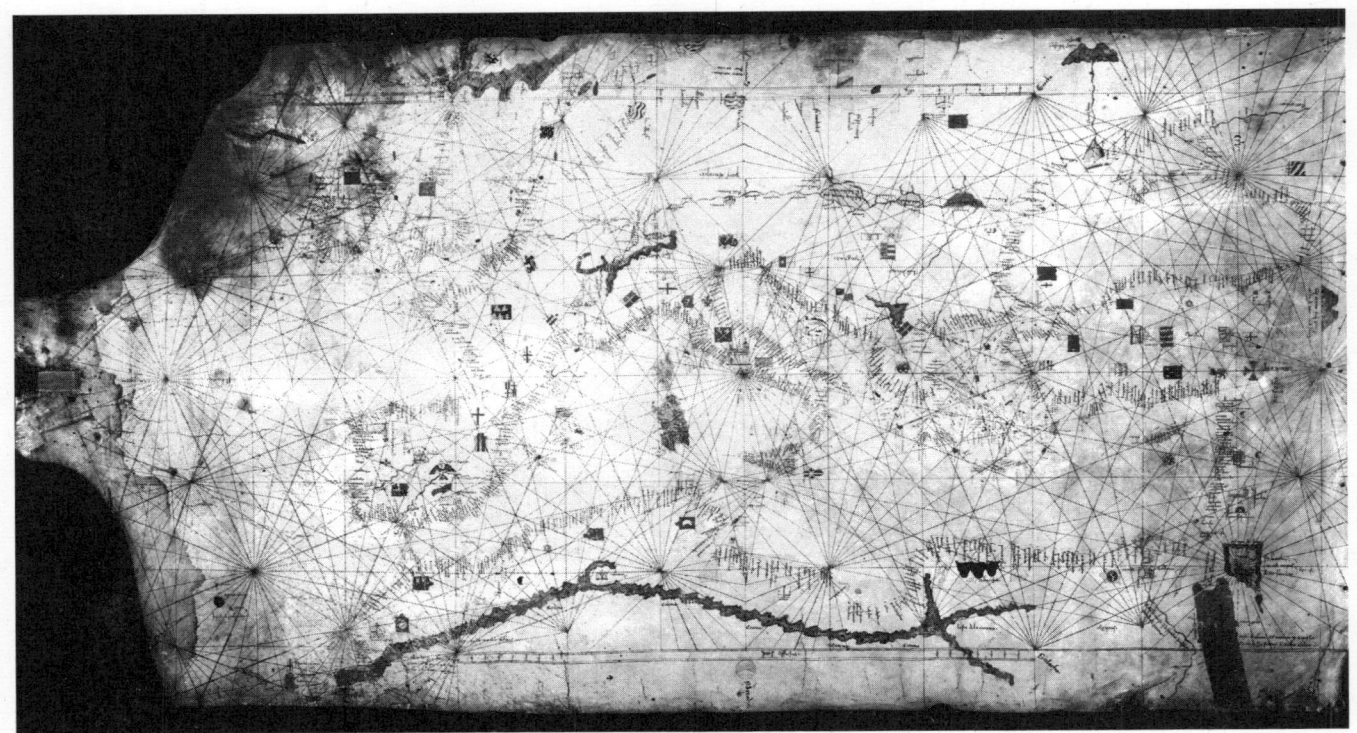

170. Die Portolankarten (auch Windstrahlen- oder Kompaßkarten genannt) dienten dem Seefahrer zur Orientierung. Sie deuten die Küstenlinien an und geben von ausgewählten Punkten (Häfen usw.) ausgehende Richtungslinien, an denen man sich mit dem Kompaß orientieren konnte. British Library, London, Ms. Additional 25691

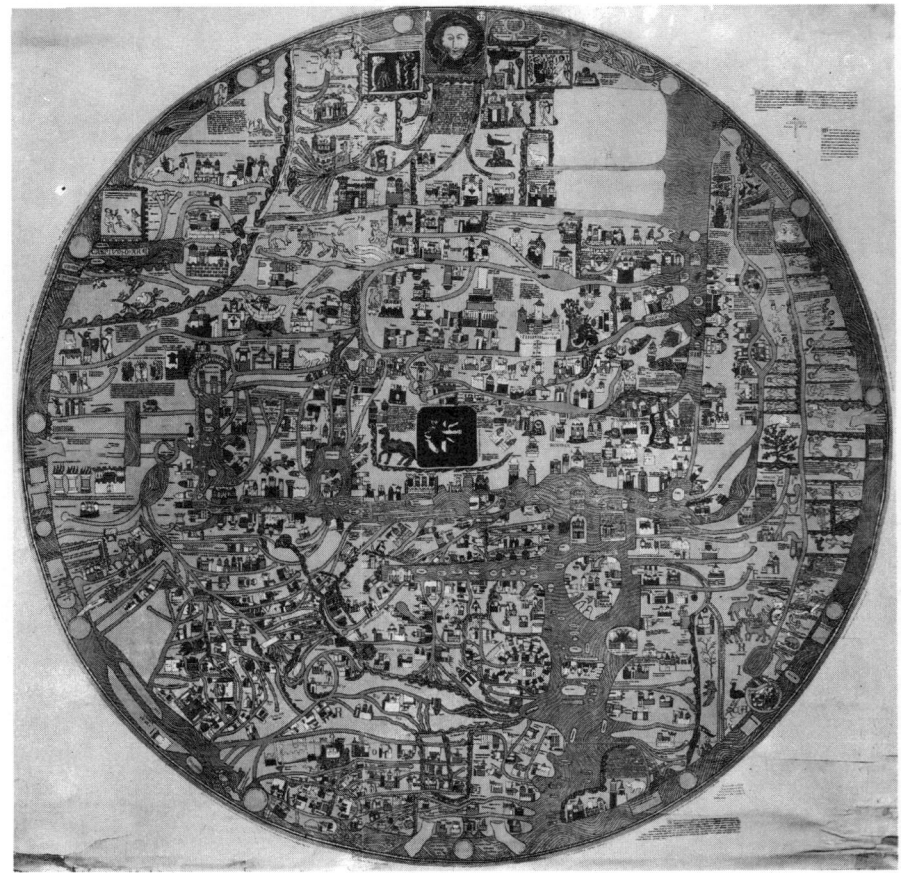

171. Ebstorfer Weltkarte (Kopie). Im Mittelalter wurde die Erde häufig auf sog. Radkarten als ozeanumflossene Scheibe dargestellt. Jerusalem, die Heilige Stadt, lag im Mittelpunkt. Die vorliegende Karte aus dem Benediktinerkloster Ebstorf in der Lüneburger Heide stammt aus dem späten 13. Jh. Das Original wurde im zweiten Weltkriege vernichtet. Mathematisch-Physikalischer Salon, Dresden

war die der Familie Polo aus Venedig. Zwei Brüder, Nicolo und Maffeo Polo, reisten um 1260 von Byzanz nach Buchara und gelangten schließlich mit einer tatarischen Delegation an den Hof des damals über China herrschenden Mongolenfürsten Kublai Khan, Enkel des großen Eroberers Dschingis Khan. Im Jahre 1271 traten die Brüder Polo, zusammen mit dem damals siebzehnjährigen Marco Polo, von Venedig aus eine zweite Reise an, die über Persien nach drei Jahren wiederum an den Hof des Khans führte. Marco Polo erhielt eine Reihe hoher Staatsämter und lernte in diplomatischer Mission das riesige China kennen. Nach siebzehnjährigem Aufenthalt führte die Reise über Java, Sumatra, Ceylon, den Indischen Ozean und den Persischen Golf (immer nach heutiger Bezeichnung) zurück nach Byzanz und Venedig. Als Marco Polo nach einem Seegefecht mit den Genuesen in Gefangenschaft geriet, schrieb er dort seinen Reisebericht nieder, der den Europäern erstmals detaillierte authentische Nachrichten über den Fernen

172. Ausschnitt (Mittelmeer) aus dem Globus des Martin Behaim. Der aus einer Nürnberger Patrizierfamilie stammende Behaim nahm an einer portugiesischen Schiffsexpedition längs der westafrikanischen Küste teil. Im Jahre 1492, der Entdeckung Amerikas durch Christoph Kolumbus, verfertigte er einen Erdglobus, der natürlich nur die drei in Europa altbekannten Kontinente Europa, Afrika und Asien zeigt. Germanisches Nationalmuseum, Nürnberg

Osten – Länder, Meere, Inseln, Tiere, Pflanzen, Bewohner, Gebräuche – vermittelte und über die bereisten Länder hinaus auch Wissenswertes über Japan, Äthiopien und Madagaskar aussagte. Wir wissen heute, daß Marco Polo genau und gewissenhaft berichtet hat. Damals aber galten seine Beschreibungen als völlig unglaubwürdig, und die Figur des Aufschneiders und Lügenerzählers Marco Polo wurde noch jahrhundertelang als beliebte venezianische Karnevalsfigur benutzt.

Die Antike hatte drei Kontinente gekannt, Europa, Asien und Afrika. Noch während des Mittelalters, im 10. Jh., erreichten Europäer, auf Island lebende Normannen, auf gebrechlichen Schiffen Grönland und von dort aus um 1000 erstmals die nordamerikanische Küste. Doch blieben die Siedlungen ohne Bestand. Erst Kolumbus sollte rund ein halbes Jahrtausend später die Eroberung Amerikas durch die Europäer einleiten.

Renaissance

Vorhergehende Seite:
173. Die Schule von Athen. Das Wandgemälde des Raffaelo Santi symbolisiert die Rezeption des antiken Wissens in der Zeit der Renaissance, der »Wiedergeburt der Antike«. Stanza della Segnatura des Palazzo Vaticano, Rom

Renaissance-Editionen antiker Werke zu Mathematik und Naturwissenschaften (Auswahl)

Apollonios, »Konika«, I–IV, lat. aus dem Griech. 1537
Archimedes, (Auswahl 1270) Gesamtausgabe, griech. 1544, lat. 1558
Aristarchos, lat. 1488
Aristoteles, nach früheren Auswahlen Gesamtausgaben mehrfach, z. B. lat. 1472, 1495/98, später nochmals lat. 1553
Diophantos, lat. 1575
Dioskurides, 1478
Euklid, (Auswahl um 1150, 1260, 1482), lat. aus dem Griech. 1505, griech. 1533
Heron, (Teile), griech.-lat. 1571, 1589, 1616
Menelaos, (um 1150) lat. 1558
Nikomachos, griech. 1538, 1554
Pappos, lat. 1588
Platon (Gesamtausgabe), lat. 1483/84, griech. 1513, 1578
Ptolemaios, »Almagest« griech. 1538, »Tetrabiblos« lat. 1484, griech. 1535
Theophrastos, lat. 1483, griech. 1497

Mit dem Städtebürgertum hatte sich eine neue Kraft entwickelt, die ihre wirtschaftliche Macht nutzte, um sich gegen weltliche und geistliche Fürsten nun auch politisch durchzusetzen. Die in Italien bereits im 14. Jh. einsetzende Rückbesinnung auf die Antike wurde im 15. Jh. auch in vielen anderen europäischen Ländern zur neuen weltanschaulichen Grundauffassung des Bürgertums und anderer Volksschichten. Es entsprach dem neuen bürgerlichen Selbstgefühl, das Diesseits und den Menschen und nicht Gott und das Jenseits in den Mittelpunkt des Denkens zu rücken. Dichter, Gelehrte, Publizisten und Philosophen verstanden sich als Wegbereiter des lebens- und diesseitsgestaltenden Menschen und bezeichneten sich als Humanisten. Die neue geistige Bewegung war von Italien ausgegangen und erfaßte bald Deutschland, die Niederlande, England, Polen, Ungarn, Frankreich. Von Männern wie Petrarca, Reuchlin, Celtes, Ulrich von Hutten, Erasmus von Rotterdam, Thomas Morus ging ein geradezu legendärer Ruf an Gelehrsamkeit aus, der bis in unsere Tage herüberstrahlt.

Renaissance und Humanismus führten auf allen Gebieten des wissenschaftlichen und kulturellen Lebens zu überragenden Leistungen, deren wesentlichstes Ergebnis die Befreiung von klerikaler Vormundschaft war. Die Pflege alter Sprachen – Latein, Griechisch, Hebräisch – ermöglichte den Zugang zu den antiken Schriften und wurde zugleich Mittel der Selbsterziehung: Die Edition der antiken Werke in unverderbten, textkritisch gereinigten Ausgaben in der Originalsprache sollte ihre geistige Wirkung tun. Seit dem 15. Jh. erschienen für ihre Zeit hervorragende originalsprachige Schriften der Antike, die auf mühsamer und intensiver Arbeit an den Quellen beruhten (vgl. Tabelle).

Die humanistische Bewegung kam neben der Philosophie, dem historischen und philosophischen Denken auch der Mathematik und den Naturwissenschaften zugute. Das aufstrebende Bürgertum erkannte in den Naturwissenschaften ein Mittel für seinen Kampf um ökonomische und politische Emanzipation.

Auf diesem Hintergrund hat man den Angriff auf die mittelalterlichscholastische Wissenschaft ebenso zu sehen wie die bewußte Aneignung und Pflege antiker Wissenschaft. Intensiv wurde die Suche nach verschollenen Manuskripten geführt. Ihrem Verständnis stellten sich nicht nur aus philologischen, sondern insbesondere aus sachlichen Gründen bedeutende Schwierigkeiten entgegen. Staunend entdeckte man einen in dieser Höhe nicht vermuteten Entwicklungsstand der Mathematik und der Naturwissenschaft.

Die oberitalienischen Städte mit ihrer florierenden Wirtschaft im Schnittpunkt großer Handelswege wurden nicht zufällig zur Wiege der neuen Entwicklung. In Italien und Flandern hatte sich mit dem Verlagssystem die ursprüngliche Form kapitalistischer Produktion herausgebildet, die gleichzeitig eine erhebliche Geldanhäufung in Form von Wucher- und Kaufmannskapital ermöglichte. Das wiederum trug zu einer starken Belebung der Produktion bei. In vielen handwerklichen Bereichen setzten sich allmählich neue Formen der Arbeitsteilung und der Anwendung neuer technischer Verfahren durch. Sie gipfelten in teilweise spezialisierten Manufakturen, die schrittweise die bis dahin vorherrschende einfache Warenproduktion verdrängten.

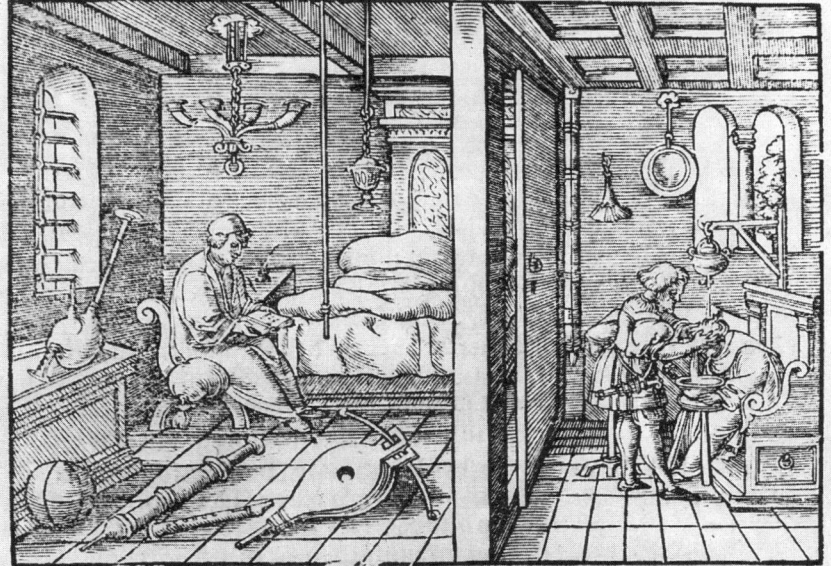

174. Ktesibios und Archimedes. Die Renaissance-Künstler stellten die antiken Gelehrten ahistorisch dar, mit den Lebensgewohnheiten, Wohnräumen, Instrumenten und Gebrauchsgegenständen der Neuzeit. Trotzdem sind wesentliche Aussagen festgehalten, so z. B. die Entdeckung des Auftriebes durch Archimedes bei dem Versuch, eine Krone auf ihren Goldgehalt zu prüfen. Aus: Ryff, W., Vitruvius, Basel 1582, S. CCCCXCIJ. Sächsische Landesbibliothek, Dresden

Holzblockdruck war eine relativ alte Kunst. Aber das entscheidend Neue, die Druckkunst mit beweglichen Lettern, verdankt man – in Europa – erst Johann Gensfleisch zum Gutenberg, genannt Gutenberg. In den Jahren um 1450 vollbrachte er in Mainz eine herausragende technische Leistung, die auf Kombination und gegenseitiger Anpassung verschiedenartiger technischer Elemente – Entwerfen, Schneiden und Gießen von Lettern, Legierung von Letternmetall, Druckfarbe, Presse, Papier – beruhte. Die neue »Schwarze Kunst« half Wissen und Wissenschaft in bisher unbekanntem Umfang und mit noch nicht dagewesener Schnelligkeit zu verbreiten und

175. Blick in eine Druckerei der Renaissancezeit. Aus Jost Ammans »Eygentliche Beschreibung Aller Stände auff Erden« mit Versen von Hans Sachs. Frankfurt (Main) bei S. Feyerabent 1568. Faksimile: Liebhaber-Bibliothek alter Illustratoren. VII. Bändchen. München 1896

neue Schichten der Bevölkerung zu erreichen. Gemessen an einem durch handschriftliches Kopieren hergestellten Buch, sank der Preis auf ein Achtel bis ein Zehntel. Nach etwa einem halben Jahrhundert gab es schon rund eine Million gedruckter Bücher. Diese Wiegendrucke (Inkunabeln) der Frühzeit, d. h. die bis 1500 erschienenen Bücher, gehören heute zu den schönsten und interessantesten Kulturschätzen der Menschheit.

Charakteristischerweise gehörten neben Bibeln und allerlei aktuellen politischen und religiösen Flugschriften auch Werke mathematisch-naturwissenschaftlichen Inhalts zu den frühesten Druckerzeugnissen. Man hat ihren Anteil auf etwa 20 % geschätzt; das ist, in Anbetracht der Zeitumstände, erstaunlich viel und zeigt das neue und hohe gesellschaftliche Interesse an Kenntnissen über die Natur.

Die Ausdehnung fortschrittlichen Gedankengutes auch nördlich der Alpen war nicht zuletzt mit einer Verlagerung der Handelswege verbunden. Süddeutsche Städte wie Nürnberg, Augsburg und Ulm entwickelten sich zu neuen Zentren von Wirtschaft, Wissenschaft, Technik und Kultur. Wind und Wasser wurden immer stärker als Energiequellen genutzt, z. B. in Mühlen, bei Poch- und Schmiedehämmern oder in Drahtzieh- und Papiermühlen. Papier und Schwarzpulver, Erfindungen aus dem Orient, kamen angesichts der neuen Bedürfnisse zur vollen Geltung. Die Erfindung des Buchdruckes versetzte dem kirchlichen Bildungsmonopol einen entscheidenden Schlag.

Die Steigerung der Buchproduktion, eine neue Welle von Schul- und Universitätsgründungen, aber auch Auseinandersetzungen mit den feudalen Mächten in Stadt und Land zeigten die starken Auswirkungen wissenschaftlicher und technischer Erfindungen und Entdeckungen.

Die bürgerliche Bewegung hatte sich ideologisch vor allem mit dem Führungszentrum, der Papstkirche, auseinanderzusetzen. Die Stadt- und Bauernaufstände verliefen aber trotz religiöser Einkleidung immer stärker

176. Der Gelehrte in der Stube. Die Schiffsreisen im Zeitalter der großen Entdeckungen waren keine wissenschaftlichen Expeditionen, sondern Handels- oder Eroberungsfahrten. Gelehrte suchten, auf Grund der Berichte – die Phantasie und Übertreibung mit Wahrheit gemischt darboten – die wissenschaftlichen Aussagen herauszufinden. Stich von P. H. Galle nach Jan van der Straet. Staatliche Kunstsammlungen Dresden, Kupferstichkabinett

mit antifeudaler Zielrichtung. Der Reformer Jan Hus aus Böhmen, der 1415 in Konstanz auf dem Scheiterhaufen verbrannt wurde, löste eine Bewegung aus, die für 15 Jahre die alte Welt bis an die Wurzeln erschütterte. Je stärker der Druck der Inquisition anwuchs, um so deutlicher prägten sich Ketzerbewegungen aus, die nicht mehr bei kirchlichen Forderungen stehenblieben. Die Bewegungen nahmen an Schärfe zu, je mehr das bürgerliche Gedankengut auch in der Bauernschaft sein Echo fand.

Die Jahre um 1500 sind gekennzeichnet von einer Vielzahl großer Ereignisse mit weltweiten Auswirkungen. Die großen geographischen Entdeckungen durch Kolumbus, Magelhães, Vasco da Gama und viele andere erschlossen neue Dimensionen in Handel und Verkehr und leisteten einen praktischen Beitrag zur endgültigen Zerstörung des mittelalterlichen Weltbildes. Die Größe ihrer Pionierleistungen ist nur auf dem Hintergrund der wissenschaftlichen und technischen Leistungen dieser Zeit zu verstehen. Die Entdeckungen neuer Länder und Kontinente durch Europäer brachten den führenden Kolonialländern großen Gewinn und trugen durch gnadenlose Ausplünderung wesentlich zum »großen Sprung« bei, der den historischen Fortschritt Europas von nun an gegenüber den alten Kulturzentren in Asien, Amerika und im Orient verständlich macht. Diese sprunghafte europäische Entwicklung führte einerseits zur Herausbildung und Stabilisierung nationaler Königreiche mit Unterstützung der Städte; andererseits spitzte sich der Gegensatz von Feudalem und Bürgerlichem immer stärker zu und führte in der frühbürgerlichen Revolution in Deutschland zum Höhepunkt der Auseinandersetzung. Die Reformation von 1517, eingeleitet durch Martin Luthers Thesenanschlag, und der Bauernkrieg von 1525/26 waren weit über ein antipäpstliches Programm hinausgegangen. Trotz der Niederlage und der einsetzenden Gegenreformation blieben erreichte Positionen erhalten, vor allem im ideologischen Bereich.

Das katholische Spanien machte sich zum Hauptvertreter und Vorreiter der päpstlichen Gegenreformation und versuchte, sich die reichen niederländischen Provinzen einzuverleiben. Der nördliche Teil der Provinzen konnte sich im Ergebnis des siegreichen Befreiungskampfes von Spanien lösen und 1581 die Republik der Vereinigten Niederlande gründen. Die Niederlage Spaniens gegen England und die Niederlande ermöglichte England den allmählichen Aufstieg zur Weltmacht.

Ein Wort von Francis Bacon, dem Staatsmann des Elisabethanischen Zeitalters, symbolisiert diese neue Zeit, das Wort von der »großen Erneuerung« (instauratio magna). Die »Instauratio Magna« war Titel eines geplanten mehrbändigen Sammelwerkes, mit dem Bacon 1620 die Absage an die dogmatische scholastische Gelehrsamkeit, die Erneuerung der Wissenschaft und deren Hinwendung zur für den Menschen nützlichen Wissenschaft programmatisch formulierte.

Von Bacon stammt auch jener heute oft zitierte Satz, daß Wissen Macht sei. Ganz deutlich stellten seine Worte den ideologischen Reflex auf das bereits durch die neue Wissenschaft Erreichte dar, wie sie auch für eine spätere Periode, die der Wissenschaftlichen Revolution, noch programmatisch gewirkt haben. In der Tat konnten Humanismus und bloße Wiederbelebung der antiken Wissenschaft den wachsenden ideologischen und ökonomischen Bedürfnissen des Bürgertums schon am Ende des 15. und am

177. Titelblatt der »Instauratio magna scientiarum« von Francis Bacon, London 1620. Das Erscheinen dieses Buches mit dem bezeichnenden Titel »Die große Erneuerung der Wissenschaften« markiert den endgültigen Bruch mit scholastischen Auffassungen und die Hinwendung zur modernen Naturwissenschaft. Universitätsbibliothek, Leipzig

178. Petersplatz und Petersdom in Rom. Der 1506 unter der Leitung des bedeutenden Renaissance-Baumeisters Donato Bramante begonnene Bau des Domes stellte auch in technischer Hinsicht eine Meisterleistung dar.

Beginn des 16. Jh. nicht mehr genügen. Eine Fülle neuer Einsichten wurde gewonnen, neue Produktionsverfahren gefunden, neue Produktionsmittel konstruiert, neue Erdteile mit Tieren und Pflanzen entdeckt, über die sich bei den Alten nicht einmal eine Andeutung fand. Nun gab es Brillen, Uhren, Schießpulver, Feuerwaffen, Spinnräder, Mühlen zur Herstellung von Papier aus Lumpen, bedeutende Fortschritte im Bauwesen, im Bergbau, Schiffbau und in der Metallurgie. Das Gefühl der Bewunderung für die Antike wich dem Selbstbewußtsein, ein neues besseres Zeitalter durch tätiges Wirken heraufgeführt zu haben. Charakter und Inhalt der Periode der Renaissance gingen somit weit über die bloße Wiedergeburt der Antike hinaus. Philosophie, Gesellschafts- und Staatstheorie, Ethik und Literatur wandelten sich grundlegend; mit ihnen die Naturwissenschaft.

»Es war«, so schreibt Engels, »die größte progressive Umwälzung, die die Menschheit bis dahin erlebt hatte ... Auch die Naturforschung bewegte sich damals mitten in der allgemeinen Revolution und war selbst durch und durch revolutionär; hatte sie sich doch das Recht der Existenz zu erkämpfen.«

Im unmittelbaren Zusammenhang mit der Entwicklung der frühbürgerlichen Gesellschaft in Europa begann sich die moderne, die eigentliche Naturwissenschaft herauszubilden. Dieser fundamentale Umgestaltungsprozeß wurde — von Ausnahmen abgesehen — nicht von den Lateinisch schreibenden Gelehrten an den unter kirchlicher Oberhoheit stehenden Universitäten getragen. Es waren vielmehr die Ingenieure, Handwerker, Kaufleute, Rechenmeister, Büchsenmeister, die Hüttenmeister, Erzprobierer, Architekten, Zeugmeister, bildenden Künstler, Ärzte usw., für die es die Sammelbezeichnung »Artefici« oder »Virtuosi« gab. In enger Bindung an die Produktion und die materiellen und ideellen Lebensinteressen ihrer Gesellschaft und aus ihrer Einsicht in deren Erfordernisse bemühten sie sich um die Verwissenschaftlichung der Produktion. So wurde ein Prozeß in Gang gebracht, der die Naturwissenschaft aus der Produktion herauslösen und in die sog. Wissenschaftliche Revolution des 17. Jh. einmünden lassen sollte.

Der Historiker registriert vor allem für das 16. Jh. das bewußte Streben nach systematischer Erschließung der Produktionsprobleme und der Darstellung und Schilderung der Produktion, bemerkenswerterweise nicht in Latein, sondern in den Nationalsprachen, da sich die Autoren an die im allgemeinen des Lateinischen unkundigen Produzenten und an die Artifici selbst wandten.

Einige Bereiche der Produktion — wie Architektur, Berg- und Hüttenwesen, Pulverherstellung, chemische Gewerbe, Ingenieurwesen, Uhrenherstellung, Geschützwesen, kaufmännisches Rechnen — wirkten unter diesem Aspekt und in historischer Sicht geradezu als Nährboden und Stimulus für die Entwicklung der Naturwissenschaften und der Mathematik. Der Berufsstand der Artifici breitete sich von Italien über alle Länder aus, die von der frühkapitalistischen Entwicklung erfaßt wurden; Virtuosi gab es von Polen bis zur Iberischen Halbinsel, in England, Frankreich, Holland, Deutschland, Italien.

Antike und Mittelalter hatten bemerkenswerte Bauwerke hervorgebracht; auch der Renaissance verdanken wir Kuppelbauten von großer

Kühnheit. Brunelleschi, bedeutend auch als Goldschmied, Bildhauer und Festungsbaumeister, entwarf unter Heranziehung beachtlicher mathematischer Kenntnisse die Kuppel von Santa Maria del Fiore in Florenz; sie wurde 1420 bis 1436 ausgeführt und besaß eine Spannweite von 39 m und eine Höhe von 114 m. Die Kuppel der Peterskirche, die 1588 bis 1590 gebaut wurde, besitzt sogar 42 m Spannweite. Mit dem vielseitigen Leon Battista Alberti erreichte die Baukunst der Renaissance ihren Höhepunkt, zumal er, um eine Verbindung von Theorie und Praxis bemüht, eine zusammenfassende Darstellung des gesamten Bauwesens verfaßte, die allerdings erst nach seinem Tode, 1485, unter dem Titel »De re aedificatoria« (Über die Baukunst) erschien. Dieses Werk stellt das erste gedruckte Buch über das Bauwesen dar – Vitruvius wurde erst um 1486 verlegt – und behandelte u. a. den Bau von Gewölben und Steinbrücken, die Bewegung von Lasten, den Bau einfacher Maschinen wie Rad, Flaschenzug, Schnecke, Hebebaum.

179. Melancholia. Dieser berühmte, gedankenreiche Kupferstich des »Künstleringenieurs« Albrecht Dürer entstand 1514. Dargestellt werden auch mathematische Instrumente: Waage, Stundenglas, halbreguläre Körper; rechts oben befindet sich ein magisches Quadrat. Heute wird das Kunstwerk als Darstellung seines angestrengten Suchens nach korrekter Wiedergabe der Perspektive und der Durchbildung der mathematischen Methoden der Zentralperspektive interpretiert. Museum der bildenden Künste, Leipzig

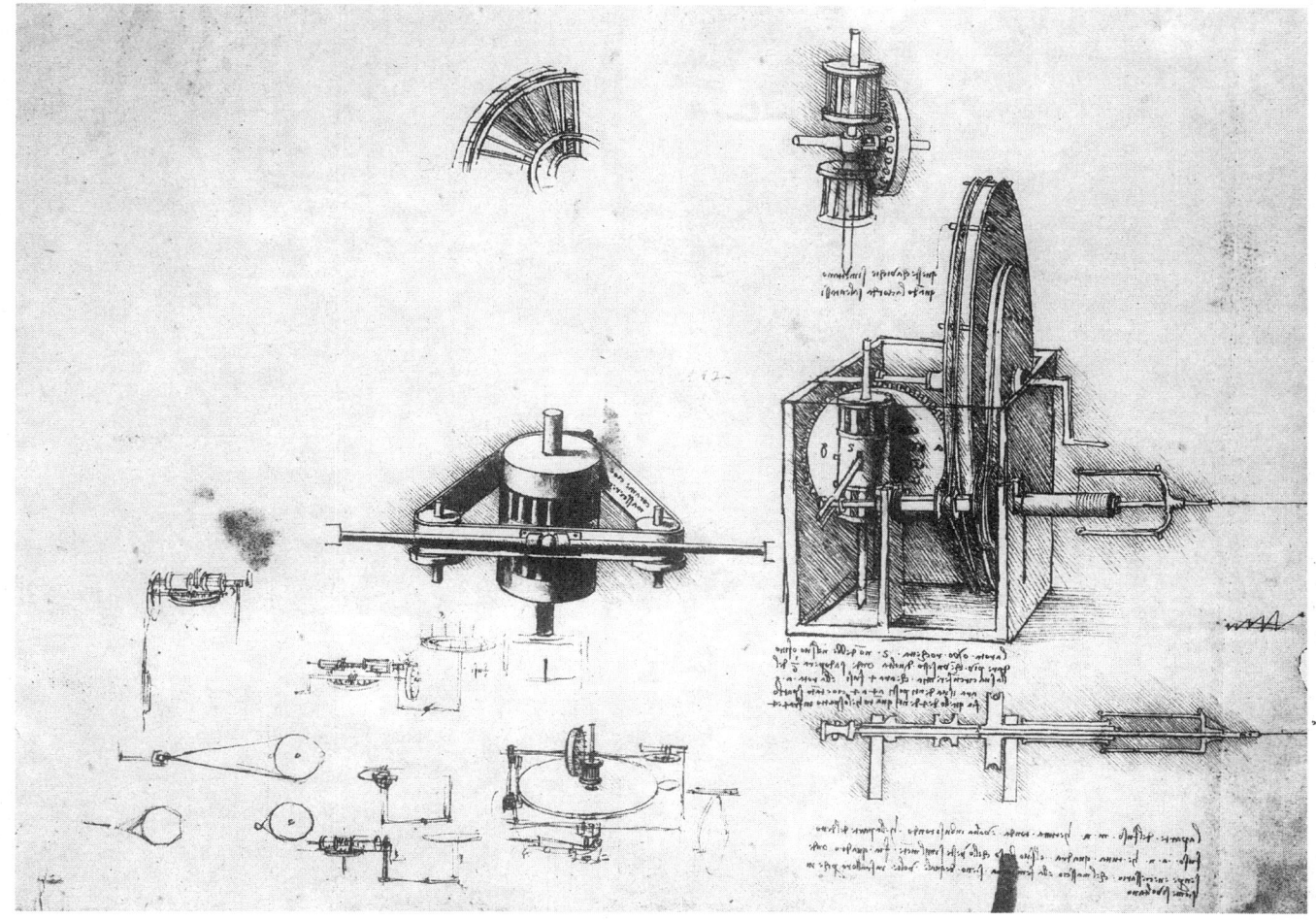

Der Versuch der Verwissenschaftlichung zeigt sich auch im Geschützwesen. Die Mathematik, insbesondere Vermessungswesen und Trigonometrie, profitierte von dem Zwang, die Geschütze zu richten, ebenso wie die Entwicklung von Winkelmeßgeräten. Experimente wurden angestellt, um möglichst günstige Verhältnisse zwischen Pulvermenge, Geschoßgewicht, Kaliber, Länge und Dicke des Geschützrohres ausfindig zu machen. Der aus Venedig stammende Tartaglia – auf den auch bedeutende Leistungen im Bereich der Mathematik zurückgehen – beschäftigte sich intensiv mit der Form der Flugbahn. Er dachte sie sich aus Geraden- und Kreisbogenstücken zusammengesetzt und erhielt damit eine zwar recht gute Näherung, aber erst Galilei sollte die Flugbahn als Parabel erkennen. Durch zielstrebige Versuche fand Tartaglia, daß bei einem Erhebungswinkel von 45° die größte Schußweite erzielt wird.

180. Entwurf einer Spinnmaschine mit automatischer Spindel von Leonardo da Vinci. Leonardo war einer der hervorragendsten Vertreter jener Artifici oder Virtuosi, bei denen sich künstlerische Meisterschaft, technischer Einfallsreichtum und naturwissenschaftliche Forschungstätigkeit paarten und zu bewunderungswürdigen Leistungen führten. Aus: Codex Atlanticus, Blatt 393–v–a– Bibliothek Rara 1941 C 7 –

Rechenmeister und Cossisten

Die eigentlichen Naturwissenschaften und die Mathematik schritten gemeinsam und in gegenseitiger Wechselwirkung voran – und das sogar in doppelter Weise. Auch für die Mathematiker erwuchsen aus der Entwick-

181. Maler zeichnet eine Laute. Diese instrumentelle Methode zur Herstellung eines perspektivisch richtigen Bildes beschreibt Albrecht Dürer in seinem Werk »Underweysung der Messung mit dem zirckel und richtscheyt (Lineal)« vom Jahre 1525. Harvard College Library, Department of Printing and Graphic Arts

lung des Frühkapitalismus Anregungen und sogar direkte Anstöße in bemerkenswerter Fülle. Zum anderen bahnte sich bereits während der Renaissance eine Entwicklung an, die die mathematische Formulierung der Naturgesetze im Methodischen als eine der Grundbedingungen des Fortschritts der Naturwissenschaften hervortreten lassen sollte und die im 17. Jh., während der sog. Wissenschaftlichen Revolution, bewußt gehandhabt werden mußte.

Zu jener erstgenannten Gruppe mathematisch relevanter Problemkreise gehören Hochseeschiffahrt, Geschützwesen, Kalenderrechnung u. a. m.; ihnen verdankte die Trigonometrie starke Impulse, wie man am Beispiel von Regiomontanus erkennen kann.

Die großen Künstler der Zeit — Giotto, van Eyck, Brunelleschi, Alberti, Leonardo da Vinci, Dürer — fanden Grundelemente der darstellenden Geometrie wie Fluchtpunkt und Fluchtgerade und entwickelten eine Lehre von der Perspektive mit recht hohem wissenschaftlichem Gehalt wie etwa Dürers »Underweysung...« von 1525.

Eine weitgehende Umgestaltung der Mathematik war Folge des Überganges von der Naturalwirtschaft zur Geldwirtschaft: Aus dem Bedarf an Rechenmethoden und Rechenhilfsmitteln erwuchs die Tendenz zur Algebraisierung. Die mittelalterlichen Kloster- und Domschulen konnten das sich sprunghaft ausbreitende Bedürfnis breiter Bevölkerungskreise, das Rechnen zu erlernen, nicht befriedigen. So kam am Ende des 15. Jh. in den vom Frühkapitalismus erfaßten Ländern ein neuer Berufsstand auf, der des Rechenmeisters. Im Auftrag der Stadtverwaltungen führte er die im Wirtschaftsleben der Stadt anfallenden Rechenarbeiten durch. Gelegentlich unterhielt er eine eigene »Rechenschule«, in der er gegen Entgelt die Schreibweise der Zahlen, die vier Grundrechenarten sowohl auf dem Rechenbrett wie mittels der indischen Ziffern sowie deren Anwendung beim

182. Titelblatt eines Rechenbuches von Adam Ries. Das 1550 in Leipzig gedruckte Buch zeigt als einziges ein (authentisches?) Porträt des großen Rechenmeisters. Universitätsbibliothek, Leipzig

Kauf und Verkauf im täglichen Leben lehrte. Neben der Umrechnung der verschiedensten Währungs-, Maß- und Gewichtseinheiten ineinander war die »Practica welsch«, die »Arte dela Mercadantia«, d. h. das kaufmännische Rechnen, einer der Hauptbestandteile der Unterweisung. Dazu gehörten Dreisatz, Zins- und Zinseszinsrechnung sowie die Kunst der doppelten Buchführung.

Rechenmeister und Rechenschulen gab es überall, in Italien, Frankreich, England, den Niederlanden, Deutschland, Böhmen, Polen. Sehr häufig entstanden schriftliche Darlegungen der Rechenkunst. Die »Rechenbüchlein« gehörten zu den frühesten Druckerzeugnissen überhaupt. Es spricht für ihre Volkstümlichkeit, daß ihre Autoren in der Erinnerung fortlebten. Von den deutschen Rechenmeistern besitzt Ries, der im sächsischen Erzgebirge wirkte, einen geradezu legendären Ruf: Mit den Worten »Nach Adam Ries macht das soundsoviel...« rufen wir ihn zum Kronzeugen für die Richtigkeit einer Rechnung an. Von ihm stammen drei hervorragende Rechenbücher, u. a. die »Rechnung auff der Linien und Federn«, das 1527 zum ersten Mal erschien, aber noch bis 1665 ständig nachgedruckt wurde. Solche »Rieses« gab es überall, Widmann aus Böhmen, Köbel in Süddeutschland, Peletier in Frankreich stehen für viele andere. Auch der Arzt Recorde in England und der italienische Rechenmeister Tartaglia schufen besonders erfolgreiche Rechenbücher.

Eine andere weitverbreitete Art praktisch-mathematischer Gebrauchsanweisungen jener Zeit stellten die sog. Visierbüchlein dar. Unter Visieren verstand man die Inhaltsbestimmung eines Fasses mittels Hineinsteckens eines Stabes (der Visierrute) – ein sehr wichtiges Problem, da damals Fässer als Behälter für viele Dinge des täglichen Lebens – Flüssigkeiten, Geld, Pulver, Gewürze, Fische, Fleisch – verwendet wurden.

Zur Mitte des 16. Jh. begann sich auf Grund der Vorzüge das schriftliche Rechnen mit den indisch-arabischen Ziffern gegenüber dem Abacus-Rechnen durchzusetzen. Doch es war noch ein weiter Weg bis zur Ausbildung praktischer Rechenmethoden, die für alle Menschen leicht erlernbar und beherrschbar waren. Am schwierigsten erwies sich die Division: Noch heute sprechen wir davon, daß wir »in die Brüche geraten«, wenn wir in Schwierigkeiten kommen.

Im 16. und 17. Jh. wurde eine prinzipiell wichtige Verbesserung der Rechenmethoden gebräuchlich, die Verwendung der Dezimalbrüche. Die Kombination der indischen Ziffern mit dem dezimalen Positionssystem gehört zweifellos zu den folgenreichsten und bedeutendsten geistigen Errungenschaften der Menschheit auf dem Gebiet der Mathematik. Das dezimale Positionssystem und Dezimalbrüche traten in Indien auf, ansatzweise in China, am deutlichsten im 15. Jh. bei dem islamischen Mathematiker al-Kaschi, dem Leiter der Sternwarte in Samarkand. Doch erst mit dem europäischen Frühkapitalismus erhielten übergreifende Ideen, da es auf die dezimale Ordnung aller Maß- und Gewichtssysteme ankam, eine solche gesellschaftliche Tragweite, daß sich auf diesem Hintergrund wenigstens deren mathematisches Äquivalent, der Dezimalbruch, durchsetzen konnte.

Dem Niederländer Stevin ist hierzu der entscheidende Anstoß zu verdanken. 1585 erschien in Leyden ein kleines Büchlein, »De Thiende«, in dem die Dezimalbruchschreibweise erstmals systematisch dargelegt wurde.

183. Pythagoras und Boëthius. Dieser berühmte Holzschnitt aus der »Margarita philosophica« des Gregor Reisch, Freiburg 1503, zeigt einen Wettbewerb zwischen dem Rechnen auf dem Abacus und dem Rechnen mit den indisch-arabischen Ziffern. Der Sieg neigt sich Boëthius zu, dem angeblichen Erfinder der Ziffern. Universitätsbibliothek, Leipzig

184. Titelblatt des 1531 in Nürnberg gedruckten Visierbüchleins von Johann Frey. Unter Visieren verstand man – anders als heute – die Inhaltsbestimmung von Fässern mittels eines in das Spundloch gesteckten Visierstabes. Universitätsbibliothek, Leipzig

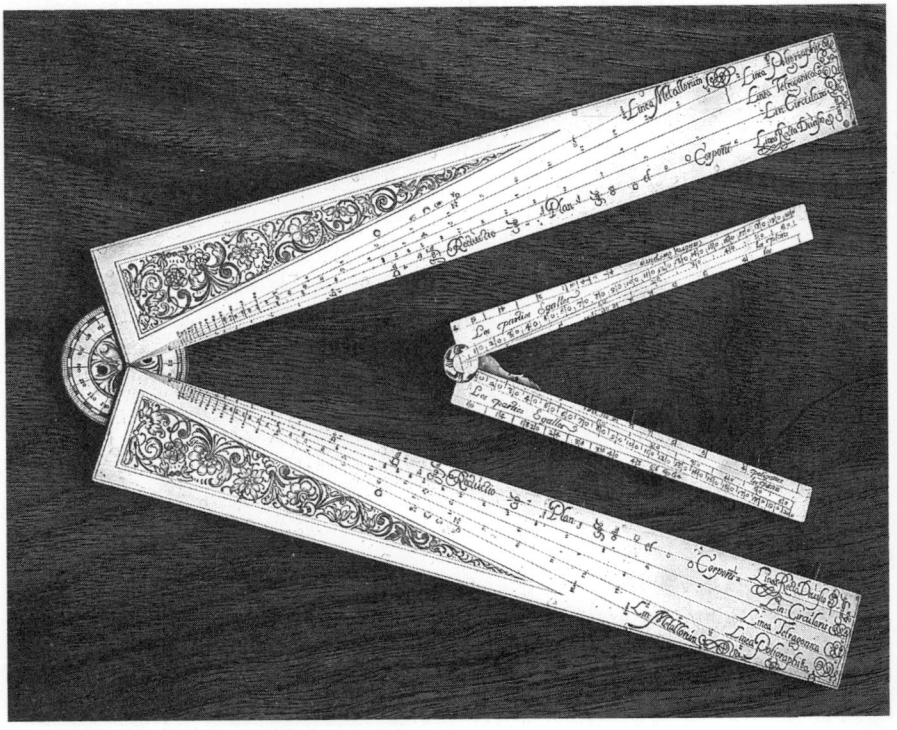

185. Proportionalzirkel. Mit diesen mathematischen Instrumenten können Strecken in einem bestimmten festen, aber wählbaren Maßstab verkleinert bzw. vergrößert werden. Der größere Zirkel wurde um 1560 in Dresden, der kleine um 1680 in Paris hergestellt. Mathematisch-Physikalischer Salon, Dresden

186. Gewichtssatz von Conrad Moss, Nürnberg 1588. Die eigentlichen Gewichte – unterhalb des Tragebügels und der Figuren – sind schüsselförmige Einsätze. Mathematisch-Physikalischer Salon, Dresden

Dort erklärt Stevin: »Thiende ist eine Art der Rechenkunst, durch welche man alle unter den Menschen als notwendig anfallenden Rechnungen mittels ganzer Zahlen ohne Brüche erledigt; sie wird gefunden aus der Zehnerreihe, bestehend in den Ziffern, durch die irgendeine Zahl geschrieben wird.«

Stevin führte eine spezielle Symbolik ein: Für den Dezimalbruch 6,3759 z. B. würde er geschrieben haben 6 ⓪ 3 ① 7 ② 5 ③ 9 ④. Die Bedeutung der eingeringelten Zahlen ist klar; es ist die Folge der negativen Potenzexponenten: $6 \cdot 10^0 + 3 \cdot 10^{-1} + 7 \cdot 10^{-2} + 5 \cdot 10^{-3} + 9 \cdot 10^{-4}$. In den weiteren Teilen von »De Thiende« werden die Grundrechenarten in Dezimalbrüchen gelehrt, Anwendung auf Landmessung, Tuchmessung, Weinmessung und auf Astronomie deutlich gemacht, Anweisungen für Münzmeister und Kaufleute gegeben u. a. m. Schließlich verlangte Stevin, auch Maße und Gewichte dezimal zu unterteilen, eine Forderung, die freilich erst im Gefolge der Großen Französischen Revolution von 1789 durchgesetzt werden sollte.

Mit der algorithmischen Durcharbeitung der Rechenverfahren bürgerten sich Abkürzungen für die Variablen und die Rechenoperationen ein. Der Italiener Pacioli z. B., ein Freund Leonardo da Vincis, verwendete die Zeichen p (von italienisch più) für plus und m (von meno) für minus. Unsere jetzigen Zeichen + und – gebrauchte Widmann 1489 zum ersten Mal im Druck. Das Gleichheitszeichen stammt von dem englischen Arzt Recorde, der es 1557 in seinem Rechenbuch »Whetstone of Witte« (Wetzstein des Verstandes) anführte.

Diese Zwischenstufe auf dem Wege von den frühen Rechenbüchern zur echten Algebra, bei der Kunstworte und erste Abkürzungen in Gebrauch kamen, bezeichnet man als »Coß«, ihre Verfasser als »Cossisten«. Die Benennung leitet sich her aus der Bezeichnung »Ding«, »Sache« (lat. res, ital. cosa, deutsch coss) für die gesuchte Größe, die aus Gleichungen zu bestimmen war.

Natürlich war die Grenze zwischen den Rechenmeistern und Cossisten fließend, ebenso wie zwischen den Rechenbüchern und den cossischen Schriften. Während des 16. Jh. übertrafen letztere die antike Mathematik schon deutlich. Tartaglia fand – unabhängig von del Ferro – die rechnerische Auflösung der Gleichung dritten Grades. Da jedoch Tartaglias Ergebnis auf Grund eines Vertrauensbruches von dem venezianischen Universitätsprofessor, Arzt und Mathematiker Cardano 1545 veröffentlicht wurde, ist es unter der Bezeichnung Cardanische Lösungsformel für die kubische Gleichung in die Mathematik eingegangen. Cardanos Schüler Ferrari fand die Lösungsformel für die allgemeine Gleichung 4. Grades.

Der deutsche Prediger und Cossist Stifel erkannte negative Zahlen ausdrücklich als Zahlen an; bis dahin hatte man im allgemeinen »Guthaben«

187. Luca Pacioli. Der Franziskanermönch und Mathematiker schrieb 1487 eine 1494 in Venedig gedruckte »Summa...« (Zusammenfassung) der Arithmetik, der Geometrie und der Lehre von den Proportionen. Er befaßte sich mit dem Goldenen Schnitt und der doppelten Buchführung, womit er auf die Bedürfnisse der darstellenden Kunst und des kaufmännischen Rechnens im sich entwickelnden Frühkapitalismus einging. Gemälde von Jacopo de'Barberi. Museo Nazionale di Capodimonte, Neapel

und »Schulden« nur als anschaulichen Behelf für positiv und negativ benutzt. Stifel behandelte Irrationalitäten der Form

$$\sqrt[m]{a + \sqrt[n]{b}}$$

und erkannte das Prinzip des Vergleiches zwischen arithmetischer und geometrischer Reihe, das den Ansatzpunkt für die Einführung des logarithmischen Rechnens darstellt. Der Niederländer Girard sprach – noch ohne Beweis – den Fundamentalsatz der Algebra aus, daß eine Gleichung n-ten Grades genau n Wurzeln besitzt.

Mit dem Auftreten des Franzosen Vieta, Staatsmann und Jurist in hohen Ämtern, erreichte diese Phase der Entwicklung der Algebra einen ersten vorläufigen Höhepunkt und Abschluß. Bewußt orientierte er auf eine durchgängige Verwendung mathematischer Symbole; so entstünde eine prachtvolle Rechenkunst, »eine Kunst, die es erlaubt, die Lösungen aller mathematischen Probleme mit größter Sicherheit zu finden«. Freilich waren diese überspitzten Erwartungen, die Vieta 1591 in seiner Schrift »In artem analyticam isagoge« (Einführung in die algebraische Kunst) mit Begeisterung anpries, unerfüllbar. Aber er führte einheitliche Bezeichnungen für die Variablen und Konstanten, eckige und geschweifte Klammern ein, lehrte eine Fülle algebraischer Umformungen, erkannte den Zusammenhang zwischen den Gleichungskoeffizienten und den Gleichungswurzeln (Satz von Vieta). Damit und mit vielen weiteren Einzelergebnissen trug Vieta Entscheidendes zur Herausbildung der Algebra als selbständiger mathematischer Disziplin bei.

Kopernikus und die Revolution der Astronomie

Astronomie und Astrologie – auch diese galt damals als wissenschaftliche Disziplin – stellten in enger gegenseitiger Verquickung an fast allen europäischen Universitäten offizielle Lehrgegenstände dar. An der Wiener Universität bildete sich zu Anfang des 15. Jh. eine besonders einflußreiche astronomische Schule aus, deren herausragende Vertreter Johannes von Gmunden, sein Schüler Georg von Peurbach und dessen Schüler und Freund Regiomontanus waren.

Im ausgehenden Mittelalter hatten die westarabisch-spanischen Planetentafeln als Grundlage der Navigation gedient, die auf Befehl des Königs Alfons X. von Kastilien von 1260 bis 1266 berechnet worden waren. Die Alfonsinischen Tafeln kann man zugleich als Ausdruck erster Zweifel an den Grundlagen des alten geozentrischen Weltbildes verstehen; somit gehört ihre Berechnung in die Vorgeschichte der kopernikanischen Astronomie. Doch erwiesen sie sich bald als ungenau und nicht umfangreich genug. Schon Johannes von Gmunden faßte eine Neubearbeitung ins Auge, doch wurde sie erst von Peurbach und Regiomontanus durchgeführt. Diese 1472 gedruckten »Ephemeriden« (Tafeln der Stellung der Planeten) führte nachgewiesenermaßen auch Kolumbus mit sich.

Peurbach konstruierte ein neues astronomisches Beobachtungsgerät, das

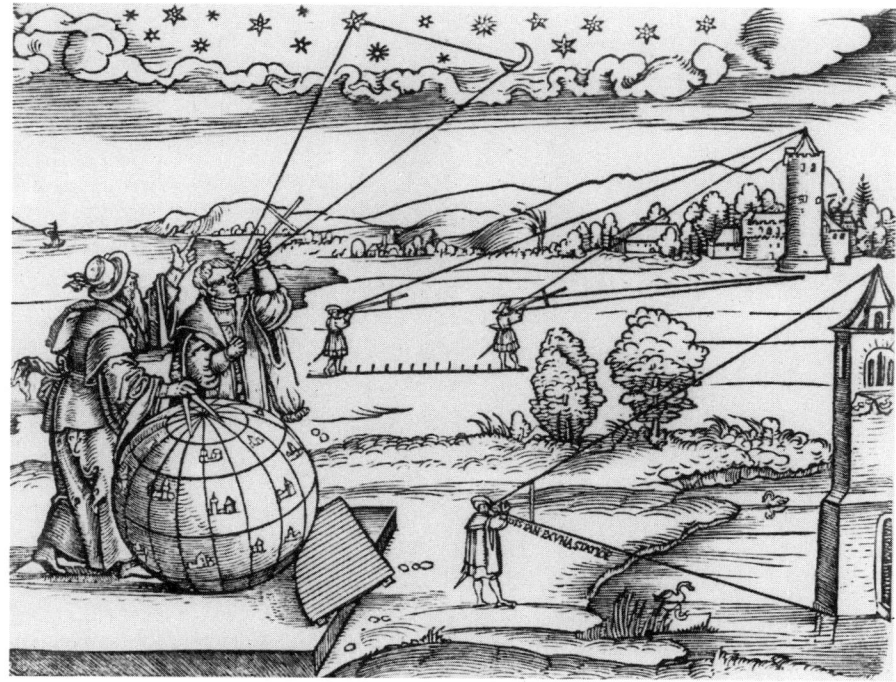

188. Jakobstab oder Kreuzstab. Der vermutlich von dem jüdischen Gelehrten Levi ben Gerson wiedererfundene Jakobstab dient zur Messung von Winkeldifferenzen. Aus dem Titelblatt von: Apian, P., Introductio Geographica... Ingolstadt 1533. Universitätsbibliothek, Leipzig

»Quadratum geometricum« und trug Entscheidendes zum Wiederbeginn der beobachtenden Astronomie bei. Zugleich schuf er eine ausgezeichnete theoretische Darstellung der Planetenbewegung »Theoricae novae planetarum« (Neue Planetentheorien), die sein Schüler Regiomontanus 1472 zum Druck brachte – ein Jahr vor der Geburt des Kopernikus.

Nach dem frühen Tode Peurbachs führte Regiomontanus dessen Arbeit fort. Eine Bearbeitung des »Almagest« von Ptolemaios stellte die geozentrische Planetentheorie in vollendeter Weise dar: Das 1496 unter dem Titel »Epitome...« (Auszug aus dem großen Werk des Ptolemaios) veröffentlichte Werk wurde zu einem der grundlegenden Lehrbücher des Astronomieunterrichtes an den Universitäten.

Der aus Königsberg in Franken stammende Johannes Müller, genannt Regiomontanus (Königsberger), hatte in Leipzig und Wien studiert, war vier Jahre als Hofastronom beim ungarischen König Matthias Corvinus I. tätig gewesen und ließ sich 1471 in der reichen Handelsstadt Nürnberg nieder. Dort besaß er eine Sternwarte und gründete eine Druckerei mit der Absicht, die Werke aller (damals bekannten) antiken Mathematiker und Astronomen in Druckausgaben herauszubringen. Nachdem er vom Papst wegen der dringend notwendig gewordenen Kalenderreform nach Rom berufen worden war, starb er dort ganz überraschend.

Mit seiner mathematischen Leistung wurde Regiomontanus für Europa und die sich anschließende Entwicklung zum Begründer der Trigonometrie als einer selbständigen mathematischen Disziplin, die sich aus der Astronomie herauszulösen begonnen hatte. Regiomontanus schrieb eine zusammenfassende Darstellung der ebenen und sphärischen Trigonometrie unter dem Titel »De triangulis omnimodis libri quinque« (Fünf Bücher über alle Arten von Dreiecken). Dort finden sich u. a. auch der Sinus- und der Kosinussatz und sehr genaue Tafeln trigonometrischer Funktionen. Unstreitig war Regiomontanus der herausragendste Mathematiker des 15. Jh. und der bedeutendste Astronom der Renaissance vor Kopernikus.

Die durch Kopernikus ausgelöste Revolution der Astronomie, der weltweite Übergang vom geozentrischen zum heliozentrischen Weltbild wurde – über die Bedeutung für die Astronomie hinaus – mit Recht zum Sinnbild der Zeitenwende, der Überwindung des Mittelalters, der »Emanzipation der Naturforschung von der Theologie« (Engels). Die in des Wortes wahrstem Sinne weltbewegende Tat des Kopernikus ist von berühmten Geistesgrößen

189. Armillarsphäre von Möller, Gotha 1687. Seit der Antike dienten Armillarsphären als astronomische Demonstrationsinstrumente. Sie stellen die Kreise dar, auf denen sich die Himmelskörper bewegen, und zeigen die Schiefe der Ekliptik. Sie konnten sowohl gemäß dem geozentrischen als auch entsprechend dem heliozentrischen System gebaut werden. Mathematisch-Physikalischer Salon, Dresden

190. Nikolaus Kopernikus. Der Domherr von Frauenburg (Frombork) war in vielfältiger Weise als Arzt, Finanzfachmann und Organisator des Kampfes gegen die Deutschritter im gesellschaftlichen Leben des Bistums Ermland tätig. Mit seinem astronomischen Hauptwerk »De revolutionibus« leitete er die »kopernikanische Wende«, den Übergang zum wissenschaftlichen Weltbild ein. Gemälde eines unbekannten Künstlers um 1700 nach einer Gemäldekopie von 1580 in der St.-Jana-Kirche in Toruń. Original verschollen. Universitätsbibliothek, Leipzig

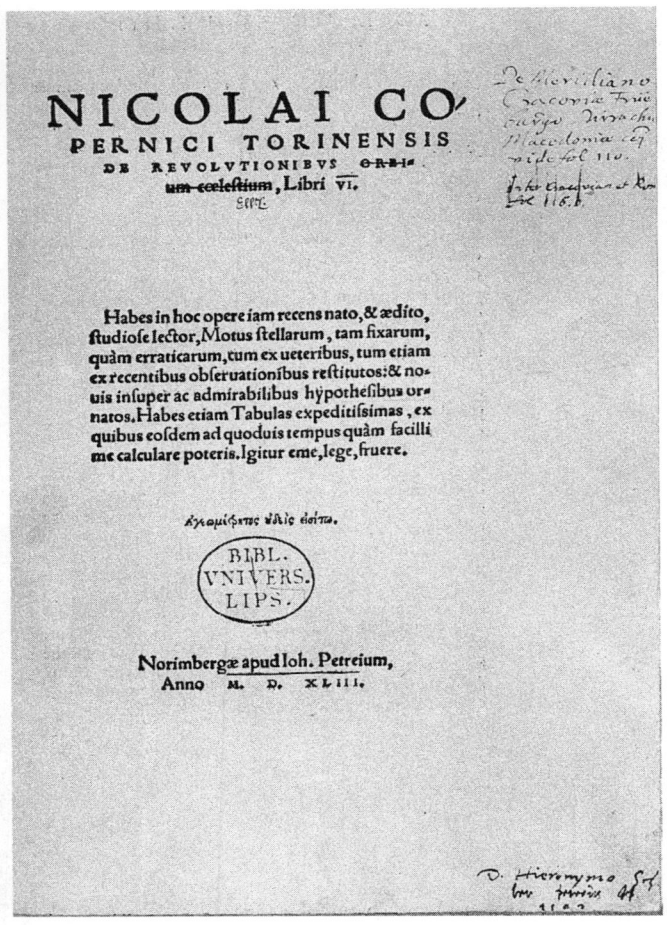
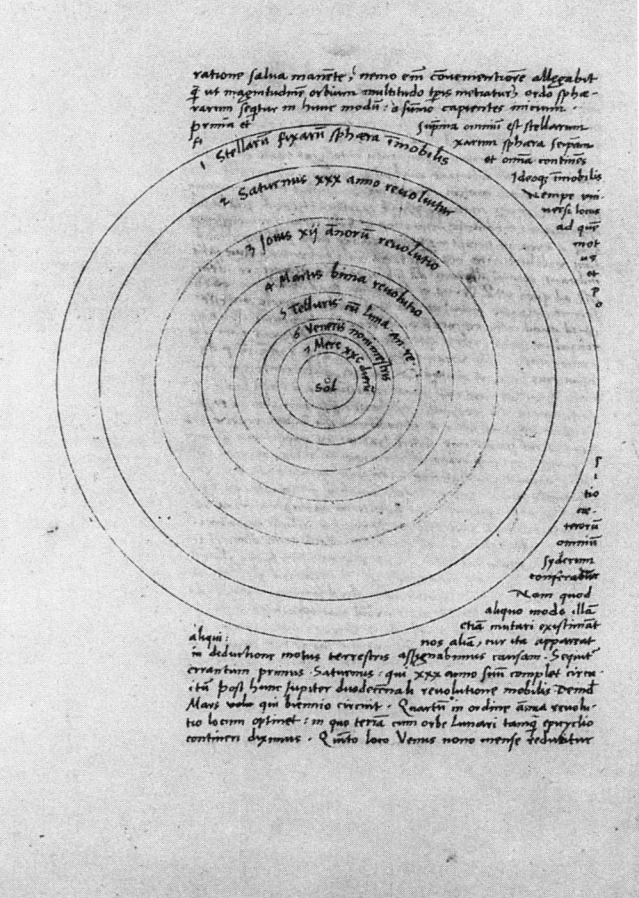

191. Titelblatt des Hauptwerkes von Nikolaus Kopernikus »De revolutionibus«. Dieses Exemplar der Erstausgabe war im Besitz von Johannes Kepler. Von ihm stammen die handschriftlichen Notizen und die Streichung der dem Titel fälschlicherweise hinzugefügten Worte »orbium coelestium«. Universitätsbibliothek, Leipzig

192. Das heliozentrische Weltsystem. Die Originalhandschrift des weltbewegenden Buches »De revolutionibus« von Nikolaus Kopernikus blieb erhalten und wird heute in Kraków (VR Polen) aufbewahrt. Aus: Nicholas Copernicus, Complete Works. Bd. 1. London/Warsaw/Cracow MCM L XXII. (Faksimile-Nachdruck), Blatt 9, Rückseite

der Menschheitsgeschichte in ihrer Bedeutung herausgehoben worden. Goethe meinte: »Doch unter allen Entdeckungen und Überzeugungen möchte nichts eine größere Wirkung auf den menschlichen Geist hervorgebracht haben als die Lehre des Kopernikus,... die denjenigen, der sie annahm, zu einer bisher unbekannten, ja ungeahnten Denkfreiheit und Großheit der Gesinnung berechtigte und aufforderte.«

Nikolaus Kopernikus stammt aus Toruń (Thorn). Von einem Onkel mütterlicherseits, Lucas Watzenrode, dem Bischof des polnischen Bistums Ermland (Varmia), wurde ihm eine umfassende wissenschaftliche Ausbildung in den humanistischen Fächern als Jurist, als Theologe und als Arzt ermöglicht. In Kraków und Bologna, zwei führenden Zentren der Astronomie, kam er mit den ptolemaiischen Schriften, mit der Erneuerung der Astronomie durch Peurbach und Regiomontanus und mit islamischen Ideen zur heliozentrischen Astronomie in Berührung. Um 1503 kehrte er als Domherr von Frauenburg (Frombork) nach Ermland zurück. Bald nach der Rückkehr aus Italien arbeitete Kopernikus die Grundprinzipien seiner revolutionären Ansichten einer heliozentrischen Astronomie aus und legte sie im »Commentariolus« (Entwurf) in Form von sieben »Axiomen« nieder: »Alle Himmelskörper oder Sphären haben nicht einen gemeinsamen Mittelpunkt.

Der Erdmittelpunkt ist nicht der Mittelpunkt der Welt, sondern nur der Schwere und der Mondbahn. Alle Bahnen umgeben die Sonne, als stünde sie in aller Mitte, und daher liegt die Weltmitte nahe der Sonne...

Alles, was an Bewegung am Fixsternhimmel sichtbar wird, ist nicht von sich aus so, sondern von der Erde aus gesehen. Die Erde also dreht sich mit den ihr anliegenden Elementen in täglicher Bewegung einmal ganz um ihre unveränderlichen Pole. Dabei bleibt der Fixsternhimmel unbeweglich als äußerster Himmel.«

Ersichtlich ist dies der vollständige Bruch mit der geozentrischen, ptolemaiischen Tradition. Die Durchbildung und Ausarbeitung einer ausführlichen heliozentrischen Planetentheorie aber zog sich hin. In bewunderungswürdiger zäher Arbeit, gestützt auf eigene Beobachtungen und selbstentwickelte mathematische Hilfsmittel, schuf Kopernikus in mehreren Etappen zwischen 1529 und 1532 das unvergängliche Meisterwerk »De revolutionibus«; das Manuskript ist erhalten geblieben und wird heute in Kraków aufbewahrt. Zur Drucklegung aber kam es erst zu seinem Lebensende, insbesondere durch Zureden des Wittenberger Mathematikprofessors Rhaeticus. Rhaeticus vermittelte schließlich auch den Druck in Nürnberg. Dort wurde der Titel zu »De revolutionibus orbium coelestium« (etwa: Über die Umschwünge der himmlischen Kreise) erweitert und die heliozentrische Lehre gegen die wahre Ansicht des Kopernikus durch ein unterschobenes Vorwort als bloße mathematische Hypothese hingestellt.

Trotz einiger Unvollkommenheiten im Detail – so hielt Kopernikus noch an der Kreisförmigkeit der Planetenbahnen fest – ist »De revolutionibus« auch im Mathematisch-Astronomischen vorzüglich durchgebildet; allerdings konnte er nicht auf Exzenter und Epizykel verzichten.

Der Kampf um die Anerkennung der heliozentrischen Astronomie war lang und schwer und mußte gegen berechtigte wissenschaftliche Einwände, aber auch gegen christliche Dogmen, gegen Vorurteil, Gleichgültigkeit und Dummheit geführt werden. Giordano Bruno starb 1600 in Rom auf dem Scheiterhaufen, eines unter vielen Opfern. Dem siebzigjährigen Galilei wurde der Prozeß gemacht. Erst 1835 erschien »De revolutionibus« nicht mehr auf dem päpstlichen Index der verbotenen Bücher.

Auch Kopernikus war, wie fast alle berühmten Astronomen des 15. und 16. Jh., vom jeweiligen Papst bezüglich der anstehenden Kalenderreform befragt worden. Seit der Einführung des Julianischen Kalenders hatten sich im Laufe von ungefähr eineinhalb Jahrtausenden die Ungenauigkeiten schon zu rund zehn Tagen summiert: Der Frühlingsanfang fiel zur Mitte des 16. Jh. auf den 10. statt auf den 21. März. Damit waren u. a. die landwirtschaftlichen Termine von Aussaat und Ernte spürbar betroffen. Zugleich befanden sich die Christen in nicht geringen Gewissenskonflikten, da Fastentage und hohe kirchliche Feiertage nicht zur rechten Zeit begangen werden konnten.

Kopernikus hatte darauf hingewiesen, daß einer Kalenderreform eine genauere Bestimmung der Länge des Jahres vorangehen müsse: Nach entsprechenden Vorarbeiten, die die Leistungsfähigkeit der beobachtenden Astronomie herausforderten, und nach jahrelangen Beratungen ordnete der Papst Gregor XIII. für das Jahr 1582 die Reform an: Das Jahre wurde auf eine Dauer von 365,2425 Tagen festgesetzt. Dem 4. Oktober folgte unmit-

193. Astronomische Kunstuhr (Planetenlaufuhr). Sie wurde 1563 bis 1567 von Eberdt Baldewein und Hans Bucher in Kassel hergestellt und zeigt die Bewegungen der Planeten Mars, Venus, Merkur, Saturn und Jupiter und des Erdmondes gemäß dem geozentrischen Weltbild. Die Vorderseite bietet ein Astrolabium, die Rückseite eine Kalenderscheibe. Mathematisch-Physikalischer Salon, Dresden

telbar der 15. Oktober 1582; damit befand sich der Kalender wieder in Übereinstimmung mit dem Sonnenstand. Ferner sollten die Jahre, die sich durch 100, aber nicht durch 400 teilen lassen (1800, 1900, 2100, 2200 und so weiter) nicht mehr Schaltjahre sein. Dieser Kalender, nach dem wir heute die Jahre zählen, stellte eine beachtenswerte wissenschaftliche Leistung dar. Er ist so genau, daß erst nach rund 3000 Jahren eine Abweichung von einem Tag zum Sonnenstand eintreten wird.

Doch vermochte sich der Gregorianische Kalender nur schwer durchzusetzen – aus ideologischen Gründen. Sein ursprünglicher Geltungsbereich erstreckte sich nur auf die katholischen Länder. Reformierte Länder verweigerten die Zustimmung; »sie ließen sich nicht« – wie es in einer zeitgenössischen Äußerung heißt – »vom Antichrist (dem Papst) in die Kirche läuten«. So folgten die reformierten Länder erst nach und nach, England z. B. 1752. In einigen Ländern erfolgte die Einführung des Gregorianischen Kalenders erst nach durchgreifenden gesellschaftlichen Umgestaltungen, in der Sowjetunion 1923, in der Türkei 1927.

Auf dem Wege zur wissenschaftlichen Mechanik

Leonardo da Vinci und sein Werk waren bereits zum Symbol geistiger Schöpferkraft in der Renaissance geworden, als viele seiner Einzelleistungen noch gar nicht von den Historikern erforscht worden waren. Heute sind sein Wirken als Baumeister und Ingenieur, sein Genie als Maler und Bildhauer, seine detailgetreuen anatomischen Studien, sein Einfallsreichtum beim Ausrichten aufwendiger Feste und Vergnügungen an Fürstenhöfen weitgehend bekannt. Zusammen mit dem Nachlaß erschließt sich uns ein Erfinder mit ganz unglaublichem Ideenschatz: Wasserräder, Fallschirm, Luftschraube, Flugmaschinen, Unterseeboot, Tragfähigkeit von Gewölben, Kanalisation, Giftgase im Krieg u. a. m. gehören thematisch ebenso zu seinen Skizzen und Ideen wie Schiffsantriebe, Drehbänke, Schleifmaschinen und andere Produktionsinstrumente.

Ein Mann wie Leonardo da Vinci mußte auch einen Spürsinn für die sich abzeichnende Wende in den Naturwissenschaften besitzen, ja aktiv diesen objektiv notwendigen Prozeß zu unterstützen suchen.

Fallproblem und Wirkungsweise von Maschinen, Erdanziehung, optische Erfindungen – eine Art Fernrohr –, Möglichkeit oder Unmöglichkeit des Perpetuum mobile beschäftigten ihn. Er fand Formulierungen, die mit bemerkenswerter Genauigkeit jene Fragen fixierten, die erst zwei bis drei Generationen später von Galilei, Kepler und anderen geklärt werden und Kernprobleme der Wissenschaftlichen Revolution – Gravitation, Beschleunigung u. a. m. – ausmachen sollten. Und mehr noch: Leonardo sah auch im Methodischen das Neue, die Notwendigkeit einer Verbindung von Theorie und Experiment und den Primat der Erfahrung und des Experimentes.

Alle Naturforschung muß auf die Aufdeckung von Ursachen und Wirkungen, auf die Entdeckung von Naturgesetzen abzielen, die ihrerseits nur in mathematischer Sprache zu fassen sind: »Mich lese, wer nicht Mathematiker ist, in meinen Grundzügen nicht... Wer die höchste Gewißheit der Mathematik schmäht, nährt sich von Verwirrung und wird niemals Schwei-

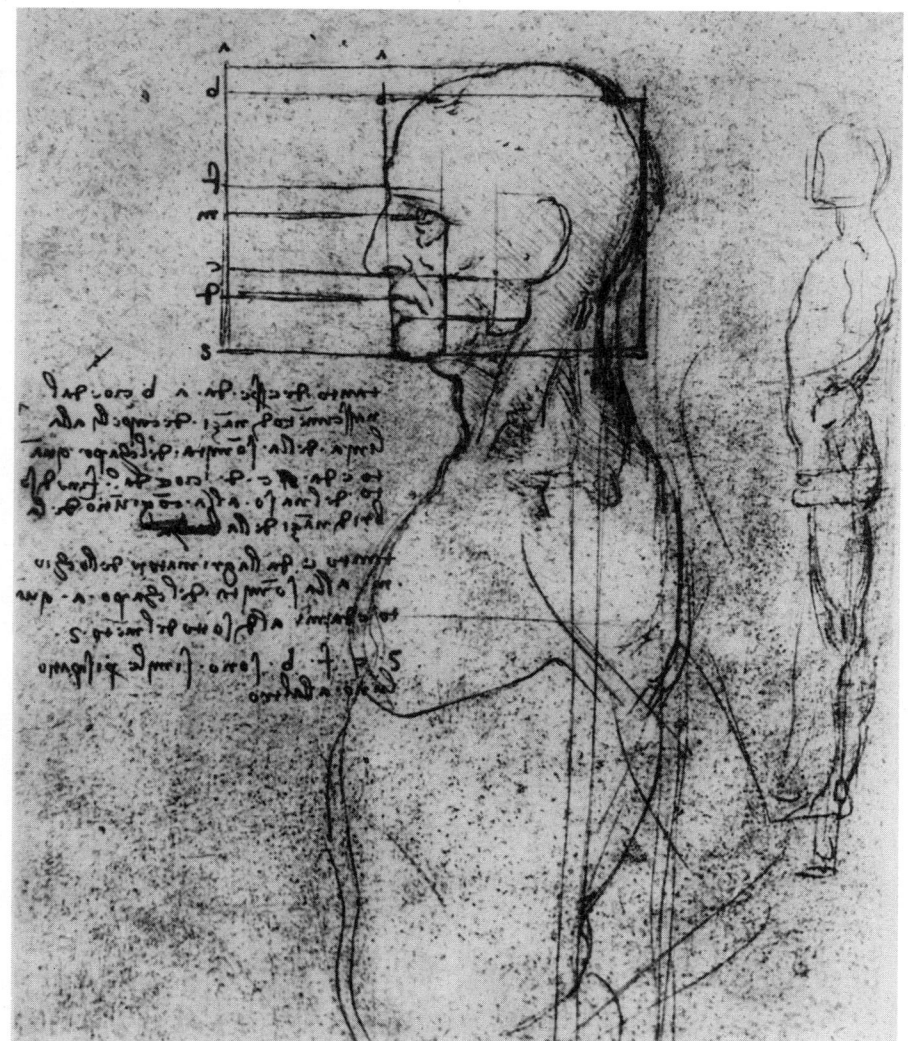

194. Handzeichnung von Leonardo da Vinci. Dem wiederbelebten antiken Schönheitsideal gemäß mußten die Teile von Bauwerken, aber auch die Darstellungen des menschlichen Körpers in bestimmten Größenverhältnissen zueinander stehen, z. B. die Nasenlänge zur Stirnhöhe. Noch heute nennen wir schöne Körper »wohlproportioniert«. Der Text ist in Spiegelschrift geschrieben.

gen gebieten den Widersprüchen der sophistischen Wissenschaften, durch welche man nur ein Geschrei erlernt... Proportion ist nicht bloß in den Zahlen und Maßen aufzufinden, sondern darüber hinaus in den Tönen, Gewichten, Zeiten und Orten und in welcher Kraft es immer sei.«

Das alles klingt wie eine Ouvertüre des eigentlichen Schauspiels, der Begründung der Wissenschaft »Mechanik«. Es zeigt sich aber auch, wie schwierig und kompliziert es war, den Weg dahin zu finden. Und es lag nicht nur am Zeitmangel, wenn es Leonardo nicht gelang, sein geplantes Werk über lokale Bewegung Stoß, Gewicht und Kraft zu vollenden. Es war definitiv nur Schritt um Schritt möglich, sich aus den Fesseln der aristotelischen Physik und, hinsichtlich der Dynamik, von der Impetustheorie zu lösen. Praktische Erfahrung an den neuen Maschinen, theoretisches Denken auf neuen Bahnen und Experimentierkunst mußten zusammenkommen. Und so vollbrachte kein einzelner die große Leistung der Begründung der Mechanik; das Werk von Galilei fußt auf den Einsichten seiner Vorgänger.

195. Pumpengestänge. Georgius Agricola beschrieb in seinem reich illustrierten Werk »De re metallica« von 1556 auch die Bergbautechnik seiner Zeit. Die Maschinen boten mannigfache Anregungen für die Naturwissenschaft. Bei Saugpumpen, die hier abgebildet sind, erhob sich die Frage, warum die maximale Saughöhe von etwa 10 m nicht überschritten werden konnte. Universitätsbibliothek, Leipzig

Einige Personen ragen hervor, so in erster Linie der venezianische Mathematiker Benedetti, der Italiener Tartaglia und der niederländische Ingenieur Stevin. Bei Benedetti erhielt bereits 1585 die Kritik am aristotelischen Fallgesetz einen besonders scharfen Akzent: Es kann nicht gut möglich sein, daß die Körper um so schneller fallen, je schwerer sie sind. Von ihm stammt jenes berühmte Gedankenexperiment – das später auch Galilei benutzen sollte –, wonach zwei äußerlich gleiche Körper aus dem gleichen Stoff aneinandergebunden werden und in der gleichen Zeit die gleiche Strecke durchfallen müssen. Es ist undenkbar, daß durch das Zusammenbinden das Fallverhalten der einzelnen Körper geändert worden sein könnte; also muß das aristotelische Fallgesetz falsch sein: Für Körper von gleichem spezifischem Gewicht kann die Fallgeschwindigkeit nicht proportional dem Gewicht sein.

Stevin scheint, 1586, der erste gewesen zu sein, der entsprechende Experimente ausgeführt und damit Aristoteles widerlegt hat. Ihn hat man nicht nur – wie dies Beispiel der Behandlung des Fallproblems zeigt – als einen Pionier auf dem Wege zur wissenschaftlichen Dynamik, sondern zugleich als den Begründer der wissenschaftlichen Statik und der Hydrostatik zu betrachten. Getragen von seinen praktischen Erfahrungen als Militär- und Wasserbauingenieur verfaßte er zwei Werke, die geradezu als Geburtsurkunde dieser beiden physikalischen Teilgebiete zu verstehen sind, die »Weeghconst« (Wägekunst, 1586) und das »Waterwicht« (Hydrostatik, 1586). Beispielsweise finden sich dort solche Sätze, daß an der schiefen Ebene die Kraftersparnis beim Ziehen einer Last gleich dem Verhältnis von Höhe zur Länge ist; aus solchen Ideenkreisen wird schließlich die Vorstellung von dem hergeleitet, was wir heute als Kräfteparallelogramm bezeichnen. Für alle einfachen Maschinen und deren Kombination – bis hin zum Flaschenzug – beweist Stevin schließlich den fundamentalen Sach-

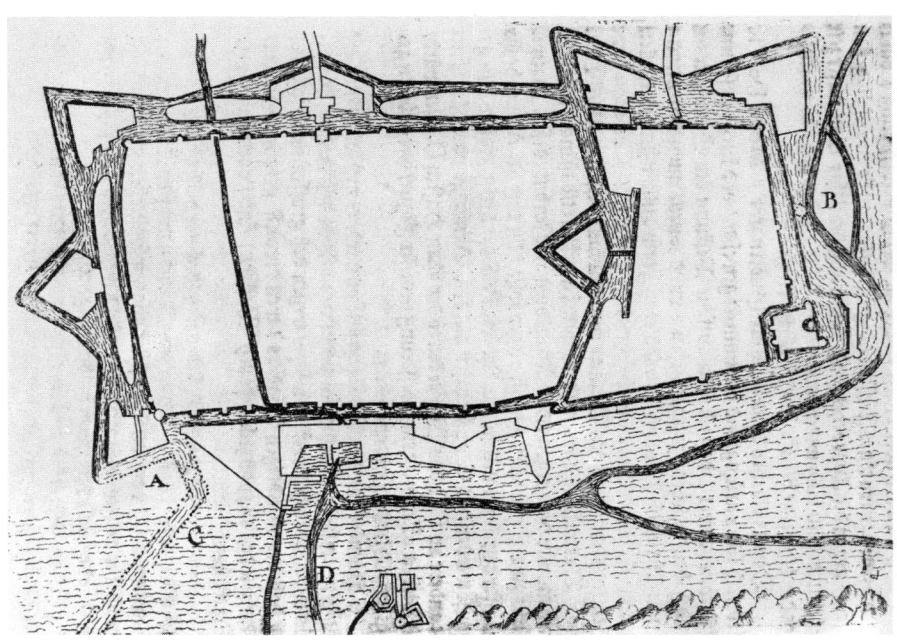

196. Grundriß einer durch Gräben und Schleusen gesicherten Festung. Die Zeichnung entstand nach einem Entwurf des Ingenieurs Simon Stevin. Aus: Stevin, S., Wasserbaukunst. Nach einer späteren Auflage, Frankfurt 1641, S. 65. Sächsische Landesbibliothek, Dresden

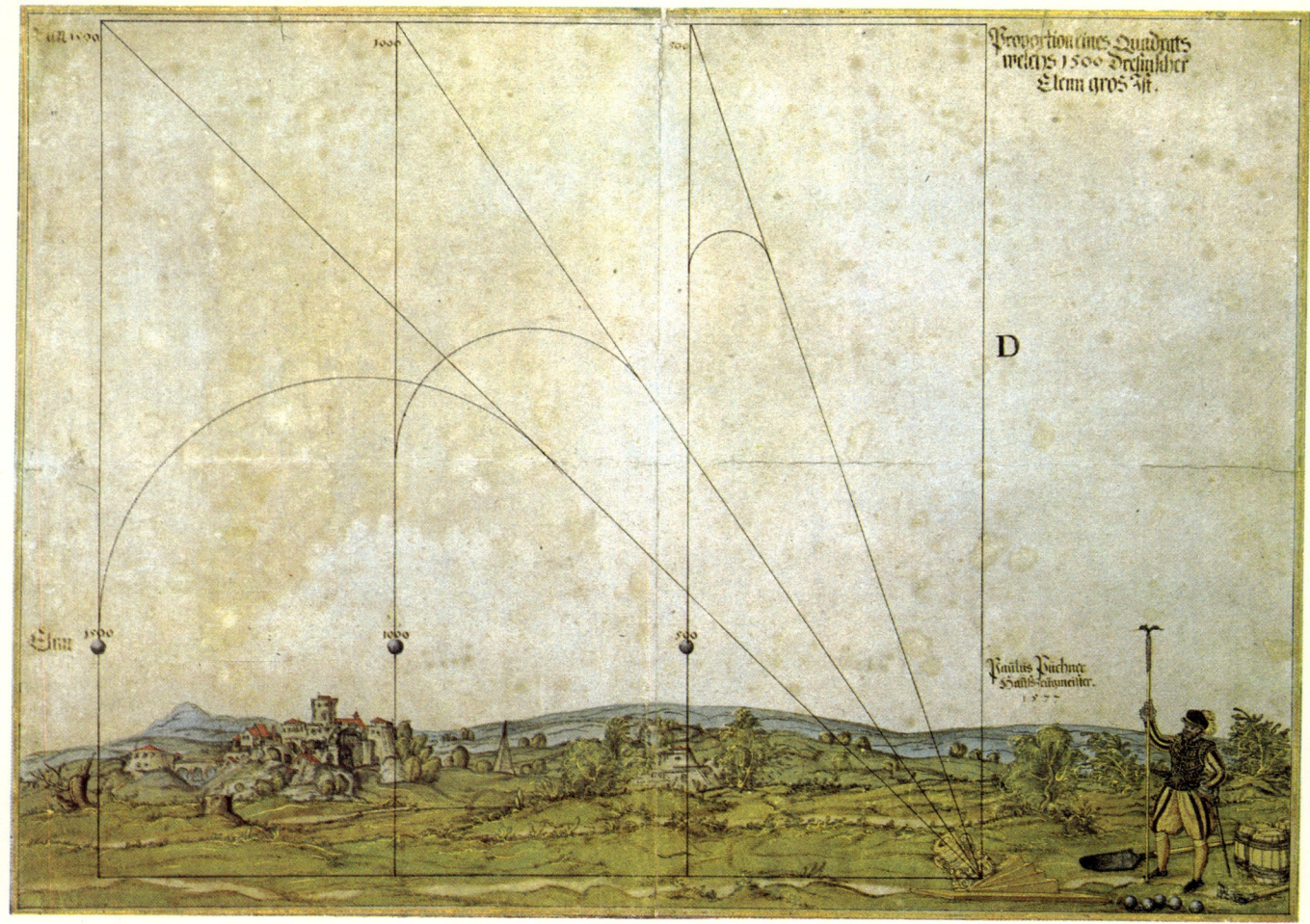

verhalt, daß Weg und Kraft umgekehrt proportional sind: Was man an Kraft bei der Bewegung von Lasten einspart, muß man an Weg zugeben. In der Hydrostatik untersuchte Stevin die Druckverhältnisse im Inneren von Flüssigkeiten. Er formulierte das Gesetz über die kommunizierenden Röhren und das sog. Hydrostatische Paradoxon.

Die »Büchsenkunst«, die Erfahrungen des Schießens warfen ihrerseits Probleme der Dynamik auf. Im Vergleich zum abgeschossenen Pfeil oder zum geschleuderten Stein erreichte eine Geschützkugel eine bedeutend größere Geschwindigkeit; neue Erfahrungen über bewegte Körper drängten sich auf. Tartaglia hatte seine Ergebnisse zur Ballistik zugleich auch als Beiträge zur Herausarbeitung der neuen Mechanik verstanden; davon zeugen Titel und Inhalte zweier seiner Hauptschriften ganz deutlich, »Della Nova Scientia« (Über eine neue Wissenschaft, 1537) und »Questioni et inventioni diverse« (Verschiedene Fragen und Erfindungen, 1546). Die Titel erinnern an spätere Schriften von Galilei; auch er sollte sich auf die Ballistik als eine Quelle neuer Ergebnisse berufen. Außerdem kam Tartaglia in seinen Werken auf die Bedeutung des nachprüfbaren Wissens und der anwendbaren Kenntnisse von der Natur zu sprechen.

197. Flugbahnen von Kanonenkugeln. Die Schußweite hängt vom Neigungswinkel des Mörsers ab. Das ballistische Problem der Flugbahn abgeschossener Geschützkugeln gab wichtige Anregungen für die Entwicklung der Dynamik. Vor der Entdeckung, daß die Flugbahn parabolisch ist, dachte man sie sich aus Geraden und Kreisbogenstücken zusammengesetzt. Karte von Paulus Puchner, Dresden 1577. Mathematisch-Physikalischer Salon, Dresden

Iatrochemie · Bergwesen

Auch das Lebenswerk von Paracelsus und seine Bemühungen um die Erneuerung der Medizin bewegen sich an der Grenze zwischen Mittelalter und Neuzeit. Der Versuch zur kritischen Überwindung der antiken Medizin – mit Ausnahme des Hippokrates – durch Rückgriff auf die Heilkräfte der Natur und die Erfahrungen der Volksmedizin verquickte sich mit religiösen und mystischen Vorstellungen. Auch hierin war der aus der Schweiz stammende Theophrastus Bombastus von Hohenheim, genannt Paracelsus, ein Kind der Renaissance, in der Hexenglaube und Appelle an die Vernunft, Astrologie und Naturbeobachtung, Wunderglaube und religiöses Handeln eine unauflösliche Einheit bildeten.

Die medizinische Tätigkeit von Paracelsus verwickelte ihn in die heftigsten Kontroversen mit den offiziellen Lehrmeinungen. Mit seiner Ansicht, Arzneien auf chemischem Wege zu gewinnen, nimmt Paracelsus als Iatrochemiker eine hervorragende Stellung in der Geschichte der sich entwickelnden Naturwissenschaften während der Renaissance ein. Auf ihn geht die Verwendung von Quecksilber und Antimonpräparaten sowie starken Mineralsäuren in der Heilkunde zurück – vor allem wegen der noch unerprobten Dosierungen mögen es Roßkuren gewesen sein.

Zugleich gehörte Paracelsus auch zu den Wegbereitern einer Umgestaltung von Alchimie und Chemie, die, auf die Scheidekunst in Bergwerken und »chemischen« Werkstätten jener Zeit gestützt, zu neuen Einsichten strebten.

Während seiner Jugendzeit und Wanderjahre erwarb sich Paracelsus hervorragende Kenntnisse der Pflanzen- und Mineralwelt und arbeitete praktisch in Metallhütten und Bergwerken bei Alchimisten, Münzmeistern und Büchsenmeistern. Auch späterhin betrachtete er die von Kräuterweibern und Heilkundigen des Volkes gesammelten Erfahrungen als Quelle medizinischen Fortschritts. Natur und alchimistische Kunst stellten echte Heilmittel bereit. Hieraus leitete Paracelsus eine inhaltlich neue Bestimmung der Aufgaben der Alchimie ab, eine Besinnung auf das tätige Leben. So schreibt er 1530: »Die Natur ist so subtil ... in ihren Dingen, daß sie ohne große Kunst nicht gebraucht werden will; denn sie gibt nichts an den Tag, das ... vollendet sei, sondern der Mensch muß es vollenden. Diese Vollendung heißt Alchimie. Denn ein Alchimist ist der Bäcker, indem er Brot bäckt, der Winzer, indem er Wein macht, der Weber, indem er Tuch webt. Derjenige, welcher das, was aus der Natur dem Menschen zum Nutzen wächst, dahin bringt, wohin es von der Natur verordnet wird, der ist ein Alchimist ...«

Freilich ist bei Paracelsus alles durchwoben mit Mystik und uns heute merkwürdig anmutenden, auch schwierig deutbaren Ansichten über kosmische Kräfte. Dessenungeachtet wurde er zum Begründer einer neuen Periode sowohl in der Geschichte der Medizin als auch in der Geschichte der Chemie, die man Iatrochemie nennt. Außer der medizinischen Zweckbestimmung der Alchimie zeichnete sie sich ebenso durch eine beginnende Abkehr von den traditionellen theoretischen Vorstellungen der Chemie aus: Neben die vier aristotelischen Elemente setzte Paracelsus die drei Prinzipien Salz (Sal), Schwefel (Sulfur) und Quecksilber (Mercurius). Aus dem

198. Theophrastus Bombastus von Hohenheim, genannt Paracelsus. Mit seinen Bemühungen um die Erneuerung der Medizin und den Einsatz chemischer Präparate als Medikamente leistete er gegen vielfachen Widerstand wesentliche Vorarbeiten zum Aufbau einer naturwissenschaftlich orientierten Medizin. Gemälde aus der Rubens-Schule, Brüssel

Zusammenwirken der Elemente und der Prinzipien entstehen die Vorgänge der (Al)Chemie.

Fortschritte zeigten sich auch im Bergbau und bei der Erkundung neuer Minerale. Aus den hervorragenden Traditionen des deutschen, insbesondere des erzgebirgischen Erzbergbaues entwickelte sich eine für das 16. Jh. geradezu überwältigende Bergbautechnik, die als ein Glanzstück in jeder Darstellung der Geschichte der Technik erscheint. Aber auch die Naturwissenschaften profitierten nicht unerheblich davon.

Der hervorstechendste Vertreter begegnet uns in dem Humanisten, Arzt, Mineralogen und Bergfachmann Agricola. Ähnlich wie Paracelsus, im Stile aber sachlicher, verweist er in seiner Schrift »Bermannus oder Gespräche über den Bergbau« (1530) auf die Heilkraft der Minerale. In seiner um-

199. Chemische Technologie. Zu den bedeutendsten Werken über chemische Technologie gehört »Das große Probierbuch« von Lazarus Ercker. Die überaus große Breite chemischer Verfahren und Methoden geht aus dem Untertitel der Prager Ausgabe von 1574 hervor: »Beschreibung: Allerfürnemisten Mineralischen Ertzt/ vnnd Berckwercksarten/ wie dieselbigen vnnd eine jede in sonderheit/irer natur vnd eigenschafft nach auff alle Metaln Probirt/vnd im kleinen feuer sollen versucht werden/mit erklerung etlicher fürnehmen nützlichen Schmeltzwercken im grossen Feuer/auch schaidung Goldt/Silber/vnnd andere Metalle/ Sampt einem bericht des Kupffer saigern/ Messing brennens/vnnd Salpeter siedens/ auch aller saltzigen Mineralischen proben/ und was denen allen anhengig in fünff Büchern verfasst/dergleichen zuvorn niemals in Druck kommen. Allen Liebhabern der Fewer Künste/jungen Probirern/vnnd Berckleuten zu nutz/...« Universitätsbibliothek, Leipzig

200. Der Alchimist. Die Fragwürdigkeit der Ziele und Methoden der Alchimisten führte schon in der Renaissance zu kritischen Stellungnahmen. Das Bild zeigt die verzweifelten Anstrengungen eines Alchimisten; seiner Sucht zuliebe verkommt die Familie, die, wie man beim Blick durchs Fenster sieht, dann ins Armenhaus ziehen muß. Kupferstich von Pieter Breughel. Staatliche Museen Berlin, Kupferstichkabinett

fassenden Darstellung »De re metallica, Libri XII« (Über den Bergbau), 1556, die genaueste technische Details vermittelt und die noch im 18. Jh. als bergmännisches Lehrbuch verwendet wurde, geht Agricola auch auf die naturwissenschaftlichen Anforderungen ein, die einen Bergmann erwarten.

Chemische Probleme erwuchsen auch aus der Büchsenmacherei: Pulverherstellung, Legierung des Geschützmetalles, das sowohl gut gießbar als auch hinreichend zäh, aber nicht spröde sein mußte. Aus den zahlreichen Beschreibungen solcher handwerklicher Künste ragt die 1540 veröffentlichte »Pirotechnia« (etwa: Büchsenmeisterkunst) heraus, die Biringuccio aus Siena zum Verfasser hatte. Seine Themen schließen auch Beschreibungen des Hüttenwesens und der Minerale ein. Er verurteilt die Schwindelalchimie der Goldmacherkunst, betont aber die echten Aufgaben der Alchimie wie Metallgewinnung, Herstellung von Arzneimitteln, Malerfarben, Parfümerien.

Botanik und Zoologie

Die während der Renaissance herausgegebenen antiken Schriften über Tiere und Pflanzen – die von Aristoteles und Plinius, von Theophrastos und Dioskurides – gehören zu den frühesten Druckerzeugnissen. Ihre meister-

201. Herbarium Ratzeberger. Sammlungen getrockneter und gepreßter Pflanzen (Herbarien) wurden und blieben seit dem 16. Jh. ein wichtiges Forschungsmittel der Botanik. Das 1566 begonnene »Herbarium

haften und um Detailtreue bemühten Illustrationen zeugen zugleich von einem liebevollen Interesse der Künstler an der Natur.

Zwar hatte es anfangs eine gewisse Ernüchterung im humanistischen Überschwang gegeben, als sich herausstellte, daß die von den Alten gegebenen Tier- und Pflanzenschilderungen nicht recht auf die Fauna und Flora Mitteleuropas passen wollten und allenfalls nur für Mittelmeerländer gelten konnten. Doch bald erwuchs hieraus ein ernst zu nehmendes Streben nach einer Bestandsaufnahme der heimischen Tier- und Pflanzenwelt, und es wurde noch gesteigert, als die geographischen Entdeckungen die Europäer mit exotischen Pflanzen und Tieren in Berührung brachten.

Die zahlreichen »Kräuterbüchlein« und »Tierkunden« reflektieren auch ein breites Interesse der Wohlhabenden: Menagerien und Kräutergärten gehörten sehr häufig zu den Haushaltungen der Höfe und Bürgerhäuser. Auch eine Umschichtung der Wertungen wird deutlich: Es ging nicht mehr – wie im Mittelalter – um eine Interpretation der Natur aus christlich-biblischer Sicht, sondern um eine Beschreibung der Tiere und Pflanzen um ihrer selbst willen, geboren aus einem neuerwachten Gefühl für die Schönheit und die Wunder der Natur.

vivum« des Naumburger Arztes und Botanikers Caspar Ratzeberger, in drei Buchbänden geordnet, kann wohl als ältestes Herbarium Deutschlands betrachtet werden. Es wurde 1592 dem Landgrafen von Hessen–Kassel, Moritz dem Gelehrten, übergeben, war später lange Zeit verschollen und wurde 1858 wieder aufgefunden. Städtisches Naturkundemuseum (Ottoneum), Kassel

202. Breitwegerich. Die Darstellung befindet sich in dem Kräuterbuch (1543) von Leonhard Fuchs. Die »Väter der Botanik« – Bock, Brunfels, Fuchs –, denen bald weitere Pflanzenkundige folgten, erschlossen die Flora Mitteleuropas und beschrieben sie in teilweise künstlerisch hervorragend gestalteten Druckwerken. Universitätsbibliothek, Leipzig

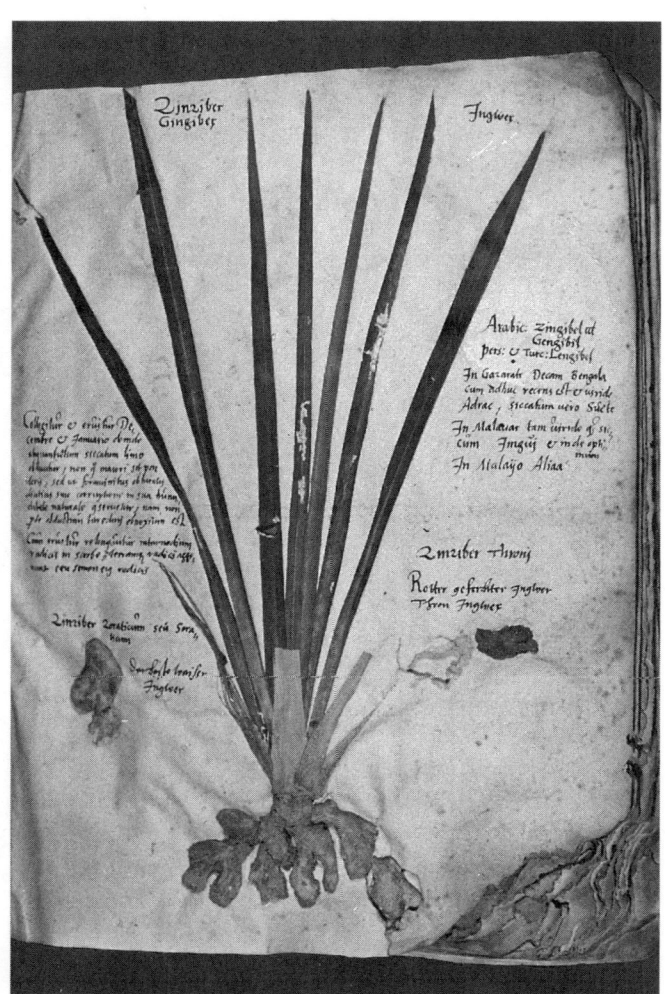

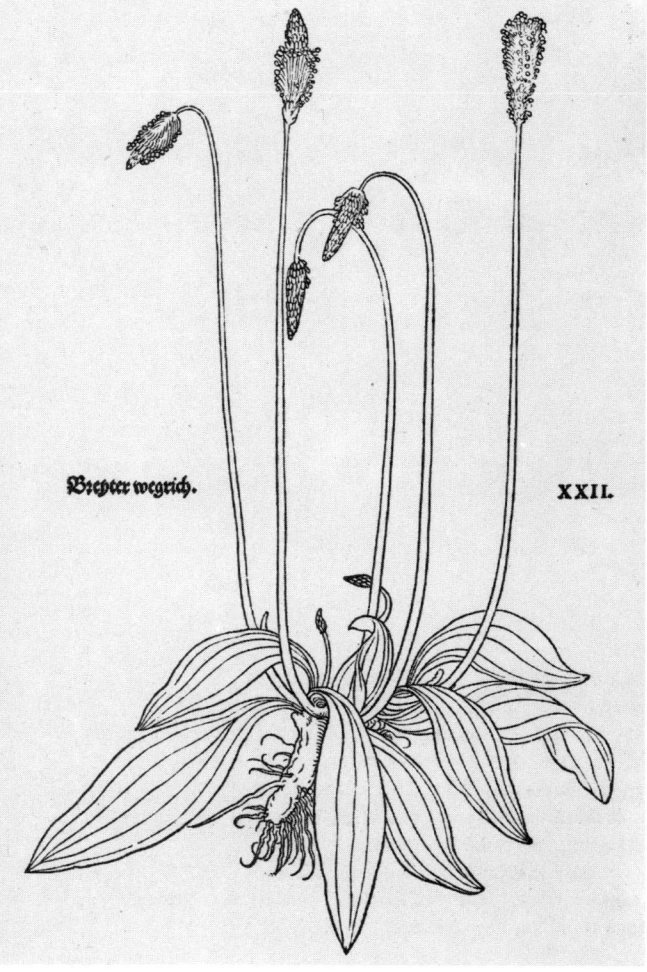

»Warum sollte ich mich nicht länger über das Vergnügen und die Freude auslassen, die der Erwerb von Kenntnissen über Pflanzen bereitet; niemand, der nicht wüßte, daß es im Leben nichts Vergnüglicheres und Schöneres gibt, als die mit kleinen Blumen und Pflanzen der verschiedensten und anmutigsten Arten bekränzten und geschmückten Wälder, Gebirge und Ebenen zu betrachten. Aber dieser Genuß und diese Freude werden nicht wenig gesteigert, wenn sich eine Kenntnis von den Kräften und Wirkungen hinzugesellt.«

Diese einprägsame Äußerung trifft die Situation. Sie stammt von Fuchs, dem führenden Botaniker der Renaissance, der mit seinem »New Kreuterbuch« (1543) das vielleicht schönste und auch am stärksten wissenschaftlich durchgearbeitete botanische Werk der Renaissance verfaßt hat. Mehr als 500 der großformatigen, außerordentlich detailgetreuen Holzschnitte wurden noch bis ins 18. Jh. nachgedruckt.

Das vergleichbare herausragende zoologische Gegenstück, die vierbändige »Historia animalium« (Geschichte der Tiere; 1511 bis 1558) stammt von dem Schweizer Universalgelehrten Gesner. Viele seiner Aufzeichnungen, die insgesamt auf eine enzyklopädische Darstellung des Tier-, Pflanzen- und Mineralreiches mit Einschluß der Fossilien abzielten, blieben aber zunächst ungedruckt. Erst das 17. Jh. sollte den wissenschaftlichen Zugang zur Geologie eröffnen.

Mit der Erschließung neuer geographischer Räume – Nord- und Südamerika, Indien, südasiatische Inselwelt – durch Europäer erweckten Reisebeschreibungen und mit ihnen Schilderungen der Tiere und Pflanzen großes Interesse. Bald wuchsen diese aus der Sphäre der Exotica heraus: Bohne, Mais, Kartoffel, Tabak, Ananas, Tomate und Kautschuk sollten Lebens- und Ernährungsweise der Europäer durchgreifend umgestalten. Auch hier kann aus der Fülle entsprechender Titel nur auf ein besonders aufschlußreiches Werk verwiesen werden, auf die »Historia general y natural de los Indias« (Allgemeine und Naturgeschichte Westindiens; 1535 bis 1552) von

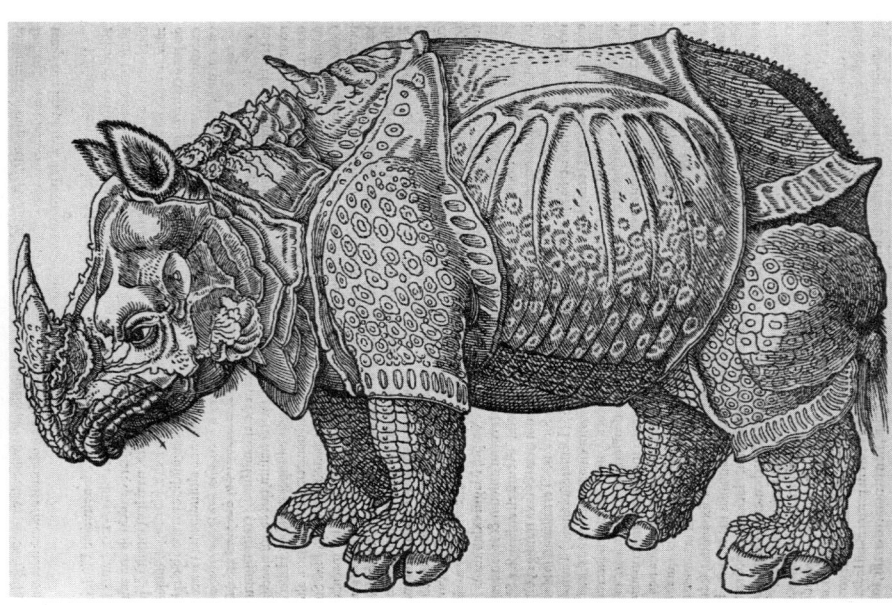

203. Nashorn aus Gesners »Historia animalium«. Der Züricher Polyhistor Conrad Gesner begründete die beschreibende Zoologie im 16. Jh. und suchte, so gut er konnte, auf Grund von Berichten und Erzählungen auch jene Tiere zu erfassen, die er nie gesehen hatte. Erstrangige Künstler – in diesem Falle Albrecht Dürer – waren an der Illustrierung beteiligt. Universitätsbibliothek, Leipzig

204. Destillationen in einem botanischen Garten. Die Botanik stand in enger Beziehung zur Medizin; aus den verschiedensten Pflanzen suchte man Destillationsprodukte zu gewinnen, die sich als Arzneimittel verwenden ließen. Diese Vignette wurde auf dem Titelblatt einer späteren Ausgabe (1679) des »Kreuterbuches« von Adam Lonicerus (Lonitzer), einem Frankfurter Stadtarzt, abgebildet. Universitätsbibliothek, Leipzig

Oviedo y Valdés, der nach langer Verwaltungstätigkeit in den spanischen Kolonien diesen umfangreichen Bericht anfertigte.

Freilich waren Botanik und Zoologie des 16. Jh. im wesentlichen deskriptiv angelegt. Oft wurden Tiere und Pflanzen in alphabetischer Reihenfolge oder im Hinblick auf Heilwirkungen behandelt. Aber schon regten sich – und das sogar noch vor der Erfindung des Mikroskopes und seinem Einsatz – Stimmen, die eine eigenständige, nach eigenen inneren Gründen aufgebaute Botanik forderten. Einer dieser frühen, wenn auch in der Sache noch nicht übermäßig erfolgreichen Wegbereiter der wissenschaftlichen Biologie war der böhmische Botaniker Zaluziansky.

Zu den Wissenschaftsdisziplinen, in denen noch im 16. Jh. über die antiken Schriften hinaus eigenständige Forschungen aufgenommen wurden, gehörte auch die Anatomie. Besonders Vesalius stellte fest, daß der römische Arzt Galen, dessen Werke der anatomischen Ausbildung der Mediziner im 16. Jh. zugrunde lagen, nicht die Körper von Menschen, sondern allein jene von Affen und anderen Säugetieren seziert haben konnte. Diese Erkenntnis gewann Vesalius dadurch, daß er als einer der ersten Mediziner mit eigener Hand Menschenleichen untersuchte und viele Besonderheiten am menschlichen Körper erkannte, die den Tieren fehlen. Die Leber des Menschen ist eben nicht fünflappig, wie die des Schweines, und das Brustbein des Menschen besteht aus drei Teilen und nicht, wie Galen geschrieben hatte, aus sieben. Vesalius erneuerte mit seinem reichillustrierten Werke »De humani corporis fabrica« (Vom Körperbau des Menschen; 1543) die Anatomie.

Auch die Anatomie der Tiere, beispielsweise jene des Pferdes, war noch im 16. Jh. Gegenstand eingehender Forschung. Vergleiche zwischen den verschiedenen Tieren wurden vorgenommen. Nahezu alle größeren Strukturen und alle Organe im Körper höherer Tiere waren bekannt.

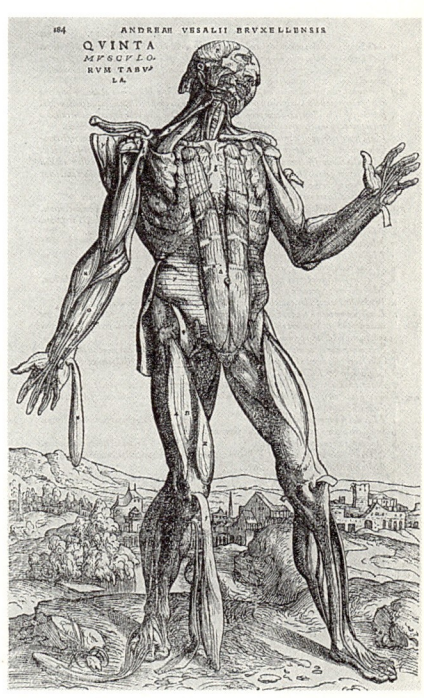

205. „De humani corporis fabrica" von dem Niederländer Andreas Vesalius. Da Leichen für Sektionen noch schwer zu beschaffen waren, mußte er sich die Toten vom Galgen oder von den Schlachtfeldern holen. Universitätsbibliothek, Leipzig

Einen ersten Aufschwung erlebte auch die Erforschung der Keimentwicklung – beim Huhn, bei Ratten und anderen Tieren.

Die großen geographischen Entdeckungen

Nicht primär dem Anliegen des Humanismus, sondern militärischen und ökonomischen Interessen entsprangen die großen geographischen Entdeckungen des 15. und 16. Jh. Aber gerade sie sollten in besonders starkem Maße zum Zusammenbruch des mittelalterlichen Weltbildes der Europäer und des feudalen europäischen Wirtschaftssystems beitragen.

Im Zuge der Zerschlagung der islamischen Fürstentümer auf der Iberischen Halbinsel versuchten Spanier und Portugiesen, den Herrschaftsbereich des Islam in Nordafrika von Süden her militärisch zu umfassen. Handelsinteressen taten ein übriges für die Expansion der Europäer entlang der afrikanischen Westküste nach Süden.

Zu Anfang des 15. Jh. gründete der portugiesische Prinz Heinrich, mit dem Beinamen der Seefahrer (Enrique el Navegador), in Sagres eine Seefahrtschule, die sich unter Ausnutzung der islamischen Mathematik, Astronomie, Navigation und Kartographie auch der Anfertigung von Seekarten und der Entwicklung neuer Navigationshilfsmittel widmete, damit sich die Schiffahrt von den Küsten lösen konnte.

Mitte des 15. Jh. erreichten die Portugiesen das Kap Verde (das Grüne Kap), den westlichsten Teil Afrikas. Überrascht stellten sie fest, daß – entgegen der von den antiken Geographen, insbesondere Ptolemaios, geäußerten Überzeugung – südlich des Wendekreises nicht »verbrannte Erde«, sondern trotz des hohen Sonnenstandes üppige Vegetation herrschte. Außerdem wohnten dort Menschen. Das geographische Weltbild

206. Vespucci in Amerika. Der Venezianer Amerigo Vespucci dürfte auf seinen Südamerikareisen 1501/02 als erster erkannt haben, daß die von Kolumbus entdeckten Inseln und Länder nicht zu Asien gehören, sondern einen neuen Erdteil bilden. Sein Name wurde 1509 zum ersten Mal für den neuentdeckten Erdteil Amerika verwendet. Allegorischer Kupferstich von Galle nach Jan van der Straet, 16. Jh. Staatliche Kunstsammlungen Dresden, Kupferstichkabinett

der Antike zerfiel. In einem Expeditionsbericht jener Zeit heißt es: »Zahllos wohnen am Äquator schwarze Völkerschaften, und zu unglaublicher Höhe erheben sich die Bäume ... Dies alles schreibe ich mit Verlaub seiner Gnaden des Ptolemäus, der recht gute Sachen über die Einteilung der Welt hat verlauten lassen, aber in diesem Punkte sehr fehlerhaft dachte.«

Nach dem Tode Heinrichs (1460) erlahmten die Aktivitäten der Portugiesen. So trat der aus Italien, vermutlich aus Genua, stammende Kolumbus in spanischen Diensten seine Reise an, die ihn zur Entdeckung Amerikas führen sollte.

Kolumbus suchte den Seeweg nach Indien in westlicher Richtung. Dabei nahm er, antiker Tradition folgend, den Erdumfang und damit den Weg nach Asien als wesentlich zu klein an. Die Ausrüstung war geradezu erschreckend einfach. Das größte der drei Schiffe, die Santa Maria, hatte ungefähr 240 t. Ein einfacher Kompaß und der Seefahrt angepaßte Astrolabien waren die hauptsächlichsten Navigationsmittel.

Bis zu seinem Tode glaubte Kolumbus, er habe tatsächlich Indien erreicht; noch heute deuten die Bezeichnungen »Indianer« und »Westindien« auf diesen Irrtum hin. Vier Reisen hatte Kolumbus insgesamt unternommen. Sie führten ihn bis an die Nordküste Südamerikas. Erst nach und nach

207. Karte von Amerika. In der zweiten Hälfte des 16. Jh. wurden erste umfassende Kartensammlungen veröffentlicht, die nach einem Werk des Niederländers Gerhard Mercator von 1595 die Bezeichnung »Atlas« erhielten. Die abgebildete Karte stammt von dem bedeutenden niederländischen Kartographen Abraham Ortelius; sie ist in seinem »Theatrum orbis terrarum« von 1570 enthalten. Universitätsbibliothek, Leipzig

208. Erdglobus von Johannes Schöner. Vermutlich in Anlehnung an einen Holzschnitt des deutschen Kartographen Martin Waldseemüller vom Jahre 1507, in dem der neuentdeckte Kontinent Amerika eingezeichnet war, fertigte der spätere Nürnberger Professor der Mathematik 1515 einen Globus, der auch Amerika mit darstellt. Mathematisch-Physikalischer Salon, Dresden

setzte sich die Einsicht durch, daß ein ganz neuer Erdteil entdeckt worden war. Der deutsche Kartograph Waldseemüller nannte ihn 1507 in einer Darstellung neuentdeckter Länder »Amerika«, unter Bezug auf den aus Florenz stammenden Geographen Amerigo Vespucci, der unter portugiesischer Flagge Südamerika bereist hatte.

In wenigen Jahrzehnten wurden große Teile der Küsten Süd-, Mittel- und Nordamerikas von Portugiesen, Spaniern, Engländern und Franzosen entdeckt und große, blühende Indianerkulturen durch europäische Eroberer auf Grund militärischer Überlegenheit zerstört und ausgeplündert.

Den Seeweg rund um das Kap der Guten Hoffnung, die Südspitze Afrikas, nach Indien, auf dem schließlich Ostasien, China und sogar Japan erreicht werden konnten, fand Vasco da Gama. Die erste Weltumseglung gelang 1520 bis 1522 Magalhães. Zur Mitte des 16. Jh. waren – abgesehen von Australien und der Antarktis – den Europäern im wesentlichen die Verteilung von Land und Ozeanen sowie der hauptsächliche Verlauf der Küsten in mittleren geographischen Breiten bekannt.

Die Folgen der großen geographischen Entdeckungen reichten weit: Zerstörung und Überwindung des antiken Bildes von der Erde, Zerrüttung des frühkapitalistischen Wirtschaftsgefüges durch ungeheure Mengen einströmenden Goldes und die Entwicklung riesiger Kolonialreiche und eines Weltmarktes, katastrophale Folgen für die von den Europäern eroberten Länder, wobei auch die einheimischen wissenschaftlichen Traditionen, z.B. in Mittelamerika, Indien und China, ausgelöscht oder doch schwer geschädigt wurden. Zugleich drangen europäische wissenschaftliche Ergebnisse in diese Länder ein.

Der historische Zufall wollte es, daß gerade im Jahre 1492, dem Jahr der Entdeckung Amerikas, von dem berühmten Nürnberger Mathematiker, Reisenden und Globusmacher Behaim einer der allerfrühesten und schönsten Globen, ein »Erdapfel«, hergestellt wurde. Behaim hatte auf portugiesischen Schiffen die Westküste Afrikas bereist, aber von den Entdeckungen des Kolumbus konnte er nichts wissen. Daher zeigt dieser Globus, der auf

209. Barents-Expedition. Im Jahre 1596 war die niederländische Expedition unter Willem Barents auf der Suche nach der nordöstlichen Durchfahrt als eine der ersten Forschungsgruppen gezwungen, bei der Insel Nowaja Semlja zu überwintern, nachdem das Schiff vom Eis eingeschlossen worden war. Aus: Veer, G. de, The Three Voyages of William Barents to the Arctic Regions. London 1876, zwischen S. 128 und 129

210. Seekompaß im Ringgehänge, um 1575. Diese sog. kardanische Aufhängung – genannt nach dem italienischen Mathematiker und Arzt Girolamo Cardano – macht den Kompaß unempfindlich gegen die Bewegungen des Schiffes auf See. Mathematisch-Physikalischer Salon, Dresden

Zeitalter der großen Entdeckungen (Auswahl)

1432	Azoren portugiesisch
1488	Bartolomëu Dias umsegelt Südspitze Afrikas
1492	Granada, der letzte arabische Stützpunkt auf der Iberischen Halbinsel fällt
1492	Christoph Kolumbus entdeckt Amerika
1494	Schiedsspruch des Papstes über die Aufteilung Südamerikas zwischen Spanien und Portugal
1497	John Cabot (eigentlich Giovanni Caboto, ein Italiener) entdeckt in englischem Auftrag Labrador
1498	Vasco da Gama erreicht Indien
1511/12	Portugiesen erobern Malakka
1513	Spanier unter Vasco Núñez de Balboa durchqueren die Landenge von Panama und erreichen den Stillen Ozean
1514/15	die ersten Portugiesen in China
1519–1521	die Spanier unter Hernán Cortés zerstören den Indianerstaat der Azteken in Mexiko
1519–1522	erste Weltumseglung durch den Portugiesen Fernão de Magalhães in spanischen Diensten
1531–1533	Zerstörung des Inkareiches in Peru durch die Spanier unter Francisco Pizarro
1542	Portugiesen gelangen nach Japan
1552	englische Expedition gelangt in die Barentssee
1577–1580	der Engländer Francis Drake umsegelt die Erde und eröffnet den Piratenkrieg gegen Spanien
1581	Erschließung Sibiriens durch russische Expeditionen beginnt
1606	die Nordküste Australiens wird entdeckt
1642/43	der Holländer Abel Janszoon Tasman umsegelt Australien und entdeckt Neuseeland
1648	Russische Expedition unter Semjon Iwanowitsch Deshnew und Fedot Alexejewitsch Popow umsegelt Ostspitze Asiens; die später nach Bering benannte Meeresstraße trennt Asien von Amerika

einer Erdkarte von Toscanelli beruht, kein Land zwischen Europa und Ostasien. Der erste Globus, der den neuen Erdteil berücksichtigt, ist der 1510 gefertigte Jagiellonische Weltglobus, der in Kraków hergestellt wurde und noch heute dort aufbewahrt wird.

Überhaupt stellten die neuen geographischen Entdeckungen neue Forderungen an die Kunst der Kartographen. Für das 14. und 15. Jh. und für die Schiffahrt auf dem Mittelmeer hatten die sog. Portolan- oder Kompaßkarten genügt, bei denen weniger Wert auf die geographischen Gegebenheiten, großer Wert dagegen auf den Verlauf der Küsten und auf die Angaben der Kompaßrichtung für die Schiffsziele gelegt wurde. Waldseemüller (1516) und Kremer (1569) entwickelten entscheidende neue Darstellungsmittel.

Kremer, der sich der Mode der Zeit entsprechend latinisiert Mercator nannte, fertigte im Auftrag des deutsch-spanischen Kaisers Karl V., in dessen erdumspannendem Weltreich »die Sonne nicht unterging«, einen Erdglobus und eine Karte Europas. Dort wurde zum ersten Mal die nach Mercator benannte und noch heute verwendete Methode der Kartenprojektion benutzt, eine der Möglichkeiten, die Kugel auf die Ebene abzubilden.

Doch bei allen Fortschritten der geographischen Erkundung und der kartographischen Darstellung existierten am Ende des 16. Jh. insbesondere über die hohen nördlichen und südlichen Breiten der Erde kaum klare Vorstellungen von den Umrissen der Kontinente, ganz zu schweigen vom Inneren der Kontinente Afrika, Asien, Amerika (und Australien). Höchst unbestimmt waren auch die wahren Größenverhältnisse, insbesondere die der Flächen. Hier schufen erst die im 18. Jh. auf Triangulation beruhenden Landvermessungen Klarheit.

Bei aller Verurteilung von Geldgier und Machtstreben der Seefahrer und Konquistadoren ist doch deren Mut zu bewundern, der sie über die unerforschten Ozeane gelangen ließ. Skorbut, Nahrungs- und Wassermangel, unbekannte Riffe und Meeresströmungen, Infektionen mit tropischen Krankheiten, bewaffnete Auseinandersetzungen mit den überfallenen

Völkern forderten gewöhnlich hohe Opfer. Von den 237 Mann der Expedition des Magalhães beispielsweise kehrten nur 18 nach Spanien zurück.

Dennoch setzte sich die Hochseeschiffahrt durch und leistete Erstaunliches. Ihr Erfolg beruhte zu nicht geringem Teil auf den navigatorischen Hilfsmitteln und anderen Produkten naturwissenschaftlicher Forschung, wie auch umgekehrt die Bedürfnisse der Hochseeschiffahrt der Mathematik und den Naturwissenschaften einen großen Aufschwung verliehen. Überhaupt hatte die gesellschaftliche Entwicklung im europäischen Frühkapitalismus der Mathematik und den Naturwissenschaften sowie ihren gesellschaftlichen Trägern, den Artefici vor allem, eine Fülle von Anregungen und Problemen gegeben. Nicht länger waren Mathematik und Naturwissenschaften bloßes Bildungselement, nun war ihre Produktionspotenz erkannt. Mit dem Übergang zum Manufaktursystem wird der Prozeß der wechselseitigen geistigen Befruchtung zwischen Produktion und Naturwissenschaften und Mathematik noch verstärkt werden.

Das Manufakturzeitalter

Vorhergehende Seite:
211. Sternkarte. Die barocke, gelegentlich überladen wirkende Darstellung naturwissenschaftlicher Tatsachen und Gesetze war typisch für naturwissenschaftliche Publikationen im 17./18. Jh. Die Karte stammt aus dem wohl eindrucksvollsten Himmelsatlas, dem des Andreas Cellarius »Harmonia macrocosmica...«, Amsterdam 1661, zwischen S. 192 und S. 193. Universitätsbibliothek, Leipzig

212. Die Accademia del Cimento in Florenz war eine der frühesten und erfolgreichsten naturwissenschaftlich orientierten Akademien. Kupferstich aus: Serie di ritratti d'uomi illustri Toscani, Bd. 4., 18. Jh. Museo di Storia della Scienza, Florenz

Mit dem 17. Jh. brach eine große Zeit für die Naturwissenschaften an, sie konstituierten sich gänzlich neu als moderne Wissenschaft. Auf einigen Gebieten – Mechanik, Mathematik, Astronomie – vollzogen sich revolutionäre Umgestaltungen. Auf wesentlichen Teilgebieten von Physik, Chemie, Biologie und Geowissenschaften wurden fundamentale Einsichten erzielt und neue Ziele abgesteckt; hier standen indes die revolutionären Prozesse noch bevor. Hinzu traten die enger gewordenen Beziehungen zur technischen und ökonomischen Entwicklung sowie die Institutionalisierung der Naturwissenschaften und schließlich eine deutliche Festigung der materialistischen Grundlagen der Naturwissenschaften im engen Zusammenhang mit der europäischen Aufklärung. Das alles schuf den Naturwissenschaften eine grundlegend neue gesellschaftliche Stellung und Funktion. Diese im ganzen gesehen durchgreifende Neu- und Umorientierung mit ihren vielfältigen Aspekten wird innerhalb der Historiographie der Naturwissenschaften daher im allgemeinen als »Wissenschaftliche Revolution« bezeichnet. Ihre letzten, ihre eigentlichen Ursachen entsprangen größtenteils der Entwicklung der auf Manufakturen basierenden europäischen Wirtschaft. Doch überkreuzten und durchdrangen sich die in diesem Sinne primären Triebkräfte für den Aufschwung der Naturwissenschaften mit Entwicklungsanstößen, die aus der inneren Dynamik der wissenschaftlichen Problemgruppen selbst hervorgingen.

Während im Zentrum Europas der Dreißigjährige Krieg (1618 bis 1648) tobte, erlebte England in den Jahren von 1642 bis 1649 den Sieg der bürgerlichen Revolution. Es war der erste große politische Sieg des erstarkten Bürgertums. Im Bündnis mit einem Teil des Adels übernahm ein starkes Manufakturbürgertum die politische Führung Englands. Voll nationalen Selbstbewußtseins, gestützt auf eine sich dynamisch entfaltende Wirtschaft und eine in Siegen über die Spanier (1588) und Niederländer kampferprobte Flotte konnte England den Kampf mit dem französischen Rivalen um die Vorherrschaft im Weltmaßstab beginnen. In Nordamerika entschied er sich zugunsten Englands, dagegen wurde Frankreich, Musterland des Absolutismus, unter dem »Sonnenkönig« Ludwig XIV. zur kontinentaleuropäischen Hegemonialmacht. Preußen konnte seine Positionen ausbauen; Rußland wurde seit der Regierungszeit von Zar Peter I. zur Großmacht. Auf wissenschaftlich-technischem Gebiet lösten Konkurrenzkampf und Wettlauf geradezu eine Kettenreaktion von Erfindungen und Entdeckungen aus. Neue Wege der Forschung, der Zusammenarbeit und Organisation wurden beschritten; die Gründung von wissenschaftlichen Gesellschaften und Akademien kennzeichnet insbesondere das wissenschaftliche Leben dieser Zeit.

Die Vertreter der neuen Wissenschaft, die Artefici und Virtuosi, die an den Universitäten, den Stätten der offiziellen Wissenschaft, nicht Fuß fassen konnten und wollten, hatten bereits im 16. Jh. begonnen, ihre Erfahrungen und Kenntnisse auszutauschen. Nach und nach trafen sie sich regelmäßig und gründeten zur bewußten Pflege der neuen Wissenschaft Vereinigungen, denen man – wobei es sich um ein Mißverständnis über die Rolle Platons handelte – sehr häufig den Namen »Akademie« beilegte. Ihnen schlossen sich gelegentlich auch der neuen Entwicklung nahestehende Universitätsgelehrte an. Die ersten Akademien hatten allerdings

213. Naturalienkabinett. Diese Einrichtungen enthielten allerlei Naturgegenstände, besonders kuriose. Präparierte Organismen blieben lange Zeit Hauptforschungsgegenstand für die Naturforscher. Stich von Andries van Buysen nach Bernard Picart. Staatliche Kunstsammlungen Dresden, Kupferstichkabinett

nur ein recht kurzes Leben; sie fielen zumeist noch kirchlicher Unterdrückung zum Opfer.

Diese Gründungsbewegung ging von Italien aus, dem Mutterland des Frühkapitalismus und der Renaissance. Die wohl früheste derartige Gruppe wurde 1560 von della Porta in Neapel organisiert und trug den Namen »Academia Secretorum Naturae« (Akademie der Geheimnisse der Natur). Wenige Jahre später wurde della Porta angeklagt und die Akademie gewaltsam geschlossen. In Rom kam es, vermutlich im Jahre 1601, zur Gründung der »Accademia dei Lincei« (Akademie der Luchsäugigen), eine Anspielung auf die Scharfsichtigkeit des Luchses und ein Symbol des Kampfes wahrer Wissenschaft gegen scholastische Gelehrsamkeit. Ihr gehörten auch della Porta und zeitweise Galilei an; Priester waren von der Mitgliedschaft ausdrücklich ausgeschlossen. Nach Auseinandersetzungen mit der Kirche mußte auch sie 1630 ihre Arbeit einstellen. Auf Initiative Galileis wurde in Florenz 1657 eine weitere Forschungsstätte gegründet, die »Accademia del Cimento« (Akademie des Experimentes), der u. a. mit Viviani und Torricelli zwei bedeutende Schüler Galileis angehörten und die sogar eine eigene wissenschaftliche Zeitschrift herausgab. Nur zehn Jahre glänzender und erfolgreicher Arbeit waren ihr vergönnt, ehe das Verbot auch sie traf; einem ihrer ehemaligen Schutzherren, dem Großherzog Leopold, wurde vor der Ernennung zum Kardinal die Auflösung der Akademie zur Bedingung gemacht.

Nach einem ersten Anlauf zur Gründung einer Akademie in Deutschland im Jahre 1622 in Rostock wurde in Schweinfurt 1652 eine anfangs vorwiegend medizinisch orientierte »Academia Naturae Curiosorum« ins Leben gerufen. Sie erhielt 1672 ein Privileg des deutschen Kaisers Leopold I. Unter der Bezeichnung »Akademie der Naturforscher Leopoldina« arbeitet sie noch heute erfolgreich und hat ihren Sitz in Halle (Saale).

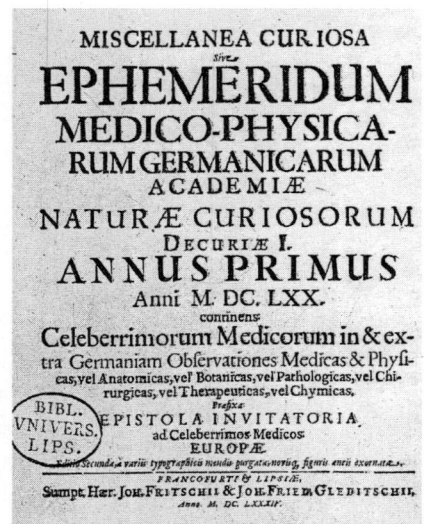

Die Geschichte der britischen Akademie, der »Royal Society« (Königliche Gesellschaft), besitzt zwei historische Wurzeln. Sie geht einmal zurück auf die Impulse, die Francis Bacon, einflußreicher englischer Staatsmann und engagierter Naturforscher, insbesondere mit seinem Buch »Nova Atlantis« (1643) ausgelöst hatte. Dort schildert er einen utopischen Inselstaat, den eine Gelehrtenvereinigung regiert und der dadurch glücklich gedeihen kann, weil die Wissenschaft zum Nutzen der Menschen betrieben und vorangebracht wird. Zum anderen hatte ein wohlhabender Manufakturwarenhändler namens Gresham eine private Lehranstalt gestiftet, die Kaufleute und Seeleute für die englische Handels- und Kriegsmarine ausbilden sollte. Demzufolge standen am Gresham-College Mathematik und Naturwissenschaften, besonders Rechenkunst, Geometrie, Navigation, Astronomie, in hohem Ansehen.

Englische Freunde der neuen Wissenschaft trafen sich seit 1645 ziemlich regelmäßig im Gresham-College und legten ihm den Namen »Philosophical College« zu; Boyle gab ihm die Bezeichnung »Invisible College« (Unsichtbares Kolleg). Zu seiner Initiativgruppe gehörten u. a. Wren, Architekt der berühmten St.-Pauls-Kathedrale in London, Hooke, Physiker und einflußreicher Experimentator, der vielseitige Physiker und Chemiker Boyle sowie die Mathematiker Wallis und Viscount Brouncker. Im Jahre 1660 gab sich die Gruppe eine Art Statut, und 1662, nach dem Ende des Bürgerkrieges und nach der Restauration der Monarchie durch Karl II. von England, erhielt sie ein königliches Privileg als »Royal Society for the Improvement of Natural Knowledge« (Königliche Gesellschaft für die Vervollkommnung des Wissens von der Natur).

Die ersten Akademiegründungen (Auswahl)

1560	Neapel/Italien	Academia Secretorum Naturae
ca. 1601	Rom/Italien	Accademia dei Lincei
1622	Rostock/Deutschland	Societas Ereunetica
1652	Schweinfurt/Deutschland	Academia Naturae Curiosorum, seit 1672 Academia Caesareo-Leopoldina naturae curiosorum
1657	Florenz/Italien	Accademia del Cimento
1657	Madrid/Spanien	1847 reorganisiert
1660 (1662)	London/England	Royal Society
1666	Paris/Frankreich	Académie Royale des Sciences
1672	Altdorf/Deutschland	Collegium Curiosum sive Experimentale
1700	Berlin/Deutschland	Societas Regia Scientiarum
1724	St. Petersburg/Rußland	Academia Scientiarum Imperialis Petropolitanae
1739	Stockholm/Schweden	Collegium Curiosorum, seit 1741 Kongliga Svenska Vetenskaps Akademien
1743	Kopenhagen/Dänemark	Kongelike Danske Videnskabernes Selskab
1743	Philadelphia (USA)	American Philosophical Society
1757	Turin/Italien	seit 1783 Reale Accademia delle Scienze
1779	Lissabon/Portugal	Academia Real das Sciencas

Die ersten naturwissenschaftlichen Zeitschriften

Auswahl nach A. Fargusan (Editor): Natural Philosophy through the 18th Century and Allied Topics. London 1972

Paris	Journal des Sçavans	seit Januar 1665
London	Philosophical Transactions	seit März 1665
Rom	Gionale dei Letterati	seit 1668
Leipzig	Acta Eruditorum	seit 1682
Amsterdam	Nouvelles de la République des Lettres	seit 1684
Paris	Histoire et mémoires de l'Académie des sciences	seit 1699
Berlin	Miscellanea Berolinensia	seit 1710
St. Petersburg	Commentarii Academiae Scientiarum Imperialis Petropolitanae	seit 1728

Es handelt sich um eine sehr begrenzte Auswahl. Eine Zählung (Bolton) ergab 74 Neugründungen zwischen 1725 und dem Jahrhundertende (außer medizinischen Zeitschriften). Bis 1895 wurden 8603 Titel erfaßt.

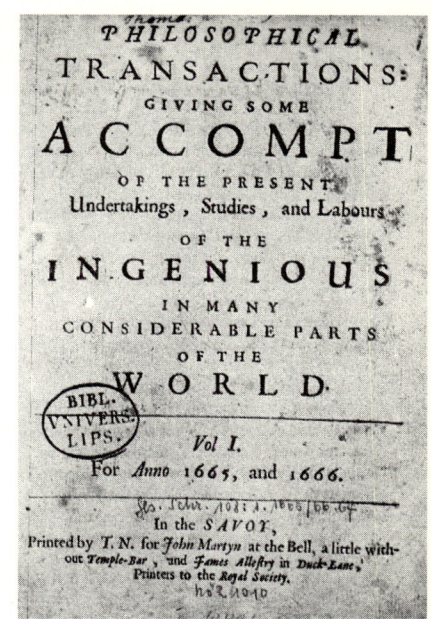

214–216. Titelblätter der ältesten wissenschaftlichen Zeitschriften.
Universitätsbibliothek, Leipzig

Während die englische Akademie eine private Vereinigung war und blieb, nahm der absolutistische französische Staat die Gründung einer Akademie selbst in die Hand; sie wurde endgültig nach einigen Vorstufen 1666 durch den mächtigen Finanzminister Colbert ins Leben gerufen. Das Beispiel einer vom Staat eingerichteten Akademie machte Schule; 1700 wurden in Berlin und 1724 in St. Petersburg Akademien gegründet; in beiden Fällen hatte Leibniz wesentliche Vorarbeit geleistet.

Die Akademien in London, Paris, Berlin und St. Petersburg stellten für das 18. Jh. Hauptzentren der Wissenschaft unter Einschluß der Naturwissenschaften dar; an ihnen oder in Verbindung mit ihnen haben die hervorragendsten Naturwissenschaftler jener Zeit gewirkt.

Zu diesen vier Hauptzentren trat eine stattliche Reihe weiterer Akademien (vgl. Tabelle), die zwar in ihrer Bedeutung nicht mit den vier Hauptstätten der Forschung zu vergleichen sind, die aber zweifellos wichtige Bestandteile im Netz institutionalisierter Naturwissenschaften darstellten und an denen ebenfalls hervorragende Leistungen erzielt werden konnten.

Die Institutionalisierung der Wissenschaften zeigt sich auch an der neuen Form, wie Forschungsergebnisse bekannt gemacht wurden. Ursprünglich tauschten die Gelehrten ihre Ansichten brieflich aus; in Frankreich organisierte der hochgebildete Pater Mersenne, ein Freund von Descartes, ein Zentrum, das die internationale Verteilung von brieflichen Nachrichten über den Fortgang der Wissenschaften betrieb. Doch gingen insbesondere die Akademien bald dazu über, regelmäßig erscheinende wissenschaftliche Nachrichtenblätter zu gründen; es ist die Geburtsstunde der wissenschaftlichen Zeitschriften (vgl. Tabelle). Der Ansturm auf die Geheimnisse der Natur und die Versuche, die Gesetze des gesellschaftlichen Lebens zu ergründen, förderten eine solche Fülle von Einsichten und Ansichten zutage, die, niedergelegt in einer bisher noch nicht dagewesenen Flut von Druckerzeugnissen, jene von Kopernikus eingeleitete »revolutio« zum Abschluß brachte und dem mittelalterlichen Weltbild den Todesstoß versetzte.

Die Akademien erfüllten aber auch ein starkes Repräsentationsbedürfnis der absolutistischen Herrscher. Es wurde zum Maßstab für Stärke, Bedeutung und Leistungsfähigkeit eines Staates, wieviel berühmte Gelehrte und Naturwissenschaftler bei Hofe aufgeboten und vorgestellt werden konnten. Dieses Interesse schuf zugleich für die Naturwissenschaftler jenen Spielraum, der es ihnen gestattete, das Bündnis mit der progressiven Aufklärungsphilosophie zu festigen und auch jene Probleme zu behandeln, die der innerwissenschaftlichen Situation entsprachen. Denn es war keineswegs eine platonische Liebe zur Wissenschaft, die die Vertreter des Absolutismus Geld und andere Mittel für Gründung und Unterhalt der Akademien bereitstellen ließ. Über die Akademien suchte der Staat diejenigen Aufgaben einer Lösung zuzuführen, die in seinem eigenen ökonomischen oder militärischen Interesse lagen. Deutlich wird die von vornherein starke Orientierung auf die praktischen Belange schon in den Statuten der Akademien. Leibniz drückt dies so aus: »Vornehmster Gegenstand aller Über-

217. Der »Sonnenkönig«, Ludwig XIV., besuchte die französische Akademie am 5. Dezember 1681. Stich von Sébastien le Clerc. Bibliothèque Nationale, Paris

legungen ist es, das hauptsächlichste menschliche Wesen so zu ordnen, daß es im Leben nützlich zu werden vermag.«

Und in einer von Hooke verfaßten (vorläufigen) Präambel zum Statut der »Royal Society« heißt es:

»Aufgabe und Absicht der Royal Society ist es, das Wissen von den natürlichen Dingen und alle nützlichen Künste, Fabrikationszweige, mechanische Verfahrensweisen, Maschinen und Erfindungen durch Experimente zu verbessern (sich nicht mit Theologie, Methaphysik, Sittenlehre, Politik, Grammatik, Rhetorik oder Logik abzugeben). Die Wiedergewinnung solcher zweckmäßiger Künste und Erfindungen zu betreiben, die verlorengegangen sind, alle Systeme, Theorien, Prinzipien, Hypothesen, Elemente, Historien und Experimente von natürlichen, mathematischen

218. Pierre Louis Moreau de Maupertuis. Der französische Gelehrte rückte zum Präsidenten der Berliner Akademie der Wissenschaften auf und besaß große Anerkennung am preußischen Hof. Hier ist er nach seiner erfolgreichen Meridianmessung 1736 in Lappland dargestellt, mit der die noch umstrittene Abplattung der Erde an den Polen bewiesen wurde. Maupertuis erhielt den Ehrennamen »Der große Abplatter«. Kupferstich von Wille nach Tournière und Daullée. Staatliche Kunstsammlungen Dresden, Kupferstichkabinett

219. Naturkunde und Naturwissenschaft wurden im 18. Jh. zur Liebhabertätigkeit der Begüterten. In den Salons der Adligen und des wohlhabenden Bürgertums gab es naturphilosophische Diskussionen und Demonstrationen. Frontispiz aus: Nollet, J. A., Leçons de Physique. Bd. I. Amsterdam 1745. Universitätsbibliothek, Leipzig

und mechanischen, erfundenen, aufgezeichneten oder praktizierten Dingen von allen bedeutenden Autoren, antiken oder modernen, zu prüfen, mit dem Ziel, ein umfassendes und zuverlässiges philosophisches System zur Klärung aller Erscheinungen zusammenzutragen, die auf natürliche oder künstliche Weise hervorgerufen werden, und eine Darstellung der vernünftigen Ursachen der Dinge zu erzielen.«

Das allgemeine öffentliche Interesse am Fortgang der Erforschung der Naturvorgänge in Verbindung mit der Entwicklung von Gewerbe und Produktion zeigt sich an der raschen Zunahme der Gruppen von Artefici und Virtuosi. Es gab in den ökonomisch fortgeschrittenen Ländern Europas zahlreiche »Mechanici«: Wasserbau- und Festungsbaumeister, Schiffsbauer, Bergwerk- und Bauingenieure, die bei aller Praxisnähe ein Gefühl für die Notwendigkeit theoretischer Durchdringung und teilweise beachtliche theoretische Kenntnisse und Fähigkeiten besaßen. In ihren Wirkungssphären traten Probleme auf, von denen man wußte oder ahnte, daß sie einer mathematisch-naturwissenschaftlichen Behandlung zugänglich sein würden.

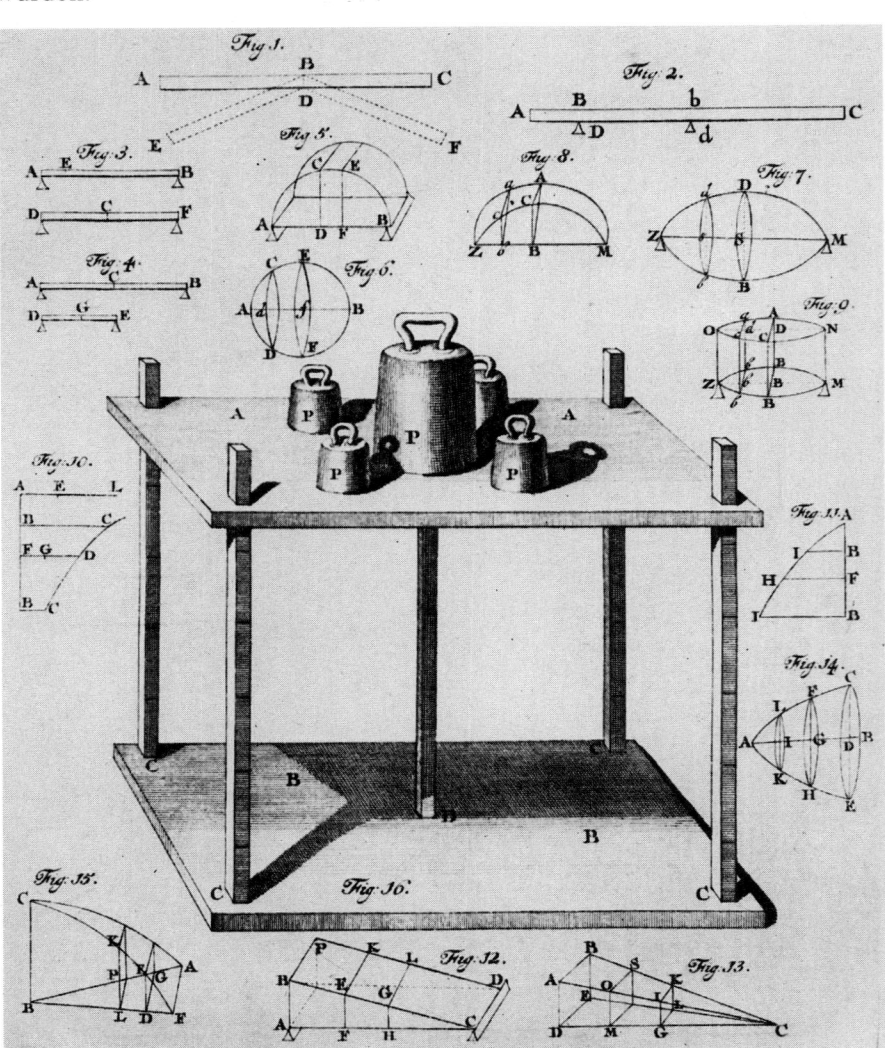

220. Prüfung von Materialeigenschaften. Experimente von Musschenbroek über die Belastung von Gegenständen unterschiedlicher geometrischer Form kennzeichnen die beginnende Erforschung von Materialeigenschaften auf physikalischer Basis. Aus: Musschenbroek, P. van, Physicae Experimentales et Geometricae..., Leiden 1729, Tafel 27. Universitätsbibliothek, Leipzig

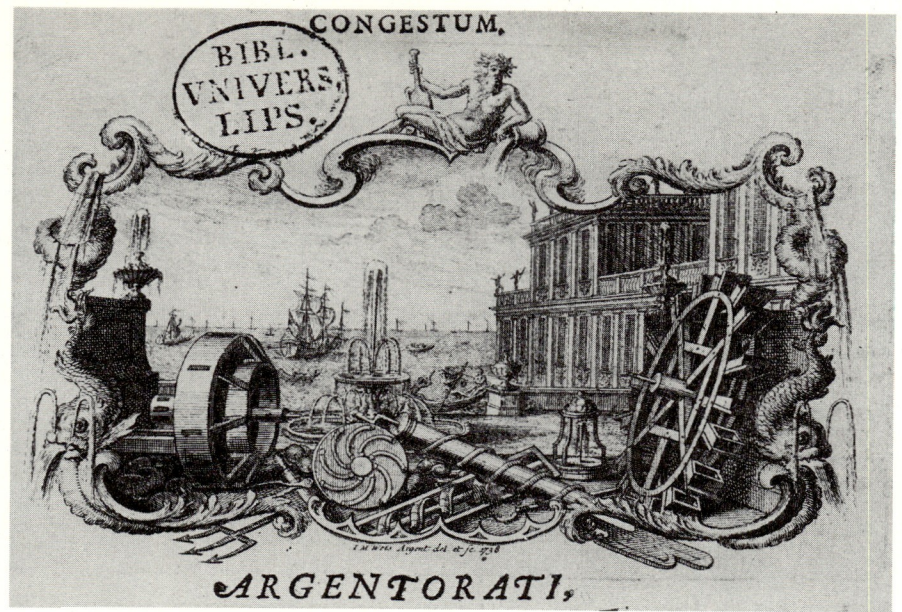

221. Titelvignette zu Daniel Bernoullis Werk »Hydrodynamica« von 1738. Die dargestellten Geräte und Anlagen wurden zum Gegenstand der wissenschaftlichen Untersuchung. So erschloß Bernoulli mit der Anwendung der Newtonschen Mechanik auf Probleme strömender Flüssigkeiten einen neuen Zweig der Mechanik, den u. a. Euler und im 19. Jh. Helmholtz ausbauten. Universitätsbibliothek, Leipzig

Ein besonders häufig auftretendes Problem war die sich aufdrängende Untersuchung der Kraft- und Energieverhältnisse an beweglichen Teilen von Maschinerien. Bei Wasserrädern z. B. konnte falsche Dimensionierung bewirken, daß sie sich zu schnell oder zu langsam oder gar nicht drehten und somit die gewonnene Energie unverwertbar blieb.

Seit dem 16. Jh. und verstärkt im 17. und 18. Jh. war eine Fülle technischer, insbesondere mechanischer Konstruktionen hervorgebracht worden: Es gab Seilzugaggregate, Treträder, Kräne, Wasserhebemaschinen, Windmühlen, Pumpwerke, Papiermühlen, Pochmühlen, Walkmühlen. In den Manufakturen wurden die ersten Werkzeugmaschinen verwendet. Die Konstruktion aller möglicher Mechanismen bewegte immer wieder erfinderische Geister: Flugmaschinen, Unterseeboote, Wagen ohne Pferde, aber auch Gesteinsbohrmaschinen, Schiffshebewerke, mechanische Schiffsantriebe und so weiter wurden entworfen, ausprobiert, verbessert, verworfen, in Gang gesetzt. Dazu trat die Jagd nach dem Perpetuum mobile, einer unaufhörlich und damit unausschöpflich kraftspendenden Vorrichtung, dem mechanischen Gegenstück zum »Stein der Weisen« der Alchimie.

Der Dualismus von Bürgertum und Feudalmacht erklärt zu einem Teil, warum die Wissenschaft – wenn auch aus unterschiedlichen Motiven – in doppelter Weise von beiden Seiten Förderung erhielt und dadurch, welthistorisch gesehen, eine Glanzzeit erleben konnte. Namen wie Galilei, Kepler, Descartes, Hooke, Newton, Harvey, Huygens, Halley, Boyle, Leibniz, die Bernoullis, Guericke, Voltaire, Rousseau, Euler, Lomonossow, Linné, Diderot, d'Alembert u. a. m. symbolisieren diese höchst produktive Phase der Entwicklung der Naturwissenschaften und der Mathematik.

Dabei standen die naturwissenschaftlichen Ergebnisse im Zentrum der konservativen Angriffe. Im Gegenzug wurde die Aufklärung, die eine starke naturwissenschaftliche Komponente besaß, zur ideologischen Waffe des Bürgertums. Die französische Aufklärung führte den von Bacon, Locke, Hume und Newton eingeleiteten Prozeß auch auf gesellschaftspolitischem

222. Physikotheologie. Während viele Aufklärer im 18. Jh. den Wahrheitsgehalt der Bibel anzweifelten, glaubte eine Reihe von Naturforschern, die als Physikotheologen bezeichnet werden, daß die Untersuchungen der Natur zur Bestätigung der Bibel führten. Gesteine und Fossilien sollten die Sintflut bezeugen, die Anpassungen der Lebewesen ebenso wie die als »harmonisch« betrachteten Bahnen der Gestirne von einem allgütigen Schöpfer herstammen. Kupfer-Bibel / In welcher die Physica sacra oder Geheiligte Natur-Wissenschafft Derer In Heil. Schrifft vorkommenden Natürlichen Sachen / Deutlich erklärt und bewährt... Aus: Scheuchzer, J.J., Physica sacra. Augsburg und Ulmae 1731, Tafel XLIII: Anfang der Sintflut. Universitätsbibliothek, Leipzig

223. Jean Baptiste le Rond d'Alembert. Als herausragender Philosoph der Aufklärung, als bedeutender Mathematiker und als Sekretär der französischen Akademie der Wissenschaften erwarb sich d'Alembert große Verdienste. Sein eigentliches literarisch-wissenschaftliches Denkmal setzte er sich selbst durch die gemeinsam mit Diderot 1751 bis 1780 herausgegebene große »Encyclopédie« in 33 Bänden. Er selbst schrieb eine Vielzahl der philosophischen und mathematischen Artikel. Stich von B. L. Henriquez nach N. R. Jollain

Gebiet weiter. Der sog. aufgeklärte Absolutismus bot bis zum Ende des 18. Jh. eine scheinliberale, trügerische Lösung des Grundwiderspruchs zwischen Altem und Neuem an, die ihre Wirkung bis zu einem gewissen Grade auch auf das Bürgertum nicht verfehlte. Es kam zu Anfang des 18. Jh. sogar zu einer, allerdings bald vorübergehenden, Phase der inneren Stabilisierung. Der absolutistische Staat agierte vordergründig im Auftrage des Adels und vermittelte zugleich zwischen den Interessen des Adels und denen des Bürgertums.

224. Herstellung von Alaun. Alaun war ein für die chemischen Gewerbe wichtiger Stoff, der besonders für die Alaungerberei, aber auch in der Färberei benötigt wurde. Die Herstellung erfolgte in einem komplizierten Verfahren, für das schwefelkiesreicher Schiefer (»Alaunschiefer«) das Ausgangsmaterial bildete. Der bergmännisch abgebaute Alaunschiefer mußte jahrelang der Luft ausgesetzt werden. Aus: Encyclopédie ou Dictionnaire raisonné des Sciences, des Arts et des Métiers... Figures Encyclopédie: Recueil de Planches, sur les Sciences, les Arts libéraux et les Arts méchaniques, avec leur explication. Bd. VI. Paris 1768, »Minéralogie«. Universitätsbibliothek, Leipzig

Mit dem Siebenjährigen Krieg (1756 bis 1763), in den alle bedeutenden Kontinentalmächte verwickelt waren, und dem Unabhängigkeitskrieg der nordamerikanischen Kolonien gegen England begann die letzte Phase der Krise des Feudalismus. Vertreter des Bürgertums plädierten von nun an weniger für einen »Ausgleich« zwischen den Kräften nach englischem Muster; vielmehr wichen die Kompromißvorstellungen, die vom »reformwilligen Monarchen« bis zu »Gesellschaftsverträgen« mit »vernünftiger Gewaltenteilung« reichten, immer mehr der Einsicht, daß radikale Lösungen notwendig werden würden. Die sozialen Spannungen entluden sich schließlich in der Französischen Revolution von 1789, die dem Feudalsystem einen entscheidenden Schlag versetzte. Während in Westeuropa, besonders in England, die bürgerliche Entwicklung eingesetzt hatte, beharrten der Osten, Süden und Norden Europas noch weitgehend in den traditionellen Formen des Feudalismus. In Nordamerika jedoch, das die Befreiung aus kolonialer Abhängigkeit vollzogen hatte, formierte sich, unbelastet von feudalen Traditionen, mit den Vereinigten Staaten von Nordamerika unter der Führung Franklins eine Republik, die fortan die bürgerlichen Ideale symbolisierte.

Die Folge der kriegerischen Auseinandersetzungen zwischen den Feudalstaaten um Landstriche, um die Vorherrschaft in Europa und um die Aufteilung der Welt in Kolonialreiche war ein Wettlauf um stärkere Waffen, insbesondere um schnellere Schiffe und bessere Geschütze.

Die zunehmende Verflechtung des gesellschaftlichen Lebens zwang einerseits immer mehr Menschen und gesellschaftliche Gruppen dazu, nach einer Zeiteinteilung zu leben, andererseits wurde der Besitz und Gebrauch von Uhren eine Mode der Begüterten. Ganz entschieden förderten Konstruktion und Verwendung von Uhren aller Arten und Bestimmungszwecke das mechanisch-naturwissenschaftliche Denken und zugleich das Maß an Präzision der handwerklichen Produktion. Zweifellos haben mechanische Kunstwerke — astronomische Kunstuhren, allerlei Automaten, auch spielerischen Charakters, technische Großanlagen — mit dazu beigetragen, daß das Universum als ein großes Uhrwerk verstanden wurde, »entworfen und in Bewegung gesetzt und gehalten von Gott, dem Beherrscher des Welt-

225. Instrumentenmacher. Mit der Entwicklung der wissenschaftlichen Erkenntnis erlangte die Herstellung spezifischer und präziser wissenschaftlicher Instrumente eine solche Bedeutung, daß sich daraus ein eigenständiger Beruf entwickelte.

226. Früher Versuch der Ausnutzung von Sonnenkraft, 1615. Das mit Sammellinsen gebündelte Sonnenlicht heizte Wasser zu Dampf auf, der Wasser in einen Springbrunnen drückte. Aus: Caus, S. von, Von Gewaltsamen bewegungen Beschreibung etlicher, so wol nützlichen alß lustigen Maschinen... Deutsche Übersetzung der französischen Ausgabe »Les raisons...«, Francfort 1615. Sächsische Landesbibliothek, Dresden

getriebes, dem allmächtigen Uhrmacher«. So erhielt das Weltbild des 17. und 18. Jh. unter dem starken Eindruck der Erfolge der Mechanik und ihrer praktischen Realisierung in mechanischen Wunderwerken, die zu Recht Aufsehen und Bewunderung erregten, starke Züge des Mechanizismus.

Aber erst das 18. Jh. rang sich dazu durch, auch technische Leistungen als wissenschaftliche anzuerkennen, nicht zuletzt durch das Praxisverständnis der Aufklärung. Davon zeugen auch die bedeutenden Enzyklopädien des 18. Jahrhunderts, so die »Cyclopaedia or an Universal Dictionary of Art and Science« von Chambers (seit 1728), die in Frankreich erschienene »Encyclopédie ou Dictionnaire raisonné des Sciences, des Arts et des Métiers« (seit 1751), das »Große Universal Lexicon aller Wissenschaften und Künste« von Zedler (seit 1732). Diese und andere Enzyklopädien zielten auch auf eine systematische Bestandsaufnahme der gewerblichen Künste und auf eine bewußte Suche nach Verbindungen zwischen Gewerben bzw. Manufakturen und den Kenntnissen über die Natur und Naturprozesse.

Vielleicht ist es richtig zu sagen, daß die Entwicklung von Maschinen und Maschinerien in besonders auffälliger Weise die Verbindung von Naturwissenschaft – hier der Mechanik – und Technik während der Manufakturperiode widerspiegelte. Es ist hier, in einer Geschichte der Naturwissenschaften nicht der Platz, diese sich wechselseitig beeinflussende Entwicklung darzustellen. So müssen wir uns begnügen mit der Bezeichnung einiger weiterer Bereiche im Berührungsfeld jener beiden Sphären, aus denen Anregungen und Forderungen an die Naturwissenschaften ergingen.

Allein mit dem für den Frühkapitalismus charakteristischen Stichwort »Errichtung eines Weltmarktes« sind viele naturwissenschaftlich relevante Problemkreise angerissen: Sie reichen von Schiffbau, Navigation, Astronomie, Schiffschronometer- und Kompaßbau über geographische Erschließung der Erde, Erfassung der nichteuropäischen Flora und Fauna bis hin zur

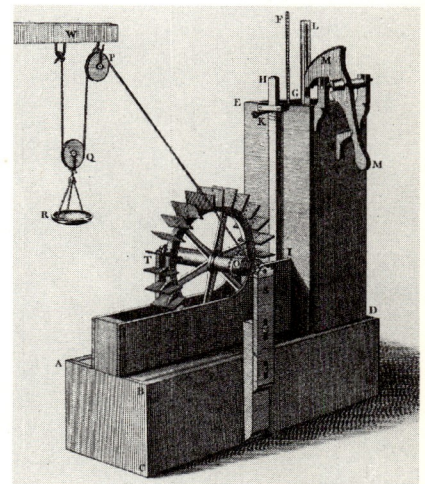

227. Versuche zur Leistungsmessung eines Wasserrades. Durch systematisches Probieren suchte man die Konstruktion zu verbessern. Aus: Smeaton, J., An Experimental Enquiry Concerning the Natural Powers of Water and Wind to Turn Mills and Other Machines, Depending on a Circular Motion. Philosophical Transactions. (1759), S. 100–174, Tafel IV. Universitätsbibliothek, Leipzig

228. Sog. Kepler-Kessel. Die Fixierung von Maßen und Gewichten gehörte zu den dringenden Problemen der Manufakturperiode. Diese hatten auch Kepler des öfteren beschäftigt. In Ulm schuf er 1627 einen Eichkessel für Volumen-, Gewicht- und Längenmaß. Auf dem Bronzekessel befindet sich das folgende Gedicht Keplers:
»Zwen schuch mein tieffe,
ein eln mein quer,
ein geeichter aimer macht mich lehr,
dan sind mir vierthalb centner bliben,
vol donauw Wasser wege ich siben,
doch lieber mich mit kernen euch
und vierund sechzig mal abstreich,
so bistu neinzig ime reich.«
Museum, Ulm

Kartographie und zum Ausbau von Rechenhilfsmitteln zur Bewältigung der Handelstätigkeit.

Entsprechend könnte man unter dem Gesichtspunkt »Manufakturen und Gewerbe« den Einfluß der Naturwissenschaften auf die Erschließung der natürlichen Reichtümer der Erde und auf die Bereitstellung von Rohstoffen und Hilfsstoffen für die chemische Produktion bezeichnen, von der Glasherstellung bis zu Gewinnung von Medikamenten und Farbstoffen für die Luxusbekleidung des höfischen Lebens.

Der Aufschwung der Naturwissenschaften hielt ungebrochen bis zum ersten Drittel des 18. Jh. an. Mit dem Verfall und Zusammenbruch von Feudalismus und Absolutismus gerieten auch die Naturwissenschaften in eine Phase der Stagnation. Aber schon mit dem Übergang zur Industriellen Revolution und zum entwickelten Kapitalismus wurden seit dem ausgehenden 18. Jh. neue Triebkräfte freigesetzt und innere Entwicklungsmöglichkeiten für einen neuen Aufschwung eröffnet.

Die wissenschaftliche Revolution in der Mathematik

Die gedankliche und rechnerische Behandlung von Bewegungsvorgängen sollte sich nicht nur für Physik und Astronomie, sondern auch für die Mathematik dieser Periode als das Schlüsselproblem erweisen. Demzufolge bestand der Kern der wissenschaftlichen Revolution in der Mathematik, die sowohl deren Inhalt und Methode als auch ein unerhört gesteigertes Leistungsvermögen einschloß, im Entstehen einer Mathematik, die geeignet war, Bewegungsvorgänge durch mathematische Behandlung sich ändernder Zustandsgrößen rechnerisch zugänglich zu machen: Es vollzog sich der Übergang von einer Mathematik der konstanten Größen zu einer Mathematik der Veränderlichen. Dem äußeren Erscheinungsbild nach brachte die Revolution der Mathematik drei hauptsächliche Entwicklungsrichtungen neu hervor, die analytische Geometrie, die Infinitesimalrechnung und das funktionelle Denken.

Analytische Geometrie Die Grundideen der analytischen Geometrie verdanken wir zwei französischen Wissenschaftlern, de Fermat und Descartes, der eine als Jurist in Toulouse tätig und Pionier auf mannigfachen Gebieten der Mathematik – der Zahlentheorie, Wahrscheinlichkeitsrechnung, Analysis und analytischen Geometrie –, der andere ein Philosoph mit weltumspannenden Ideen und einer der großen Gestalter der damaligen Naturphilosophie.

Doch hat die analytische Geometrie eine Frühgeschichte, vor de Fermat und Descartes. Zu ihr gehören Vorformen der Verwendung von Koordinaten. Beispielsweise gaben die antiken Astronomen Hipparchos und Ptolemaios die Lage von Orten auf der Erde nach Art unserer heutigen Begriffe der geographischen »Länge« und »Breite« durch Entfernungen in nordsüdlicher und ostwestlicher Richtung von ihren jeweiligen Wirkungsstätten aus – Rhodos bzw. Alexandria – an. Koordinatenähnliches findet sich auch bei den schachbrettartig angelegten römischen Feldlagern und bei den Baumeistern der Renaissance, z. B. bei Alberti.

Eine weitere historische Wurzel der analytischen Geometrie hat man in der Wiederaufnahme und Weiterentwicklung der antiken Lehre von den Kegelschnitten zu sehen. Hier war im 16. und 17. Jh. eine entscheidende Wende eingetreten. Während der Antike eine abstrakt mathematische Angelegenheit, hatte sich nun herausgestellt, daß Ellipsen als himmlische Bahnkurven und Parabeln als Geschoßbahnen reale, physikalische Existenz besitzen.

De Fermat bemühte sich um die Rekonstruktion des verlorengegangenen Buches VIII der »Konika« des antiken Geometers Apollonios und empfand dabei einen erheblichen Mangel an durchgreifenden Methoden bei der Behandlung der geometrischen Örter: »Es ist kein Zweifel, daß die Alten sehr viel über Örter geschrieben haben… Aber wenn wir uns nicht

229. René Descartes. Der aus Frankreich stammende, in den Niederlanden und Schweden wirkende Philosoph, Mathematiker und Naturforscher spielte eine herausragende Rolle bei der Herausbildung modernen wissenschaftlichen Denkens. Er selbst unterwarf die Methoden des Denkens kritischer Analyse.

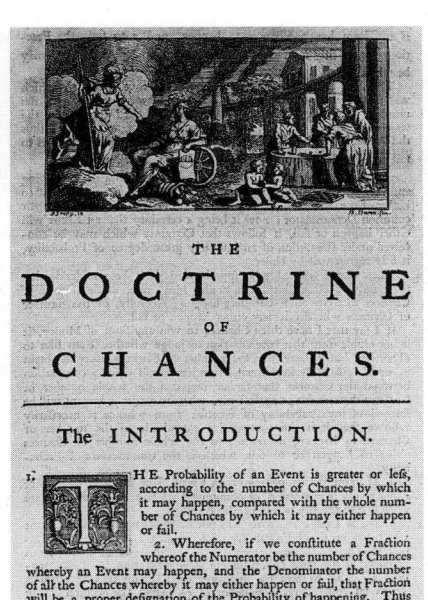

230. Wahrscheinlichkeitsrechnung. Glücksspiele und die daraus abgeleiteten Fragen nach Gewinnchancen bildeten den Ausgangspunkt für dieses Gebiet der Mathematik, das mit dem französischen, in England in der Emigration lebenden Mathematiker Abraham de Moivre bereits einen hohen Stand erreichte. Vignette aus: Moivre, A. de, The Doctrine of Chances: Or, A Method of Calculating the Probabilities of Events in Play. 2. Auflage. London 1738, S. 1. Universitätsbibliothek, Leipzig

täuschen, fiel ihnen die Untersuchung der Örter nicht gerade leicht. Das schließen wir daraus, daß sie zahlreiche Örter nicht allgemein genug ausdrückten... Wir unterwerfen daher diesen Wissenszweig einer besonderen und ihm eigens angepaßten Analyse, damit in Zukunft ein allgemeiner Zugang zu den Örtern offensteht.«

In einer nur kurzen Abhandlung mit dem Titel »Isagoge...« (Einführung in die ebenen und räumlichen geometrischen Örter) gelang de Fermat der Nachweis, daß alle ebenen Kurven zweiter Ordnung einen Kegelschnitt repräsentieren. Seine »Isagoge« wurde erst aus dem Nachlaß herausgegeben und erschien 1679 im Druck. Es steht aber fest, daß sie noch vor 1637 niedergeschrieben worden ist, jenem Jahre, in dem Descartes' entscheidende Abhandlung zur analytischen Geometrie »La Géométrie« erschien. Sie stellt einen Teil eines philosophischen Grundsatzwerkes dar, des »Discours de la méthode«, in dem der Autor seine Methode darlegte. Mit der Betonung der Kraft der Vernunft und des Denkens wurde Descartes zum Begründer des Rationalismus und zum Wegbereiter der europäischen Aufklärung des 17. und 18. Jh.

Im »Discours« machte Descartes die Probe auf sein philosophisches Schlüsselwort »Cogito, ergo sum« (Ich denke, also bin ich), indem er rationalistisches Denken auf drei Wissensgebiete anwendete, auf die Dioptrik (Lehre vom Strahlengang), auf die Meteorologie (Meteore und atmosphärische Erscheinungen) und eben auf die Geometrie. Aus der gedanklichen Verschmelzung von Elementen der Algebra mit den konstruktiven Absichten der Geometrie bahnte er ebenfalls den Zugang zu Grundvorstellungen der heutigen analytischen Geometrie.

Aber noch findet sich bei Descartes nicht das vollausgebildete kartesische Koordinatensystem. Mit allen vier Quadranten und positiven und negativen Abszissen und Ordinaten tritt es erstmals bei Newton auf, in seiner hervorragenden »Enumeratio...«, einer Klassifizierung aller Kurven dritter Ordnung aus dem Jahre 1676 (gedruckt 1704). Einen weiteren wesentlichen Schritt vorwärts beim Ausbau der Methoden der analytischen Geometrie taten Euler zur Mitte des 18. Jh. und schließlich die Mathematiker des 19. Jh., die weitreichende algebraische Hilfsmittel wie Determinanten und Matrizen, Transformationen, Gruppen und Vektoren einführten.

Infinitesimalmathematik · Funktionales Denken Betrachtet man mathematische Kurven als Widerspiegelung realer Bewegungen realer Körper, so führt die Aufgabe, in einem bestimmten Punkte die Tangente an eine Kurve zu legen, notwendig zu der Vorstellung, die Zeit in unendlich kleine Teile zu zerlegen. Bewegt sich z. B. ein Körper in unendlich kurzer Zeit ein unendlich kleines Stück auf einer Kurve, so steht andererseits auch fest, daß er in endlich kleiner Zeit ein wirkliches Stück einer Kurve zurücklegt. Umgekehrt führen Aufgaben wie Bestimmung von Kurvenlängen, Flächeninhalten und Rauminhalten zu der gedanklichen Zusammensetzung von unendlich kleinen Teilen zu einem endlichen Ganzen.

In diesen beiden Problemgruppen liegen historisch getrennte Wurzeln der Differential- und Integralrechnung. Es mußte erst gefunden werden, daß Differenzieren und Integrieren zueinander inverse mathematische Operationen sind. So entdeckte Barrow, der Lehrer Newtons, den entscheidenden

Sachverhalt, daß das Tangentenproblem und die Flächenbestimmung entgegengesetzte Operationen sind. Und durch Newton selbst wurden die weitreichenden Möglichkeiten zur Meisterschaft entwickelt, den zu integrierenden Ausdruck zunächst in eine unendliche Potenzreihe zu entwickeln und dann durch gliedweise Integration zu integrieren. Doch es war ein weiter Weg bis hin zu durchgebildeten infinitesimalen Methoden.

Die Schwierigkeiten des Umganges mit dem mathematischen Unendlichen und der Beherrschung von Grenzübergängen spiegeln sich auch im Begrifflichen wider. Kepler hatte an alte archimedische Vorstellungen angeknüpft. Beispielsweise zerlegte er die Kreisfläche in eine Kette von gleichschenkligen Dreiecken mit »unendlich schmaler« Basis, um die Kreisfläche berechnen zu können. Auf ähnlichen Kunstgriffen und Überlegungen beruht auch Keplers berühmte »Nova stereometria doliorum vinariorum« (Faßrechnung) von 1615, in der über Archimedes hinausgehend die Volumina von allerlei Rotationskörpern näherungsweise berechnet werden, von Weinfässern jeder Gestalt, von apfelförmigen, birnenförmigen und zitronenförmigen Körpern.

Keplers Erfolge und Methoden der Flächen- und Rauminhaltsbestimmungen inspirierten auch den Galilei-Schüler Cavalieri. Im Anschluß an den mittelalterlichen Philosophen Thomas Bradwardine, der mit dem Wort »Indivisible« (das Unteilbare) den kleinsten Teil des Kontinuums bezeichnet hatte, schuf Cavalieri eine erste mathematische Theorie der Indivisiblen und wandte sie 1635 in Flächen- und Rauminhaltsbestimmungen bewußt an. Er war sich durchaus der noch unscharfen Begriffe und der noch nicht ausgereiften Methoden bewußt und gebrauchte daher das anschauliche Bild, daß Körper durch Bewegung, durch das »Fließen« von Flächen entstehen, ebenso wie Flächen durch Fließen von Strecken und Kurven durch Fließen von Punkten.

Die nächste Mathematikergeneration bemühte sich um die Arithmetisierung und Durchbildung der Indivisibelnmethode. Besondere Erfolge erzielten beispielsweise der Franzose de Roberval und der Engländer Barrow; nach heutiger Sprechweise gelang Barrow die Integration aller Parabeln x^n für alle $n \neq -1$. Die Vorstellungen Barrows haben auch seinen berühmte-

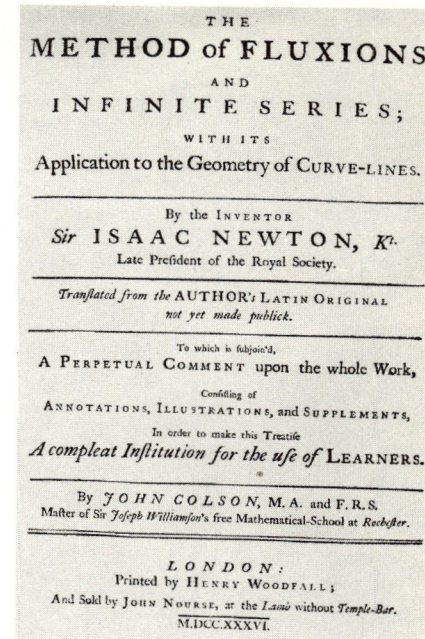

231. Titelblatt der Fluxionsrechnung von Newton. Die lateinische Fassung war bereits 1671 vollendet, gelangte aber erst 1736 – nach dem Tode Newtons – in einer englischen Ausgabe zum Druck, um die Position der Anhänger Newtons im Prioritätsstreit mit Leibniz zu stärken. Bibliothek Karl-Sudhoff-Institut, Leipzig

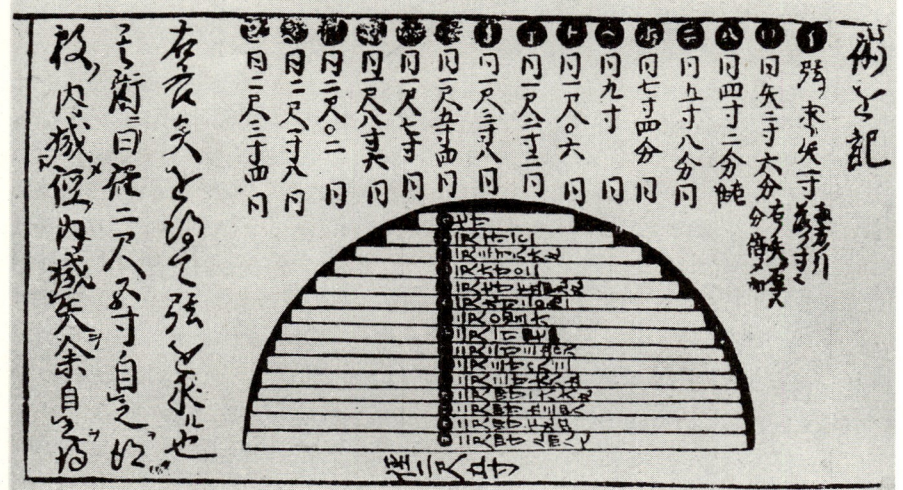

232. Infinitesimalrechnung in Japan. Etwa zur gleichen Zeit, Mitte des 17. Jh., als in Europa die Infinitesimalrechnung entwickelt wurde, konnten auch in Japan u. a. Methoden der Integralrechnung durchgebildet werden, und zwar unabhängig von den Europäern. Diese Figur (Flächenberechnung des Kreises) entstand 1687. Aus: Smith, D. E. und Yoshio Mikami, A History of Japanese Mathematics. Leipzig 1914, S. 130

233. Gottfried Wilhelm Leibniz. Als einer der bedeutendsten philosophischen Denker hat er zugleich als Mathematiker, Naturforscher, Wissenschaftsorganisator, Theologe, Jurist und Historiker Bedeutendes geleistet. Gemälde von Andreas Scheits. Herzog Anton Ulrich-Museum, Braunschweig

sten Schüler, Newton, beeinflußt. Er schuf mit dem Blick auf die mathematische Behandlung der Bewegungsprobleme in Mechanik und Dynamik eine Infinitesimalmathematik, die er Fluxionsrechnung nannte.

Newton drückt sich folgendermaßen aus und definiert damit die Grundbegriffe seiner Fluxionsrechnung: »Die Größen, die ich als allmählich und unbeschränkt zunehmend ansehe, werde ich von nun an Fluenten oder Flowing Quantities nennen und werde sie durch die letzten Buchstaben des Alphabets bezeichnen, durch v, x, y, z, damit ich sie von anderen Größen unterscheiden kann, die in Gleichungen als bekannt und bestimmt betrachtet werden können, und welche darum durch die Anfangsbuchstaben a, b, c,... bezeichnet werden. Und die Geschwindigkeiten, die jede Fluente durch die erzeugende Geschwindigkeit erhält – die ich als Fluxion oder einfach als Geschwindigkeiten bezeichnen möchte –, werde ich durch dieselben Buchstaben, aber mit Punkt versehen, bezeichnen, also $\dot{v}, \dot{x}, \dot{y}, \dot{z}$.«

Die Bestimmung der Fluxionen aus den Fluenten entspricht der Differentiation, die Bestimmung der Fluenten aus einer Beziehung zwischen den Fluxionen der Integration und der Lösung von Differentialgleichungen. Darüber hinaus gestattete die Fluxionsrechnung die Berechnung von Extremwerten, Tangenten und des Krümmungsmaßes sowie Quadratur und Rektifikation.

Bereits 1671 hatte Newton eine zusammenfassende Darstellung der Fluxionsrechnung und ihrer Anwendungen fertiggestellt; sie trug den Titel »Methodus fluxionum et serierum infinitarum« (Methode der Fluxionen und der unendlichen Reihen). Der zweite Teil des Titels bezog sich auf die unendlichen Reihen. Auch auf diesem Gebiete hat sich Newton mit einer bereits 1669 niedergeschriebenen Abhandlung als Pionier erwiesen.

Doch verhinderten der große Brand von London (1672) – und wohl auch Newtons Abneigung gegen das Publizieren – die Drucklegung der Fluxionsrechnung. Als sie in englischer Übersetzung 1736 aus dem Nachlaß unter dem Titel »Method of Fluxions« erschien, war sie dem Inhalt nach bereits überholt. Sie diente zu diesem Zeitpunkt im Prioritätsstreit um die Erfindung der Infinitesimalrechnung hauptsächlich als Argument der englischen Partei, um die Priorität Newtons gegenüber Leibniz und dessen Anhänger zu sichern. Heute steht fest, daß Leibniz unabhängig von Newton selbständig zur Differential- und Integralrechnung gelangt ist. Der Streit bezog sich übrigens nie auf die unendlichen Reihen; Leibniz hat hier stets Newtons Leistung anerkannt.

War Newton von physikalischen Grundvorstellungen und Zielen ausgegangen, so ließ sich Leibniz bei seinen Bemühungen um die Infinitesimalrechnung von einer anderen, einer philosophisch-erkenntnistheoretischen Grundidee leiten. Anknüpfend an Vorstellungen des mittelalterlichen spanischen Gelehrten Raimundus Lullus, schwebte Leibniz eine allgemeine Begriffsschrift (characteristica universalis) vor, die es gestatten sollte, aus der Menge des Denkmöglichen alle wahren Sachverhalte durch das »Rechnen« mit allgemeinen Symbolen herauszufinden. Dies erinnert in vielem an unsere heutige mathematische Logik, war aber – damals wie heute – in dieser Totalität eine Utopie. Als Leibniz, der Leipziger Professorensohn, im diplomatischen Dienst des Kurfürsten von Mainz 1672 nach Paris gelangte, einem Mittelpunkt des kulturell-geistig-galanten Lebens, lernte er dort auch die neue Naturwissenschaft und Mathematik kennen, die die angestaubte

234. Chemisches Laboratorium der Universität (Nürnberg-)Altdorf. Chemie stand im 17. Jh. als Iatrochemie vor allem im Dienste der Medizin. In Altdorf hat Leibniz promoviert. Von dorther rühren auch seine umfangreichen alchimistisch-chemischen Interessen und Neigungen.

Wissenschaft im kriegszerstörten Deutschland weit hinter sich gelassen hatte. Noch während des Pariser Aufenthaltes, der 1676 endete, fand Leibniz die Grundelemente des »Calculus«, einer Symbolschrift der Infinitesimalrechnung. Auf einem Notizzettel hielt er für späteren Gebrauch die Einführung des Zeichens d für das Differenzieren und das Integralzeichen ∫ fest. Auch später bemühte sich Leibniz, im engen Kontakt mit Fachgenossen, um zweckmäßige mathematische Bezeichnungen: »Man muß dafür sorgen, daß die Zeichen für Entdeckungen bequem seien. Dies läßt sich in größtem Maße dann erreichen, wenn die Zeichen mit wenigen Elementen die innerste Natur der Dinge ausdrücken und gewissermaßen nachzeichnen, wodurch die Arbeit des Denkens auf erstaunliche Weise verringert wird.«

Zur Niederschrift der von ihm konzipierten »Scientia infiniti« (Wissenschaft vom Unendlichen) ist Leibniz während seiner vielfältigen Tätigkeit als Jurist und Historiker, als Philosoph und Theologe, als Förderer der

235. Handschrift von Leibniz zur Infinitesimalrechnung vom Juni 1712. Newton und Leibniz erfanden unabhängig voneinander grundlegende Methoden der Infinitesimalmathematik, wurden aber in einen unerquicklichen Prioritätsstreit verwickelt. Museum für Geschichte der Stadt Leipzig

236. Leonhard Euler. Der in Basel geborene Mathematiker und Naturforscher wirkte in St. Petersburg und Berlin und hat mit seinen Ergebnissen und Lehrbüchern den Zustand und die Entwicklung von Mathematik und Naturwissenschaften des 18. Jh. entscheidend geprägt. Gemälde von Handmann, 1756. Deutsches Museum, München

Gewerbe und als Wissenschaftsorganisator nicht gekommen. So konnte er nur Bruchstücke veröffentlichen. Hier sei nur die Abhandlung »Nova methodus...« (Neue Methode der Maxima, Minima sowie der Tangenten, die sich weder an gebrochenen noch an irrationalen Größen stößt, und eine eigentümliche darauf bezügliche Rechnungsart) aus dem Jahre 1684 genannt. Zum ersten Mal erschien das Zeichen d im Druck und werden die Begriffe Differential und Differentialgleichung gebraucht. Die Bedingungen $dv = 0$ und $ddv = 0$ für die Extrema bzw. Wendepunkte einer Kurve $v = v(x)$ werden angegeben. Andere Arbeiten gingen sogar schon zur Anwendung der Infinitesimalrechnung auf komplizierte geometrische und mechanische Probleme über, u. a. auf Isochrone, Krümmungsmittelpunkte, Durchbiegung eines Balkens.

237. Wilhelm Schickart. Der Freund Keplers war Professor der Astronomie und der altorientalischen Sprachen in Tübingen. Eines seiner herausragendsten Verdienste war die Konstruktion einer Rechenmaschine. Gemälde, 1632. Universität, Tübingen

Mit den aus Basel stammenden Brüdern Johann und Jakob Bernoulli – zwei Vertretern einer Familie, die in drei Generationen mindestens sechs berühmte Mathematiker hervorgebracht hat – waren Leibniz noch zu seinen Lebzeiten zwei Meisterschüler herangewachsen. Sie und der ebenfalls aus Basel stammende, an den Akademien in St. Petersburg und Berlin wirkende, ungemein schöpferische und ideenreiche Euler dehnten den Anwendungsbereich der Differential- und Integralrechnung sowie der Reihenlehre ungeheuer aus, wandten sie auf praktisch-mechanische Probleme, beispielsweise der Ballistik und des Schiffbaues, ebenso an wie auf die Himmelsmechanik und verhalfen den Leibnizschen Bezeichnungen zur allgemeinen Anerkennung.

Bis zur Mitte des Jahrhunderts entstanden darüber hinaus eine Theorie der Differentialgleichungen sowie die Variationsrechnung. Es gab ferner hervorragende lehrbuchartige Darstellungen; die wirkungsvollsten stammten aus der Feder von Euler. Seine »Differentialrechnung« (1755) und seine »Integralrechnung« (1768 bis 1770) formten das Bild der Mathematik des 18. Jh. und wirkten noch weit bis ins 19. Jh. hinein. In diesem Zusammenhang der Entwicklung einer Mathematik der Veränderlichen bildete sich auch der für die Mathematik zentrale Begriff Funktion aus. Das Wort hatte schon Leibniz eingeführt. Euler definierte schließlich: »Eine Funktion einer veränderlichen Größe ist ein algebraischer Ausdruck, der auf irgendeine Art aus dieser veränderlichen Größe und aus Zahlen oder beständigen Größen zusammengesetzt ist.«

Mechanische Rechenhilfsmittel Als Folge des sprunghaft angestiegenen Rechenaufwandes in der Zirkulationssphäre und in der Astronomie kamen bereits in der Periode des Manufakturkapitalismus mechanische Rechenhilfsmittel auf.

Auf den schottischen Edelmann Neper, der bereits an der Entwicklung der Logarithmen als eines wirksamen Rechenhilfsmittels beteiligt war, gehen interessante Rechenstäbe zurück, an denen das Produkt zweier Zahlen ganz leicht abgelesen werden kann. Keplers Freund, der Tübinger Astronomieprofessor Schickart, schuf 1623 die erste, aus Holz bestehende, 4-Spezies-Rechenmaschine. Sie enthielt ein mechanisches Rechenwerk, das die Übertragung einer vollen Stelle im dezimalen Positionssystem auf die nächsthöhere gewährleistete. Der junge Blaise Pascal kam seinem Vater, einem Steuerpächter, zu Hilfe, indem er ihm (1640 bis 1642) eine Addiermaschine zur Erleichterung der Rechenarbeit baute. Die geniale Erfindung der Staffelwalze, mit der die Übertragung von Zehnerpotenzen ermöglicht wird, ist Leibniz (1674) zu verdanken. Während seines Pariser Aufenthaltes versuchte er, zusammen mit einem Feinmechaniker, ein sicher funktionierendes Exemplar einer alle vier Rechenarten ausführenden Maschine fertigzustellen. Doch es ergaben sich unüberwindliche Schwierigkeiten, obgleich alle notwendigen Bauelemente vorhanden waren; im 19. Jh. konnte eines der Leibnizschen Originalmodelle durch Feinbearbeitung zum einwandfreien Arbeiten gebracht werden.

Viele Erfinder, Instrumentenmacher und Mechanici bemühten sich im 18. Jh. um technisch ausgereifte Konstruktionen von Rechenmaschinen; unter ihnen Poleni in Padua, Braun in Wien und der Pfarrer Hahn in Süddeutschland; nach 1770 gelang es seinem Schwager Schuster, serienmäßig Rechenmaschinen herzustellen. Doch erst im 19. Jh. konnte die industrielle Fertigung von mechanischen Rechenmaschinen aufgenommen werden, zu einer Zeit, da bereits neue Wege hin zu programmgesteuerten Rechenautomaten beschritten wurden.

238. Logarithmentafeln (links unten). Michael Stifel, Joost Bürgi, John Napier, Henry Briggs und Johannes Kepler gehören zu den Wegbereitern des logarithmischen Rechnens. Logarithmentafeln setzten sich rasch als hervorragendes Rechenhilfsmittel in Astronomie und Mathematik durch. Schon 1628 erschienen John Napiers Logarithmentafeln von 1614 in französischer Sprache. Aus: Napier, J., Arithmétique Logarithmique ou La Construction et usage d'une table contenant les Logarithmes de tous les Nombres depuis l'Unité jusques à 10000. Goude 1628. Universitätsbibliothek, Leipzig

239. Rechenmaschine. Trotz seines Zwiespalts zwischen mathematisch-naturwissenschaftlichen Interessen und religiösen Leidenschaften hat Blaise Pascal Bleibendes für die Mathematik geleistet, neben der Konstruktion dieser Rechenmaschine auch in der Kegelschnittslehre und der Infinitesimalrechnung. Mathematisch-Physikalischer Salon, Dresden

Der Sieg der wissenschaftlichen Astronomie

Erst im 17. Jh. konnte der wissenschaftlichen Astronomie zur Anerkennung verholfen werden, und zwar in der Auseinandersetzung mit der lastenden Tradition der alten geozentrischen Astronomie, im Kampf gegen Trägheit, Voreingenommenheit und ideologische Widerstände.

Physik des Himmels Trotz ihrer prinzipiellen Überlegenheit leistete die kopernikanische Astronomie in praktischer Hinsicht anfangs vergleichsweise wenig. So berechnete beispielsweise der Wittenberger Mathematikprofessor Reinhold seine sog. Preußischen Tafeln der Planetenbewegungen (Prutenicae tabulae coelestium motuum, 1551) auf heliozentrischer Grundlage, doch waren sie keineswegs wesentlich besser oder genauer als die bis dahin verwendeten geozentrischen Planetentafeln.

Was nun, in dieser Phase nach der kopernikanischen Wende in der theoretischen Astronomie not tat, war eine beträchtliche Steigerung der Beobachtungsgenauigkeit und überhaupt eine Vermehrung der zuverlässigen Beobachtungsdaten.

Diese historische Rolle hat u. a. der dänische Astronom Brahe in hervorragender Weise erfüllt. Auf der ihm vom dänischen König überlassenen kleinen Sundinsel Hven errichtete der vermögende Edelmann eine große, reich ausgestattete Sternwarte, die er »Uraniborg« (Himmelsburg) nannte; später folgte noch eine »Sternenburg«. Mehr als 20 Jahre stellte er, mit verbesserten oder neuerfundenen Instrumenten, unermüdlich Beobachtungen an. Er erreichte die höchste je erzielte Beobachtungsgenauigkeit vor der Erfindung des Fernrohres und konnte die Fehlergrenzen in Einzelfällen sogar bis auf 30 Bogensekunden herabdrücken. Auf Hven – wo es überdies auch alchimistische Laboratorien gab – wurde ein überwältigendes Beobachtungsmaterial angehäuft: ein Katalog von über 1000 genauen Fixsternpositionen, die Entdeckung von weiteren Unregelmäßigkeiten der Mondbewegung, überaus umfangreiche und genaue Daten über Planetenbewegung. Darüber hinaus bestimmten ihn die Beobachtungen an den erstaunlichen Erscheinungen der Supernova von 1572 im Sternbild der Cassiopeia dazu, die alte aristotelische Vorstellung von der Unveränderlichkeit des Himmels zu verwerfen. Jahre später gestattete ihm die Beobachtung einer Kometenerscheinung auch noch den Schluß, daß die alten kristallinen Himmelssphären jedenfalls nicht wirklich existieren können, da der Komet durch sie hindurchwanderte. Im Jahre 1597 verließ Brahe endgültig seine Heimat und erhielt schließlich nach einigen Zwischenstationen Anstellung beim deutschen Kaiser Rudolf II., der ihm in der Nähe Prags ein Schloß als Arbeitsstätte überließ. Zur Auswertung des überreichen Beobachtungsmaterials fand Brahe zwei Assistenten, den Dänen Longomontanus, und im Jahre 1600 Kepler.

Brahe erblickte nicht in seiner praktischen Beobachtungstätigkeit seine Hauptleistung, sondern in der Aufstellung eines neuen theoretischen Weltbildes. Gegen die Eigenbewegung der Erde brachte er, hierin noch der alten aristotelischen Denkweise verhaftet, physikalische Einwände vor, z. B. über die Bewegung von Geschossen und fallenden Körpern. So hielt sich Brahe an die Vorstellung einer fest im Mittelpunkt der Welt stehenden Erde,

240. Modell der Sternwarte Uraniborg von Tycho Brahe. Der begüterte dänische Adelige finanzierte seine astronomische Forschung weitgehend selbst und errichtete auf der Insel Hven zwei Sternwarten. Deutsches Museum, München

241. Mauerquadrant in »Uraniborg«. Brahe war der bedeutendste beobachtende und registrierende Astronom des 16. Jh. Er konnte die Beobachtungsgenauigkeit der Antike wesentlich übertreffen. Aus diesem Material zog Kepler weitreichende Schlußfolgerungen. Aus: Tychonis Brahe Dani Scripta Astronomica edidit L. E. Dreyer. Hauniae (1923), Bd. V. »Astronomiae instauratae mechanica« (1598), S. 28. Universitätsbibliothek, Leipzig

wollte aber dem theoretischen Ansatz des heliozentrischen Systems insofern Rechnung tragen, als er zwar noch die Erde von der Sonne umkreisen ließ, andererseits aber die Sonne in den Mittelpunkt aller anderen Planetenbahnen rückte.

Noch auf dem Totenbett beschwor Brahe seinen jungen Assistenten Kepler, für die endgültige Anerkennung seines tychonischen Weltbildes zu kämpfen. Doch gerade seine, Brahes, Beobachtungsdaten gaben Kepler die Unterlagen in die Hand, jede Form geozentrischer Weltmodelle, darunter das tychonische Modell, endgültig verwerfen zu müssen.

Als Kepler seine Arbeit bei Brahe aufnahm, hatte er sich bereits als Mathematiker und Astronom einen Namen gemacht. Im Jahre 1596 war sein »Mysterium Cosmographicum« (Weltgeheimnis) erschienen, ein großer

242. Johannes Kepler. Als hervorragender Astronom, Mathematiker und Naturforscher hat er Entscheidendes zur Wissenschaftlichen Revolution und zur Formung des modernen wissenschaftlichen Weltbildes beigetragen. Kupferstich von Jacob van der Heyden.

genialer Wurf, in dem in einer faszinierenden Mischung von Spekulation und Wissenschaft das Bild einer von Harmonie geprägten Weltordnung entworfen wird. Den fünf regulären platonischen Polyedern werden sechs kugelförmige Sphären zugeordnet, auf denen die kreisförmig gedachten Bahnen der damals bekannten Planeten verlaufen. Im Mittelpunkt steht dabei die Sonne.

Neben begeisterter Zustimmung – u. a. von Galilei aus Padua – erntete Kepler aber auch kritische Hinweise. Brahe, noch in Hven, verwies auf die noch recht ungenauen Angaben über die Entfernungen zwischen den Planeten. Es ehrt Kepler, daß er bei aller Euphorie über die vermeintliche Enthüllung des göttlichen Bauplanes für das Universum zurückfand zur exakten Wissenschaft. Die Auswertung der von Brahe zusammengetragenen Beobachtungsergebnisse wurde zur großen Bewährungsprobe für Kepler.

Durch einen historisch glücklichen Zufall hatte Brahe an Kepler gerade die Bearbeitung der Bahn des Planeten Mars übertragen, jenes Planeten

243. Keplers Darstellung der Weltordnung im »Mysterium Cosmographicum«. Die Abstandsverhältnisse der Planeten von der Sonne sind durch die ineinander geschachtelten platonischen Körper dargestellt. Tübingen 1596, Tafel III. Sächsische Landesbibliothek, Dresden

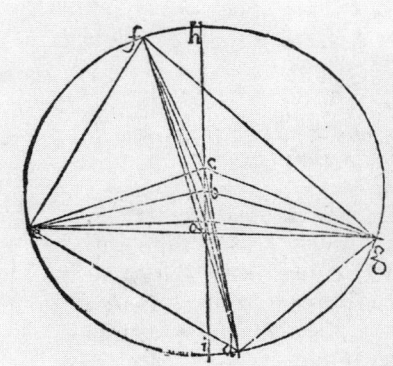

244. Eine Seite aus Keplers »Astronomia nova«. Anfangs versuchte Kepler die ihm von Brahe übermittelten Beobachtungsdaten zur Bewegung des Planeten Mars mit der althergebrachten Vorstellung der kreisförmigen Planetenbahn in Übereinstimmung zu bringen, lange Zeit vergeblich. Kepler klagte: »Mars wehrt sich ständig.« Schließlich gewann er die gänzlich neuartige Erkenntnis, daß sich die Planeten auf Ellipsen bewegen, in deren einem Brennpunkt die Sonne steht (1. Keplersches Gesetz). Aus: Kepler, J., Astronomia nova. Heidelberg 1609, S. 108. Universitätsbibliothek Leipzig

unter den damals bekannten, dessen Bahn die größte Exzentrizität aufweist. Zwar sah sich Kepler unerwarteten Schwierigkeiten gegenüber — zumal man damals noch keine Logarithmen kannte —, und er klagte: »Mars wehrt sich ständig.« Aber es folgte nach unvorstellbar mühsamen Rechnungen der Bruch mit der bis dahin als selbstverständlich gedachten Annahme, daß die Planetenbahnen Kreisbahnen sind. Eine seit Jahrtausenden für unumstößlich gehaltene »Tatsache« mußte unter dem Druck von Beobachtungen aufgegeben werden, die damit zugleich Priorität vor den Ansichten der Bibel erhielten. Kepler bekannte sich auch in der »Neuen Astronomie« zur Wahrheit der Wissenschaft: »Auf die Meinung der Heiligen aber über diese natürlichen Dinge antworte ich mit einem einzigen Wort: In der Theologie gilt das Gewicht der Autoritäten, in der Philosophie (nach damaligem Sprachgebrauch heißt das: in der Naturwissenschaft) aber das der Vernunftsgründe.«

In der »Neuen Astronomie« von 1609 werden die beiden ersten, heute nach Kepler benannten Gesetze der Planetenbewegung ausgesprochen. Das dritte Keplersche Gesetz hat er erst wesentlich später entdeckt, und zwar am 18. Mai 1618, fünf Tage vor dem Prager Fenstersturz, dem Signal zum Ausbruch des Dreißigjährigen Krieges. Publiziert wurde das dritte Gesetz in dem 1619 erschienenen Werk »Harmonices mundi« (Weltharmonien).

Mit der Entdeckung der Keplerschen Gesetze der Planetenbewegung war die kopernikanische Astronomie um ein wesentliches Stück weitergebracht worden. Kepler selbst hat noch eine umfassende Darstellung der heliozentrischen Astronomie geschrieben, ein erstes Lehrbuch. Es erschien in den Jahren 1618, 1620 und 1621 in drei Teilen unter dem Titel »Epitome Astronomiae Copernicanae« (Abriß der kopernikanischen Astronomie). Und schließlich vermochte es Kepler, noch auf einer dritten Ebene der neuen heliozentrischen Astronomie zum Siege zu verhelfen. Die in jahr-

245. Titelblatt zu Johannes Keplers »Tabulae Rudolphinae«, Ulm 1627. Die tragenden Säulen des Tempels mit den Namen von Kopernikus, Tycho Brahe, Ptolemaios und anderen Gelehrten machen die Vorleistungen deutlich, auf denen das Keplersche Werk aufbaut. Kupferstich von Georg Celes, Foschungsbibliothek Gotha, Schloß Friedenstein

246. Titelbild zum »Almagestum novum« von Giovanni Battista Riccioli, Bologna 1651. Das heliozentrische Weltbild war lange umstritten. So versuchte es Riccioli noch im 17. Jh. zu widerlegen. Die Waage der Entscheidung neigt sich angeblich der geozentrischen Auffassung zu. Universitätsbibliothek, Leipzig

zehntelanger Arbeit entstandenen, noch vom Kaiser Rudolf II. in Auftrag gegebenen Planetentafeln, die sog. Rudolfinischen Tafeln, konnten endlich 1627 erscheinen und blieben wegen ihrer Genauigkeit und Zuverlässigkeit noch bis weit ins 18. Jh. in Gebrauch.

Andererseits gingen auch von der »Astronomia Nova« entscheidende, weiterweisende Impulse aus. Hier wurde nicht nur die Form der Planetenbahnen untersucht, sondern auch eine von Mystik und Religion befreite Vorstellung über die Ursachen ihrer Bewegung entwickelt. Nicht mehr Engel oder himmlische Gewalten führten die Planeten, sondern eine Art Magnetismus; dieser Vergleich lag nahe, da gerade um diese Zeit Gilbert den Magnetismus mit seinen merkwürdigen An- und Abstoßungskräften eingehend erforscht hatte. Schließlich gelangte Kepler 1623 zur Vorstellung einer von der Sonne auf die Planeten ausgehenden »Kraft« (vis).

Die Richtung des wissenschaftlichen Fortschrittes war damit gewiesen. Nur 13 Jahre nach Keplers Tode wurde Newton geboren. Er schloß aus den Keplerschen Gesetzen zurück auf die Existenz einer allgemeinen Anziehungskraft (Gravitation) und lehrte deren rechnerische Beherrschung beim Aufbau der Himmelsmechanik.

247. Originalfernrohre von Galileo Galilei. Das Fernrohr, ein neuartiges wissenschaftliches Instrument, verhalf Galilei zu grundlegenden Entdeckungen in der Astronomie mit weitreichender weltanschaulicher Bedeutung. Museo di Storia della Scienza, Florenz

In die Zeit von Keplers Aufenthalt in Prag, 1600 bis 1612, fiel auch die Veröffentlichung eines bedeutenden Büchleins, des »Sidereus Nuncius« (Sternenbote oder Bote von den Sternen) durch Galilei im Jahre 1610. Es wurde von Kepler begeistert begrüßt, und Keplers Visionen auf eine große Zukunft der Astronomie erstreckten sich bis hin zu kosmischen Flügen: »Schaff' nur Fahrzeuge oder Segel, die der Himmelsluft angepaßt sind, dann kommen schon Menschen, die sich nicht einmal vor jener weiten Öde fürchten werden. Inzwischen wollen wir, sozusagen kurz vor der Ankunft dieser kühnen Himmelsfahrer, Himmelsländerkarten ausarbeiten – ich für den Mond, Du, Galilei, für den Jupiter.«

Hier spielt Kepler auf die von Galilei gefundenen Jupitermonde an. Als erster hatte Galilei das in Holland entdeckte Fernrohr als wissenschaftliches Instrument erkannt und auf den Himmel gerichtet. Er selbst benutzte ein selbstgefertigtes Fernrohr mit rund dreißigfacher Vergrößerung. Seine Entdeckungen warfen erneut scheinbar festgefügte Bestandteile des alten Weltbildes über den Haufen: Der Mond besitzt Täler und Berge und ist keineswegs die spiegelglatte Kugel, als den ihn die aristotelische Physik verstanden hatte. Die Venus besitzt Phasen wie der Mond; sie muß um die Sonne laufen. Dies und die Entdeckung der Jupitermonde, die sich um ein anderes Zentralgestirn als die Erde bewegen, gaben sichtbare Anhaltspunkte und Analogien für die Richtigkeit des heliozentrischen Systems. Die Anhänger der Reaktion und des christlichen Dogmatismus waren herausgefordert. Sie griffen Galilei seit 1612 von den Kirchenkanzeln an, es erschienen Flugschriften gegen ihn, und schließlich wurde er 1616 von der Inquisition verwarnt. Die heliozentrische Lehre selbst wurde als »förmlich ketzerisch« erklärt und verboten.

Als aber Galilei – bei allem ein treuer Sohn der katholischen Kirche – im »Dialogo etc. sopra i due Sistemi del Mondo...« (Dialog über zwei

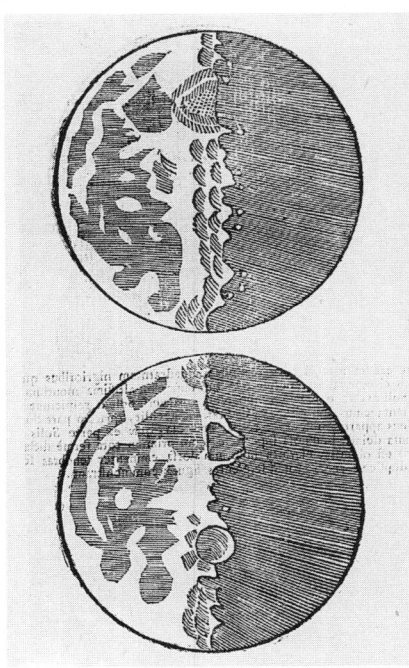

248. Mondzeichnung von Galilei. Er erkannte mit Hilfe des Fernrohres, daß der Mond – entgegen der bis dahin gültigen Annahme – Berge und Täler besitzt. Das sprach dafür, daß auch außerhalb der Erde dieselben irdischen Naturgesetze gelten. Aus: Opere di Galileo Galilei. 2. Bd. Florenz 1718, S. 12. Universitätsbibliothek, Leipzig

249. Titelblatt des »Dialog über die beiden Weltsysteme,...«. Florenz 1632. In Rede und Gegenrede vertreten Salviati (links) und Simplicio (der Einfältige, rechts) das kopernikanische bzw. das geozentrische Weltsystem und suchen Sagredo (Mitte), den Vertreter des gesunden Menschenverstandes, von ihrer Meinung zu überzeugen. Eine direkte Schlußfolgerung zugunsten von Kopernikus wird zwar vermieden, aber Galilei läßt die besseren Argumente von Salviati deutlich hervortreten. Schon August 1632 wurde das Werk vom Papst verboten; Februar 1633 stand Galilei vor dem Gericht der Inquisition. Bibliothek Karl-Sudhoff-Institut, Leipzig

250. Astronomische Beobachtungstätigkeit, noch ohne Fernrohr, mit Winkelquadrant und astronomischen Uhren. Es

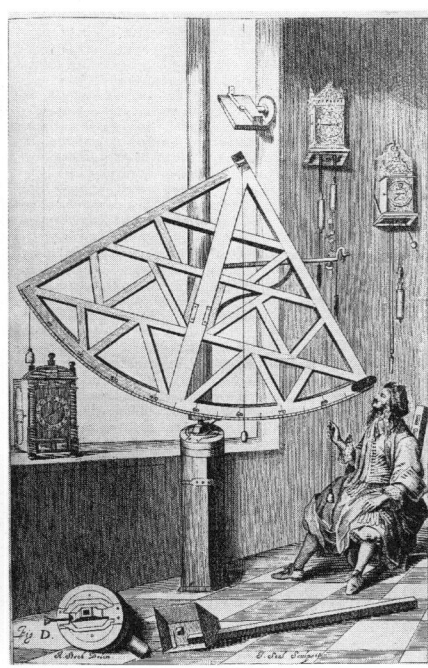

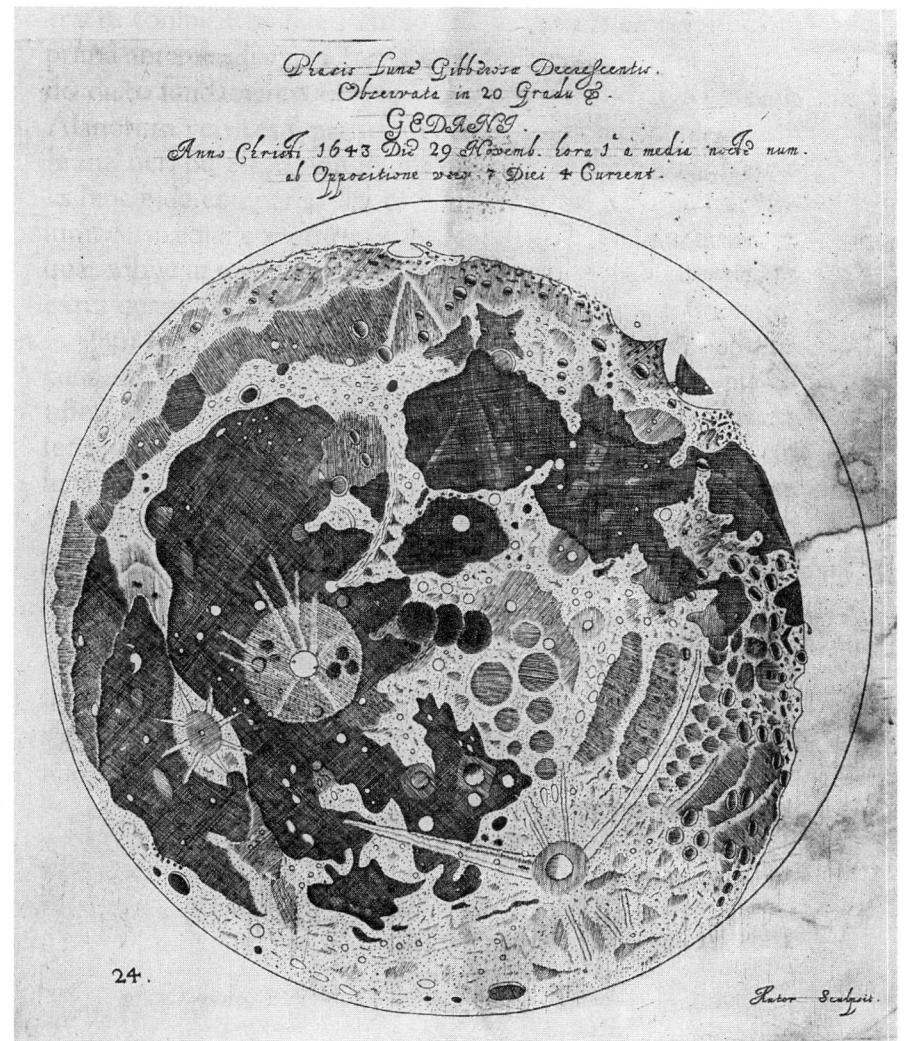

handelt sich um den vermögenden Danziger Kaufmann Johann Hevelius, der als ernsthafter Liebhaberastronom im 17. Jh. hervorragende Instrumente erwarb. So besaß er ein »Luftfernrohr« von etwa 45 m Länge. Aus: Hevelius, J., Machina coelestis. Danzig (Gdańsk) 1657, nach S. 114. Universitätsbibliothek, Leipzig

251. Mondkarte. Hevelius stellte auf Grund ausdauernder Beobachtungen erste Mondkarten her, die er in seinem Mondatlas, der »Selenographia«, vereinte. Er wurde so der Begründer der Selenographie, der Mondkunde. Die dunklen Flecke auf dem Monde hielt er für Wasseransammlungen, »Mare«, ein Begriff, der erhalten blieb. Aus: Hevelius, J., Selenographie s. discriptio lunae et macularum ejusdem, nec non motuum diversorum et omnium phasium lunar vicissitudinem..., Danzig (Gdańsk) 1647, Tafel 24, neben S. 378. Universitätsbibliothek, Leipzig

Weltsysteme, 1632) erneut, wenn auch in vorsichtiger, indirekter Form, zugunsten der kopernikanischen heliozentrischen Astronomie Partei ergriff, wurde er als Siebzigjähriger 1632 vor Gericht gestellt und verblieb im Gewahrsam der Inquisition bis zu seinem Lebensende. Galilei wurde zum öffentlichen Widerruf gezwungen. Kniend an derselben Stelle, an der Bruno sein Todesurteil empfangen hatte, mußte Galilei einen falschen Eid leisten. Erst 1979 hat die katholische Kirche Galilei rehabilitiert.

Neue astronomische Instrumente In ganz kurzer Zeit nach seiner Erfindung wurde das Fernrohr zum entscheidenden Instrument der Astronomie. Große Entdeckungen konnten gemacht werden. Bereits seit 1610 bemerkten Harriot in England und Scheiner und Galilei die Sonnenflecken. Der Liebhaberastronom und Danziger Bürgermeister Hevelius zeichnete sogar einen Atlas der Mondoberfläche. Huygens erkannte, daß die sich merkwürdig darbietenden »Henkel« des Saturn in Wirklichkeit einen Ring bildeten.

Die Beobachtungstätigkeit stieß bald auf technische, konstruktive

252. Erforschung der Sonnenflecken. In den Jahren 1610/11 wurden von mehreren Forschern – Thomas Harriot, Johann Baptist Cysat, Christoph Scheiner, David Fabricius, Galileo Galilei – nahezu gleichzeitig die Sonnenflecken entdeckt. Damit war die alte aristotelische Vorstellung von der »Makellosigkeit« der Sonne zerstört. Scheiner widmete der Untersuchung der Sonnenflecken einen dickleibigen Folianten. Frontispiz aus: Scheiner, Chr., Rosa ursina..., Bracciani 1626–1630. Universitätsbibliothek, Leipzig

Schwierigkeiten. Der sphärischen Aberration wegen wählte man Linsen mit großen Brennweiten. Dadurch aber wuchsen die Ausdehnungen der Fernrohre ins Überdimensionale; schließlich mußte man das Gehäuse weglassen. Derartige »Luftfernrohre« waren mehr als 30 m lang, mechanisch instabil, erschwerten die Beobachtung und erschreckten überdies, wie diejenigen der Pariser Sternwarte, die Menschen der Umgebung.

In Paris bestimmte der aus Italien stammende Astronom Giovanni Cassini die Rotationsdauer von Jupiter, Mars und Venus und der Monde des Saturn sowie die Libration des Mondes. Er wurde zugleich zum Begründer einer Pariser Familiendynastie von Astronomen; Söhne und Enkel begannen und vollendeten eine für die damaligen Verhältnisse recht genaue Meridianmessung zwischen Dünkirchen und Perpignan. Die Cassinis waren andererseits die wissenschaftlichen Hauptgegner von Roemer, einem aus Dänemark stammenden und vorübergehend in Paris arbeitenden Astronomen. Aus dem unregelmäßigen Lauf der Jupitermonde, den schwer erklärbaren Verzögerungen ihrer Verfinsterungen beim Durchgang durch den Jupiterschatten, schloß dieser, daß dies nicht an irgendwelchen Irregularitäten, sondern daran liege, daß sich der Abstand zwischen Jupiter und Erde ändert und daß das vom Jupiter ausgehende Licht bei endlicher Ausbreitungsgeschwindigkeit unterschiedlich viel Zeit braucht, bis es die Erde erreicht.

Trotz einer 1676 von Roemer in Paris gemachten und experimentell bestätigten Voraussage vermochten sich die französischen Wissenschaftler indessen der Idee von einer begrenzten Ausbreitungsgeschwindigkeit des Lichts nicht anzuschließen; die Bindungen an die kartesische Physik wirkten zu stark.

Huygens jedoch und die englischen Gelehrten übernahmen die neue Entdeckung bald und legten sie ihren Lichttheorien zugrunde. Eine endgültige Bestätigung brachte schließlich eine große Entdeckung, die der Aberration des Lichtes, durch den königlichen Astronomen Bradley in Greenwich.

Die Glaslinsen zeigten, wie die Fernrohre auch, nicht nur sphärische, sondern auch chromatische Aberration. Die farbigen Bildränder in den Fernrohren schränkten daher recht erheblich die Beobachtungsmöglichkeit der Astronomen ein.

Die chromatische Aberration hielt man im 17. Jh. für völlig unvermeidbar — erst Dollond konnte im 18. Jh. durch Kombination von Linsen aus verschiedenen Glassorten achromatische Linsen herstellen. Bis dahin aber mußten mit Linsen ausgerüstete Fernrohre in diesem Punkt als prinzipiell unverbesserbar gelten.

Beim Nachdenken über andere optische Konstruktionen hatten verschiedene Gelehrte die Idee entwickelt, zur Vermeidung der chromatischen Aberration statt der Sammellinse einen sphärischen Spiegel zu gebrauchen. Auf Grund seiner hervorragenden handwerklichen Fähigkeiten vermochte Newton 1668 ein erstes Spiegelteleskop herzustellen, das es z. B. schon gestattete, Jupiter und seine Monde zu sehen.

Das erste Exemplar des Spiegelteleskops von 1668 ging verloren. 1671 war ein zweites, wesentlich verbessertes Instrument hergestellt, das von der Royal Society ausprobiert und für gut befunden wurde. Am 11. Januar 1672 wurde Newton wegen dieser Erfindung zum Mitglied der Royal Society gewählt. Konstruktive Veränderungen und Verbesserungen am Spiegelteleskop nahm bereits im 17. Jh. u. a. der französische Physiker Cassegrain vor. Erst als die technologischen Schwierigkeiten bei der Spiegelherstellung überwunden worden waren, konnten im ausgehenden 18. Jh. Spiegelteleskope einen festen Platz im astronomischen Instrumentarium einnehmen.

Während des 17. Jh. wurden vielerorts Sternwarten gegründet; unter ihnen nahm im 17. und 18. Jh. Greenwich eine führende Position in der

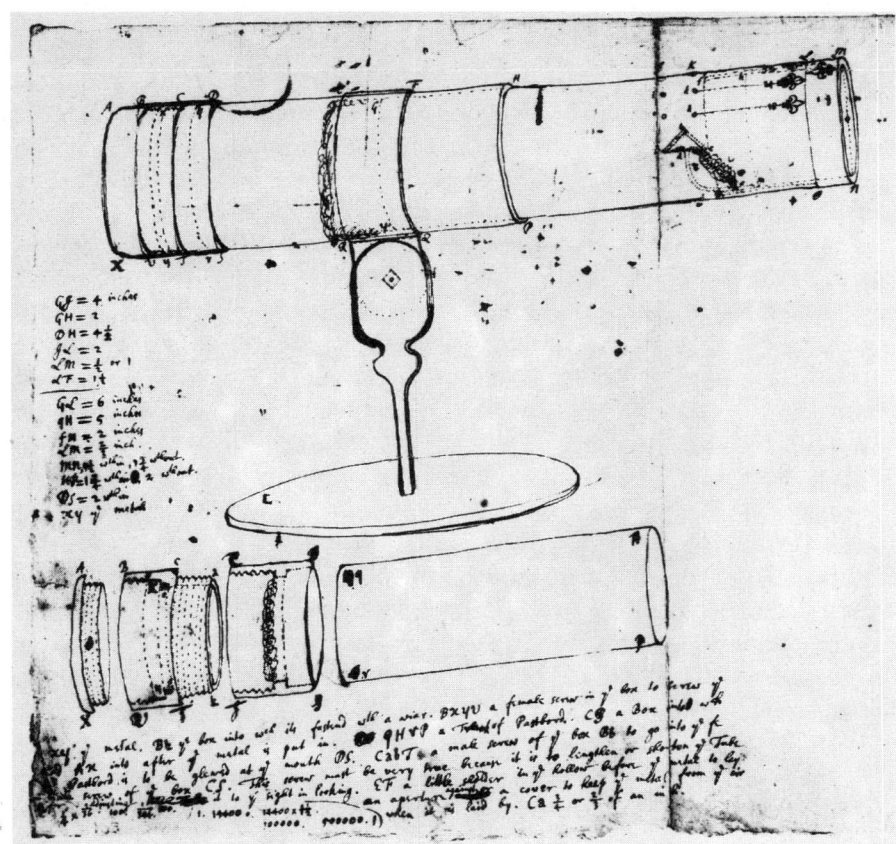

253. Eigenhändiger Entwurf Newtons zum Spiegelteleskop. Newton besaß außerordentliche handwerkliche Fähigkeiten und stellte nach langwierigen Experimenten über Metallegierungen das Herzstück des Instrumentes, den Spiegel, selbst her. Das erste Exemplar war 1668 fertig. Trotz geringer Abmessungen — Spiegel etwa 25 mm Durchmesser, Gesamtlänge kaum 15 cm — konnte Newton damit die Jupitermonde sehen. Das erste Exemplar ging verloren; das zweite von 1671 blieb erhalten. Aus: The Correspondence of Newton. Ed. by H. W. Turnbull. Bd. I. Cambridge 1959, Tafel II

254. Greenwich-Observatorium. Auf den Hügeln östlich von London am Themseufer wurde 1675 von dem bedeutenden Baumeister Christopher Wren eine Sternwarte gebaut. Nach dem ersten »Königlichen Astronomen«, John Flamsteed, hieß das Observatorium auch Flamsteed-Haus. Durch die Greenwich-Sternwarte ist definitionsgemäß der Null-Meridian gelegt. Zeitgenössische Zeichnung von Francis Place, aus: Greenwich-Observatory. 300 Years of Astronomy. Ed. by C. A. Ronan. Times Newspapers Limited 1975, S. 12

praktischen Astronomie ein. Noch heute werden definitionsgemäß die Längenkreise von Greenwich aus gezählt; der Nullmeridian selbst geht durch die Sternwarte.

Die Gründung des Observatoriums in Greenwich erfolgte 1675 durch Beschluß des englischen Königs und diente höchst praktischen Zwecken, insbesondere der Beschaffung von zuverlässigen Navigationshilfsmitteln für die Hochseeschiffahrt. Flamsteed, der erste »Königliche Astronom«, erwarb wertvolle Instrumente auf eigene Kosten und beobachtete mehr als 40 Jahre lang mit ungeheurer Zähigkeit Sternpositionen und die verschiedenen Bewegungen des Mondes.

Theoretische Astronomie Trotz der Attacken der französischen Gelehrten gegen die Newtonsche Gravitationstheorie wurde sie schließlich im 18. Jh. zur allgemeinen Grundlage der theoretischen Astronomie. In Verbindung mit den Methoden der Differential- und Integralrechnung erreichte die mathematisch orientierte Himmelsmechanik im 18. Jh. ein hohes Niveau. Mondbewegungen wie Libration und Nutation, Dreikörperproblem, Mehrkörperproblem, Planetenbewegung, Störungsrechnung, Sterntafeln, Form, Gestalt und Eigenrotation der Planeten stellten eine Fülle von Forderungen an Mathematiker und rechnende Astronomen. An der Wende vom 18. zum 19. Jh. sollte diese mathematisch-astronomische Tradition im Werk von Laplace ihren glänzenden Abschluß finden. Ein französischer Wissenschaftler, Arago, drückte dies rückblickend so aus: »Fünf Mathema-

255. Der Achteck-Raum im Observatorium von Greenwich. Aus den schmalen, aber hohen Fenstern konnten die astronomischen Instrumente auf den Himmel gerichtet werden. Zeitgenössische Zeichnung von Francis Place, aus: Greenwich-Observatory. 300 Years of Astronomy. Ed. by C. A. Ronan. Times Newspapers Limited 1975, S. 14

tiker – Clairaut, Euler, d'Alembert, Lagrange und Laplace – teilten die Welt unter sich auf, deren Existenz Newton enthüllt hatte. Sie erklärten sie nach allen Richtungen, drangen in Gebiete ein, die für unzugänglich gehalten worden waren, wiesen auf zahllose Erscheinungen in diesen Gebieten hin, die von der Beobachtung noch nicht entdeckt worden waren, und schließlich brachten sie – und darin liegt ihr unvergänglicher Ruhm – alles, was höchst verwickelt und geheimnisvoll in den Bewegungen der Himmelskörper ist, unter die Herrschaft eines einzigen Prinzips, eines einheitlichen Gesetzes. Die Mathematik besaß auch die Kühnheit, über die Zukunft zu verfügen; wenn die Jahrhunderte abrollen, werden sie die Entscheidungen der Wissenschaft gewissenhaft bestätigen.«

Die wissenschaftliche Revolution in der Mechanik
Fortschritte in der Physik

Es ist historisch folgerichtig, daß sich von allen physikalischen Disziplinen zuerst die Mechanik als moderne naturwissenschaftliche Disziplin etablieren konnte; an die Mechanik ergingen die ursprünglichen Forderungen aus der Entwicklung der Produktion, insbesondere der Produktionsinstrumente, sowie aus Fragestellungen der Astronomie. Dazu kommt, daß man schon auf eine Fülle von Erkenntnissen zur Mechanik aus der Antike und der Renaissance zurückgreifen konnte.

Überwindung der alten Bewegungslehre Die wissenschaftliche Mechanik entstand aus Verschmelzung und Abstraktion von Kenntnissen und Einsichten, die beim Studium von Bewegungsvorgängen auf der Erde und am Himmel gewonnen wurden. Die praktischen Erfahrungen der Geschützmeister, die Fallversuche von Benedetti und Stevin erzwangen eine kritische Überwindung der aristotelisch-scholastischen Bewegungslehre ebenso wie Probleme und Ergebnisse der neuen Astronomie.

Galilei hat des öfteren dankbar seiner in der Praxis gewonnenen Anregungen gedacht; so legte er in den »Discorsi« dem Vertreter der neuen Wissenschaft, Salviati, die folgenden Worte in den Mund: »Die unerschöpfliche Tätigkeit Eures berühmten Arsenals (des Zeughauses von Venedig), Ihr meine Herren Venetianer, scheint mir den Denkern ein weites Feld der Spekulation darzubieten, besonders im Gebiet der Mechanik: Da fortwährend Maschinen und Apparate von zahlreichen Künstlern ausgeführt werden, unter welch letzteren sich Männer von umfassender Kenntnis und von bedeutendem Scharfsinn befinden.«

Doch muß man festhalten, daß die Artefici bei allem Erfindungsreichtum im allgemeinen nicht über jene wissenschaftliche Schulung verfügen, die sie befähigt hätte, die Mechanik als Wissenschaft zu begründen; insbesondere fehlte ihnen die mathematische Ausbildung. Es bedurfte des Zusammentreffens beider Sphären, der theoretischen und der praktischen; hieraus erklärt sich die revolutionäre Leistung von Galilei. Bis zu einem gewissen Grade in den Traditionen des Platonismus stehend, trat Galilei mit Nachdruck für die Vereinigung von Naturforschung mit der Mathematik ein: »Das Buch der Natur ist in mathematischer Sprache geschrieben, und seine Buchstaben sind Dreiecke, Kreise und andere geometrische Figuren; ohne sie ist es für die Menschen unmöglich, ein Wort zu verstehen.« Galilei kannte sehr genau die Werke von Archimedes und damit hervorragende methodische Ansätze der mathematischen Physik. Neben seiner Universitätsausbildung hörte er bei Ricci Vorlesungen über angewandte Mathematik und Mechanik.

Geburt der Dynamik Galilei hat noch bis zu seinem 46. Lebensjahr die Mechanik nach scholastischem Inhalt gelehrt – schon deshalb sind seine angeblichen Versuche zum freien Fall am Schiefen Turm zu Pisa eine zwar ständig wiederholte, aber dennoch historisch falsche Legende. Erst nach 1610 gelangte Galilei durch eine Kombination von theoretischen Vorstellungen, Gedankenexperimenten und wirklichen Experimenten zur Einsicht in die Gesetze des freien Falles. Sie wurden 1638 in seinem Werk »Discorsi...« (Gespräche und Demonstrationen betreffend zwei neue Wissenschaften) veröffentlicht, jenem Werk, das mit Recht als das erste Lehrbuch der modernen Physik bezeichnet worden ist. Galilei schrieb es in Arcetri bei Florenz im Gewahrsam der Inquisition.

Auch die »Discorsi« sind in Dialogform geschrieben. In sechs Tagesgesprächen diskutieren zwei Freunde der neuen Wissenschaft – Saliati und Sagredo – und der Vertreter der scholastischen Naturphilosophie – Simplicio – über die Grundlagen und Teilgebiete der Physik. Am Beginn des dritten Tages formuliert Galilei sein Hauptanliegen: »Über einen sehr alten Gegenstand bringen wir eine ganz neue Wissenschaft. Nichts ist älter in der

Natur als die Bewegung, und über dieselbe gibt es weder wenig noch geringe Schriften der Philosophen... Einige leichtere Sätze hört man nennen: wie zum Beispiel, daß die natürliche Bewegung fallender schwerer Körper eine stetig beschleunigte sei. In welchem Maße aber diese Beschleunigung stattfinde, ist bisher nicht ausgesprochen;... Man hat beobachtet, daß Wurfgeschosse eine gewisse Kurve beschreiben; daß letztere aber eine Parabel sei, hat niemand gelehrt...«

Abgehend von der antiken Tradition, verzichtete Galilei zunächst auf die

256. Galileo Galilei ist die überragende Gestalt der Wissenschaftlichen Revolution des 17. Jh. Er begründete die Experimentalmethode, bereitete den klassischen Naturwissenschaften den Weg und verfocht leidenschaftlich, trotz des ihm abgezwungenen Widerrufes, das heliozentrische Weltbild. Gemälde von Sustermann. Galleria degli Uffizi, Florenz

257. Stoßversuche. Neben der mathematisch-naturwissenschaftlichen Durchdringung des Falles und des Wurfes stellte die Klärung der Sachverhalte und Gesetze beim Stoß von Körpern gegeneinander eines der Schlüsselprobleme der sich entwickelnden Dynamik dar. Aus: Huygens, Chr., De Motu... Corporum ex percussione. In: Christiani Hugenii... Opuscula postuma..., Lugduni Batavorum (Leiden) 1703, nach S. 398, Tafel I. Universitätsbibliothek, Leipzig

Erforschung der Ursachen des Falles, sondern wandte sich den unumstößlichen, beobachtbaren Tatsachen zu. Mit bisher nicht erreichter Klarheit definierte er die gleichförmige und die gleichmäßig beschleunigte Bewegung, gelangte schließlich durch Vergleich der Flächen unter den Kurven einer gleichförmigen und einer beschleunigten Bewegung zum Weg-Zeit-Gesetz des freien Falles, daß die Fallstrecke dem Quadrat der Fallzeit proportional ist.

Diese Aussage hat Galilei auf theoretischem Wege abgeleitet. Um sie experimentell zu verifizieren, ging er von dem beobachteten Isochronismus der Schwingungen von Pendeln gleicher Länge, aber unterschiedlichen Gewichten aus, den er – der Legende nach – an Kronleuchtern einer Kirche beobachtet haben soll. Er vermutete daher, daß auch die Fallbewegung vom Gewicht des fallenden Körpers unabhängig sei; dazu bedurfte er der Einsicht, daß die Bewegung des Pendelkörpers in Richtung der Kreistangenten ebenso eine beschleunigte Bewegung ist wie der freie Fall. Zur Demonstration des – von ihm zunächst postulierten – Fallgesetzes benutzte Galilei das Abrollen einer Kugel auf einer Fallrinne. Als Zeitgenossen von Galilei dieses Experiment wiederholten, fanden sie nicht jene glatte Übereinstimmung zwischen dem mathematisch formulierten Fallgesetz und den Beobachtungsgesetzen. Dessenungeachtet kristallisierte sich hier, an diesem Versuch, die neue Stellung des Experimentes als Probe auf die Wahrheit und als Frage an die Natur heraus. Messungen wurden – erkenntnistheoretisch gesprochen – zum entscheidenden Kriterium der Wahrheit. Galilei gebührt das Verdienst, als Pionier auf diesem Wege vorangeschritten zu sein.

Auch Galilei konnte nicht an der Frage nach den Ursachen der Bewegung, den Kräften und der Trägheit, vorübergehen. Neben Hinweisen auf die Relativität von Bewegung formulierte er – im »Dialogo« – ein Trägheitsprinzip, daß ein Körper ohne Einwirkung einer Kraft den Betrag seiner Geschwindigkeit beibehalten, aber eine Kreisbahn um die Erde beschreiben müsse, die bei irdischen Bewegungen näherungsweise als geradlinig angesehen werden könne. Galilei löste sich demnach mit seiner Annahme einer kreisförmigen Inertialbewegung nur teilweise von den Lehren der aristotelischen Physik.

Gravitationstheorie Galileis halber Irrtum hängt damit zusammen, daß er – auch nach der Entdeckung der Gesetze der elliptischen Planetenbewegung durch Kepler – weiterhin daran festhielt, daß die Planetenbahnen kreisförmig seien. Kepler aber wurde folgerichtig zur Annahme einer von der Sonne ausgehenden »vis« (Kraft) geführt, die die Planeten an die Sonne bindet und sie im Schwung auf Ellipsen um sie herumführt.

Auf einer ganz anderen Grundlage, auf der einer Nahewirkungstheorie, unternahm Descartes 1644 den Versuch, ein einheitliches mechanisches Weltbild aufzubauen, das die Erscheinungen des Himmels und der Erde gleichermaßen umfaßte. Die Wirkungen wurden durch das Weltall lückenlos erfüllende Materiewirbel vermittelt. Die Ansichten von Descartes faszinierten die überwiegende Zahl der damaligen Naturforscher, gerade darum, weil eine mechanische Grundvorstellung als Erklärungsgrundlage der gesamten Naturforschung angeboten wurde. Obwohl die Theorie von Descartes wenig durchgebildet war und nur in Ansätzen die Stoßtheorie sowie den Impulserhaltungssatz einschloß, wurde dennoch Huygens von ihr angeregt, die Gesetze des elastischen Stoßes mit der kinetischen Energie als Erhaltungsgröße zu erforschen sowie das Relativitätsprinzip der Bewegung und das Trägheitsgesetz zu präzisieren. Huygens nahm auch das für die vielfältigsten praktischen Zwecke bedeutsame Problem der genauen Zeitbestimmung wieder auf. Galilei hatte den Weg zur Pendeluhr gewiesen, die nun von Huygens mit bemerkenswertem Scharfsinn konstruktiv durchgebildet wurde. In dem 1673 erschienenen »Horologium oscillatorium« (Pendeluhr) konnte er die Kreisbewegung als Zwangsbewegung charakterisieren, die Formel für die Zentrifugalkraft ableiten und erstmals, wenigstens andeutungsweise, zwischen Masse und Gewicht unterscheiden. Hinsichtlich der Himmelsmechanik aber blieb er der Wirbeltheorie von Descartes verpflichtet und konnte sich auch später, bis zu seinem Lebensende, nicht

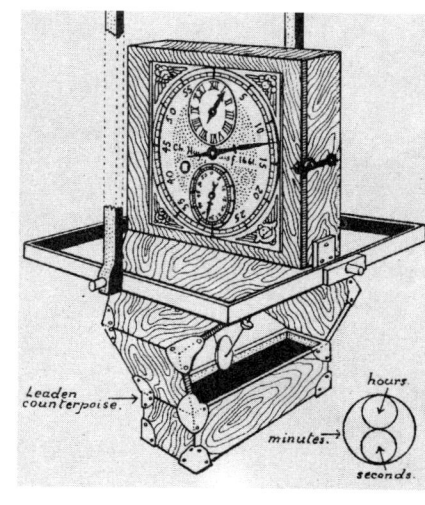

258. Schiffsuhr von Christiaan Huygens. Die genaue Zeitmessung war ein wichtiges Problem der Hochseeschiffahrt für die Ortsbestimmung auf See. Daraus ergaben sich Anregungen für die Grundlagenforschung, u. a. Huygens Untersuchungen über die Pendelgesetze und die Zykloide. Aus: Wolf, A., A History of Science... in the 16th and 17th Centuries. London 1935 und 1950, S. 115

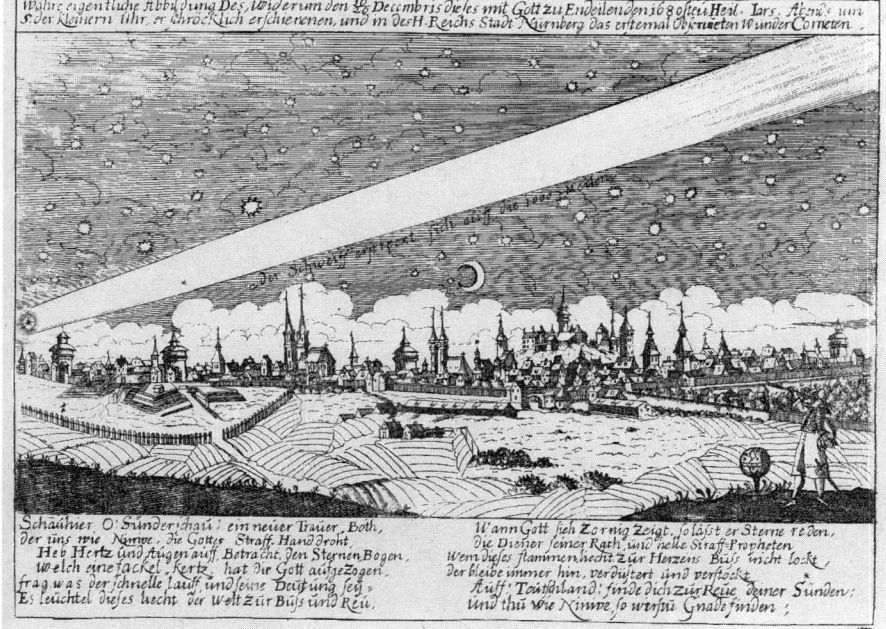

259. Komet über Nürnberg, 1680. Kometen hatten schon seit alters die Aufmerksamkeit der Menschen erregt. Tycho Brahe fand, daß sie dem Raum weit oberhalb der Erde angehörten. Mit Hilfe der modernen Mathematik und der Gravitationstheorie konnte z. B. Edmund Halley die periodische Wiederkehr des nach ihm benannten Kometen vorausberechnen. Dennoch galten sie noch im 17. Jh. abergläubischen Menschen als Unglücksboten. Einblattdruck. Deutsches Museum, München

mit der aus Newtons Ideen entwickelten Theorie der Fernwirkung anfreunden.

Unterdessen war es dem deutschen Naturforscher Guericke mit seinen berühmten Luftdruckversuchen um 1660 gelungen, die reale Existenz des leeren Raumes nachzuweisen, und der französische Geistliche Gassendi hatte die antiken Atomtheorien wiederbelebt und der christlichen Glaubenslehre angepaßt. So erschien eine Gravitationslehre auf der Basis einer zwischen Punktmassen wirkenden Fernkraft immerhin möglich. Der allgemein vermutete Zusammenhang zwischen den Wirkungen der Schwerkraft auf der Erde und der Bewegung der Planeten rückte damit in den Mittelpunkt des wissenschaftlichen Interesses.

Der vielseitige »Kurator der Experimente« der »Royal Society«, Hooke, widmete sich diesem Problem besonders intensiv. Aber weder er noch andere englische Wissenschaftler vermochten das Problem mathematisch zu bewältigen. Die »Royal Society« sandte den jungen Astronomen Halley nach Cambridge zu dem bereits berühmten Mathematiker und Physiker Newton, der gelassen mitteilte, daß er das Problem längst gelöst habe: Unter der Voraussetzung, daß die Gravitation mit dem reziproken Quadrat der Entfernung von der Sonne abnimmt, beschreiben die Planeten Ellipsen

260. Isaac Newton. Mit der Aufstellung der nach ihm benannten Axiome und der Gravitationstheorie vollendete er das mechanische Weltbild. Es wurde für mehr als zweihundert Jahre richtungsweisend für die Entwicklung der Physik. Als Mitbegründer der Infinitesimalrechnung und der modernen Algebra erwies er sich auch als hervorragender Mathematiker. Gemälde von Johann Vanderbank. National Portrait Gallery, London

um die Sonne. Aus dem Gravitationsgesetz vermochte also Newton das erste Keplersche Gesetz herzuleiten. Aber auch den umgekehrten Zusammenhang, den Rückschluß von den Keplerschen Gesetzen auf das Gravitationsgesetz, konnte Newton mathematisch beweisen. Newton stellte rückblickend fest, daß er 1665 bis 1667, als er wegen der Pest Cambridge verlassen hatte und auf dem Lande in seinem Geburtsorte Woolsthorpe lebte, die wesentlichen Bestandteile der Gravitationslehre gefunden habe. Die wissenschaftliche Mechanik als durchgebildete physikalische Disziplin ging so durch eine astronomische Geburtsphase hindurch. An ihrem Ende stand das Meisterwerk Newtons, »Philosophiae naturalis principia mathematica« (Mathematische Prinzipien der Naturwissenschaft) von 1687, das den von Galilei erfolgreich beschrittenen Weg vollendete und der Mechanik und der Physik überhaupt für Jahrhunderte ein sicheres Fundament gab.

In der »Vorrede an den Leser« stellt Newton seinen methodologischen Ausgangspunkt heraus: »In diesem Sinne ist die rationale Mechanik die genau dargestellte und erwiesene Wissenschaft, welche von den aus gewissen Kräften hervorgehenden Bewegungen und umgekehrt von den, zu gewissen Bewegungen erforderlichen Kräften handelt... Alle Schwierigkeit der Physik besteht nämlich dem Anschein nach darin, aus den Erscheinungen der Bewegung die Kräfte der Natur zu erforschen und hierauf durch diese Kräfte die übrigen Erscheinungen zu erklären. Hierzu dienen die allgemeinen Sätze, welche im ersten und zweiten Buche behandelt werden. Im dritten Buche haben wir, zur Anwendung derselben, das Weltsystem erklärt. Dort wird nämlich aus den Erscheinungen am Himmel, vermittels der in den ersten Büchern mathematisch bewiesenen Sätze, die Kraft der Schwere abgeleitet, vermöge welcher die Körper sich bestreben, der Sonne und den einzelnen Planeten sich zu nähern. Aus derselben Kraft werden dann, gleichfalls vermittels mathematischer Sätze, die Bewegungen der Planeten, Cometen, des Mondes und des Meeres abgeleitet.«

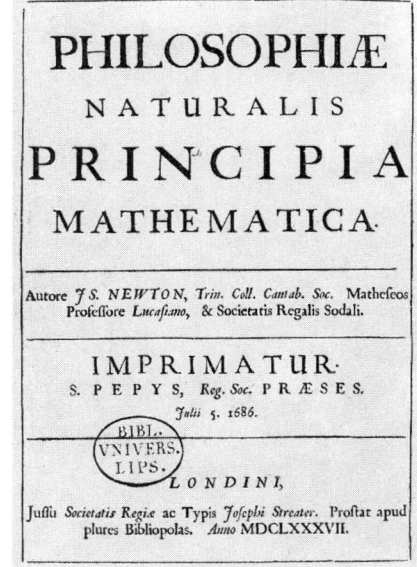

261. Titelblatt der Erstausgabe von Newtons »Principia mathematica«. Mit diesem 1668 imprimierten, 1687 in London erschienenen Buch schuf er eines der bedeutendsten naturwissenschaftlich-mathematischen Werke der Menschheitsgeschichte. Universitätsbibliothek, Leipzig

Aus der Fülle des Inhaltes der »Principia« sei ein Problemkreis herausgegriffen, die axiomatische Grundlegung der Mechanik. Newton beginnt mit Definitionen, u. a. für Masse, Impuls und Kraft. Das Gebäude der Physik wird dann von Newton auf den folgenden drei »Grundgesetzen« oder »Gesetzen der Bewegung« errichtet:

»1. Gesetz: Jeder Körper beharrt in seinem Zustand der Ruhe oder der gleichförmigen geradlinigen Bewegung, wenn er nicht durch einwirkende Kräfte gezwungen wird, seinen Zustand zu ändern.

2. Gesetz: Die Änderung der Bewegung ist der Einwirkung der bewegenden Kraft proportional und geschieht nach der Richtung derjenigen geraden Linie, nach welcher jene Kraft wirkt.

3. Gesetz: Die Wirkung ist stets der Gegenwirkung gleich, oder die Wirkung zweier Körper auf einander sind stets gleich und von entgegengesetzter Richtung.«

Der Siegeszug der Newtonschen Physik Während die Newtonsche Physik in England rasch Anerkennung fand, mußte sie auf dem Kontinent mit der Vorherrschaft des kartesischen Weltbildes konkurrieren. Es war der französische Aufklärungsphilosoph Voltaire, der der Newtonschen Physik, die er 1730 während seines Englandaufenthaltes kennengelernt hatte, in ent-

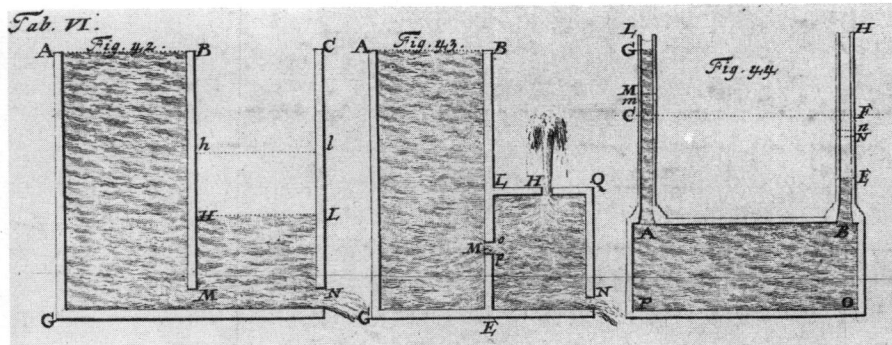

262. Popularisierung der Newtonschen Physik. Durch die Initiativen Voltaires, der sich als politisch Verfolgter in England aufgehalten hatte, gelangte die Kenntnis von der Newtonschen Himmelsmechanik auf das europäische Festland und vermochte sich gegen die kartesianischen Auffassungen durchzusetzen. Frontispiz aus: Voltaire, F. M. A., Éléments de la philosophie de Neuton. Amsterdam 1738. Universitätsbibliothek, Leipzig

263. Hydrodynamische Experimente Daniel Bernoullis. Aus seinen Forschungen gingen die ersten Gesetzmäßigkeiten zur Strömungslehre hervor, u. a. das nach ihm benannte Grundgesetz, nach dem die Summe von statischem Druck und Staudruck konstant ist. Aus: Bernoulli, D., Hydrodynamica. Straßburg 1738, Tafel VI. Universitätsbibliothek, Leipzig

scheidender Weise zu Hilfe kam. Seine »Éléments de la philosophie de Neuton« (Elemente der Philosophie Newtons) erschienen 1738, und Voltaires Freundin, die hochgebildete Marquise du Châtelet, übertrug sogar Newtons »Principia« ins Französische. Der Siegeszug der Newtonschen Physik war nun nicht mehr aufzuhalten. Neben den Fortschritten in der beobachtenden Astronomie war es insbesondere die mathematische Durchdringung der Gravitationsprobleme wie Dreikörperproblem, Mondbewegung, Planetenbewegung. In den Händen von d'Alembert, Daniel und Johann Bernoulli, Euler, Lagrange und Laplace offenbarten die Methoden der Leibnizschen Infinitesimalrechnung eine erstaunliche Kraft bei der Bewältigung von Problemen der Himmelsmechanik. Mehr als zwei Jahrhunderte konnte daher die Newtonsche Mechanik als Grundlage der gesamten Physik gelten, bis sie – im 20. Jh. – als Grenzfall in der Relativitätstheorie Einsteins aufging.

Ergebnisse der Optik Holländische Brillenmacher erfanden um die Wende zum 17. Jh. zwei neue optische Instrumente, das Fernrohr und das Mikroskop, indem sie zwei Konvex- bzw. Konvex- und Konkavlinsen kombinierten. Die meisten jener Artefici sind unbekannt geblieben; für das Mikroskop scheint Janssen einer der Hauptschöpfer gewesen zu sein. Das Mikroskop wurde bald zum unentbehrlichen Gerät bei der Erforschung der belebten Natur und ermöglichte einen ganz neuen Zugang zum Studium des Mikrokosmos. Mit dem Fernrohr erweiterten sich schlagartig die Untersuchungsmöglichkeiten für die Astronomie. Es wurde aber auch zu einem der Ausgangspunkte für die Erforschung des Lichtes als einer physikalischen Erscheinung. Wollten die Anhänger der scholastischen Wissenschaft das Fernrohr noch als ein Gerät abwerten, das Sinnestäuschungen hervorruft, so finden sich schon 1611 in Keplers »Dioptrice« die ersten Zeichnungen des Strahlenganges in einem aus zwei Konvexlinsen bestehenden Fernrohr; nach diesen Angaben wurde es 1613 von dem Jesuitenpater Scheiner gebaut. Kepler begründete damit – über die Anfänge in der Antike und im Islam hinaus – die geometrische Optik, obwohl er das richtige Brechungsgesetz noch nicht kannte und nur ein konstantes Winkelverhältnis für die Brechung annahm. Das für die Weiterentwicklung der wissenschaftlichen Optik unabdingbare Brechungsgesetz wurde 1621 experimentell von Snell in Leiden gefunden, der es jedoch nicht veröffentlichte, so daß es erst 1637 durch Descartes in der Form des Sinusgesetzes bekannt wurde. Descartes dürfte das Gesetz selbständig gefunden haben.

Descartes deutete das Brechungsgesetz mit Hilfe einer mechanischen Analogie und nahm im dichteren Medium eine größere Ausbreitungsgeschwindigkeit des Lichtes als im dünneren Medium an, eine Behauptung, der de Fermat und Huygens zwar mit Nachdruck widersprachen, die aber endgültig erst im 19. Jh. durch Foucault experimentell widerlegt werden konnte. Da Descartes aber zugleich für den Weltraum eine instantane, also keine Zeit erfordernde Ausbreitung des Lichtes annahm, wurde – bei dem großen Einfluß, den Descartes ausübte – die Ansicht Galileis und Keplers zurückgedrängt, daß sich das Licht mit einer zwar großen, aber noch endlichen Geschwindigkeit ausbreitet. Der in Paris lebende dänische Naturforscher Roemer berechnete schließlich 1675 auf Grund jahrelanger systematischer astronomischer Beobachtungen die Lichtgeschwindigkeit zu rund 200 000 km/s, indem er die Verspätung der Verfinsterung der Jupitermonde auf eine längere Laufzeit des Lichtes bei einer größer gewordenen Entfernung zwischen Jupiter und Erde zurückführte.

Ein schwieriges Problem der entstehenden wissenschaftlichen Optik stellte die Erklärung der Farberscheinungen dar. Die alte aristotelische Ansicht, daß die Farben aus der Mischung von Licht und Dunkel entstehen und daß weißes Licht das einfache, farbiges Licht das zusammengesetzte Licht sei, hatte schon zur Mitte des 17. Jh. der böhmische Naturforscher Marcus Marci durch Prismenversuche erschüttern können. Aber die Farbentstehung wurde immer rätselhafter, als Grimaldi, Mathematiklehrer in Bologna, wenig später die Beugung des Lichtes und Hooke 1665 die Farben dünner Blättchen entdeckte. Beide neuartigen Lichterscheinungen

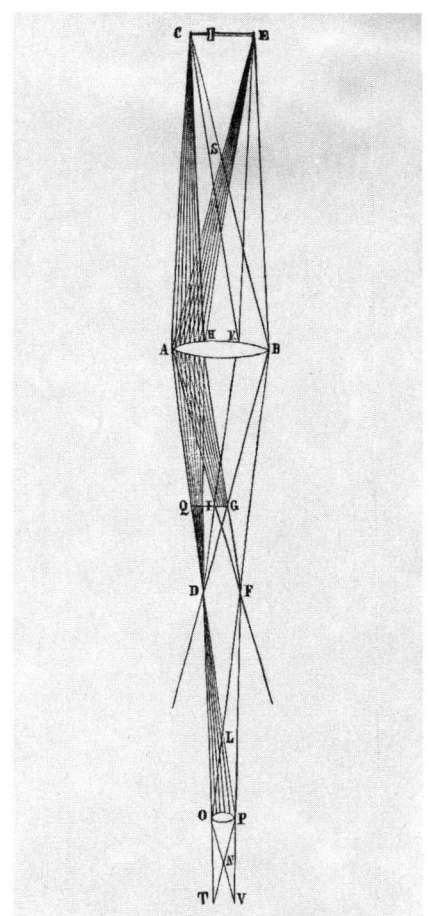

264. Keplers Zeichnung des Strahlengangs im Fernrohr. Von der Erfindung des Mikroskops und des Fernrohrs gingen wesentliche Impulse zur Herausbildung der physikalischen Optik aus. Kepler zeichnete die Bildentstehung im Fernrohr in seinem Werk »Dioptrice« noch vor der Entdeckung des Brechungsgesetzes. Aus: Joannis Kepleri, Opera Omnia. Bd. II. Frankfurt (Main) und Erlangen 1859, S. 542

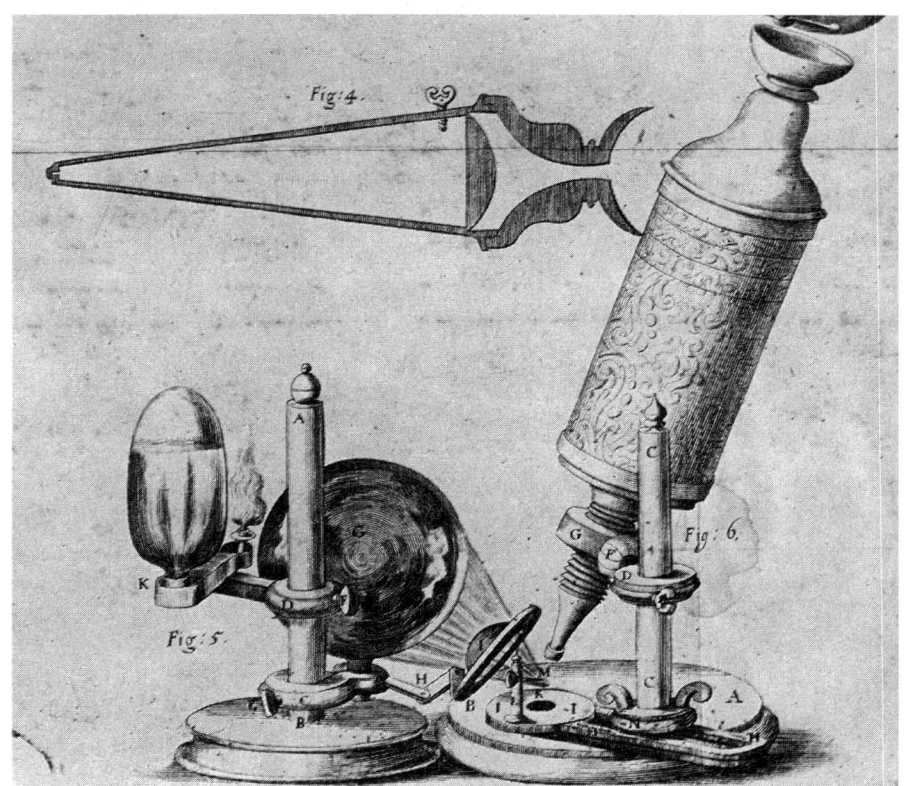

265. Mikroskop von Robert Hooke. Um 1600 war das Mikroskop erfunden worden. Seine Verwendung in der Wissenschaft erschloß den Forschern, die »Mikroskopiker« genannt wurden, die Welt des Kleinen. Hooke verwendete zusätzlich eine Sammellinse, die eine höhere Lichtintensität am Objekt ermöglichte. Aus: Hooke, R., Micrographia or philosophical description of minute bodies. London 1665. Universitätsbibliothek, Leipzig

266. Die Kapitelvignette einer französischen Ausgabe von Newtons »Opticks«. Er zeigt darin die Zerlegung des weißen Lichts in die Spektralfarben mit einem Prisma. Mit dieser Entdeckung bahnte Newton der physikalischen Optik den Weg, insbesondere der Erklärung der Farbentstehung. Aus: Newton, I., Traité d'optique..., Paris 1722, S. 283. Universitätsbibliothek, Leipzig

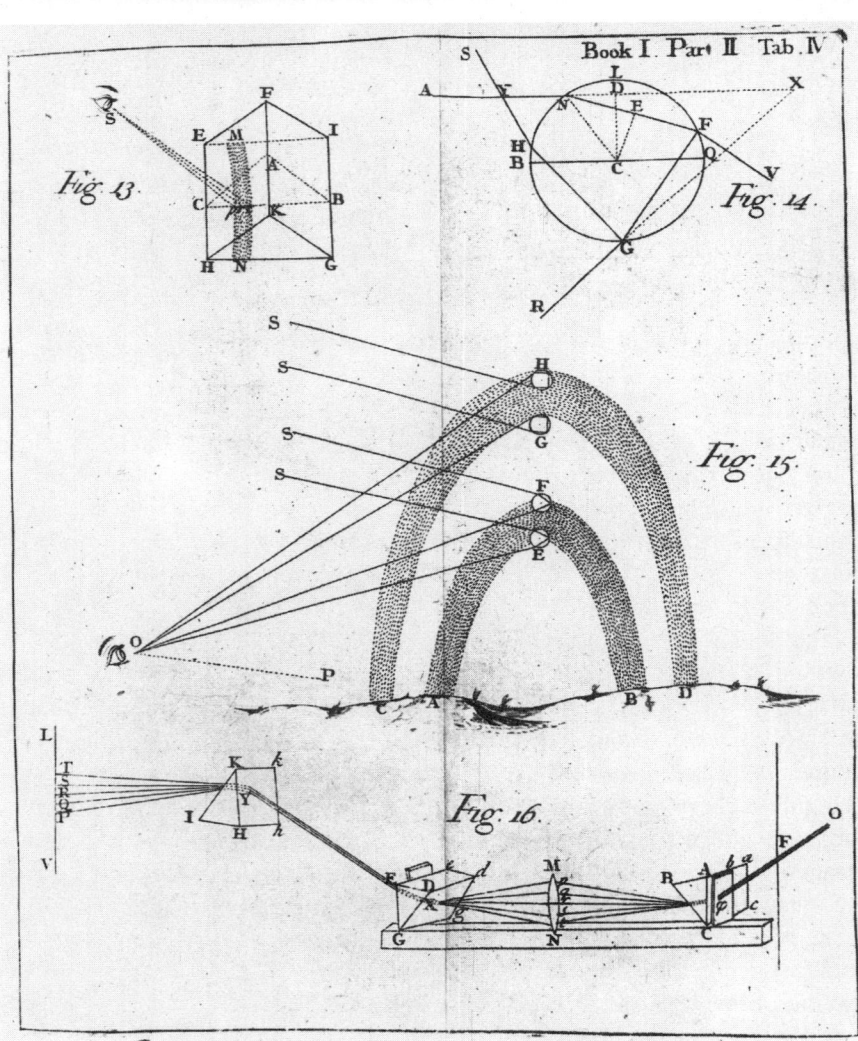

267. Optische Probleme bei Newton. Newtons Lichtzerlegung mit Prismen und die Wiedervereinigung zu weißem Licht bot auch die wissenschaftliche Erklärung für die Entstehung des Regenbogens, einem vielbeachteten Problem des 17. Jh. Aus: Newton, I., Opticks..., London 1721, Tafel IV. Sächsische Landesbibliothek, Dresden

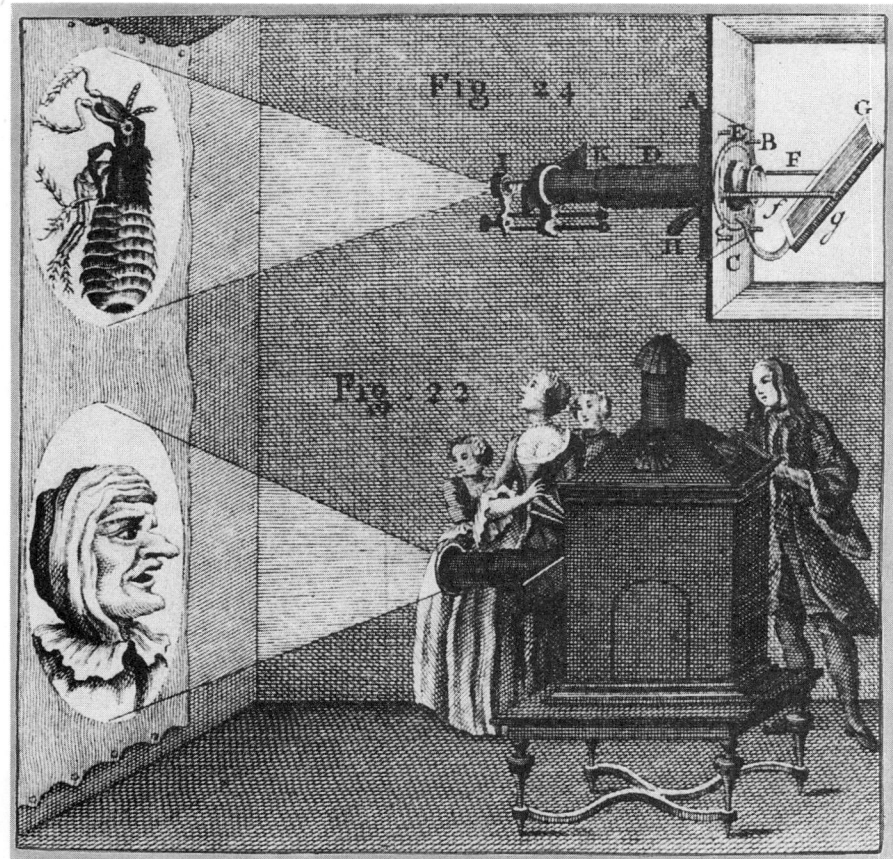

268. Laterna magica. Zuerst von Athanasius Kirchner um 1670 beschrieben, wurde sie zum vielgebrauchten optischen Projektionsgerät und diente häufig der Unterhaltung. Aus: Nollet, J. A., Leçons de physique experimentale. Paris 1743–1748, Tafelanhang 1. Universitätsbibliothek, Leipzig

suchten sie durch eine Art Schwingungs- oder Wellenbewegung des Lichtes zu erklären.

Der entscheidende Fortschritt der Farbenlehre wurde durch Newton erzielt. Im Jahre 1672 begannen seine Versuche an Prismen, die die Zerlegung des weißen Lichtes in Spektralfarben sowie deren Wiedervereinigung zu weißem Licht nachwiesen. Farbe des Lichtes und Brechungsverhältnisse standen, wie sich herausstellte, in innerem Zusammenhang: »Zu demselben Grad der Brechbarkeit gehört stets dieselbe Farbe und zu derselben Farbe gehört stets derselbe Grad der Brechbarkeit.«

Nach Aufzählung der im Spektrum entstehenden Primärfarben fährt Newton fort: »Ich habe mit Verwunderung festgestellt, daß alle prismatischen Farben, wenn man sie vereinigt und dadurch wieder vermischt, wie sie es in dem Licht vor dem Einfall auf das Prisma waren, ein vollkommenes und reines Weiß wiederherstellen.«

Unglücklicherweise wurde Newton in einen wissenschaftlichen Streit mit Hooke verwickelt, der nach und nach recht persönlich und unsachlich ausgetragen wurde. Erst 1704, ein Jahr nach dem Tode von Hooke, ließ Newton eine systematische Darstellung seiner optischen Untersuchungen im Druck erscheinen, sein Werk »Opticks«; dort legte er auch seine Ansichten über das Wesen des Lichtes dar. Unter dem Eindruck seiner Erfolge mit der Gravitationstheorie verwarf Newton ursprünglich von Hooke übernommene Ansätze einer Vibrationstheorie des Lichtes und entschied sich für

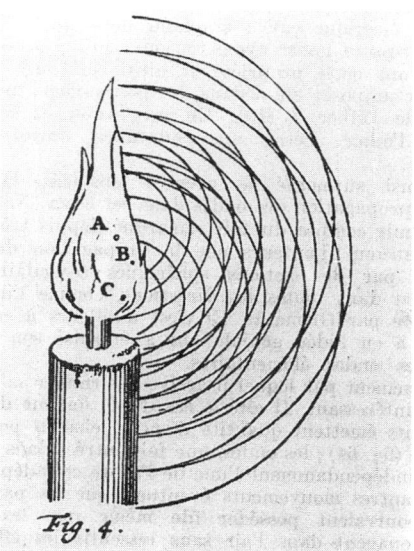

269. Vorstellung von Christiaan Huygens zur Lichtwellenentstehung und -ausbreitung. Von jedem Punkt des leuchtenden Körpers, hier einer Kerzenflamme, breiten sich Elementarwellen aus, die sich zu Wellenfronten überlagern. Aus: Ronchi, V., Histoire de la Lumière. Paris 1956, S. 202

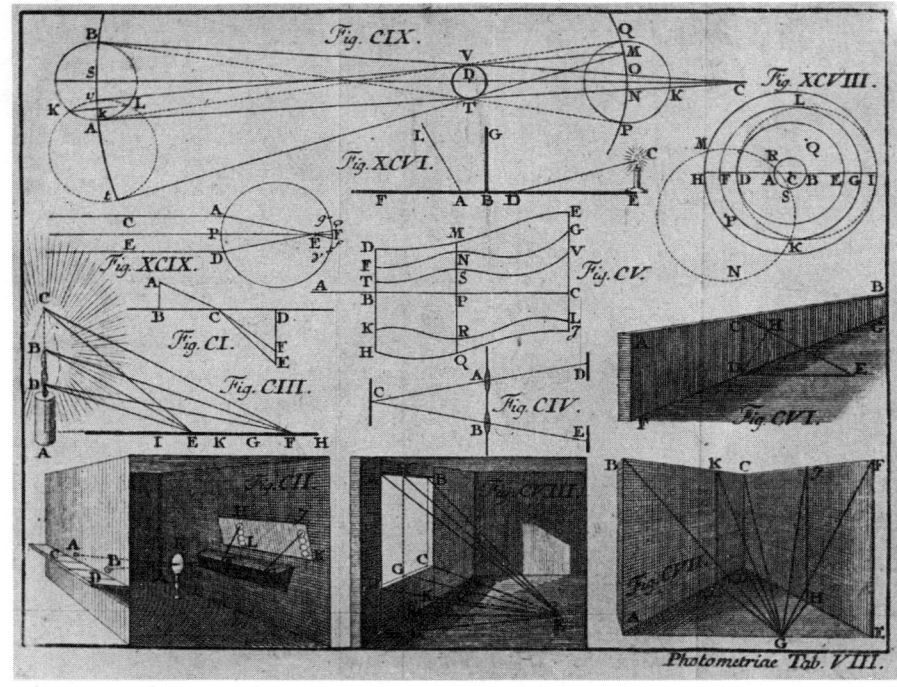

270. Abbildungstafel aus Johann Heinrich Lamberts »Photometria«. Er stellte darin die nach ihm benannten Entfernungsgesetze der Beleuchtungsstärke auf, behandelte das Reflexionsvermögen sowie die Lichtdurchlässigkeit von Oberflächen und begründete damit die Lehre der Lichtmessung. Aus: Lambert, J. H., Photometria sive de Mensura et Gradibus Luminis, Colorum et Umbrae. Augsburg 1760, Tafel VIII. Universitätsbibliothek, Leipzig

eine Korpuskular- oder Emissionstheorie des Lichtes. Doch legte er sich nicht bis ins einzelne fest und ließ manches offen, wie die in einem Anhang zu den »Opticks« beigefügten »Queries« (Fragen) bezeugen, in denen u. a. die Frage nach der Existenz eines Äthers aufgeworfen wird. Newton vertrat die Meinung, daß Reflexion, Brechung und Beugung sowie die dabei auftretende Dispersion des Lichtes allgemein durch anziehende und abstoßende Kräfte der Medien auf die vom leuchtenden Körper emittierten Lichtteilchen mit unterschiedlicher, den Spektralfarben entsprechender Masse zustande kommen. Insbesondere zur Deutung der von ihm entdeckten Farbringe (der Newtonschen Ringe) nahm er im Lichtstrahl periodisch auftretende Stellen, sog. fits (Anwandlungen) an, die entweder die »Disposition zur leichteren Reflexion« oder zur »leichteren Brechung« besaßen.

Die Newtonschen »fits« bedeuteten einen gewissen Kompromiß zur Erklärung periodischer Erscheinungen des Lichtes. In dieser Richtung lag die andere Möglichkeit des Aufbaues einer Theorie des Lichtes, der insbesondere von Huygens in seinem 1690 veröffentlichten »Traité de la lumière« (Abhandlung über das Licht) beschritten wurde und die Ansätze von Grimaldi zu einer Wellentheorie des Lichtes verarbeitete. In Analogie zur Schallausbreitung nahm Huygens an, daß ein überall verbreiteter Äther die durch Vibration der Lichtquellen sich kugelförmig ausbreitenden Elementarwellen überträgt, die sich zu einer einhüllenden Wellenfront überlagern. Mit diesem »Huygensschen Prinzip« erklärte er geometrisch die geradlinige Ausbreitung des Lichtes, Reflexion, Totalreflexion und Brechung sowie — als Glanzstück seiner Theorie — die 1669 von dem Dänen Bartholinus entdeckte Doppelbrechung des Kalkspates. Doch verzichtete Huygens auf eine Erklärung der Beugung und der Farberscheinungen.

So bot insgesamt die Newtonsche Lichttheorie während des 18. Jh. das bessere Erklärungsschema der Lichterscheinungen, zumal sie in ihren Grundzügen auf die Punktmechanik gestützt schien. Die Wellentheorie dagegen wurde nur von wenigen führenden Naturwissenschaftlern des 18. Jh. unterstützt, so von Lomonossow und Euler.

Aerostatik Die aristotelisch-scholastische Naturphilosophie hatte die Existenz eines leeren Raumes für unmöglich gehalten und dafür eine Abscheu der Natur vor dem Leeren, einen »horror vacui«, als Erklärung herangezogen. Einen ersten Schritt zur Überwindung dieses zentralen Bestandteiles der alten Naturwissenschaft tat Galilei. Er knüpfte an die Beobachtungen der Praktiker über die begrenzte Hubhöhe bei Saugpumpen an

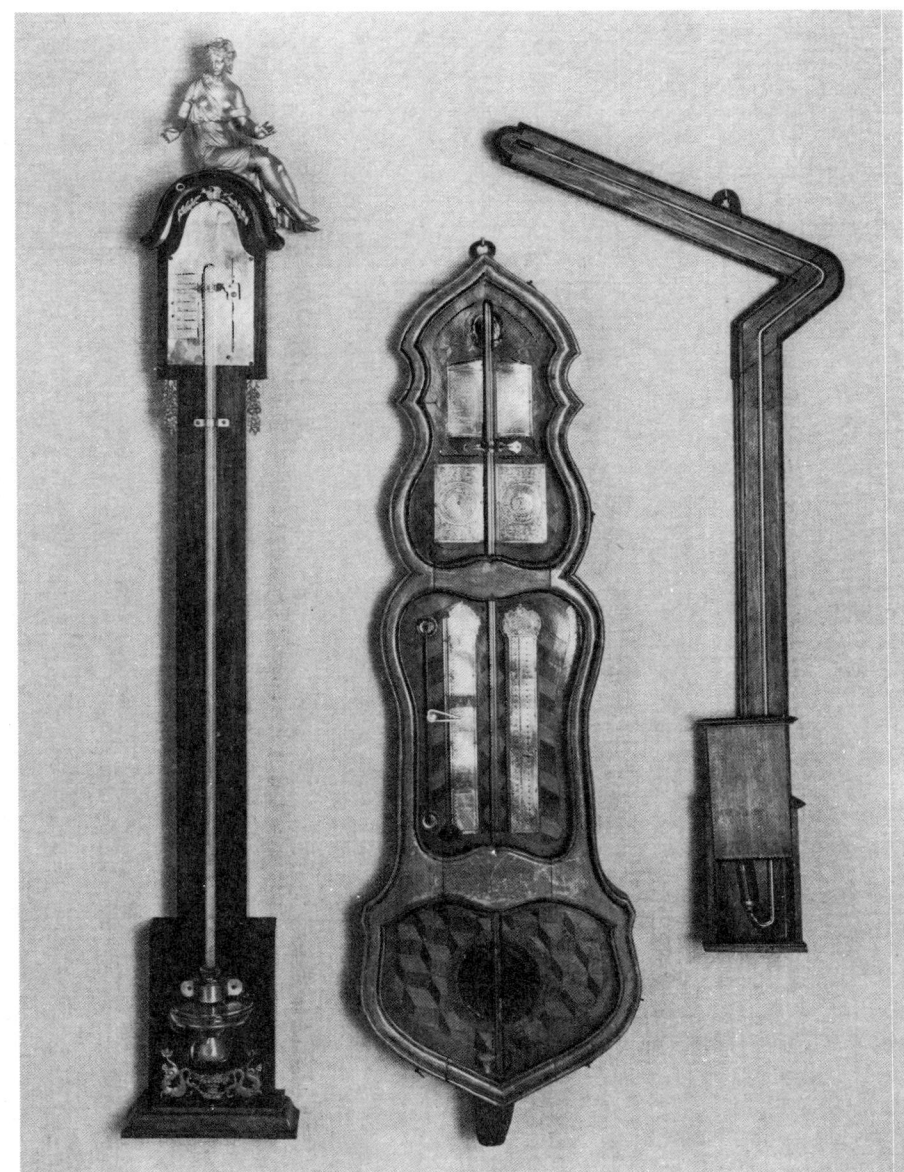

271. Quecksilberbarometer aus dem 18. Jh. Nachdem 1643 Vincenzo Viviani und Evangelista Torricelli die Wirkung des Luftdrucks erkannt und mit dem Quecksilbersäulenexperiment nachgewiesen hatten, kamen Barometer auf, die auch als Höhenmesser benutzt wurden. Mathematisch-Physikalischer Salon, Dresden

und begründete diese Erscheinung mit dem Gewicht der gehobenen Wassersäule, die beim weiteren Anheben schließlich wie ein Seil reiße. Torricelli, ein Wasserbauingenieur und der wohl bedeutendste Galilei-Schüler, tat weitere energische Schritte zur Überwindung der falschen Theorie. Auf seine Empfehlung hin führte der Mathematiker und Galilei-Biograph Viviani 1643 den berühmten Versuch mit einer Röhre aus, die mit Quecksilber gefüllt und oben zugeschmolzen war und bei der zwischen dem oberen Ende und der Begrenzung der Quecksilbersäule die »Torricellische Leere« entstand. Die nur gering schwankende, auch bei geneigtem Rohr nahezu unveränderliche Höhe der Quecksilbersäule von 76 cm erklärte Torricelli richtig durch das Wirken des Luftdruckes: »Auf der Oberfläche der Flüssigkeit, die sich im Napf [in den die Quecksilbersäule hineinragt] befindet, lastet die Höhe von 50 Meilen Luft.«

Ein weiteres spektakuläres Experiment, die für die damalige Zeit völlig ungewöhnliche Besteigung eines Berges, auf Anregung von Pascal im Jahre 1648 unternommen, bestätigte den Zusammenhang zwischen der Höhe der Quecksilbersäule und der Höhe der darüberliegenden Luftsäule: Auf dem rund 1000 m über die Umgebung aufragenden Puy de Dôme fand man die Quecksilberhöhe um rund 85 mm vermindert. Den Vorschlag Pascals, um-

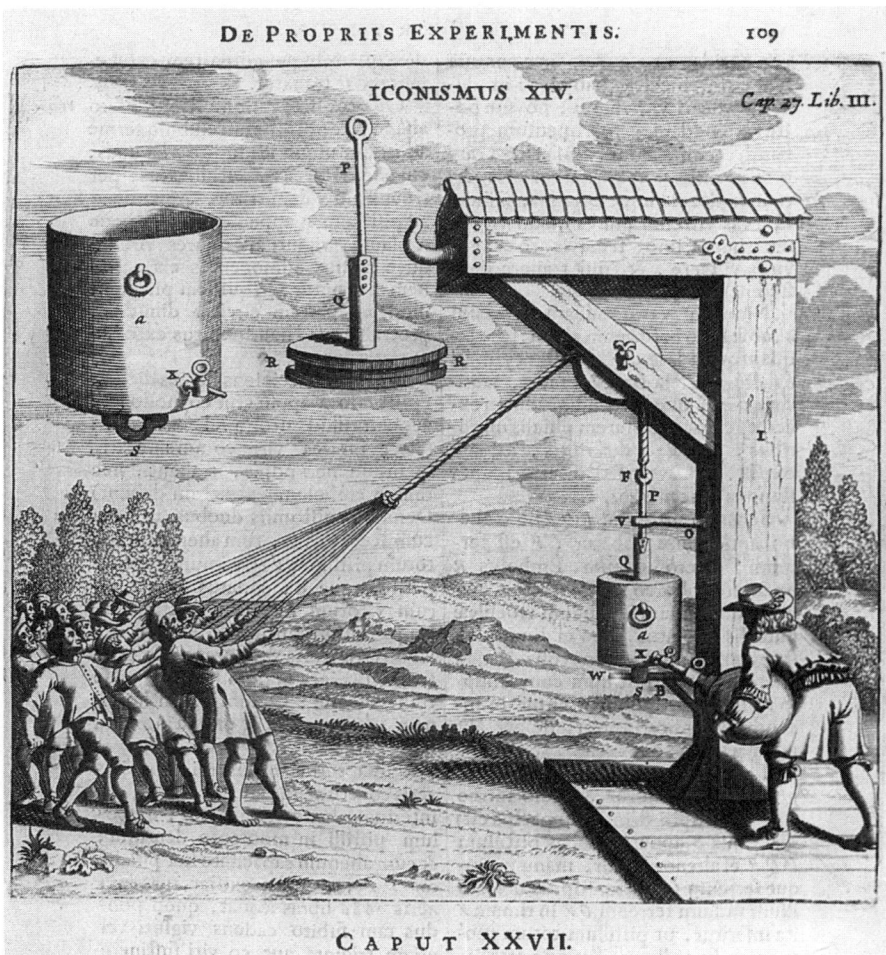

272. Luftdruckversuch Otto von Guerickes mit Zylinder und Kolben. Mit Rezipienten schuf er in einem Zylinder einen luftverdünnten Raum, so daß der Kolben mit großer Kraft hineingezogen wurde. Fünfzig starke Männer konnten den Kolben nicht herausziehen. Die Arbeitsfähigkeit des Luftdrucks war ein Anhaltspunkt für die Konstruktion atmosphärischer Dampfmaschinen. Aus: Guericke, O. von, Experimenta Nova... De Vacuo spatio. Amsterdam 1672, S. 109. Bibliothek Karl-Sudhoff-Institut, Leipzig

gekehrt das Quecksilberbarometer für Höhenmessungen zu nutzen, griff 1676 der französische Gelehrte Mariotte auf.

Mit der Entdeckung des Luftdruckes verband sich die Frage, womit denn nun die »Torricellische Leere«, der Raum oberhalb der Quecksilbersäule im geschlossenen Glasrohr, gefüllt sei. Zwei Meinungen standen sich gegenüber: Die Plenisten (von lat. plenum = voll) schlossen sich an Descartes' Vorstellung einer den gesamten Raum kontinuierlich erfüllenden Materie an. Die Vacuisten standen den Anhängern des Atomismus nahe und hielten die Existenz eines Vakuums für erwiesen. Descartes stand natürlich auf Seiten der Plenisten und erklärte boshaft: »Wenn es irgendwo ein Vakuum geben kann, dann nur in Torricellis Kopf.«

273. Magdeburger Halbkugeln und Luftpumpe von Otto von Guericke (1663). Die beiden Halbkugeln wurden aufeinandergelegt und mit Hilfe der Luftpumpe (Mitte) weitgehend luftleer gepumpt. Damit war die Herstellung eines Vakuums als möglich erwiesen. Deutsches Museum, München

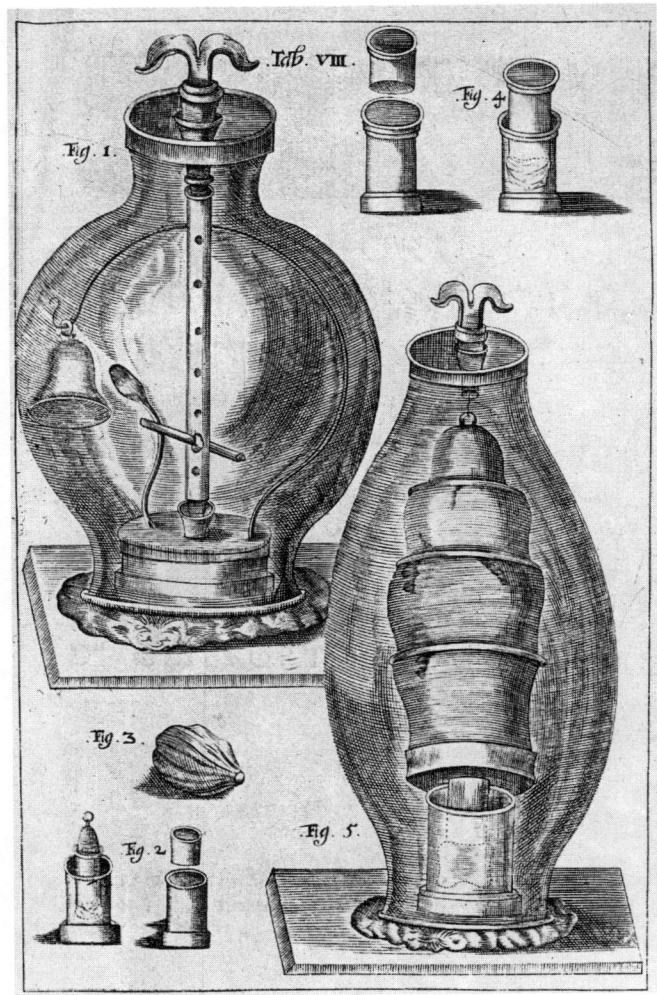
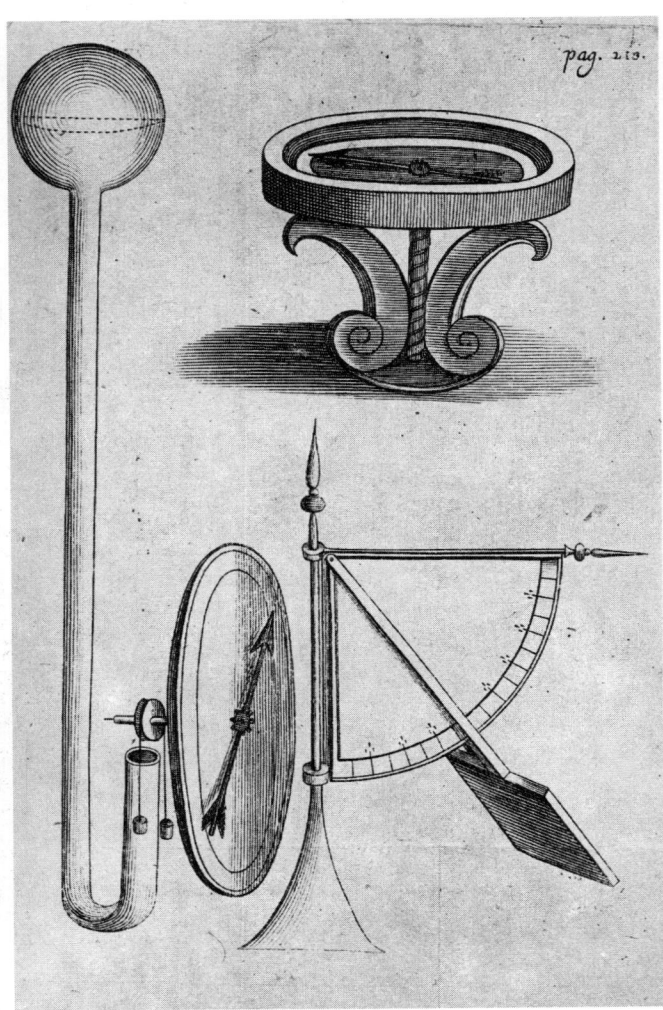

274. Erforschung der Wirkungen im Vakuum. Der Schall eines Glöckchens wird nicht nach außen übertragen, eine verschlossene Blase bläht sich auf. Diese Versuche Robert Boyles sind Ausgangspunkt für die Untersuchung der Zusammendrückbarkeit der Luft, die zur Aufstellung des ersten Gesetzes über Gase, des Boyleschen Gesetzes, führten. Aus: Boyle, R., Opera varia. Genf 1714, Tafel VIII. Bibliothek Karl-Sudhoff-Institut, Leipzig

275. Wetterforschungsinstrumente der Royal Society. Mit der Entwicklung physikalischer Meßgeräte erfolgte auch die Fassung grundlegender Wettererscheinungen, d. h. Lufttemperatur, Luftdruck, Niederschlag und Windgeschwindigkeit. Aus: Sprat, Th., L'Histoire de la Societé Royale de Londres. Genf 1669, S. 213. Universitätsbibliothek, Leipzig

Die Entscheidung zwischen den beiden Anschauungen besaß zudem große Bedeutung als Aussage über die gesamte Struktur der Natur und des Weltalls sowie für die Ausarbeitung und den Geltungsbereich einer Lehre von der Gravitation. Daher erlangten die von dem Magdeburger Ingenieur und späteren Bürgermeister Guericke ausgeführten Versuche über die Herstellung des Vakuums eine zentrale Stellung. Nach vielen vergeblichen Versuchen und mit Hilfe der von ihm erfundenen Luftpumpe gelang es Guericke, u. a. zwei aufeinanderliegende Halbkugeln auszupumpen, die der Luftdruck zusammenpreßte. In einer berühmten Demonstration 1663 am Brandenburgischen Hof vermochten je sechs nach beiden Seiten ziehende Pferde die luftleeren »Magdeburger Halbkugeln« nicht auseinanderzuziehen. Nun war nachgewiesen, daß der »leere Raum« nicht nur ein »gedachter Raum«, sondern eine physikalische Realität ist. Mehr noch: Mit einer Versuchseinrichtung, bei der ein mit Gewichten belasteter Kolben in einen evakuierten Kessel hineingezogen wird, wies Guericke auf die Arbeitsfähigkeit des Luftdruckes hin und gab damit erste Impulse für den Bau pneumatischer Maschinen.

Die weiteren Untersuchungen richteten sich nun einerseits auf die Vorgänge im Vakuum selbst, zum anderen auf die Eigenschaften der Gase und Dämpfe. Versuche, bei denen die Luft mit verbesserten Pumpen aus Rezipienten evakuiert wurde, ergaben, daß brennende Kerzen erlöschen, daß sich verschlossene Blasen aufblähen, daß heiße Flüssigkeiten zu kochen beginnen, daß kleine Tiere sterben und Töne eines Glöckchens erlöschen, daß aber die Magnetnadel weiterhin abgelenkt wird.

Bereits Guericke hatte Messungen des Gewichtes der Luft und Überlegungen zur Ausdehnung der Erdatmosphäre begonnen; hieran anknüpfend, bestimmte Boyle experimentell die Zusammendrückbarkeit der Luft und stellte entsprechende Tabellen auf. Aus den 1661 veröffentlichten Werten las Townley das später nach Boyle benannte Gesetz ab, wonach bei konstanter Temperatur Druck und Volumen einer abgeschlossenen Luftmenge indirekt proportional sind.

Wärmelehre Die Erfindung des Thermometers bildete den Ausgangspunkt der Erforschung der Wärmeerscheinungen. Die wesentliche Anregung dazu ging bereits 1592 von Galilei aus. Sein Luftthermoskop zeigte wohl Volumenänderungen der Luft im Glaskolben bei äußeren Temperaturänderungen an, reagierte aber auch auf Luftdruckschwankungen. Ein ähnliches Instrument konstruierte Guericke, der schon eine Skala anbrachte und so ein Thermometer geschaffen hatte. Thermometer jedoch, bei denen die Volumenänderung einer Flüssigkeit (in geschlossenen Glasröhren enthaltener Weingeist) ausgenutzt wurde, fertigten in der Florentiner Accademia del Cimento von 1657 bis 1667 unbekannt gebliebene Erfinder an. An den – sehr unterschiedlich gestalteten – Thermometerröhren waren farbige Glastropfen angeschmolzen, die die »höchste Sommerhitze« und die »stärkste Winterkälte« markierten. Um die Temperaturangaben vergleichen zu können, schlugen Hooke den Gefrierpunkt von Wasser und schließlich 1694 der Italiener Renaldini Gefrierpunkt und Siedepunkt von Wasser als Fixpunkte vor. Danach eichte der Amsterdamer Glasinstrumentenfabrikant Fahrenheit nach verschiedenartigen Versuchen 1724 die von ihm eingeführten Quecksilberthermometer nach drei Fixpunkten, der Temperatur einer Kältemischung, der des schmelzenden Eises und der eines gesunden Menschen. Die solcherart abgeleitete Skaleneinteilung wird noch heute in anglo-amerikanischen Ländern benutzt. Die achtzigteilige Skala zwischen den Fixpunkten des Gefrier- und Siedepunktes von Wasser wurde von dem vielseitigen französischen Naturforscher de Réaumur um 1730 eingeführt. Dagegen schlug 1742 der schwedische Astronom Celsius die hundertteilige Skala zwischen denselben Fixpunkten vor.

Verschiedene Mischungs- und Erwärmungsversuche zeigten bald, daß Messungen mit dem Thermometer allein, d. h. die bloße Angabe der Temperatur, für Aufschlüsse über Wärmezufuhr und -abgabe nicht ausreichen. Die Petersburger Naturforscher Krafft und Richmann stellten 1750 Mischungsversuche mit Wasser unterschiedlicher Temperatur an und gelangten zur später nach Richmann benannten Mischungsregel. Sie wurde unabhängig voneinander durch den Schweden Wilcke und den schottischen Chemiker Black auf die Mischung verschiedenartiger Flüssigkeiten erweitert; zur Erklärung führten sie den Begriff der spezifischen Wärme ein. Als

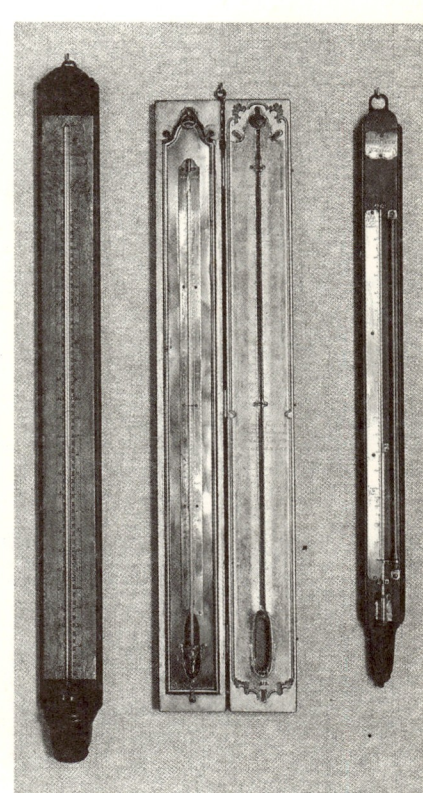

276. Thermometer aus dem 18. Jh. Erste Flüssigkeitsthermometer fertigten anonyme Erfinder der Florentiner Akademie um 1660. Um die Festlegung geeigneter Fixpunkte und Skalen bemühten sich u. a. René Antoine Ferchault de Réaumur, Gabriel Daniel Fahrenheit und Anders Celsius. Im 18. Jh. unterschied man erstmals zwischen Temperatur und Wärmemenge. Mathematisch-Physikalischer Salon, Dresden

erster unterschied Black um 1760 klar zwischen Wärmemenge, Wärmekapazität und Temperatur. Darüber hinaus entdeckte Black bei Mischungsversuchen mit Eis die Schmelzwärme und darauf auch die Verdampfungswärme; sie wurden als »latente« Wärmen bezeichnet, da sie nicht zur Temperaturänderung beitrugen.

Diese Entdeckungen des 18. Jh. verschoben die Auffassungen der Naturforscher in Richtung auf die Vorstellung, daß Wärme ein besonderer Stoff (»caloric«) sei. Demgegenüber rückte die schon von Bacon und später von Lomonossow und Daniel Bernoulli vertretene, auf dem Atomismus beruhende Auffassung, Wärme sei eine spezifische Form der Bewegung kleinster Teile, in den Hintergrund.

Obwohl sich bis zum Ende des 18. Jh. die Wärmestofftheorie weitgehend durchsetzen konnte, verhielten sich viele führende Naturforscher ihr gegenüber skeptisch, da sie über das experimentell Nachweisbare hinausging. Die Entscheidung zwischen beiden Grundauffassungen blieb bis zum 19. Jh. offen.

Elektrizität und Magnetismus Der Leibarzt der englischen Königin Elisabeth, Gilbert, überwand in seinem 1600 erschienenen Werk »De magnete« die mittelalterlichen Vorstellungen über geheimnisvolle magnetische Einflüsse. An einem kugelförmigen Magneteisenstein, den er als Modell (»terrella«) für die magnetische Erde benutzte, demonstrierte er die Wirkungen des Erdmagnetismus auf eine Magnetnadel, untersuchte Deklination und Inklination, beschrieb Magnetisierungsverfahren, prüfte, welche Stoffe durch Reiben elektrisch werden. Er prägte den Fachausdruck »elektrisch« für diese letzteren Erscheinungen und unterschied erstmals klar zwischen elektrischen und magnetischen Phänomenen.

Gilberts Buch war ganz im Stile und in den Intentionen der neuen Experimentalphilosophie geschrieben und wurde u. a. von Kepler und Galilei begeistert begrüßt. An »De magnete« knüpften die späteren Erforscher der Elektrizität an.

Eine erste Reibungselektrisiermaschine, bei der eine kopfgroße Schwefelkugel gedreht wurde, baute Guericke; er beobachtete daran mit Papierschnitzeln, Flaumfedern u. ä. elektrische Anziehung und Abstoßung, Spitzenwirkungen und erste Anzeichen elektrischer Influenz und Leitung, die er jedoch nicht als spezielle elektrische Phänomene, sondern als Modell für auf der Erdoberfläche wirkende Weltkräfte verstand.

Den entscheidenden Unterschied zwischen Leitern und Nichtleitern entdeckte 1729 Gray, der schon seit 1719 als Rentner in einem Altersheim für verarmte Staatsdiener, Kaufleute und Armeeveteranen lebte. Gray stellte auch die elektrische Aufladung durch Influenz fest. Besonders aber beeindruckten seine auch von anderen wiederholten Versuche, isolierte Gegenstände und sogar Personen aufzuladen und aus ihnen lange Funken zu ziehen.

Waren das Belustigungen, so brachten die Experimente des Obristen und späteren Direktors des Pariser Botanischen Gartens, Dufay, einen echten Fortschritt. Er fand um 1735, daß nicht nur Isolatoren, sondern auch isoliert aufgestellte Leiter elektrisiert werden konnten und schloß ferner aus der Abstoßung gleichartig geladener Körper auf die Existenz zweier Arten der

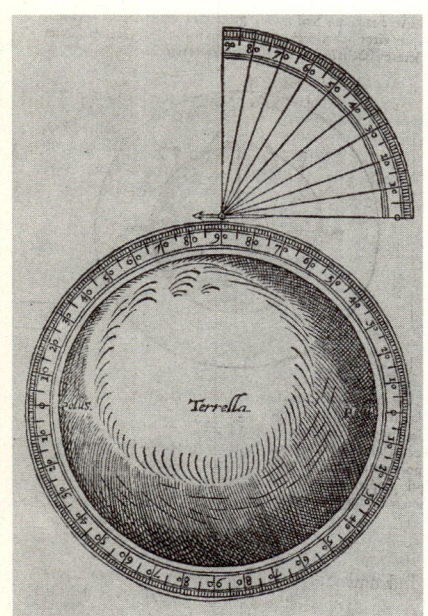

277. Modell, »terrella« genannt, für die magnetische Erde. Mit solchen magnetischen Eisenkugeln suchte der englische Gelehrte William Gilbert die magnetischen Erscheinungen, die in der Seefahrt stark beachtet werden mußten, verständlich zu machen und zu untersuchen. Gilberts Buch war eines der ersten bedeutenden Werke der neuen experimentellen Naturwissenschaft. Aus: Gilbert, W., De magnete. London 1600, S. 192. Universitätsbibliothek, Leipzig

278. Reibungselektrisiermaschine Otto von Guerickes, die aus einer drehbaren Schwefelkugel bestand, an die eine Hand angelegt wurde. Guericke deutete jedoch die Effekte noch nicht als spezifisch elektrische; erst im 18. Jh. begannen systematische Untersuchungen zur Elektrizität. Aus: Guericke, O. von, Experimenta nova..., Amsterdam 1672, S. 164. Bibliothek Karl-Sudhoff-Institut, Leipzig

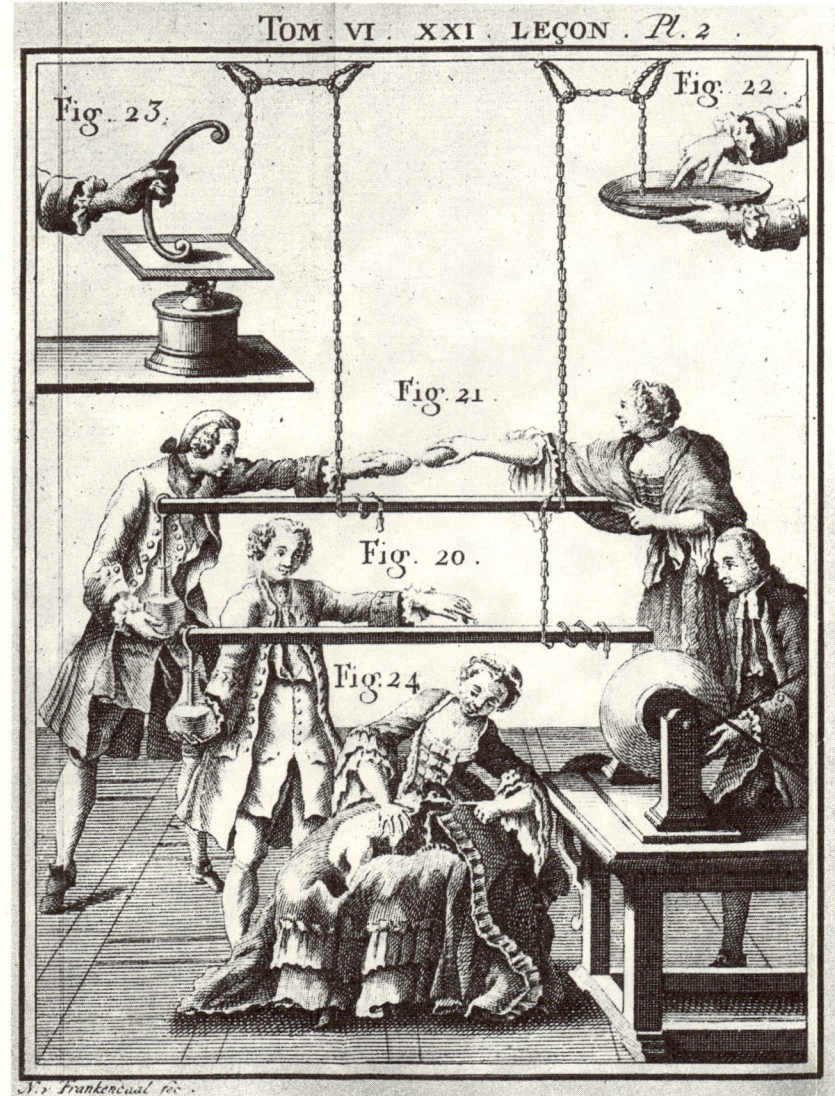

279. Die »Elektrisierung«, das Austeilen elektrischer Schläge und die Erzeugung elektrischer Funken mittels Leidener Flaschen, war ein beliebter Zeitvertreib in den Salons des 18. Jh. Aus: Nollet, J. A., Essai sur l'électricité des corps. A la Hage 1747, Tafel 2. Universitätsbibliothek, Leipzig

280. Scheibenelektrisiermaschine. Sie ist dargestellt in der Bauart von Marum (um 1790) mit einer angeschlossenen Batterie Leidener Flaschen. Die damit erzeugten größeren Ladungen und stärkeren Entladungsströme förderten die Erforschung der elektrischen Erscheinungen. Städtische Kunstsammlungen, Görlitz

281. Benjamin Franklin. Dieser fortschrittliche amerikanische Staatsmann und Naturforscher entwickelte eine der ersten Theorien der Elektrizität, erkannte den Blitz als elektrische Erscheinung und ist Miterfinder des Blitzableiters. Gemälde von einem unbekannten Künstler

Elektrizität. Das von ihm daraus gefolgerte Gesetz, daß gleichartige Ladungen einander abstoßen, ungleichartige sich dagegen anziehen, regte ihn zur Konstruktion des ersten Elektroskops an, um die »Stärke« der Elektrizität zu messen. Den ersten Kondensator erfanden unabhängig voneinander 1745 der deutsche Geistliche Kleist und 1746 der holländische Naturforscher Musschenbroek. Mit dessen »Leidener Flaschen« konnten erhebliche elektrische Schläge ausgeteilt werden, wie dies beispielsweise der Abbé Nollet, ein verdienstvoller Elektrizitätsforscher, in Gegenwart des französischen Königs an 170 Gardesoldaten demonstrierte. Der erste amerikanische Wissenschaftler von Weltbedeutung, Franklin, zugleich ein fortschrittlicher Politiker, konnte die Wirkungsweise der Leidener Flaschen als Sammler von Ladungen richtig erklären. Darüber hinaus erkannte er den Blitz als eine elektrische Erscheinung und führte um 1750 den Blitzableiter ein. Wegen seiner Verdienste feierte ihn der progressive Naturforscher und Enzyklopädist d'Alembert mit dem Vers

»Dem Himmel entriß er den Blitz,
dem Tyrannen das Szepter.«

Franklin konnte mit seiner Auffassung, daß Mangel bzw. Überschuß an elektrischem Fluidum in einem Körper die beiden Arten von Elektrizität – die »negative« bzw. »positive« – hervorrufen, eine ganze Reihe von elektrischen Erscheinungen auf eine gemeinsame Vorstellung zurückführen. Jedoch setzte sich vorerst die 1759 von Symmer der Royal Society vorgetragene, scheinbar einfachere Ansicht durch, daß es zwei verschiedene Arten des elektrischen Fluidums gäbe.

Mit der Erfindung des Elektrophors durch Wilcke und Volta, der des Blättchenelektroskops durch Volta und der Einführung der Begriffe Spannung und Kapazität durch ihn bahnte sich schließlich um 1780 die wissenschaftliche Periode der Elektrizitätslehre an. So konnte der Entdecker der elektrischen Ladungsfiguren, der geistvolle Göttinger Physiker und Epigrammdichter Lichtenberg, fordern: »Denn die Naturforscher sollten alles dransetzen, die Elektrizität der Mathematik näher zu bringen.«

Von der Alchimie zur Chemie

Im 17. und 18. Jh. zeigte die Chemie ein heterogenes Bild. Während einerseits in der alchimistischen Literatur der abergläubisch-mystische Einschlag zunahm, gewannen chemische Kenntnisse in den chemischen Gewerben einen wesentlichen Einfluß. Auch in theoretischer Hinsicht war der Fortschritt unübersehbar, als atomistisches Denken in der Chemie Fuß fassen konnte. Doch erst die neuen gesellschaftlichen Veränderungen der einsetzenden Industriellen Revolution schufen die Voraussetzungen für die wissenschaftliche Revolution in der Chemie im ausgehenden 18. Jh.

282. Laborantenapotheke Berka. Apotheken waren bis zur Herausbildung der chemischen Industrie nicht nur Verkaufseinrichtungen, sondern auch Produktionsstätten für Heilmittel. Zahlreiche chemische Substanzen wurden hier hergestellt. Thüringer Museum, Eisenach

Iatrochemie und Alchimie Die Iatrochemie lieferte den Apothekern sowohl neue Einnahmequellen als auch theoretische Grundlagen und Anreiz zur chemischen Analyse der Naturstoffe. Mit dem 17. Jh. wurden die Apotheken zum Bindeglied zwischen Naturwissenschaft und Medizin. Unterdessen schritt auch die Iatrochemie selbst voran; einen bedeutenden Beitrag leistete dabei der niederländische Edelmann van Helmont. Stärker als Paracelsus widmete er sich dem Experiment und trat für eine chemische Lehre ein, die »nicht durch bloßen Vortrag, sondern durch handwerkliche anschauliche Vorführung des Feuers... durch Destillieren, Feuchten, Trocknen, Kalzinieren, Lösen, so wie die Natur arbeitet«, lehren sollte. Durch van Helmont wurde zum ersten Mal das Interesse der Chemiker auf die gasförmigen Stoffe gelenkt. Durch Verbrennungen wies er nach, daß dabei ein Körper entsteht, der weder gewöhnliche Luft noch Wasserdampf ist. Er nannte ihn »Gas«.

Auch van Helmont stand, wie Paracelsus, noch stark unter dem Einfluß alchimistischer, mythologischer und mystischer Vorstellungen. Überhaupt traten unwissenschaftliche Tendenzen innerhalb der Alchimie mit dem Verfall der feudalen Gesellschaftsordnung deutlicher hervor. Betrüger und Gaukler vollzogen angebliche Transmutationen, um die Sucht der Herrscher nach Gold zu befriedigen. Gewisse Tricks — Tiegel mit doppelten Böden, Legierungen mit Edelmetallgehalt — spiegelten angebliche Verwandlungen unedlen in edles Metall vor. Niemand fand den Stein der Weisen, aber wichtige und folgenreiche Entdeckungen konnten gemacht werden. Großes Aufsehen erregte beispielsweise die Entdeckung des Phosphors 1669 durch den Hamburger Kaufmann Brand. Geleitet von der Vorstellung einer Lebenskraft, nahm er eine trockene Destillation von menschlichen Harnrückständen vor; die Lichterscheinungen des erzeugten Phos-

283. Holzessigbereitung. Die Beschreibung zahlreicher praktisch wichtiger chemischer Verfahren findet sich in den Schriften von Johann Rudolf Glauber. Aus: Glauber, J. R., Opera Chymica. Franckfurt am Mayn 1658, zwischen S. 206 und 207. Universitätsbibliothek, Leipzig

284. Entdeckung des Phosphors. Sie gelang dem Alchimisten Hennig Brand 1669, als er Harnrückstände destillierte. Da der Phosphor leuchtete, glaubte er, das angebliche Element »Feuer« rein abgeschieden zu haben. Gemälde von Joseph Wright. Museum Derby (Derbyshire)

phors bewirkten natürlicherweise Sensationen und Aufregungen und lieferten der Alchimie neuen Auftrieb.

Chemische Gewerbe Der Nutzen der Chemie wurde seit der Mitte des 17. Jh. überzeugend deutlich, für Deutschland insbesondere durch das Wirken von Glauber, Kunckel und Becher. Diesen drei Chemikern war vieles gemeinsam: Sie hatten den Dreißigjährigen Krieg erlebt, der besonders die wirtschaftliche Entwicklung in Deutschland um Jahrzehnte zurückgeworfen hatte; sie hatten außer Becher kein Hochschulstudium absolviert, sondern sich im wesentlichen autodidaktisch gebildet; sie fanden nie für längere Zeit feste Arbeitsmöglichkeiten, sondern führten ein unruhiges Wanderleben.

Glauber, Spiegelmacher von Beruf, hatte besonders in Frankreich die verschiedenartigsten chemischen Gewerbe kennengelernt. In Amsterdam richtete er sich ein »Laboratorium«, eine Art chemische Fabrik ein, die vor

285. Glasherstellung. Johann Kunckel von Löwenstjern gehört zu jenen Vertretern der chemischen Wissenschaften, die durch ihr Wirken die jahrhundertealten chemischen Produktionen »literarisch« entdeckten. Aus: Kunckel, J., Ars vitraria experimentalis, oder vollkommene Glasmacher-Kunst. Frankfurt (Main) und Leipzig 1689, Fig. E, zwischen S. 50 und 51. Universitätsbibliothek, Leipzig

286. Dieses Gold soll Johann Friedrich Böttger, der Erfinder des europäischen Porzellans, angeblich durch Transmutation aus unedlen Metallen gewonnen haben. 200 g Gewicht. Staatliche Kunstsammlungen Dresden, Porzellansammlung

allem pharmazeutische Produkte herstellte; Glauber verkaufte aber auch Rezepte für die Bereitung geheimgehaltener Präparate. Durch Einwirkung von Schwefelsäure auf Kochsalz und Salpeter stellte Glauber starke und reine Salz- und Salpetersäure her. Das dabei entstehende Nebenprodukt, Natriumsulfat, führte er wegen seiner abführenden Wirkung als »Glaubersalz« in den Arzneischatz ein. Unter Glaubers Schriften ist besonders das Buch »Des Teutsch Landes Wohlfahrt« (1656 bis 1661) hervorzuheben, das u. a. viele Ratschläge enthält, wie durch merkantilistische Maßnahmen der deutschen Wirtschaft geholfen werden könne.

Kunckel von Löwenstjern hatte die Glasmacherkunst erlernt und wirkte in Dresden, Berlin und am schwedischen Hofe. Auch er versuchte, seine vielerorts gesammelten chemischen Kenntnisse zur Verbesserung der gewerblichen Produktion anzuwenden. In seinem berühmten Buch, »Ars vitraria oder Vollkommene Glasmacherkunst« (1679), trug er, in Anlehnung an ein Werk von Neri, viele, seit dem Altertum bekannte Kenntnisse über Glasmacherkunst zusammen und fügte eigene Erfahrungen (Rubinglas) hinzu.

Becher, der zeitweise Medizin und Staatswirtschaftslehre studiert hatte, ist in seinem Wirken nicht nur als Chemiker, sondern auch als merkantilistischer Ökonom hervorgetreten. Er forderte u. a., alle Waren im Inland selbst zu produzieren, statt die Rohstoffe, wie Kupfer, Blei und Quecksilber zur Herstellung von »Spanisch-Grün«, »Venetianisch-Rot« und »Bleiweiß« zu exportieren.

Wie eng Alchimie und Chemie noch miteinander verflochten waren, zeigt die Erfindung des europäischen Porzellans durch Böttger, der als angeblicher Alchimist von August dem Starken gezwungen wurde, unter strenger Bewachung an der Transmutation zu arbeiten. Ihn rettete einer seiner wissenschaftlichen Bewacher, der Mathematiker und Naturforscher Graf von Tschirnhaus. Tschirnhaus hatte große Brennlinsen zur Erzeugung hoher

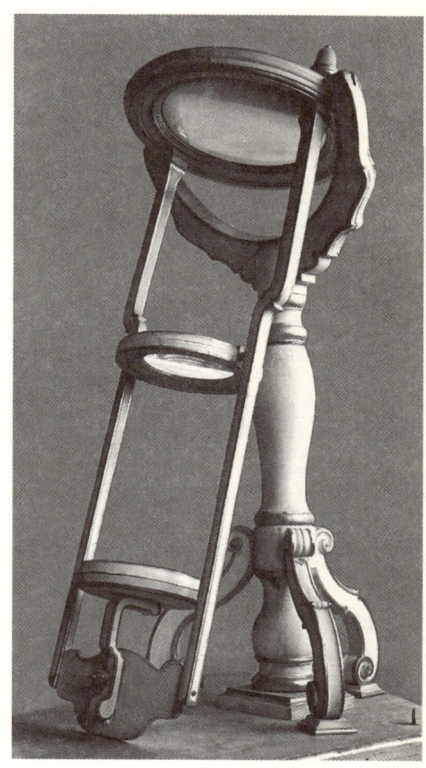

287. Doppelbrennlinse. Große Sammellinsen boten zur damaligen Zeit die beste Möglichkeit, hohe Temperaturen zu erzeugen. Die von Tschirnhaus entworfene und unter seiner Leitung gebaute Doppelbrennlinse verwendete Böttger, um das Sinterverhalten von Mineralien zu untersuchen. Seine Versuche führten schließlich zur Herstellung des ersten europäischen Hartporzellans. Mathematisch-Physikalischer Salon, Dresden

Temperaturen konstruiert, um das Geheimnis der Prozellanherstellung aufzudecken. Nach dessen Tode gelang es Böttger 1709, unter Verwendung von Kaolin erstmals in Europa Porzellan herzustellen; 1710 wurde in Meißen die auch heute noch weltberühmte Porzellanmanufaktur gegründet. Bald entstanden weitere in Thüringen, Bayern und Preußen. 1740 folgten Sèvres in Frankreich, 1744 Petersburg, 1779 Kopenhagen.

Theoretische Chemie · Atomistik Bei allem Fortschritt der chemischen Gewerbetätigkeit hatte sich die theoretische Chemie jedoch kaum weiterentwickelt. Es war noch immer keine einzige chemische Gesetzmäßigkeit abstrahiert, noch kein chemisches Gesetz herausgefunden worden. Noch immer wurden dem Begriff »Element« die vier alten aristotelischen Elemente Feuer, Wasser, Luft, Erde zugeordnet, daneben in der Verwirrung der Begriffe auch die paracelsischen Prinzipien Schwefel, Quecksilber und Salz. Eine durchgreifende Überwindung dieser Stagnation begann mit der Wiederbelebung und Fortentwicklung der atomistischen Denkweise. Im Gegensatz zu Descartes' Vorstellung von einer den ganzen Raum erfüllenden und bis ins Unendliche teilbaren Materie, hatte der französische Geistliche und Naturforscher Gassendi mit einem 1649 erschienenen Werk über Epikur die antiken Atomtheorien wiederbelebt. Er übernahm von Demokrit, Epikur und Lukrez die Grundidee von der atomistischen Struktur der Materie, nach der die Natur nur aus unteilbaren Körperchen besteht, die sich im leeren Raum befinden, paßte sie aber dem christlichen Denken an. Noch im 17. Jh. machte Boyle die atomistische Denkweise zur Grundlage des weiteren theoretischen Fortschrittes der Chemie.

Der in Irland geborene Boyle war als Sohn des Earl of Cork im Besitz eines beträchtlichen Vermögens und somit in der Lage, die Naturwissenschaften seiner Zeit, alte Sprachen und Medizin zu studieren. Ausführliches Experimentieren wurde für ihn zur wesentlichen Voraussetzung bei der Kritik an den bestehenden, unzureichenden theoretisch-chemischen Lehren. Er gehörte zu den ersten, die chemische Analysen nicht nur durch »Probieren« im Feuer, sondern auch auf nassem Wege durchführten, durch Auflösen der Substanz in einem Lösungsmittel. Ursprünglich war Boyle davon ausgegangen, daß die vier aristotelischen Elemente und die drei paracelsischen Prinzipien materielle, voneinander isolierbare Elemente seien und in Hunderten von Experimenten hatte er versucht, sie aus chemischen Verbindungen abzuscheiden. Doch gelangte er schrittweise zu der Erkenntnis, daß die Meinung, alle Verbindungen seien aus den vier Elementen bzw. den drei Prinzipien aufgebaut und könnten wieder in sie zerlegt werden, falsch und unbegründet sei. Boyle legte seine Experimente und Schlußfolgerungen 1661 in einem Buch »The Sceptical Chymist« (Der skeptische Chemiker) nieder. Die Skepsis, die Kritik, richtete sich sowohl gegen die Reduzierung der Chemie auf Iatrochemie als auch gegen die alte Elementen- und Prinzipienlehre; er wählte als Grundlage der neuen Chemie die atomistische Denkweise. Boyle setzte voraus, daß die Welt aus unendlich vielen Atomen einer einheitlichen, allen Stoffen gemeinsamen Materie aufgebaut sei. Diese Korpuskeln dachte er sich in dauernder Bewegung begriffen. Sie vereinigten und trennten sich und brachten dabei die verschiedensten, strukturell unterschiedenen Gebilde hervor; dies sei die

288. Salpeterplantage, Salpetergewinnung. Salpeter war notwendiger Bestandteil für die Bereitung von Schwarzpulver (Schießpulver). Er mußte aus Indien importiert werden. So versuchte man seine »Züchtung« als »Mauer«- oder Dungsalpeter durch Verwesen organischer Materialien. Dieser stark verunreinigte Salpeter mußte durch Lösen und Umkristallisieren mehrmals gereinigt werden, ehe er einsatzfähig war. Aus: Aula subterranea alias Probier Buch Herrn Lazari Erckers. Frankfurt (Main) 1703, S. 189. Universitätsbibliothek, Leipzig

Ursache der verschiedenen Qualitäten der Stoffe. Materie und Bewegung waren so die alleinige Ursache für die Vielfalt in den Erscheinungen der Stoffe. Allerdings setzten sich Boyles korpuskulare Ansichten vorerst nicht durch. Zwar war eine mechanistische Deutung des chemischen Geschehens dem Prinzip nach dem Zeitgeist angemessen, aber in dieser noch relativ unausgereiften Form waren sie kaum handhabbar.

So kam es während des 17. Jh. nur zu einem Kompromiß zwischen der Elementen- und Prinzipienlehre einerseits und der Atomtheorie andererseits. Typisch ist in dieser Beziehung der französische Chemiker und Arzt Lémery. Er lehrte, daß es fünf Elemente gäbe: Schwefel, Quecksilber, Öl, Spiritus und Salz, die aus Korpuskeln aufgebaut seien. Wie Empedokles stellte er sich die Atome mit Zacken, Häkchen, Höhlungen usw. versehen vor. Säuren z. B. besäßen Spitzen, die Laugen aber Höhlungen, daher erkläre sich die Fähigkeit des Zusammenhaftens bei der Salzbildung.

Erst die von Stahl in Deutschland aufgestellte Phlogistontheorie brachte einen Wandel und konnte erstmals eine chemische Gesetzmäßigkeit wider-

289. Großer alchimistischer Destillierofen. Er wurde 1610 für den Landgrafen von Hessen-Kassel hergestellt und besteht aus vergoldetem Kupfer. Die drei Öffnungen mit Bajonettringen dienten zum Einsetzen der Destillierkolben für das Dampfbad. Astronomisch-physikalisches Kabinett der Staatlichen Kunstsammlungen, Kassel

290. Robert Boyle, vielseitiger Forscher des 17. Jh., wurde als Physiker insbesondere durch seine Untersuchungen über Gase, das Vakuum und die Farberscheinungen sowie als Chemiker durch seine neue Elementenlehre und den von ihm vertretenen Atomismus berühmt. Stich von John Smith

291. Georg Ernst Stahl. Der viele Jahre in Halle wirkende Arzt ist der Begründer der Phlogistontheorie. Sie zeigt den Zusammenhang und die gegenseitige Bedingtheit von Oxydation und Reduktion auf und widerspiegelt zum ersten Mal an einem fundamentalen chemischen Vorgang, daß chemische Umwandlungen Prozesse sind, die von bestimmten Ausgangsstoffen zu bestimmten Endprodukten führen und umgekehrt. Stahl wirkte ab 1715 als Leibarzt von Friedrich Wilhelm I. in Berlin. Stich von Bernigeroth

spiegeln. Besonders durch Beobachtungen im Hüttenwesen, aber auch bei Zinngießern und später durch Laborexperimente fand Stahl heraus, daß bei der Verhüttung — also bei der Reduktion — die dabei verwendete Holzkohle nicht nur die Rolle des Heizmaterials spielt, sondern daß sie direkt, materiell einen Beitrag zur Metallbildung liefert. Er schloß daraus auf einen bestimmten, in der Kohle enthaltenen Stoff, den er »Phlogiston« (von griech. phlox = Flamme) nannte; sein Dazutreten zum Metallkalk (Metalloxid) bewirke das Entstehen des Metalls. Nach Stahls Theorie besteht demnach die Reduktion in einer chemischen Vereinigung der Metallkalke mit Phlogiston. Umgekehrt betrachtete er die Verbrennung bzw. Verkalkung als einen Vorgang, bei dem Phlogiston entweicht. Stahl entdeckte auf diese Weise den wechselseitigen Zusammenhang von Oxydation und Reduktion, wenn er auch mit Hilfe seines Phlogistons die wahren Vorgänge sozusagen verkehrt herum auffaßte.

Im Jahre 1697 begann Stahl mit einer Reihe von Veröffentlichungen zur Phlogistontheorie. Dadurch konnte er den Hüttenleuten erste wissenschaftlich begründete Ratschläge geben. Da die Phlogistontheorie sowohl in praktischer als auch in theoretischer Hinsicht Fortschritte erbrachte, konnte sie sich durchsetzen und wurde für rund 75 Jahre zur vorherrschenden chemischen Theorie in Europa. Erst durch und seit Lavoisier wurde sie am Ende des 18. Jh. überwunden. Da das Phlogiston ein ganz feiner gasförmiger Stoff sein sollte, rückten Untersuchungen über gasförmige Stoffe in den Mittelpunkt des Interesses. Viele Wissenschaftler bemühten sich, das Phlogiston zu isolieren. Im Gefolge entwickelte sich die Gaschemie oder pneumatische Chemie. Daneben versuchten die Chemiker aber auch, einen Widerspruch aufzuklären, den die Phlogistontheorie enthielt: Danach mußte ein Metall bei der Oxydation — durch Abgabe von Phlogiston — leichter werden. Wägungen wiesen aber das Gegenteil aus.

An der Überwindung dieses Widerspruches und an der Entwicklung der Gaschemie und damit an der Vorbereitung der späteren wissenschaftlichen Revolution in der Chemie waren Wissenschaftler aus vielen europäischen Ländern beteiligt, vor allem der englische Wissenschaftler Mayow, der russische Gelehrte Lomonossow, der in Schweden lebende Deutsche

Scheele, die Engländer Priestley und Cavendish und der Franzose Lavoisier, der schließlich der Phlogistontheorie den Todesstoß versetzen sollte.

Lomonossow, Sohn eines Fischers aus dem hohen Norden Rußlands, hatte sich auf eigene Faust nach Moskau durchgeschlagen und mit dem Studium der Naturwissenschaften begonnen; seit dem Beginn des 18. Jh. und nach den energischen Reformen Peters I. hatten in Rußland die Entwicklung des Manufaktursystems und ein rascher Aufschwung der Wissenschaften eingesetzt. Lomonossow schloß seine Ausbildung in Deutsch-

292. Michail Wassiljewitsch Lomonossow. Der Fischerssohn bahnte sich mit großer Zähigkeit den Weg zur Wissenschaft, studierte in Moskau, Kiew, Petersburg, Marburg und Freiberg und wurde 1745 Professor der Chemie in Petersburg. Auf seine Initiative hin wurde 1755 die heute nach ihm benannte Universität in Moskau gegründet. Lomonossow leistete hervorragende Beiträge in Physik und Chemie, in Astronomie, Geologie, Geographie, Sprachwissenschaft und Geschichtswissenschaft; er gehört damit in die kleine Gruppe der großen Universalgelehrten der Menschheit.

293. Laboratorium. In der Mitte des 18. Jh. begann die Chemie eine wichtige Stellung unter den Naturwissenschaften einzunehmen. Große Laboratorien ermöglichten den Übergang zu systematischer Forschungsarbeit. Aus: Encyclopédie ou Dictionnaire raisonné des Sciences, des Arts et des Métiers... Figures Encyclopédie: Recueil des Planches, sur les Sciences, les Arts libéraux et les Arts méchaniques. Tome III = Seconde Livraison en deux parties. Seconde Partie. Paris 1763. Universitätsbibliothek, Leipzig

land ab und besaß, ab 1745 Professor an der Petersburger Akademie der Wissenschaften, ein guteingerichtetes Laboratorium. Hier untersuchte er Erz- und Mineralproben aus Rußland, stellte Farbmosaikgläser und Mineralfarben her. Bei Versuchen über die Verkalkung (Oxydation) von Metallen gelang ihm der Nachweis, daß die Gesamtmasse von Glas, Metall und Luft vor der Verbrennung ebensogroß ist wie die Gesamtmasse von Glas, Restluft und Metallkalk nach der Verkalkung. Von diesen und ähnlichen Beobachtungen gelangte Lomonossow durch Abstraktion zu dem grundlegenden Naturgesetz von der Erhaltung der Masse. Es ist formuliert in einem Brief vom Jahre 1748 an den in Petersburg wirkenden Mathematiker Euler und in seiner Abhandlung »Meditationes...« (Gedanken über die Festigkeit und Flüssigkeit der Körper) von 1760. In dem Briefe heißt es: »Alle Veränderungen, die in der Natur geschehen, sind derart, daß ebensoviel, wie von einem Körper abgeht, bei dem anderen hinzukommt, so daß, wenn sich irgendwo etwas Materie vermindert, sie an anderer Stelle zunimmt.«

Gaschemie Der Apotheker Scheele gehörte neben Black in England, der Kohlendioxid als besondere Luftart erkannte, neben dem englischen Landgeistlichen Hales, der die pneumatische Wanne zum Auffangen von Gasen konstruierte, neben Priestley und Cavendish zu den Begründern der pneumatischen Chemie. In seiner »Chemischen Abhandlung von der Luft und dem Feuer« (1777) teilte er seine Experimente und Schlußfolgerungen mit.

Um Phlogiston zu isolieren, hatte Scheele Phosphor und Schwefel in mit Wasser abgesperrten Luftvolumina verbrannt. Nach dem Lösen der Verbrennungsprodukte stellte er bestürzt fest, daß die Volumina durch den vermeintlichen Phlogistonzutritt nicht größer, sondern im Gegenteil geringer geworden waren. Das übriggebliebene Gas (im wesentlichen Stickstoff) bezeichnete Scheele als »verdorbene Luft«. Um seine Beobachtungen mit der herrschenden Phlogistontheorie in Einklang zu bringen, stellte Scheele zunächst eine Zusatzhypothese auf, wonach Phlogiston ein Stoff mit der Fähigkeit sei, den Luftraum zusammenzudrücken.

In den Jahren 1772/73 entdeckte Scheele beim Erhitzen von Quecksilberoxid ein Gas, das wir heute Sauerstoff nennen. Er selbst bezeichnete es als »Feuerluft«. Die Auffindung des Sauerstoffs sollte sich als ein wichtiger Markstein auf dem Wege zur Überwindung der Phlogistontheorie erweisen. Scheele selbst aber hielt, trotz der sich häufenden Widersprüche, bis an sein Lebensende an der Phlogistontheorie fest. Ähnlich blieben auch Priestley und Cavendish in England, sogar noch nach den entscheidenden Arbeiten von Lavoisier, lebenslang Phlogistiker.

Priestley, den Sohn eines Tuchmachers, interessierte u. a. die Frage, woher die Natur den großen Vorrat an »atembarer Luft« nimmt, da doch durch Verbrennung und Atmung ständig Luft verbraucht wird. Experimentell stellte er fest, daß grüne Pflanzen im Sonnenlicht zum Atmen unbrauchbar gewordene (vor allem Kohlendioxid und Stickstoff enthaltende) Luft zu normaler Luft regenerieren: Die Assimilation der Pflanzen war entdeckt. 1774 fand Priestley, unabhängig von Scheele, ebenfalls den Sauerstoff bei der thermischen Zerlegung von Quecksilberoxid. Als überzeugter Phlogistiker nannte er ihn »dephlogisierte Luft«. Mit einem experimentellen Kunstgriff, der Wahl von Quecksilber als Sperrflüssigkeit bei der pneumatischen Wanne, gelang es Priestley, auch wasserlösliche Gase zu isolieren, u. a. Stickoxide, Chlorwasserstoff, Ammoniak, Schwefeldioxid, Siliziumfluorid und Kohlenmonoxid.

Auch der englische Privatgelehrte Cavendish hatte wesentlichen Anteil an der Entwicklung der Gaschemie. Mit neuartigen Apparaturen zur Verbrennung von Gasen mittels eines elektrischen Funkens konnte er u. a.

294. Apparaturen für die Erforschung des Gasstoffwechsels der Pflanzen. Mit Hilfe der »pneumatischen Wanne« (unter Wasser- oder Quecksilberabsperrung) fing Joseph Priestley die Gase auf, die er durch Destillationen oder andere Umsetzungen gewonnen hatte. Er wies nach, daß nur ein Fünftel der Luft Atmung und Verbrennung unterhält (f), stellte »verdorbene Luft« (Stickstoff) her, indem er Mäuse in abgesperrten Luftvolumen so lange atmen ließ, bis sie tot umfielen (d), und erkannte, daß durch Atmen umgewandelte Luft (fixe Luft = Kohlendioxid) durch Pflanzen im Sonnenlicht wieder regeneriert wird, er entdeckte damit die Assimilation der Pflanzen. Priestley war einer der führenden Chemiker der zweiten Hälfte des 18. Jh. und neben Scheele einer der Entdecker des Sauerstoffs. Doch war er noch Anhänger der Phlogistontheorie. Frontispiz aus: Priestley, J., Experiments and Observations on different Kinds of Air. London 1775. Universitätsbibliothek, Leipzig

295. Ein Ballon wird mit Wasserstoff gefüllt. Der spezifisch leichte Wasserstoff war von Henry Cavendish entdeckt worden. Als der französischen Physiker Alexandre César Charles von dem am 5. Juni 1783 erfolgten Start eines Ballons durch die Brüder Montgolfier erfahren hatte – noch ohne zu wissen, daß diese Heißluft verwendet hatten –, ließ er am 27. August 1783 im Auftrage der Pariser Akademie einen mit Wasserstoff gefüllten Ballon aufsteigen. Den zum Füllen des Ballons (25 m^3 Inhalt) benötigten Wasserstoff gewann er, indem er Eisenfeilspäne mit Schwefelsäure übergoß. Kupferstich. Deutsches Museum, München

kleine Mengen Salpetersäure herstellen. Vor allem aber beschäftigte sich Cavendish mit dem Wasserstoffgas, das er aus Metallen und Säuren gewann. Da der Wasserstoff leicht brennbar ist, nach phlogistischer Ansicht also viel Phlogiston enthält, und der bei der Verbrennung entstehende Wasserdampf schwer wahrgenommen werden kann, schien es Cavendish anfangs, als habe er mit dem Wasserstoff endlich das lange gesuchte Phlogiston isoliert. Erst später entdeckte er das Verbrennungsprodukt von Wasserstoff, das Wasser. Diese wichtige Reaktion diente später Lavoisier als letztes Kettenglied bei der Aufstellung seiner antiphlogistischen Chemie.

Das Studium des Belebten

Die Erforschung der Lebewesen und der Lebenserscheinungen erfolgte bereits im 17. Jh. von verschiedenen Seiten her. Das Experimentieren und Anfänge quantitativer Betrachtung fanden auch Verwendung bei der Erforschung der Lebensvorgänge. Mit dem Mikroskop stand ein neues Forschungsinstrument zur Verfügung. Die Vielzahl exotischer Pflanzen und Tiere, mit denen die Europäer in den neuentdeckten Ländern bekannt wurden, lieferte starke Anreize zum Studium von Flora und Fauna.

Physiologie War das 16. Jh. u. a. eine Blütezeit der anatomischen Forschung gewesen, so brachte das 17. Jh. erstaunliche Entdeckungen über Lebensvorgänge. Es entstand eine neue Wissenschaft von den Lebensvorgängen, die Physiologie.

Organe des menschlichen Körpers offenbarten eine andere als die bisher vermutete Funktion. Die bedeutendste Entdeckung, die zahlreiche weitere Erkenntnisse nach sich zog, war die Auffindung des Blutkreislaufs durch den Engländer Harvey, den späteren Leibarzt des englischen Königs.

Nach der bisherigen Auffassung entstand alles Blut in der Leber. Alle im Darm verdaute Nahrung wurde in die Leber transportiert und dort in Blut umgewandelt. Von der Leber sollte das Blut sowohl in den Arterien wie in den Venen nach der Körperperipherie fließen und im Körper restlos verbraucht werden, es gab keine Rückkehr zu Herz oder Leber.

In dem Büchlein »Exercitation Anatomica de Motu Cordis et Sanguinis in Animalibus« (Anatomische Untersuchung über die Bewegung des Herzens und des Blutes in Tieren) stellte Harvey seine Auffassung vor. In Padua, wo er studiert hatte, waren von Fabricius ab Aquapendente die Venenklappen beschrieben worden. Diese segelartigen Gebilde in den Venen mußten nach Harveys offensichtlicher Erkenntnis aber verhindern, daß das Blut in den Venen an die Körperperipherie strömt. Das Blut konnte in den Venen nur herzwärts fließen. Harvey stellte dann fest, daß die pro Zeiteinheit aus dem Herzen ausgestoßene Blutmenge viel zu groß ist, um fort-

296. Bienenhaltung als Beispiel landwirtschaftlicher Tätigkeit. Vom späten 16. bis weit ins 18. Jh. wurden die Erfahrungen aus der Landwirtschaft in dickleibigen Büchern, der »Hausväterliteratur«, niedergelegt. Aus: Florinus, F. Ph., Oeconomus prudens et legalis continuatus. Nürnberg 1719, S. 1153. Universitätsbibliothek, Leipzig

laufend durch die Nahrung in der Leber ersetzt zu werden. Er band bei verschiedenen Tieren verschiedene Arterien und Venen ab und beobachtete die Blutstauung an den Abbindstellen. Ihm wurde deutlich, daß in den Arterien das Blut vom Herzen wegfließt und daß es in den Venen aus dem Körper zum Herzen zurückkehrt. Der Kreislauf des Blutes war erkannt.

Einige Zeit nach der Publikation von Harveys Buch wurden weitere neue Entdeckungen gemacht. Hatte der Italiener Aselli schon 1622 bei einem Hund die Lymphgefäße entdeckt, so zeigte der französische Anatom Pecquet im Jahre 1651, daß zumindest ein Teil der von der Darmwand aufgenommenen verdauten Nahrung unter Umgehung der Leber durch die Lymphgefäße in die Blutbahn befördert wird.

Schließlich bewies Lower in Experimenten, daß die Änderung der Blutfarbe von Dunkelrot zu Hellrot in der Lunge auf dem Zutritt von Luft beruht. Durch Schütteln von Blut im Glaskolben konnte er dieselbe Farbänderung hervorrufen. Mit diesem Experiment hatte Lower ein frühes Beispiel dafür geliefert, daß Lebensvorgänge auch außerhalb des Körpers, in vitro, untersucht werden können.

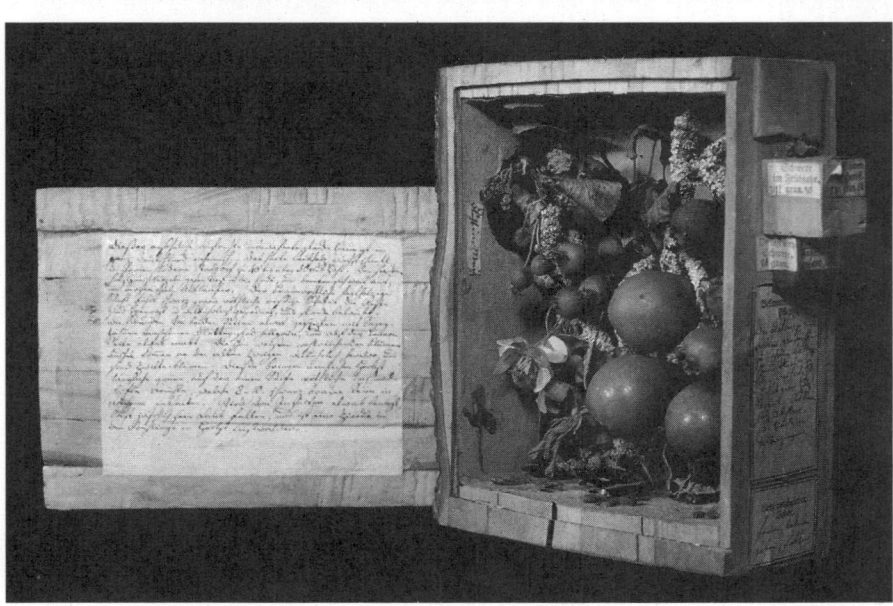

297/298. Schildbachsche Holzbibliothek. Die Sammlung stammt aus der Zeit nach 1771 und gibt einen weiteren Einblick in die Sammeltätigkeit der Naturforscher früherer Jahrhunderte. Städtisches Naturkundemuseum (Ottoneum), Kassel

299. William Harvey. Seine Entdeckung des Blutkreislaufs steht am Beginn der modernen Physiologie. Durch gut aufeinander abgestimmte Experimente suchte er die wohl schon in jungen Jahren gewonnene Erkenntnis über die Funktion des Blutkreislaufs zu beweisen und widerlegte damit die bis ins 17. Jh. hinein gelehrte Auffassung Galens von der Blutverteilung. Gemälde von Cornelius Janssen. Royal College of Physicians, London

Die Entdeckung von Blutkreislauf und Lymphgefäßen bedeutete den Bruch mit der auf Galen zurückgehenden Physiologie und führten zur »Entthronung« der Leber in ihrer Rolle als blutbildendes Organ. Eine neue Physiologie war entstanden. Ein Zeitgenosse schrieb: »Ähnlich wie die Seefahrer unserer Zeit neue Inseln, Meere und Länder entdeckt haben, an die das Altertum auch nicht im Traume dachte, ebenso hat die Erforschung des Organismus vieles zutage gebracht, was den Ärzten von Nutzen sein wird.«

Harvey rechnete noch mit einem den Tieren und dem Menschen »eingeborenen« Lebensprinzip, der Herzwärme. Der Verteilung dieser vorgegebenen Wärme und der Verteilung der Nahrung im Körper sollte der Blutkreislauf dienen.

Die Iatrophysiker wollten in den Organismen komplizierte Maschinen, fast so etwas wie Automaten, sehen. Beim Menschen sollte aber die unsterbliche Seele die Körpermaschine lenken. Nach Descartes sollte die

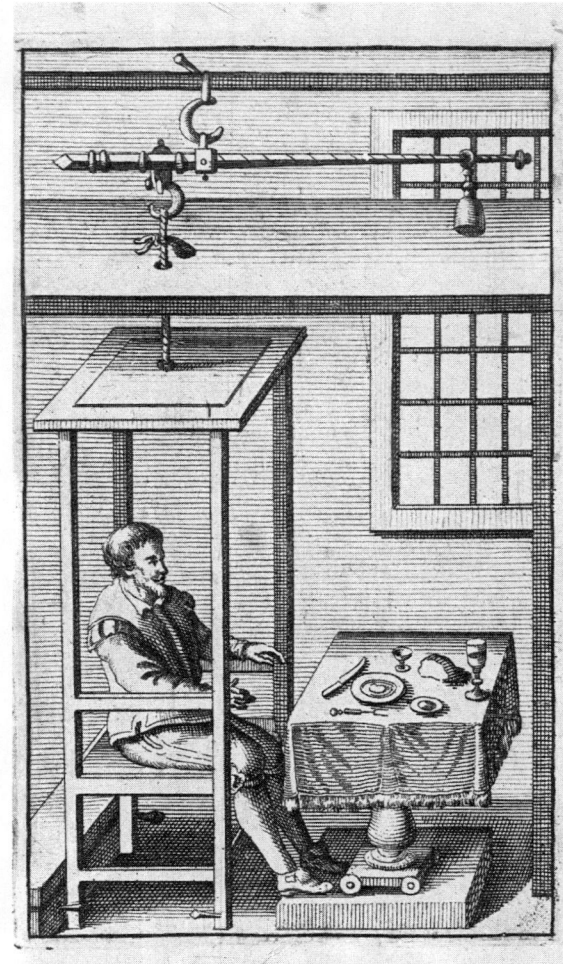
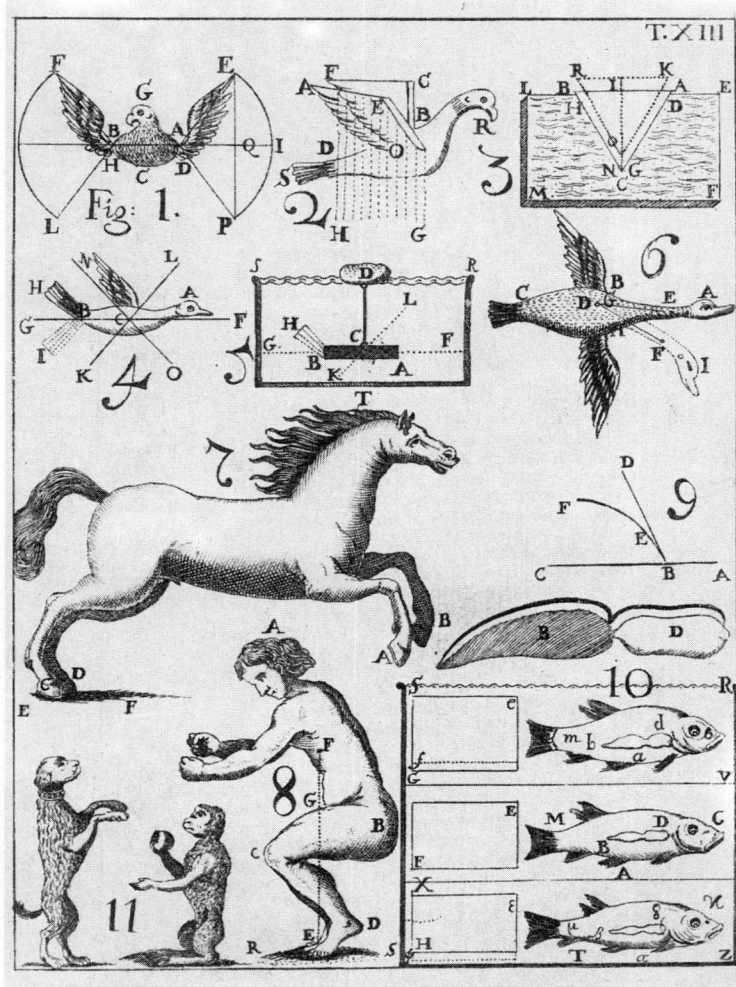

300. Sanctorius auf einer Waage. Auch in Medizin und Biologie wurde im 17. Jh. die Untersuchung mittels Experiment und Meßinstrumenten eingeführt. Der Iatrophysiker Sanctorius lebte für längere Zeit auf dieser Waage und wog seine aufgenommene Nahrung sowie seine Ausscheidungen. Er wollte damit Aufklärung über die Nahrungsbilanz des Menschen erhalten. Frontispiz aus: Sanctorius, S., De statica medica..., Lugduni Batavorum (Leiden) 1703. Universitätsbibliothek, Leipzig

301. »Mechanische« Bewegung der Tiere. Neben René Descartes war der Mathematikprofessor Giovanni Alfonso Borelli der Hauptvertreter der iatrophysikalischen Richtung in der Physiologie des 17. Jh. Er versuchte u. a., die Bewegungen der Tiere

sterbliche Körpermaschine über die Epiphyse (die Zirbeldrüse) mit der unsterblichen Seele verbunden sein.

In Italien, wo eine ausgeprägte iatrophysikalische Schule bestand, schrieb einer ihrer bedeuendsten Vertreter, Borelli, »daß Gott bei der Erschaffung der tierischen Organismen Geometrie trieb und daß wir zu ihrem Verständnis Geometrie brauchen«. Beispielsweise berechnete Borelli die von den Muskeln ausgeübten Zugkräfte, erklärte Leber- und Nierentätigkeit als Filtration. Sanctorius versuchte Messungen in die praktische Medizin einzuführen. Er erfand ein Pulszählgerät und ein Thermoskop zur Messung der Körpertemperatur. Er verbrachte sogar längere Zeit auf einer Waage; dort aß und trank er, arbeitete und sammelte seine Körperausscheidungen, um die Stoffwechselbilanz zu ermitteln.

Die Iatrochemiker erblickten das Wesen des Lebens in chemischen Vorgängen. Doch konnten Iatrophysik und Iatrochemie, zumal bei dem seinerzeitigen Stand von Physik und Chemie, den komplizierten Vorgängen im Organismus nur in wenigen Punkten gerecht werden. Besonders Nervenerregung und Muskelverkürzung spotteten solchen Erklärungsversuchen.

So ist es verständlich, daß im 18. Jh. das Leben erneut durch vitalistische Prinzipien erklärt wurde, beispielsweise bei dem Mediziner Stahl. Bis zur Mitte des 17. Jh. galt es als ausgemacht, daß bei Fäulnis Lebewesen entstehen können. Redi, Leibarzt am Hofe in Florenz, gelang der Nachweis, daß Fliegenmaden am Fleisch sich nur aus darin abgelegten Eiern entwickeln können, ein zwingender Beweis gegen die »Urzeugung« von Fliegen. Mit der Aufdeckung der Feinstruktur von Tieren und Pflanzen und der Vermehrungsvorgänge im 18. Jh. wurde die Vorstellung von der Urzeugung höherer Organismen fallengelassen. Nach einem Wiederaufleben im 18. Jh. konnte sie im 19. Jh. endgültig widerlegt werden.

Die Mikroskopiker So wie das Fernrohr dem menschlichen Auge die Weite des Himmels erschloß und die durch die Sinnesorgane des Menschen gegebenen Grenzen hinausschob, so ließ das Mikroskop bisher ungeahnte Strukturen im Feinbau der Lebewesen erkennen und enthüllte die vordem völlig unbekannte Welt der Kleinlebewesen.

In Italien untersuchte Stelluti mit dem Mikroskop die Organe der Honigbiene. In England veröffentlichte Hooke 1665 das hervorragend von Wren illustrierte Werk »Micrographia«, in dem eine erste Beschreibung der »cellula«, der Zellen, gegeben wird, die er an der Rinde der Korkeiche und am Holundermark beobachtet hatte. Doch waren für ihn Zellen lediglich Hohlräume in der Pflanzensubstanz. Der Italiener Malpighi studierte Haut und Drüsen, untersuchte die Zungenpapillen, fand die später nach ihm benannten Körperchen der Niere. Mit der Entdeckung der Blutkapillaren

auf ihre mechanischen Grundlagen zurückzuführen. Aus: Borelli, G. A., De motu animalium. Rom 1680/81. Universitätsbibliothek, Leipzig

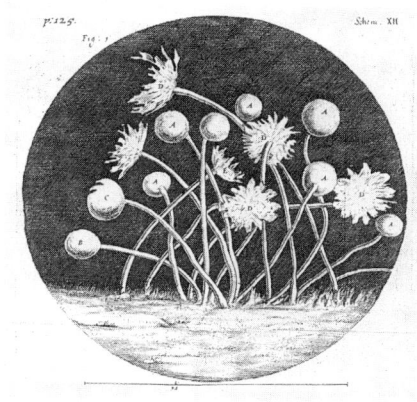

302. Schimmelpilze. Eines der schönsten Werke mit Abbildungen von Naturobjekten unter dem Mikroskop ist Robert Hookes »Micrographia or some Physiological Descriptions of minute bodies made by Magnifying Glasses with Observations and Inquiries there upon«. London 1667, Abb. 1. Universitätsbibliothek, Leipzig

303. Antony van Leeuwenhoek. Dieser Delfter Bürger war einer der bedeutendsten Mikroskopiker. Seine Beobachtungen – beispielsweise fand er die »Infusionstierchen« im Wasser, Bakterien in Zahnbelag und die »Samentierchen« (Spermatozoen) in der Samenflüssigkeit – teilte er in Briefen der Royal Society in London mit und erlangte damit Weltruhm. Stich von Jan Verkolje. Staatliche Kunstsammlungen Dresden, Kupferstichkabinett

klärte er den Rücklauf des Blutes von den Arterien in die Venen und schloß damit die noch empfindlichste Lücke in der Lehre vom Blutkreislauf.

Swammerdam in den Niederlanden erschloß in jahrelanger Kleinarbeit den Feinbau kleiner Tiere, so den der Honigbiene und einer nur 6 mm langen Eintagsfliegenlarve. Es wurde klar, daß auch das von der Forschung bisher vernachlässigte »Gewürm«, daß auch die niederen Tiere komplizierte Organe besitzen. Swammerdam empfand seine Entdeckung freilich als religiösen Dienst, als Aufklärung der Menschen über die wunderbaren Schöpfungen Gottes, die sich gerade im Kleinsten offenbarten.

Vielseitigster Mikroskopiker war van Leeuwenhoek aus Delft. Mit selbstgefertigten Mikroskopen erreichte er zweihundertfache Vergrößerungen. Er entdeckte die roten Blutkörperchen, die Spermatozoen, nochmals die Kapillaren, die Faserstruktur der Augenlinse. Erstmals beschrieb er Bakterien, die er im Zahnbelag fand. Als erster sah er die vielgestaltige Welt der Kleinlebewesen der Gewässer. Nach Leeuwenhoek fand die Mikroskopik ein vorläufiges Ende; die mit den damaligen Geräten und Beobachtungstechniken möglichen bedeutenden Entdeckungen hatten sich erschöpft.

Präformationstheorie Sie gab eine Erklärung für die Vorgänge bei der Keimesentwicklung. Die Anwendung des Mikroskops ermöglichte auch eine Aufklärung über die Anfangsstadien der Organismenentwicklung.

Aber das Mikroskopieren führte auch zu Irrtümern. Leeuwenhoek und andere glaubten, in den Spermatozoen des Menschen und mancher Tiere winzig kleine, aber fertige Lebewesen zu erblicken. Man meinte, daß sich die »Samentierchen« nur noch zu vergrößern brauchten und der Organismus sei fertig. Andere wollten das künftige Lebewesen im Ei erblicken. Es entstand schließlich die Auffassung, daß in einem Samen oder in einem Ei bereits alle weiteren Generationen »eingeschachtelt« sind. Die Präformationstheorie stand mit dem mechanistischen Weltbild in Einklang. So wie die gesamte »Weltuhr« am Anfang in Gang gesetzt worden war und für alle Zeiten nach denselben Gesetzen funktionieren sollte, so hatte auch das Leben offenbar einen einmaligen Anfang, und es brauchten sich die Lebewesen nur noch mechanisch »auszuwickeln«. In der zweiten Hälfte des 18. Jh. wurde die mit den religiösen Überzeugungen harmonierende mechanische Theorie erschüttert. Die beim Süßwasserpolypen von Trembley entdeckte erstaunliche Regenerationsfähigkeit wie die Bastardbildung verlangte zumindest Zusatzannahmen zur Präformationstheorie.

Der aus Berlin stammende Mediziner Wolff stellte bei mikroskopischen Untersuchungen an Pflanzen und Tieren fest, daß bei der Entwicklung eines Embryos die Organe aus nichtstrukturiertem Material entstehen und keine sog. Auswicklung stattfindet.

Anatomie Die Anatomie hatte sich z. T. zu einer Art Modewissenschaft entwickelt. Zahlreiche Gemälde von Leichenzergliederungen und anatomischen Studien zeugen ebenso davon wie Sammlungen, auch von Abnormitäten und mißgebildeten Embryonen, denn »Curiosa« fanden bei manchen Forschern besondere Beachtung. Von den Mißgeburten erhoffte man auch Aufklärung über die normale Keimesentwicklung und deren mögliche Störungen.

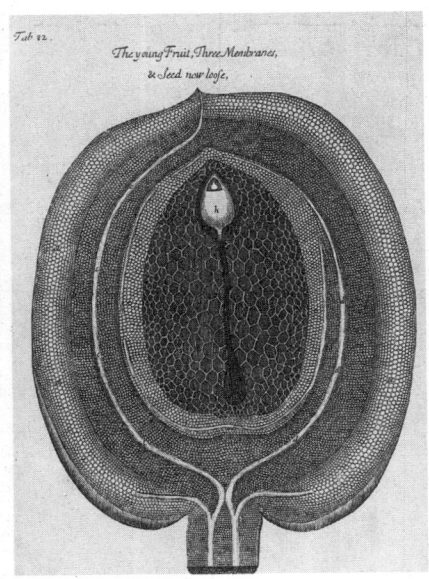

304. Feinanatomie der Pflanzen. Der Engländer Nehemiah Grew bildete 1682 als einer der ersten Forscher den im Mikroskop beobachtbaren Feinbau von Pflanzen ab. Die Zellen wurden zwar sorgfältig gezeichnet, aber ihre Rolle als Grundbaustein der Lebewesen war im 17. Jh. noch unbekannt. Aus: Grew, N., The Anatomy of Plants. London 1682, Tafel 82. Universitätsbibliothek, Leipzig

Die anatomische Forschung beschäftigte sich nun auch mit Tieren aus fernen Ländern. In Paris wurden unter Perrault Löwen, Dromedare, Bären und Gazellen seziert; Tyson untersuchte Schimpanse, Opossum und Klapperschlange. Das Vergleichsmaterial wuchs gewaltig und bereitete den großen Aufschwung der vergleichenden Anatomie am Ende des 18. Jh. vor.

305. Sezierter Hund. Diese Darstellung in Gasparo Asellis »De lactibus« um 1627 ist die älteste Farbabbildung in einem anatomischen Werk. Aselli entdeckte die Lymphgefäße, die einen großen Teil der von der Darmwand aufgenommenen Nahrung in den Körperkreislauf befördern. Universitätsbibliothek, Leipzig

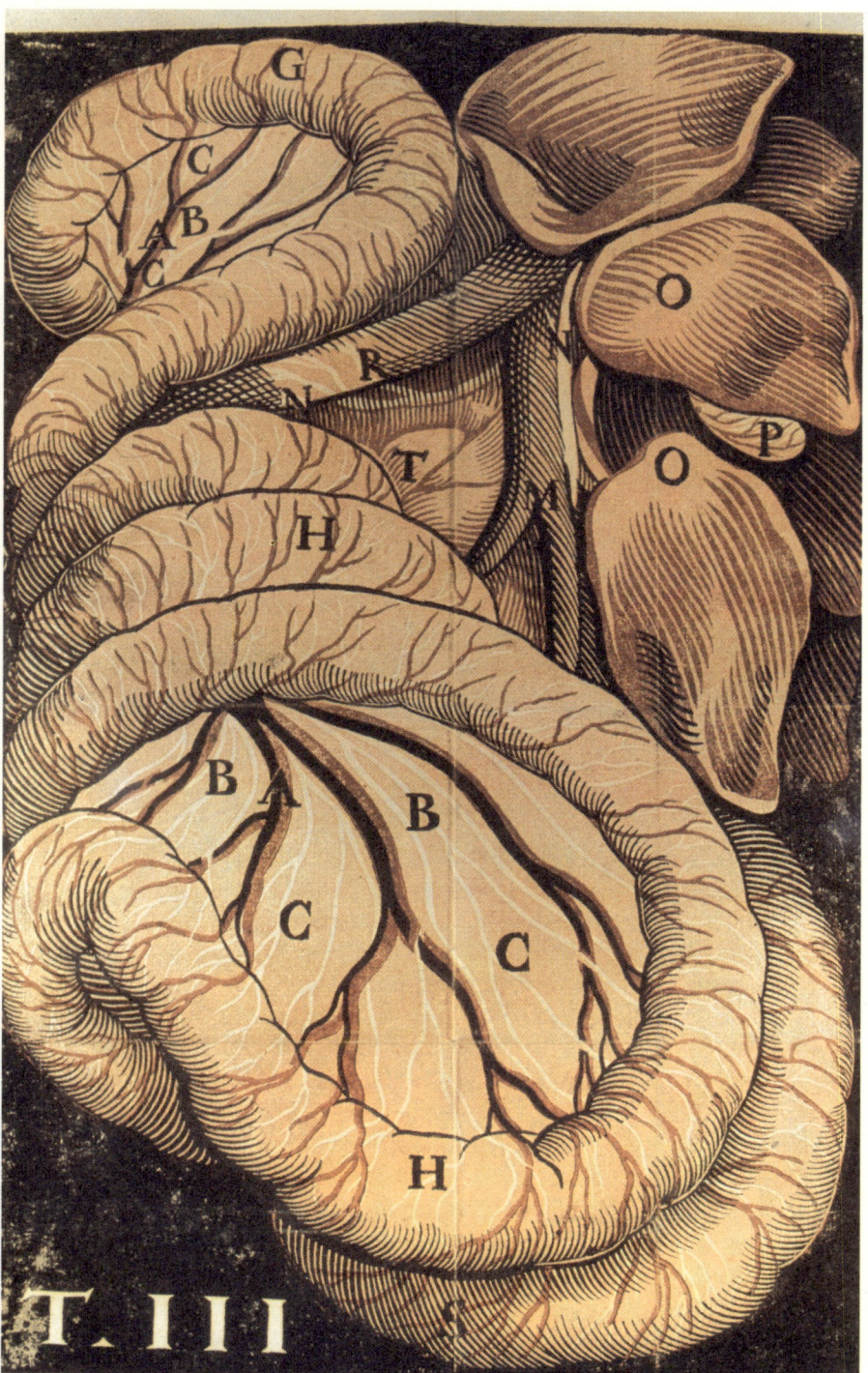

306. Die Gattung Amaryllis. Eine Seite aus dem ersten Buch, in dem Linné die binäre Nomenklatur anwandte, gezeigt am Beispiel der Gattung Amaryllis. Der »Species«-Name steht rechts am Rande. Aus: Linné, C. von, Species Plantarum, Holmiae (Stockholm) 1753, S. 293. Universitätsbibliothek, Leipzig

307. Carl von Linné. Der schwedische Naturforscher trug durch sein Werk in hervorragendem Maße zur Erschließung der Pflanzen- und Tierwelt der Erde bei. Sein System und die von ihm eingeführte Nomenklatur ermöglichte die Benennung und Einordnung der Organismen. Seine Schüler, seine »Apostel«, erforschten die Pflanzenwelt in den verschiedensten Teilen der Erde. Frontispiz aus: Linné, C. von, Philosophia botanica. Stockholm 1751. Universitätsbibliothek, Leipzig

Experimentelle Physiologie Die Physiologie der Pflanzen war teilweise noch schwerer auszubauen als die der Tiere, weil jede Bezugnahme auf den menschlichen Körper fehlte.

Bereits im 17. Jh. machte van Helmont sein berühmtes Experiment über die Ernährung einer Weide. Ein Tübinger Arzt, Camerarius, wies zu Ende des 17. Jh. nach, daß sich Früchte im allgemeinen nur dann ausbilden, wenn der Stempel einer Blüte mit Pollenkörnern belegt wird. Doch war die Sexualität der Pflanzen noch lange umstritten. Hales untersuchte die Wasser- und Saftleitung in Pflanzen. Kölreuter, Direktor des Botanischen Gartens in Karlsruhe, erzeugte 1761 mit Hilfe künstlicher Bestäubung erstmals Pflanzenhybriden, und zwar am Tabak. In der Tierphysiologie gab es im 18. Jh. ebenfalls etliche bemerkenswerte Ergebnisse. Besonders berühmt war der italienische Abbé Spallanzani mit seinen geschickten physiologischen Experimenten an Mensch und Tier; er wurde zur Vorlage einer Figur in Offenbachs phantastischer Oper »Hoffmanns Erzählungen«. Um die Wirkung des Magensaftes zu ergründen, verschluckte er durchlöcherte Kästchen mit Fleisch; nach einiger Zeit zog er sie an den daran befestigten Zwirnsfäden wieder heraus. Ihm gelang die erste künstliche Befruchtung einer Hündin. Auch befaßte er sich mit dem Orientierungsvermögen der Fledermäuse.

Mit dem bedeutenden Schweizer Arzt von Haller erreichten Physiologie und Embryologie einen Höhepunkt. Seine achtbändige Darstellung »Elementa physiologiae corporis humanis« (Elemente einer Physiologie des menschlichen Körpers) aus den Jahren 1757 bis 1766 vereinigte in systematischer Form Entdeckungen seiner Vorgänger und seine eigenen Beiträge, so u. a. seine Studien zur Funktionsweise von Muskeln und Nerven. Die Kontraktionsfähigkeit der Muskeln, die Irritabilität und die Erregungsleitung der Nerven, die Sensibilität, erschienen Haller mechanisch nicht erklärbar. Sie sollten spezifische (vitalistische) Lebenserscheinungen sein. Die Iatrophysik war damit vorerst an die Grenzen ihrer Leistungsfähigkeit gekommen.

Systematisierung der Tier- und Pflanzenwelt Schon seit der Zeit der großen geographischen Entdeckungen gab es Bemühungen um eine Bestandsaufnahme aller auf der Erde vorkommenden Tiere und Pflanzen. Zu Anfang des 17. Jh. waren gegen 6000 Pflanzenarten bekannt. Bedeutende Anstrengungen zur Klassifizierung wurden u. a. von dem Schweizer Bauhin, dem Franzosen de Tournefort und dem Engländer Ray unternommen. Diese Botaniker bereiteten den Boden für den Schweden Linné. Im Gefolge eines Studienaufenthaltes in Holland, wo er in einem privaten Pflanzengarten eine Beschreibung aller dort gezogenen Pflanzenarten vornahm, ging Linné an die riesenhafte Arbeit, Pflanzen und Tiere zu klassifizieren. Sein System der Pflanzen benutzte Zahl und Anordnung der Stempel und Staubgefäße in der Blüte als Ordnungskriterium. Allerdings wurden gelegentlich eindeutig zusammenhängende Arten in verschiedene Klassen eingeordnet, ein deutlicher Hinweis darauf, daß später einmal das »künstliche« System von Linné durch ein »natürliches« System abgelöst werden würde. Überdies blieben die niederen Tiere und Pflanzen bei Linné in großen Sammelgruppen erfaßt, auch hier war in der Zukunft noch viel zu tun.

HEXANDRIA MONOGYNIA. 293

3. AMARYLLIS spatha uniflora, corolla inæquali, ge- *formosissima.*
   nitalibus declinatis. *Hort. cliff.* 135. *Hort. upf.* 75.
   Act. stockh. 1742. *p.* 93. *t.* 6. *Roy. lugdb.* 36.
   LilioNarcissus jacobæus, flore sangvineo nutante. *Dill.
   elth.* 195. *t.* 162. *f.* 196.
   Narcissus jacobæus major. *Rudb. elyf.* 2. *p.* 89. *f.* 10.
   Habitat in America *meridionali.* ♃

4. AMARYLLIS spatha multiflora, corollis campanula- *Bella donna.*
   tis æqualibus, genitalibus declinatis. *Hort. cliff.* 135.
   Roy. lugdb. 36.
   LilioNarcissus polyanthos, flore incarnato: fundo ex lu-
   teo albescente. *Sloan. jam.* 115. *hift.* 1. *p.* 244. *Seb.
   thef.* 1. *p.* 25. *t.* 17. *f.* 1.
   Lilium rubrum. *Merian. furin.* 22. *t.* 22.
   Habitat in Caribæis, Barbados, Surinama. ♃

5. AMARYLLIS spatha multiflora, corollis revolutis, *farnienfis.*
   genitalibus strictis. *Hort. upf.* 75.
   Amaryllis spatha mutiflora, corollis æqualibus patentis-
   simis revolutis, genitalibus longissimis. *Hort. cliff.* 131.
   Roy. lugdb. 36.
   Narcissus japonicus, rutilo flore. *Corn. canad.* 157. *t.*
   158. *Rudb. elyf.* 2. *p.* 23. *f.* 14.
   Lilium farniense. *Dugl. monogr.* t. 1. 2.
   Habitat in Japonia, *nunc in* Sarniæ *insula Angliæ.* ♃

6. AMARYLLIS spatha multiflora, corollis campanu- *zeylanica.*
   latis æqualibus, scapo tereti ancipiti. *Roy. lugdb.* 36.
   LilioNarcissus zeylanicus latifolius, flore niveo externe
   linea purpurea striato. *Comm. hort.* 1. *p.* 73. *t.* 73.
   β. LilioNarcissus africanus, scillæ foliis, flore niveo linea
   purpurea striato. *Ehret. pict.* 5. *f.* 2. ?
   Habitat in Zeylona. ♃

7. AMARYLLIS spatka multiflora, corollis campanu- *longifolia.*
   latis æqualibus, scapo compresso longitudine umbellæ.
   Roy. lugdb. 36.
   Lilium africanum humile, longissimis foliis, polyanthos
   saturato colore purpurascens. *Herm. parad.* 195. *t.*
   195.
   Habitat in Æthiopia. ♃

8. AMARYLLIS spatha multiflora, corollis inæqualibus, *orientalis.*
   foliis lingviformibus. *Büttn. cunon.* 215.
   Amaryllis spatha multiflora, foliis ovato-oblongis obtu-
   sis. *Roy. lugdb.* 37.

T 3   Li-

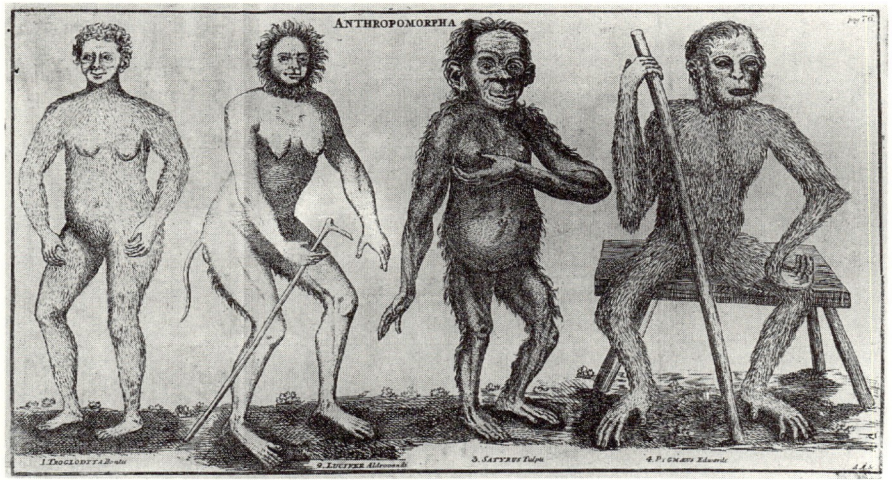

308. Menschenaffen. Linné und andere Naturforscher des 18. Jh. erkannten die großen Ähnlichkeiten im Körperbau von Menschenaffen und Mensch. Linné vereinte Mensch und Affen in der einen Ordnung »Primates...«. Menschenaffen gelangten, tot oder gar lebend, im 18. Jh. aber nur selten nach Europa, und die Abbildungen wurden unter Verwendung nicht einwandfreier Berichte ergänzt. Aus: Linné, C. von, Vom Tiermenschen. In: Des Ritters Carl von Linné Auserlesene Abhandlungen... 1. Bd. Leipzig 1776. Universitätsbibliothek, Leipzig

309. Frühe Rekonstruktion eines Wirbeltieres. Fossile Knochen wurden zwar schon seit langem gefunden, aber oft falsch gedeutet. Auch das Bild vom »Einhorn« kam wohl aus solchen Knochenfunden zustande. Leibniz hatte ebenfalls, wie das vorstehende Bild zeigt, Schwierigkeiten, aus diesen Knochenresten aus der Nähe von Quedlinburg ein ehemals existenzfähiges Tier zu rekonstruieren. Aus: Leibniz, G. W., Protogaea... 1698, Göttingen 1749, S. 64

310. Skelett eines fossilen Riesensalamanders. Johann Jakob Scheuchzer schrieb es einem in der Sintflut ertrunkenen Menschen zu und glaubte, damit ein Sintflut-Zeugnis zu besitzen. Cuvier erkannte später die richtige Zugehörigkeit des Skelettes. Aus: Scheuchzer, J. J., Homo Diluvii Testis..., Tiguri (Zürich) 1726, Ausschlagtafel am Buchende. Universitätsbibliothek, Leipzig

Die bedeutendste und bleibende Leistung von Linné besteht darin, eine binäre Nomenklatur (1753/54) zur Benennung der Arten eingeführt zu haben. Danach erhält jede Art (Spezies) einen Gattungs- (Genus-Namen) und einen Artnamen. Beispielsweise heißt seit Linné die Amsel Turdus merula, die verwandte Singdrossel Turdus musicus. Es charakterisiert Linnés Stellung in der damaligen wissenschaftlichen Welt, wenn man ihn als »Kanzleibeamten des Herrgotts« bezeichnete und den Spruch prägte: »Gott hat die Welt geschaffen, aber Linné hat sie geordnet.«

Geologie und Geographie

Im 17. und 18. Jh. wurden wichtige Grundlagen der Geologie und Paläontologie geschaffen.

Fossilienkunde und Physikotheologie Als ein erster Pionier der Erdgeschichtsforschung trat der Däne Steno auf, der lange Zeit als Naturforscher am Hofe der Medici in Florenz arbeitete, später aber zum Katholizismus übertrat und sogar Bischof wurde. Steno schloß aus der Lagerung und

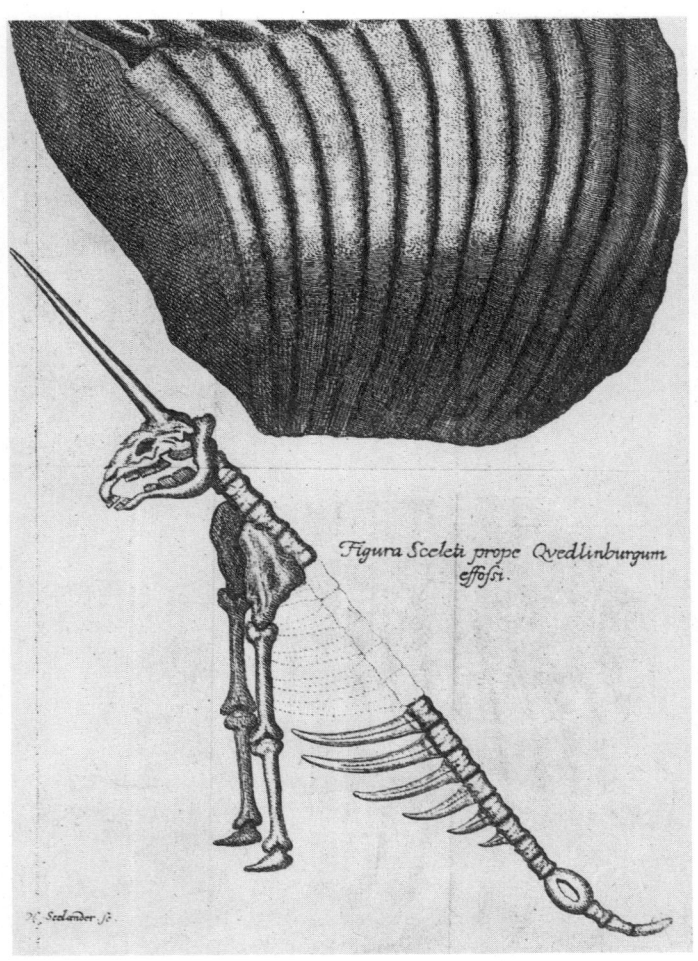
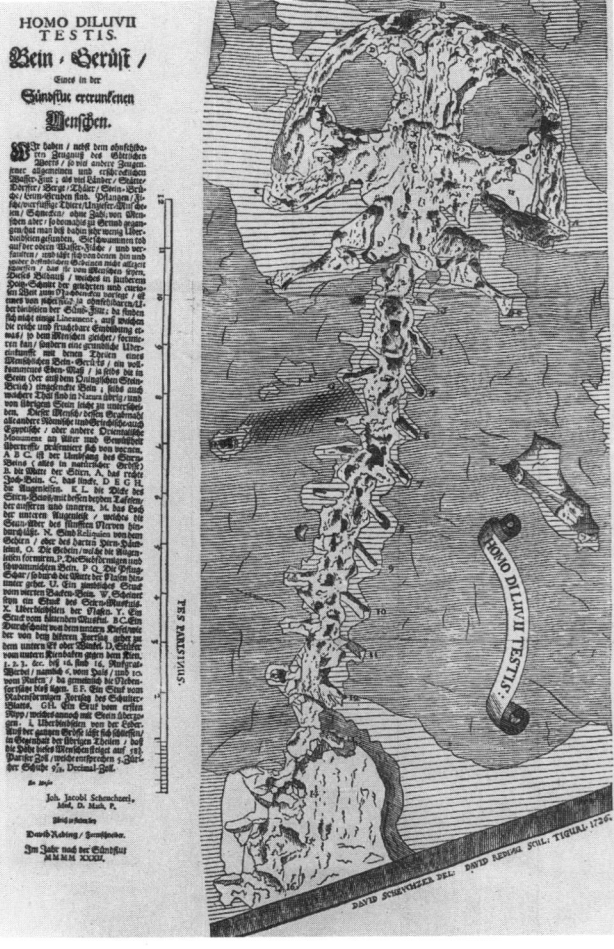

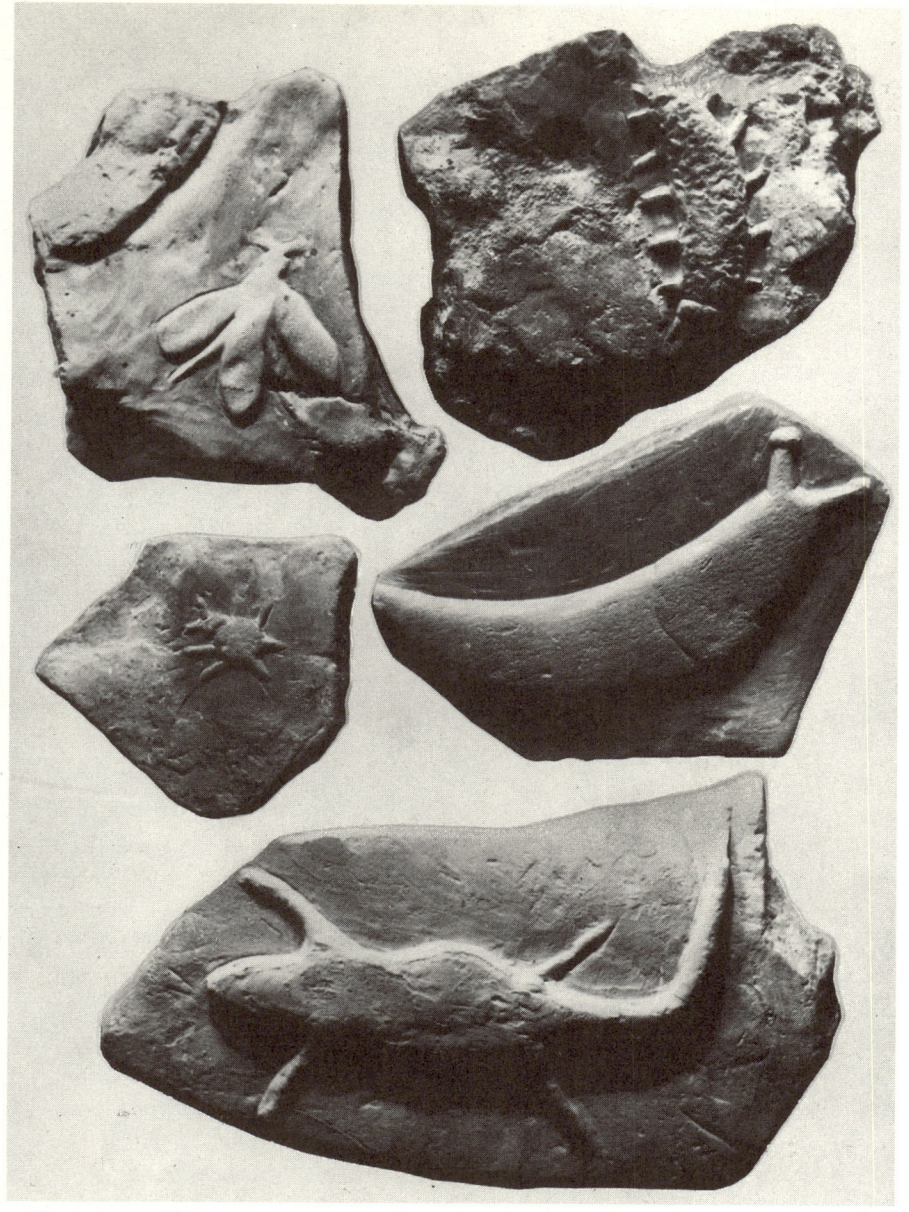

311. Würzburger Lügensteine. Der Würzburger Mediziner Professor Johann Bartholomäus Adam Beringer wurde jahrelang durch künstlich hergestellte Gebilde genarrt, die man an Orten seiner Sammeltätigkeit versteckte und die er für natürlich vorkommende Fossilien hielt. Im 18. Jh. fehlten noch manche Erfahrungen, um solche Fälschungen sofort zu erkennen. Museen Schloß Elisabethenburg, Meiningen

Art der Sedimentgesteine in der Toscana auf eine Veränderung der Erdkruste im Verlaufe der Zeit.

Doch war es ein weiter Weg bis zur Einsicht in die riesigen erdgeschichtlichen Zeiträume, die mit der biblischen »Zeitrechnung« von wenigen tausend Jahren seit Adam und Eva im krassen Widerspruch stand. Lange Zeit überwogen unwissenschaftliche Deutungen für die Fossilien. Man sah in ihnen »Naturspiele« oder nie zum Leben gekommene Organismen, die im Schlamm steckengeblieben seien. Leonardo da Vinci und Steno hatten etliche Fossilien richtig als ehemalige Lebewesen gedeutet. Doch erst am Anfang des 18. Jh. konnten sich der Schweizer Scheuchzer und der Engländer Woodward für viele Fossilien mit der Auffassung durchsetzen, daß

312. Spekulative Darstellung des Erdinneren mit vermuteten Feuern. Die Verhältnisse im Erdinneren waren nicht unmittelbar zu untersuchen und deshalb Gegenstand von Vermutungen. Die nach der Tiefe zunehmende Erdwärme wurde von manchen Forschern auch auf nur örtliche Vorgänge (Kohleflözbrände) zurückgeführt. Große Tafel aus: Kirchner, A., Mundus Subterraneus. Bd. 1. Amsterdam 1678. Universitätsbibliothek, Leipzig

313. Titelblatt der »Geographia universalis...«. Der in Uelzen geborene und später als Arzt in Amsterdam tätige Bernhard Varenius verfaßte damit 1684 eines der ersten Werke zur physischen Geographie, der Wissenschaft von den auf der Erdoberfläche wirkenden Naturkräften. Für Großbritannien besorgte Newton 1672 eine Ausgabe dieses Buches. Universitätsbibliothek, Leipzig

sie Reste früherer Organismen sind. Allerdings waren sie der Meinung, daß alle diese Lebewesen gleichzeitig umgekommen seien, nämlich während der von der Bibel beschriebenen Sintflut. So schien die Fossilienforschung in schönster Weise die Theologie zu unterstützen.

Obgleich auf der einen Seite die Emanzipation der Naturforschung vorankam, entstand eine Art Gegenströmung, die sog. Physikotheologie; biblische Lehren glaubte man durch wissenschaftliche Erkenntnisse gestützt.

Scheuchzer z. B. sah in seiner physikotheologischen Begeisterung im fossilen Skelett eines Riesensalamanders sogar das »Beingerüst« eines während der Sintflut umgekommenen »armen Sünders«, der mit seinen Überresten bestimmt sei, die lebende Menschheit zur christlichen Einkehr zu bewegen. In Affront gegen derartige Fossilienerklärungen glaubte der streitbare Aufklärer Voltaire, daß die scheinbar für die Sintflut sprechenden Muschelschalen auf den Höhen der Alpen von Pilgern weggeworfen worden waren – und ging an der Wahrheit ebenfalls weit vorbei.

Fossiliensammeln wurde im 18. Jh. regelrecht Mode. Viele private »Naturalienkabinette« entstanden durch Liebhaber der Naturgeschichte. Der eifrige Würzburger Professor Beringer fand in seinem Steinbruch immer wieder besonders schöne Fossilien und machte sie der Öffentlichkeit in einem reich illustrierten Werk bekannt. Doch eines Tages mußte er feststellen, daß diese »Fossilien« künstlich hergestellt waren. Die Legende besagt, die Hersteller der »Würzburger Lügensteine« hätten den Herrn Professor von seiner schönen Frau weglocken wollen.

Geduld und wissenschaftliche Verarbeitung der Funde führten schließlich zu gesicherten Erkenntnissen. Die verschiedenen Arten der Fossilien liegen nicht durcheinander, wie es nach einer Sintflut hätte der Fall sein müssen. Vielmehr weisen unterschiedliche Schichten der Sedimentgesteine unterschiedliche Fossilien auf; manche können als Leitfossilien die geologische Schicht charakterisieren. Viele Fossilien besitzen heute auf der Erde keine lebenden Vertreter mehr; sie gehören also ausgestorbenen Formen an. Von den älteren zu den jüngeren Erdschichten ist die Höherentwicklung der Organismen unverkennbar.

Detaillierte Forschungen waren nötig, um zu diesem Ergebnis zu gelangen. Stellvertretend für viele geduldige Einzelarbeiten während des 18. Jh. seien hier die stratigraphischen Untersuchungen des Bergrates Lehmann an den Schichtgesteinen im Nordharzgebiet und von Füchsel in Südostthüringen genannt.

Hand in Hand mit der Erschließung der Fossilien und der Aufschlüsse von geologischen Schichten ging die systematische Sammlung und Klassifizierung von Gesteinen und Mineralien; hier wurde Werner, Professor an der Freiberger Bergakademie, einer der Hauptvertreter.

Geographische Entdeckungen Mit dem Zeitalter der Aufklärung begann die Periode wissenschaftlicher Expeditionen zur Erforschung der Erde — freilich dienten auch diese direkt oder indirekt den Kolonialinteressen europäischer Staaten, ohne daß sich die Forschungsreisenden dieser Tatsache stets bewußt gewesen wären.

Am eindrucksvollsten war während des 17. und 18. Jh. die Seefahrertätigkeit der Holländer, Briten und Franzosen im Stillen Ozean südlich des Äquators. Man vermutete ein großes »Südland«, die »Terra australis«, welche der Landmasse auf der Nordhalbkugel das Gegengewicht halten sollte.

314. Cooks Landung auf Tanna, einer Insel der Neuen Hebriden. Im 18. Jh. erfolgte ein erneuter Aufschwung der Entdeckungsfahrten. James Cook erforschte weite Teile der Südsee. Aus: Cook, J. A., Voyage towards the South Pole, and round the world. Bd. II. 2. Auflage. London 1777, Tafel nach S. 54. Sächsische Landesbibliothek, Dresden

Cook landete auf seiner ersten Reise von 1768 bis 1771 an der Ostküste Australiens und machte erste Bekanntschaft mit einer neuartigen Tierwelt. Auf der zweiten Reise überquerte er von 1772 bis 1774 den Stillen Ozean auf vordem unerreichten südlichen Breiten.

Im 16. Jh. hatte die wissenschaftliche Erforschung Amerikas stagniert, zumal die spanischen bzw. portugiesischen Kolonialherren die Einreise von Gelehrten weitgehend verhinderten. Erst die französische Gradmessungsexpedition der Jahre 1736 bis 1742 im Nordwesten von Südamerika brachte genauere Kenntnisse, u. a. vom Platin und vom Kautschuk. Und schließlich sollte am Ende des 18. Jh. Alexander von Humboldt zum »zweiten Entdecker« Südamerikas werden.

Welthistorisch bemerkenswerte Ereignisse vollzogen sich in Nordamerika während des 18. Jh. Die ersten dauerhaften Siedlungen von Engländern und Franzosen auf nordamerikanischem Boden entstanden am Beginn des 17. Jh.

In Nordasien erfolgte seit der Zeit Iwan Grosnys die Eingliederung Sibiriens in den sich ausdehnenden zaristischen Staat. 1581 wurde der Ural überschritten, 1639 war das Ochotskische Meer erreicht. Die wissenschaftliche Erforschung Sibiriens begann 1725 bis 1730 mit der ersten Kamtschatka-Expedition unter Bering. Die sog. Große Nordische Expedition mit 570 Teilnehmern leistete zwischen 1733 und 1743 umfangreiche Forschungen in Sibirien und an seinen Küsten.

Während die Malayische Inselwelt unter holländische Herrschaft und Indien in britischen Besitz geriet, schloß sich Japan gegen die Europäer weitgehend ab und gestattete lediglich den Holländern die Errichtung einer Handelsniederlassung auf der Insel Deshima bei Nagasaki. Von dort aus gelangten zu Ende des 17. Jh. verläßliche Nachrichten aus dem fernöstlichen Inselreich nach Europa, u. a. durch Kaempfer.

Das Innere Afrikas blieb weitgehend unbekannt, trotz vereinzelter Forschungsvorstöße in Nordafrika, im Kapgebiet und in Senegambien.

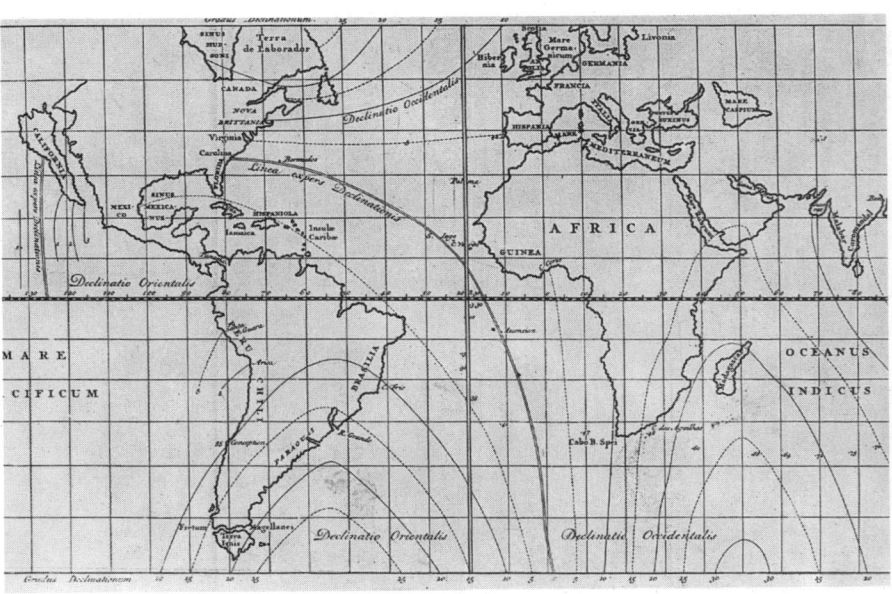

315. Erdmagnetische Karte von Edmund Halley, 1700. Der Erdmagnetismus beschäftigte seit dem 16. Jh. zahlreiche Wissenschaftler und war, besonders im 19. Jh., eine der Naturerscheinungen, deren Erforschung erste wissenschaftliche Gemeinschaftsunternehmen hervorbrachte, insbesondere auch im Hinblick auf die Navigation. Aus: Musschenbroek, P. van, Physicae Experimentales et Geometricae..., Leiden 1729.
Universitätsbibliothek, Leipzig

Das Zeitalter der Industriellen Revolution

Vorhergehende Seite:
316. Typische Industrielandschaft in der Zeit der Industriellen Revolution. Industrieanlagen charakterisieren das Stadtbild. Dargestellt ist das englische Industriezentrum Sheffield im 19. Jh. City Library, Sheffield

Zur Mitte des 18. Jh. kündigte sich in England die Industrielle Revolution an, eine vollständige Umgestaltung der Produktion, deren Wesen im Übergang von der handwerklichen Arbeit in kapitalistischen Manufakturen zur maschinellen Produktion in Fabriken bestand. Ihr lagen zwei technische Revolutionen zugrunde: das Aufkommen der Werkzeugmaschinen und der Einsatz der Dampfmaschine als Antriebskraft. Die Kombination beider ermöglichte das Fabriksystem und damit die Entfaltung der kapitalistischen Produktionsweise.

In dem knappen Jahrhundert von ungefähr 1770 bis 1850 erlebten Mathematik und Naturwissenschaften einen neuen durchgreifenden Aufschwung. In den von der Industriellen Revolution erfaßten Ländern der Erde – Großbritannien, Frankreich, Deutschland, USA, Rußland – erreichten Mathematik und Naturwissenschaften insofern inhaltlich eine neue Qualität, als sie sich deutlicher als bisher an den Problemen des gesellschaftlichen Lebens orientierten und insbesondere in der materiellen Produktion effektive Hilfe zu leisten imstande waren.

Diese bürgerliche Entwicklung begann neue und zunehmend nachhaltigere Forderungen an Mathematik und Naturwissenschaften zu stellen. Maschinenbau, Brücken, Waffen, Schiffe, Bergwerke und Eisenbahnen erhöhten sprunghaft den Bedarf an Eisen, Stahl, Nichteisenmetallen, Kohle und anderen Rohstoffen; Hüttenleute, Chemiker und Ingenieure waren auf den Plan gerufen. Die Gewinnung von Textilhilfsstoffen wie Schwefelsäure, Soda, Bleichmittel und Farben bildete ein weiteres Betätigungsfeld der Chemiker. Probleme der Konstruktion von Maschinenelementen, der Kraftübertragung, der Reibung, der Präzisionsmechanik und der Energiegewinnung brachten Physiker und einen Teil der Mathematiker in engere Beziehung zur materiellen Produktion als je zuvor.

Auch die Rückwirkungen sind deutlich: Unter diesen Bedingungen erhielt der Naturwissenschaftler eine neue soziale Stellung.

Daß ein neues Zeitalter für die Naturwissenschaften heraufziehen werde, hatten einige Weitsichtige schon recht früh gesehen. So kennt man recht genau die Geschichte der sog. Lunar-Society von Birmingham in England (genannt nach der Vereinbarung der Mitglieder, sich der gefährlichen Heimwege auf unbeleuchteten Straßen wegen regelmäßig bei Vollmond zu treffen). Die Lunar-Society war 1766 von Boulton gegründet worden, einem der Teilhaber von Watt in der gemeinsamen Fabrik zur Herstellung von Dampfmaschinen. Watt selbst zählte zu den Mitgliedern ebenso wie Priestley, der Arzt und Naturforscher Erasmus Darwin, der bereits Grundideen vom Lebenswerk seines Enkels Charles Darwin vorwegnahm. Ihr gehörten ferner u. a. an: Galton, ein Gewehrfabrikant, Keir, Besitzer einer chemischen Fabrik, Baskerville, der Schöpfer schöner Typen für den Schriftsatz, Murdock, ein Ingenieur bei Watt und Boulton, der die Gasbeleuchtung erfand, ferner zwei Ärzte und zwei Schriftsteller. Im Jahre 1791 zerstörte eine aufgehetzte Menge das Haus, die wissenschaftlichen Apparaturen und die Bibliothek von Priestley, weil dieser die Französische Revolution begrüßt hatte. Priestley wanderte nach den USA aus; nach der Vertreibung von weiteren Mitgliedern erlosch die Lunar-Society.

Noch heute besteht eine andere Gesellschaft, die Manchester Literary and Philosophical Society, deren Gründung ebenfalls in die Anfangszeit der

Industriellen Revolution fiel. Ihr Hauptarbeitsgebiet war, als Folge der in der Nähe konzentrierten Textilindustrie, die Chemie und da wieder das Bleichen und Färben von Textilien. Als Sekretär der Gesellschaft wirkte lange Zeit der Chemiker Dalton, der 1803 die Atomtheorie in die Chemie einführte. Zur Mitte des 19. Jh. gehörte die Manchester Society zu den führenden naturwissenschaftlichen Zentren der Erde. Wieder andere naturwissenschaftliche Zentren entstanden Ende des 18. Jh. und zu Beginn des 19. Jh. durch staatliche Initiativen wie die Pariser École Polytechnique.

Die politische Entwicklung, die in den Niederlanden am Ende des 16. Jh. und in England im 17. Jh. begann, wurde mit der Gründung der Vereinigten Staaten von Amerika und der Französischen Revolution von 1789 am Ende des 18. Jh. zum welthistorischen Kulminationspunkt. Sie löste weitgreifende politische Veränderungen in Europa, Lateinamerika und Asien aus und ließ den Kapitalismus zum weltumspannenden System werden.

Die Revolution von 1789 sicherte zusammen mit der von England ausgehenden Industriellen Revolution die endgültige Errichtung der bürgerlichen Gesellschaftsordnung. Der Versuch der restaurativen Fürstenkoalition Europas, das revolutionäre Frankreich niederzuwerfen, veranlaßte republikanische Kräfte, auch aus den Reihen der Naturwissenschaftler, ihren Beitrag zur Verteidigung der Republik zu leisten.

317. James Watt. Ursprünglich Mechaniker an der Universität Glasgow, der Wirkungsstätte von Black, studierte Watt die Newcomensche atmosphärische Maschine, um deren Wirkungsgrad zu verbessern. So wurde Watt zum Erfinder der Dampfmaschine. Der Zeichner aus dem Jahre 1867 hat phantasievoll die Phase intensiven Nachdenkens bei Watt festzuhalten versucht. Aus: Figuier, L., Les Merveilles de la Science,..., Bd. 1 Paris 1867, S. 85

318. Die Wissenschaft verändert die Welt. Das Titelblatt eines damals (1867) weitverbreiteten populärwissenschaftlichen Buches über die »Wunder der Wissenschaft« zeigt die Erfolge der Wissenschaft. Aus: Figuier, L., Les Merveilles de la Science, ou Discription populaire des inventions modernes. Bd. 1. Paris 1867

Abgeschnitten von Getreidezufuhr und den Salpeterlieferungen für die Pulverherstellung, ohne zureichende Waffenfabrikation, sah sich Frankreich in dieser Situation zu eigenen wissenschaftlichen und technischen Leistungen gezwungen. Die Nationalversammlung und der Konvent wandten sich mit dem Ruf »Das Vaterland ist in Gefahr« an die republikanisch gesinnten Naturwissenschaftler, der Revolutionsarmee bei der Beschaffung von Waffen und Ausrüstungen zu helfen. Die bedeutendsten Gelehrten Frankreichs folgten dem Appell, unter ihnen die Mathematiker Lagrange, Lazare Carnot, Laplace und Monge, die Chemiker Morveau, Fourcroy und Berthollet, der Physiker Coulomb, der Kristallograph Haüy u. a. m. Monge wirkte eine Zeitlang als Marineminister, verfaßte zusammen mit Vauquelin einen massenwirksamen Abriß der Stahlherstellung für die Waffenproduktion und wurde Direktor der Gewehrfabrikation und Geschützgießereien. Fourcroy und Morveau organisierten die Salpeterbeschaffung aus Pferdeställen und lehrten in einer populärwissenschaftlichen Anleitung die Pulverherstellung. Carnot erwarb sich als Mitglied des Wohlfahrtsausschusses und als Kriegsminister hervorragende Verdienste bei der Aufstellung der Revolutionsheere und bei der Ausarbeitung der Kriegstaktik, so daß er den Ehrentitel »Organisator des Sieges« erhielt.

Diese Beispiele stehen für viele. Die republikanischen Naturforscher erfanden Mittel zur beschleunigten Gerbung von Leder, sie verbesserten die ballistischen Kenntnisse, sie machten den Luftballon einsatzreif für militärische Zwecke. Nach den Vorschlägen des Ingenieurs Chappe wurde ein mit optischen Zeichen arbeitendes Telegraphennetz errichtet, das schon 1794 eine Depesche zwischen der Front bei Lille und Paris in einer knappen Stunde übermittelte.

Das naturwissenschaftliche Bildungssystem des feudalistischen Frankreich konnte den neuen gesellschaftlichen Bedingungen nicht länger genügen. Folgerichtig wurden während der Revolution durchgreifende Maßnahmen zur Demokratisierung der Wissenschaften ergriffen.

Im Ancien régime waren z. B. Fourier, Sohn eines Schneiders, und

319. Antoine Laurent Lavoisier spricht über die Analyse der Luft. Auf diesem Relief in Paris aus dem 19. Jh. sind führende Vertreter der französischen Wissenschaft dargestellt, darunter Gaspard Monge, der die Französische Revolution von 1789 begeistert unterstützte. Er war kurze Zeit als Marineminister der Revolutionsregierung tätig, organisierte mit anderen republikanisch eingestellten Gelehrten die Pulver- und Gewehrherstellung zur Ausrüstung der französischen Revolutionsarmeen und war entscheidend an der Gründung und Entwicklung der École Polytechnique in Paris beteiligt, die zu einem der führenden Weltzentren von Mathematik und Naturwissenschaften aufstieg.

Monge, Sohn eines Messer- und Scherenschleifers, vom Zugang zur höheren Wissenschaft ausgeschlossen gewesen. Als sich Fourier mit einer glänzenden Befürwortung durch den hervorragenden Mathematiker Legendre um die Zulassung zum Examen bei der Artillerieschule bewarb, antwortete der zuständige Minister: »Fourier ist nicht von Adel und kann nicht in die Artillerie eintreten, selbst wenn er ein zweiter Newton wäre.«

Die Revolution zerbrach die alten Standesvorrechte und eröffnete der breiten bürgerlichen Mittelschicht den Zugang zur Wissenschaft. Mit der Gründung der »École Normale Supérieure« konnte eine hervorragende Stätte der Lehrerausbildung geschaffen werden, die naturwissenschaftlich orientiert war. Die Königliche Pariser Akademie wurde wegen reaktionärer Umtriebe geschlossen; statt dessen stieg der »Institut de France« zum Koordinationszentrum der Wissenschaften auf. Im Jahre 1794 wurde in Paris eine zentrale Einrichtung gegründet, die naturwissenschaftliche und technische Kenntnisse verbreiten sollte, der »Conservatoire des Arts et des Métiers«. Neben Laboratorien und Werkstätten informierte dort eine ständige Ausstellung über Maschinen und Erfindungen, eine Art auf die Zukunft orientiertes technisches Museum.

Auf dem Höhepunkt der Revolutionskämpfe faßte die Jakobinerregie-

320. Volta führt seine Erfindung im Akademie-Institut Napoleon I. vor. Napoleon, der ursprünglich Artillerieoffizier war, wußte den Wert der Wissenschaft zu schätzen, förderte die Polytechnische Schule zu Paris und stiftete u. a. den Volta-Preis für Fortschritte auf dem Gebiet des Galvanismus. Gemälde von Bertini. Museo di Storia della Scienza, Florenz

321. Plan du Musée National d'Histoire Naturelle. Während der Großen Französischen Revolution wurden die alten feudalen wissenschaftlichen Institutionen aufgelöst und an ihrer Stelle neue geschaffen. Aus dem ehemaligen königlichen Garten ging der Musée National d'Histoire Naturelle hervor, an dem bedeutende französische Naturforscher wirkten. Aus: Annales du Musée National d'Histoire Naturelle. Paris, Tafel I, Nr. 1. Universitätsbibliothek, Leipzig

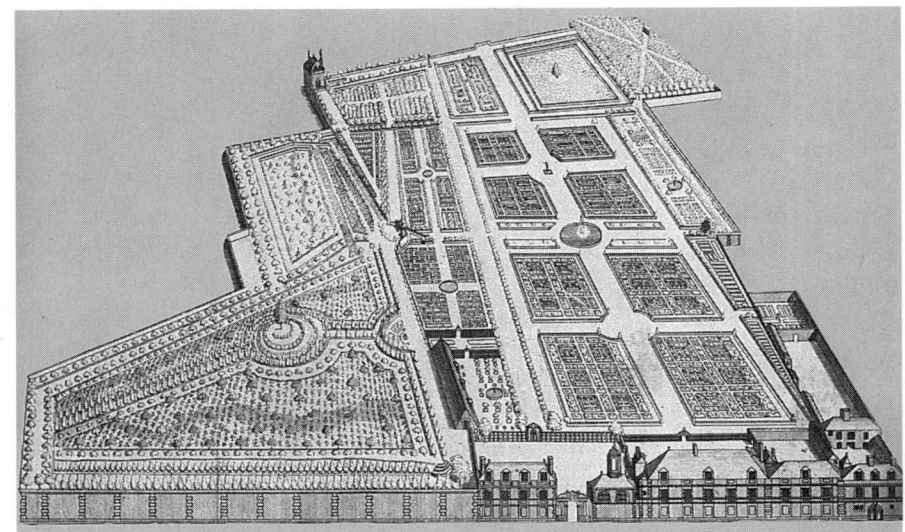

rung 1794 den Beschluß, in Paris eine auf höchstem Niveau stehende naturwissenschaftlich-technische Ausbildungsstätte zu gründen; sie erhielt den Namen »École Polytechnique«. Mit ihrer Gründung begann ein glanzvolles Kapitel in der Geschichte der Naturwissenschaften und der Mathematik; ein neuer Typ von Hochschule war geboren. In den ersten vier Jahrzehnten ihres Bestehens galt die École Polytechnique als das führende mathematisch-naturwissenschaftliche Zentrum in Europa; hier bildete sich zum ersten Mal der Lehrbetrieb für die Ingenieurwissenschaften heraus. Hier wirkten Lagrange, Laplace, Poisson, Cauchy, Monge, Prony, Poinsot, Poncelet, Ampère, Gay-Lussac, Malus, Fresnel, Petit, Fourcroy, Dulong, Dumas, Berthollet, Thenard, Vauquelin. Die École Polytechnique machte Schule, Hand in Hand mit der Industriellen Revolution ging die Errichtung von »polytechnischen Schulen« in fast allen europäischen Staaten. Mehr oder weniger wurden sie nach Pariser Muster eingerichtet. Aus ihnen gingen später Technische Hochschulen hervor.

Das Bürgertum hat in dieser Zeit der Industriellen Revolution eine historisch überaus progressive Rolle gespielt. Es setzte eine Gesellschaft durch, die auf einer erhöhten Produktivität der gesellschaftlichen Arbeit beruhte und die systematische Anwendung wissenschaftlicher Ergebnisse einschloß. Im Revolutionsjahr 1848, am Vorabend einer Kette bürgerlicher Revolutionen in einer Reihe europäischer Staaten, formulierten Marx und Engels programmatisch die historische Funktion des durch die moderne Industrie hervorgebrachten Proletariats. Im »Kommunistischen Manifest« urteilten sie über die Folgen der Industriellen Revolution: »Die Bourgeoisie hat in ihrer kaum hundertjährigen Klassenherrschaft massenhaftere und kolossalere Produktivkräfte geschaffen als alle vorangegangenen Generationen zusammen. Unterjochung der Naturkräfte, Maschinerie, Anwendung der Chemie auf Industrie und Ackerbau, Dampfschiffahrt, Eisenbahnen, elektrische Telegraphen, Urbarmachung ganzer Weltteile, Schiffbarmachung der Flüsse, ganze aus dem Boden hervorgestampfte Bevölkerungen — welch früheres Jahrhundert ahnte, daß solche Produktivkräfte im Schoß der gesellschaftlichen Arbeit schlummerten.«

Trotz einer Vervielfachung der Produktion gelang es dieser Gesellschaft indessen nicht, alle Produzenten ausreichend mit Existenzmitteln zu versorgen. Frauen- und Kinderarbeit unter unmenschlichen Bedingungen zeigten dies ebenso wie periodische ökonomische Krisen, in denen für die arbeitende Bevölkerung Not und Elend unerträglich wurden.

Zur Mitte des 19. Jh. beschleunigte sich im Gefolge ökonomischer Krisen der Differenzierungsprozeß innerhalb des Bürgertums. Eine kleine kapitalkräftige Fraktion, die Großbourgeoisie, übernahm die politische Führung und arrangierte sich vielerorts mit Teilen des Adels. Das Kleinbürgertum sank weitgehend auf Grund des ungleichen Wettbewerbs in das Proletariat hinab.

Der Restanspruch Spaniens als Weltmacht war mit den Befreiungskämpfen in Südamerika zusammengebrochen. Politisch und wirtschaftlich vollzogen sich in China, Japan und Nordamerika Veränderungen von weltweiter Bedeutung. Der industrielle Norden der USA besiegte in einer blutigen zweiten bürgerlichen Revolution die Allianz der Südstaaten, in denen die Sklaverei zu einem Hemmschuh der ökonomischen Entwicklung geworden war. Von nun an begann der Wettlauf der USA mit den europäischen Nationen um ökonomische und politische Vorrangstellung. China und Japan wurden von europäischen Staaten und den USA gewaltsam »geöffnet« und zur Eingliederung in den Weltmarkt gezwungen.

Rußland hatte 1861 nach schweren inneren Unruhen die Leibeigenschaft aufgehoben, Italien konnte seine nationale Einheit herstellen. In Deutschland setzte Bismarck mit seiner »Blut-und-Eisen-Politik« die längst fällige nationalstaatliche Einigung unter preußischer Führung durch und »verhalf« Frankreich zur Republik. Die Pariser Kommune, herausragendes Ereignis im Kampf der französischen Arbeiterklasse, setzte den Übergang zur sozialistischen Gesellschaft auf die Tagesordnung.

322. Berühmte britische Naturforscher. Um den Telegraphenapparat, das zeitgenössische Zeichen des wissenschaftlich-technischen Fortschritts, gruppieren sich einige der bedeutendsten englischen Wissenschaftler des 19. Jh.: die Physiker Michael Faraday, John Tyndall, David Brewster und Charles Wheatstone, letzterer zugleich erfolgreicher Telegraphenerfinder, mit dem Zoologen Thomas Huxley. Gemälde. Royal Institution, London

323. Versammlungen der Gesellschaft deutscher Naturforscher und Ärzte 1844 in Graz. Die Gründung von wissenschaftlichen Gesellschaften war bezeichnend für die neue soziale Stellung der Wissenschaften im 19. Jh. Die 1822 von Lorenz Oken begründete Gesellschaft deutscher Naturforscher und Ärzte hielt in jedem Jahr eine Versammlung ab, die zahlreiche deutschsprachige Naturforscher und ausländische Gäste vereinte. Der Ort der Versammlung wechselte ständig. Aus: Illustrirte Zeitung. Bd. 2. Leipzig 1844, S. 9

324. Die Göttinger Sieben. Auf einen Verfassungsbruch des Hannoverschen Königs, der 1837 die relativ liberale Verfassung eigenmächtig aufhob, antworteten sieben Göttinger Universitätsprofessoren mit öffentlichen Protesten: der Jurist Wilhelm Albrecht, die Historiker Friedrich Christoph Dahlmann und Georg Gottfried Gervinius (mittlere Reihe), die Brüder Jacob und Wilhelm Grimm (oben), der Physiker Wilhelm Weber, der mit Gauß eng zusammenarbeitete, und der Orientalist Georg Heinrich August Ewald (unten). Alle sieben wurden entlassen; drei von ihnen mußten binnen drei Tagen das Land verlassen. Lithographie von E. Ritmüller. Städtisches Museum, Göttingen

325. Hundertjahrfeier der Königlichen Akademie der Wissenschaften in München. Zwar wurde im 19. Jh. viel von der Freiheit der Wissenschaften gesprochen und geschrieben, doch blieben die Wissenschaftler jenen untergeordnet, die sie bezahlten. Aus: Illustrirte Zeitung. Bd. 32, Leipzig 1859, S. 268

Mathematik

Aus der Fülle der mathematischen Fortschritte, die nach wie vor in enger inhaltlicher Beziehung zu Astronomie und Physik standen, ragen hinsichtlich ihrer Bedeutung drei Gebiete hervor, die darstellende Geometrie, die Entdeckung der nichteuklidischen Geometrien und die Sicherung der Grundlagen der Analysis. Daneben konstituierten sich weitere neue Gebiete der Mathematik wie projektive Geometrie, Potentialtheorie, Zahlentheorie, Theorie der elliptischen Funktionen als selbständige mathematische Disziplinen. Traditionsreiche Forschungsgebiete wie die Theorie der gewöhnlichen und partiellen Differentialgleichungen und die Variationsrechnung dehnten sich weit aus und eroberten sich neue Gebiete der Anwendung.

Darstellende Geometrie Seit der Renaissance, seit Leonardo da Vinci und Dürer, beherrschte man die Kunst perspektivischen Zeichnens. Der hervorragende französische Festungsbaumeister de Vauban schuf am Ende des 17. Jh. Möglichkeiten, Bauwerke in Grund- und Aufrißverfahren zu entwerfen.

Mit der einsetzenden Industriellen Revolution und dem zunehmenden Maschinenbau aber erwiesen sich die Methoden der bis dahin fast ausschließlich für Konstruktionsaufgaben verwendeten Zentralperspektive als zu zeitaufwendig und zu verwickelt. In dieser Situation kamen entscheidende Ideen aus der 1748 in Mézières in Nordostfrankreich gegründeten Militäringenieurschule. Monge hatte im Ancien régime nicht Offizier werden können und wurde daher nur in die der Offiziersschule angegliederte sog. Gipsschule aufgenommen. Dort mußten Hilfsarbeiten ausgeführt werden, wie z. B. das Modellieren von Bauelementen in Gips.

Monge entdeckte schon bald bei einem schwierigen Problem der Fortifikation Grundlemente der darstellenden Geometrie und erregte mit der gefundenen Lösung ein derartiges Aufsehen bei seinen Vorgesetzten, daß er bereits 1768 zum Dozenten für Mathematik in Mézières ernannt wurde. Die Vorlesungen baute er so systematisch aus, daß sie ihn zu einer zusammenhängenden Theorie der Orthogonalprojektion führten. In Anbetracht der militärischen Bedeutung wurde das neue Konstruktionsverfahren als Staatsgeheimnis behandelt.

Erst nach der Revolution durfte Monge öffentlich über darstellende Geometrie vortragen; schließlich erschien seine zusammenfassende Darstellung 1797 im Druck.

Wie es Monge prophezeit hatte, erwies sich die darstellende Geometrie wirklich als die »Sprache des Ingenieurs«, als unübertreffliches Hilfsmittel der Konstruktion, vom Bauwerk bis zum Maschinenelement. Bereits zu Anfang des 19. Jh. wurde die darstellende Geometrie auf die spezifischen Bedürfnisse technischer Konstruktionen zugeschnitten; in dieser modifizierten Form wird sie heute als Technisches Zeichnen gelehrt.

Die Revolution in der Geometrie Seit der Antike war die Frage erörtert worden, ob das fünfte von Euklid aufgestellte Postulat mit Hilfe der vier ersten bewiesen werden könne. Wenn ja, dann fußte die gesamte Geometrie in Wahrheit nur auf vier Postulaten. Dieses fünfte Postulat (wir würden heute von einem Axiom sprechen) behauptet, daß es zu einer Geraden durch einen nicht auf ihr liegenden Punkt stets genau eine Parallele gibt; es wird daher kurz als Parallelenpostulat bezeichnet.

Im 17. und 18. Jh. mühte man sich sehr, dieses ungelöste Problem der Geometrie Euklids zu lösen und damit den »Makel des Euklid« zu beheben. Die Versuche stellten sich oft als bloße Scheinlösungen heraus, weil andere – ebenfalls scheinbar selbstverständliche – Grundvoraussetzungen statt des Parallelenpostulats verwendet wurden.

Als erster erkannte Gauß die Tatsache, daß das Parallelenpostulat von den anderen vier Euklidischen Axiomen unabhängig ist und daß sogar eine völlig richtige Geometrie aufgebaut werden kann, wenn man statt des Parallelenpostulates ein anderes Axiom zugrunde legt, etwa, daß es zu einer vorgegebenen Geraden durch einen nicht auf ihr liegenden Punkt unendlich viele Parallelen gibt. Gauß bezeichnete diese Geometrie, deren Existenz er spätestens 1816 voll erkannt hatte, als nichteuklidische Geometrie. Zwar tauschte er mit Freunden darüber Gedanken aus, aber er publizierte nicht darüber.

So kam es, daß den kühnen Schritt der Veröffentlichung über nichteuklidische Geometrie nicht Gauß tat, sondern seit den zwanziger Jahren der russische Mathematiker Lobatschewski im fernen Kasan; er nannte diese neue, ohne Kenntnis der Gaußschen Ideen gefundene Geometrie »Pangeometrie« oder auch »imaginäre Geometrie«. Und noch ein dritter Mathematiker, der Ungar Janos Bolyai, fand aus eigener Kraft den Zugang zur nichteuklidischen Geometrie und publizierte seine Ergebnisse im Jahre 1832.

Aber erst in den sechziger und siebziger Jahren fand diese mathematische Großtat, die lastende Traditionen auch unter den Mathematikern selbst zu überwinden hatte, unbestrittene Anerkennung, insbesondere durch das Wirken des britischen Mathematikers Cayley und der beiden deutschen Mathematiker Riemann und Klein. Durch Riemann konnte auch klargestellt werden, daß es neben dem von Gauß, Lobatschewski und Bolyai gefundenen Typ nichteuklidischer Geometrie noch einen gänzlich anderen Typ gibt, die »elliptische Geometrie«. Hier existiert zu einer vorgegebenen Geraden keine Parallele.

Überhaupt erfuhren während des 19. Jh. alle Grundelemente der bisherigen Geometrie eine grundlegende Neubestimmung. Dies betraf sogar die traditionelle Grundaufgabe der Geometrie, wonach es um Konstruktion von Figuren in Ebene und Raum und um Berechnung von Rauminhalten, Flächen, Strecken und Winkeln ging. Einen Wandel bewirkte hier das Emporkommen neuer Arbeitsrichtungen der Geometrie, der projektiven, der synthetischen, der analytischen und der mehrdimensionalen Geometrie. In dem berühmten »Erlanger Programm« von 1872 (vgl. Tabelle S. 306) konnte Klein durch gruppentheoretische Klassifizierung der verschiedenen Arten geometrischer Betrachtungsweisen den inneren Zusammenhang der unterschiedlichen »Geometrien« herausarbeiten und damit eine Kette von Mißverständnissen und Diskussionen über »bessere« oder »schlechtere« Geometrie beenden. So hatte unter den Mathematikern in Deutschland beispielsweise ein erbitterter Streit zwischen den Anhängern der synthetischen und der analytischen Richtung der Geometrie stattgefunden. Und

326. Nikolai Iwanowitsch Lobatschewski. Der russische Mathematiker, der sich zugleich um die Entwicklung der Universität Kasan bedeutende Verdienste erwarb, wurde neben dem Deutschen Carl Friedrich Gauß und dem Ungarn János Bolyai zum Begründer der nichteuklidischen Geometrie.

327. Carl Friedrich Gauß. Als einer der produktivsten und tiefgründigsten Mathematiker aller Zeiten sowie als Astronom, Geodät und Naturforscher erhielt er nach seinem Tode die Ehrenbezeichnung »Mathematicorum princeps«. Sein wissenschaftlicher Einfluß reicht bis in unsere Zeit. Gemälde von Chr. A. Jensen. Universitätssternwarte, Göttingen

noch lange stieß die Vorstellung einer Geometrie von mehr als drei Dimensionen auf weitgehendes Unverständnis.

Gegen Ende des Jahrhunderts war die Geometrie inhaltlich und methodisch gänzlich umgestaltet, die bis dahin als selbstverständlich erschienene Kopplung von Geometrie und Raum aufgehoben. Der Begriff der »Koordinate« war weit über den der traditionellen kartesischen Parallelkoordinaten hinaus erweitert worden. Neben der Anerkennung von nichteuklidischen Geometrien hatte sich mit dem Übergang zu beliebig hohen Dimensionen eine Wendung ins Abstrakte vollzogen, die um die Jahrhundertwende durch Minkowski und Hilbert noch eine großartige Vertiefung erfahren sollte. Zugleich war nach lang anhaltenden philosophisch-mathematischen Diskussionen endlich klargeworden, daß das Studium der Eigenschaften des uns umgebenden, objektiv existierenden dreidimensionalen Raumes ein naturwissenschaftliches, insbesondere physikalisches Problem ist, primär ganz unabhängig vom Studium mathematischer Räume, das zum Anliegen der Geometrie gehört. Es ist die gemeinsame Aufgabe von Mathematikern

	äquiforme Gruppe	affine Gruppe	projektive Gruppe
Lage	zerstört	zerstört	zerstört
Größe	zerstört	zerstört	zerstört
Orthogonalität	erhalten	zerstört	zerstört
Parallelität	erhalten	erhalten	zerstört
Inzidenz	erhalten	erhalten	erhalten
	äquiforme Geometrie	affine Geometrie	projektive Geometrie

und Physikern herauszufinden, welche Geometrie am besten die Struktur des Raumes zu erfassen vermag. Von hier aus war auch für Einstein und die Relativitätstheorie der Weg bereitet.

Grundlagen der Analysis Die Methoden der Differential- und Integralrechnung und der Theorie der unendlichen Reihen hatten im 17. und 18. Jh. ihre Kraft offenbart, sowohl innerhalb der Mathemtik als auch in Physik, Himmelsmechanik und vielerlei praktischen Anwendungen. Doch konnten die entscheidenden Probleme des Umgangs mit dem »mathematisch unendlich Kleinen«, den infinitesimalen Größen, noch keine logisch und begrifflich einwandfreie Fundierung finden. Die nach Eulers Worten »ruhmvolle Erfindung« der Analysis blieb mit dem unbehaglichen Gefühl von der Fragwürdigkeit ihrer logischen Prinzipien belastet.

Die Industrielle Revolution hatte die massenweise Ausbildung von Ingenieuren auf die Tagesordnung gesetzt; gefordert wurde von ihnen auch die Beherrschung des Handwerkszeuges der Mathematik. Und so ergingen handfeste gesellschaftliche Forderungen an die Mathematiker, die Methoden der Infinitesimalmathematik logisch aufzubereiten und kalkülmäßig handhabbar zu machen. Auch die innermathematische Situation drängte in dieselbe Richtung. Es ging um die Behebung eines schon von Leibniz und Newton deutlich empfundenen und seitdem immer wieder diskutierten Mangels, um begriffliche Klarheit: Was ist ein Differential? Wann konvergiert eine unendliche Reihe? Wie groß ist unendlich groß und wie klein ist unendlich klein?

Die Diskussionen um das Infinitesimale erhielten neue Aktualität, als nach den Studien von Fourier über Wärmeleitung und Saitenschwingung am Anfang des 19. Jh. deutlich wurde, daß die begriffliche Klärung der infinitesimalen Methode mit dem Funktionsbegriff im engen Zusammenhang stehen müsse. Fourier hatte einen neuralgischen Punkt der Mathematik getroffen, als er noch ohne Beweise behauptete, daß alle Funktionen, auch sprüngemachende, unstetige Funktionen, durch eine allerdings unendliche Summe von trigonometrischen, also stetigen Funktionen darstellbar sind. Insbesondere gelte dies auch für sozusagen ausgefallene Funktionen, die in ihrem Schaubild Ecken, Sprünge, Zacken usw. aufweisen, für solche Funktionen also, die nicht mehr durch einen einheitlichen algebraischen Ausdruck wiedergegeben werden können. Damit war der Eulersche Funktionsbegriff ins Wanken geraten; unter dem Druck neuer mathematisch-physikalischer Tatsachen und Fragestellungen mußte er verworfen und daher neu gefaßt werden.

Der Begriff »Funktion« stellte damals und stellt auch heute einen zentralen, entscheidenden Begriff der gesamten Mathematik dar. Seine Neubestimmung während der ersten Hälfte des 19. Jh. markiert daher einen Prozeß tiefgreifenden Umdenkens in der Mathematik und den Naturwissenschaften, in denen die Mathematik angewendet wird. Viele Mathematiker haben hier mitgewirkt, an hervorragender Stelle Lobatschewski und der Deutsche Lejeune Dirichlet. Schließlich formulierte Hankel in Deutschland einen verallgemeinerten Funktionsbegriff, der, statt auf der Bestimmung durch einen »analytischen Ausdruck« (Euler) zu beruhen, das Wesen der Funktion in einer Zuordnung von Zahlenwerten erblickt: »Eine Funktion heißt y von x, wenn jedem Werte der veränderlichen Größe x innerhalb eines gewissen Intervalls ein bestimmter Wert von y entspricht; gleichviel ob y in dem ganzen Intervalle nach demselben Gesetze von x abhängt oder nicht; ob die Abhängigkeit durch mathematische Operation ausgedrückt werden kann oder nicht.«

Damit wurde eine Klassifikation der Funktionen aus inneren Gründen vorbereitet, die ihrerseits im letzten Drittel des Jahrhunderts die weitere Vertiefung der Analysis durch die Mengenlehre vorbereitete.

Die Fortschritte der Analysis waren die Frucht angestrengter Arbeit einer Vielzahl hervorragender Mathematiker aus vielen Ländern der Erde. Gauß und Abel aus Norwegen leisteten Pionierarbeit bei der Bestimmung dessen, was Konvergenz einer unendlichen Reihe bedeutet; Anfang der zwanziger Jahre formulierte Cauchy weitreichende Konvergenzkriterien für Folgen und Reihen. Schon wenige Jahre vorher hatte der böhmische Sozialethiker und Mathematiker Bolzano eine auf einem exakten Grenzwertbegriff aufgebaute Definition von Stetigkeit und Differenzierbarkeit einer Funktion

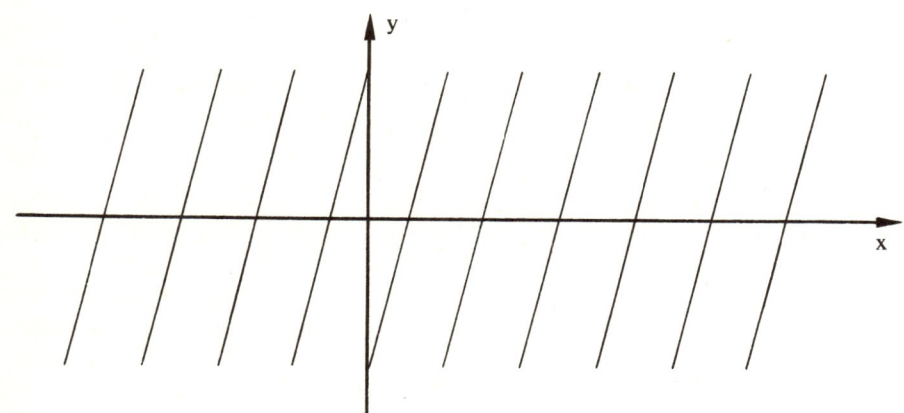

328. »Sägekurve«. Dies ist ein einfaches Beispiel einer unstetigen, sprüngemachenden Kurve, bei der die Frage berechtigt ist, ob es eine Funktion gibt, die diese Kurve als Schaubild besitzt. Die positive Antwort wurde erst beweisbar, als man unendliche trigonometrische Reihen als Funktion anerkannte.

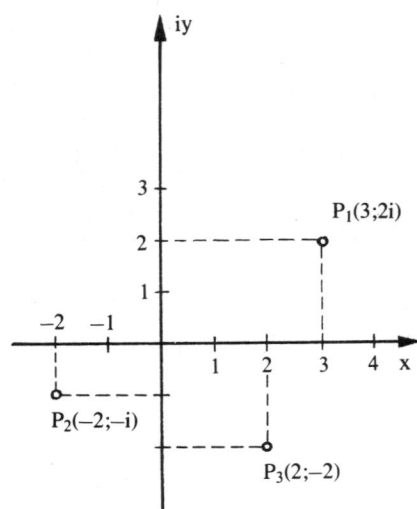

329. Prinzipskizze zur Gaußschen Zahlenebene. Die reelle x-Achse und die imaginäre y-Achse geben die Möglichkeit, jede komplexe Zahl z = x + iy in der Ebene »anschaulich zu versinnlichen«, wie Gauß sagte. Beispielsweise wird die komplexe Zahl z = 2 − 2i durch den Punkt P_3 dargestellt.

aufgestellt und ebenfalls Konvergenzkriterien formuliert, jedoch fanden seine Schriften nicht die gebührende Anerkennung. In seinem Nachlaß entdeckte man sogar ein Beispiel für eine in einem ganzen Intervall stetige, aber dort nirgends differenzierbare Funktion. Bolzano besitzt damit die Priorität etwa vor Weierstraß, der ebenfalls derartige Funktionen konstruierte und auf diese Weise anschaulich die Tragweite und Schärfe der neuen Begriffsbildungen demonstrieren konnte.

Der logisch einwandfreie Aufbau des Systems der Zahlen gehört ebenfalls zu den grundlegenden Problemen für einen korrekten Aufbau der Analysis. Auch hierbei wurden im 19. Jh. entscheidende Fortschritte erzielt. Der Gebrauch komplexer Zahlen reichte schon bis in die Renaissance zurück; Bombelli und Cardano z. B. hatten die wesentlichen Rechenregeln aufgestellt. Euler erfand das Symbol $i = \sqrt{-1}$. Doch was ist $\sqrt{-1}$? Was ist eine imaginäre Zahl? Ist es überhaupt eine Zahl? Oder ist sie wirklich nur »eingebildet«? Noch Leibniz hatte geradezu mystische Ansichten. Er sprach von den imaginären Zahlen als dem »Wunder der Analysis, dem Monstrum der idealen Welt, fast einem Amphibium zwischen Sein und Nicht-Sein«. Erst Gauß verlieh den komplexen Zahlen volles Heimatrecht in der Mathematik und den Naturwissenschaften. Zwar hatten u. a. schon 1796 der norwegisch-dänische Geodät Wessel und 1806 Argand in Paris geometrische Repräsentationen für die komplexen Zahlen vorgeschlagen, aber es bedurfte der großen Autorität von Gauß, um letzte Zweifel an der Vollgültigkeit der komplexen Zahlen als echte Zahlen zu beseitigen. Gauß argumentierte 1831, daß »die Arithmetik der complexen Größen der anschaulichsten Versinnlichung fähig ist«. Es ist dies die heute nach Gauß benannte komplexe Zahlenebene.

Cauchy und insbesondere der Ire Hamilton interpretierten die komplexen Zahlen a + ib als Paare (a, b) reeller Zahlen a und b mit entsprechenden Operationsrelationen. Dies bedeutet, daß die Theorie der komplexen Zahlen auf die Theorie der reellen Zahlen zurückgeführt wurde. Damit war zugleich eine exakte Begründung des Begriffes »reelle Zahl« auf die Tagesordnung gesetzt. Diese Aufgabe lösten der Braunschweiger Mathematiker Dedekind einerseits und der in Halle a. d. Saale wirkende Cantor und der Franzose Méray andererseits auf zwei verschiedene, aber äquivalente Weisen. Die Interpretationen der rationalen Zahlen m/n als Paare (m, n) natürlicher Zahlen mit geeigneten Relationen reduzierte dieses Problem schließlich auf eine exakte Grundlegung der Theorie der natürlichen Zahlen. Hier ging der Italiener Peano mit einer axiomatischen Definition der natürlichen Zahlen voran; das sog. Peanosche Axiomensystem wurde 1889 veröffentlicht. Doch leiten diese Entwicklungen schon über in eine sog. axiomatische Periode der Grundlegung der Mathematik am Ende des 19. Jh., die insbesondere mit dem Namen Hilbert verknüpft ist.

Astronomie

Weit ins 19. Jh. hinein blieb die Durchbildung der Newtonschen Himmelsmechanik die im Vordergrund stehende Forschungsrichtung der mathematischen Astronomie. Bahnberechnungen für Planeten und Kometen sowie

Störungsrechnungen über die gegenseitige Beeinflussung der Bahnbewegung der Planeten durch gegenseitig aufeinander ausgeübte Gravitationskräfte waren bevorzugte Untersuchungsgegenstände. Darüber hinaus lieferte auch die Astronomie und die mit ihr verbundene Erörterung kosmogonischer Fragen zwingende Hinweise, daß Erde und Universum eine Entwicklung in der Zeit durchlaufen hatten.

Vollendung der Himmelsmechanik Noch Newton hatte behauptet, daß sich die gegenseitigen Störungen der Planeten so aufsummieren, daß der eine oder andere Planet, aus seiner Bahn gerissen, schließlich in die Sonne stürzen müsse und daß daher Gott von Zeit zu Zeit eingreife, um das Planetensystem zu retten. Am Ende des 18. Jh. gelang Lagrange und Laplace mit beträchtlichem mathematischem Scharfsinn der Nachweis, daß die Lagen der Planetenbahnen zwar Schwankungen um eine Mittellage ausführen, daß aber insgesamt das Planetensystem stabil bleibt. Aufs neue erhielt so der im Frankreich der Aufklärung traditionsreiche philosophische Materialismus eine Bestätigung durch naturwissenschaftliche Forschung. Den Höhepunkt dieser langen Entwicklung stellte die »Mécanique céleste« (Himmelsmechanik) von Laplace dar, die in fünf Bänden zwischen 1799 und 1825 erschien. »Wir haben die allgemeinen Prinzipien des Gleichgewichts und der Bewegung der Körper niedergelegt... Die Anwendung dieser Prinzipien auf die Bewegungen der Himmelskörper hat durch geometrische [mathematische] Beweisführung und ohne jegliche Hypothese zum Gesetz der universellen Gravitation geführt, denn die Schwerewirkung und die Bewegung von Geschossen an der Oberfläche der Erde sind nur Einzelfälle im Rahmen dieses Gesetzes... Wir haben davon die bekannten Erscheinungen von Flut und Ebbe, die Längenveränderungen der Breitengrade, das Vorrücken der Nachtgleichen, Form und Drehung der Saturnringe abgeleitet, wobei die Ungleichheiten der Bewegungen des Jupiters und des Saturns einen der schlagendsten Beweise für die Richtigkeit dieser Theorie liefern.«

Mit der »Himmelsmechanik« von Laplace war der rechnende Astronom – wenigstens dem Prinzip nach – imstande, die Bewegungen der Himmelskörper in Vergangenheit und Zukunft auf die Sekunde genau zu berechnen. Und das Universum war nach konsequent mechanisch-materialistischem Standpunkt nichts anderes als eine – freilich überwältigend große – Anzahl von Materieteilchen, von Atomen, von Massepunkten. Ihre Bewegungen,

330. Pendelversuch. Der 1851 von Jean Bernard Léon Foucault in Paris mit einem sehr langen Pendel ausgeführte Versuch, bei dem sich die Erde unter der gleichbleibenden Schwingungsebene des Pendels wegdreht, lieferte den endgültigen Beweis für die Achsendrehung der Erde. Aus: Flammarion, C., Astronomie populaire. Paris 1881, S. 73

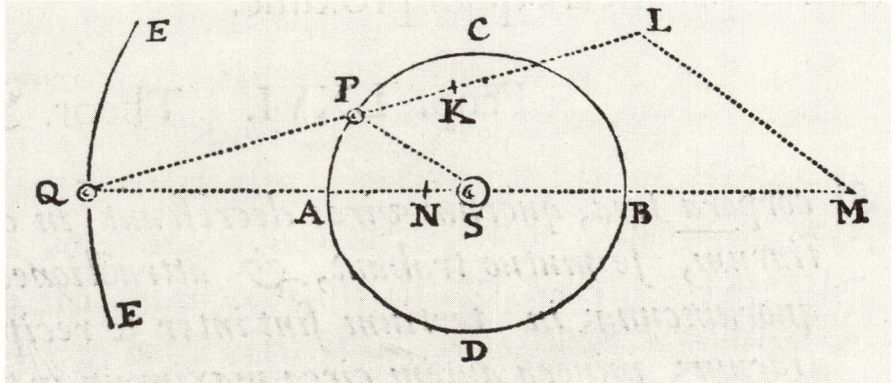

331. Eine Skizze Newtons zum Dreikörperproblem. Das Zusammenwirken der Kräfte dreier Körper mathematisch exakt zu erfassen hat über Jahrhunderte Mathematiker zu neuen Untersuchungen angeregt. Aus: Newton, I., Philosophiae naturalis principia mathematica. London 1687, S. 189. Universitätsbibliothek, Leipzig

332. Pierre Simon Laplace. Er gehört als Verfasser der »Himmelsmechanik«, mit seinen Beiträgen zur Infinitesimalmathematik und zur Wahrscheinlichkeitsrechnung zu den zentralen Gestalten der Wissenschaft der Neuzeit. Stich von Belliard nach einem Gemälde von Delpech. Sächsische Landesbibliothek, Dresden

ablaufend nach streng geltenden mechanischen Gesetzen, riefen alle Veränderungen in der Natur hervor.

Dies führte Laplace zur Idee eines mathematischen Physikers mit ins Ungeheure gesteigertem Leistungsvermögen; unter der Bezeichnung »Laplacescher Dämon« ist dieser Übermathematiker in die Geschichte der Wissenschaften eingegangen. Kennt man alle Anfangsbedingungen aller Partikel zu irgendeinem Zeitpunkt – Ort und Geschwindigkeit –, so kann man durch Auflösung eines Systems von Differentialgleichungen alle Zustände des Universums in Vergangenheit, Gegenwart und Zukunft bis in jede Einzelheit hinein berechnen.

Diese Vision, die den Höhepunkt eines konsequenten mechanischen Materialismus darstellte, entwickelte Laplace in dem 1814 publizierten »Essai philosophique des probabilités« (Philosophische Abhandlung über die Wahrscheinlichkeiten). Dort heißt es: »Wir könnten demnach den gegenwärtigen Zustand des Universums als die Wirkung seines vorhergehenden Zustandes und als die Ursache des Zustandes ansehen, der folgen wird. Eine Intelligenz, welche bekannt wäre mit allen Kräften, durch die die Natur bewegt wird, und mit den verschiedenen Stellungen aller ihrer Teile in irgendeinem gegebenen Moment – vorausgesetzt, sie wäre umfassend genug, um diese Daten der Analysis zu unterwerfen – würde in ein und derselben Formel die Bewegungen der größten Körper wie des leichtesten Atoms zusammenfassen. Nichts würde für sie ungewiß sein; die Zukunft wie die Vergangenheit wären gegenwärtig vor ihren Augen. Der menschliche Geist in der Perfektion, die er der Astronomie zu geben vermocht hat, bietet ein schwaches Abbild einer solchen Intelligenz.«

Beobachtungen am Himmel · Neue Planeten · Planetoide Das ausgehende 18. und mehr noch das beginnende 19. Jh. brachten spektakuläre Erfolge des Zusammenwirkens von Newtonscher Gravitationstheorie, Beobachtungskunst und mathematischen Methoden. Zu diesen Triumphen gehört die Entdeckung neuer Planeten und der Planetoiden, mit denen jahrtausendealte Vorstellungen umgestoßen wurden.

Der aus Hannover stammende Herschel gelangte 1757 als Musiker nach England und beschäftigte sich, zunächst als Liebhaberastronom, mit dem Bau von Spiegelteleskopen. Bei der Durchmusterung der Sternbilder Taurus und Gemini entdeckte er am 13. März 1781 einen neuen Planeten, den Uranus. Zu den seit alters bekannten Planeten Merkur, Venus, Erde, Mars, Jupiter und Saturn hatte sich ganz unerwartet ein neuer Wandelstern gesellt – eine wissenschaftliche Sensation ersten Ranges. Mit einem Schlage war Herschel weltberühmt; von nun an konnte er sich ganz der Astronomie widmen und erzielte noch weitere bedeutende Ergebnisse. Er entdeckte als erster die Bewegungsrichtung der Sonne innerhalb unseres Sonnensystems, viele Doppelsterne und Sternnebel und entwickelte Vorstellungen über die Struktur der Milchstraße und anderer Sternnebel. Dabei wurde Herschel wesentlich von seiner Schwester Karoline unterstützt. Der Sohn Herschels, John Frederick William, führte die Beobachtungstätigkeit seines Vaters weiter und ging darüber hinaus während der Jahre 1834 bis 1838 von einer in der Nähe Kapstadts errichteten Sternwarte zur systematischen Bestandsaufnahme der Fixsterne am Südhimmel über.

Ein weiteres Zentrum beobachtender astronomischer Tätigkeit befand sich an der Sternwarte von Pulkowo (nahe dem heutigen Leningrad), geleitet von dem bedeutenden Astronomen Struve, der 1838, etwa gleichzeitig mit Bessel im damaligen Königsberg, erstmals eine Fixsternparallaxe nachweisen konnte. Damit war schließlich auch experimentell der wesentliche Einwand Brahes gegen das kopernikanische Weltbild widerlegt.

Herschel hatte den Uranus sozusagen auf traditionelle Weise durch Be-

333. Galle-Denkmal. Der in Gräfenhainichen geborene Johann Gotthard Galle konnte als erster den Planeten Neptun entdecken, dessen Existenz und Ort auf Grund der Bahnstörungen des Uranus mathematisch vorausberechnet worden war. Gräfenhainichen (DDR)

334. Sir William Herschel. Der aus Hannover stammende, in England wirkende Wissenschaftler war der bedeutendste Astronom des ausgehenden 18. Jh. Gemälde von L. Abbott. National Portrait Gallery, London

obachtung entdeckt, freilich mit Hilfe eines vorzüglichen, von ihm selbst gefertigten Teleskops. Er sonderte ein beobachtetes, sich bewegendes Objekt durch kritischen Vergleich mit Fixsternkarten aus und fand so einen neuen Wandelstern. Ein weiterer Planet, Neptun, wurde jedoch auf gänzlich neue Weise entdeckt. Bei den Bahnberechnungen des Uranus stellten sich merkwürdige Abweichungen mit den Beobachtungen ein. Sollte für ihn nicht das allgemeine Gravitationsgesetz gelten? Viel eher war anzunehmen, daß Uranus noch von einem weiteren, bis dahin unbekannten Planeten beeinflußt wurde. Zwei Astronomen machten sich zu Anfang der vierziger Jahre des 19. Jh. an die Arbeit: Adams in England und Leverrier in Frankreich. Adams teilte der Royal Society in einer lapidaren Denkschrift mit, zu einer bestimmten Zeit solle man das Fernrohr auf eine gewisse Stelle am Himmel richten und man werde dort einen neuen Planeten finden. Es war Pech für ihn, daß ihm keiner Glauben schenkte. Leverrier indessen, der später als Adams mit den mühsamen Berechnungen fertig wurde, hatte mehr Glück: Der Berliner Astronom Galle befolgte Leverriers Empfehlung und entdeckte 1846 fast genau an der vorbezeichneten Stelle Neptun. Ein wahrer Triumph, auch für das heliozentrische kopernikanische System. Leverrier sah Neptun – wie ein Zeitgenosse (Arago) urteilte – »auf seiner Federspitze, nachdem er, einzig und allein auf Grund seiner Berechnungen, Ort und Größe eines Körpers festgelegt hatte, der sich weit jenseits der bisher bekannten Grenzen unseres Planetensystems befand«.

Ein anderer Versuch aber schlug fehl: Leverrier bereits hatte aus der Periheldrehung des Merkur auf die Existenz eines weiteren, noch weiter

335. Das große Herschel-Teleskop. Es mußte mit Flaschenzügen bewegt werden. Aus: Herschel, W., Discription of a Fortyfeet Reflecting Telescope. In: Philosophical Transactions. (1795), Teil I, S. 347–409, Tafel XXIV, gegenüber S. 408. Universitätsbibliothek, Leipzig

336. Sternwarte Pulkowo. Von 1833 bis 1839 erbaut, wurde sie zu einer der bedeutendsten astronomischen Forschungsstätten der Erde. Aus: Illustrirte Zeitung. Bd. 4, Leipzig 1845, S. 361. Universitätsbibliothek, Leipzig

337. Carl Friedrich Gauß auf der Terrasse der Göttinger Sternwarte. Gauß war, wenn man seinen Beruf bezeichnen wollte, als Astronom angestellt. Die Göttinger Sternwarte, nach den Napoleonischen Kriegen neu erbaut, wurde zu einem der Zentren der beobachtenden Astronomie. Lithographie von E. Ritmüller. Universitätsarchiv, Göttingen

innen befindlichen Planeten geschlossen – aber man konnte ihn nicht finden. Erst die Relativitätstheorie Einsteins sollte zu Anfang des 20. Jh. imstande sein, diesen merkwürdigen Sachverhalt aufzuklären.

Auch die Entdeckungsgeschichte der kleinen Planeten wurde zum Ruhmesblatt für das Zusammenwirken von rechnender und beobachtender Astronomie. In der Neujahrsnacht von 1800 auf 1801 beobachtete der in Palermo auf Sizilien tätige Astronom Piazzi einen beweglichen Stern geringer Helligkeit, der entweder ein Komet oder – wahrscheinlicher – ein kleiner, zwischen den großen Planeten laufender Planet sein konnte. Piazzi vermochte das Objekt nur wenige Wochen zu beobachten, dann verschwand es unter dem Horizont und konnte nicht wieder aufgefunden werden.

Der erst dreiundzwanzigjährige Gauß machte sich im Spätsommer 1801 in aller Stille an die Arbeit und entwickelte völlig neue mathematische Methoden der Bahnbestimmung von Planeten, wenn, wie in diesem Fall, nur

338. Meteore vom Meteorfall von Stannern. Meteore galten bis Ende des 18. Jh. als Erscheinungen der Erdatmosphäre. 1796 erkannten Johann Friedrich Benzenberg und Heinrich Wilhelm Brandes deren kosmische Herkunft, eine Ansicht, die dann besonders Ernst Chladni verfocht. Aus: Schreibers, C. von, Beiträge zur Geschichte und Kenntniß meteorischer Stein- und Metall-Massen, und der Erscheinungen, welche deren Niederfallen zu begleiten pflegen. Als Nachtrag zu Herrn D. Chladni's neuestem Werke..., Wien 1820

339. Friedrich Wilhelm Bessel. Der als Buchhalter angestellte Bessel bildete sich autodidaktisch in Astronomie aus, berechnete 1804 als Zwanzigjähriger die Bahn des Halleyschen Kometen und übernahm 1810 die Leitung der Sternwarte in Königsberg (Kaliningrad). Seine herausragende Leistung ist der Nachweis der Fixsternparallaxe, womit endgültig die Bewegung der Erde im Raum bewiesen war. Bessel war zugleich ein bedeutender Mathematiker und stand in engen Beziehungen zu Gauß und Fraunhofer. Gemälde von Johann Wolff, 1844. Staatliche Schlösser und Gärten Sanssouci, Potsdam

wenige Beobachtungsdaten vorliegen und die Lage des Perihels unbekannt ist. Genau ein Jahr nach der Entdeckung wurde der »Ceres« genannte Planetoid an dem von Gauß bezeichneten Orte wiedergefunden.

Die Gaußschen Methoden bewährten sich glänzend auch bei der Bahnberechnung weiterer zu Anfang des 19. Jh. entdeckter Planetoiden; 1802 fand der in Bremen tätige Arzt Olbers die Pallas, 1804 Harding die Juno und 1807 wiederum Olbers die Vesta. Heute sind mehr als 4000 Planetoiden bekannt, darunter allerdings auch vergleichsweise sehr winzige.

Physik

Die im Gefolge der Industriellen Revolution ausgelösten gesellschaftlichen Entwicklungen stellten auch an die Physik eine Fülle direkter und indirekter Anforderungen.

Das metrische Maßsystem Die Französische Revolution hat auf einem sehr wichtigen Gebiet das Gesicht der modernen Wissenschaft ebenso wie das des täglichen Lebens rings um den Erdball geprägt: Das internationale metrische System verdankt seinen Ursprung der politischen Machtergreifung durch die französische Bourgeoisie.

Selbst innerhalb der Feudalstaaten Europas waren die unterschiedlichsten Maße für Länge, Fläche, Volumen, für Gewicht und Währung in Gebrauch, ganz abgesehen von den Unterschieden zwischen den Staaten. Die Interessen bei der Ausbildung nationaler Märkte mußten sich an dieser Zersplitterung stoßen.

Die Pariser Nationalversammlung schlug bereits 1790 vor, ein einheitliches Maßsystem einzurichten, das auf einer immer wieder reproduzierbaren Naturgröße beruhen müsse. Eine Kommission wurde eingesetzt; ihr gehörten u. a. die Physiker und Mathematiker Borda, Lagrange und Laplace an. Sie bestimmte im März 1791 nach ausführlicher Diskussion den zehnmillionsten Teil eines Viertels des Erdumfanges als »natürliches Grundmaß« der Länge; die Bestimmung der Länge des Sekundenpendels unter 45° geographischer Breite sollte die Beziehung zur Zeiteinheit herstellen.

Trotz der schwierigen Bedingungen, der sich verschärfenden inneren Auseinandersetzungen, der Konterrevolution und der Interventionskriege konnte die grundlegende Gradmessung zwischen Dunkerque und Barcelona 1793 vollendet und nach Auswertung der Messungen 1799 ein Maßstab aus Platin als Prototyp der neuen Längeneinheit verfertigt werden. Nach dem Vorschlag von Borda wurde sie »Meter« genannt und erhielt die Kurzbezeichnung m, abgeleitet von griech. metron = Maß. Vorsilben bezeichnen in dezimaler Staffelung Teile bzw. Vielfache des Meters sowie alle anderen an das Meter angeschlossenen Einheiten.

Zur Erinnerung an die denkwürdige Einführung des Meters und des metrischen Systems ließ man Erinnerungsmedaillen prägen mit der von Sendungsbewußtsein getragenen Aufschrift »A tous les Temps, à tous les Peuples« (Für alle Zeiten – für alle Völker). Indessen erwiesen sich die seit Generationen eingeführten alten Maße und Gewichte trotz aller Dekrete

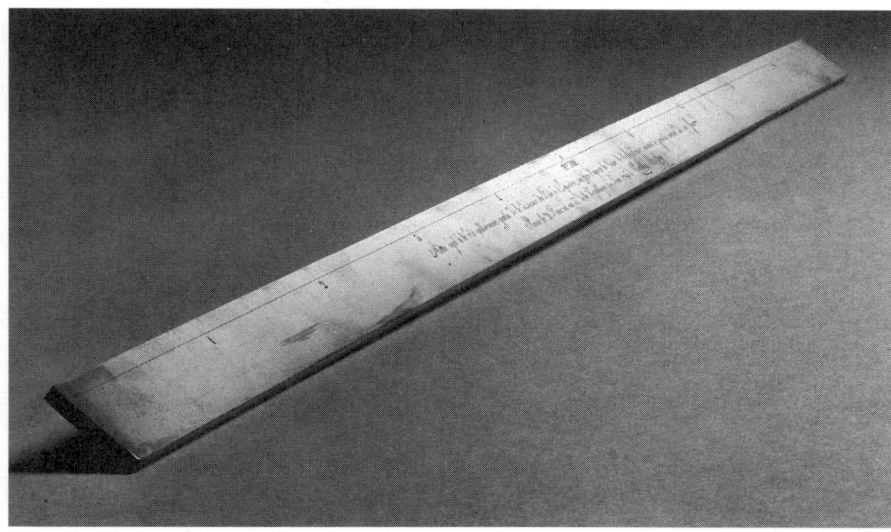

340. Maßstab des Urmeters. Im Jahre 1795 legte die französische Nationalversammlung den zehnmillionsten Teil des durch Paris gehenden Erdmeridianquadranten als Länge des Meters fest. Ein aus Platinschwamm gefertigter Maßstab wurde 1799, nach Auswertung der Vermessungen, im französischen Staatsarchiv hinterlegt (Abb. links). Nach diesem Maßstab stellte 1889 das Internationale Büro für Maß und Gewicht in Sèvres bei Paris ein »Urmeter« mit x-förmigem Querschnitt aus einer Platin-Iridium-Legierung her; Kopien davon wurden allen Staaten übergeben, die sich der Internationalen Meterkonvention von 1875 anschlossen.

und Verordnungen über die Einführung des metrischen Maßsystems als äußerst zählebig. Erst von 1840 an waren in Frankreich die früheren Maße definitiv außer Gebrauch.

Die europäischen Staaten führten erst nach und nach das metrische System ein, beispielsweise Baden 1810, die Niederlande, Luxemburg und Belgien 1821, Spanien 1859, Italien 1863. In Deutschland hatte sich 1868 der Norddeutsche Bund zur Einführung des metrischen Systems entschlossen, nach der Gründung des Deutschen Kaiserreiches wurde es 1872 in ganz Deutschland eingeführt unter gleichzeitiger Außerkraftsetzung der bis dahin gültigen Maßeinheiten. Von 1889 an wurden an alle Staaten, die sich der seit 1875 bestehenden internationalen Meterkonvention angeschlossen hatten, Kopien des Urmeters überreicht, das im Internationalen Büro für Maße und Gewichte in Sèvres bei Paris aufbewahrt wird. Dort befinden sich auch die Prototypen der anderen Grundmaße, z. B. das Urkilogramm als Masseeinheit.

Da wegen physikalisch-chemischer Vorgänge im Innern des aus einer Platin-Iridium-Legierung bestehenden Meters Längenänderungen nicht ausgeschlossen sind, wurde 1960 durch Beschluß der Generalkonferenz der Meterkonvention das Urmeter auf die unveränderliche Wellenlänge der Orangelinie des Kryptonisotops 86 im Vakuum zurückgeführt und damit endgültig als eine durch Vereinbarung festgelegte Größe definiert.

Schneller als im Bereich des täglichen Lebens setzte sich das metrische System in den Naturwissenschaften durch. Als Grundgrößen der Mechanik kamen seit 1830 Länge (cm), Zeit (s) und Masse (g) in Gebrauch. Nach der Berufung des Physikers Wilhelm Weber 1831 nach Göttingen untersuchte Gauß zusammen mit ihm die Erscheinungen des Erdmagnetismus. Gauß gelang es, auch die magnetischen Grundgrößen wie Polstärke, Feldstärke usw. auf die drei mechanischen Größen Zentimeter, Gramm, Sekunde zurückzuführen. Von da an wurde es als sog. c-g-s-System immer stärker als naturwissenschaftliches Maßsystem benutzt. Es blieb schließlich Aufgabe des ausgehenden 19. Jh., weitere physikalisch-technische Größen, z. B. die der Elektrotechnik, zu definieren und an das c-g-s-System anzuschließen. (Gegenwärtig befindet sich das internationale Maßsystem wiederum in Umstellung.)

Theoretische und praktische Mechanik Zu Anfang des 19. Jh. besaß die Mechanik innerhalb der Physik noch immer die dominierende Stellung. Sie war eine axiomatisierte, die am weitesten durchgebildete, am stärksten mathematisierte naturwissenschaftliche Disziplin und hatte die meisten und nachhaltigsten Anwendungen in der Praxis gefunden. Darüber hinaus erschien sie, teils aus Traditionsgründen, teils als Folge der atomistisch-mechanistisch orientierten Naturphilosophie, als Grundwissenschaft aller Physik in dem Sinne, daß alle physikalischen Erscheinungen letztlich auf Mechanik zurückgeführt werden könnten. Mit dem großangelegten Werk »Mécanique analytique« (Analytische Mechanik) aus dem Jahre 1788 gelang Lagrange die formale Vollendung der theoretischen Mechanik, also die mathematische Behandlung einer Mechanik der Massenpunkte, einer »idealisierten« Mechanik. Ganz in den Traditionen von Lagrange stehend, vermochten Laplace, Poisson, Cauchy und weitere Mathematiker im ge-

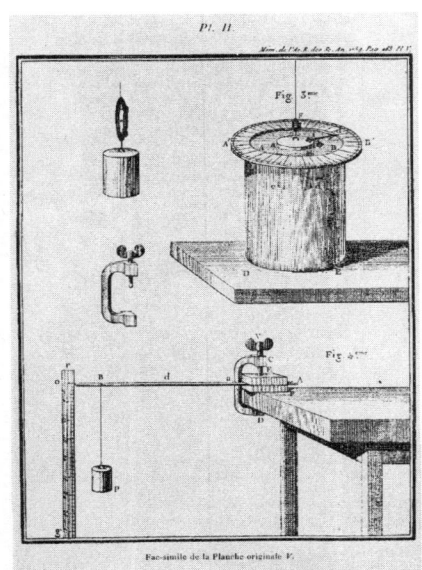

341. Untersuchungen zur Torsion und Biegungsfestigkeit durch Charles Augustin Coulomb. Mit der beginnenden Industriellen Revolution widmeten sich Physiker verstärkt der wissenschaftlichen Erforschung praktischer Probleme. Aus: Collection de Mémoires relatifs à la Physique, publié par La Société Française de Physique. Bd. 1: Mémoires de Coulomb. Paris 1884, Tafel II

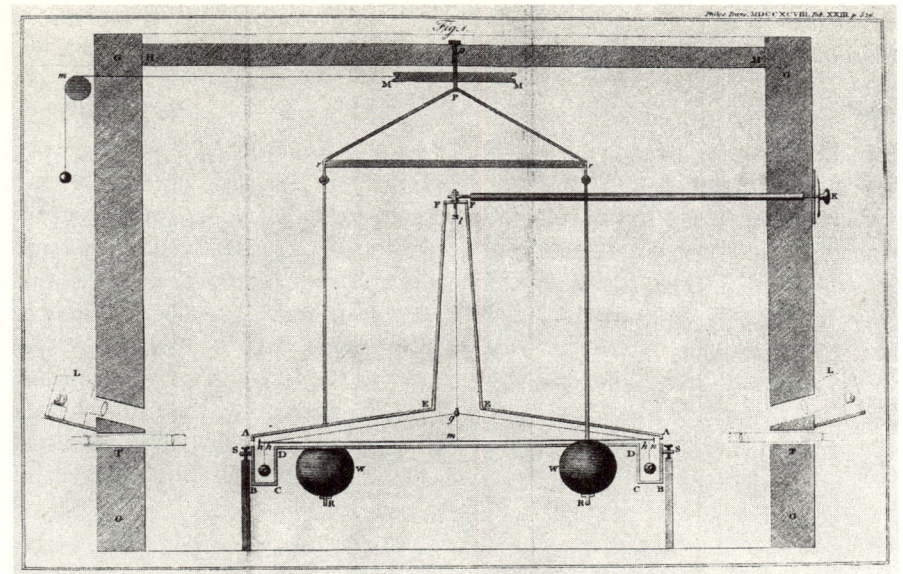

342. Drehwaage von Cavendish, 1798. Bei dieser werden kleine Kugeln am Drehbalken von großen befestigten Bleikugeln angezogen. Damit konnte die Gravitationskonstante bestimmt und daraus die mittlere Erddichte ermittelt werden. Die präzise Messung von Naturkonstanten gehörte zu den Hauptanliegen der Physik des 19. Jh. Aus: Cavendish, H., Experiments to Determine the Density of the Earth. In: Philosophical Transactions. (1798), Teil II, S. 469–526, Tafel XXIII. Universitätsbibliothek, Leipzig

danklichen Umkreis der Pariser École Polytechnique die Lösung vieler Probleme in Himmelsmechanik, der Theorie der Kapillarität, der Potentialtheorie, der Elastizitätstheorie, der Elektro- und Magnetostatik zu geben, die sowohl theoretisch wie praktisch von Bedeutung sind.

Trotz aller Großartigkeit der theoretischen Mechanik warf die Praxis Fragen auf, die die Erweiterung der Mechanik nach einer anderen Seite hin notwendig machte. Auch hier gingen die Männer der Pariser École Polytechnique voran. Coriolis, dem die mathematische Erfassung von Zwangskräften, den sog. Corioliskräften, zu verdanken ist, schuf 1829 ein Lehrbuch der Mechanik, das auf die Behandlung der tatsächlich an Maschinen auftretenden Kräfteverhältnisse abzielte, mit Einschluß der Reibung. Von Poncelet, dem Begründer der projektiven Geometrie, gingen auch in Richtung auf die Verbindung von Wissenschaft und Industrie entscheidende Impulse aus: Er publizierte 1826 ein Geschichte machendes Lehrbuch »Cours de Mécanique, appliquée aux machines« (Lehrgang der Mechanik, angewandt auf Maschinen), und er nahm, in hohen staatlichen Funktionen Frankreichs stehend, direkten Einfluß auf die Entwicklung der Industriellen Revolution in Frankreich.

Wellentheorie des Lichtes · Optik Während des 18. Jh. hatte die auf Newton zurückgehende Korpuskulartheorie des Lichtes fast unangefochten gegolten und Ansätze einer Wellentheorie, wie sie von Huygens aufgestellt worden waren, ganz in den Hintergrund gedrängt. Den ersten entscheidenden Schritt auf dem Wege zur Wellentheorie des Lichtes tat der Engländer Young, der sich auch auf vielen anderen Gebieten der Wissenschaft – als Arzt und Sprachforscher – ausgezeichnet hat. Er befaßte sich mit Farbenblindheit und mit der Dreifarbentheorie des Sehens und wurde so zu den Grundfragen der Optik geführt. Young stellte sich die Aufgabe, eine Entscheidung zwischen den Lichttheorien herbeizuführen. Als er im Jahre 1807 in einem berühmten Versuch Lichtstrahlen am Doppelspalt zur

Interferenz bringen konnte, war der Nachweis der Wellennatur des Lichtes erbracht.

Auf der Grundlage der Wellentheorie des Lichtes vermochte Young die Farben an dünnen Blättchen, z. B. bei Seifenblasen, zu erklären und erkannte die Wirkungsweise von Beugungsgittern. Doch erntete Young, wenigstens anfangs, nicht Anerkennung, sondern Kritik. Zu stark wirkte noch die Autorität Newtons. Zudem schien die von dem französischen Physiker Malus im Jahre 1808 entdeckte Polarisation des Lichtes durch Reflexion mit der Wellennatur des Lichtes unverträglich zu sein; doch Young erkannte 1817 die Lösung des scheinbaren Widerspruchs unter der Annahme, daß es sich beim Licht nicht um longitudinale, sondern um transversale Wellen handelt. Young teilte diese Idee brieflich dem einflußreichen französischen Physiker Arago mit, der ihre Bedeutung erkannte und seinerseits den französischen Physiker Fresnel darüber informierte. Ihm gelang es, alle damals bekannten Erscheinungen der Optik unter der Annahme transversaler Schwingungen in einem hypothetischen Medium zu erklären, das »Äther« genannt wurde. Die ungelöste Frage nach der Natur und Struktur des Lichtäthers bildete während des 19. Jh. einen Forschungsgegenstand, der die Grundlagen der Physik und der Naturerkenntnis überhaupt berührte; erst das Experiment von Michelson und Morley sollte 1887 das Ende aller Äther-

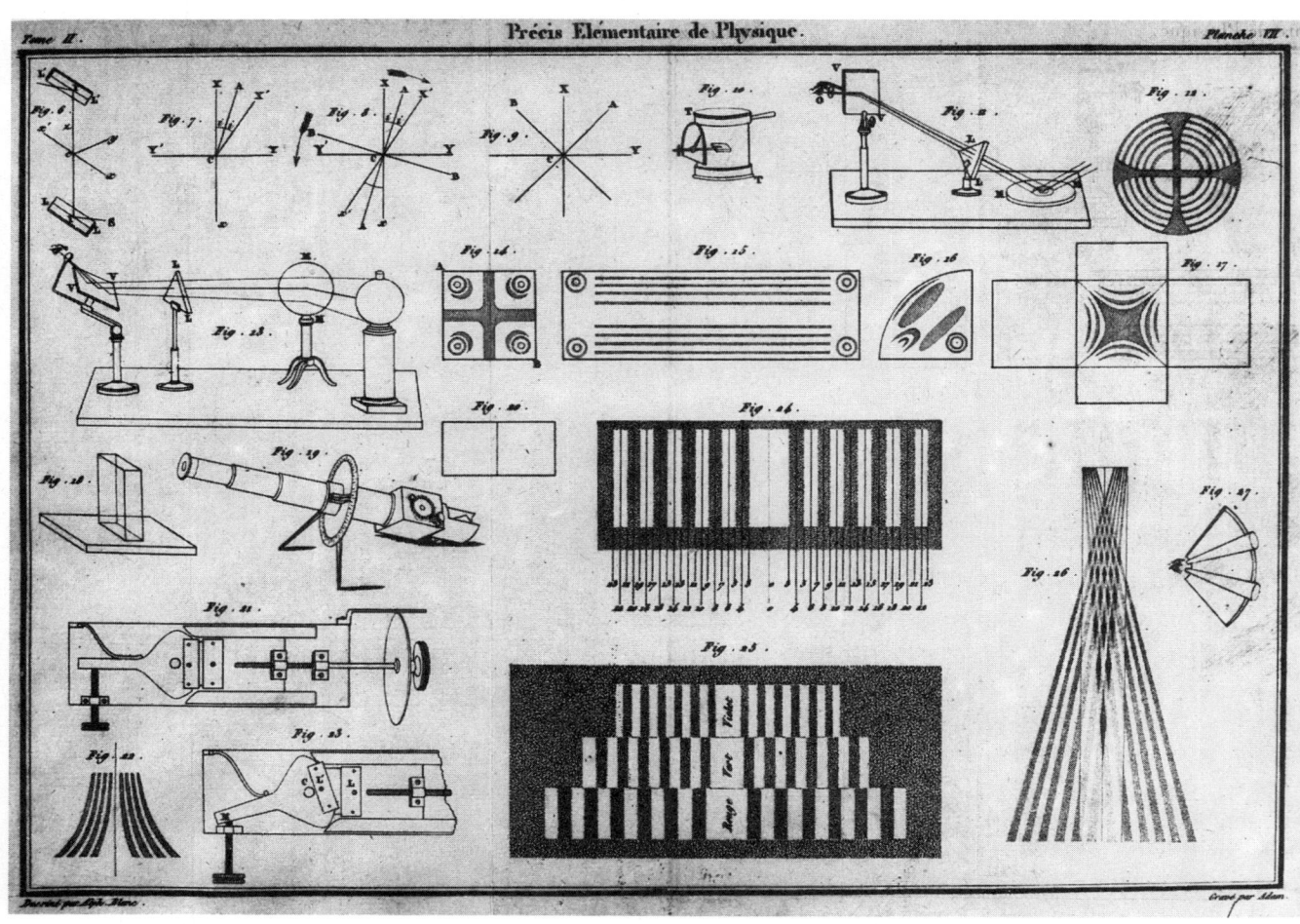

343. Tafel aus einem Lehrbuch von Jean-Baptiste Biot aus dem Jahre 1817. Diese zeigt mannigfaltige Versuche u. a. zur Beugung, Dispersion, Polarisation und Brechung des Lichtes. Aus: Biot. J.-B., Précis élémentaire de Physique expérimentale. Bd. 2. Paris 1817, Tafel VII

theorien einleiten. Die Publikationen Fresnels verschafften der Wellentheorie des Lichtes in den dreißiger Jahren endgültig Anerkennung.

Durch den jungen deutschen Spiegelschleiferlehrling und späteren Professor in München, Fraunhofer, wurde schon zu Beginn des 19. Jh. die Herausbildung der Spektralanalyse als selbständiger physikalischer Disziplin eingeleitet. Er entdeckte die nach ihm benannten Fraunhoferschen Linien, die Absorptionslinien im Sonnenspektrum, und bestimmte mit Hilfe von Beugungsgittern deren Wellenlängen. Die von ihm konstruierten Linsenfernrohre waren die besten seiner Zeit und ermöglichten wichtige Entdeckungen durch die Astronomen.

344. Fraunhofer führt in München sein Spektroskop vor. Er vervollkommnete die Schleifverfahren optischer Gläser, berechnete und konstruierte achromatische Fernrohrobjektive und schuf neuartige optische Beugungsgitter. Damit gehört er zu den Wegbereitern der wissenschaftlich-technischen Optik. Gemälde von R. Wimmer. Deutsches Museum, München

Wärmetheorie Trotz der durch Black bewirkten begrifflichen Klärung von Temperatur, Wärmemenge und spezifischer Wärme standen sich um die Wende zum 19. Jh. noch immer zwei miteinander unverträgliche theoretische Grundkonzeptionen in der Wärmelehre gegenüber. Ein Teil der Naturforscher faßte Wärme als einen besonderen, unwägbaren Stoff, ein Imponderabilium, auf; Lavoisier hatte ihn sogar unter die Elemente eingeordnet. Ein anderer Teil der Naturwissenschaftler vertrat die Auffassung — wie es schon zuvor Bacon, Hooke, Daniel Bernoulli, Lomonossow u. a. m.

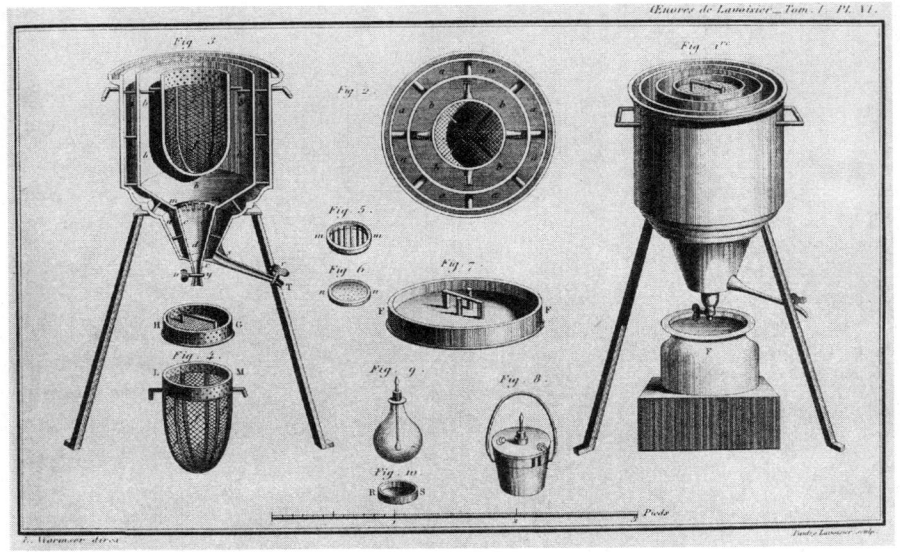

345. Kalorimeter, insbesondere Eiskalorimeter von Lavoisier. Mit der begrifflichen Unterscheidung zwischen Temperatur und Wärmemenge begannen präzise Messungen von spezifischen und Umwandlungswärmen vieler Stoffe. Aus: Œuvres de Lavoisier. Bd. 1. Paris 1869, Tafel VI

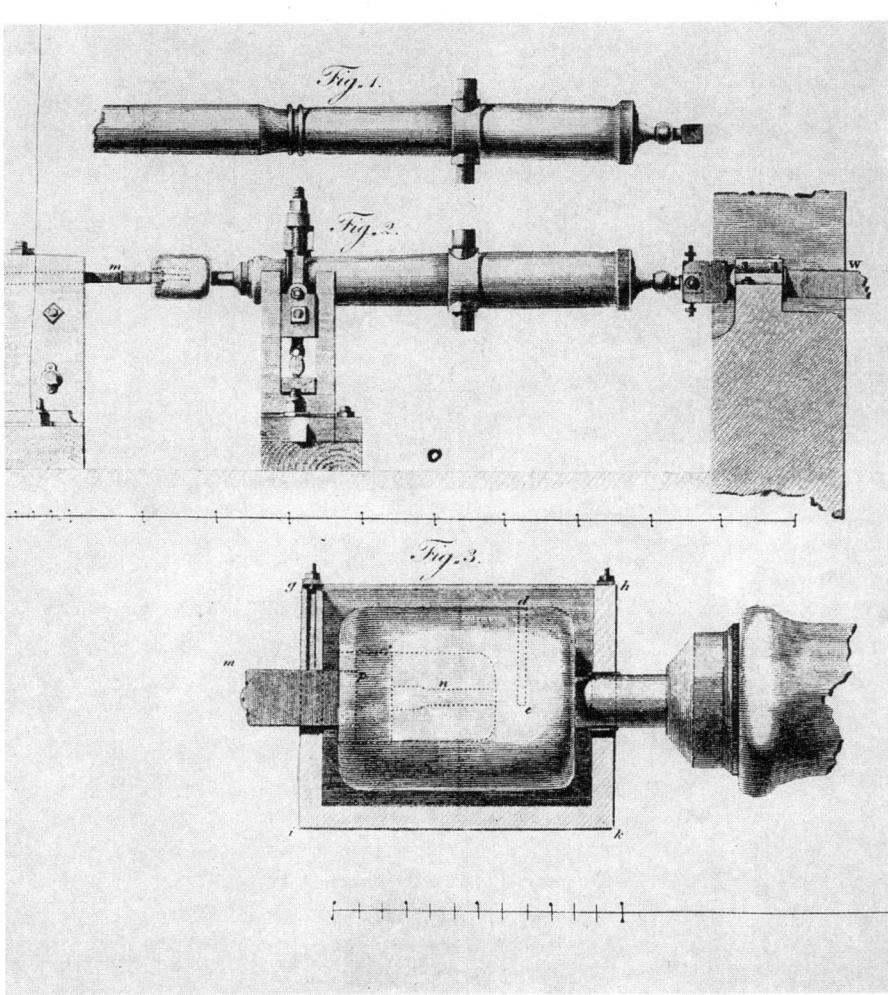

346. Messung der Reibungswärme. 1798 maß Graf Rumford (Benjamin Thompson), ein vielseitiger Militärorganisator und Naturforscher, die beim Ausbohren von Kanonenrohren entstehende Wärmemenge in einem Kalorimeter. Da er feststellte, daß sich durch Reibung beliebig viel Wärme erzeugen läßt, zog er daraus die Schlußfolgerung, daß Wärme kein Stoff (Imponderabilium), sondern nur eine besondere Art der Bewegung sein könne, drang mit seiner Ansicht aber noch nicht durch. Aus: Rumford, B., An Inquiry Concerning the Source of the Heat... In: Philosophical Transactions. (1798), Teil I, S. 80–102, Tafel IV, Fig. 1–3. Universitätsbibliothek, Leipzig

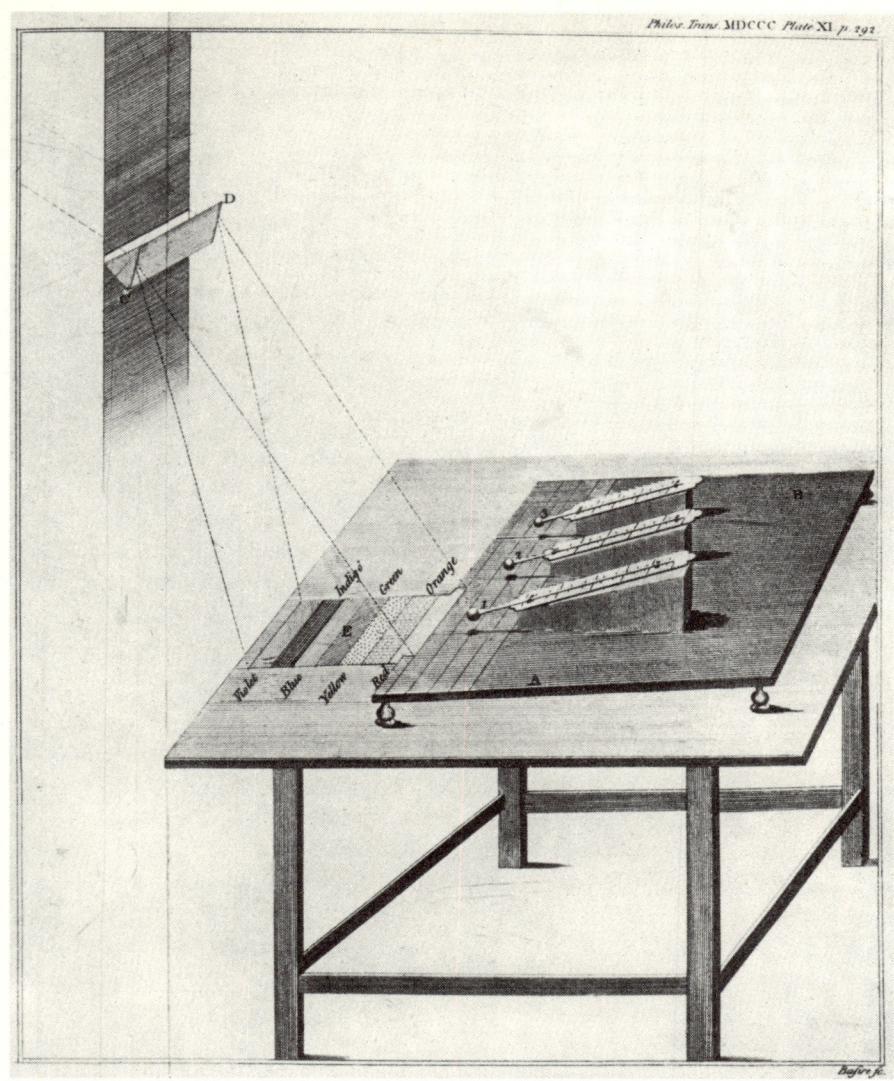

347. Nachweis der Ultrarotstrahlung, 1800. Der Versuch Herschels demonstriert, daß jenseits des roten Spektrumbereiches eine unsichtbare, erwärmende Strahlung vorhanden ist, die schließlich als ultrarot bezeichnet wurde. Um 1850 konnte nachgewiesen werden, daß diese alle Eigenschaften der sichtbaren Strahlung besaß. Aus: Herschel, W., Experiments of the Refrangibility of the Invisible Rays of the Sun. In: Philosophical Transactions. (1800), Teil II, S. 292, Tafel XI. Universitätsbibliothek, Leipzig

getan hatten –, daß Wärmeerscheinungen durch die Bewegung kleinster Teilchen der Stoffe recht gut erklärbar sind.

Doch war nichts bewiesen: Keineswegs konnten so alle Wärmeerscheinungen erklärt werden, insbesondere nicht in der Reibungswärme. Ein junger Amerikaner, Benjamin Thompson, Teilnehmer am Unabhängigkeitskrieg, später im bayrischen Staatsdienst und dort wegen seiner Verdienste zum Grafen Rumford geadelt, war in München mit der Herstellung von Geschützen beauftragt. Aus der beim Bohren von Kanonenrohren erzeugten beträchtlichen Wärmemenge schloß er, daß Wärme kein Stoff, sondern selbst eine besondere Form mechanischer Bewegung sei. In einem großangelegten Experiment, in aller Öffentlichkeit vorgeführt, gelang es ihm in rund 2 h, 8 l Wasser beim Metallbohren zum Sieden zu bringen.

Ein weiteres Grundproblem der Wärmelehre entsprang direkt der Industriellen Revolution: die Verbesserung des Wirkungsgrades der Dampfmaschine. Watt und andere Pioniere des Dampfmaschinenbaues hatten Diagramme, d. h. graphische Darstellungen des Zusammenhanges zwischen

Dampfdruck und Zylindervolumen aufgestellt und drückten die Leistung ihrer Maschine in der Einheit »Pferdestärke« aus. Erst 1829 haben Poncelet und Coriolis als Grundbegriff den der physikalischen Arbeit (als Produkt aus Kraft und Weg) eingeführt.

Überhaupt stießen die französischen Physiker und Ingenieure am weitesten vor bei der mathematischen Durchdringung der Wärmelehre und bei der Klärung des Energiewandlungsproblems in einer Dampfmaschine; hierin lagen die historischen Wurzeln der späteren theoretischen Thermodynamik. An herausragender Stelle sind der theoretische Physiker Fourier und der Armeeingenieur Sadi Carnot, Sohn des Revolutionärs und bedeutenden Mathematikers Lazare Carnot, zu nennen.

Fourier hatte sich für das Problem der Wärmeleitung interessiert und dabei mit neuen mathematischen Methoden – den nach ihm benannten Fourier-Reihen – hervorragende Leistungen erzielt, die er 1822 in seiner »Théorie analytique de la chaleur« (Analytische Theorie der Wärme) darlegte. Zwei Jahre später, 1824, erschien Sadi Carnots Schrift »Reflexions sur la puissance motrice du feu« (Reflexionen über die bewegende Kraft des Feuers), die aber damals wenig Wirkung auslöste, obwohl Carnot einen theoretischen Zugang zur Berechnung des Wirkungsgrades einer Dampfmaschine zu gewinnen vermocht hatte, und zwar mittels des heute nach ihm benannten Carnotschen Kreisprozesses.

Elektrizitätslehre · Elektrodynamik Schon zur Mitte des Jahrhunderts hatten Experimente und theoretische Überlegungen in England – so von Michell und Priestley – die Vermutung wachgerufen, daß elektrische und magnetische Kräfte ganz analog zum Gravitationsgesetz ebenfalls reziprok mit dem Quadrat der Abstände abnehmen. Unabhängig davon fand und bewies der französische Ingenieur Coulomb zwischen 1785 und 1789 durch sinnreiche Experimente diese Annahme; das Coulombsche Gesetz bildet seitdem die Grundlage der Elektro- und Magnetostatik. Es paßte daher ganz gut zu dem Erfahrungsschatz der elektrischen Wirkung auf Lebewesen, als der Anatomieprofessor Galvani aus Bologna 1789 an Froschschenkeln Zuckungen auslösen konnte, wenn die Muskeln bzw. deren Nervenfasern mit zwei verschiedenen Metallen in Berührung kamen. Galvani interpretierte dies als Wirkung einer besonderen, neuentdeckten Elektrizität, und Europa war des Staunens voll über die sog. tierische Elektrizität, die alsbald zu allerlei medizinischen Wunderkuren Veranlassung bot. Doch Galvani hatte unrecht mit seiner Deutung. Volta nämlich, Professor der Physik in Pavia, vermochte – ohne Froschschenkel – lediglich mit verschiedenartigen Metallplatten ebenfalls die Wirkung zu erzielen, wie sie bei Verwendung von Reibungselektrizität auftrat. Volta leistete noch mehr: Er fand 1799, daß sich die elektrischen Wirkungen beträchtlich verstärken lassen, wenn zwischen verschiedene Metalle verdünnte Säure eingebracht wird. Ein großes Feld überraschender Experimente tat sich auf. Sehr rasch wurden die chemischen Wirkungen des elektrischen Stromes erkannt und erforscht. Schon im Jahre 1800 beobachteten die Engländer Nicholson und Carlisle die elektrolytische Zersetzung des Wassers, Berzelius und Hisinger in Schweden die von Salzlösungen. Doch wurde Davy, der soeben seinen Lehrstuhl an der Royal Institution in London erhalten hatte, zum eigentlichen Pionier der elektrochemischen Arbeitsrichtung. Mit einer Batterie von Voltaischen Säulen gelang ihm 1807 die Schmelzflußelektrolyse; damit konnte er Natrium, Kalium, Kalzium, Strontium und Barium erstmals darstellen. Davy gelangte zu der Ansicht, daß die chemische Affinität zwischen den Elementen elektrischer Natur sei, eine Theorie, die seit 1811 von Berzelius weiterentwickelt wurde.

Davys Assistent und Nachfolger Faraday fand schließlich 1833 die grundlegenden quantitativen Beziehungen der Elektrolyse, daß nämlich erstens die abgeschiedenen Stoffmengen den Elektrizitätsmengen proportional sind und daß sich zweitens die von gleichen Elektrizitätsmengen abgeschiedenen Stoffmengen wie deren chemische Äquivalentgewichte verhalten. Gerade diese experimentellen Erfolge der Elektrochemie bekräftigten unter den Naturphilosophen die Überzeugung vom universellen Zusammenspiel aller

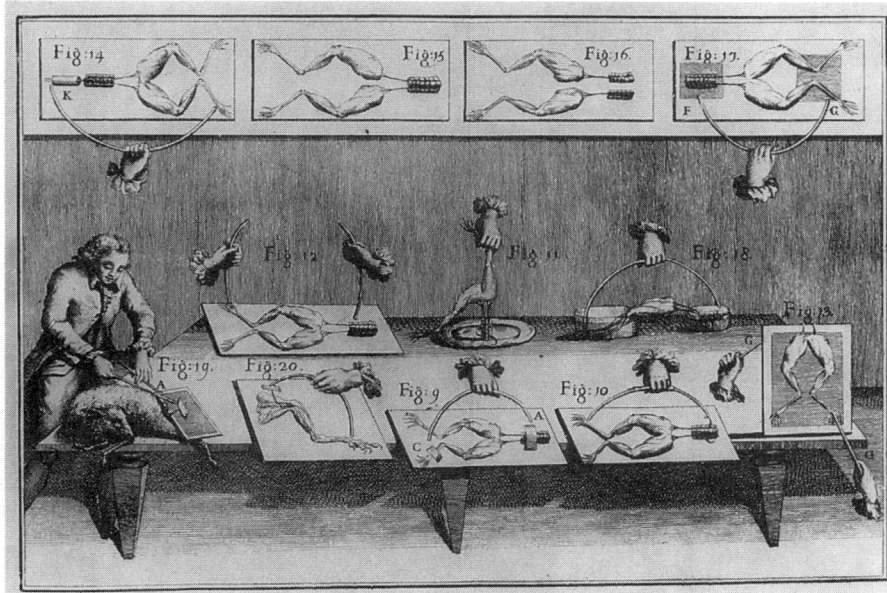

348. Galvanis Versuche mit Froschschenkeln. Die Versuchsreihe des Anatomen Luigi Galvani um 1790 zeigte die erstaunliche Tatsache, daß präparierte Froschschenkel zucken, wenn mit ihnen und zwei unterschiedlichen Metallen ein Kreis geschlossen wird. Galvani glaubte irrtümlich, damit einer »elektrischen Lebenskraft« auf der Spur zu sein. Aus: Galvani, L., De viribus electricitatis..., Bologna 1791, Tafel II. Universitätsbibliothek, Leipzig

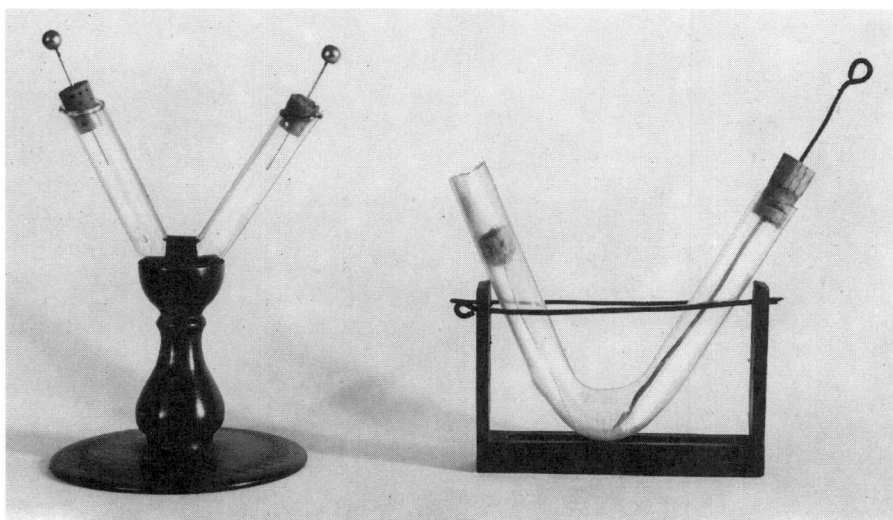

349. Elektrochemische Zersetzung von Wasser im sog. V-Rohr von Johann Wilhelm Ritter, um 1800 (links: Nachbildung, rechts: Original). In der Art wurde die Elektrolyse des Wassers durchgeführt. Später gelang Humphry Davy durch Schmelzflußelektrolyse von Kalium- und Natriumhydroxid die erstmalige Darstellung von metallischem Kalium und Natrium. Deutsches Museum, München

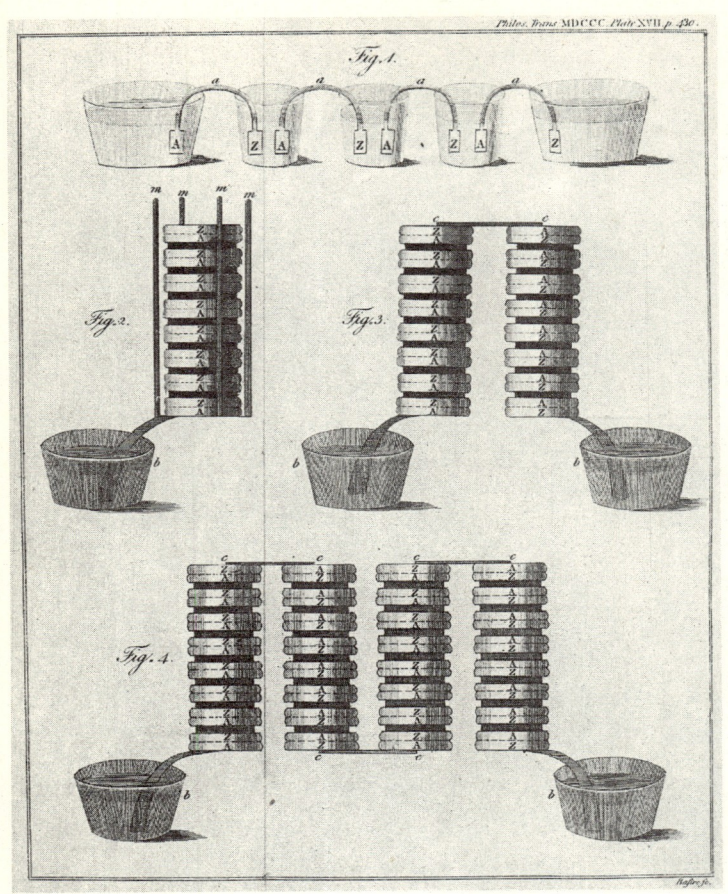

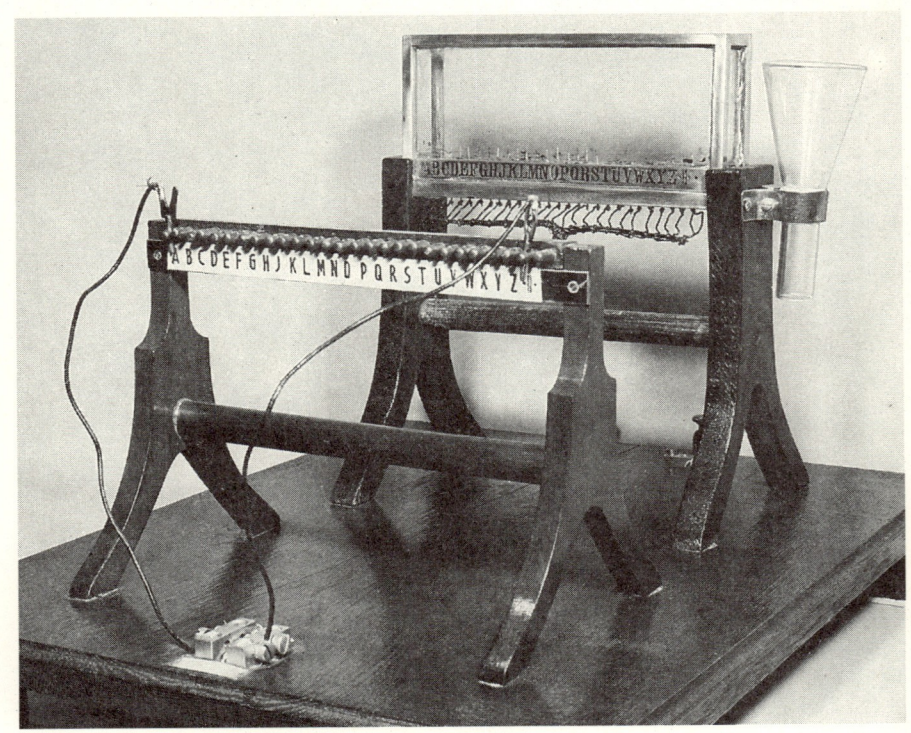

350. Voltaische Säulen und Tassenkrone. Aus Voltas Deutung von Galvanis Versuchen ergab sich eine wesentliche Erfindung: die chemische Spannungsquelle, die man galvanisches Element nannte. Die Abb. zeigt die »Tassenkrone« (Figur 1) und die »Voltaischen Säulen«, in Reihe geschaltete Silber-Zink-Elemente, die einen stationären Strom lieferten und mit denen man die mannigfaltigen Wirkungen des elektrischen Stromes viel besser untersuchen konnte. Aus Volta, A., On the Electricity exited by the mere Contact of conducting Substances of different kinds. In: Philosophical Transactions. (1800), Teil II, S. 403–431, Tafel XVII. Universitätsbibliothek Leipzig

351. Von Goethe benutzte Geräte zu Versuchen über die Elektrizität. Anziehung und Abstoßung als physikalische Effekte spielen im übertragenen Sinne eine bedeutende Rolle in Goethes Roman »Die Wahlverwandtschaften«. Nationale Forschungs- und Gedenkstätten der klassischen deutschen Literatur, Weimar

Naturkräfte. Ganz von diesen Ideen eingenommen, suchte der Kopenhagener Professor Oersted seit 1807 nach dem Zusammenhang von Elektrizität und Magnetismus. Er fand ihn 1820, als er die Wirkung eines stromdurchflossenen Leiters auf eine Magnetnadel nachweisen konnte.

Merkwürdig und diskussionswürdig erschien den Physikern jener Zeit

352. Elektrochemischer Telegraphenapparat des Mediziners Samuel Thomas Sömmering aus dem Jahre 1809 (links unten). Etwa 30 Drähte zwischen Sender und Empfänger waren nötig. Der Strom löste in dem als elektrolytische Zelle gestalteten Empfänger Gasbläschen aus, deren Aufsteigen an einem bestimmten Ort einen bestimmten Buchstaben signalisierte. Der Apparat war gegenüber optischen Telegraphen zu kostenaufwendig und umständlich handhabbar. Er wurde nur zur Demonstration benutzt. Erst die Entdeckung des Elektromagnetismus wies neue Wege. Postmuseum der DDR, Berlin

353. Hans Christian Oersted demonstriert die Ablenkung der Magnetnadel durch einen stromdurchflossenen Leiter. Mit dieser Entdeckung begann 1820 die Entwicklung des Elektromagnetismus. Aus: Weltall und Menschheit. Hrsg. von H. Kaemer. 5. Bd. Berlin/Leipzig, o. J., S. 213

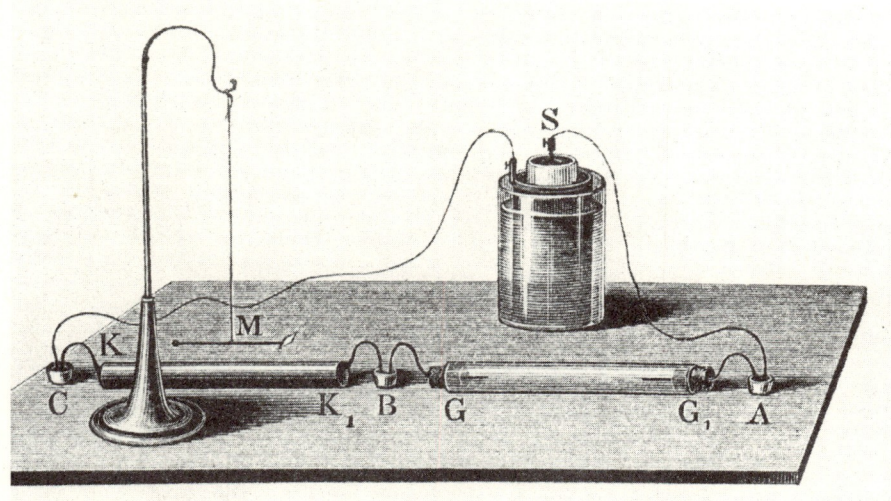

354. Leitfähigkeitsmessungen nach dem Ohmschen Gesetz in verschiedenen Stoffen. Diese waren typische Untersuchungen im 19. Jh., die auch auf Flüssigkeiten und Gase ausgedehnt wurden. Aus: Wiedemann, G., Die Lehre vom Galvanismus und Elektromagnetismus. 1. Bd. Braunschweig 1861, S. 97

355. Michael Faraday (1855). Er begründete die populären Freitagabendvorlesungen in der Royal Institution, einer Einrichtung, der neben Forschungsaufgaben auch die Verbreitung wissenschaftlicher Kenntnisse oblag. Kolorierte Lithographie von Alexander Blaikley. Royal Institution, London

nicht nur diese Tatsache selbst. Mindestens ebenso neuartig war der Umstand, daß die Ablenkung der Magnetnadel durch fließenden Strom nicht erklärbar war mit der bis dahin scheinbar selbstverständlichen Annahme, daß alle Kräfte Zentralkräfte sind, also lediglich als Zug oder Druck wirken. Hier aber wirkte die Kraft ringförmig um den Leiter herum.

Derartige Diskussionen um die Allgemeingültigkeit der Zentralkräfte förderten manch neue experimentelle und theoretische Ergebnisse zutage. So konnte Ampère noch im selben Jahr zeigen, daß sich ringförmige, stromdurchflossene Leiter ihrerseits wie ganz gewöhnliche Magnete verhalten. Was lag näher als die Schlußfolgerung, daß der Magnetismus selbst nichts anderes als die Auswirkung winziger elektrischer Kreisströme sei. Das von ihm mathematisch formulierte Gesetz der Kraftwirkung zwischen stromdurchflossenen Leitern bestimmte über ein halbes Jahrhundert die Entwicklungsrichtung der theoretischen Elektrodynamik. Um 1826/27 konnte Ohm das nach ihm benannte Grundgesetz des fließenden Stromes über den Zusammenhang von Spannung, Stromstärke und Widerstand in systematischen Versuchsreihen herausfinden.

Die erste Entwicklungsphase der Elektrodynamik wurde von der Leistung Faradays gekrönt. In seinem Notizbuch stellte er sich selbst die Aufgabe: »Verwandle Magnetismus in Elektrizität!« Nach langen Bemühungen gelang dem genialen Experimentator eine Entdeckung, die anderen versagt blieb, obwohl auch sie auf der Suche zum Gegenstück von Oersteds Versuch gewesen waren: Ein sich bewegender Magnet induziert in einem geschlossenen Stromkreis Stromstöße. Und er fand ebenso, daß stetig fließende Ströme keine Wirkung aufeinander ausüben, dagegen das Ein- oder Ausschalten eines Stromes in einem anderen Stromkreis Induktion auslöst. Hatte Oersted das Prinzip des Elektromotors gefunden, so stellten Faradays Entdeckungen die Grundlagen der elektromagnetischen Stromerzeugung, des Dynamos, dar.

Schon in den dreißiger Jahren unternahm Moritz Hermann Jacobi, Erfinder der Galvanoplastik, auf der Newa in St. Petersburg Experimente mit dem elektrischen Antrieb von Booten, die indessen unbefriedigend ausfielen. Es mußten erst noch leistungsfähigere Stromquellen entwickelt werden. Siemens, Wheatstone und Varley entdeckten 1866/67 unabhängig voneinander das dynamoelektrische Prinzip und erfanden damit den ersten leistungsfähigen Stromerzeuger, der die großartige Entfaltung der Elektrotechnik im letzten Drittel des 19. Jh. ermöglichen sollte.

Faraday, selbst vom Gefühl des Zusammenhanges aller Naturkräfte durchdrungen, suchte und fand endlich noch den Zusammenhang zwischen Magnetismus und Licht, als er 1845 die Drehung der Polarisationsebene des Lichtes im Magnetfeld nachweisen konnte. Nicht nur als hervorragender Experimentator vermochte Faraday weit in die Zukunft zu wirken. Mit seiner Vorstellung von Kraftlinien – elektrischen und magnetischen – stand Faraday ganz im Gegensatz zur vorherrschenden, auf Newton zurückgehenden Fernwirkungstheorie der Kräfte nach Art der Gravitation.

Diese Nahewirkungstheorie sollte auf direktem Wege zur elektromagnetischen Lichttheorie hinführen und das Feld neben die wägbare Materie als neue physikalische Grundkategorie stellen.

Die wissenschaftliche Revolution in der Chemie

Bereits am Ende des 18. Jh. zeigten sich die aus der Industriellen Revolution an die Naturwissenschaften ergehenden Forderungen auf dem Gebiete der

356. Das Lachgas. Die Karikatur zeigt den jungen Humphry Davy, der das Lachgas entdeckte und im Rahmen seiner berühmt gewordenen populären Vorträge in der Royal Institution zu London Experimente damit anstellte. Die Person mit dem Gefäß in den Händen ist Davy, rechts neben der Tür Graf von Rumford, mit bürgerlichem Namen Benjamin Thompson, der besonders durch seine Untersuchungen über Wärmeeffekte verschiedener Brennstoffe bekannt wurde und der die Royal Institution ins Leben gerufen hatte. Die Personen im Auditorium stellen alle Mitglieder der Londoner »high society« dar. Karikatur von James Gillray, gestochen von C. Starcke. Frontispiz aus: Cohen, E., Das Lachgas. Leipzig 1907

Chemie besonders deutlich. Die Gewinnung von Eisen und Stahl nach neuen Verfahren sowie die Bereitstellung von Hilfsstoffen für die Textilindustrie sind typisch für direkte Einflüsse. Aber auch die wissenschaftliche Revolution in den Grundlagen der Chemie gehört zu den Folgen, die ihre historischen Wurzeln mit in der Industriellen Revolution haben.

Chemie und Industrielle Revolution Die neue leistungsfähige Maschinerie der Textilindustrie konnte plötzlich das Vielfache an Wolle, Seide und Baumwolle verarbeiten. Jedoch erforderten die rohen, braun aussehenden Baumwollgewebe noch eine Nachbehandlung durch Waschen und Bleichen. Die zum Waschen benötigte Soda war bis zum 19. Jh. als Naturprodukt vor allem aus Ägypten und Spanien importiert worden. Seit der Industriellen

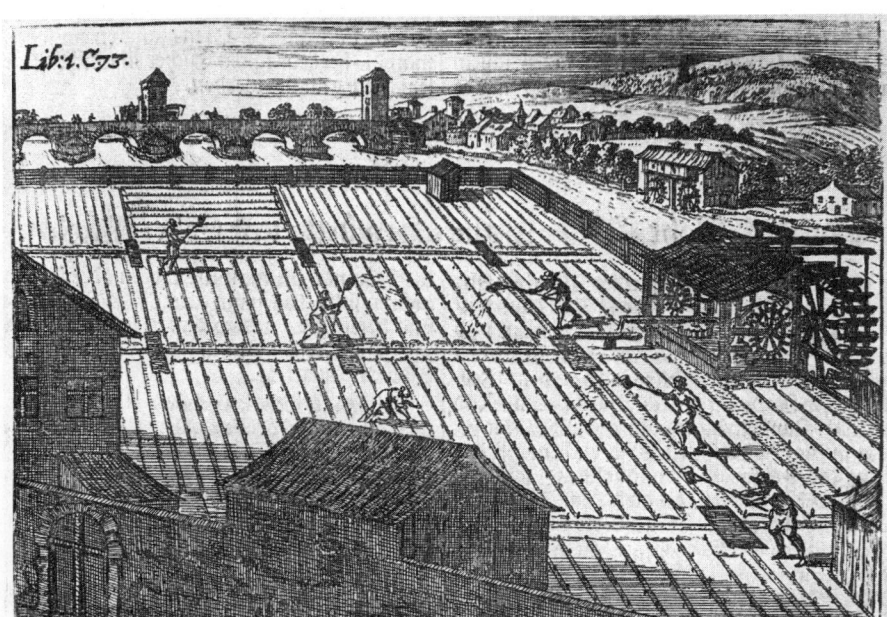

357. Rasenbleiche. Zum Bleichen von Wäsche wie auch von Garnen führte man bis 1775 die Rasenbleiche durch, bei der die Wäschestücke wochen- und monatelang der Sonneneinwirkung ausgesetzt wurden. Sie mußten immer mit Wasser besprengt werden, aus dem sich kleine Mengen Wasserstoffperoxid bildeten, die das Bleichen bewirkten. Aus: Hohberg, Georgica curiosa oder Adeliches Landleben. 1. Theil. Nürnberg 1687, S. 102 (in Cap. CVI: »Von den Bleichstätten«). Universitätsbibliothek, Leipzig

358. Waldverwüstung am Anfang des 19. Jh. bei Schwarzmühle (Schwarzatal/Thüringen). Bis weit ins 18. und vielerorts bis weit ins 19. Jh. war Holz der wichtigste Rohstoff und Energieträger, für die Metallurgie ebenso wie für die Glasindustrie. Die Waldverwüstung nahm enorme Ausmaße an. Mit der Industriellen Revolution mußten neue Rohstoffquellen erschlossen werden, so vor allem die Steinkohle. Die Aufforstung der devastierten Wälder wurde eine wichtige Aufgabe. Das Bild fand man 1950 im Jagdschloß Wildenspring. Museum, Arnstadt

359. Schwefelsäuregewinnung im 18. Jh. (rechts oben). Vitriole, natürlich vorkommende Sulfate, wurden in tönernen Retorten thermisch zersetzt und das dabei entstehende Gas Schwefeltrioxid in verdünnte Schwefelsäure geleitet und dabei konzentrierte Schwefelsäure erzeugt. Die Schwefelsäure wurde seit der Zeit der Industriellen Revolution in steigenden Mengen in der Textilindustrie und zur Herstellung von Soda nach dem Leblanc-

Verfahren benötigt. Erst das Bleikammerverfahren, bei dem Schwefel- oder Schwefeldioxid katalytisch mit Salpeter oxydiert wird, lieferte im 19. Jh. ausreichende Mengen. Aus: Bernhardt, J. Ch., Chymische Versuche und Erfahrungen, aus Vitriole, Salpeter, Ofenruß, Quecksilber, Arsenik, Galbano, Myrrhen, der Peruvianer Fieberrinde und Fliegenschwämmen kräftige Arzneyen zu machen. Leipzig 1755, Anhang. Universitätsbibliothek, Leipzig

Revolution aber konnten diese Länder den ständig steigenden Bedarf ebensowenig decken wie die durch Verbrennen ganzer Wälder ersatzweise hergestellte Pottasche. Die gewaschenen Gewebe waren vor der Industriellen Revolution mit Hilfe von Sauermilch von alkalischen Bestandteilen befreit und dann tage- und wochenlang zum Bleichen ausgelegt worden. Alle diese »natürlichen« Behandlungsmethoden reichten nun nicht mehr aus.

Die Pariser Akademie setzte 1775 einen beträchtlichen Preis demjenigen aus, dem es gelänge, Soda aus Kochsalz herzustellen. Der französische Arzt und Chemiker Leblanc löste diese Aufgabe, indem er Kochsalz mit Schwefelsäure zu Natriumsulfat umsetzte und dieses durch Erhitzen in einem Flammofen mit Kalk und Kohle in Soda verwandelte. Von 1790 an stand diese »Leblanc-Soda« in praktisch unbegrenzter Menge zur Verfügung, war viel reiner und außerdem billiger als die Natursoda. Schon um die Jahrhundertwende arbeiteten in Frankreich so viele Fabriken nach Leblancs Verfahren, daß Frankreich seinen gesamten Bedarf an Soda decken konnte. In England begann man um 1823, in Deutschland um 1840 mit der Produktion von Leblanc-Soda.

Auch für die Sauermilch hatte sich inzwischen mit der verdünnten Schwefelsäure ein chemischer »Ersatz« gefunden. In Deutschland begann man während des 18. Jh., hochprozentige Schwefelsäure, Oleum, durch thermische Zersetzung von Alaun in tönernen Röhren herzustellen; besonders bekannt wurde das Nordhäuser Vitriolöl. In England, das keine Alaunvorkommen besitzt, übertrug man die seit Geber bekannte Schwefelsäuredarstellung durch Verbrennung von Schwefel in Gegenwart von Salpeter in großtechnische Maßstäbe: Ward verwendete Glasballons von etwa 200 l Inhalt; Roebuck ließ um 1750 die Verbrennung in gemauerten und mit Bleiplatten ausgekleideten Kammern vor sich gehen. Um die Jahrhundertwende breitete sich das Bleikammerverfahren in ganz Europa aus.

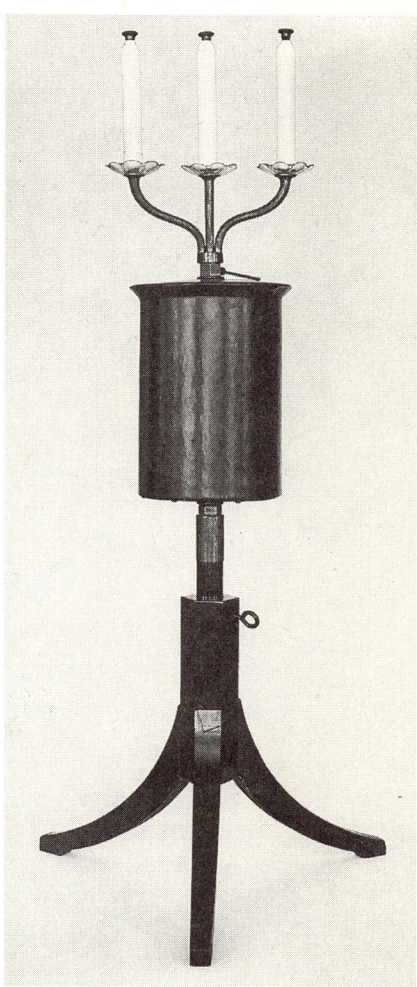

360. Beleuchtungsgasbrenner von Rudolf Sigismund Blochmann. In der Gaswerkstechnologie führte zunächst England. Doch Blochmann entwickelte in Dresden um 1825 eigenständig eine Technologie der Steinkohlenverkokung und führte dort die Gasbeleuchtung ein. Mathematisch-Physikalischer Salon, Dresden

361. Brennspiegel für chemische Experimente. Lavoisier demonstriert in dieser Abbildung seine Anwendung zur Erzeugung hoher Temperaturen, um chemische Substanzen thermisch zu zersetzen. Er führte damit 1775 die Zerlegung von Quecksilberoxid in Quecksilber durch, so wie es ihm John Priestley mitgeteilt hatte. Aus: Œvres de Lavoisier. Bd. III. Paris 1865, Tafel XI

362. Monsieur und Madame Lavoisier im Laboratorium (rechte Seite). Sie unterstützte ihren Mann bei seinen chemischen Untersuchungen, u. a. durch das Führen der Versuchsprotokolle. Gemälde von Jacques David. Metropolitan Museum of Art, New York

Das Problem des chemischen Bleichens wurde noch im letzten Viertel des 18. Jh. gelöst, nachdem der französische Chemiker Berthollet die bleichende Wirkung des Chlors auszunutzen begonnen hatte. Er gewann Chlorgas durch Einwirkung von Chlorwasserstoffgas auf Braunstein und leitete das Chlorgas in Kalkmilch, später in Natrium- bzw. Kaliumkarbonatlösung ein und brachte diese Produkte 1785 als Kalziumhypochlorit bzw. 1789 als Kaliumhypochlorit unter der Bezeichnung »Eau de Javel« in den Handel. Später gelang es Tennant in Großbritannien, den festen Chlorkalk herzustellen.

Schon seit dem 17. Jh. war bekannt, daß trockene Destillation von Holz oder Kohle brennbare Gase liefert. Dixon in England, Lampadius in Dresden, Lebon in Paris und andere waren Pioniere bei der Ausnutzung dieses Gases für Beleuchtungs- und Heizzwecke. In großen Mengen fielen dabei Destillationsrückstände an; im lästigen, stinkenden Abfallprodukt Teer aber lagen, wie sich zeigen sollte, erstaunliche Möglichkeiten für die Chemie verborgen.

Das wissenschaftliche System der Chemie Die in der Anfangsperiode der Industriellen Revolution erzielten Erfolge der chemischen Gewerbe be-

ruhten zum überwiegenden Teil auf Erfahrung und nur zum geringeren Teil auf wissenschaftlichen Erkenntnissen. Und doch erfolgte gerade zu dieser Zeit eine Umwälzung auf dem Gebiete der Chemie, die eigentlich erst jetzt die Chemie als Wissenschaft begründete. Die wissenschaftliche Revolution in der Chemie leitete der französische Chemiker Lavoisier ein; von Dalton wurde sie in Großbritannien fortgeführt.

Lavoisier vollzog diesen revolutionären Umschwung vor allem dadurch, daß er — auf der neuen Gaschemie aufbauend — die der Phlogistontheorie zugrunde liegende Beweiskraft ausnutzte, also am Beispiel der Oxydation/Reduktion eine chemische Hin- und Rückreaktion gekoppelt betrachtete. Wer wie er Oxydations- und Reduktionsvorgänge rückgekoppelt und noch dazu mit quantitativen Methoden, also wägend verfolgte, dem mußten sich ganz neue Erkenntnisse erschließen. Durch exakte Wägung bei der Zerlegung von Quecksilberkalk (= oxid) mittels der Strahlen einer Brennlinse in Quecksilber und Sauerstoff und deren anschließender restloser Wiedervereinigung ohne Gewichtsänderung zu der Ausgangsmenge an Quecksilberkalk war bewiesen, daß »Verkalkung« (Oxydation) in der Vereinigung mit Sauerstoff besteht und Reduktion in der Freigabe von Sauerstoff. Oxydation und Reduktion sind zwei zueinander inverse Umsetzungen. Benötigt man Kohle zur Reduktion, so verbindet sich, wie Lavoisier ebenfalls beweisen konnte, der Kohlenstoff mit dem Sauerstoff zu Kohlendioxid. Nun konnte auch klargestellt werden, was das Verrosten der Metalle, die Gewinnung von Metallen aus Erzen und schließlich der physiologische Prozeß des Atmens in chemischer Hinsicht bedeuten. Im Jahre 1777 hat Lavoisier die Oxydationstheorie in einer grundlegenden Arbeit bekanntgemacht. Madame Lavoisier, die selbst aktiv an den Experimenten beteiligt gewesen war, tat 1783 ein übriges: In einer dramatischen Geste, einer öffentlichen Verbrennung der Bücher von Stahl und anderen Anhängern des Phlogistons, verkündete sie das Ende der alten und den Beginn der neuen Chemie.

Lavoisier konnte nach der relativ langen Entwicklung der Chemie erstmals experimentell beweisen, welche Stoffe wirklich nicht zusammengesetzt, also chemische »Elemente« sind und welche Stoffe chemische Verbindungen darstellen. Nicht mehr Feuer, Wasser, Luft, Erde und Salz, sondern Metalle wie Eisen, Blei, Zinn, Nichtmetalle wie Schwefel und Phosphor und Gase wie Wasserstoff, Sauerstoff sind solche Elemente. Den Elementbegriff faßte Lavoisier ganz im modernen Sinne: »Wenn wir den Ausdruck Elemente..., verwenden, so drücken wir unsere Idee des letzten

363. Tabelle der chemischen Elemente. Auf Lavoisiers Tabelle der Stoffe, die er erstmals experimentell als »elementar«, nicht zusammengesetzt, nachgewiesen hatte, erscheinen neben den Metallen, den Nichtmetallen und den elementaren Gasen Sauerstoff, Stickstoff, Wasserstoff und die »unwägbaren« Stoffe »Lichtstoff« und »Wärmestoff«. Sie wurden erst Anfang des 19. Jh. von Physik und Chemie aus der Naturwissenschaft verbannt. Aus: Lavoisier, A. L., Traité élémentaire de chimie..., Paris 1793. Universitätsbibliothek, Leipzig

364. Wasserzerlegung. Antoine Laurent Lavoisier gelang der Nachweis, daß Wasser, welches für Jahrtausende als Element gegolten hatte, in zwei gasförmige Bestandteile, den Wasserstoff und den Sauerstoff, zerlegt werden kann. Wasserdampf wird in einem erhitzten Rohr über ein Metall geleitet, welches den Sauerstoff aufnimmt, also das Wasser reduziert. Aus: Lavoisier, A. L., Traité élémentaire de chimie..., Paris 1793. Universitätsbibliothek, Leipzig

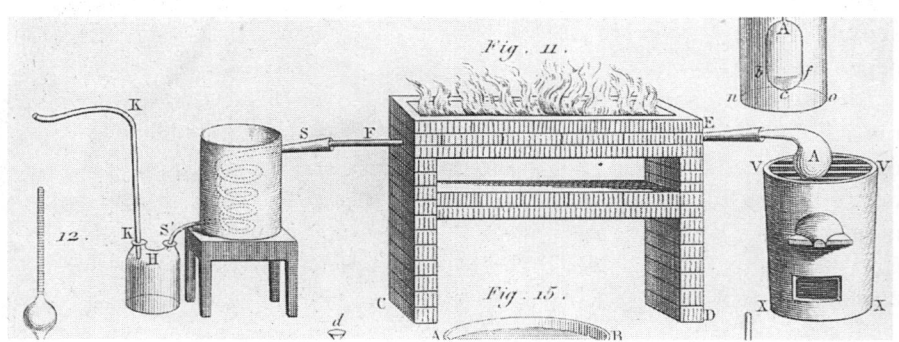

Punktes aus, den die (chemische) Analyse durch irgendwelche Mittel erreichen kann, um Körper durch Zerlegung zu reduzieren.«

Im Jahre 1787 legte Lavoisier der französischen Akademie sein »antiphlogistisches« System der Chemie vor, in dem auch, auf der Basis der neuen Erkenntnisse, eine neue chemische Nomenklatur enthalten war. Die Namen der Verbindungen wurden nunmehr abgeleitet aus den Bezeichnungen der ihnen zugrunde liegenden Elemente; Quecksilberkalk z. B. hieß fortan Quecksilberoxid. Im Jahre 1789 publizierte Lavoisier das erste Lehrbuch der neuen Chemie; es trug den Titel »Traité élémentaire de chimie...« (Grundlegende Abhandlung über die Chemie) und faßte alle bisher erzielten Ergebnisse zusammen. Es finden sich dort u. a. die obige Definition des Elementbegriffes und eine »Tabelle der einfachen Substanzen«. Im Zentrum des neuen Systems steht der Sauerstoff: Seine Verbindung mit Metallen erzeugt die Gruppe der Basen, mit den Nichtmetallen die Gruppe der Säuren. Eine dritte Gruppe chemischer Verbindungen, die der Salze, entsteht durch Neutralisation von Säuren mit Basen.

Die Publikation des »Traité...« markierte die Geburtsstunde der wissenschaftlichen Chemie, doch vermochte sie sich keineswegs sogleich gegen die seit Generationen herrschende Phlogistontheorie durchzusetzen.

Das neue chemische Wissen bedurfte noch einer wesentlichen Ergänzung hinsichtlich der Aufklärung der quantitativen Verhältnisse. Man hatte über die Mengen, in denen sich die Elemente vereinigen, wegen mancher experimenteller Schwierigkeiten noch keine sicheren Aussagen. Um die Jahrhundertwende führten die beiden bedeutenden französischen Chemiker Berthollet und Proust einen erbitterten Streit darüber, ob die Vereinigung zweier Elemente zur Verbindung in konstanten Mengenverhältnissen vor sich gehe oder in beliebigen, variablen Verhältnissen. Der Streit endete

365. John Dalton fängt »Sumpfgas« auf. Anfang des 19. Jh. war erst eine geringe Zahl der in der Natur vorkommenden Stoffe bekannt. Der englische Chemiker demonstrierte am Beispiel von Methan (CH_4) und Äthen (C_2H_4) das Wirken des Gesetzes der multiplen Proportionen. Gemälde von Ford Madox Brown. Town Hall, Manchester

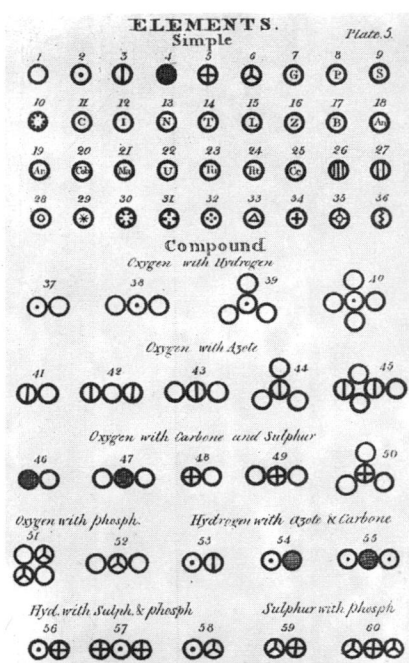

zugunsten von Proust und des von ihm bereits 1797 ausgesprochenen Gesetzes über die konstanten Proportionen.

Aber noch blieben Unsicherheiten. Eisen und Sauerstoff z. B. bilden verschiedene Arten von Eisenoxiden, die zwar jedes für sich diesem Gesetz folgen, aber untereinander eben in verschiedenen Mengenverhältnissen zueinander stehen. Hier halfen die Erkenntnisse von Dalton weiter, der 1804 Prousts Gesetz der konstanten Proportionen zum Gesetz der multiplen Proportionen erweiterte. Die Gründe für dieses Verhalten der Elemente fand er, indem er wieder an atomistische Vorstellungen anknüpfte: Bei chemischen Reaktionen vereinigen sich die Atome. Es können sich nur 1 oder 2 oder 3 Atome verbinden,

$$\text{niemals } \frac{1}{2} \text{ oder } \frac{1}{4} \text{ oder } \frac{3}{4} \text{ Atom,}$$

so daß konstante und multiple, aber immer sprunghafte Änderungen eintreten müssen.

Folgerichtig rückte für Dalton die Bestimmung der Massen der Atome zu einer wichtigen Frage auf; wegen der Winzigkeit der Atome konnte es sich natürlich nur um die Bestimmung der relativen Massen handeln. Aus dem

366. Daltons Atomsymbole. Auf der Basis der neuen Elementenlehre Lavoisiers und auf Grund der von Dalton gefundenen Gesetze der konstanten und multiplen Proportionen bei chemischen Reaktionen entwickelte Dalton seine neue Atomlehre, nach der alle Elemente aus Atomen bestehen, die sich für verschiedene Elemente in Qualität und Masse unterscheiden. Jedes Symbol (1–36) stellt ein Atom eines Elements dar: 1 = Wasserstoff; 2 = Sauerstoff; 3 = Stickstoff; 4 = Kohlenstoff. Nr. 37–60 geben Formeln für Verbindungen (bei Dalton: zusammengesetzte Atome) wieder: 37 = Wasser; 41 = Ammoniak; 46 = Kohlenoxid. Aus: Dalton, J., A New System of Chemical Philosophy. Teil I, 2. Auflage. London 1842, Tafel 5

367. Döbereiners Feuerzeug. Das von dem Jenaer Chemiker erfundene und nach ihm benannte Feuerzeug nutzte eine katalytische Reaktion, nämlich die Verbrennung von Wasserstoff an einem Platinkontakt aus. Der Wasserstoff wurde durch Eintropfen von Säure auf Zink entwickelt und strömte gegen den Platinkontakt, der sich dabei zur Rotglut erhitzte, so daß der Wasserstoff zum Brennen kam. Nationale Forschungs- und Gedenkstätten der klassischen deutschen Literatur, Weimar

Umstand, daß sich – nach seinen noch ungenauen Messungen – Wasserstoff und Sauerstoff im Verhältnis 1:7 miteinander vereinigten, bestimmte Dalton für Wasserstoff (H) die relative Atommasse als 1, die von Sauerstoff (O) als 7. Wasser betrachtete er als eine Verbindung von der Zusammensetzung HO und einer Masse gleich 8. Trotz aller Fehler und Ungenauigkeiten bewirkte Daltons Atomhypothese einen bedeutenden Fortschritt.

Das Gesetz der konstanten Verhältnisse wurde auch für Gase bestätigt: Gay-Lussac wies in systematischen Versuchen, von denen er einige mit Humboldt in Paris anstellte, nach, daß sich Gase in konstanten Volumenverhältnissen verbinden, beispielsweise Wasserstoff und Sauerstoff im Volumenverhältnis 2:1. Freilich war es schwierig zu verstehen, wieso aus zwei Volumeneinheiten Wasserstoff und einer Volumeneinheit Sauerstoff gerade zwei Volumeneinheiten und nicht drei oder eine Volumeneinheit gasförmigen Wassers entstehen. Diese theoretischen Schwierigkeiten wurden 1811 durch den Italiener Avogadro beseitigt. Er brachte die beobachteten Volumenänderungen dadurch mit der Daltonschen Atomhypothese in Einklang, daß er als kleinste Teilchen gasförmiger Elemente nicht Atome, sondern Doppelatome, Moleküle, annahm. Nach Avogadros Grundhypothese besitzen alle Gase gleichen Rauminhaltes dieselbe Anzahl von Molekülen, sofern sie gleichen Druck und gleiche Temperatur besitzen. Mit seiner Theorie konnte Avogadro widerspruchsfrei erklären, wieso sich zwei Volumina Wasserstoff und ein Volumen Sauerstoff zu zwei Volumina Wasser vereinigen und nicht zu drei addieren. Wir schreiben dafür heute die chemische Gleichung $2 H_2 + O_2 \rightarrow 2 H_2O$.

So richtig Avogadros Annahme war, so spekulativ und unannehmbar erschien sie seinen Zeitgenossen. Erst rund ein halbes Jahrhundert später wurde ihr von seinem Landsmann Cannizzaro zur allgemeinen Anerkennung verholfen, und zwar auf der internationalen Chemikerkonferenz in Karlsruhe im Jahre 1860.

In der Zwischenzeit war die Atomtheorie in anderer Hinsicht ausgebaut worden. Der Schwede Berzelius bestimmte in Hunderten von exakten Analysen die relativen Atommassen aller damals bekannten rund 40 Elemente. Auf ihn geht überdies im wesentlichen die noch heute gebräuchliche chemische Formelsymbolik zurück. Als Elementsymbol wurde eine Abkürzung der lateinischen Bezeichnung des Elementes gebraucht; so z. B. O für Oxygenium (Sauerstoff), Fe für Ferrum (Eisen), H für Hydrogenium (Wasserstoff) usw. Berzelius stellte sich auch die Frage nach dem Grund der Affinität zwischen den Elementen. Im Anschluß an eigene elektrochemische Untersuchungen sowie an Versuche Davys anknüpfend, schlußfolgerte Berzelius, daß sich Atome verschiedener Elemente in ihrem elektrischen Charakter unterscheiden müssen. Er nahm an, daß bei der Elektrolyse elektrisch positiv reagierende Elemente einen Überschuß an sog. positiver Elektrizität, elektronegative einen Überschuß an negativer Elektrizität besitzen. Wenn sie eine Verbindung eingehen, gleichen sich die Überschüsse aus, und die Atome haften aneinander. Auf dieser elektrochemisch-dualistischen Hypothese begründete Berzelius ein neues System der Chemie. Jede chemische Verbindung besteht danach aus einem elektropositiven und einem elektronegativen Bestandteil, Kaliumoxid K_2O z. B. aus dem positiven Kalium und dem negativen Sauerstoff.

368. Jöns Jakob Berzelius. Er war einer der führenden Chemiker in der ersten Hälfte des 19. Jh., bestimmte die Atommassen aller damals bekannten Elemente, führte die noch heute gültige chemische Formelsprache mit Buchstabensymbolik ein und begründete sein elektrochemisch-dualistisches System der chemischen Verbindungen. Frontispiz aus: Berzelius, J., Selbstbiographische Aufzeichnungen. Leipzig 1903

369. Friedrich Wöhler. Er war Mitbegründer der organischen Chemie und langjähriger Freund Liebigs, mit dem er viele chemische Untersuchungen gemeinsam durchführte. Gemälde von Kardorff (Detail). Archiv für Kunst und Geschichte. Berlin (West)

370. Proben des ersten von Wöhler synthetisch hergestellten Harnstoffs und des ersten Aluminiums. Die Synthese des Harnstoffs durch Erhitzen von Ammoniumzyanat, die Friedrich Wöhler 1828 gelang, erschütterte die Lehre von der sog. Lebenskraft, die angeblich unbedingt notwendig war, um in lebenden Organismen organisch-chemische Stoffe zu erzeugen. Deutsches Museum, München

371. Liebigs 5-Kugel-Apparat, um 1840 (rechts oben). Liebig benötigte ihn zur Elementaranalyse organisch-chemischer Verbindungen, um deren Gehalt an Kohlenstoff, Wasserstoff und Sauerstoff zu bestimmen. In der Wanne liegt, von Kohlen umgeben, das Verbrennungsrohr, in dem sich die zu untersuchende Substanz, mit Kupferoxid gemischt, befindet. Bei der nachfolgenden Erhitzung oxydiert der

Für die anorganische Chemie, in der die chemische Bindung im wesentlichen heteropolar erfolgt, war das System von Berzelius äußerst fruchtbar. Bei der organischen Chemie aber mußte es versagen.

Organische Chemie Um die Wende vom 17. zum 18. Jh. besaß auch die Untersuchung von Stoffen aus dem Reich der belebten Natur schon Tradition. So hatten qualitative Analysen durch Lavoisier die erstaunliche Tatsache aufgedeckt, daß die organischen Substanzen, im Gegensatz zu den anorganischen, im wesentlichen nur aus fünf Elementen bestehen, aus Kohlenstoff, Wasserstoff, Sauerstoff, Stickstoff und Schwefel. Die Vielfalt der organischen Verbindungen konnte daher nur durch eine Vielzahl an Kombinationen der wenigen Elemente erklärt werden; damit mußte der quantitativen Analyse eine entscheidende Rolle zufallen.

Trotz erster systematischer Methoden, die von Gay-Lussac, Thenard, Chevreul, Berzelius u. a. m. ausgearbeitet worden waren, blieb die Elementaranalyse organischer Substanzen mit Unsicherheiten behaftet, bis dem deutschen Chemiker Liebig die Konstruktion des sinnreichen Kali-Kugel-Apparates gelang. Mit ihm konnte die Absorption des bei der Analyse entstehenden Kohlendioxids entscheidend verbessert werden; nun stand eine rasche und sichere quantitative Untersuchungsmethode für organische Substanzen zur Verfügung.

Berzelius hatte 1812 die Bezeichnung »organische Chemie« geprägt, um einen grundsätzlichen Unterschied zur anorganischen Chemie begrifflich zu fixieren: Nach Überzeugung vieler Chemiker bedurften chemische Stoffe in Tieren und Pflanzen zu ihrem Zustandekommen einer »Lebenskraft«; wie könnten sonst aus anorganischen Stoffen Verbindungen entstehen, die sich in der belebten Natur finden.

Indessen brachte der deutsche Chemiker Wöhler 1828 das alte Dogma von der »vis vitalis« und damit vom prinzipiellen Unterschied zwischen anorganischer und organischer Chemie ins Wanken. Es gelang ihm, durch Erhitzen von Ammoniumzyanat Harnstoff herzustellen: Die Synthese einer organischen Verbindung aus anorganischen Ausgangsmaterialien war damit vollzogen. Voller Begeisterung schrieb Wöhler an seinen ehemaligen Lehrer Berzelius: »...ich kann, so zu sagen, mein chemisches Wasser nicht halten und muß Ihnen sagen, daß ich Harnstoff machen kann, ohne dazu Nieren und überhaupt ein Thier, sey es Mensch oder Hund, nöthig zu haben.«

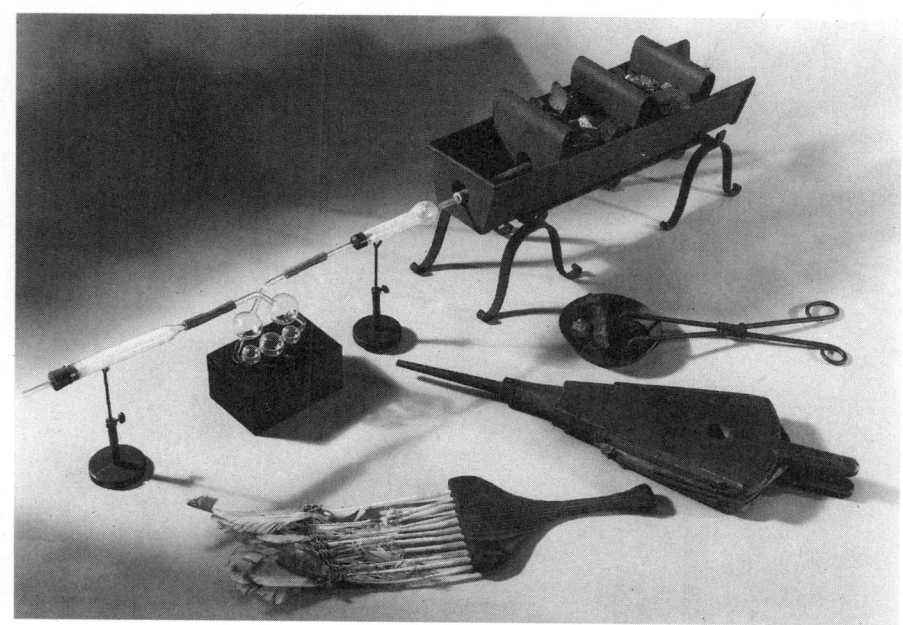

Wasserstoff der Substanz zu Wasser, das in dem nachgeschalteten Kalziumchlorid-Rohr absorbiert und so gemessen wird. Der Kohlenstoff ist zu Kohlendioxid verbrannt worden, das in dem 5-Kugel-Gefäß, das mit Kalilauge halb gefüllt ist, aufgefangen und ebenfalls gemessen wird.
Aus der Wasser- und Kohlendioxidmenge ist der Wasserstoff- und Kohlenstoffgehalt zu errechnen. Der Sauerstoffgehalt ergibt sich als Differenz zur Einwaage der Substanz. Deutsches Museum, München

Verständlicherweise gab dieser Erfolg mit seinen weltanschaulichen Konsequenzen der organischen Chemie großen Auftrieb. Wöhler, Liebig und andere Chemiker »schufen« in der »Retorte« eine Vielzahl organischer Verbindungen. Liebig drückte sein Vertrauen in die Kraft chemischer Kunst mit den prophetischen Worten aus, daß dereinst die chemische Kraft imstande sein werde, alle (organischen) Verbindungen hervorzubringen.

Gemeinsam hatten Wöhler und Liebig schon 1826 herausgefunden, daß Stoffe bei gleicher qualitativer und sogar quantitativer Zusammensetzung dennoch verschiedene Eigenschaften haben können, eine Erscheinung, die später Isomerie genannt wurde. Sie ließ sich nur dadurch deuten, daß man verschiedene Reihenfolgen bei der Verknüpfung der Atome annahm. Doch blieben noch viele Fragen der Bindung in organischen Substanzen ungeklärt.

Agrikulturchemie Während einer Reise nach England sah Liebig 1837 mit eigenen Augen die Zentren der Industriellen Revolution und erkannte u. a. das Problem zur Sicherung der Ernährung, das »die Grundlage des Wohlseins, der Entwicklung des Menschengeschlechts« bildet. Schon 1840 publizierte Liebig sein umfangreiches Werk »Die Chemie in ihrer Anwendung auf Agrikultur und Physiologie«. Dort ergänzte er die schon vorhandenen Einzelkenntnisse auf Grund eigener Forschungen zu einer im wesentlichen richtigen Theorie des Stoffwechsels der Pflanzen. Liebig stellte das Programm auf, alle Stoffe zu ermitteln, die den Pflanzen zur Nahrung dienen, und schuf theoretische und – nach vielen Fehlschlägen – um 1860 auch praktische Grundlagen der künstlichen Düngung. »Als Prinzip des Ackerbaus muß angesehen werden, daß der Boden in vollem Maße wieder erhalten muß, was ihm genommen wird.« Bereits während seines Studienaufenthaltes in Frankreich hatte Liebig die Bedeutung erkannt, die eine zweckentsprechende, dabei das Experiment betonende Ausbildung für den

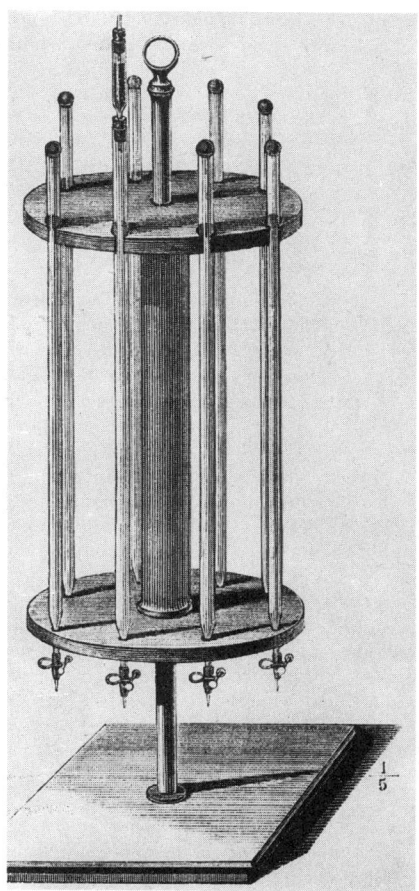

372. Büretten-Etagere. Bedeutende Verbesserungen der Analysemethoden in der Chemie brachte Carl Friedrich Mohr, der durch die Einführung titrimetrischer Methoden die quantitative Analyse, bes. für Routinebestimmungen in den chemischen Gewerben, leichter und schneller durchführbar machte. Aus: Mohr, C. F., Lehrbuch der chemisch-analytischen Titriermethode... 2. Aufl. Braunschweig 1862, S. 8, Fig. 10

373. Liebigs Laboratorium an der Universität Gießen. Es war zwar nicht das erste Laboratorium, in dem auch Studenten experimentierten, aber Liebig führte die erste systematische Experimentalausbildung ein, indem er Lehre und Forschung miteinander verband, um Chemiker als Vertreter eines neuen Berufsstandes auszubilden. Dazu wurde ihm ein ehemaliges Wachtlokal einer freigewordenen Kaserne zur Verfügung gestellt. Eine unheizbare Kammer diente als Wäge-, Instrumenten- und Präparateraum, in der Mitte des Raumes wurde ein Herd mit Sandbad gemauert. Zeichnung von Wilhelm Trautschold, 1842. Gesellschaft Liebig-Museum e. V., Gießen

modernen Chemiker spielen müsse. Seit den zwanziger Jahren entwickelte Liebig in Gießen einen systematischen Ausbildungsgang für Chemiker und schuf ein Lehrinstitut, das für die Mitte des Jahrhunderts unbestrittenes Zentrum der Chemie wurde und aus dem führende Vertreter der nächsten Chemikergeneration in aller Welt hervorgingen.

Biologische Wissenschaften

Etwa um das Jahr 1800 wurde von mehreren Naturforschern erstmals das Wort »Biologie« benutzt. Das war nicht nur eine neue Wortprägung. Es bedeutete, daß man sich der Tatsache bewußt wurde, daß alle Lebewesen gemeinsame Eigenschaften besitzen und eine einheitliche Wissenschaft vom Leben statt der getrennten Disziplinen »Zoologie« und »Botanik« möglich war. Gewiß waren auch vorher schon Vergleiche zwischen Tieren und Pflanzen gezogen worden, aber die Gemeinsamkeiten der Lebewesen wurden jetzt doch weitaus deutlicher.

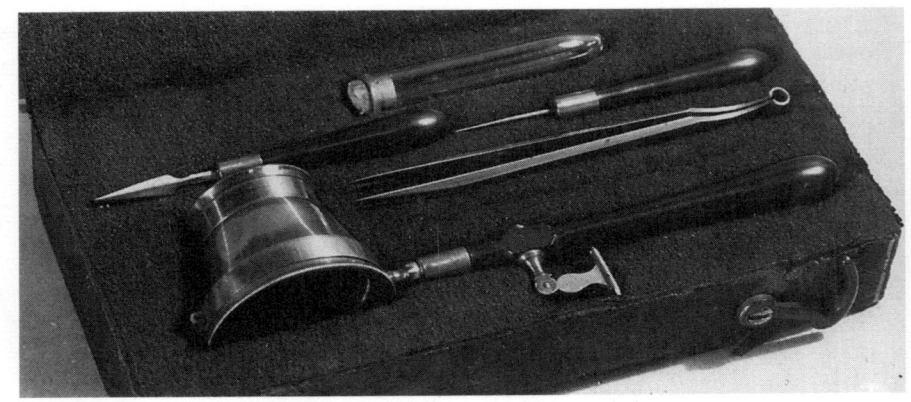

374. Botanisches Besteck aus Goethes Besitz. Zur »idealistischen Morphologie« gehört Goethes Suche nach einer »Urpflanze«. Von dieser sollten zumindest ideell alle anderen Blütenpflanzen abgeleitet werden können. Nationale Forschungs- und Gedenkstätten der klassischen deutschen Literatur, Weimar

375. Schädelsammlung von Franz Joseph Gall. Von der Erforschung des Nervensystems, besonders des Gehirns, erwarteten zahlreiche Forscher seit den letzten Jahrzehnten des 18. Jh. Aufschlüsse über das Erkenntnisvermögen des Menschen. Gall vertrat die Hypothese, daß jede psychische Eigenschaft in einem umgrenzten Gehirnteil lokalisiert wäre. Die Schädelformen spiegelten ihm die Gehirnausprägung wider. Obwohl seine Lehre in den meisten Punkten nicht zu halten war, gilt er als einer der Bahnbrecher materialistischer Hirnforschung. Städtisches Rollet-Museum, Baden bei Wien

Morphologie Anatomie und Morphologie hielten während des gesamten 19. Jh. führende Positionen unter den biowissenschaftlichen Disziplinen.

Die Ziele der vergleichend-anatomischen Forschung veränderten sich aber im Laufe des 19. Jh. bedeutend. In den ersten Jahrzehnten bestand ihr Ziel im Auffinden der vorgegebenen »Ordnung« der Natur, in der Aufdeckung des »Schöpfungsplanes«.

Verschiedene Forscher hatten versucht, die Naturkörper, vor allem die Lebewesen, in einer Stufenleiter anzuordnen. Ganz unten befanden sich jene Organismen, die als »niedrig« angesehen wurden, z. B. Würmer und

Algen. An der Spitze der Stufenleiter stand der Mensch. Ein wichtiges Problem blieb die Suche nach Kriterien, welche die Entwicklungshöhe einer Organismenart festlegte.

Da deutlich wurde, daß sich alle Organismenarten nur schwer in einer unverzweigten, einlinearen Stufenleiter unterbringen ließen, wurden verzweigte »Stufenleitern« vorgeschlagen.

Aber es gab auch andere Vorschläge, die Naturkörper zu ordnen. Goethe, der übrigens den Begriff »Morphologie« für die allgemeine Formwissenschaft prägte, war ein Hauptvertreter des »Typus«-Gedankens. Alle real existierenden Arten wurden danach als Ausprägungen weniger Grundformen (Typen) angesehen. Alle Blütenpflanzen leitete er, zumindest ideell, von einer »Urpflanze« her. Goethe hatte auf seiner Reise durch Italien sogar gehofft, diese Urpflanze auf Sizilien zu finden. Das gab er später auf.

Cuvier unterschied im Tierreich vier Typen: Strahltiere, Weichtiere, Gliedertiere, Wirbeltiere. Cuvier und Etienne Geoffroy Saint-Hilaire führten vor der Pariser Akademie einen aufsehenerregenden Streit darüber, ob sich vielleicht doch alle Tiere auf einen einzigen gemeinsamen Bauplan zurückführen ließen, wie Saint-Hilaire nachzuweisen suchte.

Embryologie Neben dem Vergleich der erwachsenen Organismen, wurde auch die Formenbildung in der Keimesgeschichte, in der Embryonalentwicklung der Arten, eingehend untersucht.

Dabei ging es bis Ende des 19. Jh. vor allem um die Beschreibung der Vorgänge in der Embryonalentwicklung, während etwa seit 1880 auch die Ermittlung der Faktoren, welche die Keimesentwicklung bewirkten, in den Mittelpunkt der Betrachtung rückte.

376. Keimesentwicklung bei Fischen, untersucht von Mauro Rusconi. Die Erforschung der Keimesentwicklung der Tiere verschiedener Gruppen war ein zentrales Anliegen biologischer Forschung in der ersten Hälfte des 19. Jh. Die grundlegenden Vorgänge der Embryonalentwicklung, besonders auch die Furchung und die Keimblätterbildung, wurden damals festgestellt. Aus: Brief von M. Rusconi an Herrn E. H. Weber, Ueber die Metamorphose des Eies der Fische vor der Bildung des Embryo. Archiv für Anatomie, Physiologie und wissenschaftliche Medicin. Jg. 1836, Tafel VIII

377. Mißgeburt vom Schwein. Mißgeburten sind stark abweichende oder entstellte Embryonen von normalen Eltern. Zunächst fanden sie Aufmerksamkeit als Naturkuriositäten und gaben Anlaß zu manchem Aberglauben. Im 18. Jh. wurde deutlich, daß sie auch wichtige Aufschlüsse über die Embryonalentwicklung wie über physiologische Vorgänge im Körper bieten können. Die Präformationstheorie konnte ihre Entstehung nur schwer erklären. Aus: Sömmerring, S. Th., Abbildungen und Beschreibungen einiger Mißgeburten..., Mainz 1791, Tafel 12. Universitätsbibliothek, Leipzig

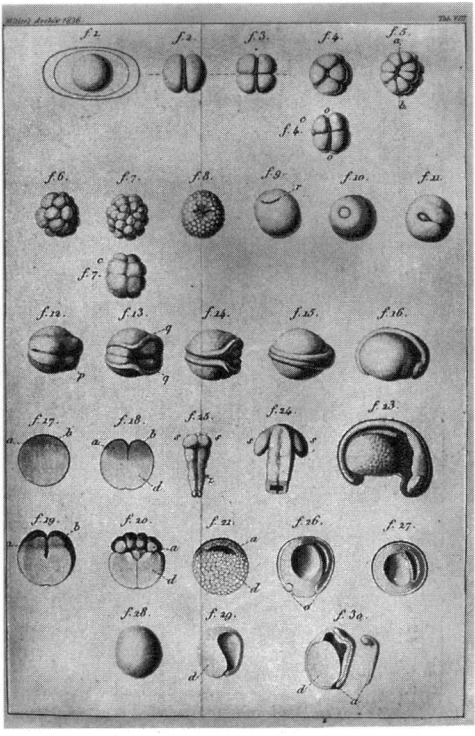
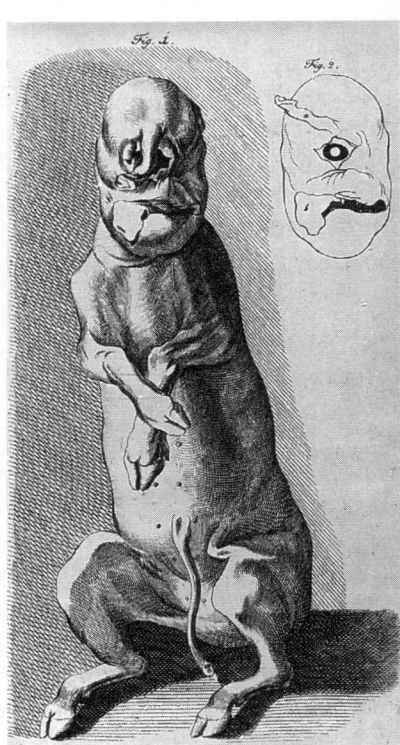

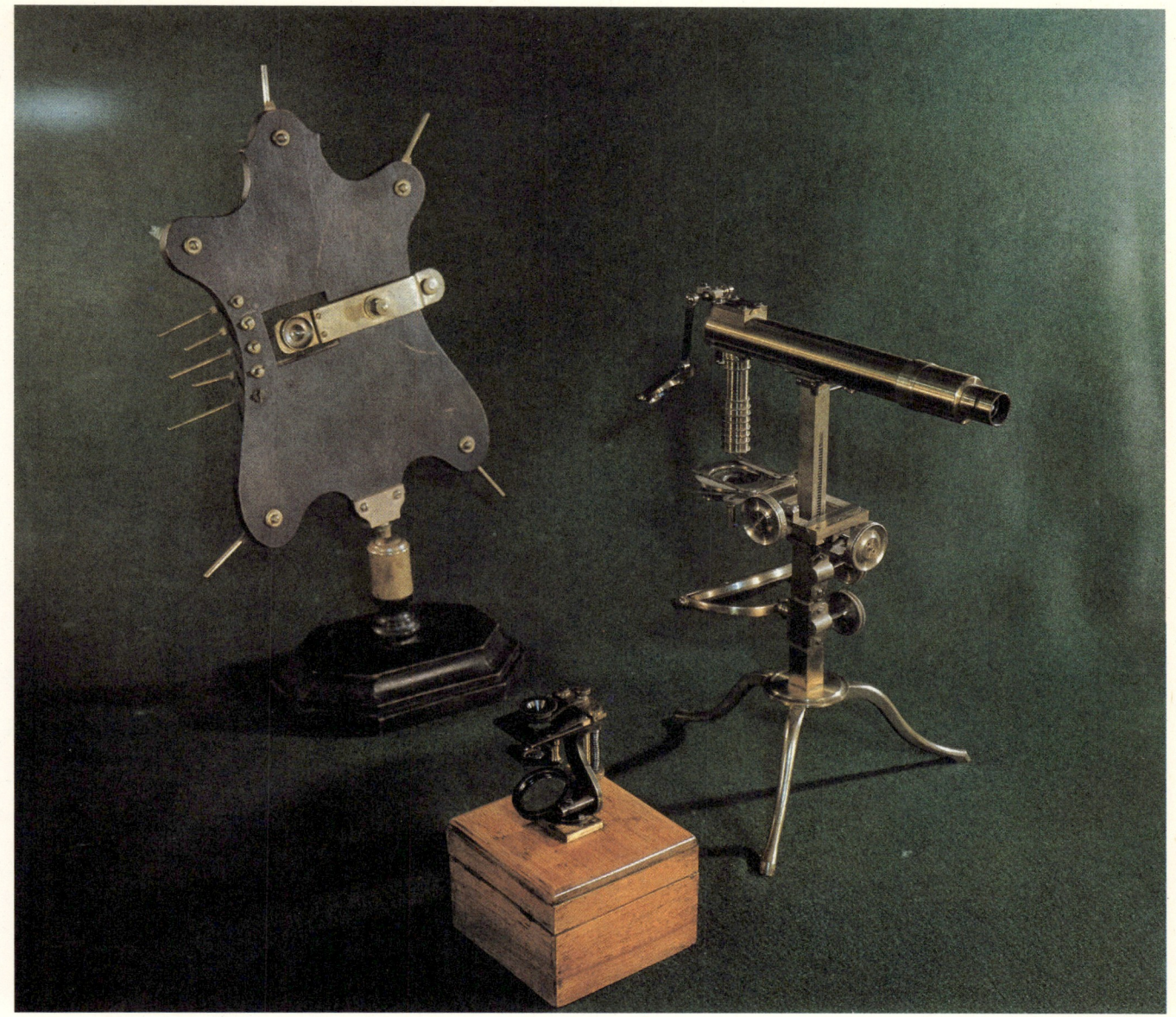

Der wichtigste Grundvorgang in den Frühstadien der Embryonalentwicklung war die Ausbildung von »Schichten«, von »Keimblättern«, aus denen sich die einzelnen Organsysteme und Organe herausbildeten. Es erschien als das Ideal der embryologischen Forschung, die Beziehungen der Keimblätter zu den einzelnen Geweben und Organen festzustellen.

Für die vorgegebene Ordnung in der Natur sprachen die vielen Gemeinsamkeiten in der Keimesentwicklung der verschiedenen Tierformen. Die höheren Tiere durchlaufen in der Keimesentwicklung Stadien, die denen niederer erwachsener Tiere gleichen.

Verbesserte Mikroskope waren eine wichtige Voraussetzung für die embryologische Forschung.

Pionierarbeit in der Embryologie leistete Pander in Würzburg, der die

378. Ältere Mikroskope. Die Qualität der Mikroskope war für ihre Verwendung entscheidend. Mit jeder wichtigen Verbesserung konnten neue Erkenntnisse über die untersuchten Objekte gewonnen werden. Die Verbesserung der Mikroskope ab den dreißiger Jahren des 19. Jh. war Voraussetzung für den großen Aufschwung der Zellforschung. Carl-Zeiss-Stiftung Jena, Optisches Museum

Entwicklung des Hühnchens im Hühnerei unter Benutzung von Brutapparaten erforschte. Der bedeutendste Embryologe der Zeit war Baer, der aus Estland stammte. Baer entdeckte u. a. 1827 bei einer Hündin das Ei der Säugetiere.

Rathke, der in Danzig (Gdańsk) wirkte, erforschte u. a. die Entwicklung der Atemorgane der Wirbeltiere und entdeckte dabei, daß in frühen Entwicklungsstadien auch der Vögel und Säugetiere Kiemenanlagen auftreten.

Auch die Keimesentwicklung der Pflanzen wurde in vielen Einzelheiten entschleiert. Amici, Astronom und Botaniker in Oberitalien, entdeckte, daß die Pollenkörper der Blütenpflanzen den Pollenschlauch ausbilden.

Brown erforschte auch die Fortpflanzungsverhältnisse und die Samenentwicklung bei den Nadelhölzern, die Nacktsamer sind. Hofmeister, der es als Autodidakt zum Botanikprofessor in Heidelberg und Tübingen brachte, erkannte als erster zahlreiche Gemeinsamkeiten in der Keimesentwicklung der Schachtelhalme, der Farne und Moose; dadurch wurden einheitliche Züge in den äußerlich so unterschiedlichen Pflanzengruppen aufgedeckt.

Zellenlehre Ein weiteres Bestreben der morphologischen Forschung galt der Suche nach Elementarstrukturen der Organismen. Aus der wechselnden Kombination einer begrenzten Zahl von Elementarstrukturen sollte die Vielfalt der sichtbaren Erscheinungen erklärbar werden. Das war die Korpuskulartheorie, der »Atomismus« in der Biologie.

Im 18. Jh. waren Körner und dann besonders Fasern (bzw. »die« Faser) als Elementarstrukturen der Lebewesen betrachtet worden. Bichat hatte beim Menschen 21 Gewebe unterschieden und sah in ihnen die Elementarstrukturen des menschlichen Körpers.

Als strukturelles Grundelement aller Lebewesen aber wurde schließlich die Zelle festgestellt. Die hauptsächlichen Begründer der Zellenlehre, der Auffassung von den Zellen als den Grundbestandteilen der Organismen, waren der aus Hamburg stammende Naturforscher Schleiden, später einige Jahre Professor in Jena, und Schwann, ein Schüler des Physiologen Johannes Müller. Schleiden erkannte die Zellen als die Grundbestandteile der Pflanzen. Schwann wies sie auch als Grundbestandteile des Tierkörpers nach. Er formulierte 1839: »... daß es ein gemeinsames Entwicklungsprinzip für die verschiedensten Elementarteile der Organismen gibt und daß die Zellenbildung dieses Entwicklungsprinzip ist.«

Ein entscheidender Fortschritt bestand in der Erkenntnis, daß Zellen – anders als noch Schleiden und Schwann geglaubt hatten – immer nur aus bereits existierenden Zellen hervorgehen. Der Physiologe und Pathologe Virchow prägte das Wort »Omnia cellula e cellula« und begründete eine Theorie, wonach alle Lebenserscheinungen und auch alle Krankheiten in Zellen lokalisiert sind. Die Zellenlehre wurde zum einigenden Band vieler biologischer Wissenschaften. Über dem Studium der Zellen wurde in der Folgezeit öfter die Beachtung des Gesamtkörpers der Organismen vergessen.

Physiologie Die Physiologie stand zunächst stark im Banne der Anatomie. Anatomische Forschungen sollten zur Aufdeckung auch der Organfunktionen führen. Wurden die verschiedensten Lebewesen miteinander vergli-

379. Pflanzenzellen. Die Zurückführung der Vielfalt makroskopischer Erscheinungen auf die wechselnde Kombination einer begrenzten Zahl von Elementarteilchen war ein Konzept, das die verschiedensten naturwissenschaftlichen Disziplinen durchdrang. Die »Zellen« wurden schließlich als die »Grundbestandteile« der Lebewesen erkannt. Matthias Jakob Schleiden begründete die Zellentheorie für die Pflanze. Aus: Schleiden, M. J., Beiträge zur Phytogenesis. Archiv für Anatomie, Physiologie und wissenschaftliche Medicin. Jg. 1838, Tafel III

chen, dann zeigte sich, daß die einzelnen Organe unterschiedlich stark ausgeprägt waren. Durch einen Vergleich erhoffte man Aufschlüsse über die Rolle der verschiedenen Organe. Die Funktion beispielsweise der Milz, der Schilddrüse, der Nebenniere oder des Thymus blieben aber noch lange Zeit im dunkeln.

Auch aus der Untersuchung der Feinstrukturen der Gewebe und Organe erhoffte man Aufschlüsse über die Lebensfunktionen. Johannes Müller stellte fest, daß die Blutkapillaren nicht offen in die Hohlräume der Drüsen einmünden. Diese Erkenntnis bildete eine Grundlage für das Verständnis der Drüsentätigkeit.

Dem Experiment am lebenden Organismus standen viele Forscher lange Zeit sehr kritisch gegenüber. Es wurde befürchtet, daß die Entnahme von Organen (Extirpation) den gesamten Organismus stark störte und nicht nur die Funktion des entfernten Organes ausfallen ließe. Aber es wurde bald offensichtlich, daß ohne experimentelle Eingriffe, wie schon im 18. Jh. von verschiedenen Forschern durchgeführt, eine Weiterentwicklung der Physiologie nicht möglich war.

In der Theorienbildung der Physiologen spielten lange Zeit die vermutete »Lebenskraft« oder gar verschiedene »Lebenskräfte« eine Rolle. Wußte man auch nicht, was diese »Lebenskraft« war, so sollte ihre Existenz doch an ihrer Wirkung, eben den Lebenserscheinungen der Organismen, ersichtlich sein.

380. Claude Bernard in seinem Laboratorium. Er gehörte zu den führenden Physiologen des 19. Jh., entdeckte nicht nur wichtige Tatsachen, so die Glykogenbildung und die Rolle des Hämoglobin (roter Blutfarbstoff) bei der Kohlenmonoxid-Vergiftung, sondern lieferte auch viele allgemeine Überlegungen über wissenschaftliches experimentelles Arbeiten. Gemälde von Lhermitte, 1889, Sorbonne, Ministère des Universités, Paris

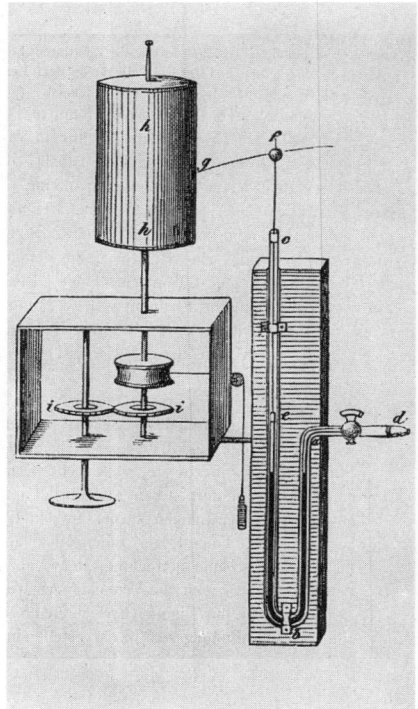
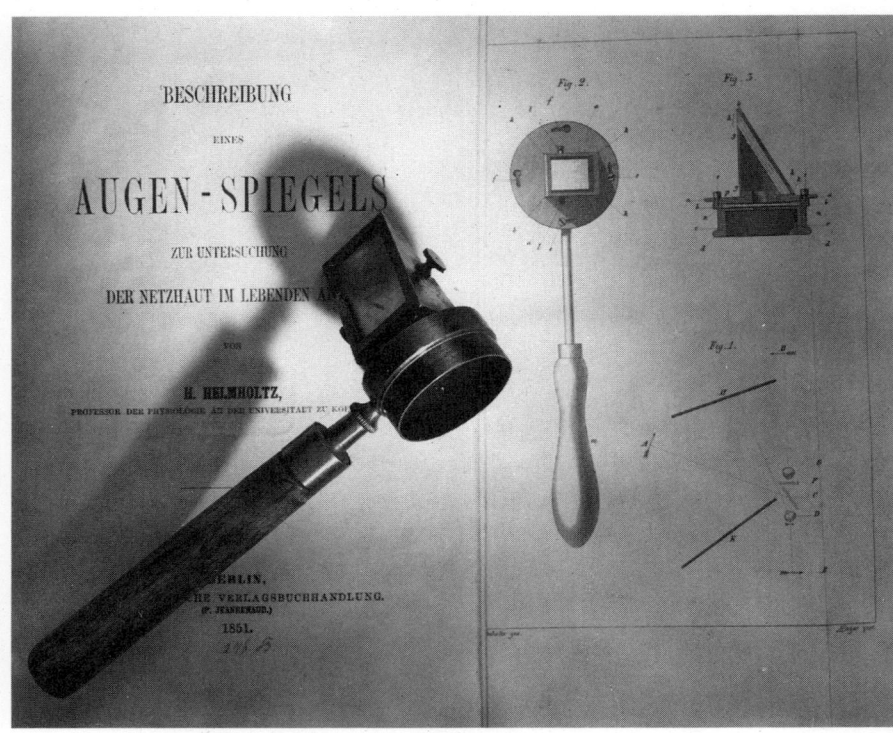

381. Kymographion. Einige deutsche Physiologen, besonders Hermann von Helmholtz, Ernst Wilhelm Brücke, Emil Du Bois-Reymond und – unabhängig von diesen – Carl Ludwig, vertraten ab den vierziger Jahren des 19. Jh. die Auffassung, daß sich alle Lebenserscheinungen durch physikalische Vorgänge erklären ließen. Sie entwickelten damit eine spezifische Forschungsrichtung in der Physiologie. Die Feststellung der quantitativ faßbaren Parameter im Organismus war ein Anliegen der Forschung. Fast zum Symbol ihrer Forschungsrichtung wurde das Kymographion zur Blutdruckmessung und -aufzeichnung. Aus: Ludwig, C., Lehrbuch der Physiologie. 2. Aufl. Leipzig und Heidelberg 1858, S. 122

382. Augenspiegel. Mit diesem Gerät, das Helmholtz 1850 konstruierte, konnte der Augenhintergrund untersucht werden. Hermann von Helmholtz hatte Medizin studiert, als Physiologe gearbeitet und sich dann mehr und mehr der Physik zugewandt. Bahnbrechend wurden seine Bücher über die Physik des Sehens und des Hörens, in denen Physik und Physiologie in enger Verbindung standen. Deutsches Museum, München

Den Reigen der großen Physiologen des 19. Jh. eröffnete der Franzose Magendie, der als Pionier der experimentellen Physiologie eine Fülle von Einzeltatsachen an den verschiedensten Organen aufdeckte. Er untersuchte z. B. die Nahrungsresorption im Darm und unterwarf Versuchstiere einseitiger Ernährung mit nur wenigen Nährstoffen. Magendies bedeutendem Schüler Bernard gelangen trotz zunächst ungünstiger Arbeitsbedingungen in einem Kellergewölbe hervorragende Einzelentdeckungen. Er fand u. a., daß Zucker als Glykogen in der Leber gespeichert und bei Bedarf wieder in Zucker abgebaut wird. Bernard erklärte die Giftwirkung von Kohlenmonoxid und Curare. Aber er lieferte auch wegweisende Gedanken über funktionelle Zusammenhänge in den Lebewesen.

In ganz Europa entstanden bedeutende Physiologenschulen. Herausragende Physiologen waren der Tscheche Purkinje, der zunächst in Breslau (Wrocław) und dann in Prag wirkte, sowie der Deutsche Johannes Müller. Letzterer arbeitete noch stark anatomisch und suchte von der Anatomie her physiologische Erkenntnisse zu gewinnen. Sein »Handbuch der Physiologie des Menschen« fixierte den gesicherten Bestand der wissenschaftlichen Physiologie in der ersten Hälfte des 19. Jh. Aus Müllers Berliner Laboratorium gingen – neben Virchow und Schwann – schließlich auch zwei bedeutende Physiologen der nächsten Generation hervor, Du Bois-Reymond und Helmholtz, die zusammen mit dem in Leipzig wirkenden Ludwig die Physiologie gänzlich auf Physik gründen wollten und erwarteten, daß sich alle Lebensvorgänge physikalisch deuten ließen. Andere Forscher erhofften von der Aufklärung der chemischen Vorgänge in den Organismen die entscheidenden Fortschritte für die Biologie.

Geowissenschaften

Für die Wissenschaft von der Erde brachte das beginnende 19. Jh. eine spürbare Differenzierung in Einzeldisziplinen: Mineralogie, Geologie, Paläobotanik und Paläozoologie, Klimatologie, die Lehre vom Erdmagnetismus. Aber auch die Erforschung der »weißen Flecken«, der unbekannten Teile der Erdoberfläche, machte bedeutende Fortschritte. Einige Aspekte in der Entwicklung der Geowissenschaften seien hier herausgehoben.

Geologie Die letzten Jahrzehnte des 18. Jh. und die ersten Jahrzehnte des 19. Jh. sahen die klassische Zeit der Geologie. Durch die wirtschaftliche Tätigkeit wurden immer neue »Aufschlüsse« in der Erdkruste geöffnet: Bergbauschächte drangen tiefer in die Erde ein; Kanäle und Eisenbahntrassen durchstießen Hügel und Erhebungen; Steinbrüche, Ton-, Sand- und Lehmgruben lieferten Baumaterial für die rasch wachsenden Städte; höhere Gebäude und die modernen Verkehrsanlagen verlangten sicheren Baugrund.

Der Engländer Smith hatte für die Entwicklung der Geologie eine wichtige Voraussetzung geliefert, indem er die Lehre von den Leitfossilien aufstellte. Mit ihrer Hilfe war es möglich, sichere Vorstellungen über die Erdzeitalter zu entwickeln; die immer feinere Aufgliederung gehörte zu den Hauptaufgaben der Geologen jener Periode. Die Engländer Sedgwick und Murchinson erforschten und gliederten u. a. die Systeme (Formationen) Kambrium, Silur und Devon. Bergrat von Alberti erfaßte die Trias- (1834),

383. Kristallsysteme. Die Kristalle ließen sich, wie zuerst René Just Haüy nachwies, auf wenige Grundformen, die Kristallsysteme zurückführen. Aus: Haüy, R. J., Traité de Minéralogie. Bd. 5. Paris 1801, Tafel II: »Partie de Raisonnement.«

Folgende Seite:
384. Vesuv-Ausbruch mit dabei auftretenden physikalischen Erscheinungen (Gewitter). Die Vulkanerscheinungen regten schon die Forscher der Antike (Plinius) zu Überlegungen und Beobachtungen an. Auch die geologischen Theorien im 18. Jh. mußten den Vulkanismus berücksichtigen. Aus: Hamilton, Sir W., An Account of the late Eruption of Mount Vesuvius. Philosophical Transactions. (1795), Teil 1, Tafel VII. Universitätsbibliothek, Leipzig

385. Nachweis von Bodenbewegungen am Tempel von Pozzuoli (Golf von Neapel). Die Säulen des Tempels von Pozzuoli tragen in einiger Höhe über dem heutigen Meeresspiegel die Spuren von Bohrmuscheln, also von Tieren, die unter Wasser leben. Der einst auf dem Trockenen erbaute Tempel sank offensichtlich durch natürliche Bodenbewegung für längere Zeit ab und stieg später wieder herauf. Mit langsamen Krustenbewegungen, wie sie hier eingetreten waren, erklärte Lyell, der hauptsächliche Begründer der aktualistischen Auffassung in der Geologie, die Veränderungen der Erdkruste in der Vergangenheit und suchte damit die Katastrophentheorie zu widerlegen. Frontispiz aus: Lyell, Ch., Principles of Geology. Bd. I. London 1830

386. Fossilien sammelnder Geologe an der Küste der Insel Wight, Südengland. Die Schrägstellung dieser ursprünglich waagerecht abgelagerten Schichten wurde bis etwa 1830 durch einstige große Katastrophen erklärt. Charles Lyell deutete diese Schrägstellung als langsamen, sich über Jahrmillionen hinziehenden Prozeß. Aus: Webster, Th., View of Western Lines on the south shore of the Isle of Wight, where the tulip alcyonium is best observed. In: Transactions of the Geological Society. 2. Bd., 1814, Tafel 30

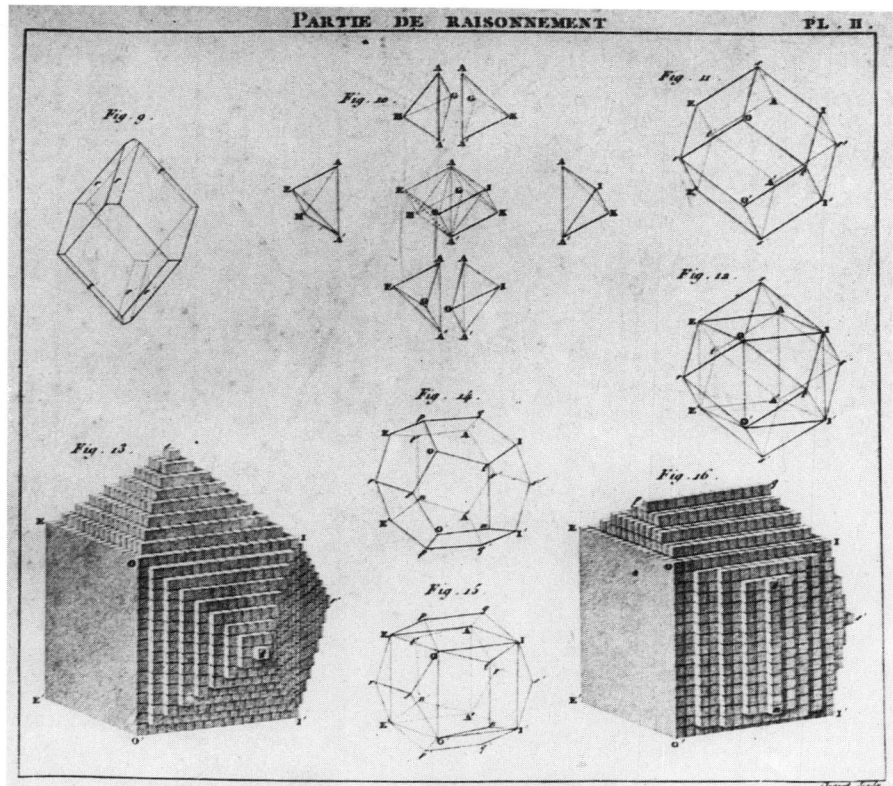

der Geologe von Buch die Juraperiode. In den vierziger Jahren des 19. Jh. war die System- (Formations-) Tabelle in ihren Grundzügen aufgestellt; auf ihrer Grundlage wurden in den entwickelten Ländern der Erde geologische Karten angefertigt.

Das Phänomen der Gebirgsbildung beschäftigte die Geologen nach wie vor: Die auf den Gipfeln der Alpen gefundenen Meeresfossilien bewiesen, daß heutige Hochgebirge einst den Meeresboden gebildet haben mußten. Welche Kräfte aber hatten den Aufstieg der Gesteinsmassen bewirkt? Buch dachte bei seiner Hebungstheorie an die Wirkung aufsteigenden Magmas. Der französische Geologieprofessor und Generalinspektor der Bergwerke de Beaumont entwickelte die Theorie von der sich langsam abkühlenden und dabei zusammenschrumpfenden Erde. Die Gebirge auf der Oberfläche der Erde verglich er mit den Runzeln in der Schale eines austrocknenden, alternden Apfels.

In den Gebirgsbildungen sah Beaumont, wie viele andere auch, relativ kurzzeitige, katastrophenartige Vorgänge. Auch große, erdumspannende Flutkatastrophen wurden noch diskutiert. Der englische Geologe Buckland versuchte sogar noch 1823, die Sintflutlegende der Bibel zu beweisen.

Weitere Forschungen ergaben jedoch, daß die Umgestaltung der Erdoberfläche durch allmählich wirkende Kräfte erklärbar ist, durch Naturvorgänge, die auch heute noch wirken, hervorgerufen durch Wasser, Wind, Eis, Spaltenfrost, Erosion, Verwitterung. Diese als Aktualismus (oder Uniformitätsprinzip) bezeichnete geologische Theorie wurde von dem Gothaer Beamten von Hoff vertreten und durch den britischen Geologen Lyell in seinem mehrbändigen Werk mit dem programmatischen Titel »The Principles of Geology;...« (Die Prinzipien der Geologie; ein Versuch, die

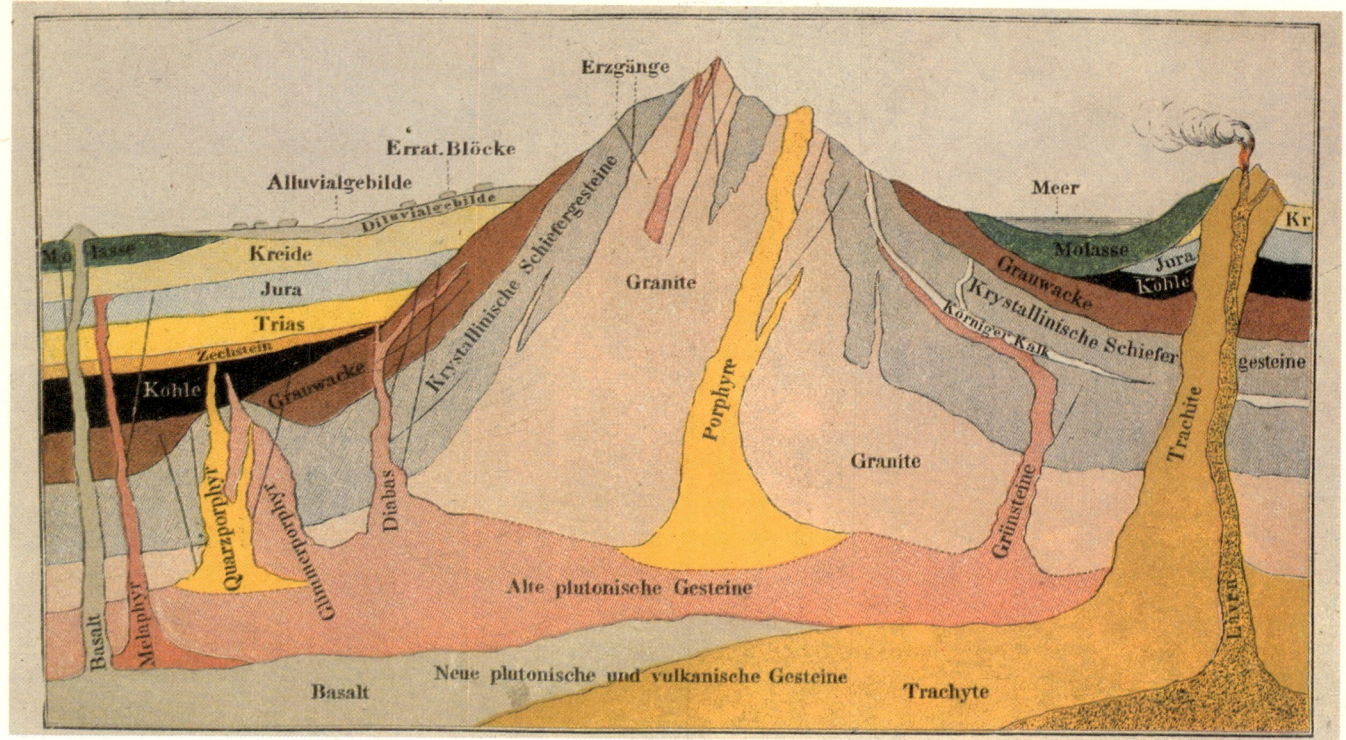

früheren Änderungen der Erdoberfläche durch jetzt wirkende Ursachen zu erklären) eingehend begründet. Damit war das unerklärbare Wunder, die noch vom Geheimnisvollen umwitterte Katastrophe aus der Erdgeschichtsforschung verbannt.

Lyells Wirken verdankt man auch die Einsicht, daß in der Geologie mit außerordentlich langen Zeiträumen zu rechnen ist: »Die Einschränkung der Vorstellungen über die Größe der verflossenen Zeiten haben mehr als jedes andere Vorurteil dazu geführt, den Fortschritt in der Geologie aufzuhalten.«

Zweites Zeitalter der geographischen Entdeckungen Um 1800 waren die Grundzüge der Verteilung von Land und Wasser auf der Erdoberfläche bekannt. Die Polargebiete und das Innere einiger Kontinente blieben den Europäern jedoch vorläufig noch unbekannt. Mit der Industriellen Revolution, der Produktion von Gütern für den Weltmarkt und der fortschreitenden Kolonialisierung mußte die geographische Erschließung der letzten unbekannten Gebiete der Erde ein weithin anzustrebendes Ziel werden. Das gab der Geographie als Wissenschaft großen Auftrieb.

Die wissenschaftlichen Zwecken dienende Expedition des deutschen Naturforschers von Humboldt und des französischen Botanikers Bonpland setzte neue Maßstäbe. Die Forscher sammelten auf ihrer Reise durch Süd- und Mittelamerika eine Fülle exakter geographischer Daten, darunter Höhenangaben und erdmagnetische Messungen. Die Erkenntnisse Humboldts waren so vielseitig und neuartig, daß man ihn den »zweiten Entdecker Amerikas« nannte. Und es verdient hervorgehoben zu werden, daß sich Humboldt energisch gegen Sklaverei und Ausbeutung der Armen wandte.

387. Schematische Darstellung von Gesteinsarten. In der ersten Hälfte des 19. Jh. konnte die Entstehungsweise vieler Gesteine in den Grundzügen aufgeklärt werden. Man erkannte, daß von der vermuteten ersten Erstarrungskruste der Erde keine Reste mehr vorhanden waren und alle Gesteine aus Materialien bestanden, die schon in den Stoffkreislauf der Erde einbezogen waren. Aus: Schoedler, E., Das Buch der Natur... 2. Teil. Braunschweig 1865. Farbtafel gegenüber S. 110 »Idealer Durchschnitt eines Stückes der Erdrinde.«

388. Alexander von Humboldt am Orinoko. Humboldt gewann auf seiner Reise nach Lateinamerika bedeutende Erkenntnisse über die Beziehungen der geographischen Faktoren zueinander, brachte aber auch eine Fülle von einzelnen Daten mit. Mit Hilfe des Barometers hatte er zahlreiche Höhenmessungen durchgeführt. Seine Reisebeschreibung enthält auch ausführliche ethnographische und soziale Aussagen. Gemälde von F. G. Weitsch, 1806. Staatliche Museen Berlin, Nationalgalerie

Die Folge der Expeditionen wurde während des 19. Jh. so dicht, daß man von einem »zweiten Zeitalter der Entdeckungen« zu sprechen begann. Noch am Ende des 18. Jh. war Afrika in den Mittelpunkt gerückt, weil dort besonders reiche wirtschaftliche Ausbeute zu erhoffen war. 1788 wurde in Großbritannien die »African Association« gegründet und diese 1835 in die Londoner Geographische Gesellschaft umgewandelt. Sie organisierte die Erforschung geographischer Regionen, insbesondere Afrikas, im Dienste der Überseeinteressen des britischen Besitzbürgertums. Eine ähnliche Gesellschaft, die 1821 gegründete »Société de Géographie«, diente den Interessen der französischen Bourgeoisie.

Um 1800 klärte Park, daß die Flüsse Niger und Nil nicht zusammenhängen. 1828 erreichte Caillié Timbuktu; 1849 bis 1855 bereiste Barth große

Teile der Sahara und des Sudan. 1849 nahm Livingstone seine Forschungen im südlichen Afrika in Angriff.

In Nordamerika begann eine große Westwanderung weißer Siedler, begleitet von Vertreibung und Vernichtung der indianischen Völkerstämme. Schon 1803 wurde erstmals der Mississippi überschritten, die ersten Expeditionen erreichten den Pazifik.

Das russische Asien und andere zentrale Teile des größten Kontinents wurden besonders in der zweiten Hälfte des 19. Jh. von russischen Forschern bereist, deren Aufgabe die 1846 gegründete geographische Gesellschaft in St. Petersburg koordinierte.

Während in Australien zu dieser Zeit an der Ostküste schon recht ansehnliche europäische Siedlungen existierten, blieb das Innere des Kontinents schwer erschließbar. Leichardt, ein Pionier der Australienforschung, unternahm mehrere bedeutende Vorstöße und blieb zuletzt verschollen.

Bis zur Mitte des 19. Jh. drangen Forscher nur in die Randzonen der Polargebiete vor. Im Jahre 1821 entdeckte der russische Seefahrer von Bellingshausen die ersten Inseln südlich des Polarkreises. Von 1839 bis 1843

389. Am Tschad-See. Die geographischen Verhältnisse Innerafrikas, des seinerzeit »dunklen Kontinentes«, wurden erst durch die Forschungsreisenden im 19. Jh. aufgeklärt. Der Lauf der großen Ströme, die Existenz vieler großer Seen und schneebedeckter Berge unter der Tropensonne, waren geographische Überraschungen. Aus: Barth, H., Reisen und Entdeckungen in Nord- und Zentralafrika, 1855–1858

390. Karte der Meeresströmungen im Indischen Ozean. Pionierarbeit bei der Herstellung »thematischer Karten« leistete Heinrich Berghaus mit dem »Physikalischen Atlas«, Mitte 19. Jh. Die Abbildung zeigt aus der II. Abteilung »Hydrologie und Hydrographie« die »Physikalische Karte vom Indischen Meer«, Gotha 1850

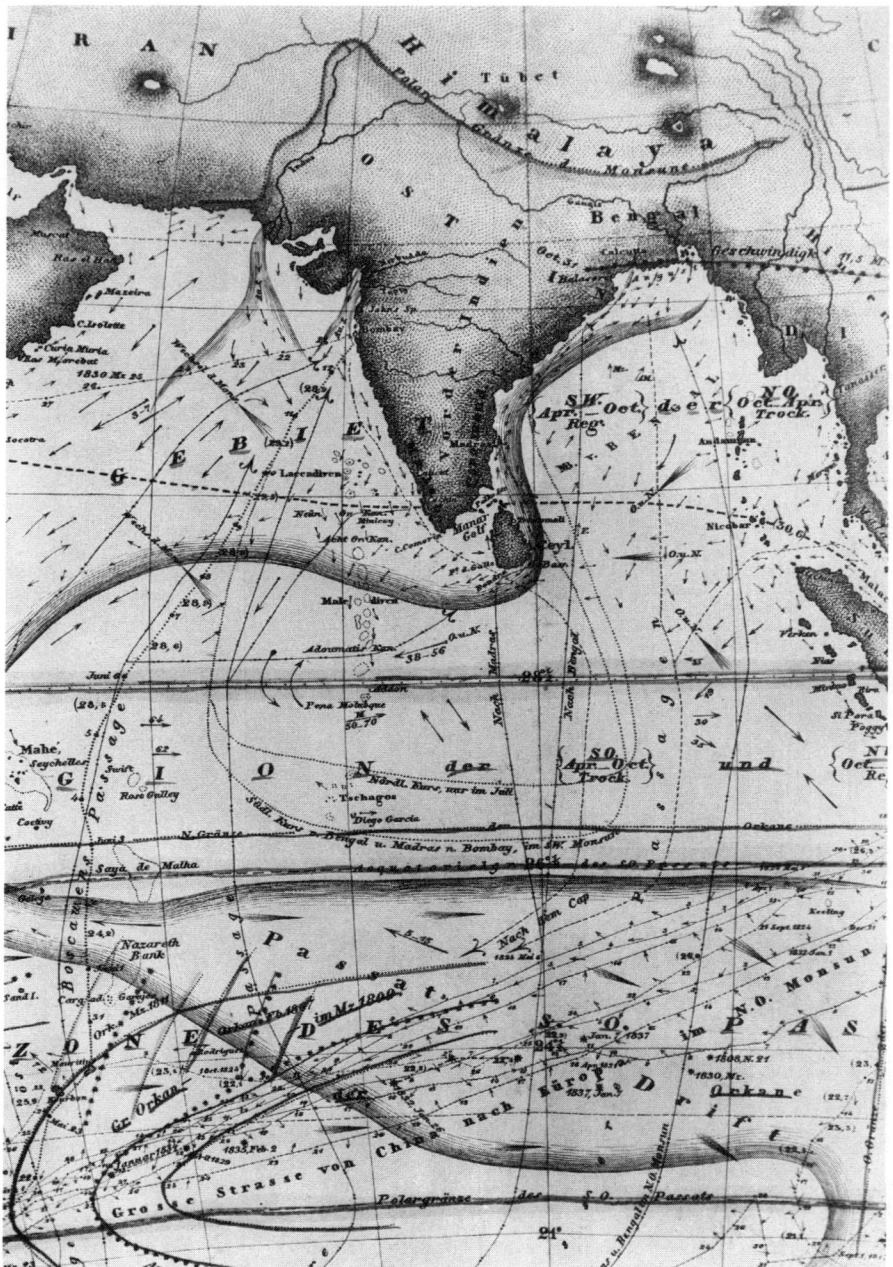

leitete Ross eine Expedition in die antarktischen Gewässer, um durch Messungen vom Schiff aus die Lage des Magnetpols der Südhalbkugel festzustellen. 1841 sahen die Expeditionsteilnehmer als erste die hohen Küstengebirge von Süd-Victoria-Land und die beeindruckenden Vulkane Erebus und Terror sowie die gewaltige, Hunderte von Kilometern lange und 50 m hohe Eiswand der Ross-Barriere. In der Arktis suchten die Expeditionen vor allem nach einer nordwestlichen Durchfahrt, um den Schiffsweg zwischen Atlantik und Pazifik zu verkürzen. Das berühmteste, tragisch endende derartige Unternehmen war die von John Franklin geleitete Expedition in den hohen Norden Amerikas; von den 134 Teilnehmern kam trotz guter Ausrüstung keine Nachricht mehr. Bei der Suche nach Franklin, die schließlich nur zur Rekonstruktion des Unterganges der Expedition führte, wurden aber wichtige Einzelheiten über den nördlichen Teil des amerikanischen Kontinents festgestellt.

Entwicklungsgedanke · Energieprinzip

Die Überzeugung vom Fortschritt, insbesondere auch von dem der Gesellschaft und der politischen Zustände, gehörte zu den Grundelementen der europäischen Aufklärung. Aus dem Sendungsbewußtsein des dritten Standes, einer objektiv wirkenden Entwicklungstendenz zum Durchbruch verhelfen zu müssen, resultierte auch die Kraft zum Kampf mit den feudalen Kräften um die politische Emanzipation des kapitalkräftigen Bürgertums.

Es gehört zu den Denkwürdigkeiten der Menschheitsgeschichte, daß dieses Wissen von einer sich vollziehenden allgemeinen Entwicklung, das durch die gesellschaftliche Praxis – bürgerliche Revolution und sich herausbildendes Fabriksystem – im Politischen realisiert wurde, nun seine Bestätigung auch durch die Naturwissenschaft erfuhr. Astronomie, Kosmogonie, Geologie und Paläonthologie zeigten, daß auch Weltall und Erde eine Geschichte aufweisen.

Getragen von den gesellschaftlichen Bedürfnissen der Industriellen Revolution, geleitet von dem weitgehend akzeptierten Grundgedanken einer in Entwicklung befindlichen Natur, hatten sich in den dreißiger und vierziger Jahren des 19. Jh. Mathematik und naturwissenschaftliche Einzeldisziplinen hauptsächlich in den ökonomisch fortgeschrittenen Ländern Europas herausbilden können. Schließlich sollte, geradezu als Krönung eines lang andauernden Entwicklungsprozesses, mit der Entdeckung des Prinzips von der Erhaltung der Energie noch zur Mitte des Jahrhunderts eine tiefgreifende Einsicht gewonnen werden, die als durchgängig waltende Gesetzmäßigkeit aller Naturerscheinungen auch die gedanklich-philosophische Einheit der Naturwissenschaft herausstellen konnte.

Kosmogonie Bis zur Mitte des 18. Jh. galt es für die Mehrheit aller Naturforscher als ausgemacht, daß sich zwar ständig Bewegungen und Umsetzungen in der Natur vollziehen, daß es sich aber nur um sich ständig wiederholende Zustände handelt. Das Planetensystem galt als eine einmal in Gang gesetzte, nun ewig funktionierende unveränderliche himmlische Maschinerie. Dieselben Tiere und Pflanzen hatten dieselbe Erde mit denselben Gebirgen und Meeren bevölkert, seit diese geschaffen worden war.

Im Jahre 1755 erschien die »Allgemeine Naturgeschichte und Theorie des Himmels oder Versuch von der Verfassung und dem mechanischen Ursprung des ganzen Weltgebäudes nach Newtonschen Grundsätzen abgehandelt«, und zwar anonym. Der Autor, der Aufklärungsphilosoph Kant aus Königsberg (Kaliningrad), war sich des Angriffs auf die orthodoxe christlich-feudale Weltanschauung bewußt: »Ich habe einen Vorwurf gewählet, welcher sowohl von Seiten seiner inneren Schwierigkeit, als auch

391. Kosmogonische Hypothese von Immanuel Kant. In seinem Werk »Allgemeine Naturgeschichte und Theorie des Himmels oder Versuch von der Verfassung und dem mechanischen Ursprunge des ganzen Weltgebäudes, nach Newtonschen Grundsätzen abgehandelt«, Königsberg und Leipzig 1755, stellte er die Himmelskörper als Produkt einer Entwicklung im Kosmos dar. Die Abbildung zeigt die aussagekräftige Titelüberschrift des 2. Teils. Universitätsbibliothek, Leipzig

392. Kosmologische Vorstellungen von Herschel. Er bemühte sich, aus der ungleichen Verteilung der Fixsterne auf die Gestalt des Weltalls zu schließen. Auf ihn gehen auch die ersten begründeten Vorstellungen über das Milchstraßensystem zurück. Aus: Herschel, W., Account of Some Observations Tending to Investigate the Construction of the Heavens. In: Philosophical Transactions. 74 (1784), S. 437–451, Abb. 16. Universitätsbibliothek, Leipzig

393. Sternhaufen, Komet, Nebel. Die Zahl der bekannten Himmelsobjekte und deren Klassifizierung machte während des 19. Jh. bedeutende Fortschritte. Aus: Herschel, J. F. W., A Treatise on Astronomy. London 1833, Tafel 2

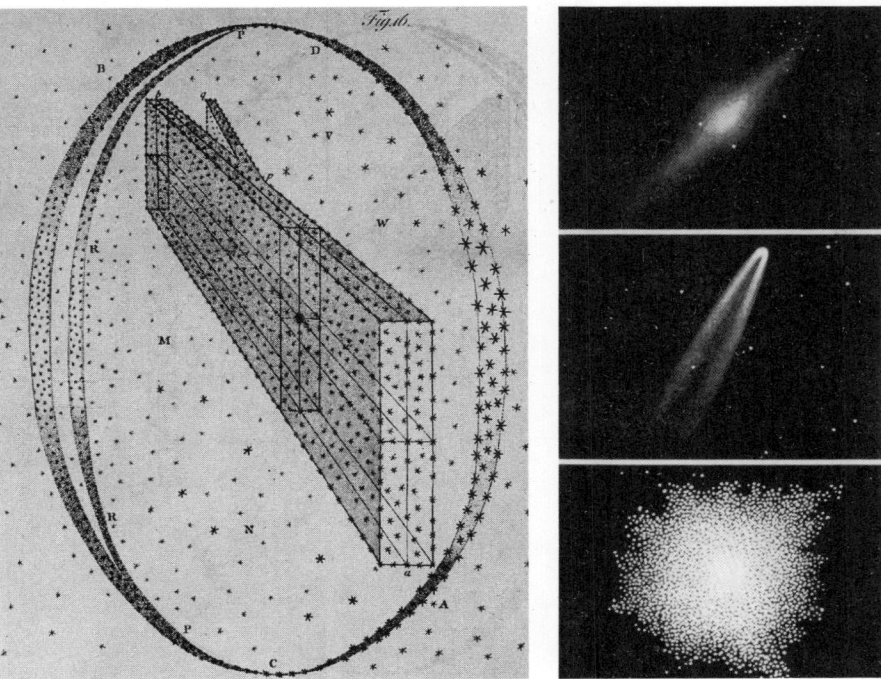

in Ansehung der Religion einen großen Teil der Leser gleich anfänglich mit einem nachtheiligen Vorurtheile einzunehmen vermögend ist.«

Im ersten Teil der »Allgemeinen Naturgeschichte...« trägt Kant die Hypothese vor, daß unsere Milchstraße ein in sich abgeschlossenes System von Sternen darstellt, und zwar eines unter unzählig vielen anderen, die wir als Sternnebel wahrnehmen. Diese für die damalige Zeit bemerkenswert kühne Idee vertrat übrigens später auch Herschel. In den achtziger Jahren konnte er mit Hilfe seiner vorzüglichen Instrumente die verschiedenartigen Formen der Sternnebel erkennen und teilte sie nach einem geistvollen Prinzip in acht genetisch zusammenhängende Klassen ein.

Weit berühmter noch als der erste Teil von Kants »Allgemeiner Naturgeschichte...« sollte der zweite werden, der die Entstehung unseres Planetensystems schildert. Durch Gravitationswirkung zwischen den Teilchen, die über den Weltraum verteilt sind, bilden sich Materieklumpen. Die Massen ziehen sich an, Bewegungen setzen ein, die auch kreisförmig werden, um das Zentrum der stärksten Attraktion herum. Es bilden sich Planeten und Monde, ein Sonnensystem wird geboren. Es hat eine Geschichte, und es wird einmal untergehen.

»Successive Fortsetzung der Schöpfung in aller Unendlichkeit der Zeiten und Räume, durch unaufhörliche Bildung neuer Welten... Allmählicher Verfall und Untergang des Weltbaues... Wiedererneuerung der verfallenen Natur« — mit solchen Stichworten charakterisierte Kant die Geschichte der Sonnensysteme. Auch das unsrige ist diesem Prozeß unterworfen.

Damit war Kant weit über Newton hinausgegangen. Hatte Newton die Gesetze gelehrt, nach denen die Welt, einmal geschaffen, abrollt, so schuf Kant eine rationale, auf mechanische Gesetze gegründete naturwissenschaftliche Theorie der Entstehung und Entwicklung der Welt, wohl wissend, in wie enge gedankliche Nähe er zum verpönten Materialismus der Antike gelangt war: Kants Schrift blieb die durchgreifende Wirkung zunächst versagt. So kam es, daß die Nebularhypothese unter dem Namen von Laplace bekannt wurde, die dieser 1796 in der »Exposition du système du monde« dargelegt hatte. Anders als Kant vertrat Laplace die Vorstellung von einer Ausgangsphase, in der die Urmassen rotieren und dann die späteren Planetenkörper abschleudern. Auch beschränkte sich Laplace auf eine Genesis unseres Planetensystems, während Kant eine Geschichte des Universums konzipiert hatte.

Erdgeschichte Daß auch die Erde selbst eine Entwicklung durchgemacht haben mußte, zeigte das Studium der Erdkruste – vorausgesetzt, man vermochte sich von den Scheuklappen zu befreien, die Metaphysik und christliche Orthodoxie dem Denken angelegt hatten.

Ein erster umfassender Versuch einer Darstellung der Entwicklung der Natur wurde 1778 mit dem bald berühmt gewordenen Werk »Époque de la

394. Abraham Gottlieb Werner. Er war einer der Begründer der Geologie und ein bedeutender Mineraloge. Als namhafter Lehrer an der Freiberger Bergakademie wurde er das »Orakel von Freiberg« genannt. Gemälde von M. Müller, genannt Steinla. Bergakademie, Freiberg

395. Mineraliensammlung der Bergakademie Freiberg, die noch Stücke (Stufen) aus der Sammlung von Werner enthält. Mineralien, die festen und tropfbarflüssigen Stoffe der Erdkruste, von denen viele wirtschaftliche Bedeutung besitzen, versuchte man besonders im 18. Jh. in ein System zu bringen. Zuerst erfolgte, wie bei Werner, die Unterscheidung der Mineralien nach äußeren Kennzeichen, von Beginn des 19. Jh. an fand die chemische Zusammensetzung zunehmende Berücksichtigung. Bergakademie, Freiberg

nature« (Epoche der Natur) gemacht. Verfasser war de Buffon, Intendant des »Jardin du Roi« in Paris, hochangesehener und vielseitiger Naturforscher, Mitarbeiter an der großen »Encyclopédie«.

In Sachsen, jahrhundertelang führendes Bergbauzentrum, entwickelte Werner ein großangelegtes System der Erdgeschichte. Nach seinen Auffassungen waren sämtliche Gesteine wäßrigen Ursprungs; seine Lehre erhielt daher den Namen Neptunismus. Seine Gegner, die Plutonisten, plädierten für die Entstehung der Gesteine Basalt, Granit und anderer Massengesteine aus einer glutflüssigen Schmelze, etwa wie bei Vulkanen.

Die Frage der Gesteinsbildung war vor der Jahrhundertwende die zentrale Frage der Geologie. Nach 1800 bestand Einverständnis, daß es sowohl Sediment- als auch Eruptivgestein gibt. Damit war die Entstehung der Gesteine, der wichtigsten Dokumente der Erdgeschichte, in den Grundzügen geklärt.

Auch die Fossilien wurden zum Beweis für den Entwicklungsgedanken. Die beiden Franzosen Cuvier und Lamarck führten die Paläontologie, die Lehre von den ehemaligen Tieren und Pflanzen, die die Erde in ihren verschiedenen Zeitaltern bevölkert hatten, entscheidend weiter. Doch zogen sie verschiedene und doch zugleich ideologisch relevante Folgerungen.

Der erste, Baron Cuvier, unter Napoleon und auch später in hohen

Staatsämtern tätig, trat zunächst als Zoologe und dann als Begründer und Meister der vergleichenden Anatomie der Wirbeltiere hervor. Er verglich bei den verschiedenartigsten Tieren homologe Organe und lernte so, aus Knochenresten auf das ganze Tier rückzuschließen. Schließlich vermochte es Cuvier, aus wenigen fossilen Knochenresten ein urzeitliches Tier, das nie ein Mensch erblickt hatte, zu rekonstruieren. In seinen berühmten »Recherches sur les ossements fossiles« (Untersuchungen über fossile Knochen) von 1821 interpretierte Cuvier die Erdgeschichte, wie sie sich ihm aus den fossilen Funden darzubieten schien. Es gab Tiere, die ausgestorben waren, und es gab neue Tiere in späteren erdgeschichtlichen Perioden. Cuvier konnte sich die Sprünge in der Abfolge der Fossilien nur durch gewaltige Erdkatastrophen mit nachfolgender teilweiser oder vollständiger Neuschaffung erklären.

Lamarck gelangte zu der Auffassung, daß zwischen den Fossilien aus verschiedenen Zeitaltern gleitende Übergänge bestehen. Daraus schlußfolgerte er, daß eine Evolution stattgefunden haben müsse. Eine Rolle bei der Artbildung spielte die Umwelt. Berühmt wurde sein Beispiel, wonach die langen Hälse der Giraffen allmählich dadurch entstanden, daß ihre Vorläufer gezwungen waren, das Laub hoher Bäume zu erreichen. Nach und nach formten sich Skelett und Muskeln, und die heutige Giraffenform

396. Reste fossiler Fische aus dem Old Red. Der aus der Schweiz stammende Naturforscher Louis Agassiz beschrieb erstmals fossile Fische. Seiner Forschungsarbeit ist es zu danken, daß die Fische zu der damals bekanntesten Tiergruppe wurden, auch hinsichtlich der ausgestorbenen Arten. Aus: Agassiz, L., Recherches sur les poissons fossiles. Neuchâtel 1833–1842, Tafel 3

bildete sich heraus. Erst mit Charles Darwin sollte allerdings die Evolutionstheorie in der Biologie auf tragfähigen wissenschaftlichen Boden gelangen.

Naturphilosophie · Einheit der Naturkräfte Nicht nur innerhalb der Astronomie, der Geologie und der Biologie traten zur Wende vom 18. zum 19. Jh. verstärkt philosophisch relevante Fragen auf. Das aus der Aufklärung herrührende Evolutionsprinzip, die Fortschritte der Naturwissenschaft und ihrer Einzeldisziplinen sowie das sich aufdrängende Bewußtsein, in einer raschen Vorwärtsentwicklung der gesellschaftlichen Zustände zu stehen, setzten allgemeine Fragen naturphilosophischen Charakters auf die Tagesordnung: Entwicklung der Natur, der Mensch als Glied der Natur, das Objektive in der Natur, Wesen von Zufall und Notwendigkeit, der innere Zusammenhang der Naturerscheinungen.

Im allgemeinen gingen die Wissenschaftler während ihrer naturwissenschaftlichen Tätigkeit – bewußt oder unbewußt – von der objektiven Existenz der Natur und damit ihres Forschungsgegenstandes aus, während sie zugleich – gemäß ihrer sozialen Herkunft und Struktur, nach Ausbildung und Erziehung – mehr oder weniger pantheistisch gefärbten religiösen Bindungen unterlagen. Bewußte atheistische Haltung gehörte zu den seltenen Ausnahmen, und auch die Parteinahme für den politischen Fortschritt findet sich erst im revolutionären Frankreich als Massenerscheinung.

In der Vorstellung vom Laplaceschen Dämon und der durchgängigen Wirkung der atomistisch-mechanistischen Gesetzmäßigkeiten drückte sich auf eine spezifische Weise die Überzeugung von der materiellen Einheit der Welt aus.

397. Michael Faraday in seinem Laboratorium in der Royal Institution. Er war ein überzeugter Verfechter der Auffassung von der Einheit und Umwandlungsfähigkeit der Naturkräfte. Mit seinen darauf basierenden chemischen und elektrischen Entdeckungen trug er wesentlich zur Herausbildung des Energieprinzips bei. Aquarell von Harriot Moore, 1852. Royal Institution, London

398. Hans Christian Oersted, vielseitiger Naturforscher und Naturphilosoph. Überzeugt von der auch von dem Philosophen Schelling vertretenen Einheit der Naturkräfte, suchte er fast 20 Jahre nach dem Zusammenhang zwischen Elektrizität und Magnetismus, den er 1820 aufdeckte. Gemälde von W. N. Marstrand. Det Nationalhistoriske Museum, Frederiksborg

Diese Auffassung wurde ab Ende des 18. Jh. von der dynamistischen Naturansicht überlagert, deren Herkunft sehr komplex war. Ansatzpunkte ergaben sich aus Boscovičs System der »Kräfte« materieller Punkte und auch aus Kants naturwissenschaftlichen Anschauungen. Sie richtete die Aufmerksamkeit der Naturforscher auf das Phänomen Kraft, auch im Sinne des heutigen Begriffs Energie.

Vorwärtsweisend waren insbesondere Grundannahmen über die Einheit, den inneren Zusammenhang und die Umwandlungsfähigkeit »immaterieller«, aber realer »Naturkräfte« wie Elektrizität, Magnetismus, Licht und Wärme, die durch die Verquickung des Dynamismus mit der »Identitätsphilosophie« Schellings noch verstärkt wurden. Anfänge einer Naturdialektik sind dabei nicht zu verkennen.

Naturforscher, die solche Überlegungen als methodologisches Konzept nutzten, erzielten damit besonders auf dem Gebiet der Elektrizitätslehre Erfolge, etwa bei der Entstehung des Elektromagnetismus und auch im Vorfeld der Entdeckung des allgemeinen Energieprinzips.

399. Angebliches Perpetuum mobile mit umklappenden Pendeln von 1664. Seit dem 13. Jh. gab es unzählige Versuche, eine Maschine zu konstruieren, die eine immerwährende Bewegung ohne (bzw. mit geringerer) Energiezufuhr (als der Nutzeffekt) hervorbringt. Aus: Schott, G., Technica Curiosa. Norimberga (Nürnberg) 1664, S. 409. Universitätsbibliothek, Leipzig

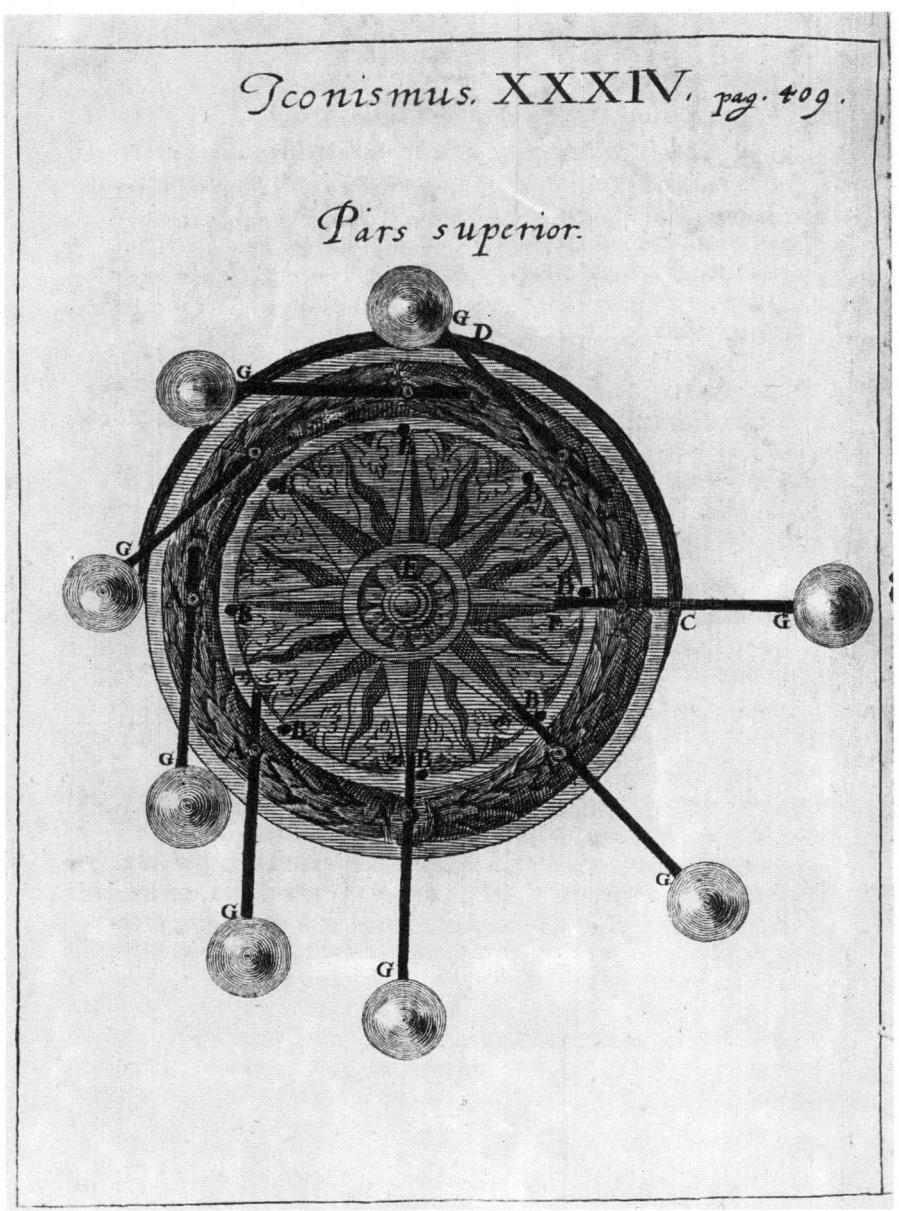

Der weitergehende Anspruch der daraus hervorgehenden »romantischen« Naturphilosophie, durch Spekulationen das »innere Triebwerk der Natur« in einem einheitlichen »Weltgeist« mit unbestimmten Form- und Lebenskräften zu erkennen, stieß die meisten Naturwissenschaftler ab. Besonders in Mitteleuropa verhielt man sich nun skeptisch gegenüber noch ungesicherten Verallgemeinerungen und zog sich auf eine »exklusive Empirie« in der Naturforschung zurück, durch die die Anerkennung größerer Zusammenhänge verzögert wurde.

Prinzip von der Erhaltung der Energie Im Jahre 1776 hatte die Pariser Akademie beschlossen, »Lösungen« folgender Probleme nicht mehr zu prüfen: »Die Verdoppelung des Würfels, die Dreiteilung des Winkels, die Quadratur des Kreises oder irgendeine Maschine, von der angekündigt wird, sie zeige immerwährende Bewegung...«

Nach unserer heutigen Sprechweise bedeutete dieser Beschluß die Anerkennung des Satzes von der Erhaltung der Energie im Bereich der Mechanik. Mit der Industriellen Revolution wurden weitere Bereiche der Physik in das energetische Denken einbezogen, zunächst der der Wärme, eine Folge der Suche nach wirkungsvolleren Dampfmaschinen. Dabei konnte ein Zugang zum Verständnis der Umwandlung von mechanischer in Wärmeenergie endgültig nur auf Grundlage der Annahme gefunden werden, daß Wärme mechanische Bewegung kleinster Teile darstellt. Und so führte ein direkter Weg von Daniel Bernoulli, Lomonossow, Black, Rumford und Davy zu Sadi Carnot und einer ersten Bestimmung des mechanischen Wärmeäquivalents.

Zugleich lieferte die Naturwissenschaft experimentelle Beweise für die Ineinanderüberführbarkeit auch weiterer Energieformen; Oersted und Faraday bewiesen den Zusammenhang zwischen Magnetismus und Elektrizität. Es gab Voltaische Säulen; elektrolytische Erscheinungen betonten den Zusammenhang zwischen Elektrizität und Chemie.

Joule untersuchte die Wärmewirkungen des elektrischen Stromes und stellte 1843 ein Programm auf, systematisch verschiedene Energieäquivalente experimentell zu bestimmen, insbesondere das mechanische Wärmeäquivalent.

Den entscheidenden Schritt zur expliziten Aufstellung des Energieprinzips vollzog Mayer, ein Arzt aus Heilbronn. Gestützt auf die Ergebnisse der

400. Der Arzt Julius Robert Mayer. Er formulierte als erster im Jahre 1842 im umfassenden Sinne den Satz von der Erhaltung und Umwandlung der Energie, dessen Anerkennung schließlich den experimentellen Forschungen Joules und der theoretisch exakten Fassung Helmholtz' zu danken ist. Lithographie. Bibliothek Karl-Sudhoff-Institut, Leipzig

401. Wärmeäquivalent von Joule. Das Modell zeigt James Prescott Joules berühmten Schaufelradversuch, einen von den Versuchen, mit denen er erstmals 1843 das mechanische Wärmeäquivalent experimentell bestimmte. Deutsches Museum, München

Naturwissenschaft und Physiologie, zugleich aber mit tiefem philosophischem Sinn ausgestattet, gelangte er 1841/42 über die Analyse des Kraftbegriffes schließlich zum allgemeinen Energieprinzip. Als tragendes philosophisches Prinzip wählte er 1845 den Leitsatz des antiken materialistischen Philosophen Demokrit: »Ex nihilo nil fit. Nil fit ad nihilum« (Aus nichts wird nichts. Nichts wird zu nichts), und er kam zur Formulierung des allgemeinen Satzes über die Erhaltung und Umwandlung der Energie; er sprach lediglich traditionellerweise von »Kraft« statt von »Energie«: Schließlich gelang Mayer sogar eine relativ gute Berechnung des mechanischen Wärmeäquivalents zu 365 kpm/kcal mittels des berühmten Gedankenexperimentes über die Unterschiedlichkeit der spezifischen Wärmen von Gasen bei konstantem Volumen bzw. bei konstantem Druck.

Mayers Schriften blieb die unmittelbare Wirkung versagt. Die Anerkennung des Energieprinzips erfolgte erst, als es durch Helmholtz in das System der offiziellen, der durch Denkweisen der Mechanik geprägten Physik eingepaßt worden war und nicht, wie bei Mayer, auf philosophische Argumente gestützt vorgetragen wurde. Gerade um jene Zeit war unter den Physikern die Abneigung gegen die Philosophie weit verbreitet, eine Gegenreaktion auf die teilweise haarsträubenden Spekulationen der romantischen Naturphilosophie.

Hatten Mayer, Joule und Helmholtz noch von »Kraft« gesprochen, so wurde der Ausdruck »Energie« 1851 von dem Physiker William Thomson und dem Ingenieur Rankine eingeführt. Der Satz von der Erhaltung und Umwandlung der Energie war seit der Mitte der fünfziger Jahre des 19. Jh. nicht mehr umstritten. Er wurde zentraler Bestandteil der Naturwissenschaft.

Die Zeit der großen Industrie

Vorhergehende Seite:
402. Badische Anilin- und Sodafabrik (BASF) am Ende des 19. Jh. Die chemische Industrie wurde zu einer der Schlüsselindustrien bei der Entfaltung der kapitalistischen Produktion. Von dort ergingen direkte Forderungen an die chemische Forschung. Gemälde von Robert Stieler. Firmenarchiv BASF, Hoechst

Der Kapitalismus der freien Konkurrenz wich im zweiten Drittel des 19. Jh. mehr und mehr monopolistischen Formen, die im Imperialismus seit dem Ende des 19. Jh. ihre klaren Umrisse erhielten. Das Finanzkapital trug aus dem gnadenlosen Differenzierungsprozeß innerhalb des Besitzbürgertums den Sieg davon, womit sich die Polarisierung der Gesellschaft in Überreiche auf der einen und eine gewaltige Mehrheit Armer und Ärmster auf der anderen Seite zuspitzte. Im Kampf gegen die zunehmende Konzentration des Kapitals bildeten sich in vielen Ländern der Welt Arbeiterparteien.

Die sich verstärkenden Wechselwirkungen zwischen den Naturwissenschaften und der Mathematik einerseits und dem Ausbau der Industrie andererseits verbanden deren Fortschritt mit den Interessen des Bürgertums: Mathematik und Naturwissenschaften boten Grundlagen zur Steigerung der Produktion in quantitativer und qualitativer Hinsicht; dies veranlaßte die Unternehmer, direkt und indirekt Mittel zu deren Förderung bereitzustellen. Es wurde deutlich, daß das Entdecken naturwissenschaftlicher Tatsachen und Gesetze mit außergewöhnlichem – freilich oft erst nachträglichem – kommerziellen Erfolg organisiert werden kann.

»Erst die kapitalistische Produktionsweise« – so schreibt Marx – »macht die Naturwissenschaften dem unmittelbaren Produktionsprozeß dienstbar, während umgekehrt die Entwicklung der Produktion das Mittel zur theoretischen Unterwerfung der Natur liefert. Die Wissenschaft erhält den Beruf, Produktionsmittel des Reichtums zu sein, Mittel der Bereicherung.«

Schon seit der Mitte des 19. Jh. machten sich im Wechselverhältnis zwischen Produktion und Naturwissenschaften neue Tendenzen bemerkbar. Nicht nur, daß – wie in der Periode der Industriellen Revolution – Wissenschaften auf die Produktion angewandt wurden, nun ging es um die Verwissenschaftlichung der Produktion und darum, daß naturwissenschaftliche Ergebnisse zur Grundlage der Produktion wurden. Man denke an die Industrie der Teerfarbstoffe, an die Elektroindustrie und an die Anwendung der physikalischen Chemie, die bei der Ammoniaksynthese beispielsweise den Weg zur chemischen Großsynthese wies. Die Dampfmaschine wurde u. a. von Rankine und Zeuner »wissenschaftlich durchgearbeitet«; die Thermodynamik lieferte 1873 die Grundlage für die Produktion von Kältemaschinen durch von Linde. Die von Wilde, Siemens und anderen um 1866 entwickelte Dynamomaschine muß als direktes Produkt der Naturwissenschaft verstanden werden; sie bereitete ein neues Zeitalter der Energiegewinnung und -ausnutzung vor. Der Weg vom Gasmotor des Beau de Rochas über den Lenoirs zum Otto- und Dieselmotor wäre ohne den Rückgriff auf entwickelte Naturwissenschaft ebensowenig möglich gewesen wie die Konstruktion und Vervollkommnung der Dampfturbine durch Parsons und de Laval und die Ausbildung neuer Kommunikationssysteme wie Telegraph, Transatlantikkabel, Telephon bis hin zur drahtlosen Telegraphie. Im Bereich der industriellen Produktion hatte mit der Anwendung der Elektrizität als neuer Energiequelle ein qualitativ neuer Abschnitt begonnen. Städte platzten aus den Nähten durch eine bislang unbekannte Bautätigkeit; die Großstädte wurden Zentren neuer Lebensformen, in denen Prunkbauten den Mietskasernen mit Hinterhöfen gegenüberstanden. Neue Fabriken und Betriebe wuchsen wie Pilze aus dem Boden, Fließbänder bewirkten, daß die Produktionszeit erheblich verkürzt, aber die

Ausbeutung der Arbeitskraft um so mehr intensiviert wurde. Mit der Großindustrie setzte die Massengüterproduktion ein, wodurch zwangsläufig Handel und Verkehr eine neue Dimension erhielten. Das Eisenbahnnetz erfaßte in den europäischen Ländern alle wichtigen Zentren und war innerhalb eines Jahrhunderts bereits engmaschig angelegt worden. Kanäle und neue Straßen ergänzten die Palette der Verkehrsverbindungen.

Wissenschaftstheoretisch gesprochen verwandelten sich die Naturwissenschaften (mit Einschluß der Mathematik) während dieser Periode in eine unmittelbare Produktivkraft.

Doch verlief der Entwicklungsprozeß durchaus widersprüchlich: Während einerseits die gegenseitige Wechselwirkung dieser beiden gesellschaftlichen Sphären, Naturwissenschaft und Produktion, ständig enger verbunden wurden, lösten sich andererseits weitere große Teile der Naturwissenschaften aus der materiellen Produktion heraus und entwickelten sich, ihrer innerwissenschaftlichen Dynamik folgend, zu beeindruckenden abstrakten Systemen des Wissens über Teilgebiete der Natur. Dies aber schuf wiederum in den nachfolgenden Etappen die Voraussetzung, daß gerade auch abstrakte mathematisch-naturwissenschaftliche Disziplinen – wieder dem

403. Bau einer Pariser Straße bei elektrischem Bogenlampenlicht, um 1854. Mit der Vervollkommnung der magnetelektrischen Maschinen wurden zunehmend Bahnhöfe, Leuchttürme, Straßen elektrisch beleuchtet. Jedoch setzte die allgemeine Elektrifizierung erst nach der Erfindung des Dynamos und der gebrauchsfähigen Glühfadenlampe 1881 ein.
Aus: Illustrirte Zeitung. Bd. 23. Leipzig 1854, S. 241

404. Legung von Telegraphenkabel zwischen Dover und Calais 1850. Die submarinen Telegraphenkabel zeigten im Betrieb neuartige, störende Effekte, die erforderten, in das physikalische Neuland der Ausbreitung instationärer Ströme einzudringen. Diese Forschungen, insbesondere von William Thomson (Lord Kelvin), trugen zum Aufbau einer neuen elektrodynamischen Theorie, der Feldtheorie, bei. Aus: Illustrirte Zeitung. Bd. 15. Leipzig 1850, S. 188

405/406. Diese beiden chemischen Laboratorien machen die große organisatorische und soziologische Breite chemischer Forschungstätigkeit deutlich. Die obere Ansicht zeigt das wohlausgestattete Universitätslaboratorium von Adolf von Baeyer an der Universität München, um 1900. Auf der unteren Abbildung ist das Versuchslaboratorium der Grube »Alte Hoffnung Gottes« in Kleinvoigtsberg (Erzgebirge), Anfang des 20. Jh. zu sehen. Dokumentarphotos

Produktionsprozeß angeschlossen – ihre durchgreifende Wirkung in und für die Produktion entfalten konnten und können.

Auch im Soziologischen und Organisatorischen traten im Wissenschaftsbetrieb seit den sechziger und siebziger Jahren des 19. Jh. neue Züge hervor. Rasch stieg in den entwickelten Industriestaaten die Zahl der höheren mathematisch-naturwissenschaftlichen Bildungseinrichtungen, der naturwissenschaftlich orientierten Gymnasien und Oberrealschulen, der Technischen Hochschulen und der Universitäten. Dazu traten nationale und sogar internationale wissenschaftliche Vereinigungen bzw. Gesellschaften auf den verschiedensten Wissenschaftsgebieten; internationale wissenschaftliche Kongresse ermöglichten die Kooperation über Staatsgrenzen hinweg. Dabei wurde – wie etwa die Rivalität zwischen zwei wissenschaftlich führenden Nationen, Frankreich und Deutschland, zeigt – die dominierende Stellung in internationalen Gremien zu Fragen des nationalen Prestiges. Zu Anfang des 20. Jh. schlug dies um in Chauvinismus; der erste Weltkrieg warf auch auf dem Gebiet der Wissenschaften seine Schatten voraus.

Sprunghaft entwickelte sich auch die Zahl der mathematisch-naturwissenschaftlichen Zeitschriften. Dabei trat äußerlich deutlich sichtbar der Differenzierungsprozeß der naturwissenschaftlichen Grunddisziplinen hervor, indem sich viele Zeitschriften auf enge Teilgebiete und interdisziplinäre Arbeitsrichtungen spezialisierten. Das Neue äußerte sich auch darin, daß sich naturwissenschaftliche Berufe und Berufsvereinigungen herausbildeten. Bisher hatten Naturwissenschaftler den Beruf des Lehrers oder Hoch-

407. Naturwissenschaftliche Erziehung der Jugend. Nur die begüterten Schichten konnten ihren Kindern schon im Elternhaus den Zugang zu den Wissenschaften eröffnen. Populärwissenschaftliche Schriften und Unterweisungen standen am Beginn mancher wissenschaftlichen Laufbahn. Aus: Braun, F., Der junge Mathematiker und Naturforscher. Leipzig 1876, S. 319

schulprofessors oder des Astronomen ausgeübt; nun gab es in der Industrie und in Industrielaboratorien tätige Chemiker und Physiker. Während in der Zeit der Industriellen Revolution Unternehmer sich mit wissenschaftlichen und technischen Fragen intensiv beschäftigten, traten nun Männer der Wissenschaft – wie Kelvin, Siemens, Linde, Edison, Bessemer, Diesel und viele andere – als Industrielle auf.

Bis weit in die Mitte des 19. Jh. hinein wurde naturwissenschaftliche Forschungstätigkeit im wesentlichen von Einzelpersonen in privaten oder Universitätslaboratorien sowie in Sternwarten ausgeübt. Seit der Mitte des Jahrhunderts aber gewährten Industriebetriebe bedeutende finanzielle Mittel für naturwissenschaftliche Forschung, nahmen an Universitäten wirkende Forscher unter Vertrag und richteten eigene Forschungslaboratorien ein, in denen ganze Gruppen von Naturwissenschaftlern im Auftrage der Unternehmer am wissenschaftlichen Vorlauf für die künftige Produktion arbeiteten. Gerade dies prägte sich in den »jungen Industrien« dieser Zeit, in der Elektroindustrie und der chemischen Industrie, besonders deutlich aus.

Die traditionellen wissenschaftlichen Zentren in Europa und die während des 19. Jh. hinzugekommenen wissenschaftlichen Einrichtungen in den USA blieben auch noch in dieser Periode dominierend. Doch verbreitete sich das Netz wissenschaftlicher Einrichtungen über die ganze Erde, und Länder wie Japan und Kanada begannen, bedeutende eigene Leistungen hervorzubringen.

Die koloniale Aufteilung Afrikas und Asiens fand im letzten Drittel des 19. Jh. ihren Abschluß. Riesige Rohstoffquellen und eine fast unerschöpfliche Zahl billigster Arbeitskräfte brachten den entwickelten kapitalistischen Ländern einen gewaltigen Produktionsanstieg.

Deutschland nahm um die Jahrhundertwende wissenschaftlich und industriell eine dominierende Stellung ein, mit deren Hilfe es ökonomisch die

Verluste ausgleichen konnte, die ihm daraus erwuchsen, daß es als imperialistische Kolonialmacht zu spät gekommen war. Der Staat selbst begann, auch im Interesse der ihn politisch stützenden Großindustrie, wissenschaftliche Großforschung zu organisieren und zu finanzieren: Im Jahre 1887 wurde in Berlin die Physikalisch-Technische Reichsanstalt ins Leben gerufen. Auch für die Gründung der »Kaiser-Wilhelm-Gesellschaft« im Jahre 1911 waren wissenschaftspolitische Überlegungen ausschlaggebend. Die damit verbundenen Absichten wurden in der Harnackschen Denkschrift klar genug ausgesprochen: »Für Deutschland ist das Behaupten seiner wissenschaftlichen Vormachtstellung eine ebensolche Staatsnotwendigkeit wie die Überlegenheit seiner Armee. Ein Verlust an wissenschaftlichem Prestige Deutschlands wirkt auch zurück auf die nationale Gel-

408. Hermann von Helmholtz. Als führender deutscher Physiologe und Physiker besaß er eine einflußreiche Stellung in der Wissenschaftsorganisation, u. a. als erster Präsident der 1887 gegründeten Physikalisch Technischen Reichsanstalt. Gemälde von Ludwig Kraus. Staatliche Museen Berlin, Nationalgalerie

tung und den nationalen Einfluß Deutschlands auf allen anderen Gebieten, ganz abgesehen davon, welche eminente Bedeutung die Überlegenheit auf gewissen Gebieten der Wissenschaft, wie namentlich der Chemie, für unsere Volkswirtschaft besitzt.« Der deutsche Thermodynamiker Nernst schrieb: »Die wissenschaftliche Forschung, die neue Gebiete zu erobern hat und daher auch eine Art von Kriegführung darstellt, kostet wie diese viel Geld; immerhin werden die Mittel, die das Reich aufzuwenden hätte, nicht als erheblich im Vergleich zu dem gewaltigen Tribut anzusehen sein, den die deutsche chemische Industrie mit ihrer Jahresproduktion von annähernd einer Milliarde Mark dem deutschen Nationalwohlstand liefert.«

Der spanisch-amerikanische Krieg, das britisch-französische Wettrennen um beste Absatzmöglichkeiten in Afrika und Asien, der russisch-japanische Krieg und der imperialistische Feldzug in China waren unübersehbare Zeichen einer eskalierenden Kriegsvorbereitung in den ersten Jahren dieses Jahrhunderts. Die aggressive Haltung insbesondere der deutschen Monopole hinsichtlich einer Neuaufteilung der Welt hatte zur Herausbildung zweier Militärblöcke geführt. Der Triple-Entente mit Frankreich, Großbritannien und Rußland stand der Dreibund mit Deutschland, Österreich-Ungarn und Italien gegenüber. Das Wettrüsten nahm erschreckende Ausmaße an und führte in zwei Krisen, die sich an der Auseinandersetzung um Marokko entzündet hatten, bis an die Schwelle eines Krieges. Der Balkan-Krieg 1912 trug bereits den Keim des drohenden Weltkrieges in sich. Das Attentat von Sarajevo im Juni 1914 wurde zum Anlaß, den bis dahin grausamsten Krieg der Menschheitsgeschichte auszulösen, in den 38 Staaten hineingezogen wurden und der mehrere Millionen Opfer forderte.

Getragen von einem allgemeinen gesellschaftlichen Interesse, konnten Mathematik und Naturwissenschaften im letzten Drittel des 19. Jh. bis hin zum ersten Weltkrieg entscheidende Schritte in quantitativer und qualitativer Hinsicht vollziehen; auf einigen Gebieten kam es sogar zu revolutionären Umgestaltungen. Die Mathematik erlebte mit der mengentheoretischen Grundlegung und dem Hervortreten strukturellen Denkens eine durchgreifende Umgestaltung. Das gesamte klassische naturwissenschaftliche Weltbild wurde durch grundlegende physikalische Entdeckungen wie spezielle Relativitätstheorie und Quantentheorie umgestoßen. Die Chemie, gestützt auf das periodische System, stieß zur Neufassung solcher theoretischer Grundbegriffe wie Atom, Molekül, Isotopie und zur Theorie der chemischen Bindung vor; erste wissenschaftlich begründete Atommodelle wurden aufgestellt. Bemerkenswert waren die Fortschritte der organischen Chemie bei der Strukturaufklärung und Synthese von Naturstoffen; immer häufiger tauchten Stoffe auf, die die Natur von sich aus nicht hervorgebracht hatte. Die Biologie entwickelte sich in den verschiedensten Richtungen, und ihre Spannweite umfaßte Evolutionstheorie, Physiologie, Genetik, Mikrobiologie, Biochemie, Zytologie und Embryologie.

Es gehört weiterhin zu den Charakteristika der Wissenschaftsentwicklung im ausgehenden 19. Jh., daß sich — und das wird sich im 20. Jh. verstärkt zeigen — im Berührungsfeld naturwissenschaftlicher Grunddisziplinen neue Wissensgebiete als selbständige Disziplinen zu formieren begin-

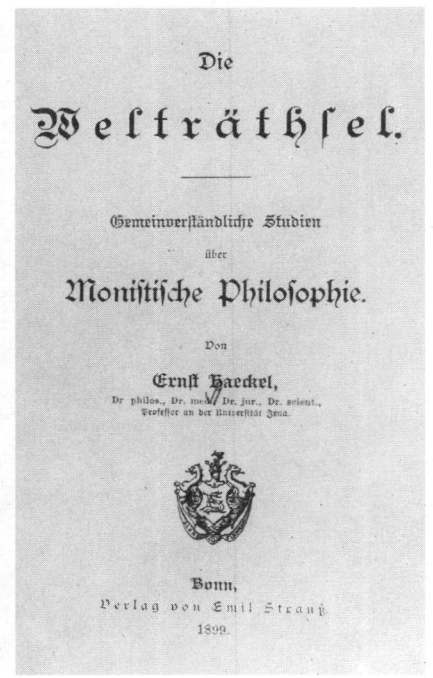

409. Titelblatt der 1. Auflage des Buches „Die Welträtsel" von Ernst Haeckel, 1899. Er sah in der Evolutionstheorie den wichtigsten Teil für seine wissenschaftliche Weltanschauung. Haeckels »Monismus« war grundsätzlich materialistisch, aber es gab in ihm zu stark vereinfachte Aussagen. Für weite Kreise der Bevölkerung, auch für die Arbeiterklasse, waren »Die Welträtsel« seinerzeit ein wichtiges und anregendes Buch. Sächsische Landesbibliothek, Dresden

410. Nobelpreisurkunde für Wilhelm Ostwald. Die Nobelpreise für Physik, Chemie, Medizin und Physiologie werden seit 1901 verliehen und gehören zu den höchsten und ehrenvollsten wissenschaftlichen Auszeichnungen. Archiv Akademie der Wissenschaften der DDR, Berlin

nen. Für das 19. Jh. gilt dies insbesondere für die Astrophysik, die physikalische Chemie und die Physiologie.

Freilich kann nicht übersehen werden, daß in der Naturwissenschaft jener Periode in immer stärkerem Maße Deformationen und Verzerrungen des humanistischen Grundanliegens der Wissenschaften durch die Wissenschaftspolitik hervortraten. Während des ersten Weltkrieges schließlich erwies sich das bürgerliche Wissenschaftsideal als utopischer Wunschtraum; auch die Wissenschaften unterlagen den Interessen des Staates: Der Imperialismus mißbrauchte auch die Ergebnisse der Wissenschaft. Gerade in Deutschland – aber nicht nur dort – identifizierten sich viele führende Naturwissenschaftler mit den imperialistischen Zielen.

Die Mathematik formiert sich neu

Der Ausbau der traditionellen großen Zweige der Mathematik – Analysis, Geometrie, Algebra – ging mit den traditionellen Methoden weiter. Einige spezielle Gebiete erfreuten sich besonderer Aufmerksamkeit, so z. B. die Variationsrechnung, die Funktionentheorie komplexer Variabler, einige Zweige der Geometrie, algebraische Geometrie, Theorie der gewöhnlichen

411. Einleitung zu dem berühmten Vortrag David Hilberts am 8. August 1900. In seinem Nachruf schätzte Hermann Weyl 1943 die ganz ungewöhnliche, in der Wissenschaftsgeschichte nahezu einmalige, beinahe prophetische Leistung Hilberts so ein: »Seine Pariser Adresse über ›Mathematische Probleme‹ ... überdeckt alle Gebiete unserer Wissenschaft. Beim Versuch, das zu entschleiern, was die Zukunft für uns bereithält, stellte und diskutierte er dreiundzwanzig ungelöste Probleme, welche in der Tat, wie wir heute rückblickend feststellen können, eine bedeutende Rolle während der folgenden ungefähr vierzig Jahre gespielt haben.« Aus: Nachrichten der Kgl. Ges. d. Wiss. zu Göttingen, math.-phys. Klasse. (1900), Heft 3, S. 253

412. David Hilbert. Der in Königsberg (Kaliningrad) geborene deutsche Mathematiker wurde in Göttingen zum Mitgestalter eines führenden mathematisch-naturwissenschaftlichen Zentrums der Erde, das in der Zeit des deutschen Faschismus weitgehend zerstört wurde. Vorsatzblatt aus: Reid, C., Hilbert. Berlin(West)/Heidelberg/New York 1979

und partiellen Differentialgleichungen, Rand- und Eigenwertprobleme, Invariantentheorie, Zahlentheorie, Topologie, Theorie der elliptischen Funktionen. Doch zeigte sich am Ausgang des 19. Jh. eine grundlegend neue Orientierung der Mathematik, wobei einige Zweige — Anwendungen, Strukturmathematik, Mengenlehre — zu Schrittmachern dieser Umgestaltung wurden. Am Ende des 19. Jh. hatte die Mathematik als Grundlagenwissenschaft im Ausbildungsprozeß der Naturwissenschaftler und Ingenieure eine zentrale Stellung erreicht. Freilich bestand im allgemeinen noch eine weite Kluft zwischen dem mathematischen Niveau der Ingenieurausbildung und der damaligen Forschungsfront. Auch mußten die Vorbehalte gegen eine zu starke Mathematisierung erst abgebaut und der Nutzen einer mühsamen theoretischen Ausbildung für die Entwicklung der Technik nachgewiesen werden. Noch im Jahre 1919 forderte der deutsche Mathematiker Klein, einer der Pioniere der Anwendung der Mathematik für die Großproduktion und Begründer der Göttinger Luftfahrttechnischen Versuchsanstalt: »Nicht Naturerklären — was sie (die Naturwissenschaft) letzten Endes nie kann — sondern Naturbeherrschen ist ihre eigentliche Aufgabe. Es darf nie vergessen werden, daß es eine schaffende Technik gibt, welche die Ansätze der theoretischen Wissenschaft in die Tat umsetzt.«

Die schon zu Anfang des 19. Jh. eingeleitete Bereitstellung mathematischer Hilfsmittel — theoretische Mechanik, Infinitesimalrechnung, Variationsprinzipien — zur Behandlung mechanisch-technischer Probleme machte rasche Fortschritte. Die analytische Mechanik auf der von Lagrange, Jacobi und Hamilton entwickelten theoretischen Grundlage ver-

mochte nun am Ende des Jahrhunderts eine Fülle realer technischer Probleme mathematisch zu behandeln: Maschinengetriebe, Schwungräder, Kolbenmotoren, Pumpen, Regulatoren, Turbinen, Gebläse, elektrische Maschinen, Werkzeugmaschinen, Kraftübertragung, Torsion, Stabilität, Knickfestigkeit, Lagerreibung, Seil- und Kettenantriebe, Fahrzeugbau, Lokomotiven, Schienenführung, Bremsen, Schiffsschwingungen, Schwingungsdämpfung, Förderanlagen u. a. m.

Überaus interessant verlief auch der Prozeß der mathematischen Durchdringung von Elektrodynamik und Magnetismus. Coulomb und Ampère im 18. Jh. hatten infinitesimale Betrachtungen verwendet. Faraday dagegen entwickelte seine Vorstellungen über die Wechselwirkung von fließenden Strömen und Magneten längs Kraftlinien in einem Feld ganz intuitiv und anschaulich noch ohne einen mathematischen Apparat. Die schwierige Aufgabe, eine auf der Theorie partieller Differentialgleichungen beruhende mathematische Theorie des Elektromagnetismus auszuarbeiten, die auch die Lichttheorie mit einschloß, wurde schließlich von dem Schotten Maxwell vollbracht; sein zweibändiges Werk »Treatise on Electricity and Magnetism« (Abhandlung über Elektrizität und Magnetismus) erschien 1873.

Bald begannen Poincaré in Frankreich und Lorentz in den Niederlanden – allerdings unbeabsichtigt –, die Grundlagen der klassischen Mechanik in Frage zu stellen, als sie nach dem berühmten Experiment (1881) von Michelson, das die Unabhängigkeit der Lichtgeschwindigkeit von der Erdbewegung bewies, die räumliche Gruppe der sog. Lorentz-Transformationen aufstellten. Auf direkte Weise war somit die höhere Mathematik beteiligt an der Aufstellung der speziellen und allgemeinen Relativitätstheorie durch Einstein, die einen integrierenden Bestandteil der Revolution der Physik um die Jahrhundertwende ausmachte.

413. Bernhard Riemann. Der frühverstorbene bedeutende Mathematiker entwickelte zur Mitte des 19. Jh. mathematische Vorstellungen, die rund sechzig Jahre später in die Relativitätstheorie eingeflossen sind. Aus: Zöllner, J. C. F., Wissenschaftliche Abhandlungen. 2. Bd. Leipzig 1878, gegenüber Seite 181

Strukturdenken in der Mathematik Eines der neuen Elemente der Mathematik, das strukturelle Denken, entwickelte sich vorwiegend innerhalb der klassischen Algebra und war anfangs kaum bemerkbar, ehe es zu Anfang des 20. Jh. auch methodologisch in expliziter Gestalt seine Anerkennung finden konnte.

Die Algebra entfaltete sich: Das junge französische Genie Galois hatte um 1832 herausgefunden, daß man jeder algebraischen Gleichung beliebigen Grades eine Gruppe von Permutationen zuordnen kann; an dieser »Gruppe der Gleichung« und ihren Eigenschaften kann man ablesen, ob die Gleichung im algebraischen Sinne auflösbar ist, ob sich also deren Lösungen durch ineinandergeschachtelte Wurzeln ausdrücken lassen.

Die Theorien von Determinanten und Matrizen lieferten weitreichende Hilfsmittel für die Auflösung von linearen Gleichungssystemen und für analytische Geometrie. In der britischen algebraischen Schule rückte bei Peacock, de Morgan und Gregory und später bei dem Iren Hamilton und bei dem Deutschen Hankel ein formaler, abstrakter Gesichtspunkt in den Vordergrund. Sie studierten weniger die Art der Elemente als vielmehr die Art der Verknüpfungen zwischen nicht näher erklärten abstrakten Größen. Beispielsweise wurde untersucht, welche »Rechen«regeln zwischen abstrakten Elementen a, b, c, ... erhalten bleiben, wenn das kommutative Gesetz der Multiplikation nicht mehr gilt, wenn also $a \cdot b \neq b \cdot a$ ist.

414. Abel-Denkmal in Oslo. Dem im Alter von 26 Jahren an Lungentuberkulose gestorbenen norwegischen Mathematiker Niels Henrik Abel waren nur wenige Jahre wissenschaftlicher Arbeit vergönnt. Er leistete grundlegende Beiträge zur Gleichungstheorie und zur Theorie der elliptischen Funktionen.

In einem mühsamen historischen Prozeß der Abstraktion waren gegen Ende des 19. Jh. einige abstrakte algebraische Grundstrukturen herausgearbeitet worden, etwa Gruppe, Körper, Ideal, hyperkomplexes System. Der erreichte methodische Vorteil besteht darin, daß in »reiner Form« die innere Struktur einer nur durch die Verknüpfungsgesetze (Axiome) festgelegten Menge von Elementen studiert werden kann. Wenn den zunächst nicht näher bestimmten Elementen eine konkrete Interpretation verliehen wird, sie etwa als Zahlen, Permutationen, geometrische Transformationen gedeutet werden, hat man mit einem Schlag eine ganze Reihe konkreter mathematischer Objekte studiert, die ihrerseits weiterer Anwendungen in den Naturwissenschaften und der Technik fähig sind.

Auch in der Geometrie vollzog sich gegen Ende des 19. Jh. der Weg zur Axiomatisierung und Formalisierung, insbesondere unter dem Einfluß der deutschen Mathematiker Pasch und Hilbert. Sie bestimmten Punkt, Gerade und Ebene als Grundelemente der Geometrie und legten die durch Worte wie »liegen«, »zwischen«, »parallel« usw. bezeichneten geometrischen Beziehungen durch Axiomengruppen fest. Im Scherz, aber doch völlig im Ernst gemeint, hat Hilbert einmal folgendermaßen sein formalistisches Anliegen erklärt: »Wenn ich unter meinen Punkten irgendwelche Systeme von Dingen, z. B. das System Liebe, Gesetz, Schornsteinfeger..., denke und dann nur meine sämtlichen Axiome als Beziehungen zwischen diesen Dingen annehme, so gelten meine Sätze, z. B. der Pythagoras, auch von diesen Dingen.« Oder noch drastischer: »Man muß jederzeit an Stelle von ›Punkten‹, ›Geraden‹, ›Ebenen‹ ›Tische‹, ›Stühle‹, ›Bierseidel‹ sagen können.«

Mathematische Logik · Mengenlehre Seit Aristoteles war die Logik als wissenschaftliche Disziplin etabliert; während des Mittelalters erfreute sie sich im scholastischen Lehrbetrieb an den Universitäten großer Aufmerksamkeit. Bei dem spanischen Scholastiker Ramón Lull finden sich am Ausgang des 13. Jh. Ideen, die auf eine durch Symbole zu gestaltende allgemeine Begriffsschrift hinauslaufen und die später im 17. Jh. von Leibniz aufgegriffen und zu einer Frühform der mathematischen Logik weiterentwickelt wurden.

Doch blieben diese Ansätze damals weitgehend unverstanden. Die eigentliche Geschichte der mathematischen Logik beginnt so erst im 19. Jh. Als

415. Evariste Galois, Mathematiker und Revolutionär. Er leistete wertvolle Beiträge zur Auflösungstheorie algebraischer Gleichungen und vollzog eine Umorientierung des mathematischen Denkens in Richtung auf die Strukturmathematik. Als Republikaner inhaftiert, starb er am 31. Mai 1832 im Alter von 20 Jahren an den Folgen eines aus politischen Gründen gegen ihn inszenierten Duells.

416. »Sonja Kowalewskaja verläßt das Elternhaus.« Sie war die bedeutendste Mathematikerin bis zum Ende des 19. Jh. Als Tochter des russischen Artilleriegenerals Korwin-Krukowski ging sie eine Scheinehe mit dem später bedeutenden Paläontologen Wladimir Kowalewski ein, um im Ausland studieren zu können. Da damals in Deutschland das Frauenstudium noch unmöglich war, erhielt sie insbesondere durch Karl Weierstraß private Förderung. Sonja promovierte 1874 mit einer bedeutenden Arbeit über partielle Differentialgleichungen. Im Jahre 1889 erhielt sie endlich durch Vermittlung des weitsichtigen schwedischen Mathematikers Gösta Mittag-Leffler, der übrigens zu den enthusiastischen Anhängern der Cantorschen Mengenlehre gehörte, eine Professur für Mathematik an der Universität Stockholm. Gemälde von J. M. Andrejewna. Staatliche Kunstsammlungen Dresden, Gemäldegalerie Neue Meister

417. Felix Klein. Als produktiver Mathematiker, Wissenschaftsorganisator und Historiker der Mathematik hat sich Klein bleibende Verdienste um den Fortschritt der mathematischen Wissenschaften und deren Popularisierung erworben. Sehr energisch hat er sich für die Verbindung der Mathematik zur Praxis eingesetzt.
Dokumentarphoto

Stichjahr könnte man 1854 ansetzen; in diesem Jahr erschien aus der Feder des irischen Mathematikers Boole »An Investigation of the laws of thought,...« (Eine Untersuchung der Gesetze des Denkens, auf welche die mathematischen Theorien der Logik und Wahrscheinlichkeiten gegründet sind). Dieses kleine, aber inhaltsreiche Büchlein markiert eine Etappe auf dem Wege zur Aussagenlogik und damit im Herausbildungsprozeß der mathematischen Logik ebenso wie Schriften von Peirce in den USA und Schröder sowie Frege in Deutschland während der siebziger Jahre. Der gerade heute wieder hochaktuelle Begriff der Booleschen Algebra – damals kaum beachtet – beinhaltet eine algebraische Struktur mit Addition, Subtraktion und Multiplikation und zwei ausgezeichneten Elementen 0 und 1, denen man Wahrheitswerte zuordnen kann; hierin liegen theoretische Grundlagen für die spätere Anwendung der mathematischen Logik in der programmgesteuerten elektronischen Rechentechnik während der ersten Jahrzehnte nach dem zweiten Weltkriege, ungefähr ein Jahrhundert nach der Pioniertat von Boole, dessen Leistung zu seiner Zeit noch völlig verkannt wurde.

Um die Jahrhundertwende wirkte die mathematische Logik – entstanden aus dem Bedürfnis, die ständig komplizierter werdenden mathematischen Begriffe und Sachverhalte korrekt wiederzugeben – bereits deutlich auf Stil, Inhalt und Methode der Mathematik zurück. In den zwanziger Jahren wurde die mathematische Logik im Zusammenhang mit Grundlagenfragen der Mathematik, die nicht zuletzt durch die Mengenlehre aufgeworfen worden waren, zur selbständigen mathematischen Disziplin.

Die Vokabel »unendlich« trat von alters her in der Mathematik auf. Dem Gebrauch des Unendlichen lag die Vorstellung von einem Prozeß zugrunde, der in beliebig vielen, sozusagen unendlich vielen Schritten, zur Annäherung an den endlichen Wert führt; z. B. wird der Kreisumfang durch Einbeschreibung regulärer n-Ecke dadurch »erreicht«, daß man die Zahl n der Ecken über alle Grenzen wachsen läßt. Ebenso gibt es zu jeder Zahl noch eine größere; aber das Unendliche kann nicht wirklich erreicht werden. Um die Sprechweise des antiken Philosophen Aristoteles zu gebrauchen: Das Unendliche existiert nur als potentielles Unendlich.

Dies war die allgemeine Auffassung der Mathematiker bis zur Mitte des 19. Jh., obwohl die Mathematikgeschichte früherer Zeiten gelegentlich Ansätze einer ganz anderen Auffassung vom Unendlichen hervorgebracht hat. Beispielsweise bemerkte Galilei 1638 in den »Discorsi«, daß man eine eineindeutige Zuordnung zwischen den natürlichen Zahlen und ihren Quadraten herstellen könne. Wir würden heute sagen, daß die Menge der natürlichen Zahlen einer ihrer echten Teilmengen gleichmächtig ist. Der böhmische Mathematiker Bolzano stieß in seiner 1851 aus dem Nachlaß herausgegebenen Schrift »Paradoxien des Unendlichen« bis zur klaren Einsicht in das Wesen der Gleichmächtigkeit von Mengen und in die der verschiedenen Größenordnung des Unendlichen vor.

Zum eigentlichen Begründer der Mengenlehre wurde jedoch erst der deutsche Mathematiker Cantor. Seit 1873 drang er Schritt um Schritt in die Geheimnisse des Aktual-Unendlichen oder, wie er sagte, des »Eigentlich-Unendlichen« ein. Er zeigte, daß es möglich ist, die rationalen Zahlen abzuzählen, daß dagegen die Menge der reellen Zahlen nicht mehr abzählbar ist: Damit waren zwei Mengen gefunden, die nicht mehr gleichmächtig sind; also gibt es verschiedene Größenordnungen des Unendlichen, die durch die sog. transfiniten Zahlen angegeben werden. 1884 formulierte Cantor das berühmte Kontinuumproblem, die Frage nämlich, ob es zwischen diesen beiden Mengen noch eine Menge gibt, die eine dazwischenliegende Mächtigkeit besitzt. Dieses Problem, an dem Cantor nahezu verzweifelte, konnte erst 1963 beantwortet werden; die Lösung ist sehr kompliziert und nicht einfach mit Ja oder Nein zu beantworten.

Cantor hatte vorausgesehen, daß es Einwände gegen seine »Mannigfaltigkeitslehre«, d.h. gegen das Aktual-Unendliche geben werde. Der Widerstand war in der Tat erheblich. Cantor hatte festgefügte Denktraditionen bei der Mehrheit der Mathematiker zu überwinden; in Kronecker erwuchs ihm sogar ein erbitterter, unsachlich argumentierender Gegner. In Dedekind und in Mittag-Leffler aus Schweden fand Cantor energische Mitkämpfer für die Anerkennung der Mengenlehre, die nach der Jahrhundertwende in der Funktionentheorie und in der Theorie der Punktmengen ihre Leistungsfähigkeit zeigen konnte.

Freilich hatte Cantor den Mengenbegriff noch naiv gebraucht, die Menge verstanden als »Zusammenfassung von bestimmten wohlunterschiedenen Objekten unserer Anschauung oder unseres Denkens zu einem Ganzen«. Um die Jahrhundertwende zeigte sich, daß dieser unkritisch gebrauchte Mengenbegriff zu einer Reihe von Schwierigkeiten, ja sogar zu logischen Antinomien führte.

In der ursprünglich von Cantor gegebenen Form hat sich die Mengenlehre

418. »Wissenschaftler-Würfel«. Eine Seite dieses Denkmals in Halle (Saale) ist Georg Cantor, dem Begründer der Mengenlehre, gewidmet. Rechts ist das Cantorsche Diagonalverfahren dargestellt, mit dem die Abzählbarkeit der Menge der rationalen Zahlen bewiesen wird.

also noch nicht genügend differenziert erwiesen. Dennoch hat Cantor, wie nur wenige vor ihm, die Entwicklung der Mathematik beeinflußt. Die mit der Jahrhundertwende einsetzende mengentheoretische Durchdringung kann durchaus als eine wissenschaftliche Revolution in der Mathematik bezeichnet werden. Mit Recht hat Hilbert die Mengenlehre als die bewundernswerteste Blüte mathematischen Geistes und überhaupt eine der höchsten Leistungen rein verstandesmäßiger menschlicher Tätigkeit gewürdigt. Die Aufdeckung der Grundlagenschwierigkeiten der Mathematik im Gefolge der naiven Mengenlehre wurde unter dem Eindruck der schweren gesellschaftlichen und ideologischen Krisen in einigen imperialistischen Staaten zur Existenzkrise der gesamten Mathematik hochgespielt. In dieser schwierigen Situation wandte sich Hilbert 1926 mit seiner großen Autorität gegen jede Form der Dramatisierung: »Fruchtbaren Begriffsbildungen und Schlußweisen wollen wir, wo immer nur die geringste Aussicht sich bietet, sorgfältig nachspüren und sie pflegen, stützen und gebrauchsfähig machen. Aus dem Paradies, das Cantor uns geschaffen, soll uns niemand vertreiben können.«

Die weitere Entwicklung hat dem Erkenntnisoptimismus von Hilbert recht gegeben. Die noch heute bestehenden schwierigen Bemühungen um die Grundlagenfragen der Mathematik mündeten in verschiedene Wege ein, wie durch einen axiomatisierten Aufbau der Mengenlehre deren innere Widersprüche beseitigt werden können; die Mengenlehre ist heute ein gesichertes Fundament der Mathematik.

Astrophysik

Bis ins 19. Jh. hinein besaß die Astronomie nur zwei wesentliche Hilfsmittel: Teleskope und Mathematik. Dennoch waren die Erfolge der beobachtenden und rechnenden Astronomie erstaunlich. Durch Fraunhofer wurde eine neue Entwicklungsrichtung der Astronomie eingeleitet, die schließlich zur Astrophysik führen sollte. Im Jahre 1814 vermaß er mehr als 1500 Spektrallinien des Sonnenlichtes. Durch Vergleich mit den Spektren irdischer Materie mittels der von Kirchhoff und Bunsen entwickelten

419. Fraunhofer-Spektrum. Es ist die erste Abbildung der von Joseph Fraunhofer 1813 gefundenen und nach ihm benannten dunklen Linien im Sonnenspektrum. Damit leitete er die Serie von Spektraluntersuchungen ein, die wesentlich für Physik, Chemie und Astronomie werden sollten. Aus: Fraunhofer, J., Denkschriften der Kgl. Akademie der Wissenschaften zu München für die Jahre 1814 und 1915, Fig. 3

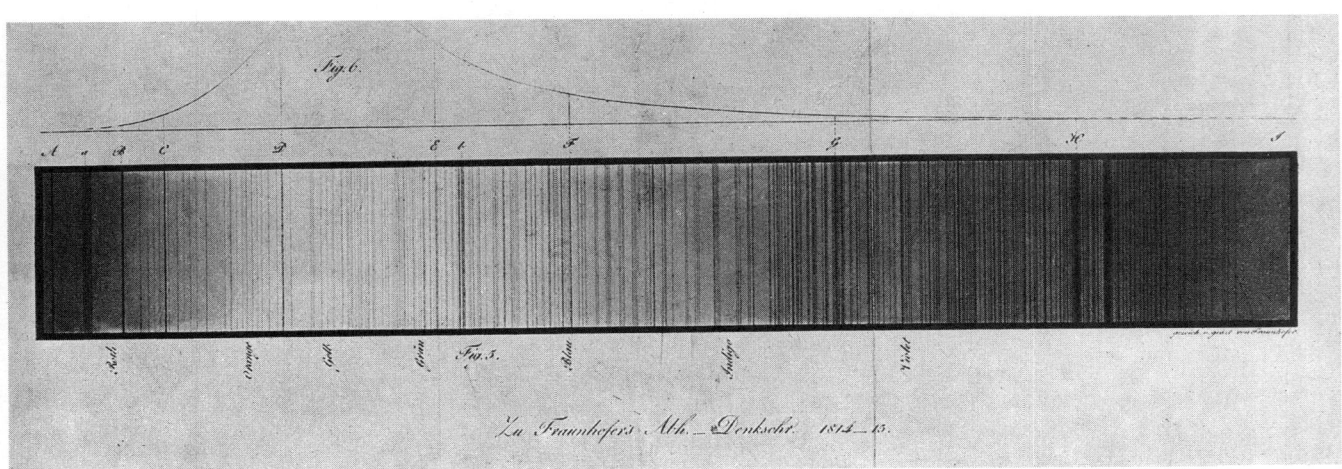

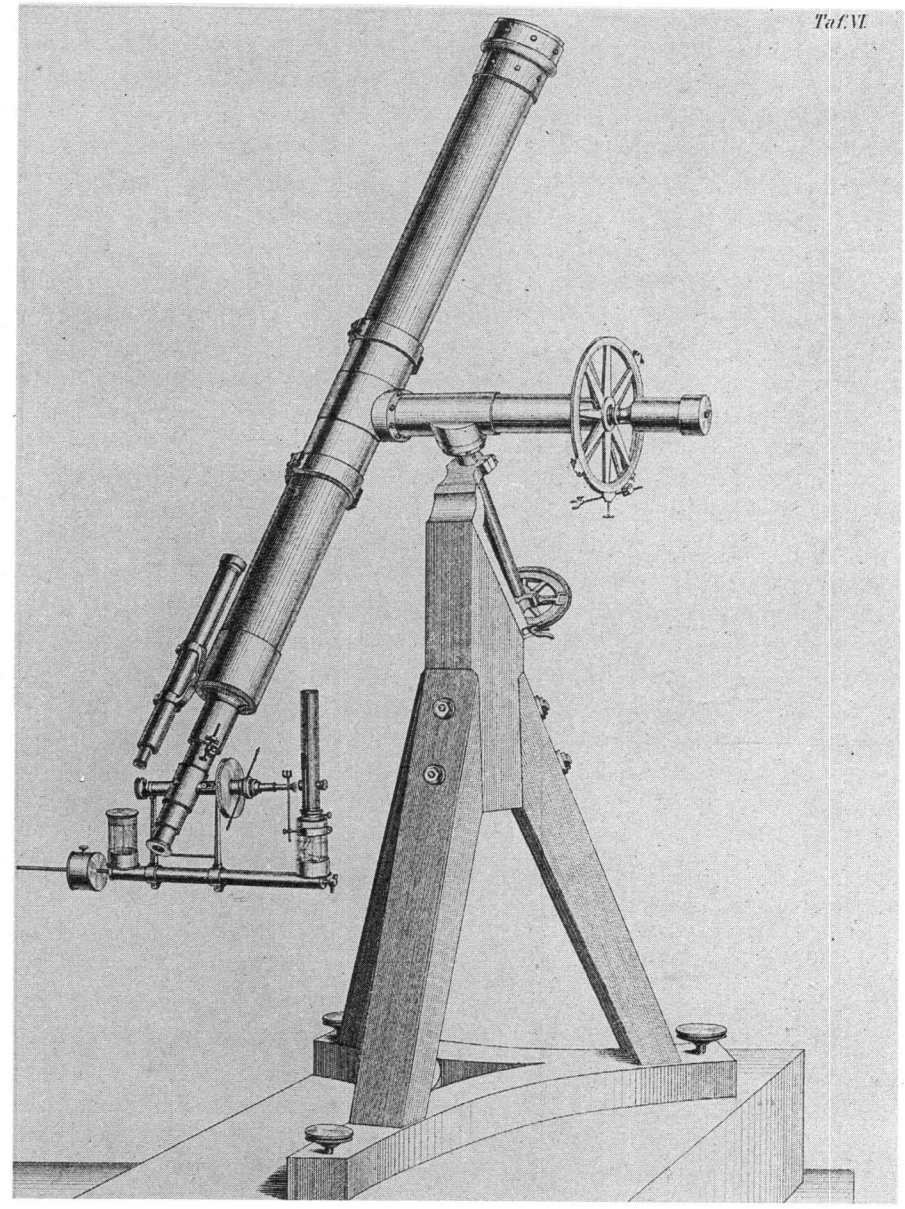

420. Astrophotometer von Johann Carl Friedrich Zöllner in Verbindung mit dem Refraktor der Sternwarte zu Leipzig. Photometrische Messungen an Sternen erlaubten u. a. Helligkeitsbestimmungen, die den Beginn der Astrophysik darstellten. Zöllner zählt zu ihren Wegbereitern. Aus: Zöllner, J. C. F., Photometrische Untersuchungen mit besonderer Rücksicht auf die physische Beschaffenheit der Himmelskörper. Leipzig 1865, S. 125

Methode der Spektralanalyse erwies sich, daß diese Spektrallinien von zahlreichen Elementen herrührten, die auch auf der Erde vorkommen. Die systematische Durchmusterung des Sonnenspektrums führte schließlich 1895 über eine 1868 entdeckte, schwer deutbare, dem Wasserstoff verwandte Spektrallinie sogar zur Entdeckung eines neuen Elementes auf der Erde, das dieser Entdeckungsgeschichte wegen den Namen Helium (von griech. helios = Sonne) erhielt.

Als seit der Mitte des 19. Jh. auch die Photographie in der Astronomie eingesetzt wurde, vergrößerten sich die Möglichkeiten der Astrophysik abermals, und die Sicherheit der Aussagen nahm erheblich zu. So konnte bei der Beobachtung der Sonnenflecken nachgewiesen werden, daß dort

421. Sonnenkoronen bei totaler Sonnenfinsternis. Die Untersuchung der Sonnenkorona fand nach der Entdeckung der Spektralanalyse besonderes Interesse. Die Photographie schuf der Astronomie erweiterte wissenschaftliche Möglichkeiten. Oben: Photographie von Pietro Secchi zu Desierto (Spanien), 18. Juli 1860 (Exposition 40 Sekunden). Unten: Photographie von George Mathews Whipple zu Shelbyville (Kentucky), 7. August 1869 (Exposition 40 Sekunden). Aus: Secchi, P., Die Sonne. Die wichtigeren neuen Entdeckungen über ihren Bau, ihre Strahlungen, ihre Stellung im Weltall und ihr Verhältnis zu den übrigen Himmelskörpern. Deutsch H. Schellen, Braunschweig 1872, Tafel VIII, Abb. 1 und 2, zwischen S. 320 und 321

sehr starke Magnetfelder existieren. Die Untersuchung von Fixsternspektren lieferte den Nachweis, daß die auf der Erde vorhandenen Elemente auch auf anderen Sternen vorkommen, ein erneuter Beweis für die stoffliche Einheitlichkeit der Welt.

Von der mit der Photographie kombinierten Spektroskopie und Photometrie ausgehend, konnten sogar Aussagen gewonnen werden, die Kosmogonie und Kosmologie, also Entwicklungsprobleme im Weltall betreffen. Linienverschiebungen, die durch Doppler-Effekt verursacht sind, lieferten Aussagen über Radialgeschwindigkeiten bei Sternbewegungen und zur Massenbestimmung bei Doppelsternen, sie führten zu exakten Helligkeitsbestimmungen der Sterne und deren Klassifizierung und unter Heranziehung der physikalischen Strahlungsgesetze auch zur exakten Angabe über Temperaturen auf der Oberfläche und im Inneren der Sonne und der Fixsterne.

Auf der Grundlage dieser Fülle an empirisch-experimentellen Meßdaten gingen vor allem der Däne Hertzsprung und der Amerikaner Russell dazu über, auf den Zusammenhang zwischen absoluter Helligkeit und Spektraltyp der Sterne hinzuweisen und daraus weitreichende theoretische Schlußfolgerungen zu ziehen. Im Jahre 1905 erschien Hertzsprungs erste Arbeit »Zur Strahlung der Sterne«; um 1913 wurde das sog. Hertzsprung-Russell-Diagramm entwickelt, nach dem die Sterne in rote und weiße Riesen und Zwerge eingeteilt werden. Es zeigte sich, daß bestimmte Sterntypen besonders häufig auftreten und daß sich sogar sichere Gesetze über die Entwicklung der Sterne in der Zeit, über ihren »Lebenslauf« formulieren lassen.

Umsturz im Weltbild der Physik

In der zweiten Hälfte des 19. Jh. schien das Gebäude der klassischen Physik festgefügt und in sich vollendet. Die seit Newton geltende Mechanik der Kräfte zwischen Körpern war die Leitdisziplin der Physik, und es war erklärtes Ziel der Physiker, die gesamte Physik auf Mechanik zurückzuführen. Als der junge Planck 1875 in München dem angesehenen Physiker von Jolly seine Studienwünsche vortrug, riet ihm dieser dringend davon ab, Physik zu studieren. Es lohne sich nicht mehr. Die Physik sei, so schildert Planck die Ausführungen Jollys, »eine hochentwickelte, nahezu voll ausgereifte Wissenschaft, die nunmehr, nachdem ihr durch die Entdeckung des Prinzips der Erhaltung der Energie gewissermaßen die Krone aufgesetzt sei, wohl bald ihre endgültige stabile Form angenommen haben würde. Wohl gäbe es vielleicht in einem oder anderem Winkel noch ein Stäubchen oder ein Bläschen zu prüfen und einzuordnen, aber das System als Ganzes stehe ziemlich gesichert da, und die theoretische Physik nähere sich merklich demjenigen Grad der Vollendung, wie ihn etwa die Geometrie schon seit Jahrhunderten besitze.«

Jolly hat sich fundamental geirrt. Zwei Jahre zuvor hatte Maxwell die elektromagnetische Lichttheorie begründet; neben die wägbare Materie trat das Feld als zweite Grundkategorie der objektiven Welt. Genau 30 Jahre nach Jollys Ausführungen sollte Einstein mit der speziellen Relativitäts-

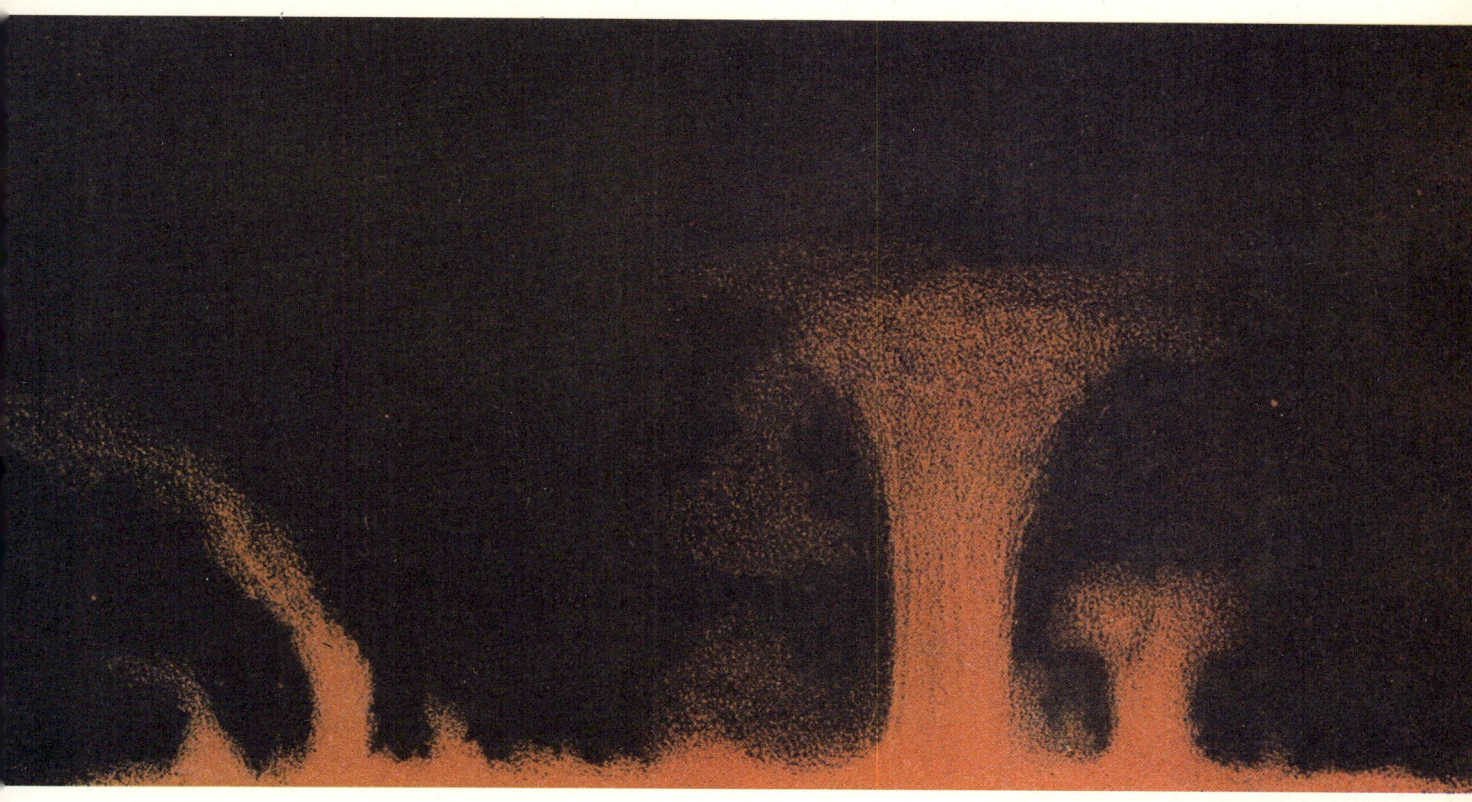

422. Abbildung von Sonnenprotuberanzen. Zu den besonders intensiv studierten Sonnenerscheinungen gehören die Sonnenfinsternisse. Aus: Zöllner, J. C. F., Wissenschaftliche Abhandlungen. Bd. 4. Leipzig 1881, Tafel I

theorie die klassische Physik in einem revolutionären Akt überwinden, war bereits die Quantentheorie entstanden und begann sich die Atomphysik zu formieren.

Elektromagnetische Feldtheorie · Hochfrequenzphysik Seit 1831 hatte Faraday die qualitative Theorie der elektrischen und magnetischen Kraftlinien entwickelt; bis 1855 folgten weitere Präzisierungen. Im Gegensatz zum Elektromagnetismus der Fernwirkung erklärte er die elektromagnetischen Erscheinungen aus der Wechselwirkung von Kraftfeldern, die im Raum einen Spannungszustand hervorrufen und die sich mit endlicher Geschwindigkeit ausbreiten. Angeregt durch die Entdeckung des heute nach Faraday benannten Effektes – Drehung der Polarisationsebene des Lichtes durch ein magnetisches Feld –, ließ sich Faraday 1845 sogar seine bis dahin zurückgehaltenen, noch unvollendeten »Gedanken über Strahlungsschwingungen« entlocken. Dort sprach er die Vermutung aus, daß Lichtwellen nichts anderes als »Schwingungen der Kraftlinien« seien, so daß der Äther als Träger der Lichtwellen entbehrlich würde. Allerdings hielten die meisten Physiker der damaligen Zeit Faradays weitgespannte, im einzelnen aber noch nicht ausgeführte Ideen für mathematisch nicht verwertbare Veranschaulichungen, wenn nicht gar für Spekulationen.

Nur der vierundzwanzigjährige Maxwell, der 1855 eben sein Studium in Edinburgh beendet hatte, erkannte den tieferen Gehalt der Faradayschen Feldtheorie. Im Anschluß an Vorarbeiten von Kelvin veröffentlichte er von 1855 bis 1865 eine Serie von Arbeiten, in denen er anfangs mit Hilfe mechanischer Modelle die elektromagnetische Feldtheorie mathematisch durchbildete und in Form partieller Differentialgleichungen darstellte. Die Maxwellschen Gleichungen sind bis heute die Grundlage der Elektrodynamik geblieben. Maxwell krönte sein Werk mit der These, daß nicht nur ein Leitungsstrom, sondern auch eine zeitliche Änderung eines elektrischen Feldes, ein sog. Verschiebungsstrom, ein Magnetfeld hervorruft. Und er kam zu der Schlußfolgerung: »... es scheint, daß wir starke Gründe zu dem Schluß haben, daß das Licht selbst (mit Einschluß der Strahlungswärme und jeder anderen Strahlung) eine elektromagnetische Störung in Form einer Welle darstellt...«

Nicht nur diese kühne Hypothese, sondern die gesamte Feldtheorie entbehrte jedoch in wesentlichen Teilen der experimentellen Verifizierung. Schon in den siebziger Jahren gelang Boltzmann die Prüfung der Maxwellschen Relation, und Lorentz leitete aus Maxwells Gleichungen die für die Optik wichtigen Fresnelschen Formeln ab.

Ab 1870 setzte sich der vielseitige und einflußreiche Berliner Physiker Helmholtz umfassend mit Maxwells Theorie auseinander, ersann Versuche, die zwischen dieser und der noch allgemein anerkannten Fernwirkungstheorie entscheiden sollten. Nach gewissen Teilentscheidungen schrieb Helmholtz 1879 die berühmte Preisaufgabe aus, in der verlangt wurde, Maxwells Verschiebungsstrom experimentell nachzuweisen. Sein befähigter Assistent Heinrich Hertz, den Helmholtz auf die Aufgabe hinwies, lehnte zwar ab, berechnete aber sogleich, daß nur durch schnelle elektrische Schwingungen der Effekt bemerkbar würde, falls er überhaupt existierte.

Hertz' »geschärfte Aufmerksamkeit« für die Erzeugung noch schnellerer elektrischer Schwingungen und sein Studium der Maxwellschen Theorie ließen ihn 1886 eine zufällig beobachtete Erscheinung richtig deuten. Er stellte fest, daß auch ein gestreckter, durch eine Funkenstrecke unterbrochener Draht (heute sprechen wir von Dipol) ein schwingungsfähiges Ge-

423. Mechanisches Wirbelmodell von Maxwell zum mathematischen Aufbau der elektromagnetischen Feldtheorie. Es demonstriert den Zusammenhang zwischen den magnetischen Feldlinien (wabenförmige Röhren) und dem elektrischen Strom (kreisförmige Teilchen zwischen den Waben). Diese Vorstellungen wurden anfangs nur von wenigen Physikern verstanden. Aus: Maxwell, J.C., On Physical Lines of Force. In: The Scientific Papers of James Clerk Maxwell. Bd. 1. Cambridge 1890, S. 451–488, Tafel VIII

424: Der Schotte James Clerk Maxwell war einer der bedeutendsten theoretischen Physiker des 19. Jh., baute nach Faradays Vorstellungen über Kraftlinien die elektromagnetische Feldtheorie auf und führte in die kinetische Gastheorie die nach ihm benannte Geschwindigkeitsverteilung der Teilchen ein, die einen ersten Schritt auf dem Weg zur statistischen Physik bedeutete. Er gehört zu den Wegbereitern der modernen Physik. Gemälde von Dickinson (Detail)

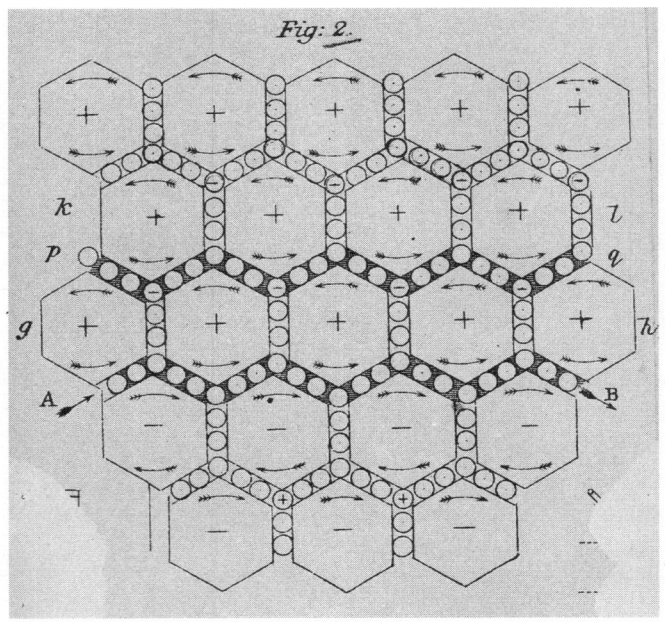

bilde für höchste Frequenzen ist. Nach Vorversuchen gelang ihm im großen Hörsaal des Karlsruher Polytechnikums, seiner neuen Wirkungsstätte als Professor der Experimentalphysik, das entscheidende Experiment: Er wies die von einem Dipol ausgehenden und an einem Zinkblech reflektierten elektromagnetischen Wellen durch die winzigen Funkenüberschläge an einem kreisförmigen Resonator, dem Empfänger, nach und zeigte schließlich, daß die elektromagnetischen Wellen den gleichen Gesetzen wie die Lichtwellen gehorchen. Mit Stolz konnte er 1889 auf der Versammlung deutscher Naturforscher und Ärzte verkünden: »Die Behauptung, welche ich vor Ihnen vertreten muß, sagt geradezu aus: Das Licht ist eine elektrische Erscheinung, das Licht an sich, alles Licht, das Licht der Sonne, das Licht einer Kerze, das Licht eines Glühwurms. Nehmt aus der Welt die Elektrizität, und das Licht verschwindet;...«

Damit war die elektromagnetische Feldtheorie als Basis der Elektrodynamik und Wellenoptik anerkannt, und schon 1889 kam der Gedanke auf, elektromagnetische Wellen zur drahtlosen Nachrichtenübermittlung zu nutzen. Hertz hatte eine solche Überlegung noch zurückgewiesen, aber schon 1894 – im Todesjahr von Hertz – begannen der italienische Erfinder Marconi und der russische Physiker Popow die Hertzschen Ergebnisse dafür auszuwerten. Im Empfänger diente statt des Funkens der 1890 von Branly erfundene »Kohärer«, eine mit Metallpulver gefüllte Röhre, welche die drahtlos übertragenen Signale registrierte. Während Popows verhei-

425. Erste Dynamomaschine von Werner von Siemens, 1866. Das dynamoelektrische Prinzip wurde unabhängig voneinander und fast gleichzeitig von Siemens, Charles Wheatstone und Samuel Alfred Varley gefunden. Es ermöglichte das Erreichen hoher Stromstärken. Der Dynamo war eine Voraussetzung für die 1881 beginnende Elektrifizierung und die Herausbildung der Starkstromtechnik. Deutsches Museum, München

426. Resonatoren. Diese Originalgeräte von Heinrich Hertz mit Funkmikrometer als Wellenindikator dienten zum Nachweis elektromagnetischer Wellen. Hertz, befähigter Schüler von Helmholtz, entdeckte in den Jahren 1886 bis 1888 die in der Maxwellschen Theorie vorhergesagten elektromagnetischen Wellen, wies ihre Wesensgleichheit mit dem sichtbaren Licht nach, verhalf damit der elektromagnetischen Lichttheorie zur Anerkennung und schuf die physikalische Voraussetzung für die Funktechnik. Deutsches Museum, München

ßungsvolle Forschungen – er sendete bereits 1896 über eine Entfernung von 200 m – im zaristischen Rußland nur geringe Unterstützung fanden, gründete Marconi 1896 in England eine finanzstarke Gesellschaft, die die Mittel für Großversuche zur Verfügung stellte. Schon 1901 konnte er zur Überraschung vieler Physiker den Atlantik mit Funksignalen überbrücken.

Seitdem forcierte die Elektroindustrie die wissenschaftliche Entwicklung der neuen profitversprechenden Funktechnik. Beispielsweise verringerte der Straßburger Physiker Karl Ferdinand Braun 1898 durch den mit einer Antenne gekoppelten Schwingkreis die Dämpfung des Senders und ersetzte den betriebsunsicheren Kohärer durch den Kristalldetektor. Er begründete mit seinen Mitarbeitern die Hochfrequenzphysik als neue Forschungsrichtung. Mit dem Einsatz der erst kurz vorher erfundenen Elektronenröhre, insbesondere der Triode – vor allem als Schwingungserzeuger in der von Meißner 1913 im Labor der Telefunken-Gesellschaft entwickelten Rückkopplungsschaltung –, begann der steile Aufstieg der Funktechnik.

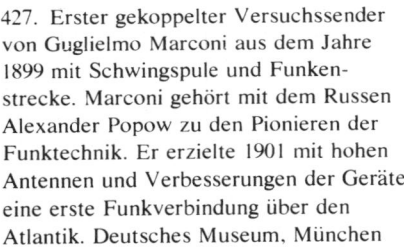

427. Erster gekoppelter Versuchssender von Guglielmo Marconi aus dem Jahre 1899 mit Schwingspule und Funkenstrecke. Marconi gehört mit dem Russen Alexander Popow zu den Pionieren der Funktechnik. Er erzielte 1901 mit hohen Antennen und Verbesserungen der Geräte eine erste Funkverbindung über den Atlantik. Deutsches Museum, München

428. Karl Ferdinand Braun (links) während einer Vorlesung. Er entdeckte 1874 den für die Halbleiterelektronik bedeutsamen Gleichrichtereffekt an Halbleitern, erfand 1897 die Katodenstrahlröhre, die Urform der Fernsehbildröhre, und vervollkommnete die drahtlose Telegraphie. In Straßburg (Strasbourg) gründete er eine Schule der Hochfrequenzphysik. Für seine Verdienste um die drahtlose Telegraphie erhielt er 1909 gemeinsam mit Marconi den Nobelpreis. Dokumentarphoto

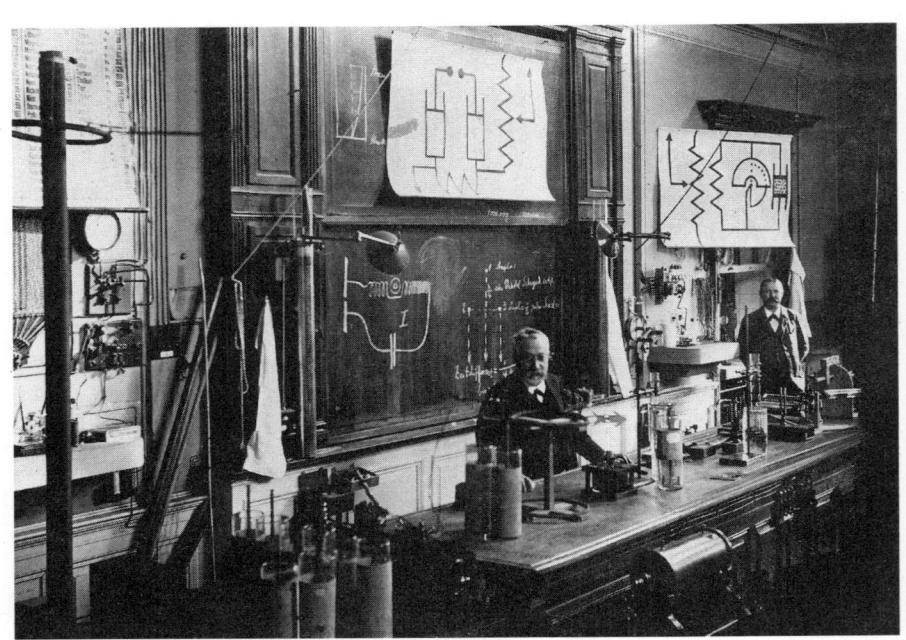

Thermodynamik Es war der vielseitige schottische Physiker William Thomson (Lord Kelvin), der 1849, angeregt durch das fast vergessene Buch Carnots über die Dampfmaschine, erneut die Frage aufwarf, ob dort eine »Umwandlung« von Wärme in mechanische Arbeit, also ein Verbrauch von Wärme, vor sich gehe oder der »Wärmestoff« (caloric) erhalten bleibe, wie Carnot anfangs angenommen hatte. Die erstere Ansicht, die zur Bewegungstheorie der Wärme führte, war insbesondere von Joule wiederbelebt worden. Die Beseitigung des Dilemmas gelang 1850 Clausius, einem damals noch unbekannten Lehrer an der Königlichen Artillerie- und Ingenieurschule Berlin. In seiner ersten Arbeit »Über die bewegende Kraft der Wärme« konstatierte er, »daß in allen Fällen, wo durch Wärme Arbeit entstehe, eine der erzeugten Arbeit proportionale Wärmemenge verbraucht werde...«

429. Vision des »Wärmetodes« in einer populären Darstellung. Mit der Aufstellung des ersten und zweiten Hauptsatzes der Thermodynamik um 1850 folgerten Kelvin und Clausius, daß im Weltall eine Energiedissipation und damit ein allmählicher Temperaturausgleich stattfinden müsse, der einen Wärmetod zur Folge habe. Dieses historisch bedingte Fehlurteil beruhte auf der Ansicht, das Weltall als abgeschlossenes thermodynamisches System zu betrachten. Aus: Flammarion, C., La Fin du Monde. Paris 1894, S. 121

Mit diesem, im Anschluß an den Energiesatz formulierten 1. Hauptsatz der Wärmelehre, modifizierte er Carnots Aussage über den Kreisprozeß und fügte einen 2. Hauptsatz über die Richtung der Wärmeprozesse an, den er vorläufig so aussprach, daß Wärme nicht von selbst von einem kälteren zu einem wärmeren Körper übergehe. William Thomson, der nur ein Jahr später und ganz unabhängig von Clausius zum gleichen Ergebnis kam und den Begriff Thermodynamik prägte, ging von folgender umfassenderen Formulierung des 2. Hauptsatzes aus: »Es ist unmöglich – durch Wirkung unbelebter Materie – mechanische Leistung aus irgendeinem Stück herzuleiten, indem es unter die Temperatur des kältesten Gegenstandes in der Umgebung abgekühlt wird.«

Clausius bemühte sich, den 2. Hauptsatz nun auch mathematisch zu fixieren. In Anlehnung an den Energiebegriff führte er dafür 1865 eine physikalische Größe, die Entropie ein. Diese Größe, die bei reversiblen Prozessen null ist, bei irreversiblen zunimmt, gab Auskunft über die Richtung thermodynamischer Vorgänge. So kam er zu einer historisch bedingten unzulässigen Ausdehnung der Hauptsätze auf das Universum: »Die Energie der Welt ist constant. Die Entropie der Welt strebt einem Maximum zu.«

Der Aufbau der Thermodynamik verlangte eine genauere Ausarbeitung der Bewegungstheorie der Wärme. Die ersten Berechnungen zur kinetischen Gastheorie, der Herleitung der Gesetze der idealen Gase aus der Bewegung elastischer Gasmoleküle, lieferte 1856 der Berliner Gymnasiallehrer Krönig. Die weitere Vertiefung übernahm Clausius, dessen 1857 beginnende Arbeiten, die u. a. den Begriff der mittleren freien Weglänge enthalten, eine Brücke zwischen der kinetischen Theorie und der Thermodynamik schlugen. Auf seinen Erkenntnissen fußte die erste, 1865 von Loschmidt vorgenommene, Abschätzung der Molekülzahl in einem Kubikzentimeter. An dem aus der kinetischen Theorie hervorgehenden Problem der Aufteilung der Molekülenergie auf Freiheitsgrade und deren Zusammenhang mit den spezifischen Wärmen arbeiteten vor allem Clausius, Maxwell und Gibbs.

Den Übergang zur statistischen Thermodynamik vollzog Maxwell, der 1860 statt der vereinfachenden Annahme, daß alle Moleküle die gleiche Geschwindigkeit haben, ein Wahrscheinlichkeitsgesetz der Geschwindigkeitsverteilung benutzte. Ein von Maxwell ersonnener Gedankenversuch wies auf den statistischen Charakter der Irreversibilität, d. h. des 2. Haupt-

430. Heike Kamerlingh Onnes, Pionier der Tieftemperaturphysik, erreichte mit seiner Apparatur 1908 die Verflüssigung von Helium bei −269 °C. Bei Untersuchungen der verschiedensten Erscheinungen in der Nähe des absoluten Nullpunktes entdeckte er die Supraleitung. 1913 erhielt er den Nobelpreis für Physik. Dokumentarphoto

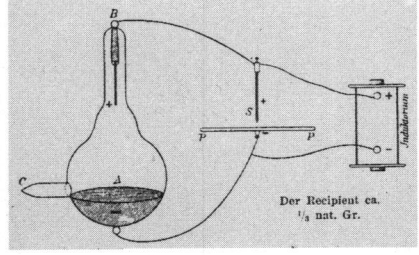

431. Urform der Photozelle. Der Austritt der Elektronen aus der Alkalimetalloberfläche als Katode wird erleichtert, wenn man sie dem Licht aussetzt. Die Gymnasiallehrer Julius Elster und Hans Geitel, Erfinder der Photozelle, waren mit Arbeiten über die Ionenleitung in Gasen, lichtelektrische Effekte und Radioaktivität an der Erforschung von Gasentladungseffekten beteiligt. Aus: Elster, J. und H. Geitel, Lichtelektrische Versuche. In: Annalen der Physik und Chemie. 46 (1892), S. 281–291, Fig. 1

satzes hin. 1871 gab der Österreicher Boltzmann eine Entropiedefinition aus der molekularen Geschwindigkeitsverteilung und zeigte dann mittels des H-Theorems, daß diese Größe im Laufe der Zeit nur zunehmen wird. Auf einen Einwand antwortete Boltzmann 1877 mit dem Nachweis des Zusammenhanges von Entropie S und Wahrscheinlichkeit W, eine Beziehung, die erstmals Planck in der Form $S = k \cdot \ln W$ schrieb.

Der Bruch mit der klassischen Mechanik war damit offenbar, obwohl noch 1896 der Wiederkehreinwand gegen die statistische Interpretation des 2. Hauptsatzes vorgebracht wurde. Einen 3. Hauptsatz der Thermodynamik, den Satz von der Unerreichbarkeit des Nullpunktes, stellte 1906 Nernst auf; der Sachverhalt wurde 1911 von Planck präzisiert.

Die Entwicklung der Thermodynamik hatte große Bedeutung für weitere Fortschritte in der Chemie und Kraftmaschinentechnik. Die Anwendung der Hauptsätze auf chemische Reaktionen führte zur Entstehung der Thermochemie, die wesentliche Aussagen über Reaktionswärmen und chemische Gleichgewichte umfaßt. An der Ausarbeitung beteiligten sich Gibbs, Helmholtz, van't Hoff, Planck und andere.

Die Thermodynamik bildete die Basis für die Herausbildung der Technischen Thermodynamik, die die Wärmeprozesse in Wärmekraftmaschinen physikalisch erklärte. Zu ihren Schöpfern gehörten Clausius, Rankine und der viele Jahre in Dresden wirkende Zeuner. Weiterhin gingen von der Thermodynamik Impulse für die Erfindung von Verbrennungskraftmaschinen, insbesondere des Dieselmotors, und für die physikalische Fundierung der Kältetechnik u. a. durch von Linde aus.

Entdeckung des Elektrons · Röntgenstrahlen Am Ausgang des 19. Jh. bildete die Aufklärung des Strukturproblems der Materie einen zentralen Forschungsschwerpunkt, der auch grundlegende weltanschauliche Fragen berührte. Obwohl führende Forscher, wie z. B. der österreichische Physiker und Philosoph Mach, Führer des naturwissenschaftlichen Positivismus, für den die »Welt aus Empfindungen als ihrem Elementarischen« bestand, sowie der Physikochemiker Ostwald, Begründer des Energetismus, die Existenz von Atomen als eine der Erfahrung nicht zugängliche Grundannahme ablehnten, hatte sich die ursprünglich physikalische Hypothese vom atomaren Aufbau der Materie in der Chemie und der kinetischen Gastheorie bewährt.

So hatten die von Faraday entdeckten elektrochemischen Gesetze auf eine teilchenartige Struktur der Elektrizität hingewiesen. Eine weitere Spur brachte der Aufschwung der Gasentladungsphysik, die mit dem von Ruhmkorff 1851 erfundenen Funkeninduktor als Hochspannungsquelle und der von dem Bonner Universitätsmechaniker Geißler konstruierten Quecksilberluftpumpe möglich wurde.

In einer hochevakuierten Geißlerschen Entladungsröhre entdeckte Hittorf 1869 die »Katodenstrahlen«. Sie breiteten sich in der Röhre von der Katode geradlinig aus, wurden von einem Magneten abgelenkt und regten Glas und Mineralien zum Fluoreszieren an.

Über 20 Jahre blieb das Wesen dieser Strahlen ein Rätsel. In Deutschland glaubte man, sie seien dem Licht verwandte Ätherwellen, während Crookes

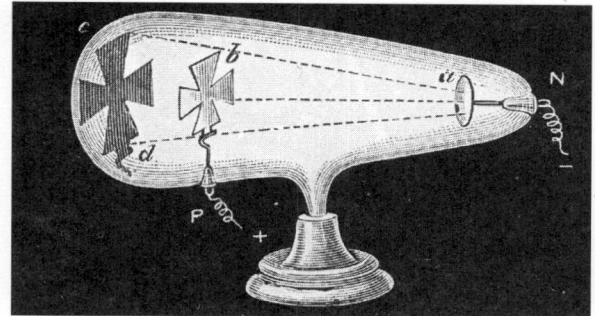
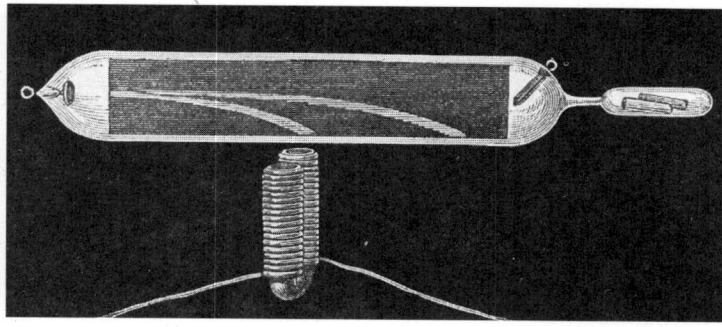

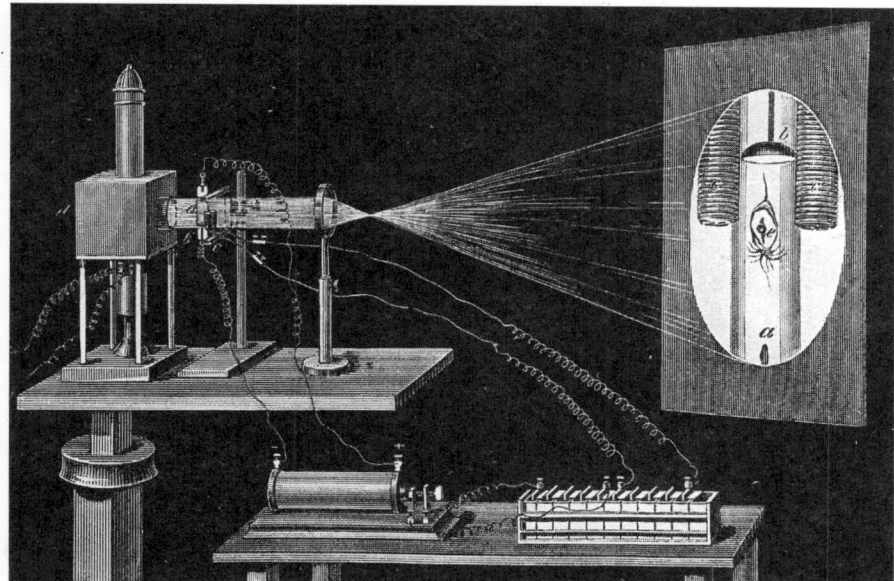

432/433/434. Katodenstrahlen. Die geradlinige Ausbreitung, magnetische Ablenkung und Projektion der Wärmewirkung der gebündelten Katodenstrahlen führt zum Schmelzen eines Glastropfens. Die Erforschung der von der Katode ausgehenden Strahlung war ein wichtiges Teilgebiet der Gasentladungsphysik in der zweiten Hälfte des 19. Jh. Sie trug zur Entstehung der Vakuumelektronik bei und mündete in die Entdeckung des Elektrons durch Joseph John Thomson 1897. Aus: Crookes, W., Strahlende Materie oder der Vierte Aggregatzustand. Leipzig 1882, S. 20, S. 27, S. 33

in England nachzuweisen suchte, daß die Strahlung aus bewegten Gasmolekülen besteht. Nachdem 1894 der Franzose Perrin die negative Ladung der Strahlen festgestellt hatte, brachte 1897 eine Versuchsreihe des Direktors des Cavendish-Laboratoriums, Joseph John Thomson, die Entscheidung: Katodenstrahlen bestehen aus bisher unbekannten Teilchen, die zwar dieselbe Ladung wie ein Wasserstoffion haben, aber nur rund 1/2000 von dessen Masse besitzen. Das erste Elementarteilchen war entdeckt; als Name setzte sich der erstmals von Stoney gebrauchte Ausdruck Elektron durch.

Da Joseph John Thomson und Lenard festgestellt hatten, daß auch die beim photoelektrischen und glühelektrischen Effekt emittierten Teilchen Elektronen sind, schlußfolgerte ersterer, daß die Elektronen ein Bestandteil der Atome aller Stoffe sein müssen. Die fundamentale Erkenntnis, daß das Atom strukturiert ist, wurde auch noch von einer anderen Seite gestützt.

Am 8. November 1895 entdeckte der Würzburger Physiker Röntgen bei Experimenten mit Katodenstrahlen eine neue Strahlung, die er X-Strahlung nannte und die erstaunliche Eigenschaften besaß, z. B. die, feste Körper zu durchdringen. Bereits sieben Wochen später waren die wesentlichen Ei-

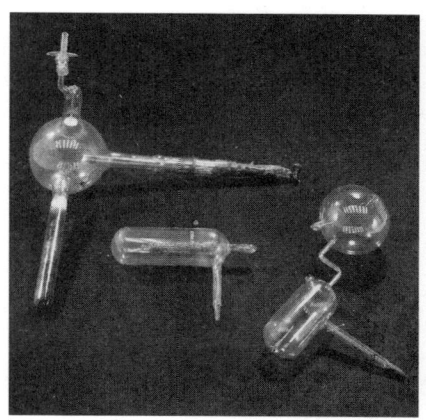

435. Entladungsröhre (rechts und Mitte) von Eugen Goldstein. Er untersuchte die Katodenstrahlen und fand 1886 die Kanalstrahlen, die durch »Kanäle« einer Katode hindurchgingen. Wilhelm Wien wies 1897 nach, daß es sich dabei um positive Ionen des Füllungsgases handele. Deutsches Museum, München

436. Frühe Röntgenaufnahmen einer Hand mit Ringen. 1895 entdeckte der Würzburger Physikprofessor Wilhelm Conrad Röntgen, der die Katodenstrahlen untersuchte, die von ihm als X-Strahlen bezeichnete durchdringende Strahlung. Er erhielt dafür 1901 den ersten Nobelpreis für Physik. Deutsches Röntgen-Museum, Remscheid-Lennep

genschaften der neuen Strahlung erforscht und die erste wissenschaftliche Publikation veröffentlicht. Anfang 1896 konnte Röntgen photographische Aufnahmen mit Röntgenstrahlen verschicken, die u. a. die Handknochen seiner Frau wiedergaben. Damals gab es viele Sensationen, Aufregungen und Mißverständnisse; wenige Wochen nach der Publikation bot z. B. eine geschäftstüchtige Londoner Firma »X-strahlensichere Unterwäsche« zum Kauf an.

Bereits 1896 stellten Wiechert in Deutschland und Stokes in England fest, daß es sich bei den Röntgenstrahlen um besonders kurzwellige elektromagnetische Strahlung handelt. Mit dem Nachweis der Interferenz von Röntgenstrahlen an Kristallen durch von Laue, Friedrich und Knipping im Jahre 1912 wurde die Wellennatur der elektromagnetischen Strahlung endgültig bewiesen; zugleich und andererseits war damit experimentell die reale Existenz von Atomen erwiesen; an ihnen war die Strahlung gebeugt worden.

Röntgen erkannte rasch die weitreichenden Möglichkeiten seiner Entdeckung, insbesondere in medizinischer Hinsicht. Er hatte – anders als die Mehrzahl seiner Kollegen – bewußt kein Patent genommen und so auf die finanzielle Ausbeutung verzichtet, als Röntgenstrahlen in Medizin, Technik und Wissenschaft bald weltweite Anwendung fanden.

Die fundamentale Hypothese, daß sogar noch das Atom in sich strukturiert sein müsse, wurde mit der Entdeckung der Radioaktivität gestützt.

Der französische Forscher Becquerel fand 1896, daß von Uranverbindungen Strahlung ausgeht, die z. B. photographische Platten belichten kann. Hier knüpfte das junge Forscherehepaar Pierre und Marie Curie an. Sie prägten, da sie auch eine von Thoriumverbindungen ausgehende Strahlung feststellten, die allgemeine Bezeichnung Radioaktivität, d. h. soviel wie Strahlungsaktivität.

437. Röntgenaufnahme eines Armes mit einer ungeschützten Ionenröntgenröhre um 1903. In der Medizin fand die Röntgendiagnostik rasch Anwendung. Die Wirkung der harten und weichen Röntgenstrahlung auf den Organismus wurde erst allmählich erforscht, so daß gesundheitsschädigende Folgen nicht ausblieben. Dokumentarphoto

Durch Vermittlung der Wiener Akademie der Wissenschaften wurde den Curies 1 t Pechblende aus Joachimsthal (Jachymow) am Südhang des Erzgebirges zur Verfügung gestellt. Unter äußerst schwierigen äußeren Arbeitsbedingungen und mit komplizierten chemisch-physikalischen Trennverfahren hatten sie – nach 45 Monaten härtester Arbeit – im Jahre 1902 ganz außerordentlich stark strahlende Elemente isoliert, wenn auch nur in winzigen Mengen. Diese Elemente nannten sie Polonium (nach der polnischen Heimat von Marie) und Radium (das Strahlende).

Von Pierre Curie und seinem Mitarbeiter Laborde wurde 1903 auch auf die Tatsache hingewiesen, daß das Radium eine Quelle ständiger Wärmeabgabe ist, ein sehr früher Hinweis auf eine ganz neuartige Energiequelle, die Kernenergie!

»Eine solche bedeutende Wärmeabgabe kann durch keine gewöhnlichen chemischen Reaktionen erklärt werden, um so weniger als der Zustand des Radiums ja anscheinend jahrelang unverändert bleibt. Es läßt sich denken, daß die Wärmeabgabe von einer Umwandlung des Radiumatoms selbst abhängt, die notwendigerweise ziemlich langsam verläuft. Wenn das zutrifft, so muß man weiter schließen, daß die Menge Energie, die bei der Bildung und Umwandlung von Atomen auftritt, sehr bedeutend ist und alles übertrifft, was uns in dieser Beziehung bekannt ist.«

Den beiden Curies wurden verdientermaßen hohe Ehrungen zuteil. Im Herbst 1903 erhielten sie den Nobelpreis für Physik; in der Nobelpreisrede wies Pierre auf die gesellschaftliche Verantwortung des Wissenschaftlers für das Wohl der Menschheit hin, wenige Jahre vor Ausbruch des ersten Weltkrieges.

»Ist es für die Menschheit wirklich nützlich, die Geheimnisse der Natur zu kennen, ist sie wirklich reif genug, um diese Geheimnisse richtig auszunutzen, oder bringt ihr diese Kenntnis nur Schaden? Das Beispiel der von Nobel gemachten Erfindung ist in dieser Beziehung charakteristisch. Die mächtigen Sprengstoffe gestatten es den Menschen, großartige Taten zu vollbringen, und sie erweisen sich zugleich als ein fürchterliches Mittel in den Händen großer Verbrecher, die die Völker auf den Weg des Krieges bringen. Ich gehöre wie Nobel zu den Menschen, die glauben, daß trotzdem die neuen Erfindungen letzten Endes der Menschheit mehr Nutzen als Schaden bringen.«

Rasch schwollen die Forschungen zur Radioaktivität an. Rutherford fand, daß die Strahlung aus mehreren Komponenten besteht. Villard entdeckte 1900 die unablenkbare Gammastrahlung; mehrere Forscher identifizierten die Betakomponente als Elektronenstrahlung; Rutherford und Royds wiesen endgültig 1909 spektroskopisch nach, daß die Alphastrahlen aus Heliumionen bestehen. Die 1901 von Wilson konstruierte Nebelkammer und der 1909 von Geiger erfundene Teilchenzähler gehören zu den ersten Meßgeräten der entstehenden Atomphysik. Die Entdeckung immer neuer strahlender Substanzen und schließlich der Nachweis, daß Radium ein radioaktives Gas entwickelt, ließen Rutherford und Soddy 1902 einen weitreichenden Schluß ziehen, der mit allen gewohnten Vorstellungen brach: Die Atome sind keineswegs unteilbare Teilchen; mit der Radioaktivität ist eine Umwandlung des Atoms verbunden.

Das aufgehäufte Tatsachenmaterial drängte zur Ausarbeitung eines

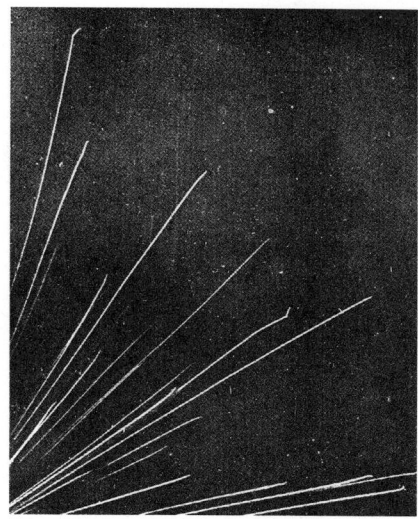

438. Erste veröffentlichte Photos (1912) der Bahnen von Alphastrahlen in der Nebelkammer. Ausgehend von Kondensationserscheinungen durch ionisierende Strahlung, entwickelte Charles Thomson Rees Wilson 1910 die Expansionsnebelkammer, die – weiter verbessert – zu einem wichtigen Nachweisgerät der Elementarteilchenphysik wurde. Aus: Wilson, C. T. R., On a Method of Making Visible the Paths of Ionising Particles through a Gas. In: Proceedings of the Royal Society. Serie A. Bd. 85, S. 277–292, Fig. 1 und 2

439. Apparat, mit dem 1912 die Röntgenstrahlinterferenzen an einem Kupfersulfatkristall entdeckt wurden. Diese Entdeckung von Walter Friedrich, Paul Knipping und Max von Laue, der auch die Theorie entwickelte, lieferte den endgültigen Beweis für die Gitterstruktur der Kristalle und den Nachweis, daß Röntgenstrahlen elektromagnetische Wellen sehr kurzer Wellenlänge sind. Eine neue Methode, den Aufbau der Materie zu studieren, war gefunden. Science Museum, London

Modells für den Atomaufbau. Joseph John Thomson schuf 1903 das »Erdbeermodell« des Atoms, bei dem noch nicht zwischen Hülle und Kern unterschieden wurde. Jedoch brachte eine ab 1906 von Rutherford mit seinen Schülern Geiger und Marsden ausgeführte Versuchsreihe über die Streuung von Alphateilchen an Metallfolien das erstaunliche Resultat, daß nur etwa jedes 20 000. Teilchen zurückprallte, die anderen nur wenig abgelenkt wurden. Daraus zog Rutherford 1911 den Schluß, daß das Atom nach Art eines Miniatur-Sonnensystems beschaffen sein müsse und nicht einer festen, zusammenhängenden Kugel ähnlich sein könne. Ausgehend von dieser scharfen Unterscheidung zwischen Hülle und Kern, wurde es möglich, die von Fajans und Soddy aufgestellten Zerfallsreihen auf die Umwandlung von Atomkernen sowie die Eigenschaften der chemischen Elemente auf die Ordnungszahl der Kerne zurückzuführen.

Dagegen bereitete die Erklärung der Vorgänge in der Atomhülle sehr große Schwierigkeiten. Hier wurden die Erscheinungen der Strahlenforschung und der sich formierenden Quantentheorie zur Deutung der Phänomene herangezogen.

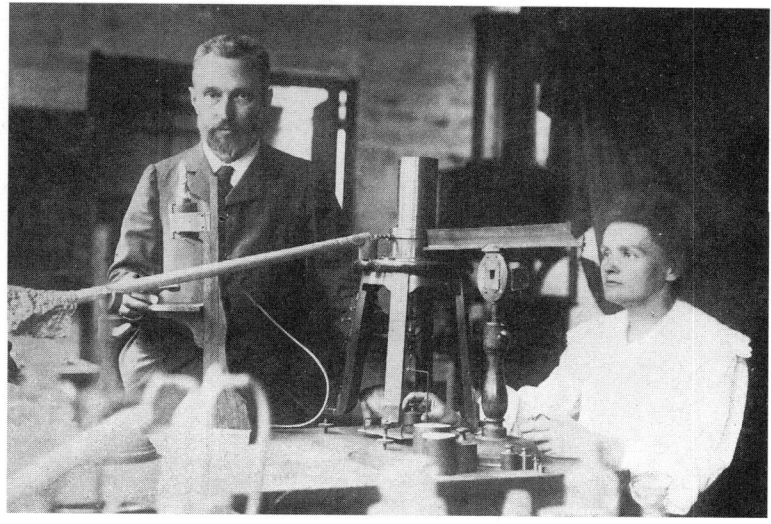

440. Das Ehepaar Marie Skłodowska-Curie und Pierre Curie im Labor. 1898 isolierten beide aus einer großen Menge Uranpechblende nach fast vierjähriger harter Arbeit unter primitiven Bedingungen die stärker strahlenden Elemente Polonium und Radium. Sie bezeichneten den neuen Effekt als Radioaktivität. Dokumentarphoto

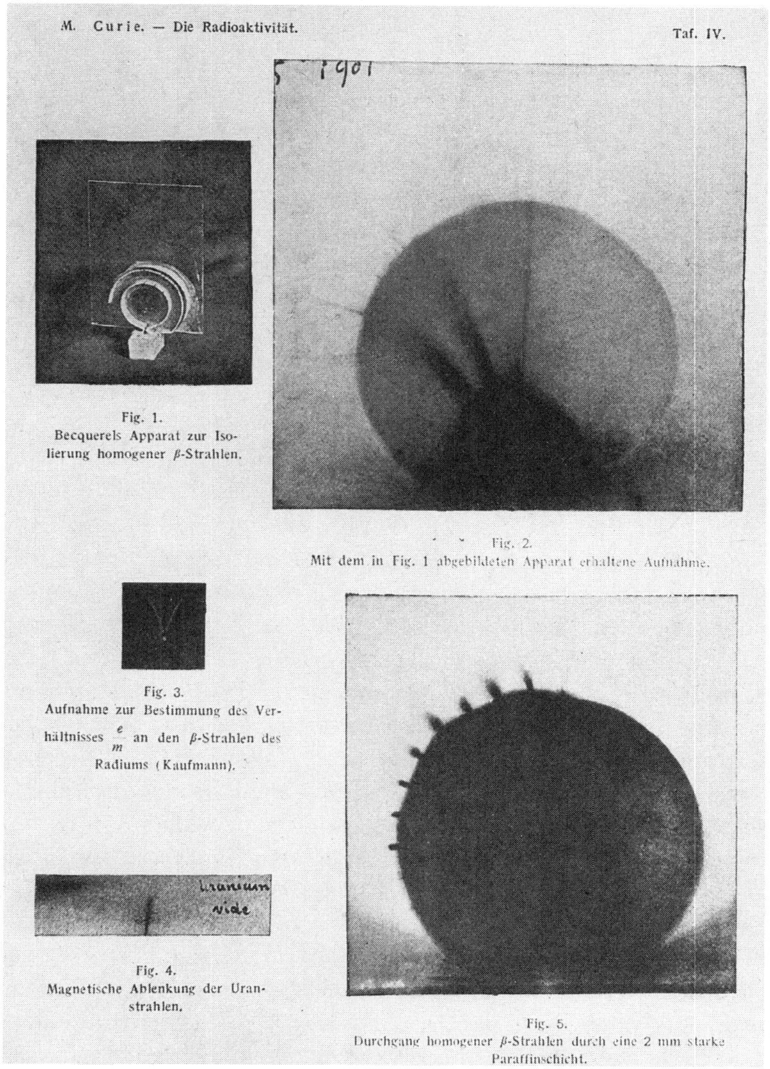

441. Erforschung der Eigenschaften radioaktiver Strahlen: Magnetische Ablenkung der Alpha- und Betastrahlen, Bestimmung der spezifischen Ladung der Betastrahlen. Insbesondere durch die Forschungen Ernest Rutherfords und Walter Kaufmanns wurden die Betastrahlen als schnelle Elektronen, die Alphastrahlen als Heliumionen identifiziert, während die Natur der Gammastrahlen erst 1904 aufgeklärt werden konnte. Aus: Curie, Marie, Die Radioaktivität. 2. Bd. Leipzig 1912, S. 23

M. Curie. — Die Radioaktivität.   Taf. IV.

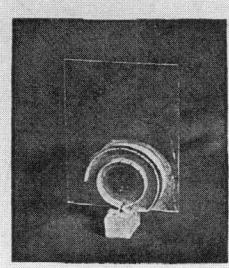

Fig. 1.
Becquerels Apparat zur Isolierung homogener β-Strahlen.

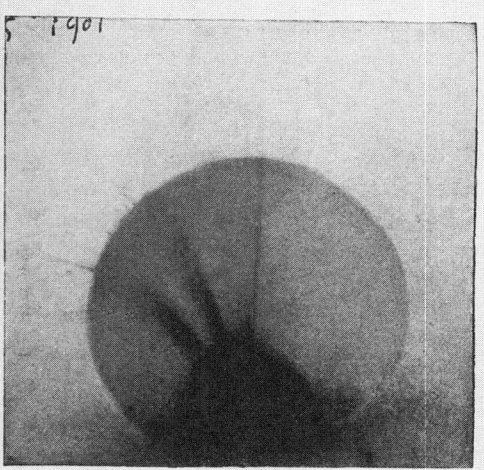

Fig. 2.
Mit dem in Fig. 1 abgebildeten Apparat erhaltene Aufnahme.

Fig. 3.
Aufnahme zur Bestimmung des Verhältnisses $\frac{e}{m}$ an den β-Strahlen des Radiums (Kaufmann).

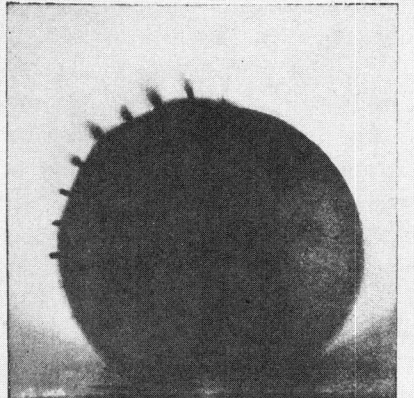

Fig. 4.
Magnetische Ablenkung der Uranstrahlen.

Fig. 5.
Durchgang homogener β-Strahlen durch eine 2 mm starke Paraffinschicht.

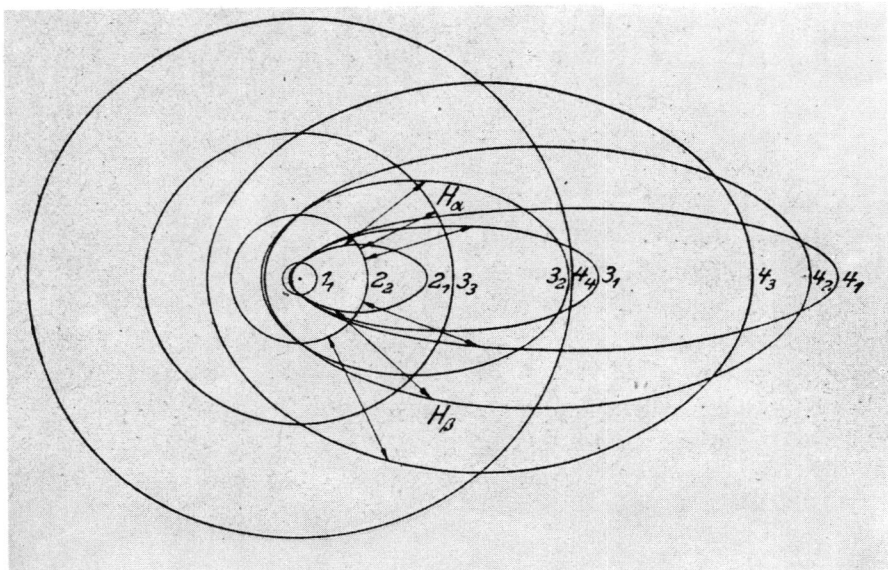

442. Niels Bohr. Der dänische Physiker stellte 1913 die erste Theorie der Atomhülle auf, die die Entstehung der Linienspektren des Wasserstoffatoms erklärte. Durch die Aufstellung des Korrespondenz- und Komplementaritätsprinzips hat er mit seiner Kopenhagener Schule führend zur Entwicklung der Atom- und Quantenphysik beigetragen. Dokumentarphoto

443. Vorstellung über die stationären Elektronenbahnen in der Wasserstoffatomhülle nach Bohr und Sommerfeld. 1913 entwickelte Niels Bohr mit Plancks Quantenansatz seine Theorie der stationären Elektronenbahnen, bei der Lichtemission beim Übergang eines Elektrons von einer energiereicheren zu einer energieärmeren Bahn auftritt. 1922 erhielt er dafür den Nobelpreis. Diese anschauliche Theorie wurde insbesondere von Arnold Sommerfeld ausgebaut. Aus: Bohr, N., Über den Bau der Atome (Nobelpreis-Vortrag). In: Die Naturwissenschaften. 11 (1923) 27, S. 615

Quantentheorie Seit Kirchhoffs und Bunsens Forschungen über das Verhältnis der Emission und Absorption der Strahlung um 1860 stand das Problem, ein allgemeingültiges Strahlungsgesetz des »schwarzen Körpers« als Funktion der Wellenlänge und Temperatur aufzustellen. Da sich gegenüber dem 1893 von Wien gewonnenen Strahlungsgesetz bei Messungen in der Physikalisch-Technischen Reichsanstalt Abweichungen ergaben, sah sich der Theoretiker der Berliner Universität Planck veranlaßt, ein neues Strahlungsgesetz aufzustellen, nach dem die Abstrahlung nicht kontinuierlich, sondern in diskreten Energiestufen mit den Energieelementen $e = h \cdot v$ (e = Energie; h = Wirkungsquantum; v = Frequenz) erfolgen sollte. Am 14. Dezember 1900 trug er seine statistisch begründete Strahlungsformel in der Berliner Physikalischen Gesellschaft vor. Es war die Geburtsstunde der Quantentheorie, eines neuen bedeutenden Umbruches im Weltbild der Physik, die Einsicht, daß die Natur – gegen alle bisherige Auffassung – eben doch Sprünge macht. Planck selbst war sich über den Bruch mit einer jahrhundertealten Tradition sehr wohl im klaren; im Grunde mißtraute er seiner eigenen Konzeption und wurde zu einer Art Revolutionär wider Willen. In seinem Nobelvortrag äußerte sich Planck über die von ihm entdeckte neue, fundamentale Naturkonstante, das Plancksche Wirkungsquantum: »Während sie für die Gewinnung des richtigen Ausdrucks für die Entropie durchaus unentbehrlich war..., erwies sie sich gegenüber allen Versuchen, sie in irgendeiner angemessenen Form dem Rahmen der klassischen Theorie einzupassen, als sperrig und widerspenstig... Das Scheitern aller Versuche, die entstandene Kluft zu überbrücken, ließ bald keinen Zweifel mehr übrig: Entweder war das Wirkungsquantum nur eine fiktive Größe; dann war die ganze Deduktion des Strahlungsgesetzes prinzipiell illusorisch und stellte weiter nichts vor als eine inhaltsleere Formelspielerei, oder aber der Ableitung des Strahlungsgesetzes lag ein wirklich physikalischer Gedanke zugrunde; dann mußte das Wirkungsquantum in der Physik eine fundamentale Rolle spielen, dann kündigte sich mit ihm etwas ganz

Neues, bis dahin Unerhörtes an, das berufen schien, unser physikalisches Denken, welches seit der Begründung der Infinitesimalrechnung durch Leibniz und Newton sich auf der Annahme der Stetigkeit aller ursächlichen Zusammenhänge aufbaut, von Grund auf umzugestalten.«

Der junge, dem Neuen aufgeschlossene Physiker Einstein verallgemeinerte 1905 die Planckschen Ideen und formulierte die Photonenhypothese: Licht muß unter bestimmten Umständen als aus einem Strom von Lichtquanten (Photonen) bestehend betrachtet werden, deren Energie sich aus der Planckschen Formel $e = h \cdot v$ berechnet. Obwohl Einstein mit der Photonenvorstellung Versuchsergebnisse Lenards über den photoelektrischen Effekt auf einfache Weise deuten konnte, vermochte sich die Mehrzahl der Physiker mit der Vorstellung von der Dualität des Lichtes nicht anzufreunden, wonach Licht sowohl korpuskelhaft als auch als Welle gedeutet werden muß.

Im Jahre 1913 erhielt die Quantenhypothese in der berühmten Arbeit des damals achtundzwanzigjährigen Rutherford-Schülers Bohr »On the Constitution of Atoms and Molecules« (Über die Struktur von Atomen und Molekülen) eine unerwartete Anwendung. Erst im Februar 1913 wies ein Freund Bohr auf die 1884 von dem Schweizer Lehrer Balmer empirisch gefundene Serienformel für das Linienspektrum des Wasserstoffs hin, aus der Rydberg und Ritz das Kombinationsprinzip formulierten. In der sehr kurzen Zeit von zwei Monaten bestimmte Bohr aus dem Quantenansatz, dem Drehimpuls der Elektronen und der Coulomb-Kraft des Kerns die möglichen stationären Bahnenkreise der Elektronen in der Atomhülle und berechnete aus den Energiedifferenzen dieser Bahnen die Frequenzen der Spektrallinien des Wasserstoffs, nahm also »Elektronensprünge« von Bahn zu Bahn als Ursache der Lichtemission an. Wohl wissend, daß er damit die grundlegenden Gesetze der klassischen Physik verletzte, erklärte Bohr: »Indem wir die Plancksche Theorie annehmen, haben wir nämlich offen die

444. Max Planck. Er stellte 1900 wegen der Unzulänglichkeit vorhandener Strahlungsgesetze eine neue Strahlungsformel auf, die die Energieabgabe in diskreten Quanten enthielt. Damit leitete er die überaus fruchtbare Entwicklung der Quantenphysik ein. Dokumentarphoto

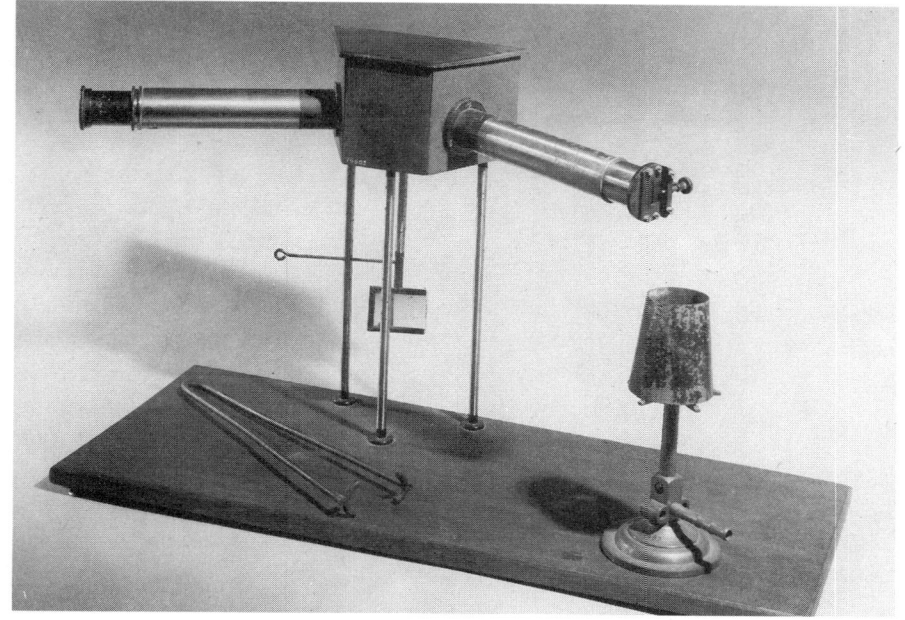

445. Nachbildung des Spektroskops von Bunsen und Kirchhoff mit einem speziellen Bunsenbrenner, um farblose Gasflammen zu erzielen. Mit diesem Gerät entwickelten beide die Spektralanalyse, und Kirchhoff entdeckte damit sein Gesetz über den Zusammenhang von Lichtemission und -absorption. Es gehört zu den Ausgangspunkten der modernen Atom- und Quantenphysik. Deutsches Museum, München

Unzulänglichkeit der gewöhnlichen Elektrodynamik erkannt und mit dem zusammenhängenden Kreis von Annahmen, die diese Theorie tragen, gebrochen.«

Aus diesem Grunde wurde Bohrs umwälzende Theorie vorerst nur kühl und zurückhaltend von den Physikern aufgenommen, obwohl die 1914 von Franck und Gustav Hertz ausgeführten Elektronenstoßversuche, die die Existenz von diskreten Anregungsstufen in der Atomhülle bewiesen, diese Theorie stützten. Erst als ab 1915 Sommerfeld durch Einführung von Nebenquantenzahlen auf der Basis von Ellipsenbahnen der Elektronen und durch Übergang zur relativistischen Behandlungsweise die Feinstruktur der Wasserstofflinien zu erklären vermochte, wurde die Bohrsche Theorie allgemein anerkannt. Trotzdem blieben noch wesentliche Fragen des Atombaus offen, für die anschauliche Vorstellungen offenbar nicht ausreichten.

Innerhalb der modernen Atomphysik begannen sich nun zwei Richtungen, die Kernphysik und die Physik der Atomhülle, abzuzeichnen.

Relativitätstheorie Der Physiker Mach und der Leipziger Mathematiker Neumann wiesen um 1870 auf die Unhaltbarkeit der von Newton eingeführten Begriffe des absoluten Raumes und der absoluten Zeit hin. Es war nicht möglich gewesen, ein solches ausgezeichnetes Koordinatensystem, das den absoluten Raum verkörperte, festzulegen. Diese Frage wurde in der Wellenoptik zum unaufschiebbaren Problem, als es galt, die Existenz des Lichtäthers, des Trägers der Lichtwellen, nachzuweisen, indem man seinen Bewegungszustand festzustellen suchte. Nach Fresnel sollte der Äther im Weltall ruhen und von bewegten Körpern, die der Äther durchdrang, teilweise mitgeführt werden. Der berühmte Versuch Fizeaus aus dem Jahre 1851, bei dem Lichtstrahlen entgegen und mit der Strahlrichtung durch strömendes Wasser geleitet wurden, schien Fresnels Hypothese zu bestätigen. Entscheidend wurden jedoch die Versuche des aus Polen stammenden Amerikaners Michelson, mit denen nachgeprüft werden sollte, ob sich die Erde durch das ruhende Äthermeer hindurchbewegt und »der Ätherwind« — analog zum Schall — die Lichtgeschwindigkeit verändert. Die mit einem von Michelson konstruierten Spiegel-Interferometer 1881 in Potsdam durchgeführten und 1887 in Cleveland (USA) mit höchster Präzision wiederholten Versuche erwiesen jedoch die Konstanz der Lichtgeschwindigkeit, unabhängig vom Bewegungszustand der Lichtquelle und des Beobachters.

Diese Tatsache allein führte aber noch nicht zum Sturz der Ätherhypothese; Heinrich Hertz in seiner Arbeit »Über die Elektrodynamik bewegter Körper« und insbesondere Lorentz suchten die Ätherhypothese zu retten. Letzterer führte 1895 nach einem Vorschlag des Engländers Fitzgerald die später sog. Lorentz-Transformation und 1904 nach Vorarbeiten Larmors eine »Ortszeit« ein. Kurz danach erweiterte der französische Mathematiker Poincaré diese auf der Konstanz der Lichtgeschwindigkeit beruhende Transformation, indem er die Maxwellschen Gleichungen der Elektrodynamik als richtig voraussetzte. Aber noch schien es undenkbar, das mechanische Weltbild mit der vielfach bewährten Galilei-Transformation aufzugeben, schon deshalb nicht, weil man glaubte, daß zu jeder Schwingung oder Welle ein schwingendes Medium gehöre.

446. Albert Einstein im Alter von 42 Jahren. Der Schöpfer der speziellen und allgemeinen Relativitätstheorie sowie der Lichtquantentheorie ist der überragende Physiker des 20. Jh. Bis ins hohe Alter widmete er sich der Erarbeitung einer »Einheitlichen Theorie der Materie«. Sein konsequentes Eintreten für sozialen Fortschritt und Weltfrieden war für viele Menschen beispielgebend. Dokumentarphoto

In dieser scheinbar ausweglosen Situation erschien 1905 die Arbeit »Zur Elektrodynamik bewegter Körper« des bis dahin nahezu unbekannten fünfundzwanzigjährigen Physikers Einstein, in der er ausführte: »Beispiele ähnlicher Art sowie die mißlungenen Versuche, eine Bewegung der Erde relativ zum Lichtmedium zu konstatieren, führen zu der Vermutung, daß dem Begriff der absoluten Ruhe nicht nur in der Mechanik, sondern auch in der Elektrodynamik keine Eigenschaften der Erscheinungen entsprechen... Wir wollen diese Vermutung (deren Inhalt im folgenden ›Prinzip der Relativität‹ genannt werden wird) zur Voraussetzung erheben und außerdem die mit ihm nur scheinbar unverträgliche Voraussetzung einführen, daß sich das Licht im leeren Raum stets mit einer bestimmten, vom Bewegungszustande des emittierenden Körpers unabhängigen Geschwindigkeit c fortpflanzt...«

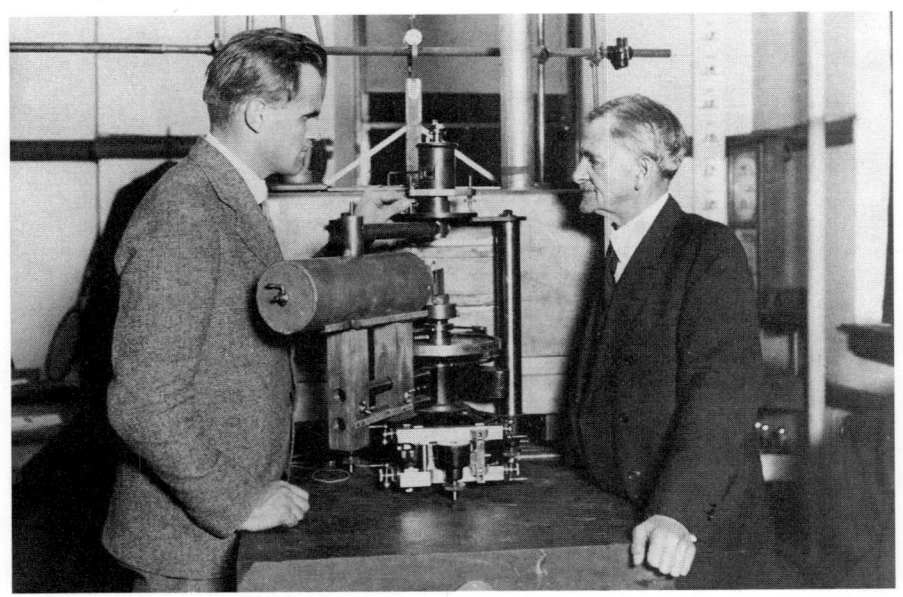

447. Albert Abraham Michelson (rechts) im Labor am Interferometer. Er wies mit dem von ihm erfundenen Gerät 1881 in Potsdam und 1887 in Cleveland mit Edward Morley präzis nach, daß keine Relativbewegung der Erde bezüglich eines Lichtäthers existiert, d. h. die Vakuumlichtgeschwindigkeit unabhängig vom Bewegungszustand der Lichtquelle ist. Michelson wurde dafür 1907 der Nobelpreis verliehen. Dieses Resultat hatte für die Herausbildung und Bestätigung der speziellen Relativitätstheorie entscheidende Bedeutung. Dokumentarphoto

Diese neue, revolutionäre Haltung zu den Grundlagen der Physik gestattete es Einstein, die spezielle Relativitätstheorie zu entwickeln, nach der in einem relativ zur Lichtgeschwindigkeit schnell bewegten System eine Zeitdilation, eine Längenkontraktion und eine Massenzunahme real auftreten. Damit war der Äther überflüssig geworden; dafür trat die Realität des elektromagnetischen Feldes hervor. Der Mathematiker Minkowski gab dieser Theorie 1908 eine elegante mathematische Gestalt.

Noch im selben Jahr 1905 zog Einstein die wichtigste Folgerung aus seiner Theorie: »Gibt ein Körper die Energie L in Form von Strahlung ab, so verkleinert sich seine Masse um L/v^2; dabei bedeutet v die Lichtgeschwindigkeit.«

Heute drücken wir die Äquivalenz von Masse und Energie mit der Formel $E = m \cdot c^2$ aus; sie gewann später große Bedeutung für die Berechnung der Energie bei Kernreaktionen.

Die spezielle Relativitätstheorie bezog sich auf Inertialsysteme und enthielt die klassische Mechanik als Grenzfall.

Seit 1907 begann Einstein seine Überlegungen auch auf zueinander ungleichförmig bewegte Bezugssysteme auszudehnen. Ausgehend von seinem berühmten Gedankenversuch, daß ein Mensch in einem fensterlosen Kasten nicht unterscheiden könne, ob er der Schwerkraft ausgesetzt sei oder ob der Kasten mit Erdbeschleunigung nach oben beschleunigt würde, folgerte Einstein die Äquivalenz von träger und schwerer Masse. In mehreren Arbeiten bis 1916 entwickelte Einstein die »Grundlage der allgemeinen Relativitätstheorie«, an deren mathematischer Durchbildung sein Freund Grossmann teilnahm. In ihr wird unter Benutzung einer schon um 1860 von Riemann ausgearbeiteten nichteuklidischen Geometrie in einem »gekrümmten Raum« das Gravitationsfeld durch die Massen der Körper bestimmt. Über die sich aus seiner Theorie ergebenden Folgerungen schrieb Einstein an Sommerfeld: »Das Herrliche, was ich erlebte, war nun, daß sich nicht nur Newtons Theorie als erste Näherung, sondern auch die Perihelbewegung des Merkur (43″ pro Jahrhundert) als zweite Näherung ergab. Für die Lichtablenkung an der Sonne ergab sich der doppelte Betrag wie früher!«

Die Perihelbewegung des Merkur hatte den Astronomen schon lange Rätsel aufgegeben. Die Lichtablenkung durch die Sonne wurde 1919 durch eine englische Expedition während einer Sonnenfinsternis beobachtet. Dadurch gewann die allgemeine Relativitätstheorie trotz ihrer schmalen experimentellen Basis einen hohen Wahrheitswert. Ein Jahr später leitete Einstein daraus die kosmologische Theorie eines unbegrenzten, aber räumlich endlichen Weltalls ab, die eine neue Epoche der Kosmologie und Kosmogonie eröffnete. Ausgehend von der allgemeinen Relativitätstheorie, versuchten Einstein, Weyl, Schrödinger u. a. m. zu einer einheitlichen Theorie der Schwerkraft und des Elektromagnetismus zu gelangen. Diese »einheitliche Feldtheorie«, die auch die Existenz sowie Werden und Vergehen der Elementarteilchen erklären sollte, beschäftigte Einstein bis in seine letzten Lebensjahre.

Physikalische Chemie

Viele physikalische Hilfsmittel und Methoden waren zur Mitte des 19. Jh. in der Chemie heimisch geworden, so die Spektralanalyse, Methoden zur Bestimmung von Dampfdichten und spezifischen Atomwärmen, die zuerst Kopp sowie Dulong und Petit zur Berechnung der Atommassen anwandten. Die Entdeckung der Grundgesetze der Elektrolyse durch Faraday hatte Physik und Chemie zur sog. Elektrochemie verknüpft.

Schon zu Anfang des Jahrhunderts hatte Berthollet auf die Bedeutung der Konzentration bei chemischen Umsetzungen hingewiesen; seine ersten unvollständigen Beobachtungen wurden 1867 durch Guldberg und Waage vervollständigt, die daraus das sog. Massenwirkungsgesetz abstrahierten, das zur Grundlage für die chemische Dynamik wurde. Sie entwickelten damit eine erste Theorie über die Geschwindigkeit chemischer Reaktionen und zeigten, daß die chemischen Umsetzungen nicht zu statischen, sondern zu dynamischen Gleichgewichten führen.

Drei Wissenschaftler waren es dann vor allem, die solchen speziellen physikalischen Arbeits- und Denkmethoden einen festen Platz in der chemischen Wissenschaft einräumten, indem sie einen ganz neuen Zweig der Chemie, eben die physikalische Chemie, ins Leben riefen: Ostwald, van't Hoff und Arrhenius.

Ostwalds Verdienst ist es vor allem — neben seinen experimentellen Arbeiten besonders über Affinität und Katalyse —, die physikalische Chemie als dritte chemische Disziplin neben der anorganischen und organischen Chemie begründet zu haben. Er hatte den ersten Lehrstuhl für dieses Fachgebiet seit 1887 an der Universität Leipzig inne und führte erstmals ein physikalisch-chemisches Praktikum ein. Er schrieb als erster Lehrbücher über spezielle Probleme dieses Gebietes, z. B. über Elektrochemie. Die von ihm begründete »Zeitschrift für physikalische Chemie«, in der die ersten bedeutenden Vertreter der neuen Disziplin ihre grundlegenden und richtungweisenden Erkenntnisse publizierten, wurde zu einem Mittel der schnellen und weltweiten Verbreitung physikalisch-chemischen Wissens.

448. Wilhelm Ostwald und Jacobus Hendricus van't Hoff im Laboratorium. Die beiden Forscher gehörten neben Svante August Arrhenius zu den Begründern der physikalischen Chemie. 1901 erhielt van't Hoff als erster den Nobelpreis für Chemie, und zwar für die Entdeckung der Gesetze der chemischen Dynamik und des osmotischen Drucks in Lösungen. 1909 bekam ihn Ostwald, besonders für seine Forschungen über die Katalyse. Dokumentarphoto

449. Wilhelm Ostwald zog sich im Jahre 1906 von der Universitätstätigkeit nach seinem Landsitz in Großbothen bei Leipzig zurück und widmete sich anderen Arbeitsgebieten, für die er schon seit längerem Interesse gezeigt hatte: Er beschäftigte sich mit Wissenschaftsgeschichte, Philosophie der Naturwissenschaft, machte Vorschläge für eine in der Wissenschaft anzuwendende Kunstsprache und trat für Haeckels Monismus ein. Ostwalds allgemeinverständliche Bücher fanden weite Verbreitung. Dokumentarphoto

Schon 1864 hatte van't Hoff eine Monographie »Études sur le Dynamique Chimique« (Studien über die chemische Dynamik) verfaßt, in der er die theoretischen Grundlagen einer chemischen Kinetik entwickelte. Er erfaßte das chemische Gleichgewicht als Folge von entgegengesetzt gerichteten Reaktionsgeschwindigkeiten und wies dessen Abhängigkeit von Temperatur und Konzentration nach. Im ersten Heft von Ostwalds Zeitschrift publizierte er 1887 eine Arbeit, in der er nachwies, daß die Gasgesetze von Boyle-Mariotte und Gay-Lussac auch für gelöste Stoffe gelten, weil diese einen »osmotischen Druck« ausüben. Er wies auf die Möglichkeiten hin, hieraus Molekularmassebestimmungen von Stoffen durchzuführen, die löslich, aber nicht flüchtig sind. Diese Methode wurde von Beckmann apparativ durchgebildet. Van't Hoff formulierte die Gasgleichung $p \cdot v = RT$ für den osmotischen Druck um und schrieb $p \cdot v = i \cdot RT$, wobei er unter i einen Koeffizienten verstand, der größer als 1 war und der bei Elektrolyten das abweichende Verhalten dieser Stoffe korrigieren mußte.

Das Verständnis für diese i-Werte entwickelte fast zur gleichen Zeit Arrhenius mit seiner »Dissoziationstheorie«. Er konnte experimentell nachweisen, daß starke Elektrolyte in wäßriger Lösung in elektrisch geladene »Ionen« dissoziieren, woraus sich ihre Leitfähigkeit erklärt. Die Werte für die molare Leitfähigkeit waren identisch mit den i-Werten, die van't Hoff für Elektrolyte in seine osmotische Lösungsgleichung hatte einführen müssen.

Die Vorstellungen von Arrhenius über das Vorhandensein von elektrisch geladenen Teilchen in den Lösungen wurde von vielen Chemikern nicht geteilt. Ostwalds Eintreten für Arrhenius' Dissoziationstheorie und seine eigenen Experimente mit schwachen Elektrolyten, in denen er nachwies, daß es sogar ein Gleichgewicht zwischen dissoziierten und undissoziierten Molekülen gibt, verhalfen der neuen Lehre jedoch nach und nach zum Durchbruch. Erst im 20. Jh., nachdem man entdeckt hatte, daß die Atome aus verschiedenartigen Teilen zusammengesetzt sind, konnte das Wesen der Ionen atomtheoretisch begriffen werden.

Neben diesen grundlegenden Gebieten der physikalischen Chemie wurde vor allem von Nernst die Thermodynamik mit der Chemie noch enger verknüpft. Er entdeckte 1906 den 3. Hauptsatz der Wärmelehre, auf dessen Grundlage es möglich wurde, die Gleichgewichtslagen für die verschiedensten chemischen Reaktionen zu berechnen. Diese theoretische Leistung war von größter praktischer Bedeutung für Haber, der in der gleichen Zeit vor dem Problem stand, technisch vertretbare Bedingungen für eine Synthese des Ammoniaks aus den Elementen zu ermitteln. Durch experimentelle Untersuchungen allein waren diese Bedingungen nicht zu bestimmen. Erst auf der Basis der Arbeiten von Nernst konnte Haber die günstigsten Bedingungen für die Vereinigung von Stickstoff und Wasserstoff, nämlich 450 °C und 200 at Druck bei Gegenwart eines Katalysators, ermitteln.

450. »Sir William Ramsay in the Laboratory«. Ramsay war einer der bedeutendsten Chemiker am Ende des 19. Jh. Außer durch seine physikalisch-chemischen Forschungen wurde er berühmt durch die Entdeckung der Edelgase, die teilweise zusammen mit John William Strutt Rayleigh erfolgte. 1904 erhielt Ramsay den Nobelpreis für Chemie, Rayleigh den für Physik. Gemälde von Mark Milbanke, 1913, Science Museum, London

Chemie und chemische Industrie

Im letzten Drittel des 19. Jh. nahm die Chemie einen stürmischen Aufschwung. Diese in rascher Entwicklung befindliche naturwissenschaftliche Disziplin, deren Grundlagen nun weitgehend geklärt waren, wurde zugleich umgesetzt in Technologie und Produktion. Die aufkommende chemische Großindustrie entwickelte sich in den USA und in den führenden europäischen Staaten, insbesondere in Deutschland, zum Mittel der ökonomisch-politischen Expansion, trug zur Entstehung imperialistischer Verhältnisse bei und führte sogar zur Verschiebung der Kräfteverhältnisse zwischen den imperialistischen Staaten. Zum Zeitpunkt der heranreifenden militärischen Auseinandersetzungen, die im ersten Weltkrieg gipfelten, waren Chemie und chemische Industrie zu strategischen Faktoren geworden.

Grundlagenprobleme Als Berzelius im Jahre 1848 starb, war ein wichtiger Bestandteil seines Lebenswerkes zusammengebrochen, die Aufstellung seines elektrochemisch-dualistischen Systems. Zwei Unzulänglichkeiten insbesondere führten zu Widersprüchen mit den Beobachtungen und zur Kritik an den dualistischen Vorstellungen.

Nach Berzelius konnten sich nur elektrisch ungleich geladene Atome oder Radikale zu Verbindungen vereinigen; die Verbindung zweier Wasserstoffatome zu einem Wasserstoffmolekül z. B. war danach unmöglich. Gerade das aber forderte die Avogadrosche Hypothese, nach der gleiche Volumina von Gasen die gleiche Anzahl von Molekülen enthalten mußten, wenn man die beobachteten Volumenänderungen, z. B. bei der Bildung von Wasser aus Wasserstoff und Sauerstoff richtig deuten wollte. Berzelius hatte jedoch davon gesprochen, daß gleiche Volumina die gleiche Anzahl von Atomen enthielten, und hatte dadurch eine falsche Basis für die Berechnung der Atommassen bzw. für die Versuche, Formeln für die chemischen Verbindungen aufzustellen, geschaffen. Dadurch waren auch die Begriffe Atom-, Molekül- und Äquivalentmasse wieder unsicher geworden.

Die zweite Unzulänglichkeit von Berzelius' Theorie wurde in der organischen Chemie deutlich, als es im Jahre 1834 Dumas gelungen war, Essigsäure durch sukzessiven Ersatz ihrer Wasserstoffatome in Trichloressigsäure umzuwandeln. Die theoretische Deutung dieser Beobachtung brachte zutage, daß in einem »Radikal« der elektropositive Wasserstoff durch elektronegatives Chlor ersetzt worden war, ohne daß die Substanz ihren Charakter wesentlich verändert hatte. Das war nach Berzelius unmöglich: Und da die Chemiker mehr Wert auf die Tatsachen als auf die Erhaltung eines Systems legten, mußten Berzelius' dualistische Vorstellungen aufgegeben werden.

In der organischen Chemie setzten sich unitarische Auffassungen durch, die das Molekül als etwas Einheitliches, Ganzes betrachteten. Neben der Substitutionstheorie von Dumas wurde die sog. Typentheorie von Gerhardt entwickelt. Hiernach sind die vielen organisch-chemischen Verbindungen auf vier Typen zurückzuführen: auf den Wasserstofftyp (Kohlenwasserstoffe, Ketone, Aldehyde), auf den Wassertyp (Äther, Alkohole, einbasische Karbonsäure), auf den Ammoniaktyp (Amine, Phosphine) und auf den Chlorwasserstofftyp (Halogenide). Daneben spielte die »Theorie der gepaarten Radikale« von Kolbe und Frankland in den vierziger und fünfziger Jahren eine Rolle bei der weiteren Entwicklung der Theorie über die Zusammensetzung organischer Verbindungen.

Ein wesentlicher Fortschritt wurde aber erst um 1860 durch Kekulé und Butlerow erzielt. Sie knüpften insbesondere an Arbeiten von Gerhardt, Frankland und Kolbe an, die nachgewiesen hatten, daß den einzelnen Atomen ganz bestimmte »Atomigkeiten« zur Verfügung stehen. Kekulé hatte das Wort Atomigkeit verwendet; Wichelhaus nannte es statt dessen Valenz. Wie schon Kolbe und Frankland erkannte Kekulé, daß Kohlenstoff vierwertig ist; 1861 schrieb er in seinem Lehrbuch der organischen Chemie: »Betrachtet man nun die einfachsten Verbindungen des Kohlenstoffs..., so fällt es auf, daß die Menge Kohlenstoff, welche die Chemiker als geringstmögliche, als Atom erkannt haben, stets vier Atome eines einatomigen oder zwei Atome eines zweiatomigen Elementes bindet; daß allgemein die Summe der chemischen Einheiten der mit einem Kohlenstoffatom verbundenen Elemente gleich 4 ist. Dies führt zu der Ansicht, daß der Kohlenstoff vieratomig (oder vierbasisch) ist.«

Wasserstoff und die Halogene sind einwertig, Sauerstoff ist zweiwertig usw. Kekulé vor allem leitete hieraus Vorstellungen über die Verknüpfung der einzelnen Kohlenstoffatome in den organisch-chemischen Verbindungen zu Ketten und Ringen ab; 1865 erfolgte die erste Mitteilung über eine geschlossene Kette, den Benzolring. Über die Entstehung seiner weiterführenden Ideen, die während eines Londoner Studienaufenthaltes aufkeimten, berichtete Kekulé: »An einem schönen Sommertage fuhr ich wieder einmal mit dem letzten Omnibus durch die zu dieser Zeit öden Straßen der sonst so belebten Weltstadt; ›outside‹ auf dem Dach des Omnibus, wie immer. Ich versank in Träumerei. Da gaukelten vor meinen Augen die Atome. Ich hatte sie immer in Bewegung gesehen, jene kleinen Wesen, aber es war mir nie gelungen, die Art ihrer Bewegung zu erlauschen. Heute sah ich, wie vielfach zwei kleinere sich zu Pärchen zusammenfügten; wie größere zwei kleinere umfaßten, noch größere drei und selbst vier der kleinen festhielten, und wie sich alles in wirbelnden Ringen drehte. Ich sah, wie größere eine Reihe bildeten und nur an den Enden der Kette noch kleinere mitschleppten... So entstand die Strukturtheorie.«

Kekulé »sah«, daß die Kohlenstoffatome in Ketten und Ringen in einfacher oder mehrfacher Bindung einen Teil der Wertigkeiten untereinander absättigten; der andere Teil der Valenzen wurde durch andere Atome oder Atomgruppen gebunden. Übrigens war ganz unabhängig von Kekulé auch der Schotte Couper zu ähnlichen Valenzvorstellungen gelangt, er hatte ferner erkannt, daß ein Element verschiedene Wertigkeit besitzen kann.

Der russische Chemiker Butlerow entwickelte die Valenzlehre um 1861 weiter zur Strukturtheorie der organischen Verbindungen. Kekulé war zu dieser Zeit noch der Meinung gewesen, daß man die genaue Reihenfolge der Verknüpfungen der Atome untereinander nicht angeben könne, »daß für die meisten Substanzen verschiedene rationelle Formeln möglich sind, und daß sogar in vielen Fällen eine rationelle Formel nicht alle Metamorphosen gleichzeitig andeuten kann.«

Butlerow dagegen legte 1861 dar, daß auf Grund der verschiedenen Wertigkeiten der Atome ihre Verknüpfungsmöglichkeiten begrenzt seien,

451. Stereochemische Modelle. 1874 entwickelte van't Hoff – und unabhängig von ihm Le Bel –, ausgehend von einigen Isomerieerscheinungen in der organischen Chemie, die Lehre von der räumlichen Anordnung der vier Valenzen des Kohlenstoffatoms, die nach den Ecken eines Tetraeders gerichtet sind. Sind die vier Valenzen durch vier verschiedene Molekülreste abgesättigt, so können zwei Verbindungen entstehen, die nicht deckungsgleich sind, sondern sich wie Bild und Spiegelbild verhalten (optische Isomerie, Spiegelbildisomerie). Van't Hoff begründete mit seinen Vorstellungen die Stereochemie. Rijksmuseum voor de Geschiedenis der Natuurwetenschappen, Leiden

daß jede spezifische organische Verbindung durch eine ganz bestimmte, unveränderliche Art der Verknüpfung ihrer einzelnen Atome zu einer ganz bestimmten »Struktur« ausgezeichnet sei. Er behauptete, daß es für jede Verbindung nur eine Strukturformel gäbe: »Wir werden nun die chemische Struktur der Körper zu bestimmen suchen, und gelingt es uns, dieselbe in unseren Formeln auszudrücken, so werden diese Formeln zu einem gewissen, obgleich noch unvollständigen Grade, rationelle Formeln sein.«

In der Folgezeit fanden die Chemiker durch viele Analysen und spezifische Umsetzungen heraus, daß die Erkenntnisse der Typentheorie z. T. der Strukturlehre zur Seite gestellt werden konnten, daß es ganz besondere, charakteristische Strukturen für ganze Gruppen organischer Verbindungen gab. Als solche Gruppen wurden herausgefunden: die Kohlenwasserstoffe, die Alkohole, die Aldehyde, Ketone, Säuren, Amine usw. Aber auch der genetische Zusammenhang der organisch-chemischen Verbindungen innerhalb verschiedener Naturstoffe konnte aufgedeckt werden. Die Klassifizierung dieser Stoffe in Kohlenhydrate, Eiweiße, Vitamine, Hormone, Fermente, Terpene, Kampfer usw. setzte sich allgemein durch. Es wurde das System der klassischen organischen Chemie geschaffen, in das die vielen, inzwischen bekannt gewordenen Verbindungen auf Grund ihrer charakteristischen Strukturen und der daraus folgenden Eigenschaften und Reaktionsfähigkeiten eingeordnet wurden. An dieser umfassenden Arbeit waren Chemiker aus der ganzen Welt beteiligt, unter ihnen Berthelot, Wurtz, Hofmann, Baeyer, Graebe, Liebermann, Perkin, Schorlemmer, Roscoe, Sinin, Markownikow, Saitzew und viele andere.

Die Kenntnis über die Strukturen der organischen Verbindungen wurde noch wesentlich erweitert, als es van't Hoff 1874 und gleichzeitig mit ihm Le Bel gelang, die Strukturvorstellungen aus der Ebene in den Raum zu projizieren. 1848 hatte Pasteur die rechts- und linksdrehende Weinsäure entdeckt und aus ihren spiegelbildlichen Kristallformen geschlossen, daß auch die Anordnungen der einzelnen Atome bzw. Molekülgruppen im rechts- und linksdrehenden Weinsäuremolekül spiegelbildlich wären. Aus dieser Beobachtung schloß van't Hoff auf eine besondere Eigenschaft der Kohlenstoffatome. Er nahm an, daß die vier Valenzen des Kohlenstoffatoms räumlich gerichtet sind, und zwar nach den Ecken eines regulären Tetraeders: Tetraedermodell des Kohlenstoffs. Unter dieser Voraussetzung konnte er erklären, daß bei Verbindungen, die an einem zentralen Kohlenstoffatom vier verschiedene Gruppen angelagert enthalten, zwei verschiedene Anlagerungen dieser Gruppen möglich werden, die sich wie Bild und Spiegelbild verhalten. Auf diese Weise konnten erstmals die Strukturen von optisch aktiven Substanzen bzw. von deren Razematen theoretisch gedeutet werden. Damit waren aber auch tiefere Einsichten in die Struktur der Materie gewonnen worden. Diese Erkenntnisse waren für die Strukturaufklärung, besonders der vielen verschiedenen Naturstoffe wie Farbstoffe, Zucker, Eiweiße, Terpene, Kampfer u. a. m., von größter Bedeutung, Stoffe, deren Zusammensetzung durch Analyse und Synthese seit der zweiten Hälfte des 19. Jh. in zunehmendem Maße erfolgreich erforscht wurde.

Synthesen organisch-chemischer Verbindungen Die neuen theoretischen Erkenntnisse bildeten auch eine wesentliche Voraussetzung, um jene chemischen Umsetzungen deuten zu können, die Chemiker wie Unverdorben, Runge, Fritzsche usw. bereits in der ersten Hälfte des 19. Jh. beim mehr oder weniger empirischen Experimentieren mit Naturstoffen, und vor allem mit den Rückständen der Leuchtgasbereitung, dem Steinkohlenteer, durchgeführt hatten. Durch Destillation konnten sie eine Reihe neuer Substanzen aus dem Teer herausholen, wie Benzol, Anilin, Phenol. Durch Behandlung mit Salpeter- und Schwefelsäure war es gelungen, aus Benzol Nitrobenzol herzustellen. Seine Reduktion mit Eisenfeilspänen führte zu einer der wichtigsten Quellen für die Herstellung jenes Stoffes, der Grundlage für die Gewinnung der sog. Teerfarbstoffe wurde, des Anilins. Die Herstellung von leuchtenden Farben aus dem stinkenden Steinkohlenteer war einer der ersten großen Triumphe, den die organische Chemie in der zweiten Hälfte des 19. Jh. feiern konnte. Durch einen Zufall hatte Perkin 1856 beim Experimentieren mit Anilin und Kaliumchromat entdeckt – eigentlich sollte dabei das Heilmittel Chinin entstehen –, daß sich ein sehr schöner Farbstoff bildete, den er Mauvein nannte. Dieser Anilinfarbstoff wurde dann sehr bald, besonders von Hofmann, Lehrer Perkins am Owen's College in London, systematisch auf seine Zusammensetzung und auf die Ursache seiner Farbwirkungen hin untersucht. Das Mauvein von Perkin – der zu seiner industriellen Herstellung eine Farbenfabrik gründete – und das 1859 von Verguin synthetisierte Fuchsin wurden sehr schnell von einer Palette roter, gelber, blauer und grüner Farbstoffe ergänzt, die auf der Basis zunehmender wissenschaftlicher Einsichten gezielt aus dem Anilin und seinen Derivaten hergestellt werden konnten.

Schon 1868 wurde die Palette der Anilinfarbstoffe durch weitere organische Farbstoffe ergänzt. Graebe und Liebermann gelang es in jenem Jahr, die Zusammensetzung des natürlichen Alizarins zu erforschen und seine Synthese ebenfalls aus Steinkohlenteer durchzuführen. Der Erforschung des Alizarins folgte bald die des Indigos und seine Synthese (Heumann 1890). Aber auch ganz neue Farbstoffe, die Phthaleine, besonders das Fluoreszein Baeyers und das Eosin Caros, die Azofarbstoffe, die Grieß erschloß, die Indanthrenfarbstoffe (1901) und schließlich die Naphthol-AS-Farbstoffe konnten mit den Methoden und Verfahren der neuen organischen Chemie hergestellt werden. Jedoch wurden diese und andere industriell-technischen Produkte, die billig und für jeden erschwinglich sein sollten, unter Patent genommen und damit Forscherfleiß und Erfinderglück für Profitgier und Machtstreben ausgebeutet. In enger Verbindung mit der Produktion von Farbstoffen entwickelte sich die gesamte chemische Industrie an der Wende vom 19./20. Jh. mit ungekannter Schnelligkeit und in größtem Ausmaß. Es wurden nicht nur die Farbstoffe – und daneben andere Produkte wie Pharmaka oder Sprengstoffe – selbst hergestellt, sondern auch die für ihre Synthesen notwendigen anderen chemischen Hilfsstoffe und Rohmaterialien wie Säuren, Alkalien, Oxydations- und Reduktionsmittel, Benzol, Toluol, Anilin, Toluidin usw.

Neben der wissenschaftlichen Erforschung der Naturstoffe, zu denen durch die Arbeiten besonders von Willstätter und Stoll auch die Blatt- und Blütenfarbstoffe hinzukamen, gelang es den Chemikern nun, fast allen übrigen Naturstoffen das Geheimnis ihres chemischen Baus und ihrer Wirksamkeit abzuringen und sie selbst oder sogar noch wirksamere Derivate durch Synthese zu gewinnen.

Fischer vor allem untersuchte das große Gebiet der Kohlenhydrate, besonders der Zucker, und lieferte ein nahezu vollständiges Bild über die

452. Sir William Perkin. Er gewann 1856 als Schüler des damals in London wirkenden Chemikers August Wilhelm Hofmann bei seinen Versuchen, Chinin herzustellen, den ersten verwertbaren, synthetisch hergestellten Farbstoff, das Mauvein. Er gründete daraufhin die erste Fabrik der Welt für die Herstellung von Anilinfarbstoffen. Gemälde von A. S. Cope. National Portrait Gallery, London

453. Emil Fischer im Laboratorium. Der Nobelpreisträger für Chemie 1902 klärte die Zusammensetzung wichtiger Naturstoffe und Naturstoffgruppen. Bahnbrechend waren seine Forschungen über Zucker und Eiweiße. Aus: Fischer, E., Aus meinem Leben. Berlin 1922, gegenüber S. 82

verschiedenen natürlichen Zuckerarten, über ihre Zusammenhänge untereinander und ihre spezifischen Eigenheiten; die neuen Erkenntnisse der Stereochemie kamen ihm dabei zu Hilfe, und er entdeckte auch noch die stereochemische Spezifität der Fermente. Die Alkaloide wurden erforscht und die Forschungen durch die Synthese des Koniins (Ladenburg 1886), des Nikotins (Pictet 1886), des Kokains (Willstätter 1900), des Narkotins (Perkin jun. und Robinson 1911) u. a. m. gekrönt.

Ganz neue Möglichkeiten erschlossen sich nun der Heilmittelgewinnung, die bis ins zweite Drittel des 19. Jh. fast nur auf das Extrahieren natürlicher Heilstoffe angewiesen gewesen war. Von Kolbe wurde 1873 Salizylsäure synthetisiert und daraus die Azetylsalizylsäure, das Schmerzbekämpfungsmittel Aspirin, gewonnen. 1882 gelang die Herstellung von Phenazetin, 1883 die von Antipyrin, 1886 die von Sulfonal. Auch die Gewinnung des Zuckeraustauschstoffes Saccharin 1879 gehört in die Sparte der Erfolge, die die junge organische Chemie noch im 19. Jh. errang.

1893 erforschte Bredt mit Hilfe der Stereochemie die Struktur des Kampfers. Komppa gelang 1905 die Totalsynthese des Kampfers. Vor allem durch die systematischen Untersuchungen, die Wallach im 20. Jh. über die Terpene und Kampfer durchführte, wurde auch dieses, besonders für die Riechstoffindustrie wichtige Gebiet der organischen Chemie fast völlig

454. Linienspektrum. Aus ihrer Erkenntnis, daß das Linienspektrum der Atome eines Elements für dieses charakteristisch ist, entwickelten 1860 Bunsen und Kirchhoff die Spektralanalyse als neue empfindliche Analysenmethode der Chemie. Mit ihr entdeckte Bunsen 1860 die Elemente Caesium und Rubidium. Aus: Kirchhoff, G., und R. Bunsen, Chemische Analyse durch Spektralbeobachtungen. In: Annalen der Physik und Chemie. 20 (1860), S. 161–189, Tafel V

durchforscht. Es war für die Industrie interessant geworden durch die Synthese des Vanillins (Tiemann 1874), des Waldmeisteraromas Cumarin (Perkin 1868) und des Veilchenaromas Ionon (Tiemann 1893).

Periodensystem der Elemente Die Erfolge der organischen Chemie am Ende des 19. Jh. überstrahlen die Entwicklung der anorganischen Chemie im gleichen Zeitraum. Und doch waren diese Erfolge zu einem großen Teil von der exakten Kleinarbeit abhängig, die auf dem Gebiet der anorganischen Chemie besonders bezüglich der Klärung so grundlegender Begriffe wie Atom, Molekül, Äquivalent, Wertigkeit, der genauen Bestimmung der Atommassen und der Berechnung richtiger Formeln sowie bei den Bemühungen um eine Systematisierung der chemischen Elemente auf Grund innerer Verwandtschaft errungen wurden.

Vor allem den Arbeiten des Italieners Cannizzaro war es zu danken, daß die Avogadrosche Molekularhypothese und die in ihr enthaltenen Möglichkeiten zur exakten Berechnung der relativen Atommassen endlich von allen Chemikern anerkannt wurden. Er hatte seine Überlegungen und Schlußfolgerungen 1858 in seiner Schrift »Sunto di un corso di filosofia chimica« (Auszug aus einem Kurs der chemischen Philosophie) niedergelegt, die er auf dem ersten Chemikerkongreß in Karlsruhe 1860 verteilte. Nach Lothar Meyer, einem Teilnehmer des Kongresses, verbreitete diese Schrift eine solche Klarheit über die strittig gewesenen Probleme, daß es ihm »wie Schuppen von den Augen fiel; die Zweifel schwanden und das Gefühl ruhigster Sicherheit trat an ihre Stelle«.

Als Einheit für die Atommasse des Sauerstoffs wurde meist 16 (manchmal auch 100) festgelegt und alle Atom- und Molekülmassen darauf bezogen.

In der Zwischenzeit war, besonders durch neue Analysemethoden, eine große Anzahl neuer Elemente entdeckt worden, unter ihnen – durch Schmelzflußelektrolyse isoliert – Natrium, Kalium, Magnesium und Kalzium. Durch die Methoden der Spektralanalyse, die Bunsen und Kirchhoff weiterentwickelten, wurden 1860/61 die Elemente Zäsium, Rubidium und Thallium entdeckt, denen weitere folgten. Exakte Mineralanalysen hatten u. a. die Elemente Kadmium, Lanthan, Osmium, Palladium, Erbium und Terbium zutage gefördert, und schließlich entdeckten Rayleigh und Ramsay bei genauen Analysen über die Zusammensetzung der Luft in den neunziger Jahren die Edelgase.

Um 1860 waren etwa 60 chemische Elemente isoliert und die Zeit herangereift, sie in ein System zu bringen, das nicht von außen aufgeprägt, sondern nach inneren Beziehungen der Elemente angelegt war.

Solche inneren Beziehungen waren teilweise schon zu Beginn des 19. Jh. entdeckt und in den sog. Triadenregeln von Döbereiner bzw. dem Gesetz

455. Dimitri Iwanowitsch Mendelejew. Er stellte das Periodensystem der Elemente auf, indem er sie nach steigendem Atomgewicht nebeneinander schrieb. Nach jeweils sieben Elementen wiederholten sich die Eigenschaften. So schrieb er die chemisch ähnlichen Elemente jeweils untereinander und erhielt auf diese Weise ein System aus waagerechten Perioden und senkrechten Gruppen. Da zu seiner Zeit noch nicht alle Elemente entdeckt waren, ließ Mendelejew an den entsprechenden Stellen seines Systems Lücken und sagte diese Elemente mit ihren wichtigsten chemischen und physikalischen Eigenschaften voraus. Seine Voraussagen erfüllten sich vollständig. Dokomentarphoto

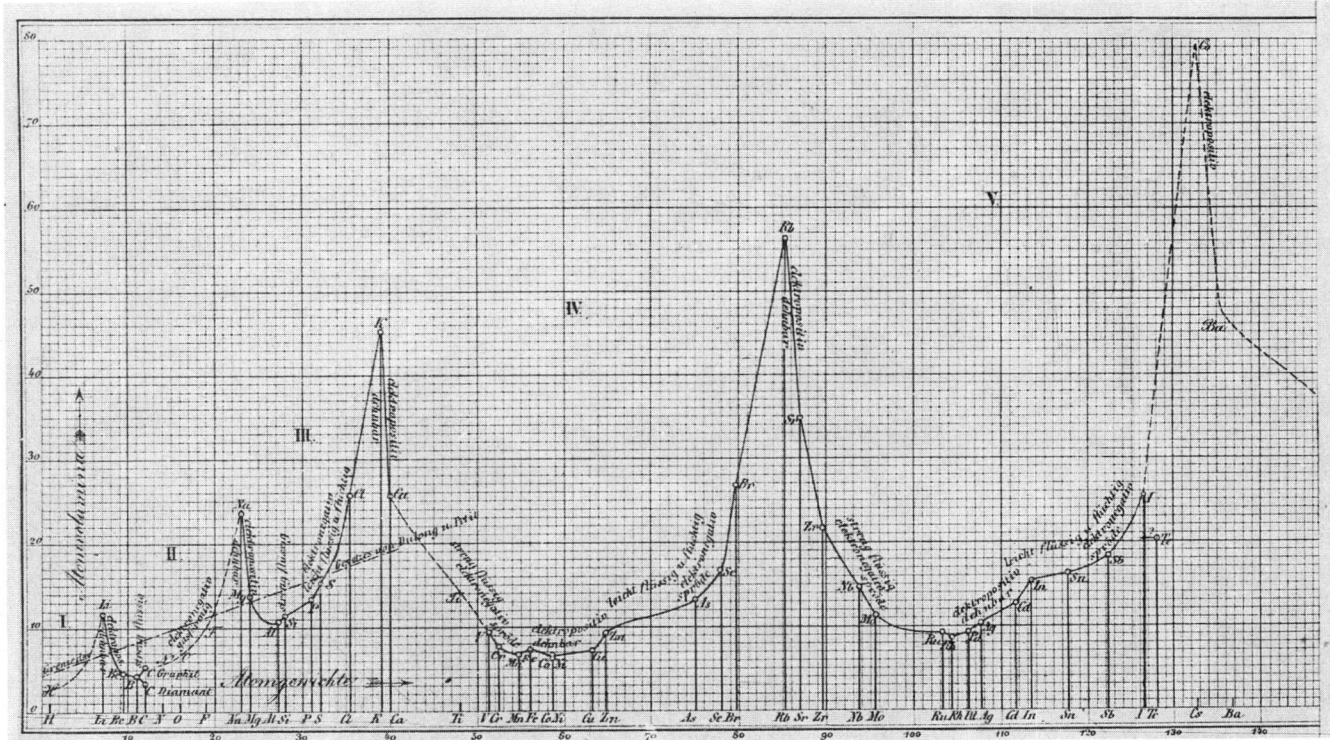

456. Darstellung des Periodensystems der chemischen Elemente bei Lothar Meyer. Unabhängig von Mendelejew gelangte der zuletzt an der Universität Tübingen wirkende Meyer zu der gleichen Anordnung der Elemente, dem Periodensystem. Aus: Meyer, L., Die Natur der chemischen Elemente als Function ihrer Atomgewichte. Annalen der Chemie und Pharmacie. VII. Supplementband (1870), S. 354–364

der Oktaven von Newlands zum Ausdruck gebracht worden. Ersterer hatte 1817 und 1829 solche Triaden wie Li-Na-K, Ca-Sr-Ba entdeckt, in denen die Atommasse des mittleren Elements jeweils das arithmetische Mittel der beiden anderen bildete. Newlands beobachtete, daß bei Aneinanderreihung der Elemente nach steigender Atommasse jedes achte Element dem ersten in seinen Eigenschaften ähnelte; die Edelgase waren damals noch nicht entdeckt. 1820 schließlich äußerte der Engländer Prout die Ansicht, daß die Atommassen aller Elemente einfache Vielfache der Masse des Wasserstoffatoms (= 1) und daher auch alle Atommassen ganzzahlig wären.

Nachdem die Atommassebestimmungen seit Cannizzaro mit großer Sicherheit durchgeführt werden konnten, waren es der russische Chemiker Mendelejew und fast gleichzeitig und unabhängig von ihm Lothar Meyer in Deutschland, die 1869 natürliche Systeme der chemischen Elemente vorlegten. Über seine Arbeitsweise berichtete Mendelejew: »Man muß eine funktionale Abhängigkeit zwischen den individuellen Eigenschaften der Elemente und ihrem Atomgewicht suchen. Etwas suchen – seien es nun Pilze oder irgendeine Abhängigkeit – kann man nicht anders, als indem man zusieht und probiert. Da begann ich nun, nachdem ich auf getrennten Kärtchen die Elemente mit ihren Atomgewichten und Grundeigenschaften aufgeschrieben hatte, die ähnlichen Elemente und nahe beieinander liegenden Atomgewichte zu sammeln – dies führte mich schnell zu der Schlußfolgerung, daß die Eigenschaften der Elemente in einer periodischen Abhängigkeit von ihrem Atomgewicht stehen...«

Während Meyer die Elemente nach steigenden Atomvolumina geordnet hatte und nach jeweils sieben Elementen periodisch wiederkehrende Ähnlichkeiten der Elemente entdeckte, hatte Mendelejew diese Gesetzmäßigkeit bei der Anordnung der Elemente nach steigenden Atommassen beobachtet. Er schrieb alle damals bekannten Elemente untereinander, und nach jeweils sieben Elementen begann er eine neue Spalte, so daß senkrechte und waagerechte Gruppen entstanden. In den senkrechten Gruppen entfernten sich die Ähnlichkeiten der Elemente immer mehr, in den waagerechten dagegen kamen alle sich ähnelnden Elemente nebeneinander zu stehen, allerdings nur dann, wenn Mendelejew Lücken in seinem System ließ für – wie er richtig vermutete – damals noch unbekannte Elemente. Sein System von 1869 verbesserte er fortwährend. Lücken ließ Mendelejew neben den Elementen Bor, Aluminium und Silizium für noch unbekannte Elemente, deren wesentliche physikalische und chemische Eigenschaften er ebenfalls voraussagte. Als diese Elemente dann tatsächlich entdeckt wurden, feierte die anorganische Chemie einen ihrer größten Triumphe im 19. Jh. Mendelejews Voraussagen für die – später so genannten – Elemente Gallium, Scandium und Germanium, die 1875, 1879 und 1886 entdeckt wurden, stimmten fast völlig mit den tatsächlichen Werten überein.

Die Systeme von Mendelejew und Meyer, die im Prinzip identisch sind, ließen eine Gesetzmäßigkeit erkennen, die ihren Grund im Aufbau, in der Struktur der Materie haben mußte und die vermuten ließ, daß die Atome der Elemente nicht atomos = unteilbar, sondern aus noch kleineren Teilchen aufgebaut sind.

Diese Vermutung bestätigte sich, als es Becquerel, Pierre und Marie Curie um die Jahrhundertwende gelang, den radioaktiven Zerfall der Atome experimentell nachzuweisen. Aus den Erkenntnissen, die vor allem Physiker wie Rutherford, Bohr, Moseley, Soddy, Aston usw. gewannen, wurden nicht nur der Bau der Atome der einzelnen Elemente deutlich und die Ursachen für ihre Reaktionsfähigkeit, ihre chemischen Eigenschaften sowie die Art und Weise ihrer Verbindungsbildung aufgedeckt, sondern auch die Gründe für die Periodizität der Eigenschaften der Elemente in Abhängigkeit von ihren Atommassen im Periodensystem der Elemente nun verständlich. Auf der Basis der neuen Erkenntnisse der Physik konnte das Periodensystem vervollständigt werden; die Elemente wurden nach steigender Kernladungszahl, die der Anzahl der Protonen eines Elementatoms entsprechen, nebeneinander und untereinander angeordnet. Die so entstehenden waagerechten Perioden entsprachen den Schalen des Rutherfordschen Atommodells; in den senkrechten Gruppen stehen alle die Elemente untereinander, die die gleiche Anzahl von Elektronen auf ihrer Außenschale tragen.

Chemische Großindustrie In dem Maße, wie die Chemiker tieferen Einblick in die Zusammensetzung der Stoffe und in ihre Strukturen sowie in die Gesetze gewannen, nach denen sich die chemischen Umwandlungen vollziehen, waren sie in der Lage, die neuen chemischen Erkenntnisse industriell-technisch immer besser auszunutzen. Sie wandten ihr Wissen nicht mehr nur zur Verbesserung bereits vorhandener Produktionszweige wie der Sodagewinnung nach Leblanc, der Schwefelsäuregewinnung nach dem Bleikammerverfahren oder der Bleichmittelherstellung auf der Basis des Chlors an. In zunehmendem Maße wurde die chemische Wissenschaft zum Ausgangspunkt neuer industrieller Unternehmungen, wurden neue chemi-

457. Originalapparat von Robert Bunsen zur Bestimmung der quantitativen Zusammensetzung der Verbrennungsprodukte. Deutsches Museum, München

458. Geräte für gasometrische Analysen in der zweiten Hälfte des 19. Jh., nach Robert Bunsen. Gasanalysen dienen der Untersuchung der chemischen Zusammensetzung von Gasgemischen. Bunsen entwickelte die Methoden der Gasometrie seit der ersten Hälfte des 19. Jh. Es gelang ihm, die chemischen Vorgänge bei der Kupfer- und Eisenerzeugung in den verschiedenen Zonen des Hochofens zu erfassen, eine Theorie des Verhüttungsprozesses zu entwickeln und das Verfahren energetisch zu rationalisieren. Aus: Bunsen, R., Gesammelte Abhandlungen. Hrsg. von W. Ostwald und M. Bodenstein. 2. Bd. Leipzig 1904, S. 353, Fig. 17

459. Von William Henry Perkin beschriebener Apparat zur Herstellung von Nitrobenzol. Das durch Nitrieren von Benzol hergestellte Nitrobenzol liefert bei der Reduktion Anilin, das in der zweiten Hälfte des 19. Jh. wichtigste Ausgangsmaterial für die Gewinnung von synthetischen, sog. Anilinfarbstoffen. Aus: Bolley, P. A., Das Handbuch der chemischen Technologie. 5. Bd. Braunschweig 1870, S. 258, Fig. 58

sche Produktionszweige auf der Grundlage der neuen chemischen Erkenntnisse gegründet.

Zur Herstellung synthetischer Farbstoffe wurde eine Reihe kleiner und größerer Farbstoffabriken in der ganzen Welt errichtet. Deutschland, das fast ausschließlich auf den Import von Naturfarbstoffen angewiesen gewesen war, entwickelte diesen Zweig chemischer Technik besonders intensiv und sah sich bereits vor dem ersten Weltkrieg im Besitz eines der größten Chemiekartelle der Welt, das vor allem aus der Badischen Anilin- und Sodafabrik hervorgegangen war. Hier wurden nicht nur Farbstoffe hergestellt, sondern auch die Hilfsstoffe für die Farbstoffsynthesen wie Soda, konzentrierte Schwefelsäure, Arsensäure, Ammoniak, Salpetersäure u. a. m.

Daneben produzierten diese und andere Werke vor allem Heilmittel, durch deren patentrechtlichen Schutz sich Deutschland eine Monopolstellung eroberte. In den Laboratorien dieser Chemiegiganten wurden auch andere, industriell bedeutsame Naturstoffe wie ätherische Öle und Kautschuk untersucht und deren Synthesen aus Kohle versucht. Kautschuk synthetisch, durch Polymerisation aus seinen Bausteinen Butadien bzw. Isopren, herzustellen, versuchten 1905 Hofmann und Harries in Deutschland. Auch in Rußland bemühten sich Chemiker wie Ipatijew und Lebedjew erfolgreich um eine Kautschuksynthese. Kurz vor dem ersten Weltkrieg gelang es dann in den Laboratorien der BASF, sog. Methylkautschuk zu produzieren, der noch relativ spröde war und erst in den zwanziger Jahren durch gute Synthesekautschuksorten ersetzt werden konnte.

So entwickelten sich zwischen 1900 und 1920 in den fortgeschrittenen

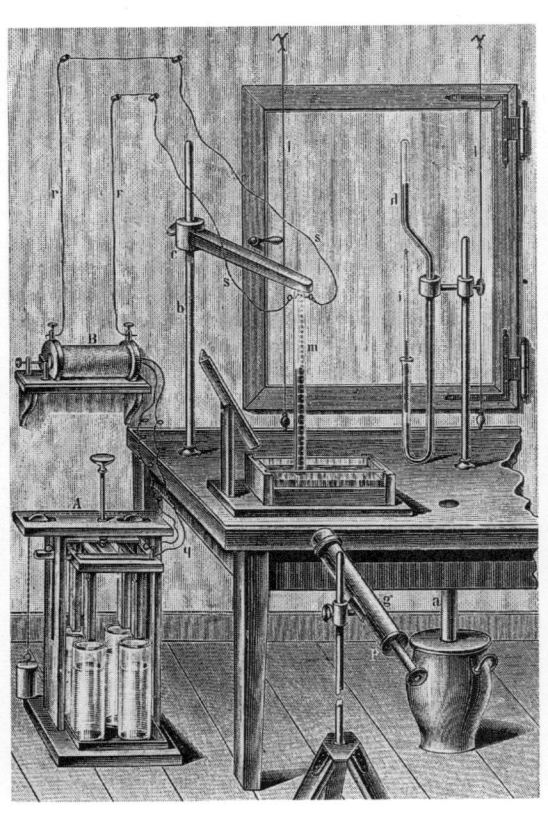

460. Gasanstalt im 19. Jh. Am Ende des 18. Jh. wurde das beim Erhitzen aus Kohle gewonnene Gas erstmals für Beleuchtungszwecke eingesetzt. Gaswerke baute man zuerst in Großbritannien, seit 1811 auch in Deutschland. Der bei der Kohleentgasung anfallende Teer stellte eine wichtige Rohstoffquelle dar, da hieraus durch Destillation Ausgangsmaterialien für die Herstellung von Farbstoffen, Pharmaka, Explosivstoffen u. a. m. gewonnen werden. Aus: The Illustrated London News. London 1878

Ländern sowohl die anorganische als auch die organisch-chemische Industrie zu führenden Industriezweigen. Schon 1861 hatte der Belgier Solvay ein neues Verfahren der Sodabereitung aus Kochsalz gefunden, das rentabler und mit weniger Nebenprodukten belastet war als das Leblanc-Verfahren. Er setzte Kochsalz mit Ammoniak und Kohlendioxid zu Natriumhydrogenkarbonat um, aus dem er durch Kalzinieren Soda gewann. Anfangs dienten als Ammoniakquelle die Abwässer der Gasfabriken; nach der erfolgreichen Ammoniaksynthese durch Haber und Bosch konnte man auf diesen Rohstoff zurückgreifen. Allerdings wurden seit 1884 in zunehmendem Maße Alkalien großtechnisch auf der Grundlage der Erkenntnisse der neuen Elektrochemie durch Elektrolyse von Kochsalzlösungen gewonnen. Neben Natriumhydroxid konnte man dabei direkt Chlor herstellen.

Auch Schwefelsäure wurde gegen Ende des 19. Jh. nach einem neuen Verfahren bereitet. In den achtziger Jahren war es Winkler teilweise, um 1900 Knietsch aber erfolgreich geglückt, Schwefeldioxid und Sauerstoff katalytisch mittels Platin, ohne Gegenwart von Salpeter zu vereinigen (Kontaktverfahren) und so die für organische Synthesen benötigte konzentrierte Schwefelsäure direkt herzustellen.

461. Apparat, mit dem Fritz Haber 1908 Ammoniak synthetisch aus Wasserstoff und dem Stickstoff der Luft herstellte. Die Ammoniaksynthese ist eine der bedeutendsten chemischen Großsynthesen und war u. a. Voraussetzung für die synthetische Gewinnung von Salpetersäure. Beide Verbindungen werden zur Herstellung von Düngemitteln, Sprengstoffen und in der organischen Chemie für alle Nitrierungen benötigt. Firmenarchiv BASF, Hoechst

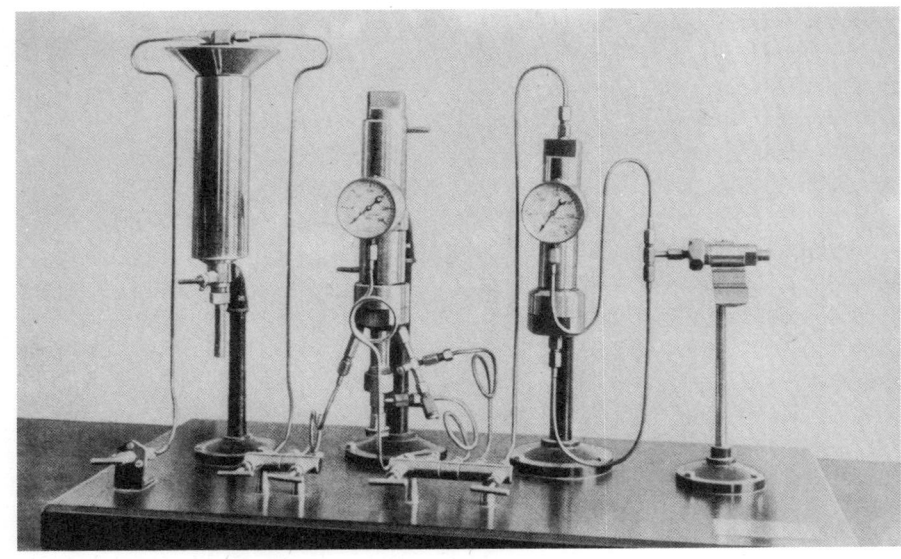

462. Karikatur auf die Erfindung der Schießbaumwolle. Die von dem vielseitigen Baseler Chemiker Christian Friedrich Schönbein 1846 gefundene nitrierte Zellulose war ein neuer Sprengstoff, der das alte Schwarzpulver verdrängte. Schießbaumwolle ist ein höchst explosibler Stoff mit 30% Wassergehalt, gegen Stoß und Flammenzündung unempfindlich, läßt sich jedoch mit einer Sprengkapsel zur Detonation bringen. Sie wurde zum Füllen von Seeminen und Torpedoköpfen verwendet. Aus: Illustrirte Zeitung, Bd. 7. Leipzig 1846, S. 349

Die erfolgreiche Ammoniaksynthese basierte vor allem auf den Untersuchungen Nernsts über das Ammoniakgleichgewicht unter Druck (1908), auf Arbeiten Habers über Osmium und Uran als Katalysatoren, auf Untersuchungen der BASF (Bosch; Mittasch) über die Aktivierung von Katalysatoren sowie schließlich auf der Konstruktion widerstandsfähiger Kontaktrohre durch Bosch. Die BASF-Werke Oppau erzeugten 1913 erstmals Ammoniak technisch aus Luftstickstoff; 1917 wurden die Leuna-Werke bei Merseburg in Betrieb genommen. Damit war in Deutschland die Rohstoffbasis für die Sodagewinnung und für die Herstellung von Düngemitteln, aber auch von Salpetersäure (über die katalytische Oxydation von Ammoniak) und damit von Sprengstoffen für den ersten Weltkrieg gesichert.

Schon um 1845 hatte Schönbein einen explosiblen Stoff beim Nitrieren von Zellulose, die Schießbaumwolle, entdeckt. Einen neuartigen Sprengstoff fand Sobrero um 1860, als er Salpetersäure auf Glyzerin einwirken ließ und Nitroglyzerin herstellte. Beide wurden in die Sprengtechnik eingeführt. 1867 stellte Nobel Nitroglyzerin großtechnisch her. Die Schlagempfindlichkeit verhinderte er einige Jahre später dadurch, daß er es von Kieselgur aufsaugen ließ. Dieses »Dynamit« war nun gefahrlos über weite Strecken transportierbar.

Die Versuche, Zellulose durch Einwirkung chemischer Agenzien löslich zu machen, führten aber auch zur Begründung einer Kunstfaserindustrie. Es gelang zu Beginn des 20. Jh., die gelöste Zellulose durch Spinndüsen in ein Fällbad zu drücken, wodurch sie in Form feiner Fäden wieder ausgefällt wurde. Als Lösungsmittel dienten vor allem Schwefelkohlenstoff für Viskoseseide, Eisessig für Azetatseide und Kupfer(II)-salze in ammoniakalischer Lösung für die Herstellung von Kupferkunstseide. Neben diesen Hauptzweigen der sich immer mehr ausweitenden chemischen Großindustrie müssen vor allem noch die Düngemittel-, die Zündholz-, die elektrochemische und die photographische Industrie erwähnt werden, die das Gesicht der Industriestaaten Europas und Amerikas zu Beginn des 20. Jh. ganz entscheidend prägen.

Biologie und Entwicklungsgedanke

Seit der Mitte des 19. Jh. war die Biologie durch ihre Fortschritte in starkem Maße weltanschaulich wirksam. Viele ihrer Aussagen wurden zum Gegenstand dramatischer weltanschaulicher Auseinandersetzungen; dies betraf insbesondere die Abstammungslehre.

Abstammungslehre Im Jahre 1859 erschien das aufsehenerregende Buch »On the Origin of Species by means of Natural Selection« (Über den Ursprung der Arten durch natürliche Zuchtwahl) des Engländers Charles Darwin. Während Lamarck seine Vorstellungen über die Evolution der Lebewesen im wesentlichen auf allgemeine Überlegungen gestützt hatte, konnte Darwin überzeugendere Beweise vorlegen. Er verlieh dem Gedanken der Evolution der Lebewesen den Rang einer wissenschaftlichen Theorie und befreite ihn von dem Ruf einer naturphilosophischen Spekulation.

Im Alter von 22 Jahren hatte der junge Darwin nach wenig erfolgreichen Studien der Medizin und der Theologie die Gelegenheit, als Naturforscher an einer Weltreise (1831 bis 1836) an Bord des Schiffes »Beagle« teilzunehmen. In den Pampas von Argentinien grub er fossile Säugetiere aus, deren verwandte kleinere Arten noch heute leben. Die in einem großen Teil Argentiniens verbreitete Straußenart Nandu fand er südlich des Flusses Rio Negro durch eine andere, aber ähnliche Art ersetzt. Vor allem aber wurde Darwin beeindruckt von Merkwürdigkeiten in der Tierwelt auf den Galapagosinseln, die im Pazifischen Ozean vor der Küste von Ekuador liegen. Hier lebten zahlreiche Arten der Grundfinken, heute auch Darwin-Finken genannt. Diese Arten gehörten ohne Zweifel in einen einzigen Verwandtschaftskreis, aber sie unterscheiden sich auch durch bestimmte, vor allem mit der Lebensweise verbundene Merkmale voneinander. Jede Insel schien

463. Grundfinken (»Darwin-Finken«) von den Galapagos-Inseln. Diese von Charles Darwin während seiner Weltreise untersuchten Vögel gaben ihm wesentliche Anregungen, über die Herkunft der Arten nachzudenken. Aus: Darwin, Ch., Ein Naturforscher reist um die Erde. Aus dem Englischen übersetzt von J. Viktor Carus. Stuttgart 1875, S. 436

mit eigenen Formen ausgestattet zu sein. Es mußte sich die Frage aufdrängen, ob wirklich eine übernatürliche Schöpfung eine solche eigenartige Formenvielfalt hervorgebracht haben sollte. Auch bei den Schildkröten wies jede Insel ihre besondere Form auf. Diese abgestuften Ähnlichkeiten ließen sich nach Darwins Auffassung nur durch gemeinsame Abstammung der verwandten Arten erklären.

Fast nur zögernd wagte Darwin seine ersten Gedanken über Abstammung zu äußern. An den Botaniker Hooker, einen seiner besten Freunde, schrieb er 1844: »Ich war so frappiert über die Verbreitung der Organismen auf den Galapagosinseln usw. usw. und über den Charakter der amerikanischen fossilen Säugetiere usw. usw., daß ich mich entschloß, blindlings alle Arten von Tatsachen zu sammeln, welche sich in irgendeiner Weise auf die Frage beziehen, was Species sind... — Endlich kamen Lichtstrahlen, und ich bin beinahe überzeugt (der Meinung, mit welcher ich an die Frage herantrat, völlig entgegengesetzt), daß die Species nicht (mir ist, als gestände ich einen Mord ein) unveränderlich sind.«

Auch viele andere Ergebnisse der Biologie in der ersten Hälfte des 19. Jh. sprachen für den Abstammungsgedanken. Die zunehmende Erforschung der Gesteinsschichten der verschiedenen Erdzeitalter ließ es immer offensichtlicher werden, daß von den älteren zu den jüngeren Zeitaltern ein Fortschritt in der Welt der Lebewesen stattgefunden hatte. In den ältesten Schichten fanden sich nur Wassertiere; seit der Steinkohlenzeit gab es Lurche und schließlich Reptilien; im Erdmittelalter (Mesozoikum) traten Vögel und einfache Säugetiere auf, und im Tertiär entfalteten sich die Säugetiere in reicher Formenbildung.

Von der Pflanzenwelt fand man in den ältesten Schichten als höchste Formen nur Tange; in der Steinkohlenzeit erschienen in reichem Maße Schachtelhalme, Bärlappe, Farne und schließlich auch die ersten Nadelhölzer; seit der Kreidezeit gibt es bedecktsamige Blütenpflanzen.

Vor Darwin erklärte aber fast niemand diese Progression der Lebewesen in der Erdgeschichte durch die Evolutionsvorstellung. Statt dessen sprach man von Schöpferkraft der Natur und ähnlichem; letzten Endes aber blieb dieser Wandel der Organismen rätselhaft, fast mysteriös.

Die vergleichende Anatomie und die Embryologie hatten erstaunliche Gemeinsamkeiten in Bau und Keimesentwicklung bei den verschiedenen Organismengruppen aufgedeckt.

Von besonderer Bedeutung für die Ausarbeitung der Abstammungslehre war, daß Darwin sich eingehender mit der Tätigkeit der Züchter befaßte, die im England seiner Zeit neue Sorten und Rassen bei Zierpflanzen und Tauben, Hunden und Pferden zu erhalten suchten.

Darwins besonderes Verdienst besteht darin, daß er auch erklärte, auf welche Weise die Evolution vor sich ging und wie es dazu kam, daß die Lebewesen Eigenschaften erhielten, die ihnen für ihre Lebensweise von Vorteil sind, also Anpassungen darstellen. Darwin entwickelte hierzu seine Selektionstheorie: Ausgangsmaterial des Evolutionsprozesses sind die kleineren und größeren Variationen, die bei zahlreichen Lebewesen auftreten. Die Lebewesen vermehren sich im allgemeinen so reichlich, daß sie bald die ganze Erdoberfläche ausfüllen würden: Viele Individuen werden also vor der Fortpflanzungsreife ausgemerzt. Individuen, die Variationen

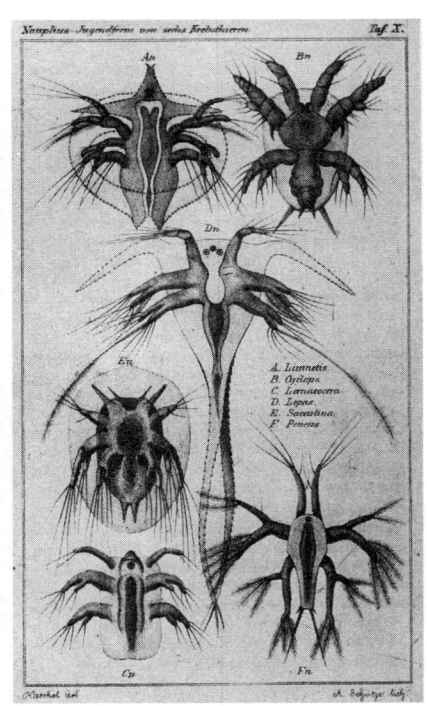

464. »Nauplius Jugendform von Krebstieren«. Illustration zu Ernst Haeckels »Biogenetischem Grundgesetz«. Nach der Begründung der Evolutionstheorie wurde die Embryonalentwicklung der verschiedenen Lebewesen unter neuen Gesichtspunkten betrachtet. Nach Haeckels Auffassung sollten in der Embryonalentwicklung eines Organismus dessen phylogenetischen Vorfahren-Stadien wiederholt werden. Aus: Haeckel, E., Natürliche Schöpfungsgeschichte. 3. Aufl. Berlin 1872, Tafel X

465. Charles Darwin, der im Alter von 22 Jahren Teilnehmer einer etwa fünfjährigen Weltreise auf dem Vermessungsschiff »Beagle« wurde, gelangte durch Beobachtungen auf dieser Reise zu einer Theorie über die Umwandlung der Arten. Den vor ihm nur hypothetisch geäußerten Gedanken der Evolution der Organismen arbeitete er zu einer durch viele Fakten gestützten Theorie aus (1859). Aquarell von George Richmond, Royal College of Surgeons, London

besitzen, die ihnen vorteilhaft sind, werden durchschnittlich mehr Überlebenschancen haben als die anderen. Die jahrmillionenlange Auslese der begünstigten Lebewesen habe schließlich die Evolution von den primitivsten Lebewesen bis zum Menschen bewirkt.

Die Abstammungslehre widersprach dem Schöpfungsmythos der Bibel und rief bald den Widerspruch kirchlicher Kreise hervor.

In England gab es 1860 erste Auseinandersetzungen, als auf der Versammlung der British Association for the Advancement of Science der bedeutende Darwin-Anhänger Huxley und der Bischof von Oxford, Wilberforce, in ein Rededuell gerieten. Der Bischof versuchte, die Abstammungslehre lächerlich zu machen, indem er Huxley fragte, ob er über seine

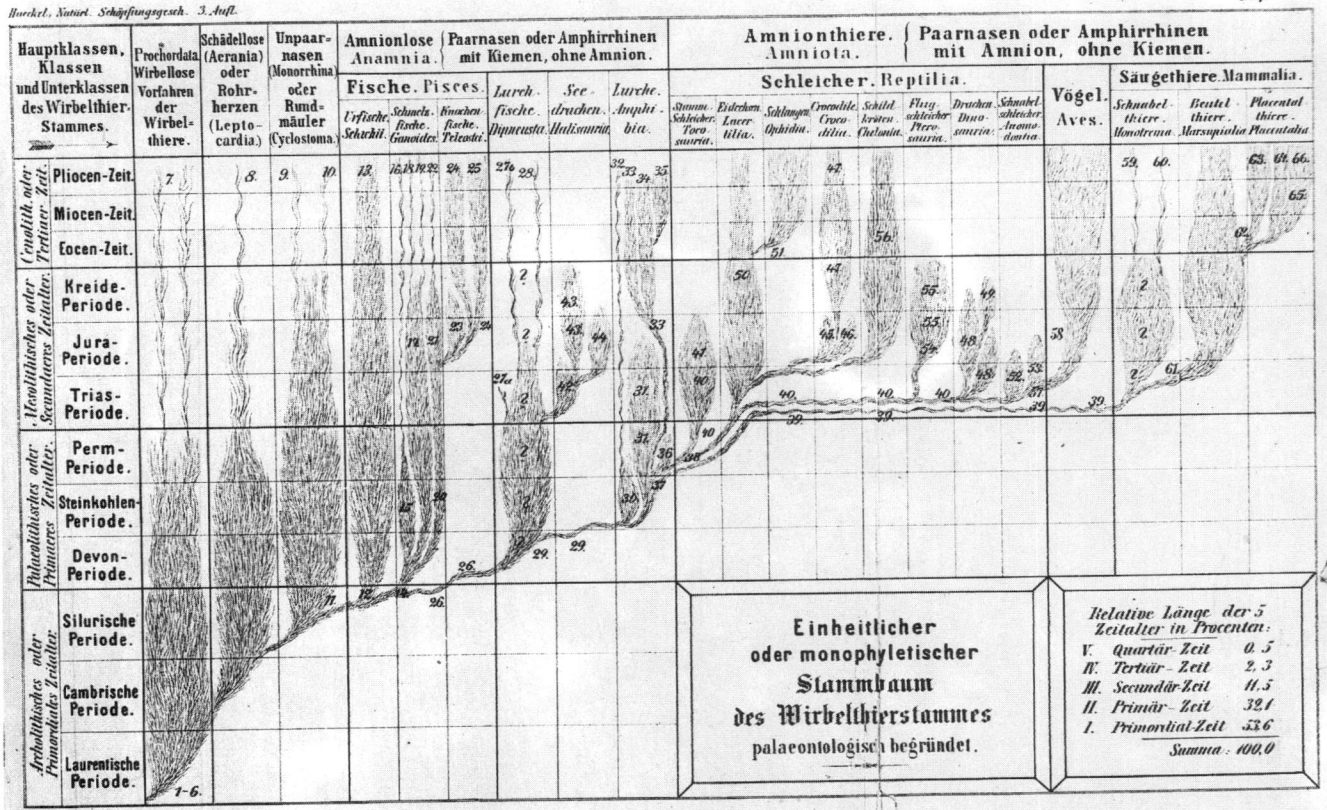

466. Stammbaum der Organismen von Ernst Haeckel. In Form der Stammbäume versuchten Haeckel und bald auch andere Forscher darzustellen, wie sich die Organismengruppen auseinander entwickelt haben. Über die Abstammungsverhältnisse gab es aber auch viele Meinungsverschiedenheiten. Aus: Haeckel, E., Natürliche Schöpfungsgeschichte. 3. Aufl. Berlin 1872

467. »Pithecanthropus europaeus«. Die Evolutionstheorie Darwins fand vor allem auch deshalb so große Aufmerksamkeit, weil sie die Herkunft des Menschen auf natürliche Weise zu erklären versprach. Besonders unter dem Einflusse von Haeckel wurde das zwischen Menschenaffen und Menschen vermutete »missing link« gesucht. Mit seiner Darstellung griff der Maler Gabriel Max den späteren Funden vor. Das Bild hängt heute noch in Haeckels ehemaligem Arbeitszimmer. Ernst-Haeckel-Haus, Jena

Großmutter oder über seinen Großvater mit den Affen verwandt wäre. Ein Teilnehmer bezeugt: »Die Aufregung war fürchterlich... Man schätzte die Zahl der Anwesenden auf 700 bis 1000...« Huxley antwortete u. a., daß der Gedanke der Herkunft von einem einfachen Lebewesen keine Schande ist. Viel mehr würde er sich eines Vorfahren schämen, der sich in wissenschaftliche Fragen einließe, mit denen er nicht eingehend bekannt ist.

Besonders großen Anklang fand die Abstammungslehre bald in Deutschland, wo das Bürgertum noch immer gegen die mit der Kirche verbundenen feudalen Gruppen um politische Macht rang, und in Rußland, wo eine fortschrittliche Weltanschauung eine wichtige ideologische Waffe im Kampf gegen die zaristische Selbstherrschaft darstellte. Von vielen bedeutenden Persönlichkeiten der Jahre nach 1859 kennen wir Zeugnisse, die von ihrer Erschütterung und Begeisterung bei der Bekanntschaft mit der Lehre Darwins sprechen und die sie als geistige Befreiung aufnahmen.

Zu einem der wirkungsvollsten Propagandisten der Abstammungslehre wurde Haeckel, der 1865 den Lehrstuhl für Zoologie an der Universität Jena übernahm und zahlreiche Hörer aus aller Welt anzog. Haeckel wollte u. a. die stammesgeschichtlichen Beziehungen der verschiedenen Organismengruppen darstellen und entwarf mit die ersten Stammbäume. Mit seinem populärwissenschaftlichen Buch »Die Welträtsel« erreichte er Millionen Leser.

In Zürich hielt Dodel wirkungsvolle Vorträge über die Lehre Darwins. Er

468. Hugo de Vries im Versuchsgarten mit seiner Versuchspflanze Oenothera lamarckiana (Nachtkerze). Der vielseitige niederländische Biologe gewann wichtige neue Auffassungen über die Abänderungen der Organismen. Für die Evolution von Bedeutung sind nach ihm allein die Mutationen, sprunghafte und vererbte Abänderungen, die auch bei der Kreuzung mit nichtveränderten Individuen nicht verlorengehen. Zwar mußte vieles noch korrigiert werden, aber die »Mutationstheorie« war ein wichtiger Schritt in der Entwicklung der Evolutionstheorie. Dokumentarphoto

prangerte vor allem an, daß man sich zwar in Kreisen der sog. Gebildeten mit der Abstammungslehre beschäftigen durfte, aber in der normalen Volksbildung weiterhin nur die mosaische Schöpfungsgeschichte gelehrt wurde.

Die Klärung offener Fragen der Evolution setzte Fortschritte einiger anderer Disziplinen der Biologie voraus und bedingte sie zugleich. Die Entstehung der Variationen konnte nur im Zusammenhang mit der Entwicklung der Vererbungslehre geklärt werden. Die wissenschaftlichen Auseinandersetzungen in der Evolutionstheorie betrafen vor allem die Ursachen der Evolution. Viele Forscher vertraten noch lange die Auffassung, daß Umweltveränderungen die Lebewesen bleibend, d. h. erblich verändern, zumindest bei genügender Zeitdauer. Der namhafte Freiburger Zoologieprofessor Weismann gelangte aus allgemeineren Überlegungen sowie durch Experimente zur Ablehnung dieser »Vererbung erworbener Eigenschaften«. Der Körpersubstanz (Soma) der Organismen standen nach Weismann die potentiell unsterblichen Keimzellen gegenüber. Veränderungen der in den Chromosomen der Keimzellen gelegenen Erbeinheiten sollten die für die Evolution bedeutsamen Variationen hervorbringen, die dann der »Allmacht der Naturzüchtung« unterworfen wurden. Er unterschied die nichterblichen, für die Evolution daher belanglosen Variationen, von den vererbbaren Abänderungen.

Besonderes Verdienst besitzt bei diesen Forschungen der niederländische Botaniker de Vries, der glaubte, bei der gelbblühenden Nachtkerzenart Oenothera lamarckiana zahlreiche derartige erbliche Abänderungen entdeckt zu haben. Diese erblichen Abänderungen nannte er »Mutationen«.

In der weiteren Entwicklung der Biologie galt den Mutationen die besondere Aufmerksamkeit der Forscher. Da zunächst nur die auffälligeren betrachtet wurden und diese relativ selten auftreten, geriet bei manchen Forschern die Abstammungslehre insgesamt noch einmal in Zweifel. Durch Vererbungsforscher wie Baur und Morgan wurde bekannt, daß aber kleinere Mutationen keine so große Seltenheit sind, daß also die Erklärung des Evolutionsvorganges durchaus möglich ist.

Parasitenforschung · Mikrobiologie In der Zeit von 1850 bis 1920 erlebten viele Zweige der Biologie einen weiteren Aufschwung; darüber hinaus entstanden bedeutende neue Disziplinen der Biologie.

Noch im 19. Jh. forderten Seuchen wie Cholera, Pest, Diphtherie, Scharlach, Tuberkulose und Syphilis Hunderttausende Opfer, sogar in den fortgeschrittenen Ländern der Erde, von den Kolonialländern und unterentwickelten Regionen der Erde gar nicht zu reden. Infektionskrankheiten standen an der Spitze der Todesursachen.

Von Bedeutung für Hygiene und Landwirtschaft war die Aufklärung der Lebenszyklen von parasitischen Organismen. Küchenmeister und von Siebold konnten durch ihre Forschungen die Wirtswechsel der Bandwürmer nachweisen, Zenker klärte den Entwicklungsgang der Trichinen.

Die Gebrüder Tulasne in Frankreich und besonders der Botaniker de Bary gewannen wichtige Erkenntnisse über die an Pflanzen parasitierenden Pilze. Durch Pilze verursachte Krankheiten wie die Krautfäule der Kartoffeln oder der Getreiderost hatten teilweise immense Schäden an landwirtschaftlichen Kulturen angerichtet. Viele sahen die parasitierenden Pilze als Folge, nicht als Ursache dieser Krankheiten. Als besondere Leistung auf dem Gebiet gilt de Barys experimenteller Nachweis vom Wirtswechsel des Getreiderosts zwischen Getreide und Berberitze.

Ebenfalls von herausragender praktischer Bedeutung war die Erschließung der Welt der Kleinlebewesen, der Mikroben, vor allem der Bakterien. Der Begründer der Mikrobiologie war der Franzose Pasteur. Er wies nach, daß alle Gärungs- und Fäulnisvorgänge, also die Bereitung von Bier, Wein oder Essig ebenso wie das Verrotten von Abfällen, an die Lebenstätigkeit von Mikroben gebunden sind. Es galt dabei noch nachzuweisen, daß diese Mikroben nicht spontan durch Urzeugung aus lebloser Substanz hervorgebracht werden, sondern nur durch Teilung von ihresgleichen sich entwickeln können. Pasteur erdachte für die eindeutige Widerlegung der Anhänger der Urzeugung sinnreiche Apparaturen und bestieg den Gletscher am Montblanc, um in der keimfreien Luft zu experimentieren.

Es war auch schon seit längerer Zeit vermutet worden, daß die ansteckenden Krankheiten durch übertragbare Mikroorganismen verursacht werden. Den eindeutigen Beweis für diese Auffassung lieferte Koch 1876 für den Milzbrand. Er fand geeignete Nährböden zur Züchtung der Bakterien in Reinkultur, lernte, die Bakterien zu färben und durch das Mikroskop zu photographieren. Bald setzte die Suche nach den Erregern der verschiedenen Infektionskrankheiten ein. Koch selbst entdeckte noch die Erreger der Tuberkulose und der Cholera; andere Forscher fanden in den folgenden Jahrzehnten u. a. die Erreger für Pest, Diphtherie und Tetanus.

Die Kenntnis von den krankheitserregenden Mikroben hatte große Bedeutung für die Durchsetzung hygienischer Lebensbedingungen, die in den dichtbesiedelten Großstädten zur Notwendigkeit geworden waren. Die Bekämpfung von Infektionskrankheiten wurde möglich, als man herausfand, daß der Körper gegen eingedrungene Krankheitserreger Abwehrmechanismen entwickelt, deren Bildung beeinflußt werden kann. Pasteur fand zuerst bei der Hühnercholera und beim Milzbrand, daß Krankheitserreger in so abgeschwächter Form herangezüchtet werden konnten, daß sie nach dem Einspritzen in den Körper diesem nicht schaden, aber gegen die

469. Louis Pasteur im Laboratorium. Der weitbekannte und vielgeehrte französische Naturforscher war der hauptsächliche Begründer der Mikrobiologie. Er wies nach, welche Rolle die Mikroben bei vielen Vorgängen in der Natur, bei Fäulnis, Gärung und Krankheitsentstehung, spielen. Gegen einige Krankheiten entwickelte er die Impfung. Gemälde von Albert Edelfelt (1889). Musée d'Histoire, Versailles

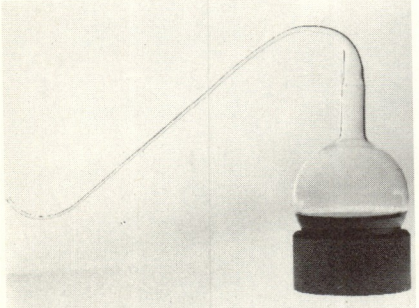

470. Glasgefäß, mit dem Louis Pasteur die vermutete Urzeugung von Mikroben endgültig widerlegte. Er wies nach, daß Gärung und Fäulnis auf die Lebenstätigkeit von Mikroorganismen zurückgehen, die sich überall, in Luft, Wasser und anderswo, befinden. Mikroben entstehen also nicht als Folge der Fäulnis, sondern sind die Ursache des Verfaulens. Institute Pasteur, Paris

eingeführte Erregerart spezifische Abwehrstoffe hervorrufen. Der geimpfte Organismus wird also immunisiert; allerdings wurden diese Vorgänge erst nach 1900 durch neue wissenschaftliche Einsichten erklärbar. Besonderes Aufsehen erregte die 1885 von Pasteur erstmals angewandte Tollwutschutzimpfung. Mit Recht konnte der Dekan der Pariser Medizinischen Fakultät dem siebzigjährigen Pasteur in einer Feierstunde sagen: »Haben nicht Sie es den Ärzten ermöglicht, nachzuweisen, nach welcher Methode man eine Stadt, ein Volk, einen Erdteil vor den furchtbaren Seuchen zu schützen vermag? Haben nicht Sie so dem Tod, der Krankheit, dem Elend, jenen Begleitern der Epidemien, ein Heer von Opfern entrissen, das allein innerhalb der letzten zehn Jahre ohne Sie nach Hunderttausenden zählen würde?«

Einen anderen Weg der Bekämpfung von Krankheitserregern als Pasteur ging der Marburger Medizinprofessor von Behring. Er impfte Haustiere mit vorbehandelten Diphtherie- oder Tetanuserregern und übertrug danach aus ihnen gewonnenes, nunmehr mit Abwehrstoffen ausgestattetes Blutserum auf gefährdete Menschen. Diese passive Immunisierung hielt allerdings nur eine begrenzte Zeit vor.

Ein weiterer Weg der Krankheitsbekämpfung war die Chemotherapie, die Einführung von chemischen Stoffen in den Körper, die wohl bestimmte darin befindliche Krankheitserreger treffen, aber nicht dem Körper schaden. Den ersten Erfolg in dieser Richtung errang 1907 Ehrlich mit dem Salvarsan beim Kampf gegen die Syphilis.

Für einige Tier- und Pflanzenkrankheiten ließen sich aber trotz aller Suche keine Erreger auffinden. Iwanowski (1892) und Beyerinck (1899) preßten, unabhängig voneinander, den Saft von Tabakblättern, die von der Mosaikkrankheit befallen waren, durch Porzellanfilter, deren Poren Bakterien auf jeden Fall nicht durchgelassen hätten. Da sich hier das »krankheitserregende Prinzip« dennoch hindurchpressen ließ, so mußten kleinere Krankheitserreger in Frage kommen, denen die Bezeichnung »Viren« verliehen wurde. Erst durch das Elektronenmikroskop, das man in den dreißiger Jahren des 20. Jh. erfand, wurden sie sichtbar gemacht. Mit Hilfe aller dieser Forschungsergebnisse konnte der Kampf gegen die Infektionskrankheiten wirksam eröffnet werden.

Als weitere neue biologische Disziplin entstand in dieser Periode die Entwicklungsphysiologie oder Entwicklungsmechanik, wie man damals zunächst sagte. Ihre Pioniere waren Roux und Driesch in Deutschland und Chabry in Frankreich. Die Entwicklungsphysiologen versuchten die Faktoren zu erforschen, die in der Keimesentwicklung wirksam sind. So halbierte Roux Froschkeime in frühen, noch wenigzelligen Stadien und erhielt Teilembryonen. Driesch dagegen zertrennte Seeigelkeime und fand, daß sich die einzelnen Teile zu vollen Embryonen ergänzten. Er glaubte, diese Erscheinungen durch die Lebenskraftvorstellungen erklären zu können und wurde so zu einem Hauptvertreter des Neovitalismus.

Physiologie · Vererbung Schon 1827 und nochmals genauer 1850 hatte der deutsche Physiologe Weber mit der Anwendung der Wellenlehre auf den Blutkreislauf die »Pulslehre« begründet. Der Physiker und Philosoph Fechner baute um 1850 erste Untersuchungen Webers über den Zusammenhang zwischen Reiz und Empfindung zu einer Psychophysik aus, indem er physikalische Methoden in die Psychologie einführte. Fechners Forschungen waren der Ausgangspunkt der um 1880 von Wundt begründeten experimentellen Psychologie, die über Jahrzehnte die Forschungsrichtung der Psychologie bestimmte. Der überragende Physiker und Physiologe von Helmholtz verbannte mit Arbeiten über physiologische Wärmeerscheinungen »die Lebenskraft«, das naturphilosophische Prinzip zur Aufrechterhaltung und Steuerung der Lebensvorgänge, aus der Wissenschaft. Er verbesserte auch Youngs Theorie der Farbempfindungen, erfand den Augenspiegel (1851) und begründete die physiologische Optik, die er in einem dreibändigen Handbuch um 1860 umfassend abhandelte. Du Bois-Reymond erforschte die elektrischen Erscheinungen und wurde einer der Begründer

471. Robert Koch zähmt die »Spaltpilze«. Koch wies während seines Aufenthaltes in Wollstein (Wołsztyn) 1875 erstmals beim Milzbrand nach, daß Bakterien nicht nur Begleiterscheinungen, sondern Ursache einer ansteckenden Krankheit sind. Die »Parasitentheorie« für Infektionskrankheiten hatte vorher bestanden, aber die Beweise für sie waren stets unzureichende gewesen. Zeitgenössische Karikatur. Aus: Holländer, E., Die Karikatur und Satire in der Medizin. Stuttgart 1921, Fig. 237, S. 390

472. Gregor Mendel. Bei Kreuzungsexperimenten im Garten des Klosters in Brünn (Brno) fand der Augustiner Mendel die später nach ihm benannten »Mendelschen Gesetze«. Von den zeitgenössischen Biologen wurden sie kaum beachtet und erst um 1900 wieder entdeckt. Dokumentarphoto

473. Wilhelm Wundt (Mitte). Die großen Erfolge der Experimentalforschung führten zur Anwendung des Experimentes in den verschiedensten Wissenschaften. Besonders Wundt, der zuletzt an der Universität Leipzig tätig war, führte die Experimentalforschung in die Psychologie ein. Diese Wissenschaftsdisziplin war vorher eher eine vorwiegend »geisteswissenschaftliche« Disziplin gewesen. Dokumentarphoto

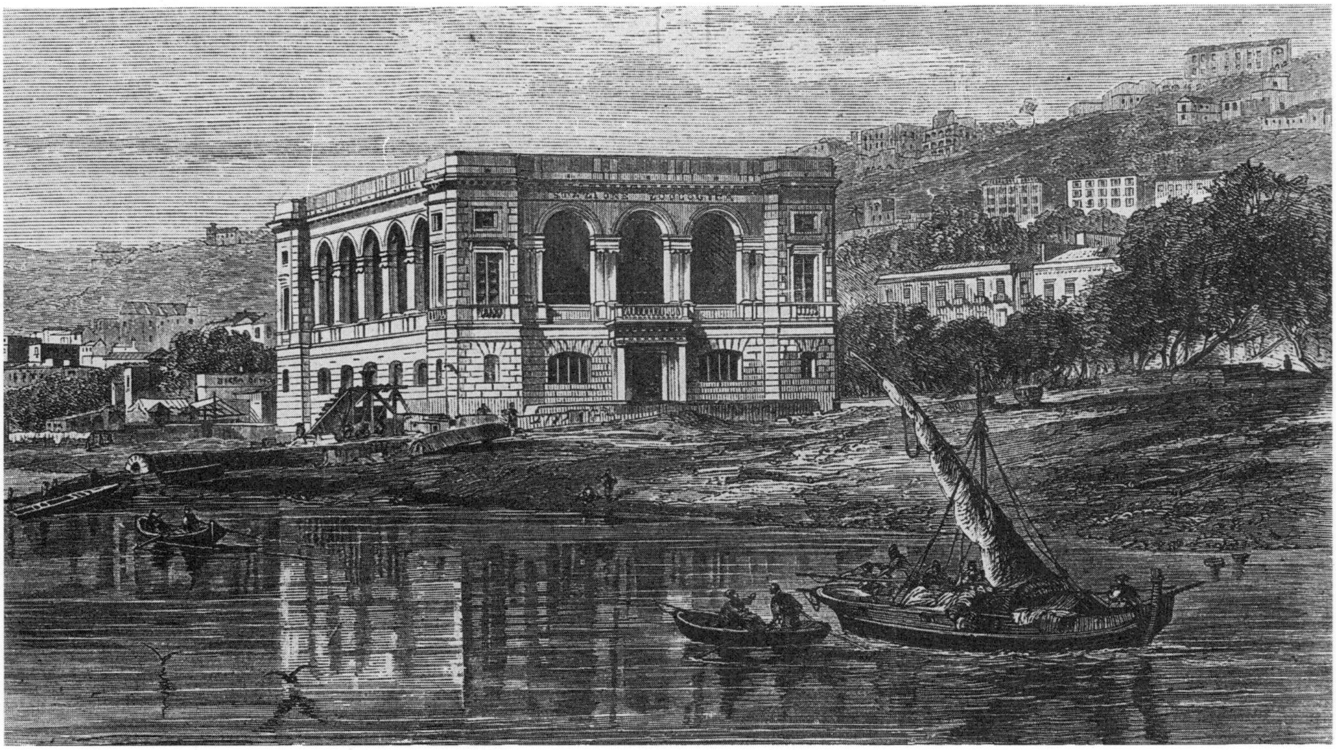

474. Zoologische Station in Neapel. Zweckentsprechende Forschungsstätten waren eine entscheidende Voraussetzung für die Entwicklung neuer Forschungsrichtungen. An der auf Initiative von Anton Dohrn entstandenen, 1874 eröffneten Zoologischen Station Neapel konnten Untersuchungen an lebenden Meerestieren durchgeführt werden. Sie waren geeignete Versuchstiere für die Erforschung von Problemen der Keimesentwicklung, der Regeneration, der Vererbung usw. Stich nach einer photographischen Aufnahme, aus: Illustrirte Zeitung. Bd. 63. Leipzig 1874, S. 63

der Elektrophysiologie. Wundt verfaßte 1867 das erste Lehrbuch der medizinischen Physik. Viele dieser Ansätze mündeten im 20. Jh. in die Herausbildung der Biophysik als selbständigen Wissenschaftszweig.

In die Mitte des 19. Jh. fallen auch die Anfänge der Zellforschung (Zytologie) und der Vererbungsforschung (Genetik), die später zu weittragender Bedeutung gelangen sollten.

Im Jahre 1866 veröffentlichte ein Amateurforscher, der Augustinermönch Mendel in Brünn (Brno), die Ergebnisse von Kreuzungsexperimenten bei Erbsen. Ihr Kernstück war die Entdeckung der später nach ihm benannten Gesetzmäßigkeiten, die Aufschlüsse über die Gesetze der Vererbung gaben. Einige Jahrzehnte lang wurde die Entdeckung Mendels nicht beachtet, bis im Jahre 1900 die Forscher de Vries, Correns und Tschermak die Wiederentdeckung der Mendelschen Gesetze bekanntgaben. Danach beschäftigte sich die Wissenschaft intensiv mit der Genetik, die zu einer der wichtigsten Spezialdisziplinen der Biologie wurde.

Es zeigte sich, daß die Übertragung der aus den Mendelschen Gesetzen abgeleiteten hypothetischen Erbträger mit dem Verhalten der Chromosomen in den Zellkernen übereinstimmte, und so wurde durch Boveri und Sutton (1902) sowie ab 1910 besonders durch die Forschungen der Schule von Morgan die Chromosomentheorie der Vererbung begründet. Sie besagt, daß die Chromosomen Träger der Vererbung sind. Auch auf dem Gebiete der Physiologie erfolgten noch viele Entdeckungen, die für das Leben jedes einzelnen bedeutungsvoll waren. Von den Physiologen wurde einmal im Spott gesagt, daß sie »Hunderte von Fröschen töten, um festzustellen, wieso sie vorher gelebt haben«.

Eine große Rolle spielte auch die Nervenphysiologie, mit der sich in besonderem Maße Pawlow und Sherrington intensiv befaßten. Sie erforschten die Reflextätigkeit der Lebewesen.

Biochemie Große Entdeckungen gelangen in der Biochemie, welche die chemischen Stoffe und Vorgänge in Lebewesen erforscht. Im Jahre 1889

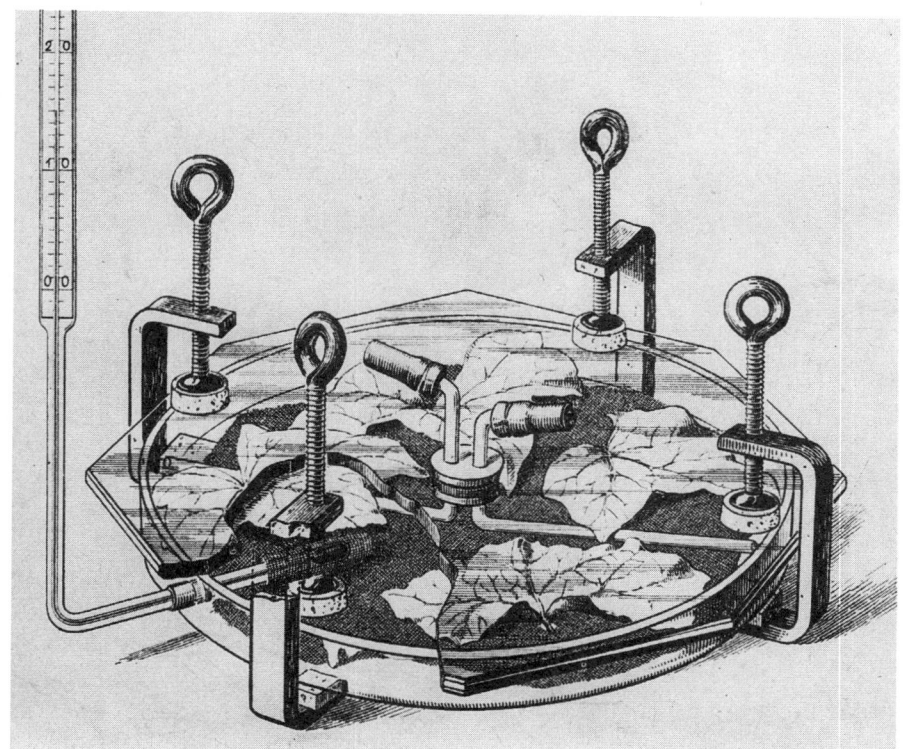

475. Erforschung der Funktion des Chlorophylls. Zur Erforschung der Photosynthese der grünen Pflanzen entwickelte Richard Willstätter diese »Assimilationskammer«. Bedeutende Erkenntnisse über die Einzelschritte der Photosynthese gewann später Melvin Calvin, Chemie-Nobelpreisträger von 1961. Aus: Willstätter, R. und A. Stoll, Untersuchungen über die Assimilation der Kohlensäure. Berlin 1918, S. 62, Fig. 1

gewann der Niederländer Eijkman an einseitig ernährtem Geflügel die ersten exakten Hinweise auf die Notwendigkeit der Aufnahme bisher unbekannter Spurenstoffe mit der Nahrung, bei deren Fehlen bestimmte spezifische, schwere Krankheitsbilder wie Skorbut und Beriberi auftreten. Diese zunächst noch nicht nachweisbaren, später Vitamine genannten Stoffe klärte der englische Biochemiker Hopkins 1912 durch umfangreiche Versuche an Ratten weiter auf. Eine zweite wesentliche biochemische Entdeckung war die der Hormone, jene körpereigenen Regulationsstoffe, die in speziellen Drüsen erzeugt werden und von deren Existenz im 19. Jh. nur wenige Experimente eine vage Ahnung gaben. Wichtig waren die 1889 bekanntgegebenen Experimente des französischen Physiologen Brown-Séquard, der sich selbst Hodenextrakt injiziert hatte und verjüngende Wirkungen beobachtete. Damit erregte er in der Öffentlichkeit großes Aufsehen, weckte aber vergebliche Hoffnungen auf ewige Jugend. Der Begriff »Hormone« entstand um 1905.

In den Mittelpunkt der Biochemie rückte die Erforschung der Enzyme (Fermente), die als Biokatalysatoren an jeder Stoffumwandlung im Lebewesen beteiligt sind. Wichtige Voraussetzung für die Enzymforschung war Buchners Entdeckung von 1897, daß die Enzyme nicht nur innerhalb der intakten Zelle wirken, sondern auch außerhalb der Zellgrenzen faßbare Stoffe sind.

Die Aufklärung der alkoholischen Gärung durch Harden, Euler-Chelpin und Young war die erste Ergründung eines vielstufigen Stoffwechselprozesses, der zu den Grundvorgängen des Lebens gehört.

Geowissenschaften

Die Erschließung der Erdoberfläche wurde auch nach 1850 fortgesetzt, sogar mit verstärkter Intensität. Freilich stand hinter dem Forscherdrang vielfach das Bemühen, neue Kolonien zu erobern.

Um 1850 war der Erfolg geographischer Erkundungsreisen noch immer sehr stark von der körperlichen Konstitution der Forscher abhängig; zu Beginn des 20. Jh. erleichterten Motoren und Maschinen in Schnee-, Wasser- und Luftverkehrsmitteln schon beträchtlich die Erkundungstätigkeit.

Erschließung der Erdoberfläche Asien war zu einem beträchtlichen Teil von europäischen Staaten wie Großbritannien, Frankreich, den Niederlanden, auch Spanien und Portugal kolonisiert. Doch in den zentralen und nördlichen Regionen vor allem bot es noch weite unerschlossene Gebiete; es war kein Wunder, daß die europäischen Forscher – auf Grund der schlechten Erfahrungen – als Schrittmacher der Eroberung mit Argwohn betrachtet und gelegentlich an ihren Erkundungen gehindert wurden.

Die vom Jesuitenpater Évariste Régis Huc begonnene neuere Erforschung Chinas und seiner Randgebiete, einschließlich Tibets, setzte vor allem der russische Reisende Prschewalski fort. Er war auch als Naturforscher tätig; nach ihm wurde das Wildpferd der zentralasiatischen Steppen benannt.

Auf begrenzterem Gebiet, aber dafür intensiv, waren die Forschungen von Junghuhn auf Java.

476. Sandsturm. Das zentrale Asien war noch bis zum 20. Jh. in vielen Teilen der europäischen Geographie unbekannt geblieben. Ein Pionier der Asien-Forschung war der russische Forschungsreisende Nikolai Michailowitsch Prschewalski. Aus: Prschewalski, N. M., Reisen in Tibet..., Jena 1884, S. 56

477. Victoriafälle am Sambesi. Sie wurden im Jahre 1855 durch David Livingstone der Wissenschaft bekannt. Die Erforschung Zentralafrikas erfolgte im wesentlichen im 19. Jh. Gewollt oder ungewollt waren die Forscher oft Wegbereiter der kolonialen Unterdrückung. Aus: Livingstone, D., Erforschungsreisen im Inneren Afrikas. Leipzig 1860, S. 300

Im Jahre 1893 begann der Schwede Hedin seine bedeutenden Reisen in Zentralasien. Er entdeckte das gewaltige Hochgebirge des Transhimalaja, die Quellen des Brahmaputra und des Indus, er durchforschte schließlich das Tarimbecken mit dem »wandernden See« Lob-nor.

Zur Mitte des 19. Jh. war Afrika ein in geographischer Hinsicht noch weitgehend »dunkler Erdteil«. Zugleich geriet es zunehmend in die Interessensphäre der europäischen Kolonialmächte und wurde bis auf geringfügige Reste unterworfen. Zwischen etwa 1850 und 1880 konnten jahr-

478. »Nie zurück«. Der österreichische Polarforscher Julius von Payer unternahm 1872 bis 1874 mit der »Tegetthoff« eine Expedition in die Arktis. Das vom Eise eingeschlossene Schiff wurde an einer noch unbekannten Inselgruppe vorbeigetrieben, die nach dem damaligen Kaiser Österreich-Ungarns den Namen »Franz-Joseph-Land« erhielt. Payer war auch ein begabter Maler, der Ereignisse der Expedition eindrucksvoll festhielt. »Nie zurück« war die Losung während der Expedition. Heeresgeschichtliches Museum, Wien

hundertealte geographische Probleme gelöst werden: Die lang gesuchten Quellen des Nils wurden aufgefunden, der Lauf der großen Ströme Niger, Sambesi und Kongo geklärt, die schneebedeckten Berge unter der Sonne des Äquators, die großen Seen im Verlaufe der ostafrikanischen Grabensenke gesichtet. Gab es in der Mitte des 19. Jh. auch noch uneigennützige, humanistisch eingestellte Forscher, denen es zumindest subjektiv allein um wissenschaftliche Ziele ging, so überwog mit der direkten Aneignung afrikanischer Territorien durch die Kolonialmächte der Agent der Kolonialinteressenten vom Typ eines Emin Pascha, Stanley, Peters.

Von den Einzelleistungen seien einige besonders erwähnt: Im Jahre 1875 umfuhr Stanley den Victoriasee und stellte seine hydrogeographische Stellung fest. Er folgte dann dem noch unbekannten Lauf des Lualaba, der ihn auf den Kongo führte; auf ihm fuhr er bis zur Mündung hinab. Zugleich bemühte er sich um die Schaffung eines Kolonialreiches unter belgischer Herrschaft im Kongobecken.

Ab 1869 durchzog Nachtigall die westliche Sahara und trug z. B. zur Aufklärung der geographischen Verhältnisse des Tschad-Sees bei. Auch er beteiligte sich schließlich an der Kolonialisierung und vollzog als Reichskommissar des deutschen Kaiserreiches die Flaggenhissung in Westafrika. Viele botanische Forschungen in Nordostafrika unternahm Schweinfurth, der auch einige bisher kaum bekannte Negervölker im oberen Nilgebiet kennenlernte.

In Nordamerika wurden während dieses Zeitraums die Indianervölker grausam niedergeworfen und in blutigen Auseinandersetzungen weitgehend ausgerottet. Weiße Siedler, die Europa verlassen hatten und sich in Amerika eine bessere Zukunft erhofften, drangen auf der Suche nach einem Stück Land über den ganzen nordamerikanischen Kontinent mit Ausnahme der unwirtlichen nördlichen Teile vor. Pelzhändler, Trapper, Goldsucher und Abenteurer suchten ein Maximum an Gewinn aus den natürlichen Reichtümern herauszuholen.

Mit besonderer Intensität wurde die Arktisforschung in Angriff genommen. Noch immer bildete die Suche nach Seewegen längs der Nordküsten von Asien und Nordamerika ein Hauptmotiv. In den Jahren 1878/79 gelang dem Schweden Nordenskjöld an Bord der »Vega« mit Überwinterung die Fahrt entlang der nordasiatischen Küste von Westen nach Osten. In den Jahren 1915/16 konnte Wilkitskij mit den Eisbrechern »Taymir« und »Waigatsch« in umgekehrter Richtung von der Beringstraße nach Archangelsk fahren. Die Nordwestdurchfahrt entlang der Nordküste Amerikas gelang 1903 bis 1906 dem Norweger Amundsen, der mit seinem Siebenundvierzigtonner »Gjöa« dreimal überwintern mußte.

Ein Zufall führte 1873 zur Entdeckung einer völlig unbekannten Inselgruppe durch den Deutschen Weyprecht und den Österreicher Payer, der ihr den Namen Franz-Joseph-Land gab.

Viele Expeditionen führten nach Grönland, der eisgepanzerten Rieseninsel; dort herrschen Verhältnisse, wie sie das nördliche Europa während der Eiszeiten in ähnlicher Weise aufgewiesen haben muß. Im Jahre 1888 durchquerte Nansen mit einigen Gefährten erstmals Grönland von Ost nach West; gleichzeitig bewies er den praktischen Wert der Schneeschuhe. Überhaupt spielte die zweckmäßige Ausrüstung eine überaus wichtige Rolle, besonders unter den extremen Bedingungen, wie sie die Polarregionen bieten.

479. Arbeitskajüte des Geologen Hochstetter auf der ersten österreichischen ozeanographischen Expedition, der »Novara«-Expedition, 1857 bis 1859. Nach einer Originalzeichnung von Joseph Selleny aus: Illustrierte Zeitung. Bd. 30. Leipzig 1858, S. 24

480. Polarschiff »Fram« im Packeis. Der mutige Vorstoß kühner Polarforscher nach der Arktis endete oft mit einer Katastrophe. Der Norweger Fridtjof Nansen aber erforschte von 1893 bis 1896 mit seinem besonders konstruierten Schiff und ausreichender Ausrüstung die Polargewässer und bewies, daß der Polarforscher bei zweckentsprechender Ausrüstung viel risikofreier arbeiten kann. Die vom Eise eingeschlossene »Fram« driftete mit der Meeresströmung von den Neusibirischen Inseln nordwestwärts, und Nansen versuchte, wenn auch vergeblich, von einem polnahen Punkte zum Nordpol selbst vorzustoßen. Dokumentarphoto

481. Roald Amundsen am Südpol, 16. Dezember 1911. Erst Anfang des 20. Jh. war die technische Ausrüstung der Polarexpeditionen so weit ausgebildet, daß längere Aufenthalte auf dem Kontinent Antarktika unternommen werden konnten. Dokumentarphoto

Ein bevorzugtes Ziel zahlreicher Arktisexpeditionen war der Nordpol, den man auf verschiedenen Wegen und auch mit den unterschiedlichsten Mitteln zu erreichen suchte. Nansen nutzte die Strömungen aus, die man durch Treibholz und Wrackstücke erkannt hatte, und ließ sich mit einem speziell gebauten Schiff »Fram« 1893 vom Eise einschließen und nach Nordwesten treiben. An günstiger Stelle verließ er das Schiff in Richtung Pol; freilich mußte er bei 86° 12′ nördlicher Breite umkehren. Seine Forschungen im Polarmeer wurden als Pionierleistungen zum Vorbild für weitere Unternehmungen.

Der Schwede Andrée wollte 1897 von Spitzbergen aus mit einem Freiballon zum Nordpol vorstoßen. Die Expedition mißlang. Er mußte notlanden und erfror zusammen mit seinen Kameraden auf dem Rückmarsch. Erst 1930 wurden die sterblichen Überreste mit den erhalten gebliebenen Aufzeichnungen aufgefunden.

Erst nach sorgfältiger Vorbereitung gelang es Peary, über das schwer passierbare Eis des Polarmeeres den Pol zu erreichen; am 6. April 1909 schlug er sein Zelt am Nordpol auf.

Die Erforschung der Antarktis fand nach den Vorstößen einiger Schiffe in das südliche Polarmeer während der ersten Hälfte des 19. Jh. zunächst keine Fortsetzung, offenbar war der Aufwand zu groß und das Ziel zu weit. Erst am Ende des 19. Jh. rüsteten verschiedene Staaten Expeditionen aus, deren Aufgaben beim Eindringen in den antarktischen Kontinent aufeinander abgestimmt wurden, so die »Belgica« unter de Gerlache, die »Scotia« unter Bruce, zwei französische Expeditionen unter Carnot, eine deutsche unter von Drygalski, bald auch britische Expeditionen. Die Eroberung des Südpols erforderte die Überwindung der Hunderte von Kilometern langen und etwa 50 m hohen Ross-Eisbarriere: Im Jahre 1909 drang der Ire Shackleton bis 88° 22′ südlicher Breite vor. In einem dramatischen Wettlauf mit dem Engländer Scott erreichte Amundsen am 14. Dezember 1911 als erster den Südpol; Scott fand dort am 18. Januar 1912 das Lager Amundsens.

482. Geologische Profile von Albrecht Penck zur Darstellung der Gletscherspuren im deutschen Alpenvorland. Der schwedische Geologe Otto Martin Torrell hatte 1875 Gletscherspuren auf dem Muschelkalk bei Rüdersdorf (Berlin) nachgewiesen und so die schon seit etlicher Zeit diskutierte ehemalige Vergletscherung Norddeutschlands bewiesen. Besonders Penck setzte die Eiszeitforschung fort und wies die mehrfachen Eisvorstöße nach. Aus: Penck, A., Die Vergletscherung der deutschen Alpen..., Leipzig 1882, Tafel II

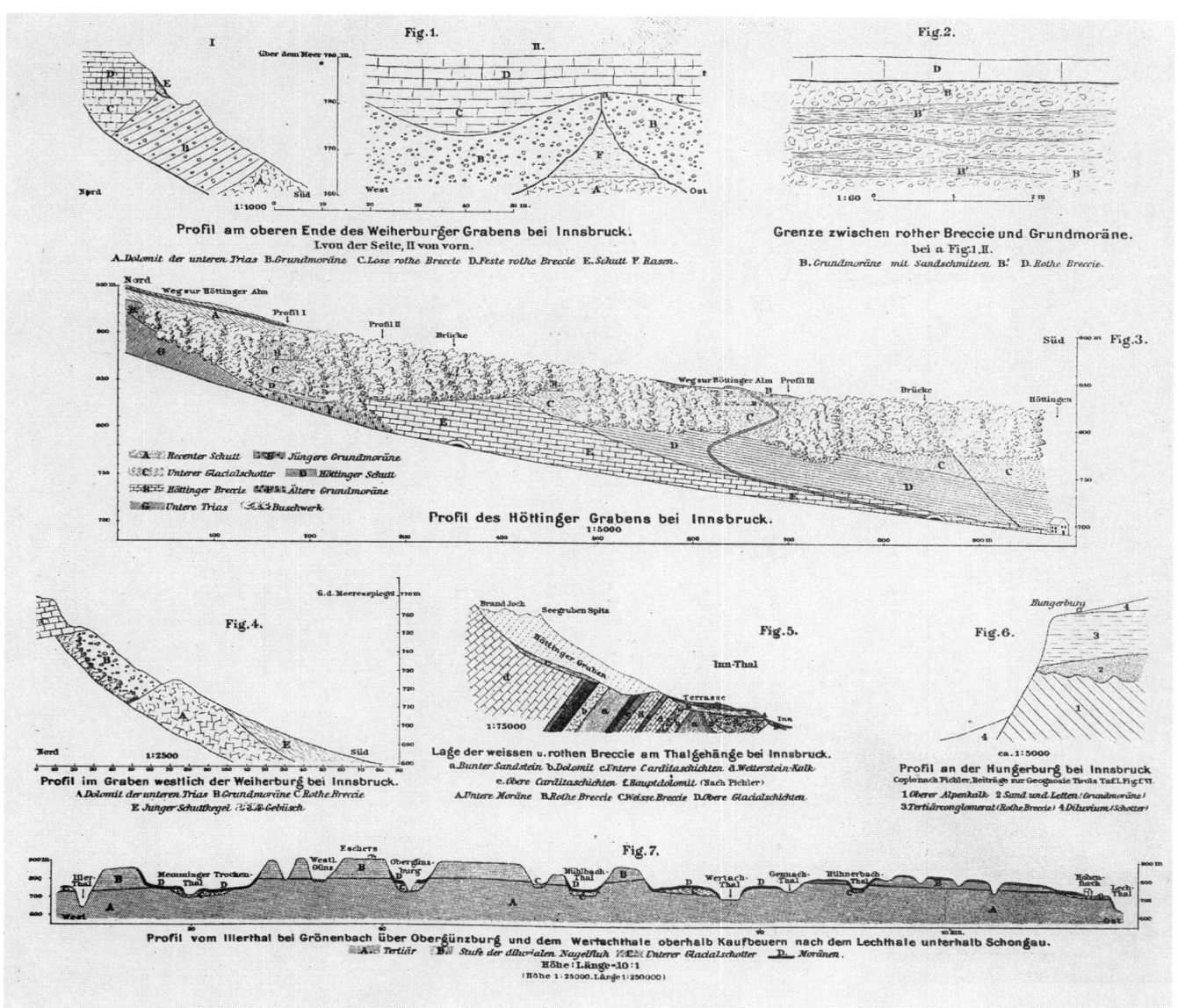

Scott trat enttäuscht den Rückweg an und kam mit seinen Begleitern durch Kälte und Erschöpfung um. Seine letzte Eintragung im Tagebuch bittet, für seine Frau zu sorgen, dann ersetzte er »Frau« durch »Witwe«.

Neue Disziplinen der Geowissenschaften Seit der Mitte des 19. Jh. entwickelten sich rasch zahlreiche geographische Disziplinen, von der Erdbebenforschung bis zur Wetterkunde.

In Rußland erlebte die Bodenkunde einen großen Aufschwung, als Dokutschajew, Glinka und andere die Bodentypen erkannten und deren Abhängigkeit vom Klima feststellten.

Für die Meteorologie, die wissenschaftliche Wetterkunde, lieferte die Polarfronttheorie des Norwegers Bjerknes eine wichtige Grundlage; sie erklärte das wechselvolle Wettergeschehen in den gemäßigten Breiten unter einheitlichem, physikalisch begründetem Gesichtspunkt, nämlich der Bildung von Wirbeln an der Grenze von Warm- und Kaltluft. Damit eröffneten sich neue Möglichkeiten der Wettervorhersage. Diese war schon lange, freilich mit unzureichenden Mitteln, angestrebt worden; nun im Zeitalter der hochentwickelten Landwirtschaft, des Flugwesens und auch des beginnenden Tourismus wurde sie notwendig und möglich.

Eine Sturmkatastrophe auf dem Schwarzen Meer während des Krimkrieges 1854 war für einige europäische Regierungen der Anlaß, den öffentlichen Wetterdienst einzuführen. Die Deutsche Seewarte veröffentlichte 1876 die erste Wetterkarte.

In den achtziger Jahren des 19. Jh. wurden die ersten Bergobservatorien eingerichtet. Die drahtlose Telegraphie schuf neue Möglichkeiten der schnellen Übermittlung von Wetterinformationen von See und Bergen an Wetterdienstzentralen.

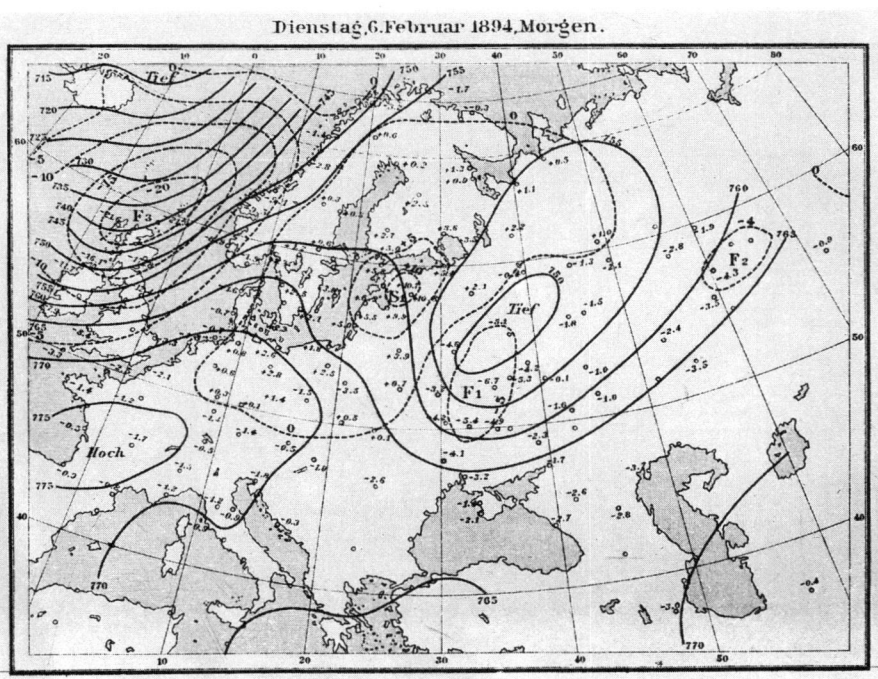

483. Synoptische Luftdruckkarte für Sturmwarnung. Erst mit der Einrichtung von Wetterbeobachtungsstationen an zahlreichen Orten und dem raschen Nachrichtenaustausch wurde es möglich, die gleichzeitig nebeneinander bestehenden Wetterverhältnisse in einem größeren Territorium festzustellen. Es entstand die Synoptische Meteorologie, die Voraussetzung für die Herstellung von Wetterkarten und damit für die Wettervorhersage. Aus: Ekholm, N., Wetterkarten der Luftdruckschwankungen. Meteorologische Zeitschrift. (1904) 8, Tafel gegenüber S. 392

Zwischen den beiden Weltkriegen

Vorhergehende Seite:
484. Iwan Petrowitsch Pawlow. Der russische Physiologe, Träger des Nobelpreises für Physiologie und Medizin im Jahre 1904, erforschte zuerst mit neuartigen Methoden den Verdauungsprozeß und suchte dann, über die bedingten Reflexe Einblicke in die Tätigkeit von Gehirn und Nervensystem zu gewinnen. Gemälde von M. Nesterow, Tretjakow-Galerie, Moskau

Wie eng und untrennbar Politik, Wirtschaft und Wissenschaft miteinander verbunden sind, wurde während zweier grauenvoller Weltkriege in besonderer Weise offenbar. Der »unpolitische« Wissenschaftler und Techniker hatte nicht geringe Mitverantwortung bei der Entwicklung, Herstellung und Anwendung von Waffen, Giftgasen und Kriegsgeräten.

Die heilige Formel »Hilfe fürs Vaterland« war längst eine Farce, denn bereits vor 1900 hatten Unternehmen der Kriegsindustrie ohne Skrupel jeweils beide Seiten der Front mit den neuesten Waffen und Patenten versorgt. Als der erste Weltkrieg sehr bald hinter Stacheldrahtverhauen im Stellungskampf erstarrte, forderten sinnlose Materialschlachten von den Völkern unsagbare Opfer und Leiden. Höhepunkte der Unmenschlichkeit brachten der Einsatz von Giftgasen und der uneingeschränkte U-Boot-Krieg. Im Hinterland zwang der Krieg zu Hunger und Entbehrungen.

Verlauf und Ergebnisse des ersten Weltkrieges hatten neue Einsichten über die gesellschaftliche Funktion von Mathematik und Naturwissenschaften hervorgebracht. Es zeigte sich, daß die ökonomische und militärische Stärke der Staaten ganz wesentlich vom Niveau und von der Disponibilität der naturwissenschaftlichen Forschung abhängt. Mathematik und Naturwissenschaften waren zu strategischen Faktoren geworden: Die Entwicklung von Giftgasen und Sprengstoffen, die Bereitstellung von Rohstoffen aller Art und von Lebensmitteln, die rasche und massenhafte Herstellung schneller und kampfstarker Flugzeuge und Schiffe, die Bekämpfung von Seuchen – das alles waren kriegsbestimmende Faktoren geworden.

In Deutschland hatte mit der Gründung der Kaiser-Wilhelm-Gesellschaft schon vor dem ersten Weltkrieg der direkte Einfluß des Staates auf die Entwicklung der Wissenschaften organisatorischen Ausdruck gefunden. In Großbritannien wurde 1917, in Anbetracht der Kriegsereignisse, zur Mobilisierung der Kräfte das »Department of Scientific and Industrial Research« gegründet. Andere Staaten gingen andere organisatorische Wege – gemeinsam war die Erkenntnis, daß die Naturwissenschaften zum Politikum geworden waren. Es wurde zur Regel, von Staats wegen jene naturwissenschaftlichen Disziplinen und Forschungen gezielt zu fördern, die der militärischen Stärke zugute kommen könnten; es war eine notwendige Folge, daß in zunehmendem Maße mathematisch-naturwissenschaftliche Forschung der militärischen Geheimhaltung unterworfen und damit die internationale Zusammenarbeit ernsthaft behindert wurde.

Die großen wirtschaftlichen Gruppierungen der Monopole und Kartelle in den hochentwickelten kapitalistischen Staaten erkannten immer deutlicher, daß eine gezielte naturwissenschaftlich-mathematische Forschung, in eigener Regie betrieben und dann der Produktion zugeführt, auf längere Sicht ein außerordentlich lohnendes Geschäft sein werde. Große Investitionen in eigenen Forschungslaboratorien waren erforderlich, vervielfachte Summen konnten als Gewinn erwartet werden. Zwischen den beiden Weltkriegen wurden Chemieindustrie, Autoproduktion, Elektroindustrie, Nachrichtenwesen und Rüstungsindustrie, die Bereitstellung von Gummi, Elektroenergie, Treibstoffen, Kunststoffen, metallurgischen Erzeugnissen, von Düngemitteln und Arzneimitteln zu stark expandierenden Wirtschaftszweigen, in denen sich ein besonders hoher Anteil von Naturwissenschaft und Technik repräsentierte.

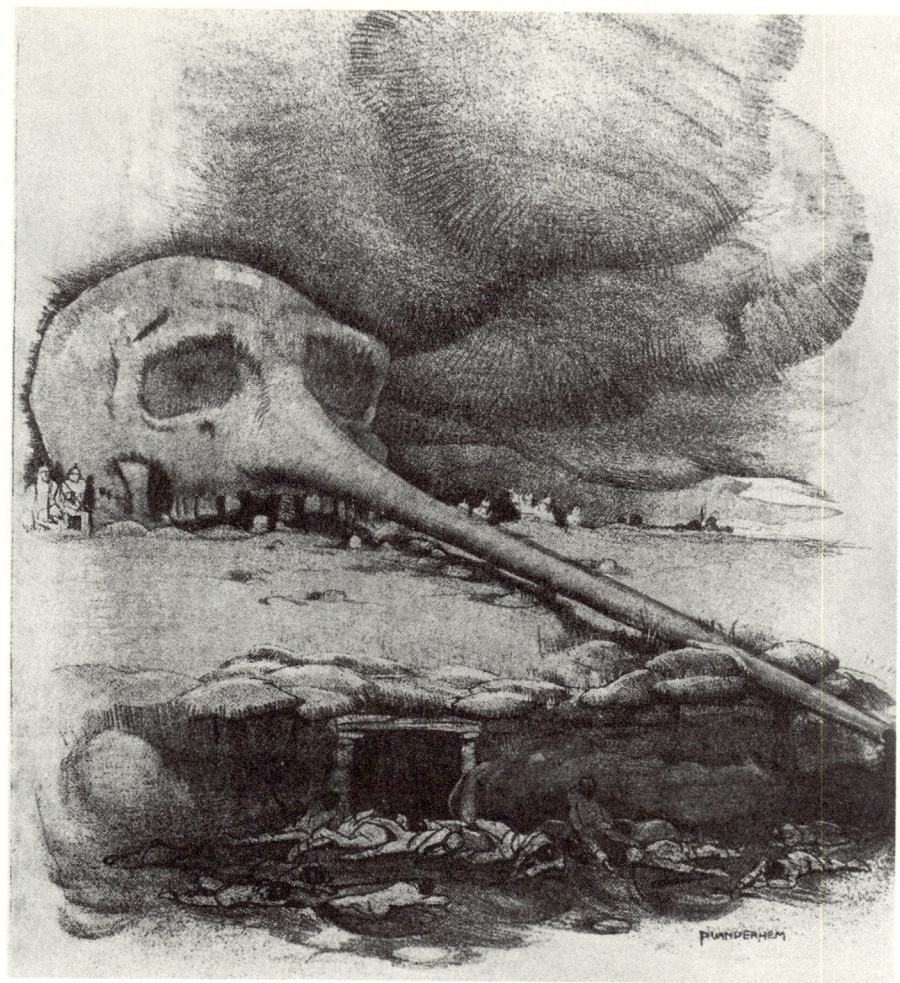

485. Gaskrieg. Pieter van der Hem: »Der neue Tod«, 1915. Große Errungenschaften der Naturforschung wurden im 20. Jh. auch zur Grundlage für Massenvernichtungswaffen. Manche bedeutenden Wissenschaftler wirkten freiwillig an der Herstellung von Vernichtungswaffen mit, z. B. der Chemiker Fritz Haber bei der Entwicklung von Giftgasen. Andere Wissenschaftler aber erkannten die Sinnlosigkeit des Krieges und wurden Kriegsgegner. Aus: Schulz-Besser, E., Die Karikatur im Weltkrieg. Leipzig 1915, S. 67

Die Große Sozialistische Oktoberrevolution 1917 in Rußland hatte weltweite Auswirkungen. In einem opferreichen Kampf gegen die inneren und äußeren Feinde gelang dem jungen Sowjetstaat 1922 der endgültige Sieg, dem ein beispielloser wirtschaftlicher, kultureller und wissenschaftlicher Aufschwung folgte. Die junge Sowjetmacht erkannte frühzeitig die weitreichenden Möglichkeiten der Wissenschaft für die Entfaltung des gesellschaftlichen Lebens und wandte ihr volle Aufmerksamkeit zu. Im ersten sozialistischen Staat der Erde wurden neue Formen der Wissenschaftspolitik – wie z. B. die Planbarkeit wissenschaftlicher Forschung und deren technologische Umsetzung – bewußt gehandhabt, die in hochentwickelten Industrieländern des Kapitalismus erst später übernommen bzw. entwickelt werden sollten.

Noch zu Lebzeiten Lenins und unter seiner direkten Leitung in den Jahren 1918 bis 1924 wurde ein Projekt der Mobilisierung der Wissenschaft für die Bedürfnisse des staatlichen Aufbaues verabschiedet, der Plan zur Elektrifizierung des riesigen, noch weithin unerschlossenen Landes beschlossen und die Sowjetische Akademie der Wissenschaften reorganisiert. Maßnahmen sicherten unter den Bedingungen von Hunger, Kälte, Seuchen

486. Kaiser-Wilhelm-Institut für Eisenforschung in Düsseldorf, das 1917 unter Wüst seine Arbeit aufnahm, gehörte zu den ersten Forschungsstätten mit Aufgaben für die industrielle Nutzung. Die 1911 gegründete Kaiser-Wilhelm-Gesellschaft zur Förderung der Wissenschaften unterhielt Institute, die ohne Lehre nur der Forschung dienten und der Industrie anwendungsbereite Ergebnisse zur Verfügung stellten. Dokumentarphoto

und den Folgen der Konterrevolution das physische Überleben der Gelehrten und ein Minimum an Arbeitsmöglichkeiten. Planmäßige Erschließung der natürlichen Reichtümer des Landes, Grundlagenforschung auf lange Sicht, zugleich ein klarer Blick für den Umstand, daß der endgültige Erfolg der Revolution an das Zusammenwirken von Wissenschaft und Industrie gebunden war — dies kennzeichnete die Leninschen Bemühungen um die Wissenschaft.

Am Ende der zwanziger Jahre hatte die Sowjetunion den Anschluß an die Weltwissenschaft wieder hergestellt. Auf einigen Gebieten — Grundlagen der Mathematik, Wahrscheinlichkeitsrechnung, Geochemie, Physiologie, Physik — wurden Weltspitzenleistungen erzielt. In den früher, im zaristischen Rußland, unterdrückten Randgebieten, die auf Grund der Leninschen Nationalitätenpolitik eine eigenständige wissenschaftlich-kulturelle Entwicklung einleiten konnten, entstanden neue wissenschaftliche Schulen, nationale Akademien sowie leistungsfähige Universitäten und Hochschulen. Diese Entwicklung wurde in den Nachbarländern mit wachsendem Mißtrauen verfolgt. Seit den zwanziger Jahren formierten sich in einigen Ländern bürgerliche Diktaturen, von denen die faschistische Diktatur in Deutschland als brutalste und aggressivste Form hervortrat. Die Weltwirtschaftskrise vom Ende der zwanziger bis zum Anfang der dreißiger Jahre schuf eine Existenzangst unter den Werktätigen, aber auch den Nährboden für demagogische Verlockungen. Mit einer »Korrektur« der Verträge von Versailles allein wollten die deutschen Faschisten sich nicht begnügen, die Zielstellung des »Tausendjährigen Reiches« sah eine »Revision der Weltkarte« mit einer »Endlösung der Judenfrage« vor. Die bürgerlichen Großmächte wehrten weder der maßlosen Aufrüstung in Deutschland noch den Überfällen auf die spanische Volksfront 1936 bis 1939. Die Münchner Verträge von 1938 erweiterten das deutsche Kriegspotential durch Einbeziehung von drei Millionen Arbeitern und Angestellten in die deutsche Wirtschaft beträchtlich.

Die zügellose Kriegsvorbereitung, die seit der Mitte der dreißiger Jahre in einigen Ländern betrieben wurde, »löste« vielerorts das Arbeitslosenproblem und täuschte Teile der Völker über den tatsächlichen Lauf der Dinge. Chauvinismus und Rassenverfolgung erlebten in den faschistischen Diktaturen eine neue Dimension.

In Deutschland geriet nach 1933 auch die Wissenschaft unter die Herrschaft des verbrecherischen Faschismus. Zerstörung der Existenzgrundlage, Vertreibung und physische Vernichtung jüdischer Wissenschaftler, Zwang, Nötigung und Demagogie führten zu einem bisher kaum gekannten Niedergang der Wissenschaften in einem einstmals hochentwickelten Land.

487. Konstantin Eduardowitsch Ziolkowski in seinem Arbeitszimmer. Ziolkowski wurde mit seinen exakten wissenschaftlichen Theorien, seinen praktischen Versuchen und seinen phantasiereichen Visionen zum Vater der modernen Raketentechnik. Dokumentarphoto

488. Geräte für die Funkmeßtechnik (1904). Der Ingenieur Christian Hülsmeyer baute erste Apparate mit Dipolen für Funkortung, eine Vorstufe des Radars, die aber infolge des niedrigen Entwicklungsstandes der Funktechnik noch nicht funktionierten. Deutsches Museum, München

Ganze blühende wissenschaftliche Schulen, z. B. das mathematisch-naturwissenschaftliche Zentrum von Göttingen, wurden infolge der Emigrationen zugrunde gerichtet.

Unter Mißachtung aller Normen des Völkerrechtes lösten das faschistische Deutschland und das zur Weltmacht erstarkte Japan kriegerische Überraschungsaktionen aus, die den Angreifern zeitweise militärische Vorteile verschafften. Als sich die »Blitzkriegsstrategie« festfuhr, begann eine Brutalität der Kriegführung, deren Palette von faschistischer Seite von Völkerausrottung, verbrannter Erde und »totalem Krieg« bis zum Einsatz von Kindern als »letzte Reserve« reichte.

In den besetzten Ländern gingen die Faschisten zur Politik der Unterdrückung der Wissenschaft über, in Polen und in der Sowjetunion betrieben sie sogar die systematische physische Vernichtung aller Intellektuellen und Wissenschaftler.

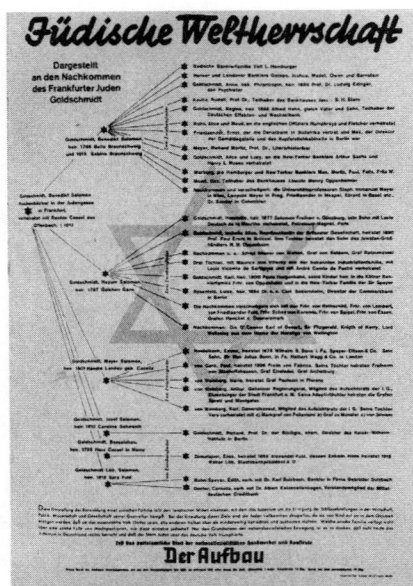

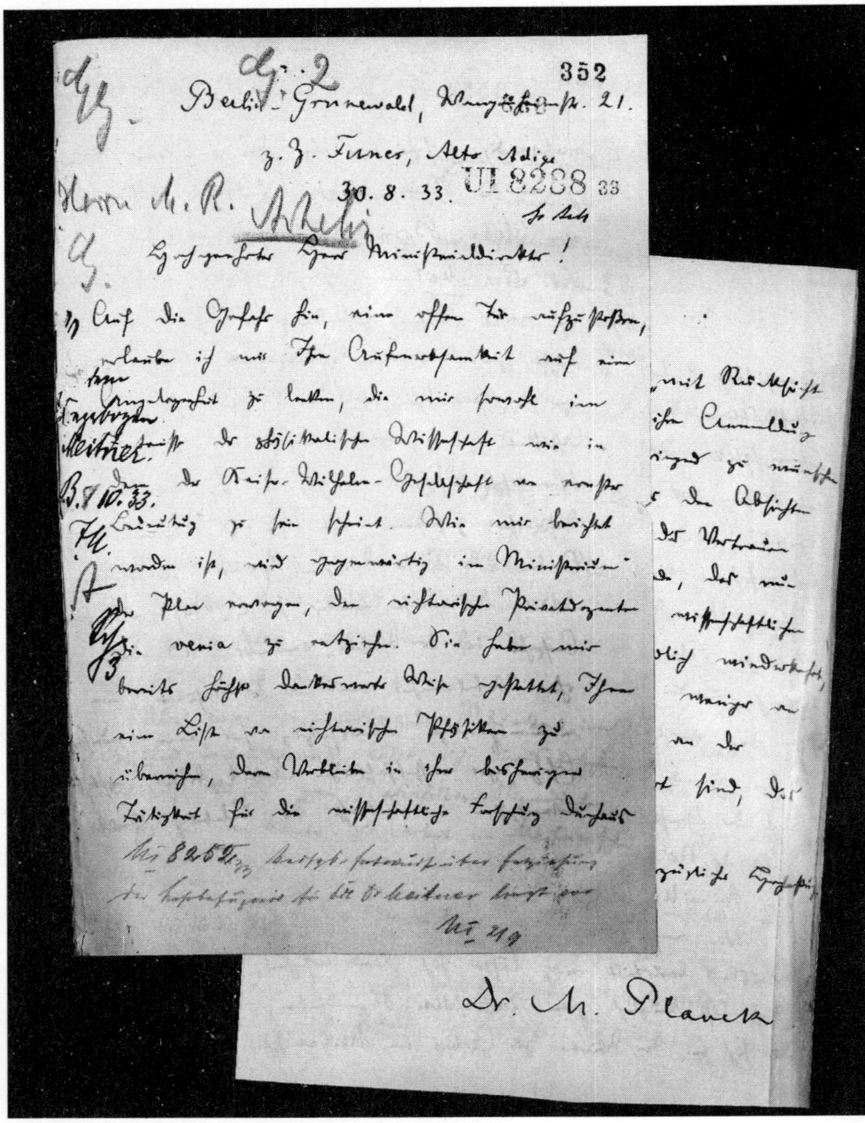

489. Antisemitische Hetze im faschistischen Deutschland. Diese demagogische Darstellung diffamiert die Familie Goldschmidt, aus der bedeutende Gelehrte hervorgegangen sind. Aus: Goldschmidt, R. B., Im Wandel das Bleibende. Mein Lebensweg. Hamburg und Berlin (West) 1963, gegenüber S. 132. Universitätsbibliothek, Leipzig

490. Brief Max Plancks vom 30. August 1933 an das Ministerium, in dem er sich gegen die Entziehung der venia legendi (akademische Lehrberechtigung) jüdischer Physiker wendet. Planck, Begründer der Quantenphysik und einer der Sekretäre der Berliner Akademie der Wissenschaften, genoß auch wegen seiner offenen und unbeugsamen antifaschistischen Haltung während der Nazizeit hohes Ansehen unter den Physikern. Archiv der Akademie der Wissenschaften der DDR, Berlin

491. Die erste Atombombe explodierte am 6. August 1945 über Hiroshima. Trotz des Einspruchs namhafter Physiker befahl der US-Präsident Truman den Abwurf der Bombe. Die verheerenden Wirkungen veranlaßten viele Physiker, die Verantwortung für die Verwertung ihrer Forschungsergebnisse stärker als bisher wahrzunehmen. Dokumentarphoto

Schließlich schlug der von Nazideutschland ausgelöste zweite Weltkrieg furchtbar auf den Urheber zurück und zerstörte auch hier einen beträchtlichen Teil der materiellen Existenzmittel der Wissenschaft, die Gebäude, Geräte und Bibliotheken.

Die Auseinandersetzungen des zweiten Weltkrieges hatten auch in die von den »Mutterländern« so sorgsam gehütete Welt in Asien, Afrika und Lateinamerika Bewegung gebracht. Die wissenschaftlichen Potenzen der jungen Nationalstaaten konnten sich, vom kolonialen Joch befreit, in zunehmendem Maße entfalten.

Der zweite Weltkrieg forderte 50 Millionen Tote und eine weit höhere Zahl an Verletzten und Waisen. Die Wissenschaftsentwicklung hatte einen schweren Rückfall erlitten – vor allem in moralischer Hinsicht. Mahner gegen den Krieg, wie z. B. Einstein, wurden verhetzt, mußten emigrieren oder wurden wie viele polnische und jüdische Intellektuelle in Konzentrationslagern ermordet.

Die Naturwissenschaften hatten auf Verlauf und Ergebnis des zweiten Weltkrieges einen nicht unbedeutenden Einfluß. Die Erfolge des gelenkten Raketenfluges für die Erforschung der höheren Schichten der Erdatmosphäre ließen die Raketen vor und während des zweiten Weltkrieges wieder militärisch interessant werden und das zuvor meist rein private Unternehmen der Raketenforschung in die Regie der Armeen übergehen. Im Fronteinsatz als Feststoffrakete – erinnert sei nur an die legendären »Katjuschas« der Sowjetunion – konnten damit gute Erfolge erzielt werden, während flüssigkeitsgetriebene Großraketen wie die V 2 des faschistischen Deutschlands noch keine kriegsentscheidende Bedeutung erlangten. Den vom Frühjahr 1944 an erfolgenden Einsatz der V 2 und der Flügelrakete V 1 schätzt der britische Militärexperte und Nobelpreisträger für Physik Blackett 1948 folgendermaßen ein: »Da es damals nur eine begrenzte Abwehr gegen die V 1 und überhaupt keine gegen die V 2 gab, nahmen die Angriffe erst dann ein Ende, als die Deutschen... die Abschußbasen verloren. Obwohl sie in technischer Hinsicht ein Erfolg waren, hatten die V-Waffen nur einen geringen Einfluß auf die Gesamtentwicklung des Krieges.«

Ebenso wie die Raketenentwicklungen hatten auch Bau und Einsatz der Atombombe letztlich keine kriegsentscheidende Bedeutung. Kriegswichtig wurde jedoch die Beherrschung großtechnischer Verfahren der Chemie zur Gewinnung von Treibstoffen, Gummi, Sprengstoffen, Brandmitteln und einer Reihe von Ersatzstoffen. Hinzu kam der ausgedehnte Einsatz funktechnischer Mittel auf der Basis der Elektronenröhre sowie das im Prinzip aus Hülsmeyers Patent im Jahre 1904 bekannte und seit 1934 auf Anregung von Watson-Watt technisch durchgebildete Radarverfahren. All diese Systeme und ihre Weiterentwicklung sind Ergebnisse bedeutender technischer Leistungen zwischen beiden Weltkriegen, doch sie haben auch die verheerenden Auswirkungen des Krieges vervielfacht.

Aber nicht nur das faschistische Deutschland setzte die Früchte der Forschung unmenschlich ein, sondern auch die USA, die mit dem sinnlosen Atombombenabwurf auf Hiroshima und Nagasaki bewiesen, daß dieser Einschüchterungsversuch mit neuer Stoßrichtung eben doch nicht das Ende des Krieges war. Angesichts des Infernos zweier Weltkriege, die ihre todbringenden Waffen nicht zuletzt vielen genialen Wissenschaftlern »verdanken«, ist die Verantwortung der Wissenschaftler in der Gesellschaft höher denn je zuvor in der Geschichte anzusetzen.

Mathematik

Zwischen den beiden Weltkriegen vollzog sich eine deutliche Verschiebung der mathematischen Zentren auf der Erde.

Während der ersten anderthalb Jahrzehnte unseres Jahrhunderts, d. h. bis zum ersten Weltkrieg, befanden sich die bedeutendsten mathematischen Zentren in Europa, und da besonders in Deutschland und Frankreich. Die Forscher der USA orientierten sich noch weitgehend an ihren europäischen Lehrern; die Länder Asiens, Afrikas und Lateinamerikas befanden sich in kolonialer Abhängigkeit und konnten noch keinen wesentlichen Beitrag zur Entwicklung der Weltwissenschaft leisten.

Als Folge des ersten Weltkrieges, der zudem auch in den Kreisen der Mathematiker und Naturforscher – besonders in Deutschland – zu einer Welle des Chauvinismus geführt hatte, zerbrach die internationale Organisation der mathematischen Wissenschaften. Die Vorrangstellung der europäischen Länder, besonders Frankreichs und Deutschlands, ging verloren. Zwischen den beiden Weltkriegen entstand in den USA ein mathematisches Hauptzentrum, ein weiteres in der Sowjetunion. Zugleich begannen sich in Ländern wie Indien, Japan, Kanada erfolgreiche mathematische Gruppierungen zu entwickeln.

Alles in allem gehört die vergleichsweise kurze Zeit zwischen den beiden Weltkriegen zu den fruchtbarsten Perioden der Geschichte der Mathematik, insbesondere deswegen, weil neben einer Entfaltung nach dem Umfang der erzielten Ergebnisse, neben der Weiterführung und dem Ausbau der klassischen Gebiete auch gänzlich neue Arbeitsrichtungen und methodologische Konzeptionen entstanden, die einen Strukturwandel der ganzen Mathema-

492. Emmy Noether. Ihre Arbeiten zur Algebra haben das Profil der modernen Mathematik weitgehend mitgeprägt. Als Jüdin mußte sie das faschistische Deutschland 1933 verlassen und emigrierte in die USA. Dokumentarphoto

tik bewirkten, dessen positive Folgen noch heute spürbar sind. Von den sich neu formierenden Disziplinen der Mathematik rückten Funktionsanalysis, Strukturalgebra und mathematische Logik besonders in den Vordergrund. Die Wahrscheinlichkeitsrechnung erreichte eine neue Stufe ihrer Entwicklung.

Funktionsanalysis Die Anfänge der Funktionsanalysis liegen in Italien und Frankreich; eine abstrakte Denkweise ließ Hadamard z.B. auf dem I. Internationalen Mathematikerkongreß 1897 in Zürich Gedanken einer verallgemeinerten Analysis vortragen, die die Verallgemeinerung aller Grundbegriffe der klassischen Analysis – wie Grenzwert, Konvergenz, Stetigkeit, Differenzierbarkeit usw. – im Fall der Abbildung einer Menge in eine andere heraushob. Der Ungar Riesz schuf Anfänge einer allgemeinen Operatorentheorie; die abstrakte Denkhaltung Hilberts und seiner berühmten mathematischen Schule in Göttingen ging zur Betrachtung von verallgemeinerten Räumen mit unendlich vielen Dimensionen über. Gestützt auf die Cantorsche Punktmengentheorie formulierte der französische Mathematiker Fréchet 1906 seine berühmten »Pariser Thesen«, die eines der markantesten Ereignisse in der sich herausbildenden Funktionsanalysis darstellen. Doch war der Weg noch mühsam bis zu ihrer Anerkennung; sie bedurfte einer Bestätigung, einer Veranschaulichung auf höherer Stufe. Dies trat ein, als sich in den zwanziger Jahren gerade die abstrakten Begriffsbildungen und Methoden in der Quantenphysik bewährten; z.B. können die beobachteten Größen eines atomaren Systems durch lineare symmetrische Operatoren im Hilbert-Raum repräsentiert werden.

In den zwanziger Jahren schuf insbesondere der polnische Mathematiker Banach eine einheitliche Methode für die Funktionsanalysis, indem er, wiederum abstrahierend, auf konkrete Vorstellungen über die Natur der Elemente des »Raumes« ganz verzichtete und die vollständigen, linear normierten Räume abstrakter Elemente axiomatisierte; solche Räume werden heute nach Banach benannt.

Ende der zwanziger, Anfang der dreißiger Jahre kam es in Polen durch Banach-Schüler, zugleich in den USA und der Sowjetunion, zu einer raschen Entfaltung der Funktionsanalysis, die heute wegen der Allgemeinheit und großen Reichweite ihrer Methoden sowohl in der reinen als auch in der angewandten Mathematik eine zentrale Stellung einnimmt.

Strukturalgebra Auch in der Algebra setzte mit dem Eindringen mengentheoretischer Denkweisen eine Wende ein. Indem man sich am Vorbild der schon im 19. Jh. herausgearbeiteten abstrakten algebraischen Strukturen Gruppe und Körper orientierte, wurde die Erforschung der Strukturen in den zwanziger Jahren zur Hauptaufgabe. So formulierte van der Waerden: »Alle Beziehungen zwischen Zahlen, Funktionen und Operationen werden erst dann durchsichtig, verallgemeinerungsfähig und wirklich fruchtbar, wenn sie von ihren besonderen Objekten losgelöst und auf allgemeine begriffliche Zusammenhänge zurückgeführt sind.«

Wesentliche Anstöße zur Begründung der »Modernen Algebra« gingen von der Göttinger Mathematikerin Emmy Noether aus. Sie zählt zu den ganz großen Gestalten in der Geschichte der Mathematik. Durch ihr methodisches Vorbild leitete sie eine Entwicklung ein, die mit Artin, Hasse, Krull und van der Waerden schließlich weitgehend das Bild der Algebra der Gegenwart prägt. In den Jahren 1930/31 erschien van der Waerdens berühmt gewordenes Buch »Moderne Algebra«, das diesem Umschichtungsprozeß äußeren Ausdruck verlieh; von hier aus führte der Weg zur Blütezeit der modernen Algebra, die in den USA, z.B. durch Birkhoff und von Neumann, auch nach dem zweiten Weltkrieg überaus fruchtbare Resultate hervorbrachte.

Mathematische Logik Die Herausbildung der mathematischen Logik zu einer selbständigen mathematischen Disziplin wurde – gerade im Zusammenhang mit den Grundlagenschwierigkeiten der Mathematik zu Anfang des 20. Jh. – durch die Notwendigkeit gefördert, immer kompliziertere Begriffe und Sachverhalte der Mathematik korrekt zu formulieren.

In den zwanziger Jahren bildeten sich bedeutende Schulen der mathematischen Logik vor allem an österreichischen und polnischen Universitäten; herausragende Vertreter waren Tarski und Gödel, der zu Anfang der dreißiger Jahre die Möglichkeiten, aber auch die Grenzen der formalisierten axiomatischen Methode zeigte.

Der Faschismus unterbrach diese Entwicklung. Nach dem zweiten Weltkrieg verlagerte sich der Schwerpunkt der Forschungen zur mathematischen Logik und zur mathematischen Grundlagenforschung in die Zentren der Sowjetunion und der USA; dabei rückten Probleme der formalisierten Sprachen in den Vordergrund. Die mathematische Logik erhielt in den letzten Jahrzehnten einigermaßen überraschend eine gänzlich neue Stellung, indem sie zur unabdingbaren Voraussetzung für die Entwicklung der programmgesteuerten Rechentechnik wurde; dies bewirkte eine sprunghafte Zunahme des Interesses und einen gewaltigen Zufluß an Forschungskräften und finanziellen Mitteln.

Entwicklung der Wahrscheinlichkeitsrechnung Die Anfänge der Wahrscheinlichkeitsrechnung reichen bis ins 16. und 17. Jh. zurück. Tartaglia und Cardano beschäftigten sich mit speziellen Fragestellungen im Zusammenhang mit Glücksspielen; Huygens, de Fermat, Pascal formulierten zur Mitte des 17. Jh. bereits erste Sätze über den Erwartungswert (»Wert der Hoffnung«) eines Ereignisses. In England insbesondere wurden wahrscheinlichkeitstheoretische Betrachtungen bei Rentenzahlungen, bei Sterbewahrscheinlichkeiten und anderen bevölkerungsstatistischen Fragestellungen sowie zur Berechnung der Grundlagen für die Staatslotterie herangezogen.

Wesentliche Fortschritte in der Entwicklung der Wahrscheinlichkeitsrechnung brachte das frühe 18. Jh. Jakob Bernoulli definierte die Wahrscheinlichkeit eines Ereignisses als »Grad seiner Gewißheit«, die sich von der Gewißheit »wie ein Teil vom Ganzen« unterscheidet. Sein Hauptverdienst ist wohl die Formulierung des Gesetzes der großen Zahl; unwesentliche Abweichungen beim Eintreten eines Ereignisses löschen sich bei Mittelung über eine genügend große Anzahl von Einzelfällen aus. Im Jahre 1713 erschien (postum) seine zusammenfassende Darstellung der Wahrscheinlichkeitsrechnung »Ars conjectandi« (Kunst des Vermutens), die zum

493. Andrej Nikolajewitsch Kolmogorow. Der führende sowjetische Mathematiker, der hervorragende Beiträge zur Wahrscheinlichkeitsrechnung und zur mathematischen Logik leistete, machte es sich zur Regel, häufig den Kontakt zu mathematisch und naturwissenschaftlich Begabten zu suchen. Die Abbildung zeigt ihn 1963 beim Besuch eines Schulinternats. Dokumentarphoto

Standardwerk des 18. Jh. wurde und an die viele wesentliche Einzelarbeiten von de Moivre und Simpson in England, Euler, Nikolaus und Daniel Bernoulli und Graf Buffon anknüpften.

Ein neuer Aufschwung der Wahrscheinlichkeitsrechnung setzte an der Wende vom 18. zum 19. Jh. ein. Angeregt vor allem durch naturwissenschaftliche Fragestellungen – in Ballistik, Astronomie, Theorie der Beobachtungsfehler –, entwickelten Laplace und Poisson spezielle analytische Methoden in der Wahrscheinlichkeitsrechnung. Laplace faßte seine Ergebnisse in der »Théorie analytique des probabilités« (Analytische Theorie der Wahrscheinlichkeiten, 1812) zusammen. Die Einleitung zu diesem Werk bildet der »Essai philosophique« (Philosophischer Versuch); dort definierte er als Maß der Wahrscheinlichkeit: »Die Theorie des Zufalls ermittelt die gesuchte Wahrscheinlichkeit eines Ereignisses durch Zurückführung aller Ereignisse derselben Art auf eine gewisse Anzahl gleich möglicher Fälle, ... und durch Bestimmung der dem Ereignis günstigen Fälle. Das Verhältnis dieser Zahl zu der aller möglichen Fälle ist das Maß dieser Wahrscheinlichkeit, ...«

Das Werk von Laplace wurde für das gesamte 19. Jh. zur Grundlage der Wahrscheinlichkeitsrechnung. Merkwürdigerweise geriet sie im Ursprungsland, in Frankreich, in Verruf, offenbar, weil sie der Versuch belastete, auf moralische und juristische Fragestellungen, z. B. nach der Richtigkeit eines Gerichtsurteils, angewendet zu werden. So kam es, daß die russische wahrscheinlichkeitstheoretische Schule um Bunjakowski, Tschebyschew und Markow während des 19. Jh. zum Hauptzentrum des Fortschritts auf diesem Gebiet der Mathematik wurde.

Indessen waren, trotz aller Erfolge bei der Anwendung der Wahrscheinlichkeitsrechnung in der Mathematik selbst in den Naturwissenschaften, die logischen Grundlagen noch nicht aufgeklärt. Fehler und Mißdeutungen traten zutage; die Laplacesche Definition der Wahrscheinlichkeit wurde als unzureichend erkannt. Hilbert, dem dieses Dilemma bewußt war, zählte um die Jahrhundertwende die Präzisierung der Grundlagen der Wahrscheinlichkeitsrechnung zu den wesentlichen mathematischen Problemen und nannte als Methode dafür die Axiomatisierung.

Doch war der Weg, der von von Mises, Bernstein und einigen anderen anfangs beschritten wurde, mühsam. Der Durchbruch gelang 1933 auf mengentheoretischer Grundlage dem sowjetischen Mathematiker Kolmogorow; das von ihm aufgestellte Axiomensystem der Wahrscheinlichkeitsrechnung wird heute von der Mehrzahl der Mathematiker gebraucht.

Die Begriffe und Probleme konnten nun in einem einheitlichen System erfaßt werden. Die Wahrscheinlichkeitsrechnung wurde damit als mathematische Disziplin auch methodologisch fest in das Gebäude der Mathematik integriert; sie gestattet nun auch eine Fülle von Anwendungen in Naturwissenschaft, Technik und Ökonomie. Stochastisches Denken gehört heute zu den Grundelementen der Wissenschaft überhaupt.

494. Brief von Albert Einstein an die Preußische Akademie der Wissenschaften. Mit diesem Schreiben nahm Einstein die von Max Planck und Hermann Walther Nernst betriebene Berufung an die Berliner Akademie an. Von 1914 bis zur Vertreibung durch die Faschisten 1933 hat er das wissenschaftliche Leben Berlins mitbestimmt und in zahlreichen Aktivitäten seine fortschrittliche Haltung bewiesen. Archiv der Akademie der Wissenschaften der DDR, Berlin

Physik

Die zu Beginn des Jahrhunderts mit Feldphysik, Quantenhypothese und Relativitätstheorie ausgelöste Revolution im Weltbild hatte dazu beigetragen, daß sich viele junge begabte Wissenschaftler von der Physik angezogen fühlten und daß in physikalischen Forschungseinrichtungen, die aussichtsreich erschienen, verhältnismäßig viel Mittel investiert wurden. Jedenfalls brachten die reichlich zwei Jahrzehnte zwischen den beiden Weltkriegen eine Fülle aufsehenerregender, weil in die Zukunft greifender Entdeckungen und Theorienbildungen in der Physik hervor. Die moderne Physik warf zugleich schwierige philosophisch-erkenntnistheoretische Probleme auf. Atom- und Kernphysik mündeten auch in die Entwicklung von Massenvernichtungswaffen ein und stellten somit die Naturforscher vor bisher in dieser Schärfe wohl noch nicht gestellte ethisch-moralische Entscheidungen.

Quantenphysik des Atoms Die Bohrsche Theorie über den Bau der Atomhülle war anfangs nur zögernd aufgenommen worden. Eine Wende hatten erst Sommerfeld, Epstein und Schwarzschild herbeigeführt; durch Einführung von weiteren Quantenzahlen und durch relativistische Betrachtungsweise hatten sie die Feinstruktur der Spektrallinien beim normalen Zeeman- und Stark-Effekt theoretisch erklären können.

Das von Sommerfeld 1919 publizierte und später noch mehrfach aufgelegte Werk »Atombau und Spektrallinien« charakterisierte die erreichte Stufe beim Ausbau der älteren, anschaulichen Quantenphysik. Und obwohl Bohr 1922 während der Göttinger »Bohr-Festspiele« eine glänzende Darstellung des Zusammenhanges zwischen der Theorie des Atombaues und dem Periodischen System der Elemente gab, konnte doch nicht übersehen werden, daß wesentliche Probleme des Schalenaufbaues der höheren, der mehrelektronischen Atome und der Feinstruktur der Spektrallinien noch der Lösung harrten:

Anfang 1925 führte der Sommerfeld-Schüler Pauli die 1921 gefundene verwirrende Multiplittstruktur vieler Spektren auf »eine eigentümliche, klassisch nicht beschreibbare Art von Zweideutigkeit der quantentheoretischen Eigenschaften des Leuchtelektrons« zurück, für die er eine vierte Quantenzahl verwendete. Diese wurde im Herbst 1925 mit der Hypothese des Elektronenspins gedeutet.

In diesem Zusammenhang stellte Pauli sein berühmt gewordenes Ausschließungsprinzip auf. Es besagt, daß jeder Quantenzustand des Atoms nur mit einem Elektron besetzt sein darf. Mit dem Pauli-Prinzip ließen sich die Periodenlängen des Periodensystems der Elemente zwanglos erklären.

Diese Erkenntnisse bildeten 1925 den Höhepunkt der anschaulichen, der mit dem Begriff der Elektronenbahn operierenden Atomtheorie. Die Vermischung klassischer und quantentheoretischer Prinzipien befriedigte die Physiker jedoch immer weniger, so daß Sommerfeld schon 1924 befürchtete, daß »das Atommodell mehr ein Rechenschema als eine Zustandsrealität ist«.

Ausgehend von dem von Bohr formulierten Korrespondenzprinzip, das eine Reihe von Schlußfolgerungen der klassischen Mechanik auf die Quan-

495. Ernest Rutherford im Cavendish-Labor. Er unterschied die radioaktive Alpha- und Betastrahlung, stellte 1903 mit Frederick Soddy das Gesetz des radioaktiven Zerfalls auf und wies 1919 die erste künstliche Kernumwandlung nach. Damit begründete er die Kernphysik. Mit seinem planetarischen Atommodell gab er Niels Bohr die entscheidende Anregung für die Theorie der Atomhülle. Dokumentarphoto

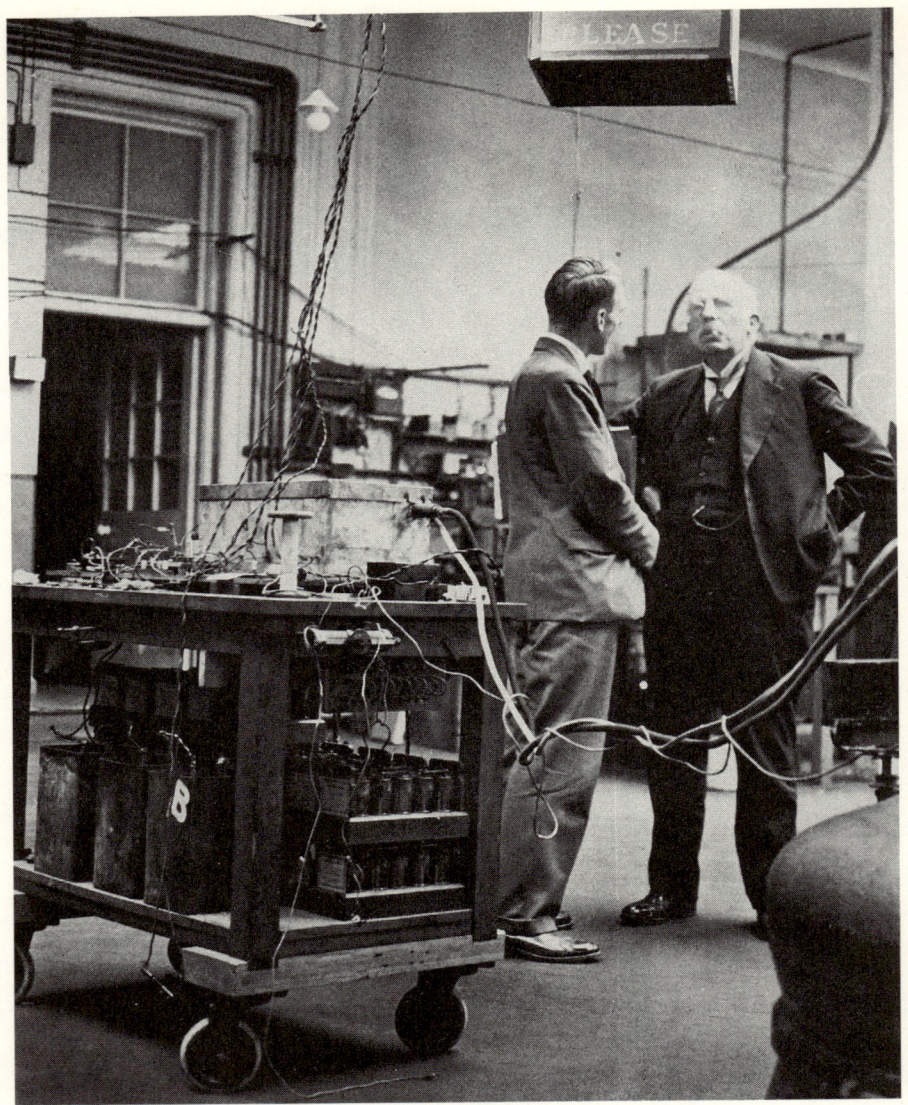

tenmechanik übertrug, kam 1924 sein damaliger Assistent in Göttingen, Heisenberg, zu folgender Auffassung: »Obwohl also der Vergleich des Atoms mit einem Planetensystem von Elektronen in den Forschungen von Rutherford, Bohr, Sommerfeld und anderen zu einer qualitativen Deutung der optischen und chemischen Eigenschaften der Atome führte, nötigt die grundsätzliche Verschiedenheit des Atomspektrums vom klassischen Spektrum eines Elektronensystems doch zur Aufgabe des Begriffs Elektronenbahn und zum Verzicht auf eine anschauliche Beschreibung des Atoms.«

In seinem im Juli 1925 veröffentlichten Artikel »Über quantentheoretische Umdeutung kinematischer und mechanischer Beziehungen« machte er nur »prinzipiell beobachtbare Größen« zur Grundlage einer Atommechanik, in der er »die Gesamtheit aller Amplituden und Phasen« der vom Atom emittierten Strahlung als vollständige Beschreibung des Atoms ansah. Schon wenige Tage später identifizierte Born die Heisenbergschen Gesamtheiten mit Matrizen, und im September 1925 konnten Born und Jordan aus der von Heisenberg festgestellten Nichtvertauschbarkeit der Multiplikation dieser Größen die neue Vertauschungsrelation angeben:

$$pq - qp = \frac{h}{2\pi i}$$

Dabei bedeuten q die Koordinatenmatrizen und p die Impulsmatrizen. Einen ersten Erfolg mit der neuen »Matrizenmechanik« erzielte Pauli, als er im Januar 1925 das Wasserstoffspektrum berechnete. Im gleichen Jahr erkannten Wigner und Weyl, daß sich diese Form der Quantenmechanik mittels der unabhängig von der Physik entwickelten mathematischen Gruppentheorie systematisch darstellen ließ, und der Engländer Dirac entwickelte diese zu einer Theorie nichtkommutativer Größen weiter.

Neben der Matrizenmechanik, die bewußt auf Anschauung verzichtete, wurde zeitlich parallellaufend eine scheinbar gänzlich verschiedene Theorie des Atoms, die Wellenmechanik, entwickelt, in der man sich vorerst nicht so rigoros von anschaulichen Atommodellen abkehre.

Obwohl Einstein auf der Basis der Lichtquantenhypothese das Plancksche Strahlungsgesetz auf eine allgemeinere wahrscheinlichkeitstheoretische Grundlage stellte, den Begriff der »Übergangswahrscheinlichkeit« prägte und durch Einführung der »induzierten Emission« die theoretische Voraussetzung für den 1960 erfundenen Laser schuf, blieb seiner Auffassung über die Doppelnatur des Lichts die allgemeine Anerkennung versagt. Nachdem aber 1922 der Amerikaner Compton nachgewiesen hatte, daß bei der Streuung von kurzwelligen Röntgenstrahlen an Atomen der Impuls- und Energiesatz auch für Photonen gilt, war man von der Realität der Lichtquanten überzeugt.

Darauf bezog sich 1924 der junge Franzose de Broglie in seiner Doktorarbeit, als er nun auch Teilchen mit einer Ruhmasse – beispielsweise den Elektronen – Welleneigenschaften zuordnete.

496. Werner Heisenberg demonstriert die von ihm aufgestellte »Weltformel«. Er entwickelte 1925 mit Max Born und Pascual Jordan die Quantenmechanik, die sog. Matrizenmechanik, konzipierte 1940 die Reaktortheorie und bemühte sich seit den fünfziger Jahren um eine »einheitliche Theorie der Elementarteilchen«. Dokumentarphoto

Aus der Hypothese der »Materiewellen« entwickelte de Broglie die Vorstellung der um den Atomkern umlaufenden Phasenwellen statt der von Bohr und Sommerfeld angenommenen auf Ellipsenbahnen kreisenden diskreten Elektronen. Eine glänzende Bestätigung seiner Theorie bedeutete es, als 1927 die Amerikaner Davisson und Germer in den Bell Telephone Laboratories bei Reflexion von Elektronen sowie George Paget Thomson in Cambridge (England) bei der Elektronenbeugung die Welleneigenschaften von freien Elektronen experimentell feststellten. Diese Versuche waren ein Ausgangspunkt für die Entwicklung der Elektronenmikroskopie in den dreißiger Jahren.

In der Diskussion über die Theorie der Gasentartung, die Einstein mit Hilfe der von dem indischen Physiker Bose gefundenen Quantenstatistik der ununterscheidbaren Teilchen aufstellte, stieß der Österreicher Schrödinger auf die Möglichkeit, die Bose-Statistik auf die de Broglieschen Materiewellen zu übertragen.

In sechs kurz nacheinander veröffentlichten Arbeiten entwickelte Schrödinger im Jahr 1926 die »Wellenmechanik«, gelangte in Analogie zu der Hamilton-Jacobischen Differentialgleichung zur Wellengleichung, der sog. Schrödinger-Gleichung, die er als Eigenwertproblem des atomaren Systems behandelte, erhielt als Lösungsfunktion die berühmte ψ-Funktion, die er zunächst anschaulich als Ladungsdichte des »verschmierten« Elektrons deutete.

Schon im Juli 1926 erkannte Born die wirkliche Bedeutung dieser Größe und interpretierte sie statistisch als Aufenthaltswahrscheinlichkeit der Elektronen in bestimmten Räumen, den Orbitalen. Er zeigte, daß die Schrödinger-Gleichung »Wahrscheinlichkeitswellen« beschreibt. Schrödingers Vorstellung »des schwingenden Atoms« stieß zuerst bei Bohr, Heisenberg u. a. m. auf Widerspruch, aber bereits März 1926 konnte Schrödinger die mathematische Äquivalenz von Matrizen- und Wellenmechanik nachweisen, so daß die mathematisch besser handhabbare Wellenmechanik von den Physikern rasch weiterentwickelt wurde. So eröffnete u. a. 1927 eine Arbeit des Schweizers Heitler in Zusammenarbeit mit London den Zugang zum quantentheoretischen Verständnis der chemischen Bindung. Mit der Ausbildung einer allgemeinen Fassung der Quantenmechanik, der Transformationstheorie, an der sich Dirac, Jordan, London und die Mathematiker Hilbert und von Neumann beteiligten, war so formal die Quantentheorie zu einem vorläufigen Abschluß gekommen.

Die tieferen Schwierigkeiten lagen aber in der physikalischen Deutung des atomaren Geschehens. Zu der Tatsache des im atomaren Bereich zwar anerkannten Dualismus von Welle und Teilchen – zwei Begriffe, die in der klassischen Makrophysik einander ausschlossen – kam noch das Problem, daß in der Quantenmechanik nur Wahrscheinlichkeitsaussagen gemacht werden konnten. Das brachte Heisenberg im Oktober 1926 in einem Brief folgendermaßen zum Ausdruck: »Der Beziehung

$$i(pq - qp) = \frac{h}{2\pi}$$

entspricht in der Wellenvorstellung die Tatsache, daß es keinen Sinn hat, von einer monochromatischen Welle in einem kurzen Zeitintervall zu sprechen, analog hat es auch keinen Sinn, vom Ort eines Korpuskel bestimmter Geschwindigkeit zu reden. Das hat aber sehr wohl einen Sinn, wenn man es mit Ort und Geschwindigkeit nicht so genau nimmt.«

Erfolg seiner Überlegungen war schließlich die im März 1927 veröffentlichte Arbeit »Über den anschaulichen Inhalt der quantentheoretischen Kinematik und Mechanik«, in der er die Unschärfebeziehungen (Unbestimmtheitsrelationen) formulierte, nach der kanonisch konjugierte Größen, z. B. Ort und Impuls bzw. Energie und Zeit eines Mikroteilchens niemals gleichzeitig mit beliebiger Genauigkeit bestimmt werden können. Diesen, auch den Welle-Teilchen-Dualismus betreffenden Sachverhalt verallgemeinerte Bohr in dem von ihm aufgestellten Komplementaritätsprinzip, dessen Kern er folgendermaßen umriß: »Die Begriffe Teilchen und Welle ergänzen sich, indem sie sich widersprechen: Sie sind komplementäre Bilder des Geschehens.« Dieses Prinzip bildete die Grundlage der »Kopenhagener Deutung der Quantentheorie«, die insbesondere von Bohr erarbeitete, über die Physik hinausgehende philosophische Grundauffassungen vorwiegend erkenntnistheoretischen Charakters einschlossen. Während Bohr, Born und Heisenberg die statistische Quantentheorie als endgültig betrachteten, ließen Planck, Schrödinger, de Broglie und von Laue diese nur als vorläufige Lösung gelten. Einstein lehnte sie völlig ab, da er nicht an einen »würfelnden Gott« glauben könne. Die in Brüssel abgehaltenen Solvay-Kongresse der Jahre 1927 und 1930 waren die Höhepunkte dieser Auseinandersetzungen.

497. Louis Viktor de Broglie, der zunächst Geschichte studierte, entwickelte 1924 in seiner Doktorarbeit die Theorie der »Materiewellen«, die auch Teilchen eine Wellenstruktur zuordnete, und wandte sie auf die in der Atomhülle kreisenden Elektronen an. Diese Theorie war ein Ausgangspunkt für den Aufbau der Wellenmechanik durch Erwin Schrödinger, die sich als mathematisch äquivalent mit der Heisenbergschen Quantenmechanik erwies. Dokumentarphoto

Quantenfeldtheorie Die Weiterbildung der Quantenmechanik führte durch die Einbeziehung der allgemeinen Relativitätstheorie, die im Feldmodell dargestellt werden konnte, zur Quantenfeldtheorie. Besondere Erfolge erzielte Dirac, der Mathematiker auf dem seinerzeit von Newton innegehabten Lucasischen Lehrstuhl in Cambridge, bei der 1928 entwickelten relativistischen Quantentheorie eines Teilchens, des Elektrons. Er konnte damit den »Spin« theoretisch erklären und sagte die Existenz von »unbesetzten Zuständen negativer Energie«, sog. Löcher, voraus, die als positiv geladene Elektronen auftreten sollten. Mit der weiteren Ausarbeitung der Quantenelektrodynamik lernte man auch die Paarerzeugung und -vernichtung theoretisch verstehen.

Bei der Anwendung der Quantentheorie auf Kernprozesse hypostatierte Pauli zur Erklärung der Energiebilanz beim Betazerfall der Atomkerne 1930 das später Neutrino genannte Teilchen, und der Japaner Yukawa folgerte 1935 aus seiner Theorie der Kernkräfte, daß auch die Existenz eines Teilchens, des π-Mesons (Pion), möglich sei, dessen Masse zwischen der des Elektrons und des Protons liegen müsse.

Mit der Anwendung der Quantenphysik auf die Probleme der Festkörper konnte eine Reihe von Erscheinungen und Eigenschaften ursächlich geklärt werden. Diese neuen Einsichten der Grundlagenforschung erlangten schließlich für die Produktion, insbesondere magnetischer und elektronischer Bauelemente, überragende Bedeutung. Nachdem von Laue, Friedrich und Knipping 1914 mit Röntgenstrahlen die Kristallgitterstruktur von Festkörpern nachgewiesen hatten, veröffentlichen u. a. die sowjetischen Physiker Frenkel und Joffe Anfang der zwanziger Jahre die ersten Arbeiten zur

498. Abram Fedorowitsch Joffe (links) im Gespräch mit Max von Laue. Joffe, einer der Begründer der sowjetischen Physik, arbeitete u. a. über die Physik der Kristalle. Laues Hauptleistung ist die Deutung der Röntgenstrahlinterferenzen. Beide gehören zu den Begründern der Festkörperphysik. Dokumentarphoto

Festkörperphysik. Mit der 1926 von Fermi aufgestellten Quantenstatistik behandelten Pauli, Sommerfeld, Frenkel, Heisenberg und Bloch das »Elektronengas« in Metallen unter verschiedenen Aspekten. Dadurch wurde u. a. die Ursache des Ferromagnetismus geklärt.

Das von Wilson entworfene Energiebandmodell der Festkörper und Frenkels Theorie des Defektelektrons trugen zum Verständnis der elektrischen Eigenschaften der Halbleiter bei. So wurde durch die Quantenphysik schon um 1930 eine beachtliche theoretische Vorarbeit für die Entwicklung spezieller Halbleiterelemente wie Dioden und Transistoren geleistet sowie neue Untersuchungsverfahren für Physik und Chemie vorbereitet, die nach dem zweiten Weltkrieg u. a. zu einem ungeheuren Aufschwung in der Produktion von Kommunikationsmitteln wie Radio und Fernsehen führen sollten.

Philosophische Probleme der Quantenphysik Die Resultate der Quantenphysik lösten eine ausgedehnte Diskussion zu Grundfragen der Philosophie aus. Die Probleme wurden zuerst von führenden Physikern wie Bohr, Heisenberg u. a. m. aufgegriffen und sind als Kopenhagener Deutung der Quantentheorie in die Geschichte eingegangen. Herkunft und Ursache dieses Problemkreises umriß Bohr mit folgenden Worten: »Das Studium des atomaren Aufbaus der Materie hat in unserem Jahrhundert eine unerwartete Anwendbarkeitsgrenze der klassischen Physik aufgezeigt und dadurch die in die traditionelle Philosophie übernommenen Forderungen an wissenschaftliche Erklärung in neues Licht gerückt.«

Diese Forderungen erwuchsen aus dem komplexen Sachverhalt des physikalisch unumgänglichen Welle-Teilchen-Dualismus, der in Heisenbergs Unschärferelation und Bohrs Komplementaritätsprinzip sowie in den Wahrscheinlichkeitsaussagen der Schrödinger-Gleichung wissenschaftlich fundiert worden war. Der Bruch mit der klassischen Physik war so stark, daß die als fast selbstverständlich geltenden philosophischen Grundlagen der klassischen Physik, die vorwiegend dem mechanischen Materialismus verhaftet waren, neu durchdacht werden mußten. So wurde der Welle-Teilchen-Dualismus als logischer Widerspruch empfunden: »Zwischen der Behauptung, ›das Elektron ist ein Teilchen‹ und ›das Elektron ist eine Welle‹ besteht nun ein kontradiktorischer Gegensatz... Dieser Gegensatz wird aufgelöst durch die Behauptung: Ein ›atomares Teilchen‹ ist eine physische Realität, die jenseits der Grenzen der unmittelbaren Wahrnehmung liegt und die wir in unseren räumlichen und zeitlichen Begriffen überhaupt nicht mehr anschaulich beschreiben können.«

Solche Auffassungen forderten eine agnostizistisch-positivistische Betrachtungsweise heraus, die es zweifelhaft erscheinen ließ, ob die Erkennung des objektiv-realen Verhaltens von Elementarobjekten überhaupt möglich sei. Die Unsicherheit des Erkenntnisvermögens bei Mikroobjekten bestand darin, daß bei quantenphysikalischen Experimenten eine Wechselwirkung zwischen zu beobachtendem Objekt und der Meßanordnung als »Störung« (Bohr) nach der Unbestimmtheitsrelation unvermeidbar war, so daß entsprechend der Versuchsanlage entweder der Wellen- oder Teilchencharakter des Objekts hervortrat: Dazu bemerkte von Weizsäcker: »Sollte demnach die Wirklichkeit von unserer Willkür abhängen? Nicht die Wirklichkeit, aber das Bild, unter dem wir sie begreifen. Wir können vom Atom nicht anders etwas erfahren als durch das Experiment; das Experiment ist aber eben eine Vergewaltigung der Natur. Wir zwingen gleichsam das Atom, uns seine Eigenschaften in einer angemessenen Sprache mitzuteilen.«

Diese Subjekt-Objekt-Problematik, die die Erkenntnisfähigkeit mittels Experiment einschränkte, wurde jedoch durch führende Physiker wie Bohr späterhin zugunsten eines im Grunde materialistischen Standpunktes wieder ausgeräumt: »Weit davon entfernt, unseren Bemühungen, der Natur in

499. Lise Meitner und Adrian Maurice Dirac auf einem Physikerkongreß. Die Untersuchungen beider, so unterschiedlich sie waren, trugen zum wissenschaftlichen Fortschritt in der Kern- und Quantenphysik bei, bildeten aber auch eine Quelle für philosophische Deutung dieser Disziplinen. Dokumentarphoto

500. Peter Debye in seinem Arbeitszimmer. Sein Hauptarbeitsgebiet war die Physik der Moleküle, und seine röntgenkristallographische Methode (Debye-Scherrer-Verfahren) erlangte ebenso Bedeutung wie seine Theorie der Elektrolyte, insbesondere für die Chemie. 1936 erhielt er den Nobelpreis für Chemie. Dokumentarphoto

Form von Experimenten Fragen zu stellen, eine Grenze zu setzen, charakterisiert der Begriff Komplementarität einfach die Antworten, die wir auf eine solche Fragestellung in jenen Fällen erhalten können, wo die Wechselwirkung zwischen den Meßgeräten und den Objekten einen integrierenden Teil des Phänomens bildet.«

Es bahnte sich, auch unter dem klärenden Einfluß sowjetischer Physiker, die Erkenntnis an, daß der durch die Komplementaritätsthese begründete Zusammenhang das reale Verhalten der Objekte widerspiegelte, philosophisch gesehen Welle und Teilchen demnach einen dialektischen Widerspruch des Objektes darstellen und die von klassischen Vorstellungen ausgehenden Modelle nur relative Gültigkeit besitzen.

Das folgenreichste Problem ergab sich aus dem Sachverhalt, daß in der Quantenphysik statistische Gesetze wirken, also für das Verhalten von Mikroobjekten nur Wahrscheinlichkeitsaussagen gemacht werden könnten. Der prinzipielle Verzicht auf das klassische Kausalitätsideal wurde jedoch recht bald als eine »Individualität von Atomprozessen« (Bohr) ausgelegt, unvereinbar mit einer streng deterministischen Naturbeschreibung, wie sie nach der Auslegung späterer Wissenschaftler von Laplace für die Physik gefordert worden war. Die Ausdehnung dieser Überlegungen auf andere Bereiche wie z. B. die Biologie führte jedoch zu unbeweisbaren Folgerungen, wie sie u. a. Jordan zog: »Die Steuerung der Lebenserscheinungen geht aus von der mikrophysikalischen Schicht, und für den weiteren Fortgang unserer naturwissenschaftlichen Erfassung des Lebensphänomens scheint es verheißungsvoll, daß die Besonderheiten, welche die Mikrophysik von der Makrophysik unterscheiden, darauf hindrängen, als ›Simplifikationen‹ (Meyer-Abich) biologischer Grundverhalte angesprochen zu werden: Wir hatten oben beispielsweise die akausale Freiheit im Reagieren der Atome erläutert mit dem Wort, daß das Atom unter verschiedenen Möglichkeiten ›wählen‹ kann; und jeder Versuch, dieses Ver-

501. Fernsehbildempfänger von Manfred von Ardenne, um 1930. Zeitlich parallel mit dem Ringen der Physiker um eine neue philosophische Grundlegung ihrer Wissenschaft, insbesondere in der Quantenphysik, verlief der grandiose Aufschwung der Elektronik und Hochfrequenzphysik. Dokumentarphoto

hältnis sprachlich darzustellen, findet als nächstliegendes Mittel Worte, die wir sonst zur Beschreibung biologisch-psychologischer Verhalte zu gebrauchen pflegen.«

Diesen Gedanken, aus dem Wirken statistischer Gesetze bei Mikroprozessen auf eine »akausale Freiheit« bei physikalischen, biologischen und insbesondere bei Bewußtseinsprozessen zu schließen, stellten Vertreter des dialektischen Materialismus die Lehre des dialektischen Determinismus entgegen. In dieser Theorie wurde nachgewiesen, daß auch statistisch faßbare Vorgänge innerhalb der Dialektik von Notwendigkeit und Zufall kausal bestimmt sind. Die eindeutige Voraussagbarkeit ist deshalb weder in der Natur noch in der Gesellschaft ein Kriterium des Determinismus. Vielmehr bedingen auch statistische Gesetze ein determiniertes Geschehen.

Kernphysik Nach der Aufstellung des planetarischen Atommodells entwickelte sich als neuer Zweig der Atomphysik die Kernphysik. Die ersten Erfolge bestanden in der Erkenntnis der spontanen Kernumwandlung in radioaktive Zerfallsreihen und der von der Isotopie. Unterstützt durch die massenspektroskopischen Messungen Astons, konnten so wichtige Aufschlüsse über Struktur und Umwandlungsfähigkeit der Atomkerne erzielt werden. Schließlich ergab 1919 ein Experiment Rutherfords im berühmten Cavendish-Laboratorium von Cambridge einen sensationellen Befund: Er bestrahlte Stickstoff mit Alphastrahlen und erhielt eine energiereiche Protonenstrahlung. Ihre Herkunft konnte schließlich nur mit der Umwandlung von Stickstoffkernen in Sauerstoffkerne und Protonen als Folge des Eindringens von Alphateilchen erklärt werden, wie auch die Nebelkammeraufnahmen von Blackett erwiesen. Es war zum ersten Mal gelungen, einen Atomkern künstlich in einen anderen umzuwandeln; von einer ganz anderen Seite her hatten die Spekulationen der Alchimie eine Realisierung gefunden.

Bis zu Rutherfords Experiment hatte man angenommen, daß die Atom-

502. Werner Heisenberg bei einer Vorlesung. Durch die Aufstellung der Unschärferelation (1927) hat er physikalisch geklärt, daß es prinzipiell unmöglich ist, Ort und Geschwindigkeit eines Teilchens mit beliebiger Genauigkeit zu messen. Daran knüpfte sich eine philosophische Diskussion über die statistischen Grundlagen der Quantenphysik. Dokumentarphoto

kerne nur aus Wasserstoffkernen (Protonen) und Elektronen bestehen; nun, 1920 kam Rutherford zu der prophetischen Voraussage: »In dem einen Falle [der Konstruktion der Atome] ergibt das die Möglichkeit der Existenz eines Atoms der Masse nahezu 2 mit einer Ladung, das als Isotop von Wasserstoff angesehen werden kann. Im anderen Falle bedingt das die Vorstellung von der möglichen Existenz eines Atoms der Masse 1, welches keine Kernladung hat. Solch eine Atomstruktur scheint auf keinen Fall unmöglich.«

Allerdings entdeckte Rutherfords Schüler Chadwick in Cambridge erst zwölf Jahre später in der von Bothe, Becker und dem Ehepaar Joliot-Curie beobachteten, vom Beryllium ausgehenden, durchdringenden Strahlung das ladungslose Elementarteilchen, das Neutron. Unmittelbar danach stellten Heisenberg sowie unabhängig von ihm Tamm und Iwanenko in der Sowjetunion eine erste Theorie des Kernaufbaus aus Protonen und Neutronen auf, die die endgültige Erklärung der Isotopie einschloß. Kurz darauf fand Urey in den USA den gleichfalls von Rutherford vermuteten »schweren Wasserstoff«, das Deuterium, und Anderson in der kosmischen Strahlung das von Dirac theoretisch antizipierte Positron, das Elektron mit positiver Ladung. Schon im folgenden Jahr konnten Anderson, Blackett und Occhialini sowie das Ehepaar Joliot-Curie die Entstehung eines Elektron-Positron-Paares aus einem Gammaquant sowie den umgekehrten Vorgang, die sog. Paarvernichtung, nachweisen. Da die Paarentstehung damals auch als »Materialisation« bezeichnet wurde, deutete Joliot diesen Vorgang folgendermaßen: »Der Begriff der Materialisation kann verwirrend wirken. Wir verstehen unter Materialisation die Umwandlung der Quantenenergie des Photons in die Ruhmasse der zwei Elektronen, eines negativen und eines positiven, und in kinetische Energie, die auf jedes von ihnen über-

503. Robert A. Millikan (links) und ein Mitarbeiter mit Geräten zur Erforschung der kosmischen Strahlung. Millikan, der erstmals die Elementarladung exakt bestimmte, widmete sich auch der Untersuchung der 1912 von Victor Franz Hess entdeckten kosmischen Strahlung. In dieser Strahlung wurden viele neue energiereiche Elementarteilchen gefunden.
Dokumentarphoto

504. Otto Hahn und Lise Meitner. Die Physikerin Lise Meitner arbeitete lange Jahre mit dem Kernchemiker Otto Hahn zusammen, der die radioaktiven Prozesse erforschte. Kurz vor der Entdeckung der Kernspaltung mußte Lise Meitner, die Jüdin war, aus Deutschland flüchten, konnte aber, informiert von Hahn, eine erste physikalische Deutung des Prozesses geben. Dokumentarphoto

tragen wird. Die Energie und der Impuls bleiben bei dieser Erscheinung erhalten.«

Hiermit erteilte er all jenen eine Abfuhr, die in der irrigen Gleichsetzung der Begriffe Ruhmasse und Materie daraus eine Urzeugung bzw. ein Verschwinden von Materie konstatieren und damit den philosophischen Materialismus widerlegen wollten. In dem gleichen Jahr 1932 gelang den Rutherford-Schülern Cockroft und Walton die erste künstliche Kernzertrümmerung, indem sie Lithium mit Protonen beschossen, die von einem Kaskadengenerator beschleunigt wurden.

Das entdeckungsreiche Jahr 1932 kennzeichnet einen Umschlagpunkt in der Entwicklung der Kernphysik. Mit immer mächtigeren Hochspannungs-

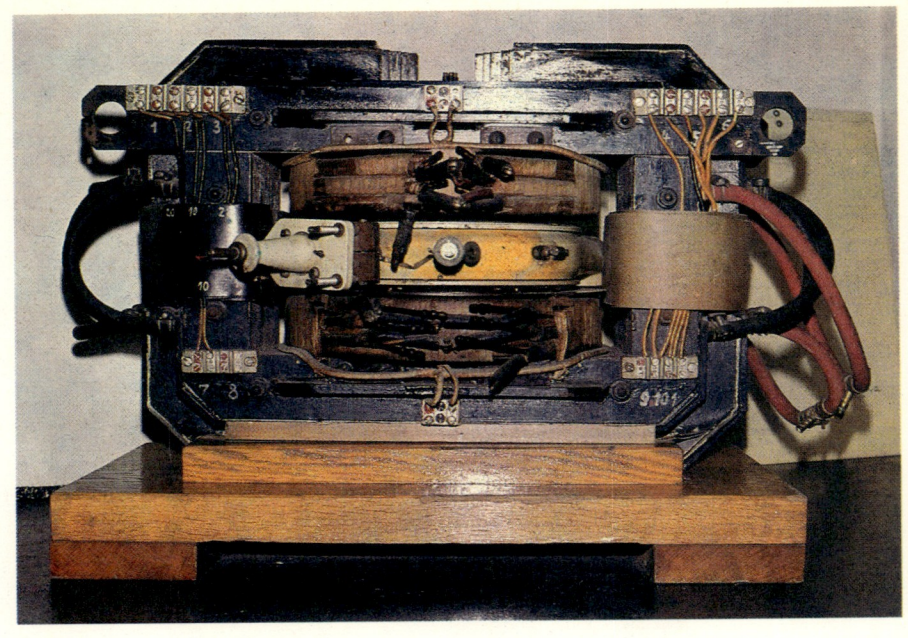

505. Einer der ersten in Europa gebauten Elektronenbeschleuniger. Ab etwa 1930 erforderte die Untersuchung der Atomkerne, Elementarteilchen auf immer höhere Geschwindigkeiten zu beschleunigen. 1931 entwickelte Ernest Orlando Lawrence das Zyklotron, einen Protonenbeschleuniger, während das erste, bereits 1924 von Wideroe konzipierte Betatron, der Elektronenbeschleuniger, erst um 1940 gebaut wurde. Deutsches Röntgen-Museum, Remscheid-Lennep

erzeugern wie dem Van-de-Graaf-Generator und immer größeren Beschleunigern wie dem 1931 von dem Nordamerikaner Lawrence konstruierten Zyklotron und mit dem von dem Norweger Wideroe bereits um 1925 konzipierten, aber erst 1940 gebauten Betatron, der »Elektronenturbine«, konnten Elementarteilchen auf ständig höhere Geschwindigkeit gebracht und die Kernprozesse genauer studiert werden. Der sowjetische Physiker Weksler, der Amerikaner McMillan u. a. m. entwickelten durch die Kombination des Zyklotron- und Betatronprinzips das Synchrotron und das Synchrozyklotron. Damit begann sich die Elementarteilchenphysik oder – nach neuerer Terminologie – die Hochenergiephysik herauszubilden. Diese Entwicklungsrichtung erforderte immer höhere Investitionen für die gewaltigen Beschleunigungsanlagen, die sich nur hochentwickelte Staaten wie die USA, die Sowjetunion und Japan leisten konnten. Hatte Lawrences erstes Zyklotron noch einen Durchmesser von nur 10 cm, so nahm das erste 1935 gebaute europäische Zyklotron in Leningrad bereits den Raum einer Halle in Anspruch.

Dennoch sollten sich die Fortschritte der dreißiger Jahre auf dem ebenfalls neuen Gebiet der Neutronenphysik zeigen, die aber noch mit kleineren Laborgeräten wie den in der »Rutherford-Ära« der Kernphysik gebrauchten auskam.

Auf der Suche nach weiteren Neutronenstrahlern beschoß das Ehepaar Joliot-Curie 1934 Aluminium mit Alphateilchen und stellte unerwartet fest, daß sich das Aluminium unter Aussendung eines Neutrons in Phosphor umwandelt, der sich schließlich bei Ausstrahlung eines Positrons zu Silizium umsetzt. In ihrer Erstveröffentlichung über die künstliche Radioaktivität konnten sie befriedigt konstatieren: »Schließlich war es zum ersten Mal möglich, mit Hilfe einer äußeren Ursache die Radioaktivität gewisser Atomkerne hervorzurufen, die auch in Abwesenheit der erregenden Ursache noch eine meßbare Zeit anhielt.«

Die Erzeugung immer neuer radioaktiver Isotope und ihr Einsatz in der Medizin und den verschiedensten Bereichen der Technik unterstrichen die Bedeutung dieser Entdeckung.

Die Neutronenphysik erhielt durch den 1927 zum Professor an der Universität Rom ernannten Fermi eine neue Zielstellung. Durch Einwirkung von langsamen Neutronen auf die Elemente des Periodischen Systems mit der größten Ordnungszahl, Uran und Thorium, wies er 1934 nach, daß die Neutronen aufgenommen wurden und dabei eine Kernreaktion mit einer Betastrahlung erzeugten, so daß er glaubte, dadurch Transurane, Elemente noch größerer Kernladungszahl als Uran, erhalten zu haben.

Das Ergebnis wurde bezweifelt, so daß insbesondere zwei Forschergruppen dieses Problem aufnahmen. Die eine am Berliner Kaiser-Wilhelm-Institut für Chemie mit den Radiochemikern Hahn, Straßmann und der österreichischen Physikerin Meitner, die andere am Pariser Radiuminstitut mit Irène Joliot-Curie. Daraus entspann sich ein vierjähriger internationaler wissenschaftlicher Wettbewerb. In Berlin wurden 1937 zunächst aus Versuchsergebnissen hypothetisch drei Transuranzerfallsreihen entwickelt, die aber von Irène Joliot-Curie in Frage gestellt wurden durch die Auffindung eines radioaktiven Elements mit der Halbwertszeit 3,5 h, das sich chemisch wie Lanthan, also wie ein Element mit viel niedrigerer Ordnungszahl, verhielt. Vermehrte Anstrengungen in Berlin im Jahre 1938, nunmehr ohne Meitner, die nach der Okkupation Österreichs durch das faschistische Deutschland als österreichische Jüdin flüchten mußte, führten zu dem nur zögernd und unter Vorbehalten von Hahn und Straßmann im Januar 1939 bekanntgegebenen revolutionären Ergebnis der Spaltung der Kerne in Bestandteile niedrigerer Ordnungszahl wie Barium und Lanthan: »Wir kommen zu dem Schluß: Unsere ›Radiumisotope‹ haben die Eigenschaft des Bariums; als Chemiker müßten wir eigentlich sagen, bei den neuen Körpern handelt es sich nicht um Radium, sondern um Barium;... Als Chemiker müßten wir aus den kurz dargelegten Versuchen das oben gebrachte Schema eigentlich umbenennen und statt Ra, Ac, Th die Symbole Ba, La, Ce einsetzen. Als der Physik in gewisser Weise nahestehende ›Kernchemiker‹ können wir uns zu diesem, allen bisherigen Erfahrungen der Kernphysik widersprechenden Sprung noch nicht entschließen.«

506. Arbeitstisch von Otto Hahn. Die Entdeckung der Kernspaltung im Dezember 1938 gelang ihm durch präzise kernphysikalische Messungen und äußerst genaue chemische Analysen. Deutsches Museum, München

Durch einen Brief Hahns informiert, teilten die nun in Kopenhagen wohnenden Meitner und Frisch die theoretische Klärung der Kernspaltung – sie gebrauchten erstmals dieses Wort – Bohr mit, der den Sachverhalt auf einem Physikerkongreß in den USA bekanntgab.

Kurz darauf fand Frédéric Joliot-Curie mit seinen Mitarbeitern, daß bei jeder Spaltung etwa drei freie Neutronen entstehen, so daß die Möglichkeit einer Kettenreaktion vorauszusehen war. Noch 1939 entwickelten unabhängig voneinander Frenkel in der Sowjetunion und Wheeler in den USA eine Theorie der Kernspaltung. Der junge sowjetische Kernforscher Fljorow untersuchte 1940 mit seinen Mitarbeitern experimentell die Neutronenvermehrung, folgerte die Möglichkeit einer Kettenreaktion und entdeckte die »spontane Kernspaltung«.

Kernenergie und Atombombe Schon Mitte 1939 waren die Physiker davon überzeugt, daß die Kernspaltung eine gewaltige Energiequelle darstellte, die auch als Waffe einsetzbar wäre. Der Berliner Physiker Flügge errechnete im Juni 1939 aus dem Massendefekt nach Einsteins Formel $E = m \cdot c^2$, daß »$1\,m^3$ U_3O_8 genügt zur Aufbringung der Energie, welche nötig ist, um $1\,km^3$ Wasser (Gewicht 10^{12} kg) 27 km hochzuheben«!

Daraufhin konnten 1938/39 die Physiker Bethe und von Weizsäcker endgültig das lange Zeit unlösbare Problem der Herkunft der Fixsternenergie, insbesondere der Sonnenenergie, mit Hilfe der Hypothese der Kernfusion, der Kernverschmelzung, erklären.

Da man allgemein befürchtete, daß in dem faschistischen Deutschland eine Atombombe gebaut würde, unterzeichnete Einstein ein von Szilard aufgesetztes Schreiben an Präsident Roosevelt, in dem auf diese Gefahr hingewiesen wurde. Aber erst die bedrohliche Kriegsentwicklung veranlaßte die USA-Regierung, Ende 1941 ein großangelegtes Programm für den Bau einer Atombombe zu finanzieren. Nach Grundlagenforschungen über die Bremsung und Absorption von Neutronen gelang es Fermi am 2. Dezember 1942 in Chicago, die erste sich selbst erhaltende Kettenreaktion in einem Kernreaktor zu verwirklichen.

507. Erster Kernreaktor. Enrico Fermi baute in Chicago einen Reaktor, in dem am 2. Dezember 1942 erstmals eine sich selbst erhaltende, gesteuerte Kettenreaktion ablief. Zeichnung von Melvin A. Miller. Deutsches Museum, München

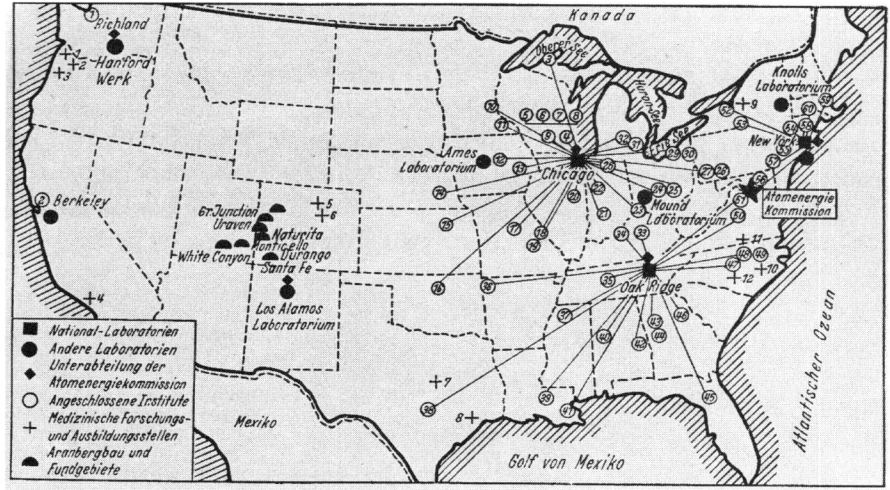

508. Standorte der nordamerikanischen Atomforschung um 1946. Anzahl und Standorte der Laboratorien und Institute lassen noch die weitverzweigte Zulieferarbeit aus den Jahren 1941 bis 1945 bei der Produktion der ersten Atombombe (1945) sowie das spätere riesenhafte Atomenergieprogramm erkennen.
Aus: Naturwissenschaftliche Rundschau. 2 (1949), Heft 11

Unter der Gesamtleitung des theoretischen Physikers Oppenheimer entstand bei Los Alamos in New Mexico ein riesiges Forschungszentrum mit 300 Gebäuden und Tausenden von Wissenschaftlern, in dem alle mit der Konstruktion der Atombombe zusammenhängenden Probleme forciert bearbeitet wurden. In Oak Ridge (Tennessee) baute man riesige Anlagen zur Trennung des spaltbaren Uranisotops 235 vom natürlichen Uran und in Hanford am Columbia-River (Washington) wurden Reaktoren zur Gewinnung von Plutonium aus Uran errichtet. Als am 16. Juli 1945 in der Wüste von Nevada die erste Bombe gezündet wurde, waren dafür rund 2000 Millionen Dollar ausgegeben worden und rund 150 000 Menschen am Bau beteiligt gewesen. Trotz des Protestes einer Gruppe von Physikern mit dem aus Deutschland emigrierten Franck an der Spitze, warfen im August 1945 amerikanische Flugzeuge die ersten Atombomben über den japanischen Großstädten Hiroshima und Nagasaki ab.

In Deutschland bemühte man sich vergeblich – zuerst in Leipzig, dann im Kaiser-Wilhelm-Institut in Berlin, zuletzt in Haigerloch bei Stuttgart unter der Leitung von Heisenberg, von Weizsäcker, Bothe u. a. m. –, in Großversuchen mit aus Norwegen importiertem »schwerem Wasser« eine sich selbst erhaltende Kettenreaktion zu erzielen. Die deutschen Atomphysiker erlebten in England als Internierte den ersten Atombombenabwurf. Hahn war so bestürzt, daß er sich das Leben nehmen wollte.

Die französischen Versuche unter Joliot-Curie wurden 1940 durch die deutsche Okkupation beendet. Das »schwere Wasser« transportierten seine Mitarbeiter während der Besetzung unter Lebensgefahr nach England.

In der Sowjetunion war 1941 durch die faschistische Belagerung Leningrads die verheißungsvolle Arbeit im dortigen kernphysikalischen Labor des Physikalisch-Technischen Instituts unter Leitung von Kurtschatow zum Erliegen gekommen. Erst 1943 konnten die Untersuchungen in Moskau wieder aufgenommen werden, die zur Inbetriebnahme des ersten europäischen Kernreaktors am 25. Dezember 1946 führten. Im Jahre 1949 wurde die erste sowjetische Atombombe erprobt, und 1954 nahm das unter Leitung von Blochinzew gebaute erste Kernkraftwerk der Welt in Obninsk den Betrieb auf.

Theoretische Chemie und chemische Großproduktion

Die drei Jahrzehnte vom Beginn des ersten bis zum Ende des zweiten Weltkrieges lieferten außerordentlich überzeugende Beispiele der engen Wechselbeziehungen von theoretischer Chemie und chemischer Großproduktion, in ihrer Zielstellung freilich mißbraucht durch imperialistische Kriege und Kriegsproduktion und das Profitstreben der Monopole.

Theorie der chemischen Bindung   Die gegen Ende des 19. Jh. entstandene Disziplin der physikalischen Chemie entwickelte sich zu Beginn des 20. Jh. rasch weiter und spaltete sich schon in einige spezielle Disziplinen wie Atomistik, Reaktionskinetik, chemische Thermodynamik, Photochemie und Kolloidchemie auf.

Auf der Basis des Bohr-Rutherfordschen Atommodells konnten tiefere Einsichten in das Wesen der chemischen Bindungen gewonnen werden, so 1916 durch Lewis und Kossel und 1919/20 durch Langmuir. Wenn man die Stellung der Elemente im Periodensystem mit dem »Planetenmodell« des Atoms in Beziehung brachte, dann stellte sich heraus, daß die Stellung eines Atoms in einer bestimmten Periode der Anzahl seiner Elektronenschalen, seine Stellung innerhalb einer bestimmten Gruppe der Anzahl seiner Außenelektronen entsprach. Es zeigte sich, daß die Anzahl von acht Elektronen auf der Außenschale eines Atoms eine energetisch sehr stabile Konfiguration darstellt; sie wird jeweils bei den Edelgasen – Neon, Argon, Krypton, Xenon – erreicht, die sehr reaktionsträge sind. Die Verbindung aus solchen reaktionsfreudigen Elementen wie Natrium und Chlor z. B. kommt durch das Bestreben nach Erreichen einer stabilen Achterschale (Oktett) zustande. Das Chloratom erreicht durch Aufnahme eines Elektrons die Konfiguration des Argons, wird jedoch einmal negativ geladen; es ent-

509. Hermann Staudinger, ab 1912 Professor an der Eidgenössischen Technischen Hochschule Zürich und ab 1926 Professor an der Universität Freiburg im Breisgau. Er nahm um 1920 die Existenz von Makromolekülen im Kautschuk an. Den Begriff »Makromoleküle« schlug er 1922 vor. 1953 erhielt Staudinger den Nobelpreis für Chemie. Dokumentarphoto

steht ein negatives Chlorion. Elektrostatische Anziehung mit dem positiven Natriumion, das sein Außenelektron an das Chloratom abgegeben hatte, ergibt die Verbindung Natriumchlorid.

Diese Art der Bindung wurde fortan als Ionenbindung oder heteropolare Bindung bezeichnet. Lewis und Kossel erklärten darüber hinaus auf der Basis des Oktetts auch die Bindung im Chlormolekül oder im Chlorwasserstoff. Eine solche Bindung, die durch ein gemeinsames Elektronenpaar zustande kommt, nannten sie Atom- oder homöopolare Bindung; Langmuir bezeichnete sie als kovalente Bindung. Vor allem organisch-chemische Verbindungen werden auf diese Weise gebildet.

Anfang der zwanziger Jahre stellte sich heraus, daß die Atombindung räumlich gerichtet ist. Im Methanmolekül z. B. stoßen sich die vier Valenzen des Kohlenstoffs tatsächlich gegenseitig in die Richtungen der Ecken eines Tetraeders ab, so, wie es bereits gegen Ende des 19. Jh. van't Hoff und Le Bel zur Deutung der Isomerie vorausgesagt hatten.

Das gemeinsame Elektronenpaar befindet sich aber nicht in jedem Fall symmetrisch zwischen den beiden Atomkernen; so kommt es, besonders in organischen Verbindungen, häufig zur polarisierten Atombindung. Im Jahre 1923 wurden die Vorstellungen über die chemische Bindung durch Sidgwick erweitert. Er zeigte, daß in einigen Verbindungen beide Elektronen eines Paares von einem einzelnen Atom geliefert werden können. So läßt sich z. B. die Bildung des Chlorat-, Sulfat- oder Phosphations und auch von Verbindungen der Art der Wernerschen Komplexverbindungen erklären. Diese Art von Bindung heißt koordinativ. Daneben wurden noch Vorstellungen über die Bindung der Atome in Metallen und Legierungen, die sog. Metallbindungen entwickelt.

Quantenchemie Die Theorie der chemischen Bindung und Verbindungsbildung konnte wesentlich weiterentwickelt werden, als 1925 Ergebnisse der modernen Physik, insbesondere der Quantenmechanik, einflossen. Es entstand die Quantenchemie, deren Hauptaufgabe es ist, die Elektronenenergie und Elektronenverteilung in chemischen Verbindungen auf der Grundlage spektroskopisch gewonnener Daten mit Hilfe spezieller mathematischer Verfahren zu berechnen, wie sie von Heitler, London, Slater, Pauling, Hund, Mulliken, Hückel u. a. m. entwickelt wurden. Die moderne Quantenchemie kann auch Voraussagen darüber machen, ob ein organisches Molekül polarisierbar und an welchen Stellen es besonders reaktionsfähig ist. Diese Einsichten sind von größter Bedeutung für die Vorausberechenbarkeit chemischer Umsetzungen, insbesondere für den gezielten Einsatz bestimmter Verbindungen in der Synthesechemie. Quantenchemische Einsichten wurden 1933 von Ingold zur Deutung der Mesomerie herangezogen; seine Theorie erklärte das chemische Verhalten in ungesättigten Systemen, so z. B. den Farbcharakter mancher Naturfarbstoffe.

Auf der Grundlage elektronentheoretischer Vorstellungen fanden auch Abläufe bei sog. Kettenreaktionen ihre Deutung, besonders durch die Arbeiten des sowjetischen Chemikers Semenow. Daß diese »rein wissenschaftlich« scheinenden Arbeiten dennoch für die Gesellschaft von großem Nutzen sind, hat Semenow wie folgt ausgedrückt: »Die anscheinend abstrakte Erforschung der Materieeigenschaften, die keine praktische Be-

510. Fritz Haber. Er erhielt 1918 den Nobelpreis für Chemie für seine wesentlichen theoretischen und experimentellen Beiträge, die zur technischen Realisierung der Ammoniaksynthese aus den Elementen führten. Im gleichen Jahr wurde er auf Grund seiner Tätigkeit im preußischen Kriegsministerium während des ersten Weltkrieges, insbesondere für die Entwicklung chemischer Kampfstoffe, als Kriegsverbrecher angeklagt. Die Nationalsozialisten legten ihm 1933 wegen seiner jüdischen Abstammung nahe, freiwillig seinen Abschied einzureichen. Er emigrierte nach Großbritannien und starb ein Jahr darauf in der Schweiz. Dokumentarphoto

deutung hat, führt früher oder später zu revolutionären Umwandlungen in der Industrie, die um so tiefgreifender sein werden, je größer die rein wissenschaftliche Bedeutung dieser Forschung ist.«

Chemische Thermodynamik   Als besonders nützlich erwies sich zu Beginn des 20. Jh. auch die Verknüpfung der Thermodynamik mit der Chemie.

Im Jahre 1906 formulierte Nernst den dritten Hauptsatz der Thermodynamik über die Unerreichbarkeit des absoluten Nullpunktes. Es wurde möglich, aus thermochemisch ermittelten Daten das chemische Gleichgewicht für ein bestimmtes chemisches System zu errechnen.

Eine große Anzahl von Physikochemikern – unter ihnen Abegg, Sackur, Haber und Pier – hat solche Berechnungen vorgenommen, um auf dieser Grundlage technisch wichtige Synthesen – vor allem in der Gasphase – durchzuführen. Haber berechnete die technisch günstigsten Gleichgewichtsbedingungen für die Ammoniaksynthese aus Stickstoff und Wasserstoff, Pier diejenigen für die Kohlenwasserstoffsynthesen aus Kohlenstoff und Wasserstoff.

Die theoretisch gewonnenen Ergebnisse bei der »Hydrierung« des Stickstoffs kamen Pier, Bergius, Fischer und Tropsch zugute. Im Jahre 1913

511/512. Institut für Kohlenforschung in Mülheim (Ruhr). Ende der zwanziger Jahre des 20. Jh. Außenaufnahme und Laboratorium (unten): Im Vordergrund sind zwei Aluminium-Blocköfen zur Benzin-Synthese nach Franz Fischer und Hans Tropsch zu sehen. Dokumentarphoto

513. Friedrich Bergius in seinem Laboratorium. Er entwickelte das nach ihm benannte Verfahren zur Herstellung flüssiger Treibstoffe durch Hydrierung von Kohle, Teer oder Pech unter Druck und bei Gegenwart bestimmter Katalysatoren. Den Nobelpreis für Chemie erhielt er 1931. Dokumentarphoto

gelang es Bergius erstmals, durch Erhitzen von Kohle auf 400 bis 500 °C mit Wasserstoff bei 200 at Druck erdölartige Verbindungen herzustellen.

Nachdem Pier 1924 schwefelresistente Katalysatoren entdeckt hatte – später verwendete man Mischkatalysatoren aus Tonerde, Wolfram- und Nickelsulfid –, wurde 1926 in Deutschland die erste Anlage für die Hydrierung von Braunkohle in Betrieb genommen. Sie lieferte 100 000 t Treibstoff im Jahr. Neben dem Verfahren von Bergius-Pier entwickelten Fischer und Tropsch, auf der Basis der Berechnung von Gleichgewichtslagen des Wassergases, 1923 bis 1925 eine weitere Synthesemöglichkeit für Alkane und Alkene. Die fraktionierte Destillation der dabei erhaltenen Produkte lieferte Kohlenwasserstoffe: Flüssiggas, Benzin, Kogasin und feste Paraffine. Die Fischer-Tropsch-Synthese wurde erstmals 1932 erprobt und ab 1935 vor allem in Deutschland, das arm an natürlichem Erdöl ist, technisch durchgeführt.

Pier und andere Chemiker fanden heraus, daß die Hydrierung von Kohlenoxid bei Verwendung anderer Katalysatoren zu sauerstoffhaltigen Produkten, vor allem zu Alkoholen, führt. Auf dieser Basis entwickelten Mittasch, Pier und Winkler die technische Synthese von Methanol. Methanol und sein Oxydationsprodukt Formaldehyd fanden in ständig steigenden Mengen besonders für Synthesen von Farbstoffen, später auch als Lösungsmittel in der Lack- und Kunststoffindustrie Verwendung. Dabei wurde auch die Praxis katalytischer Reaktionen studiert und die Theorie der Katalyse weiterentwickelt.

Auf diese Weise spielten sich die Entwicklungen in der theoretischen Chemie wie in der chemisch-technischen Produktion gegenseitig ihre Trümpfe zu: Die neuen Erkenntnisse der chemischen Thermodynamik und Reaktionskinetik ermöglichten es, jene Bedingungen zu berechnen, unter denen bestimmte chemische Reaktionen die größten Ausbeuten eines gewünschten Endproduktes lieferten; die experimentelle Praxis fand eine große Anzahl von Katalysatoren, die diese Reaktionen nicht nur beschleunigten, sondern unter Umständen aus einer Reihe verschiedener möglicher Umsetzungen bestimmter Ausgangsstoffe nur die eine oder andere Reaktion »bevorzugten«, so daß man z. B. aus Wassergas ebensowohl Alkane wie Alkanole (Kohlenwasserstoffe wie Alkohole) herstellen konnte.

Die Kenntnis über die Wirkungsweisen der Katalysatoren wiederum schuf einen ganz neuen Zweig der physikalischen Chemie, der sich speziell mit den Ursachen dieser Erscheinung befaßt und sie theoretisch zu erfassen und widerzuspiegeln bemüht ist. Es entwickelte sich eine Theorie der homogenen und heterogenen Katalyse, die Katalysatorgifte wurden studiert und selbst deren Wirkung bei der sog. selektiven Katalyse erfolgreich ausgenutzt, um unerwünschte Nebenreaktionen zu unterdrücken. Misch- und Mehrstoffkatalysatoren, wie sie Mittasch erstmals bei der Ammoniaksynthese studierte, wo er u. a. Eisen als katalytisch wirksame Substanz, Aluminiumoxid als Trägersubstanz und Kaliumoxid als Verstärker einsetzte, wurden im Laufe der Entwicklung zu den meistbenutzten technischen Katalysatoren. Auch die Wirkungsweise der Katalysatoren führte die theoretische Chemie letztendlich auf einen elektronischen Mechanismus zurück.

Photochemie Als weiterer Zweig der physikalischen Chemie entwickelte sich zu Beginn des 20. Jh. die Photochemie. Man wußte schon im 19. Jh., besonders durch die Arbeiten von Bunsen und Roscoe, daß Licht chemische Umsetzungen zu beeinflussen imstande ist. Am bekanntesten waren hier die sog. Chlorknallgasexplosion sowie die Assimilation der Pflanzen.

Im Jahre 1912 formulierte Einstein das Gesetz der photochemischen Äquivalenz, das auf Plancks Quantentheorie basiert. Hier knüpften 1913 die Untersuchungen von Bodenstein an, der herausfand, daß ein einziges Photon Initiator für die Reaktion von Millionen Molekülen sein kann, die sich in einer Kettenreaktion mit rasender Geschwindigkeit miteinander vereinigen. Die Forschungen wurden 1917 besonders von Nernst weitergeführt. Die Theorie der chemischen Kettenreaktionen wurde später auch auf andere, nichtphotochemische Umsetzungen übertragen. Besonders Semenow und Hinshelwood haben sich große Verdienste bei der Erforschung des Ablaufs von Kettenreaktionen erworben, deren Verlauf sie auch mathematisch zu belegen versuchten. Beide Forscher wurden für ihre hervorragenden Leistungen auf dem Gebiet der Reaktionskinetik 1956 mit dem Nobelpreis für Chemie ausgezeichnet.

Kolloidchemie An der Wende zum 20. Jh. entstand schließlich als weiterer wichtiger Zweig der physikalischen Chemie – besonders durch Forschungen von Ostwald – die Kolloidchemie. Sie hat die Untersuchungen jener Stoffe zum Gegenstand, deren Moleküle nicht aus einzelnen, wenigen Atomen, sondern aus 10^3 bis 10^9 Atomen zusammengesetzt sind, wie z. B. die Eiweiß- oder Kautschukmoleküle. Bedeutende Wissenschaftler wie Graham, der schon im 19. Jh. die kolloidalen Eigenschaften an Kieselsäure und Eiweißen entdeckt hatte, Zsigmondy und Siedentopf, die das Ultra-

514. Dialyse-Apparat. Thomas Graham wies damit nach, daß leimähnliche Stoffe im Gegensatz zu gelösten Salzen nicht durch eine tierische Haut diffundieren. Erstere bezeichnete er als »Kolloide« im Gegensatz zu den »Kristalloiden«. Damit gehört Graham zu den Begründern der Kolloidchemie. Aus: Graham, Th., Liquid Diffusion Applied to Analysis. In: Philosophical Transactions. 151 (1861), S. 201, Abb. 3

mikroskop entwickelten, mit dem sie die kolloidalen Teilchen erstmals sichtbar machten und deren Dimensionen bestimmen konnten, Bredig, Perrin, Svedberg, der mit seiner Ultrazentrifuge die Bestimmung der Molekularmassen von Kolloiden vorantrieb, Langmuir, Freundlich u. a. m. haben großen Anteil an der Erforschung dieses speziellen Gebietes der Chemie.

Ergebnisse der anorganischen Chemie Neben der physikalischen Chemie wurden aber auch die anorganische und die organische Chemie seit dem Beginn des 20. Jh. wesentlich weiterentwickelt. Interessant ist dabei, daß sich die drei großen Gebiete der theoretischen Chemie trotz ihrer Auf- und Abspaltung dennoch gegenseitig ganz wesentlich befruchteten, wobei die Ergebnisse der physikalischen Chemie dem tieferen Verständnis der anorganischen wie organischen Verbindungen und deren Umsetzungen immer mehr zugute kamen.

Auf dem Gebiet der anorganischen Chemie wurde besonders die schon Ende des 19. Jh. von Werner begründete Chemie der Komplexverbindungen, die Koordinationslehre weiterentwickelt. Werner hatte herausgefunden, daß – bedingt durch sog. Nebenvalenzkräfte – selbständige, unabhängig existenzfähige Moleküle sich zu größeren Komplexen zusammenzula-

$$[M(OH_2)_6]X_3, \quad \left[M\begin{array}{c}XR\\(OH_2)_5\end{array}\right]X_3, \quad \left[M\begin{array}{c}(XR)_2\\(OH_2)_4\end{array}\right]X_3, \quad \left[M\begin{array}{c}(XR)_3\\(OH_2)_3\end{array}\right]X_3,$$

$$\left[M\begin{array}{c}(XR)_4\\(OH_2)_2\end{array}\right]X_3, \quad \left[M\begin{array}{c}(XR)_5\\OH_2\end{array}\right]X_3, \quad [M(XR)_6]X_3.$$

$$\left[M\begin{array}{c}X\\(OH_2)_5\end{array}\right]X_2, \quad \left[M\begin{array}{c}X\\XR\\(OH_2)_4\end{array}\right]X_2, \quad \left[M\begin{array}{c}X\\(XR)_2\\(OH_2)_3\end{array}\right]X_2, \quad \left[M\begin{array}{c}X\\(XR)_3\\(OH_2)_2\end{array}\right]X_2,$$

$$\left[M\begin{array}{c}X\\(XR)_4\\OH_2\end{array}\right]X_2, \quad \left[M\begin{array}{c}X\\(XR)_5\end{array}\right]X_2.$$

$$\left[M\begin{array}{c}X_2\\(OH_2)_4\end{array}\right]X, \quad \left[M\begin{array}{c}X_2\\XR\\(OH_2)_3\end{array}\right]X, \quad \left[M\begin{array}{c}X_2\\(XR)_2\\(OH_2)_2\end{array}\right]X,$$

$$\left[M\begin{array}{c}X_2\\(XR)_3\\OH_2\end{array}\right]X, \quad \left[M\begin{array}{c}X_2\\(XR)_4\end{array}\right]X.$$

515. Die chemischen Formeln von Komplexverbindungen stammen aus dem u. g. Werk von Alfred Werner, dem Begründer der Komplexchemie oder Koordinationslehre. Diese ist die Wissenschaft von der Zusammensetzung und dem Aufbau von Verbindungen höherer Ordnung (Koordinationsverbindungen), die sich durch stöchiometrische Vereinigungen von Molekülen bilden, die auch selbständig und unabhängig existieren können, z. B. Tetramin-kupfer(II)-sulfat / $(Cu(NH_3)_4)SO_4$. Aus: Werner, A., Neuere Anschauungen auf dem Gebiet der anorganischen Chemie. Braunschweig 1905

gern vermögen. Die von ihm aufgestellte und von vielen anderen Wissenschaftlern weiterentwickelte Theorie geht davon aus, daß komplexe Ionen dann gebildet werden, wenn ein Metallatom oder Metallion Nebenvalenzen frei hat und dadurch neutrale Moleküle oder Ionen, sog. Liganden, um sich gruppiert. Die Zahl der Liganden wird dabei als Koordinationszahl des entsprechenden Elements bezeichnet. Von besonderer technischer Bedeutung wurden Komplexverbindungen mit Kohlenmonoxid, die Metallkarbonyle, unter ihnen vor allem Eisenpentakarbonyl und Nickeltetrakarbonyl, die bei thermischer Zersetzung sehr reine Metalle liefern. Wie auf allen Gebieten der theoretischen Chemie wurde das Verständnis der Koordinationsverbindungen wesentlich vertieft, als im Laufe des 20. Jh. die immer weiter ausgebildete Atomphysik zur Deutung der chemischen Phänomene herangezogen werden konnte.

Arbeitsgebiete der organischen Chemie Die organische Chemie des 20. Jh. war – neben der Aufklärung der noch nicht erforschten Naturstoffe – u. a. mit der Erforschung der Blatt- und Blütenfarbstoffe, mit dem Studium der Vitamine, Hormone und Fermente sowie der makromolekularen Stoffe und wichtiger Naturprozesse wie Atmung, Gärung, Assimilation usw. beschäftigt.

Kurz vor dem ersten Weltkrieg begann Willstätter, zusammen mit seinen Schülern, Untersuchungen über die roten und blauen Blüten- und Beerenfarbstoffe; sie führten zur Entdeckung einer weiteren neuen Farbklasse, der Anthocyane, deren vermutete Konstitution die Synthesen von Robinson und seiner Schule aufs schönste bestätigten. Eine weitere Klasse natürlicher Farbstoffe, die Karotinoide, wurde seit den zwanziger Jahren erforscht. Fünf ihrer Vertreter waren bis 1925 bekannt; bis 1950 entdeckten Wissenschaftler wie Zechmeister und Karrer noch rund 50 weitere Farbstoffe dieser Klasse, zu denen α-, β-, γ-Karotin, Lykopin, Xanthophyll u. a. m. gehören, und klärten ihre Struktur auf. Wissenschaftler wie Karrer, Baxter und Robeson stellten bei ihren Forschungen fest, daß das Vitamin A seiner Konstitution nach in enger Beziehung zu den Karotinoiden steht.

Auf diese Weise schlugen die Chemiker mit ihren Forschungen über eine Reihe lebenswichtiger Naturstoffe Brücken zu den Lebensprozessen wie Atmung, Assimilation, Stoffwechsel usw. Es entstanden dadurch weitere spezielle Zweige der organischen Chemie: Physiologische Chemie und Biochemie, deren besondere Leistungen in der Folgezeit darin bestanden, so lebensnotwendige Stoffe wie Vitamine, Hormone, Fermente, Pflanzenwuchsstoffe analysiert, synthetisiert sowie ihre Wirkungsweise in den Lebensprozessen immer genauer erforscht zu haben. Wissenschaftler aus allen Ländern der Welt waren daran beteiligt, unter ihnen von Euler-Chelpin, Windaus, Heß, Steenbock und Rosenheim.

Großsynthesen für anorganische Chemikalien Seit der Industriellen Revolution war der technischen Gewinnung bestimmter anorganischer Chemikalien größte Aufmerksamkeit geschenkt worden: Soda, Schwefelsäure und Chlor standen an der Spitze. Mit der Entstehung der Industrie organisch-chemischer Farbstoffe gegen Ende des 19. Jh. war der Bedarf an konzentrierter Schwefelsäure gewaltig gestiegen. Das Sodaverfahren nach

516. Rote Kristalle des Vitamins B 12.
Bild der Wissenschaft/Kage, Stuttgart

Solvay verlangte Ammoniak; die sich seit der Jahrhundertwende entwikkelnde Industrie chemischer Düngemittel forderte gleichfalls vor allem Schwefelsäure, Ammoniak und Salpetersäure, und schließlich waren Schwefel- und Salpetersäure auch wichtigste Voraussetzung für die Herstellung von Sprengstoffen und Dynamit, das in den Unternehmungen seines Entdeckers Nobel fast in der ganzen Welt aus Glyzerin durch Nitrierung hergestellt wurde. Diese Bedürfnisse der chemischen Industrie zu befriedigen, gelang der Wissenschaft im Verein mit der Technik im ersten Jahrzehnt des 20. Jh. Nach dem Kontaktverfahren von Knietsch konnte Schwefelsäure in ausreichenden Mengen hergestellt werden; die Ammoniaksynthese aus Stickstoff und Wasserstoff lief um 1910 an, nachdem

517. Apparatur zur Mikroanalyse organisch-chemischer Stoffe. Für seine Entwicklung erhielt Fritz Pregl 1923 den Nobelpreis für Chemie. Das Verfahren, das mit 10 mg Substanz für eine Bestimmung auskommt, war besonders in der Biochemie für die Analyse von Naturstoffen von großer Bedeutung. Aus: Pregl, F., Die quantitative organische Mikroanalyse..., Berlin 1917, S. 19, Fig. 3

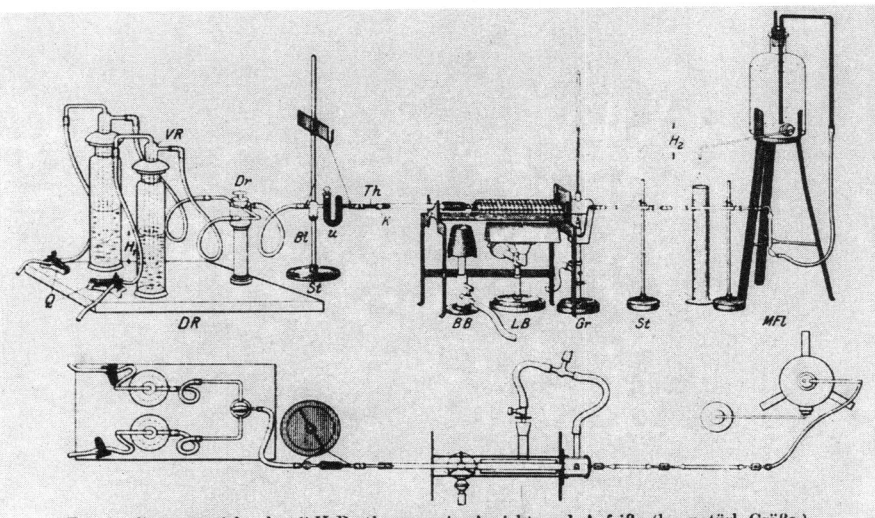

Fig. 3. Gesamtansicht der C-H-Bestimmung in Ansicht und Aufriß. ($^1/_{12}$ natürl. Größe.)
DR Druckregler, *VR* Verschiebbare Röhre (Glockengasometer), H_1 Niveaudifferenz, *Qu* Präzisionsschraubenquetschhahn, *Dr* Dreiwegehahn, *U* U-Rohr mit *Bl* Blasenzähler, *Th* konische Thermometerröhre, *K* Kautschukpfropf, *BB* beweglicher Brenner, *LB* Laugbrenner, *Gr* Granate, *MFl* Mariottesche Flasche, H_2 die durch sie erzeugte Saugwirkung, *St* Stativ.

Haber die technisch günstigsten Bedingungen ermittelt und vor allem Bosch die geeigneten Apparaturen konstruiert hatte.

Haber sagte zu dieser wissenschaftlichen Großtat in seiner Rede anläßlich der Verleihung des Nobelpreises: »Wenn es ... bis in unser Jahrhundert gedauert hat, ehe die Darstellung des Ammoniak aus den Elementen gefunden wurde, so ist der Grund, daß ungewöhnliche Arbeitshilfsmittel benutzt und enge Bedingungen innegehalten werden müssen ... und daß eine Verbindung experimenteller Erfolge mit thermodynamischen Überlegungen erforderlich war.«

Um 1915 schließlich gelang es Mittasch und einigen anderen, Ammoniak katalytisch zu Salpetersäure zu oxydieren. Dieses Verfahren ließ sich in allen Ländern einführen; das von den Norwegern Birkeland und Eyde seit 1903/05 verwendete Verfahren der Salpetersäureherstellung aus Luft setzte dagegen starke Energiequellen voraus und war nur in Ländern mit natürlicher Wasserkraft anwendbar.

Die Gewinnung von Chlor und Alkalien erfuhr gegen Ende des 19. Jh. eine nochmalige Veränderung. Schon in den sechziger Jahren des 19. Jh. hatte Stroof erfolgreiche Versuche in der chemischen Fabrik Griesheim-Elektron durchgeführt, Kochsalzlösungen mittels elektrischen Stromes in Chlor, Natronlauge und Wasserstoff zu zerlegen. Die rationelle Gewinnung von elektrischem Strom seit Konstruktion der Dynamomaschine ermöglichte eine rasche Ausbreitung dieses neuen Verfahrens, mit dem Chlor und Ätzalkalien bald preiswert produziert werden konnten.

Elektrolytische Verfahren wurden auch in zunehmendem Maße in die Metallurgie eingeführt, mit deren Hilfe man nicht nur reinste Metalle abscheiden, sondern auch metallische Überzüge herstellen kann. Es entwickelten sich seit Beginn des 20. Jh. Galvanoplastik und Galvanostegie in großem Ausmaß, nachdem schon 1805 Brugnatelle die erste galvanische Vergoldung gelungen war und 1838 Moritz Herrmann von Jacobi in Riga die Kupfergalvanoplastik eingeführt hatte. Große technische Bedeutung erlangten ab 1920 die Stark-Vernickelung, ab 1924 die Verchromung, ab 1927 die Glanz-Vernickelung und ab 1934 die Glanz-Verzinkung von Gegenständen des täglichen wie des technischen Bedarfs.

Bedurfte die Technik auch oftmals reinster Metalle, so wurde deren Bedeutung doch weit übertroffen von den Metallegierungen, von denen bisher weit über zwei Millionen Arten hergestellt worden sind. Um in das Wesen der Legierungen einzudringen, hatte sich ein Sonderzweig der physikalischen Chemie, die Metallkunde, herausgebildet.

Farbstoffindustrie Auf dem Gebiet der organisch-chemischen Technik entwickelte sich die seit den siebziger Jahren des 19. Jh. führende Farbstoffindustrie zunächst vorrangig weiter. Nachdem es 1868 Graebe und Liebermann gelungen war, das Alizarin synthetisch herzustellen, folgten 1874 die Synthese des Eosins durch von Baeyer und Caro, 1877 die Synthese der sog. Anthrazenfarbstoffe durch Emil und Otto Fischer, 1884 die der Benzidinfarbstoffe durch Boettiger. 1881 glückte von Baeyer die Indigosynthese, die 1890 von Heumann so gestaltet wurde, daß danach Indigo synthetisch in technischem Maßstabe hergestellt werden konnte.

Einige der synthetisierten Produkte erwiesen sich in der Folgezeit als bakterizide Stoffe. Die Suche nach solchen Verbindungen, die Arzneimittel darstellen, ging daher streckenweise Hand in Hand mit der Farbstoffsynthese. Witt hatte in den neunziger Jahren des 19. Jh. herausgefunden, daß der Farbstoffcharakter aromatischer Verbindungen im wesentlichen durch eine farbgebende Gruppe, die meist doppelte Bindungen enthält, und eine salzbildende Gruppe bestimmt wird, wozu noch andere, farbvertiefende Gruppen treten.

Die Erforschung der Natur der Textilfasern und das immer tiefere Verständnis des Farbstoffcharakters ermöglichten es in den ersten Jahrzehnten des 20. Jh., »Farbstoffe nach Maß« zu entwickeln. An ihrer Spitze standen die seit 1901 besonders von Bohn entwickelten Indanthrenfarbstoffe, die sich für Färbungen von Baumwolle, Zellwolle und Reyonfaser eignen und von hervorragender Licht- und Waschechtheit sind. Im Verlauf der ersten Hälfte des 20. Jh. lernte die Färbepraxis zehn Hauptgruppen organischer Farbstoffe zu unterscheiden, zu denen die substantiven Farbstoffe, die Entwicklungs- und Diazofarbstoffe, die Küpen-, die Beizen- und Spezialfarbstoffe für synthetische Fasern u. a. m. gehören. Dem Farbstoffgebiet wurden seit Ende des 19. Jh., in großem Maßstab aber erst seit dem zweiten Jahrzehnt des 20. Jh., die chemisch-technischen Gebiete der Faserstoffe, des synthetischen Gummis und der Kunststoffe an die Seite gestellt.

Zellulosefasern Baumwolle, Seide, Flachs, Kautschuk sind Naturprodukte, von denen abzusehen war, daß sie für den ständig steigenden Bedarf der Weltbevölkerung nicht ausreichen konnten. Deshalb suchten auch auf diesen Gebieten Chemiker nach Wegen, diese Naturprodukte zu analysieren und in ihren Laboratorien zu synthetisieren bzw. um den Naturprodukten analoge, aber diese in bestimmten Eigenschaften übertreffende, neue synthetische Produkte herzustellen.

Auf dem Gebiet der Faserstoffe begann die Entwicklung allerdings damit, daß Chemiker sich zunächst bemühten, ein in großen Mengen vorhandenes

Naturprodukt, die Zellulose, für die Herstellung von Fasern einzusetzen. Bereits im Jahre 1846 hatte Schönbein Zellulose durch Nitrierung in ein Produkt verwandelt, das in einem Äther-Alkohol-Gemisch löslich war und aus dem man Fäden ziehen konnte, wobei das Lösungsmittel verdampfte. 1887 war sein Verfahren erstmals technisch durch den Engländer Swan ausgenutzt worden, der solche Fäden für seine Kohlefadenlampe verwendete. Swan löste die Nitrozellulose in Eisessig und schlug der Textilindustie vor, diese Fäden als »artificial silk« zu verarbeiten. Der Franzose de Chardonnet griff seine Idee auf und legte 1889 auf der Pariser Weltausstellung seine ersten Kunstseidenfäden vor, die den Grand prix gewannen. Leider war diese erste Kunstseide sehr leicht brennbar.

Inzwischen konnten weitere Lösungsmöglichkeiten für Zellulose gefunden werden. Der Baseler Chemiker Schweitzer schlug ammoniakalisches Cu-II-hydroxid als Lösungsmittel vor. Hieraus entwickelten ab 1892 die deutschen Chemiker Fremery und Urban eine Kunstseide, die sie Glanzstoff (auch Kupferkunstseide) nannten und auf deren Basis sie um 1900 die Vereinigten Glanzstoffwerke AG begründeten.

In England entdeckten die Chemiker Cross, Clayton Beadle u. a. m. um 1891 eine dritte Möglichkeit, Zellulose zu lösen und zu verspinnen. Mit Natronlauge behandelte Zellulose verwandelt sich mit Schwefelkohlenstoff in Zellulosexanthogenat, das in verdünnten Alkalien löslich ist und sich in verdünnter Ammoniumsalzlösung verspinnen läßt. Die entstandene Kunstseide heißt Viskoseseide. Ein vierter Lösungsweg wurde schließlich mittels Eisessig gefunden; die entstehende Azetylzellulose ist in Azeton löslich und verspinnbar zur sog. Azetatseide. Allerdings fanden die Chemiker erst nach dem ersten Weltkrieg Farbstoffe für diese Seide.

So fand Azetylzellulose zunächst wegen ihrer Unentflammbarkeit in der Filmindustrie Verwendung, während sich als »Kunstfaser« vor allem die Viskoseseide durchsetzte. Nach dem ersten Weltkrieg entwickelte vor allem die IG Farben AG die Zellwolle weiter, die man durch Zerschneiden und Verspinnen von Kunstseide herstellte. Das Produkt der IG-Farben AG, die sog. Vistra, eroberte sich zunächst nur langsam, dann aber sprunghaft den Markt.

Synthesefasern Dennoch konnten Kunstseide und Zellwolle nicht in unbegrenzten Mengen produziert werden, denn sie setzten ja Zellulose, d. h. den immerhin mengenmäßig begrenzten Rohstoff Holz, voraus. Besonders nach dem ersten Weltkrieg bemühte sich daher eine Reihe von Chemikern, Fasern vollsynthetisch aus Kohle bzw. Erdöl herzustellen; Voraussetzung dafür war natürlich das Wissen um den chemischen Bau der Naturfasern. Schon früh wußte man, daß Baumwolle eine Zellulosefaser ist, Seide hingegen zu den Eiweißstoffen gehört. In den ersten zwei Jahrzehnten des 20. Jh. war auch nachgewiesen worden, daß Zellulose und Naturfasern – und auch Kautschuk – hochpolymere Stoffe sind. An der Untersuchung dieser makromolekularen Stoffe und ihrer theoretischen Deutung hatten vor allem die Chemiker Staudinger und Carothers großen Anteil.

Anfang der zwanziger Jahre wies Staudinger in umfangreichen Untersuchungen nach, daß sowohl Zellwolle als auch Baumwolle aus langgestreckten Molekülen bestehen, die aus Tausenden kleinen Einzelmolekülen aufgebaut sind. Nach seiner Theorie lagern sich z.B. bei der Baumwolle etwa 3000 Kleinmoleküle wie die Glieder einer Kette zu sehr großen Molekülverbänden zusammen. Zum Beweis konnte Staudinger in seinem Freiburger Institut aus Formaldehyd eine Faser aufbauen, die allerdings technisch keine Bedeutung gewonnen hat.

Die Bemühungen der Chemiker gingen nun dahin, geeignete Ausgangsstoffe zu finden, die sich durch Polymerisation oder Polykondensation zu langgestreckten Makromolekülen vereinigen. Klatte schlug 1913 vor, polymerisiertes Vinylchlorid, gelöst in heißem Chlorbenzol, in ein Fällbad zu pressen und Fäden zu ziehen. Hubert hielt Polymerisationsprodukte von Vinylchlorid, Vinylalkohol und Vinylazetat für geeignet und arbeitete mit Polyvinylchlorid, das er nochmals chlorierte. So kam er zu der ersten synthetischen Faser, die von der IG-Farben AG technisch hergestellt wurde, die Pe-Ce-Faser. Allerdings erweicht sie bei Temperaturen über 80 °C und fand daher nur in die Produktion technischer Textilien Eingang.

In den USA arbeitete seit den zwanziger Jahren ebenfalls ein ganzes Forscherteam am Problem der synthetischen Fasern. Es wurde geleitet von Carothers und stand in Verbindung zum Du-Pont-Konzern. Nach einer Reihe von Vorversuchen konnte es um 1935 aus Hexamethylendiamin und Adipinsäure ein Polyamid herstellen, das einen brauchbaren textilen Faden lieferte, das »Polyamid 66«. Nach dreijähriger Weiterentwicklung kam die Faser als »Nylon« auf den Markt.

Im Jahre 1938 fand Schlack, der sich ebenfalls seit 1929 um die Herstellung synthetischer Fasern bemühte, daß sich Kaprolactam unter bestimmten Umständen polymerisieren läßt, wobei ebenfalls ein Polyamid entsteht, das dem Nylon sehr ähnlich ist. Die IG-Farben AG übernahm das Verfahren, baute es technisch aus, und noch vor Beginn des zweiten Weltkrieges wurde in Deutschland mit der Herstellung von »Perlon« begonnen.

Neben der Pe-Ce-Faser aus Polyvinylchlorid blieb die Polyamidfaser jedoch nicht die einzige Synthesefaser. Wissenschaftler haben inzwischen Polyuräthanfasern, Akrylnitrilfasern, Polyesterfasern u.a.m. hergestellt.

Plaste Die Ergebnisse der Forschung nach synthetischen Fasern waren aber noch in weit größerem Rahmen ausnutzbar. Die gleichen oder ähnlichen makromolekularen Produkte erwiesen sich als hervorragende Ersatzstoffe für Holz, Metalle usw. Es sind die allgemein als Plaste bekannten Stoffe, die sich als Spritzgußmasse und Folien – wie Polyäthylen –, als Klebstoff, Lack, Spachtelmasse – wie Polyvinylester –, als Platten, Schaumstoffe, Elektroisolation – wie Polyvinylbenzol – u.a.m. einsetzen lassen und die aus Hauswirtschaft und Technik nicht mehr wegzudenken sind.

Besonders die neuentwickelten synthetischen Fasern und Plaste verlangten nach neuen Reinigungs- bzw. Waschmitteln. Auch hier haben die Chemiker, besonders seit den vierziger Jahren, Abhilfe geschaffen, indem sie von den herkömmlichen Seifen abgingen und grenzflächenaktive Stoffe entwickelten, die die Oberflächenspannung des Wassers stark herabsetzen und damit ein besseres Eindringen der Waschlauge in das Waschgut ermöglichen. Solche Waschmittel sind z.T. Fettalkoholsulfate oder Polyglykoläther, denen zur Optimierung des Waschprozesses noch sog. Waschhilfsmittel zur Einstellung des günstigsten pH-Wertes zugesetzt werden.

Natürlich stieg durch die Gewinnung dieser neuen Waschmittel der Bedarf an Fettalkoholen stark an. Aber auch hier fand die Chemie einen neuen Syntheseweg durch die Reduktion höherer Fettsäuren oder deren Ester. Solche Fettsäuren entstehen bei der Paraffinoxydation, für die vor allem der bei der Fischer-Tropsch-Synthese anfallende sog. Gatsch – ein Kohlenwasserstoffgemisch – das Ausgangsmaterial darstellt.

Synthetischer Kautschuk Ähnlich wie die Versuche zur Herstellung künstlicher Fasern verliefen auch Bemühungen, Naturgummi durch synthetischen zu ersetzen. Besonders seit Ende des 19. Jh., seit der Entwicklung der Lufttreifen für Fahrräder und Automobile, war der Bedarf an Kautschuk in die Höhe geschnellt. Vor allem in Deutschland, das natürlichen Kautschuk importieren mußte, wurde daher seit 1906 u. a. von den Chemikern Fritz Hofmann, später auch von Harries und einigen anderen an dem Problem gearbeitet, Kautschuk zu synthetisieren. Aber auch z. B. in Rußland – hier waren es besonders die Chemiker Kondakow und Lebedjew – bemühte man sich um eine Kautschuksynthese.

Durch Analysen wurde bekannt, daß sich Kautschuk aus Butadien- und Isoprenmolekülen aufbaut. Hofmann und Coutelle vermochten es 1909, durch Erhitzen von Isopren Kautschuk zu polymerisieren; im gleichen Jahr gelang es ihnen auch, durch Polymerisation von Butadien mittels Natrium ein dem Naturkautschuk ähnliches, aber diesem überlegenes Produkt, das Buna, herzustellen. Dennoch bedurfte es noch langer Forschungsarbeit, um die benötigten Rohstoffe, vor allem Butadien und Isopren, unkompliziert und billig aus Kohle zu gewinnen. Viele Spezialfragen wurden von Chemikern in den großen Konzernen gelöst, blieben aber durch die Niederlegung in Patenten der Allgemeinheit vorenthalten. Hofmann schätzte die Zahl der Patente, die zwischen 1906 und 1914 für die Herstellung synthetischer Kautschuke erteilt wurde, auf 400 bis 500. Das umfassendste erhielten die Bayer-Werke Elberfeld für: »Die Gewinnung synthetischer Kautschuke durch Erhitzen der Butadiene ohne oder mit Katalysatoren von neutraler, saurer oder basischer Reaktion.«

Sie bezogen sich vor allem auf eine vereinfachte und verbilligte Herstellung von Isopren und Butadien, auf eine Verbesserung des Polymerisationsverfahrens und auf den Einbau von Fremdmolekülen wie Styrol, Akrylnitril u. a. m. in das Kautschukmolekül.

In sehr viele Produktionszweige haben chemische Verfahren inzwischen ihren Einzug gehalten; nochmals erwähnt seien die Herstellung von Chemotherapeutika oder auch von Schädlingsbekämpfungsmitteln.

Grundlagen der Synthesechemie Auch das Ernährungsproblem versuchten Chemiker besonders durch die Herstellung künstlicher Fette weitgehend zu lösen. Allerdings wurden hier Erfolge noch nicht in befriedigendem Maße erzielt. Die synthetischen Fette, gewonnen durch Vereinigung der bei der Paraffinoxydation entstehenden Fettsäuregemische mit Glyzerin bei ungefähr 100 °C im Vakuum zeigten sich für die menschliche Ernährung wenig geeignet. Die synthetische Fettsäure enthält im Gegensatz zu den natürlichen zu wenig verzweigte Kohlenstoffketten. Große Erfolge waren jedoch der um 1907 von Normann entdeckten Fetthärtung durch katalyti-

518. Synthetischer Kautschuk. Er wurde erstmals von Fritz Hofmann 1909 im Forschungslaboratorium der Bayer-Werke Elberfeld durch Wärmepolymerisation von Isopren hergestellt. Deutsches Museum, München

sche Hydrierung beschieden, die auch billige Fette und Öle der menschlichen Verwendung nutzbar machte, indem sie die Grundlagen für Margarine und Toilettenseifen lieferte.

Ausgangsstoffe für die Herstellung all der vielen Syntheseprodukte sind in den meisten Fällen Kohle oder Erdöl. Allerdings ist nur eine hochentwickelte chemische Wissenschaft in der Lage, aus diesen beiden Naturstoffen jene chemischen Produkte wie Azeton, Benzol, Phenol, Methanol, Essigsäure u.a.m. herzustellen, die in die verschiedenen chemischen Reaktionen eingesetzt werden müssen.

Es gelang der chemischen Wissenschaft, das Erdöl zu »cracken« und auf der theoretischen Grundlage des Nernstschen Wärmetheorems für niedermolekulare Erdölbestandteile oder Wassergas die günstigsten Gleichgewichtsbedingungen zu errechnen, unter denen sich Kohlenstoff, Wasserstoff und Sauerstoff zu den verschiedenartigsten organischen Verbindungen vereinigen. Einen anderen, äußerst wichtigen Syntheseweg für die unterschiedlichsten, von der chemischen Industrie benötigten Ausgangsstoffe fanden die Chemiker, indem sie Azetylen (Äthin) den verschiedensten Umsetzungsbedingungen aussetzten. Azetylen, durch Reaktion von Kalziumkarbid mit Wasser erzeugt, verwandelt sich in Gegenwart bestimmter Katalysatoren durch Anlagerung von Wasser, Salzsäure, Chlor oder Essigsäure in Azetaldehyd, Vinylchlorid, Tetrachloräthan oder Vinylazetat. Aus dem Azetaldehyd kann man leicht Essigsäure und Äthanol herstellen; die monomeren Vinylverbindungen lassen sich in die Polymeren verwandeln, und aus Tetrachloräthan kann man Di-, Tri- und Perchloräthylene gewinnen. Eine ganze Palette gerade für die Kunststoffchemie wichtiger Ausgangsstoffe wurde durch Chemiker und Techniker wie Wacker, Mugdan, Nieuwland, Carothers, Kutscherow der chemischen Großsynthese seit etwa 1915 zur Verfügung gestellt.

Eine zweite, technisch ebenso bedeutsame Entwicklungsphase der Azetylenchemie leitete Reppe in den vierziger Jahren durch seine Drucksynthesen ein. Bei Drücken bis 30 at und unter Verwendung verschiedener spezifischer Katalysatoren kann man aus dem Azetylen durch Hydratisierung, katalytische Hydrierung oder Anlagerung von Halogenen, durch Dimerisation und Polymerisation nahezu alle benötigten Ausgangsstoffe für chemische Synthesen aus Kohle herstellen. Zwischenzeitlich war allerdings der Rohstoff Kohle immer mehr durch das Erdöl verdrängt worden, wodurch die Azetylenchemie gegenüber der Petrolchemie in den Hintergrund gedrängt worden war.

Biologische Wissenschaften

Vielleicht ein wenig im Schatten der spektakulären Erfolge von Physik und Chemie schritten auch die biologischen Wissenschaften im Zeitraum zwischen den beiden Weltkriegen rasch voran.

Biochemie Die Biochemie erhielt in dieser Zeit sowohl für die Beherrschung von Naturprozessen als auch für die Medizin große Bedeutung. Es gelang, viele Stoffe, die bei den Lebensprozessen auftreten, zu isolieren und

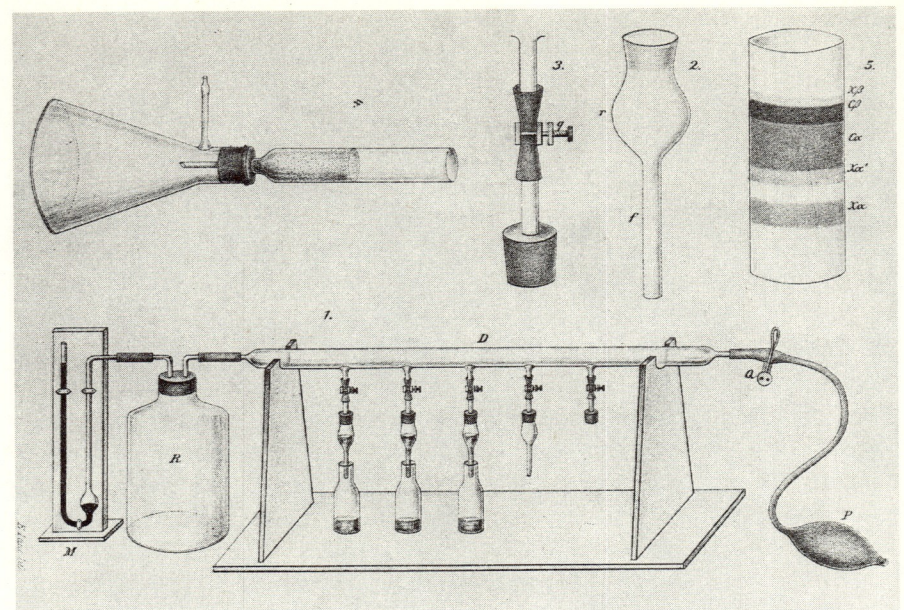

519. Chromatographie-Apparatur von Michail Semjonowitsch Zwet. Die Fortschritte der Biochemie im 20. Jh. wurden stark durch neue Methoden der Stoff-Trennung und des Stoff-Nachweises (Analyse) bedingt. Besonders wichtig waren die chromatographischen Verfahren, mit denen auch sehr kleine Stoffgemische in ihre Komponenten zerlegt werden konnten. Zwet, der die Chlorophylle erforschte, war ein Pionier der Chromatographie. Aus: Tswett (Zwet), M., Adsorptionsanalyse und chromatographische Methode. Anwendung auf die Chemie des Chlorophylls. In: Berichte der Deutschen Botanischen Gesellschaft. 24 (1906). S. 384–393. (P = zusammendrückbarer Gummiball, um das Farbstoffgemisch durch das Adsorptionsmittel in den Glasgefäßen zu drücken.)

teilweise auch aus einfacheren Bausteinen synthetisch aufzubauen. Bei dieser Forschung ist die Biochemie im wesentlichen Chemie.

Zum zweiten aber galt es zu klären, in welcher Weise und wo die von außen aufgenommenen Stoffe im Organismus umgewandelt werden und welche Wirkungen sie in den Lebewesen entfalten. Bisher kannte man im wesentlichen nur die Gesamtstoffwechselbilanz der Organismen, d. h. man wußte etwa, in welcher Menge welche Stoffe aufgenommen werden und zur Ausscheidung gelangen. Der Organismus wirkte biochemisch gesehen wie ein »schwarzer Kasten« (black box), mit input und output, und die darin ablaufenden Reaktionen konnten nur vermutet werden. Für die Kohlendioxid-Assimilation der Pflanzen stellte beispielsweise von Baeyer die Formaldehydhypothese auf; er sah in diesem Stoff das entscheidende Zwischenprodukt bei der Entstehung der Stärke aus Kohlendioxid und Wasser. Für die Ermittlung der wirklichen Zwischenprodukte waren neuartige Forschungsmethoden, Abstoppen des Stoffwechsels, chemische Eingriffe erforderlich. Es stellte sich heraus, daß die Zahl der Zwischenprodukte im Organismenstoffwechsel recht groß war und ihre Umwandlung meistens sehr rasch erfolgte.

Für das Verständnis der biochemischen Vorgänge im Organismus gewann auch die eingehende Erforschung der Zelle große Bedeutung. Das Nebeneinander der verschiedensten Reaktionen kann nicht in einem einheitlichen (homogenen) Medium erfolgen, sondern ist an verschiedenen Stellen der Zelle lokalisiert.

Erforschung der Naturstoffe Die Jahrzehnte zwischen den beiden Weltkriegen brachten die Aufklärung der Zusammensetzung weiterer Gruppen von Naturstoffen, vieler Farbstoffe, Alkaloide, Wirkstoffe u. a. m. Wallach erforschte die ätherischen Öle, Ruzicka die höheren Terpene, Sir Robinson klärte, zumindest in wesentlichen Zügen, Morphin, Strychnin, Wieland die

Gallensäuren und die Gifte der Kröte und des Knollenblätterpilzes auf, Butenandt die Sexuallockstoffe der Insekten. Willstätter und seine Schüler in Deutschland brachten etwa ab 1905 die Erforschung der Pflanzenfarbstoffe, sowohl des Chlorophylls wie der Antozyane, voran. Die endgültige Aufklärung der Struktur des grünen Blattfarbstoffes gelang Hans Fischer, wobei sich eine große Ähnlichkeit in der Konstitution des Blatt- und des Blutfarbstoffes herausstellte. Überhaupt verblüffte, wie manche Naturstoffe einander ähnlich waren, einen gemeinsamen Grundbau besaßen und die Evolution der Organismen auch von der Biochemie her verständlich machten. Fortschritte brachte die Erforschung der Hormone, jener körpereigenen Wirkstoffe, die neben dem Nervensystem ein zweites Kommunikationssystem des Organismus darstellen.

In vielen Zeitungen der zwanziger Jahre findet man Witze über die Verjüngungsexperimente mit Hilfe von Sexualhormonen, die Steinach und Woronow bei Affen durchgeführt hatten. Das zeugt davon, daß die Hormonlehre auch in die Öffentlichkeit drang, aber leider journalistisch entstellt, wie es bei manchen naturwissenschaftlichen Entdeckungen geschah. Überhaupt schätzte man die Rolle der Hormone zunächst einseitig und übertrieben ein. Manche populäre Schriften sahen die gesamte Persönlichkeit eines Menschen als Produkt seiner wenigen Milligramme von Hormonen an. Erst mit der Zeit wurden die Beziehungen der Hormondrüsen zueinander und zu dem Zentralnervensystem deutlich. Die Rolle spezieller chemischer Stoffe bei der Übertragung der Erregung von einer Nervenzelle auf das Erfolgsorgan entdeckten 1921 der Grazer Pharmakologe Loewi sowie unabhängig davon der Engländer Sir Dale. Der letztere fand, daß auch die Erregungsübertragung von Nervenzelle zu Nervenzelle durch bestimmte Stoffe geschieht. Diese Substanzen im Nervensystem erhielten

520. Richard Willstätter, Chemie-Nobelpreisträger von 1915, war Pionier in der Erforschung von Naturstoffen wie Chlorophyll und der Blütenfarbstoffe. Der Antisemitismus in Deutschland zwang auch ihn zur Emigration. Dokumentarphoto

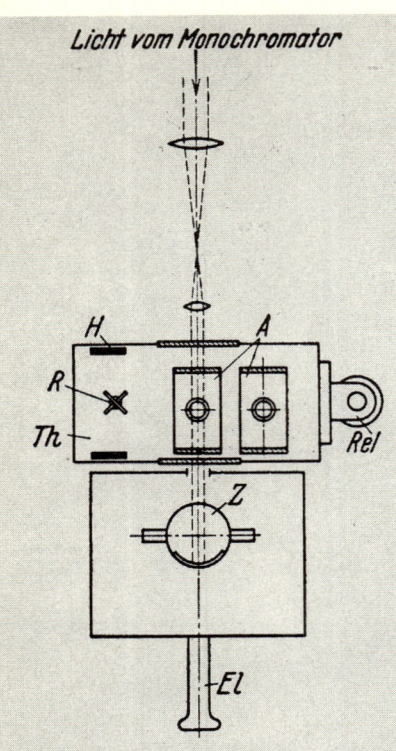

Abb. 1. Lichtelektrische Messung der Hydriergeschwindigkeit.
- A = Absorptionströge aus Quarz, Schichtdicke 0,2 bis 3,0 cm.
- El = Einfaden-Elektrometer.
- Th = Thermostat, gefüllt mit destilliertem Wasser.
- R = Rührer.
- H = Elektrische Heizung.
- $Rel.$ = Relais zur automatischen Temperaturregelung.
- Z = Photozelle.

521. Enzymforschung. Enzyme bildeten ab den zwanziger Jahren des 20. Jh. einen wichtigen Forschungsgegenstand der Biochemie. Die Geschwindigkeit der durch ein Enzym bewirkten Wasserstoffübertragung wird gemessen, die Veränderung im Reaktionstrog durch veränderte Lichtabsorption angezeigt. Besonders Otto Heinrich Warburg führte die spektrometrischen Verfahren in die Enzymforschung ein. Aus: Negelein, E., und E. Haas, Über die Wirkungsweise des Zwischenferments. Biochemische Zeitschrift. 282 (1935) 3/4, S. 208

die Bezeichnung Transmitter. Hormone wurden auch bald als chemische Substanzen faßbar. Bereits am Anfang des 20. Jh. gelangen Isolierung und Synthese des Nebennierenmark-Hormons Adrenalin. Kendall gewann 1914 das Schilddrüsenhormon Thyroxin. Im Jahre 1921 isolierten die Kanadier Sir Banting und Best das Insulin, das Hormon der Bauchspeicheldrüse, dessen Fehlen Diabetes hervorruft. Die Anordnung der Aminosäuren in dem Eiweißstoff Insulin klärte nach 1945 Sanger, der damit erstmals die Reihenfolge der Aminosäuren in einem Proteinmolekül feststellte.

Zu Ende der zwanziger Jahre isolierten Doisy und Butenandt das weibliche Sexualhormon Östron, 1931 Butenandt das männliche Keimdrüsenhormon Androsteron. Auch die Struktur dieser Geschlechtshormone konnte aufgeklärt werden. Andere Hormone wurden wichtige Arzneimittel, etwa das Kortison gegen den Gelenkrheumatismus.

Ähnlich beeindruckende Fortschritte konnten bei der Erforschung der Vitamine erzielt werden. Neuaufgefunden und isoliert wurden 1935 von Dam und Doisy, unabhängig voneinander, die Vitamine K_1 und K_2. Windaus fand Struktur und Synthesemöglichkeit für das antirachitische Vitamin D. Szent-Györgyi und Haworth erforschten das Vitamin C; Kuhn, Szent-Györgyi und Karrer fanden Struktur und Synthese von Vitamin B_2. Zahlreiche Vitamine werden heute in industriellen Synthesen hergestellt.

Eine dritte Wirkstoffgruppe sind die Enzyme, jene körpereigenen Katalysatoren, die, wie die Speichel- oder Darmenzyme, außerhalb der Zelle wirksam sind oder wie die meisten von ihnen die vielfältigen innerzellulären Stoffwechselvorgänge vonstatten gehen lassen. Lange Zeit gelang es nicht, der einzelnen intrazellulären Enzyme habhaft zu werden; es erhoben sich Zweifel, ob die Enzyme wirklich chemisch faßbare Stoffe sind.

Ein bedeutender Schritt in der Enzymforschung gelang Sumner, der nach neunjähriger Arbeit 1926 die Urease aus der Jackbohne als erstes Enzym kristallisieren konnte, wobei es seine hohe Wirksamkeit behielt. Die Urease war chemisch ein Protein. Sumner wies damit den Weg, wie einzelne Enzyme zu reinigen und zu isolieren sind und als chemisch eindeutig definierbare Stoffe behandelt werden können. In den folgenden Jahren gelang die Darstellung weiterer Enzyme durch Northop. Warburg entdeckte das gelbe Atmungsferment. Theorell konnte das gelbe Atmungsferment im Laboratorium Warburgs in reiner Form darstellen und solche wichtigen Fermente wie Peroxydasen, Katalasen, Flavoproteine erforschen.

Chemotherapeutika · Antibiotika Nach Ehrlichs Salvarsan waren die Sulfonamide die nächste aufgefundene Gruppe chemotherapeutisch wirksamer Stoffe. Sie fand Domagk im Jahre 1932, nach Testung vieler infizierter Mäuse mit verschiedenen Substanzen. Während der zwanziger Jahre suchte Fleming, der im Laboratorium eines Londoner Hospitals beschäftigt war, nach bakterienhemmenden oder -tötenden Stoffen. Er fand solche in Tränen und im Nasenschleim. Vor allem aber entdeckte er 1927, daß bestimmte Schimmelpilze (Penicillium) solche Stoffe ausscheiden; eine durch diese Schimmelpilze verunreinigte Bakterienkultur zeigte in deren Umgebung gehemmtes Bakterienwachstum. Fleming war kein Chemiker und hatte nicht die Möglichkeit, die von ihm nachgewiesene, »Penizillin« genannte Substanz zu gewinnen. Erst 1940 konnten Florey, Chain und andere Mitglieder der »Oxforder Gruppe« Penizillin, das erste Antibiotikum, isolieren. Im Jahre 1942 wurde erstmals ein englischer Feuerwehrmann mit der damals noch außerordentlich kostbaren Substanz behandelt.

Die neuen hervorragenden Möglichkeiten der Bekämpfung von Infektionskrankheiten veränderten vielerorts die Altersstruktur der Bevölkerung, da die mittlere Lebenserwartung stieg. Nachdem das Penizillin in genügender Menge produziert werden konnte, wurde es bald auch bei harmlosen Infekten, ja selbst im Lippenstift eingesetzt. Die Folge war, daß die Auslese resistenter Bakterienstämme beschleunigt wurde und das Penizillin in einer zunehmenden Zahl von Fällen versagte.

Stoffwechselprozesse Neben die Erforschung der einzelnen Stoffe trat die Aufklärung des Stoffwechsels. Wieland erkannte, daß die Nährstoffoxydation eine »Dehydrierung« ist, und eröffnete das Verständnis für Reaktionszyklen. Weitere Pionierarbeit leistete der Biochemiker Krebs, der aus rassischen Gründen wie viele andere hervorragende Wissenschaftler nach der faschistischen Machtergreifung Deutschland verlassen mußte. Aufbauend auf den Forschungen einiger Vorgänger, konnte er 1937 ermitteln, über welche Einzelschritte der Abbau der Nährstoffe unter Gewinnung von Energie für den Körper erfolgt. Er stellte fest, daß dieser Abbau in zahlreichen Stufen vor sich geht, wobei das Endprodukt mit neuen Traubenzuckermolekülen reagiert und der Abbau also in einem dauernden Kreisprozeß erfolgt. Nach seinem Entdecker erhielt dieser Kreisprozeß den Namen Krebs-Zyklus. Als Ort des Krebs-Zyklus in den Zellen erwiesen sich die Mitochondrien, die nach ihrer Entdeckung kurz vor 1900 kaum Beachtung fanden und erst später in ihrer Bedeutung für das Stoffwechselgeschehen der Zelle erkannt wurden.

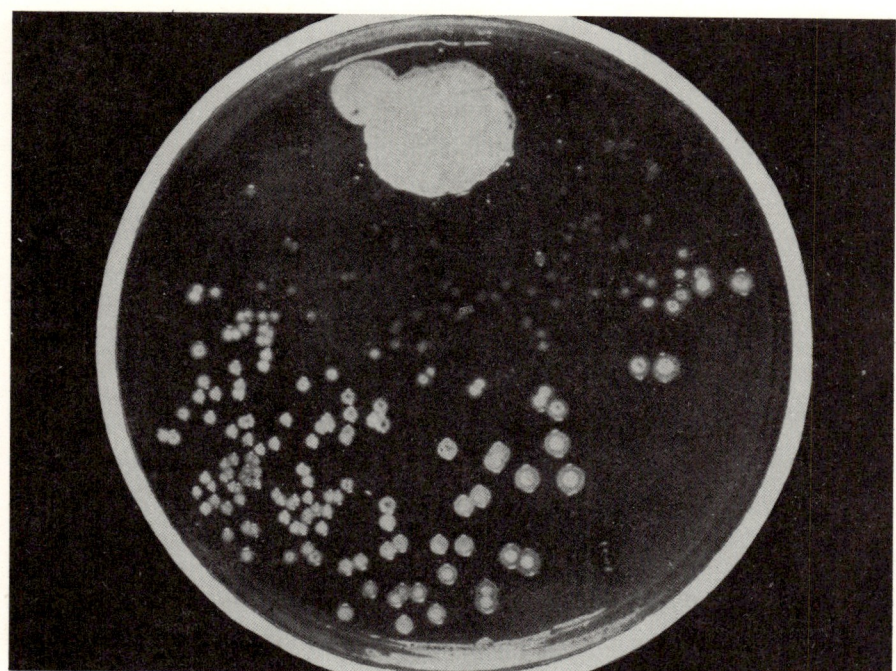

522. Von Alexander Fleming, dem Entdecker des Penizillins, benutzte Gefäße. Der britische Mikrobiologe fand 1928/29, daß vom Schimmelpilz Penicillium notatum ausgeschiedene Stoffe Bakterien, hier Staphylokokken, zerstören. 1939 bis 1941 suchte eine Arbeitsgruppe in Oxford (u. a. Ernst Boris Chain) den wirksamen Stoff zu isolieren. 1945 erhielten Fleming, Chain und Florey für die Penizillingewinnung den Nobelpreis für Physiologie und Medizin. Science Museum, London

Im Pflanzenstoffwechsel erforschte Calvin die Einzelschritte der Kohlendioxid-Assimilation der grünen Pflanzen, wobei er fand, daß Kohlendioxid nicht als solches reduziert wird, sondern in die Phosphorglyzerinsäure Einbau findet, was zu den weiteren Assimilationsprodukten führt.

Eine wichtige neue Methode bei der Erforschung solcher Stoffwechselprozesse war die Anwendung radioaktiver Indikatoren. Sie bestand darin, daß in das Stoffwechselgeschehen Moleküle mit »markierten« Atomen eingebracht und deren Umbau durch die ausgesandte, registrierbare Strahlung verfolgt werden konnte. Pionier der breiteren Anwendung markierter Atome in der Stoffwechselforschung war Schoenheimer.

Das Wesen der Vererbung · Chromosomentheorie An zentraler Stelle in den biologischen Disziplinen stand weiterhin die Vererbungsforschung. Morgan, Baur, Bridge und einige andere stellten fest, daß die Eigenschaften teilweise miteinander gekoppelt vererbt werden, wobei die Zahl der Koppelungsgruppen Übereinstimmung mit der Zahl der Chromosomen aufweist. Das war ein neuer überzeugender Beweis für die Richtigkeit der Chromsomentheorie der Vererbung. Austauschvorgänge erlaubten dann sogar die Aufstellung sog. Chromosomenkarten, welche die gegenseitige Entfernung der Erbanlagen, der Gene, auf den Chromosomen zeigte. Schließlich konnte Morgan feststellen, »daß die Chromosomen allen Anforderungen, die wir vom theoretischen Standpunkt aus an sie stellen müssen, gerecht werden; sie liefern uns den Mechanismus, der alles zu leisten imstande ist, was die Theorie verlangt«.

Ein weiterer Markstein war eine Entdeckung Mullers vom Jahre 1927, daß Röntgenstrahlen die Mutationsrate erhöhen. Schon der Entdecker der Mutation, de Vries, hatte 1901 gesagt: »Und gelingt es uns einmal, die Gesetze des Mutierens aufzufinden..., dürfen wir hoffen, selbst einmal in das Getriebe der Artbildung eingreifen zu können.«

Trotz mancher Versuche blieb dieser Wunsch noch lange Zeit unerfüllt. Verschiedene Forscher bemühten sich sehr, Mullers Entdeckungen für die Pflanzenzüchtung nutzbar zu machen. Energiereiche Strahlen und später auch Chemikalien sollten geeignete Mutationen erzeugen. Nur wenige Mutanten übertrafen allerdings in der Leistungsfähigkeit die Ausgangsformen. Avery und Blakeslee entdeckten in der Mitte der dreißiger Jahre, daß Kolchizin, das Gift der Herbstzeitlose, die Zellteilung stört und Formen erzeugt, die einen vermehrten Chromosomensatz besitzen. Auch solche polyploiden Sorten konnten für die Züchtung Bedeutung besitzen. In diesen Fällen lagen erste einwandfreie Beispiele für die künstliche Gewinnung erblicher Abänderungen vor. Mit der Genetik verbundene Forschungen zur Kulturpflanzenzüchtung leistete Wawilow in der Sowjetunion.

Genphysiologie Die Erbanlagen, die Gene, wurden in der Vererbungsforschung bis in die dreißiger Jahre recht formal betrachtet. Nur wenige Forscher stellten die Frage, wie die Wirkungsweise der Gene bei der Ausbildung der von ihnen gesteuerten Merkmale zu deuten ist. Anfänge dieser Genphysiologie liegen bei dem Biologen Kühn und seinen Mitarbeitern. Weitere Ausbildung erfuhr diese Forschungsrichtung in den USA durch George Wells Beadle und Tatum. Sie behandelten Kolonien des Schimmelpilzes Neurospora crassa mit Röntgenstrahlen und erzeugten dabei Mutanten, bei denen ganz bestimmte Stoffwechselschritte gestört waren. Daraus entwickelten sie die Theorie, daß die Gene ihre Wirkung über Enzyme entfalten. Veränderungen von Genen bewirkt den Ausfall bestimmter Enzyme und damit die Blockierung von Stoffwechselschritten.

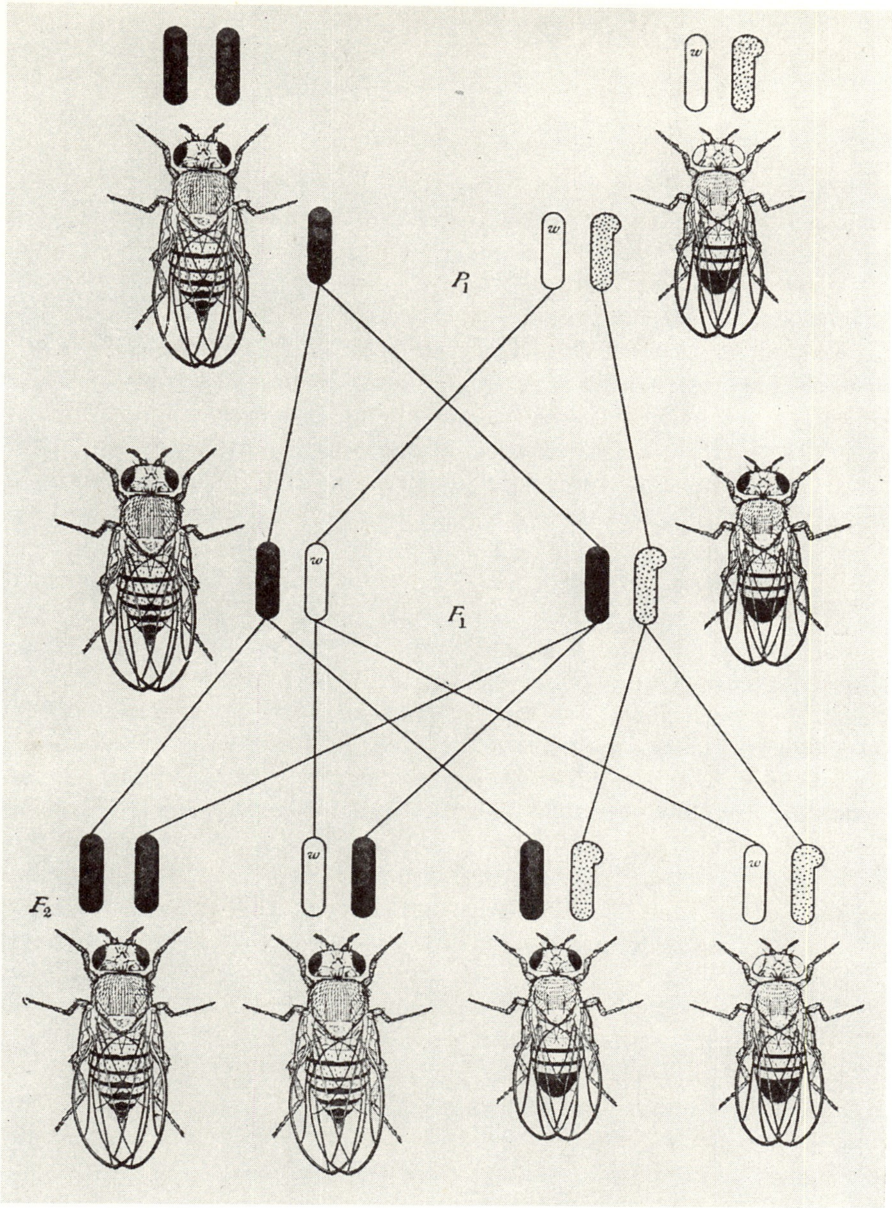

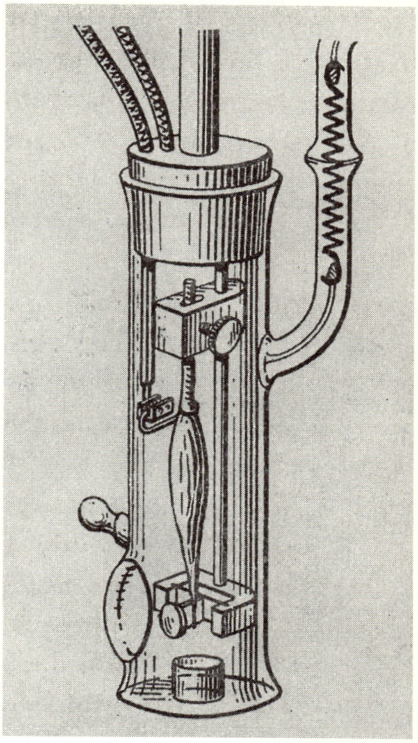

Unbekannt blieb zunächst, aus welchen Stoffen die Chromosomen bestehen. Es bedeutete für die Einsicht in die Grundvorgänge des Lebens einen großen Fortschritt, daß Desoxyribonukleinsäure (DNS) besonders durch Avery als Chromosomensubstanz 1944 nachgewiesen wurde. Nachdem sie einige Jahre unbeachtet geblieben war, rückte dann die DNS in den Mittelpunkt biochemischer Forschung; aus ihrer Aufklärung erhoffte man

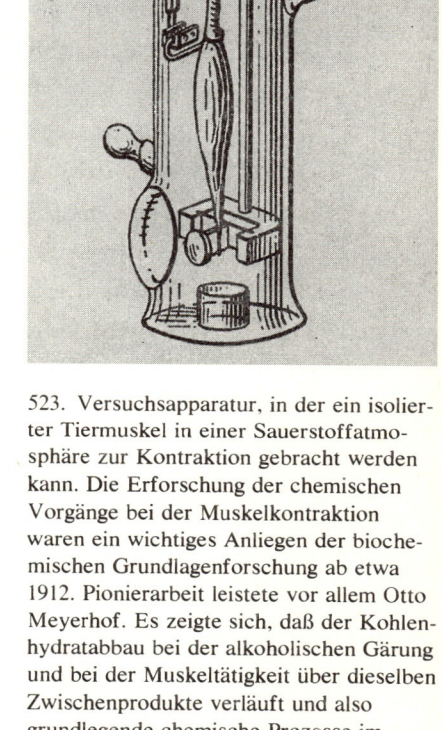

523. Versuchsapparatur, in der ein isolierter Tiermuskel in einer Sauerstoffatmosphäre zur Kontraktion gebracht werden kann. Die Erforschung der chemischen Vorgänge bei der Muskelkontraktion waren ein wichtiges Anliegen der biochemischen Grundlagenforschung ab etwa 1912. Pionierarbeit leistete vor allem Otto Meyerhof. Es zeigte sich, daß der Kohlenhydratabbau bei der alkoholischen Gärung und bei der Muskeltätigkeit über dieselben Zwischenprodukte verläuft und also grundlegende chemische Prozesse im Körper dieselben Zwischenstufen durchlaufen. Aus: Meyerhof, O., Die chemischen Vorgänge im Muskel..., Berlin 1930, S. 315

524. Gen-Theorie von Thomas Hunt Morgan. Der amerikanische Vererbungsforscher, Nobelpreisträger für Physiologie und Medizin von 1933, fand mit seinen Mitarbeitern wichtige Beweise für die Chromosomentheorie der Vererbung. Durch Morgans Schule wurde die Taufliege, Drosophila, wichtiger Versuchsorganismus der Vererbungsforschung. Aus: Morgan, Th. H., The Theory of the Gene. New Haven 1926, S. 60, Fig. 38

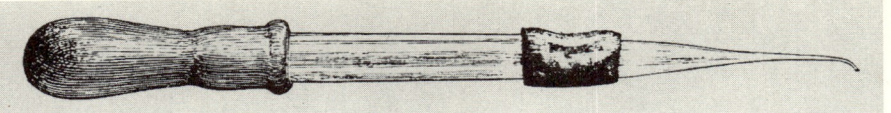

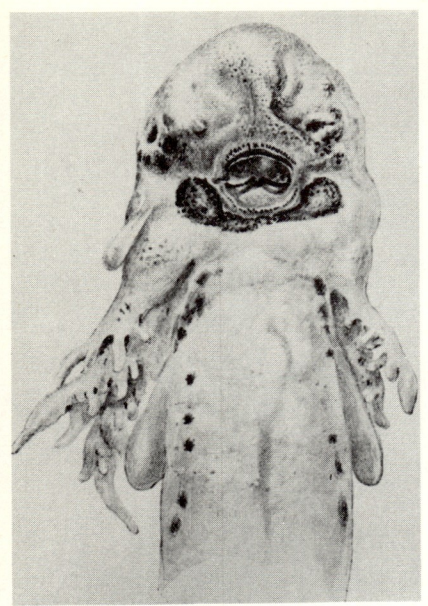

525./526. Mikropipette für entwicklungsphysiologische Experimente und Monsterlarve. Zu den aufsehenerregenden Wissenschaftsdisziplinen gehörte seit etwa 1880 die Entwicklungsphysiologie. Ihr Gegenstand sind die Ursachen der Keimesentwicklung. Bedeutende neue Erkenntnisse lieferte Hans Spemann, Nobelpreisträger von 1935, mit seinen Schülern. Mit der hier abgebildeten Mikropipette konnte er Teile z. B. vom Keim eines Molches auf den Keim eines Frosches übertragen.
Diese Monsterlarve eines Wassermolches mit Froschimplantat ist das Ergebnis des Austausches von Keimteilen. Der rechte Haftfaden wurde aus eigenem Material gebildet, die Mundpartie besteht aus dem Material des Implantates vom Frosch. Zeichnung von E. Krause nach O. Schotte aus: Spemann, M.: Experimentelle Beiträge zu einer Theorie der Entwicklung. Berlin 1936, S. 83, Abb. 64, S. 236, Abb. 191

zu Recht, Einsicht in die molekulare Grundlage der Vererbung zu gewinnen. Averys Entdeckung kann daher als der Beginn der Molekularbiologie angesehen werden.

Synthetische Theorie der Evolution Mit der Entwicklung der Vererbungsforschung tauchten neue Probleme für die Abstammungslehre auf. Es war deutlich geworden, daß nur Veränderungen an der Vererbungssubstanz erbliche Mutationen hervorbringen. Noch immer gab es auch Verfechter der Auffassung von der Vererbung erworbener Eigenschaften. Die dafür angeblich den Beweis erbringenden Experimente an der Geburtshelferkröte durch Kammerer beispielsweise erwiesen sich aber als Fälschung.

In den zwanziger Jahren begannen einige Biologen zu erforschen, in welcher Anzahl bei verschiedenen Arten Mutationen in der Natur auftreten und welche Aussichten Mutanten haben, sich gegenüber der Stammart durchzusetzen. Diese Forschungen bedeuteten die Begründung der Populationsgenetik. Pionierarbeit hierzu leistete Tschetwerikow in der Sowjetunion. Durch solche Untersuchungen wurde deutlich, daß die meisten Tier- und Pflanzenarten aus mehreren oder gar zahlreichen erblich verschiedenen Formen bestehen, deren Entstehung mit Mutantenbildung erklärt werden kann. Die einzelnen Arten besitzen ein größeres Reservoir verschiedener Gene, und veränderte Bedingungen lassen Veränderungen im Zahlenverhältnis der verschiedenen Genkombinationen eintreten. Das Zusammenfließen von Erkenntnissen aus Genetik, Ökologie, Paläontologie und anderen Disziplinen führte zu einem neuen Verstehen des Evolutionsprozesses, ergab die »synthetische Theorie der Evolution«. Es wurde deutlich, daß Darwin im wesentlichen recht hatte, daß aber vor allem die Aufklärung der erblichen Abänderungen ein neues Verständnis gebracht hatte.

Ursprung des Lebens Der Ursprung des Lebens auf der Erde, eine uralte Frage menschlichen Denkens, rückte im 20. Jh. in den Bereich der Beantwortung durch die Wissenschaft. Der sowjetische Biologe Oparin versuchte vor allem, die Entstehung organischer Verbindungen aus anorganischer Materie unter den Bedingungen der Urerde zu erklären; nach seiner Meinung entstanden auf der Urerde Aminosäuren und schließlich Eiweiße, die bei entsprechender Zusammensetzung Lebenserscheinungen hervorbringen. Mit einer künstlichen Uratmosphäre in einer Laboratoriumsapparatur experimentierend, beobachtete Miller in den USA in diesem Stoffgemisch die Bildung von Aminosäuren.

Gehirn und Verhalten An die Erforschung des Gehirns ging man von unterschiedlichen Seiten heran. Zunächst fanden die einzelnen Schulen kaum zueinander. Das Ehepaar Oskar und Cécilie Vogt in Deutschland untersuchte die Feinstruktur des Großhirns, geleitet von dem Gedanken, daß die psychischen Besonderheiten der einzelnen Menschen ihre Ursache

527. Der sowjetische Biologe Alexander Iwanowitsch Oparin, hier im Laboratorium, wies neue Wege für das Verständnis über die Entstehung des Lebens auf der Erde. Während vor ihm im allgemeinen ein rascher plötzlicher Vorgang angenommen wurde, suchte Oparin nachzuweisen, daß der Heranbildung der ersten Lebewesen eine lange »chemische Evolution« voranging und tierisches Leben älter ist als chlorophyllhaltige grüne Pflanzen. Dokumentarphoto

in feinanatomischen Strukturen hätten, eine Auffassung, die bereits Flechsig vertreten hatte. Pawlow bildete bei seinen Hunden Reflexe aus, um durch das Studium von Nervenleistungen die Arbeitsweise des Gehirns aufzuklären. Unter dem Einfluß solcher Forschungen entstand die Auffassung, daß die psychischen Eigenschaften eines Lebewesens stark von den einwirkenden Außenfaktoren geprägt werden, denen es besonders in jungen Jahren ausgesetzt ist.

Unmittelbar am Gehirn experimentierte der Schweizer Hess, der seinen Versuchstieren feine Elektroden durch die Schädeldecke einführte und dann ganz bestimmte, lokalisierte Gehirnteile reizen konnte. Je nach dem gereizten Hirnteil begannen die Tiere zu schlafen, zu urinieren, in Wut zu geraten oder zeigten andere Verhaltensweisen. Bei Verletzungen und Gehirnoperationen an Menschen wurden ähnliche Beobachtungen gemacht.

Von Holst wies nach, daß das Nervensystem nicht nur als »Tabula rasa« auf Außeneinflüsse reagiert, sondern auch davon unabhängig Eigenaktivitäten besitzt.

Als neue Disziplin entstand die Verhaltensforschung (Ethologie), vertreten u. a. von Heinroth, Tinbergen, Lorenz und von Frisch. So wurde etwa festgestellt, daß junge Enten dem ersten von ihnen wahrgenommenen Objekt folgen, das sich bewegt. Das ist normalerweise ihre Mutter, auf sie werden sie im Normalfall »geprägt«. Frisch wies das Farbensehen und die Geländeorientierung der Bienen nach und erkannte, daß die Bienen eines Stockes sich gegenseitig über die für sie ergiebigsten Pflanzenbestände und deren Entfernung vom Bienenstock informieren; in diesem Sinne gibt es eine Bienensprache.

Während der Kriegsjahre erhielten einige Richtungen der angewandten Biologie große Bedeutung. Beispielsweise hatte der Schweizer Chemiker Paul Müller 1939 entdeckt, daß Dichlor-Diphenyl-Trichloräthan (DDT) ein billiges, hochwirksames Berührungsgift für Insekten ist. Diesem Insektizid

528. Konrad Lorenz mit Graugänsen. Die Ethologie, die Wissenschaft vom Verhalten der Tiere, entstand im wesentlichen erst im 20. Jh. als eigene Wissenschaftsdisziplin. Ihre Forschungsergebnisse erhöhen unser Verständnis für das Leben der Tiere und haben große Bedeutung für Haustierhaltung und Züchtung. Die Verhaltensforscher Karl von Frisch, Konrad Lorenz und Nicolaus Tinbergen erhielten 1973 den Nobelpreis für Physiologie und Medizin. Dokumentarphoto

ist es mit zu verdanken, daß nach den grauenvollen Verwüstungen des zweiten Weltkrieges keine verheerenden Epidemien ausbrachen; 1948 erhielt Müller den Nobelpreis für Medizin.

Geowissenschaften

In den Geowissenschaften entstanden etliche neue Disziplinen, neue Forschungsmethoden kamen in Anwendung.

Altersbestimmung der Erde Es ist von großer, auch weltanschaulicher Bedeutung, daß Methoden gefunden wurden, mit denen sich Vorgänge in der erdgeschichtlichen Vergangenheit relativ zueinander oder sogar in ihrer absoluten Größenordnung bestimmen ließen.

Während des 19. Jh. hatte Kelvin versucht, aus den verfügbaren physikalischen Daten die Abkühlungsdauer der Erdkruste zu berechnen; er war zu der verhältnismäßig kurzen Zeitdauer von höchstens 20 Millionen Jahren gelangt. Die Evolutionstheorie und die aktualistische Auffassung der Geologen gerieten durch diese Berechnungen in einige Schwierigkeiten, zumal die von einem Physiker stammenden Angaben als exakt galten und mit entsprechendem Nachdruck vorgebracht wurden.

Dagegen bot die Entdeckung der Radioaktivität einen Weg zur exakten Altersbestimmung der Erde, indem man unterstellt, daß die Halbwertzeit eines radioaktiven Elementes selbst durch krasse physikalische Änderungen von Druck, Temperatur usw. nicht geändert wird. Findet man in Mineralien ein radioaktives Element und dessen Zerfallsprodukte, so läßt sich aus dem Mengenverhältnis beider das Alter des Minerals und damit auch des umgebenden Gesteines bestimmen. Voraussetzung ist aber, daß bei der Entstehung des Minerals keine Bestandteile weggeführt wurden. Die Idee von der radioaktiven Altersbestimmung hatten bereits 1904 Rutherford und Boltwood. Hahn fand die Strontiummethode, welche die Umwandlung des ^{87}Rb in ^{87}Sr zur Grundlage hat.

Die Alterswerte für die einzelnen geologischen Systemformationen veränderten sich aber in gewissen Grenzen mit fortschreitender Forschung, auf jeden Fall aber wurden gewaltige Zeitdimensionen für die Erdgeschichte bestätigt. Das Kambrium begann vor über 500 Millionen Jahren, die Trias und damit das Erdmittelalter vor etwa 350 Millionen Jahren.

Für die jüngere erdgeschichtliche Vergangenheit konnten weitere Verfahren zur Altersbestimmung oder zu genaueren Rekonstruktionen erdgeschichtlicher Prozesse bereitgestellt werden. So bewies der Schwede de Geer in jahrezehntelangen Untersuchungen, daß Seeablagerungen der ausgehenden Eiszeit jahreszeitlich bedingte Veränderungen zeigen; auf diese Weise kann die Dauer der Sedimentationen ermittelt werden. So entstand eine absolute Chronologie der Spät- und Nacheiszeit in Nordeuropa.

529. Beginn der systematischen Gletscherforschung. Louis Agassiz lebte mit mehreren Gefährten, unter denen sich auch Karl Vogt befand, für längere Zeit auf einem Schweizer Gletscher, um hier Messungen durchzuführen und die Gletscherbewegung festzustellen. Aus der Erforschung der gegenwärtigen Gletscher erwartete man Aufschlüsse darüber, ob die ab den dreißiger Jahren des 19. Jh. diskutierte Inlandeisbedeckung des nördlichen Europa in einer früheren Eiszeit möglich war. Der Nachweis erfolgte 1875 durch die Auffindung von Gletscherschrammen bei Rüdersdorf östl. Berlin. Aus: Agassiz, L., Untersuchungen über die Gletscher. Solothurn 1841, Tafel: »Unter-Aar-Gletscher. Oberer Teil/Hütte des H. Hugi«.

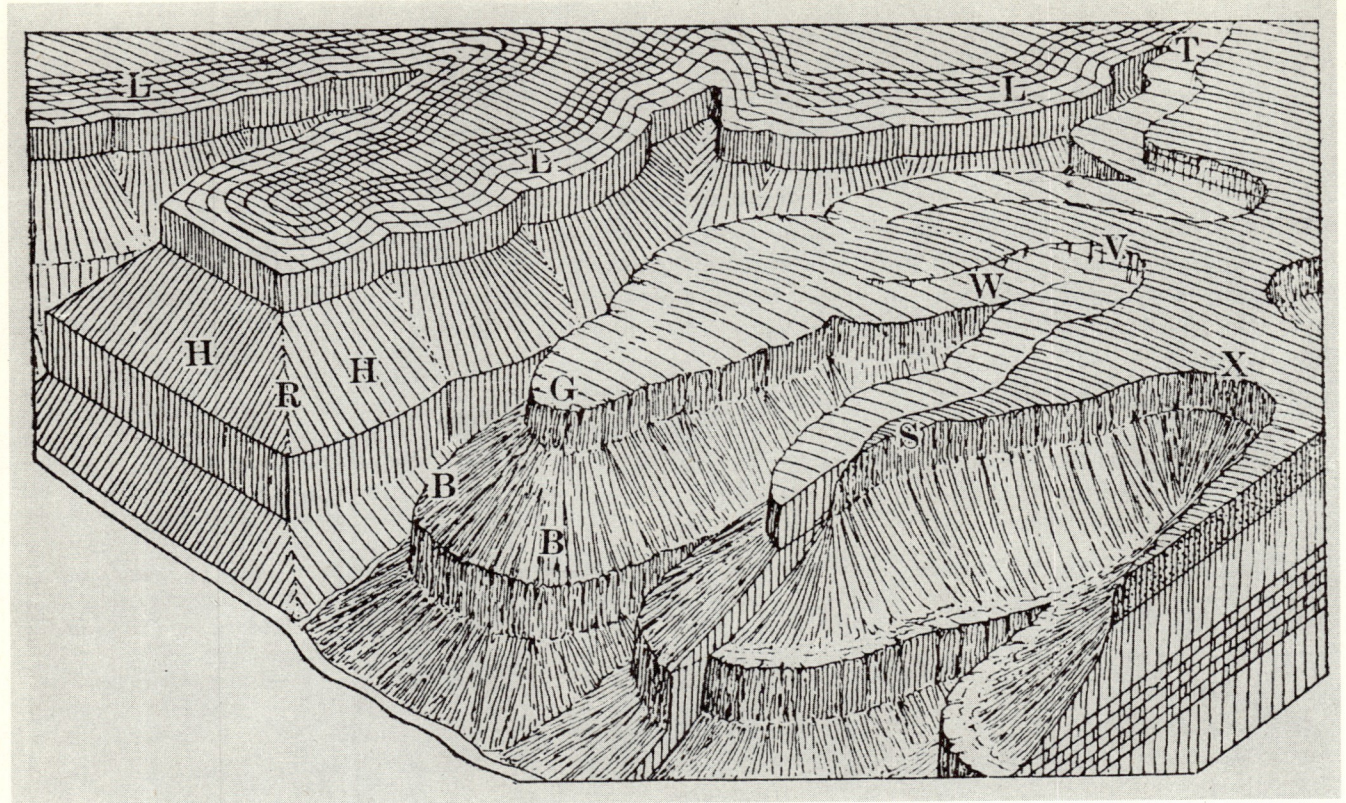

530. Blockdiagramm zur Veranschaulichung der Talbildung. Eine Spezialdisziplin der Geowissenschaften ist die Geomorphologie. Ihr Gegenstand sind die Formen der Erdoberfläche und deren Entstehung. Sie erfuhr im 19. Jh. einen bedeutenden Aufschwung, und ihre Forschungsergebnisse lassen sich anschaulich in solchen Blockdiagrammen darstellen, wie die obige Abbildung zeigt. Diese Blockdiagramme gehen besonders auf den amerikanischen Geomorphologen William Morris Davis zurück. Aus: Davis, W. M., Die erklärende Beschreibung der Landformen. Deutsch von A. Rühl. Leipzig und Berlin 1912, S. 236, Fig. 107

Namentlich durch Carl Weber und Post wurde zwischen 1893 und 1916 die Pollenanalyse begründet; als widerstandsfähige Gebilde erhalten sich Pollen in Mooren über lange Zeit. Bestimmt man den Anteil der Pollen der einzelnen Baumarten in verschieden alten Moorschichten, dann erhält man ein Bild von der Zusammensetzung der Wälder im Laufe der Jahrtausende seit dem Beginn der Moorbildung nach dem Rückzug der Gletscher.

Das wichtigste Verfahren für absolute Altersbestimmungen etwa der letzten 30 000 Jahre ist die von dem amerikanischen Chemiker Libby ausgearbeitete ^{14}C-Methode: Eine lebende Pflanze baut in ihre Gewebe das in geringen Mengen in der Atmosphäre enthaltene radioaktive Isotop ^{14}C ein; nach dem Absterben sinkt der ^{14}C-Gehalt gemäß der Halbwertzeit in Abhängigkeit von der Zeit. Durch Untersuchung von organischen Resten aus den Spuren früher menschlicher Zivilisation – beispielsweise aus altägyptischen Gräbern oder vorgeschichtlichen Wohnstätten – konnten überdies den Historikern wertvolle Datierungen zur Verfügung gestellt werden.

Geochemie Als neuer Zweig der Wissenschaft von der Erde formierte sich die Geochemie, welche die Gesetzmäßigkeiten in der Verteilung der chemischen Elemente in der Erdkruste erforscht. Der Amerikaner Clarke, der sowjetische Chemiker Wernadski und der von den Nazis verfolgte Goldschmidt erwiesen sich als herausragende Forscher auf diesem Gebiet. Clarke lieferte umfangreiche Tabellen über die Gesteinszusammensetzung; nach ihm wurde die Clarke-Zahl benannt. Goldschmidt beispielsweise erkannte die Abhängigkeit der Verteilung der chemischen Elemente vom Gitterbau der Mineralien und konnte damit Ursachen für die heutige Verteilung der Elemente in der Erde angeben.

Geophysik Die Geophysik gewann große Bedeutung für die Erkundung von Bodenschätzen; bereits 1898 wurde für Wiechert eine erste Professur für Geophysik in Deutschland eingerichtet. Ein großer Fortschritt für die Lagerstättenerkundung mit Magnetinstrumenten bedeutete um 1915 die Erfindung der Feldwaage durch Schmidt. Elektrische Aufschlußmethoden erschienen seit etwa 1910. Für die Feststellung von Schwereunterschieden wurde um 1915 die Eötvössche Drehwaage wichtig. Die seismologische Erkundung entwickelte Mintrop an der Technischen Hochschule Aachen.

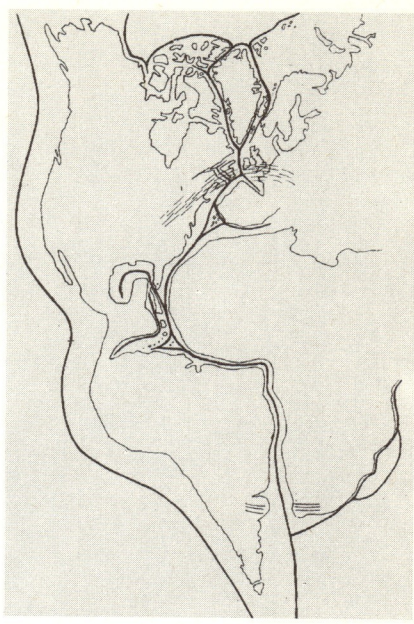

531. Alfred Wegeners Theorie von der Kontinentaldrift war eine der am meisten diskutierten Theorien in der Geologie und Geographie im 20. Jh. Anhand der Küstenlinien und mit Hilfe anderer Tatsachen wollte er beweisen, daß sich Südamerika einst von Afrika getrennt hatte. Horizontalverschiebungen spielen in den neuesten geologischen Theorien eine große Rolle. Aus: Wegener, A., Die Entstehung der Kontinente und Ozeane. Braunschweig 1915, S. 63, Fig. 17

532. Museum für ältere Erdölgewinnungsanlagen, Ungarn. Der Aufschwung der Industrie im 20. Jh. erforderte zunehmende Mengen an Rohstoffen. Die Rohstoffsuche wurde ab den zwanziger, dreißiger Jahren des 20. Jh. durch geophysikalische Untersuchungsmethoden erleichtert. Zalaegerszeg, Göcseji Múzeum

533. Auguste Piccard auf dem Tauchboot »Trieste«. Der Aufstieg (1931/32) in große Höhen der Atmosphäre (Stratosphäre, fast 17 000 m) sowie der Abstieg in die Tiefen des Weltmeeres durch Auguste Piccard, seinen Zwillingsbruder Jean und seinen Sohn Jacques sind unvergeßliche Marksteine bei der Erforschung der Erde. Dokumentarphoto

534. Aufstieg von Stratosphärenballons. Pionierarbeit bei der direkten Erforschung der Stratosphäre mit unbemannten Registrierballons leistete Erich Regener in den dreißiger und vierziger Jahren des 20. Jh. Die Ballons trugen Meßgeräte, z. B. für den Ozongehalt. Aus: Regener, E., Erfahrungen und Ergebnisse mit Registrierballonen und Registrierapparaten in der Stratosphäre. In: Beiträge zur Physik der freien Atmosphäre. 22 (1934) 1: S. 251, Fig. 1 »Verbindung der Ballone«.

Erforschung der Erdräume Die letzten »weißen Flecken« auf der Erdoberfläche verschwanden dank den Bemühungen vieler technisch modern ausgerüsteter Expeditionen. Das verhinderte aber nicht, daß einige der Forschungsreisenden in dramatische Situationen gerieten und sogar Menschenleben zu beklagen waren. Der Norweger Amundsen eröffnete 1924 zusammen mit einigen Begleitern die Arktisforschung mit Hilfe des Flugzeuges. Byrd überflog 1926 mit einem Eindecker den Pol. In 15 h 30 min erreichte er, was vorher Generationen von Forschern in monatelanger Anstrengung versucht hatten. 1926 starteten Amundsen und der italienische Offizier Nobile mit dem Luftschiff »Norge« zum Nordpol.

Im Jahre 1928 folgte die Polarexpedition mit dem Luftschiff »Italia«, die wiederum zunächst die gewaltigen Möglichkeiten des neuen Forschungsmittels verdeutlichte. Von dem Erkundungsflug heißt es: »1000 Quadratkilometer bisher unerforschten Gebietes zwischen Spitzbergen und Franz-Joseph-Land waren erkundet worden... Weitere 4000 Quadratkilometer zwischen den östlichen Inseln des Franz-Joseph-Archipels und dem Driftgebiet der ›St. Anna‹ waren gesichtet,...«

Aber bei der Rückkehr vom Polflug stürzte das Luftschiff »Italia« auf das Eis. Die Überlebenden wurden von dem sowjetischen Eisbrecher »Krassin« gerettet, nachdem sie mehr als sechs Wochen in der Eiswüste verbracht hatten. Amundsen kam bei der Rettungsaktion für Nobile ums Leben.

Die Arktisforschung mit dem Flugzeug wurde besonders von Byrd ab 1928 aufgenommen.

Eine herausragende Leistung stellte die sowjetische Expedition unter Papanin vom Jahre 1937 dar. Mit Gefährten wurde er auf einer Eisscholle in der Nähe des Nordpols abgesetzt und driftete mit ihr weit durch das Polarmeer.

Bis weit ins 20. Jh. waren die höheren Schichten der Atmosphäre ebenso wie die Tiefen des Ozeans weitgehend unerforscht geblieben; so wurden erst 1913 die kosmischen Strahlen durch Hess entdeckt. Unerwartete Erscheinungen bei der Ausbreitung von Funkwellen ließen auf die Existenz von ziemlich scharf geschiedenen Schichten in der Atmosphäre schließen; an der aus ionisiertem Gas bestehenden Heaviside-Schicht werden die Funkwellen bestimmter Frequenzen reflektiert. Der deutsche Physiker Regener begann mit einer systematischen Erforschung der oberen Atmosphärenschicht, indem er unbemannte Ballons mit Meßgeräten und Funksonden bis in 30 km Höhe aufsteigen ließ. Er gewann dabei zahlreiche Daten über Ozongehalt, Druck, Temperatur, elektrische Ladung und chemische Zusammensetzung in der Hochatmosphäre.

Der Schweizer Physiker Auguste Piccard erreichte mit seinen spektakulären Ballonaufstiegen und seinem Tieftauchen im Ozean eine große Popularität; seine Erfolge beruhten auf der Kenntnis der Belastbarkeit der Materialien für seine sinnreich ersonnenen Apparate, die ihn 1932 sogar in Höhen von nahezu 17 km gelangen ließen. Mit seinem Tauchapparat »Trieste« stieß er 1953 bis in 3150 m Tiefe im Mittelmeer vor; sein Sohn Jacques erreichte 1960 mit einem Bathyskaph im Marianengraben im Pazifik die Tiefe von fast 11 000 m.

Mathematik und Naturwissenschaften heute:
Tendenzen, Probleme, Ergebnisse

Vorhergehende Seite:
535. Atomreaktor Calder Hall (Großbritannien). Zwei Jahre nach der Inbetriebnahme des ersten Versuchskraftwerkes in der Sowjetunion wurde am 17. Oktober 1956 das britische Kernkraftwerk Calder Hall A eröffnet, das unter der Leitung von Christopher Hinton erbaut worden war. Inzwischen hat sich die Kernspaltung zu einem wichtigen, noch immer umstrittenen Faktor bei der Lösung des Energieproblems entwickelt, während für die Beherrschung der gesteuerten Kernfusion noch aufwendige Forschungen notwendig sind.

Naturwissenschaften und Mathematik spielen heute im täglichen Leben und im Bewußtsein eines großen Teiles der Menschheit eine bedeutende Rolle. Computer und Schädlingsbekämpfung, Geburtenregelung und Weltraumflug, Fernsehen, Auto, Flugzeug, moderne Maschinen, Kunststoffe, Kernenergie sind – als umgesetzte Wissenschaft – aus dem modernen Leben nicht mehr wegzudenken.

Von Mathematik und Naturwissenschaften erwartet man die Lösung dringender Probleme, die die künftige Existenz der Menschheit sichern: Energieversorgung, Ernährung, Rohstoffbeschaffung, Informationsverarbeitung, Kommunikation. Bei vielen Menschen aber äußert sich auch tiefes Unbehagen und sogar Furcht vor den Ergebnissen der Wissenschaft: Furchtbare Massenvernichtungsmittel – chemische, biologische, atomare – sind entwickelt worden; schwerwiegende Umweltprobleme – Wasserverseuchung, Schadstoffe in der Luft, Vergiftung von Tieren und tierischen Produkten durch Pflanzenschutzmittel – sind ungewollte, indirekte Folge

536. Verleihung des Friedensnobelpreises an den US-amerikanischen Biochemiker Linus Pauling. Der 1901 – neben den wissenschaftlichen Nobelpreisen – gestiftete Friedensnobelpreis mahnt an die gesellschaftliche Verantwortung auch des Wissenschaftlers, eine Forderung, die von vielen hervorragenden Gelehrten wahrgenommen wurde, z. B. von Henri Dunant, Fridtjof Nansen, John Desmond Bernal und Frédéric Joliot-Curie, dem bedeutenden Atomforscher und ersten Präsidenten des Weltfriedensrates.
Dokumentarphoto

der Umsetzung der Naturwissenschaften in Technik und Industrie. Unter diesen Bedingungen der außerordentlichen Möglichkeiten der Naturwissenschaften – im Guten wie im Bösen – tragen auch die Naturwissenschaftler eine große gesellschaftliche Verantwortung.

Was sich in einigen Bereichen naturwissenschaftlicher Arbeit schon zu Anfang des 20. Jh. angedeutet hatte, zeigte sich nach dem zweiten Weltkrieg auf vielen Gebieten der Wissenschaft. Bei chemischen Großsynthesen, bei der Herstellung von Plasten und Arzneimitteln, in der elektronischen Industrie, bei der Energiegewinnung, in den hochentwickelten Formen der Kommunikation und des Verkehrswesens, bei der Werkstoffgewinnung, beim Weltraumflug – in allen diesen Gebieten traten neue Formen des Wechselverhältnisses zwischen Produktion und Wissenschaften zutage: Naturwissenschaftlich-mathematische Ergebnisse werden geradezu in den Produktionsprozeß integriert, sind mit ihm verschmolzen oder zur Grundlage, zur Voraussetzung der Produktion geworden. Man spricht von einer weltweiten wissenschaftlich-technischen Revolution, einer Revolution, die neben einer Umwälzung in den Bereichen der Technik und der Arbeitskräfte auch mit bedeutenden sozialen Folgen und einer Rückwirkung auf die Produktionsverhältnisse verbunden ist.

Gegenwärtig haben Mathematik und Naturwissenschaften – freilich unter gänzlich anderen gesellschaftspolitischen Zielstellungen – im gesellschaftlichen Leben der sozialistischen und der ökonomisch hochentwickelten kapitalistischen Staaten eine bemerkenswerte Stellung erreicht. Auf dem Wege des Einflusses auf Bildung, Produktion und Ideologie erhält die Wissenschaft eine aktive geschichtsbildende und damit welthistorisch relevante Funktion. Die Förderung von Mathematik und Naturwissenschaften ist daher zum Gegenstand von politischen Führungsentscheidungen auf staatlicher und sogar internationaler Ebene geworden.

Auf diesem Hintergrund hat sich auch die Wissenschaft extensiv entwickelt, nach der Zahl der Wissenschaftler, nach der Zahl der wissenschaftlichen Zeitschriften, nach der Zahl der wissenschaftlichen Zentren an Universitäten, Hochschulen, Fachschulen, Akademien usw.

Ein weiteres, deutlich hervortretendes Merkmal der modernen Wissenschaft ist die Tatsache, daß an die Stelle von Einzelforschern nun kleinere oder größere Gruppen von Wissenschaftlern getreten sind; ohne Kollektiv- oder Teamarbeit sind heutzutage nur noch in Einzelfällen bedeutende Fortschritte zu erzielen. Die herausragenden und in der Öffentlichkeit bekannten Forscherpersönlichkeiten repräsentieren im allgemeinen eine Gruppe von Wissenschaftlern und technischem Personal. Auch ist die Wissenschaft immer teurer und aufwendiger geworden: Großgeräte, modern eingerichtete Laboratorien, Forschungsinstitute bedürfen der finanziellen Unterstützung durch Staaten oder Großbetriebe.

Bei der sich heutzutage geradezu explosionsartig vermehrenden Menge an Tatsachen und Entdeckungen in Naturwissenschaften und Mathematik und deren praktischer Anwendung, bei der sich geradezu ungeheuer differenzierenden Arbeitsteilung innerhalb der Wissenschaften, wo sich nur noch einige wenige Spezialisten auf der Erde untereinander über ihren Forschungsgegenstand verständigen können, ist es ganz ausgeschlossen, die wissenschaftlichen Inhalte und Ergebnisse aller mathematisch-naturwissen-

537. »Leben des Galilei« von Bertolt Brecht. Szene mit Ernst Busch in der Titelrolle, gespielt vom Berliner Ensemble. Das 1938/39 in einer ersten Fassung entstandene und dann veränderte Theaterstück verbindet den historischen Stoff mit einer Mahnung an die gesellschaftliche Verantwortung der Wissenschaftler im Atomzeitalter. Dokumentarphoto

538. Wissenschaft in den Entwicklungsländern. Nach der Befreiung von der Kolonialherrschaft entwickelten sich nach dem zweiten Weltkrieg auch in einigen Ländern der sog. Dritten Welt leistungsfähige wissenschaftliche Zentren. Das Photo zeigt eine Kernforscherin in Indien Dokumentarphoto

539. Forschungsanlage zur Nutzung von Sonnenenergie in den Pyrenäen (Frankreich). Die umfassendere Nutzung der uns ständig von der Sonne zugestrahlten beträchtlichen Energiemengen wäre eine elegante Lösung des Energieproblems. Voraussetzungen dafür sind jedoch geeignete meteorologische Bedingungen und die Entwicklung effektiver Verfahren zur Umwandlung der Strahlung in Wärme und elektrischen Strom. Dokumentarphoto

schaftlichen Disziplinen auch nur aufzählend anzudeuten. So müssen wir es dabei bewenden lassen, einen gewissen Eindruck vom Leistungsvermögen und von den Problemstellungen moderner Naturwissenschaft und Mathematik zu geben, indem wir einige Entwicklungstendenzen und Hauptarbeitseinrichtungen vorstellen.

Mathematik

Seit Beginn des 20. Jh. hat sich die Zahl der Mathematiker und der sich der Mathematik bedienenden Wissenschaftler alle etwa zehn bis 15 Jahre verdoppelt. Am Internationalen Mathematikerkongreß 1966 in Moskau, einem glanzvollen wissenschaftlichen Ereignis, gab es mehr als 4000 aktive Teilnehmer. Ungefähr alle zehn Jahre verdoppelte sich die Zahl der mathematischen Publikationen. Im Jahre 1962 haben mehr als 4100 Autoren zur Mathematik publiziert, 1975 wurden auf der Erde ungefähr 25000 Forschungsarbeiten referiert. Die Zahl der Ergebnisse ist noch weitaus größer, da ein bedeutender Teil der Arbeiten der Geheimhaltung unterliegt, sei es aus ökonomischen, sei es aus militärischen Gründen. Dazu kommen die Darstellungen bekannter mathematischer Theorien in Lehrbriefen, Lehrbüchern, Schulbüchern, Fachzeitschriften für Naturwissenschaftler aller Fachrichtungen, Lehrer, Ingenieure und Ökonomen.

Anders als in der Zeit nach dem ersten Weltkrieg konnten bald nach dem Ende des zweiten Weltkrieges die internationalen Beziehungen auf dem Gebiet der Mathematik wieder geknüpft werden. Gegenwärtig gibt es zwei mit Abstand führende mathematische Zentren auf der Erde, die Sowjetunion und die USA. In den sechziger Jahren entstanden leistungsfähige mathematische Schulen in Indien, China, Japan, Kanada, Australien, einigen afrikanischen und arabischen Staaten, in Südamerika. Die französische Mathematik konnte führende Positionen zurückgewinnen. In den sozialistischen Ländern Europas gibt es international stark beachtete Gruppierungen von Mathematikern.

In der Zeit nach dem zweiten Weltkrieg hat sich neben dem an Universitäten und Akademien beschäftigten Mathematiker ein neuer Typ herausgebildet: Es gibt zahlreiche wissenschaftliche Zentren an staatlichen Forschungseinrichtungen, an Armee-Einrichtungen und an industriellen Großunternehmen, in denen Kollektive von Mathematikern beschäftigt sind; ihre Forschungsvorhaben sind auf Spezialfragen der Physik, Chemie und Biologie, der Astronautik, der Waffentechnik, der industriellen Fertigung und der Ökonomie zugeschnitten.

Seit dem zweiten Weltkrieg haben sich die Schwerpunkte der inhaltlichen Arbeit der Mathematiker deutlich verschoben, einerseits bei den Anwendungen unter dem Einfluß der jeweilig herrschenden Gesellschaftsordnung in den sozialistischen bzw. kapitalistischen Staaten und gestützt auf die

540. Protonensynchrotron der CERN. Die abgebildete Anlage hat einen Durchmesser von 2,2 km und vermittelt einen Eindruck von den industriemäßigen Dimensionen dieser Forschungseinrichtung, zu der zwei weitere Teilchenbeschleuniger und eins der größten Rechenzentren Europas gehören. Der 1954 gegründete Conseil Européen pour la Recherche Nucléaire in Genf vereinigt die Anstrengungen von 13 westeuropäischen Staaten bei der Atom-, Kern- und Elementarteilchenphysik. Dokumentarphoto

stürmische Fortentwicklung der maschinellen Rechentechnik, andererseits auch beeinflußt durch bedeutende Erfolge in der Grundlagenforschung der Mathematik.

So gibt es eine Anzahl von Hauptarbeitsgebieten, die zwar schon im 19. Jh. dem Keime nach angelegt wurden, deren volle Ausprägung aber erst im 20. Jh. stattfand. Und es gibt mathematische Disziplinen, die erst in jüngster Zeit entstanden sind; einige von ihnen haben überraschende Anwendungen gefunden oder sind direkt aus den Forderungen der Praxis hervorgegangen.

Jener ersten Gruppe relativ alter, aber heute in den Vordergrund rückender Arbeitseinrichtungen der modernen Mathematik des 20. Jh. kann man zurechnen: die Strukturmathematik, Ausbau und Axiomatisierung der Wahrscheinlichkeitsrechnung, die mengentheoretische Durchdringung der gesamten Mathematik, den Aufbau der Funktionalanalysis und der mathematischen Logik, die Herausbildung einer selbständigen Topologie, die Umgestaltung der numerischen Methoden der Mathematik durch moderne Rechenanlagen, die außerordentlich enge Verbindung von Mathematik und Physik in großen Bereichen der theoretischen Physik.

Zu jener zweiten Gruppe neuerer mathematischer Disziplinen, die heute schon ausgebreitete Wissensgebiete sind und doch erst nach dem zweiten Weltkrieg entstanden sind, gehören Spieltheorie und Operationsforschung, deren Anfänge auf militärische und ökonomische Probleme zurückgehen. Aus der Zusammenarbeit von Ingenieuren, Physikern und Mathematikern ist die Informationstheorie hervorgegangen. Diesen neuen Zweigen, die oft auch der Kybernetik als einer übergreifenden wissenschaftlichen Disziplin zugeordnet werden, ist einerseits die enge Verwandtschaft mit wahrscheinlichkeitstheoretischen Begriffsbildungen eigentümlich; andererseits hängen ihre realen Anwendungsmöglichkeiten in Wissenschaft, Technik und Ökonomie sehr stark vom Leistungsvermögen der zur Verfügung stehenden Rechenanlagen ab.

Doch darf man beim Blick auf die neueren Zweige der Mathematik nicht übersehen, daß auch die traditionellen, sozusagen klassischen Disziplinen, während des 20. Jh. einen stürmischen Aufschwung genommen haben und eine ungeheure inhaltliche Bereicherung erfuhren und daß diese Entwicklung gerade auch in jüngster Zeit noch eindrucksvoll anhält. Charakteristisch für die Gegenwart ist nicht so sehr der Unterschied zwischen den neueren und den traditionellen Disziplinen, sondern eher der Umstand, daß die Grenzen zwischen den einzelnen mathematischen Teildisziplinen fließend geworden sind und an deren Berührungsflächen neue und interessante Problemgruppen und Forschungsgebiete entstehen.

Heute ist die Mathematik eine überaus umfangreiche, außerordentlich verzweigte, auf der ganzen Erde als Basiswissenschaft betriebene Wissenschaft, die trotz ihres teilweise sehr abstrakten Charakters in engen Beziehungen zur Produktionspraxis und zu anderen Sphären des gesellschaftlichen Lebens steht. In einem sowjetischen Sammelband aus dem Jahre 1967 wurde versucht, den außerordentlich vielschichtigen Prozeß der Entwicklung der Mathematik der Gegenwart in wenigen Worten zu schildern. Dort heißt es: »Vor unseren Augen verläuft der Prozeß einer qualitativen Veränderung der Mathematik; es werden enge Beziehungen zwischen

Zweigen der Mathematik entdeckt, die früher weit voneinander entfernt zu sein schienen; neue mathematische Disziplinen entstehen. Die Schaffung der elektronischen Rechentechnik hat die Auffassungen von Grund auf verändert, die man von der Effektivität verschiedener mathematischer Verfahren hatte. Sie hat ferner den Anwendungsbereich der Mathematik in einem bisher nie gekannten Ausmaß erweitert. Die Beziehungen zwischen der Mathematik und den anderen Wissenschaften entwickeln sich ständig. Waren sie früher im wesentlichen auf Mechanik, Astronomie und Physik beschränkt, so dringen jetzt mathematische Methoden immer tiefer in die Chemie, Geologie, Biologie, Medizin, Ökonomie und Sprachwissenschaften ein. Allgemein bekannt ist die Rolle der Mathematik bei der Entwicklung neuer technischer Richtungen wie Radioelektronik, Kernenergetik, Weltraumflug. Die alte Behauptung, daß die Mathematik die Königin der Wissenschaften sei. gewinnt somit einen um vieles tieferen Inhalt.«

Kybernetik · Rechentechnik

Im Jahre 1948 erschien, gleichzeitig in Paris und Cambridge/Mass., ein Buch, das zum wissenschaftlichen Bestseller werden sollte: »Cybernetics or control and communication in the animal and the machine«. Der Autor, der bedeutende amerikanische Mathematiker Wiener, kündigte dort an, die neue Wissenschaft der Kybernetik solle »das ganze Gebiet der Regelung und Nachrichtentheorie, ob in der Maschine oder im Tier« behandeln.
 Der Name »Kybernetik«, gebildet nach dem griechischen Wort für »Steuermann«, weist auf die lange Vorgeschichte dieser Wissenschaft hin. Platon hatte den Begriff der Kybernetik als Steuermannskunst verwendet. Anfang des 19. Jh. griff der französische Physiker Ampère dieses Wort wieder auf. Wiener selbst verwies auf Leibniz und Maxwell als Stammväter der Kybernetik.
 Die eigentliche Geschichte der Kybernetik begann im Jahre 1942 in New York mit einer Beratung von Medizinern, Mathematikern und Ingenieuren über die Probleme der zentralen Hemmung im Nervensystem. In dieser Zeit trat auch die Entwicklung moderner Rechenanlagen in eine neue Phase. Im Winter 1943/44 luden Wiener und der berühmte Mathematiker von Neumann gemeinsam zu einer interdisziplinären Konferenz über den damals noch etwas nebelhaften Problemkreis der späten »Kybernetik« ein. Diese Tagung fand in Princeton statt; Teilnehmer waren Mathematiker, Physiologen, Rechenmaschinenkonstrukteure und Psychologen. Wiener stellte später (1948) fest: »Am Ende des Treffens war es allen klar, daß es eine beträchtliche gemeinsame Denkbasis aller Bearbeiter der verschiedenen Gebiete gab, daß man in jeder Gruppe schon Begriffe gebrauchen konnte, die durch andere schon besser entwickelt waren, und daß ein Versuch gemacht werden sollte, ein allgemeines Vokabular zustande zu bringen.«
 Ganz offensichtlich hat auch der zweite Weltkrieg die Bildung der »gemeinsamen Denkbasis« gefördert, insbesondere durch die Bedürfnisse und Ergebnisse der statistischen Informationstheorie und Vorhersagetheorie.
 Im Jahre 1946 fanden weitere Treffen der sog. Princeton-Gruppe statt, und es wurden Soziologen, Anthropologen, Wirtschaftsfachleute und Phi-

541. Norbert Wiener. Der vielseitige Mathematiker wurde zu einem der Hauptbegründer der Kybernetik. Dokumentarphoto

losophen hinzugezogen – die neue Wissenschaft konstituierte sich, und Wiener war die treibende Kraft. Sein Verdient besteht darin, in scheinbar weit auseinanderliegenden Gebieten das Gemeinsame erkannt zu haben.

Kybernetik wurde außerordentlich schnell populär und bevorzugter Gegenstand vieler utopischer Geschichten, in denen Roboter aller Art eine große Rolle spielen. Die Kybernetik hat als Wissenschaft von den allgemeinen Gesetzen der Informationsumwandlung in Medizin, Psychologie, Nachrichtentechnik, Biologie und Weltraumforschung beachtliche Erfolge erzielen können und hat auch die Diskussion philosophischer und sozialer Fragen, wie z. B. die Folgen der Automation, vorangebracht. Allerdings ist die von vielen vorhergesagte sog. kybernetische Revolution bisher ausgeblieben.

Dagegen hat die Entwicklung der programmgesteuerten Rechentechnik in der historisch kurzen Zeit von 30 bis 40 Jahren nach dem zweiten Weltkrieg spektakuläre Erfolge erzielen können. Großrechenanlagen steuern heute entscheidende Prozesse des gesellschaftlichen Lebens in Ökonomie, Statistik, Großproduktion, Verkehr, militärischer Logistik und Wissenschaft. Handcomputer sind in den Händen großer Bevölkerungskreise auf der ganzen Welt zum Gebrauchsgegenstand des täglichen Lebens geworden.

Ideen und erste weitreichende Versuche zur Konstruktion programmgesteuerter Rechenautomaten gehen auf den englischen Mathematiker und Philosophen Babbage in den dreißiger Jahren des 19. Jh. zurück. Mit der »Statistik-Maschine« des Amerikaners Hollerith konnte während der elften amerikanischen Volkszählung von 1890 in aufsehenerregender Weise der Nutzen mechanischer programmgesteuerter Auswertung großer Datenmengen demonstriert werden. Die Hollerith-Lochkarte ist auch heute noch eine weltweit genutzt Möglichkeit der Datenspeicherung und -verarbeitung. Allerdings schufen erst die neuen elektromagnetischen und elektronischen Bauelemente während der dreißiger Jahre die Möglichkeit, die

542. Erster betriebsfähiger programmgesteuerter Rechenautomat (Rekonstruktion), Z3, konstruiert von Konrad Zuse, fertiggestellt 1941. Der Automat besaß ein Speicherwerk für 64 Zahlen zu 22 Dualstellen. Die Rechengeschwindigkeit betrug 15 bis 20 arithmetische Operationen pro Sekunde. Das Original, hergestellt im Auftrag der Deutschen Versuchsanstalt für Luftfahrt, Berlin, wurde im Kriege zerstört; 1962 baute man das Gerät nach alten Unterlagen wieder auf. Deutsches Museum, München

weitgespannten kühnen Ideen von Babbage technisch zu realisieren. Forciert durch militärische Einsatzmöglichkeiten, wurden 1941 in Deutschland durch Zuse und in den USA 1940 durch Aiken erste programmgesteuerte Rechner funktionsfähig durchkonstruiert; am 7. August 1944 konnte Aiken die erste programmgesteuerte Großrechenanlage »Mark I« der Harvard-Universität übergeben. Die Rechengeschwindigkeit war noch vergleichsweise gering; eine Multiplikation erforderte durchschnittlich 6 s. Seit der Mitte der siebziger Jahre können moderne Rechner bis zu 300 Millionen Rechenoperationen pro Sekunde ausführen!

Seit Mark I konnten Leistungsfähigkeit und Zweckbestimmung der Computer in geradezu schwindelerregendem Tempo entwickelt werden. 1951/52 wurde durch Lebedjew der Elektronenrechner BESM 1 in Betrieb genommen, der beim Start des ersten Sputniks (1957) Verwendung fand.

Man hat für die Entwicklung der Computertechnik während der letzten 30 Jahre sogar eine »Periodisierung« ausgearbeitet und spricht von Computern der 1. Generation (1946–1955/58; Elektronenröhrentechnik), der 2. Generation (bis 1964, Schaltungsaufbau aus Transistoren), der 3. Generation (bis etwa 1970, integrierte Schaltkreise) und der 4. Generation (integrierte Großschaltungen). Zur Zeit ist nicht abzusehen, daß sich eine Grenze für Speicherkapazität und Geschwindigkeit der Rechentechnik ergeben könnte. Doch liegt das Schwergewicht der gegenwärtigen Anstrengungen nicht in dieser Richtung. Vielmehr geht es um absolute Betriebssicherheit, um die den verschiedenartigsten Zwecken anzupassenden An-

543. Das Rechenzentrum im kybernetischen Zentrum Kiew. Erst leistungsfähige Rechenzentren machen es möglich, die Vorteile der modernen Mathematik für die Steuerung und Lenkung von Wirtschaft und Produktion auszunutzen.
Dokumentarphoto

schlußgeräte und um einen »Dialog« zwischen Mensch und Maschine. Insbesondere strebt man an, die natürliche Sprache als Programmsprache zu verwenden.

Astronomie und Weltraumfahrt

Auch in der Astronomie zeichneten sich in den vergangenen Jahrzehnten durch die Anwendung neuer oder wesentlich verbesserter Arbeitsmethoden und Forschungsmittel bedeutende Fortschritte ab. Das riesige Spiegelteleskop auf dem Mount Palomar in den USA mit einem Spiegel von 5 m Durchmesser und der 6-m-Spiegel von Selentschukskaja in der Sowjetunion sind großartige technische Spitzenleistungen an der Grenze des gegenwärtig technologisch Beherrschbaren und des ökonomisch Vertretbaren. Schon diese Riesenteleskope lassen sich nur noch mit Hilfe der modernen Rechentechnik steuern. Weitere Verbesserungen erhofft man sich von der Kopplung mehrerer kleinerer Teleskope und deren synchroner Steuerung von einem gemeinsamen Großrechner aus. Im Jahre 1979 wurde in den USA ein solches Multi Mirror Telescope (MMT) mit sechs kleineren Hauptspiegeln in Betrieb genommen.

Die Vielzahl der Ergebnisse, die mit diesen modernen Instrumenten erzielt werden können, läßt sich nur andeuten. So wurden beispielsweise mit dem Teleskop auf dem Mount Palomar die herkömmlichen, in sich wider-

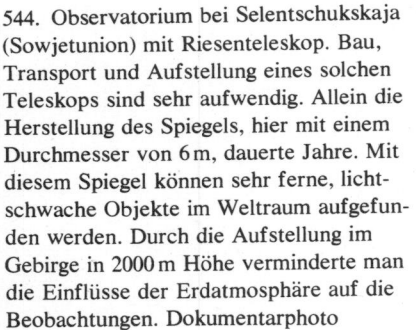

544. Observatorium bei Selentschukskaja (Sowjetunion) mit Riesenteleskop. Bau, Transport und Aufstellung eines solchen Teleskops sind sehr aufwendig. Allein die Herstellung des Spiegels, hier mit einem Durchmesser von 6 m, dauerte Jahre. Mit diesem Spiegel können sehr ferne, lichtschwache Objekte im Weltraum aufgefunden werden. Durch die Aufstellung im Gebirge in 2000 m Höhe verminderte man die Einflüsse der Erdatmosphäre auf die Beobachtungen. Dokumentarphoto

sprüchlichen Entfernungsangaben im Weltall berichtigt, was neue Erkenntnisse über Größenverhältnisse, Aufbau und Entwicklung des Kosmos möglich machte. Ganz neue Beiträge zu diesem Problemkreis liefert die seit dem zweiten Weltkrieg entstandene Radioastronomie, die mit Hilfe gewaltiger Antennenanlagen für Wellenlängen von 1 cm bis zu etwa 20 m und durch die Anwendung des Interferenzprinzips neben den sichtbares Licht aussendenden Sternen auch zahlreiche Radioquellen mit großer Genauigkeit orten konnte. Weitere Frequenzbereiche lassen sich für die Himmelsbeobachtung durch die Ausschaltung der Atmosphäre erschließen. Das gelingt z. B. durch Ballonteleskope, die bis in Höhen von 50 km aufgelassen werden, durch Höhenraketen oder durch spezielle Erdsatelliten, z. B. der Serien OSO, Prognos oder Helios. Die Raumfahrt erweitert auch ein anderes Spezialgebiet der Astronomie, das immer mehr an Bedeutung gewinnt: die Erkundung des physikalischen Zustandes des erdnahen und interplanetaren Raumes. Temperatur, Strahlung, Magnetfelder und Teilchenströme im

545. 76-m-Radioteleskop von Jodrell Bank (Großbritannien). Die Untersuchung unsichtbarer elektromagnetischer Strahlung von etwa 1 cm bis 20 m Wellenlänge aus dem Weltall ist Aufgabe der Radioastronomie, die seit 1946 einen mächtigen Aufschwung erlebte und u. a. zur Entdeckung der Quasare und Pulsare führte. 1974 erhielten Martin Ryle und Antony Hewish den Physik-Nobelpreis für ihren Anteil an der Erforschung der Pulsare. Dokumentarphoto

Weltall sind jetzt der direkten Messung zugänglich geworden. Seit dem erfolgreichen Start des ersten künstlichen Erdsatelliten Sputnik I durch die Sowjetunion am 4. Oktober 1957 befindet sich die Weltraumfahrt in stürmischer Entwicklung und stimuliert nahezu alle Wissenschaftsbereiche. Breiten Raum nehmen dabei die erdbezogene Forschung und Aufgabenstellungen wirtschaftlicher Art ein: Wettersatelliten geben für die globale Wettervorhersage ständig Auskunft über Wolken- und Strahlungsverhältnisse, Nachrichtensatelliten sichern als Relaisstationen transkontinentale Nachrichtenverbindungen, Rundfunk- und Fernsehübertragungen, Satelliten sondieren Umweltverschmutzung, Bodenschätze, Planktonkonzentrationen, Reifegrad landwirtschaftlicher Kulturen, um nur einiges zu nennen. Eine Vielzahl technischer, biologischer und medizinischer Fragestellungen läßt sich unter den Bedingungen des Hochvakuums, extrem tiefer Temperaturen und vor allem der Schwerelosigkeit erkennen und neu beantworten.

Zur Erfüllung all dieser erdbezogenen Aufgaben werden sowohl unbemannte und — seit dem denkwürdigen Flug Gagarins am 12. April 1961 — auch bemannte Raumflugkörper eingesetzt. Die Sowjetunion arbeitet dabei nach einem langfristigen Programm, das neben dem routinemäßigen Einsatz unbemannter Objekte auf die Schaffung langlebiger Orbitalkomplexe wie z. B. Salut 6 mit den dazugehörigen Transportraumschiffen vom Typ Progres und Sojus T abzielt. Der in den USA entwickelte wiederverwendbare

546. Astronaut James B. Irwin mit dem US-amerikanischen Mondmobil vor der Mondlandefähre »Falcon«. Im Rahmen des vierten erfolgreichen Mondlandeunternehmens 1972 mit dem Raumschiff Apollo 15 legten die Astronauten Scott und Irwin mit dem erstmals mitgeführten Lunar Roving Vehicle rund 30 km zurück und erkundeten die Mondoberfläche in einem Umkreis von 7 km von der Landestelle. Bereits 1970 wurde von sowjetischen Wissenschaftlern das unbemannte, von der Erde aus ferngesteuerte Mondmobil Lunochod 1 eingesetzt, das rund 11 km zurücklegte und fast elf Monate lang Meßdaten vom Mond lieferte. Dokumentarphoto

547. Sowjetisches Raumschiff »Wostok« mit der Trägerrakete auf der Startrampe. In einem Wostok-Satelliten führte Juri Gagarin am 12. April 1961 den ersten bemannten Raumflug durch. Volkswirtschaftsausstellung, Moskau

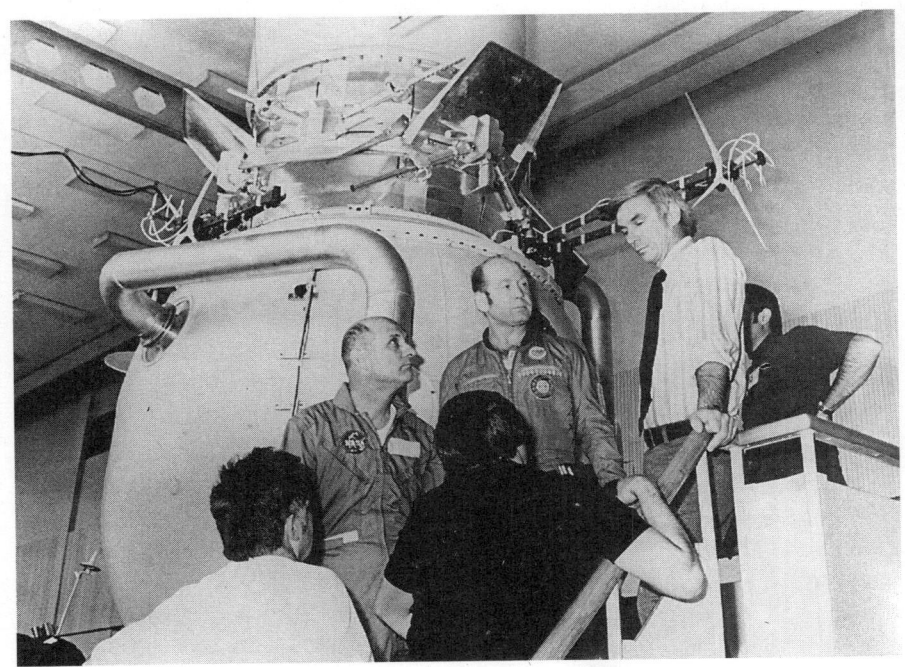

548. Die Kosmonauten Thomas Stafford und Alexej Leonow bei der Vorbereitung des Apollo-Sojus-Testprojekts. Mit dem gemeinsamen Flug, der Kopplung des sowjetischen Raumschiffes mit einer amerikanischen Apollokapsel und der mehrtägigen Forschungsarbeit beider Besatzungen kam 1975 ein erstes Gemeinschaftsunternehmen der beiden führenden Weltraumnationen zustande, das die Möglichkeiten einer friedlichen Zusammenarbeit von Staaten unterschiedlicher Gesellschaftsordnung auch auf diesem Gebiet demonstrierte. Dokumentarphoto

Raumgleiter Space Shuttle, der 1981 erstmals erfolgreich getestet wurde, eröffnet prinzipiell neue Wege zur Versorgung einer Raumstation. Dagegen sah das inzwischen eingestellte Apolloprogramm der USA die schnellstmögliche Landung eines Menschen auf dem Mond vor. Diese Mission erfüllten am 20. Juli 1969 die beiden Astronauten Armstrong und Aldrin mit der Landefähre Eagle des Raumschiffes Apollo 11. Die Sowjetunion erzielte in der Mondforschung mit weichgelandeten automatischen Sonden, die teilweise zur Erde zurückgeführt wurden, vergleichbare wissenschaftliche Resultate. Dabei konnten wertvolle Erfahrungen mit automatischen Systemen gesammelt werden, wie sie in ähnlicher Form zur Erforschung der Planeten noch längere Zeit ausschließlich angewendet werden dürften. Venus, Mars, Merkur, Jupiter und Saturn waren schon Ziel automatischer Raumsonden. Die übermittelten Ergebnisse bekräftigen die Vermutung, daß auf diesen Planeten unseres Sonnensystems kaum mit irgendeiner Form von Leben zu rechnen sein dürfte.

Physik

Schon ein Blick auf die Hauptrichtungen physikalischer Forschung zeigt, wie rasch die breite Auffächerung der Physik nach dem zweiten Weltkrieg vorangeschritten ist.

Neben schon länger bestehenden Teilgebieten, wie z. B. Hydro- und Aerodynamik, Quantentheorie, Atom- und Kernphysik, Strahlungsphysik, Plasmaphysik, Molekülphysik oder Tieftemperaturphysik, bildeten sich zahlreiche neue Bereiche heraus, wie Hochenergiephysik, einheitliche Feldtheorie, Festkörper- und Halbleiterphysik mit einer Vielzahl von Spezialisierungseinrichtungen, Physik der makromolekularen Verbindungen oder die Erforschung von Quantengeneratoren, der Holographie und vieler anderer Gebiete mit einem breiten Spektrum experimenteller und theoretischer Methoden. Auch bisherige Randbereiche, wie Astro- und Geophysik, physikalische Chemie oder Biophysik gewinnen als Bindeglieder zu benachbarten Disziplinen wesentlich an Bedeutung und festigen sich als selbständige Wissenschaftsgebiete.

Physikalisch-technische Zweige — erinnert sei nur an die Elektronik — haben sich in engster Verflechtung mit der technologischen Nutzung physikalischer Erkenntnisse explosionsartig entwickelt.

Mit dem Abwurf der ersten Atombomben auf Hiroshima und Nagasaki im August 1945 und seinen verheerenden Folgen rückte die Physik schlagartig ins Blickfeld einer breiten Öffentlichkeit. Seither wird die Entwicklung der Kernphysik mit besonderer Aufmerksamkeit und Sorge verfolgt, liegen doch hier Nutzen und Mißbrauch der wissenschaftlichen Erkenntnis besonders eng beieinander. 1954 nahm in der Sowjetunion das erste Kernkraftwerk mit der heute bescheiden anmutenden Leistung von 5000 kW seinen Betrieb auf. Schon 15 Jahre später erzeugten 83 Kernkraftwerke die 2700fache Energiemenge, und gegenwärtig hat sich die Kernenergetik einen festen Platz in der Energiebilanz vieler Länder erworben. Nach den thermischen Reaktoren rücken jetzt als zweite Generation die schnellen Brüter ins Blickfeld, die neben Energie gleichzeitig aus dem nichtspaltbaren Uranisotop 238 den hocheffektiven Kernbrennstoff Plutonium 239 erzeugen.

549. Steuerpult eines Atomkraftwerkes auf der Tschuktschenhalbinsel. Ein Kernreaktor erfordert einen erheblichen Aufwand an Steuer- und Sicherheitseinrichtungen. Durch den Einsatz von Kernkraftwerken ist es möglich, auch entlegene Gebiete wirtschaftlich mit Elektroenergie zu versorgen und deren natürliche Ressourcen zu erschließen. Dokumentarphoto

Besonders in den USA und in der Sowjetunion wird aber auch noch an der Verwirklichung einer anderen Form der Kernenergiegewinnung, an der Fusion zweier leichter Kerne, gearbeitet. Kernverschmelzungen treten mit genügender Effektivität erst in einem Plasma von mehr als 100 Millionen Kelvin auf. Ein derartiges Plasma stabil zu halten, gelang bisher noch nicht und ist eine wesentliche Aufgabe der Plasmaphysik.

Die kernphysikalische Forschung dagegen ist auf der Suche nach einem umfassenden Kernmodell und dessen Bestätigung. Dazu werden z. B. Reaktionen hochbeschleunigter schwerer Kerne beobachtet, bei denen man Kerne von Elementen der Ordnungszahlen 110, 114, 126 oder sogar 164 in von der Theorie vorausgesagten Stabilitätsinseln zu finden hofft.

Eng verbunden mit diesen Problemen ist die Erforschung der Elementarteilchen, die in großer Vielfalt immer noch neu entdeckt werden. Die Anwendung der Quantenfeldtheorie stößt ebenso wie die empirische Beschreibung des Verhaltens der Elementarteilchen durch Quantenzahlen auf bisher unbezwungene Schwierigkeiten. Abhilfe wird von einer einheitlichen Feldtheorie der Materie erwartet, mit der sich die Quantenzahlen, Teilchenumwandlungen, Streuquerschnitte und Wechselwirkungskonstanten

550. Tokamak-Versuchsanlage »ASDEX« des Max-Planck-Instituts für Plasmaphysik in Garching (BRD). Die Erforschung der Eigenschaften sehr heißer und damit weitgehend ionisierter Gase ist ein besonderer Zweig der Physik geworden. Die genaue Kenntnis des vierten Aggregatzustandes der Materie hat auch für verschiedene technische Anwendungen, wie kontrollierte thermonukleare Reaktionen, magneto-hydromechanische Generatoren oder Plasmatriebwerke, große Bedeutung.
Dokumentarphoto

quantitativ aus allgemeinen Ansätzen bestimmen lassen müßten. Diese Fragen nach dem Aufbau und dem Verhalten der Materie sind von großem Interesse bei der Vervollkommnung des wissenschaftlichen Weltbildes. Weniger beachtet, aber viel stärker in die Belange des täglichen Lebens eingreifend, ist die Festkörperphysik, die sich seit etwa 1940 als selbständige Querschnittsdisziplin herausgebildet hat. Mit experimentellen und theoretischen Methoden aus fast allen Bereichen der Physik untersucht sie makroskopische und mikroskopische Eigenschaften solcher Körper, bei denen die Moleküle durch Bindungskräfte in bestimmten Lagen festgehalten werden. Die Gitterperiodizität der Festkörper erlaubt eine handhabbare quantenmechanische Beschreibung, in der neben Elektronen auch sog. Elementaranregungen wie Phononen, Exzitonen, Polaronen und Magnonen eingeführt und nachgewiesen worden sind. Unter Einbeziehung der Wechselwirkungen dieser Quasiteilchen untereinander und mit den Elektronen lassen sich im Prinzip die physikalischen Eigenschaften auch des realen Festkörpers beschreiben. Die benutzten experimentellen Methoden reichen von Streu- und Beugungsversuchen mit Licht, Röntgen-, Elektronen- und Neutronenstrahlen über dielektrische Messungen bis zu den verschiedenen

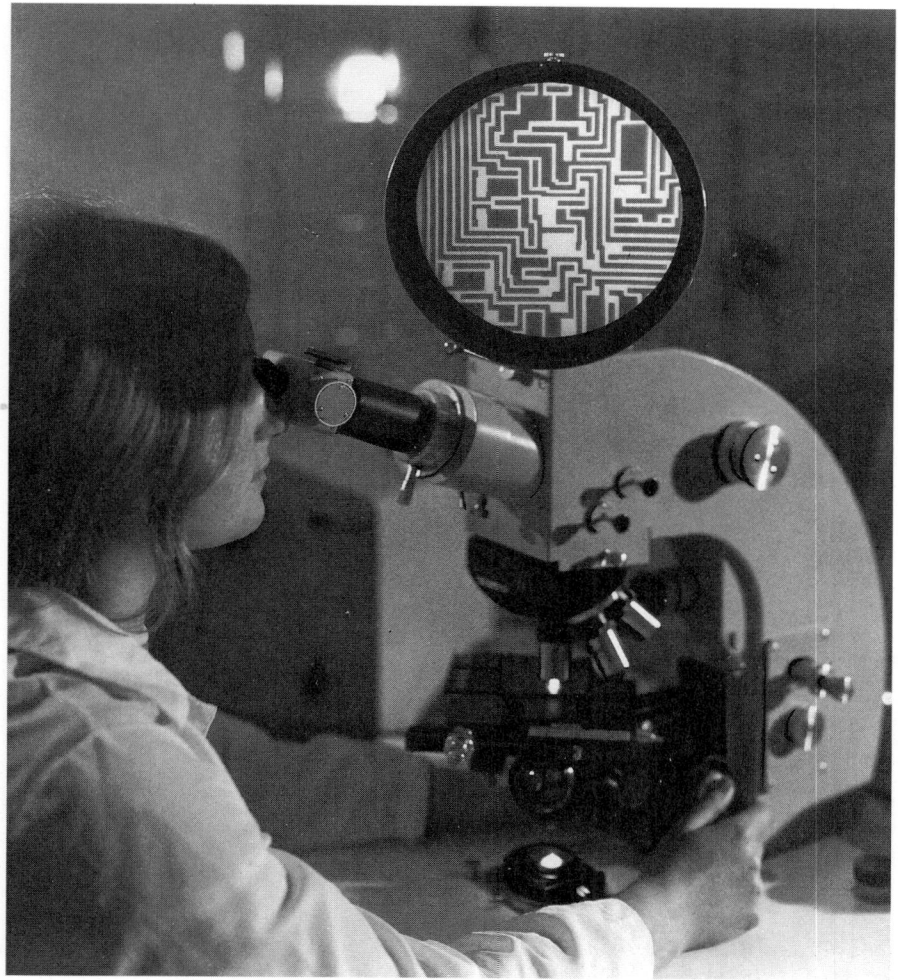

551. Herstellung mikroelektronischer Schaltkreise. 1956 erhielten John Bardeen, Walter Houser Brattain und William Bradford Shockley den Physik-Nobelpreis für ihre Erfindung des Transistors aus dem Jahre 1947. Auf dieser Grundlage führte eine stürmische Entwicklung bis hin zur Mikroelektronik. Die Fertigung solcher hochintegrierter Bauelemente erfordert einen großen technologischen Aufwand. Neben automatisierten Teilprozessen können andere Arbeitsgänge bisher nur manuell gemeistert werden.
Dokumentarphoto

Verfahren der Hochfrequenzspektroskopie, von denen nur die 1944 von Sawoiski entdeckte »electron paramagnetic resonance« und die im darauffolgenden Jahr von Bloch nachgewiesene »nuclear magnetic resonance« genannt seien. Dazu kam 1957 der nach seinem Entdecker Mößbauer benannte Effekt der rückstoßfreien Emission oder Absorption von γ-Quanten durch im Festkörper eingebaute Kerne, mit dem, ähnlich wie mit den Methoden der magnetischen Resonanz, Präzisionsmessungen von Größe und Symmetrie der lokalen elektrischen und magnetischen Felder am Kernort sowie Aussagen über Bindungsverhältnisse getroffen werden können. Damit werden eine weitere theoretische Fundierung der Kristallzüchtung und die Schaffung neuer kristalliner Werkstoffe mit vorgegebenen Eigenschaften möglich. Neben der Entwicklung von Ferritmaterialien für die Elektronik und für Speicherzwecke handelt es sich dabei vor allem um die Beherrschung der Epitaxie und die Züchtung von Halbleitermaterialien. Erhöhte Verlustleistung und Grenzfrequenz bei besserer thermischer Stabilität hießen zunächst die Entwicklungsziele für den im Jahre 1947 von Bardeen, Shockley und Brattain erfundenen Transistor, wobei gleichzeitig bedeutende technologische Probleme zu lösen waren. Im Verein mit der Grundlagenforschung wurde dann einerseits eine Reihe hochspezialisierter Bauelemente wie Leucht-, Laser-, Tunnel- oder Backdioden und vor allem Feldeffekttransistoren zur leistungslosen Steuerung geschaffen; andererseits bildete sich über fortschreitende Miniaturisierung und Integration der Bauelemente die heutige Mikroelektronik z. B. für Taschenrechner, Transistorradios, aber auch für Mikroprozessoren in allen Bereichen von Wissen-

552. Blasenkammer. Donald A. Glaser erhielt 1960 den Physik-Nobelpreis für die 1952 von ihm erfundene Blasenkammer, die eines der wichtigsten Nachweisinstrumente der Hochenergiephysik geworden ist. In einer für etwa 10 ms überhitzten Flüssigkeit, meist Wasserstoff, Methan oder Propan, hinterlassen energiereiche, elektrisch geladene Elementarteilchen eine sichtbare Spur aus Dampfbläschen. Dokumentarphoto

553. Forschungsanlage des Instituts für Atomenergie »Kurtschatow«. Igor Wassiljewitsch Kurtschatow war führend am Aufbau der sowjetischen Kerntechnik beteiligt. Unter seiner Leitung wurden ab 1943 Atombomben entwickelt, die das Atomwaffenmonopol der USA brachen. Dokumentarphoto

554. Laserstrahl über Jena. Durch light amplification by stimulated emission of radiation (LASER) läßt sich kohärentes monochromatisches Licht erzeugen, dessen Strahlen nur sehr wenig divergieren und eine hohe Energiedichte aufweisen, wodurch viele neuartige Anwendungen ermöglicht werden. Dokumentarphoto

schaft und Technik heraus. Die Untersuchung ferromagnetischer und ferroelektrischer Kristalle mit mikroskopischen Methoden hat eine Hinwendung der Forschungen auf Phasenübergänge in den verschiedensten oft weit über die Festkörperphysik hinausreichenden Gebieten bewirkt und die Herausbildung verallgemeinerter theoretischer Vorstellungen eingeleitet. Ein Beispiel dafür ist die Erarbeitung einer mikroskopischen Beschreibung der Supraleitfähigkeit durch Bardeen, Cooper und Schrieffer.

Im Zusammenhang mit der Erforschung von Phasenübergängen werden auch die Flüssigkristalle untersucht, Flüssigkeiten, bei denen sich schon in einem weiten Temperaturbereich vor dem Erstarren verschiedene, scharf voneinander abgegrenzte Phasen der Ausrichtung größerer Moleküle nachweisen lassen. Theoretische Impulse reichen bis in die Biologie hinein, wo bestimmte Phasen kristalliner Flüssigkeiten, z. B. in Zellmembranen, eine große Bedeutung haben könnten.

Im Hinblick auf die Substanzklasse stehen die kristallinen Flüssigkeiten den Hochpolymeren nahe, deren mechanische, thermische und elektrische Eigenschaften in Abhängigkeit besonders von der vom Amorphen bis zum Kristallinen reichenden Struktur der Polymere und deren Bindung sowie von der Dynamik des Polymerisationsprozesses über bestimmte Radikale mit physikalischen Methoden untersucht werden.

Aus dem Bereich der Strahlungs- und Quantenphysik stammt ein anderes bekanntes Exponat wissenschaftlicher Forschung: der Laser. Ausgehend von der 1917 von Einstein vorausberechneten und 1928 durch Kopfermann und Ladenburg experimentell nachgewiesenen stimulierten Emission sowie der im Zusammenhang mit dem Radar entwickelten Mikrowellentechnik, schlugen 1953 bis 1955 Weber, Bassow und Prochorow als ersten Quantengenerator den Maser vor. 1954 bauten Townes, Gordon und Zeiger einen Ammoniak-Gasstrahl-Oszillator. Im Jahre 1958 wurde die Übertragung dieses Prinzips auf den Bereich optischer Frequenzen vorgeschlagen und 1960 von Maiman experimentell verwirklicht: Der Laser war geboren, mit dem monochromatisches, kohärentes Licht erzeugt werden kann. Die Ausführungsformen und Anwendungsgebiete sind schon heute außerordentlich vielseitig und reichen von Nachrichtentechnik, Radar und Meßtechnik über Schneiden und Bohren beliebiger Werkstoffe in Technik, Medizin und Biologie, bis zu speziellen photographischen Verfahren, wie der 1948 bis 1951 von Gabor entwickelten Holographie.

Diente die physikalische Forschung zunächst der Aufdeckung der Gesetzmäßigkeiten, die in Natur und materieller Produktion wirken, so bewirken einzelne Komplexe physikalischer Erkenntnisse heute die Schaffung ganz neuer Industriezweige, z. B. der Mikroelektronik oder der Kernenergiegewinnung. Letztere wurde überhaupt erst durch die Entdeckung und Erforschung der Kernkräfte möglich, bei ersterer greifen physikalische Effekte und Methoden unmittelbar in die Herstellungstechnologie ein und bestimmen maßgeblich die Leistungsfähigkeit der Endprodukte. Ein weiteres überzeugendes Beispiel für das Zusammenwirken von Physik und Technik ist die Schaffung neuer Werkstoffe und die gezielte Beeinflussung ihrer Eigenschaften durch die Klärung der Ursachen im Rahmen der Festkörper- und Halbleiterphysik.

Andererseits werden durch die hochentwickelte Technik gigantische

Experimente zur Grundlagenforschung möglich, wie sich überhaupt der gerätetechnische Aufwand bedeutend gesteigert hat. Davon zeugen nicht nur die physikalischen Messungen im Weltraum oder die Teilchenbeschleuniger und Neutronenquellen, sondern auch zahlreiche elektronische Meß-, Steuer- und Regelgeräte, wie sie heute zur Grundausstattung eines jeden physikalischen Labors gehören. Die Beherrschung der Tieftemperaturtechnik ermöglichte z. B. die Enträtselung vieler Erscheinungen der Festkörperphysik. Erinnert sei auch an die umfangreiche Benutzung von Computern für komplizierte theoretische Berechnungen, beispielsweise in der Molekülphysik, oder zur systematischen Auswertung umfangreichen Beobachtungsmaterials. Denken wir aber auch an den ungeheuren technischen und finanziellen Aufwand für die Gewinnung von spaltbarem Material für einen einzigen Atomreaktor, ein Beispiel, das uns mahnt, die umfangreichen Potenzen der Wissenschaft vor Mißbrauch zu schützen.

Chemie

Die Hauptaufgabe der Chemie, die Stoffe unserer Umwelt in ihrer Zusammensetzung und ihrem inneren Aufbau zu erforschen und Wege für ihre Synthese aus reichlich vorhandenen Rohmaterialien zu suchen sowie »künstliche« Verbindungen mit hohen Gebrauchseigenschaften zu synthetisieren, ist in den Jahren nach dem zweiten Weltkrieg mit großem wissenschaftlichem Einsatz betrieben worden. Besonders die immer enger werdende Verbindung der Physik mit der Chemie, die letzterer vor allem ihre Methoden zu weiteren, vereinfachten Strukturaufklärungen darbot und besonders zu einer enormen Weiterentwicklung der Analytischen Chemie führte sowie die Verknüpfung der Chemie mit der Biologie, die u. a. bis zur

555. Der tschechische Chemiker Jaroslaw Heyrowský, der die analytische Methode der Polarographie entwickelte, erhielt 1959 den Nobelpreis für Chemie. Der Polarograph ermittelt auf elektrochemischem Wege die qualitative und quantitative Zusammensetzung von Lösungen und manchen organischen Verbindungen.
Dokumentarphoto

556. Linus Pauling. Zu den hervorragendsten Chemikern und Biochemikern des 20. Jh. gehört Pauling, langjähriger Direktor des Chemical Institute of Technology, Pasadena. Zu seinen Hauptarbeitsgebieten zählten die chemische Bindung und die Struktur der Eiweiße. Dokumentarphoto

Erkenntnis der chemischen Grundlagen der Vererbung (Molekularbiologie) führte, sind Charakteristika dieser Entwicklung.

Die Analytische Chemie, die die chemische Zusammensetzung von Verbindungen, Gemischen und Lösungen bezüglich Art und Menge der an ihnen beteiligten Elemente untersucht, profitierte in besonderem Maße von der Einführung physikalischer und mathematischer Methoden in die Chemie. So entwickelten z. B. Siegbahn und Turner 1958 die Elektronen-Spektroskopie für chemische Analysen (ESCA). Sie beruht darauf, daß durch UV- und Röntgenstrahlen in Atomen und Molekülen die Emission von Photoelektronen ausgelöst wird, deren kinetische Energie spektral aufgelöst und gemessen werden kann. So erhält man Informationen über freie Elektronenpaare, delokalisierte σ-Elektronen u. a. m.; ferner kann man auf die Bindungsenergien der Photoelektronen schließen, die wiederum mit der Oxydationsstufe des betreffenden Atoms zusammenhängen. Auch quantitative Aussagen sind möglich. Eine andere physikalische Analysemethode der Chemie, die kernmagnetische Resonanzspektroskopie (NMR-Methode) wurde schon 1946 z. B. von Purcell und Bloch entdeckt. Sie nahm ihren Ausgang von der Beobachtung, daß sich das magnetische Moment von Atomkernen in verschiedenen Verbindungen ändert, was mit dem Auftreten einer Resonanz verbunden ist. Mit dieser Methode kann man Zusammensetzung und Bau chemischer Verbindungen erforschen. Noch eine Reihe weiterer physikalisch-chemischer Analysemethoden wurde entdeckt und in die Analytische Chemie eingeführt, wie die Massenspektrometrie, die die Bestimmung von Spurenbeimischungen ebenso gestattet wie die Analyse organischer und elementorganischer Verbindungen; ferner die Aktivierungsanalyse oder die Mößbauer-Spektrometrie. Die Einführung der Methode der Kernquadrupolspektroskopie seit den fünfziger Jahren schließlich ermöglicht die bessere Erforschung von Problemen der chemischen Bindung. Auch sorgfältige Röntgenstrukturanalysen, die schon in der Makromolekularchemie gute Dienste geleistet hatten, führten zu neuen Erkenntnissen. So ergab z. B. die Untersuchung von Faserproteinen, daß die Festigkeit dieser Gerüstsubstanzen durch die spiralförmige Anordnung ihrer Aminosäurereste bedingt wird, wobei Wasserstoffbrücken zwischen den Windungen dieser Schraubenstruktur eine besondere Stabilität geben.

So besitzt das Gebiet der Analytischen Chemie heute eine ganz andere Grundlage als zur Zeit seiner Begründung Mitte des 19. Jh. (Trennungsgang, Gravimetrie, Titrimetrie). Es hat sich durch den grundlegenden und umfassenden Charakter seiner neuen Methoden zu einem eigenständigen Gebiet der Chemie entwickelt, ebenso wie beispielsweise die Präparative, die Makromolekulare, die Angewandte oder die Petrol- und Kohle-Chemie solche eigenständigen Teilgebiete darstellen.

Die Synthese der Chemie mit der Biologie hat das neue eigenständige Gebiet der Biochemie hervorgebracht, das die chemischen Vorgänge im lebenden Organismus bzw. den Mechanismus der Lebenstätigkeit untersucht und die in den letzten Jahrzehnten wichtigen Ergebnisse über Atmung, Stoffwechsel, Bewegung, Wachstum, Altern oder Vererbung hervorgebracht hat. Im Grenzgebiet zwischen Chemie und Biochemie waren dabei u. a. auch die erfolgreichen Forschungen über die Struktur der Antibiotika und ihrer technischen Synthesen angesiedelt, jener Stoffe, die in der

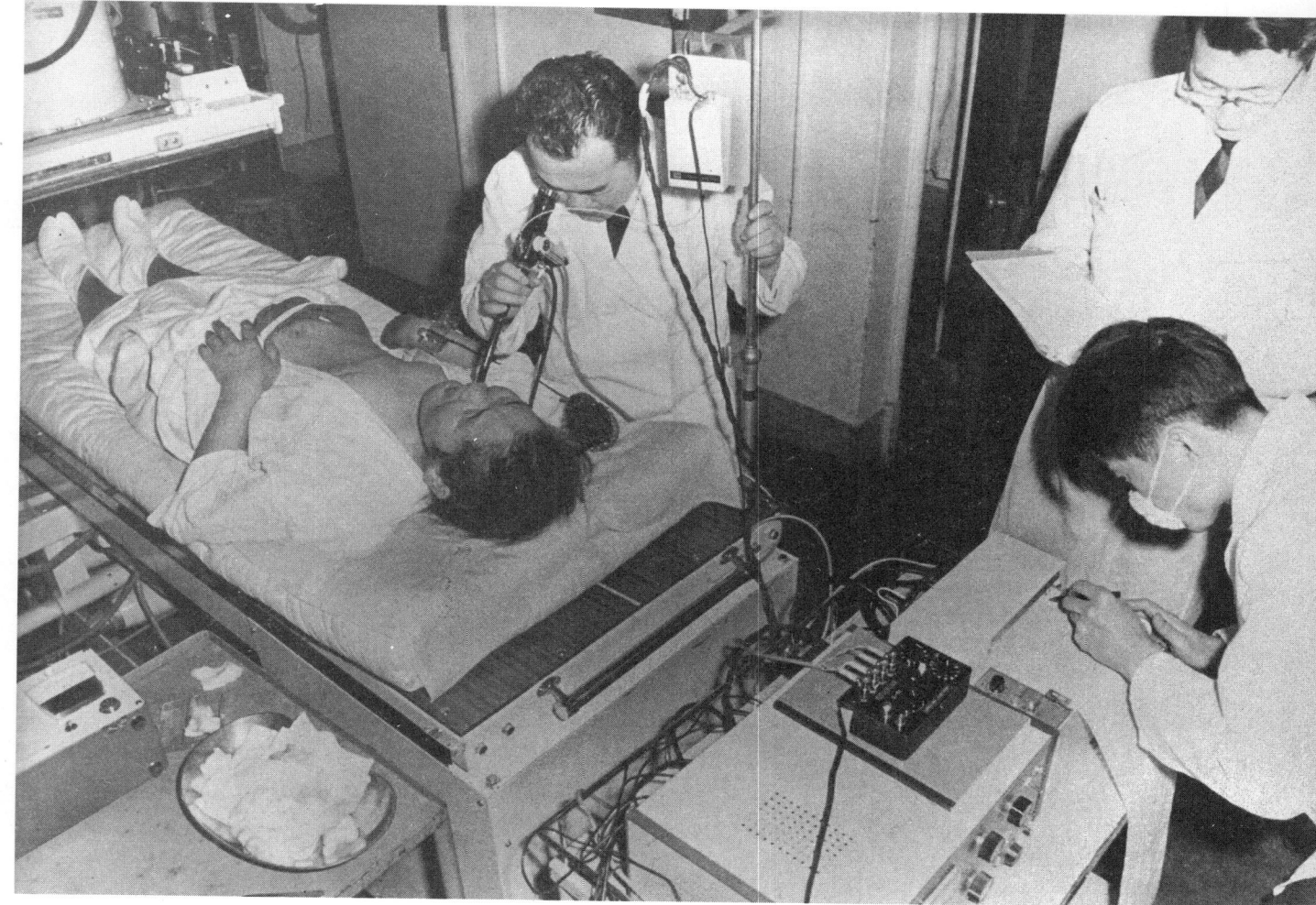

Therapie der Infektionskrankheiten eine so bedeutende Rolle spielen. Nachdem schon 1942 das Penizillin isoliert und erfolgreich eingesetzt worden war, gelang 1951 auch seine Synthese. 1944 isolierten Waksman und Schatz das Streptomyzin; seine Struktur wurde als die eines Oligosaccharids aufgeklärt. Der Gruppe der Antibiotika gehört auch das Chlormyzetin an, dessen Strukturaufklärung und Synthese 1949 gelang. Es war das erste Antibiotikum, das in industriellem Maßstabe vollsynthetisch hergestellt wurde. Ein weiterer Vertreter, der gegen viele Virus- und Protozoenerkrankungen bzw. als Breitbandantibiotikum einsetzbar ist, wurde schließlich 1948 im Aureomyzin gefunden. Auch seine chemische Strukturaufklärung war erfolgreich. Seit Ende der vierziger, Anfang der fünfziger Jahre gelang außerdem die Herstellung weiterer wichtiger Pharmaka, von denen nur die tuberkulostatischen Substanzen, die sich von Thiosemizarbazonen bzw. von Säurehydraziden ableiten, genannt seien (z. B. Conteben und Neoconteben). 1951 ermittelte Stoll die Struktur der Lysergsäure, der Stammsubstanz aller Mutterkornalkaloide. Der Totalsynthese der Lysergsäure folgte 1961 die Synthese des pharmakologisch wichtigen Ergotamins. 1959/61 schließlich gelang die Totalsynthese des Koenzyms A, dessen

557. Magenkrebs-Prophylaxe mit Hilfe radioaktiver Isotope in Japan. Radioaktive Isotope chemischer Elemente ermöglichten in den verschiedenen naturwissenschaftlichen Disziplinen bedeutende Fortschritte und spielen auch eine Rolle auf verschiedenen Gebieten der medizinischen Diagnostik, wie das vorstehende Bild zeigt. Der aus dem faschistischen Deutschland vertriebene Physiologe und Biochemiker Rudolf Schoenheimer leistete Pionierarbeit bei der Anwendung radioaktiver Isotope in der Stoffwechselforschung. Dokumentarphoto

558/559. Plaste aus den Leuna-Werken »Walter Ulbricht« (DDR). Kunststoffe wurden in zahlreichen Varianten und für die unterschiedlichsten Zwecke entwickelt.

Wirken beim Fettsäurestoffwechsel und der Biosynthese der Steroide in gemeinsamer Arbeit von Biologen und Chemikern erforscht wurde.

Diese wenigen Beispiele zeigen schon, in welch enger Verflechtung die chemische Forschung, aber auch die Produktion bestimmter chemischer Substanzen miteinander stehen. Sie lassen sich vervielfachen, wenn man sich vergegenwärtigt, welchen weiteren Sphären menschlicher Produktion die Chemie, besonders seit dem zweiten Weltkrieg, ihren Stempel in entscheidendem Maße aufgedrückt hat. Erinnert sei nur an die industrielltechnische Gewinnung von Fasern aller Art, von anderen Elasten und Plasten, von neuartigen Seifen und Waschmitteln, von synthetischen Fetten, Harzen, Lacken, Farbstoffen, Schmiermitteln u. a. m., aber auch an die Erforschung und Einführung chemischer Bekämpfungsmittel für Unkraut und Ungeziefer (Herbizide, Insektizide, Rodentizide), die es ermöglichen, die Ernteerträge erheblich zu steigern bzw. sie vor Schädlingen zu bewahren.

Das Gebiet der Plaste und Elaste weist in den letzten Jahren im Weltmaßstab die größte Zuwachsrate auf. Dennoch ist dieses Gebiet von den Chemikern bereits so weit durchforscht, daß in den nächsten Jahrzehnten kaum prinzipiell neue Plaste auf dem Markt erwartet werden. Allerdings werden die derzeit gebräuchlichen Plaste, wie Polyäthylen, PVC, Polystyrol, Chemiefasern u. a. m., Änderungen in der Verfahrenstechnik, der Formgebung und der Anwendung erfahren. Ihre Eigenschaften können durch den Zusatz von Antistatika, Weichmachern, Farbstoffen, Alterungsschutzmitteln oder für Spezialzwecke durch strahlenchemische Vernetzung noch verändert und die Plaste damit ihren Einsatzgebieten noch besser angepaßt werden.

In den letzten zwei Jahrzehnten sind neben die Plaste in stärkerem Maße silikatische Rohstoffe getreten; im Zusammenhang mit der Verknappung des Erdöls als Rohstoff für die Plasteherstellung ist anzunehmen, daß in gewissem Umfang Metalle und Plaste für Rohre, Behälter, Industriefasern u. a. m. durch silikatische Stoffe ersetzt werden. Die Silikatchemie steckt zwar noch in ihren Anfängen, aber in den letzten Jahren wurden doch große Anstrengungen unternommen, um die makroskopischen Eigenschaften silikatischer Werkstoffe in ihren molekularen Zusammenhängen zu begreifen.

Alle diese Errungenschaften der chemischen Wissenschaft wurden meist in engster Wechselwirkung mit der chemischen Industrie gewonnen. Sie brachten der menschlichen Zivilisation viele Fortschritte, aber sie bieten auch Möglichkeiten zu verantwortungslosem Mißbrauch, besonders bei kriegerischen Auseinandersetzungen. Erinnert sei nur an den massenhaften Einsatz von Herbiziden durch die amerikanische Armee im Vietnamkrieg. Sie zerstörten nicht nur riesige Vegetationsflächen, sondern eine Begleitkomponente der Herbizide, das Dioxin, wirkte sich als eine der höchst toxischen Substanzen überhaupt verheerend auf die Menschen und ihre Umwelt aus. Doch leider wird systematisch eine ganze Anzahl weiterer chemischer Kampfstoffe synthetisiert und produziert, unter ihnen Psycho-

560. Silikone und ihre wasserabweisende Wirkung. Silikone sind makromolekulare siliziumorganische Verbindungen, die seit Anfang des 20. Jh. synthetisch hergestellt werden können. Man kennt Silikon-Öle, -Fette, -Lacke, -Harze und Silikon-Kautschuk, die in der Wirtschaft große Bedeutung als Brenn- und Hydraulikflüssigkeit, Schmier- und Dichtungsmittel, Isoliermaterial und Imprägniermittel, als Isolierlacke, Bindemittel für Lackfarben und spezielle Kautschuke erlangt haben. Chemiewerke, Nünchritz (DDR)

561. Karl Ziegler. Er erhielt 1963 den Nobelpreis für Chemie für seine Arbeiten über Polymere, Aluminiumalkyle und die Olefin-Polymerisation. Durch seine Forschungen, insbesondere durch den Einsatz von metallurgischen Mischkatalysatoren, wurde der Kunststoffchemie eine Vielzahl neuer Möglichkeiten zur Synthese von Hochpolymeren erschlossen. Dokumentarphoto

562. Rechte Seite: Badische Anilin- und Sodafabrik (BASF). Blick auf Teile des chemischen Werkes, dessen Äußeres und Inneres durch Kühltürme, Rohrleitungen, Schornsteine, Kessel, Autoklaven, Filterpressen charakterisiert ist. Ein Vergleich mit dem Gemälde Robert Stielers vom Ende des 19. Jh. (Abb. 402) macht optisch deutlich, wie der technologische Aufwand im Laufe eines knappen Jahrhunderts gesteigert werden mußte. Dokumentarphoto

und vor allem Nervengifte, deren Wirkung als chemische Massenvernichtungsmittel mit der von Kernwaffen mittleren Kalibers verglichen werden kann. Nur die unermüdlichen Anstrengungen aller humanistisch gesinnten Regierungen, Wissenschaftler und aller Menschen um ein Verbot dieser chemischen Massenvernichtungsmittel kann den Einsatz der chemischen Errungenschaften zu verbrecherischen Zwecken nachhaltig verhindern.

Aber auch eine Anzahl andersartiger Probleme hat die Entwicklung der modernen chemischen Wissenschaft auf die Tagesordnung gesetzt. Es sind vor allem Probleme der Umweltgefährdung durch das Entweichen chemischer Schadstoffe in die Luft und ins Wasser, und es sind Probleme des rationellsten Rohstoff- und Energieeinsatzes bei der Erzeugung chemischer Produkte.

Für ersteres gilt sinngemäß das, was für den Kampf gegen den Einsatz chemischer Massenvernichtungsmittel gesagt wurde. Die Verantwortlichen der chemischen Produktionsbetriebe müssen dazu gezwungen werden, Maßnahmen zu ergreifen und finanzielle Mittel bereitzustellen, um in ihren Werken Schadstoffe chemisch abzubauen und nur umweltfreundliche Abfallprodukte aus den Fabriken entweichen zu lassen.

Bacons einstige Vision, nach der das Studium der Naturerscheinungen Wunder für den Wohlstand der Menschheit hervorbringen werde, ist eben nur die eine Seite der heutigen Wirklichkeit. Die andere Seite schließt die

unbedingte Notwendigkeit ein, verantwortungsbewußt mit den Erkenntnissen der Wissenschaft umzugehen, und dies sowohl bezüglich ihrer Produkte als auch der für ihre Herstellung benötigten Rohstoffe und Energiemengen. Die meisten der Rohstoffe, die für die Herstellung organisch-chemischer Produkte eingesetzt werden, nämlich Kohle, Erdöl und Erdgas, stehen der Menschheit nicht in unbegrenzten Mengen zur Verfügung. Ihr Einsatz muß nach rationellsten Gesichtspunkten erfolgen, wobei es auch darauf ankommt, nicht mehr benötigte Endprodukte möglichst als Sekundärrohstoffe für die Produktion wieder nutzbar zu machen. Dies erweist sich als um so dringlicher, wenn man bedenkt, daß die Hauptrohstoffe der organischen Chemie auch die Hauptenergieträger – neben der Atomenergie – sind. Vergaserkraftstoff, Dieselöl, Heizöl, Gas, Elektroenergie werden durch chemische Umsetzungen aus Kohle und Erdöl gewonnen und stellen den wichtigsten Sekundärenergiebedarf dar. Das Ringen um eine möglichst niedrige Energiebilanz bei chemisch-technischen Reaktionen muß daher zukünftig an vorderster Stelle stehen. Vor allem jene Technologien werden dabei den Vorrang haben, bei denen der benötigte Energiebedarf weitgehend an den thermodynamisch berechneten angeglichen worden ist. Diese Aufgabe wird sich u. a. durch eine systematische Suche nach geeigneten Katalysatoren verwirklichen lassen, mit deren Hilfe chemische Umsetzungen nach Möglichkeit bei Umgebungsdruck und -temperatur in technisch vertretbaren Ausbeuten ablaufen. Die Durchführung der Niederdrucksynthese bei der Polymerisation von Äthylen durch den Einsatz metallorganischer Mischkatalysatoren, wie sie seit den fünfziger Jahren, besonders seit den Arbeiten von Ziegler, erfolgt, ist ein erstes Beispiel dafür.

Aber auch die Verringerung der Stoffwandlungsstufen sowie andererseits die vielstufige Überwindung von großen Potentialdifferenzen werden dazu beitragen, zukünftig bei der Umsetzung chemischer Wissenschaft in der Produktion stoff- und energiesparend zu arbeiten und damit mit den Rohstoffressourcen der Erde verantwortungsbewußt umzugehen.

Biologie

Die traditionellen biologischen Gebiete, wie vor allem Morphologie, Anatomie, Systematik, bestimmen heute sowohl in der Forschung als auch in der Lehre nicht mehr die Biowissenschaften. Bedeutende Fortschritte erzielten einige Teile der Physiologie, in den letzten Jahrzehnten vor allem die Neurophysiologie, die Immunologie, die Chronobiologie, die Endokrinologie (Wissenschaft von den Hormonen). Eine rasche Entwicklung nahm auch die Ethologie. Vielfach gab es Synthesen zwischen vorher getrennten Wissensgebieten, wie die »Synthetische Theorie der Evolution« und die Genphysiologie zeigen. Große Fortschritte erfuhren Biochemie und Biophysik. Als vielgenannte Disziplin erschien die Molekularbiologie mit einigen speziellen Gebieten, besonders der Molekulargenetik. Die Zurückführung von Lebensvorgängen auf das Verhalten von Molekülen der Stoffe im Organismus wurde schon seit langem versucht, die DNS ist erst seit etwa 1944 als Vererbungssubstanz festgestellt.

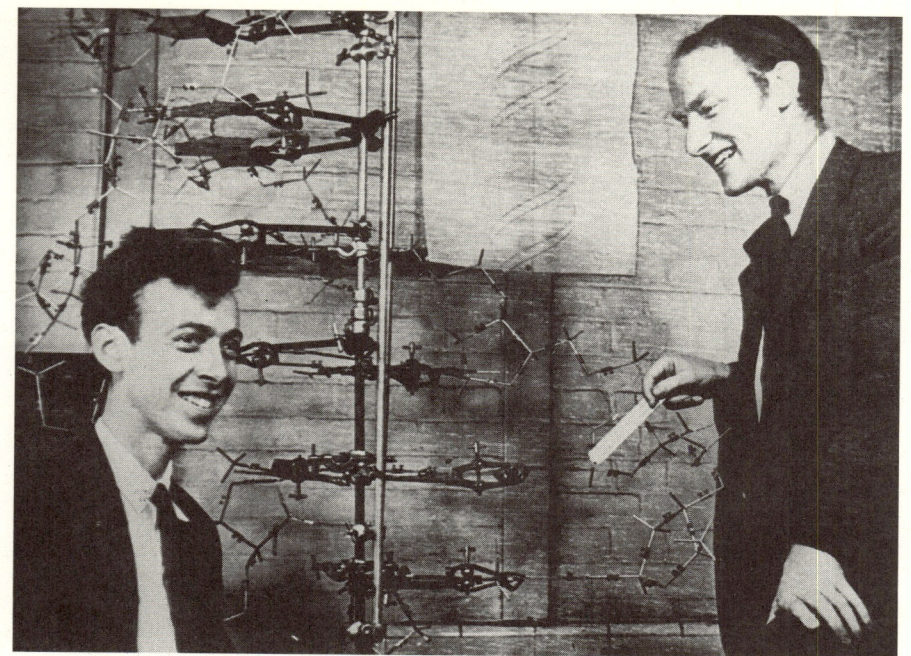

563. James Dewey Watson (links) und Francis Harry Compton Crick (rechts) im Cavendish-Laboratorium in Cambridge vor ihrem Modell des DNS-Riesenmoleküls. Mit Hilfe der Röntgenstrukturanalyse gelang in den fünziger Jahren des 20. Jh. die Aufklärung der DNS, der Vererbungssubstanz. Damit war die chemische Struktur der Substanz aufgeklärt, mit der die Vererbungsforscher schon seit langem rechneten. Dokumentarphoto

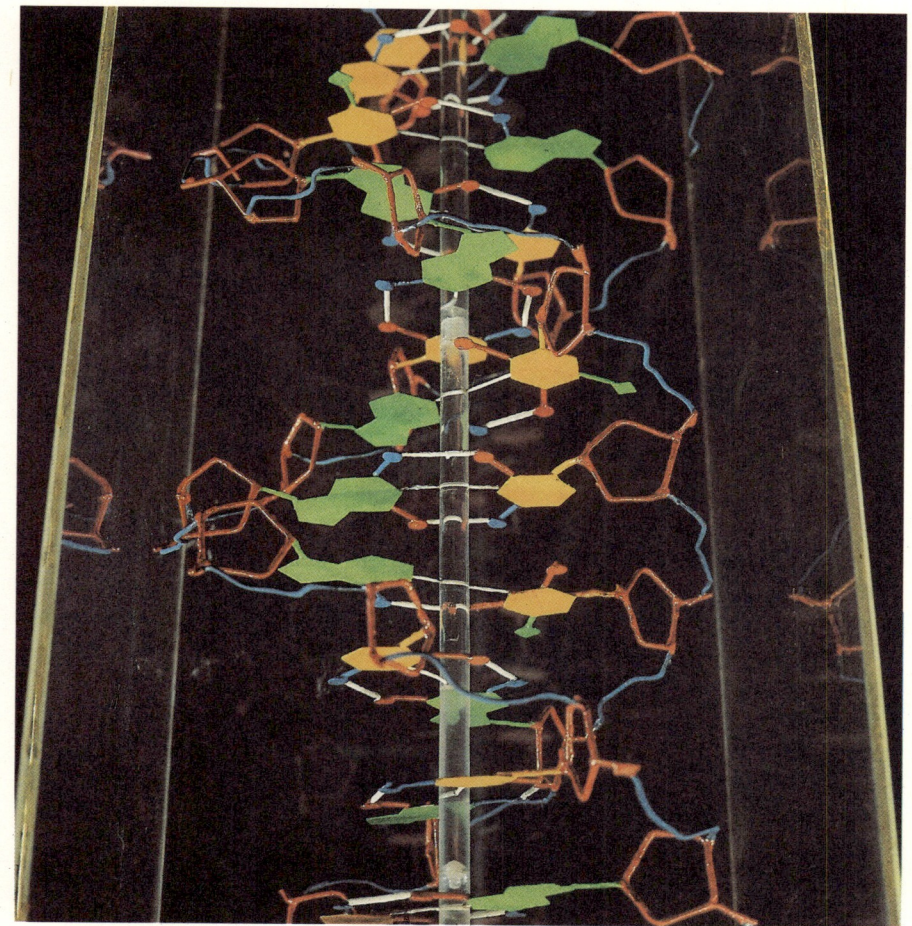

564. DNS-Modell, wie es heute in der Lehre verwendet wird. Sektion Biowissenschaften der Karl-Marx-Universität, Leipzig

565. Umweltverschmutzung an der japanischen Küste bei der Stadt Tokuyama. Eine Reihe schwerer Umweltkatastrophen in den letzten Jahrzehnten hat nicht nur viele Wissenschaftler alarmiert. Die Minimata-Krankheit in Japan, die Giftkatastrophe von Seveso, eine Massenvergiftung im USA-Staat Michigan sind besonders warnende Beispiele. Kontrolle der Umwelt wurde wichtiges Anliegen verschiedener naturwissenschaftlicher Disziplinen. Dokumentarphoto

Die Ökologie mit ihren verschiedenen Spezialdisziplinen, u. a. der Vegetationskunde, der Populationsforschung u. a. m., rückte auch für die breite Öffentlichkeit ins Blickfeld und wurde eine die Grenzen der Biologie weit überschreitende Umweltwissenschaft.

Erkenntnisse der Biologie durchdringen immer neue Bereiche der Wirtschaft und des gesellschaftlichen Lebens; immer neue Probleme sind nur unter Mitarbeit von Biologen zu lösen, selbst in schon lange bestehenden Wirtschaftszweigen wurde in den letzten Jahrzehnten deutlich, daß wichtige biologische Fragestellungen vorliegen. Seit Jahrzehnten können viele neue chemische Verbindungen entwickelt werden, die in der Natur großenteils nicht vorhanden sind. Viele solcher Verbindungen kamen in den Handel, ohne auf ihre Wirkungen im lebenden Organismus überprüft worden zu sein. Aus der Vielzahl von Entwicklungslinien, die zu einer zunehmenden Spezialisierung der Biowissenschaftler geführt haben, sollen hier nur einige angedeutet werden.

In den sechziger Jahren des 20. Jh. wurde die Ökologie für die breite Öffentlichkeit interessant. Es ist eine allgemeine Erkenntnis, daß Luft, Wasser, Boden und die freilebende Fauna und Flora, die gesamte Umwelt des Menschen, in vielfacher Weise gefährdet sind. Flüsse wurden derartig verschmutzt, daß in ihnen alles Leben abstarb. Über immer mehr Großstädten und Industrieballungszentren steht die berüchtigte Dunstglocke. Vorher klare Seen wurden durch eingeflossene Nährstoffe »eutrophiert«,

d. h. mit Pflanzennährstoffen überschwemmt. In solchen Seen entwickelt sich reiche Algenfauna, und am Seeboden beginnt der Absatz von Faulschlamm. Die Lebewelt solcher Seen verändert sich stark, die bisherigen oft wertvollen Fischarten verschwinden zugunsten anderer Arten. In den Meeren gibt es zunehmend Öl und Schmutzstoffe.

Die Weltöffentlichkeit alarmierende Umweltkatastrophen, wie die Kadmium-Verseuchung japanischer Gewässer mit furchtbaren Krankheitserscheinungen bei der betroffenen Bevölkerung (Minimata-Krankheit), die einige Millionen Einwohner betreffende schleichende Nahrungsmittelvergiftung durch eine im Holzschutzmittel benutzte Bromverbindung im USA-Staat Michigan 1973/74, die starken Gedächtnisschwund bei den Betroffenen hervorrief, und die TCDD(2-, 3-, 7-, 8-Tetrachlordibenzopara-Dioxin)-Katastrophe von Seveso bei Mailand 1976 waren die aufrüttelndsten Fälle, denen zahlreiche lokalere Umweltkatastrophen zur Seite stehen.

Für die verschiedensten naturwissenschaftlichen Disziplinen ergibt sich aus der Umweltgefährdung eine Fülle von Aufgaben. Gilt es doch, die verschiedensten Parameter der Umwelt unter ständiger Kontrolle zu halten und den Verbleib der Chemikalien, von Waschmitteln bis zu Insektenbekämpfungsmitteln, genau zu verfolgen. Immerhin gibt es zahlreiche Stoffe, die bereits in außerordentlich niedrigen Konzentrationen wirken und die sich nur sehr zögernd oder kaum zersetzen.

Chemiker in den USA verweisen auf die Treibmittel in den vielgebrauchten Spray-Dosen, die in die höhere Atmosphäre aufsteigen, dort die Ozonschicht zerstören könnten und damit das irdische Leben dem un-

566. Kampf gegen die Bodenerosion in der Volksrepublik China. Die Suche nach Maßnahmen gegen die Abspülung des fruchtbaren Bodens, die Bodenerosion, wurde in zahlreichen Ländern ein wichtiges Anliegen, dem auch die geographische Forschung Unterstützung geben mußte. Die Aufstellung der Bodentypen durch den russischen Forscher Dokutschajew war eine wichtige Voraussetzung für die Ausbildung der Bodenkunde als eigenständige Wissenschaft. Die steigende Bevölkerungszahl zwingt in besonderem Maße, die Bodenfruchtbarkeit zu erhalten und zu vermehren. Dokumentarphoto

gehinderten Eindringen der schließlich tötenden Ultraviolett-Strahlung aussetzen würden. Andere Forscher haben das jedoch bezweifelt.

Das Verhalten der verschiedenen Chemikalien in den einzelnen Umweltbereichen unterliegt allerdings vielfach komplizierten und schwer durchschaubaren Reaktionen, und die Aufklärung nicht nur der möglichen, sondern der wirklich auftretenden chemischen Reaktionen erweist sich als sehr mühevoll.

Auch die Presse und die Wissenschaftsjournalisten nahmen sich der Dinge an, und die Meinungen schwankten zwischen tiefstem Pessimismus und Bagatellisierung. Sprachen warnende Stimmen von globaler Klimaänderung oder gar provozierter nahender Eiszeit, so wiesen andere auf die doch beachtliche dynamische Stabilität der irdischen Lufthülle hin. Tatsache aber ist, daß der Mensch wohl nunmehr alle Bereiche der Erdkruste mit seinem wirtschaftlichen Handeln erfaßt hat und eine planlose Raubwirtschaft schließlich selbstmörderisch werden kann. Die Beseitigung der Regenwälder am Amazonas wird vielleicht nicht zu Unrecht von einigen als der »Letzte Akt der Zivilisation« bezeichnet. Die Naturwissenschaften, welche die Industrieentwicklung und auch die Umweltgefährdung in starkem Maße mit bewirkten, müssen nun auch die Mittel bereitstellen, um die schädlichen Auswirkungen der intensiven Wirtschaft zu verhüten. Der in

567. Hunger in Indien. Der hochentwickelten Naturwissenschaft stehen noch heute in vielen Teilen der Welt unbeschreibliches Elend, Hunger, Analphabetentum und Aberglaube gegenüber. Es muß eine ständige Herausforderung auch für die Wissenschaft sein, an der Abhilfe der Not mitzuwirken. Dokumentarphoto

568/569. Blick in das Sortiment der Kulturpflanzenforschung des Zentralinstituts für Genetik in Gatersleben (DDR). Vor allem seit den Pionierforschungen von Wawilow in den zwanziger Jahren des 20. Jh. werden die Sorten der verschiedensten Kulturpflanzen der Welt erfaßt, um sie als Eltern für mögliche Kreuzungen zur Verfügung zu haben. Wild- und Primitiv-Sorten besitzen oft gute Resistenzeigenschaften. Dokumentarphoto

570. Gerhardt Schramm, Virusforscher in Göttingen. Besonders nach der Erfindung des Elektronenmikroskops in den dreißiger Jahren des 20. Jh. konnte die Erforschung der Viren bedeutend vorangebracht werden. Wendell Stanley, einer der Nobelpreisträger für Chemie 1946, gewann erstmals kristallisiertes Tabakmosaikvirus (1935). Auch Tübingen, wo Schramm wirkte, wurde ein Zentrum der Virenforschung. Dokumentarphoto

den letzten Jahren öfters geäußerte Wissenschaftspessimismus oder gar die Flucht in die Mystik können jedenfalls keinerlei Abhilfe bringen.

Eines der beeindruckendsten Phänomene des 20. Jh. war und ist der rasche Anstieg der Bevölkerung in zahlreichen Ländern der sog. Dritten Welt. Für das Jahr 1990 rechnen die Demographen mit etwa sechs Milliarden Menschen auf der Erde. 1950 waren es noch zweieinhalb Milliarden. Die Errungenschaften der Medizin senkten gewaltig die Kindersterblichkeit und ließen das Durchschnittsalter ansteigen, was als großer Erfolg humanistischer Wissenschaft zu bewerten ist. Aber die Ressourcen der Erde sind nicht unendlich; und doch hat in vielen Ländern die Geburtenregelung nur einen Teil der Bevölkerung erfaßt.

In den entwickelten Industrieländern wurde das Problem vor allem durch die auf Hormonbasis wirkende Antibaby- oder Wunschkind-Pille weitgehend in befriedigender Weise gelöst. Die Pionierarbeit leistete der amerikanische Forscher Pincus. Neue, andersartige, z. B. immunologische Verfahren der Geburtenregelung sind im Versuchsstadium. Wissenschaftlich betriebene Geburtenregelung setzt aber ein gewisses Bildungsniveau und eine entsprechende Weltanschauung voraus. Religiöse Vorurteile wirken oft hemmend. Die neuen Probleme der Ethik in der von der Wissenschaft geprägten Welt wurden gerade in den letzten Jahren viel diskutiert, aber selbst unter den Wissenschaftlern herrscht keine Einigkeit.

Vor Biologie, Chemie und auch anderen wissenschaftlichen Disziplinen steht die gewaltige Aufgabe, Nahrung für die rasch wachsende Erdbevölkerung zu schaffen. Die Möglichkeit ausreichender, ja üppiger Ernährung in den hochentwickelten Industrieländern zeigt, welche ungenutzten Reserven in den meisten Ländern der Dritten Welt noch zu erschließen sind. Groß sind beispielsweise die Ertragsunterschiede bei Reis zwischen Japan und Indien oder Bangladesh. Die technische Ausrüstung in vielen Ländern der Dritten Welt befindet sich noch auf einem niedrigen Niveau. Züchtungszentren, besonders in Mexiko und auf den Philippinen, stellten speziell den ökonomisch schwachen Ländern geeignete Reis- und Weizensorten zur Verfügung. Doch die neuen, ertragreichen Pflanzensorten können nur dort angebaut werden, wo sie die notwendigen Bedingungen vorfinden. Diese zu schaffen liegt aber außerhalb der Möglichkeiten der ärmsten Bauern, und so tragen diese Errungenschaften nur zur weiteren sozialen Differenzierung in der Landwirtschaft der unterentwickelten Länder bei.

Ein noch in alter Weise genutztes Nahrungsreservoir sind die Weltmeere. Hier wird in vielem noch immer in der »Jäger-und-Sammler-Weise« vorgegangen. Die verschiedensten Staaten, allen voran die USA, die Sowjetunion und Frankreich, setzten in den letzten Jahren beträchtliche Mittel ein, um die Meere in der verschiedensten Weise zu durchforschen und der Nahrungsmittel- und Rohstoffversorgung nutzbar zu machen. Der französische Forscher Cousteau z.B. untersuchte auch die Möglichkeiten für einen längeren Aufenthalt von Menschen unter Wasser. Untermeerische Fischfarmen werden sicherlich einmal so geläufig werden wie Rindergroßställe auf dem Festland.

Ganz neue Aspekte der Eingriffe in Lebensvorgänge, einschließlich des Menschen, eröffnete die oft sensationell aufgebauschte »Genetische Manipulation«. Von Mikroorganismen kennt man verschiedene natürliche Vorgänge, bei denen Teile des Erbmaterials von einem Organismus auf einen anderen übertragen werden. Viren können als Überträger von Erbmaterial dienen (Transduktion). Es ist möglich, das auch im Experiment durchzuführen. Doch wurde vor der Gefahr gewarnt, daß bei Genübertragungsexperimenten mit Mikroorganismen gefährliche Stämme von Mikroben erzeugt werden könnten, die unbeabsichtigt aus den Laboratorien hinausgelangen. Es gab sogar eine Denkschrift für die Einstellung solcher Experimente. Unter strengen Sicherheitsbestimmungen wurden die Arbeiten aber fortgesetzt. Besonders »Restriktionsenzyme«, für deren Entdeckung 1978 der Nobelpreis für Physiologie und Medizin verliehen wurde, erlauben die Gewinnung bestimmter Abschnitte des Erbmaterials. Die Möglichkeiten für »gen-Engineering« beim Menschen erscheinen noch begrenzt. Aber immerhin gelang es schon mehrmals, die Eizelle einer Frau außerhalb des Körpers zu befruchten und zwei Tage danach den sich entwickelnden Embryo in die Gebärmutter dieser Frau zu verpflanzen, die ihn bis zur normalen Geburt austrug. An dem in der Hand von Experimentatoren befindlichen Ei sind die verschiedensten Eingriffe möglich.

571. Moderne Meeresforschung (Strömungsmesser u. a.). Die Weltmeere, wichtiges Nahrungsreservoir, werden in zunehmendem Maße auch zur Rohstoffquelle. Viele Meeresgebiete weisen aber schon Überfischung und Verschmutzung auf. Ozeanographische Forschungen wurden auch zur wirtschaftlichen Notwendigkeit. Dokumentarphoto

Geowissenschaften

Die Geowissenschaften fanden insofern eine neue Einbettung in das System der wissenschaftlichen Disziplin, als andere Himmelskörper zunehmend unter ähnlichen Gesichtspunkten und auch mit teilweise vergleichbaren Methoden untersucht wurden wie die Erde, das bisher einzige Objekt der Geowissenschaften. Es entwickelten sich also neue Beziehungen zwischen Geowissenschaften und Astronomie.

Die Geowissenschaften spezialisierten sich stark und verbanden sich teilweise mit anderen naturwissenschaftlichen Disziplinen in solchem Maße, daß sie sich mehr oder weniger anderen Wissenschaften einfügten, was für Geophysik und Geochemie gilt. Die weitere Erschließung aller Erdräume gab aber auch Wissenschaften wie Meteorologie, Stratosphärenforschung, Hydrologie, Ozeanographie viele neue Aufgaben.

Nach dem zweiten Weltkrieg gewann die Geologie ein außerordentlich umfangreiches Faktenmaterial, das in früheren Jahrzehnten kaum vorstellbar erschienen war. Einige Rohstoffe, besonders Kohle, Erdöl, Uran, Metall wie Kupfer und Blei, andere Erze wurden in solch enormen Mengen benötigt, daß auch fernab der Zivilisation gelegene Gebiete untersucht wurden und sich dort neue Bergbauzentren entwickelten. Auch die Tiefen, bis in welche man vordrang, ließen die früheren Rekorde hinter sich. Die

USA starteten sogar ein großes Unternehmen, um die aus den Erdbebenwellen ermittelte Mohorovičić-Diskontinuität zu erreichen.

Die Suche nach Bodenschätzen erfolgt nunmehr vor allem mit Hilfe geophysikalischer Verfahren, die zwar schon in früheren Jahrzehnten entwickelt wurden, aber jetzt ihre Breitenanwendung erfuhren. Es sind vor allem die seismische, gravimetrische, erdmagnetische und radioaktive Erscheinungen feststellenden Methoden. Nur dadurch war es möglich, auch die geologischen Verhältnisse bis in größere Tiefen aufzuklären. Je tiefer die Bodenschätze liegen, desto aufwendiger wird im allgemeinen ihre Gewinnung, und die Prospektierung ist von großer Wichtigkeit. Ganz neue Einblicke gewann man durch die Beobachtung und das Photographieren der Erdoberfläche von Satelliten aus. Das Bild der Strukturen der Erdkruste trat in einer vorher ungekannten Klarheit zutage. Mit der Landung von Menschen auf dem Mond und der Gewinnung von Mondgestein wurde erstmals ein außerirdischer Himmelskörper mit Hilfe jener Methoden erforscht, welche die Geowissenschaftler bisher auf der Erde angewandt hatten. Das bot neue Möglichkeiten des Vergleichs verschiedener Himmelskörper in bezug auf jene Probleme, die man bisher der »Geologie«

572. Antarktisstation »Mirny«. Der sechste Kontinent, Antarktika, wurde nach dem zweiten Weltkrieg von mehreren großen Expeditionen, ausgestattet mit den besten technischen Hilfsmitteln, aufgesucht. Er birgt Bodenschätze und ist die »Wetterküche« der Südhalbkugel. Die Antarktisforschung hat also große praktische Bedeutung. Das Bild zeigt, wie ein sowjetischer Wissenschaftler (links) die Messungen für die Ausbreitung von Funkwellen über große Entfernungen vorbereitet. Dokumentarphoto

zugerechnet hatte. Die »Geologie« (griech.: gea = Erde) wird also durch eine Selenologie (griech.: selene = Mond) ergänzt werden; die Erforschung der Oberfläche anderer Himmelskörper wurde bereits begonnen. Damit wird sich eine umfassendere Wissenschaft herausbilden, welche die Oberfläche der Himmelskörper untersucht. »Geo«- (Erd-) Wissenschaft und Astronomie kamen einander näher, ergänzten sich und benutzten gelegentlich ähnliche oder gar gleiche Forschungsmethoden.

Die genauere Kenntnis der Erdkruste wurde auch nötig, um Teile von ihr als Speicher für gasförmige oder flüssige Kohlenwasserstoffe und als Atommülldeponie zu benutzen. Besonders die Undurchlässigkeit solcher unterirdischer Speicher und die tektonische Sicherheit müssen gewährleistet sein.

Wurde die Kenntnis von der Geschichte der Erde in einigen Teilen nur in unwesentlichen Zügen ergänzt, so gab es andererseits in einigen Bereichen ein großes Umdenken. Bis in die sechziger Jahre unseres Jahrhunderts hatten viele Forscher versucht, den Wandel der Kontinente und Ozeane im Laufe der Jahrmillionen allein durch Vertikalbewegungen zu erklären. Aber neue Erkenntnisse, besonders auch über die bei Vulkanausbrüchen in den verschiedenen Bereichen der Erde geförderten Gesteine, und neue Einblicke in Erdkrustenstrukturen legten es nahe, den Horizontalbewegungen von Platten der Erdkruste eine entscheidende Rolle beizumessen. Mit dieser Plattentektonik wurde für die Deutung des Erdkrustenwandels eine beeindruckende, umfassende Erklärung gefunden. Damit kam jene Theorie zu Ehren und zur Verbesserung, die einige Jahrzehnte ein gewisses Außenseiterdasein führen mußte, die Kontinentalverschiebungstheorie von Wegener.

Manche weiteren Phänomene auf der Erdkruste fanden verstärkte Beachtung und teilweise auch neue Bedeutung. So wurde deutlich, daß sich auf der Erdoberfläche eine recht große Anzahl von Meteoriteneinschlagskratern befinden. Verwitterung und Bewachsung lassen solchen Meteoritenkrater auf der Erde nur rascher undeutlich werden als auf dem Mond. Mehrere Expeditionen besuchten das Gebiet, in dem 1908 der Tunguska-Meteorit oder -Komet eingeschlagen war und bis heute noch Spuren der Verwüstung hinterließ. In Gabun wurde ein natürlicher »Uran-Reaktor« aufgefunden.

Als wichtige neue Rohstoffquelle erschien das Weltmeer. Für wasserarme Länder wurde es sogar als Trinkwasserressource erschlossen. Etwa 1955 konnte ein großtechnisch anwendbares Verfahren zur Meerwasserentsalzung eingeführt werden. Fast alle entwickelten Staaten, die Meeresanrainer sind, beteiligen sich heute an der Erschließung des Meeres, zumindest der Festlandsockel.

Die Emission von Kohlendioxid und anderen Stoffen in die Atmosphäre belebte die Diskussion um die möglichen Auswirkungen. Es besteht allerdings noch keine Einigkeit, ob mit einer neuen Eiszeit, einer weltweiten Erwärmung oder dem noch lange bestehenbleibenden Gegenwartszustand gerechnet werden kann.

LITERATURNACHWEIS
(Auswahl)

Zusammenfassende Darstellungen

Allen, G. E.: Life Science in the Twentieth Century. Cambridge 1978
Ballauf, T.: Die Wissenschaft vom Leben. Eine Geschichte der Biologie. Bd. 1 und 2. Freiburg/München 1959 und 1966
Beauclair, W. de: Rechnen mit Maschinen. Eine Bildgeschichte der Rechentechnik. Braunschweig 1968
Becker, O.: Grundlagen der Mathematik in geschichtlicher Entwicklung. Freiburg/München 1954
Beringer, C. Chr.: Geschichte der Geologie und des Geologischen Weltbildes. Stuttgart 1954
Bernal, J. D.: Die Wissenschaft in der Geschichte. 3. Aufl. Berlin 1967
Bljacher, L. Ja.: Istorija Biologii s načala XX veka do našich dnej. Moskva 1975
Bose, D. M.; Sen, S. N.; Subbarayappa, B. V.: A Concise History of Science in India. Calcutta 1971
Brentjes, B.; Richter, S.; Sonnemann, R.: Geschichte der Technik. Hrsg. von R. Sonnemann. Leipzig 1978
Bugge, G.: Das Buch der großen Chemiker. Bd. 1 und 2. Berlin 1929 (Nachdruck Weinheim 1961)
Cantor, M.: Vorlesungen über Geschichte der Mathematik. Bd. 1, 3. Aufl. Leipzig 1907, Bd. 2, 2. Aufl. Leipzig 1899/1900, Bd. 3, 2. Aufl. Leipzig 1900/1901, Bd. 4, Leipzig 1908
Dannemann, F.: Die Naturwissenschaften in ihrer Entwicklung und in ihrem Zusammenhange. Bd. 1–3. Leipzig 1910/1911, Bd. 4. Leipzig/Berlin 1913
Dictionary of Scientific Biography. Hrsg. von Ch. C. Gillispie. 16 vols. New York 1970–1980
Dieudonné, J.: Abrégé d'histoire des mathématiques 1700–1900. Paris 1978
Dijksterhuis, E. J.: Die Mechanisierung des Weltbildes. Berlin/Göttingen/Heidelberg 1956
Dorfman, Ja. G.: Vsemirnaja istorija fiziki s drevnejšich vremen do konza XVIII v. Moskva 1974
Dorfman, Ja. G.: Vsemirnaja istorija fiziki s načala XIX do serediny XX vv., Moskva 1979
Farber, E.: Great Chemists. Vol. 1 and 2. New York/London 1961
Geschichte der Biologie. Theorien, Methoden, Institutionen und Kurzbiographien. Hrsg. von J. Jahn, K. Senglaub, R. Löther. Jena 1981
Haber, L. F.: The Chemical Industry During the Nineteenth Century. Oxford 1958
Histoire de la science. Publiée sous le direction de M. Daumas. Paris 1957
Histoire de la science. Publiée sous le direction de R. Taton. Tomes I–III. Paris 1957–1964
Hölder, H.: Geologie und Paläontologie in Texten und ihrer Geschichte. Freiburg/München 1960
Hoppe, E.: Geschichte der Physik. Braunschweig 1926
Istorija geologii. Hrsg. von J. Batjuškova. Moskva 1973
Istorija matematiki. Hrsg. von A. P. Juškevič. Bd. 1 und 2. Moskva 1970, Bd. 3. Moskva 1972
Juschkewitsch, A. P.: Geschichte der Mathematik im Mittelalter. Leipzig 1964
Klemm, F.: Technik. Eine Geschichte ihrer Probleme. Freiburg/München 1954
Kline, M.: Mathematical Thought from Ancient to Modern Times. New York 1972
Kudrjavzev, P. S.: Istorija fiziki. Tom 1 und 2. Moskva 1956
Kuznecov, B. G.: Von Galilei bis Einstein. Entwicklung der physikalischen Ideen. Berlin 1970
Lanham, U.: Epochen der Biologie. Geschichte einer modernen Wissenschaft. München 1972
Laue, M. v.: Geschichte der Physik. Bonn 1950
Lexikon der Geschichte der Physik. Hrsg. von A. Hermann. Köln 1972
Mason, S. F.: Geschichte der Naturwissenschaft in der Entwicklung ihrer Denkweisen. Stuttgart 1961
Needham, J.; with the collaboration of Wang Ling: Science and Civilization in China Vol. 1–5. Cambridge 1954–1974
Nordenskjöld, E.: Geschichte der Biologie. Jena 1926
Partington. J. R.: A History of Chemistry. Vol. 1–4. London 1961–1970
Rádl, E.: Geschichte der biologischen Theorien. Teil I und II. Leipzig 1905 und 1909
Rosenberger, F.: Die Geschichte der Physik in Grundzügen. 3 Bde. Braunschweig 1882–1889
Singer, Ch.: A History of Biology to about the Year 1900. London/New York 1959
Solovev, Ju. J.: Evoljucija osnovnych teoretičeskich problem chimii. Moskva 1971
Störig, J. H.: Kleine Weltgeschichte der Wissenschaft. Stuttgart 1954

Ströker, E.: Denkwege der Chemie. Elemente ihrer Wissenschaftstheorie. Freiburg/München 1967
Struik, D. J.: Abriß der Geschichte der Mathematik. 6. Aufl. Berlin 1976
Stubbe, H.: Kurze Geschichte der Genetik bis zur Wiederentdeckung der Vererbungsregeln Gregor Mendels. Jena 1963
Szabadváry, F.: Geschichte der analytischen Chemie. Budapest 1966
Ungerer, E.: Die Wissenschaft vom Leben. Eine Geschichte der Biologie. Bd. III: Der Wandel der Problemlage der Biologie in den letzten Jahrzehnten. Freiburg/München 1966
Weltgeschichte in 10 Bänden. Hrsg. von der Akademie der Wissenschaften der UdSSR. Berlin 1965–1968
Wußing, H.: Vorlesungen zur Geschichte der Mathematik. Berlin 1979
Zinner, E.: Astronomie. Geschichte ihrer Probleme. Freiburg/München 1951
Zittel, K. A. von: Geschichte der Geologie und Paläontologie bis Ende des 19. Jahrhunderts. München/Leipzig 1899

Sonstige verwendete Literatur

Arago, F.: Sämtliche Werke. Bd. 3. Leipzig 1855
Archimedes. Werke. Deutsch von Fr. Kliem. Berlin 1914
Archimedes. Über schwimmende Körper und die Sandzahl. Übersetzt und mit Anmerkungen versehen von A. Czwalina. Leipzig 1925
Atlas zur Geschichte. Herausgeber: Zentralinstitut für Geschichte der Akademie der Wissenschaften der DDR. Bd. 1 und 2. Gotha/Leipzig 1973 und 1975
Bacon, F.: Novum organon. London 1620
Belenitzkij, A. M.: Geologo-mineralogičeskij traktat Ibn Siny. 4. Aufl. Duschanbe 1953
Biographien bedeutender Biologen. Eine Sammlung von Biographien. Hrsg. von W. Plesse und D. Rux. Berlin 1977
Biographien bedeutender Chemiker. Eine Sammlung von Biographien. Hrsg. von K. Heinig. 4. Aufl. Berlin 1977
Biographien bedeutender Mathematiker. Eine Sammlung von Biographien. Hrsg. von H. Wußing und W. Arnold. 2. Aufl. Berlin 1978
Blackett, P. M. S.: Militärische und politische Folgen der Atomenergie. Berlin 1949
Boas, M.: Die Renaissance der Naturwissenschaften 1450–1630. Gütersloh 1965
Bodenheimer, F. S.: The History of Biology. An Introduction. London 1958
Bohr, N.: Atomphysik und menschliche Erkenntnis. Braunschweig 1958
Bohr, N.: Drei Aufsätze über Spektren und Atombau. Braunschweig 1924
Bohr, N.: Über Erkenntnisfragen der Quantenphysik. In: Max-Planck-Festschrift, Berlin 1958, S. 170–181
Bolton, H. C.: Catalogue of Scientific and Technical Periodicals (1665–1882). Washington 1885
Boyer, C. B.: History of Analytic Geometry. New York 1956
Buddenbrock, W.: Biologische Grundprobleme und ihre Meister. Berlin/Nikolassee 1951
Bykov, G. V.: Istorija organičeskoj chimii. Moskva 1978
Cantor, G.: Gesammelte Abhandlungen. Berlin 1932
Clark, K.: Leonardo da Vinci in Selbstzeugnissen und Bilddokumenten. Reinbeck bei Hamburg 1969
Copernicus, Nicolaus: Commentariolus. Hrsg. von F. Roßmann. München 1948. Reprographischer Nachdruck 1966
Copernicus, Nicolaus: De revolutionibus orbium coelestium. Erstausgabe Nürnberg 1543
Copernicus, Nicholas: Nicholas Copernicus Complete Works. Vol. 2. On the Revolutions. Hrsg. von J. Dobrzycki. Warsaw/Cracow MCMLXXVIII
Copernicus, Nicolaus: Über die Kreisbewegungen der Weltkörper (De revolutionibus orbium coelestium). Erstes Buch. Zweisprachige Ausgabe. Hrsg. und eingel. von G. Klaus. Anmerk. von A. Birkenmajer. Berlin 1959
The Correspondence of Isaac Newton. Ed. by H. W. Turnball, J. F. Scott, A. R. Hall, L. Tilling. Cambridge 1959–1977
Crowther, J. G.: Große englische Forscher. Aus dem Leben und Schaffen englischer Wissenschaftler des 19. Jahrhunderts. Berlin 1948

Dannemann, F.: Vom Werden der naturwissenschaftlichen Probleme. Grundriß einer Geschichte der Naturwissenschaften. Leipzig 1928
Darwin, F.: Leben und Briefe von Charles Darwin. 2. Bde. Stuttgart 1910
Descartes, R.: Die Geometrie. Hrsg. von L. Schlesinger. Berlin 1894
Dieterici, Fr.: Die Philosophie der Araber im X. Jh. n. Chr. 2. Theil. Mikrokosmus. Leipzig 1879
Einstein, A.: Zur Elektrodynamik bewegter Körper. In: Annalen der Physik, Bd. 17 (1905), S. 891–921
Einstein, A.: Ist die Trägheit eines Körpers von seinem Energieinhalt abhängig? In: Annalen der Physik, Bd. 18 (1905), S. 639–641
Einstein, A.; Sommerfeld, A.: Briefwechsel. Hrsg. von A. Hermann. Basel/Stuttgart 1968
Engels, S.; Nowak, A.: Auf der Spur der Elemente. Leipzig 1971
Euklid von Alexandria: Die Elemente. Nach Heibergs Text aus dem Griechischen hrsg. von C. Thaer. I. Teil (Buch 1–3), Leipzig 1933. II. Teil (Buch 4–6), Leipzig 1933. III. Teil (Buch 7–9), Leipzig 1935. IV. Teil (Buch 10), Leipzig 1936. V. Teil (Buch 11–13), Leipzig 1937
Euler, L.: Vollständige Anleitung zur Differenzial-Rechnung. Aus dem Lateinischen übersetzt und mit Anmerkungen und Zusätzen begleitet von J. A. Chr. Michelsen. I. Theil. Berlin/Libau 1790
Fermat, P. de: Einführung in die ebenen und körperlichen Örter. Leipzig 1923
Flügge, S.: Kann der Energieinhalt der Atomkerne technisch nutzbar gemacht werden? In: Die Naturwissenschaften, Bd. 27 (1939), S. 402–410
Frauenberger, F.: Elektrizität im Barock. Köln o. J.
Frost, W.: Bacon und die Naturphilosophie. München 1927
Füller, G.: Zur Geschichte der funktionellen Morphologie. In: Wissenschaftliche Zeitschrift der Friedrich-Schiller-Universität Jena, 5 (1955/56), H. 5/6
Fueter, R.: Leonhard Euler. Basel 1948
Galilei, G.: Le opere di Galileo Galilei. 20 Bde. Firenze 1890–1909
Galilei, G.: Unterredungen und mathematische Demonstrationen über zwei neue Wissenszweige, die Mechanik und die Fallgesetze betreffend (1638). Hrsg. von A. J. von Oettingen. 1. und 2. Tag. 3. u. 4. Tag. Anhang zum 3. und 4. Tag und 5. und 6. Tag. Leipzig 1890/91
Die gegenwärtige wissenschaftlich technische Revolution. Eine historische Untersuchung. Berlin 1972
Gericke, H.: Geschichte des Zahlbegriffs. Mannheim/Wien/Zürich 1975
Geschichte der Philosophie. Bd. 1–5. Berlin 1959–1963
Ghaussy, A. A.: Aufbau und System der Philosophie und der Wissenschaften im Islam nach Al-Kindi, Al-Farabi und Ibn Sina in ihren systematischen Werken. Hamburg 1961
Gmalina, R. B.; Sokolova, E. I.: K istorii geometričeskoj optiki na Bližnem i Srednem Vostoke i v Evrope v srednie veka. In: Iz istorii točnych nauk na srednevekovom Bližnem i Srednem vostoke. Taschkent 1972, S. 60–71
Goethe, J. W.: Schriften zur Naturwissenschaft. Bd. 6. Weimar 1957
Goldschmidt, R. B.: Portraits from Memory. Recollections of a Zoologist. Seattle 1956
Große Naturwissenschaftler. Biographisches Lexikon. Hrsg. von F. Krafft und A. Meyer-Abich. Frankfurt (Main) 1970
Günther, S.: Geschichte der anorganischen Naturwissenschaften im Neunzehnten Jahrhundert. Berlin 1901
Günther, S.: Geschichte der Naturwissenschaften. Leipzig 1909
Guericke, O. von: Neue (sogenannte) Magdeburger Versuche über den leeren Raum. Hrsg. von Hans Schimank. Düsseldorf 1968
Haber, F.: Fünf Vorträge aus den Jahren 1920–1923. Berlin 1924
Hahn, O.: Über den Nachweis und das Verhalten der bei der Bestrahlung des Uran mittels Neutronen entstehenden Erdalkalimetalle (mit F. Straßmann). In: Die Naturwissenschaften, Bd. 27 (1939), S. 11–15
Halameisär, A.; Seibt, H.: Nikolai Iwanowitsch Lobatschewski. Leipzig 1978
Hall, A. R.: Die Geburt der naturwissenschaftlichen Methode. Gütersloh 1965
Hankel, H.: Untersuchungen über die unendlich oft oszillierenden und unstetigen Funktionen. Leipzig 1905
Harig, G.: Über die Entstehung der klassischen Naturwissenschaften in Europa. In: Deutsche Zeitschrift für Philosophie, 6 (1958), S. 419–450
Harig, G.: Die Tat des Kopernikus. Leipzig/Jena/Berlin 1962
Hartner, W.: The Mercury Horoscope of Marcantonio Michel of Venice. A Study in the Hi-

story of Renaissance Astrology and Astronomy. In: Vistas in Astronomy. Ed. by A. Beer. Vol. I. London 1955, S. 84–138

Hartner, W.: Asturlab. In: Encyclopaedia of Islam. 2nd ed. Leiden 1958, S. 722–728

Heisenberg, W.: Die moderne Atomtheorie. Leipzig 1934

Heisenberg, W.: Erinnerungen an die Zeit der Entwicklung der Quantenmechanik. In: Wolfgang-Pauli-Gedächtnisband. New York 1960, S. 41–72

Heisenberg, W.: Der Teil und das Ganze. Stuttgart 1972

Hemleben, J.: Galileo Galilei in Selbstzeugnissen und Bilddokumenten. Reinbeck bei Hamburg 1964

Hemleben, J.: Johannes Kepler in Selbstzeugnissen und Bilddokumenten. Reinbeck bei Hamburg 1971

Hermann, W.: Die Jahrhundertwissenschaft. Werner Heisenberg und die Physik seiner Zeit. Stuttgart 1977

Herneck, F.: Bahnbrecher des Atomzeitalters. 5. Aufl. Berlin 1970

Herneck, F.: Albert Einstein. 3. Aufl. Leipzig 1977

Heron von Alexandria: Heronis Alexandrini opera quae supersunt omnia. Griechisch-deutsch hrsg. von W. Schmidt, L. Nix, H. Schöne, I. L. Heiberg. 5 Bde. Leipzig 1899–1914

Herrmann, D. B.: Geschichte der Astronomie. Berlin 1975

Herrmann, D. B.: Entdecker des Himmels. Leipzig/Jena/Berlin 1978

Hertz, H.: Gesammelte Werke, Bd. 1–3. Leipzig 1884–1914

Hilbert, D.: Über das Unendliche. In: Mathematische Annalen. Bd. 95 (1926)

Hilbert, D.: Gesammelte Abhandlungen. Bd. 1–3. Berlin 1932–1935

A History of Technology. Ed. by Ch. Singer, E. J. Holmyard and A. R. Hall. Vol. 1. From Early Times to Fall of Ancient Empires. 3rd ed. Oxford 1956

Hjelt, E.: Geschichte der organischen Chemie. Braunschweig 1916

Hofmann, F.: Von der Kohle zu den Kautschuken. Essen 1936

Hofmann, J. E.: Die Entwicklungsgeschichte der Leibnizschen Mathematik während des Aufenthaltes in Paris (1672–1676). München 1949

Hoppe, J.: Johannes Kepler, 3. Aufl. Leipzig 1978

Hund, F.: Geschichte der Quantentheorie. Mannheim 1967

Ihde, A. J.: The Development of Modern Chemistry. New York/Evanston/London/Tokyo 1964

Internationales Symposium über Hochschulbildung, Moskau, Sept. 1962. Berlin 1963

Istorija biologii. 2 Toma. Moskva 1972 und 1975

Jahn, I.; Senglaub, K.: Carl von Linné. Leipzig 1978

Joliot-Curie, F.: Wissenschaft und Verantwortung. Berlin 1962

Jonas, W.; Linsbauer, V.; Marx, H.: Die Produktivkräfte in der Geschichte. 1. Von den Anfängen in der Urgemeinschaft bis zum Beginn der Industriellen Revolution. Hrsg. von W. Jonas. Berlin 1969

Jordan, P.: Das Bild der modernen Physik. Hamburg 1947

Juškevič, A. P.: Gottfried Wilhelm Leibniz und die Grundlagen der Infinitesimalrechnung. In: Akten des Internationalen Leibniz-Kongresses, Hannover 1966. Wiesbaden 1969, S. 1–19.

Kästner, I.: Johannes Gutenberg. 2. Aufl. Leipzig 1981

Kaiser, E.: Paracelsus in Selbstzeugnissen und Bilddokumenten. Reinbeck bei Hamburg 1969

Kant, I.: Allgemeine Naturgeschichte und Theorie des Himmels. München 1971

Kauffeldt, A.: Otto von Guericke. 3. Aufl. Leipzig 1977

Kennedy, E. S.; Roberts, V.: The Planetary Theory of Ibn al-Shatir. In: Isis, 50 (1959). S. 227–235

Kepler, J.: Neue Stereometrie der Fässer, besonders der in der Form am meisten geeigneten österreichischen. Ergänzung zur Stereometrie des Archimedes. Leipzig 1908

Kepler, J.: Neue Astronomie. Übersetzt und eingeleitet von M. Caspar. München/Berlin 1929

Kepler, J.: Das Weltgeheimnis – Mysterium cosmographicum. Übersetzt und eingeleitet von M. Caspar. München/Berlin 1936

Klein, F.: Vorlesungen über die Entwicklung der Mathematik im 19. Jahrhundert. Teil I und II. Berlin 1926 und 1927

Klemm, F.: Kurze Geschichte der Technik. Freiburg/Basel/Wien 1961

Kondakow, N. I.: Wörterbuch der Logik. Dtsch. hrsg. von E. Albrecht und G. Asser. Leipzig 1978

Kopp, H.: Geschichte der Chemie. Bd. 1–4. Braunschweig 1843–1847

Krämer, W.: Neue Horizonte. Das Zeitalter der großen Entdeckungen. 4. Aufl. Leipzig/Jena/Berlin 1978

Krämer, W.: Wunder der Welt. Die frühen Entdeckungen unserer Erde. 4. Aufl. Leipzig/Jena/Berlin 1978

Krafft, F.: Geschichte der Naturwissenschaft I. Die Begründung einer Wissenschaft von der Natur durch die Griechen. Freiburg 1971

Kuczynski, J.: Wissenschaft und Gesellschaft. Studien und Essays über sechs Jahrhunderte. Berlin 1972

Kuczynski, J.: Die vier Revolutionen der Produktivkräfte. Berlin 1976

Laplace, P. S.: Philosophischer Versuch über die Wahrscheinlichkeit. Leipzig 1932

Leibniz, G. W.: Über die Analysis des Unendlichen. Hrsg. von G. Kowalewski. Leipzig 1908

Leonardo da Vinci: Codex atlanticus. Hrsg. von M. Herzfeld. 2. Aufl. Jena 1906

Levey, M.: Chemical Aspects of Medieval Arabic Minting in a Treatise by Mansur ibn Ba'ra. Japanese Studies in the History of Science. Supplement 1, 1971

Libbrecht, U.: Chinese Mathematics in the Thirteenth Century. The Shu-shu Chiu-chang of Ch'in Chiu-shao. Cambridge (Mass.) 1973

Lobatschewski, N. I.: Pangeometrie. Übersetzt aus dem Französischen von H. Liebmann. Leipzig 1902

Lohne, J. A.; Sticker, B.: Newtons Theorie der Prismenfarben. Mit Übersetzung und Erläuterung der Abhandlung von 1672. München 1969

Lomonossow, M. W.: Ausgewählte Schriften in zwei Bänden. Bd. 1: Naturwissenschaften Berlin 1961

Maqbul, S. A.: Kharita. In: Encyclopaedia of Islam. 2nd ed. London 1971, S. 1077–1083

Mani, N.: Darmresorption und Blutbildung im Lichte der experimentellen Physiologie des 17. Jahrhunderts. In: Gesnerus, 18 (1961) 3/4, S. 85–146

Marx, K.: Grundrisse der Kritik der politischen Ökonomie. Berlin 1953

Marx, K.; Engels, Fr.: Werke. Bd. 20 und 23. Berlin 1962

Mayr, O.: Zur Frühgeschichte der technischen Regelungen. München/Wien 1969

Menninger, K.: Zahlwort und Ziffer. Eine Kulturgeschichte der Zahl. Göttingen 1958

Meyer, E. von: Geschichte der Chemie. Leipzig 1914

More, L. T.: Isaac Newton. A Biography. 2nd ed. New York 1962

Morgan, Th. H.: Die stoffliche Grundlage der Vererbung. Berlin 1921

Multhauf, R. P.: The Origins of Chemistry. New York 1967

Natural Philosophy through the 18th Century and Allied Topics. Ed. by. A. Ferguson. London 1972

Naturphilosophie. Von der Spekulation zur Wissenschaft. Hrsg. von H. Hörz, R. Löther, S. Wollgast. Berlin 1969

Neugebauer, O.: Vorlesungen über Geschichte der antiken mathematischen Wissenschaften. Bd. 1. Vorgriechische Mathematik. 2. Aufl. Berlin/Heidelberg/New York 1969

Neugebauer, O.: A History of Ancient Mathematical Astronomy. Part I. Berlin/Heidelberg/New York 1975

Newton, I.: Philosophiae naturalis principia mathematica. London 1687

Newton, I.: Mathematical Papers of Isaac Newton. Ed. by D. T. Whiteside. Cambridge, seit 1967

Newton, I.: The Method of Fluxions. London 1736

Newton, I.: Optik oder Abhandlung über Spiegelungen, Brechungen, Beugungen und Farben des Lichts. Buch I–III. Leipzig 1898

Newton, I.: Unpublished Scientific Papers of Isaac Newton. Chosen, transl. and ed. by A. Rupert Hall and Marie Boas Hall. 2. Aufl. Cambridge/London/New York/Melbourne 1978

Newton, I.: Wolfers, J. Ph.: Sir Isaac Newton's Mathematische Principien der Naturlehre. Berlin 1872. (Nachdruck Darmstadt 1963)

Ornstein, M.: The Role of Scientific Societies in the Seventeenth Century. Chicago/Illinois 1928

Petri, W.: Indische Astronomie – Ihre Problematik und Ausstrahlung. In: Rete, Bd. 1 (1972), S. 311–330

Pilz, H.: Louis Pasteur. Leipzig 1975

Pingree, D.: 'ilm al-hay'a. In: Encyclopaedia of Islam. 2nd ed. London 1971, S. 1135–1138

Planck, M.: Wissenschaftliche Selbstbiographie. Leipzig 1948

Planck, M.: Vorträge und Erinnerungen. Stuttgart 1949

Platon: Staat. Langenscheidtsche Bibliothek sämtlicher griechischen und römischen Klassiker. Bd. 40. Berlin/Stuttgart 1855–1914.

Pledge, H. T.: Science Since 1500. A Short History of Mathematics, Physics, Chemistry, Biology. London 1966

Pogrebysskij, J. B.: Gotfrid Wilgelm Leibniz. Moskva 1971

Presser, H.: Johannes Gutenberg in Zeugnissen und Bilddokumenten. Reinbeck bei Hamburg 1967

Ptolemaios von Alexandria: Almagest. Des Claudius Ptolemäus Handbuch der Astronomie. Aus dem Griechischen übersetzt und mit erklärenden Anmerkungen versehen von K. Manitius. Bd. 1 und 2. Leipzig 1912 und 1913

Ray, P.: History of Chemistry in Ancient and Medieval India. Calcutta 1956

Reichardt, H.: Gauß und die nichteuklidische Geometrie. Leipzig 1976

Reichen, Ch.-A.: Geschichte der Astronomie. Lausanne 1963

Reid, C.: Hilbert. Berlin/Heidelberg/New York 1970

Roberts, V.: The Solar and Lunar Theory of Ibn al-Shatir. In: Isis, 48 (1957), S. 428–432

Rosińska, G.: Nasir al-Din al-Tusi and Ibn al-Shatir in Cracow? In: Isis, 65 (1974), S. 239–243

Rothschuh, K. E.: Geschichte der Physiologie. Berlin/Göttingen/Heidelberg 1953

Rudwick, M. J. S.: The Meaning of Fossils. London 1972

Rutherford, E.: Über die Kernstruktur der Atome. Leipzig 1921

Sabra, A. M.: 'ilm al-hisab. In: Encyclopaedia of Islam. 2nd ed. London 1971, S. 1138–1141

Saidan, A. S.: The Arithmetic of Al-Uqlidisi. Dordrecht/Boston 1978

Sarton, G.: The Study of the History of Science. Cambridge (Mass.) 1936

Sarton, G.: A History of Science. Ancient Science Through the Golden Age of Greece. 2nd ed. Cambridge (Mass.) 1959

Schaxel, J.: Grundzüge der Theorienbildung in der Biologie. Jena 1919

Schmeidler, F.: Nicolaus Kopernikus. Stuttgart 1970

Schmutzler, E.; Schütz, W.: Galileo Galilei. 3. Aufl. Leipzig 1977

Schreier, W.; Schreier, H.: Thomas Alva Edison. 2. Aufl. Leipzig 1978

Schramm, M.: Ibn al-Haythams Weg zur Physik. Wiesbaden 1963

The Science of Matter. Ed. by M. P. Crosland. Harmondsworth (GB) 1971

The Scientific Papers of James Clerk Maxwell. Ed. by W. D. Niven. Vol. 1 and 2. Cambridge 1890

Smit, P.: History of the Life Sciences. An annotated bibliography. Amsterdam 1974

Sowjetmacht und Wissenschaft. Dokumente zur Rolle Lenins bei der Akademie der Wissenschaften. Hrsg. von G. Kröber und B. Lange. Berlin 1975

Stevin, S.: The Principal Works of Simon Stevin. 5 Bde. Amsterdam 1955–1968

Stevin, S.: De Thiende. Übers. und erl. von H. Gericke und K. Vogel. Frankfurt (Main) 1965

Stiegler, K.: Das Problem der sphärischen Aberration und seine Lösung durch Isaac Newton. In: Technikgeschichte, 44, 2 (1977) S. 121–152

Strube, I.: Bilder chemischer Vergangenheit. Von den Anfängen der Chemie bis zur Erkenntnis des Verbrennungsprozesses. Leipzig/Jena 1960

Strube, I.: Der Beitrag G. E. Stahls (1659–1734) zur Entwicklung der Chemie. Inaug.-Diss. (A) der Math.-Nat. Fakultät der Karl-Marx-Universität Leipzig 1961

Strube, I.: Justus von Liebig. 2. Aufl. Leipzig 1975

Strube, I.: Zur Entwicklung und zu den Wechselbeziehungen von chemischer Wissenschaft und chemischer Produktion in der Zeit der Industriellen Revolution, insbesondere in Deutschland. Diss. (B) der Math.-Nat. Fakultät der Karl-Marx-Universität Leipzig, 1977

Strube, W.: Der historische Weg der Chemie. Von der Urzeit bis zur Industriellen Revolution. Leipzig 1976

Struik, D. J.: A Source Book in Mathematics, 1200–1800. Cambridge (Mass.) 1969

Studien zur Geschichte der Produktivkräfte. Deutschland zur Zeit der Industriellen Revolution. Hrsg. von K. Lärmer. Berlin 1979

Taeschner, F.: Djughrafiya. In: Encyclopaedia of Islam. 2nd ed. Leiden 1958, S. 575–590

The Treasury of Mathematics. Ed. by H. Midonick. Vol. 1 and 2. New York 1965

Turnbull, H. W.: The Mathematical Discoveries of Newton. 2nd ed. London/Glasgow 1947

Uschmann, G.: Die Geschichte der Zoologie und der Zoologischen Anstalten in Jena. Jena 1959

Viète, F.: Einführung in die neue Algebra. Übersetzt und erläutert von K. Reich und H. Gericke. München 1973

Vries, H. de: Die Mutationstheorie. Leipzig 1901

Waerden, B. L. van der: Nachruf auf Emmy Noether. In: Mathematische Annalen, Bd. 111 (1935), S. 469–474

Waerden, B. L. van der: Erwachende Wissenschaft. 2. Aufl. Basel/Stuttgart 1966

Waerden, B. L. van der: Erwachende Wissenschaft. Bd. 2. Die Anfänge der Astronomie. Basel/Stuttgart 1968

Wagner, D. B.: Proof in Ancient Chinese Mathematics: Liu Hui on the Volumes of Rectilinear Solids. Diss., Univ. Kopenhagen 1975

Walden, P.: Geschichte der Chemie. 2. Aufl. Bonn 1950

Wawilow, S. I.: Isaac Newton. Berlin 1951

Wege der Chemie. Leipzig/Jena/Berlin 1974

Weizsäcker, C. F. von: Zum Weltbild der Physik. Stuttgart 1958

Weltgeschichte bis zur Herausbildung des Feudalismus. Ein Abriß. Hrsg. von Irmgard Sellnow. Berlin 1977

Weltgeschichte in Daten. 2. Aufl. Berlin 1973

Wendel, G.: Die Kaiser-Wilhelm-Gesellschaft 1911–1914. Zur Anatomie einer imperialistischen Forschungsgesellschaft. Berlin 1975

Wiedemann, E.: Beiträge zur Geschichte der Naturwissenschaften des Islam. Sonderabdrucke der Sitzungsberichte der physikalisch-medizinischen Sozietät in Erlangen, o. J.

Wissenschaft. Studien zu ihrer Geschichte, Theorie und Organisation. Hrsg. von G. Kröber, H. Steiner. Berlin 1972

Wissenschaft als Produktivkraft. Der Prozeß der Umwandlung der Wissenschaft in eine unmittelbare Produktivkraft. Berlin 1974

Wissenschaftlich-technische Revolution und Gesellschaft. Leipzig 1976

Wolf, R.: Geschichte der Astronomie. München 1877

Wußing, H.: Mathematik in der Antike. 2. Aufl. Leipzig 1965

Wußing, H.: Die Genesis des abstrakten Gruppenbegriffes. Berlin 1969

Wußing, H.: Nicolaus Copernicus. Leipzig/Jena/Berlin 1973

Wußing, H.: Versuch einer Klassifikation des historischen Wechselverhältnisses zwischen Naturwissenschaften und materieller Produktion. In: NTM, 1 (1975), S. 98–104

Wußing, H.: Isaac Newton. 2. Aufl. Leipzig 1978

Wußing, H.: Carl Friedrich Gauß. 3. Aufl. Leipzig 1979

Zimmer, E.: Umsturz im Weltbild der Physik. München 1957

Zinner, E.: Die Geschichte der Sternkunde. Berlin 1931

Zirnstein, G.: William Harvey. Leipzig 1977

Zirnstein, G.: Charles Darwin. 3. Aufl. Leipzig 1978

Zischka, G. A.: Allgemeines Gelehrten-Lexikon. Biographisches Handwörterbuch zur Geschichte der Wissenschaften. Stuttgart 1961

SACHWORTREGISTER

Abacus/Abacisten 76, 78, 164, 165, 189
Abänderungen, künstliche erbliche 474
Abberation, chromatische 246, 247
–, sphärische 137, 246
Abnormitäten 286
Absorption 336
Absorptionslinien 319
Abstammung/Abstammungslehre 411–414, 416, 476
Abstoßung, elektrische 266
Abszisse 230
Academia Naturae Curiosorum 217, 218
Academia Secretorum Naturae 217, 218
Accademia dei Lincei 217, 218
Accademia del Cimento 217, 218
Achterschale 456
Ackerbau 14, 15, 21, 28, 62, 70
Addiermaschine 237
Addition 53, 103
Adipinsäure 467
Adrenalin 472
Änderungen, sprunghafte 334
Äquivalent, arithmetisches 45
Äquivalenz 404
–, photochemische 460
– von Masse und Energie 394
– von träger und schwerer Masse 394
Äquivalenzgewicht 323
Äquivalenzmasse 398
Aerodynamik 496
Äthanol 469
Äther 467
– (Luft) 33, 47, 111
– (Physik) 260, 318, 379, 392, 394
Äthermeer 392
Äthertheorien 319
Ätherwellen 384
Ätherwind 392
Äthin 469
Äthylen 510
Ätzalkalien 464
Affinität 323, 335, 395
African Association 348
Afrika (Erforschung) 42, 60, 118, 149, 175, 176, 213, 215, 294, 348, 423, 424
–, Nord- 294, 424
–, Ost- 149, 177, 424
–, Süd- 349
–, Südspitze 210
–, West- 424
–, Westküste 208, 211
Agnostizismus 447
Agrikulturchemie 122, 123, 337
Akademie 68, 98, 216–221, 278, 329, 333, 340, 358, 431, 485, 487
–, Chi-Hsia- 98, 113
–, Han-Lin- 100
– Karls des Großen 154
–, platonische 45, 46, 68

–, Wiener 387
Akausalität 449
Akrylnitril 468
Akrylnitrilfasern 467
Aktivierungsanalyse 504
Aktualismus 346, 478
aktual, unendlich 374, 375
Akustik 110, 111
Akzidentien 140
Alaun 172, 173, 329
Alchimie 59, 60, 66, 92, 93, 99, 100, 111, 113, 132, 139–141, 143, 171, 173 202–204, 273, 449
Algebra 45, 52, 53, 83, 84, 190, 192, 230, 369, 371, 437, 438
–, Fundamentalsatz 192
–, geometrische 53, 102, 103, 106–108, 126–130
Algebraisierung 188
Algorithmiker 165
Alizarin 401, 465
Alkalien 402, 464
Alkaloide 403, 470
Alkane 459, 460
Alkanole 460
Alkene 459
Alkohol/Alkohole 172, 459, 467
alkoholische Gärung 422
Almagest 54, 110, 157, 193
Alphabet 19, 20
Alphastrahlung 387, 449
Alphateilchen 388, 449, 452
Altern 504
Altersbestimmung, absolute 480
– der Erde 478, 479
Alterungsschutzmittel 506
Aluminium 407, 452, 460
Amerika (Erforschung) 177, 209–211, 213, 215, 294, 347, 351, 424
–, Mittel- 210, 347
–, Nord- 206, 210, 226, 294, 349, 424, 425
–, Süd- 206, 209, 210, 215, 294, 347
Aminosäuren 472, 476, 504
Ammoniak/Ammoniaksynthese 279, 362, 397, 408–410, 458, 460, 463, 464
Ammoniak-Gasstrahl-Oszillator 502
Ammoniakgleichgewicht 410
Ammoniakquellen 409
Ammoniaktyp 398
Ammoniumzyanat 336
Amplituden 442
Analyse, chemische 274, 336, 400, 405, 504
–, quantitative 336
Analysis 228, 303, 306–308, 311, 369, 437
Anatomie 65, 76, 93, 207, 286, 339, 342, 344, 510
–, vergleichende 287, 339, 355, 412
Androsteron 472
Anilin 401
–, Derivate 401

Anilinfarbstoffe 401
Anpassung 412
Anregungsstufen, diskrete 392
Antarktis (Erforschung) 211, 427
Antennen 493
Anthocyane 462, 471
Anthrazenfarbstoffe 465
Antibabypille 516
Antibiotika 472, 473, 504, 505
Antimon 202
Antinomien, logische 375
Antipoden 60, 152
Antipyrin 403
Antistatika 506
Anziehung, elektrische 266
apeiron 37, 38
Apollo-Programm 496
Apotheke(r) 76, 278
aqua vitae 172
Arbeit, mechanische 383
—, physikalische 322
Arbeitsteilung 180
—, erste gesellschaftliche 13
—, natürliche 13
—, zweite gesellschaftliche 17, 18, 32
Archimedische Transportschraube 52
Argon 456
aristotelische Astronomie 238
aristotelische Elemente 202, 274
aristotelische Physik 47, 54, 132, 136, 199, 244, 252
Arithmetik 51, 81–83, 127, 129, 130
Arithmetisierung 231
Arktis (Erforschung) 350, 425, 426, 482
Armillarsphäre 110
Aromaten 465
Arsen/Arsensäure 408
Artbegriff 141, 142, 340, 411
Artbildung 355, 411, 474
Artefici 184, 214, 216, 221, 250, 256
Arterien 281, 282, 286
artes liberales 159
Artnamen 290
Arzneimittel 76, 204, 402, 403, 408, 430, 465, 472, 485
Asien (Erforschung) 60, 175, 176, 213, 215, 349, 422, 423, 425
—, Nord- 294, 425
—, Ost- 210
—, Süd- 206
—, Zentral- 422, 423
Aspirin 403
Assimilation 279, 460, 462, 470, 474
Astrolab 134, 136, 209
Astrologie 15, 66, 107, 115, 132, 192, 202
Astronautik 486
astronomische Instrumente 238, 245
astronomische Tafeln 134, 192, 238
—, Alfonsinische 134, 192

— des Ulug Beg 136
—, Preußische 238
— Rudolfinische 242
—, Toledanische 134
   unter al-Ma'mun 148
Astrophysik 369, 376, 377, 497
Asymptoten 53
Atemorgane 342
Atlas Maior 150
Atlas Minor 150
Atmosphäre 480, 482, 493, 520
—, Schichten 482
Atmung 462, 504
Atmungsferment 472
Atom 39, 58, 88, 90, 309, 311, 334, 335, 337, 368, 384, 385, 387, 398–400, 404, 441–444, 446–450, 457, 460, 462, 504
—, markiertes 474
Atombau 392, 441, 450
Atombindung 457
—, polarisierte 457
Atombombe 436, 454, 455, 497
Atomenergie 445, 454, 455, 510
Atomgewicht 406
Atomhülle 388, 391, 392, 441
Atomigkeit 399
Atomismus 39, 59, 80, 90, 92, 110, 136, 263, 266, 268, 274, 316, 334, 342, 356, 456
— bei Dalton 335
— bei Demokrit/Leukipp 58, 63
— bei Epikur 63
Atomkern 388, 407, 444, 445, 449, 450, 452, 457, 498, 501, 502, 504
—, Betazerfall 445
—, Ordnungszahl 388
Atommasse 395, 398, 404–407
—, relative 335
Atommassenbestimmung 406
Atommechanik 442
Atommodelle 368, 388, 407, 443, 449, 456
—, Bohrsches 441, 456
—, Erdbeer- 388
—, Rutherfordsches 407, 456
Atommülldeponie 520
Atomphysik 379, 387, 392, 441, 449, 462, 496
Atomreaktor 503
Atomspektren 442
Atomtheorie 38, 43, 254, 274, 275, 297, 335, 392, 437, 441, 443, 448
Atomvolumen 406
Atomwärme, spezifische 395
Attraktion 352
Aufklärung 216, 220, 223, 227, 230, 293, 309, 356
Aufladung, elektrische 266
Aufschlußmethoden, elektrische 481
Auge 286
Augenspiegel 419

Aureomyzin 505
Ausbreitungsgeschwindigkeit 246
Außenelektronen 456, 457
Australien (Erforschung) 211, 213, 215, 293, 294, 349
Auswicklung 286
Auto 484
Automaten 58, 139, 226, 283, 490
Averroismus 162
Avogadrosche Hypothese 335, 398, 404
Axiomatisierung 372, 440, 488
Axiome 52, 196, 304, 372, 438
Azetaldehyd 469
Azetatseide 410
Azeton 469
Azetylen 469
Azetylenchemie 469
Azetylsalizylsäure 403
Azofarbstoffe 401
Azoren 215

Bärlappe 412
Bakterien 286, 417
Bakterienstämme 473
bakterizide Stoffe 465
Balchi-Schule 148
Ballistik 47, 187, 201, 236, 238, 251, 298, 309, 439
Ballonaufstieg 482
Ballonteleskopie 493
Bambusstäbchenzahl 104
Banach-Räume 437
Bandwürmer, Wirtswechsel 417
Barium 453
Base 333
Bastardbildungen 142
Bauchspeicheldrüse 472
Bauelemente 490
—, elektromagnetische 490
—, elektronische 490
Befruchtung 28, 48, 96
—, künstliche 288
Beharrungsvermögen 170
Beizenfarbstoffe 465
Bekämpfungsmittel, chemische 506
Bell Telephone Laboratories 444
Benzidinfarbstoffe 465
Benzin 459
Benzol 399, 401, 469
Benzolring 399
Beobachtungskunst 238, 311
Bergbau 157, 203
Beringstraße 425
Berührungsgift 477
Beryllium 450
Beschleuniger 452
Beschleunigung 198, 251
BESM 1 491
Bestarien 173

529

Betastrahlung 387, 453
Betatron 452
Beugungsgitter 318, 319
Beugungsversuche 499
Bevölkerungsexplosion 516
Bewegung 47, 88, 89, 136, 250, 255, 275, 309, 311, 321, 352, 504
—, beschleunigte gleichförmige 108, 170
—, erzwungene 47
—, gleichförmige 252
—, irreguläre 109, 170
—, kreisförmige 352
—, lokale 199
—, natürliche 47, 251
—, rotierende 16, 169
Bewegungslehre 170, 250
—, aristotelische-scholastische 250
—, Gesetze 255
Beweismethoden, mathematische 126
Bewußtseinsprozesse 449
Bezugssysteme 394
Bienensprache 477
Bindung, chemische 366, 368, 456, 504
—, einfache 399
—, heteropolare 457
—, homöopolare 457
—, koordinative 457
—, kovalente 457
—, mehrfache 399
Bindungsenergie 504
Bindungskräfte 499
Bindungsverhältnisse 501
Binomischer Lehrsatz 106
Biochemie 368, 421, 422, 469—471, 504, 510
Biokatalysatoren 422
Biologie (Begriff) 338
Biophysik 420, 497, 510
Biosynthese 506
Blatt- und Blütenfarbstoffe 402, 462, 471
Blei 518
Bleichen/Bleichmittel 296, 328, 330, 407
Bleikammerverfahren 329, 407
Blitz 40, 88, 115, 267
Blitzableiter 267
Blockbuchdruck 100
Blütenpflanzen 412
Blut 281, 282, 286
Blutfarbe 282, 471
Blutkapillaren 285, 343
Blutkörperchen, rote 286
Blutkreislauf 281—283, 286, 419
Blutserum 419
Bodenkunde 428
Bodenschätze 481, 495, 519
Böschungswert 22
Bor 407
Borax 173
Bose-Statistik 444
Botanik 36, 46, 76, 81, 96, 102, 124, 207, 338

botanischer Garten 123, 132
Brahmaputra (Erforschung) 423
Braukunst 157
Braunstein 330
Brechungsgesetz 56, 256, 257
Brechungsverhältnis 258
Brechungswinkel 56
Brechungszahl 110
Breitengrade 309
Brennlinsen 273, 332
Brennpunkte 53
Brennspiegel 110
Brennweite 246
Brille 111, 171, 184
Brüche 83
Buchdruck 154, 181, 182
Buchhaltung/Buchführung 165, 189
Buddhismus 99, 100, 122
Büchsenkunst 201
Buna 468
Butadien 408, 468

^{14}C 480
^{14}C-Gehalt 480
^{14}C-Methode 480
Calculus 234
caloric 383
Cambridge 445, 449, 450
Camera obscura 110
Carnotscher Kreisprozeß 322
Cavendish-Laboratorium 385, 449
C-G-S-System 316
Chemie, analytische 503, 504
—, angewandte 504
—, anorganische 336, 359, 395, 404, 407, 461
—, antiphlogistische 280
— der Hochatmosphäre 482
—, organische 336, 337, 359, 368, 395, 398, 400—403, 461, 462, 476
—, präparative 504
—, theoretische 456
Chemiefasern 465, 467, 468, 506
Chemikalien 474
chemisches Gleichgewicht 384, 395, 396, 458, 459
Chemotherapeutika/Chemotherapie 419, 468, 472
China (Erforschung) 60, 149, 175, 176, 210, 215, 422
Chinin 401
Chlor 330, 409, 456, 457, 462, 464, 469
Chloräthylene 469
Chloration 457
Chlorion 457
Chlorkalk 330
Chlorknallgas 460
Chlormyzetin 505
Chlorophyll 471
Chlorwasserstoff 279, 330, 457

Cholera 417
—, Hühner- 417
Chromosomen 416, 421, 474, 475
Chromosomenkarten 474
Chromosomensatz 474
Chromosomensubstanz 475
Chromosomentheorie 474
Chronobiologie 510
Chronologie der Spät- und Nacheiszeit 479
Clarke-Zahl 481
Coenzym A 505
Computer 484, 491, 503
Computergenerationen 491
Computertechnik 491
Computus 159
Conservatoire des Arts et des Métiers 299
Conteben 505
Coriolis-Kräfte 317
Cortison 472
Coulombsches Gesetz 322
Coulomb-Kraft 391
Curare 344

Dampfdichte 395
Dampfdruck 58, 322
Dampfmaschine 296, 321, 359, 362, 383
Dampfturbine 362
Darm 344
Darmenzyme 472
Darwinismus 411
Datenspeicherung 490
Datenverarbeitung 490
DDT 477
Defektelektron 446
Dehydrierung 473
Deklination 266
Demagogie 433
Department of Scientific and Industrial Research 430
Derivate 402
Desoxyribonukleinsäure 475, 510
Destillation/Destillieren 172, 173, 269, 401, 459
Determinanten 106, 230, 371
Determinismus 123, 448, 449
Deuterium 450
Devon 345
Dezimalbrüche 83, 102—104, 127, 130, 189, 190
Dezimalsystem 14, 62, 103,
—, positionelles 103, 189
Diabetes 472
Diätik 142
Diagonale 45
Dialog Mensch-Maschine 492
Diazofarbstoffe 465
Dichtebestimmung 52
Dieselmotor 362, 384
Dieselöl 510

Differentation 232
Differential 235, 306
Differentialgleichungen 232, 235, 236, 303, 311, 369, 371, 380, 444
Differentialrechnung 84, 127, 230, 233, 236, 248, 306
Differenzen, endliche 104, 106
Differenzierbarkeit 307, 437
Dimension 437
Diode 446, 501
Dioptrik 55, 230
Dioxin 507
Diphterie 417, 419
Dipol 380, 381
Diskriminante 128
Dissoziationstheorie 396
Division 102, 103, 159
Dogmatismus, christlicher 152, 162–164
Dogmen, christliche 197
Domestikation 13, 70, 78, 412
Doppelatome 335
Doppelbrechung des Kalkspats 260
Doppelspalt 317
Doppelsterne 311, 378
Dopplereffekt 378
drahtlose Nachrichtenübermittlung 381
Drehimpuls 391
Drehwaage 481
Dreiecke 44
–, ähnliche 22, 37, 82
–, ebene 130
–, gleichschenklige 42
–, kongruente 42
–, rechtwinklige 102, 104, 117
–, schiefwinklige 130
–, sphärische 130
Dreifarbentheorie 317
Dreikörperproblem 248, 256
Dreisatz 189
Dreiteilung des Winkels 358
Drift/Driftgebiet der St. Anna 482
Drogen 76, 113
Druck (Physik) 326, 335, 479, 482
–, osmotischer 396
Druckfarbe 181
Druckpresse 181
Drucksynthese 469
Druckverhältnis 201
Drüsen 343, 422
Dschinismus 90
Dschummal-Ordnung 130
Dualismus Welle-Teilchen 443–446, 448
Düngemittel 410, 430, 463
Düngung, künstliche 337
Dunkel 257
Durchbiegung 235
Dyade 90
Dynamik 170, 199–201, 250
–, chemische 395, 396

Dynamismus 357
Dynamit 410, 463
Dynamo 326
dynamoelektrisches Prinzip 326
Dynamomaschine 362, 464

Eau de Javel 330
Ebbe und Flut 309
Ebene 372
École Normale Supérieure 299
École Polytechnique 297, 300, 317
Edelgase 405, 406, 456
Edelstein 61
Ei 49, 142, 286
Eigenwertprobleme 370, 444
Eis/Eiszeit 346, 479, 514, 520
Eisen 157, 334
Eisenoxid 334
Eisenpentakarbonyl 462
Eiweiße 16, 400, 460, 472, 476
Eklipitk 109
Elaste 506
eleatische Philosophie 44, 45
eleatische Schule 38
electron paramagnetic resonance 501
Elektrifizierung 431
Elektrizität 266, 267, 325, 326, 357, 359, 362, 381, 430, 481, 510
–, negative 268, 335
–, positive 268, 335
–, tierische 322
–, Struktur 384
Elektrizitätslehre 268, 322, 357
Elektrochemie 323, 395, 409
elektro-chemischer Dualismus 335, 398
elektrochemische Gesetze 384
elektrochemische Industrie 410
Elektroden 477
Elektrodynamik 322, 326, 371, 380, 392, 393
Elektroindustrie 362, 366
Elektrolyse 323, 335, 359, 409, 464
–, Grundgesetze 395
Elektrolyte 396
Elektromagnetismus 357, 371, 379, 395, 490
elektromagnetische Wellen 381
Elektromotor 326
Elektron 384, 385, 391, 392, 407, 441–445, 447, 450, 456, 457, 460, 499, 504
–, positiv geladenes 445
–, »verschmiertes« 444
–, Welleneigenschaften 444
Elektronenbahnen 391, 442, 444
Elektronenbeugung 444
Elektronenenergie 457
Elektronengas 446
Elektronenmikroskopie 419, 444
Elektronenreflexion 444
Elektronenröhre 382, 491
Elektronenschalen 456

Elektronenspektroskopie 504
Elektronenspin 441
Elektronensprünge 391
Elektronenstoßversuch 392
Elektronenstrahlung 387, 499
Elektronenturbine 452
Elektronenverteilung 457
Elektronik 485, 490, 497, 501, 503
elektronische Industrie 485
Elektrophor 268
Elektrophysiologie 420
Elektroskop 267
–, Blättchen- 268
Elektrostatik 317, 322, 457
Elektrotechnik 316, 327
Elementaranalyse 336
Elementaranregungen 499
Elementarobjekte 447
Elementarstrukturen der Lebewesen 342
Elementarteilchen 385, 395, 450, 452, 498
Elementatom 407
Elementbegriff/Elemente 38, 58, 88, 90, 113, 274, 332–336, 377, 378, 387, 399, 405–407, 453, 456, 462, 464, 479, 481, 498, 504
Elemente, Systematisierung 404–406
Elementenlehren 90, 140, 144, 274, 275, 332
Elementsymbole 335
Elixier 114, 140
Ellipse 53, 229, 253, 254, 392, 444
Embryo 286, 419
Embryologie 48, 81, 288, 340, 368, 412
Embryonalentwicklung 94–96, 340–342
Emission 504
–, induzierte 443
–, stimulierte 502
– von CO_2 520
Empfindung 419
Endokrinologie 510
energetisches Denken 359
Energetismus 384
Energie 15, 221, 359, 360, 383, 387, 390, 391, 394, 445, 451, 454, 473, 497, 508, 510
–, kinetische 253, 450, 504
–, negative 445
Energieäquivalent 359
Energiebandmodell 446
Energiedifferenzen 391
Energieelemente 390
Energieformen 359
Energieprinzip 351, 357, 359, 360
Energieproblem 170, 362, 485
Energiequellen 182, 362, 454
Energiesatz 360, 443
Energiestufen 390
Energieversorgung 484, 508, 510
Energiewandlungsproblem 322
Entropie 383, 384, 390
Entwicklungsfarbstoffe 465

531

Entwicklungsgedanke 342, 351, 353, 354, 356, 411, 419
Entwicklungsmechanik 419
Entwicklungsphysiologie 419
Entwicklungstendenzen 486
Enzyklopädie, Encyclopédie 62, 116, 354
Enzyme 422, 472, 475, 517
–, intrazelluläre 472
Eosin 401, 465
Ephemeriden 192
Epidemien 418
Epiphyse 284
Epitaxie 501
Epizykel 46, 86, 197
Erbanlagen 474
Erbium 405
Erbmaterial 517
Erdanziehung 198
Erdatmosphäre 435
Erdbeben 61, 119, 120, 145, 428, 519
Erdbeschleunigung 394
Erde, Eigenbewegung 238
–, Erforschung 293, 345, 422, 482, 518
–, Erwärmung 520
Erdgas 510
Erdgeschichte 290, 345, 347, 353–355, 412
Erdgestalt 41, 66, 152
Erdkarten 42, 212
Erdkruste 345, 353, 481, 514, 519, 520
–, Abkühlungsdauer 478
Erdmagnetismus 266, 316, 345, 347, 519
Erdmittelalter 479
Erdoberfläche 41, 145, 346, 347, 422, 482, 520
Erdöl 100, 459, 469, 507, 510, 518
Erdsatelliten 493
Erdschwämme 144
Erdstruktur 119, 166, 346
Erebus 350
Ergotamin 505
Erhebungswinkel 187
Erkenntnistheorie 46
Erlanger Programm 304
Ernährung 337, 484, 517
Eroberungsordnung 113
Erosion 145, 346
Erregungsübertragung 471
Erze 518
Essigsäure 469
Ester 468
Ethologie 510
Europakarte 212
Evolution 355, 356, 368, 411–413, 416, 471, 476, 478, 510
Exhaustionsmethode 106
Exotica 206
Expedition 294, 347, 348, 350, 351, 422, 425–427, 482, 520
Experiment 199, 343, 447, 517

Experiment von Michelson/Morley 318
Experimentalphilosophie 266
Experimentalphysik 381
Explosion 460
Explosivstoffe 114
Extirpation 343
Extremwertbestimmung 128, 232
Exzenter 197
Exzitonen 499

Fabrik 296, 351, 362
Fällbad 410
Fäulnis 417
Falknerei 142
Fall 238, 250, 252
Fallgeschwindigkeit 200
Fallgesetz 252
Fallproblem 198, 200
Fallverhalten 200
Fallversuche 250
Faraday-Effekt 379
Farbempfindung 419
Farbblindheit 317
Farbenlehre 257, 258
Farbensehen 477
Farberscheinungen 55, 111, 114, 257, 260, 318
Farbmosaikgläser 278
Farbringe 260
Farbstoffcharakter 465
Farbstoffe 27, 28, 58, 65, 88, 93, 120, 228, 296, 400–402, 408, 459, 462, 465, 506
–, substantive 465
Farbstoffindustrie 465
Farbstoffsynthesen 408, 462, 465
Farne 342, 412
Fasern 342, 506
Faserproteine 504
Faserstoffe 465
Fauna 227, 281, 512
Feld 371, 378, 445
–, elektrisches 380, 501
–, elektromagnetisches 394
–, magnetisches 379, 380, 501
Feldmeßkunst 22, 62, 164
Feldphysik 441
Feldstärke 316
Feldtheorie 380, 496, 498
–, einheitliche 395, 498
–, elektromagnetische 379, 381
–, Faradaysche 379
Feldwaage 481
Fermente 400, 403, 422, 462, 472
Fernkraft 254
Fernrohr 124, 198, 238, 244–247, 256, 285, 312, 376, 492
Fernsehen 446, 484, 495
Fernwirkung/Fernwirkungstheorie 254, 327, 379, 380

Ferrite 501
Ferromagnetismus 446, 502
Festkörperphysik 445, 446, 496, 499–503
Fettalkohole 468
Fettalkoholsulfate 467
Fette 469
–, künstliche 468, 506
Fetthärtung 468
Fettsäuren 468
Fettsäurestoffwechsel 506
Feuchten 269
Feuer 12, 16, 38, 47, 59, 88, 269
Feuerwaffen 184
Figuren, ebene 304
–, räumliche 304
Filtrieren/Filtration 173, 284
Fischer-Tropsch-Synthese 459, 468
Fischfarmen 517
Fixsterne 46, 47, 53, 54, 133, 238, 311, 378, 454
–, Helligkeit 378
–, Karten 312
–, Parallaxe 311
–, Spektraltyp 378
–, Spektren 377
Flächenberechnung 21, 22, 104
Flächen, Fließen von 231
Flächeninhalt 106, 230, 231, 304
Flächenmaß 315
Flächenumwandlung 82
Flaschenzug 52
Flavoproteine 472
Flora 227, 281, 512
Flowing Quantity 232
Fluchtgerade 188
Fluchtpunkt 188
Fluente 232
Flüssiggas 459
Flüssigkristalle 502
Flugzeug 484
Fluidum, elektrisches 267
Fluoreszein 401
Flutkatastrophen 346
Fluxion/Fluxionsrechnung 232, 233
Fötus 94
Folgen 307
Formaldehyd 459
Formaldehydhypothese 470
Formalisierung der Mathematik 372
Formationstabelle der Geologie 119, 129, 345, 346, 479
Formelsymbolik, chemische 335, 404
Fortifikation 303
Fortpflanzung 48, 342
Fossilien 61, 206, 291–293, 354, 355
–, Leit- 293, 345
–, Meeres- 346
Fossilienkunde 290, 292
Franz-Joseph-Land 425, 482

Fraunhofersche Linien 319
Frequenz 380, 390, 391, 482, 493, 502
Fresnelsche Formeln 380
Fuchsin 401
Fünf-Elemente-Theorie 47, 113
Fundamentalsatz der Algebra 192
Funkeninduktor 384
Funktechnik 382
Funktionalanalysis 437, 488
funktionales Denken 165, 228, 230, 236, 306, 307, 344
Funktionen 437
–, »ausgefallene« 307, 308
–, elliptische 303, 370
–, stetige 307
–, trigonometrische 307
–, unstetige 307
Funktionentheorie 369, 375
Funkwellen 482

Gärung 417, 462
Galapagosinseln 411, 412
Galilei-Transformation 392
Gallensäuren 471
Gallium 407
Galvanoplastik 326, 464
Galvanostegie 464
Gammaquanten 450, 501
Gammastrahlung 387
Gas 265, 269, 279, 330, 335, 360, 383, 384, 398, 458, 510
–, ionisiertes 482
–, radioaktives 387
Gasbeleuchtung 296
Gaschemie 276, 278, 279, 332
Gasentartung 444
Gasentladungsphysik 384
Gasgleichung 396
Gasmoleküle 383, 384
Gasmotor 362
Gastheorie, kinetische 383, 384
Gatsch 468
Gattung 141, 290
Gaußsche Zahlenebene 308
Gebirgsbildung (Orogenese) 145, 346
Geburtenregelung 484, 516
Gefrierpunkt 265
Gehirn 476, 477
–, Struktur 477
Geländeorientierung 477
Gen/Genetik 368, 420, 421, 474–476, 517
gen-engineering 517
Generator von Van-de-Graaf 452
genetische Manipulation 517
Genkombinationen 476
Genphysiologie 474, 510
Genus 290
Geochemie 432, 480, 518
Geographie, mathematische 61, 146

Geologie 345, 351, 489, 518
Geometrie 22, 43, 51, 67, 79, 104, 218, 230, 284, 304–306, 369
–, algebraische 21, 127, 369
–, analytische 106, 165, 228–230, 304, 371
–, darstellende 188, 303
–, elliptische 304
–, imaginäre 304
–, mehrdimensionale 304
–, nichteuklidische 127, 303–305, 394
–, Postulate 304
–, Postulate bei Euklid 303
–, projektive 303, 304, 317
–, synthetische 304
geometrischer Ort 229, 230
Geophysik 481, 497, 518
Geozentrismus 41, 54, 124, 132, 134, 159, 166, 192–194, 238
Gerade 372
Gerberei 157
Germanium 407
Gerüstsubstanzen 504
Gesamtstoffwechselbilanz 470
Geschmack 88, 111, 114
Geschützwesen 187, 188, 204
Geschwindigkeit chemischer Reaktionen 395
Gesetz von Boyle-Mariotte 265, 396
– von der Erhaltung der Masse 278
– von der Kraftwirkung zwischen stromdurchflossenen Leitern 326
– von Gay-Lussac 396
– über die konstanten und multiplen Proportionen 334, 335
Gesetze, quantitative chemische 333
–, statistische 448, 449
Gesteine, Arten 119
–, Bildung 354
–, Eruptiv- 354
–, Schicht- 293, 412
–, Sediment- 291, 354
–, Systematisierung/Klassifizierung 120, 293
–, Zusammensetzung 144, 481
Gewebe 341, 342, 480
–, Feinstruktur 343
Gewicht 19, 22, 24, 25, 80, 98, 137, 140, 189, 190, 199, 253, 315
–, spezifisches 140, 200
Gewürm 286
Gezeiten 115
Giftbücher 142
Gifte 471, 474, 477
Giftgase 430
Gipsschule 303
Gitterperiodizität 499
Glanzvernickelung 465
Glanzverzinkung 465
Glas/Glasherstellung 28, 58, 62, 93, 144, 172, 228, 273, 384

Glaslinsen 246, 247
Glaubersalz 271
Gleichgewichte 397
–, dynamische 395
–, statische 395
Gleichheitszeichen 190
Gleichungen 57, 104, 232
–, algebraische 22, 371
–, bestimmte 106
–, biquadratische 22, 84
–, kubische 84, 102, 106, 128
–, lineare 21, 53, 84, 102, 106, 128
–, quadratische 46, 53, 82, 84, 106, 128
–, unbestimmte 82, 84, 102, 106
Gleichungskoeffizienten 192
Gleichungssysteme 84, 123
–, lineare 22, 102, 106, 371
–, nichtlineare 106
–, unbestimmte 102
Gleichungstypen 104
Gleichungswurzel 192, 371
Gletscher 480
Gliedertiere 340
Globus 211, 212
glühelektrischer Effekt 385
Glykogen 344
Glyzerin 463, 468
Gnomon 102
Goldmacherkunst 204
Gradmessung 294, 315
Gramm 316
Gravimetrie 504
Gravitation 198, 242, 254, 256, 264, 309, 327, 352, 394
Gravitationsgesetz 255, 312, 322
Gravitationslehre 248, 254
Gravitationstheorie 124, 253, 259, 311
Greenwich 248
Grenze/Grenzübergang 231
–, Warmluft/Kaltluft 428
Grenzfrequenz 501
Grenzwert 437
Gresham-College 218
Grönland (Erforschung) 177, 425
Größen, beobachtbare 442
–, infinitesimale 306
–, kanonisch konjugierte 445
–, veränderliche 307
Großforschung 367
Großhirn, Feinstruktur 476
Großindustrie, chemische 398, 456
Großrechenanlagen 490–492
Großschaltungen 491
Großsynthese, chemische 362, 462, 469, 485
Grundlagenforschung 432
Grundrechenarten 103, 157, 159, 164, 188–190, 218, 371
Grund- und Aufriß 303
Grundstoffe, organische 402

533

Gruppe/Gruppentheorie 230, 304, 372, 437
Gummi 430, 436, 468
—, synthetischer 465

Halbieren 21
Halbleiter 446, 496, 501, 502
Halbwertzeit 479, 480
Halogene 399
Handcomputer 490
Harnstoff 336
Harze 506
Heaviside-Schicht 482
Hebelgesetz 48, 52
Heilmittel 16, 76, 142, 202, 403
Heilpflanzen 76, 99
Heizöl 510
Heliozentrismus 53, 54, 124, 168, 194, 196, 197, 238, 239, 241, 244, 311, 312
Helium 377
Heliumionen 387
Herbizide 506, 507
Herbstzeitlose 474
Hermetik 139
Heronsball 57, 58
Hertzsprung-Russell-Diagramm 378
Herz 281, 282
Herzwärme 283
Hexamethylendiamin 467
Hilbert-Raum 437
Himmelsbeobachtung 493
Himmelsbewegungen 41
Himmelserscheinungen 23, 48, 62, 136, 253, 255
Himmelsglobus 110
Himmelskörper 14, 41, 84, 109, 132, 166, 175, 309, 518–520
Himmelsmechanik 236, 242, 248, 253, 306, 308, 309, 317
Himmelssphären 86, 166
Hippokratischer Eid 50
Hochatmosphäre 482
Hochenergiephysik 452, 496
Hochfrequenzphysik 379, 382
Hochfrequenzspektroskopie 501
Hochseeschiffahrt 16, 188, 214
Hochvakuum 495
Hodenextrakt 422
Höhenangaben 347
Höhenraketen 493
Hohlspiegel 56
Hollerith-Lochkarte 490
Holographie 497, 502
Holzblockdruck 181
Homo sapiens 12
Horizontalbewegungen 520
Hormondrüsen 471
Hormone 400, 422, 462, 471, 472, 510, 516
Hormonlehre 471
Horner-Methode 102, 103, 106

horror vacui 48, 261
Hsin-System 109
Hsüan-Yeh-Theorie 108, 109
H-Theorem 384
Hüttenwesen 204
Humanismus 168, 178, 180, 183, 208
Hun-Thien-Theorie 108
Huygenssches Prinzip 260
Hydratisierung 469
Hydrierung 458, 459, 468, 469
Hydrodynamik 496
Hydrologie 518
Hydrostatik 52, 200, 201
hydrostatischer Auftrieb 51, 52
hydrostatisches Gesetz 137
Hydrostatisches Paradoxon 201
Hygiene 417
Hyperpel 53
hyperkomplexes System 372

Iatrochemie/Iatrochemiker 202, 269, 274, 284
Iatrophysik/Iatrophysiker 283, 284, 288
Iberische Halbinsel (Erforschung) 60, 215
Ideal (Algebra) 372
Identitätsphilosophie 357
Immunisierung 419
Immunologie 510, 516
Impetustheorie 47, 80, 89, 90, 139, 170, 199
Imponderabilium 319
Impulsbegriff 170, 255, 445, 451
Impulserhaltungssatz 253, 443
Impulsmatrizen 443
Indanthrenfarbstoffe 401, 465
Indien (Erforschung) 42, 149, 175, 206, 209, 210, 215
Indigo 58, 401, 465
Indivisible 231
Induktion 326
Inertialbewegung 252
Inertialsysteme 394
Infektionskrankheiten 417–419, 473, 505
Infinitesimalmathematik/Infinitesimalrechnung 51, 123, 228, 230–235, 306, 370, 371, 391
Influenz, elektrische 266
Informationstheorie 488, 489
—, statistische 489
Informationsumwandlung 490
Informationsverarbeitung 484
Ingenieurtätigkeit 55–57, 63, 64, 184
Inklination 266
Inkommensurabilität 46
Insektizide 477, 506
instauratio magna 183
Institut de France 299
Institutionalisierung der Wissenschaft 216, 219
Instrumentenbau 110, 126

Insulin 472
Inteferenz 386
Inteferenzprinzip 493
Integralrechnung/Integration 43, 51, 84, 123, 230–233, 236, 248, 306
Integralzeichen 234
Interpolation, quadratische 83
Interpretation quantitativer Veränderungen 165
Intervall 307, 308
Invariantentheorie 370
Invisible College 218
Ionen 396, 397, 462
Ionenbindung 457
Ionon 404
Irrationalität 51, 130, 192
—, quadratische 46, 130
Irreversibilität 383
Ismailiya 139
Isochrone/Isochronismus 235, 252
Isolator 266
Isomerie 336, 457
Isopren 408, 468
Isotope/Isotopie 368, 449, 450, 453, 455, 480
Itinerarien 61
i-Werte 396

Jagdzauber 12, 13
Japan 122–124, 177, 210, 215, 294
Java 176, 422
Jupiter 109, 247, 309, 496
Jupitermonde 244, 246, 247, 257
Jupiterschatten 246
Jura 346

Kadmium 405
—, Verseuchung 513
Kältemaschine/Kältetechnik 362, 384
Kaiserlich russische geographische Gesellschaft zu Petersburg 349
Kaiser-Wilhelm-Gesellschaft/Kaiser-Wilhelm-Institute 367, 430, 453, 455
Kalender 23, 70, 107, 159, 198
—, Gregorianischer 73, 198
—, Julianischer 61, 197
—, Ritual- 70, 72, 75
—, vedischer 80
—, Wahrsage- 72–76
Kalenderrechnung 61, 85, 86, 122, 123, 188
Kalenderreform 61, 75, 193, 197
Kali-Kugel-Apparat 336
Kalium 405, 460
Kaliumchromat 401
Kaliumkarbonat 330
Kalzinieren 173, 269, 409
Kalzium 405
Kalziumhypochlorit 330
Kalziumkarbid 469
Kambrium 345, 479

Kampfer 400, 403
Kamtschatka (Erforschung) 294
Kanarische Inseln (Erforschung) 175
Kapazität 268
Kapillarität 317
Kaprolaktam 467
Kap Verde 208
kardanische Aufhängung 169
Karotinoide 462
Karten/Kartographie 60, 61, 76, 100, 110, 115–119, 146–148, 150, 208, 210, 213, 228
–, geologische 346
Kartenprojektion 213
Kaskadengenerator 451
Katalasen 472
Katalysator 397, 410, 459, 460, 468, 469, 472, 510
Katalysatorgifte 460
Katalyse 395, 459, 460
–, selektive 460
–, Theorie 460
Katastrophentheorie 347, 355
Kathode/Kathodenstrahlen 384, 385
Katoptrik 55
Kausalität 448
Kautschuk 408, 460, 468
Kautschuk-Synthese 408, 468
Kegel 43, 51, 82
Kegelprojektion 60
Kegelschnittslehre 52, 53, 128, 129, 229, 230
Kegelstumpf 102
Keimblätter 341
Keimdrüsen 472
Keimesentwicklung 208, 286, 340, 342, 412, 419
Keimesgeschichte 340
Keimzellen 416
Keplersche Gesetze 241, 253, 255
Keramikherstellung/Töpferei 13, 16, 32, 70, 78, 92, 93, 122
Kernbau 450
Kernbrennstoff 497
Kernenergie 387, 394, 454, 484, 489, 497, 498, 502
Kernfusion 454, 498
Kernkraftwerk 455, 497
Kernladung/Kernladungszahl 407, 450, 453
kernmagnetische Resonanzspektroskopie 504
Kernmodell 498
Kernphysik 392, 441, 449, 451–453, 496, 497
Kernquadrupolspektroskopie 504
Kernreaktor 455
Kernspaltung 453–454
–, spontane 454
–, Theorie 454
Kernumwandlung 449
Kernverschmelzung 498
Kernwaffen 508

Kernzertrümmerung, künstliche 451
Kettenreaktion 454, 455, 457, 460
–, Theorie der chemischen 460
Kiemenanlagen 342
Kieselgur 410
Kieselsäure 460
Kinematik 41
– des Himmels 23
–, quantentheoretische 445
Kinetik
–, aristotelische 47
–, chemische 396
Kipu-Schnüre 76
Klassifizierung der chemischen Stoffe 400
– der Gesteine 120, 293
– der Mineralien 144, 293
– der Pflanzen 49, 96, 141, 288
– der Sterne 378
– der Tiere 48, 49, 80, 93, 141, 142, 288
Klebstoffe 467
Kleinlebewesen 285
Klima/Klimatologie 96, 345, 428, 514
Klimazonen 60
Koeffizienten 104
Königliche Artillerie- und Ingenieurschule 383
Körner 342
Körper (Algebra) 372, 437
– (Physik) 392–394
Körperbau 175
Körperchen, unteilbare 274
Kogasin 459
Kohärer 381, 382
Kohle 469, 510, 518
Kohlechemie 504
Kohlefadenlampe 467
Kohlendioxid 278, 279, 332, 336, 409, 470, 474, 520
Kohlenhydrate 16, 400, 402, 505
Kohlenmonoxid 279, 344, 462
Kohlenstoff 336, 399, 457, 458, 469, 480,
–, Isotop ^{14}C 480
–, Tetraedermodell 400, 457
Kohlenwasserstoffe 458, 520
Kokain 403
Kolchizin 474
Kolloide/Kolloidchemie 456, 460, 461
Kombinationsprinzip 391
Komet 108, 175, 238, 255, 308, 313, 520
Kommunikation 362, 446, 484, 485
kommunizierende Röhren 201
Kompaß 112, 118, 171, 209, 212, 227
Kompaßkarte 212
Komplementaritätsprinzip 445, 446, 448
Komplexverbindungen 457, 461, 462
Kondensator 267
Konfiguration, stabile 456
Konfuzianismus 98–100, 107, 113
Kongo (Erforschung) 424

Kongruenzsatz 42
Koniin 403
Konstante 192
Kontaktverfahren 409, 463
Kontinentalverschiebungstheorie 520
Kontinente, Erforschung 347
–, Umrisse 213, 520
Kontinuum 82, 231, 375
Konvergenz 307, 437
Konvergenzkriterium 307, 308
Konzentration 396
Koordinaten 60, 118, 305, 443
–, kartesische 305
–, Sonnen- 109
–, Sternen- 109
Koordinatensystem 106, 118, 228, 230, 392
Koordinationslehre 461
Koordinationsverbindungen 462
Koordinationszahl 462
Korpuskeln 274, 275, 445
Korpuskulartheorie 342
Korrespondenzprinzip 441
Kosinussatz 193
Kosinuswerte 83, 84, 130, 134
kosmische Flüge 244
kosmische Strahlen 450, 482
Kosmogonie 351, 352, 378, 395
Kosmographie 81, 144
Kosmologie 166, 352, 378, 395
Kosmos, Aufbau 493
–, Entwicklung 493
–, Größe 493
Kotangensfunktion 84
Kotangenswerte 22, 84, 130
Kräfteparallelogramm 48, 200
Kräftesystem 357
Kräuterbüchlein 205
Kräutergärten 205
Kraft/Kräfte 199, 221, 242, 253, 255, 357, 378
–, elektrische 322
–, magnetische 322
Kraftbegriff 360
Kraftfeld 379
Kraftlinien 327, 371, 379
Kraftmaschinentechnik 384
Kraftübertragung 170
Krankheitserreger 419
Krapp 58
Krebszyklus 473
Kreisbahnen 41
Kreisbewegung 253
Kreisfigur 41, 82, 102, 106, 115
Kreisinhalt 106
Kreiskegel 102
Kreismodelle 47
Kreissegment 102, 106
Kreisströme, elektrische 326
Kreisumfang 374

Kreuzung (Experimente) 421
Kristalldetektor 382
Kristalle 386
—, ferroelektrische 502
—, ferromagnetische 502
Kristallformen 400
Kristallgitter 445
kristalline Flüssigkeiten 502
Kristallographie 144, 173
Kristallzüchtung 501
Krümmungsmaß 232
Krümmungsmittelpunkt 235
Krypton 456
—, Isotop 86 316
Küpenfarbstoffe 465
Kugel 51, 252
Kulturpflanzen (Züchtung) 474
Kunstfasern 410, 465, 467
Kunststoffe 430, 459, 465, 469, 484
Kupfer 518
Kupfergalvanoplastik 464
Kupfer(II)-hydroxid 467
Kupferkunstseide 410, 467
Kurven, ebene 230, 235
Kurvenentstehung 231
Kurvenlänge 230
Kurvenmessung 118
Kybernetik 488—490
Kyniker 36

Laboratorien 366
Labrador 215
Lacke 459, 467, 506
Ladung 482
—, negative 384
Ladungsdichte 444
Länder- und Städtebeschreibungen 146
Länge 315, 316
Längenkontraktion 394
Lagerstättenerkundung 481
Landefähre 496
Landesvermessung 22, 118, 123, 213
Lanthan 405, 453
Laplacescher Dämon 310, 356
Laser 501, 502
Leben, Ursprung 476
Lebensfunktionen 343
Lebenskraft 269, 336, 343, 419
Lebensprinzip 283
Lebensvorgänge 281, 469, 510
Lebenszyklen 417
Leber 281—283, 344
Lebertätigkeit 284
Lebewesen 342
—, Feinbau 285, 286
Leblanc-Soda 329, 407, 409
Leere, leerer Raum 261, 274
—, Torricellische 262, 263
Legierungen 115, 173, 181, 204

Legismus 98
Lehre von den aktupotentiellen Zuständen der Materie 59
Lehre von den Mengenverhältnissen 140
Lehrinstitut 338
Leidener Flasche 267
Leistung, mechanische 383
Leiter 266
—, stromdurchflossener 325
—, stromdurchflossener ringförmiger 326
Leitfähigkeit 396
Leitung, elektrische 266
Leitungsstrom 380
Leopoldina 217
Leuchtelektronen 441
Leuchtgas 401
Licht 256—258, 327, 357, 380, 381, 384, 391, 393, 460, 493, 499
—, Ausbreitung 55, 136, 257
—, Beugung 257, 260, 499
—, Brechung 56, 110, 136, 257, 260
—, Dispersion 260
—, Dualität 391, 443
—, Emissionstheorie/Korpuskulartheorie 260, 261, 317, 391
—, Interferenz 318
—, kohärentes 502
—, monochromatisches 502
—, Polarisation 318, 327, 379
—, Reflexion 55, 56, 110, 136, 137, 260, 318
—, Schwingungsbewegung 258
—, Wellennatur/Wellentheorie 258, 260, 317—319, 379, 381, 391, 392
—, Zerlegung des weißen 136, 137
Lichtäther 318, 392
Lichtgeschwindigkeit 257, 371, 392, 394
Lichtmedium 393
Lichtquanten 391, 443
Lichtquelle 110
Lichtstrahlen 317, 392
Lichttheorien 246, 317, 371, 378
Liganden 462
Linienspektrum 391
Linienverschiebung 378
Linsen 162, 246, 247
—, achromatische 247
—, bikonkave 110, 111
—, bikonvexe 110, 111
—, konkave 256
—, konvexe 256
—, Sammel- 247
Linsenfernrohr 319
Lithium 451
Lithologie 144
Lob-nor (Erforschung) 423
Löcher 445
Lösungsgleichung, osmotische 396
Lösungsmittel 459, 467
Logarithmen 237, 241

Logik, mathematische 38, 46, 233, 373, 374, 437, 438, 488
Logistik 490
Londoner Geographische Gesellschaft 383
Long-Count-Methode 70, 73
Longitudinalwellen 318
Lorentz-Transformation 371, 392
Los Alamos (Kernforschungszentrum) 455
Lualaba (Erforschung) 424
Luftdruck 254, 262, 264, 265
Luftschiff 482
Luftthermoskop 265
Lunar-Society 296
Lunge 282
Lurche 412
Lykaion 46, 49, 50
Lykopin 462
Lymphgefäße 282, 283
Lysergsäure 505

Madagaskar 177
Mächtigkeit 375
Magdeburger Halbkugeln 264
Magensaft 288
Magie 141, 143
Magnesium 405
Magnet/Magnetismus 99, 110—112, 171, 242, 266, 325—327, 357, 359, 371, 384
Magneteisenstein 266
Magnetfeld 377, 380, 493
Magnetinstrumente 481
Magnetisierung 112, 266
Magnetnadel 171, 265, 266, 325, 326
Magnetostatik 317, 322
Magnetpole 350
Magnetstein 112
Magnonen 499
makromolekulare Stoffe 462, 496, 504
Makrophysik 448, 499
Malachit 114
Malakka 215
Malayische Inseln 294
Malerfarben 204
Manchester Literary and Philosophical Society 296, 297
Mannigfaltigkeitslehre 375
Manufakturen 180, 214, 227, 296
Margarine 469
Marianengraben 482
Mark I 491
Mars 109, 240, 241, 496
—, Umlaufzeit 72
Maschinen 198, 484, 492
—, pneumatische 264
Maser 502
Masse 253, 255, 316, 352, 394
—, relative 334
Massebestimmung 378
Massenspektrometrie 504

Massenspektroskopie 449
Massenvernichtungsmittel 441, 484
—, atomare 484
—, biologische 484
—, chemische 484
Massenwirkungsgesetz 395
Massenzunahme 394
Massepunkte 309, 316
Maße 19, 22, 34, 74, 80, 98, 189, 190, 315, 316
Maßeinheiten 316
Maßstab 315
Maßsystem, dezimales 103, 316
Materialisation 450
Materialismus 309, 353, 451
—, dialektischer 449
—, mechanischer 309, 311, 447
materia primae 113
Materie 39, 50, 58, 59, 274, 275, 278, 309, 376, 378, 383, 407, 446, 451, 457, 476, 498, 499
—, Strukturproblem 384
Materieklumpen 352
materielle Einheit der Welt 356
Materiewellen 444
Materiewirbel 253
mathematische Physik 250
Matrizen 230, 371, 442, 443
Matrizenmechanik 443, 444
Matrizenschreibweise 103
Matrizentheorie 106
Mauvein 401
Maxwellsche Gleichungen 379, 392
Maxwellsche Relation 380
Maya-Codex 73
Mechanik 36, 51, 199, 201, 216, 226, 227, 249, 250, 316, 359, 360, 371, 378, 384, 393, 394, 489
—, analytische 370
—, Grundgesetze 255, 352
—, idealisierte 316
—, praktische 316
—, rationale 255
—, theoretische 316, 317, 370
—, wissenschaftliche 255
Medikamente 228, 271
Medium, schwingendes 392
Medizin 202, 453, 489, 490
Meeresforschung 517
Meerwasserentsalzung 520
Mehrkörperproblem 248
Mehrstoffkatalysatoren 460
Menagerie 205
Mendelsche Gesetze 421
Menge, abzählbar 82
—, unendlich 82
Mengenbegriff 374, 375
Mengenlehre 307, 370, 373–376, 437
Mengentheorie 368, 488
Mensch und Maschine 492

Mensch und Natur 356
Menschwerdung 12
Meridian 109
Meridianbogen 148
Meridianmessung 246
Merkur 109, 312, 394, 395, 496
—, Periheldrehung 312, 394, 395
Mesomerie 457
Meson 445
Meßgeräte/Meßtechnik 502, 503
Metall 88, 92, 140, 276, 333, 446, 465, 507, 518
Metallbindung 457
Metallkarbonyle 462
Metallkunde 465
Metallspiegel 56
Metallurgie 18, 26, 32, 62, 78, 80, 81, 93, 98, 115, 120, 122, 144, 171, 172, 184, 202, 204, 430, 464, 465
Metaphysik 353
Meteore 37
Meteoriten 40, 108, 520
Meteorologie 98, 107, 115, 230, 428, 495, 518
Meter/Meterkonvention 315
Methan 457
Methanol 459, 469
Methodenlehre 51
Methylkautschuk 408
metrisches System 315
Metrologie 130
Mexiko 215
Michelson-Experiment 371
Mikroben 417, 517
Mikrobiologie 368, 417–419
Mikroelektronik 501, 502
Mikrokosmos 256
Mikroobjekte 448
Mikroorganismen 417, 517
Mikrophysik 448
mikrophysikalische Schicht 448
Mikroprozesse 449
Mikroprozessoren 501
Mikroskop 207, 256, 281, 285, 286, 341, 417
Mikroteilchen 445, 499
Mikrowellentechnik 502
Milchstraße 311, 352
Milz 343
Milzbrand 417
Minerale 61, 144, 145, 173, 175, 203, 204, 206, 384, 479, 481
—, Gitterbau 481
—, Heilkraft 203
—, Klassifizierung 144, 293
Mineralfarben 278
Mineralogie 62, 144, 145, 345
Mineralpflanze 144
Mineralsäure 202
Miniaturisierung 501
Minimatakrankheit 513

Minus-Zeichen 190
Mischkatalysatoren 459, 460, 510
Mischungen 38
Mischungslehre 59
Mischungsregel 265
Mißbildungen/Mißgeburten 286
Mississippi (Erforschung) 349
Mitochondrien 473
Mittel 43
—, arithmetische 43
—, geometrische 43
—, harmonische 43
Mittelwertsatz der Differentialrechnung 84
Möndchen des Hippokrates 42
Mößbauer-Effekt 501
Mößbauer-Spektrometrie 504
Mohismus/Mohisten 98, 104, 110, 113
Mohorovičić-Diskontinuität 519
Molekül 335, 368, 383, 398, 400, 404, 457, 460–462, 472, 474, 496, 499, 502, 504, 510
Molekülenergie 383
Molekülmasse 398, 405, 461
Molekülphysik 503
Molekülzahl 383
Molekularbiologie 475, 504
Molekulargenetik 510
Molekularmassebestimmung 396
Moment, magnetisches 504
Mond 40, 54, 81, 85, 86, 115, 159, 171, 238, 244, 248, 255, 352, 496, 519
—, Libration 246, 248
—, Nutation 248
Mondbewegung 256
Mondfinsternis 38, 72, 86, 107
Mondgestein 519
Mondlandung 496, 519
Mondoberfläche 245
Mondperioden 76
Mondphasen 23, 61, 244
Moose 342
Morphin 470
Morphologie 96, 339, 340, 510
Mosaikkrankheit 419
Multi Mirror Telescope (MMT) 492
Multiplikation 102, 103, 371, 374, 491
Multiplikationstafeln 130
Multiplittstruktur 441
Mumifizierung 30
Museion 50, 59, 65
Musik 111, 159
Musiklehre 39
Muskel, Funktionsweise 288
—, Verkürzung 284, 288
Mutanten 474–476
Mutationen 416, 474, 476
Mutationsrate 474
Mutterkornalkaloide 505
Mystik 516

537

Nachrichtensatelliten 495
Nachrichtentechnik 490, 495, 502
Nachrichtentheorie 489
Nachtgleiche 309
Nacktsamer 342
Nadelhölzer 412
Nährstoffoxydation 473
Nahewirkungstheorie 253
Nahrungsreservoir 517
Nahrungsresorption 344
Naphtol-AS-Farbstoffe 401
Narkotin 403
Natrium 405, 456
Natriumchlorid 457, 464
Natriumhydrogenkarbonat 409
Natriumion 457
Natriumkarbonat 330
Natriumsulfat 114, 329
Natronlauge 464
Naturalienkabinett 292
Naturalisten 113
Naturansicht, dynamistische 357
Naturbeobachtung 202
Naturerscheinungen 13, 21, 356, 508
Naturfarbstoffe 408, 457, 470, 471
Naturgeschichte 292
Naturheilkräfte 175, 202
Naturkräfte 325, 327, 356, 357
Naturordnung 339
Naturphilosophie 108, 228, 316, 323, 356
–, aristotelische 46, 47, 261
–, ionische 32, 33, 37, 38, 42, 45, 50, 58
–, romantische 358, 360
–, scholastische 250, 261
Natursoda 329
Naturstoffe 13, 269, 368, 401, 402, 408, 462, 469–471
Naturvorgänge 346, 358
Naturwissenschaften, gesellschaftliche Stellung 296
Navigation 208, 218, 227
Navigationshilfsmittel 208, 214, 248
Nebelkammer 449
Nebenniere 343, 472
Nebenquantenzahlen 392
Nebenvalenzkräfte 461, 462
Nebularhypothese 353
n-Ecke 374
Neoconteben 505
Neon 456
Neovitalismus 419
Neptun 312
Neptunismus 354
Nernstsches Wärmetheorem 469
Nerven, Erregung 284, 288
–, Funktionsweise 288
–, Irritabilität 288
–, Leistung 477
–, Sensibilität 288

Nervengifte 508
Nervenphysiologie 421, 510
Nervensystem 471, 477, 489
Nervenzelle 471
Neuseeland 215
Neutralisation 333
Neutrino 445
Neutronen 450, 452, 454
–, langsame 453
Neutronenabsorption 454
Neutronenbremsung 454
Neutronenphysik 452, 453
Neutronenquellen 503
Neutronenstrahler 452
Neutronenstrahlung 499
Neutronenvermehrung 454
Nichtleiter 266
Nichtmetalle 333
Nickel 459
Nickeltetrakarbonyl 462
Niederdrucksynthese 510
Niere 284, 285
Niger (Erforschung) 348, 424
Nikotin 403
Nil (Erforschung) 348, 424
Nitrieren 410, 463, 467
Nitrobenzol 401
Nitroglyzerin 410
Nitrozelluse 467
Nobelpreis 387, 390, 460, 478, 517
nördlicher Seeweg 425
Nomenklatur 76
–, binäre 142, 290
–, chemische 333
–, Pflanzen- 141, 142
–, Tier- 141, 142
Nominalismus 161, 165
Nordpol (Erforschung) 426, 482
Nova 108
nuclear magnetic resonance 501
Null 22, 70, 76, 103
Null-Meridian 60, 248
Nullpunkt, Unerreichbarkeit 384, 458
numerische Methoden und Verfahren 83, 106, 127, 130, 488
Nyaya-Schulen 87
Nyaya-System 88
Nyaya-Vaischeshika-System 90
Nylon 467

Observatorien 101, 107, 110
Ökologie 476, 512
Öle 275, 469
–, ätherische 408, 470
Östron 472
Ohmsches Gesetz 326
Oktaven 406
Oktett 456, 457
Oleum 329

Operationsforschung 488
Operatoren/Operatorentheorie 437
Optik 36, 55, 110, 171, 198, 256, 257, 317
–, geometrische 126, 256
Orbitale 444
Orbitalkomplexe 495
Ordinate 230
Ordnungszahl 498
Organe 48, 94, 95, 286, 341, 343, 344
–, Feinstruktur 343
–, Funktionen 342
–, homologe 355
–, Systeme 341
Organismen/Organismus 283–286, 291–293, 340, 343, 412, 416–418, 470, 504, 510, 512, 517
Orientierungsvermögen 288
Ornithologie 174
Orthogonalprojektion 303
Osmium 405, 410
osmotischer Druck 396
Osterrechnung 154
Otto-Motor 362
Oxydation/Oxydationstheorie 276, 278, 332
Oxydationsmittel 402
Oxydationsstufe 504
Ozeanographie/Ozean-Erforschung 119, 175, 176, 215, 294, 482, 518, 520
Ozon 482

Paarerzeugung 445, 450
Paarvernichtung 445, 450
Paläobotanik 345
Paläontologie 290, 351, 354, 476
Paläozoologie 345
Palladium 405
Pangeometrie 304
Papier 99, 126, 181, 182, 184
Parabel 53, 187, 229, 231
paracelsische Prinzipien 202, 274
Paradoxien 38
Paraffine 459
Paraffinoxydation 468
Parasitenforschung 417
Parfümerie 204
Pariser Thesen 437
Pascalsches Dreieck 106
Patristik 152
Paulisches Ausschließungsprinzip 441
Peanosches Axiomensystem 308
Pechblende 387
Pendel 252
Penduluhr 253
Penizillin (Penicillium) 472, 473, 505
Pergament 126
Perihel 314
Periodisches System der Elemente 368, 404, 406, 407, 441, 453, 456
– nach Mendelejew 406

– nach Meyer 407
Peripatetiker 46
Perlen 144, 467
Permutationen 371, 372
Peroxydasen 472
Perpetuum mobile 169, 170, 198, 223, 359
Persischer Golf 176
Perspektive 43, 188, 303
Peru 215
Pest/Pestepedemie 172, 175, 417
Petrographie 144
Petrolchemie 469, 504
Pferdestärke 322
Pflanzenfarbstoffe 471
Pflanzenhybriden 288
Pflanzenkrankheiten 96
Pflanzenmineral 144
Pflanzenphysiologie 143, 288
Pflanzenreich 206, 412
–, Stoffwechsel 474
–, Systematisierung 288
Pflanzenschutzmittel 484
Pflanzenwuchsstoffe 462
Pharmakologie 76, 505
Phasenübergang 502
Phasenwellen 444
Phenazetin 403
Phenol 401, 469
Philosophical College 218
Philosophie der Quantenphysik 446, 447
Phlogiston/Phlogistontheorie 275–280, 332, 333
Phononen 499
Phospation 457
Phosphor 269, 278
Phosphorglyzerinsäure 474
Photochemie 456, 460
photoelektrischer Effekt 385, 391
Photoelektronen 504
Photographie 502
photographische Industrie 410
Photometrie 378
Photonen 391, 443, 450, 460
Phthaleine 401
pH-Wert 467
Physik, aristotelische 47, 54, 132, 136, 199, 244, 252
–, kartesische 246
–, Newtonsche 255, 256, 444
–, theoretische 488
physikalische Chemie 362, 369, 395–397, 456, 460, 461, 497
Physikalisch-Technische Reichsanstalt 367, 390
Physikotheologie 290, 292
Physiologie 81, 281, 283, 342–344, 360, 368, 369, 419, 421, 432, 510, 517
–, experimentelle 288
physiologische Optik 419

Pi (π) 21, 22, 51, 84, 106
Pilze 417
Pion 445
Plancksche Formel/Plancksches Wirkungsquantum 390, 391
Planeten 14, 23, 41, 47, 53, 85, 108, 166, 175, 193, 240, 242, 248, 253–255, 311–313, 352, 353, 496
–, Rotation 116, 166, 246
Planetenbahnen 239, 240, 242, 253, 308, 309, 313
Planetenbewegung 46, 108, 109, 132, 134, 138, 152, 159, 193, 197, 238, 241, 248, 249, 253, 254, 256, 309, 310
Planetensystem 197, 309, 312, 351–353, 442
Planetoide 311, 314
–, Ceres 314
–, Juno 314
–, Pallas 314
–, Vesta 314
Plankton 495
Plasma/Plasmaphysik 496, 498
Plaste 467, 485, 506, 507
Platonismus 45, 46, 51, 250
Plattentektonik 520
Plenisten 263
Plus-Zeichen 190
Plutonismus 354
Plutonium 455, 497
pneumatische Chemie 276, 278
pneumatische Wanne 278, 279
Polarfronttheorie 428
Polargebiete (Erforschung) 347, 349, 425–427, 482
Polarmeer 426, 427, 482
Polaronen 499
Polarstern 109
Pollen/Pollenanalyse 480
Pollenkörper 342
Pollenschlauch 342
Polonium 387
Polstärke 316
Polyäthylen 467, 506
Polyamide 467
Polyeder 45
–, platonische 240
–, reguläre 51
Polyesterfasern 467
Polyglykoläther 467
Polymere 469, 502
Polymerisation 408, 468, 469, 502, 510
Polynome 128
polyploide Sorten 474
Polystyrol 506
Polyurethanfasern 467
Polyvinylbenzol 467
Polyvinylchlorid 506
Polyvinylester 467
Populationsforschung 512

Populationsgenetik 476
Portolankarten 212
Porzellan 273, 274
Positionssystem 21, 22, 70
–, dezimales 76, 83, 126, 130, 237
Positivismus 384, 447
Positron 450, 452
Potentialdifferenzen 510
Potentialtheorie 303, 317
Potenzen/Potenzrechnung 53, 165, 190
Potenzreihen 231
Pottasche 172, 329
Präformationstheorie 286
Präzession der Äquinoktien 54
Präzisionsmessungen 501
Praktikum, physikalisch-chemisches 395
Primärfarben 258
primum mobile 166
Primzahlen 51
Princeton-Gruppe 489
Prinzip von der Erhaltung der Energie 351, 358–360, 378
Prinzipienlehre 275
Prismen 22, 106, 257, 258
Produktion, Verwissenschaftlichung 362
Produktionsordnung 113
Programmsprache 492
Progres 495
Projektion 82
Proportion 22, 51, 102, 159
Proportionalität zwischen Masse und Impetus 170
Proportionalität zwischen Weg und Kraft 201
Proteine 472
Proton 407, 445, 449–451
Protonenstrahlung 449
Protozoenerkrankungen 505
Prozesse, irreversible 383
–, reversible 383
Psi-Funktion 444
Psychogifte 507
Psychologie 81, 419, 490
Psychophysik 419
Pulslehre 419
Pulsmessung 65
Pulszählgerät 284
Pulverherstellung 173, 204, 298
Punkt 103, 230, 231, 372
Punktmassen 254
Punktmechanik 261, 357
Punktmengentheorie 375, 437
Purpur 58
Pyramide 51, 106
Pyramidenstumpf 106
Pythagoreer 43, 45, 55

Quadranten 230
Quadrat 82, 102, 106

539

Quadratum geometricum 193
Quadratur 43, 51, 232
— des Kreises 43, 51, 359
Quadratwurzel 102
Quadratzahl 374
Quadrivium 66, 159
Quantenchemie 457
Quantenelektrodynamik 445
Quantenenergie 450
Quantenfeldtheorie 445, 498
Quantengeneratoren 497, 502
Quantenmechanik/Quantenphysik/Quantentheorie 368, 379, 388, 390, 391, 437, 441, 443—448, 457, 460, 496, 499, 502
Quantenstatistik 444—446, 448
Quantentheorie, Kopenhagener Deutung 445, 446
Quantenzahlen 441, 498
Quasiteilchen 499
Quecksilber 93, 115, 140, 145, 202, 275, 279
Quecksilberbarometer 263
Quecksilberchlorid 114, 332
Quecksilberkalk 332, 333
Quecksilberluftpumpe 384
Quecksilberoxid 279, 333
Quecksilbersulfid 114
Quecksilberthermometer 265

Rachitis 472
Radar 436, 502
Radialgeschwindigkeit 378
Radikal 128, 398, 502
Radikale, gepaarte 398
Radio 446, 495, 501
radioaktive Altersbestimmung 479
radioaktive Indikatoren 474
Radioaktivität 386, 387, 407, 452, 453, 479, 519
—, künstliche 452
Radioastronomie 493
Radioelektronik 489
Radioquellen 493
Radium 387, 453
Radiumatom 387
Radiuminstitut Paris 453
Radiumisotope 453
Raketen 435, 493
—, Feststoff- 435
—, Flügel- 435
—, Groß- 435
Raketenflug 435
Raketenforschung 435
Randwertprobleme 370
Rassenverfolgung 433
Rationalismus 99, 230
Raum 305, 306, 437
—, absoluter 392
—, interplanetarer 493
—, leerer 261, 274, 393

—, linear normierter 437
Raumflug, bemannter 495
Raumgleiter 496
Rauminhalt 230, 231, 304
Raumschiff 496
Raumstation 496
Razemate 400
r-Cos 84
Reaktionsfähigkeit 407
Reaktionsgeschwindigkeit 396
Reaktionskinetik 456, 459, 460
Reaktionswärme 384
Reaktionszyklen 473
Reaktor, natürlicher 520
Reaktoren 497, 503
Rechenanlagen 488—491
Rechenautomaten 237, 490
Rechenbrett 82, 188
Rechenbüchlein 189, 190
Rechengeschwindigkeit 491
Rechenhilfsmittel 130, 188, 228, 237
Rechenmaschine, mechanische 237
Rechenmeister 184, 188, 189
Rechenoperationen 130, 190, 491
Rechenregeln 83, 126, 189, 192, 371
Rechenstäbe 237
Rechensteine 164
Rechentechnik 21, 22, 488—492
—, maschinelle 488
—, programmgesteuerte elektronische 374, 438, 489—491
Rechenzeichen 190
Rechnen, elementares 61
—, kaufmännisches 189
—, Kopf- und Finger- 13, 130
—, logarithmisches 192
—, schriftliches 164
Rechteck 82, 106
Reduktion 276, 332, 401, 468
Reduktionsmittel 402
Reflexe 421
Reflexionsgesetz 55, 56
Regelgeräte 503
Regenbogen 171
Regenerationsfähigkeit 286
regula falsi 102
Reibung 24, 317
Reibungselektrisiermaschine 266
Reibungselektrizität 322
Reibungswärme 15, 321
Reihen, Arctan- 84
—, arithmetische 22, 102, 192
—, endliche 106
—, geometrische 102, 192
—, unendliche 51, 84, 103, 106, 123, 233, 306, 307
Reihenlehre 84, 236, 307
Reinigungsmittel 467
Reiz 419

Rektifikation 232
Relaisstationen 495
Relativitätsprinzip der Bewegung 253
Relativitätstheorie 256, 306, 313, 368, 371, 378, 392, 394, 441, 445
—, allgemeine 394
—, spezielle 394
Renaissance 168, 180, 184, 188, 198, 202, 204, 206
Reptilien 412
Resonanz 504
—, magnetische 501
Resonator 381
Restriktionsenzyme 517
Retorte 337
Revolution, Industrielle 268, 296, 297, 300, 303, 306, 314, 317, 321, 327—330, 337, 347, 351, 359, 362, 366, 462
—, Wissenschaftliche 183, 184, 188, 198, 216, 268, 276, 328, 332, 485
Revolution, wissenschaftliche
—, — der Astronomie 192, 194
—, — der Chemie 332
—, — der Mathematik 376
—, — der Mechanik 249
—, — der Physik 371
Rhomboide 106
Rodentizide 506
Röhren 384
Röntgenstrahlen 384, 386, 443, 445, 474, 475, 499, 504
Röntgenstrukturanalyse 504
Rohstoffe 430, 484, 510
—, silikatische 507
Ross-Barriere 350, 427
Royal Institution 322
Royal Society 218, 221, 312
Rubidium 405
Rubinglas 273
Rückkopplungsschaltung 382
Ruhe, absolute 393
Ruhemasse 443, 450, 451
Rundfunkübertragungen 495

Saccharin 403
Säugetiere 412
Säulen des Herkules 42
Säure 333, 402
Säurehydrazide 505
Sahara (Erforschung) 424
Saigerverfahren 172
Saitenschwingung 306
Salinen 157
Salizylsäure 403
Salmiak 145
Salpeter 114, 173, 271, 329
Salpetersäure 172, 271, 280, 401, 408, 410, 463, 464
Salut 6 495

Salvarsan 419
Salze 145, 202, 275, 333
Salzsäure 271, 469
Sambesi (Erforschung) 424
Samenentwicklung 342
Samentierchen 286
Satelliten 493, 495, 519
Saturn 309, 496
Saturnmonde 246
Saturnring 245, 309
Satz des Pythagoras 43, 67, 104, 373
Satz von der doppelten Wahrheit 161
Satz von Vieta 192
Sauermilch 329
Sauerstoff 279, 332—336, 399, 405, 469
Sauerstoffkerne 449
Scandium 407
Schachtelhalme 342, 412
Schadstoffe 484
Schädlingsbekämpfungsmittel 468, 484
Schalenaufbau 441
Schall 392
Schallausbreitung 260
Schallwellen 63, 92
Schaltjahr 198
Schaltkreise, integrierte 491
Schaltungsaufbau 491
Schattenbildung 110
Schattenstab 37
schiefe Ebene 200
Schießbaumwolle 410
Schießpulver 114, 173, 184
Schiffswege 350
Schilddrüse 343, 472
Schmelzen 173
Schmelzflußelektrolyse 323, 405
Schmelzwärme 266
Schmiermittel 506
schnelle Brüter 497
Scholastik 161, 168, 183, 373
Schrift 9, 19, 20, 76, 78, 122
—, Bilder- 75
—, Hieroglyphen 21, 70, 72, 75
—, Karolingische Minuskel 154
—, Keil- 9
Schriftentstehung 9
Schrödinger-Gleichung 444
Schulen 154, 157, 182, 188, 189, 208, 432, 485
Schule von Toledo 157
Schutzimpfung 417
Schwarzpulver 182
Schwefel 93, 140, 144, 202, 275, 278, 296, 336
Schwefeldioxid 279
Schwefelsäure 172, 271, 329, 401, 407—409, 462, 463
Schwerelosigkeit 495
Schwerkraft 254, 394, 395, 519

Schwingkreis 382
Schwingungen 252, 379, 380, 392
Schwingungserzeuger 382
Sedimentationen 479
Seeablagerungen 479
Seekarten 149, 208
Sehnentafeln 54, 55
Sehnerv 65
Sehstrahl 55
Sehvorgang 55, 92
Seifen 469, 506
Seismograph 120
seismologische Erkundung 481
Sektion 207
Sekunde 316
Selektionstheorie 13, 412
Selenologie 520
Senegambien 294
Serapeion 50
Sexualhormone 471, 472
Sexualität der Pflanzen 288
Sexuallockstoffe 471
Sibirien 215, 294
Siedepunkt 265
Silikatchemie 507
Silizium 407, 452
Siliziumfluorid 279
Silur 345
Sind-Tradition 81
Sinnesorgane 88, 285
Sintflutlegende 346
»Sinusfunktion« 83, 84, 130
Sinusgesetz 256
Sinussatz 193
Sinustrigonometrie 84, 127
Sinus versus 84
Skeno 56
Skeptizismus 36, 99
Société de Géographie 348
Soda 172, 296, 328, 329, 407—410, 462
Sojus T 495
Soma 416
Sonden, automatische 496
Sonne 37, 40, 53, 54, 72, 81, 85, 86, 88, 115, 159, 171, 239, 240, 242, 244, 253, 255, 309, 378
—, Lichtablenkung 395
Sonnenbewegung 311
Sonnenenergie 454
Sonneneruption 108
Sonnenfinsternis 72, 86, 107, 395
Sonnenflecken 245, 377
Sonnenjahr 76
Sonnenspektrum 319, 376, 377
Sonnenstand 61
Sonnensystem 352, 496
Sophisten 113
Soroban 123
Spaltenfrost 346

Spannung, elektrische 268, 326
Speichelenzyme 472
Speicherkapazität 491
Spektralanalyse 319, 376, 395, 405
Spektralfarben 258, 260
Spektrallinien 376, 391
—, Feinstruktur 392, 441
Spektroskopie 378
Spektrum 258, 376, 441—443
Spermatozoen 286
Spezialfarbstoffe 465
Spezies 290, 412
Sphären 46, 47, 166, 238, 240
Spiegel 55, 492
—, ebene 110
—, Hohl- 56
—, konkave 110
—, konvexe 110
—, kosmologische 118
—, parabolische 56
—, Sammel- 56
—, sphärische 247
Spiegel-Interferometer 392
Spiegelteleskop 247, 311, 492
Spieltheorie 488
Spin 445
Spirituosen 172
Spiritus 275
Spitzbergen 426, 482
Spitzenwirkungen 266
Sprache 19
—, formalisierte 438
Spray-Dosen 512
Sprengstoffe 387, 402, 410, 430, 436, 463
Springfluten 115
Spurenbeimischungen 504
Sputnik 491, 495
Stabilität, thermische 501
Stabilitätsinseln 498
Stärke 470
Stammbäume 414
Starkeffekt 441
Stark-Vernickelung 465
Statik 36, 52, 169, 200
Statistik 490
„Statistik-Maschine" 490
Staubbrett 84
Steinbuch des Aristoteles 145
Stein der Weisen 60, 170, 173, 223, 269
Stellenwertsystem 103
Stereochemie 403
Sterne 37, 40, 62, 109, 110, 166, 174, 313, 378, 493
—, Helligkeitsbestimmung 378
Sternbewegung 378
Sternbilder 23, 24, 311
Sternenkarte 110
Sternenkataloge 110
Sternennebel 311, 352

541

Sternmasse 378
Sternpositionen 248
Sterntafeln 248
Sternwarte 193, 246–248, 311, 366
Steroide 506
Stetigkeit 307, 437
Steuerung 501
–, synchrone 492, 503
Stickoxide 279
Stickstoff 279, 336, 397, 449, 458, 463
Stickstoffkerne 449
Stochastik 440
Störung, elektromagnetische 380
Störungsrechnung 248, 309
Stoffe 460, 470, 473
–, gelöste 396
Stoffumwandlung 16, 58–60, 422, 510
Stoffwechsel 284, 337, 422, 462, 470, 472–475, 504, 506
Stoizismus 36
Stonehenge 15
Stoß/Stoßtheorie 199, 253
Strahlen 171, 384, 385, 474, 507
Strahlenforschung 388
Strahlengang 256
Strahltiere 340
Strahlung 380, 386, 387, 394, 450, 474, 493, 495, 496, 502, 504, 514
–, Absorption 390
–, Emission 390, 442
–, kurzwellige elektromagnetische 386
Strahlungsaktivität 386
Strahlungsformel 390
Strahlungsgesetze 378, 390, 443
Strahlungsschwingungen 379
Strahlungswärme 380
Straßennetz 146
Stratigraphie 144, 145
Stratosphärenforschung 518
Strecken 304
–, Fließen von 231
–, Inkommensurabilität 45
Streptomyzin 505
Streuquerschnitte 498
Streuversuche 499
Strom 464
–, elektrischer fließender 326, 371
–, Wärmewirkung 359
Stromerzeuger 327
Stromerzeugung, elektromagnetische 326
Stromstärke 326
Strontiummethode 479
Struktur 502
Struktur, atomistische 274
Strukturaufklärung 400, 503
Strukturdenken 368, 371
Strukturen, ebene 400
–, räumliche 400
Strukturformeln 400

Strukturmathematik 368, 370, 374, 436, 437, 488
Strukturtheorie der organischen Verbindungen 399, 400
Strychnin 470
Styrol 468
Subjekt-Objekt-Problematik 447
Sublimieren 173
Substitution 53, 103, 374
Substitutionstheorie 398
Subtangenten 53
Südpol (Erforschung) 426, 427
Südsee 119
Süd-Victoria-Land 350
Sufismus 139
Sulfation 457
Sulfonamide 472
Sumatra 176
Supernova 238
Supraleitfähigkeit 502
Symbolik, algebraische 84, 190, 192
Symbolschrift 234
Synchrotron 452
Synchrozyklotron 452
Synthese, chemische 400, 402, 462, 503, 510
–, technische 504
Synthesechemie 457, 468
Synthesefasern 465, 467, 468

Tang 412
Tangensfunktion 84, 130
Tangenten 53, 230, 232
Tangentenproblem 231
Taoismus 98, 99, 113
Tarimbecken (Erforschung) 423
Taschenrechner 501
Tauchapparat/Tauchen 482
TCDD 512
Technik 186, 198, 223, 296, 300, 370, 371, 453, 464, 490, 491, 501, 503
Technische Hochschulen 300, 381, 481
Technisches Zeichnen 303
Teer 330
–, Steinkohlen- 401
Teerfarbstoffe 362, 401
Teilbarkeitslehre 43, 51
Teilchen 385, 396, 443, 445
Teilchenbeschleuniger 503
Teilchenströme 493
Teilchenumwandlung 498
Teilchenzähler 387
Telegraphie 362
–, drahtlose 428
–, optische 298
Telephon 362
Teleskope siehe Fernrohre
Temperatur 266, 274, 319, 335, 383, 390, 396, 479, 482, 493, 495
Temperaturangaben 265

Temperaturbereich 502
Terbium 405
Terpene 400, 403, 470
Terror 350
Tetanus 417, 419
Tetrachloräthan 469
Textilindustrie 328
Textilveredlung 100
Thallium 405
Theorie der Beobachtungsfehler 439
– der Formlatituden 165
– der homozentrischen Sphären 46
– der sieben Klimata 147
Thermochemie 384
Thermodynamik 322, 362, 383, 384, 397
–, chemische 456, 458, 459
–, Hauptsätze 383, 384, 397, 458
–, technische 384
Thermometer 124, 265
Thermoskop 284
Thiosemicarbazone 505
Thorium 453
Thoriumverbindungen 386
Thymus 343
Thyroxin 472
Tibet (Erforschung) 422
Tieftemperaturen 495, 496, 503
Tiere, Ernährung 48, 142
–, Fortbewegung 48, 142
–, Fortpflanzung 48, 142, 285
–, Organe 207, 285
–, Schutzmethoden 142
–, Strukturen 207, 285
Tierheilkunde 142
Tierkreiszeichen 23, 86
Tierphysiologie 288
Titrimetrie 504
Tollwut 417
Ton (Akustik) 111
Topologie 370, 488
Totalreflexion 260
Trägheitsgesetz 253
Trägheitsprinzip 252
Trägheitsproblem 170
Transatlantikkabel 362
Transduktion 517
Transformationen, mathematische 230, 372, 392
Transformationstheorie 444
Transhimalaja (Erforschung) 423
Transistor 446, 491, 501
Transmitter 472
Transmutation 60, 93, 139, 140, 144, 173, 269, 273
Transportraumschiffe 495
Transurane 453
Transversalwellen/ transversale Schwingungen 318
Trapeze 106

Traubenzucker 473
Treibmittel 512
Treibstoffe 430, 436, 459
Trennungsgang 504
Trepanation 17
Triade 90, 406
Triadenregel 405
Triangulation 213
Trias 345, 479
Trichinen 417
Trigonometrie 54, 83, 84, 127, 130, 187, 188, 193
—, ebene 55, 193
—, Sinus- 84, 127
—, sphärische 55, 103, 193
Triode 382
Trivium 154, 159
Tschadsee 424
Tuberkulose 417
Tuchmacherei 157
Tunguskameteorit 520
Typendruck 100
Typenlehre (Biologie) 340
Typentheorie 398, 400

Übergangswahrscheinlichkeit 443
Übersetzer/ Übersetzerschule/ Übersetzungen 157, 180
Uhr 57, 65, 76, 107, 110, 139, 184, 226
Ultramikroskop 461
Ultrazentrifuge 461
Umformung, algebraische 192
Umkehrbilder 110
Umkristallisieren 173
Umrechnung 189
Umweltproblem 484, 495, 508, 512, 513
Unbekannte 53
Unbestimmtheitsrelationen 445, 447
unendlich, mathematisch 231, 306, 374, 375
Uniformitätsprinzip 346
unitaristische Auffassungen 398
Universalienstreit 161
Universitäten 81, 159, 167, 170, 182 184, 192, 193, 216, 364, 366, 373, 390, 395, 432, 438, 485, 487
Universum/Weltall 311, 351–353, 378, 383, 392, 395, 493, 495
Unschärferelation 446
Uran 410, 453, 455, 518, 520
Uranisotope 455, 497
Uranus 311, 312
Uranverbindungen 386, 387
Uratmosphäre 476
Urease 472
Urerde 476
Urkilogramm 316
Urmasse 353
Urmeter 316
Urpflanze 340

Urstoff 37, 38, 60
Urzeugung 142, 285, 417, 451
UV-Strahlen 504, 514

V 1/ V 2 435
Vacuisten 263
Vaischeshika-Schule 80
Vaischeshika-System 88
Vakuum 170, 254, 261–265
Vakuumpumpe 264
Valenz 399, 400, 457
Vanillin 404
Variable 22, 53, 84, 190, 192, 236
Variationen 416
Variationsprinzipien 370
Variationsrechnung 236, 303, 369
Vegetationskunde 512
Vektor 230
Venen 281, 282, 286
Venenklappe 281
Venus 72, 109, 496
Venusphasen 244
Verbindung, chemische 332, 398, 461, 504
Verbrennungskraftmaschinen 384
Verchromung 465
Verdampfungswärme 266
Verdoppeln 21
Vererbung 13, 48, 94, 96, 416, 419–421, 474, 476, 504, 517
Vererbungssubstanz 476, 510
Vergaserkraftstoff 510
Vergiftung 484
Verhaltensforschung (Ethologie) 477
Verhaltensweisen 477
Verjüngungsexperimente 471
Verkalkung 276, 332
Verkehrswesen 485, 490
Verknüpfungsgesetze 372
Vermessung, geographische 61, 123, 315
Vermessungswesen 187
Vernetzung, strahlenchemische 507
Verschiebungsstrom 380
Vertauschungsrelation 443
Vertikalbewegungen 520
Verwitterung 346, 520
Vibrationstheorie 259, 260
Victoriasee (Erforschung) 424
Viehzucht 10, 28, 62
Vier-Elemente-Theorie des Empedokles 38, 59, 93
Vigesimalsystem 72
Vinylazetat 469
Vinylchlorid 469
Viren 419, 505
Virtuosi 184, 216, 221
Viruserkrankungen 505
Visierbüchlein 189
Visieren 189
Visierrute 189

Viskoseseide 410
Vitamine 400, 422, 462, 472
Vitriole 144, 145, 173
Vitriolöl 329
Vögel 412
Voltaische Säule 359
Volumen 106, 140, 315
Volumenänderungen 335
Volumenberechnung 21, 103, 231
Volumen von Prismen 102
— von Pyramiden 102
— von Tetraedern 102
— von Zylindern 102, 322
Vorhersagetheorie 489
Vulkane 63, 350, 354
Vulkanismus 61, 119, 520

Waage 25, 51
Wachstum 504
Wägung 332
Wärme 321, 357, 359, 383, 384, 419
—, latente 266
—, spezifische 265, 319, 360, 383
Wärmeabgabe 387
Wärmeäquivalent 359, 360
Wärmeenergie 359
Wärmekapazität 266
Wärmekraftmaschinen 384
Wärmelehre 265, 319, 322
Wärmeleitung 306
Wärmemenge 266, 319
Wärmeprozesse 384
Wärmestofftheorie 266, 319
Wahrsagetafeln 118
Wahrscheinlichkeit/Wahrscheinlichkeitsrechnung/Wahrscheinlichkeitstheorie 228, 311, 374, 383, 384, 432, 437–440, 448, 488
Wahrscheinlichkeit, Maß 439
Wahrscheinlichkeitsgesetz der Geschwindigkeitsverteilung 383
Waldmeisteraroma 404
Wandelsterne 54, 311, 312
Waschmittel 467, 506
Wasser 335, 346
—, schweres 455
Wasserbau 157
Wassergas 459, 469
Wasserkraft 110, 169, 182
Wasserregulierung, künstliche 18
Wasserstoff 280, 335, 336, 397, 399, 443, 458, 463, 464, 469
—, schwerer 450
Wasserstoffbrücken 504
Wasserstoffisotope 450
Wasserstoffkerne 450
Wassertiere 412
Wassertyp 398
Wasserverseuchung 484

543

Wechselwirkungskonstanten 498
Weichmacher 506
Weichtiere 340
Wellen 92, 110, 261, 380, 381, 386, 392, 445, 482
Wellengleichung 444
Wellenlänge 319, 390, 493
Wellenlehre 419
Wellenmechanik 443, 444
Wellenoptik 381, 392
Weltanschauung 351
Weltbild 42, 126, 168, 183, 208, 209, 219, 244, 368, 390, 499
–, kopernikanisches 124, 132, 134, 192, 238, 241, 245, 311
–, mechanisches 253, 392
–, mechanistisches 286, 316, 356
–, ptolemaiisches 54, 193
–, tychonisches 239
Weltgeist 358
Weltkarte 148
Weltmodell 239
Weltraum 352, 503
Weltraumfahrt/Weltraumflug 484, 485, 489, 491–496
Weltraumforschung 490
Weltumseglung 210, 215
Wendepunkt (Mathematik) 235
Werkstoffe, silikatische 507
Werkstoffgewinnung 485
Werkzeugherstellung 12, 13, 15, 16, 26, 27, 70
Wertigkeit 399, 404
Wettersatelliten 495
Widerstand 326
Windkraft 169, 182, 346
Windrose 171
Winkel 42, 43, 67, 104, 118, 130, 171, 304
Winkelmeßgeräte 187
Wirbelbildung 428
Wirbeltheorie 253
Wirbeltiere 340
Wirkung, elektrische 322
Wirkungsgrad 321, 322
Wissenschaftler, Verantwortung 430, 436, 484, 485, 497
Wissenschaftspolitik 430, 431, 434, 497
Wolfram 459
Würfel 82, 106
Würfelverdopplung 358
Wunderglaube 202
Wurzeln, mathematische 22, 57, 82, 129
Wurzelziehen 104

Xanthophyll 462
Xenon 456
X-Strahlung 385

Yachahnasi 76

Yang 110, 113–115, 120
Yang-Natur 109
Yin 110, 113–115, 120
Yin-Natur 109

Zäsium 405
Zahlen/Zählen 14, 70, 72, 76, 88, 103, 129, 130, 164, 188, 237, 372, 437, 439
Zahlen, ganze 159, 190
–, gerade 82
–, imaginäre 308
–, irrationale 192
–, komplexe 104, 308
–, natürliche 127, 308, 374
–, negative 83, 102, 104, 130, 191
–, positiv-reelle 127, 130
–, rationale 130, 374
–, reelle 308, 374
–, transfinite 375
–, unendliche 82
–, ungerade 82
–, unzählbare 82
–, zählbare 82
Zahlenpaare 308
Zahlenreihe 51
Zahlensystem 62, 70, 82, 308
–, römisches 164
–, sexagesimales 130
Zahlentheorie 164, 228, 303, 370
Zeeman-Effekt 441
Zehnerpotenz 21, 237
Zehnerreihe 190
Zeit 445
–, absolute 392
Zeitbegriff, geologischer 347
Zeitdilation 394
Zeitmessung 25, 85, 107, 253
Zeitschriften, wissenschaftliche 219, 223, 364, 485, 486
Zelle/Zellenlehre 285, 342, 422, 470, 472, 473
Zellkerne 421
Zellmembran 502
Zellteilung 474
Zellulose 410, 467
Zellulosefasern 465, 467
Zentimeter 316
Zentralkräfte 326
Zentralnervensystem 471
Zentren, mathematische 487
Zentrifugalkraft 253
Zerfallsreihen 388, 449, 453
Zersetzung, thermische 462
Ziffern, indische 130, 188, 189
–, indisch-arabische 130, 164, 165, 189, 190
Zinsrechnung 165, 189
Zoologie 46, 49, 81, 96, 205–207, 338
zoologischer Garten 174
Zuchtwahl, natürliche 411

Zucker/Zuckerarten 344, 400, 402, 403
Züchtung 29, 142, 474, 517
Zufall und Notwendigkeit 356, 449
Zugkraft 24, 326
Zunge/Zungenpapillen 285
Zyklotron 452
Zylinder 82
Zytologie 368, 420

PERSONENREGISTER

Die geradstehenden Zahlen verweisen auf den Text, die *kursiven* auf die Bildlegenden

Abälard, Petrus (1079–1142) französischer Philosoph 160
Abbott, Lemuel (1762–1803) englischer Maler *334*
Abegg, Richard (1869–1910) deutscher Chemiker 458
Abel, Niels Henrik (1802–1829) norwegischer Mathematiker 307/*414*
Abu Kamil (um 900) islamischer Mathematiker 128
Abu'l-Fazl (1551–1602) islamischer Gelehrter 81
Abu'l-Fida (1273–1331) islamischer Geograph 150
Abu'l-Wafa (940–um 997) islamischer Mathematiker und Astronom 128
Abu Zaia (um 809–877) islamischer Philosoph *134*
Adams, John Couch (1819–1892) englischer Astronom 312
Adelard von Bath (11./12. Jh.) Übersetzer und Mathematiker 134, 157
Agassiz, Louis (Ludwig) (1807–1873) schweiz.-amerikanischer Zoologe und Geologe 396, *529*
Agricola (eigentl. Bauer, Georg) (1494–1555) deutscher Arzt, Mineraloge und Metallurge 203, 204/*195*
Aiken, Howard Hathaway (1900–1973) US-amerikanischer Elektroniker und Rechenanlagenkonstrukteur 491
Aischylos (525–456 v. u. Z.) griechischer Dramatiker 34
Albert von Sachsen (1325?–1390?) deutscher Gelehrter 170
Alberti, Friedrich von (1795–1878) deutscher Geologe 345
Alberti, Leone Battista (1404–1472) italienischer Physiker, Techniker und Mathematiker 186, 188, 228
Albertus Magnus (um 1193–1280) deutscher Universalgelehrter (eigentl. Graf von Bollstädt) 161, 162, 175/*157*
Albrecht, Wilhelm (1800–1876) deutscher Jurist *324*
Alcuin von York (730?–804) Mathematiker und Pädagoge 154
Aldrin, Edwin (geb. 1930) US-amerikanischer Astronaut 496
Alembert, Jean Le Rond d' (1717–1783) französischer Physiker und Mathematiker 223, 249, 256, 268/*223*
Alexander von Mazedonien (356–323 v. u. Z.) makedonischer König 35, 36, 42, 46, 78, 86
Alfons X. (1226–1284) König von Kastilien und Leon 134, 192
Allemagna, Henricus (13./14. Jh.?) deutscher Augustinereremit (?) *153*

Amenemhet III. (1849–1801 v. u. Z.) ägyptischer König 29
Amici, Giovanni Battista (1786–1863) italienischer Naturforscher 342
Amman, Jost (Jobst) (1539–1591) Schweizer Maler und Zeichner *175*
Ampère, André Marie (1775–1836) französischer Mathematiker und Physiker 300, 326, 371, 489
Amundsen, Roald (1872–1928) norwegischer Polarforscher 425, 427, 482/*481*
Anaxagoras von Klazomenai (um 500–428 v. u. Z.) griechischer Philosoph 34, 40, 41, 42, 50/*37, 38*
Anaximandros (um 611–546 v. u. Z.) griechischer Philosoph 34, 38, 41
Anaximenes (um 585 – um 525 v. u. Z.) griechischer Philosoph 34, 38
Anderson, Carl David (geb. 1905) US-amerikanischer Physiker 450
Andrée, Salomon August (1854–1897) schwedischer Polarforscher 426
Andrejewna, J. M. *416*
Andromachos (1. Jh.) römischer Arzt *145*
Anthemios (um 530) byzantinischer Architekt und Baumeister 68
Antonius Pius (86–161) römischer Kaiser *31*
Apianus, Peter (1495–1552) deutscher Mathematiker *188*
Apollonios von Perge (um 262 – um 190 v. u. Z.) hellenistischer Mathematiker und Astronom 46, 50, 53, 157, 180, 229
Arago, François (1786–1853) französischer Physiker und Astronom 248, 312, 318
Archimedes (um 287–212 v. u. Z.) griechischer Mathematiker und Physiker 43, 50–53, 56, 137, 157, 180, 231, 250/*51, 52, 53, 57, 151, 174*
Ardenne, Manfred von (geb. 1907) deutscher Physiker *501*
Argand, Jean Robert (1768–1822) Schweizer Mathematiker 308
Aristarchos (etwa 320–250 v. u. Z.) hellenistischer Astronom und Mathematiker 53, 54, 180
Aristophanes (um 445–um 386 v. u. Z.) griechischer Dichter 34, 42
Aristoteles (384–322 v. u. Z.) antiker Universalgelehrter 36, 37, 39, 46–50, 55, 58, 59, 62, 68, 137, 138, 142, 145, 148, 157, 161, 164, 169, 170, 180, 199, 200, 202, 204, 244, 250, 252, 257, 261, 274, 373, 374/*45, 46, 142, 144, 151, 159, 162, 252*
Arkesilaos II. von Kyrene 57
Arkesilas – Maler (um 550 v. u. Z.) *57*
Armstrong, Neil (geb. 1930) US-amerikanischer Astronaut 496

Arrhenius, Svante August (1859–1927) schwedischer Chemiker und Physiker 395, 396/*448*
Artin, Emil (1898–1962) österreichischer Mathematiker 438
Aryabhata I. (geb. 476) indischer Astronom und Mathematiker 82, 85, 86
Aryabhata II. (um 950) indischer Mathematiker 86
Aselli, Gasparo (um 1581–1626) italienischer Anatom 282/*305*
Ashmole, Elias (1617–1692) englischer Staatsbeamter und Chemiker 166
Aspasia (um 450 v. u. Z.) Frau des Perikles 41
Aston, Francis William (1877–1945) englischer Physiker 407, 449
August I. von Sachsen (1526–1586) Kurfürst 135
August II. (der Starke) (1670–1733), als Friedrich August I. Kurfürst von Sachsen 273
Augustinus (354–430) Kirchenvater 152, 153
Augustus (63 v. u. Z.–14. u. Z.) römischer Kaiser 63
Avery, Oswald T. (1877–1955) US-amerikanische Biologe 474–476
Avogadro, Amedeo di Quaregne e Ceretto (1776–1856) italienischer Physiker 335, 398, 404

Babbage, Charles (1792–1871) englischer Mathematiker und Konstrukteur 490, 491
Bacon, Francis (1561–1626) englischer Philosoph und Politiker 183, 218, 223, 266, 319, 508/*46, 177*
Bacon, Roger (um 1214–1294) englischer Philosoph und Naturforscher 136, 137, 162–164, 171
Baer, Karl Ernst von (1792–1876) russischer Zoologe 342
Baeyer, Adolf von (1835–1917) deutscher Chemiker 400, 401, 465, 470/*405*
Baha ad-Din al-Amuli (1547–1622) islamischer Mathematiker 130
de Balbao, Vasco Nuñez (1475?–1517) spanischer Eroberer 215
al Balchi (gest. 934) islamischer Geograph 148
Baldewein (Baldwein), Eberdt (gest. 1593) deutscher Mechaniker und Baumeister *193*
Balmer, Johann Jakob (1825–1898) Schweizer Mathematiker und Physiker 391
Banach, Stefan (1892–1945) polnischer Mathematiker 437
Banting, Frederick Grant (1891–1941) kanadischer Mediziner 472

Banu Musa ibn Schakir   siehe Lautere Brüder
Barbari, Jacopo de' (eigentl.: Walch, Jacob) (um 1445–vor 1515) italienischer Maler 187
Bardeen, John (geb. 1908) US-amerikanischer Physiker 501, 502/*551*
Barents, Willem (um 1550–1597) holländischer Seefahrer *209*
Barrow, Isaac (1630–1677) englischer Theologe, Mathematiker und Physiker 230, 231
Barth, Heinrich (1821–1865) deutscher Afrikaforscher 348/*389*
Bartholinus, Erasmus (1625–1698) dänischer Mediziner und Physiker 260
de Bary, Heinrich Anton (1831–1888) deutscher Botaniker 417
Baskerville, John (1706–1776) englischer Erfinder 296
Bassow, Nikolai (geb. 1922) sowjetischer Physiker 502
al-Battani (um 858–929) islamischer Astronom und Mathematiker 134
Bauhin, Caspar (1560–1624) Schweizer Arzt und Botaniker 288
Baur, Erwin (1875–1933) deutscher Pflanzenzüchter 416, 474
Baxter, James Grovenor (geb. 1909) US-amerikanischer Biochemiker 462
Beadle, Clayton (1868–1917) englischer Chemiker 466
Beadle, George Wells (geb. 1903) US-amerikanischer Biochemiker 474
Beau de Rochas, Adolphe-Eugène (1815–1893) französischer Techniker 362
de Beaumont, Léonce Elie (1798–1874) französischer Geologe 346
Becher, Johann Joachim (1635–1682) deutscher Chemiker und Merkantilist 272, 273
Becker, August (1879–1953) deutscher Physiker 450
Beckmann, Ernst (1853–1923) deutscher Chemiker 396
Becquerel, Henri Antoine (1852–1908) französischer Physiker 386, 407
Behaim, Martin (1459–1507) deutscher Kosmograph 211/*171*
Behring, Emil von (1854–1917) deutscher Mediziner 419
Beijerinck, Martinus Wilhelm (1851–1931) niederländischer Biologe 419
Bell, Alexander Graham (1847–1922) schottischer Physiker 444
Belliard, Zéphirin-Felix-Jean-Marius (1798–1856) französischer Maler und Lithograph *332*

Bellingshausen, Faddei Faddejewitsch von (Fabian Gottlieb von) (1778–1852) russischer Forschungsreisender 349
Benedetti, Giambattista (1530–1590) italienischer Mathematiker und Physiker 200, 250
Benzenberg, Johann Friedrich (1777–1846) deutscher Physiker und Publizist *338*
Berghaus, Heinrich Karl Wilhelm (1797–1884) deutscher Kartograph und Mathematiker 390
Bergius, Friedrich (1884–1949) deutscher Chemiker 458, 459/*513*
Bering, Vitus Jonassen (1681–1741) dänischer Seefahrer 213, 294, 425
Beringer, Johann Bartholomäus Adam (1. Hälfte des 18. Jh.) deutscher Arzt und Mineraloge 292/*311*
Berliner Maler (1. Hälfte des 5. Jh. v. u. Z.) griechischer (?) Vasenmaler *30*
Bernal, John Desmond (1901–1971) englischer Naturwissenschaftler 536
Bernard, Claude (1813–1873) französischer Physiologe 344/*380*
Bernhardt, Johann Christian (um 1750) deutscher Chemiker (?) *359*
Berningroth, Martin (1670–1733) deutscher Maler und Kupferstecher *291*
Bernoulli, Daniel (1700–1782) Schweizer Mathematiker 256, 266, 319, 359, 438, 439/*221, 263*
Bernoulli, Jakob (auch Jacob) (1654–1705) Schweizer Mathematiker 223, 236, 438
Bernoulli, Johann (1667–1748) Schweizer Mathematiker 223, 236, 256
Bernoulli, Nikolaus (1687–1759) Schweizer Mathematiker 439
Bernstein, Sergej Natanowitsch (1880–1968) sowjetischer Mathematiker 440
Berossos (um 270 v. u. Z.) babylonischer Priester und Historiker 88
Berthelot, Marcelin (1827–1907) französischer Chemiker 400
Berthollet, Claude Louis (1748–1822) französischer Chemiker 298, 300, 330, 333, 395
Bertini, Giuseppe (1825–1898) italienischer Maler *322*
Berzelius, Jöns Jakob (1779–1848) schwedischer Chemiker 322, 323, 335, 336, 398/*368*
Bessel, Friedrich Wilhelm (1784–1846) deutscher Astronom und Mathematiker 311/*339*
Bessemer, Henry (1813–1898) englischer Ingenieur und Industrieller 366
Best, Charles Herbert (geb. 1899) kanadischer Physiologe 472

Bethe, Hans Albrecht (geb. 1906) deutscher Physiker 454

Bhaskara II. (geb. 1114) indischer Mathematiker und Astronom 83, 84, 86/*81, 85, 87*

Bichat, Marie François Xavier (1771–1802) französischer Biologe 342

Bidpai (früher auch Pilpai) wahrscheinlich Phantasiename 94

Biot, Jean Baptiste (1774–1862) französischer Physiker *343*

Biringuccio, Venaccio (1480–1539?) italienischer Hüttenfachmann 204

Birkeland, Kristian (1867–1917) norwegischer Physiker 464

Birkhoff, Garrett (geb. 1911) US-amerikanischer Mathematiker 438

al-Biruni (973–um 1048) islamischer Universalgelehrter 87, 128, 136, 137, 142, 148/*91*

Bismarck, Otto von (1815–1898) deutscher Staatsmann 301

Bjerknes, Vilhelm (1862–1951) norwegischer Geophysiker 428

Black, Joseph (1728–1799) schottischer Chemiker 265, 266, 278, 319, 359/*317*

Blackett, Patrick Maynard Stuart (1897–1974) englischer Physiker 435, 449, 450

Blaikley, Alexander (1816–1903) schottischer Maler *355*

Blakeslee, Albert Francis (1874–1954) US-amerikanischer Botaniker 474

Bloch, Felix (geb. 1905) schweiz.-amerikanischer Physiker 446, 501, 504

Blochinzew, Dmitri Iwanowitsch (geb. 1908) sowjetischer Physiker 455

Blochmann, Rudolf Sigismund (1784–1871) deutscher Techniker 360

Boccaccio, Giovanni (1313–1375) italienischer Dichter und Humanist 168

Bock, Hieronymus (um 1498–1554) deutscher Arzt und Botaniker *202*

Bodenstein, Max (1871–1940) deutscher Physikochemiker 460/*458*

Boëthius, Anicius Manilius Torquatus Severinus (um 480–524) römischer Philosoph und Staatsmann 66/*69, 151, 183*

Böttger, Johann Friedrich (1682–1719) deutscher Erfinder 273, 274/*286, 287*

Bohn, René (1862–1922) deutscher Chemiker 465

Bohr, Niels Henrik David (1885–1962) dänischer Physiker 391, 392, 407, 441, 442, 444–448, 454, 456/*442, 443, 495*

Bolley, Alexander Pompejus (1812–1870) deutscher Chemiker und Techniker *459*

Bolton, Henry Carrington (1843–1903) US-amerikanischer Chemiker 223

Boltwood, Bertram Borden (1870–1927) US-amerikanischer Physiker 479

Boltzmann, Ludwig (1844–1906) österreichischer Physiker 380, 384

Bolyai, Janos (1802–1860) ungarischer Mathematiker 304/*326*

Bolzano, Bernard (1781–1848) tschechischer Mathematiker und Philosoph 307, 308, 374

Bombelli, Rafael (um 1526–1572) italienischer Ingenieur 308

Bonpland, Aimé (1773–1858) französischer Botaniker 347

Boole, George (1815–1864) irischer Mathematiker 374

Borda, Jean Charles (1733–1799) französischer Physiker und Techniker 315

Borelli, Giovanni Alfonso (1608–1679) italienischer Mathematiker 284/*301*

Born, Max (1882–1970) deutscher Physiker 442, 444, 445/*496*

Bosch, Karl (1874–1940) deutscher Chemiker und Industrieller 409, 410, 464

Boscovič, Rudjer J. (1711–1787) kroatischer Naturwissenschaftler 357

Bose, Jagadis Chandra (1858–1937) indischer Physiker 444

Bothe, Walter (1891–1957) deutscher Physiker 450, 455

Boulton, Matthew (1728–1809) englischer Ingenieur 296

Boveri, Theodor (1862–1915) deutscher Zoologe 421

Boyle, Robert (1627–1691) irischer Naturforscher 218, 223, 265, 274, 275, 396/*274, 290*

Bradley, James (1692–1762) englischer Astronom 246

Bradwardine, Thomas (um 1290–1349) englischer Theologe 231

Brahe, Tycho (1546–1601) dänischer Astronom 136, 238–240, 311/*240, 241, 244, 245, 259*

Brahmagupta (geb. 598) indischer Astronom und Mathematiker 83, 84, 86, 134

Bramante, Donato (um 1444–1514) italienischer Architekt *178*

Brand, Hennig (2. Hälfte 17. Jh.) deutscher Alchimist und Kaufmann 270/*284*

Brandes, Heinrich Wilhelm (1777–1834) deutscher Physiker *338*

Branly, Edouard (1844–1940) französischer Physiker und Arzt 381

Brattain, Walter Houser (geb. 1902) US-amerikanischer Physiker 501/*551*

Braun, Antoni (18. Jh.) baute um 1726 Rechenmaschinen 237

Braun, Karl Ferdinand (1850–1918) deutscher Physiker 382/*407, 428*

Brecht, Bertolt (1898–1956) deutscher Dichter 537

Bredig, Georg (1868–1944) deutscher Physikochemiker 461

Bredt, Julius (1855–1937) deutscher Chemiker 403

Brewster, David (1781–1868) englischer Physiker *322*

Bridges, Calvin Blackman (1889–1938) US-amerikanischer Genetiker 474

Briggs, Henry (1561–1630) englischer Mathematiker *238*

Broglie, Louis Victor Prince de (geb. 1892) französischer Physiker 443–445/*497*

Brouncker, William (1620?–1684) irisch-englischer Mathematiker und Politiker 218

Brown, Ford Madox (1821–1893) englischer Maler 365

Brown, Robert (1773–1858) schottischer Botaniker 342

Brown-Séquard, Charles Edouard (1817–1894) französischer Arzt und Physiologe 422

Bruce, William Speirs (1867–1921) britischer Ozeanograph und Polarforscher 427

Brücke, Ernst Wilhelm (1819–1892) deutscher Physiologe *381*

Brueghel, Pieter (der Ältere) (um 1525–1569) niederländischer Maler *200*

Brugnatelli, Luigi Vincenzo (1761–1818) italienischer Chemiker 464

Brunelleschi, Filippo (1377–1446) italienischer Baumeister und Bildhauer 186, 188

Brunfels, Otto (1464–1534) deutscher Arzt *202*

Bruno, Giordano (1548–1600) italienischer Naturphilosoph 168, 197, 245

Buch, Leopold von (1774–1853) deutscher Geologe 346

Bucher, Hans (2. Hälfte 16. Jh.) deutscher Kunstuhrmacher *193*

Buchner, Eduard (1860–1917) deutscher Biochemiker 422

Buckland, William (1794–1856) englischer Geologe 346

Buddha (um 560–480 v. u. Z.) indischer Religionsstifter 78/*83*

Bürgi, Jobst (1552–1632) Schweizer Instrumentenbauer und Mathematiker 238

Buffon, Georges Louis Leclerc de (1707–1788) französischer Naturforscher 354, 439

Bunjakowski, Viktor Jakowlewitsch (1804–1889) russischer Mathematiker 439
Bunsen, Robert Wilhelm (1811–1899) deutscher Chemiker 376, 390, 405, 460/*445*, *454*, *457*, *458*
Buridan, Johannes (1300?–1358?) französischer Gelehrter 170
Busch, Ernst (1900–1979) deutscher Schauspieler *537*
Butenandt, Adolf (geb. 1903) deutscher Chemiker 471, 472
Butlerow, Alexander Michailowitsch (1828–1886) russischer Chemiker 399
Buysen, Andries von (wirkte 1707–1745) Kupferstecher in Amsterdam *213*
Byrd, Richard Evelyn (1888–1957) US-amerikanischer Polarforscher 482

Cabot (Jabot), (Caboto, Giovanni) (1455?–1498/1499) italienisch-englischer Seefahrer 215
Caesar, Gaius Julius (100–44 v. u. Z.) römischer Staatsmann 61
Caillié, René (1799–1838) französischer Afrikareisender 348
Calvin, Melvin (geb. 1911) US-amerikanischer Biochemiker 474/*475*
Camerarius, Rudolf Jacob (1665–1721) deutscher Mediziner und Botaniker 288
Cannizzaro, Stanislao (1826–1910) italienischer Chemiker 335, 404, 406
Cantor, Georg (1845–1918) deutscher Mathematiker 308, 374–376, 437/*416*, *418*
Cardano, Girolamo (1501–1576) italienischer Mathematiker und Mediziner 191, 308, 438/*210*
Carlisle, Anthony (1768–1840) englischer Chemiker und Chirurg 322
Carnot, Lazare Nicolas Marguerite (1753–1823) französischer Mathematiker, Ingenieur und Staatsmann 298, 322, 427
Carnot, Sadi (1796–1832) französischer Physiker 322, 359, 383
Caro, Heinrich (1834–1910) deutscher Industriechemiker 401, 465
Carothers, Wallace Hume (1896–1937) US-amerikanischer Chemiker 466, 467, 469
Carus, Julius Victor (1823–1903) deutscher Zoologe 463
Cassegrain, N. (17. Jh.) französischer Physiker 247
Cassini, Giovanni Dominique (1625–1712) italienisch-französischer Astronom 246
Caus, Salomon de (1576–um 1630) französischer Ingenieur *226*

Cauchy, Augustin Louis (1789–1857) französischer Mathematiker 300, 307, 308, 316
Cavalieri, Bonaventura (1698?–1647) italienischer Mathematiker 103, 231
Cavendish, Henry (1731–1810) englischer Chemiker, Physiker und Astronom 277–280, 449/*295*, *342*, *495*, *563*
Cayley, Arthur (1821–1895) englischer Mathematiker 304
Celes, Georg (1. Hälfte 17. Jh.) *245*
Cellarius, Andreas (um 1660) *211*
Celsius, Anders (1701–1744) schwedischer Astronom 265/*276*
Celtis, Konrad (1459–1508) deutscher Humanist 178/*64*
Chabry, Lavrent (1855–1893) französischer Physiologe und Biologe 419
Chadwick, James (1891–1974) englischer Physiker 450
Chain, Ernst Boris (1906–1979) deutsch-englischer Biochemiker 472/*522*
Chambers, Ephraim (1680?–1740) englischer Enzyklopädist 227
Chang Hêng (78–139) chinesischer Universalgelehrter 110, 117, 120
Chappe, Claude (1736–1805) französischer Erfinder 298
Charcot, Jean-Baptiste (1867–1936) französischer Polarforscher 427
Chardonnet, Hilaire de (1839–1924) französischer Chemiker und Industrieller 466
Charles, Alexandre César (1746–1823) französischer Physiker *295*
Châtelet, Gabriele Émilie du (1706–1749) französische Schriftstellerin 256
al-Chayyami (1048?–1131?) persischer Mathematiker und Dichter 128
al-Chazini (um 1118) islamischer Physiker 137
Cheops (um 2600 v. u. Z.) altägyptischer König 24
Chevreul, Michel Eugéne (1786–1889) französischer Chemiker 336
Chhen Shao-Wei (um 700) chinesischer Alchimist 114
Chhin Chiu-Shao (13. Jh.) chinesischer Mathematiker 103
Chladni, Ernst (1756–1827) deutscher Physiker *338*
al-Churasani (Mitte 10. Jh. ?) islamischer Alchimist 139/*136*
Chu Shi-Chieh (13. Jh.) chinesischer Mathematiker 103
Chu Ssu-Pên (1273–1337) chinesischer Kartograph 118

al-Chwarizmi (gest. um 850) islamischer Mathematiker, Astronom und Geograph 128, 134, 157
Cicero, Marcus Tullius (106–43 v. u. Z.) römischer Politiker und Schriftsteller 36
Clairault, Alexis Claude (1713–1765) französischer Mathematiker und Astronom 249
Clarke, Frank Wigglesworth (1847–1931) US-amerikanischer Geochemiker 481
Clausius, Rudolf (1822–1888) deutscher Physiker 383, 384/*429*
Clavius, Christoph (1537/38–1612) deutscher Jesuit und Mathematiker *102*
Cockroft, John Douglas (1897–1967) englischer Physiker 451
Colbert, Jean-Baptiste (1619–1683) französischer Politiker 219
Commodus (161–192) römischer Kaiser *34*
Compton, Arthur Holly (1892–1958) US-amerikanischer Physiker 443
Cook, James (1728–1779) englischer Forschungsreisender 294/*314*
Cooper, Leon N. (geb. 1930) US-amerikanischer Physiker 502
Cope, Arthur Stockdale (1857–1940) englischer Maler *452*
Coriolis, Gustave Gaspard (1792–1843) französischer Mathematiker und Physiker 317, 322
Correns, Karl Erich (1864–1933) deutscher Botaniker 421
Cortez, Hernando (Cortés, Hernán) (1485–1547) spanischer Eroberer 76, 213
Coulomb, Charles Augustin (1736–1806) französischer Physiker 298, 322, 371, 391/*341*
Couper, Archibald Scott (1831–1892) schottischer Chemiker 399
Cousteau, Jacques Yves (geb. 1910) französischer Tiefseeforscher 517
Coutelle, Carl (1878–1957) deutscher Chemiker 468
Crick, Francis Harry Compton (geb. 1916) englischer Biochemiker *563*
Crookes, William (1832–1919) englischer Physiker 384/*434*
Cross, Charles Frederick (1855–1935) englischer Chemiker 466
Curie, Marie (1867–1934) polnisch-französische Physikerin und Chemikerin 386, 387, 407/*439*, *440*, *441*
Curie, Pierre (1859–1906) französischer Physiker 386, 387, 407/*440*
Cusanus siehe Nicolaus Cusanus
Cuvier, Georges (1769–1832) französischer Naturforscher 340, 354, 355/*310*
Cysat, Johann Baptiste (1588–1657) Schweizer Astronom *252*

Dahlmann, Friedrich Christoph (1785–1860) deutscher Historiker und Politiker 324
Dale, Henry Hallet (1875–1968) englischer Physiologe 471
Dalton, John (1766–1844) englischer Chemiker und Physiker 39, 124, 297, 332, 334, 335/*365, 366*
Dam, Carl Peter Henrik (1895–1976) dänischer Biochemiker 472
Damaskios (4. Jh.) Mathematiker 68
Dante Alighieri (1265–1321) italienischer Dichter 166
Darius I. (522–486 v. u. Z.) persischer König 24
Darwin, Charles (1809–1882) englischer Naturforscher 296, 356, 411–414, 476/*463, 465, 467*
Darwin, Erasmus (1731–1802) englischer Arzt und Naturforscher 296
Daullé, Jean (1703–1763) französischer Kupferstecher *218*
David, Jacques Louis (1748–1825) französischer Maler *362*
Davis, William Morris (1850–1934) amerikanischer Geologe *530*
Davisson, Clinton Joseph (1881–1958) US-amerikanischer Physiker 444
Davy, Humphrey (1778–1829) englischer Chemiker und Physiker 322, 323, 335, 359/*349, 356*
Debye, Peter (1884–1966) niederländischer Physiker *500*
Dedekind, Richard (1831–1916) deutscher Mathematiker 308, 375
Delpech, François Séraphin (1778–1825) französischer Lithograph und Schriftsteller *332*
Demokrit (460–371 v. u. Z.) griechischer Philosoph 34, 38, 39, 43, 50, 55, 58, 274, 360/*41*
Descartes (Cartesius), René (1596–1650) französischer Philosoph, Mathematiker und Naturforscher 168, 219, 223, 228, 230, 253, 255–257, 263, 274, 283/*229, 262, 301*
Deshnew, Semjon Iwanowitsch (1605–1673) russischer Seefahrer 213
Dias (Diaz), Bartholomëu (1450?–1500) portugiesischer Seefahrer 213
Dickinson, Lowes Cato (1819–1908) englischer Maler *424*
Diderot, Denis (1713–1784) französischer Philosoph und Schriftsteller 223/*223*
Diesel, Rudolph (1858–1913) deutscher Ingenieur und Erfinder 362, 366, 384
Dietrich von Freiberg (um 1250–nach 1310) deutscher Dominikaner, Philosoph 162/*162*

Diophantos von Alexandria (um 250) hellenistischer Mathematiker 50, 53, 129, 180
Dioskurides, Pedanios (1. Jh. u. Z.) griechischer Arzt 76, 142, 143, 180, 204/*67*
Dirac, Adrien Maurice (geb. 1902) englischer Physiker 443–445, 450/*499*
Dirichlet, Peter Gustav Lejeune (1805–1859) deutscher Mathematiker 307
Dixon, G. (19. Jh.) englischer Chemiker 330
Djoser (um 2650 v. u. Z.) ägyptischer König *8*
Dodel, Arnold (1843–1880) Schweizer Biologe 414
Döbereiner, Johann Wolfgang (1780–1849) deutscher Chemiker 405/*367*
Dohrn, Anton (1840–1909) deutscher Zoologe 474
Doisy, Edward Adelbert (geb. 1893) US-amerikanischer Biochemiker 472
Dokutschajew, Wassili Wassiljewitsch (1846–1903) russischer Bodenforscher 428/*566*
Dollond, John (1706–1761) englischer Mechaniker und Physiker 247
Domagk, Gerhard (1895–1964) deutscher Chemiker und Pharmazeut 472
Doppler, Christian (1803–1853) österreichischer Physiker und Mathematiker 378
Drake, Francis (1540?–1596) englischer Seefahrer und Pirat 213
Driesch, Hans Adolf Eduard (1867–1941) deutscher Biologe und Philosoph 419
Drygalski, Erich von (1865–1949) deutscher Geophysiker und Polarforscher 427
Dschabir siehe Geber
al-Dschahiz (gest. 869) islamischer Philosoph und Theologe 142
Dschai Singh (1686–1743) indischer Fürst 110/*88, 90*
al-Dschildaki (gest. 1342) islamischer Alchimist 139, 144
Dschingis Khan (um 1160–1227) Begründer des mongolischen Großreiches 177
Du Bois-Reymond, Emil (1818–1896) deutscher Physiologe 344, 419/*381*
Dürer, Albrecht (1471–1528) deutscher Künstler und Mathematiker 188, 303/*179, 181, 203*
Dufay, Charles François de Cisternay (1698–1739) französischer Naturforscher 266
Dulong, Pierre Louis (1785–1838) französischer Chemiker 300, 395
Dumas, Jean Baptiste André (1800–1884) französischer Chemiker 300, 398

Dunant, Henri (1828–1910) Schweizer Kaufmann *536*
Duns Scotus, Johannes (um 1265–1308) schottischer Gelehrter 161
Duris (1. Hälfte des 5. Jh. v. u. Z.) griechischer Vasenmaler *28/29*

Ebers, Georg (1837–1898) deutscher Ägyptologe und Schriftsteller *9*
Edelfelt, Albert (1854–1905) finnischer Maler *469*
Edison, Thomas Alva (1847–1931) US-amerikanischer Erfinder und Industrieller 366
Ehrlich, Paul (1854–1915) deutscher Arzt und Chemiker 419, 472
Eijkman, Christian (1858–1930) niederländischer Biochemiker 422
Einstein, Albert (1879–1955) deutscher Physiker 256, 306, 313, 371, 378, 391, 393–395, 435, 443–445, 454, 460, 502/*446, 494*
Ekholm, Nils (1848–1923) schwedischer Meteorologe 483
Elisabeth I. von England (1533–1603) englische Königin 183, 266
Elster, Julius (1854–1920) deutscher Physiker *431*
Emin Pascha, Mehmed (eigentlich Schnitzler, Eduard) (1840–1892) deutscher Arzt und Afrikareisender 424
Empedokles (um 495–435 v. u. Z.) griechischer Philosoph 34, 38, 50, 59, 275
Engels, Friedrich (1820–1895) deutscher Philosoph 184, 194, 300
Eötvös, Roland von (1848–1919) ungarischer Physiker 481
Epikur 342/41–271/270 v. u. Z.) griechischer Philosoph 39, 63, 274
Epstein, Paul Sophus (1883–1966) polnisch-amerikanischer Physiker 441
Erasmus von Rotterdam (1469–1536) niederländischer Humanist 178
Eratosthenes von Kyrene (um 282– um 202 v. u. Z.) griechischer Gelehrter 50, 60
Ercker, Lazarus (vor 1530–1594) deutscher Berg- und Hüttenmann 199, 288
Eudoxos von Knidos (um 408–um 355 v. u. Z.) griechischer Mathematiker und Astronom 46, 47
Euklid von Alexandria (um 365–um 300 v. u. Z.) griechischer Mathematiker 46, 50, 51, 55, 56, 68, 81, 104, 136, 157, 164, 180, 303, 304/*43, 49, 50, 102, 137, 151, 221*
Euler, Leonhard (1707–1783) Schweizer Mathematiker, Physiker, Astronom und Philosoph 84, 223, 230, 236, 249, 256, 261, 278, 306–308, 439/*221, 236*

Euler-Chelpin, Hans von (1873–1964) deutsch-schwedischer Biochemiker 422, 462
Euripides (480–406 v. u. Z.) griechischer Dramatiker 34
Ewald, Georg Heinrich August (1803–1875) deutscher Orientalist und Bibelforscher *324*
Eyck, Jan van (um 1390–1441) niederländischer Maler 188
Eyde, Samuel (1866–1940) norwegischer Ingenieur 464

Fabricius, David (1564–1617) deutscher Geistlicher und Astronom *252*
Fabricius ab Aquapendente, Geronimo (1537–1619) italienischer Anatom 281
Fahrenheit, Gabriel Daniel (1686–1736) deutscher Physiker und Instrumentenbauer 265/*276*
Fajans, Kasimir (1887–1975) polnisch-amerikanischer Physikochemiker 388
al-Farabi (870–950/51) islamischer Philosoph 157
Faraday, Michael (1791–1867) englischer Naturforscher 323, 326, 327, 359, 371, 379, 384, 395/*320, 355, 397, 424*
al-Fazari (gest. um 777) islamischer Astronom 134
Fechner, Gustav Theodor (1801–1887) deutscher Physiker und Psychologe 419
Ferdinand III. von Kastilien (1199–1252) König von Kastilien und Leon 158
Fermat, Pierre de (1601–1665) französischer Mathematiker 84, 228–230, 257, 438
Fermi, Enrico (1901–1954) italienischer Physiker 446, 453, 454/*507*
Ferrari, Ludovici (1522–1565) italienischer Mathematiker 191
Ferro, Scipione del (1465?–1526) italienischer Mathematiker 191
Fetti (Feti), Domenico (1589?–1624) italienischer Maler *51*
Feyerabend, Sigismund (1527/28–1590) deutscher Formschneider und Verleger 175
Fibonacci (eigentl. Leonardo von Pisa) (1170–nach 1240) italienischer Kaufmann und Mathematiker 164
Figuier, Louis (1819–1894) französischer populärwissenschaftlicher Schriftsteller und Pharmazeut *317, 321*
Fischer, Emil (1852–1919) deutscher Chemiker 402, 465/*453*
Fischer, Franz (1877–1948) deutscher Chemiker 458, 459, 468/*512*
Fischer, Hans (1881–1945) deutscher Chemiker 471
Fischer, Otto (1852–1932) deutscher Chemiker 465
Fitzgerald, George Francis (1851–1901) irischer Physiker 392
Fizeau, Armand Hippolyte (1819–1896) Französischer Physiker 392
Flammarion, Camille (1842–1925) französischer Astronom *331, 429*
Flamsteed, John (1646–1719) englischer Astronom 248/*254*
Flechsig, Paul (1847–1929) deutscher Mediziner 477
Fleming, Alexander (1881–1955) britischer Bakteriologe 472/*522*
Fljorow, Georgi Nikolajewitsch (geb. 1913) sowjetischer Physiker 454
Florey, Howard Walter (1898–1968) englischer Pathologe und Chemiker 472/*522*
Florinus, Franciscus Philippus (eigentl. Franz Philipp Pfalzgraf bei Rhein) (1630–1703) deutscher Förderer der Landwirtschaft *296*
Flügge, Siegfried W. (geb. 1912) deutscher Physiker 454
Foucault, Jean Bernard Léon (1819–1868) französischer Physiker und Astronom 257/*331*
Fourcroy, Antoine François (1755–1809) französischer Chemiker 298, 300
Fourier, Jean Baptiste Joseph (1768–1830) französischer Mathematiker und Physiker 298, 299, 306, 322
Fracastoro, Girolamo (1478–1553) italienischer Universalgelehrter *168*
Franck, James (1882–1964) deutsch-amerikanischer Physiker 392, 455
Frankland, Edward (1825–1899) englischer Chemiker 399
Franklin, Benjamin (1706–1790) nordamerikanischer Politiker, Philosoph und Naturforscher 226, 268/*281*
Franklin, John (1786–1847) englischer Polarforscher 350, 351
Fraunhofer, Joseph (1787–1826) deutscher Physiker 319, 376/*339, 344, 419*
Fréchet, René Maurice (1878–1956) französischer Mathematiker 437
Frege, Gottlob (1848–1925) deutscher Philosoph und Logiker 374
Fremery, Max (1859–1932) deutscher Chemiker 466
Frenkel, Jakow Iljitsch (1894–1954) sowjetischer Physiker 446, 454
Fresnel, Augustin (1788–1827) französischer Physiker 300, 318, 319, 380, 392
Freundlich, Herbert (1880–1941) deutscher Chemiker 461
Frey, Johann (um 1550) deutscher Rechenmeister und Vermesser *184*
Friedrich II. (1194–1250) Kaiser 157, 158, 174/*167*
Friedrich, Walter (1883–1968) deutscher Physiker 386, 445/*439*
Friedrich Wilhelm I. (1688–1740) preußischer König *291*
Frisch, Karl von (1886–1982) österreichischer Zoologe und Verhaltensforscher 477/*528*
Frisch, Otto Robert (1904–1979) österreichischer Physiker 454
Fritzsche, Carl Julius (1808–1871) deutscher Apotheker und Chemiker 401
Fuchs, Leonhard (1501–1566) deutscher Mediziner und Botaniker 206/*202*
Füchsel, Georg Christian (1722–1773) deutscher Mediziner und Geologe 293

Gabor, Dennis (geb. 1900) britischer Elektroingenieur 502
Gagarin, Juri (1934–1968) sowjetischer Kosmonaut 495/*547*
Galen, Claudius (129–199) griechischer Arzt 65, 157, 207, 283/*48*, 299
Galilei, Galileo (1564–1642) italienischer Physiker und Astronom 39, 47, 52, 168, 187, 197–201, 217, 223, 231, 240, 244, 245, 250–253, 255, 257, 261, 262, 265, 266, 374, 392/*51, 247, 248, 249, 252, 256, 537*
Gall, Franz Joseph (1758–1828) deutscher Mediziner 375
Galle, Johann Gotthard (1812–1910) deutscher Astronom 312/*333*
Galle, Philipp (1537–1612) flämischer Zeichner und Kupferstecher *176, 206*
Gallienus (218–268) römischer Kaiser 33
Galois, Evariste (1811–1832) französischer Mathematiker 371/*415*
Galvani, Luigi (1737–1798) italienischer Arzt und Physiker 322/*322, 348, 350*
Gama, Vasco da (1469–1524) portugiesischer Seefahrer 183, 210, 213
Gassendi, Pierre (1592–1655) französischer Philosoph und Physiker 39, 254, 274
Gauß, Carl Friedrich (1777–1855) deutscher Mathematiker und Naturwissenschaftler 304, 307, 308, 313, 314, 316/*324, 326, 327, 329, 337, 339*
Gay-Lussac, Louis Joseph (1778–1850) französischer Chemiker und Physiker 300, 335, 336, 396
Geber (9./10. Jh. evtl. auch 11./12. Jh.) islamischer Arzt und Alchimist 144, 171, 172, 329
Geer, Gerhard de (1859–1943) schwedischer Geologe 479

Geiger, Hans (1882–1945) deutscher Physiker 387, 388
Geißler, Heinrich (1815–1879) deutscher Mechaniker und Physiker 384
Geitel, Hans (1855–1923) deutscher Physiker *431*
Gerbert von Aurillac (um 940–1003) französischer Geistlicher und Mathematiker; ab 999 Papst Sylvester II. 162, 164
Gerhard von Cremona (1114–1187) mittelalterlicher Gelehrter 157
Gerhardt, Charles (1816–1856) französischer Chemiker 398, 399
Gerlache de Gomery, Adrien de (1866–1934) belgischer Polarforscher 427
Germer, Lester Halbert (geb. 1896) US-amerikanischer Physiker 444
Gerson, Levi ben (1288–1344) jüdischer Gelehrter in Südfrankreich 188
Gervinus, Georg Gottfried (1805–1871) deutscher Historiker und Politiker 324
Gesner, Conrad (1516–1565) Schweizer Enzyklopädist 206/*203*
Gibbs, Josiah Willard (1839–1903) US-amerikanischer Physiker 383, 384
Gilbert, William (1540–1603) englischer Arzt 242, 266/*164*, 277
Gillray, James (1757–1815) englischer Karikaturist 356
Giotto di Bodone (um 1266–1337) italienischer Maler und Baumeister 188
Girard, Albert (1595–1632) französisch-niederländischer Mathematiker 192
Glaser, Donald A. (geb. 1926) US-amerikanischer Physiker 552
Glauber, Johann Rudolf (um 1604–1668) deutscher Chemiker und Mediziner 272, 273/*283*
Glinka, Konstantin Dmitrijewitsch (1867–1927) russischer Bodenkundler 428
Gödel, Kurt (1906–1978) österreichisch-amerikanischer Logiker 438
Goethe, Johann Wolfgang von (1749–1832) deutscher Dichter und Naturforscher 7, 196, 340/*36*, *351*, 374
Goldschmidt, Richard B. (1878–1958) deutscher Zoologe und Genetiker *489*
Goldschmidt, Victor Moritz (1888–1947) deutsch-schweizerischer Geochemiker und Kristallograph 481/*489*
Goldstein, Eugen (1850–1930) deutscher Physiker 435

Gordon, James Power (geb. 1928) US-amerikanischer Physiker 502
Graaf, Robert Jemison van de (geb. 1901) US-amerikanischer Physiker 452
Graebe, Karl (1841–1927) deutscher Chemiker 400, 401, 465
Graham, Thomas (1805–1869) schottischer Chemiker 460/*514*
Gray, Stephen (um 1700–1736) englischer Naturforscher 266
Gregor XII. (gest. 1417) Papst 61
Gregor XIII. (1502–1585) Papst 197
Gregory, David F. (1661–1710) schottischer Mathematiker und Physiker 371
Gresham, Thomas (1519–1579) britischer Kaufmann 218
Grew, Nehemiah (1641–1711) englischer Botaniker *304*
Grieß, Peter (1829–1888) deutscher Chemiker 401
Grimaldi, Francesco Maria (1618–1663) italienischer Mathematiker und Physiker 257, 260
Grimm, Jacob (1785–1863) deutscher Philologe 324
Grimm, Wilhelm (1786–1859) deutscher Germanist 324
Grosseteste, Robert (1. Hälfte 13. Jh.) englischer Gelehrter 162, 171
Grossmann, Marcel (1878–1936) ungarisch-schweizerischer Mathematiker 394
Guan Hsin (832–912) chinesischer Maler *83*
Guericke, Otto von (1602–1686) deutscher Physiker und Ingenieur 223, 254, 264–266/*272*, *273*, *278*
Guldberg, Cato Maximilian (1836–1902) norwegischer Chemiker 395
Gutenberg, eigentlich Gensfleisch zum Gutenberg, Johann (1400?–1468) deutscher Erfinder 181

Haber, Fritz (1868–1934) deutscher Chemiker 397, 409, 410, 458, 464/*461*, *485*, 510
Hadamard, Jacques Salomon (1865–1963) französischer Mathematiker 437
Haeckel, Ernst Heinrich (1834–1919) deutscher Zoologe 414/*409*, *449*, 464, 466, 467
Hahn, Otto (1879–1968) deutscher Chemiker 453–455, 479/*504*, *506*
Hahn, Philipp Matthäus (1739–1790) deutscher Pfarrer und Rechenmaschinenkonstrukteur 237
Hales, Stephen (1677–1761) englischer Naturforscher 278, 288

Haller, Albrecht von (1708–1788) Schweizer Mediziner 288
Halley, Edmund (1656–1742) englischer Astronom 223, 254/*259*, *315*
Hamilton, William (gest. 1797) irischer Geologe und Geistlicher 384
Hamilton, William Rowan (1805–1865) irischer Mathematiker und Physiker 308, 370, 371, 444
al-Hammawi (2. Hälfte 13. Jh.) syrischer Augenarzt *137*
Hammurapi (etwa 1728–1686 v. u. Z.) babylonischer König 30
Handmann, Emanuel (1718–1781) Schweizer Maler und Radierer *236*
Hankel, Hermann (1839–1873) deutscher Mathematiker 307, 371
Harden, Arthur (1865–1940) englischer Biochemiker 422
Harding, Karl Ludwig (1765–1834) deutscher Astronom 314
Hariri (446–516) islamischer Grammatiker und Schriftsteller *125*, *134*
Harnack, Adolf von (1851–1930) deutscher Kirchenhistoriker 367
Harries, Carl Dietrich (1866–1923) deutscher Chemiker 408, 468
Harriot, Thomas (1560–1621) englischer Mathematiker, Astronom und Geograph 245/*252*
Harvey, William (1578–1658) englischer Mediziner 223, 281–283/*299*
Hasse, Helmut (1898–1979) deutscher Mathematiker 438
Hastings, Warren (1732–1818) britischer Politiker 82
Haüy, René (1743–1822) französischer Mineraloge 298/*383*
Haworth, Walter Norman (1883–1950) englischer Chemiker 472
Heaviside, Oliver (1850–1925) englischer Physiker 482
Hedin, Sven (1865–1952) schwedischer Asienforscher 423
Heinrich der Seefahrer (1394–1460) portugiesischer Prinz 208, 209
Heinroth, Oskar (1871–1945) deutscher Ornithologe 477
Heisenberg, Werner (1901–1976) deutscher Physiker 442–446, 450, 455/*496*, *497*, *502*
Heitler, Walter (geb. 1904) Schweizer Physiker 444, 457
Hekataios (Ende 6. Jh. v. u. Z.) griechischer Historiker 41
Helmholtz, Hermann von (1821–1894) deutscher Physiker 344, 360, 380, 384, 419/*221*, *381*, *382*, *400*, *408*, *426*

Helmont, Johann Baptist van (1577–1644) niederländischer Naturforscher und Arzt 270, 288
Hem, Pieter van der (geb. 1885) niederländischer Maler 485
Henriques, Benoit Louis (1732–1806) französischer Kupferstecher 223
Herakleides Pontikos (um 350 v. u. Z.) griechischer Gelehrter 46
Heraklit (um 544–um 483 v. u. Z.) griechischer Philosoph 34, 38/31
Hernández, Francisco (um 1600) spanischer Arzt und Naturforscher 76
Herodot (um 484–um 425 v. u. Z.) griechischer Historiker 41/39
Heron (um 70 oder um 50 u. Z.) griechischer Mathematiker und Mechaniker 50, 56–58, 139, 157, 180/58, 59
Herophilos von Chalkedon (um 300 v. u. Z.) griechischer Arzt 65
Herschel, John Frederick William (1792–1871) englischer Astronom 311, 352/393
Herschel, Karoline (1750–1848) deutsche Astronomin 311
Herschel, William (1738–1822) deutsch-englischer Astronom 311/334, 335, 347, 392
Hertz, Gustav (1887–1975) deutscher Physiker 392
Hertz, Heinrich (1857–1894) deutscher Physiker 380, 381, 392/426
Hertzsprung, Ejnar (1873–1967) dänischer Astronom 378
Hesiod (um 700 v. u. Z.) griechischer Dichter 34, 37, 41
Hess, Victor Franz (1883–1964) österreichischer Physiker 482/503
Hess, Walter Rudolf (1881–1973) Schweizer Physiologe 462, 477
Heumann, Karl (1850–1893) deutscher Chemiker 401, 465
Hevelius, Johann (1611–1687) deutscher Astronom 245/250, 251
Hewish, Antony (geb. 1924) englischer Astronom 545
Heyden, Jacob van der (1573–1645) deutsch-niederländischer Maler, Bildhauer und Verleger 242
Heyrovský, Jaroslav (1890–1967) tschechischer Chemiker 555
Hilbert, David (1862–1943) deutscher Mathematiker 305, 308, 372, 376, 437, 440, 444/411, 412
Hildegard von Bingen (1098–1179) deutsche Äbtissin und Naturforscherin 175
Hinshelwood, Cyril Norman (1897–1967) englischer Chemiker 460

Hinton, Christopher (Hinton of Bankside) (geb. 1901) britischer Ingenieur 535
Hipparchos von Nikaia (um 190–125 v. u. Z.) antiker Astronom 54, 60, 110, 228/34
Hippokrates von Chios (um 440 v. u. Z.) griechischer Mathematiker 42/40
Hippokrates von Kos (um 460–370 v. u. Z.) griechischer Arzt 50, 157, 202/32, 48
Hisinger, Wilhelm (1766–1852) schwedischer Mineraloge und Chemiker 322
Hittorf, Johann Wilhelm (1824–1914) deutscher Physiker 384
Hochstetter, Ferdinand von (1829–1884) deutsch-österreichischer Geograph 478
Hoff, Jacobus Hendricus van't (1852–1911) niederländischer Physikochemiker 384, 395, 396, 400, 457/448, 451
Hoff, Karl Ernst Adolf von (1771–1837) deutscher Geologe 346
Hoffmann, Ernst Theodor Amadeus (1776–1822) deutscher Dichter, Maler und Komponist 288
Hofmann, August Wilhelm (1818–1892) deutscher Chemiker 400, 401/452
Hofmann, Fritz (1866–1956) deutscher Chemiker 408, 468/518
Hofmeister, Wilhelm Friedrich Benedikt (1824–1877) deutscher Botaniker 342
Hohberg, Wolfgang Helmhard (1612–1688) österreichischer landwirtschaftlicher Schriftsteller 357
Holländer, E. 471
Hollerith, Hermann (1860–1929) US-amerikanischer Ingenieur 490
Holst, Erich von (1908–1962) deutscher Biologe 477
Homer (8. Jh. v. u. Z.) griechischer Dichter 41
Hooke, Robert (1635–1703) englischer Naturforscher und Erfinder 218, 221, 223, 254, 257, 259, 265, 285, 319/265, 302
Hooker, Joseph Dalton (1817–1911) englischer Botaniker 412
Hopkins, Frederick Gowland (1861–1947) englischer Biochemiker 422
Horner, William George (1768–1837) englischer Mathematiker 102, 103, 106
Hrabanus Maurus (um 780–856) deutscher Gelehrter und Geistlicher 154/150
Hsüan (um 318 v. u. Z.) chinesischer Adeliger 98
Huangfu Chung-Ho (um 1437) chinesischer Astronom 110/108
Huan Kuan Tzu-kung (um 80 v. u. Z.) chinesischer Alchimist 116

Hubert, E. (20. Jh.) deutscher Chemiker 467
Huc, Évariste Régis (1813–1860) französischer Missionar und Chinaforscher 422
Hückel, Erich (geb. 1896) deutscher Physiker 457
Hülsmeyer, Christian (1881–1957) deutscher Ingenieur 436/488
Humboldt, Alexander von (1769–1859) deutscher Naturforscher 294, 335, 347/388
Hume, David (1711–1776) schottischer Philosoph, Historiker und Ökonom 223
Hund, Friedrich (geb. 1896) deutscher Physiker 457
Hus, Jan (um 1369–1415) tschechischer Reformator und Humanist 183
Hutten, Ulrich von (1488–1523) deutscher Humanist 178
Huxley, Thomas (1825–1895) englischer Naturforscher 413, 414/320
Huygens, Christiaan (1629–1695) niederländischer Mathematiker, Astronom und Physiker 223, 245, 246, 253, 257, 260, 317, 438/257, 258, 269
Hypatia (etwa 370–415) griechische Mathematikerin und Philosophin 67

ibn Badschdscha (Avempace) (gest. 1138/39) islamischer Philosoph 138, 139
ibn Bahtischu', Dschibril (gest. 771) islamischer Arzt, Mitglied einer berühmten persischen Gelehrtenfamilie 144
ibn Churradadbih (um 825–um 912) islamischer Geograph und Postmeister 148, 150
ibn al-Haitham (Alhazen) (um 965–um 1039) islamischer Universalgelehrter 128, 132, 136
ibn Hawqal (um 943–977) islamischer Geograph 148
ibn achi Hizam (um 890) Stallmeister des Kalifen al-Mu'tadid 143
ibn Isa, Ali (9. Jh.) islamischer Astronom 134
ibn al-Muqaffa Abdallah (8. Jh.) islamischer Gelehrter 95
ibn ar-Razzaz al Dschazari (12./13. Jh.) islamischer Ingenieur 139/138
ibn Ruschd (Averroës) (1126–1198) islamischer Philosoph 138, 161/162
ibn asch-Schatir (um 1306–1375) islamischer Astronom 132, 134
ibn Sina (Avicenna) (um 980–1037) tadshikischer Universalgelehrter 50, 135, 138, 139, 144–146, 157, 162/142

ibn Tariq (gest. um 796) islamischer Astronom und Astrologe 134
ibn Umail (10. Jh.) islamischer Alchimist 139
ibn Wahschiya (Pseudonym) (10. Jh.) islamischer Alchimist und Landwirt 139
ibn al-Wardi (gest. 1457) islamischer Geograph 150/*149*
ibn Yunus (gest. 1009) islamischer Geograph, Mathematiker und Astronom 148
Ido, Tadataka (Ende des 18. Jh.) japanischer Geograph 123
al-Idrisi (1099/1100–1166) islamischer Geograph 150
Imhotep (um 2600 v. u. Z.) ägyptischer Arzt und Gelehrter *8*
Ingold, Christopher Kelk (geb. 1893) englischer Chemiker 457
Ipatijew, Wladimir Nikolajewitsch (1867–1952) russisch-sowjetischer Chemiker 408
Irwin, James B. (geb. 1930) amerikanischer Astronaut *546*
Isodoros von Milet (6. Jh.) Baumeister 68
al-Istachri (10. Jh.) islamischer Geograph 148/*148*
Iwan Grosny (1530–1584) Großfürst von Moskau, seit 1547 russischer Zar 294
Iwanenko, Dmitr Dmitrijewitsch (geb. 1904) sowjetischer Physiker 450
Iwanowski, Dmitrij Josiforitsch (1864–1920) russischer Mikrobiologe 419
Iyeshthadeva (16. Jh.) keralesischer Mathematiker 84

Jacobi, Carl Gustav Jacob (1804–1851) deutscher Mathematiker 370, 444
Jacobi, Moritz Hermann (1801–1874) deutscher Physiker 326, 464
Jagiello (1348–1434) ab 1386 polnischer König (Wladyslaw II.) *155*
Janssen, Hans (Lippersheim, Hans) (gest. 1619) niederländischer Brillenmacher 256
Janssens, Cornelis van Ceulen (1593–um 1664) niederländischer Maler *299*
Jensen, Christian Albrecht (1792–1870) dänischer Maler *327*
Joffe, Abram Fedorowitsch (1880–1960) sowjetischer Physiker 446/*498*
Johannes von Gmunden (1380?–1440) österreichischer Mathematiker und Astronom 192
Johannes Philoponos (6. Jh.) spätantiker Gelehrter 138, 170
Johannes von Toledo (1100) möglicherweise identisch mit Johannes von Sevilla, Astrologe 157

Joliot-Curie, Frédéric (1900–1958) französischer Physiker 450, 452, 454, 455/*536*
Joliot-Curie, Irène (1897–1956) französische Physikerin 450, 452, 453
Jollain, Nicolas René (1732–1804?) französischer Maler *223*
Jolly, Philipp von (1809–1884) deutscher Physiker 378
Jordan, Pascual (1902–1980) deutscher Physiker 442, 444, 448/*496*
Joule, James Prescott (1818–1889) englischer Physiker 359, 360, 383/*400, 401*
Junghuhn, Franz Wilhelm (1809–1864) deutscher Forschungsreisender 422
Justinian (482–565) oströmischer Kaiser 68

Kaempfer, Engelbert (1651–1716) deutscher Forschungsreisender und Arzt 294
Kamerlingh Onnes, Heike (1853–1926) niederländischer Physiker *430*
Kammerer, Paul (1880–1926) österreichischer Biologe 476
Kan Te (4./3. Jh. v. u. Z.) chinesischer Astronom 110
Kant, Immanuel (1724–1804) deutscher Philosoph 351–353, 357/*391*
al-Karadschi (gest. um 1025) islamischer Mathematiker 128, 129/*129*
Kardorff, Konrad von (1877–1945) deutscher Maler *369*
Karl der Große (742–814) fränkischer Kaiser 154
Karl II. (1630–1685) König von England und Schottland 218
Karl V. (1500–1558) deutsch-spanischer Kaiser 76, 212
Karrer, Paul (1889–1971) Schweizer Chemiker 462, 472
al-Kaschi (gest. um 1430) islamischer Mathematiker und Astronom 106, 128, 130, 189
Kaufmann, Walter (1871–1947) deutscher Physiker *440*
Kautilya (4. Jh. v. u. Z.) indischer Staatsmann 80
Keir, James (1735–1820) englischer Chemiker 296
Kekulé von Stradonitz Friedrich August (1829–1896) deutscher Chemiker 399
Kelvin siehe Thomson, William
Kendall, Edward Calvin (geb. 1886) US-amerikanischer Biochemiker 472
Kepler, Johannes (1571–1630) deutscher Astronom und Mathematiker 43, 136, 198, 223, 231, 237–242, 244, 253, 255–257, 266/*51, 191, 228, 237, 238, 241–245, 264*

Kirchhoff, Gustav Robert (1824–1887) deutscher Physiker 376, 390, 405/*445, 454*
Kirchner, Athanasius (1601–1680) deutscher Mathematiker, Naturforscher und Philologe *268, 312*
Klatte, Fritz (1880–1934) deutscher Chemiker 467
Klein, Felix (1849–1925) deutscher Mathematiker 304, 370/*417*
Kleist, Ewald Jürgen (1700–1748) deutscher Naturforscher 267
Knaus, Ludwig (1829–1910) deutscher Maler *408*
Knietsch, Rudolf (1854–1906) deutscher Chemiker 409, 463
Knipping, Paul (1883–1935) deutscher Physiker 386, 445/*439*
Koch, Robert (1843–1910) deutscher Mediziner und Bakteriologe 417/*471*
Köbel, Jakob (1470–1533) deutscher Rechenmeister und Künstler 189
Kölreuther, Josef Gottlieb (1733–1806) deutscher Botaniker 288
Ko Hung (Anfang 4. Jh.) chinesischer Alchimist 114
Kolbe, Hermann (1818–1884) deutscher Chemiker 399, 403
Kolmogorow, Andrej Nikolajewitsch (geb. 1903) sowjetischer Mathematiker 440/*493*
Kolumbus, Christoph (Colombo, Christoforo) (1451–1506) italienischer Seefahrer 177, 183, 192, 209, 211, 215/*171, 206*
Komppa, Gustav (1867–1949) finnischer Chemiker 403
Kondakow, Iwan Lawrentjewitsch (1857–1931) russisch-sowjetischer Chemiker 468
Konfuzius (551–479 v. u. Z.) chinesischer Philosoph 98, 107, 113
Konrad von Megenburg (1309–1374) deutscher Gelehrter und Naturforscher 175
Kopernikus, Nikolaus (1473–1543) polnischer Astronom 132, 134, 168, 192–194, 196, 197, 219, 241, 245, 311/*155, 190, 191, 192, 245, 249*
Kopfermann, Hans (1895–1963) deutscher Physiker 502
Kopp, Hermann (1817–1892) deutscher Chemiker 395
Korwin-Krukowski, Wassili Wassiljewitsch (1800–1875) russischer General *416*
Kossel, Walter (1888–1956) deutscher Physiker 456, 457

Kowalewskaja, Sonja Wassiljewna (1850–1891) russische Mathematikerin 416
Kowalewski, Wladimir Onufrijewitsch (1842–1883) russischer Paläontologe 416
Krafft, Georg Wolfgang (1701–1754) deutscher Physiker und Mathematiker 265
Krause, E. 526
Krebs, Hans Adolph (1900–1981) deutsch-englischer Biochemiker 473
Krönig, August Karl (1822–1879) deutscher Physiker 383
Kronecker, Leopold (1821–1891) deutscher Mathematiker 375
Krull, Wolfgang (geb. 1899) deutscher Mathematiker 438
Ktesibios (um 275 v. u. Z.) alexandrinischer Mechaniker 56, 57, 139/*174*
Kublai Khan (um 1250) mongolischer Herrscher 177
Küchenmeister, Gottlob Friedrich (1821–1890) deutscher Parasitologe 417
Kühn, Alfred (1885–1968) deutscher Zoologe 474
Kuhn, Richard (1900–1967) österreichischer Biochemiker 472
Kunckel von Löwenstjern, Johann (um 1638–1703) deutscher Chemiker 272, 273/*285*
Kuo Shou-Ching (13. Jh.) chinesischer Mathematiker, Astronom und Ingenieur 103/*88, 108*
Kurtschatow, Ilja Wassiljewitsch (1902–1960) sowjetischer Physiker 455/*553*
Kutscherow, Michail Grigorjewitsch (1850–1911) russischer Chemiker 469

Laborde, Albert (um 1900) französischer Physiker 387
Lactantius, Lucius Cäcilus (gest. nach 317) lat. Kirchenschriftsteller 152
Ladenburg, Albert (1842–1911) deutscher Chemiker 403
Ladenburg, Rudolf (1882–1952) deutsch-amerikanischer Physiker 502
Lagrange, Joseph Louis (1736–1813) französischer Mathematiker 84, 249, 256, 298, 300, 309, 315, 316, 370
Lamarck, Jean Baptiste de Monet (1744–1829) französischer Biologe 354, 355, 411, 416/*468*
Lambert, Johann Heinrich (1728–1777) elsässischer Mathematiker und Physiker 46, *270*
Lampadius, Wilhelm August (1772–1842) deutscher Chemiker und Technologe 330

Langmuir, Irving (1881–1957) US-amerikanischer Chemiker 456, 457, 461
Laplace, Pierre Simon (1749–1827) französischer Mathematiker, Astronom und Physiker 248, 249, 256, 298, 300, 309–311, 315, 316, 353, 356, 439, 448/*332*
Larmor, Joseph (1857–1942) irischer Mathematiker 392
al-Latif al-Bagdadi, Abd (1160–1231) islamischer Biologe und Mediziner 142
Laue, Max von (1879–1960) deutscher Physiker 386, 445/*439, 498*
Lautere Brüder (banu Musa ibn Schakir) die Brüder Muhammad (gest. 872), al-Hasan und Ahmad, islamische Gelehrte 139, 142, 144, 146
Laval, Carl Gustav de (1845–1913) schwedischer Techniker 362
Lavoisier, Antoine Laurent (1743–1794) französischer Chemiker 124, 276, 277, 279, 280, 319, 332, 333, 336/*318*, 345, 361–364, 366
Lavoisier, Marie-Anne (1758–1836) Gattin von A. L. Lavoisier 332/*362*
Lawrence, Ernest Orlando (geb. 1901) US-amerikanischer Physiker 452/*505*
Lebedjew, Sergej Alexejewitsch (geb. 1902) sowjetischer Energetiker und Rechenanlagenkonstrukteur 491
Lebedjew, Sergej Wassiljewitsch (1874–1934) sowjetischer Chemiker 408, 468
Le Bel, Joseph Achille (1847–1930) französischer Chemiker 400, 457/*451*
Leblanc, Nicolas (1742–1806) französischer Arzt und Chemiker 329, 407, 409/*359*
Lebon, Philippe (1769–1804) französischer Ingenieur 330
Leclerc (Le Clerc), Sebastien (1637–1714) französischer Zeichner und Radierer *217*
Leeuwenhoek, Antony van (1632–1723) niederländischer Naturforscher 286/*303*
Legendre, Adrien Marie (1752–1833) französischer Mathematiker 299
Lehmann, Johann Gottlob (gest. 1767) deutscher Chemiker und Bergrat 293
Leibniz, Gottfried Wilhelm (1646–1716) deutscher Universalgelehrter 43, 84, 123, 219, 220, 223, 233–237, 256, 306, 308, 373, 391, 489/*231, 233–235, 309*
Leichardt, Ludwig (geb. 1813) deutscher Australienforscher, 1848 verschollen 349
Lémery, Nicolas (1645–1715) französischer Chemiker und Pharmazeut 275
Lenard, Philipp (1862–1947) deutscher Physiker 385, 391
Lenin, Wladimir Iljitsch (1870–1924) sowjetischer Politiker 431, 432

Lenoir, Jean Joseph Étienne (1822–1900) französischer Techniker 362
Leonardo da Vinci (1452–1519) italienischer Künstler und Naturforscher 136, 188, 190, 198, 199, 291, 303/*180, 194*
Leonow, Alexej (geb. 1934) sowjetischer Kosmonaut 548
Leopold I. (1640–1705) deutscher Kaiser 217
Leopold V. von Habsburg (1586–1633) Erzherzog 217
Leukipp (um 460 v. u. Z.) griechischer Philosoph 34, 38, 58
Leverrier, Urbain Jean Joseph (1811–1877) französischer Astronom 312
Lewis, Gilbert Newton (1875–1946) US-amerikanischer Physikochemiker 456, 457
Lhermitte, Léon (1844–1925) französischer Maler *380*
Libby, Willard (1908–1980) US-amerikanischer Chemiker 480
Lichtenberg, Georg Christoph (1742–1799) deutscher Physiker und Schriftsteller 269
Liebermann, Carl (1842–1914) deutscher Chemiker 400, 401, 465
Liebig, Justus von (1803–1873) deutscher Chemiker 336–338/*369*, 371, 373
Linde, Carl von (1842–1934) deutscher Chemiker und Kältetechniker 362, 366, 384
Linné, Carl von (1707–1778) schwedischer Naturforscher 223, 288, 290/*168, 306, 307, 308*
Liu Hui (3. Jh.) chinesischer Mathematiker 102, 106
Livingstone, David (1813–1873) schottischer Afrikareisender 349/*477*
Li Yeh (1178–1265) chinesischer Mathematiker 103
Lobatschewski, Nikolai Iwanowitsch (1792–1856) russischer Mathematiker 304, 307/*326*
Locke, John (1632–1704) englischer Philosoph 223
Loewi, Otto (1873–1961) deutscher Pharmakologe 471
Lomonossow, Michail Wassiljewitsch (1711–1765) russischer Universalgelehrter 223, 261, 266, 276–278, 319, 359/*292*
London, Fritz Wolfgang (1900–1954), deutscher Physiker 444, 457
Longomontanus (eigentl. Ljengberg) Christian Severin (1562–1647) schwedischer Astronom 238
Lonicerus, Adam (1528–1586) deutscher Mathematiker und Mediziner *204*

Lorentz, Hendrik Antoon (1853–1928) niederländischer Physiker 371, 380, 392
Lorenz, Konrad (geb. 1903) österreichischer Zoologe und Verhaltensforscher 477/*528*
Loschmidt, Josef (1821–1895) österreichischer Physiker 383
Lower, Richard (1631–1691) englischer Mediziner 282
Ludwig, Carl (1816–1895) deutscher Physiologe 344/*381*
Ludwig IX., der Heilige (1214–1270) französischer König 160
Ludwig XIV. (1638–1715) französischer König 216/*217*
Lukrez, Lucretius Carus (96–55 v. u. Z.) römischer Dichter und Philosoph 39, 63, 274
Lullus, Raimundus (1235–1315) spanischer Philosoph und Theologe 233, 373
Luther, Martin (1483–1546) deutscher Reformator 183
Lyell, Charles (1797–1875) schottischer Geologe 145, 346, 347/*385*, 386

Mach, Ernst (1838–1916) österreichischer Physiker 384, 392
Madhava (14./15. Jh.) keralesischer Mathematiker 84
al-Madschriti (abu l-Qasim Maslama ibn Ahmad al-Madschriti (gest. um 1007) spanisch-islam. Mathematiker 134, 139
al-Madschriti (Balamfusch, Pseudonym) (um 1050) islamischer Alchimist und Magier 139/*140*
Magalhães (Magellan), Fernão de (1480?–1521) portugiesischer Seefahrer 183, 210, 213, 214
Magendie, François (1783–1855) französischer Anatom 344
Mahavira, Vardhamana (6.–5. Jh. v. u. Z.) indischer Philosoph und Religionsstifter 80
Maiman, Theodore Harold (geb. 1927) US-amerikanischer Physiker 502
Malpighi, Marcello (1628–1694) italienischer Mediziner und Naturforscher 285
Malus, Étienne Louis (1775–1812) französischer Physiker 300, 318
al-Ma'mun (786–833) Kalif, Förderer der Wissenschaften 148
Mandschulatscharya (um 932) indischer Astronom 86
Marci, Marcus (1595–1667) böhmischer Naturforscher 257
Marconi, Guglielmo (1874–1937) italienischer Techniker 381, 382/*427*, *428*
Marcus Aurelius (121–180) römischer Kaiser 48

Maria die Jüdin (1./2. Jh.) jüdische Alchimistin 66
Marinos von Tyros (um 70–130) hellenistischer Geograph 148
Mariotte, Edme (gest. 1684) französischer Geistlicher und Naturforscher 263, 396
Markow, Andrej Alexandrowitsch (1856–1922) russischer Mathematiker 439
Markownikow, Wladimir Wassiljewitsch (1838–1904) russischer Chemiker 400
Marshden, Ernest (geb. 1889) englischer Physiker 388
Marstrand, Wilhelm N. (1810–1873) dänischer Maler 398
Marum, Martin van (1750–1837) niederländischer Mediziner und Naturforscher *280*
Marx, Karl (1818–1883) deutscher Philosoph 300, 362
Mascha'allah (um 815) islamischer Astronom und Astrologe 134, 136
al-Mas'udi (gest. um 957) islamischer Geograph 148
Matthias Corvinus (1443–1490) König von Ungarn 193
Maupertuis, Pierre Louis Moreau de (1698–1759) französischer Mathematiker *218*
Max, Gabriel von (1840–1915) böhmisch-deutscher Maler *466*
Maxwell, James Clerk (1831–1879) schottischer Physiker 371, 378–380, 383, 392, 489/*423*, *424*, *426*
Mayer, Julius Robert (1814–1878) deutscher Naturforscher und Arzt 359, 360/*400*
Mayow, John (1643–1679) englischer Naturforscher 276
McMillan, Edwin Mattison (geb. 1907) US-amerikanischer Physiker 452
Meißner, Alexander (1883–1958) österreichischer Physiker 382
Meitner, Lise (1878–1968) österreichische Physikerin 453, 454/*499*, 504
Mendel, Gregor Johann (1822–1884) tschechischer Naturforscher 421/*472*
Mendelejew, Dmitri Iwanowitsch (1834–1907) russischer Chemiker 406, 407/*455*, 456
Menelaos von Alexandria (um 98) hellenistischer Mathematiker und Astronom 54, 180
Menzius (372–289 v. u. Z.) chinesischer Philosoph 113
Méray, Charles (1835–1911) französischer Mathematiker 308
Mercator (eigentl. Kremer, Gerhard) (1512–1594) flämischer Kartograph und Mathematiker 150, 212/*207*

Mersenne, Marin (1588–1648) französischer Philosoph und Naturwissenschaftler 219
Meton von Athen (um 432 v. u. Z.) griechischer Astronom und Geometer 23
Meyer, Lothar (1830–1895) deutscher Chemiker 404, 406, 407/*456*
Meyer-Abich, Adolf (geb. 1893) deutscher Philosoph 448
Meyerhof, Otto (1884–1951) deutscher Physiologe und Biochemiker *523*
Michell, John (1724–1793) englischer Geologe 322
Michelson, Albert Abraham (1852–1931) polnisch-amerikanischer Physiker 318, 371, 392/*447*
Milbanke, Mark Richard (1875–1927) englischer Maler *450*
Miller, Elroy John (geb. 1891) US-amerikanischer Chemiker 476
Miller, Melvin A. 507
Millikan, Robert Andrews (1868–1953) US-amerikanischer Physiker *503*
Minkowski, Hermann (1864–1909) deutscher Mathematiker 305, 394
Mintrop, Ludger (1880–1956) deutscher Geophysiker 481
Mises, Richard von (1883–1953) österreichischer Mathematiker 440
Mittag-Leffler, Gösta (1846–1927) schwedischer Mathematiker 375/*416*
Mittasch, Alwin (1869–1950) deutscher Chemiker 410, 459, 464
Möller, J. 189
Mößbauer, Rudolf (geb. 1929) deutscher Physiker 501, 504
Mohorovičič, Andrija (1857–1936) jugoslawischer Meteorologe und Seismologe 519
Mohr, Carl Friedrich (1806–1879) deutscher Pharmazeut 372
Moivre, Abraham de (1667–1754) französischer Mathematiker 439/*230*
Monge, Gaspard (1746–1818) französischer Mathematiker 298–300, 303/*318*
Montgolfier, Jacques Etienne (1745–1799) französischer Luftpionier 295
Montgolfier, Joseph Michel (1740–1810) französischer Luftpionier 295
Moore, Harriot 397
Morgan, Augustus de (1806–1871) englischer Mathematiker 371
Morgan, Thomas Hunt (1866–1945) US-amerikanischer Biologe 416, 421, 474/*524*
Moritz der Gelehrte (1572–1632) Landgraf von Hessen *201*
Morley, Edward Williams (1838–1923) US-amerikanischer Chemiker und Physiker 318/*447*

Morus, Thomas (1477/1478–1535) englischer Humanist und Staatsmann 178
Morveau, Louis Guyton de (1737–1816) französischer Chemiker 298
Moseley, Henry (1887–1915) englischer Physiker 407
Moss, Conrad *186*
Müller, Johannes Peter (1801–1858) deutscher Physiologe und Anatom 342–344
Müller, Moritz, genannt Steinla (1791–1858) deutscher Maler *394*
Müller, Paul Hermann (1899–1965) Schweizer Chemiker 477, 478
Mugdan, Martin (1869–1949) deutscher Chemiker 469
Muhammad ibn Abdallah (570–630) Begründer des Islam 126
Muhammad ibn Umail 139
Muller, Hermann Joseph (1890–1967) US-amerikanischer Biologe 474
Mulliken, Robert Sanderson (geb. 1896) US-amerikanischer Physiker 457
al-Muqaddasi (geb. um 947) islamischer Geograph 148
Murchison, Roderick Impey (1792–1871) schottischer Geologe 345
Murdock, William (1754–1839) britischer Ingenieur 296
Musschenbroek, Pieter van (1692–1791) niederländischer Naturforscher 268/*220, 315*
al-Mu'tadid, Kalif von 892–902/*143*

Nachtigall, Gustav (1834–1885) deutscher Afrikareisender 424
Nansen, Fridtjof (1861–1930) norwegischer Polarforscher 425, 426/*480, 536*
Napier (Neper), John (1550–1617) schottischer Gelehrter 237/*238*
Napoleon I., Bonaparte (1769–1821) französischer Kaiser 354/*322, 337*
Neri, Antonio (gest. 1614) italienischer Geistlicher und Chemiker 273
Nernst, Hermann Walther (1864–1941) deutscher Chemiker und Physiker 368, 384, 397, 410, 458, 460, 469/*494*
Nesterow, Michail Wassiljewitsch (1862–1942) sowjetischer Maler *484*
Neumann, Carl (1832–1925) deutscher Mathematiker 392
Neumann, John von (1903–1957) ungarisch-amerikanischer Mathematiker 438, 444, 489
Newcomen, Thomas (1663–1729) englischer Handwerker *317*
Newlands, John Alexander Reina (1837–1898) englischer Chemiker 406

Newton, Isaac (1642–1727) englischer Mathematiker und Physiker 39, 43, 52, 123, 124, 223, 230–233, 242, 247–249, 254–256, 259–261, 299, 306, 308, 309, 311, 317, 318, 327, 351, 352, 378, 391, 392, 394, 445/*221, 231, 235, 253, 260–262, 266, 267, 313, 330, 391*
Nicholson, William (1753–1815) englischer Physiker 322
Nicolaus Cusanus (Nicolaus von Cues, eigentl. Nicolaus Chrypffs) (1401–1464) deutscher Gelehrter 162, 168
Nicolaus von Oresme (um 1323–1382) französischer Gelehrter 162, 166, 170/*159*
Nieuwland, Julius Arthur (1878–1936) schweiz.-amerikanischer Chemiker 469
Nikolaos von Damaskus (1. Jh. v. u. Z.) antiker Gelehrter 142
Nikomachos (um 100) griechischer Mathematiker 180/*151*
Nilakantha Somasutvan (1465–1545) keralesischer Mathematiker 83, 84
Nobel, Alfred (1833–1896) schwedischer Chemiker und Industrieller 387, 410, 463
Nobile, Umberto (1885–1978) italienischer General und Polarforscher 482
Noether, Emmy (1882–1935) deutsche Mathematikerin 437/*492*
Nollet, Jean Antoine (1700–1770) französischer Physiker 267/*219, 268, 269*
Nordenskjöld, Adolf Erik (1832–1901) schwedischer Polarforscher 425
Normann, Carl Peter Wilhelm Theodor (1870–1939) deutscher Chemiker 468
Northop, John Howard (1891–1975) US-amerikanischer Biochemiker 472
an-Nuwairi (1279–1332) islamischer Naturforscher 142

Occhialini, Augusto Raffaele (1878–1951) italienischer Physiker 450
Oersted, Hans Christian (1777–1851) dänischer Naturforscher 325, 326, 359/*353, 398*
Offenbach, Jacques (1819–1880) deutsch-französischer Komponist 288
Ohm, Georg Simon (1789–1854) deutscher Physiker 326/*354*
Oken, Lorenz (1779–1857) deutscher Naturforscher 323
Olbers, Heinrich Wilhelm Matthias (1758–1840) deutscher Astronom 314
Oparin, Alexandr Iwanowitsch (1894–1980) sowjetischer Biochemiker 476/*527*
Oppenheimer, Robert (geb. 1904) US-amerikanischer Physiker 455

Ortelius (Oertel), Abraham (1527–1598) flämischer Geograph 207
Ostwald, Wilhelm (1853–1932) deutscher Physikochemiker 384, 395, 396, 460/*410, 448, 449, 458*
Otto, Nikolaus August (1832–1891) deutscher Erfinder 362
Oviedo y Valdés, Gonzalo Fernández de (1478–1557) spanischer Chronist und Dichter 207

Pacioli, Luca (1445–1514) italienischer Mathematiker 136, 190/*187*
Pander, Christian Heinrich (1794–1865) deutscher Naturforscher 341
Papanin, Iwan Dmitrijewitsch (geb. 1894) sowjetischer Polarforscher 482
Pappos von Alexandria (um 320) hellenistischer Mathematiker und Geograph 180
Paracelsus (eigentl. Hohenheim, Theophrastus Bombastus von) (1493/94–1541) deutscher Arzt und Iatrochemiker 202, 203, 270, 274/*198*
Paraschara (zwischen 1. Jh. v. u. Z. und 1. Jh. u. Z.) indischer Botaniker 96
Park, Mungo (1771–1806) schottischer Arzt und Afrikareisender 348
Parmenides (um 540–um 480 v. u. Z.) griechischer Philosoph 38
Parsons, Charles (1854–1931) französischer Ingenieur 362
Pascal, Blaise (1623–1662) französischer Mathematiker, Naturforscher und Theologe 105, 129, 237, 262, 438/*239*
Pasch, Moritz (1843–1930) deutscher Mathematiker 372
Pasteur, Louis (1822–1895) französischer Chemiker und Biologe 400, 417–419/*469, 470*
Pauli, Wolfgang (1900–1958) österreichischer Physiker 441, 443, 445, 446
Pauling, Linus (geb. 1901) US-amerikanischer Chemiker 457/*536, 556*
Pawlow, Iwan Petrowitsch (1849–1936) russisch-sowjetischer Physiologe 421, 477/*484*
Payer, Julius von (1841–1915) österreichischer Nordpolarforscher 425/*479*
Peacock, George (1791–1858) englischer Mathematiker 371
Peano, Giuseppe (1858–1932) italienischer Mathematiker 308
Peary, Robert Edwin (1856–1920) US-amerikanischer Polarforscher 426

Peckam, John (um 1240–1292) englischer Geistlicher und Mathematiker 136
Pecquet, Jean (1622–1674) französischer Anatom 282
Peirce, Charles Sanders (1839–1914) US-amerikanischer Mathematiker und Philosoph 374
Peletier, Jacques (1517–1582) französischer Mediziner und Mathematiker 189
Penck, Albrecht (1858–1945) deutscher Geograph und Geologe *482*
Peregrinus, Petrus (Pierre de Maricourt) (um 1270) französischer »Physiker« 162, 171/*163*
Perikles (um 495–429 v. u. Z.) athenischer Staatsmann 34, 40, 41/*37*
Perkin, William Henry (1838–1907) englischer Chemiker 400, 401, 404/*452, 459*
Perkin jun., William Henry (1860–1929) englischer Chemiker 403
Perrault, Claude (1613–1688) französischer Mediziner und Architekt 287
Perrin, Jean Baptiste (1870–1942) französischer Physiker 384, 461
Peter I., der Große (1672–1725) russischer Zar 216, 277
Peters, Karl (1856–1918) deutscher Kolonialpolitiker 424
Petit, Alexis Thérèse (1791–1820) französischer Physiker 300, 395
Petrarca, Francesco (1304–1374) italienischer Humanist 178
Peurbach, Georg von (1423–1461) österreichischer Astronom und Mathematiker 132, 192, 193, 196
Peutinger, Konrad (1465–1547) deutscher Humanist *64*
Pheidias (5. Jh. v. u. Z.) griechischer Bildhauer 34
Phei Hsiu (224–271) chinesischer Kartograph 117
Philipp von Makedonien (382–336 v. u. Z.) makedonischer König 35
Philon von Byzanz (2. Hälfte des 3. Jh.) hellenistischer Gelehrter 139
Piazzi, Giuseppe (1746–1826) italienischer Astronom 313
Picard(t), Bernard (1673–1733) französischer Kupferstecher *213*
Piccard, Auguste (1884–1962) Schweizer Physiker 482/*533*
Piccard, Jacques (geb. 1922) Schweizer Tiefseeforscher 482/*533*
Piccard, Jean (1884–1963) Schweizer Physiker und Tiefseeforscher *533*
Pictet, Amé (1857–1937) Schweizer Chemiker 403

Pier, Matthias (geb. 1882) deutscher Chemiker 458, 459
Pincus, Gregory (1903–1967) US-amerikanischer Biologe 516
Piri Muhyi 'd-Din Re'is (gest. 1554) osmanischer Geograph und Kartograph 150
Pizarro, Francisco (1478–1541) spanischer Eroberer 213
Place, Francis (1647–1728) englischer Künstler und Fabrikant *254, 255*
Planck, Max (1858–1947) deutscher Physiker 378, 384, 390, 391, 443, 445, 460/*443, 444, 490, 494, 550*
Platon (427–347 v. u. Z.) griechischer Philosoph 39, 41, 44–47, 51, 56, 68, 148, 180, 216, 489/*42, 43, 44*
Plinius, Gaius Publius Secundus (23–79) römischer Beamter und Schriftsteller 62, 204/*82, 384*
Poincaré, Henri (1854–1912) französischer Mathematiker, Physiker und Philosoph 371, 392
Poinsot, Louis (1777–1850) französischer Mathematiker 300
Poisson, Siméon-Denis (1781–1840) französischer Mathematiker und Physiker 300, 316, 439
Poleni, Giovanni (1683–1761) italienischer Konstrukteur von Rechenmaschinen 237
Polo, Maffeo (13. Jh.) italienischer Asienreisender 177
Polo, Marco (1254–um 1325) italienischer Kaufmann 176–178/*172*
Polo, Nicolo (13. Jh.) italienischer Asienreisender 177
Poncelet, Jean Victor (1788–1867) französischer Mathematiker 300, 317, 322
Popow, Alexander Stepanowitsch (1859–1905) russischer Physiker 381/*427*
Popow, Fedot Alexejewitsch (17. Jh.) russischer Seefahrer 213
Porta, Giambattista della (1538?–1615?) italienischer Naturforscher 217
Post, Lennart von (1884–1951) schwedischer Geologe und Biologe 480
Praxiteles (4. Jh. v. u. Z.) griechischer Bildhauer 45
Pregl, Fritz (1869–1930) österreichischer Chemiker *517*
Priestley, Joseph (1733–1804) englischer Naturforscher und Chemiker 277–279, 296, 322/*294, 361*
Prochorow, Alexander Michailowitsch (geb. 1916) sowjetischer Physiker 502
Prony, Gaspard Clair François Marie de (1755–1839) französischer Physiker und Ingenieur 300

Proust, Joseph-Louis (1754–1826) französischer Chemiker 333, 334
Prout, William (1785–1850) englischer Arzt und Naturforscher 406
Prschewalski, Nikolai Michailowitsch (1839–1888) russischer Asienforscher 422/*476*
Psellos, Konstantin (Michail) (1018–1078) byzantinischer Universalgelehrter 68
Ptolemaios, Klaudios (nach 83–nach 161) antiker Astronom 46, 50, 54, 56, 60, 61, 110, 132, 134, 136, 148, 157, 180, 193, 196, 197, 208, 209, 228/*56, 61, 102, 245*
Puchner, Paulus (1531–1607) deutscher Architekt und Zeugmeister *197*
Purcell, Edward Mills (geb. 1912) US-amerikanischer Physiker 504
Purkinje, Jan Evangelista (1787–1869) tschechischer Physiologe 344
Pythagoras von Samos (um 560–480 v. u. Z.) griechischer Philosoph 22, 39, 43, 67, 104, 139, 159, 373/*33, 36, 81, 103, 183*

al-Qalasadi (geb. 1486) arabischer Mathematiker *127, 128*
al-Qazwini (um 1203–1283) islamischer naturwissenschaftlicher Schriftsteller 142, 144, 150/*142, 146*

Raffael (eigentl. Santi, Raffaelo) (1483–1520) italienischer Maler *173*
Ramsay, William (1852–1916) schottischer Chemiker 405/*450*
Rankine, William John Macquorn (1820–1872) schottischer Techniker und Physiker 360, 362, 384
Rathke, Heinrich (1844–1904) deutscher Anatom und Physiologe 342
Ratzeberger, Caspar (um 1550–1603) deutscher Mediziner und Botaniker *201*
Ray, John (1628–1705) englischer Botaniker 288
Rayleigh, John William Strutt (1842–1919) englischer Physiker 405/*450*
ar-Razi, Fachr ad-Din (1148–1209) islamischer Philosoph und Mineraloge 136, 144
ar Razi (Rhazes), ibn Zakariya (865–925) islamischer Arzt und Philosoph 139, 144
Réaumur, René Antoine Fercault de (1683–1757) französischer Naturforscher 265/*276*
Recorde, Robert (gest. 1558) englischer Mediziner und Mathematiker 189, 190
Redi, Francesco (1626–1697) italienischer Arzt und Naturforscher 285
Regener, Erich (1887–1955) deutscher Physiker 482/*534*

Regiomontanus (eigentl. Müller, Johannes) (1436–1476) deutscher Mathematiker und Astronom   130, 132, 188, 192–194, 196

Reinhold, Erasmus (1511–1553) deutscher Mathematiker und Astronom   238

Reisch, Gregor (vor 1472–1523) deutscher Geistlicher   *156, 183*

Renaldini, Carlo (1615–1698) italienischer Mathematiker und Philosoph   265

Reppe, Walter (1892–1969) deutscher Chemiker   469

Reuchlin, Johannes (1455–1522) deutscher Humanist   178

Rhaeticus, Georg Joachim von Låuchen (1514–1576) deutsch-schweizerischer Astronom und Mathematiker   197

Rhind, Alexander Henry (1833–1863) englischer Archäologe   21

Ricci, Matteo (gest. um 1610) italienischer Jesuit   *102/102*

Ricci, Michelangelo (1619–1682) italienischer Mathematiker   250

Riccioli, Giovanni Battista (1598–1671) italienischer Theologe und Astronom   *246*

Richmann, Georg Wilhelm (1711–1753) schwedischer (?) Physiker   265

Richmond, George (1809–1896) englischer Maler   464

Riemann, Bernhard (1826–1866) deutscher Mathematiker   304, *394/413*

Ries, Adam (1492–1559) deutscher Rechenmeister   *189/182*

Riesz, Frigyes (1880–1956) ungarischer Mathematiker   437

Ritmüller, Eduard (1805–1868) deutscher Zeichner und Lithograph   *324, 337*

Ritter, Johann Wilhem (1776–1810) deutscher Apotheker und Naturforscher   349

Ritz, Walter (1878–1909) Schweizer Physiker   391

Roberval, Giles Persone de (1602–1675) französischer Philosoph und Mathematiker   231

Robeson, Charles Donald (geb. 1916) US-amerikanischer Chemiker   462

Robinson, Robert (1886–1975) englischer Chemiker   403, 462, 470

Roebuck, John (1718–1794) englischer Chemiker   329

Roemer, Olaf (1644–1710) dänischer Physiker   246, 257

Röntgen, Wilhelm Conrad (1845–1923) deutscher Physiker   385, 386, *445/436, 437, 439*

Roosevelt, Franklin Delano (1882–1945) US-amerikanischer Politiker   454

Roscoe, Henry Enfield (1833–1915) englischer Chemiker   400, 460

Rosenheim, Otto (1871–1955) britischer Biochemiker   462

Ross, James Clarke (1800–1862) englischer Polarforscher   350, 427

Rousseau, Jean Jacques (1712–1778) französischer Philosoph   223

Roux, Wilhelm (1850–1924) deutscher Anatom und Biologe   419

Royds, Thomas (geb. 1884) englischer Physiker und Astronom   387

Rubens, Peter Paul (1577–1640) flämischer Maler   *198*

Rudolf II. (1552–1612) Kaiser und deutscher König   238, *242/245*

Ruhmkorff, Heinrich Daniel (1803–1877) deutscher Instrumentenbauer   384

Rumford, Graf (Thompson, Benjamin) (1753–1814) amerikanischer Physiker   321, *359/346*, 356

Runge, Friedlieb Ferdinand (1795–1867) deutscher Chemiker   401

Rusconi, Mauro (1776–1849) italienischer Naturforscher   376

Russell, Henry Norris (1877–1957) US-amerikanischer Astronom   378

Rutherford, Ernest (1871–1937) neuseeländischer Physiker   387, 388, 391, 407, 442, 449–452, 456, *479/441,* 495

Ružička, Leopold (1887–1976) kroatisch-schweizerischer Chemiker   470

Rydberg, Janne (1854–1919) schwedischer Physiker   391

Ryff (Rivius), Walther Hermann (um 1550) deutscher Mathematiker und Mediziner   174

Ryle, Martin (geb. 1918) britischer Astronom   545

ab-Sa'ati Fachr ad Din al-Churasani (um 1200) islamischer Astronom   *136*

Sachs, Hans (1494–1576) deutscher Dichter   175

Sackur, Otto (1880–1914) deutscher Chemiker   458

Saint, Hilaire, Auguste de (1799–1853) französischer Botaniker   340

Saitzew, Alexander Michailowitsch (1841–1910) russischer Chemiker   400

as-Salihi ad-Dimaschqi (Zain ad-din 'Adbar-Rahman as-Salihi ad-Dimaschqi) (Name auch in anderen Versionen) (16. Jh.)   *130*

as-Samaw'al (gest. 1174) islamischer Mathematiker   128–130

Sanctorius (Santorio) (1561–1636) italienischer Arzt und Physiologe   *284/300*

Sanger, Frederick (geb. 1918) englischer Chemiker   472

Sawoiski, Jewgenij Konstantinowitsch (geb. 1907) sowjetischer Physiker   501

Schatz, Albert (geb. 1920) US-amerikanischer Mikrobiologe und Biochemiker   505

Scheele, Karl Wilhelm (1742–1786) deutsch-schwedischer Chemiker   277–279/*294*

Scheiner, Christoph (1579–1650) deutscher Astronom   245, *256/252*

Scheits, Andreas (um 1655–1735) deutscher Maler   *233*

Schelling, Friedrich Wilhelm Joseph (1775–1854) deutscher Philosoph   *357/398*

Scherrer, Paul (geb. 1890) Schweizer Physiker   *500*

Scheuchzer, Johann Jakob (1672–1733) Schweizer Gelehrter   291, *292/222*, 310

Schickart, Wilhelm (1592–1635) deutscher Theologe, Philologe und Mathematiker   *237/237*

Schildbach, Carl (18. Jh.) landgräflicher Menagerieverwalter   *297, 298*

asch-Schirazi (1236–1311) islamischer Astronom   132

Schlack, Paul (geb. 1897) deutscher Chemiker   467

Schleiden, Matthias Jakob (1804–1881) deutscher Botaniker   *342/379*

Schmidt, Adolf Friedrich Karl (1860–1944) deutscher Geophysiker   481

Schoedler, Friedrich (1813–1884) deutscher Chemiker, Pharmazeut und Pädagoge   387

Schönbein, Christian Friedrich (1799–1868) deutscher Chemiker   410, *466/462*

Schöner, Johannes (1477–1547) deutscher Mathematiker und Theologe   *208*

Schoenheimer, Rudolf (1898–1941) deutscher Mediziner   *474/557*

Schorlemmer, Carl (1834–1892) deutscher Chemiker   400

Schott, Kaspar (1608–1666) deutscher Jesuit und Mathematiker   399

Schotte, O. (20. Jh.) deutscher Biologe   *526*

Schramm, Gerhardt (geb. 1910) deutscher Biochemiker   570

Schreibers, Carl Franz Anton (1775–1852) österreichischer Arzt und Naturforscher   *338*

Schrieffer, John Robert (geb. 1931) US-amerikanischer Physiker   502

Schripati (um 999) indischer Astronom und Mathematiker   86

Schröder, Ernst, (1841–1902) deutscher Mathematiker und Logiker   374

Schrödinger, Erwin (1887–1961) österreichischer Physiker 395, 444–446/497

Schuster, Johann Christoph (um 1760–nach 1820) deutscher Fabrikant 237

Schwann, Theodor (1810–1882) deutscher Anatom und Physiologe 342, 344

Schwarzschild, Karl (1873–1916) deutscher Astrophysiker 441

Schweinfurth, Georg (1836–1925) deutscher Afrikareisender 424

Schweizer, Matthias Eduard (1818–1860) Schweizer Chemiker 466

Scott, David R. (geb. 1932) amerikanischer Astronaut 546

Scott, Robert Falcon (1868–1912) englischer Polarforscher 427, 428

Scotus, Michael (um 1175–um 1235) schottischer Gelehrter und Übersetzer 157

Secchi, Pietro (Angelo) (1818–1878) italienischer Astronom und Astrophysiker 421

Sedgwick, Adam (1785–1873) englischer Geologe 345

Seki, Takakazu (1642?–1708) japanischer Mathematiker 123

Seleukos von Seleukia (um 150 v. u. Z.) babylonischer Astronom 54

Selleny, Joseph (1824–1875) österreichischer Maler 478

Semenow, Nikolai Nikolajewitsch (geb. 1896) sowjetischer Chemiker 457, 460

Seneca, Lucius Annaeus (55 v. u. Z.–39 u. Z.) römischer Schriftsteller 63

Shackleton, Ernest Henry (1874–1922) irischer Polarforscher 427

Shen Kua (geb. 1030) chinesischer Astronom, Ingenieur und Mathematiker 103, 112

Sherrington, Charles Scott (1857–1952) englischer Physiologe 421

Shih Shen (um 370–um 340 v. u. Z.) chinesischer Astronom 110

Shockley, William Bradford (geb. 1910) US-amerikanischer Physiker 501/551

Sidgwick, Nevil Vincent (1873–1952) englischer Chemiker 457

as-Sidschistani (gest. nach 950) islamischer Alchimist und Philosoph 139

Siebold, Carl Theodor Ernst von (1804–1885) deutscher Zoologe 417

Siedentopf, Henry (1872–1940) deutscher Physiker 460

Siegbahn, Karl Manne Georg (1886–1978) schwedischer Physiker 504

Siemens, Werner von (1816–1892) deutscher Physiker und Industrieller 326, 362, 366/425

Siger von Brabant (1235?–1282) mittelalterlicher Gelehrter 162

Simpson, Thomas (1710–1761) englischer Mathematiker 439

Sinin, Nikolaj Nikolajewitsch (1812–1880) russischer Chemiker 400

Slater, John Clarke (geb. 1900) US-amerikanischer Physiker 457

Smeaton, John (1724–1792) englischer Erfinder 227

Smith, John (1652–1742) englischer Künstler 290

Smith, William (1769–1839) englischer Geologe 345

Snell, Willebrord (1591–1626) niederländischer Physiker und Kartograph 256

Sobrero, Ascanio (1812–1888) italienischer Chemiker 410

Soddy, Fredrick (1877–1956) englischer Physikochemiker 387, 388, 407/495

Sömmering, Samuel Thomas (1755–1830) deutscher Mediziner und Naturforscher 352, 377

Solvay, Ernest (1838–1922) belgischer Chemiker und Industrieller 409, 445, 463

Sommerfeld, Arnold (1868–1951) deutscher Physiker 392, 394, 441, 442, 444, 446/443

Sophokles (um 496–406 v. u. Z.) griechischer Dramatiker 34

Sosigenes (um 70 v. u. Z.) alexandrinischer Astronom und Mathematiker 61

Spallanzani, Lazzaro (1729–1799) italienischer Naturforscher 288

Spartacus (gest. 71 v. u. Z.) römischer Sklave, aus Thrakien gebürtig 37

Spemann, Hans (1869–1941) deutscher Biologe 525, 526

Stafford, Thomas Patten (geb. 1930) US-amerikanischer Astronaut 548

Stahl, Georg Ernst (1660–1734) deutscher Arzt und Chemiker 275, 276, 285, 332/291

Stanley, Henry Morton (1841–1904) englischer Afrikaforscher und Kolonisator 424

Stanley, Wendell Meredith (1904–1971) amerikanischer Biochemiker 570

Starcke, Carl (auch Starke, Starck) (um 1800) deutscher Kupferstecher und Radierer 356

Stark, Johannes (1874–1957) deutscher Physiker 441, 465

Staudinger, Hermann (1881–1965) deutscher Chemiker 466, 467/509

Steenbock, Harry (geb. 1886) US-amerikanischer Physiologe und Biochemiker 462

Steinach, Eugen (1861–1944) österreichischer Physiologe 471

Stelluti, Francesco (1577–1651?) italienischer Naturforscher 285

Steno (Stensen), Nicolaus (Niels) (1638–1687) dänischer Naturforscher und Geistlicher 290, 291

Stevin, Simon (1548–1620) niederländischer Ingenieur, Mathematiker und Physiker 189–201, 250/196

Stieler, Robert (1847–1908) deutscher Maler 402, 562

Stifel, Michael (1487?–1567) deutscher Mathematiker und Theologe 191, 192/238

Stokes, George Gabriel (1819–1903) irischer Physiker 386

Stoll, Arthur (1887–1971) Schweizer Chemiker 402, 505/475

Stoney, George Johnstone (1826–1911) irischer Physiker 385

Strabon (um 64/63 v. u. Z.–um 20 u. Z.) griechischer Geograph und Historiker 61

Straet, Jan van der (1532–1605) flämischer Maler 176, 206

Straßmann, Fritz (1902–1980) deutscher Physikochemiker 453

Straton von Lampsakos (geb. um 250 v. u. Z.) griechischer Philosoph 49, 50

Stroof, Ignaz (1838–1920) deutscher Chemiker 464

Struve, Friedrich Georg Wilhelm (1793–1864) deutsch-russischer Astronom 311

Sumner, James Batchellor (1887–1955) US-amerikanischer Biochemiker 472

Sun Ssu-Mo (581–um 672) chinesischer Alchimist und Mediziner 114

Suschruta (um 100 v. u. Z.) indischer Mediziner 93

Su Sung (1020–1101) chinesischer Astronom und Beamter 110

Suttermans (Susterman), Justus (1597–1681) flämischer Maler 256

Sutton, William S. (1876–1916) US-amerikanischer Biologe 421

Svedberg, Theodor (1884–1971) schwedischer Chemiker 461

Swammerdam, Jan (1637–1680) niederländischer Naturforscher 286

Swan, Joseph Wilson (1828–1914) englischer Physiker und Chemiker 466

Swineshead, Richard (um 1350) englischer Gelehrter und Mathematiker 170

Symmer, Robert (gest. 1763) englischer Naturforscher 268

Szent-Györgyi, Albert (geb. 1893) ungarischer Biochemiker 472

Szilard, Leo (1898–1964) amerikanisch-ungarischer Physiker 454

Tamm, Igor Jewgenewitsch (1895–1971) sowjetischer Physiker 450
Taqi ad-Din (1525–1585) islamischer Astronom 136
Tarski, Alfred (geb. 1902) polnisch-amerikanischer Logiker 438
Tartaglia, Niccolo (um 1500–1557) italienischer Mathematiker und Physiker 187, 189, 191, 200, 201, 438
Tasman, Abel (1603–1659) niederländischer Forschungsreisender 213
Tatum, Edward Lawrie (geb. 1909) US-amerikanischer Biochemiker 474
at-Tauhidi (gest. 1009) islamischer Gelehrter 144
Tennant, Smithson (1761–1815) englischer Chemiker 330
Tertullian (150?–222?) frühchristlicher Ideologe 152
Thales von Milet (um 624–546 v. u. Z.) griechischer Philosoph und Mathematiker 22, 34, 37, 38, 41, 42/35
Thao Hung-Ching (5. Jh.) chinesischer Alchimist und Mediziner 114
Theaitetos von Athen (etwa 410–368 v. u. Z.) griechischer Mathematiker 45
Thénard, Louis Jacques (1777–1857) französischer Chemiker 300, 336
Theoderich (um 454–526) Ostgotenkönig 66/151
Theodoros von Kyrene (um 390 v. u. Z.) griechischer Mathematiker 45
Theophrastos (373–288 v. u. Z.) griechischer Philosoph und Naturwissenschaftler 36, 49, 62, 142, 180, 204
Theorell, Axel Hugo Theodor (geb. 1903) schwedischer Biochemiker 472
Thomas von Aquino (1225–1274) italienischer Theologe und Philosoph 157, 161, 162, 170
Thomas von Chantimpré (1210?–1293?) flämischer Philosoph 175
Thomas von Modena (Barisini, Tommaso) (um 1350) italienischer Maler *154, 157*
Thompson, Benjamin siehe Rumford
Thomson, George Paget (1892–1972) englischer Physiker 444
Thomson, Joseph John (1856–1940) englischer Physiker 385, 388/*434*
Thomson, William (Lord Kelvin) (1824–1907) irisch-schottischer Physiker 360, 366, 379, 383, 478/*404, 429*
Thutmosis III. (1501–1448 v. u. Z.) ägyptischer König 29

Tiemann, Ferdinand (1848–1899) deutscher Chemiker 404
Tinbergen, Nicolaas (geb. 1907) niederländischer Zoologe 477/*528*
Torrell, Otto Martin (1828–1900) schwedischer Geologe 482
Torricelli, Evangelista (1608–1647) italienischer Physiker und Mathematiker 217, 262, 263/*271*
Toscanelli, Paolo (1397–1482) italienischer Astronom und Arzt 212
Tournefort, Joseph Pitton de (1656–1708) französischer Botaniker 288
Tournières, Robert (1667–1752) französischer Maler *218*
Townes, Charles Hard (geb. 1915) US-amerikanischer Physiker 502
Townley, Richard (2. Hälfte des 17. Jh.) englischer Naturforscher 265
Trautschold, Wilhelm (1815–1877) deutscher Maler und Lithograph *373*
Trembley, Abraham (1710–1784) Schweizer Naturforscher 286
Tropsch, Hans (1889–1935) deutscher Chemiker 458, 459, 468/*512*
Truman, Harry S. (1884–1972) US-amerikanischer Politiker *491*
Tschandra Gupta II. (375–413?) indischer König 78
Tscharaka (um 100) indischer Mediziner und Biologe 93, 94
Tschebyschew, Pafnuti Lwowitsch (1821–1894) russischer Mathematiker 439
Tschermak, Erich Edler von Seysenegg (1871–1962) österreichischer Botaniker 421
Tschetwerikow, Sergej Sergejewitsch (1880–1959) sowjetischer Biologe 476
Tschirnhaus, Ehrenfried Walter von (1651–1708) deutscher Naturforscher und Mathematiker 273/*287*
Tsou Yen (um 350–um 270 v. u. Z.) chinesischer Alchimist 113
Tsu Chhung-Chi (430–501) chinesischer Mathematiker 106
Tulasne, Charles (1816–1885) französischer Biologe 417
Tulasne, Louis René (1815–1885) französischer Biologe 417
Turner, William Joseph (geb. 1927) US-amerikanischer Physiker 504
at-Tusi (1201–1274) islamischer Mathematiker und Astronom 128, 130, 132, 134
Tyndall, John (1820–1893) irischer Physiker *320*
Tyson, Edward (1650–1708) englischer Anatom 287

Ulug Beg (1393–1449) mittelasiatischer Herrscher und Astronom 135/*130*
Umasvati (1. Jh. u. Z.) indischer Philosoph 93
Unverdorben, Otto (1806–1873) deutscher Chemiker 401
al-Uqlisidi (10. Jh.) islamischer Mathematiker 128
Urban, Johannes (1863–1940) österreichischer Ingenieur 466
al-Urdi ad-Dimaschqi (auch al-Wardi…) (um 1270) islamischer Astronom und Hydrauliker 132/*135, 149*
Urey, Harold Clayton (geb. 1893) US-amerikanischer Chemiker 450

Vanderbank, Johann (17./18. Jh.) englischer Künstler *260*
Varahamihira (6. Jh.) indischer Enzyklopädist und Mathematiker 81, 82, 86/*82*
Varenius, Bernhard (gest. 1660) deutscher Mediziner und Geograph *313*
Varley, Samuel Alfred (1832–1921) englischer Telegraphentechniker 326/*425*
Vauban, Sébastien le Prestre de (1633–1707) französischer Militäringenieur 303
Vauquelin, Louis Nicolas (1763–1829) französischer Chemiker 298, 300
Verguin, François-Emanuel (1814–1864) französischer Chemiker 401
Verkolje, Jan (1650–1693) niederländischer Maler *303*
Vesalius, Andreas (1514–1564) deutsch-belgischer Anatom 207/*205*
Vespucci, Amerigo (1451–1512) italienischer Seefahrer 210/*206*
Vieta, François (1540–1603) französischer Mathematiker 192
Villard, Paul (1860–1934) französischer Physiker 387
Villard de Honnecourt (13. Jh.) französischer Architekt 169
Virchow, Rudolf (1821–1902) deutscher Pathologe 342, 344
Vitelo (13./14. Jh.) deutscher Gelehrter 136
Vitruvius Pollio (1. Jh. v. u. Z.) römischer Ingenieur und Baumeister 63, 186/*88, 174*
Viviani, Vincenzo (1622–1703) italienischer Mathematiker und Physiker 217, 262/*271*
Vogt, Cécilie (1879–1962) französisch-deutsche Hirnforscherin 476
Vogt, Karl (1817–1895) deutscher Mediziner und Geologe *529*
Vogt, Oskar (1870–1959) deutscher Hirnforscher 476

Volta, Alessandro (1745–1827) italienischer Physiker 269, 322, 323, 359/*322, 350*
Voltaire (eigentlich Arouet, François-Marie) (1696–1778) französischer Philosoph und Schriftsteller 223, 255, 256, 292/*262*
Voltolina, Laurencius de (2. Hälfte des 14. Jh.) Lehrer in Paris (?) *153*
Vries, Hugo de (1848–1935) niederländischer Botaniker 416, 421, 474/*468*

Waage, Peter (1833–1900) norwegischer Chemiker 395
Wacker, Alexander (geb. 1882) deutscher Chemiker 469
Waerden, Barthel Leendert van der (geb. 1903) niederländischer Mathematiker 437, 438
Waksman, Selman Abraham (geb. 1888) russisch-amerikanischer Mikrobiologe 505
Waldseemüller, Martin (um 1470–um 1520) deutscher Kartograph 210, 212/*208*
Wallach, Otto (1847–1931) deutscher Chemiker 403, 470
Wallis, John (1616–1703) englischer Mathematiker 218
Walton, Ernest Thomas Sinton (geb. 1903) irischer Physiker 451
Wang Mang (33. v. u. Z.–23 u. Z.) chinesischer Kaiser 99
Warburg, Otto Heinrich (1883–1970) deutscher Biochemiker 472/*521*
Ward, Joshua (1685–1761) englischer Apotheker 329
al-Wasiti (um 1230) islamischer Kalligraph und Maler *125, 134*
Watson, James Dewey (geb. 1928) englischer Biochemiker *563*
Watson-Watt, Robert (geb. 1892) schottischer Physiker 436
Watt, James (1736–1848) britischer Ingenieur 296, 321/*317*
Watzenrode, Lucas (1447–1512) Bischof von Ermland (Varmia) 196
Wawilow, Nikolai Iwanowitsch (1887–1943) sowjetischer Botaniker und Genetiker 474/*568*
Weber, Carl Albert (1856–1931) deutscher Paläobotaniker 480
Weber, Ernst Heinrich (1795–1878) deutscher Anatom und Physiologe 419/*376*
Weber, Joseph (geb. 1919) US-amerikanischer Physiker 502
Weber, Wilhelm Eduard (1804–1891) deutscher Physiker 316/*324*
Webster, Thomas (1772–1844) englischer Geologe 386

Wegener, Alfred (1880–1930) deutscher Geologe und Grönlandforscher 520/*531*
Weierstraß, Karl Theodor Wilhelm (1815–1897) deutscher Mathematiker 308/*416*
Wei Po-Yang (um 140) chinesischer Alchimist 114
Weismann, August (1834–1914) deutscher Vererbungsforscher 416
Weitsch, Friedrich Georg (1758–1828) deutscher Maler *388*
Weizäcker, Carl Friedrich von (geb. 1912) deutscher Physiker 447, 454, 455
Weksler, Wladimir Jossifowitsch (1907–1966) sowjetischer Physiker 452
Wernadski, Wladimir Iwanowitsch (1863–1945) sowjetischer Geochemiker und Mineraloge 481
Werner, Abraham Gottlieb (1749–1817) deutscher Geologe 293, 354, 461/*394, 395*
Werner, Alfred (1866–1919) elsässisch-schweizerischer Chemiker 457/*515*
Wessel, Caspar (1745–1818) dänisch-norwegischer Mathematiker 308
Weyl, Hermann (1885–1955) deutscher Mathematiker 395, 443/*411*
Weyprecht, Karl (1838–1881) deutscher Polarforscher 425
Wheatstone, Charles (1802–1875) englischer Physiker und Erfinder 326/*320, 425*
Wheeler, John Archibald (geb. 1911) US-amerikanischer Physiker 454
Whipple, George Mathews (1842–1893) englischer Meteorologe *421*
Wichelhaus, Carl Hermann (1842–1927) deutscher Chemiker 399
Wideröe, Rolf (geb. 1902) deutsch-norwegischer Physiker 452/*505*
Widmann, Johann (um 1460–nach 1498) böhmischer Mathematiker 189, 190
Wiechert, Emil (1861–1928) deutscher Geophysiker 386, 481
Wiedemann, Gustav (1826–1899) deutscher Physiker *354*
Wieland, Heinrich Otto (1877–1957) deutscher Chemiker 470, 473
Wien, Wilhelm (1864–1928) deutscher Physiker 390/*435*
Wiener, Norbert (1894–1964) US-amerikanischer Mathematiker 489, 490/*541*
Wigner, Eugène Paul (geb. 1902) US-amerikanischer Physiker 443
Wilberforce, Samuel (1805–1873) englischer Geistlicher 413
Wilcke, Johann Karl (1732–1796) deutsch-schwedischer Physiker 265, 269

Wilde 362
Wilhelm II. (1859–1941) bis 1918 deutscher Kaiser 367, 430, 453, 455/*486*
Wilhelm von Moerbeke (1215?–1286) mittelalterlicher Gelehrter 157
Wilhelm von Ockham (1300?–1349/50) englischer Mathematiker und Philosoph 161, 170
Wilkitzkij, Boris Andrejewitsch (1885–1961) russischer Polarforscher 425
Wille, Johann Georg (1715–1808) deutscher Kupferstecher *218*
Willstätter, Richard (1872–1942) deutscher Chemiker 402, 403, 462, 471/*475, 520*
Wilson, Charles Thomson Rees (1869–1959) schottischer Physiker 387/*438*
Wilson, Harold Albert (1874–1964) US-amerikanischer Physiker 446
Wimmer, Rudolf (1849–1915) deutscher Maler *344*
Windaus, Adolf (1876–1959) deutscher Biochemiker 462, 472
Winkler, Clemens (1838–1904) deutscher Chemiker 409
Winkler 459
Witt, Otto Nikolaus (1853–1915) deutscher Chemiker 465
Wöhler, Friedrich (1800–1882) deutscher Chemiker 336, 337/*369, 370*
Wolff, Caspar Friedrich (1733–1794) deutscher Embryologe 286
Wolff, Johann Eduard (1786–1868) deutscher Maler *339*
Woodward, John (1665–1728) englischer Mediziner, Geologe und Naturforscher 291
Woronow, Sergej (1866–1951) russisch-sowjetischer Physiologe 471
Wren, Christopher (1632–1723) englischer Architekt 218, 285/*254*
Wright of Derby, Joseph (1743–1797) englischer Maler und Naturforscher *284*
Wüst, Fritz (1860–1938) deutscher Metallurge *486*
Wu Hsien (4./3. Jh. v. u. Z.) chinesischer Astronom 110
Wundt, Wilhelm (1832–1920) deutscher Psychologe, Physiologe und Philosoph 419, 420/*473*
Wurtz, Charles Adolphe (1817–1884) französischer Chemiker 400

Yang Hui (13. Jh.) chinesischer Mathematiker 103
Yaqub ibn-Tariq al-Yaqubi (um 891) islamischer Geograph 134, 148
Yazegerd III. persischer Herrscher, regierte 623–651 134

Young, Thomas (1773–1829) englischer Physiker, Mediziner und Sprachwissenschaftler   317, 318, 419
Young, William John (1878–1942) australischer Biochemiker   422
Yukawa, Hideki (1907–1981) japanischer Physiker   445

Zaluziansky, Adam (um 1575) böhmischer Mediziner und Botaniker   207
Zechmeister, Laszlo (geb. 1889) ungarischer Chemiker   462
Zedler, Johann Heinrich (1706–1763) deutscher Verleger   227
Zeeman, Pieter (1865–1943) niederländischer Physiker   441
Zeiger, Herbert J. (geb. 1925) US-amerikanischer Physiker   502
Zenker, Friedrich Albert von (1825–1898) deutscher Pathologe   417
Zenon von Elea (um 490–um 430 v. u. Z.) griechischer Philosoph   38
Zeuner, Gustav (1829–1907) deutscher Technikwissenschaftler   362, 384
Zeuthen, Hieronymus Georg (1839–1920) dänischer Mathematiker   45
Ziegler, Karl (1898–1973) deutscher Chemiker   510/*561*
Ziolkowski, Konstantin Eduardowitsch (1857–1935) russisch-sowjetischer Raumfahrttheoretiker   487
Zöllner, Johann Karl Friedrich (1834–1882) deutscher Astrophysiker   *413, 420, 422*
Zosimos von Panopolis (geb. um 300) ägyptischer Alchimist   60, 66
Zsigmondy, Richard (1865–1919) österreichischer Chemiker   460
Zuse, Konrad (geb. 1910) deutscher Ingenieur   491/*542*
Zwet (Tswett), Michail Semjonowitsch (1872–1919) russischer Biologe und Chemiker   *519*

ABBILDUNGS-NACHWEIS

Alinari, Florenz 41, 151
Anton, Ferdinand, München 70, 73, 74, 77
Archiv für Kunst und Geschichte, Berlin (West) 369
BASF, Ludwigshafen 402, 461, 562
Belser Verlag, Zürich 75
Bergmann, Klaus, Potsdam 339
Berliner Ensemble, Berlin 537
Bibliographisches Institut, Leipzig 45
Bibliothèque Nationale, Paris 62, 125, 134, 145, 159, 160, 167, 217
Bild der Wissenschaft, Stuttgart 516
Bildarchiv Preußischer Kulturbesitz, Berlin (West) 28, 29, 153
Bodleian Library, Oxford 163
Breitenborn, Dieter, Berlin 22, 68, 103–105, 108, 110, 116, 119, 410
British Library, London 144, 170
British Museum, London 37, 53
Brockhaus Verlag, Leipzig 78, 481
California Institute of Technology Archives, Pasadena/Calif. 503
Camera Press Ltd., London 563
Carl Zeiß, Jena 554
Cavendish Laboratory, University of Cambridge 595
CERN, Genf 540, 552
Chemiewerk Nünchritz 560
City Library, Sheffield 316
Danz, Walter, Halle (Sa.) 418
Department of the Environment, London 5
Deutsche Fotothek, Dresden 39, 176, 198, 206, 213, 218, 223, 233, 234, 245, 281, 290–292, 303, 319, 326, 373, 406, 415, 416, 424, 440, 497
Deutsche Morgenländische Gesellschaft, Halle (Sa.) 133
Deutsche Staatsbibliothek, Berlin 460
Deutsches Museum, München 3, 13, 71, 154, 180, 236, 240, 259, 273, 295, 344, 349, 370, 371, 382, 401, 425–428, 435, 442, 457, 488, 504, 506, 507, 518, 542
Deutsches Röntgenmuseum, Remscheid-Lennep 436, 437, 505
Egyptian National Library, Kairo 143
Forschungsbibliothek Gotha 91, 127–130, 136, 137, 140, 142, 146–149
Foto Braune, Freiberg (Sa.) 394, 395
Foto Hufner 510
Foto Marburg 66
Foto-Ruhe, Arnstadt 358
Francke, Eberhard, Rostock 571
Freer Gallery of Art, Washington 95
Germanisches Nationalmuseum, Nürnberg 172
Hahn, Werner, Görlitz 280
Hansmann, Claus, Stockdorf/Gauting 11, 47, 76
Havard College Library, Cambridge/Mass. 181
Heeresgeschichtliches Museum, Wien 479
Herzog August Bibliothek, Wolfenbbttel 49
Hirmer Fotoarchiv, München 57
Institut für Kohlenforschung, Mühlheim (Ruhr) 511, 512, 561
Institut Pasteur, Paris 470
Iraq-Museum, Bagdad 17
Kacher, Hermann, Seewiesen 528
Kaiser-Wilhelm-Institut für Eisenforschung, Düsseldorf 486
Kalulka, B., Jena 378
Karl-Marx-Univeristät, Leipzig 564
Karpinski, Jürgen, Dresden 135, 185, 186, 189, 193, 197, 208, 210, 239, 271, 276, 287, 360
Kinderbuchverlag, Berlin 178
Kreis-Heimatmuseum, Wurzen 168
Landesbildstelle Württemberg, Stuttgart 237
Landesmuseum für Vorgeschichte, Halle(Sa.) 4, 7, 20, 21
Leuna-Werke „Walter Ulbricht", Leuna 558, 559
Lichtbilderwerkstätte Alpenland, Wien 46
Linde, Guntard, Jena 467
Mathematisch-Physikalischer Salon, Dresden 171
Matt, Leonhard von, Bouchs 30
Max-Planck-Institut für Plasmaphysik, Garching b. München 550
Max-Planck-Institut für Virusforschung, Garching b. München 570
Mendel-Museum, Brno 472
Metropolitan Museum of Art, New York 138, 362
Musée National des Techniques, Paris 340
Museen Schloß Elisabethenburg, Meiningen 311
Museo di Storia della Scienza, Florenz 212
Museo Nazionale di Capodimonte, Neapel 187
Museum der bildenden Künste, Leipzig 179
Museum Derby 284
Museum für Ur- und Frühgeschichte Thüringens, Weimar 2, 6
Museum Göltzsch, Rodewisch 166
NASA, Houston/Texas 546, 553
National Portrait Gallery, London 260, 334, 452
Nationale Forschungs- und Gedenkstätten der klassischen deutschen Literatur, Weimar 351, 367, 374
Nationalhistoriske Museum, Frederiksborg 398
Naturkundemuseum, Kassel 297, 298

Niels Bohr Institutet, Universitet København 444
Norsk Sjøfartsmuseum, Oslo 480
Nowosti, APN, Berlin 544
Nowosti, APN, Moskau 549
Ny Carlsberg Glyptothek, København 35
Öffentliche Bibliothek der Universität Basel 162
Österreichische Nationalbibliothek, Wien 67, 152
Palazzo Vaticano, Rom 173
Petri, Joachim, Leipzig 490, 494
Plessing, Carin, Leipzig 12, 64, 81, 82, 85–87, 89, 93, 106, 192, 235, 253, 258, 264, 269, 272
Postmuseum der DDR, Berlin 352
Reinhold, Gerhard, Mölkau b. Leipzig 51, 115, 286
Rheinisches Landesmuseum, Trier 38, 63
Rijksmuseum voor de Geschiedenis van de Natuurwetenschappen, Leiden 430, 451, 468
Royal College of Physicians, London 299
Royal College of Surgeons of England, London 299
Royal Institution, London 322, 355, 397
Sächsische Landesbibliothek, Dresden 174, 196, 226, 243, 267, 314, 332, 409
Scala, Antella (Florenz) 1, 26, 42, 48, 150, 157, 247, 256, 320
Schindler, Fred, Leipzig 190, 211, 305, 312, 356, 388, 389, 390, 396, 422, 454
Schröter, Wolfgang G., Markkleeberg b. Leipzig 88, 90, 496, 498, 499, 501, 547, 551, 567
Science Museum, London 430, 450, 522
Seemann-Verlagsarchiv, Leipzig 200
Service de documentation photographique de la Réunion des musées nationaux, Paris 469
Staatliche Kunstsammlungen, Kassel 55, 201, 289
Staatliche Museen, Berlin 15, 16, 23–25, 27, 31–34, 44, 60, 100, 101, 112–114, 120, 121, 131, 132, 139, 141, 388, 408
Staatliches Heimat- und Schloßmuseum, Sondershausen 161
Staatliches Ziolkowski-Museum zur Geschichte der Kosmonauten, Kaluga 487
Staatsbibliothek Bamberg 69
Stadtarchiv Ulm 228
Städtische Galerie, Frankfurt (Main) 52
Städtisches Museum, Göttingen 324
Sudhoff-Institut, Leipzig 108, 254, 255, 333, 414
Süddeutscher Verlag, München 509
Teubner-Verlagsarchiv, Leipzig 417
Thüringer Museum, Eisenach 282
Town Hall, Manchester 365
Uchida, Masao, Tokio 123, 124
Universites Sorbonne, Paris 380
University of Manchester 545
UniversUniversity Press, Cambridge/Mass. 102, 109
Verlag Chemie, Weinheim 405, 520
Verlag der Kunst, Dresden 485
Verlagsarchiv 10, 14, 72, 79, 99, 117, 122, 126, 175, 182–184, 188, 194, 242, 278, 337, 348, 491, 492, 502
WAAP, Moskau 484
Wallner, Viktor, Baden b. Wien 375
Wieckhorst, Karin, Leipzig 80, 83, 84, 92, 94, 96, 98, 111, 118, 155
Wilder, Hans, Göttingen 327
ZEFA, Düsseldorf 535
Zentralbild, ADN, Berlin 446, 447, 493, 500, 513, 527, 533, 536, 538, 539, 541, 543, 548, 555–557, 565, 566, 572
Zentralinstitut für Genetik und Kulturpflanzenforschung, Gatersleben 568, 569
Zirnstein, Gottfried, Leipzig 8, 19, 65, 97, 531

Alle anderen, hier nicht aufgeführten Abbildungen sind den in den Bildunterschriften genannten Quellen entnommen; die Reproduktionen stammen von Herrn Werner Pinkert, Leipzig.